60 YEARS 1961-2021 세상을 밝히는 기술 세계를 이끄는 연구
한국전력공사 전력연구원

KEPCO

대한민국 전력 산업의 싱크탱크, **전력연구원**이 이야기하는

전력설비 속내 진단의 눈

초음파

조용상 지음

도서출판 홍릉

전력설비 속내 진단의 눈
초음파

인 쇄: 2021년 4월 9일 초판
발 행: 2021년 4월 16일 초판
저 자: 조용상
발행인: 송 준
발행처: 도서출판 홍릉
주 소: 01093 서울시 강북구 인수봉로 50길 10
등 록: 1976년 10월 21일 제5-66호

전 화: 02-999-2274~5, 903-7037
팩 스: 02-905-6729
e-mail: hongpub@hongpub.co.kr
http://www.hongpub.co.kr
ISBN: 979-11-5600-857-6 (93560)

정 가: 55,000원

추천사

우리는 오래전 소리를 이용해 어떤 물건의 상태를 확인하는 방법을 터득했습니다. 잘 익은 수박을 찾으려 손등으로 톡톡 쳐보거나, 보도블록이나 타일 공사 후에는 망치로 두드려 검사합니다. 최근에는 기술 발달로 동맥 혈류나 골다공증 진단, 산업용 설비의 진단, 초음파 가습기와 세척기 같은 생활가전처럼 다양한 분야에서 널리 활용되고 있습니다.

물론 소리를 이용한 검사는 전기를 생산하는 발전소에서도 많이 사용됩니다. 최근에는 전력 설비의 규모와 공급방식이 다양화되다 보니 고도의 검사 및 보수관리 기술이 더 많이 요구됩니다. 이 중 비파괴 검사는 빛, 방사선, 소리 등을 가할 때 재료의 물리적 반응이 조직의 이상이나 결함의 존재와 형태에 따라 변하는 현상을 이용하여, 검사 대상의 성질과 상태, 내부구조와 결함 등을 알아내는 방식으로 검사 대상을 파괴하지 않고 검사하는 방법입니다.

"전력설비의 속내 진단의 눈, 초음파"는 한국전력공사 전력연구원에서 비파괴 검사 기술 개발에 30년 이상 몸담았던 저자가 그간의 경험과 지식을 바탕으로 후학이 전력설비의 보수관리 및 기술지원에 참고할 수 있도록 써낸 책입니다.

터빈, 보일러 같은 전력 설비를 대상으로 이론, 검사 장치와 방법, 동향 등 초음파를 이용한 검사기술의 전반을 적용 관점에서 설명했으며, 이를 바탕으로 실무 활용과 효율적인 기술지원에 관해 기술하고 있습니다. 이 책이 전력 설비 진단 기술을 쉽게 이해하는 바탕이 되고, 전력산업에 관심이 많은 학생이 새로운 기술을 개발하는 데 참고서가 되리라 기대합니다.

한국전력공사 전력연구원 원장
공학박사 김 태 균

서 언

비파괴검사(nondestructive testing)는 빛, 방사선, 음향, 전기 및 자기 등에 대한 재료의 물리적 성질이 조직의 이상이나 결함의 유무 및 형태에 의해 변화하는 것을 이용하여, 물질의 성질과 상태, 내부구조 및 결함을 알아내는 방법으로, 사물을 파괴하지 않고 검사하는 방법이다. 이러한 비파괴 검사법에는 방사선투과검사(RT), 초음파탐상검사(UT), 자분탐상검사(MT), 액체침투탐상검사(PT), 와전류탐상검사(ECT), 음향방출검사(AE), 육안검사(VT), 누설검사(LT) 등이 있으며 이중 초음파 검사는 재료의 표면 또는 내부에 존재하는 불 연속부를 검출하기 위해, 물질을 구성하고 있는 원자 또는 분자의 기계적인 진동을 검사대상체에 전달시켜 피검체로부터 되돌아오는 초음파 신호를 분석하여 재료의 상태를 평가하는 방법이다.

수세기 전부터 인간은 음파를 이용한 비파괴 검사를 행하여 왔다. 즉, 어떤 대상을 두드려서 나오는 소리를 듣고 그릇이 깨졌는지, 수박이 잘 익었는지 등의 여부를 판별해 왔다. 지금도 열차 바퀴의 건전성 여부는 검사자의 귀에 의존하는 음향 검사가 종종 이용되고 있다. 음파는 사람이 들을 수 있는 주파수 범위인 20~20,000 Hz 정도이며, 이 범위외의 주파수를 갖는 음파를 넓은 의미에서 초음파라고 한다. 일반적으로 초음파 검사에서 사용되는 주파수 범위는 0.1~25 MHz 정도이나 실제 접촉법으로 금속재료를 초음파 탐상하는 경우에는 1~5 MHz 정도의 초음파를 가장 널리 사용하고 있다. 초음파를 이용한 비파괴 결함 평가방법에서 재료내부에 존재하는 결함을 검출하기 위해 일반적으로 사용되는 펄스-에코(pulse-echo)법은 한 점에서 재료 내부로 초음파를 입사시킨 후 재료 내부의 결함 및 음향경계면으로부터 반사되어오는 초음파를 동일한 탐촉자로 수신한 파형을 관측하여 평가하는 것이다. 현재 펄스를 이용한 초음파 탐상법은 신뢰성 있는 방법으로 인정되어 폭넓게 이용되고 있으며, 컴퓨터의 발달로 점차 자동화 되고 데이터의 처리가 신속, 정확하게 되고 있다.

초음파 검사에서 펄스-에코법이 발달하게 된 것은 19세기 말 Curie 형제에 의해 어떤 재질을 특정한 방법으로 자른 조각에 기계적 압력을 가했을 때 전기적 전위차가 생성되는 압전효과가 발견된 이후이다. 몇 년 뒤 Lippman은 역 압전효과, 즉 어떤 재질에 전기적 에너지를 가하면 기계적 에너지로 변화된다는 이론을 발표하였다. 1차 대전에는 음파가 잠수함의 해저통신에 이용되었으며, 1930년대, 1940년대 초에 TV 및 레이더의 개발과 함께 CRT 분야 기술도 개발되었다. 압전효과, 펄스-에코법의 원리, CRT의 개발 기술을 종합하여 물리학자 D. Sproule는 1942년 최초로 펄스-에코법을 이용한 결함검출기를 개발하였다. 또한 러시아의 Sokolov는 1929년에 수정진동자를 사용하여 금속에 초음파 진동을 유도한 실험을 최초로 보고하였다. 그 결과로 초음파가 결함 검출에 X선을 대신하여 사용될 수 있음을 예견하였다. 2차대전 후 독일의 Trost 및 Gotz, 미국의 Firestone 등이 독립적으로 펄스를 이용한 장치를 개발함으로서, 투과법의 단점을 보완하게 되었다. 1947년 Sproule가 사각 탐촉자를 개발하였으며 이후 결함탐상의 원리는 그대로 적용되어, 장치, 전자기기, 데이터처리 분야에서 큰 진보가 계속되었고, 1960년대 트랜지스터의 개발로 장치의 소형화가 가속되었다.

초음파를 이용한 산업설비에 대한 비파괴 검사 및 진단에는 여러 분류가 있을 수 있으며 각각 분류 분야별로 세밀히 연구가 진행되고 있다. 그중 최근에는 컴퓨터 및 데이터 처리 기술의 발달로 비파괴 검사 결과의 2차원 및 3차원 영상화 표현기술이 연구개발의 세계적 추세로서 각광받고 있다. 또한 비파괴 검사결과의 2, 3차원 표시가 가능한 위상배열 초음파를 이용한 비파괴 검사 및 적용 연구가 국내외에서 적극적으로 행해지고 있다. 위상배열 초음파 검사 기술은 의학 분야에서, 인체내부를 영상화하기 위하여 먼저 연구와 개발이 진행되었다. 초기에는 인체의 장기에 대한 2차원 영상을 구현하기 위해 단일소자의 초음파 탐촉자를 기계적으로 회전 또는 왕복운동을 시키는 기계적 주사법을 사용하였다. 위상배열 초음파의 기본원리는 1970년대 초에 이르러 배열형 탐촉자를 이용한 전자적 주사법이 개발되면서 구축되었다. 그 후 Macovski, Kino 등에 의해 기본원리가 정리 되었다. 이러한 위상배열 초음파의 전자주사 기술은 전자회로를 이용한 스캔 컨버터(scan converter) 기능을 함께 구현하여 완성되었고, 1970년대 후반부터 전자집속(electronic focusing) 기술의 도입과 함께 성능이 급속히 발전하였다. 한편 초음파에 의한 결함의 평가에 대해서는 Paradis 등은 TOFD 기법으로 집속 탐촉자를 사용하여 Crack 높이 평가방법에 유용하다는 결론을 도출하였으며, Ogura 등은 면상결함에 대한 결함높이 평가법에 대한 연구를 수행하였다. Golan은 결함선단 회절방식에 의하여 결함 길이 평가가 가능한 방법으로 유효하다는 결론을 도출하였다. Onozawa 등은 초음파를 이용한 결함의 높이를 평가하는 방법에 대하여 연구하여 빔 퍼짐 각을 이용하여 결함의 높이 평가가 가능하다고 보고하였다.

비접촉 초음파 검사 기술은 현재 비 접촉에 의한 NDE 기법으로는 기존의 방사선투과검사(RT), 와전류탐상(ECT) 외에 비 접촉 초음파탐상 기법으로는 공중전파초음파센서(air-coupled transducer; 이하 ACT라 한다)와 전자 초음파 탐촉자(electro-magnetic acoustic transducer; 이하 EMAT라 한다), 레이저 초음파(laser-based ultrasonics; 이하 LBU라 한다)에 의한 방법 등이 있다. 비 접촉에 의한 전자초음파법의 비파괴검사에 응용은 기존의 접촉식 초음파검사에서 불가피한 접촉매질(음향 결합제)을 사용하지 않고 검사대상(금속) 표면으로부터 수 mm 정도 떨어져 초음파의 송수신이 가능한 1968년 Wallance의 논문이 발표된 이래 약 30년의 역사를 가지고 있고, 1970년대의 R. B. Thompson 등은 로렌쯔 힘 및 자왜효과를 이용한 EMAT의 구동 원리를 상세히 검토하였고, 1980년대에는 B. W. Maxfield 등에 의해 연구가 진행되었으며 현재도 급속히 연구가 진행되고 있다.

유도초음파 기술은 유도초음파(ultrasonic guided wave)법은 구조물의 기하학적인 구조를 따라 전파하는 파로서, 광범위 비파괴탐상을 효율적으로 수행할 수 있다는 점에서 여러 분야에 적용될 수 있고, 기존의 종파나 횡파를 사용한 국부검사(point by point)법에 비해 탐촉자의 이동 없이 고정된 지점으로부터 대형 설비 전체를 한 번에 탐상할 수 있을 뿐만 아니라 절연체나 코팅재의 제거 없이 구조물이 설치된 그대로 검사를 수행할 수 있어 기존의 비파괴기법에 비해 시간적, 경제적 효율이 뛰어나다.

수침검사 기술은 수침법은 유연성이 높으므로 여러 분야의 검사 적용에 사용된다. 탐촉자를 바꾸지 않고도 입사각도를 변경할 수 있으며, 탐상 중에 발생할 수 있는 탐촉자의 마모를 방지할 수 있다. 따라서 자동검사에 유리하고 복합 재질에 사용할 경우 임피던스 적용성이 높아진다.

물은 수침법에 사용되는 주요한 매질로서 가격이 저렴하며 구하기가 쉽다는 장점이 있다. 화학적 생물학적 반응을 방지하기 위해 여러 가지의 첨가물을 넣어서 해결할 수 있다.

대구경 초음파 탐촉자를 사용한 defocusing 방법은 최근 세라믹 코팅 층의 건전성 및 금속재료의 경년열화 등의 재료 물성 평가 및 표면에 존재하는 크랙의 깊이 측정을 위해 효과적으로 사용되어 왔다.

따라서 본 논고에서는 초음파를 이용한 전력설비에 대한 전반적 검사방법 및 이론적용 등에 대한 일반적 고찰을 통해 초음파에 의한 제반 기술적 사항을 고찰하고자 하였으며 본 서의 제목도 이러한 뜻에서 [전력설비 속내진단의 눈, "초음파"]라고 정하였으며 이러한 초음파의 다양한 응용분야와 기술적 특성을 잘 활용하고 응용하여 전 전력설비의 건전성 및 전력공급의 안전성을 기하는 토대를 구축하는데 조금이라도 도움이 되었으면 한다.

목 차

CHAPTER 1

초음파, 그 본질과 특성

1.1 초음파의 탄생 배경

1 비파괴 속 초음파

성수대교 붕괴나 삼풍백화점과 같은 대형참사 이후 초음파를 이용한 비파괴검사의 필요성에 관한 기사들이 언론매체에 종종 등장하고 있으며 원자력발전소 가동중 검사 및 발전설비의 예방정비 수행 시에도 비파괴검사가 많은 부분을 차지하고 있어 그 중요성은 언급하지 않아도 충분하다. 이와 같은 초음파 활용 기술들은 초음파가 전달하는 에너지를 이용하는 기술과 초음파가 전파하는 신호를 이용하는 기술로 분류할 수 있다. 초음파의 본래 뜻은 인간의 가청 주파수범위(20 Hz~20 kHz)보다 높은 주파수의 음파인데, 산업용으로 다양하게 활용되면서 우리주위에서 쉽게 접할 수 있는 매체가 되었다. 그런데 이러한 초음파와 다른 일반적인 비파괴 검사와의 관계를 먼저 규명해 보는 것이 초음파를 이해하는데 도움이 될 것으로 판단하여 초음파의 관한 기본적인 사항의 모든 것을 알아보기 전에 우선 설명하고자 하였으며, 이후에 초음파를 세세히 살펴보고자 하였다. 이러한 사유로 이장의 제목을 '초음파, 그 본질과 특성'으로 정하였다.

사실, 비파괴시험이라고 하는 것은 재료의 물리적 성질이 결함의 존재로 인해 변화하는 사실을 이용해서 그 변화량을 측정함으로서 결함의 존재를 추정하고 이에 대한 제반 정보를 얻어내는 기술이다. 즉 재료의 물리적 성질을 현재 비파괴시험에 이용하는 것으로서, 방사선에 대한 성질, 탄성파에 대한 성질, 전기/자기적 성질, 열적성질 및 표면에너지의 성질, 기타 여러 가지 성질 등으로 구별할 수 있다.

이러한 관점에서 비파괴시험법엔 크게 표면시험(Surface examination) 과 체적시험(Volumetric examination), 기타 시험법으로 대별되는데 여러 가지 비파괴 시험법 중 각종 공업규격에서 많이 활용하는 것으로써 표면시험엔 육안시험(VT : Visual testing), 액체침투탐상시험(PT : Liquid penetrant testing), 자분탐상시험(MT : Magnetic particle testing) 및 와전류탐상시험(ET : Eddy current testing)이 있으며, 체적시험으로는 초음파탐상시험(UT : Ultrasonic testing), 방사선투과시험(RT : Radio graphic testing)이 있다. 와전류탐상시험을 혹자는 체적시험에 포함하기도 한다. 이러한 각 시험법의 특징을 간단히 정리하면 다음과 같다.

육안시험(VT)

VT는 용접중 및 용접후 거의 모든 결함을 육안시험으로 결함의 대부분을 제거할 수 있을 정도로 비파괴시험법 중 가장 기본이면서 가장 중요한 시험 방법이다.

액체침투탐상시험(PT)

PT는 금속이나 비금속에 적용가능하나 표면개구 결함만이 검출할 수 있다. 균열의 깊이는 측정이 어렵다. 시험편의 시험전 세척, 시험온도, 침투제의 종류, 침투시간, 현상기술 등이 검출도에 영향을 준다.

자분탐상시험(MT)

MT는 강자성재료의 표면 및 표면하 결함을 검출할 수 있으며, 열처리균열과 같은 미세한 표면균열을 검출할 수 있다. 표면균열일 때 그 길이는 알 수 있지만 균열의 깊이는 측정하기 곤란하다. 자화방법, 자분의 적용, 검사원의 숙련도가 검출도에 영향을 주며 자성재료에만 가능한 방법이다.

와전류탐상시험(ECT)

ECT는 도체표층에 생긴 균열, 부식공 등을 찾아낼 수 있다. 비접촉으로 고속탐상이 가능하므로 튜브, 파이프, 봉 등의 자동탐상에 많이 이용된다.

초음파탐상시험(UT)

UT는 균열 등 면상결함의 검출능력이 방사선투과시험보다 우수하다. 그러나 초음파가 균열면에 될 수 있는대로 수직하게 입사하도록 탐상조건을 선정하는데 주의해야 한다. 균열깊이 측정법으로 여러 가지 방법이 제안되어 왔다.

방사선투과시험(RT)

RT는 방사선의 조사방향에 평행한 방향으로 놓인 결함을 검출하는데 우수하다. 결함의 종류, 형상을 쉽게 알 수 있으나 라미네이션(Lamination)과 같이 방사선의 조사방향에 직각방향으로 기울어져 있는 균열은 검출되지 않는다. 특별한 촬영기법을 사용하여 결함깊이를 측정할 수 있다. 이 시험법은 면상결함보다 구상결함의 검출도가 높다.

기타시험법

용접을 전부 완성한 후 구조물 및 압력용기의 최종 건전성을 확인하기 위하여 유압시험 및 누출시험을 행한다. 이외에 음향방출시험(AE : Acoustioc emission examination)이 있는데, 이는 상기의 비파괴시험법은 넓은 면적을 단번에 시험할 수 없으며, 시험부위의 다른 구조물이 부착되어 있어 시험이 어렵거나 시험자의 숙련도에 크게 좌우되고 균열발생 원인의 규명이 어렵다는 단점을 가지고 있는데 반해 음향 방출시험은 이런 문제를 다소나마 해결할 수 있다. 음향방출시험은 재료가 변형을 일으킬 때나 균열이 발생하여 성장할 때 원자의 재배열이 일어나며 이때 탄성파를 방출하게 되는데 이 탄성파를 검출함으로서 재료의 실시간 상태를 진단할 수 있다.

2 음파의 분류

초음파를 이용하여 전력설비에 대한 비파괴검사를 수행하기 위해서는 음파가 갖는 일반적인 특성과 매질내의 전달특성, 초음파만이 갖고 있는 자체적인 특성 등을 알아야 하므로, 본장에서는 초음파의 제반 특성에 대하여 원리적으로 알아보고자 한다.

소리(Sound)란 공기의 분자들이 압력이 높은 부분과 낮은 부분이 반복적으로 나타나는 일종의 진동, 즉 파동(波動)이라고 할 수 있다. 예를 들어 사람이 말을 했을 때 성대가 진동하고 그 진동은 근처의 공기입자들을 진동시키면서 그 입자의 진동은 파도가 밀려가는 것과 같이 멀리 퍼져나간다. 이 소리가 다시 사람의 귀에 들어오면서 진동으로 인하여 소리를 감지하게 된다. 즉, 음파(Sound Wave)는 입자의 기계적 진동이다. 다시 말하면, 물체를 구성하고 있는 입자에 진동을 가하면 진동은 주위로 퍼져나가는데 진동이 퍼져나가는 상태가 파(Wave)이다. 입자들의 진동이 연쇄적으로 일어나게 되는 것은 입자와 입자사이에는 보이지 않는 힘이 존재하기 때문인데, 이 힘을 입자간의 결합력이라 한다. 이 결합력은 고체, 기체, 액체 모두에 존재하나, 그 중 고체의 결합력이 가장 크고 기체가 가장 작다. 음파는 크게 나누면 가청음(可聽音)과 비가청음으로 크게 분류할 수 있다. 가청음은 사람이 들을 수 있는 소리를 말하며, 비가청음은 사람의 청각으로는 들을 수 없는 범위의 음파를 말한다. 음파는 주파수 영역에 따라 그림 1.1과 같이 여러 가지 부분으로 분류할 수 있다.

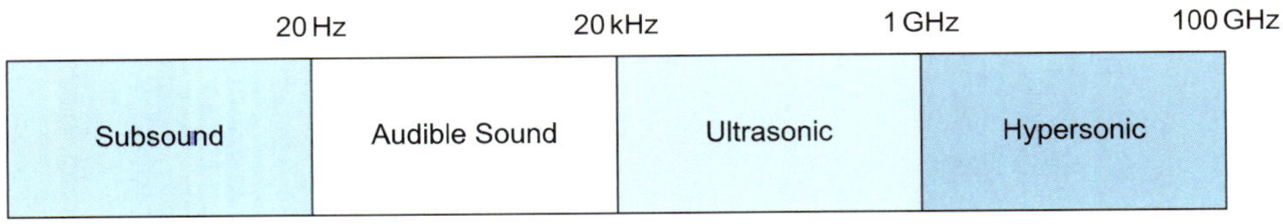

그림 1.1 음파의 분류

일반적으로 음파는 사람이 들을 수 있는 주파수 범위, 즉 20~20000 Hz 정도를 말하며 이 범위의 주파수를 가청(可聽)주파수라 하며, 이외의 범위의 주파수를 갖는 음파를 넓은 의미에서 초음파라고 한다. 그러나 일반적으로 초음파(Ultrasonic)는 대략 20 kHz~1 GHz의 주파수를 갖는 음파를 말하며 보통 초음파 탐상검사에서 사용되는 주파수 범위는 0.1~25 MHz 정도이다. 또한 실제 접촉법으로 금속재료를 초음파 탐상하는 경우에는 1~5 MHz 정도의 초음파가 가장 널리 사용되고 있다.

3 음파의 성질

초음파 탐상을 수행하는 검사자가 탐상결과를 정확하게 판독하고 판정하기 위해서는 아래에 설명하는 초음파의 성질을 충분하게 숙지하고 있어야 한다. 아무리 복잡해 보이는 파동이라도 규칙적으로 반복되는 주기적인 파동들의 합으로 설명될 수 있기 때문이다.

1) 음파의 속도

공기중에서 음파의 속도는 340 m/s이라고 알려져 있으나 온도의 변화에 따라 변화한다. 공기중에서의 음속은 다음과 같은 식에 따라 변한다.

$$V = 331\ \text{m/sec} + 0.1\ T \tag{1.1}$$

철이나 알루미늄과 같은 금속에서는 음속은 거의 일정하며 일반적으로 상온에서 온도에 의한 변화는 고려하지 않는다. 음파가 전파되는 매질(媒質)이 달라지면 음속도 달라진다. 예를 들어 벽에 귀를 대고 소리를 들어보거나 물속에서 전달되는 소리를 들어보면 공기중으로 전파되는 음파의 속도와 다르다는 것을 느낄 수 있다.

$$음속(V) = \sqrt{탄성계수/밀도} \tag{1.2}$$

즉, 음속은 주파수에 관계없이 음파가 전달되는 매질의 종류에 따라 거의 일정하다. 상온에서 주요 물질에 대한 음속은 표 1.1과 같다.

표 1.1 각 물질에 대한 밀도, 음속 및 음향 임피던스

재질	밀도 (kg/m^2)	횡파속도 (m/s)	종파속도 (m/s)	음향임피던스 (kg/m^{2}s)
Aluminium	2,700	3,130	6,320	17,064
Aluminium oxide	3,600	5,500	9,000	32,400
Bismuth	9,800	1,100	2,180	21,364
Brass	8,100	2,120	4,430	35,883
Cast iron	6,900	2,200	5,300	24,150
Concrete	2,000	–	4,600	9,200
Copper	8,900	2,260	4,700	41,830
Glass	3,600	2,560	4,260	15,830

2) 음파의 표시

음파를 포함한 모든 파의 진행은 매질의 이동이 아니고 에너지만을 전달하는 것인데 이와 같은 음파의 표시는 아래와 같이 한다.

진폭(Amplitude)

파동이 가장 높은 곳을 마루, 가장 낮은 곳을 골이라 하는데 그림 1.2에 나타난 바와 같이 파동의 중심에서 골 또는 마루까지의 크기를 진폭이라 하며 진폭이 클수록 전달되는 에너지의 양도 많아지게 된다.

주기

주기란 매질의 각 지점이 1회 진동하는 시간, 즉 한파장이 지나는데 필요한 시간을

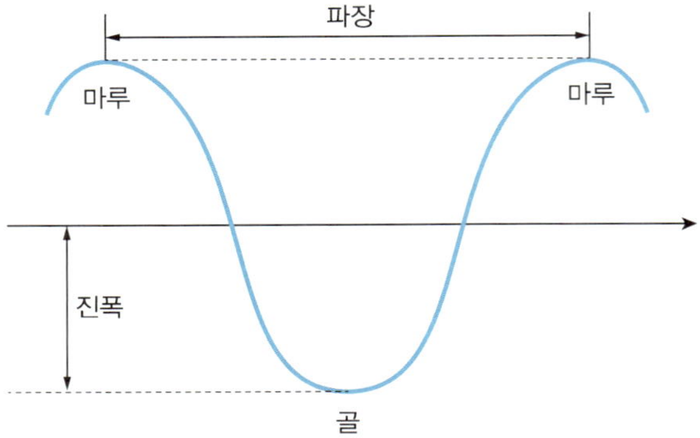

그림 1.2 파의 표시

말한다. 다시 말하면 처음의 위치에서 골과 마루를 거치는 동안 위상(Phase) 변화를 일으키면서 다시 처음의 위치로 되돌아 올 때까지의 시간을 말한다. 또한 1주기 동안 진행된 파동, 즉 처음의 위치에서 다시 처음의 위치로 되돌아올 때까지의 파동을 Cycle이라 한다. 주기는 주로 T로 표시한다.

주파수(ν: Frequency)

1초 동안에 진동한 Cycle의 수를 의미하며 단위는 Hz(Hertz)로 표시한다. 일반적으로 희랍어의 ν(un)로 표시하며 진동수와 혼용하여 사용한다. 주파수는 주기의 역수로 나타난다.

$$\nu = \frac{1}{T} \tag{1.3}$$

주파수가 높아지면 파동의 특성보다 입자의 특성이 커지므로 투과력이 약해져, 초음파 탐상시 시험체의 두께가 두꺼운 경우에는 저주파수를 사용한다.

즉, 주파수의 단위는 $\sec^{-1}$으로 나타난다.

위상(phase)

매질의 각 점들의 운동상태는 수시로 변하며 이 때 어느 순간 어떠한 운동상태에 있는가를 나타낸 것을 위상이라고 한다. 여기서 매질들의 운동을 살펴보면 Sine 곡선을 그린다는 것을 알 수 있다. 따라서 어느 순간 매질의 운동상태를 그 때의 Sine 곡선에서 각도로 나타내주면 편리하다. 또 공간적으로 보면 이러한 운동 상태가 반복되므로 한 파장의 어느 부분에 해당 하는가로 나타낼 수도 있다. 이와 같이 매질의 진동 상태를 나타내는 위상은 각도나 파장의 비율로 나타내어 사용하고 있다.

파장(v)

파장이란 입자가 완전한 1회의 진동 또는 궤도를 만드는 동안 진행된 파의 거리로 서술되며, 희랍어의 λ(Lambda)라는 기호를 사용한다.

$$\lambda = \frac{V}{F} \tag{1.4}$$

여기서 λ : 파장, V : 속도, F : 주파수이다.

초음파 탐상에서 초음파의 파장이 짧을수록 불연속의 검출감도가 높아진다.

파동의 전파속도(v)

속도란 거리를 시간으로 나눈 값이므로 파동의 전파속도는 다음의 식(1.5)와 같이 나타난다.

$$\nu(m/\mathrm{sec}) = \frac{\lambda(m)}{T(\mathrm{sec})} = \lambda(m) \times \nu(\mathrm{sec}^{-1}) \tag{1.5}$$

여기서, λ : 파장, T : 주기, ν : 주파수

즉, 파동의 전파속도는 파장의 주파수와 곱으로 나타난다. 앞서 설명한 바와 같이 음속은 주파수에 관계없이 음파가 전달되는 매질의 종류에 따라 거의 일정하므로 주파수가 높은 음파는 파장의 길이가 짧아지게 된다. 음파의 투과는 고체물질에서만 제한되는 것이 아니며 공기, 기름, 그리스 등과 같은 물질에도 초음파는 투과한다. 따라서 초음파의 속도는 이러한 매질내를 전파할 때 그 매질의 입자농도와 매질의 상태에 따라 달라진다.

파면

파동이 진행하는 것을 보면 매질의 진동상태(파동의 위상)가 같은 곳들이 있음을 발견하게 되는데, 이것을 나타낸 선이나 면을 파면이라고 한다. 파면은 항상 파동의 진행방향에 수직으로 존재하며, 파동을 파면의 모양에 따라 원형파, 직선파, 구면파, 평면파 등으로 나누기도 한다.

음파가 동일 매질을 통과하는 동안 음속은 일정하므로 주파수가 높은 음파는 파장이 짧아지고 저주파수의 음파는 파장이 길어지게 된다. 따라서 앞서 설명한 바와 같이 주파수와 파장은 일차적으로 초음파의 투과능력 및 결함의 검출감도와 관련되므로 실제 검사시 적절한 주파수를 사용해야 검사의 효율성을 높이게 된다.

즉, 작은 결함을 검출하기 위해서는 가능한 파장이 짧아야 하므로 사용 가능한 주파수범위 내에서 고주파수를 사용해야 하는데, 초음파가 시험체로 진행할 때 파장이 짧을수록 시험체의 결정입계로 인한 산란반사가 많이 일어나 초음파의 진행에 어려움을 더해준다. 따라서 통상적인 검사 주파수는 검사규격에 규정된 범위 내에서 시험체의 두께 및 결함의 크기를 고려하여 결정한다.

3) 음향 임피던스(Z : Acoustic Impedance)

재질에서 음파의 진행을 방해하는 것을 말하며, 전기에서 전류의 흐름을 방해하는 저항과 같은 개념으로 보아도 무방하다. 탐촉자로부터 재질에 초음파를 송신하였을 경우 초음파에너지의 대부분은 반사되고 단지 일부만이 재질에 전달된다. 음파에너지의 대부분은 한 물질에서 다른 물질로 진행할 때 두 다른 물질의 계면사이에서 반사한다. 음파의 반사량은 음향임피던스에 따라 좌우된다. 여기서 음향 임피던스란 재질이 음파의 진행을 방해하는 것을 의미한다. 음향임피던스는 서로 다른 재질에서의 음속의 차에 의해 나타나며, 이는 재질내에서 음의 감쇠의 원인이 된다. 특정 재질의 음향임피던스는 재질의 밀도에 음속을 곱한 값으로 계산한다. 즉 음향 임피던스를 Z, 재질의 밀도를 ρ, 음속을 V라 하면 음향 임피던스(Z)는 재질의 밀도(ρ)와 음속(ν)의 곱한 값 아래 식(1.6)으로 나타난다.

$$Z = \rho\nu \tag{1.6}$$

공기는 상대적으로 낮은 음향임피던스 값을 갖는다. 물의 음향임피던스는 공기보다 높으며, 알루미늄이나 철에서는 보다 높은 임피던스 값을 갖는다.

두 재질 사이에서의 임피던스 비는 어떤 한 재질의 임피던스 값을 다른 재질의 임피던스 값으로 나눈 값이다. 음파가 제1 매질에서 제2 매질로 진행할 때. 임피던스 비는 제2 매질의 임피던스를 제1 매질의 임피던스로 나눈 값이다. 이 비가 높을수록 초기에너지는 더 많이 반사하게 된다. 공기는 매우 낮은 임피던스 값을 갖기 때문에 공기와 다른 어떤 재질의 계면에서 대부분 반사하게 된다. 높은 임피던스 비를 임피던스 불일치라 한다. 예를 들어 임피던스비가 5/1이면, 임피던스 불일치는 5:1이며, 액체와 금속 계면에서의 임피던스 비는 20:1(약 80% 반사)인 반면 공기와 금속 사이의 계면에서의 임피던스 비는 100,000:1(거의 100% 반사)이다.

4) 음압의 표시

음압(Sound pressure)이란 음파로 인한 단위 면적당 가해지는 힘의 크기를 말하는데 실제 초음파 탐상검사에서 음압(Sound Pressure)의 절대 크기를 알아보는 것은 큰 의미가 없으며, 실제적으로는 입사와 반사 또는 입사와 투과시 음압의 비율 등이 매우 의미가 있다. 음압의 비를 대수(Logarithm)로 나타낸 단위가 dB(decibel)이다.

여기서 deci란 1/10을 의미하므로 1 bel = 10 decibels(dB)이 된다.

따라서 들어올 때의 음압(P_1 : Input Power)과 나올 때의 음압(P_2 : Output Power)의 비에 상용대수를 취하면 “bel”이 된다.

즉,

$$\text{bel} = \log_{10}\frac{P_2}{P_1} \tag{1.7}$$

또한 음의 세기는 강도(I)의 제곱에 비례하므로

$$\text{bel} = \log_{10}\frac{I_2^2}{I_1^2} = 2\log_{10}\frac{I_2}{I_1}$$

가 된다.

따라서 1 bel = 10 dB이므로 데시벨(dB)은 다음의 식으로 표시된다.

$$db = 20\log_{10}\frac{I_2}{I_1} \tag{1.8}$$

I_1 : Input, I_2 : Output

예를 들어 에코우(Echo) 높이의 비가 2배가 된다면, 즉 $I_2/I_1 = 2$가 된다면 $\log_{10}2 \doteqdot 0.3$이므로 6 dB가 되고 4배가 된다면 12 dB가 된다.

여기서 I_2, I_1은 음압, 파의 진폭, 전압, 결함의 면적 등에 모두 적용하여 사용할 수 있다.

$$P = Za \tag{1.9}$$

여기서 P : 음압, Z : 음향 임피던스, a : 입자의 진폭

음향의 강도는 파의 진행방향에 수직인 단위면적당 진행하는 초음파의 기계적 에너지의 투과강도를 말하며 I로서 표시한다. 초음파의 강도 I는 음압 P와 음향임피던스 Z와 입자의 진폭 a와의 함수이다.

$$I = \frac{P^2}{2Z} \tag{1.10}$$

그리고

$$I = \frac{Pa}{2} \tag{1.11}$$

초음파가 음향임피던스가 다른 두 매질의 경계면에 입사하면 경계면에서 일부는 반사하고 일부는 투과하게 된다. 이때 반사 및 투과되는 초음파의 음압비율은 초음파가 진행하는 두 매질의 음향 임피던스의 차이에 따라 달라진다. 제1 매질과 제2 매질의 경계면에 초음파가 좌측에서 우측으로 수직으로 진행할 때 그 입사되는 음의 크기, 즉 음압을 P_i라 하고 제2 매질로 투과된 투과음압을 P_r라 하면 입사파의 음압에 대한 반사파의 음압의 비, 즉 음압 반사율 γ는 다음식과 같다.

$$\gamma = \frac{P_r}{P_i} = \frac{Z_2 - Z_1}{Z_1 + Z_2} \tag{1.12}$$

여기서 γ : 음압 반사율

Z_1 : 제1 매질의 음향 임피던스, Z_2 : 제2 매질의 음향 임피던스

일반적으로 식(1.12)는 절대값의 형태로 나타난다. 이식의 물리적인 의미를 살펴보면 두 매질이 같을 경우 $Z_1 = Z_2$가 되어 반사 음압은 없게 된다. 즉 음압 반사율 γ는 0이 된다. 또 두 매질간의 음향 임피던스 차이가 적을 때, 즉 용접부의 모재부분과 용접금속과 같이 두 매질의 음향임피던스의 차이가 1% 이내일 때는 거의 반사하지 않는 것으로 생각할 수 있다.

이와 반대로 두 매질의 음향 임피던스 차이가 심하면 음압반사율은 1에 가까워지므로 거의 100% 반사하게 된다. 따라서 철과 공기의 경계면에서는 완전히 반사한다.

※ 데시벨(dB)

음압의 비, 전압의 비, 에코 높이의 비, 등과 같이 2개의 수치의 비를 대수를 사용하여 수치를 압축하여 표시하는 단위가 "데시벨"이며 기호 dB로 나타낸다.

1 decibel은 1/10 bel이며, bel이란 밑을 10으로 하는 logarithm의 단위이다.

예를 들어 물리학에 있어서 두 힘 P_1과 P_2의 비가 10^n일 때, 두 힘은 n bel의 차이가 있다고 말할 수 있다.

$$\frac{P1}{P2} = 10^n$$

즉 양변에 밑이 10인 log를 취하면

$$n = \log_{10}\frac{P1}{P2}\,\text{bels}$$

또 1 bel=10 decibels이므로

$$n = 10\log_{10}\frac{P1}{P2}\,\text{decibels}$$

음의 세기는 강도(amplitude)의 제곱에 비례하므로 강도 A1과 A2에 대해서 n을 다음과 같이 나타낼 수 있다.

$$n = 10\log_{10}\frac{A1^2}{A2^2}\,\text{decibels}$$

$$n = 20\log_{10}\frac{A1}{A2}\,\text{decibels}$$

즉 A1/A2의 값이 2가되면 6 dB, 4가되면 12 dB, 5가 되면 14 dB, 10이 되면 20 dB가 된다.

요컨대, dB 표시는 실수표시의 비를 위에서의 dB식으로 나타낸 것이다. 초음파탐상에서 에코의 높이를 dB로 표시하므로 다음 표의 dB값을 기억할 필요가 있다.

비의 값(A1/A2)	10	5	2	1	1/2	1/5	1/10
dB 값	20	14	6	0	−6	−14	−20

4 음파의 종류

모든 물질은 원자로 구성되어 있으며 이들 원자들은 핵력으로 연결되어 있다. 이 핵력을 탄성핵력이라 한다. 즉, 그림 1.3과 같이 원자들이 탄성핵력(스프링)으로 연결되어 있다고 가정해 보자. 이들 원자에 어떠한 힘이 가해지면 진동을 하게 된다. 이때 원자 상호간에 존재하는 핵력으로 인하여 한 원자의 진동이 근접한 원자에 전달되어 진동시키게 되며, 이러한 진동이 연속적으로 주변의 원자들에 전달되게 된다. 만일 모든 원자들이 밀접하게 연결되어 있다면 이 원자들은 하나의 원자와 같이 동시에 진동을 하게 되며 진동양식도 동일하게 나타날 것이다.

음파는 매질 내에서 진행하는 파의 방향에 대한 입자의 진동방식에 따라 여러 가지가 있으나, 초음파 탐상검사에서 주로 사용되는 음파의 종류에는 종파(Longitudinal Wave), 횡파(Transverse Wave), 표면파 (Surface Wave), 판파(Plate Wave)등이 있다.

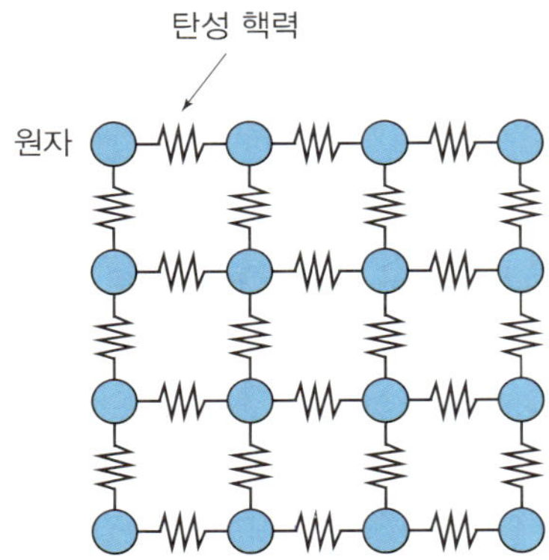

그림 1.3 탄성체의 모형

1) 종파(Longitudinal wave)

종파란 입자의 진동이 파의 진행방향과 같은 즉, 진행방향이 입자의 움직이는 방향과 같은 방향인 전후로 움직여 진동을 전달하므로 밀(compression)한 부분과 소(rarefaction)한 부분이 연속적으로 나타난다(그림 1.4). 이 파의 진행양식은 공기 중에서 음의 진행과 같다. 종파의 음속은 각종 파의 진동 양식 중 가장 빠르며, 입자의 움직이는 속도와 움직임이 전달되는 속도와는 관계가 없고, 일명 압축파(Compression wave) 또는 L-파라고도 한다. 이 파의 형태는 초음파탐상에서 주로 사용하는 진동양식이며 이 파로부터 다른 형태의 파로 변환을 한다. 종파는 고체, 액체, 기체 모두의 매질에서 진행 할 수 있다. 종파를 발생시키는 재질중의 하나인 X-cut 수정은 수직탐촉자에 사용되고 있다.

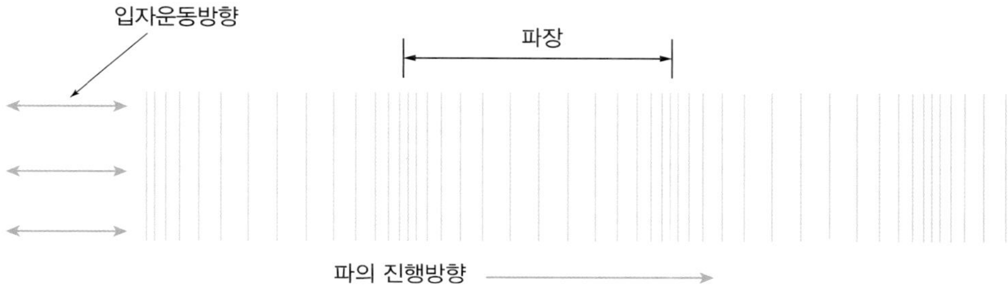

그림 1.4 종파의 진행 모드

2) 횡파(Shear Wave, Transverse wave)

횡파(Transverse wave, Shear wave, S-wave)는 종파와 더불어 초음파탐상에서 빈번하게 사용되는 파의 종류로서 음파의 진행방향에 수직으로 입자의 진동을 갖는 파이다(그림 1.5). 횡파는 동일한 재질에 대하여 대략 종파속도의 1/2 정도의 속도를 가지며 파장도 종파보다 대단히 짧다. 횡파의 특성중의 하나는 액체와 기체에는 횡으로 움직이는 탄성 즉 전단력에 대한 저항이 없기 때문에 횡파가 존재하지 않고 종파만이 존재한다. 고체 중에는 종파와 횡파가 함께 존재한다. 따라서 초음파탐상은 주로 고체를 대상으로 하기 때문에 항상 종파와 횡파의 존재를 고려하여야 한다.

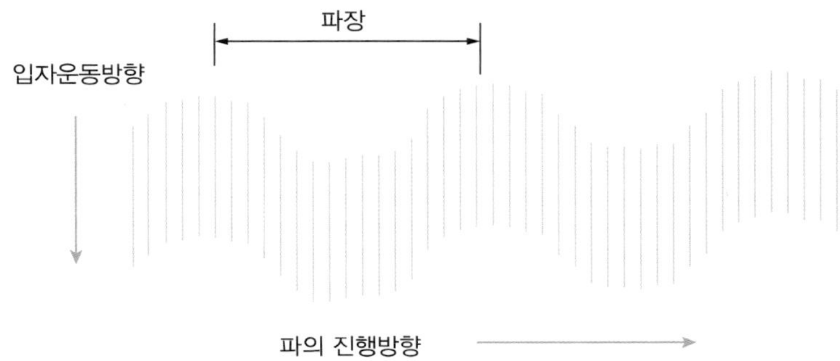

그림 1.5 횡파의 진행 모드

3) 표면파(Surface wave)

표면파는 표면부근에 에너지가 집중되어 있는 특수한 파로서 표면을 따라 전달된다. 표면파는 그 발견자의 이름을 따 Rayleigh Wave라고도 한다. Rayleigh wave는 전달 방향이 표면에 평행하며 원자의 운동은 타원모양으로 움직인다(그림 1.6). 이 파형은 실제적으로 전단파와 종파의 조합(Combination)에 의하여 나타나며, 전단파보다 몇 퍼센트 낮은 속도로 이동한다. Rayleigh wave의 상의 진폭이 깊이에 의존하기 때문에 이러한 파를 불균일(inhomogeneous)파라고도 한다. 일반적으로 물체의 표면결함을 검출할 때 사용하며 음속은 횡파의 90% 정도에 해당한다.

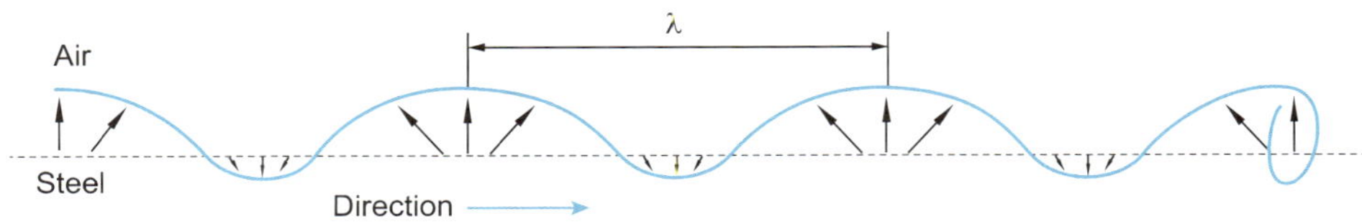

그림 1.6 표면파의 진행 모드

4) 판 파(Plate Wave)

판 파란 판을 통과하는 파동양식이며, 주로 얇은 판에서 양쪽면으로 파가 진행되므로 박판의 결함 검출에 사용되며 Lamb Wave라고도 한다(그림 1.7).

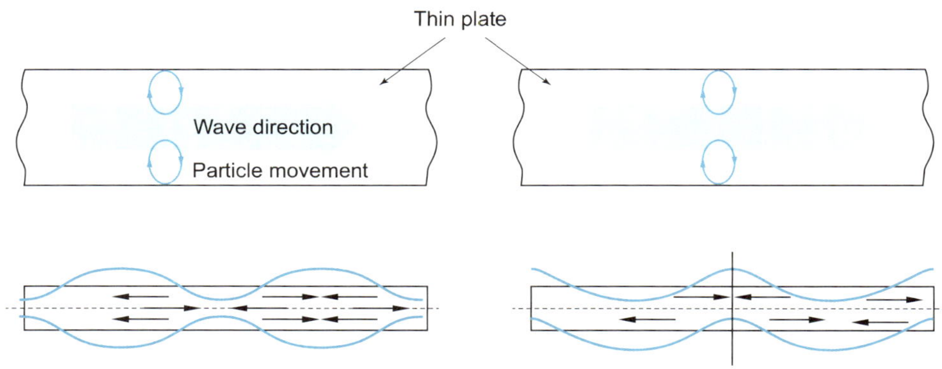

그림 1.7 판 파의 진행 모드

5 초음파 특성

초음파는 물질내의 평행상태로 있는 원자 또는 분자의 진동으로 얻어지는 탄성파이다. 이는 빛과 X-선과 같은 전자파와는 달리 가청음과 같은 음파의 특성이 있어 고체, 액체, 기체를 통하여 전달되며 진공 중에서는 전달되지 않는다.

음파를 이용한 탐상검사에서 초음파 탐상검사가 가장 널리 적용되는 이유는 초음파만이 갖는 고유한 특성이 있기 때문이다. 초음파는 일반적인 음파가 지닌 특성을 지니고 있으나 또 한편으로는 매질이 다른 경계면에서는 반사하는 것과 같이 빛과 같은 전자파의 특성도 일부 지니고 있다.

초음파가 탐상검사에 적용되는 특성을 살펴보면 다음과 같다.

(1) 지향성이 좋다.
(2) 동일 매질에서는 속도가 일정하며, 매질이 달라지면 속도가 달라진다.
(3) 진행거리가 비교적 길다.
(4) 온도변화에 대해 속도가 거의 일정하다.
(5) 재질이 다른 경계면이나 불연속면에서는 반사를 한다.
(6) 조건에 따라서 파형변이가 일어난다.

1.2 초음파의 발생 방법

음파의 발생은 북을 두드리면 막이 진동을 하게 되어 음파를 발생시키는 것과 같은 방법으로 이루어진다. 그러나 이와 같은 음파의 주파수 범위를 주로 가청주파수 영역이므로 이보다 높은 주파수대의 초음파를 얻기 위해서는 진동자(Transducer)를 사용하여야 한다.

탐상검사에 사용되는 초음파를 발생시키는 방법에는 진동자를 이용하는 방식이 널리 사용되는데 진동자의 양면에 도금을 하여 전극으로 연결하고 양전극 사이에 전압을 가하면 전압의 크기와 전하 등에 따라 진동자가 신축하여 진동으로 바뀌어 초음파가 발생하게 된다. 진동자의 재질, 두께 및 진동자에 가하는 전압 또는 전류의 발생방법 등에 따라 발생되는 초음파의 성질이 다르게 나타난다.

초음파를 발생시키기 위해서는 결국 그 매질의 일부분을 원하는 초음파와 동일한 주파수로 진동시키면 되는데 그 매질의 종류 및 주파수대에 따라서도 여러 가지 발생

방법이 있다. 초음파의 발생방법에 대해 살펴보면 다음과 같다.

1 압전효과(piezoelectric effect)

압전성 재질은 외부로부터 기계적 압력이 가해지면 압전재질 표면에 전하를 띠는 성질을 갖는다. 이러한 성질은 1880년 Curie 형제에 의해 전기석에서 발견되었다. 곧이어(1881년) 그 반대현상, 즉 압전재질을 두 전극 사이에 넣고 전기적 에너지를 적용하면 재질이 변하는 것을 발견하게 되었다. 이런 현상 즉 전기적 에너지를 기계적 에너지로, 반대로 기계적 에너지를 전기적 에너지로 바꾸는 현상을 압전효과(piezoelectric effect)라 한다.

압전효과(piezoelectric effect)의 압전성 결정은 장력(張力), 압력 등 응력을 가해서 어떤 방향에 변형을 일으키게 하면, 그 결정의 마주 대하고 있는 면에 음양의 전하가 나타나(유전분극 : polarization) 전하량은 변형의 양에 대략 비례하고, 변형의 방향을 반대쪽으로 하면 전하의 부호도 반대로 된다(압전기 직접 효과 또는 정압전 효과라고도 한다). 또 역으로, 외부에서 전계를 걸어 주면 왜곡이 생기는데(역압전 효과) 그 크기는 전계와 대략 비례하고, 전계의 방향을 반대로 하면 변형의 방향도 반대가 된다. 두 현상을 총칭해서 압전효과라고 한다. 결정을 자르는 방법에 따라 변형의 방향과 전하가 나타나는 방향과 같게(압전기 세로 효과) 할 수도, 또한 미끄럼 변형이 되도록 할 수도 있다.

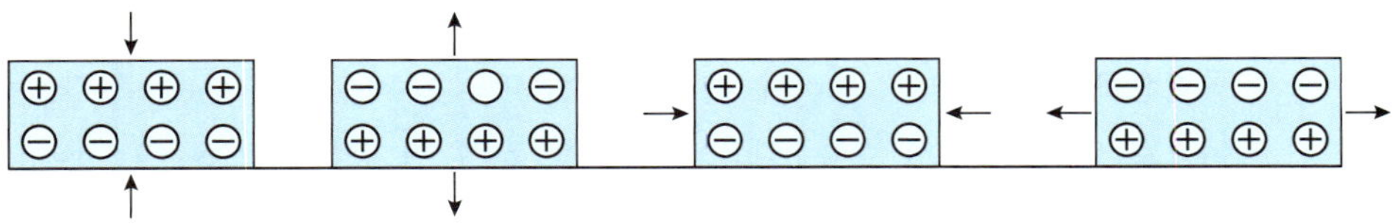

(a) 정압전 효과(변형에 의해 전하 발생)

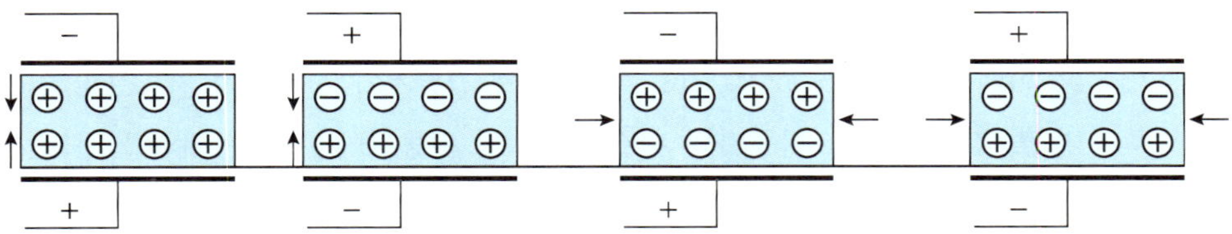

(b) 역압전 효과(전계에 의해 변형 발생)

그림 1.8 압전효과

이러한 압전 현상은 결정 물리학의 한 분야로서, 현상 이론이 확립되어 이 이론을 기초로 해서 전기 음향 변환 소자, 진동자, 필터 등 갖가지의 압전 응용기기가 개발되었다. 압전 재료로서 인공 수정, 티탄산 바륨, 세라믹, PZT, $LiNbO_3$, $LiTaO_3$ 등 탁월한 재료가 등장했고, 최근에는 일본에서 발전된 고분자 압전 필름 PVDF가 그 특색 있는 성질에 의해서 새로운 응용에의 길을 나타내 주고 있다. 압전 현상은 이렇게 현상론적 또는 실용적으로 잘 조사되었다고 하지만, 분자론적인 고찰에 대해서는 아직도 진보되지 않은 것들이 있다. 예를 들어 응력을 주었을 경우에 생기는 전기 분극은 격자 역학적인 고찰로써 이온의 움직임을 알 필요가 있고, 또한 위치가 알려져도 전하가 정밀하게 알려지지 않는다면 분극에 대해서 평가할 수 없다. 현재로서는 이온의 움직임에 있어서의 모델이 표시되어 있으나 아직 정성적인 연구가 활발하게 진행되어야 한다.

압전효과가 발견된 후 많은 재질에서 압전 특성이 발견되었으며 초음파 탐상검사에 적용되는 재질은 표 1.2에 나타난 것들로 한정된다. 가장 먼저 압전진동자로 사용된 것은 수정(quartz)이다.

표 1.2 각 진동자의 특성

진동자 재질	송신효율	수신효율	수침법	직접접촉	댐핑 효과
수정(Quarts)	매우 나쁨	좋음	좋음	나쁨	나쁨
황산리튬 ($LiSO_4$)	매우 나쁨	매우 나쁨	매우 좋음	매우 나쁨	매우 좋음
티탄산바륨 ($BaTiO_3$)	좋음	매우 나쁨	좋음	좋음	매우 나쁨
지르콘티탄산납	매우 좋음	나쁨	나쁨	매우 좋음	나쁨
니오비옴산납 ($LiNbO_3$)	좋음	나쁨	좋음	매우 좋음	매우 좋음

수정은 한 에너지로부터 다른 형태의 에너지로 변환능률이 나쁘기 때문에 수직 탐촉자에서만 이용되고 있을 뿐이며, 주로 초음파탐상용 탐촉자로는 압전자기(piezo-electric ceramics) 계통이 이용되고 있다.

압전효과는 결정구조(crystal structure)가 갖는 특성이며 결정구조내에서의 각 축간의 비대칭성이 압전현상의 원인이 된다. 자연상태에서 육방정계(hexagonal)인 수정의

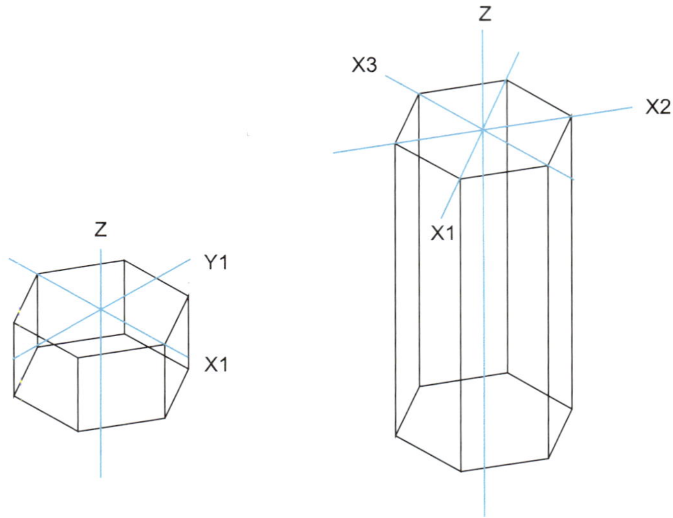

그림 1.9 수정의 결정축 위치

경우 그림 1.9에서와 같이 3축을 갖고 있다. Z축은 결정체의 길이 방향과 평행인 축이며, 3개의 Y축을 갖는데 이는 Z축과 Y축에 수직인 육각형의 중심을 지나가는 축이다.

압전효과는 그림 1.10에서 보여주는 것과 같이 축에 수직으로 자른 결정(X-cut crystal)에서 가장 잘 나타난다. X-cut 결정에서 Z축과 Y축은 결정면에 위치하며 X축은 결정면과 수직인 방향에 존재한다.

X-cut 결정에 압력을 가하면 결정체가 탄성을 가지므로 두께가 약간 감소한다. 이로 인해 결정격자내의 하전원소(charged element) 수정(SiO_2)의 경우 실리콘 및 산소이온 (−)가 자리를 이동하여 분극화(polarization)한다. 따라서 결정체의 한쪽 면은 양극(+)을 띠고 다른 쪽 면은 음극(−)을 띠게 된다. 반대로 결정이 팽창을 교대하는 음파가 결정체에 작용하면 어떤 주파수를 갖는 교류전압(alternation voltage)을 나타내게 된다. 이때 발생된 전압은 음압(sound pressure)에 비례하게 되

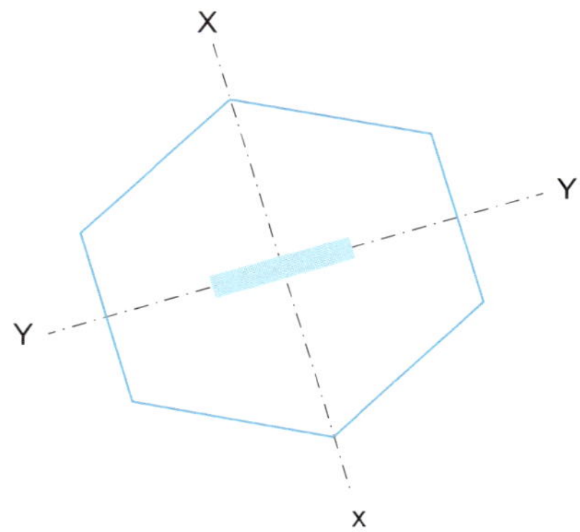

그림 1.10 X–cut 수정진동자

고, 이 결정체가 송화기(microphone)가 된다. 초음파 탐상시 수신기의 역할과 같은 것이다.

반대로 X-cut 결정에 전압을 가하면 결정의 두께가 변한다. 이때 팽창을 방해하면 인접재질에 압축력(compressive force)을 만들게 되며, 이는 적용 전압에 비례한다. 교류전압을 적용하면 압력도 교류전압과 같이 변하게 되어 종파(longitudinal wave)를 발생하게 된다.

종파발생에 사용되는 X-cut 결정에 비해, Y-cut 결정(Z축 및 X축이 Y축에 수직이며 결정면에 존재하고 Y축이 결정면에 수직)은 때때로 고체에서 횡파(transverse) 및 표면파(surface wave) 발생에 사용된다.

결정에 전계를 가해 주면 원자나 이온에 쌍극자 모멘트를 유기 시키면서 동시에 이온이 변화되어, 미약하지만 기계적인 변형을 일으킨다. 이것을 전기변형(electrostriction)이라고 부른다. 이와 반대로 외력을 가해서 변형을 주고 이온을 변위시킬 경우, 전기 분극이 생기는 경우와 생기지 않는 경우가 있다. 생기는 경우가 전술한 것과 같은 정압전 효과이고, 전기 변형의 경우는 생기지 않는다. 또한 전기 변형은 전계의 방향을 바꾸더라도 변형의 부호나 크기는 바뀌지 않는다. 이와 같이 결정에 따라 압전성을 갖는 것과 전기 변형을 갖는 것이 있으나, 이것은 결정의 대칭성에 의한 것이다.

압전효과가 결정이 대칭의 중심에서 어긋나는 경우에 생기는 것을 그림에 모형적으로 나타내었다. 예를 들어 그림 1.11(a)에서 x 방향으로 당기면 각도 γ가 커져서 y의 정방향에 분극이 생기는데, 반대로 압축하면 γ가 감소되어 y축의 부방향에 분극하게

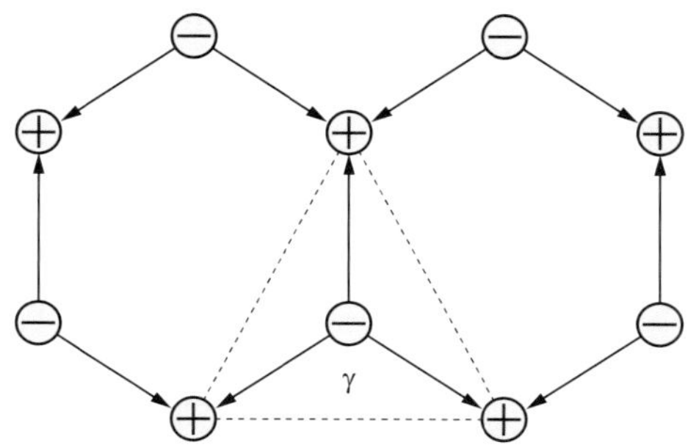

(a) 압전성을 갖는 결정모델(대칭 중심 아님)

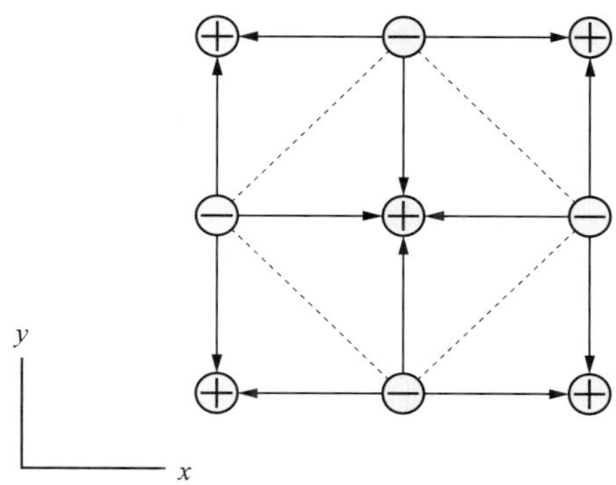

(b) 전기변형을 갖는 결정 모델(대칭 중심)

그림 1.11 결정의 대칭 중심과 압전성

된다. 여기에 대해서 그림 1.11(b)와 같이 점선으로 둘러싸여진 결정의 기본 단위가 대칭성을 갖고 있으면 당기든가 압축되던가 이온 배치에 대칭성을 잃지 않기 때문에 분극이 생기지 않는다.

이렇게 해서 결정체의 압전성은 대칭 중심이 없는 한정된 결정계에 속하는 물질에서 볼 수 있다. 따라서 결정의 압전성을 알기 위해서는 결정계, 결정족 및 결정의 대칭성에 관한 기본적 지식이 필요하다.

2 진동자의 설계

비파괴검사로써의 초음파탐상검사에 적용될 탐촉자의 설계에는 여러 상충되는 인자를 잘 조정해야 하며, 각각의 적용에 따라 인자들은 변하게 된다. 진동자를 설계할 때 기본적으로 고려할 사항으로는 (1) 진동자 재질로써의 압전재, (2) 전극의 형태 및 구성, (3) 댐핑(damping)재 및 그 특성, (4) 전면 부착물(렌즈나 shoe 등) 등을 들 수 있다.

1) 댐핑(damping)과 초음파 진동

진동자에 전기적 펄스를 가하면 진동자는 진동하게 된다. 이때 물론 전극을 통해서 10 μsec 이내 동안 지속하는 100~2000볼트의 펄스로써 적용된다, 펄스가 적용되고 일정시간이 경과하면 일정한 값의 강도에 도달한다. 이때 전기적 펄스가 제거되어도 즉시 진동자의 진동이 소멸되지 않고 지수적으로 감소하여 소멸하게 된다.

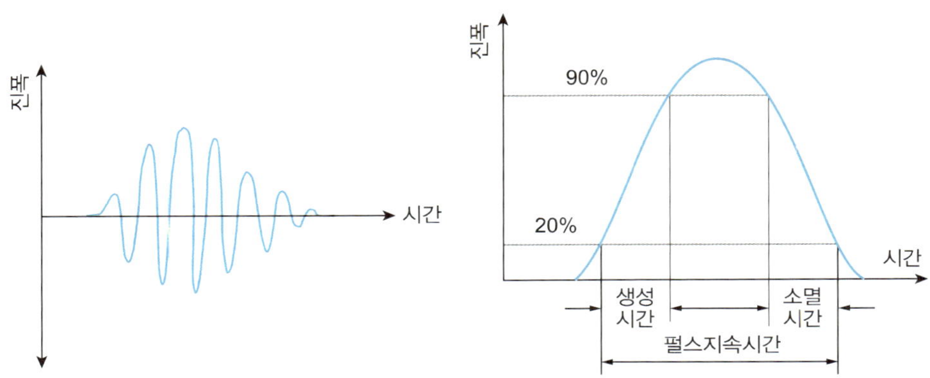

그림 1.12 초음파 펄스

탐촉자는 적용된 전기 시그날의 주파수가 진동자의 공진 주파수(resonant frequency)와 같을 때 최대 강도값을 가지면서 진동한다. 주파수가 달라지면 적용된 전기 시그날의 주파수 및 공진 주파수에서 진동하나 강도는 저하된다.

진동자가 최대의 감도(sensitivity)를 갖기 위해서는 펄스는 충분히 커야한다. 즉 펄스폭(pulse width)은 결함검출에 직접적으로 영향을 미친다. 그러나 펄스폭이 크면 클수록 펄스가 지속하는 시간으로 말미암아 두 인접한 결함을 분리하는 분해능(resolution)은 저하된다.

펄스폭은 첫 번째 산과 최대강도의 20%가 되는 마지막 산까지의 지속시간(pulse duration)으로 나타내며 또한 cycle 수로도 나타낸다. 오스테나이트계 용접과 같은 특별한 경우를 제외하고는 통상의 탐촉자에는 5 cycle 정도의 펄스폭을 채용하게 된다.

펄스폭의 조절은 진동자에 댐핑재를 부착하여 조절한다. 댐핑재의 임피던스는 매우 중요하며, 댐핑재의 임피던스와 압전재의 임피던스가 같을 때 최대의 댐핑이 일어난다.

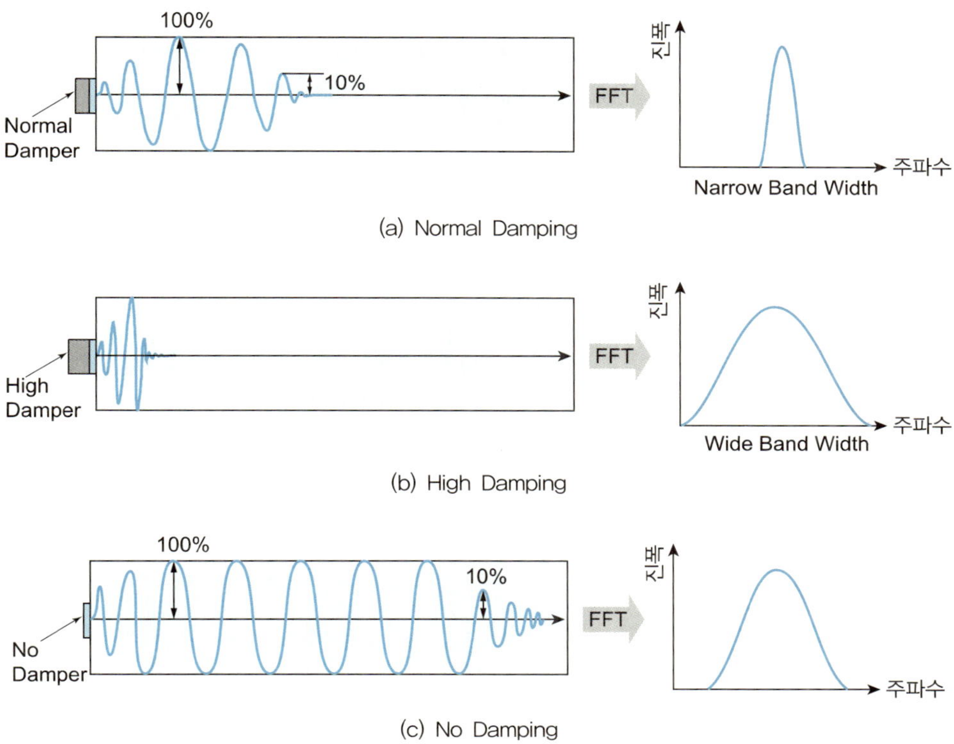

그림 1.13 댐핑에 따른 펄스폭의 변화

통상의 초음파탐상 장비에서는 감도를 일정한 값으로 유지하기 위하여 수정진동자의 경우 임피던스비를 5:1 정도로 한다. 그러나 황산리튬을 진동자로 할 경우에는 이 진동자가 보다 높은 감도를 가지고 있기 때문에 임피던스비는 1.1:1로 한다. 그림 1.13에서는 댐핑재료를 이용하여 펄스폭을 조절하고 있는 것을 나타내고 있다. 앞에서 설명한 것과 같이 펄스폭이 짧아지면 전달되는 에너지는 작아지고 짧은 시간동안 흐르게 된다. 이 경우 반사된 음파에너지가 뒤에 따라오는 펄스에 의해 방해받지 않기 때문에 표면근방 결함검출에 유용하다. 댐핑재가 갖는 또 다른 성질로는 음파에너지를 잘 감쇠 시켜야 한다. 진동자로부터 발생된 초음파는 진동자 전면뿐만 아니라 후면으로도 진행하기 때문에 후면으로 발생된 음파에너지는 감쇠시켜 되돌아 나오지 못하게 해야 하기 때문이다.

댐핑재를 진동자에 부착시켜 댐핑시키게 되는데 이때 댐핑량의 정도를 측정하는 개념으로 댐핑상수(damping coefficient)를 도입할 수 있다. 이 상수는 그림 1.14(a)에서와 같이 펄스중 최대 강도를 A_0라 하고 각각 A_1, A_2 …… 등으로 강도를 나타냈을 때 $\delta = A_0/A_1 = A_1/A_2 = A_2/A_3$로 나타나게 된다. 이 수치에서 나타난 것과 같이 댐핑상수가 크다는 것은 강도가 급격히 감소한다는 것을 의미한다. 이 댐핑상수는 또한 Q값 및 대역폭(band width)과 상호 상관관계를 갖는다.

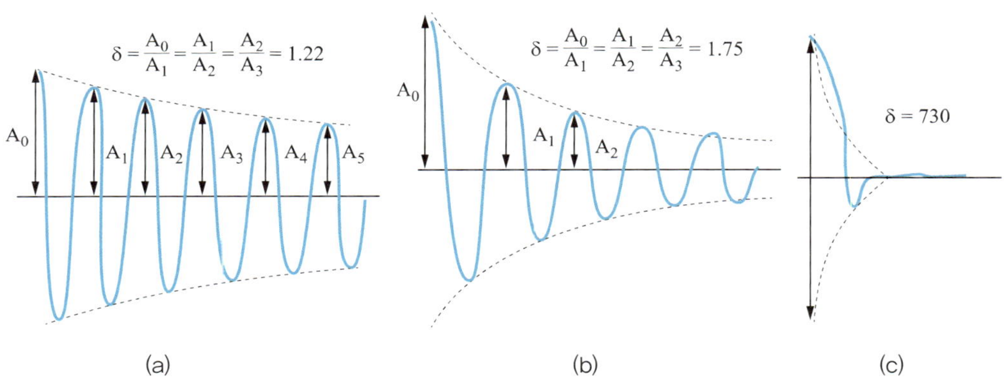

그림 1.14 댐핑에 따른 탐촉자의 댐핑상수

표 1.3 대역폭과 Q값의 관계

구분	성능	Q값
광대역	분해능 우수	낮다
광대역	감도 우수	높다

앞에서 설명한 것과 같이 압전자 진동자에 외부전압을 가하면 압전재는 팽창 및 수축작용에 의해 초음파를 발생하게 된다. 이때 초음파의 강도는 진동자 두께변이(Δx)에 따라 결정되며 이는 주파수에 따라 결정된다. 강도는 공진주파수에 도달할 때까지 계속 증가하여 공진주파수에서 최대값을 가지며 이 최대값은 댐핑상수에 따라 달라지게 된다. 이 공진주파수에서의 강도의 증가를 Q라 한다. 즉 Q값이 크면 공진주파수에서의 강도가 높은 것을 말한다. 이 Q값과 댐핑상수 δ와는 다음의 관계를 갖는다.

$$B = \frac{f_r}{Q} \text{ 즉 } Q = \frac{f_r}{f_2 - f_1} \text{(단 } f_r \text{은 공진주파수)} \tag{1.13}$$

진동자의 능력을 나타내는 것에는 감도(sensitivity) 및 분해능(resolving Power)이 중요한 인자가 된다. 진동자가 분해능력에 한계를 갖는 것은 매우 높은 전압펄스에 의해 여기된 진동자가 진동을 멈추는 데에는 어느 정도 시간이 필요하기 때문이다. 탐촉자의 Q값이 크면 클수록 오랫동안 진동하게 된다. 즉 진동하는 진동자로부터의 음파의 진동시간이 커지면(Q값이 크면) 전면에코가 넓어진다. 전면에코의 강도는 불연속으로 부터의 에코 강도의 수배가 됨으로 불연속으로 부터의 에코를 나타내는데 방해가 된다. 따라서 초음파탐상검사에서는 적당한 Q값을 나타내도록 조절해야 한다. 초음파탐상검사에서 사용하는 진동자의 Q값은 1~10의 값을 갖는다. 앞에서 임피던스비가 5:1인 수정의 경우 Q값은 6 정도를 나타내며, 또한 Q값은 공진곡선의 대역폭(band width)과도 상관관계를 나타낸다. 대역폭 B는 공진주파수에서의 최대값의 70%(정확히 $1/\sqrt{2} = 0.707$)에서의 주파수를 f_1 및 f_2라 할 때 그차 $f_2 - f_1 (= B)$로 정의한다. 임피던스비가 1.1:1인 황산리튬의 경우 Q값은 1에 아주 가깝게 된다.

감도와 분해능은 서로 상치되는 개념으로써 감도를 증가시키기 위해서는 어느 정도 분해능의 감소가 필연적이다. 일반적으로 Q값이 크고, 대역폭이 작고, 펄스폭(pulse width)이 길면 감도가 증가하며, 반대면 상대적으로 분해능력이 커진다.

3 진동자의 재질

압전특성을 갖는 많은 재질 중에서 비파괴검사를 목적으로 사용되는 것으로는 지르콘-티탄산납(PZT, lead zirconate-titanate), 티탄산바륨, 니오비옴산납, 황산리듐 등이 사용된다.

수정은 가장 오래된 압전 재질로써 투명하고 단단하다. 화학적으로도 단지 몇 가지를 제외하고는 부식에 대한 안정성을 갖는다. 수정은 또한 기계적, 전기적으로 안정하며, 불용성(不溶性)이며, 큐리점이 높기 때문에 고온에서 사용이 용이하다. 수정을 진동자로 사용할 때의 단점은 불필요한 진동양식을 발생하기가 쉬우므로 파형변이(mode conversion)가 일어나기 쉽다. 또한 일반적인 결정체 중에서 가장 음향에너지 송신효율이 나쁘다. 황산리튬의 송신효율은 티탄산바륨과 수정의 중간이지만 수신효율은 가장 좋다. 전기적 임피던스가 수정과 같기 때문에 수정용으로 설계된 장치에 그대로 사용이 가능하다. 또한 음향임피던스가 낮아 수침탐촉자용으로 적당하다. 그러나 황산리튬은 물에 쉽게 녹기 때문에 물에서 사용할 때는 방수가 잘되지 않으면 안된다. 수정이나 티탄산바륨에 비해 아주 좁은 펄스를 낼 수 있어 분해능을 높일 수 있다. 다른 압전체에 비해 기계적 저항성이 낮으며, 130℃에서 결정수가 이탈되기 때문에 고온에서의 사용은 불가능하다. 니오비움산 리튬은 가장 높은 큐리점(1210℃)을 갖고 있기 때문에 특히 고온에서의 사용이 가능하다.

티탄산바륨은 큰 단결정을 만드는 것이 불가능하기 때문에 소결자기로써 만든다. 이 재질은 불용성이며 화학적으로 안정하며, 100℃까지는 온도에 의해 영향 받지 않는다. 티탄산바륨은 가장 좋은 송신효율을 나타낸다. 수정의 경우보다도 더 심한 파형변이의 영향을 받는다. 아주 높은 기계적 임피던스를 가지며 초음파 수신효율이 나쁘다.

표 1.4 압전재의 상수

구 분	PZT	$BaTiO_3$	$PbNb_2O_6$	$LiSiO_4$	SiO_2	$LiNbO_3$
밀도(g/cm^3)	7.5	5.4	6.2	2.06	2.65	4.64
음향임피던스	30	27	20.5	11.2	15.2	34
사용온도	190-350	120	> 400	130	576	1,210
댐핑 상수	1.008-1.2	1.000	1.3		1.00003	
음속	4,000	5,100	3,300	5,460	5,740	7,320

PZT는 전기, 기계적 coupling이 좋고 티탄산바륨보다 높은 큐리점을 갖는다. 니오비옴산납은 다른 압전자기에 비해 특별한 장점을 가지고 있다. 짧은 펄스를 만들기 위하여 결정의 뒤쪽에 댐핑재를 부착하는 것이 일반적이다. 이 경우 결정을 댐핑할 뿐만 아니라 결정 뒤쪽으로의 방사된 파를 흡수해야 된다. 그러나 높은 음향임피던스를 갖는 결정의 경우에는 요구되는 특성이 서로 상충되기 때문에 실제로는 간단한 것이 아니다. 그러나 니오비옴산납은 고유의 내부 댐핑이 높기 때문에 추가의 댐핑재를 부착하지 않고 사용이 가능하고, 이는 또한 감도에도 좋은 영향을 주게 된다.

4 진동자의 종류

압전 진동자

수정, 주석산 에틸렌 지아민(EDT), 로셀염(RS), 제일이산칼륨(KDP), 황산리륨(LS) 등의 단결정에 고주파 전압을 가하여 초음파를 발생시킨다.

고분자 압전막

폴리불화비닐리덴(PVDF 또는 PVF2) 등의 고분자 재료의 박막에 고주파 전압을 가하여 초음파를 발생시킨다. 얇은 금속판(수 μ 정도의 박막)에 붙여 초고주파 또는 MHz 정도의 초음파 발생에 사용한다.

전왜 진동자

티탄산바륨계(BT), 지르콘티탄산납계(PZT), 니오브산계 등의 강유전체에 자기를 분극하여 전압을 가하면 전왜현상에 의해 초음파가 발생한다.

랑지방형 진동자

압전 또는 전왜 진동자의 양면에 금속블록(Metal Block)을 접착 또는 고정시켜 전체의 공진 주파수로 진동시키게 하여 저주파수의 초음파를 발생시킨다. 프랑스의 P. Langevin에 의해 발명되어 그 이름을 따라 랑지방형 진동자로 한다.

자왜 진동자

니켈, 알페로(철과 알미늄의 합금)등의 금속진동자 또는 도자기 페라이트 자기 진동자에 직류자계와 고주파자계를 중첩하여가함으로서 초음파를 발생시킨다.

초고주파 초음파 발생장치

GHz 대의 초음파를 발생시키기 위해서는 확산층, 중착막 등 기타 여러 가지 방법이 있는데 특히 초고주파 탄성 표면파의 발생은 공업적으로 널리 이용된다.

전왜 유도형 변환기

코일의 전면에 동판 등의 금속판을 대치시켜 코일에서 발생한 고주파 자장에 의해서 금속판 중에 와전류를 구동시켜 초음파를 발생시킨다.

방전식 송파기

수중에서 고압방전을 시켜 그 폭발에 의한 충격을 적당한 방법으로 처리하여 펄스파를 만들어 초음파를 발생시킨다.

1.3 초음파의 음장 특성

음장(音場)이란 쉽게 말하여 음파가 존재하는 영역을 말한다. 일반적으로 초음파뿐만 아니라 모든 탄성파는 재질을 통해 진행하면서 필수적으로 에너지 손실이 발생한다. 그러나 초음파는 발생이 점원(Point Source)의 집합으로 이루어지기 때문에 초음파가 발생되는 진동자 부근에서는 서로 간섭을 일으키게 되어 복잡한 음장이 형성되며 어느 정도 진행한 이후에는 규칙적인 감쇠가 일어나는 특징이 있다.

1 근거리 음장(Near Field)과 원거리 음장(Far Field)

1) 근거리 음장(Near field)

진동자의 진동면은 단일표면으로서 균일하게 진동하는 것이 아니라, 좀 더 복잡한 양상으로 진동하게 된다. 진동자의 표면은 작은 모자이크 형태의 집합체로 생각할 수 있는데, 개개의 모자이크는 구형파를 반사하는 하나의 점원 역할을 한다. 이러한 구형파는 인접 점원으로부터 발생한 파와 간섭(Huygens' Principle)을 일으켜 평면파를 형성하는데, 파의 간섭에 의한 상호작용으로 인해 진동자 표면으로부터 일정한 거리 내에서는 거리에 따라 초음파의 강도가 최대, 최소가 되는 매우 불규칙한 영역을 만들어 낸다. 이 일정한 거리를 근거리 음장(Fresnel zone 또는 Near Field)이라 하며 실

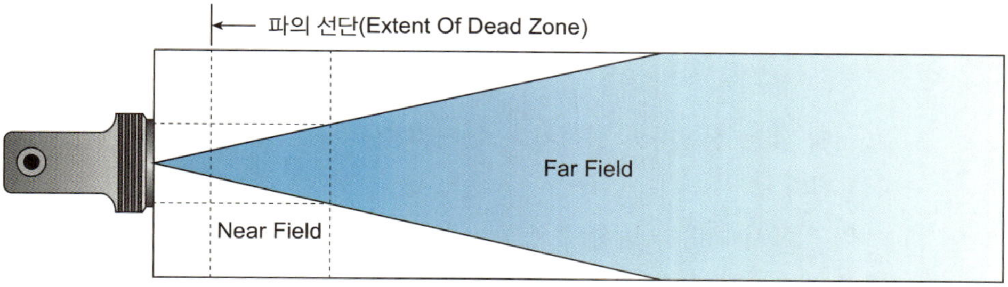

그림 1.15 근거리 음장과 원거리 음장

제 초음파 탐상시 근거리 음장내에서는 정확한 검사가 이루어지기 어렵기 때문에 근거리 음장 길이는 매우 중요하다.

근거리 음장내에서는 하나의 결함이 여러 개의 지시를 나타낼 수 있으며, 결함으로부터의 반사지시의 강도가 결함크기에 관계없이 변화되기 때문에 결함의 해석이 매우 어렵다. 그림 1.16에서 볼 수 있듯이, 진동자의 축방향을 따라 진동자 표면으로부터 거리가 떨어짐에 따라 초음파의 강도가 불규칙하게 변화되는 것은 점점 줄어들게 되고, 거리(d) 점점 멀어져 X_0(근거리음장 길이)를 벗어나게 되면, 음압은 거리에 따라 지수함수적으로 감소하게 된다.

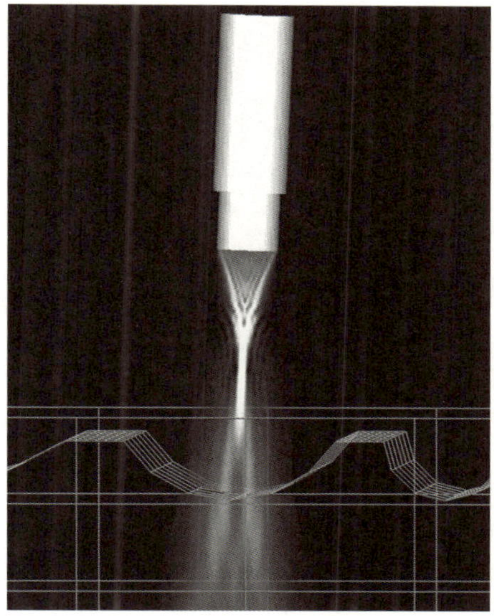

그림 1.16 초음파빔의 음장

근거리 음장의 길이(X_0)는 진동자의 직경(D) 및 주파수(파장 : λ)에 따라 달라지는데 원형진동자의 경우는 다음과 같은 식(1.14)으로 나타난다.

$$X_0 = \frac{D^2 - \lambda^2}{4\lambda} \tag{1.14}$$

위 식에서 볼 때 초음파의 파장(λ)는 진동자의 크기(D)에 비해 무시할 수 있을 정도로 적으므로 이를 근사식으로 나타내면 다음과 같다.

$$X_0 = \frac{D^2}{4\lambda} = \frac{A}{\pi\lambda} \tag{1.15}$$

이때 A는 진동자의 면적이다. 근거리 음장 거리를 계산할 때에는 주로 식(1.15)이 적용된다.

위 식에서 초음파 탐상시 근거리 음장으로 인한 탐상의 어려움을 최소화하려면, 크기가 작은 진동자를 사용하고, 파장이 긴(즉 주파수가 낮은)진동자를 사용하면 된다.

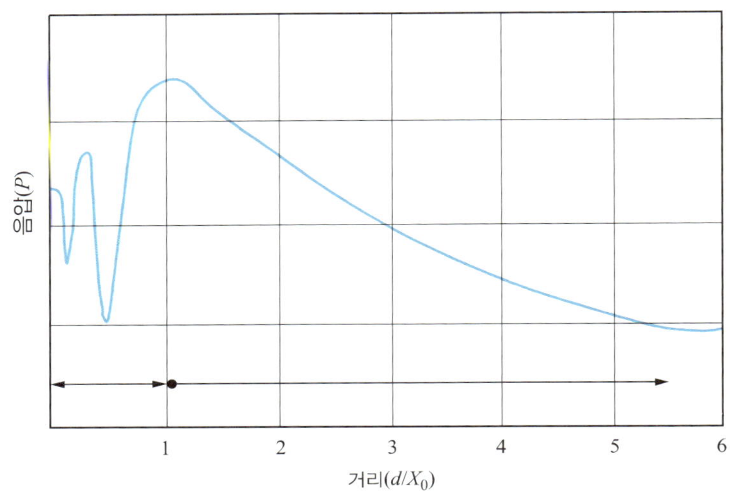

그림 1.17 거리의 증가에 따른 음압의 변화

2) 원거리 음장(Far Field)

근거리 음장을 벗어난 영역을 원거리 음장(Far Field)이라 하며 더 이상 파의 간섭 효과는 일어나지 않는다.

근거리음장 영역의 밖이 원거리 음장이 되며 이 음역에서는 반사체(결함 등)로 부터의 반사지시의 강도는 거리가 증가함에 따라 지수적으로 감소한다. 그러므로 불연속으로 부터의 반사지시는 중심축으로 부터 멀어지면 멀어질수록 작아진다.

원거리음장에서 지시의 강도가 지수적으로 감소하는 데에는 두 가지 이유에 의해서이며 이는 감쇠(attenuation) 및 분산(beam spread)이다. 감쇠의 두 원인은 산란(scattering)과 흡수(absorption)이며 이는 다만 원거리음장에서만 언급하게 되는데 근거리

음장에서는 근거리음장 효과가 감쇄효과를 충분히 상쇄하기 때문이다.

빔의 분산은(divergence)은 진동자 면에서부터 시작되는 것은 아니다. 근거리 음장에서는 초기의 강도 발생시점으로 부터 중심축으로 에너지가 집적되는 양상이므로 평면진동자가 아닌 집속진동자로 간주할 수 있다. 따라서 근거리음장에서는 빔의 분산은 고려되지 않게 된다.

원거리 음장에서의 분산각은 그림으로부터 다음 식에 의해서 나타낸다.

$$\sin\phi = 1.2\frac{\lambda}{d} = 1.2\frac{V}{f^{*}d} \tag{1.16}$$

ϕ : 빔의 분산각, d : 진동자의 직경, λ : 파장

V : 속도, f : 주파수

그러므로 분산각은 진동자의 직경과 파장에 의해 결정된다. 즉 파장이 감소하면(주파수가 증가하면) 빔의 분산각은 감소한다. 그리고 진동자의 직경이 증가하면 빔의 분산각은 감소한다. 이것은 ϕ20 mm 의 진동자가 ϕ10 mm 진동자 보다 작은 빔을 갖는 것을 의미하는 것이 아니고 동일한 주파수의 경우 ϕ10 mm 진동자의 분산이 더 커지는 것을 나타낸다. 진동자의 중심과 근거리 음장의 끝나는 빔의 경계를 연결하는 선과 중심축과의 각이 빔의 분산각이 된다.

빔의 분산으로 인하여 봉재 등을 탐상할 때 측면에서 파형변이를 유발하여 가상지시를 만들 수 있으므로 주의해야 한다.

3) 원거리음장에서의 음압

원거리음장에서 거리 x와 음압과의 관계는 다음과 같은 식으로 나타난다.

$$P_x = P_0\frac{\pi d^2}{4\lambda x} = P_0\frac{A}{\lambda x} \tag{1.17}$$

P_0 : 진동자 전면에서의 음압, P_x : 거리 x에서의 음압

λ : 파장, d : 진동자 직경, A : 진동자 면적

즉 거리 x에서의 음압은 진동자 면적에 정비례하고 파장과 거리에 반비례한다는 것을 알 수 있다. 거리가 멀어지면 빔의 분산에 의해 감소하며 이는 초음파의 산란 및 흡수에 의한 초음파에너지의 감소와는 근본적으로 다른 것이다.

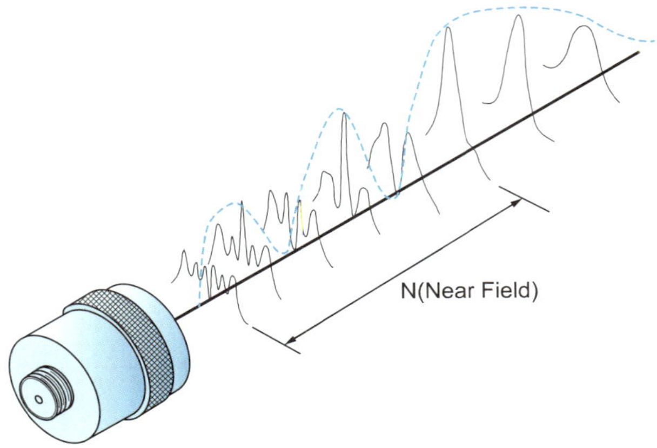

그림 1.18 거리에 따른 초음파의 음압 분포

2 빔의 분산(Beam Spreading)

원거리 음장에서는 초음파의 진행거리가 증감함에 따라 초음파의 강도가 지수함수적으로 감소하는데, 그 이유는 초음파의 진행에 따른 감쇠(Attenuation) 및 빔의 분산(Beam Spreading) 때문이다.

초음파 빔의 분산은 진동자의 크기(D) 및 주파수에 따라 달라지는데 일반적으로 빔의 분산각은 빔중심의 최대강도로 부터 0%($-\infty$ dB)로 낮아지는 부분을 빔의 가장자리로 하여 정한다. 원형진동자의 경우 빔의 분산각은

$$\sin\phi = 1.22\frac{\lambda}{D} = 1.22\frac{V}{\nu \cdot D} \tag{1.18}$$

여기서, ϕ : 빔의 분산각, λ : 파장, D : 진동자 직경,
V : 초음파 속도, ν : 주파수

따라서 빔의 분산각을 적게 하기 위해서는 진동자의 직경이 큰 것을 사용하고 고주파수(짧은 파장)를 사용해야 한다.

그림 1.19는 주파수 변화에 따른 초음파 빔의 분산각 변화를 나타내고 있다. 예를 들어 주파수 3 MHz, 진동자의 직경이 10 mm인 탐촉자를 사용하여 철판을 검사할 때 초음파 빔의 분산각은(단, 철판에서의 음속은 6×10^5 cm/sec로 가정)

$$\sin\phi = 1.22\frac{V}{\nu \cdot D} = 1.22 \times \frac{6 \times 10^6\,\mathrm{mm/sec}}{3 \times 6^6/\mathrm{sec} \times 10\,\mathrm{mm}} = 0.244$$

따라서 분산각 ϕ는 약 14°가 된다.

(a) 저주파수일 경우

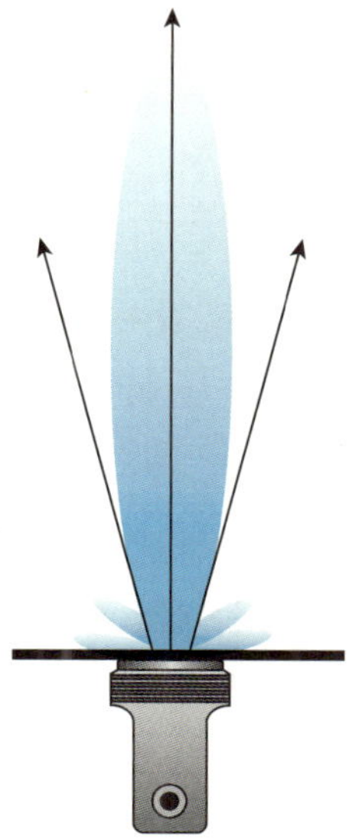

(b) 고주파수일 경우

그림 1.19 주파수 변화에 따른 빔의 분산

3 빔의 감쇠(Beam Attenuation)

초음파가 발생하여 재질을 통해 진행하면서 발생하는 필수적인 현상으로 에너지의 손실이 일어난다. 초음파 빔의 감쇠는 크게 나누어 초음파의 진행에 따른 감쇠(Transmission loss), 간섭에 의한 감쇠(Interference loss), 빔의 분산(Beam Spreading)으로 나눌 수 있다.

초음파의 진행에 따른 감쇠는 산란(Scattering), 흡수(Absorption) 및 경계면에서의 서로 다른 두 재질의 음향 임피던스 차이에 의한 영향으로 발생하고, 간섭에 의한 영향은 회절(Diffraction) 및 기타 요인 등으로 인해 파의 줄무늬(Wave Fringe), 위상변이(Phase Shift), 주파수 변이(Frequency shift) 등이 나타난다. 또한 빔의 분산으로 인해 평면파가 구형파 또는 원통형파로 형성되어 퍼져나가기도 한다.

이와 같은 빔의 감쇠를 총체적으로 보면 다음의 식으로 나타낼 수 있다.

$$P = P_0 e^{-\alpha d} \tag{1.19}$$

여기서, P_0는 $d=0$인 지점에서의 음압(초기음압)
P는 거리 d 지점에서의 음압
α는 감쇠계수
d는 재질 내에서 초음파의 진행거리

때때로 감쇠계수 α는 음압이 아닌 강도(intensity)로 나타내는데 강도와 관련하여 감쇠계수를 αj라 하면 다음과 같이 나타낸다.

$$J = J_0 e^{-\alpha j d} \tag{1.20}$$

강도는 음압의 제곱에 비례하므로 다음과 같이 쓸 수 있다.

$$e^{-\alpha d} = e^{-2\alpha d} = 2\alpha \tag{1.21}$$

식(1.21)을 자연대수로 하면

$$d = \ln \frac{P_0}{P} Np \tag{1.22}$$

$\log x = 0.434 \ln x$이므로
$1N_p = 8.686$ dB(즉 $1N_p$/cm=0.87 dB/mm)

일반적으로 감쇠계수 α는 dB/m로 나타낸다. 상온에서 주파수 2 MHz의 종파의 경우 α가 10 dB/m이면 검사 최대두께는 1~10 m이고, 10~100 dB/m인 경우는 0.1~1 m, 100 dB/m 이상이면 0~0.1 m가 된다. α가 1~3 dB/m인 미구조 steel의 투과길이는 에코법에서 5 m 이상이 된다.

일반적으로 감쇠계수 α는 재질의 종류와 초음파의 주파수에 따라 달라지는데 주파수가 높아지면 감쇠계수가 커지므로 거리에 따른 초음파의 감쇠율이 매우 높아진다.

따라서 두께가 두꺼운 시험체를 검사할 때는 주파수가 낮은 초음파를 사용해야 투과력이 커지므로 시험체 전체를 검사할 수 있다.

1) 산란(Scattering)

산란은 재질의 구성이 완전하게 균일하지 않기 때문에 생기는 현상으로, 개재물이나 기공과 같이 다른 음향 임피던스 값을 갖는 계면이 존재하거나 재질을 구성하고 있는 입계면(Grain Boundary)으로 인해 발생한다.

주철(Cast iron)과 같이 밀도와 탄성율이 아주 다른 철강입자와 탄소입자로 구성되어 있는 비균질 재질의 경우, 재질내 각 입자들의 음향 임피던스 차이로 인해 초음파가 재질을 통과할 때에는 산란이 일어난다. 일반 탄소강과 같이 단일 결정조직을 지닌 경우에도 재질 내의 경정배열이 이방성(Anisotropic)을 나타내는 경우에는 재질내 각각의 입자(Grain)가 갖는 임의의 방향성으로 인해 다른 결정으로 구성된 재질에서와 마찬가지로 산란을 일으키게 된다. 이러한 산란은 반사에코의 강도를 감소시킬 뿐만 아니라 많은 미세한 에코를 발생시켜 초음파 탐상시 결함지시 판독에 영향을 미치게 된다.

2) 흡수

초음파의 흡수는 여러 가지 요인에 의해 발생하지만 가장 대표적인 현상이 초음파가 재질을 진행하는 동안 초음파의 기계적인 에너지가 열(Heat)로 바뀌는 현상이다. 절대 온도하에서는 어떠한 재질도 입자가 임의로 운동하지 않지만 온도가 증가함에 따라서 열에 의한 입자의 운동이 활발해진다. 초음파가 이러한 재질을 통과하게 되면 이 음파에 의해 입자가 여기되고, 여기된 입자가 여기되지 않은 다른 입자와 충돌하게 되면, 에너지가 전달되고 입자는 더 빨리 또한 보다 먼 거리로 진동하게 된다. 이러한 운동은 음파가 지나간 후에도 지속하게 되며 지나간 음파는 재질내에서 열로써 변환된다.

강자성체(Ferromagnetic material) 또는 전도체(Conductor)에 초음파가 통과함으로서 발생되는 진동응력은 자구(Domain)의 방향을 응력방향에 대해 평행하게 하거나 수직하게 함으로서 이에 따른 에너지 손실이 일어나는데 이를 Microhysteresis 효과라고 한다. 또한 미세하게는 재료의 결정립 주위의 변위가 생겨 에너지를 잃게 되는 것을 elastic-hysterisis 효과라 한다.

이외에도 초음파의 에너지가 흡수되는 요인이 많은데 또 한 가지의 요인을 살펴보면 입자의 진동으로 인한 제동현상(Braking action)을 들 수 있다. 입자의 진동이 커질수록 제동현상이 커지게 되는데 입자의 진동이 커진다는 것은 주파수가 높아진다는 것을 의미하고 결국 고주파수를 사용하면 초음파에너지의 흡수가 커져 투과력이 약해지게 된다.

3) 회절

반사나 굴절에 대해 설명할 때 초음파는 단지 직진하는 것으로 가정하여 설명된다. 그러나 초음파나 빛의 한 중요한 성질은 파의 굽힘성과 크기가 파장에 비견되는 장애물을 통과하는 성질이다. 파의 간섭(interference) 또는 회절(diffraction)은 파가 금속 내의 미세한 게재물 또는 기공에 부딪치는 때 발생한다. 즉 에너지의 일부는 결함 주위로 굽어지고 반사량은 감지할 수 없지만 상당량 검소하게 된다. 이러한 형상의 두번째 예는 파가 물체의 모서리 근처를 지나갈 때 발생할 수 있다. 즉 파는 계면 주위로 굽어지는 경향이 있다. 이러한 파의 굽힘은 정상적으로 수신될 위치와는 다른 위치에서 수신되는 원인이 된다.

4) 접착에 의한 손실

시험체의 표면상태 및 거칠기 등과 접촉매질의 종류 및 두께 등에 의해 초음파가 시험체내로 입사(立射)할 때 초음파에너지의 전달손실이 생긴다.

5) 불연속부에 의한 손실

불연속부의 표면이 균일하지 않기 때문에 표면이 거칠기로 인한 산란이나 초음파 빔의 분산이 발생하여 초음파에너지의 손실이 생긴다. 이외에 경계면에서의 음향 임피던스에 의한 영향 또는 간섭에 의한 영향 등은 음파의 진행 특성에서 다루고자 한다.

1.4 초음파의 진행 특성

초음파는 앞서 설명한 바와 같이 파의 종류별로 재질을 통과하여 진행하게 되는데 재질의 경계면에서는 두 재질의 음향 임피던스의 차이 및 파의 종류별 특성에 의하여 다양한 진행 특성을 나타나게 된다. 따라서 이 장에서는 경계면(Boundary)과 관련하여 나타나는 초음파의 진행 특성에 대해 자세히 설명하고자 한다.

1 수직입사시 음파의 진행 특성

음이 벽에 부딪혀 반사한다던가 또는 소리가 산에 부딪혀 메아리가 되어 되돌아오는 것과 같이 초음파에서도 이와 유사한 현상이 발생하여 공기 또는 물 등의 경계면에서 잘 반사한다. 일반적으로 음파가 경계면에 수직으로 입사할 때 음파는 그림 1.20과 같이 경계면에서 반사하는 성분과 통과하는 성분으로 나누어지는데 이는 음향 임피던스에 따라 그 비율이 정해진다.

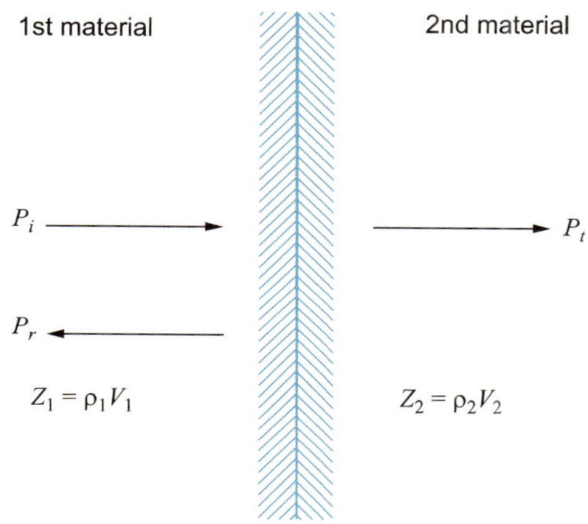

그림 1.20 수직입사시 음파의 진행 특성

매질 1에서 매질 2의 경계면으로 음파가 수직으로 진행할 때 입사되는 음의 크기를 P_i, 경계면에서 반사되는 음압을 P_r, 매질 2로 통과된 통과파의 음압을 P_t로 표시하면 음압반사율 r은 입사파의 음압에 대한 반사파의 음압의 비로 나타낼 수 있고 이를 음향 임피던스의 비로 나타내면 다음과 같다.

$$r = \frac{P_r}{P_i} = \frac{Z_2 - Z_1}{Z_1 + Z_2} \tag{1.23}$$

이때 Z_1은 매질 1에서의 음향 임피던스, Z_2는 매질 2에서의 음향 임피던스

또한 수직입사시 경계면에서 반사하지 않은 음압은 제2의 매질로 통과하게 된다. 따라서 음압통과율 t를 식으로 나타내면 다음과 같다.

$$t = 1 - r = 1 - \frac{Z_2 - Z_1}{Z_1 + Z_2} = \frac{2Z_1}{Z_1 + Z_2} \tag{1.24}$$

그러나 실제의 초음파 탐상에서는 매질을 통하여 초음파를 송수신하기 때문에, 경계면을 통과한 음파는 다시 역으로 이 경계면을 통하여 되돌아온다. 따라서 실제 탐상시 고려해야 할 것은 음압의 왕복통과율(T)이 한다.

매질 1에서 매질 2로 가는 음압통과율을 t_1이라 하고, 매질 2에서 다시 매질 1로 되돌아오는 음압통과율을 t_2라 할 때, 초음파가 매질 1에서 매질 2로 진행하다 다시 매질 1로 되돌아올 때의 왕복통과율 T는 식(1.24)를 이용하여 다음과 같이 나타난다.

$$T = t_1 \times t_2 = \frac{2Z_2}{Z_1 + Z_2} \times \frac{2Z_2}{Z_1 + Z_2} \equiv \frac{4Z_1 Z_2}{(Z_1 + Z_2)^2} \tag{1.25}$$

또한 T값은 에너지통과율의 값과 같기 때문에 $T = 1 - r_2$으로도 나타낼 수 있다.

2 사각입사시 음파의 진행 특성

속도가 다른 두 재질 사이의 경계면에 음파를 경사지게 입사시키면 수직으로 입사했을 때와 비교하면 매우 복잡하게 진행된다. 즉 투과파는 입사방향에 대해 그 방향을 바꾸어 굴절(Refraction)되는 현상이 나타나고, 또한 입사각에 따라 부분적으로 또는

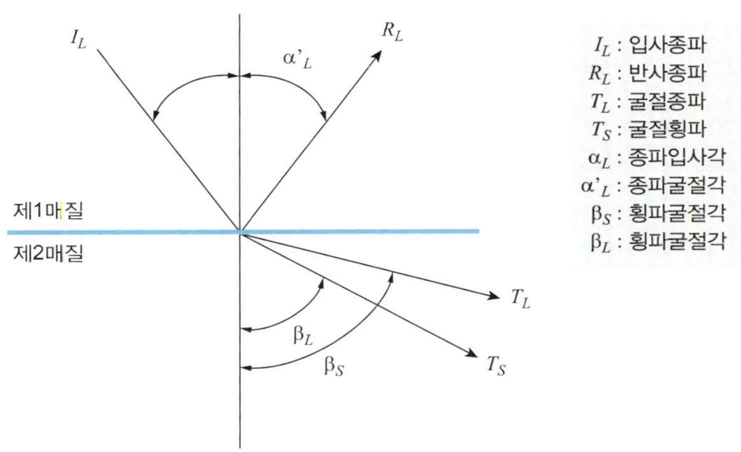

그림 1.21 종파의 굴절과 파형변화의 예

전체적으로 파의 형태가 변하는 파형변환(Mode Conversion) 현상이 일어난다.

즉 그림 1.21에 나타난 바와 같이 매질 1에서 종파가 입사하면 매질 2에서는 굴절 종파뿐만 아니라 굴절 횡파 또는 굴절 표면파가 존재할 수 있다. 또한 반사파의 경우에도 파형변이를 일으켜 동일 파형에 대해 입사각과 반사각은 항상 동일하지만, 입사각과 또다른 파형이 반사되기도 한다.

1) 굴절(Refraction)과 반사(Reflection)

스넬의 법칙(Snell's law)

음파가 두 매질사이의 경계면에 입사하면 입사각에 따라 굴절과 반사가 일어나는데 이를 정량적으로 알아낼 수 있는 식이 Snell의 법칙으로서 음파가 매질 1에서 매질 2로 입사할 때는 다음의 식으로 주어진다.

$$\frac{\sin\alpha}{\sin\beta} = \frac{V_1}{V_2} \tag{1.26}$$

여기서, α : 입사각

β : 굴절각 또는 반사각

V_1 : 매질 1에서의 속도

V_2 : 매질 2에서의 속도

임계각(Critical Angle)

앞의 Snell의 법칙을 잘 살펴보면 입사각에 비해 굴절각이 매우 크다는 것을 알 수 있다. 즉 매질 1(입사하는 매질)보다 매질 2에서의 음속이 큰 경우는 입사각보다 굴절각이 커진다. 이때 입사각을 보다 크게 하면 굴절각이 90°가 되는데 이를 임계각이라 한다.

실제로 입사각이 약 14.7°가 되면 종파의 굴절각이 90°가 된다. 이 때의 입사각을 1차 임계각(First Critical angle)이라 한다.

1차 임계각은 스넬의 법칙을 이용하여 다음과 같이 구할 수 있다.

$$\sin\beta = \sin 90° = 1, \quad \frac{\sin\alpha}{1} = \frac{V_1}{V_2}$$

따라서

$$\sin\alpha = \frac{V_1 \text{ 종파}}{V_2 \text{ 종파}} \tag{1.27}$$

이 때 입사각 α가 1차 임계각이 된다. 그러나 실제로 그림 1.22와 같이 매질 1에서 작은 입사각으로 초음파가 입사하면 매질 2와의 경계면에서 굴절과 더불어 파형변환이 생겨 매질 2에서는 종파와 더불어 횡파가 존재하게 된다.

즉 매질 1에서 매질 2로 초음파가 입사할 때 입사각에 따라 매질 2에는 종파와 횡파가 같이 존재할 수도 있고 횡파만 존재하는 경우도 있으며 모든 초음파가 존재하지 않는 경우도 있다.

즉 매질 2에는 입사각이 1차 임계각보다 작은 경우에는 종파와 횡파가 공존하며 입사각이 1차 임계각인 경우에는 종파의 굴절각이 90°가 되어 매질 2내에는 횡파만이 존재하게 되는데, 이보다 입사각이 커지게 되면 횡파의 굴절각도 커지게 되어 횡파의 굴절각이 90°가 될 때의 입사각을 2차 임계각(Second Critical angle)이라 하고 2차 임계각보다 입사각이 크게 초음파가 입사하면 매질 2에는 초음파가 존재하지 않고 경계면에서 모두 반사하게 된다.

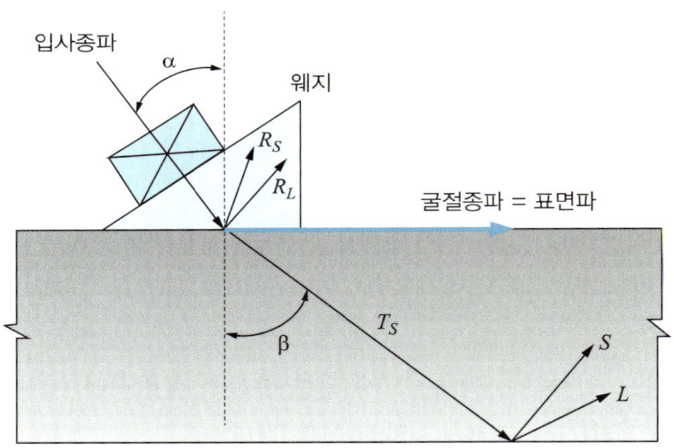

그림 1.22 1차 임계각

2차 임계각도 스넬의 법칙을 이용하면 다음과 같이 구할 수 있다.

$$\sin\beta = \sin 90\beta = 1(\text{횡파 굴절각})$$

$$\frac{\sin\alpha}{1} = \frac{V_1}{V_2}$$

따라서,

$$\sin\alpha = \frac{V_1 \text{ 종파}}{V_2 \text{횡파}} \tag{1.28}$$

이때 α가 2차 임계각이 된다.

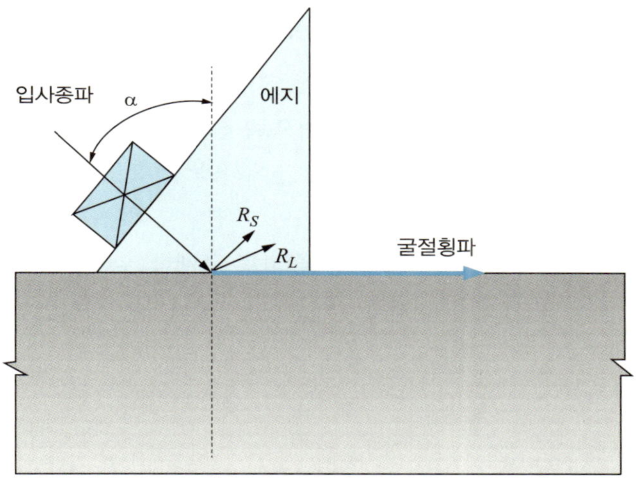

그림 1.23 2차 임계각

반사(Reflection)

반사란 음파가 경계면에서 부딪힐 때 다시 되돌아오는 현상을 말하는데 반사량은 이미 앞에서 설명한 바와 같이 매질의 음향 임피던스에 일차적인 영향을 받으며, 또한 입사각에 따라서도 그 반사량을 달리한다. 반사각은 굴절각에 관계없이 그림 1.24에 나타난 바와 같이 항상 입사각과 동일하다.

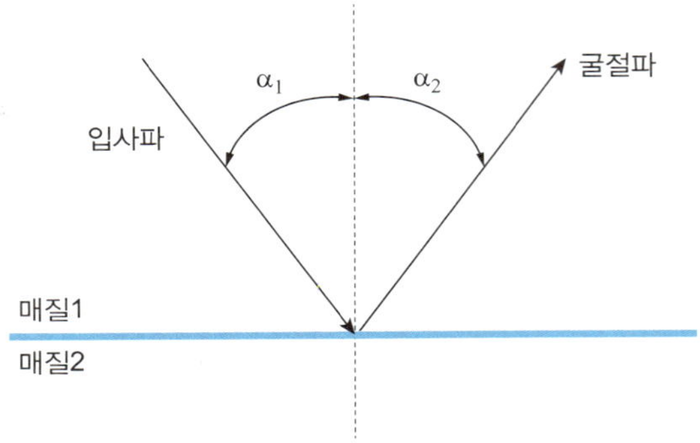

그림 1.24 입사각과 반사각

2) 파형변환(Mode Conversion)

음파는 빛과는 달리 매질내에서 진행하면서 파형이 달라지는 진행특성이 있다. 음파가 매질내를 통과하다가 연속적으로 진행되지 않는 지점에서는 파형변환이 일어날 수 있다. 대표적인 경우는 그림 1.25에서와 같이 초음파가 물에서 철판으로 입사하는 경우를 살펴보면 물속에서는 종파만이 진행할 수 있으므로 종파가 입사하게 되지만 고체인 철판에서는 종파는 물론 횡파도 존재할 수 있으므로 입사각에 따라서는 철판내에 종파 및 횡파가 존재할 수 있다. 즉 종파가 입사하였다 하더라도 다른 파형도 존

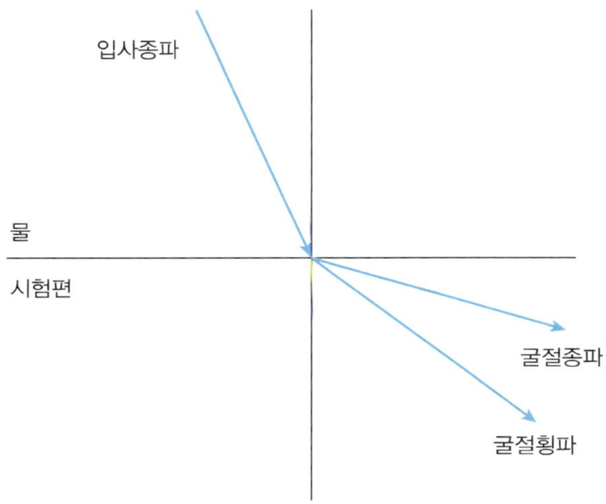

그림 1.25 종파의 파형변환

재할 수 있기 때문에, 파의 형태가 달라지는 파형변환이 일어나게 된다.

그림 1.25에서 보면 굴절종파의 굴절각이 굴절횡파에 비해 크게 나타난 것은 철판에서의 종파의 속도가 횡파의 속도에 비하여 크기 때문으로 스넬의 법칙에 적용하면 쉽게 알 수 있다. 또 다른 형태의 파형변환의 대표적인 경우는 탐촉자에서 발생한 초음파가 분산되어 진행할 때 초음파의 연속적인 진행이 방해되는 곳에서 그림 1.26과 같이 파의 형태가 달라질 수 있다.

그림 1.26은 재질내에서 음파가 분산되어 진행하다가 시험체의 경계면에서 발새오디는 파형변환을 나타내고 있는데 파형변환이 일어나는 임의의 지점에서 살펴보면 동일파, 즉 종파에서 종파로 그대로 진행한 경우는 이미 앞에서 설명한 바와 같이 입사각과 반사각이 동일하므로 일정한 각도(입사각과 동일각도)로 반사하고 있음을 알 수 있으나 종파에서 파형변환을 일으켜 횡파로 진행되는 경우는 반사각이 입사각의 1/2 정도로 나타나 있는데 이는 횡파의 속도가 입사한 종파속도의 약 50% 정도이기 때문이다.

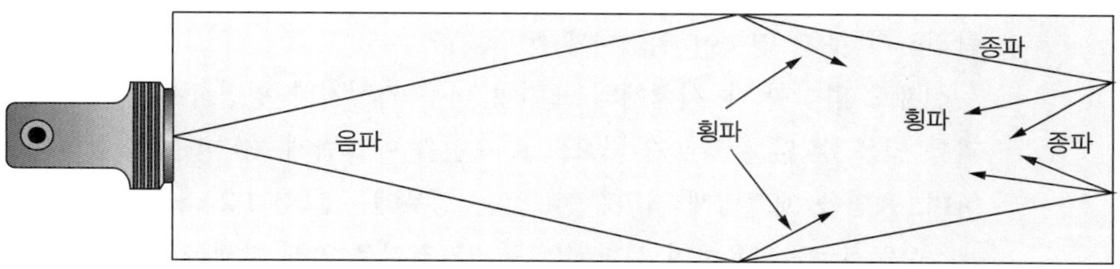

그림 1.26 빔의 분산에 의한 파형변화

즉 빔의 분산에 의한 파형변환은 길이가 긴 고체 시험체 내에서 일어나기 쉬운데 이는 종파로 진행되면 음파가 시험체의 한쪽면에 경사지게 부딪혀 반사할 때 다시 종파와 횡파도 변환되어 여러 종류의 음파가 혼합되어 진행하게 된다. 그러나 이 때 횡파의 속도는 종파의 속도에 비하여 약 50% 정도이므로 진행이 늦게 된다. 실제 초음파 탐상시 이와 같이 파형변환에 의해 지연된 신호(Delayed echo)가 많이 나타나게 되므로, 동일한 불연속에 대해서도 다양한 신호가 나타날 수 있으므로 이를 분리하여 검출하여야 한다.

3 시험체의 형상이 음파의 진행에 미치는 영향

초음파 탐상검사시에는 시험체의 형상에 따른 음파의 진행에 미치는 영향과 효과를 이해하고 이를 고려한 보정을 해주어야 탐상결과의 신뢰도를 높일 수 있다. 따라서 시험체의 기하학적 특성이나 재질의 특성을 잘 이해해야 하는데, 고려해야 할 대상은 다음과 같다.

1) 표면거칠기

시험체의 표면상태, 즉 표면거칠기는 초음파에너지를 송신하고 수신하는데 크게 영향을 준다. 특히 거친표면은 탐촉자가 시험체에 완전하게 밀착되지 못함으로 인해 시험체표면에서의 산란과 굴절이 발생하게 되고, 이로 인해 결함지시가 상실되어 검출되지 않거나 검출되었다 하더라도 탐상감도의 저하를 유발시킬 뿐만 아니라, 입사펄스의 길이가 길어짐에 따라 분해능도 감소될 수 있다. 또한 거친표면으로 인한 산란의 영향을 감소시킬 목적으로 저주파수의 탐촉자를 사용하게 되면 파장이 길어져 탐상감도가 낮아질 뿐만 아니라 빔(Beam)의 퍼짐도 커지게 되므로 파형변환 등 탐상에 바람직하지 못한 영향이 일어나게 된다.

실제로 탐상할 때 시험체의 표면이 너무 거칠거나 평평하지 않으면 올바른 탐상결과를 얻을 수 없는 경우가 많으므로 표면을 매끄럽게 처리하여 탐상하는 것이 바람직하며, 표면을 매끄럽게 처리할 수 없는 경우에는 그림 1.27과 같이 대비시험편(Reference Block)을 이용하여 시험체의 표면거칠기로 인해 발생한 초음파의 감쇠를 보정해야 한다.

그림 1.27에서 보면 (a)는 표면이 매끄러운 대비시험편에서 반사된 저면반사파(Back echo)가 나타난 것이고 (b)는 두께는 대비시험편과 동일하고 표면이 거친 시험체의 반대면에서 반사된 저면반사파가 나타난 것이다. 즉 동일한 두께에서도 표면이 거친 경우에는 초음파의 에너지를 많이 손실하여 (b)에서와 같이 반사파의 진폭(40%)이 (a)의 경우의 반사파 진폭(80%)에 비해 1/2 정도로 나타나 있다. 즉 이와 같은 경우 실제 초음파 탐상시에는 초음파 탐상기에서 증폭기를 6 dB(진폭이 2배로 커짐) 올려 탐상함으로써 시험체의 표면거칠기를 보상할 수 있다.

2) 시험체의 형상

시험체의 탐상표면 저면이 평행하지 않을 경우, 저면으로부터 반사된 신호는 탐촉

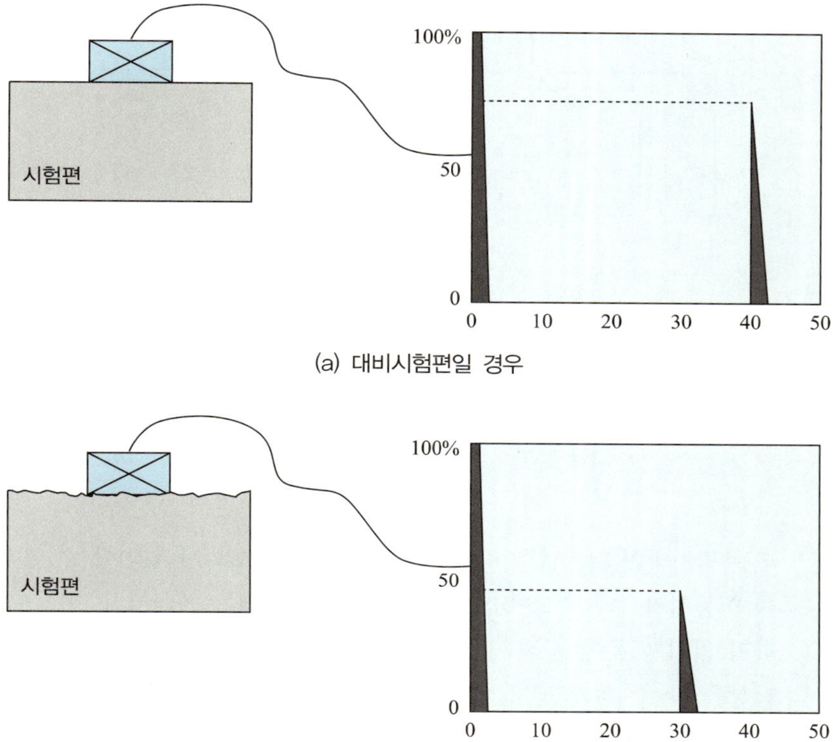

(a) 대비시험편일 경우

(b) 표면이 거친 시험편일 경우

그림 1.27 표면거칠기가 초음파 진행에 미치는 영향

자가 놓인 위치를 벗어나 수신되어 감도를 저하시키거나, 반사신호가 완전히 소실되는 때가 있다. 또한 시험체의 형상이 복잡할수록 파형변환을 수반한 여러 종류의 반사파가 수신되어 크고 작은 여러 진폭의 형상에 따른 진동양식을 세심히 관찰하는 것이 결함 신호를 판별해 낼 수 있는 중요한 요소가 된다.

시험체의 탐상표면이 볼록하거나 오목한 경우, 굴곡면에서 초음파가 굴절되어 빔의 분산 또는 결함 해석이 어렵게 되고, 탐촉자의 접촉면적이 감소되어 탐상감도가 저하된다.

그림 1.28은 시험체의 형상에 따라 초음파의 진행이 달라지는 것을 나타내고 있는데 시험면 X-Y에서 탐촉자를 X로부터 Y방향으로 이동시켜 가며 탐상했을 때 나타나는 현상이다. 탐촉자가 그림 1.28(a)의 위치에 있는 경우에는 시험체의 저면에서 반사

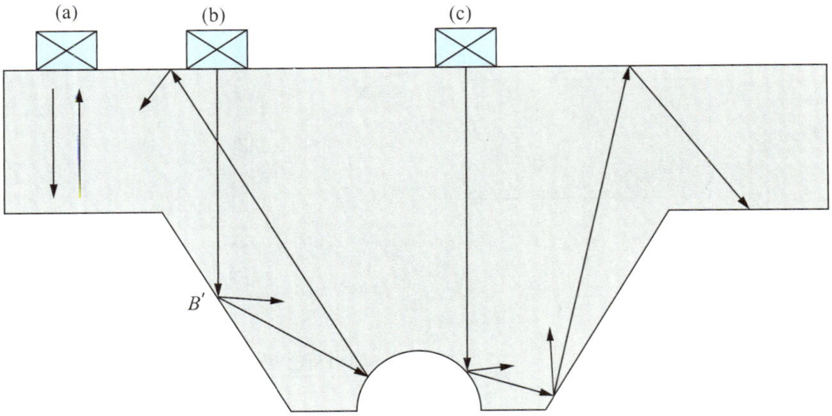

그림 1.28 시험체의 형상이 초음파 진행에 미치는 영향의 예

되는 반사파가 다시 탐촉자로 되돌아와 저면의 위치를 확인할 수 있다. 그러나 탐촉자를 이동시켜 그림 1.28(b)의 위치에 있는 경우에는 시험체의 저면이 탐상표면과 평행하지 않기 때문에 굴절 및 반사의 법칙에 따라 반사파가 탐촉자로 되돌아오지 않아 탐상을 할 수 없게 된다. 실제로는 B' 지점에 나타난 바와 같이 초음파가 입사하면 시험체의 한쪽면에서 파형변환이 일어나기 쉽다. 따라서 탐촉자를 (b)의 위치에 놓더라도 파형변환을 일으킨 반사파가 검출될 수 있는데, 검출되었더라도 검출된 파(Wave)가 어떠한 경로를 거쳐 검출된 것인지를 알기는 매우 어렵다.

또한 탐촉자가 그림 1.28(c)의 위치에서 초음파를 입사한 경우는 반사의 법칙에 따라 그림과 같이 초음파가 탐촉자로 되돌아와 검출되기는 하는데 이 때 초음파의 진행

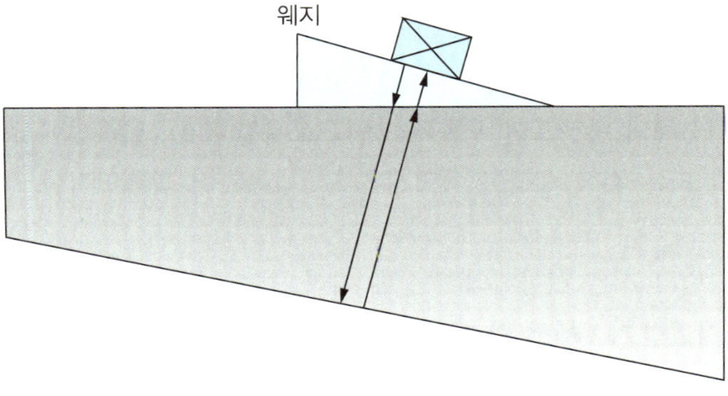

그림 1.29 쐐기를 이용한 초음파의 진행

경로는 실제로 정확한 계산과 실제 초음파가 진행한 거리를 측정하여 알 수 있는데, 초음파의 진행경로가 길어질수록 아주 길어지면 파형변환과 감쇠가 매우 심해 초음파 법이 다시 탐촉자로 되돌아와 검출할 수 없게 된다.

이에 대한 개선책으로는 탐촉자에 시험체의 곡률에 맞는 쐐기(Shoe)를 부착하여 접촉면적을 증가시킴으로써 감도의 저하를 최소화할 수 있다.

3) 결정입자의 영향

초음파의 전달은 결정입자의 구조에 의해 크게 영향을 받는다. 조대한 결정입자 구조를 갖는 금속에서는 입계면에서 반사된 다중(多重) 임상(Grass) 에코로 인해 결함지시의 판별에 지대한 영향을 미친다. 또한 다공성 재질의 경우에도 이와 유사한 현상이 나타난다. 실제 주조품을 검사할 때 이와 같은 현상이 매우 중요한 요인으로 작용하는 경우가 많다. 주조는 주형(Mold)에 용융금속을 부어 넣고 응고시키는 가공방법이므로 시험체 내에 기포가 함유되기 쉬운 제작방법이다. 따라서 주조품을 초음파로 검사할 때에는 초음파의 감쇠가 크게 나타나 검사가 어려워지는 경우가 많다. 강주조품의 경우는 두께가 100 mm 정도만 되어도 저면반사파가 나타나지 않는 경우도 있으나, 반대로 단조강의 경우는 강재에 외력을 가하여 소성변형하는 방법이므로 조대한 결정입자가 파괴되어 미세화되기 때문에 초음파의 감쇠가 거의 없어 두께가 수m 되어도 저면반사파가 선명하게 검출되는 경우가 많다. 이와 같이 결정입자가 큰 시험체를 검사할 때에는 초음파의 투과율을 높일 수 있도록 파장이 긴 저주파수의 탐촉자를 사용해야 바람직한 탐상결과를 얻을 수 있다.

4) 불연속의 방향과 위치

결함의 방향이 초음파 빔과 수직하게 놓여 있지 않고 어느 정도 방향성을 가지면 탐촉자로 되돌아오는 반사신호가 미미하거나 소실될 수 있어, 실제 결함이 큰 경우일지라도 작은 결함으로 평가되거나 검출이 불가능한 경우가 발생한다. 또한 결함의 위치가 시험체내 저면에 아주 근접하게 위치한 경우에는 저면 반사파로 인해 지시의 판독에 혼란을 초래할 수 있다.

초음파는 진동자로부터 초음파가 발생하여 시험체 내에서 진행함에 있어 진동자로부터의 거리에 따라 불감대(Dead Zone), 근거리 음장(Near Zone), 원거리 음장(Far Zone)으로 구분할 수 있다.

불감대는 신호에 대한 반응이 전혀 없는 지역으로 근거리 음장보다 짧게 나타난다.

이는 파장의 길이와 관련되어 나타나는데, 즉 파장의 길이가 짧아지면 불감대가 짧아지고 파장의 길이가 길어질수록 불감대가 커진다.

따라서 동일한 재질에서의 초음파 속도는 일정하므로 고주파수일수록 불감대가 적어진다. 또한 이미 설명한 바와 같이 근거리 음장 내에서도 정확한 검사가 이루어지기 어려우므로 결함의 위치가 근거리 음장 이내에 있는 경우는 검사가 매우 부정확해진다. 따라서 탐상에 앞서 검사하고자 하는 시험체에 대한 결함의 발생 가능 위치 및 방향성 등 시험체의 구조 특성을 미리 파악하는 것이 좋다.

4 불연속에 대한 반사파의 진행 특성

초음파의 진행 특성 중 하나는 이미 설명한 바와 같이 빔의 퍼짐에 있다. 불연속의 크기가 빔폭(Beam Width)보다 충분히 크면 불연속으로 입사된 전체에너지가 불연속으로 투과 또는 반사에 관계되지만 불연속의 크기가 초음파 빔폭보다 작으면 초음파의 일부에너지만 투과 또는 반사에 관계하게 된다. 이때 투과 및 반사율은 시험체와 불연속의 음향 임피던스에 관계되어 나타나지만 시험체의 저면에서는 공기와 같이 음향 임피던스의 차이가 매우 큰 경계면에서는 거의 100% 반사한다.

또한 불연속의 형태에 따라서도 반사의 양식이 크게 달라지게 되므로 불연속의 형태가 반사파의 진행 특성에 매우 큰 영향을 미치게 된다. 모든 불연속의 형태는 일정하지 않기 때문에 불연속의 형태를 규정하여 규격화할 수는 없으나 이를 대체적으로 큰 평면과 같은 형태, 평면과 같은 형태, 구(球)와 같은 형태 등으로 분류하여 반사파의 진행 특성을 살펴보기 위하여 그 개념에 대해 설명한다.

또한 개념의 설명을 간단하게 하기 위해 음압반사(통과)율의 영향은 고려하지 않고(필요한 경우에는 이미 설명한 바와 같이 음압반사/통과율에 대한 보상을 해주면 됨) 전체가 반사하는 것으로 보고, 또한 초음파가 결함에 수직으로 입사하는 경우로(이 때에도 초음파가 결함에 사각으로 입사하는 경우는 이미 설명한 바와 같이 굴절 및 반사에 대한 보상을 해주면 됨) 한정하여 설명한다. 또한 결함의 위치는 근거리 음장을 충분하게 벗어나 있는 경우로 가정한다.

1) 큰 평면과 같은 형태의 결함인 경우

결함의 크기가 초음파 빔폭(Beam Width)보다 충분히 큰 경우에는 그림 1.30과 같이 탐촉자로부터 진행되는 초음파빔 전체가 반사하므로 초음파빔이 결함에 도달하여

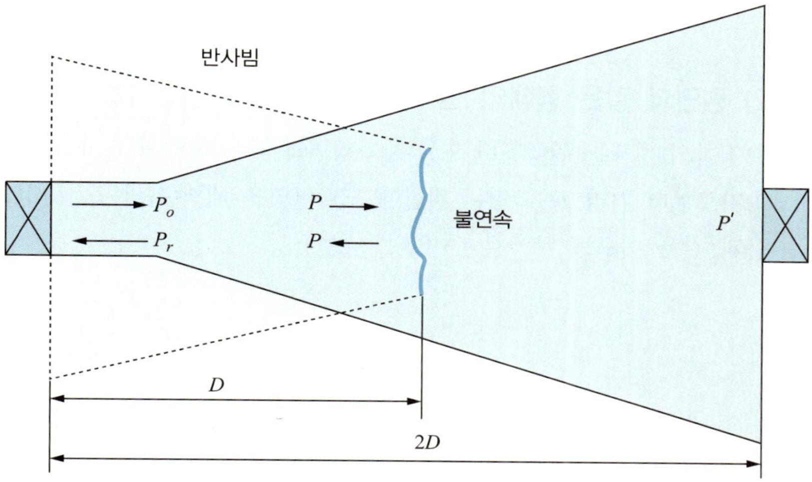

그림 1.30 큰 평면과 같은 형태의 결함에 대한 반사파의 진행

다시 탐촉자로 되돌아올 때까지 감쇠량을 계산하면 다음과 같은 식으로 나타난다.

$$P_r = P_0 \frac{A}{2\lambda D} \tag{1.29}$$

여기서, P_0 : 초기음압, P_r : 반사음압

λ : 초음파의 파장

D : 탐촉자로부터 결함까지의 거리

A : 진동자의 면적

식(1.29)에서 초기음압(P_0)이란 초음파가 탐촉자로부터 방사될 때의 음압이며, 반사음압(P_r)이란 탐촉자로부터 방사된 초음파가 결함에서 반사하여 다시 탐촉자로 되돌아왔을 때의 음압을 말한다. 또한 식(1.29)을 살펴보면 탐촉자로부터 결함까지의 거리는 D이지만 초음파빔이 방사되어 결함으로부터 반사되어 되돌아올 때까지 실제 초음파의 진행거리는 $2D$가 됨을 알 수 있다.

따라서 초음파가 방사되었을 때의 음압과 결함으로부터 반사되어 되돌아왔을 때의 음압의 비를 살펴보면 다음과 같이 나타난다.

$$\frac{P_r}{P_0} = \frac{A}{2\lambda D} \tag{1.30}$$

실제 라미네이션(Lamination)과 같은 결함이 이와 같은 형태인 경우가 많다.

2) 평면과 같은 형태의 결함인 경우

결함의 형태는 원형평면 또는 사각평면과 같은 형태의 결함의 경우 초음파 빔이 탐촉자로부터 거리 D에 있는 결함에 도달하였을 때의 음압 P는 식(1.29)에서 보면 다음과 같은 식으로 나타낼 수 있다.

$$P = P_0 \frac{A}{\lambda D} \tag{1.31}$$

이때 평면형태의 결함의 크기(S)가 초음파 빔보다 작으면 그림 1.31에서 볼 수 있는 바와 같이 결함에 도달한 초음파의 일부만이 반사하게 된다.

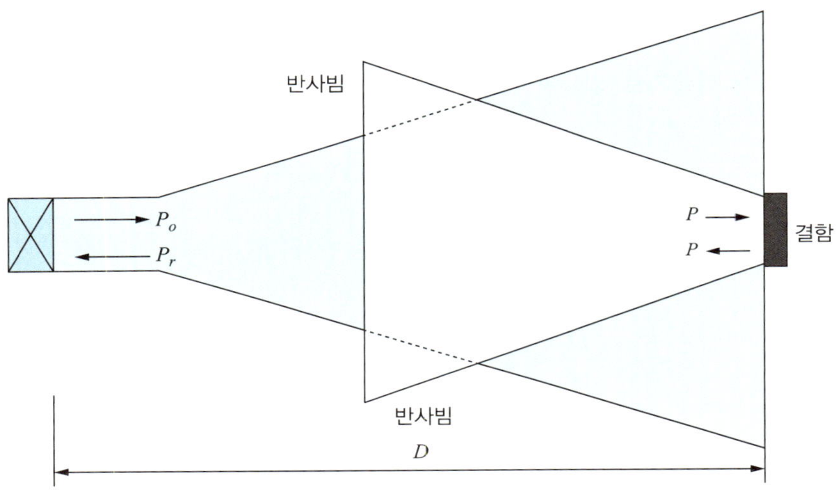

그림 1.31 원형평면과 같은 형태의 결함에 대한 반사파의 진행

여기서 탐촉자로 되돌아온 반사파의 음압(P_r)을 구하기 위하여는 결함으로부터 반사되는 시점을 기준으로 하여 탐촉자로 되돌아오는 과정을 식(1.31)과 관련하여 생각하면 간단히 나타낼 수 있다. 즉 초기음압(P_0) 대신 결함에서 반사하는 음압(P : 100% 반사하는 것으로 가정하였으므로 결함에 도달하였을 때의 음압과 동일함)으로 하고 진동자의 면적(A) 대신 결함크기(S)로 하면 식(1.31)은 다음과 같은 식으로 나타난다.

$$P_r = P\frac{S}{\lambda D} \tag{1.32}$$

또한 식(1.32)에서 P에 식(1.31)에서 나타난 식을 대입하면 다음과 같은 식(1.33)이 된다.

$$P_r = P_0\frac{AS}{\lambda^2 D^2} \tag{1.33}$$

따라서 초음파가 탐촉자로부터 방사되었을 때의 음압과 결함으로부터 반사되어 되돌아왔을 때의 음압의 비를 살펴보면 다음과 같이 나타난다.

$$\frac{P_r}{P_0} = \frac{AS}{\lambda^2 D^2} \tag{1.34}$$

3) 구(球)와 같은 형태의 결함인 경우

앞서 설명한 평면형태의 결함인 경우 초음파의 반사특성은 결함에 도달한 초음파의 전(全)양 또는 결함의 크기에 따른 일부분인 다시 탐촉자로 되돌아오는 데에 반해, 구(球)와 같은 결함인 경우에는 그림 1.32에서 볼 수 있는 바와 같이 비록 결함의 크기

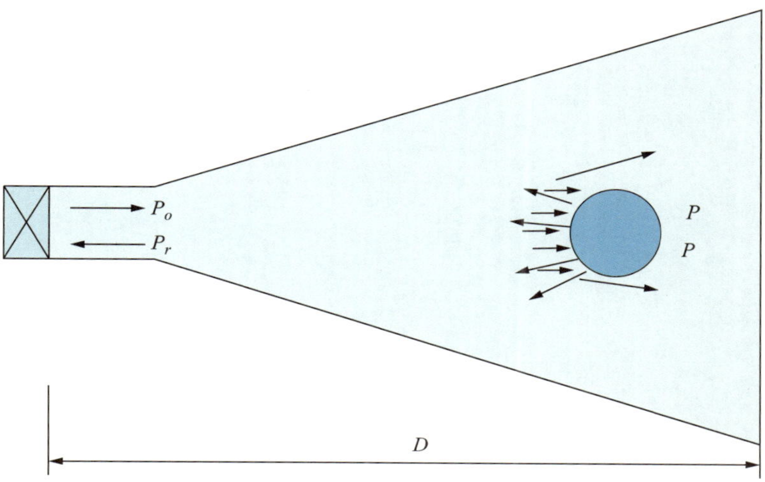

그림 1.32 구와 같은 형태의 결함에 대한 반사파의 진행

가 충분히 크더라도 초음파가 결함에 부딪히는 방향에 따라서 여러 방향으로 반사되므로 탐촉자로 직접 되돌아오는 반사파의 양은 평면형태의 결함에 비해 극히 적게 된다.

즉 동일한 크기의 평면형태의 결함에 비해 반사음압은 상대적으로 매우 적어지게 되며 이를 근사식으로 나타내면 식(4.13)와 같이 나타난다.

$$P_r = P_0 \frac{Ad}{4\lambda D^2} \tag{1.35}$$

여기서, d : 결함의 직경

따라서 초음파가 탐촉자로부터 방사되었을 때의 음압과 기공(Porosity)과 같은 구(球)형태의 결함으로부터 반사되어 되돌아왔을 때의 음압의 비를 살펴보면 다음과 같이 나타난다.

$$\frac{P_r}{P_0} = \frac{Ad}{4\lambda D^2} \tag{1.36}$$

CHAPTER 2

초음파, 그 자질과 역량

2.1 초음파 검사장비 개요

초음파탐상 검사장비는 검사 목적 및 검사조건에 따라 다소 다르기는 하나 그 기능 및 원리는 비슷하기 때문에 이장에서는 펄스반사법에 적용되는 탐상기를 위주로 설명하고자 한다. 또한 탐상기의 구조와 기능 등을 일반적 이론 관점에서 설명하기에 본장의 제목을 [초음파, 그 자질과 역량]으로 정하였다. 초음파는 동일한 재질에서는 일정한 속도를 갖고 있으며 결함과 같은 불연속부가 있으면 그 곳에서 반사와 굴절 또는 투과를 하는 특성이 있다. 펄스반사법은 그 중에서 초음파의 반사특성을 이용하여 검사하는 방법이 된다. 강재의 두께 측정 경우 초음파가 탐촉자로부터 발생하여 시험체의 저면을 거쳐 탐촉자로 되돌아 올 때까지의 소요시간이 10 μs이라면 강재의 두께(T)는 초음파의 이동거리를 알아보면 쉽게 알 수 있다. 즉 강재에서의 초음파 속도는 5900 m/sec이므로 이를 계산하면 5900 m/sec × 10 μsec = 59 mm가 된다. 또한 59 mm라는 것은 그림 2.1에서 볼 수 있는 바와 같이 초음파가 강재를 투과하여 반대면에서 다시 반사하여 진행한 거리이므로 강재의 두께는 59 mm ÷ 2 = 29.5 mm가 된다. 즉 이와 같은 원리로 초음파 탐상검사가 이루어지는데 초음파탐상검사 장비에서 초음파의 진행시간만을 측정한다면 이를 항상 계산하는 것도 매우 번거로운 일일뿐만 아니라 실제에 있어서는 동일한 재질에서도 내부의 함금원소 등에 따라 상당한 음속의 변화 등이 일어난다. 또한 초음파의 반사특성 등이 측정되지 않으면 결함의 크기 등을 측정하는 데에도 한계가 있게 된다.

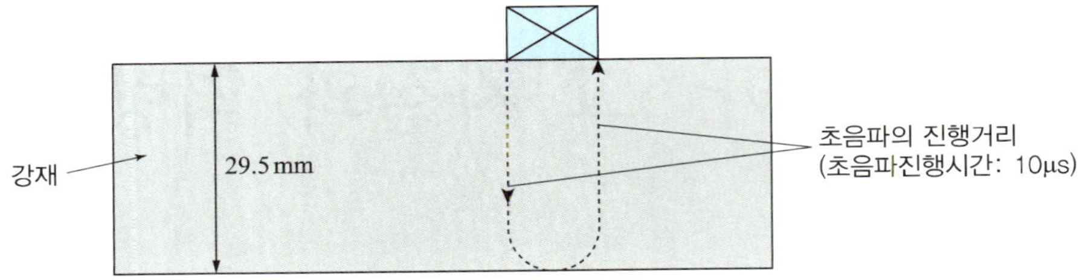

그림 2.1 펄스반사법을 이용한 시험체의 두께측정

따라서 결함의 크기를 측정하는 방법의 원리는 그림 2.2에서 나타난 바와 같이 크기를 알고 있는 표준결함이 내재되어 있는 시험편(Block)에서 반사파의 진폭을 측정하여 대비자료(Reference Data)로 사용한다. 예를 들어 그림 2.2(a)에 나타난 시험편에서의 인공결함 크기가 직경이 1 mm이고 이에 대한 결함 반사파의 진폭이 전체스크린 높이의 20%로(그림 2.2(b))로 나타났다면, 결함의 크기가 직경 1 mm인 경우의 반사파 높이는 전체 스크린 높이의 20%라는 것을 알 수 있다. 이와 같이 보정(Calibration)된 장비로 측정하고자 하는 시험체(Specimen)에서의 결함크기를 측정한 결과 그림 2.3과 같이 나타났다면 그림 2.3(a)의 시험체내에 존재하는 결함의 크기는 그림 2.2(a)의 시험편 내에 존재하는 인공결함의 크기보다 크다는 것을 알 수 있게 된다. 그림 2.3(b)에서 보면 결함반사파의 진폭이 전체스크린 높이의 80%로 나타났으므로

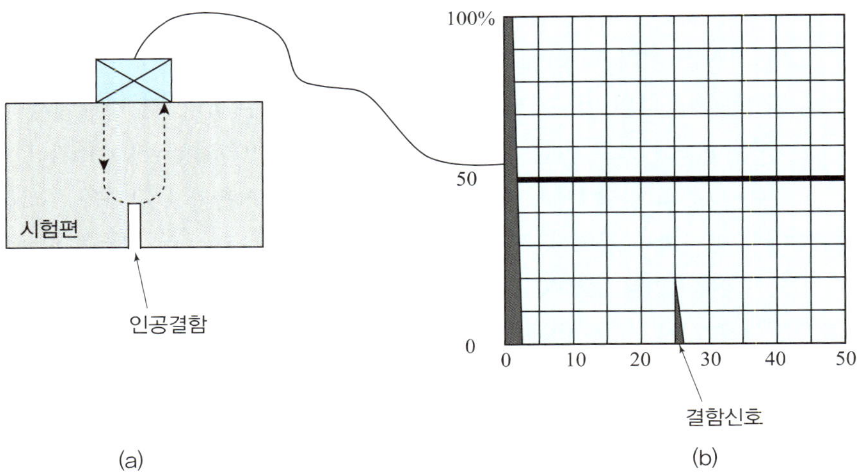

그림 2.2 시험편에서의 결함크기 측정

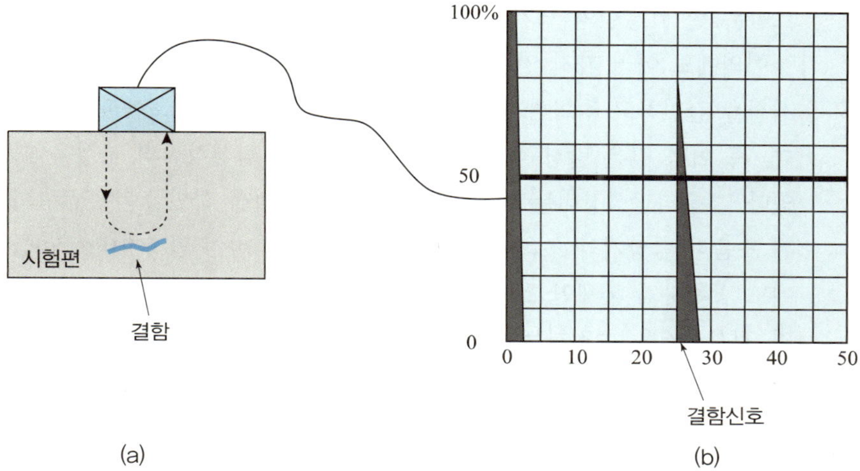

그림 2.3 탐상 시험편에서의 결함크기 측정

그림 2.2(b)와 비교하여 보면 진폭이 4배로 커졌음을 알 수 있다. 이는 그림 2.3(a)의 시험체내에 존재하는 결함의 크기가 그림 2.2(a)의 시험편 내에 존재하는 인공결함의 크기에 비해 크다는 것을 쉽게 알 수 있는데 이의 정량적인 크기를 알기 위해서는 "음압의 표시"를 통하여 알 수 있다.

음압의 표시는 dB로 나타내는데, $dB = 20\log_{10}\dfrac{I_2}{I_1}$로 표시되고, 그림 2.2와 2.3에서 보면 결함반사파의 진폭(Amplitude)이 4배 차이가 나므로 두 개의 결함크기를 상대적으로 비교하면 $\dfrac{I_2}{I_1} = 4$이라고 생각할 수 있다.

여기서 I_1은 시험편에 있는 인공결함(그림 2.3(a))의 크기(반사면의 면적), I_2는 시험체에 있는 측정하고자 하는 결함(그림 2.3(b))의 크기라고 생각하면 I_1에 해당하는 결함의 직경이 1 mm이었으므로 I_2에 해당하는 결함의 직경은 2 mm가 되어야 결함으로부터 초음파가 반사되는 단면의 크기가 4배 차이가 된다. 따라서 시험체에 존재하는 미지의 결함크기는 직경이 2 mm가 됨을 알 수 있다. 그러나 이는 결함의 크기를 측정하는 기본원리를 설명한 것이지 항상 이와 같은 방법으로 결함의 크기가 측정되는 것은 아니다. 즉 실제 결함의 위치가 시험편에 존재하는 인공결함과 동일하지 않으므로 초음파의 진행에 따른 진폭의 변화를 예상할 수 있고, 또한 앞의 그림에서는 시험체의 형상을 고려하지 않고 결함의 크기를 측정하였기 때문에 앞서 설명한 방법으로만은 실제 결함의 크기와 일치하는 경우는 거의 없게 된다.

이외에도 여러 가지 영향에 따라 결함의 크기가 다르게 나타나는데 이러한 모든 문제점을 간편하고 정확하게 처리하여 검사할 수 있도록 초음파 탐상기가 구성되어 있다. 즉 이와 같은 탐상원리를 고려하면 초음파 탐상장비의 구성을 대략적으로 알 수 있다. 초음파탐상장비는 기기의 조정과 검사결과를 확인할 수 있는 화면 등으로 구성된 초음파 탐상기와 초음파의 발생 및 송수신을 하는 탐촉자(Probe)를 말하는데 이외에도 탐촉자와 본체인 초음파탐상기를 연결하는 케이블(Cable), 검사장비의 성능점검 및 검사조건을 설정하는데 필요한 시험편(Block), 탐촉자와 시험체사이에 초음파의 원활한 송수신을 위하여 적용하는 접촉매질(Couplant) 등이 있다. 이외에 검사목적 및 조건에 따라 필요한 보조기기가 있는데 이들의 주요기능 및 특성을 이해해야 정확한 검사를 수행할 수 있다. 따라서 본장의 제목을 [초음파, 그 자질과 역량]으로 정하였으며 이를 파악하기 위해 이 장에서는 초음파 탐상기 등의 제반사항에 대해 알아보고자 한다.

2.2 탐상기

1 초음파 탐상기의 기본구조

초음파 탐상기는 검출 하고자 하는 결함의 종류, 표시방법 등에 여러 가지 유형으로 분류할 수 있으나 일반적으로 그림 2.4와 같은 기본 구조로 구성되어 있다. 기본적으로 탐상기가 갖추어야 할 요소는 다음과 같다.

1) 전원공급 회로

교류전원 또는 충전지에 의해 각 회로에 전원을 공급한다.

2) 타이머(Timer) 회로

소인(Sweep) 회로 및 펄스(Pulse) 회로에 동시에 전기적 펄스신호를 보내준다. 단위 시간당 펄스를 보내주는 펄스반복률(PRR : Pulse Repetition Rate)을 결정하는 회로로서, 일반탐상기에는 고정된 경우가 많다.

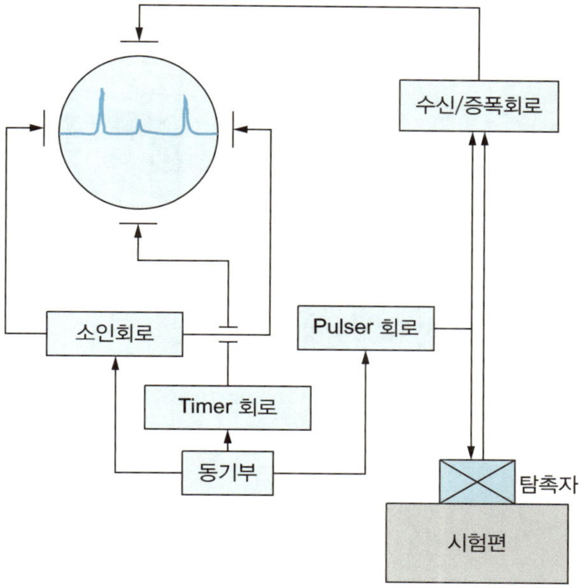

그림 2.4 초음파 탐상기의 기본구조

3) 펄스(Pulse) 회로

약 500 V 이상의 고전압의 펄스를 발생시켜 탐촉자 내의 진동자로 보내어 초음파를 발생하게 된다. 송신펄스의 송신순간 전력은 약 10 kW 정도로 매우 크지만 평균적으로 송신되는 전력은 0.5 W 이하이다.

4) 수신/증폭 회로

결함 등의 불연속부로부터 반사파에 의한 진동자(Transducer)에서 발생하는 전압은 수 mV 정도로 미약하다. 그러나 이를 화면에 나타내기 위해서는 보다 높은 전압이 필요하므로 진동자에서 수신한 전기적 신호를 증류(증폭)하여 화면(CRT : Cathod Ray Tube)으로 보내준다.

5) 소인(Sweep) 회로

탐상기 CRT 화면에 나타나는 펄스는 점(Spot)으로 구성되어 있는데 이 Spot가 수평등속도로 움직이도록 전압을 만들며 Spot가 움직이는 속도를 변경시켜 탐상거리를 조정해주는 회로이다.

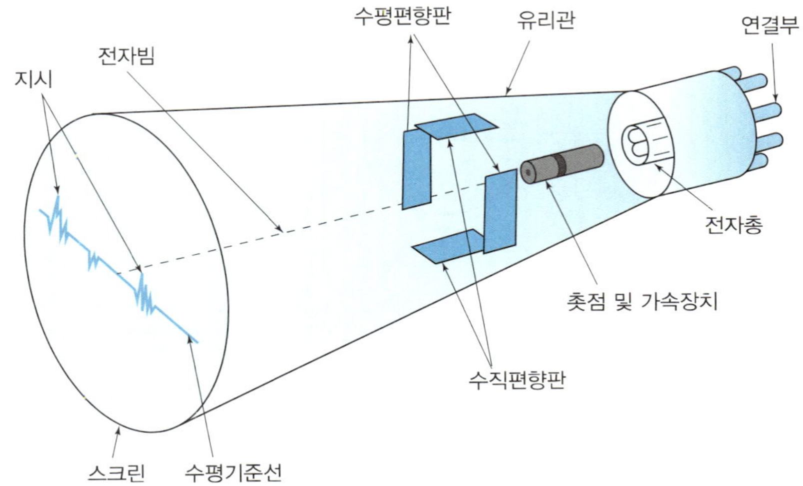

그림 2.5 음극선관의 구조

6) 음극선관(CRT : Cathod Ray Tube)

음극선관은 수신된 전기적 신호를 화면에 나타내어 주는데 그림 2.5와 같이 전자총에서 나타나는 전기적 신호를 가속하여 점으로 나타내는데 이 Spot은 1초에 수백회 반복되므로 정지 또는 이동하는 영상으로 나타나며 수직 및 수평 편향판이 있어 spot의 위치를 지정 또는 이동시킨다.

7) DAC 회로

일부 탐상기에만 부착된 보조회로이다. DAC(Distance Amplitude Correction : 거리-진폭교정) 회로는 탐촉자와 반사원(Reflector) 사이의 거리에 따라 초음파가 진행하면서 발생하는 음압의 감쇠로부터의 손실을 동일한 크기의 결함에 대해 거리에 관계없이 동일한 진폭의 반사파가 나타나도록 전기적으로 보상해 주는 회로로서 결함의 크기 측정에 매우 편리하다.

8) 디지털(Digital) 회로

최근 초음파 탐상기가 아날로그(Analogue) 형식에서 디지털(Digital) 형식으로 바뀌고 있는데 각각의 특성이 있으므로 두 가지 모두 혼용하여 사용하고 있는 장비도 있다. 즉 디지털 회로는 CRT 화면상에 나타난 펄스(Pulse)의 위치 및 크기가 수치로 나타나기 때문에 이를 정확하게 읽을 수 있고, 검사자가 화면상에서 펄스를 직접 눈으로 읽는 것에 대한 오차를 줄 수 있도록 결함크기, 표면으로부터의 깊이 등 반사원에 대한 정보를 구체적인 수치로 표시되도록 하는 회로이며 아울러 검사기간도 절약할 수 있는 장점이 있다.

9) 게이트(Gate) 회로

원하는 반사원(예를 들어 결함)만을 나타낼 수 있도록 일정한 구간 또는 일정한 진폭을 갖는 펄스가 나타나면 경보음 등이 울리도록 하는 회로이다. 즉 펄스의 진폭에는 문턱값(Threshold)이 있어 이 이상되는 펄스가 나타날 때 반응하는 회로이며 신속한 탐상, 자동탐상 또는 원격화면(Remote CRT)을 보아야 하는 경우 사용하면 매우 편리하다. 게이트 회로도 보조회로로서 모든 탐상기에 설치되어 있는 것은 아니다.

2 탐상조절기의 기능

모든 탐상기가 동일한 것은 아니지만 대체적으로 동일한 원리로 구성되어 있기 때문에 일반적으로 가장 널리 사용되는 초음파 탐상기를 기준 하여 설명한다.

탐상조절기의 기능을 숙지하면 탐상기의 조작이 매우 편리하므로 실제의 사용방법을 기준하여 그 특성을 알아본다. 그림 2.6은 초음파 탐상시 가장 널리 쓰이는 장비중

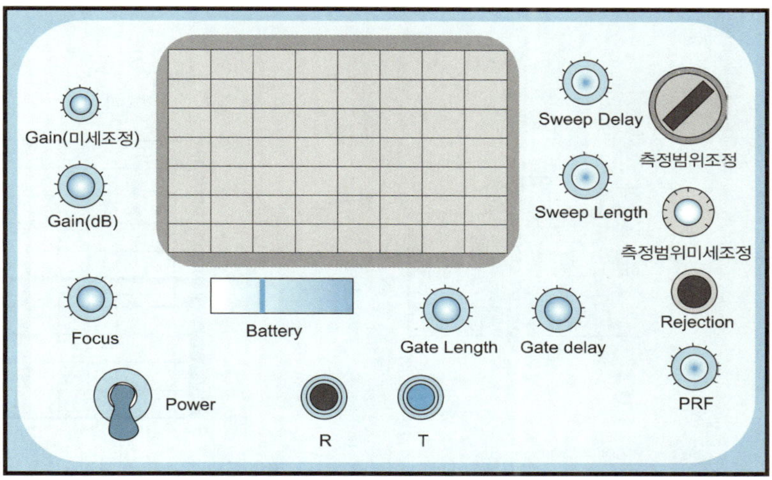

그림 2.6 초음파 탐상기의 전면

의 하나로서 탐상기의 전면 패널(Panel)에 있는 주요 조절기의 기능에 대하여 알아보자.

1) CRT 화면

그림 2.5 및 그림 2.6의 신호 표시부에 나타난 바와 같이 초음파탐상기에서 얻어지는 모든 정보를 나타내는 브라운관으로서 음극선관(Cathod Ray Tube)이라고 한다. 가로축은 초음파의 진행시간을 나타내는 시간축(Time Base)이며 초음파의 진행시간은 초음파의 진행거리를 나타내기 때문에 거리축이라고 한다.

CRT 화면에 반사파가 나타난 경우 결함의 위치를 측정하는 방법을 살펴보면 그림 2.7(a)와 같이 두께가 80 mm인 시험편을 시간축 눈금 40에 나타나도록 보정한 후 두

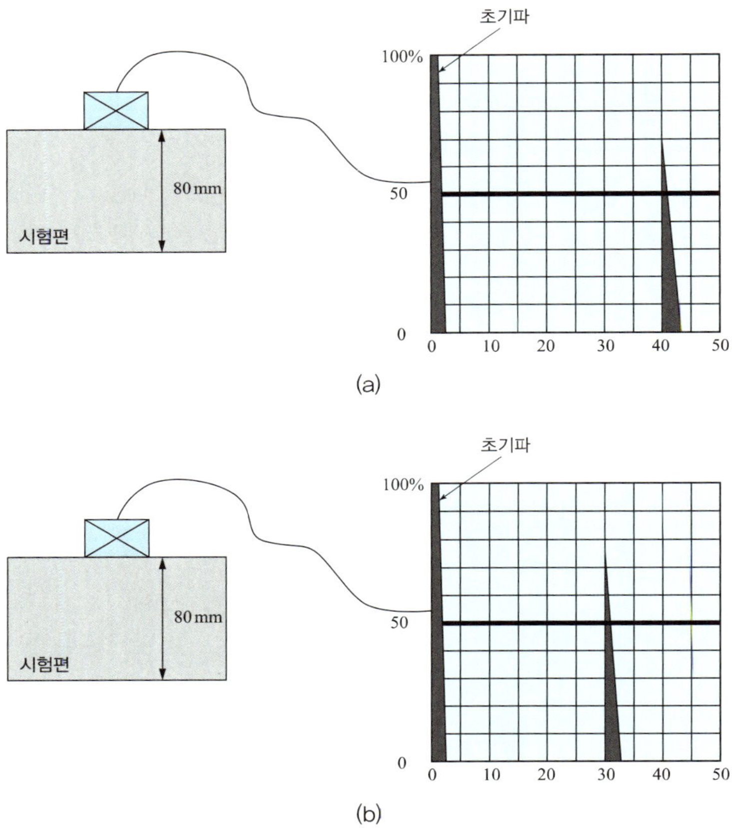

그림 2.7 CRT 화면의 이용

께를 알 수 없는 시험체를 측정하여 그림 2.7(b)와 같이 나타났다면 시험체의 두께는 60 mm임을 알 수 있다. 즉 그림 2.7(a)의 CRT 화면에서 두께가 80 mm인 경우 눈금 40에 저면 반사파(반대면에서 반사한 반사파)가 나타났으므로 눈금 10은 20 mm를 나타내므로 (b)의 시험체 두께는 60 mm임을 알 수 있다. 또한 수직축의 적용에 대해서는 그림 2.2와 그림 2.3에 그 예를 들어 설명하였다.

그림 2.7(a), (b)의 CRT 화면을 자세히 살펴보면 화면의 왼쪽에 각각 초기파(또는 송신파라고도 함)가 나타나는데, 초기파(Initial Pulse 또는 Main Bang)는 탐촉자와 시험체 사이, 즉 탐촉자 표면에서 반사하는 파를 말한다. 또한 저면 반사파의 진폭을 살펴보면 (a)의 경우보다 (b)의 경우의 진폭이 보다 크게 나타나 있음을 볼 수 있는데 이는 (b)의 경우가 (a)에 비해 두께가 얇으므로 초음파의 진행거리가 짧게 된다. 따라서 진행거리에 따른 감쇠가 적으므로 진폭이 보다 크게 나타나 있음을 알 수 있다. 이와 같이 초음파 탐상시 결함의 위치 및 크기 등에 관한 모든 정보는 CRT 화면에 나타난다.

2) 스위치 조절기

탐상기의 켜고(ON), 끄는(OFF) 조절기이다. 탐상기에 따라서는 그림 2.6에서와 같이 스위치 조절기에 탐상모드 스위치(Mode Switch)가 동시에 연결된 탐상기도 있는데 1탐법일 때는 스위치를 1위치에 놓고, 분할형 탐촉자나 2탐법일 때는 2위치 또는 V주사 위치에 놓는다. 만일 1탐법에서 스위치를 2위치 또는 V주사 위치에 놓으면 아무런 펄스도 나타나지 않는다.

3) 송신/수신 연결구

탐촉자는 케이블을 이용하여 탐상기에 연결함으로서 사용할 수 있다. 또한 케이블의 종류에는 여러 가지가 있는데 종류에 따라 약간씩 다른 특성이 있으나 탐상장치 또는 탐촉자의 제작회사에서 제작한 형태에 맞추어 사용하는데

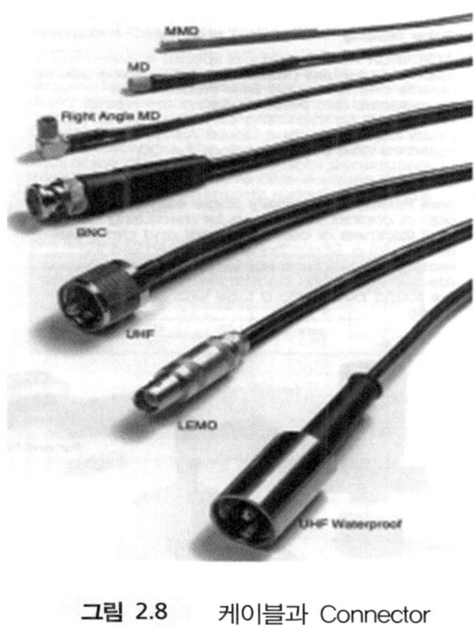

그림 2.8 케이블과 Connector

접속이 안 되는 경우에는 그림 2.8에 나타나 있는 형태의 접속기(Connector)와 연결하여 사용한다.

4) 측정범위 조절기

탐상에 적합한 시간축 범위를 거시적으로 정해주는 조절기이다. 그림 2.6에 나타난 탐상기는 시간축을 10, 50, 250, 100 mm로 단계적으로 조정하여 시간 축을 나타내는 CRT 눈금판 사이의 거리를 거시적으로 변화시킨다.

여기서 측정범위 조절기를 50 mm 위치에 조정하였다고 해서 시간축이 바로 50 mm로 보정되는 것이 아니며 다음에 계속 설명되는 다른 조절기를 사용하여 원하는 범위로 시간축을 조정하게 된다. 측정범위 조절기는 앞서 언급한 바와 같이 시간축 범위를 거시적으로 조정하는 조절기이므로, 원하는 측정 범위와 근사한 측정 범위를 선택한 후 다시 다른 조절기를 사용하여 정확하게 시간축을 조정한다. 예를 들어 그림 2.7과 같은 경우, 측정하고자 하는 범위가 100 mm 이하임에도 불구하고 측정범위 조절기를 1000 mm에 맞춘다면 시간축의 눈금 50은 1000 mm 정도 근처로 조정되므로 1차 저면 반사파는 눈금 5앞에 나타나고 2차 저면 반사파는 눈금 5와 10사이에 나타나며 계속하여 3차, 4차... 저면반사파가 계속 나타나게 되어 대략 10개 정도의 반사파가 나타나게 되므로 모든 반사파가 거의 겹쳐지게 되고 눈금 1에 해당하는 거리의 범위가 너무 길게 되어 반사파의 위치를 눈금에서 읽는데 상당한 오차를 수반하게 된다. 또한 측정 범위가 100 mm 정도인데 측정범위 조절기를 10 mm 또는 1000 mm 정도로 맞추는 것은 사실상 불가능하다. 따라서 이와 같은 경우에는 일단 측정범위 조정기를 50 또는 250 mm에 맞추고 다른 조절기를 사용하여 미세 조정한다.

5) 증폭기(Gain Control)

증폭기란 음압의 비를 증폭시키는 조절기로서 dB로 조정한다. 보통 탐상기에는 증폭기가 3가지 종류로 나누어 있는데 증폭기의 정도에 따라 거친(Coarse) 조절기, 중간 조절기, 미세(Fine) 조절기로 구분되어 있다. 이 조절기들의 기능은 모두 동일하며 1회에 조정해야 하는 크기에 따라 선택하여 사용한다. 그림 2.6에서 조절기(5a)는 펄스의 진폭을 1단계에서 20 dB(1000%)씩 증감시키는 거친 조절기로서 0에서 60 dB까지 조정이 가능하며, 조절기(5b)는 펄스의 높이를 1단계에 2 dB(26%)씩 증감시키는 조절기로서 0에서 40 dB까지 조정이 가능하며, 조절기(5c)는 펄스의 높이를 1단계에 0.5 dB(6%)씩 증감시키는 미세 조절기로서 0에서 1.5 dB까지 조정이 가능하다. 실제로 이

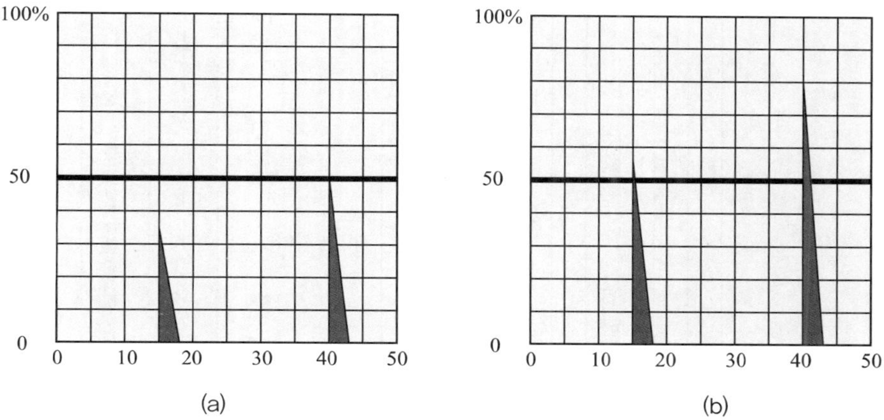

그림 2.9 증폭기의 사용

장비에서 증폭기의 사용범위는 0에서 101.5 dB가 된다.

그림 2.9는 증폭기를 사용하였을 때 CRT 화면상에 나타나는 펄스를 나타내고 있는데 그림 2.9(a)의 상태에서 증폭기를 사용하여 6 dB를 증폭하면 그림 2.9(b)의 상태가 되고 그림 2.9(b)의 상태에서 증폭기를 사용하여 6 dB를 낮추면 그림 2.9(a)의 상태가 된다.

장비에 따라서는 증폭기(Gain) 대신 감쇠기(Attenuator)가 부착된 경우가 있으나 모든 기능은 동일하다. 단지 증폭기는 오른쪽으로 회전시키면 펄스의 높이가 커지는 반면에 감쇠기는 오른쪽으로 회전시키면 펄스의 높이가 낮아질 뿐이므로 특별히 구분하지 않은 경우가 많다.

6) 시간축 간격 조절기

시간축 간격 조절기(Sweep length control)는 펄스와 펄스사이의 간격을 변화시키는 조절기로 원하는 시간축 범위를 미세 조정할 수 있는 조절기이다. 예를 들어 두께가 30 mm인 평판위에 탐촉자를 올려놓았을 때 CRT 화면 위에 1차와 2차 저면반사파가 그림 2.10(a)와 같이 나타났다. 즉 1차와 2차저면 반사파 간격이 시간축 상으로 20(눈금 35~15)이므로 눈금 20이 두께 30 mm를 나타내어 눈금을 읽기가 불편하게 된다. 이때 시간축간격 조절기를 사용하여 펄스와 펄스 사이의 간격을 그림 2.10(b)와 같이 눈금 30으로 벌리면 눈금 30이 두께 30 mm를 나타내므로 시간축을 읽기가 매우 수월해진다. 실제탐상에서는 CRT 화면을 읽는 오차가 발생하기 쉬우므로 아날로그

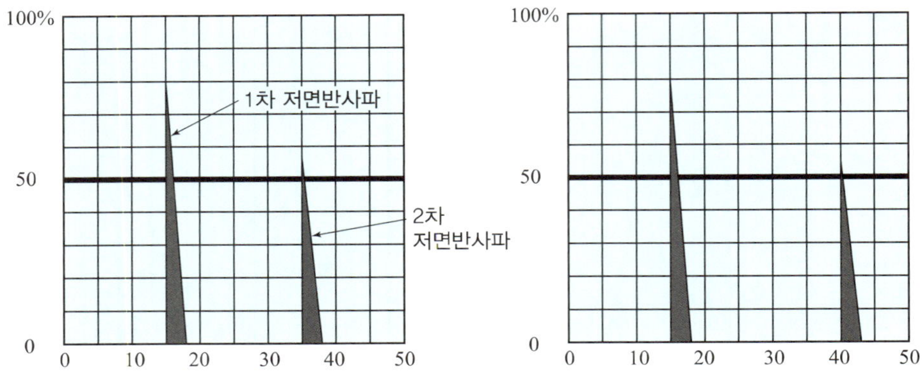

그림 2.10 시간축간격 조절기의 사용

(Analogue)형식의 탐상기를 사용하는 경우에는 오차를 최소한 줄일 수 있도록 시간축 조절을 하여야 한다.

7) 시간축 이동 조절기

시간축 이동 조절기(Sweep Delay Control)는 펄스와 펄스 사이의 간격을 고정된 상태로 화면전체를 좌우로 이동시켜 시간축간격 조절기와 함께 시간축범위를 미세조정할 수 있는 조절기이다. 예를 들어 그림 2.10(b)과 같이 1차와 2차 저면반사파 간격을 눈금 30으로 조정하였어도 1차 저면 반사파가 그림 2.11과 같이 CRT 화면상의 눈금 30에 맞추면 눈금 자체와 두께가 그대로 일치하게 된다. 이때 2차 저면반사파는

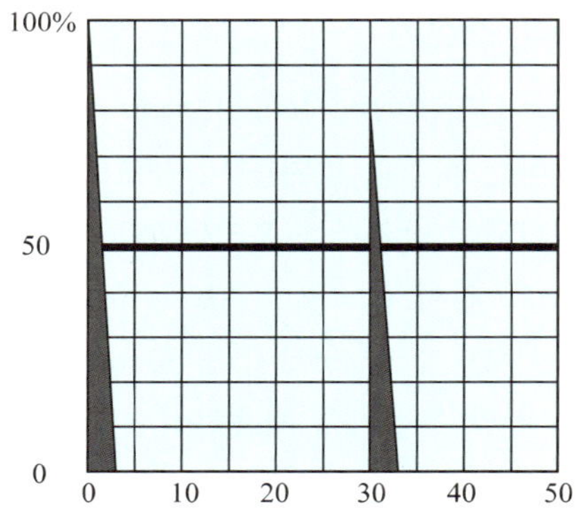

그림 2.11 시간축 이동 조절기의 사용

CRT 화면 오른쪽에 숨겨져 나타나지 않고 시간축이동 조절기를 사용하면 다시 CRT 화면에 나타나게 할 수 있다.

8) 게이트(Gate) 조절기

탐상범위에서 결함에 대한 정보를 쉽게 관찰할 수 있도록 게이트의 위치 및 범위를 설정할 때 사용하는 조절기이다. 조절기(8a)는 게이트시작 조절기로서 설정게이트의 시작위치를 정해주는 조절기로서 시간축을 따라 좌우로 이동할 수 있는 조절기이다. 조절기(8b)는 게이트폭 조절기로서 게이트의 범위를 정해주는 조절기이다.

9) 리젝션(Rejection) 조절기

시간축에 나타나는 전기적인 잡음신호를 제거하는데 사용하며, 리젝션 조절기를 사용하면 전기적인 잡음신호를 제거할 수는 있으나 CRT 화면에 나타난 펄스가 함몰되는 현상을 나타내어 증폭기로 증폭 또는 감쇠시킬 때와 같은 직선성(Linearity)은 유지되지 않으므로 대부분의 검사규격에서는 리젝션은 OFF 상태에서 탐상하도록 되어 있다. 최근의 장비에는 리젝션을 작동하여도 직선성이 유지되는 장비가 있기는 하지만 검사규격에서는 탐상시 리젝션 사용을 금지하고 있으므로 실제 초음파 탐상검사에는 사용할 수 없고, 펄스에 대한 자세한 관찰이 필요할 때 사용된다.

10) 초점 조절기(Focus Control)

CRT상에서 펄스의 초점을 맞추는데 사용되는 조절기이다. CRT상의 전자빔 궤적의 밝기 및 선명도를 조절하는데, 일반적으로 초점조절기를 시계방향으로 회전시키면 빔 궤적이 밝아진다.

11) 전원상태 표시기

건전지 및 배터리(Battery) 등을 사용하였을 때 현재의 전원상태를 나타내는 표시기(Indicator)로서 표시바늘이 초록색 부분에 위치하였을 때에는 전원상태가 충분하다는 것을 나타내는 것이고, 적색부분에 위치하였을 때에는 남은 전력량이 적다는 것을 나타낸다.

3 초음파 탐상기의 성능 점검

초음파 탐상기는 앞서 설명한 조절기의 성능이 적절하게 유지되어야 요구되는 검사감도를 유지할 수 있는데, 초음파 탐상기의 성능에 대해서는 검사규격에 따라 요구조건이 다소 다르지만 크게 분류하면 증폭진선성, 시간축 직선성, 분해능에 대한 성능이 일정기준 이상으로 유지되어야 초음파 탐상검사에 사용할 수 있다.

1) 증폭직선성

점검방법은 국가 공업규격과 미국기계학회(ASME)의 요구 조건이 다소 다르지만 기본적인 점검원리는 유사하다. 따라서 한국공업규격을 기초로 하여 설명하도록 한다. 증폭직선성은 증폭부 및 CRT 화면의 입력에 관한 출력의 직선성, 즉 CRT 화면에 나타난 펄스의 수직축에 관한 점검을 하는 것으로서, 탐상장비에서 증폭기값의 변화에 따라 CRT 화면상에 나타난 펄스의 높이가 어느 정도 정확성을 갖고 있는가를 측정한다. 측정방법은 그림 2.12에서와 같이 시험편위에 수직탐촉자를 놓고 탐촉자 위에 추를 올려놓는 방법 등으로 탐촉자가 시험편에 눌러지는 압력이 일정하게 하여 안정된 상태에서 반사파를 CRT상에 얻는다. 이 때 반사파의 에코우(Echo) 높이는 CRT 화면의 전체크기(Full Scale)의 100%에 맞춘다. 이때 증폭기는 30 dB 이상의 감쇠를 할 수 있는 상태 로 맞추어 놓고 2 dB씩 낮추어 가며 반사파의 에코우 높이의 변화량을 검사하는 것이 증폭 직선성이다.

이 변화량을 이론적인 이상값(理想값)과 비교하여 표 2.1과 같은 방식으로 그 편차를 구하여 그 편차가 요구되는 범위 이내에 있어야 탐상기의 증폭진선성은 적절히 유지되는 것으로 간주할 수 있다.

이 증폭 직선성이 적절하게 유지되지 않으면 결함 등으로부터의 반사파 진폭이 일정하지 않기 때문에 결함의 크기를 정확하게 판단할 수 없게 된다.

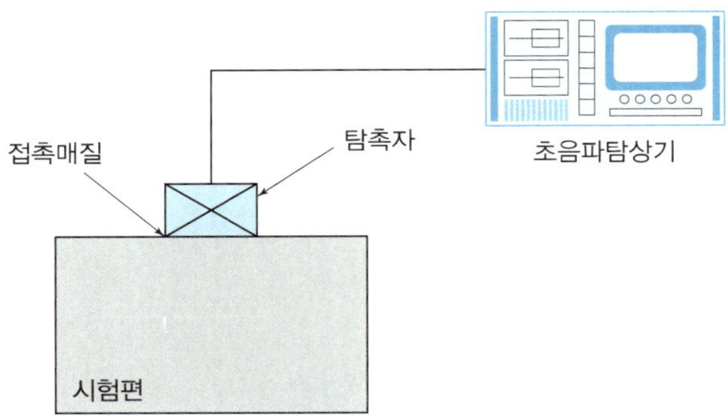

그림 2.12 증폭직선성의 측정

표 2.1 증폭 직선성 측정 기록표

감쇠량 (dB)	에코우 높이의 이상값 (%)	측정값 (%)	편차 (%)
0	100.0		
2	79.4		
4	63.1		
6	50.1		
. . .			
26	5.0		
30	–		

2) 시간축 직선성

시간축은 초음파의 진행시간을 나타내는 CRT 화면상의 가로축이다. 초음파의 진행시간은 탐촉자로부터 반사원까지의 거리를 나타내므로 초음파의 진행시간에 따른 거리의 표시는 항상 일정한 비율로 정확하게 유지되어야 결함의 위치측정 등이 정확하게 이루어지게 되는데 이와 같이 초음파 진행시간에 비례하여 CRT 화면의 가로축에 정확히 나타나는 성능을 시간축 직선성이라 한다. 시간축 직선성의 점검방법은 한국공업규격을 기준으로 하여 설명한다.

탐촉자를 그림 2.13(a)와 같이 시험편위에 올려놓고 그림 2.13(b)와 같이 제 6차 저면반사파가 나타나도록 한 후 1차 저면반사파를 눈금 0, 6차 저면반사파를 눈금 50에 맞춘다. 이때 장비의 직선성이 정확하다면 2차 저면반사파는 눈금 10, 3차 저면반사파는 눈금 20...에 일치하게 된다. 그러나 탐상기에 따라 시간축 직선성이 약간씩 편차가 있다. 즉 그림에서 a_1, a_2, a_3....는 이론적인 직선성과의 편차를 나타내고 있다. 평가방법은 이 측정된 편차가 검사규격에서 규정하는 기준값과 비교하여 시간축 직선성의 적정성 여부를 평가한다.

3) 분해능

분해능(Resolution)이란 인접된 2개의 반사원을 서로 분리해낼 수 있는 능력을 말하는데 탐상기의 분해능은 기본적으로 펄스발진기, 케이블 및 탐촉자를 포함한 송신

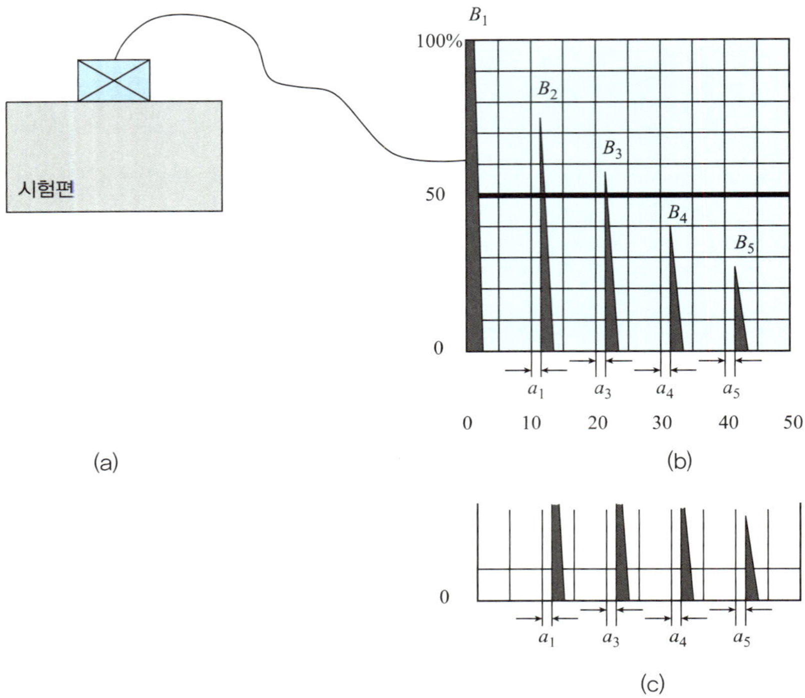

그림 2.13 시간축 직선성의 측정

기의 댐핑(Damping) 성능과 탐촉자와 시험편과의 접촉상태 및 수신기의 성능에 따라 달라진다. 분해능도 측정원리는 유사하므로 한국 공업규격에 기초하여 설명한다. 분

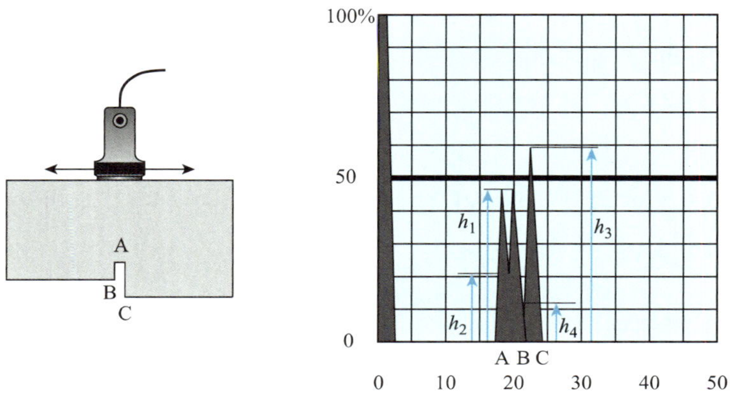

그림 2.14 분해능의 측정

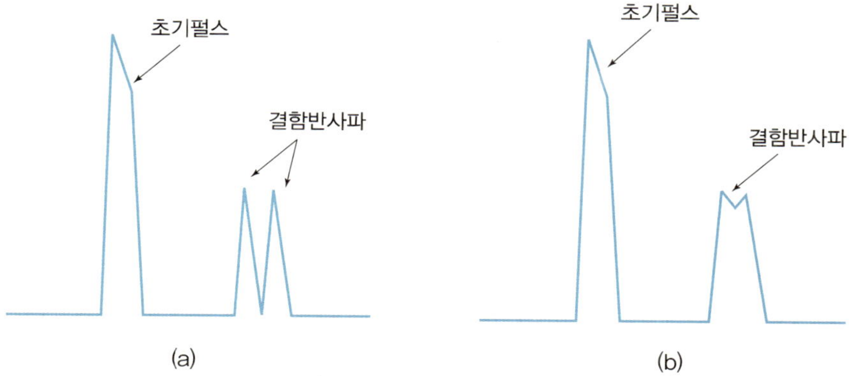

그림 2.15 분해능

해능 측정 시에는 그림 2.14와 같은 시험편을 사용하여 시험편의 A, B, C로부터 반사파를 취득하여 평가한다.

즉 이와 같이 펄스의 겹치는 부분을 기준하여 이를 증폭한 후 그 차이를 분해능의 평가대상으로 삼는 것은 그림 2.15(a)에서 볼 수 있듯이 분해능이 양호한 경우라도 증폭기로 계속dB를 높이게 되면 CRT상에서 더 이상의 분해가 되지 않으므로 화면상 내에서는 분해능이 나빠지게 된다. 즉 dB로 분해능을 표시해도 무방한 이유가 되며 또한 그림 2.15(b)에서 볼 수 있듯이 분해능이 불량한 경우에는 아무리 증폭기를 감쇠시켜도 두 개의 펄스가 서로 구분되지 않는다.

분해능은 탐촉자의 주파수가 높을수록 즉 파장이 짧을수록 양호하고 또한 댐핑(Damping)이 양호할수록 개선되지만, 분해능의 성능이 충분하게 나타나기 위해서는 탐상기의 수신장치에서 증폭하는 주파수 대역이 넓을수록 좋다.

2.3 탐촉자

탐촉자(Probe)는 초음파를 발생시켜 시험체에 송신하고 시험체의 반사원으로 부터 반사된 초음파를 수신하여 이를 전기적 신호로 바꾸어 탐상장비로 보내는 역할을 한다. 즉 탐촉자는 전기적인 에너지를 기계적인 에너지인 초음파로 바꾸어 주는 떨림판, 즉 진동자(Transducer)가 주된 요소이며 이외에는 전기적인 잡음을 제거하는 등의 보다 효율적인 탐상이 이루어질 수 있도록 보조역할을 하고 있다. 따라서 이 장에서는 초음파의 발생 및 수신방법, 탐촉자의 대표적인 구조와 종류에 따른 적용 특성을 살펴보고, 탐촉자의 가장 중요한 구성요소인 진동자의 재질에 따른 특성, 그리고 탐촉자의 성능은 어느 정도 유지되어야 하는가에 대해 설명한다.

1 초음파의 발생 및 수신

초음파를 발생시키는 방법으로는 매질의 일부분을 초음파와 동일한 주파수로 진동시켜면 되는데 그 매질의 종류에 따라서, 또한 주파수 종류에 따라 여러 가지 방법이 있다. 그 중 널리 사용되는 방법이 진동자를 사용하여 초음파를 발생시키는 방법인데 대부분의 경우 진동자에 전압을 가하여 초음파를 발생시키는 방법을 사용하기 때문에 이를 위주로 설명하며 기타 방법으로는 전자음향을 사용하는 방법을 소개한다.

1) 압전효과(壓電效果)

압전효과(Piezoelectric effect)는 전기적인 에너지를 기계적인 에너지로 변형시키고, 기계적인 에너지를 전기적인 에너지로 변형시키는 현상을 말한다. 모든 재료가 이와 같은 성질을 지닌 것은 아니고 이와 같은 성질을 지닌 물질을 압전물질이라 하고, 이 압전재료를 탐촉자의 진동자 재료로 사용한다. 압전물질중 대표적인 물질이 수정(Quartz)으로서 그림 2.16에서 보는 바와 같이 전류의 방향에 따라 압전재료가 신축되어 초음파가 발생된다.

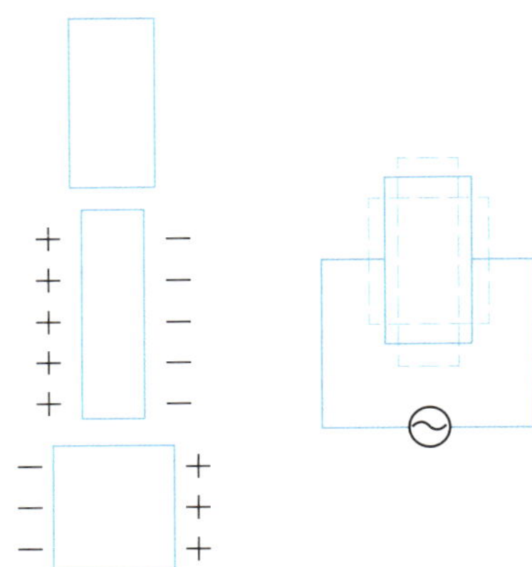

그림 2.16 압전효과

또한 반대로 초음파가 압전재료의 표면을 진동시키면 이것에 의해 진동자가 신축되어 전극간에 전압이 발생한다. 압전효과는 결정구조가 갖는 특성이며 이 결정구조의 각 축(Axis)사이의 비대칭성이 압전성질을 갖는 원인이 된다.

종파의 발생원리를 간단히 살펴보면 X-축에 수직으로 절단한 결정에 외부에서 전압을 걸어주면 결정의 두께가 변화하는데, 이때 결정의 주위에 어떤 재질로 눌러져 있으면 결정 두께의 변화가 주위의 물질에 압축작용을 하게 되고 압축력은 적용 전압과 비례하게 된다. 이때 교류전압을 적용하면 방향이 계속하여 변화하므로 압축력도 교류와 같이 변화하므로 종파가 발생하게 된다. 또한 전류의 발생원리도 반대의 개념으로 설명되는데 절단한 결정에 외력을 가하면 결정체가 탄성을 가지므로 두께가 약간 감소하고 이로 인해 하전원소(Charged element)가 이동하여 결정체의 양쪽 극면은 양극(+)과 음극(−)을 나타나게 된다. 또한 결정이 팽창하여 두께가 변하면 극성이 반대로 바뀌게 되므로, 수축과 팽창이 교대되는 기계적 에너지가 결정면에 적용되면 특정한 주파수를 갖는 교류전압을 나타내게 되어 결국 기계적인 에너지가 전기적인 에너지로 변화된다.

2) 진동자의 진동

소리굽쇠에 외력을 가했다가 외력을 제거해도 일정한 시간동안 계속 진동하게 되는 것과 마찬가지로 진동자에 전기적인 펄스가 가해지면 진동자는 진동을 하게 되고 어느 정도 시간이 경과하게 되면 일정한 강도를 유지하게 되는데, 이때 외부의 전기적인 에너지를 제거하여도 진동이 즉시 정지되는 것이 아니라 서서히 감소하여 소멸된다. 진동자는 초음파 탐상검사시 송수신에 직접 관계되기 때문에 진동자의 감도를 높게 유지해야 하는데, 진동자의 감도를 높게 유지하기 위해서는 일차적으로 펄스폭(Pulse Width)이 커야 한다. 펄스폭은 펄스가 소멸될 때까지의 시간이지만 일반적으로는 그림 2.16(b)에 나타난 바와 같이 최대강도의 약 20%로 줄어들었을 때까지 펄스의 지속시간을 말한다.

이는 펄스가 형성되어도 일정한 강도에 이를 때까지는 검출되지 않고 검출 가능한 크기 정도까지가 유효한 펄스가 되기 때문에 기준에 따라 약간씩 다르기는 하지만 대략 최대강도의 20% 정도를 기준하여 펄스폭을 결정한다. 그러나 펄스폭은 결함검출도에 직접적인 영향을 미치지만 펄스폭이 커지면 펄스의 지속시간이 길어져, 즉 분해시간(Resolving time)이 길어져 다음에 계속되는 펄스를 분리할 수 없으므로 인접한 반사원을 분리해 낼 수 있는 분해능은 낮아지게 된다. 즉 펄스폭에 따라서 결함검출도를 높게 하면 분해능은 낮아지게 되며 반대로 되기도 한다. 따라서 진동자에서 펄스폭 조정은 검사목적에 따라 매우 중요하게 작용하는데 펄스폭의 조정은 진동자에 흡음재(Damping Material)를 부착하여야 한다. 흡음재의 재질에 따라 펄스의 지속시간이 달라지게 되는데, 흡음재와 진동자 재질의 음향 임피던스가 동일하다면 흡음재를 부착한 효과가 거의 없기 때문에 펄스폭이 가장 길게 된다. 일반적인 초음파 탐상에 사용되는 탐촉자에서는 결함검출도와 분해능의 정도를 고려하여 진자수를 수정으로 사용하는 경우에는 음향 임피던스비를 대략 5:1 정도 되는 흡음재를 부착한다. 흡음재를 사용하는 또 다른 목적은 진동자에서 발생한 초음파가 원하는 방향으로만 진행하는 것이 아니고, 그 반대면으로도 진행하기 때문에 원하지 않는 방향으로 진행하는 초음파를 흡수하는 흡수제 역할도 한다. 흡음재를 탐촉자내에 넣어 진동자에서 발생하는 펄스의 폭을 조절하는데 이때의 감쇠량은 감쇠상수(δ : Damping Coefficient)로 나타낸다. 감쇠상수는 이상의 내용을 살펴보면 펄스의 지속시간이 길어지면 펄스의 감쇠가 작아지는 것을 의미하므로 감쇠상수(δ)는 작게 나타나며, Q값은 커지게 되고 따라서 대역폭은 적어진다. 이와 같은 경우에는 결함의 검출도는 높아지지만 분해능은 낮아지게 된다. 따라서 초음파 탐상검사에서 사용하는 진동자는 흡음재를 사용하여 Q값이 1~10 정도가 되도록 하여 사용하고 있다.

2 탐촉자의 구조와 종류

1) 탐촉자의 구조

탐촉자의 구조는 사용목적에 따라 달리하여 사용할 수 있는데 일반적으로 사용되는 탐촉자를 기준하여 살펴본다.

탐촉자는 이미 앞에서 설명한 바와 같이 초음파를 발생시키는 진동자와 펄스폭의 조정 및 불필요한 초음파를 흡음재(damping material) 그리고 진동자를 보호하기 위한 보호막으로 구성되어 있으며 그림 2.17~2.18과 같이 금속케이스(Case)에 전극을

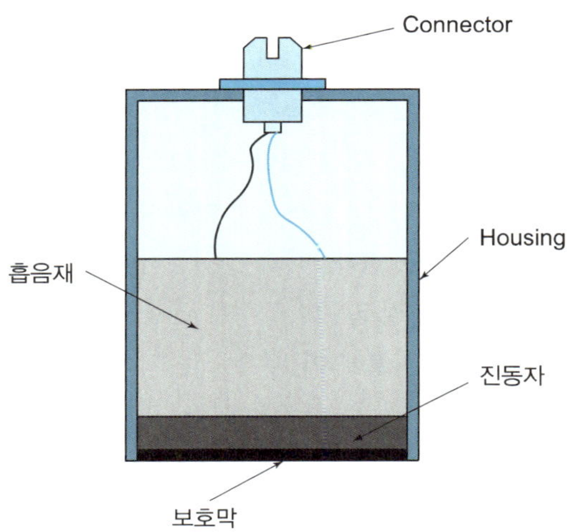

그림 2.17 수직탐촉자의 구조

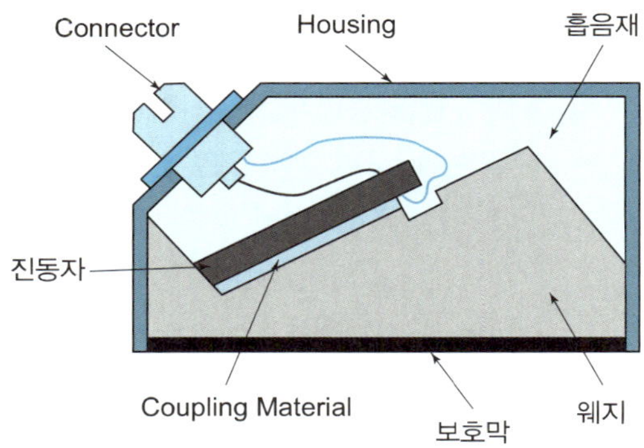

그림 2.18 사각탐촉자의 구조

입힌 구조로 되어 있다. 또한 초음파를 시험체에 경사지게 입사시키기 위해서 진동자를 탐촉자 내에서 그림 2.18과 같이 경사지게 위치시킨 사각탐촉자가 있다. 이와 같이 동일한 원리로 진동자의 방향을 변경시키는 이유는 검사조건에 부합되도록 탐촉자의 구조를 달리하기 위함이다.

즉 수직탐촉자와 사각탐촉자가 필요한 경우는 그림 2.19에 나타난 바와 같이 평판 및 용접부의 검사를 가정하면 쉽게 이해할 수 있다. 그림 2.19에서 볼 수 있는 바와 같이 평판의 경우에는 시험편 전체에 탐촉자를 이동시키면(주사 : 走査, Scanning이라 함은 탐촉자를 탐상면 위에서 탐상목적에 따라 이동시키는 것을 말함) 시험체 내부에 존재하는 불연속을 검출할 수 있다.

그러나 용접부의 경우 모재 위에서는 탐촉자를 주사할 수 있지만 용접부위에서는 용접면에 탐촉자가 완전히 밀착되지 않으므로(용접물결의 골과 산사이의 공간이 생겨 탐촉자에서 발생되는 초음파가 이 곳에서 대부분 반사하므로 탐상이 불가능함) 탐촉자를 주사할 수 없게 된다. 따라서 용접부내에 존재하는 불연속을 검출하기 위해서는 그림 1.23(b)와 같이 초음파를 시험체에 경사지게 입사시키면서 불연속의 위치에 따라서 탐촉자를 이동시키면 탐상이 가능하게 된다. 따라서 사각탐촉자의 경우는 초음파가 시험체에 입사하는 각도(굴절각)가 탐상감도에 중요하게 되는데 일반적으로 제작사에서는 굴절각 45°, 60°, 70°인 사각탐촉자를 주로 제작 판매하고 있다(그림 2.20, 2.21 참고). 이와 같이 고정된 굴절각을 사용하면 결함의 위치가 굴절각과 수직인 경우가 드물기 때문에, 각각의 결함에 따라 이외의 굴절각을 다시 세분하여 사용해야 할 것으로 생각될 수 있으나 초음파 빔의 퍼짐이라는 특성이 있기 때문에 초음파 빔의 입사방향이 결함과 완전하게 수직하지 않아도 결함의 검출감도는 크게 낮아지지 않는다. 대부분의 검사규격에서 사각탐촉자의 경우는 시험체의 두께에 따라 굴절각

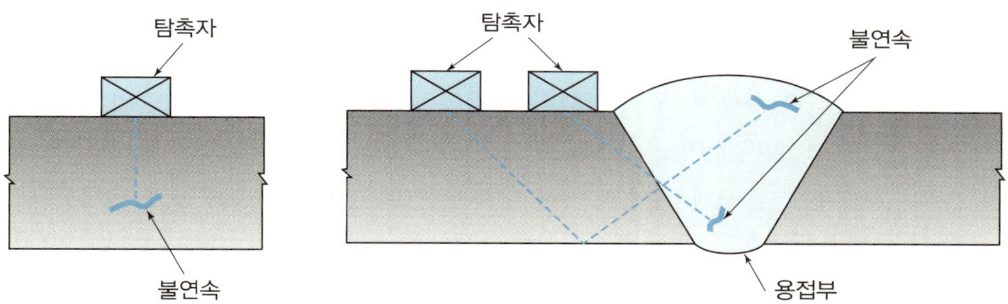

그림 2.19 시험체 형상에 따른 탐촉자의 사용

그림 2.20 수직탐촉자

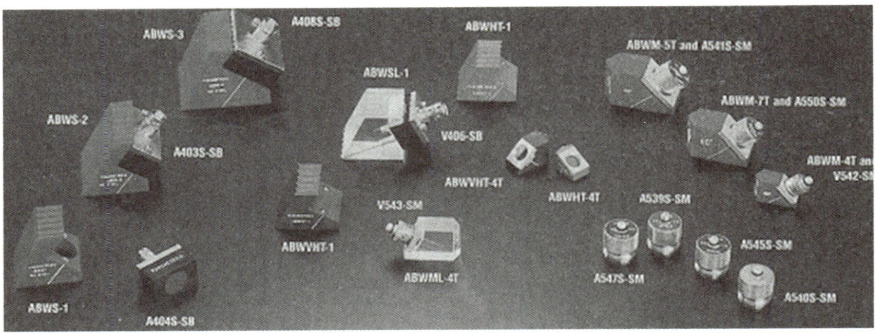

그림 2.21 여러 가지 사각탐촉자

45°, 60°, 70° 중에 선택하여 사용하도록 요구하고 있는데, 강재를 검사하는 경우 탐촉자의 보호막이 플라스틱 종류임을 감안할 때 굴절각이 이와 같은 경우에는 시험체 내에는 주로 횡파만이 존재하기 때문에 대부분의 사각탐상시험은 횡파에 의해 행해진다.

그러나 특수한 목적에 따라 특정한 굴절각을 가진 사각탐촉자가 필요한 경우에는 그림 2.22와 같이 플라스틱(반드시 Plastic을 사용할 필요는 없으나 초음파의 감소가 상대적으로 작게 하기 위해서 탐촉자 전면에 부탁된 보호막과 유사한 재료를 사용한다.) 쐐기(Wedge)를 사용하기도 한다. 이때 쐐기의 각도를 조정하면 굴절각을 임의로 변경시켜 사용할 수 있다. 이외에도 검사목적에 따라 변형된 구조를 지닌 탐촉자는 여러 가지가 있으나 이는 탐촉자의 종류에서 설명할 것이다.

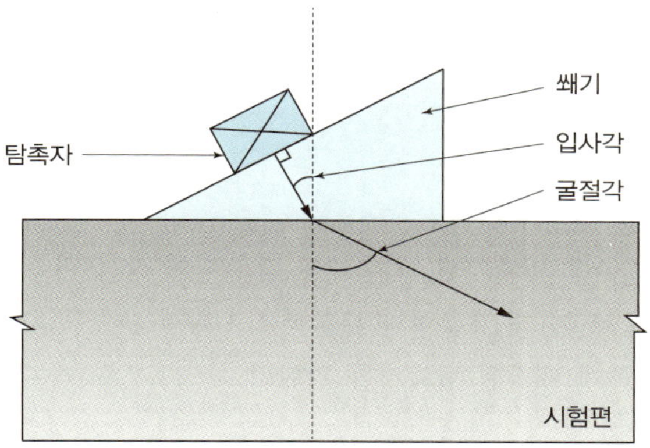

그림 2.22 쐐기의 사용

2) 탐촉자의 종류

탐촉자는 분류방법에 따라 여러 가지 종류로 나눌 수 있지만, 크게 나누면 수직용, 경사각용으로 나누어지며, 이를 다시 용도별로 나누면 접촉용과 수침용으로 나눌 수 있다. 이를 한국 공업규격에서 분류하는 탐촉자의 종류는 표 2.2와 같다.

표 2.2 탐촉자의 종류

<table>
<tr><th>구분</th><th>용도</th><th colspan="2">형식</th></tr>
<tr><td rowspan="5">수직용</td><td rowspan="2">직접 접촉용</td><td>표준형</td><td>수경 노출형
보호막 붙임
지연재 붙임</td></tr>
<tr><td>분할형</td><td>지연재 붙임
지연재 없음</td></tr>
<tr><td>국부수침용</td><td colspan="2">막붙이
막없음</td></tr>
<tr><td>수침용</td><td colspan="2">–</td></tr>
<tr><td>기타</td><td colspan="2">타이어 탐촉자</td></tr>
<tr><td rowspan="2">사각용</td><td>직접접촉형</td><td colspan="2">고정각형
가변각형</td></tr>
<tr><td>국부수침용</td><td colspan="2">–</td></tr>
<tr><td></td><td>기타</td><td></td><td>고정각형
가변각형</td></tr>
</table>

탐촉자의 종류는 표 2.2를 기준하여 설명하되 중첩되는 내용은 생략한다. 또한 수직과 사각탐촉자는 원리 측면에서 볼 때 초음파의 입사방향만 다르므로 이를 통합하여 설명한다.

직접 접촉용 탐촉자

직접 접촉용 탐촉자란, 시험체에 탐촉자를 직접 접촉시켜 주사하는 탐촉자를 말한다. 형식으로 볼 때 표준형과 분할형으로 나누는데 표준형은 앞서 설명한 내용으로 진동자가 한 개 내장된 탐촉자를 말한다.

분할형 탐촉자

분할형 탐촉자(SE Probe : Double Transducer Probes)는 2개의 진동자를 사용하는 탐촉자를 말한다. 표준형 탐촉자는 진동자 한 개로 송수신을 겸하기 때문에 근거리 음장의 영향으로 인해 탐촉자에 근접해 있는 반사원을 분리하기 어렵다. 따라서 이와 같은 문제점을 개선하기 위하여 그림 2.23과 같이 탐촉자 내에 송수신용 진동자를 분리하여 송신 펄스를 제거할 수 있도록 한 탐촉자가 분할형 탐촉자이다. 분할형 탐촉자의 송수신 진동자의 기울기는 초음파가 한 곳에 집중되어 초점을 형성하도록 조정해야 하며 진동자 앞에 부착된 지연재(Delay Block)는 송신펄스의 근거리 음장을 벗어나 시험체는 원거리 음장에 속하게 하여 원활한 탐상이 이루어질 수 있도록 하는 목적이

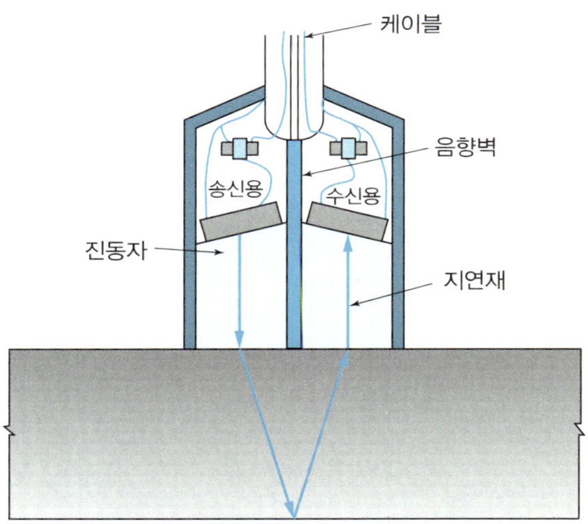

그림 2.23 분할형 탐촉자

있다. 또한 분할형 탐촉자를 사용하는 경우 CRT 화면상에서 증폭 직선이 유지되지 않으므로 측정하고자 하는 깊이 근처에 존재하는 불연속의 존재 유무 또는 깊이측정에 사용된다.

수침용 탐촉자

수침용 탐촉자는 그림 2.24와 같이 시험체를 물속에 넣고 탐상할 때 사용하는 탐촉자이기 때문에 구조 및 원리는 직접 접촉용 탐촉자와 동일하지만 방수가 되도록 제작되어 있다.

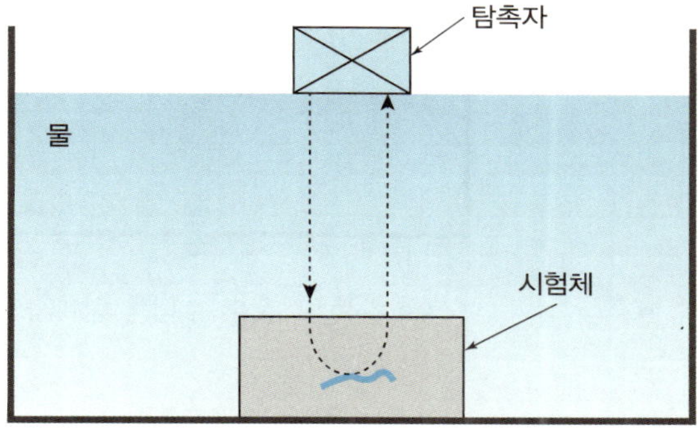

그림 2.24 수침용 탐촉자의 사용

수침용 탐촉자의 구조는 그림 2.25에서 보는 바와 같이 구성되어 있다.

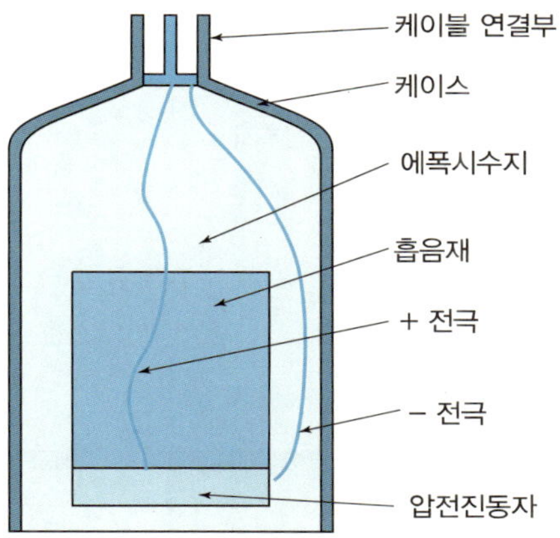

그림 2.25 수침용 탐촉자

국부 수침용 탐촉자

국부 수침용 탐촉자란 그림 2.26과 같이 시험체의 일부만 물에 접촉하여 검사를 수행할 때 사용하는 탐촉자로서 수침용 탐촉자와 동일하며 일반적으로 수침용과 국부 수침용 탐촉자를 별도로 구분하지 않는다.

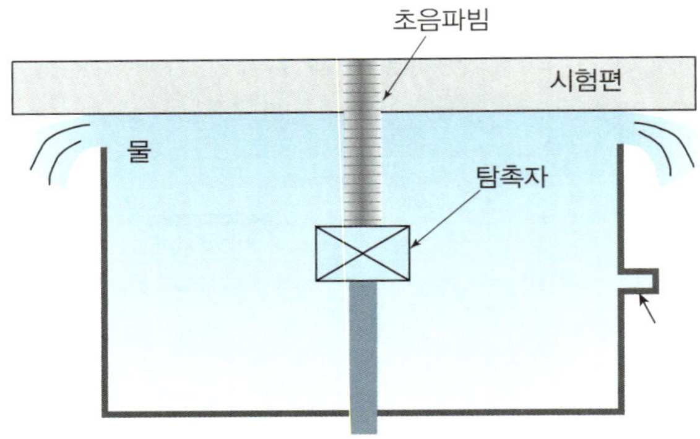

그림 2.26 국부 수침용 탐촉자의 사용

타이어 탐촉자

타이어(Tire) 탐촉자란 그림 2.27과 같이 시험체 위에서 회전시켜가며 검사할 때 사용하는 탐촉자이다. 타이어와 같은 형태의 구조물 내부에 진동자가 들어 있으며 타이어 내부에는 기름 또는 물이 들어 있어 초음파의 진행을 원활하게 함과 동시에 회전 방향에 따라 굴절각을 변화시킬 수 있다. 주로 판재 검사시 판파 또는 표면파를 사용하는 자동탐상에 많이 이용되고 있다.

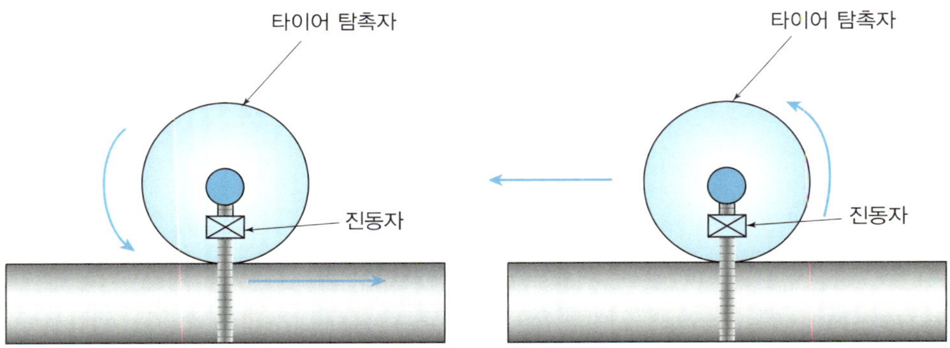

그림 2.27 타이어 탐촉자

가변각형 탐촉자(Variable Angle Probe)

굴절각을 필요에 따라 변화시킬 수 있도록 그림 2.28과 같은 둥근 쐐기를 이용한 탐촉자이다. 입사각을 연속적으로 변화시키기 위해서는 탐촉자와 쐐기의 접촉이 원활해야 하므로 진동자 앞에 기름 등을 넣은 슈(Shoe)를 부착한 후 사용한다.

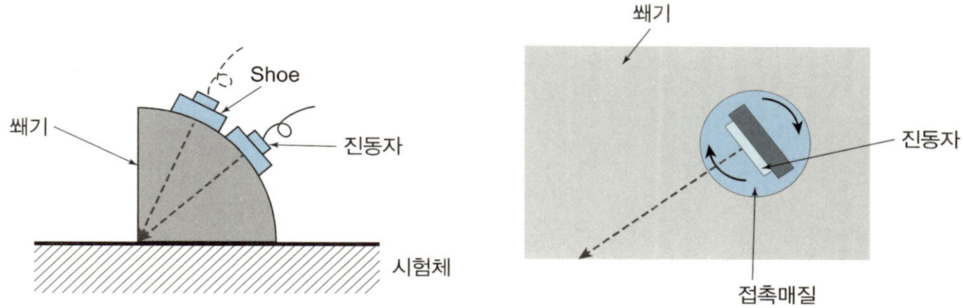

그림 2.28 가변각형 탐촉자

전자음향 탐촉자

전자음향 탐촉자(EMAT : Electromagnetic Acoustic Transducer)는 그림 2.29에 나타난 바와 같이 전자적으로 금속표면에 발생된 와전류(Eddy current)와 자계(磁界)와의 사이에서 일어나는 상호작용으로 초음파를 송신 또는 수신하는 탐촉자를 말한다.

전자음향 현상은 외부에서 발생시키는 진동자의 진동이나 시험체와의 접촉 매질 없이 전도체 시험체 표면에 직접 초음파를 유도시켜 감사할 수 있다. 따라서 고온 또는

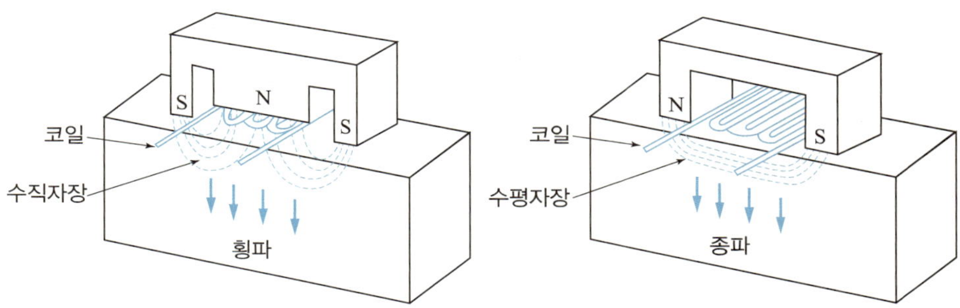

그림 2.29 전자음향 현상에 의한 초음파의 발생

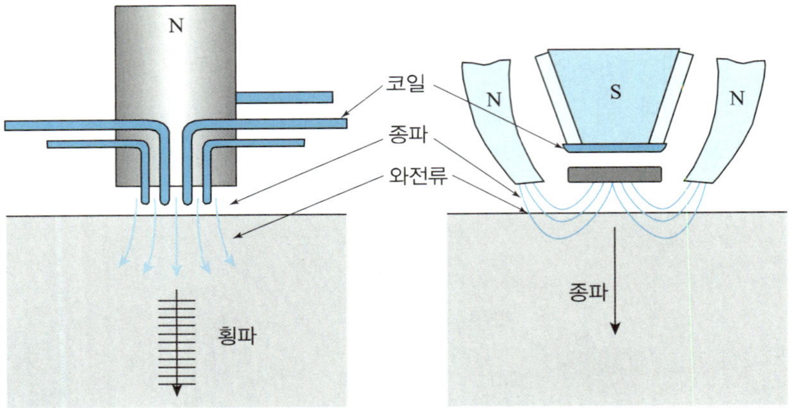

그림 2.30 전자음향 탐촉자

극저온의 시험체 탐상에 이용될 수 있을 뿐만 아니라 표면이 거칠거나 움직이는 시험체에도 적용할 수 있다. 전자음향 System으로 수신되는 초 파 신호의 강도는 바륨-티타늄 탐촉자를 사용한 경우보다 낮아 40~50 dB 정도이나 발신강도는 좀더 증가시킬 수 있다.

전자음향 탐촉자의 원리를 다시 살펴보면 그림 2.30에서 볼 수 있는 바와 같이 RF(Radio Frequency) 전류가 흐르는 코일위에 영구자석이나 전자석을 놓아 초음파를 발생시킨다. RF 전류에 의해 시험체 표면에 형성된 와전류는 자장과의 상호작용으로 로렌즈(Lorentz)힘이 발생하여 시험체를 진동시키는데, 이 진동이 초음파로 나타난다. 생성되는 초음파의 주파수는 적용한 RF 전류의 주파수와 관련되어 나타난다. 또한 초음파의 수신은 시험체의 진동이 전도체 또는 장의 움직임과 같이 작용하여 코일에 전류를 생성시킨다. 탐촉자와 시험체 사이의 간격은 자장의 강도와 형성되는 와전류의 강도에 영향을 미치게 되므로 발생되는 초음파의 강도에 크게 영향을 주게 된다. 실제로 2 MHz 정도의 주파수로 검사하려할 때에는 탐촉자와 시험체 사이의 간격이 1~1.5 mm 정도가 유지되어야 한다.

탐촉자의 종류별 표시방법

탐촉자에는 탐촉자의 종류를 나타내는 표식이 있는데 표시방법은 제작사에서 검사원이 쉽게 알아볼 수 있도록 되어 있다. 그러나 한국 공업규격에서는 탐촉자의 표시방법을 표 2.3과 같이 규정하고 있다.

표 2.3 탐촉자의 표시방법

표시의 순서	내용	종별·기호
1	주파수	• 수치 그대로, 단위 MHz
2	진동자 재료	• 수정 : Q, 황산리튬 : L • 티탄산 바륨계 자기 : B • 지르콘·티탄산 납계 자기 : Z • 압전자기(B 또는 Z로 확인될 수 있는 것은 제외) : C
3	진동자의 크기	• 원판 : 지름, 단위 mm, 2분할의 경우는 분할 전의 치수로 표시 • 각판 : 높이×너비, 단위 mm
4	형식	• 수직 : N, 경사각 : A, 표면파 : S • 가변각 : AV, 수침 : 1 • 타이어 W, 2분할 : D를 더한다.
5	굴절각	• 저탄소강 안으로의 굴절각, 단위도

[보기] 1. 5Q20N : 5 MHz 수정진동자, 지름 20 mm, 수직용
2. 2Z10×10A 70:2 MHz,지르콘·티탄산 납계 자기진동자, 높이×너비=10×10 mm, 경사각용 굴절각 70°

3 진동자의 재질별 특성

진동자는 전기적, 화학적으로 대단히 안정한 수정(Quartz), 수신효율이 가장 우수한 황산리듐($LiSO_4$), 송신효율이 우수한 $BaTio_3$, $PbNb_2O_6$, PZT 등의 세라믹(Ceramic) 등이 주로 사용된다.

1) 수정

수정은 전기적, 화학적으로 대단히 안정하며 대부분의 액체 속에서는 잘 용해되지 않으며, 고온에서도 사용할 수 있으며, 잘 닳지 않아 수명이 길다. 반면에 불필요한 진동양식을 나타내기 쉬우므로 파형변환이 심하고, 저주파수에서도 고전압이 필요하며, 초음파의 발생효율이 상대적으로 매우 낮기 때문에 그다지 많이 사용되지 않는다.

2) 황산리튬($LiSO_4$: Lithium Sulfate)

초음파에너지의 수신효율이 가장 좋다. 초음파의 발생효율은 세라믹과 수정의 중간 정도이며 음향 임피던스가 낮아 쉽게 흡음되기 때문에 수침용 탐촉자로 많이 사용되지만, 물에 용해되기 때문에 수침용 탐촉자로 사용할 때에는 철저한 방수처리를 해야

한다. 또한 경년변화가 없어 수명이 길고 파형변환의 영향을 거의 받지 않으며 발생하는 초음파의 펄스폭을 적게 할 수 있기 때문에 분해능을 개선할 수 있다. 그러나 깨어지기 쉽고 고온에서는 결정이 이탈되기 때문에 75℃ 이하의 온도에서는 사용할 수 있다.

3) 니오비옴산리튬($LiNobO_3$: Lithium Niobate)

고주파수의 탐촉자를 제작하는데 적당하며, 음향 임피던스가 PZT와 비슷하며 임계온도가 1210℃이기 때문에 가장 높은 온도에서 사용할 수 있으나 발생되는 초음파의 펄스폭이 크기 때문에 분해능은 좋지 않다.

4) 티탄산바륨($BaTiO_3$: Barium Titanate)

화학적으로 대단히 안정하며 초음파발생 및 송신효율은 PZT 다음으로 좋으며 불용성이다. 그러나 커다란 단결정(Single crystal)으로 만드는 것이 어렵기 때문에 소결자기로서 만들어야 하며 수신능력이 가장 낮다. 또한 발생되는 펄스폭이 매우 크기 때문에 분해능이 매우 낮으며 임계온도가 12℃이므로 고온에서는 사용할 수 없다.

5) 니오비옴산납($PbNb_2O_6$)

세라믹재질 중에서는 초음파발생 및 송신효율은 다소 떨어지며 수신능력은 유사하다. 그러나 펄스의 감쇠상수가 매우 크고 음향임피던스가 작기 때문에 흡음재를 부착하지 않아도 분해능이 우수한 특별한 장점이 있으며 임계온도가 높기 때문에 고온에서의 사용이 가능하다.

6) 지르콘 – 티탄산납(PZT : Lead Zirconate titanate)

초음파 발생 및 송신효율은 가장 우수하며 전기적, 기계적 접촉성도 비교적 좋다. 수신효율도 비교적 양호한 편이며 분해능은 티탄산바륨과 니오비옴산납의 중간 정도이다.

4 탐촉자의 성능

탐촉자는 초음파의 발생 및 수신을 하는 기기로서 탐촉자의 성능은 검사감도에 매우 큰 영향을 준다. 탐촉자의 성능은 일차적으로 감도(Sensitivity), 분해능(Resolution), 불감대(Dead Zone)로 나타내지만 이는 탐상기의 전기회로의 영향이 있으므로 실제 성능 측정시에는 사용할 탐상기를 이용하여 점검해야 한다. 또한 사각탐촉자의 경우는 입사점 및 굴절각도 탐촉자의 성능에 해당되고, 성능에 대한 요구 조건은 크게 제한하는 경우는 많지 않지만 각 검사 규격별로 조금씩 다르므로 여기에서는 감도, 분해능, 불감대 등에 대한 설명을 하고자 한다.

1) 감도(Sensitivity)

감도란 어느 정도의 작은 결함을 검출할 수 있는가를 말한다. 탐촉자의 감도는 진동자의 재질, 두께, 흡음재 등과 관련되어 나타나는데 실제 탐촉자의 감도 측정은 탐촉자 자체로만 검사하는 것이 아니고 탐상기와 연결하여 CRT 스크린상에 나타나는 반사파로 하는데 이론적으로는 크기가 초음파 파장의 F 정도 되는 불연속까지 검출할 수 있다. 즉 시험편상에 인공결함을 만들어 놓고 탐촉자에서 초음파에너지를 송신한 후 반사하는 에너지를 어느 정도까지 검출할 수 있는가로서 측정하게 된다. 일정한 주파수에서는 감도가 높으면 분해능이 낮아지는 경향이 있으므로 이를 조합하여 원하는 감도의 탐촉자를 선정해야 한다.

2) 분해능(Resolution)

분해능이란 탐촉자로부터 거리 또는 방향이 다른 인접한 2개의 반사원을 구분할 수 있는 능력을 말한다.

3) 불감대(Dead Zone)

압전물질이 진동하여 초음파 펄스가 진행되는 동안에는 반사파를 수신할 수 없으며 수신된 펄스를 증폭하는 증폭기가 송신펄스의 증폭으로 포화상태가 될 때에는 반사파를 검출할 수 없다. 이와 같은 영역을 불감대라고 하며 저주파수를 사용하는 경우에는 수mm가 될 때도 있다.

4) 주파수(Frequency)

주파수는 탐촉자의 성능 중 중요한 요인이 된다. 탐촉자의 감도는 파장이 짧을수록 높아지므로 고주파수를 사용할수록 높아진다. 탐촉자의 다른 구조 및 진동자의 재질이 동일한 경우 고주파수를 사용하면 그림 2.31에서 볼 수 있는 바와 같이 빔(Beam)의 퍼짐이 적어지고 감도와 분해능이 커지게 된다. 즉 초음파 빔이 퍼지면 반사원으로부터 반사되는 에너지가 작아지게 되므로 검출감도가 낮아지게 된다. 그러나 주파수 파장에 반비례하므로 고주파수일수록 파장은 짧아지게 되며 파장이 짧아지면 감쇠가 커진다. 즉 고주파수일수록 시험체에서 투과력이 적어지게 된다. 따라서 시험체의 두께

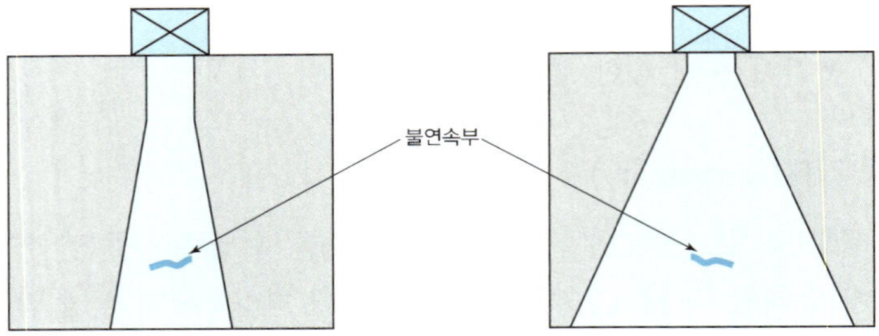

(a) 고주파수 탐촉자를 사용한 경우 (b) 저주파수 탐촉자를 사용한 경우

그림 2.31 주파수에 따른 초음파의 진행

가 두꺼울수록 검출감도가 유지될 수 있는 범위에서 저주파수 탐촉자를 선택하여 사용하게 된다. 이상을 종합하여 요약하면 고주파수 탐촉자를 사용하는 경우는 빔의 퍼짐은 적고 감도와 분해능은 우수하지만 투과력이 낮아 두꺼운 시험체를 검사하는 경우에는 탐상이 어렵다. 따라서 이와 같은 조건을 고려하여 탐촉자의 주파수를 선정하여 사용하는데 접촉법에서는 0.1~10 MHz, 수침법에서는 10~25 MHz 정도의 주파수를 사용한다.

2.4 대비시험편

1 대비시험편의 사용목적

초음파 탐상결과에 관한 모든 정보는 초음파 탐상기에 있는 CRT 화면에 나타난다. CRT 화면에 나타난 모든 정보를 이용하여 검출된 반사원에 대한 위치, 크기, 길이 및 탐상기의 성능 등을 측정해야 한다. 이미 설명 한 바와 같이 CRT 화면의 가로축은 시간축으로 탐촉자와 반사원까지의 거리, 세로축은 펄스의 높이로 반사원의 크기를 나타낸다. 탐상장비를 켜면 가로축이 자동적으로 결정되어 있는 것이 아니므로(시험체의 두께 등에 따라 탐상거리가 달라지기 때문에 사용할 때마다 거리보정을 해야 함) 탐상 시작전에는 검사조건에 부합되도록 반드시 탐상거리를 보정해야 하며, 수직축의 경우도 반사펄스의 크기는 증폭기를 사용하여 임의로 조정한 수 있으므로 검출하고자 하는 결함크기에 대한 기준이 반드시 필요하게 된다. 이와 같은 필요에 의하여 시험체와 동일한 재질로 제작된 검사시험편이 있어야 한다. 검사시험편에 노치(Notch) 또는 구멍(Hole) 등의 인공결함을 만들어 결함크기, 등을 비교하는데 사용되기도 하는데 탐상기의 측정범위의 조정, 반사원의 감도조정, 탐상기의 성능측정에 사용되는 검사시험편을 대비시험편(Reference Block)이라 한다. 또한 검사의 표준과 관련된 공인기관에서 재질, 치수, 형상 등이 인정된 시험편을 표준시험편(Standard Block)이라고도 하는데 최근에는 별도로 구분하지 않고 이를 통칭하여 보정시험편(Calibration Block)이라고도 하고 이를 혼용하여 사용하기도 한다. 초음파 탐상검사에 사용되는 검사시험편을 모두 나열할 수는 없으므로, 국내에서 초음파 탐상검사시 주로 이용되는 한국공업규격에 대하여 알아보도록 한다.

2 한국공업규격(KS)

한국공업규격에서는 표 2.4와 같이 시험편의 종류를 분류하고 있으며 그 제원 및 사용방법을 설명한다.

표 2.4 표준시험편의 종류 및 종류기호

<table>
<tr><th>표준시험편의 종류</th><th>종류기호</th><th>탐상방법</th><th>탐상대상물의 보기</th><th>주된 사용목적</th></tr>
<tr><td>G형 표준시험편
(G형 STB)</td><td>STB-G V2
STB-G V3
STB-G V5
STB-G V8
STB-G V15-1
STB-G V15-1.4
STB-G V15-2
STB-G V15-2.8
STB-G V15-4
STB-G V15-5.6</td><td rowspan="2">수직</td><td>아주 두꺼운 판, 조강 및 단조품</td><td>탐상감도조정, 수직 탐촉자의 특성 측정, 탐상기의 종합성능측정</td></tr>
<tr><td>N1형 표준시험편
(N1형 STB)</td><td>STB-N1</td><td>두꺼운 판</td><td>탐상감도 조정</td></tr>
<tr><td>A1형 표준시험편
(A1 STB)</td><td>STB-A1</td><td>수직 및 경사각</td><td>용접부 및 관</td><td>경사각 탐촉자의 특성 측정, 경사각 탐촉자의 입사점 및 굴절각 측정, 측정범위 조정, 탐상감도 조정</td></tr>
<tr><td>A2형계 표준시험편
(A2 STB)</td><td>STB-A2
STB-A21
STB-A22</td><td rowspan="2">경사각</td><td>용접부 및 관</td><td>탐상감도 조정, 탐상기의 종합성능측정</td></tr>
<tr><td>A3형 표준시험편
(A3 STB)</td><td>STB-A3
STB-A31
STB-A7963</td><td>경사각
용접부</td><td>경사각 탐촉자의 입사점 및 굴절각 측정, 측정범위 조정, 탐상감도 조정</td></tr>
</table>

1) G형 표준시험편(STB-G)

그림 2.32에 나타난 G형 표준시험편의 치수는 표 2.5와 같다.

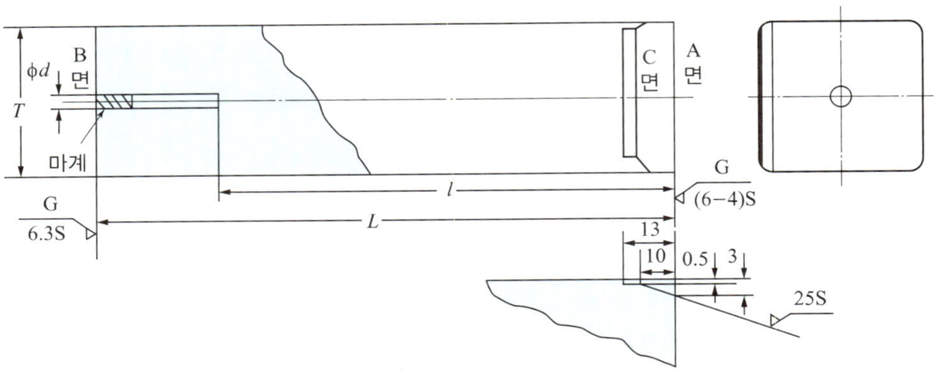

측면 : 산세척, 인산납처리
A면 : 평면 연마 후, 기름과 (숫)돌 마무리
A면과 축의 직각도 : 90±0.2°

모떼기 : 0.05 mm(줄)
구멍 : A면과 구멍 축의 직각도 = 90±0.5°
편심은 0.3 mm 이내, 구멍 바닥은 넓적바닥

그림 2.32 G형 표준시험편의 형상

표 2.5 G형 표준시험편의 치수

표준시험편의 종류기호	l	d	L	T	r
STB-G V2	20±0.5	2±0.1	40±0.5	60±1.0	<12
STB-G V3	30±0.5	2±0.1	50±0.5	60±1.0	<12
STB-G V5	50±0.5	2±0.1	70±0.5	60±1.0	<12
STB-G V8	80±0.5	2±0.1	100±0.5	60±1.0	<12
STB-G V15-1	150±0.5	1±0.05	180±0.5	50±1.0	<12
STB-G V15-1.4	150±0.5	1.4±0.07	180±0.5	50±1.0	<12
STB-G V15-2	150±0.5	2±0.1	180±0.5	50±1.0	<12
STB-G V15-2.8	150±0.5	2.8±0.14	180±0.5	50±1.0	<12
STB-G V15-4	150±0.5	4±0.2	180±0.5	50±1.0	<12
STB-G V15-5.6	150±0.5	5.6±0.28	180±0.5	50±1.0	<12

표준시험편의 종류기호에서 보면 STB-G V2 등 STB-G 뒤에 V2, V3....로 표시한 것은 V는 Vertical(수직)의 머리글자이며 뒤에 붙은 숫자는 시험편 저면의 중심부에서 수직으로 가공한 표준구멍을 탐상면으로부터 구멍 표면까지의 거리를 cm로 나타낸 것이다. 예를들어 V2라 하면 탐상표면으로부터 수직한 2 cm 깊이에 표준구멍인 평저공(FBH : Flat Bottom Hole)이 있다는 의미이다.

G형 표준시험편은 탐상감도 및 탐촉자의 성능시험에 사용된다. 표 2.5에서 보면 표준구멍의 직경(d)이 동일한 경우는 시험면으로부터 인공결함까지의 거리가 다르며 결함의 크기는 동일하기 때문에 동일한 크기의 결함으로부터 반사되는 반사파의 양이 초음파의 진행거리에 따라 어느 정도 감쇠하는가를 알 수 있는데 이와 같이 거리에 따른 초음파의 감쇠를 보상한 곡선을 거리-진폭 교정곡선(DAC : Distance Amplitude Correction Curve)이라고 한다.

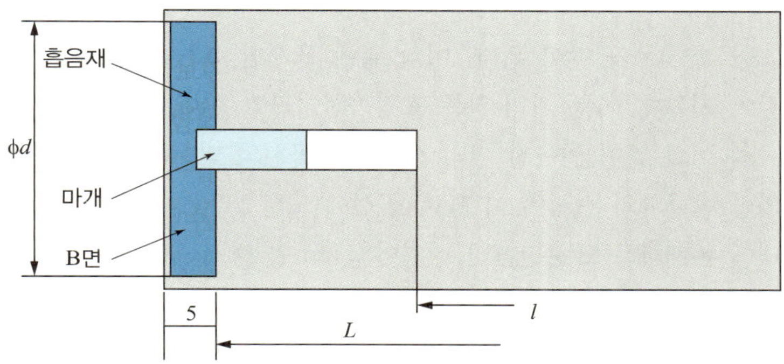

비고 : 1. 특별히 규정한 부분 이외의 치수 허용차는 ±0.5 mm로 한다.
2. 흡음재는 금속부분만 혼합물로 한다.

그림 2.33 B면과 흡음재

예를 들어 표준시험편 STB-G V2, V3, V4, V5를 이용하여 거리진폭 교정곡선을 작성하는 방법을 살펴본다. 그림 2.34와 같이 시험편에 탐촉자를 올려놓고 표준구멍에서 얻어지는 반사파의 진폭이 최대로 되었을 때를 기준하는데, 탐상기에서 조절기는 변화시키지 않는 상태에서 시험편 V2에서 최대펄스가 얻어졌을 때 그림 2.35(a)와 같이 표시한다.

이때 탐촉자로부터 표준구멍까지의 거리는 각각 20, 30, 50, 80 mm이므로 CRT 화면을 거리 100 mm로 보정했을 때, 최대펄스가 나타나는 지점을 화면에 각각 표시하면

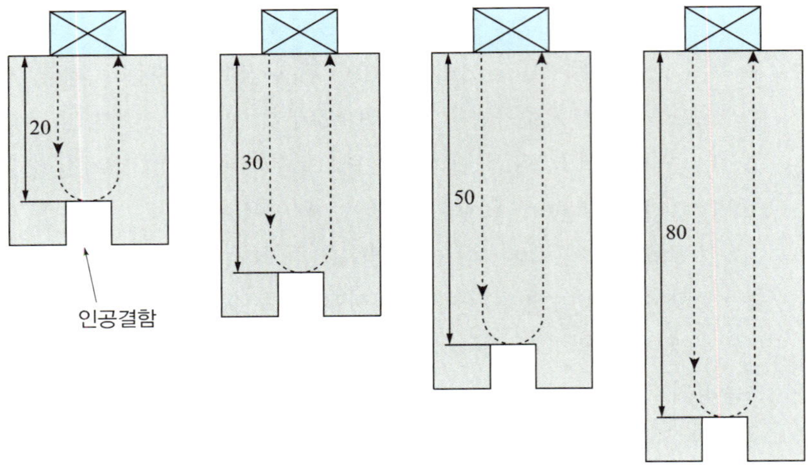

그림 2.34 G형 표준시험편의 단면

그림 2.35(a)와 같이 된다. 이와 같이 표시한 후 각각의 점을 이으면 그림 2.35(b)와 같이 되는데 이를 거리-진폭 교정곡선이라고 한다.

즉 이와 같이 얻어진 거리-진폭 교정곡선의 의미는 시험체 내에서 임의의 불연속에 의한 반사파의 진폭이 이 DAC 곡선에 도달했다면 그 불연속의 크기는 STB-G V2~V8 내에 존재하는 표준결함인 직경이 2 mm인 평저공과 같은 크기의 불연속일 것이라는 의미가 되며 이 DAC보다 진폭이 큰 반사파는 직경이 2 mm인 평저공보다 크며 반대

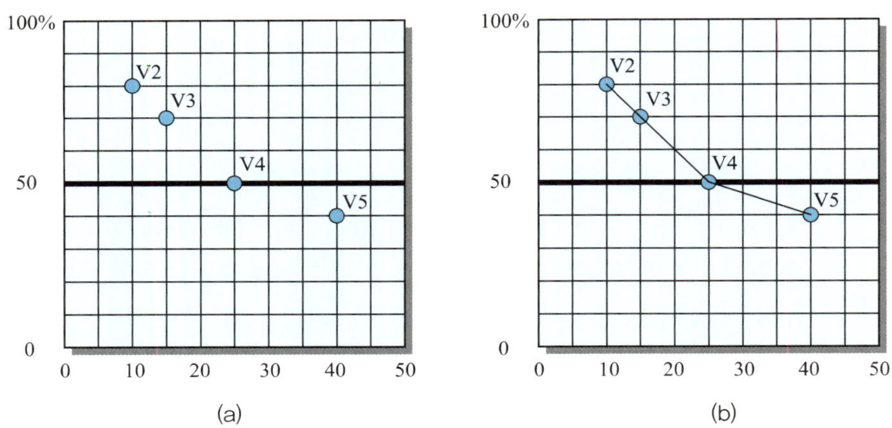

그림 2.35 STB–G를 사용한 DAC 곡선

의 경우에는 이보다 작다는 것을 의미한다. 또한 STB-G와 같은 재질 내에서는 초음파가 진행함에 따라 그림 2.35(b)와 같은 곡선을 따라 감쇠한다는 의미도 된다.

또한 STB-G V15 Series 시험편은 탐촉자 표면으로부터 표준구멍까지의 거리는 통일하고 표준구멍의 직경이 각각 다르므로 앞서 설명한 방법과 유사한 방법을 적용하면 불연속 크기의 변화에 따른 반사파의 진폭의 변화를 알 수 있어 실제 탐상시 대략적인 결함의 크기를 예상할 수 있으며 앞서 설명한 음압의 표시(dB) 개념에서 보면 특정한 시험편의 표준구멍 면적을 Input으로 하고 다른 시험편의 표준구멍 면적을 Output으로 하면 이론적인 dB값을 구할 수 있는데 이를 시험편에 사용하여 실제로 반사파 진폭을 측정하면 검사장비의 증폭 직선성을 측정할 수 있다.

2) N1형 표준시험편(STB-N1)

N1형 표준시험편의 모양 및 치수는 그림 2.36과 같다. N1형 표준시험편은 두꺼운 판을 수직탐상할때 탐상감도를 조정하기 위하여 사용하는데 STB-G 시험편을 사용하기에 부적당할 때 사용한다. 즉 탐촉자 표면으로부터 표준구멍까지의 거리가 STB-N1의

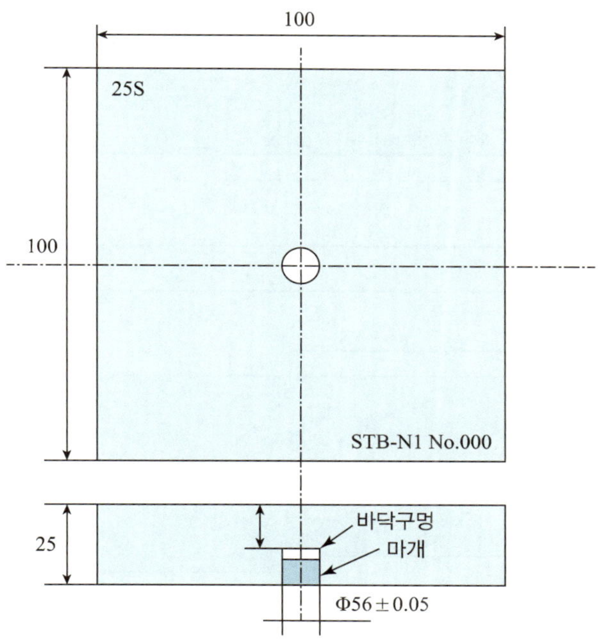

그림 2.36 N1형 표준시험편의 모양 및 치수

경우는 15 mm이나, STB-G는 이보다 길기 때문에 STB-G를 사용할 수 없는 경우 또는 표준구멍의 크기로 볼 때 STB-G를 사용하면 직경이 너무 작기 때문에 탐상시 기준감도는 매우 높게 되므로 이와 같은 조건을 적용하기 곤란한 경우에 N1형 표준시험편을 사용한다. 즉 N1형 표준시험편은 G형 표준시험편과는 달리 탐상감도를 조정하기 위하여 사용하는 시험편이고 감도설정 방법은 앞에 설명한 방법과 같이 하면 된다.

3) A1형 표준시험편(STB-A1)

A1형 표준시험편의 모양 및 치수는 그림 2.37과 같다. A1형 표준시험편은 실제 초음파 탐상시 가장 많이 사용되는 시험편중의 하나이며 국제용접학회(IIW : International Institute of Welding)의 권고에 따른 형태이다.

재질은 킬드강(Killed)의 연장을 사용하여 제작한다. 이는 수직 및 사각탐상에 모두 적용할 수 있으며 수직 및 사각탐상시 시간축 설정(측정범위의 조정), 수직탐촉자의

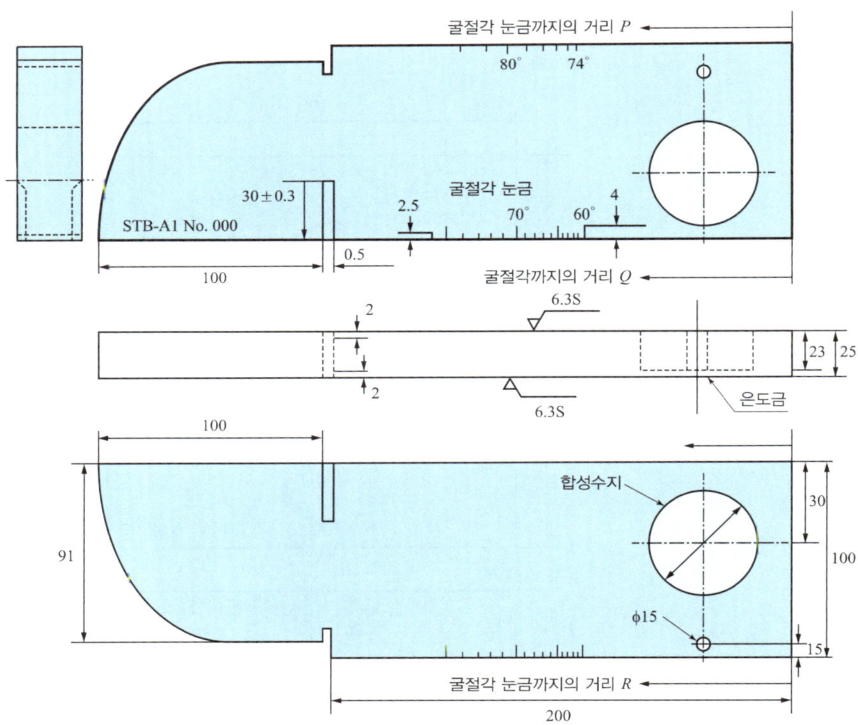

그림 2.37 A1형 표준시험편의 모양 및 치수

분해능 측정, 사각탐촉자의 입사점 및 굴절각측정에 사용되며 탐상 감도를 설정하는데 사용되기도 한다. 이중 수직탐촉자의 분해능측정에 관해서는 [초음파 탐상기]에서 이미 설명하였으므로 생략하고 측정범위의 조정방법 및 사각탐촉자의 입사점 및 굴절각 측정시 사용방법에 대해 설명하도록 한다.

수직탐촉자의 측정 범위 조정방법

시간축을 보정하고자 할 때에는 우선적으로 CRT 화면의 시간축을 얼마로 해야 하는가를 결정해야 하는데, 이는 검사 규격상에 규정되어 있는 경우도 있으나 일반적으로 초음파의 진행거리보다 다소 크게 한다. 예를 들어 두께가 40 mm인 강관을 수직탐상하고자 할 때 시간축은 40 mm보다 조금 크게 50 mm 정도로 하거나, 아예 2차 저면반사파까지 볼 수 있도록 80 mm를 조금 넘도록 하여 설정한다. 따라서 시간축을 얼마로 정할 것인지에 대해서는 검사조건에 따라 달라지게 되므로, 여기에서는 STB-A1의 사용방법에 초점을 맞추어 설명한다. STB-A1은 그림 2.37에서 볼 수 있듯이 두께가 25 mm, 높이가 100 mm 되는 부분을 이용하여 시간축을 설정한다. 예를 들어 시간축을 50 mm와 250 mm로 설정하는 방법을 살펴보자. 우선 시간축을 50 mm로 설정하는 과정을 살펴보자.

수직탐촉자를 그림 2.38(a)와 같이 STB-A1의 25 mm 부분에 놓고 반대편에서 반사하는 저면 반사파를 CRT 화면에 나타나도록 한다.

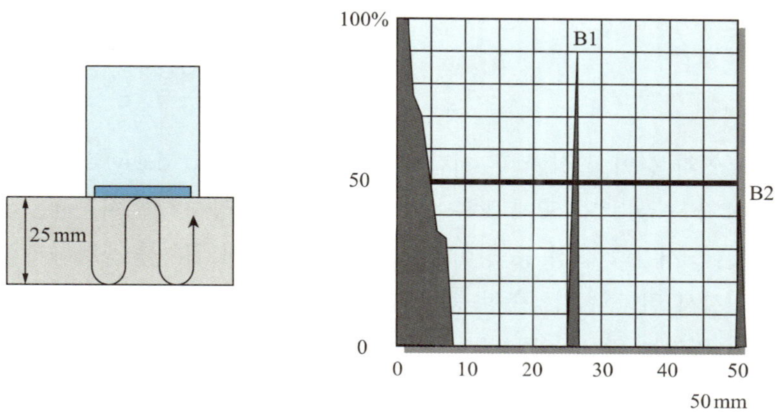

(a) (b)

그림 2.38 시간축을 50 mm로 설정하는 방법

탐상장비의 시간축간격 조절기(Sweep length control)와 시간축이동 조절기(Sweep Delay Control)를 사용하여 CRT 화면상에 나타나는 저면반사파 중에서 1차 저면반사파(B1)를 눈금 25에 맞추고 2차 저면반사파(B2)를 눈금 50에 일치하도록 맞추면(그림 2.38(b) 참조), 시간축은 50 mm로 설정된 것이다. 초기 펄스(그림 2.38(b)의 CRT 화면에 가장 왼쪽에 나타난 펄스)는 탐촉자와 시험편표면에서 반사하는 펄스로서, 탐촉자의 종류 및 사용주파수 등에 따라 위치 및 크기가 달라지고 펄스의 폭이 크기 때문에 시간축 설정 시 기준점(0점)으로 사용해서는 안 된다. 즉 시간축 설정시에는 CRT 화면상에 반드시 2개 이상의 저면반사파가 나타나도록 하여 그림 2.39와 같이 차 저면반사파(B1)를 눈금 0에 맞추고 이때 2차 저면반사파(B2)와 3차 저면 반사파(B3)가 눈금 25 및 50에 맞추어지도록 조정해야 한다.

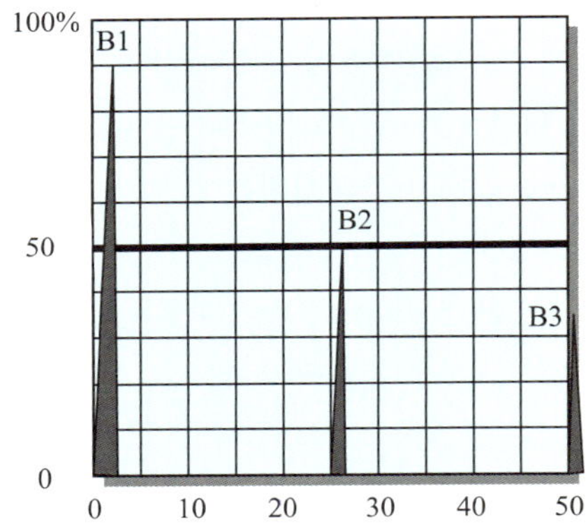

그림 2.39 시간축 설정과정

이와 같이 설정한 후 시간축 이동조절기(Sweep delay control)를 이용하여 B1 및 B2가 눈금 25와 50에 맞추어지도록 펄스를 이동시키면 시간축은 50 mm로 설정된 것이다. 시간축 설정 등 장비조작을 할 때 펄스의 위치를 정확하게 맞추지 못하면 실제 검사시 결함의 위치측정 등이 부정확하게 되는데 펄스의 위치를 읽는 방법이 규정되어 있지는 않으나 펄스의 시작점(펄스의 왼쪽 끝부분)을 기준으로 하여 눈금에 맞추면 눈금을 읽는 오차를 줄일 수 있다. 또한 시간축을 250 mm로 설정하는 과정을 설명하고자 한다. 시간축 설정방법은 설정거리에 관계없이 동일하나 시험편 이용방법에서 조금 달라지게 된다. 수직탐촉자를 그림 2.40(a)와 같이 STB-A1의 100 mm 부분에 놓고 반대편에서 반사하는 저면반사파를 그림 2.40(b)와 같이 나타나도록 하면 시간

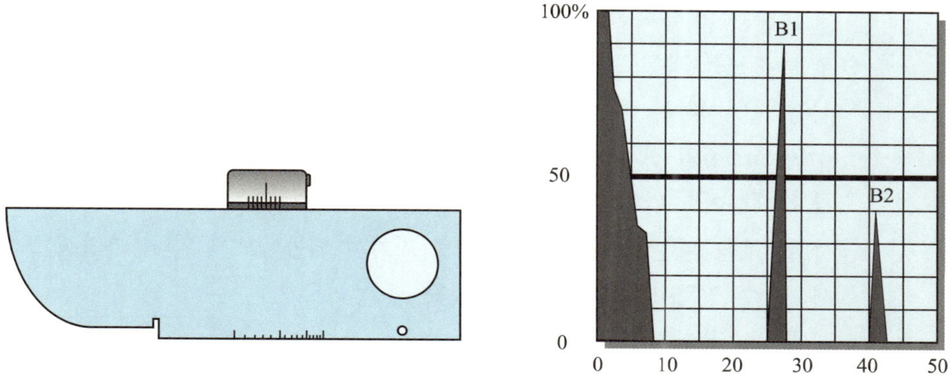

(a) (b)

그림 2.40 시간축을 250 mm로 설정하는 방법

축은 250 mm로 설정된 것이다. 이때에도 주의할 점은 초기 펄스를 기준으로 사용해서는 안 되며 저면반사파를 기준으로 하여 그 뒤로 계속되는 저면반사파의 위치로서 시간축을 설정해야 한다.

사각탐촉자의 입사점 측정

사각탐촉자의 입사점(Index Point)은 탐상에 앞서 반드시 측정해야 되는데, 그 이유는 사각탐촉자의 전면에 붙어 있는 진동자를 보호하기 위한 보호막 또는 쐐기 등이 탐촉자의 사용으로 인하여 마모되기 때문에 입사점이 조금씩 달라질 수 있기 때문이

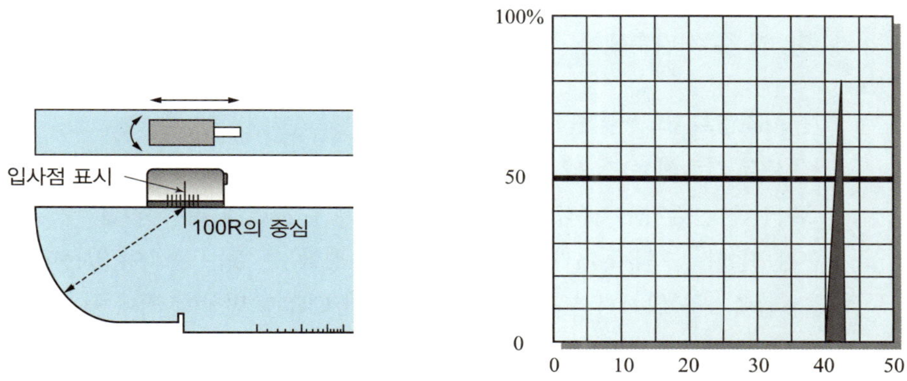

(a) (b)

그림 2.41 사각탐촉자의 입사점 측정

다. 탐촉자의 입사점 측정은 그림 2.41(a)와 같이 STB-A1의 100R 중심점에 위치시킨 후 탐촉자를 좌우로 움직여 그림 2.41(b)와 같이 최대 펄스가 얻어졌을 때 100R의 중심점과 일치하는 지점이 탐촉자의 입사점이 된다.

원(Circle)의 경우 중심점에서 초음파가 입사하는 경우에는 임의의 지점으로 초음파가 진행하여도 원의 표면에 닿는 지점에서 법선에 수직하게 되므로, 원의 표면에서 반사하는 반사파는 입사경로를 그대로 거쳐서 되돌아오게 된다. 따라서 그림 2.41(a)에서 볼 수 있듯이 STB-A1의 100R 중심에서 초음파의 최대 강도로 입사하였을 때 반사파의 강도가 최대로 되므로 이때 탐촉자와 100R 중심과 일치하는 지점이 탐촉자의 입사점이 된다. 일반적으로 사각탐촉자의 측면에는 그림 2.42와 같이 입사점을 정확하게 측정할 수 있도록 눈금이 나타나 있다.

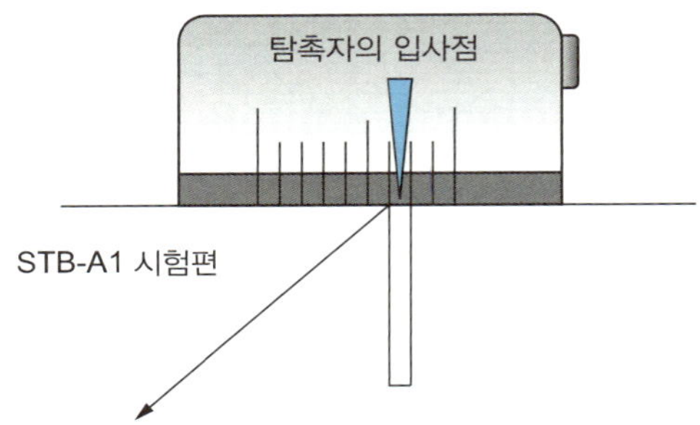

그림 2.42 입사점의 표시방법

입사점을 측정한 후에는 반드시 탐촉자에 표시하여 탐상시 기준이 되도록 하여야 한다. 그림 2.41(b)에서 보면 초기 펄스없이 STB-A1의 100R 표면에서 발사하는 반사파만이 나타나 있는데 입사점 측정시에는 시간축 보정이 필요없고 단지 반사파의 높이만이 기준이 되며 입사점을 측정하지 않고 시간축을 보정할 수 없기 때문에 시간축 상에서 임의의 지점에서 1개의 반사파만이 나타나도록 하여 입사점을 측정한다. 따라서 사각탐상의 경우 가장 먼저 해야 할 일은 입사점 측정이고 이에 따라 굴절각을 측정 한 후 시간축에서 측정범위를 조정해야 한다.

사각탐촉자의 굴절각 측정

사각 탐촉자는 제조시 이미 일정한 굴절각을 갖도록 제작되었으나 사용하면서 마모로 인해 굴절각이 달라지기도 하고 검사체에 재질에 따라서 달라지게 된다. STB-A1 시험편에는 그림 2.43과 같이 굴절각을 측정할 수 있는 눈금이 있는데 그림 2.43과 같이 탐촉자를 위치시킨 후 전후로 주사시켜 CRT 화면상에 최대 높이의 펄스가 나타났을 때 탐촉자에 표시된 입사점과 일치하는 지점에서 시험편에 표시된 눈금이 굴절각이 된다. 굴절각의 측정원리를 보면 합성수지로 되어있는 ϕ50인 원의 중심부와 STB-A1 시험편에 표시된 각도를 연결하여 보면 그림 2.43에 표시한 것과 같이 굴절각이 시험편에 표시된 수치와 일치하게 된다. 즉 탐촉자의 굴절각과 동일한 수치의 눈금 위에 탐촉자의 입사점이 위치하게 되면 탐촉자로부터 입사되는 초음파는 선원의 중심으로 향하게 되고, 이와 같은 경우는 ϕ50의 원표면의 법선에 수직하게 입사하고 초음파가 가장 많이 반사하게 되므로 반사파의 높이가 최대가 될 때의 지점이 굴절각이 된다.

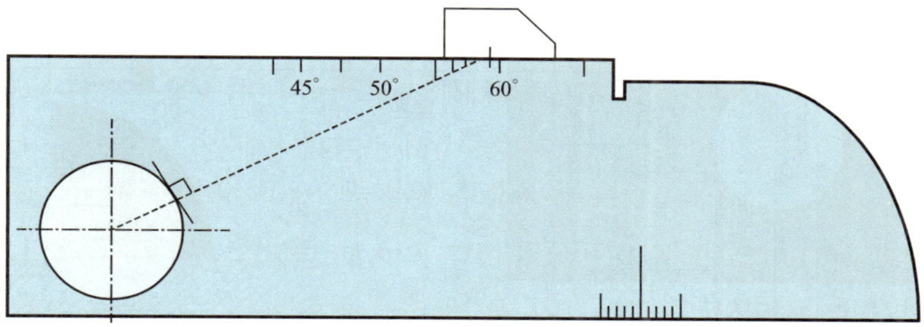

그림 2.43 사각탐촉자의 굴절각 측정원리

또한 STB-A1은 그림 2.43과 같은 위치에서 굴절각을 측정하는 경우는 탐촉자의 굴절각이 66° 이하인 경우에 한하여 굴절각이 60°~76°의 경우는 그림 2.44의 A위치에서, 굴절각이 74° 이상인 경우에는 그림 1.48의 B위치에서 직경 1.5 mm 관통구멍으로부터의 반사파를 얻어 굴절각을 측정한다.

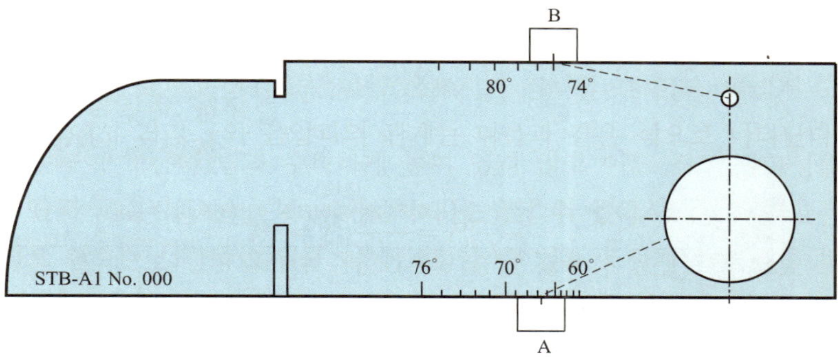

그림 2.44 사각탐촉자의 굴절각 측정

4) A2형계 표준시험편(STB-A2)

A2형계 표준시험편의 모양 및 치수는 그림 2.45와 같다. A2형계 표준시험편 사각탐

상시 탐상감도 조정과 분해능의 검정에 사용된다. 사각탐상감도 조정은 표준구멍의 크기를 선정하여(검사규격에 규정되어 있음) 그림 2.46과 같이 탐촉자의 위치를 바꾸어가며 거리-진폭 교정곡선을 작성한다. 작성방법은 [STB-G]에 관한 설명 중 거리-진폭 교정곡선을 작성할 때와 동일한 방법으로 한다. 탐상감도의 설정시 기준으로 해야 할 표준구멍 및 기타 자세한 사항은 검사규격에 명시되어 있다.

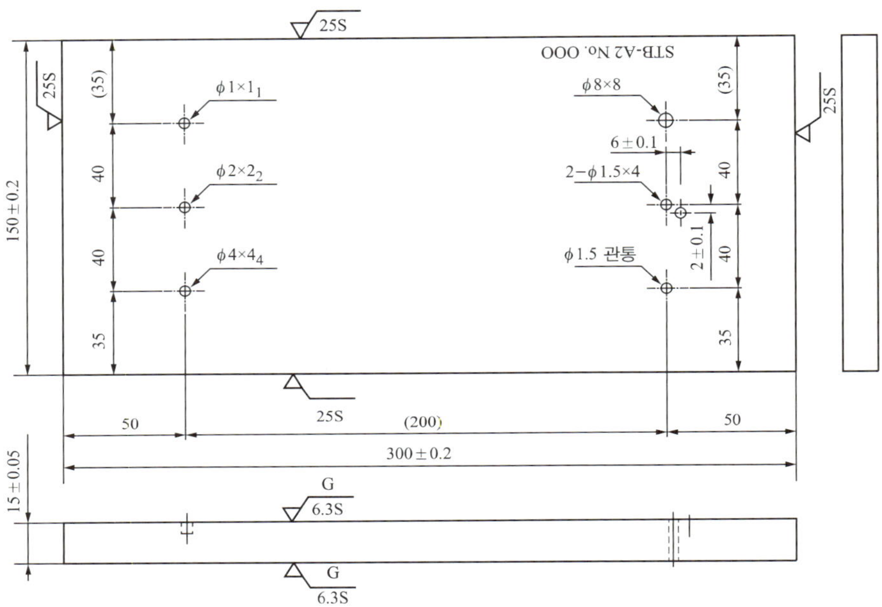

그림 2.45 STB-A2의 모양 및 치수

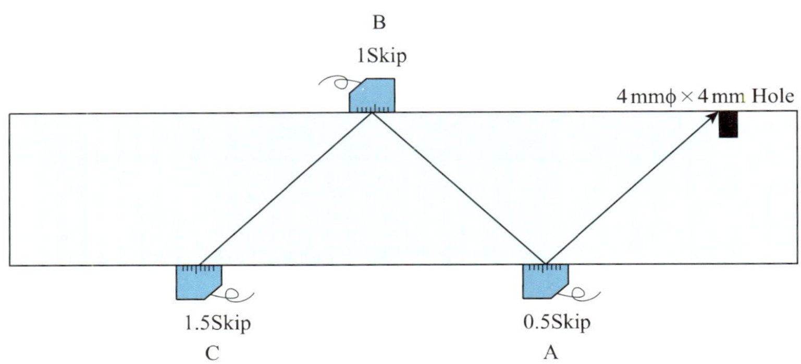

그림 2.46 STB-A2의 이용

5) A3형계 표준시험편(STB-A3)

A3형계 표준시험편의 모양 및 치수는 그림 2.47과 같다. STB-A3는 STB-A1 및 STB-A2의 필요한 최소한도의 요건을 갖는 시험편으로서 소형으로 제작되어 있어 휴대하기 편리하므로 수직 및 사각탐촉자의 시간축 설정, 사각 탐촉자의 입사점 및 굴절각 등의 현장에서 간단하게 점검할 수 있도록 되어 있다. 측정 방법은 STB-A1, A2의 경우와 동일하다.

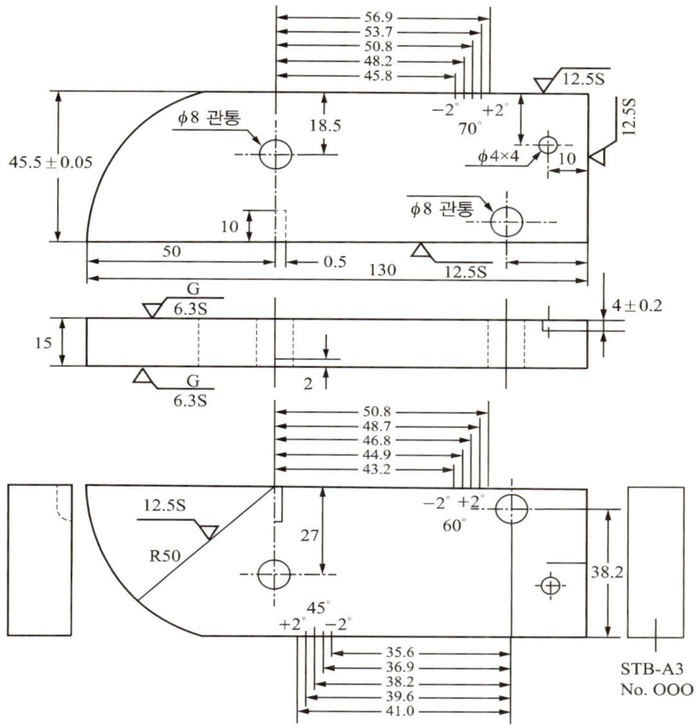

비고 : 지름 8mm인 구멍치수 허용차는 ±0.05mm, 지름 4mm, 깊이 4mm인
구멍치수 허용차는 지름은 −0.01~+0.05mm, 깊이는 ±0.2mm로 한다.

그림 2.47 STB-A3의 모양 및 치수

6) 대비시험편

RB-4

RB-4의 형상은 그림 2.48과 같다.

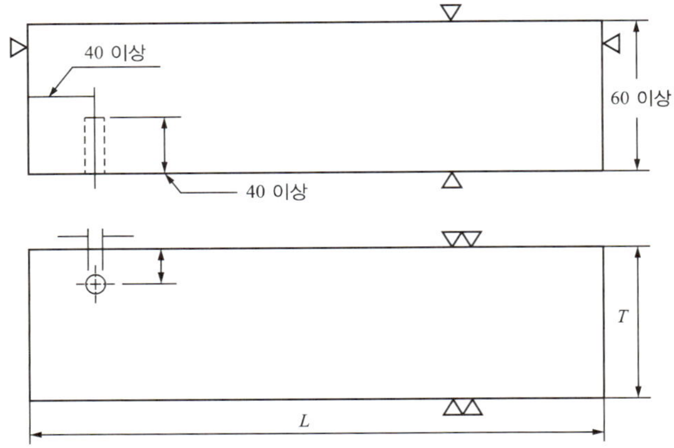

L : 대비시험편의 길이(사용하고자 하는 거리에 따름)
T : 대비시험편 두께(표 3.6 참조)
d : 표준구멍의 직경(표 3.6 참조)
l : 표준구멍의 위치(표 3.6 참조)

그림 2.48 RB-4의 형상

그림 2.48에 나타난 RB-4의 치수는 표 2.6과 같다.

표 2.6 RB-4의 치수

시험편의 명칭	시험재 두께(t)	대비시험편의 두께(T)	표준구멍의 위치(l)	표준구멍의 직경(dm)
No.1	25 mm 이하	19 mm 또는 t	T/2	2.4
No.2	25 mm 초과 50 mm 이하	38 mm 또는 t	T/4	3.2
No.3	50 mm 초과 100 mm 이하	75 mm 또는 t	T/4	4.8
No.4	100 mm 초과 150 mm 이하	125 mm 또는 t	T/4	6.4
No.5	150 mm 초과 200 mm 이하	175 mm 또는 t	T/4	7.9
No.6	200 mm 초과 250 mm 이하	224 mm 또는 t	T/4	9.5
No.7	250 mm 초과	t	T/4	비고

비고 : 시험체의 두께가 250 mm를 초과할 경우 두께가 50 mm 증가할 때 표준구멍의 직경이 1.6 mm 증가함

이 RB-4는 수직 및 사각탐상시 탐상감도를 설정하는데 사용된다. 실제로 사각탐상의 경우 거리-진폭 교정곡선을 작성할 때 STB-A2와 더불어 자주 사용되고 있다. 이

대비시험편은 미국 기계학회(ASME)에서 규정하고 있는 대비시험편과 유사한 개념으로 규정되어 있다.

RB-5

RB-5의 형상 및 치수는 그림 2.49와 같다. 이 RB-5는 주사방법에 따른 탐상감도의 조정에 사용된다.

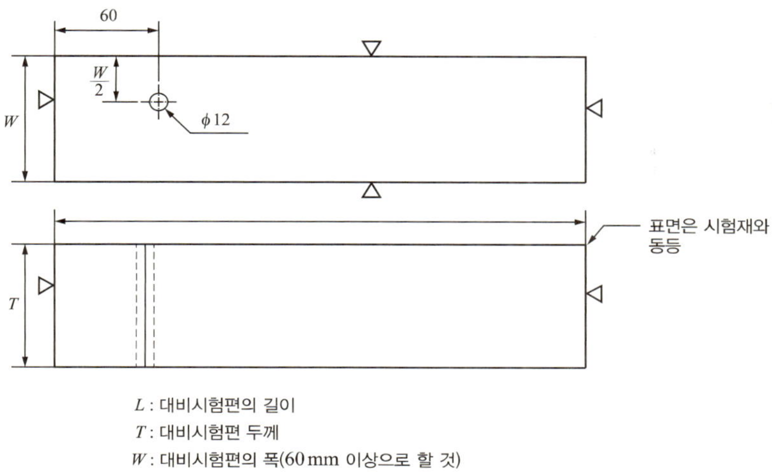

그림 2.49 RB-5의 형상 및 치수

RB-6

RB-6의 형상 및 치수는 그림 2.50과 같다.

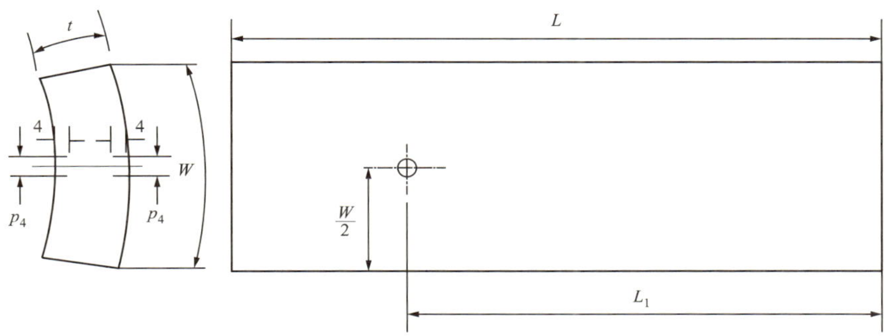

그림 2.50 RB-6의 형상 및 치수

그림 2.50에서 L은 대비시험편의 길이이며 L_1은 1.5 Skip 이상이 되도록 한다. 여기서 Skip이란 사각탐촉자의 입사점에서 1회 반사하여 입사면을 되돌아온 지점을 1스킵(Skip)이라 하며 입사점에서 1스킵점까지의 탐상면 거리를 1스킵 거리라고 하고 1S로 표시한다.

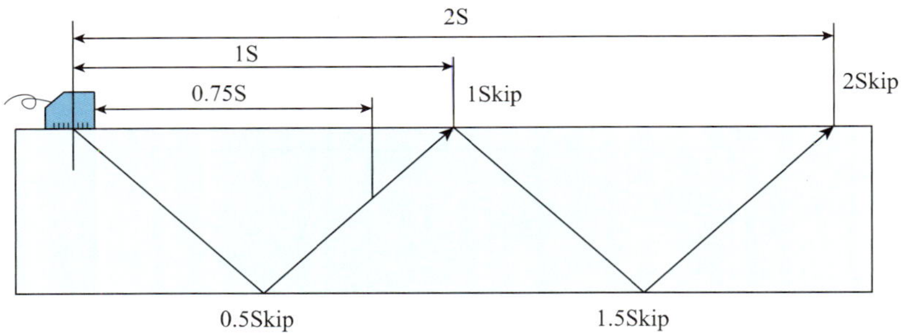

그림 2.51 스킵(Skip)

그림 2.51에서 볼 수 있듯이 탐촉자거리(PD: Probe Distance), 탐촉자-결함간 거리(PFD: Probe Flaw Distance) 등을 정량적으로 표시하기 위하여 0.5S, 0.75S, 1.25S 등으로 표시한다. 곡률을 갖는 시험체의 원주 용접부를 검사할 때, 사각탐촉자의 입사점, 굴절각, 탐상 감도의 설정에 사용된다.

대비시험편의 곡률은 시험체의 0.9~1.5배로 해야 하며 두께는 2/3~1.5배로 해야 한다. 예를 들어 두께가 30 mm이고 곡률반경이 100 mm인 시험체를 검사하기 위한 대비시험편 RB-6를 제작하고자 하는 경우에는 RB-6의 두께는 20~45 mm 범위 내에 있어야하며 곡률반경은 90~150 mm 이내로 해야 한다. 또한 대비시험편 내의 표준구멍은 시험편의 양면에 있도록 하되 두께가 20 mm 이하인 경우에는 한쪽 면에만 있도록 한다.

RB-7

RB-7의 형상 및 치수는 그림 2.52와 같다. 그림 2.52에서 L은 대비시험편의 길이를 나타내며 L_1은 2Skip 이하, L_2는 lSkip 이상이 되도록 제작해야 한다. W는 대비시험편의 폭을 나타내며 60 mm 이상이 되도록 한다. 곡률을 갖는 시험체의, 길이 접합부를 탐상할 때 사각탐촉자의 입사점, 굴절각, 탐상감도의 설정 등에 사용된다.

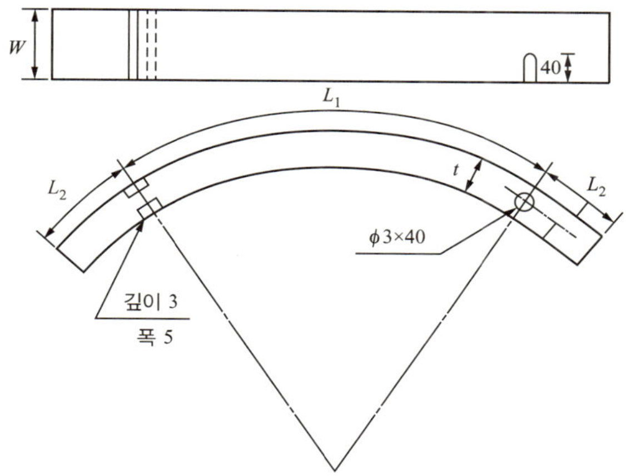

그림 2.52 RB-7의 형상 및 치수

RB-8

RB-8의 형상 및 치수는 그림 2.53과 같다. 여기서 L은 대비시험편의 길이를 나타내며 L_1은 4/5 skip 이상으로 40 mm 이상이 되어야 하며 W는 대비시험편의 폭, t는 두께를 나타낸다. RB-8는 곡률반경이 250 mm 이하인 시험체의 원주용접부를 검사할 때 사각탐촉자의 입사점, 굴절각, 탐상감도의 설정에 사용된다. RB-6와 혼용하여 사용하는데 원칙적으로 RB-8을 우선적으로 사용한다. 대비시험편의 곡률반경은 시험체의 0.9~1.5배로 해야 하며 두께는 0.7~1.5배로 해야 한다. 그러나 대비시험편의 두께가 19 mm 이하가 되어야 하는 경우에는 19 mm로 한다.

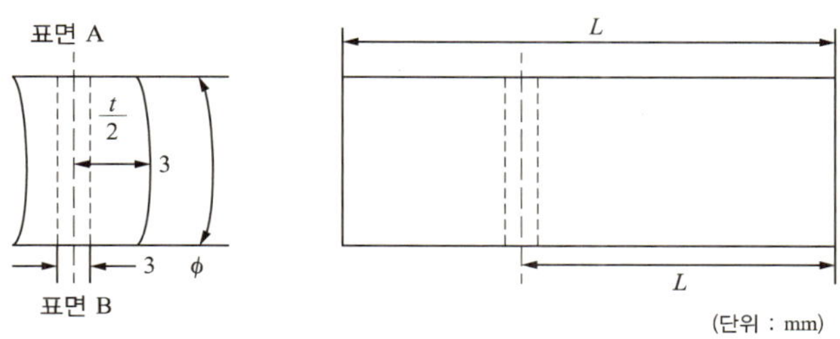

그림 2.53 RB-8의 형상 및 치수

2.5 기타 장치 및 부속품

초음파 탐상검사에는 초음파 탐상기, 탐촉자, 검사시험편이 주요 검사장비를 이루고 있으나 이 절에서는 이를 운용하는데 필요한 보조장비들에 대하여 알아보고자 한다.

1 접촉매질

접촉매질이란(Couplant)이란 탐촉자와 시험체 표면을 접촉시켜 주는 물질이다. 탐촉자를 시험체위에 그대로 놓으면 탐촉자와 시험체 사이에 존재하는 공기로 인하여 탐촉자에서 발생한 초음파가 시험체 안으로 전달되지 못하고 대부분이 시험체 표면에서 반사하게 된다. 즉 접촉 매질은 탐촉자로부터 발생된 초음파를 시험체에 원활하게 전달시키기 위하여 사용하는데, 접촉 매질을 사용하는 주된 목적은 첫째 탐촉자와 시험편사이의 공기를 제거하고, 둘째 탐촉자와 시험체의 음향 임피던스를 조화시키고, 셋째 시험체와 탐촉자 사이를 채워 표면을 균일하게 하는데 있다. 따라서 접촉 매질은 작은 틈새에도 갈 적용되어야 하고 내부에 기포 등 이물질이 혼합되지 않는 등의 특성을 지녀야 하기 때문에 일반적으로 액체의 성질을 지닌 물, 기름, 글리세린(Glycerin), 풀(Phaste) 등을 많이 사용한다. 이외에도 주위에서 쉽게 이용할 수 있는 것을 접촉매질로 사용할 수 있으나 접촉 매질로 사용하는 재질은 인체, 시험장비 및 시험체에 유해한 영향을 미쳐서는 안 되며 초음파의 전달 효과가 우수해야 한다.

접촉 매질은 시험체의 표면상태 및 검사조건을 고려하여 선택하여야 하는데 가장 널리 사용되는 접촉 매질은 글리세린과 물의 혼합물질, 기계유 등이 있다.

2 케이블(Cable)

케이블은 탐촉자와 탐상기를 연결하는 전선을 말하는데 매우 미세한 음파를 전기적으로 전달하기 때문에 일반적인 전선은 사용하지 않고 그림 2.54와 같은 동축케이블

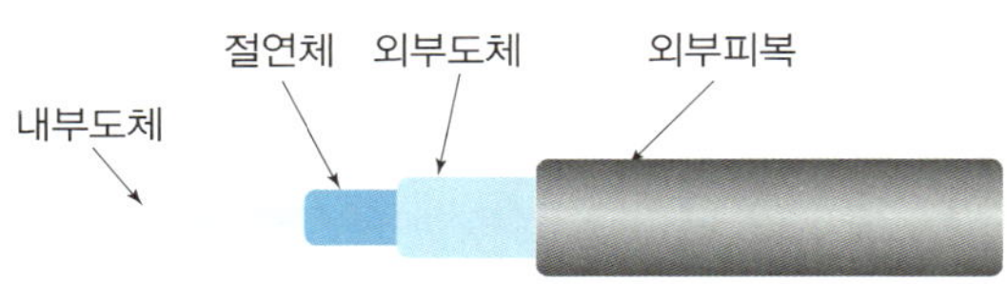

그림 2.54 동축케이블의 구조

(Coaxial Cable)을 사용하고 있다.

케이블의 양쪽 끝에는 콘넥터(Connector)가 연결되어 있어 한쪽 끝은 초음파 탐상기, 다른 한쪽 끝은 탐촉자에 연결하도록 되어 있는데 실제 초음파 탐상시 탐촉자와 연결되는 부분은 탐촉자와 연결 후 탐촉자를 이동시켜 가며 주사시켜 사용하므로 이 쪽에 붙어 있는 콘넥터와 케이블이 단락되는 경우가 많으므로 주의해야 한다.

3 음향렌즈

초음파 빔을 한곳으로 집중하여 시험체 내에서 원하는 깊이에 존재하는 불연속을 검사하고자 할 때에는 진동자로 사용되는 압전물질을 곡면으로 제작하여 초음파 빔의 초점을 형성하는 방법과 음향렌즈를 사용하여 행하는 방법이 있다.

진동자를 곡면으로 하여 사용하는 방법은 음장(Acoustic Field)은 명확하게 나타나는 반면 잡음이 많아지고 에너지가 손실되는 단점이 있다. 또한 휘어진 진동자 뒷면에 흡음재를 정확하게 부착해야 탐촉자의 감도가 적절하게 유지될 수 있는데, 정확하게 부착한다는 것은 현실적으로 문제가 있기 때문에 초음파 빔을 한곳으로 집중시켜 사용하기 위한 목적으로는 일반적으로 음향렌즈를 사용하고 있다. 렌즈의 형태는 일반적으로 구형(Spherical)렌즈를 사용하고, 초음파 빔을 일직선상으로 집중시킬 필요가 있는 경우에는 원통형(Cylindrical)렌즈를 사용한다. 일반적으로 음향렌즈는 진동자 전면에 부착하여 사용하는데 초음파 빔이 음향렌즈를 통과하는 동안 음파의 흡수 및 변환이 일어나게 된다.

음향렌즈의 원리를 간단히 살펴보면 다음과 같다. 음향렌즈의 재질은 고체 또는 액체로 되어 있는데, 실제 비파괴검사의 경우에서는 주로 음향렌즈의 재질은 고체이며 액체 내에서 사용하는 경우가 많다. 이와 같은 경우를 가정하여 살펴보면 초음파의 속도는 고체인 음향렌즈 내에서는 빠르게 진행하며 주위의 액체 내에서는 상대적으로 속도가 늦어진다. 따라서 이와 같은 속도의 차이는 초음파 굴절각의 차이를 의미하므로 이를 적절하게 조합하면 원하는 형태의 집속된 빔을 얻을 수 있다. 음향렌즈를 제작할 때에는 음향 임피던스, 음속, 감쇠의 정도, 인체에 대한 위해 여부, 제작상의 어려움 등 많은 것을 고려해야 한다.

음향렌즈로부터 초음파가 반사되어 에너지가 손실되는 것을 최소화하기 위해서는 음향 임피던스를 일치시켜야 하는데 다음과 같은 식으로 되도록 하는 것이 가장 바람직하다.

$$\rho_1 V_1 = \rho_2 V_2 \tag{2.1}$$

여기서, ρ는 재질 1,2의 밀도,
V는 재질 1,2에서의 음속

앞의 식(2.1)에서 재질 1은 물이고 재질 2는 렌즈를 말하는데 음속의 비(V_2/V_1)가 커질수록 렌즈 곡면의 반경은 작아져도 집속각도(Focused Angle)가 커진다. 또한 에너지의 흡수 및 산란은 가장 적게 되는 경우가 가장 바람직한데, 이와 같은 경우는 각각의 재질에서 생기는 음속차이를 밀도로 보상하여 적절한 조화가 이루어질 수 있도록 렌즈의 재질을 선택해야 한다. 오목렌즈를 사용하였을 때 빔이 집중되는 형태는 그림 2.55와 같다.

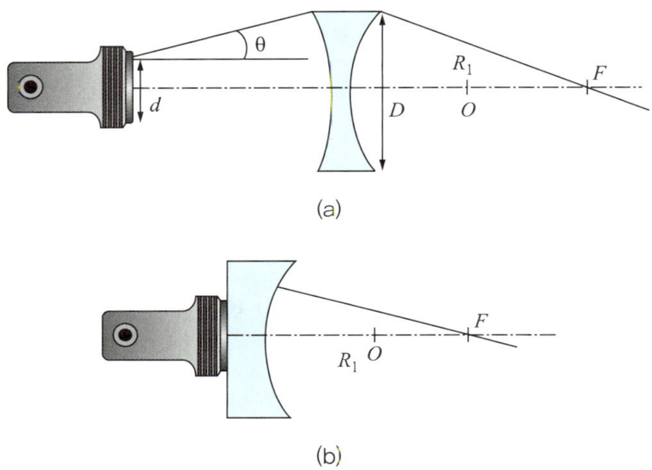

그림 2.55 음향렌즈에 따른 빔의 형태

그림에서 F는 초음파가 집중되어 조정이 이루어지는 지점을 나타내며 R은 렌즈의 반경을 나타내는데 그림 2.55(a)는 음향렌즈가 진동자로부터 벌어져 있는 경우이고 그림 2.55(b)는 진동자에 음향렌즈가 부착되어 있는 경우를 나타내는데, 음향렌즈가 진동자에서 떨어져 위치한 경우는 초음파 빔의 퍼짐으로 인해 렌즈에 일정한 각도로 입사되기 때문에 종파 이외에 횡파가 발생될 수 있다는 점을 유의해야 한다. 음향렌즈를 사용하여 형성되는 초음파의 초점거리는 음향렌즈의 곡률에 따라 달라지는데 시험체에 아주 근접되어 있는 불연속을 검출하기 위해서는 초점거리가 짧은 음향렌즈를 사용하면 된다. 또한 초점거리는 검사의 목적에 따라 적당히 조절하여 사용할 수 있는데 탐상면에서 깊게 위치한 불연속의 경우에도 초점거리를 적절히 조절하여 검사하면 탐상감도를 높일 수 있다. 음향렌즈는 그림 2.56과 같은 방법으로 사용하면 불연속의 위치에 따라 매우 편리하게 사용할 수 있다. 음향렌즈를 부착한 진동자의 사용범위는 대략 0.25~250 mm가 적당하며 시험체 표면으로부터 0.25 mm 이하인 경우에는 공진법(Resonance Method)을 사용하여 검사하는 것이 보다 효율적이다.

음향렌즈를 사용하였을 때의 장점을 살펴보면 시험면에 근접한 불연속을 검출할 수 있음은 물론,

첫째, 작은 결함에 대해서 높은 감도를 유지할 수 있다.
둘째, 분해능이 우수하다.
셋째, 거친 표면에서도 표면의 영향을 적게 받는다.
넷째, 탐상면의 곡률에 대한 영향이 적다.
다섯째, 잡음이 비교적 적다.

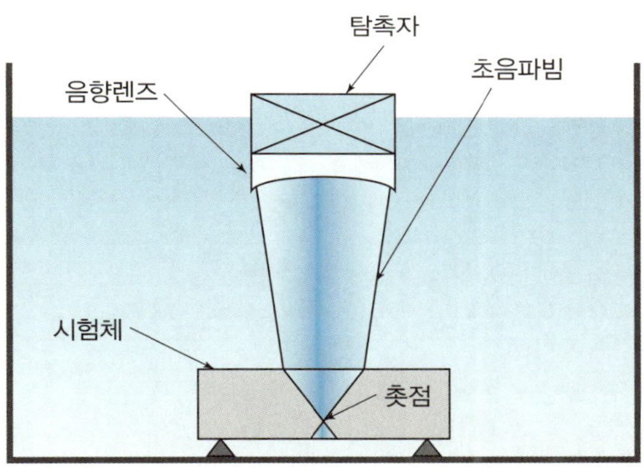

그림 2.56 음향렌즈의 사용

특히 탐상면의 거칠기와 곡률의 영향을 줄이기 위해서는 에너지를 집중시켜 보다 작은 빔(Smaller Beam)으로 검사하면 된다. 그러나 음향렌즈를 사용하였을 때에는 초음파 빔이 한 곳으로 집중되기 때문에 탐촉자 이동에 따라 한번에 검사되는 면적이 매우 좁다. 잡음(Noise)은 진폭이 작고 CRT 화면의 임의의 위치에서 불규칙하게 나타나는데. 이는 입자경계면(Grain Boundaries), 미세기공(Micro Porosity), 편석(Segregation)으로부터 불규칙하게 반사되어 나타나는데 큰 빔(Larger Beam)을 사용하면 보다 많은 잡음이 발생하게 된다. 또한 이러한 잡음이 임의의 경로를 통해 CRT 화면상에 나타나는데, 임의의 경로를 거치더라도 수개의 잡음이 동일한 진행시간 동안 진행 후 화면상이 겹쳐 나타난다면 이는 불합격으로 간주되는 큰 결함으로 오인될 수도 있다. 따라서 음향렌즈를 사용하여 빔의 크기를 줄이면 이와 같이 발생되는 잡음을 줄일 수 있게 된다.

CHAPTER 3

초음파, 그 검사방법과 응용

3.1 검사방법의 종류 및 특성

1 초음파의 진행원리에 의한 분류

초음파가 시험체내에서 진행할 때 불연속부와 같은 경계면에서는 투과 및 굴절 또는 반사를 한다. 이때 불연속부에서 반사하는 초음파를 분석하여 검사하는 방법을 펄스반사법(pulse-echo or pulse-reflection), 투과한 초음파를 분석하여 검사하는 방법을 투과법(Through Transmission), 펄스반사법과 유사하지만 공진(Resonance) 현상을 이용한 방법을 공진법이라 한다. 본장에서는 이러한 검사방법 및 결함측정, 응용방법 등에 대해 알아보고자 하며, 이런 의미에서 이 장의 제목은 [초음파 그 검사방법과 응용]으로 정하였다.

1) 펄스반사법

펄스반사법은 초음파펄스(pulse)를 시험체에 규칙적으로 입사시키고 반사원으로부터 반사되는 초음파를 분석하여 반사원의 크기, 위치 등 필요한 정보를 알아내는 방법이다. 반사파의 에너지는 불연속부의 절대적인 영향을 받으며 불연속부의 종류에 따라서도 영향을 받는다. 또한 반사파의 방향은 초음파의 입사방향과 불연속부의 방향에 크게 영향을 받는다. 대부분의 펄스 반사법에 사용되는 장비는 타이머, 전기신호 발생기, 송수신 진동자, 에코시그날(Echo-signal) 증폭기, 화면 등으로 구성되어 있다. 실제 초음파 탐상시 가장 널리 사용되는 방법이다. 펄스반사법에서는 그림 3.1과 같이

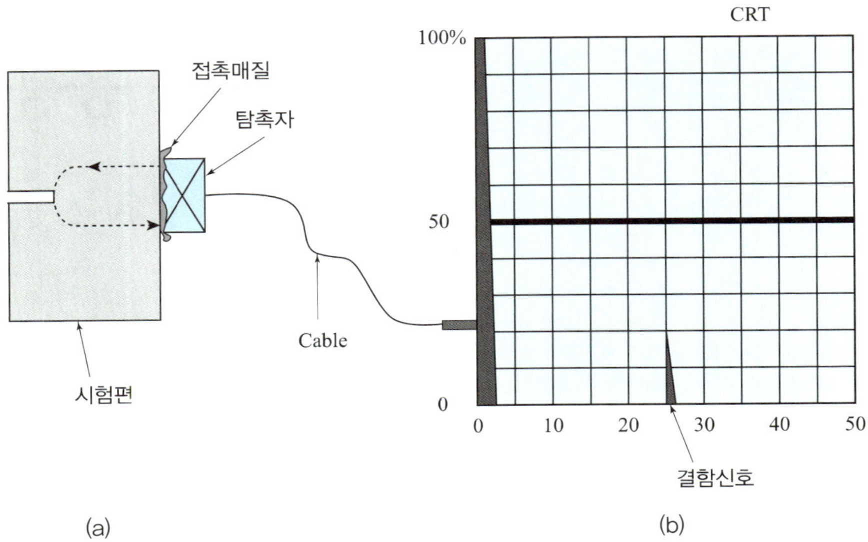

그림 3.1 1탐촉자를 사용한 펄스반사법

1개의 탐촉자를 사용하여 송수신을 겸하여 검사할 수도 있고 그림 3.2와 같이 시험체의 동일면에 송수신 탐촉자와 수신탐촉자를 분리하여(Pitch-Catch Method) 검사를 수행할 수도 있다.

그림 3.2와 같이 2개의 탐촉자를 사용하면 보다 탐상감도를 높일 수도 있는데 특히 탐상면이 거칠거나 탐상저면이 탐상면과 평행하지 않을 때, 결함의 형상으로 인해 초음파의 반사파가 입사방향으로 되돌아오지 않아 송신탐촉자에 반사파의 펄스가 수신되지 않을 때 매우 유효한 방법이다. 이외에 분할형탐촉자를 사용할 수도 있다. 펄스

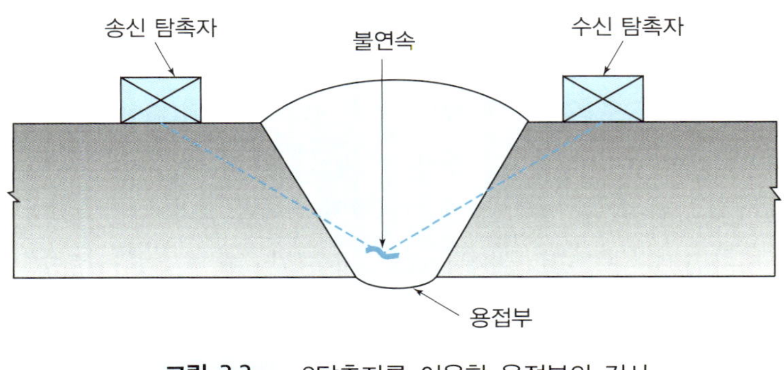

그림 3.2 2탐촉자를 이용한 용접부의 검사

반사법은 종파, 횡파, 표면파, 판파 등 모든 종류의 파를 이용할 수도 있으며, 시험체의 형상 및 검사조건에 따라 수직 또는 사각 빔(Beam)을 사용하여 반사파의 신호분석을 통해 불연속부의 방향, 크기, 위치, 형태 등을 알아낼 수 있다.

시험체를 검사할 수 있는 두께는 이론적으로는 펄스반사율(PRR : Pulse-Repetition Rate)에 따라 결정되는데, 예를 들면 펄스반사율이 초당 500펄스가 반복되고 주파수 10 MHz의 종파를 사용하여 강재를 검사한다면, 먼저 형성된 펄스는 다음펄스가 생성되기 전에 12 m 정도를 진행하며, 이는 시험체에서 초음파가 왕복한 거리이므로 검사두께는 6 m가 되는 것을 의미한다. 그러나 실제적으로 초음파가 투과할 수 있는 깊이는 이론적인 깊이보다 훨씬 짧게 나타난다. 이는 시험체 내에서 초음파감쇠가 실제적인 투과깊이를 좌우하기 때문이다. 실제적인 투과깊이의 한계는 시험체의 재질, 검사주파수, 장비의 성능 및 감도에 따라 달라지게 된다. 또한 먼저 형성된 펄스가 다중반사로 인해 다음펄스가 형성되기 전에 이미 없어질 수 있다는 점도 실제적인 투과깊이에 영향을 미치게 된다.

펄스반사율은 먼저 형성된 펄스가 시험체내에서 감지되지 않을 정도로 약하게 사라졌을 때까지 다음펄스가 나타나지 않도록 고정시켜 놓고 탐상하는 것이 일반적인 펄스의 형상, 반사파의 진폭, 저면반사파의 감쇠량, 의사지시의 구분 등을 통해 이루어진다. 반사파의 형상은 반사원의 형태, 방향 및 반사특성에 따라 다르게 나타나고, 반사파의 진폭은 반사된 빔(Beam)의 강도에 따라 달라지기 때문에 평평한 반사원의 경우에는 반사면의 크기에 따라 영향을 받는다. 저면반사파의 감쇠는 초음파가 시험체 내에서 진행할 때 결함 등의 불연속이 없는 부위를 통과할 때 반사된 저면반사파는 결함이 존재하는 부위를 통과하여 나타나는 반사파에 비해 감쇠가 적으므로 반사파의 진폭은 크게 나타나므로 실제 주물과 같이 내부에 미세한 불연속이 많이 존재하는 시험체를 검사할 때는 저면반사파의 진폭을 기준으로 하여 그 감쇠정도에 따라 합부(Accept-Reject)를 결정하는 경우가 많다. 또한 펄스반사법으로 검사하는 경우는 시험체내에서의 파형변이 및 시험체의 형상 등의 원인으로 인하여 여러 형태의 의사반사파[1]가 많이 존재하므로 이를 주의 깊게 분석하여야 한다.

2) 투과법

투과법은 초음파펄스를 시험체의 한쪽 면에서 송신하고 다른 반대쪽 면에서 송신하

1) 실제불연속등의 반사원에서 반사한 것이 아닌 반사파

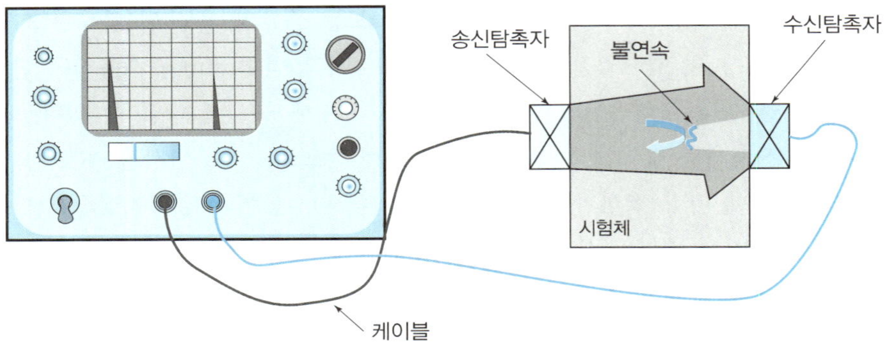

그림 3.3 송신탐촉자와 수신탐촉자를 이용한 투과법

는 방법을 말한다. 즉 그림 3.3과 같이 2개의 탐촉자를 이용하여 시험체를 투과하는 초음파가 시험체 내의 불연속 또는 재질의 이상으로 인하여 발생되는 송신된 초음파 에너지의 감쇠량을 측정하는 방법이다.

투과법은 결함이 없는 부분에서 투과된 초음파에너지의 양을 비교하여 결함의 유무를 검사하는 방법으로, 반드시 송신과 수신탐촉자를 사용하여 검사하는데 펄스반사법에서는 2개의 탐촉자를 사용하는 경우에는 동일 탐상면에 놓고 탐상하지만 투과법에서는 반드시 시험체 반대쪽의 양면에 각각 놓고 검사해야 한다. 투과법은 초음파의 감쇠량을 기초하여 결함의 유무를 측정하기 때문에 결함의 위치를 알아내기 어려울 뿐만 아니라 시험체의 양쪽면에 모두 접근이 가능해야 탐상이 가능해진다. 그러나 투과법의 장점은 초음파 송신과 수신까지의 초음파 이동거리는 펄스반사법에 비하여 1/2 이하로 짧아져 탐상 가능한 깊이가 커질 뿐만 아니라 불연속의 방향에 따라 탐상결과가 크게 달라지지 않는다. 투과법은 투과파의 진폭에 의존하여 시험체의 정보를 알아내기 때문에 시험체의 재질특성에 많은 영향을 받는다. 장치는 기본적으로 초음파를 발생시키는 송신부와 수신된 초음파를 증폭하여 수신하는 수신부로 나누어지는데, 시험체의 단면의 크기에 비해 매우 작은 결함을 검출하기 위해서 게이트(Gate),경보장치 및 기록장치가 설치되어 있는 경우도 있다. 투과법에서는 검사감도를 높이기 위해 송신진동자로는 초음파 발생효율이 가장 높은 지르콘-티탄산납(PZT : Lead-Zirconate titanate) 진동자를 상용하여 검출 효율을 높일 수 있다. 결함의 검출도는 빔(Beam)과 불연속크기의 비(ratio)와, 불연속과 탐촉자의 분리도에 따라 달라진다. 또한 결함의 검출도는 시험체의 형상에 따라서 많은 영향을 받게 되는데 이는 시험체의 형상으로 인한 원치 않는 파의 진행으로 인해 에너지의 변화가 발생할 수 있으며, 접촉법에서는 수신탐촉자와 시험체의 접촉강도의 변화에 의한 수신파의 진폭이 다르게 나타날 수 있으므로 주의하여야 한다.

3) 공진법

시험체에 가해진 초음파의 진동수와 시험체의 고유진동수가 일치할 때 진동의 진폭이 커지는 현상, 즉 공진현상을 이용하여 주로 시험체의 두께 측정에 적용된다. 공진법은 그림 3.4에서 볼 수 있는 바와 같이 연속종파를 사용하오, 주파수는 파가 정지파(standing wave)로 고정될 때까지 변하여 시험체의 공진 상태에서 결함의 존재유무, 재질, 두께 등을 측정하는 방법이다. 예를 들어 시험체의 두께를 공진법으로 측정하고자 할 때, 시험체 내에서 공진이 일어나 파가 정지파로 고정될 때의 초음파 파장과 두께와의 관계를 살펴보면 다음과 같은 식으로 나타낼 수 있다.

$$T = \frac{\lambda}{2} \times n \tag{3.1}$$

여기서, T : 시험체의 두께

λ : 초음파의 파장

n : 1/2 파장의 횟수

또한 기본공명 주파수와 시험체의 두께와의 관계를 살펴보면, 기본공명 주파수란 첫 번째 공명이 발생될 때의 주파수를 의미하므로 식(3.1)에서 $n=1$일 때의 주파수를 말한다.

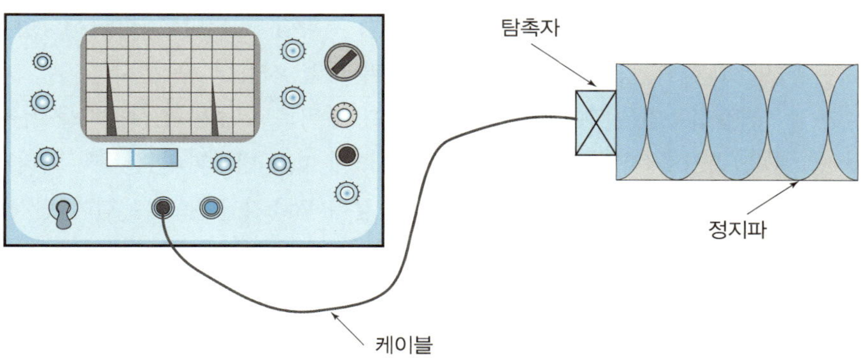

그림 3.4 공진법

이를 식으로 나타내면

$$T = \frac{\lambda}{2} = \frac{V}{2f} \tag{3.2}$$

여기서, V : 초음파의 속도
f : 기본 공명 주파수

위 식(3.2)를 기존 공명 주파수로 나타내면

$$f = \frac{V}{2T} \tag{3.3}$$

가 된다.

2 탐촉자 접촉방법에 의한 분류

탐촉자에서 발생시킨 초음파를 시험체에 전달하는 방식에 따라 분류하는 방법으로서, 탐촉자를 시험체에 직접 접촉시켜 초음파를 전달하는 방법을 직접 접촉법(contact method)이라 하고, 시험체를 물과 같은 액체 접촉매질 속에 넣고 초음파의 진동을 액체를 통해 시험체에 전달하는 방법을 수침법(Immersion method)이라 한다.

1) 직접 접촉법

가장 널리 사용하는 방법으로 탐촉자를 시험체표면 위에 직접 접촉시켜 검사하는 방법이다. 앞에 설명한 대부분의 내용이 직접접촉법에 해당되는데, 초음파의 원활한 전달을 위해 탐촉자와 시험체표면 사이에 접촉매질을 얇게 도포하여 탐상한다. 직접 접촉법으로는 앞서 분류한 펄스반사법, 투과법, 공진법도 이에 해당될 수 있으며 파의 종류에 따라 횡파, 종파, 표면파, 판파 등을 사용할 수 있다.

직접접촉법은 수침법에 비해 간단한 장비로도 높은 검사감도를 유지할 수 있는 반면 탐촉자를 시험체에 접촉시키는 압력에 따라 반사파의 진폭이 달라 질 수 있으므로 주의 해야 한다. 접촉법에서는 이와 같이 탐촉자를 누르는 힘이 반사파의 강도에 큰 영향을 미치기 때문에 탐촉자를 누르는 힘의 강도가 매우 중요하게 작용한다. 또한 탐촉자를 누르는 힘이 커질수록 탐촉자와 시험체 사이에 적용되는 접촉매질의 두께가 얇아지게 되는데 접촉 매질의 두께는 접촉매질에서 공명이 일어나지 않도록 기본 공명 주파수보다 매우 낮은 주파수를 사용해야 한다.

이를 기본 공명 주파수를 나타내는 식을 이용하면 식(3.3)에서 $f=\dfrac{V}{2T}$, 즉 $T=\dfrac{V}{2f}$가 되는데, 실제 사용주파수(F)보다 기본공명주파수(f)가 훨씬 크도록 접촉매질의 두께가 이루어져야 하므로 상기식은

$$T \ll \frac{V}{2G} \tag{3.4}$$

여기서, T : 접촉매질의 두께
V : 접촉매질내의 초음파 속도
F : 사용 주파수

또한 이를 파장과의 관계로 나타내어 보면 $V=F\times\lambda$이므로, 위 식(3.4)는 $T \ll \dfrac{1}{2}\lambda$가 된다.

실제 접촉매질의 두께는 이보다 더 얇게 1/4λ 이하가 되도록 하는 것이 바람직하다. 실제 초음파 탐상검사에서 직접접촉법으로 검사할 때는 0.1~10 MHz 정도의 주파수를 사용하는데 예를 들어 주파수가 1 MHz일 때 파장의 길이는 약 6 mm(3 mm는 1/2λ를 의미함)가 되기 때문에, 실제 초음파 탐상을 수행할 때 적용되는 접촉매질의 두께를 고려하여 보면 10 MHz 정도의 고주파수 초음파를 사용하여도 접촉매질에 의한 문제는 발생하지 않는다.

2) 수침법

수침법은 시험체 및 탐촉자를 액체 접촉매질 속에 넣고 초음파 빔을 시험체에 전달하여 시험체내의 정보를 알아내는 방법이다. 액체 접촉매질로는 물에 방울이 생기는 것을 방지하기 위하여 수적방지액(Wetting Agent)을 첨가한 것을 주로 사용한다. 직접 접촉법에 비해 장비가 보다 많이 필요하고 검사조건이 비교적 까다롭기 때문에 일반 산업현장에서 보다는 실험실 또는 자동장비에 많이 사용하고 있다.

수침법에서는 그림 3.5와 같이 탐촉자의 각도를 임의로 변화시킬 수 있기 때문에 수직 종파 탐촉자 하나로도 입사각을 임의로 변화시켜 종파, 또는 횡파탐상이 가능하다. 또한 탐촉자와 시험체 사이가 물로 가득 채워져 공간이 없기 때문에 표면의 접촉상태가 균일할 뿐만 아니라 직접접촉법에서와 같이 탐촉자를 시험체에 직접 접촉시키지 않기 때문에 접촉압력의 변화에 따른 반사파의 강도가 달라지지 않는다.

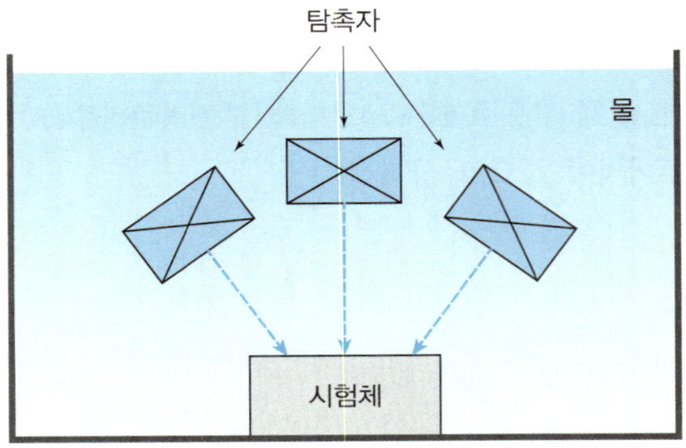

그림 3.5 수침법에서의 입사각 변화

또한 탐촉자의 근거리 음장을 벗어난 지역에 시험체를 위치 할 수 있으므로 표면에 근접해 있는 불연속을 검출 할 수 있다. 탐촉자가 물속에서 시험체면을 접촉하지 않고 주사할수 있기 때문에 탐촉자가 손상되지 않고 빠른 속도로 검사가 가능하다. 단점으로는 수침에 필요한 장비들의 이동이 용이하지 않으며, 탐촉자를 물속에서 손으로 이동시킨다면 탐촉자와 시험체사이의 거리가 계속 변하게 되므로 적절한 검사를 수행할 수 없다. 따라서 이와 같이 탐촉자를 일정하게 이동시킬 수 있는 장비가 추가로 필요하게 되며, 물은 시험체에 위해를 줄 수 있으므로 부식검사에는 적용할 수 없고, 시험체와 탐촉자의 물거리(Water Distance)에 따라 검사 수행이 가능한 시험체 두께가 한정되어 진다.

수침법에서는 시험체 전체를 물속에 넣고 검사하는 전몰 수침법과 일부만 물속에 넣고 검사하는 국부수침법이 있다. 수침법에서 가장 유의할 것은 탐촉자와 시험체 사이의 거리, 즉 물간거리인데 초음파가 탐촉자 표면에서 발생하여 시험체에 입사할 때 시험체 표면에서 반사파가 발생하게 되어 초음파의 일부는 반사하고 나머지 일부는 시험체 내로 입사하게 된다. 입사된 초음파는 그림 3.6과 같이 시험체 저면에서 다시 반사하여 탐촉자로 되돌아온다. 또한 물간거리가 너무 짧은 경우에는 이와 같은 반사 양식이 계속되어 CRT화면에 2, 3...차 표면반사파가 1차 저면 반사파 앞에 계속 나타난다면 시험체 내에 존재하는 불연속을 검출하기가 매우 어려워진다. 그러나 시험체 내에서의 음속이 물속에서의 음속보다 빠른 경우(일반적으로 강재와 같은 시험체 내에서의 음속이 물속에서보다 빠름), CRT 화면상에 가장먼저 나타나는 것은 송신 펄스이고 두 번째는 1차 시험체 표면반사파가 된다.

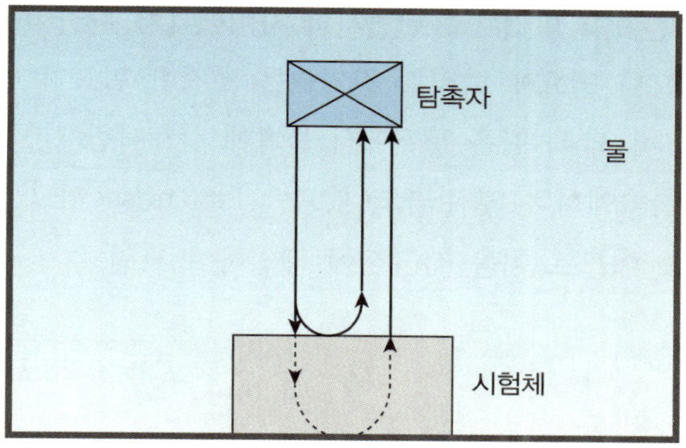

그림 3.6 수침법에서의 반사파

그러나 물속에서의 음속이 느려지는 원리를 이용하여 그림 3.7과 같이 1차 시험체 저면 반사파가 2차 시험체 표면 반사파 이전에 나타나도록 하면 모든 불연속은 1차 표면반사파와 1차 저면반사파 사이에 존재하게 된다.

이와 같이 물간거리를 조정하여 탐상하여야 하는데 이를 식으로 나타내면

$$D > \frac{V_c}{V_t} \times T \tag{3.5}$$

가 된다.

여기서, D : 물간거리(Water Distance), V_c : 물속에서의 음속,
V_t : 시험체에서의 음속, T : 시험체의 두께

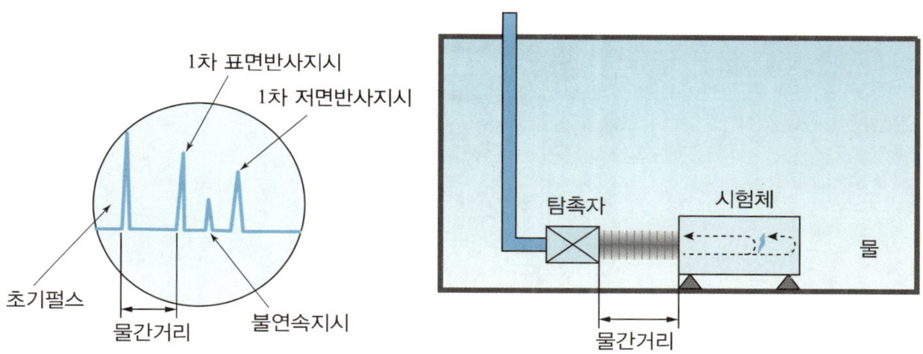

그림 3.7 물간거리의 조정

식(3.5)는 1차 및 2차 표면반사파 사이에 1차 저면 반사파가 나타나도록 한 경우를 기준하였으나 필요에 따라 물간거리를 조정할 필요가 있다.

이를 그림 3.6과 같은 조건에서 물속에 강재시험체가 들어있는 경우 물간거리를 살펴보면 물속에서의 종파속도(V_c)는 1480 m/sec이고 강재에서의 종파속도(V_t)는 5300 m/sec이므로 이를 식(3.5)에 대입하여 보면,

$$D > \frac{1480}{5300} \times T \fallingdotseq 0.28\,T$$

가 된다. 즉, 물간거리(D)는 시험체 두께의 0.28배 이상이 되어야 한다.

따라서 두께가 8인치 이하인 강재 시험체의 경우에는 철에서의 초음파 속도가 물속에서의 속도보다 약 4배 정도 빠르므로, 강재의 1차 저면반사파가 2차 표면반사파 앞에 나타나도록 하고자 할 때의 물간거리는 철판 두께의 1/4보다 길어야 하기 때문에 물간거리를 간단하게 나타내면 T/4 + 1/4인치 이상으로 한다.

전몰 수침법

시험체 전체를 물속에 넣고 검사하는 방법으로 그림 3.8에서 볼 수 있는 바와 같이 탐촉자의 일정한 이동 및 방향 조절을 위하여 수침탱크 내에는 운반기, 주사관(Scanner Tube), 조정기(Manipulator) 등이 장착되어 있다. 대부분의 경우 수직종파를 사용하

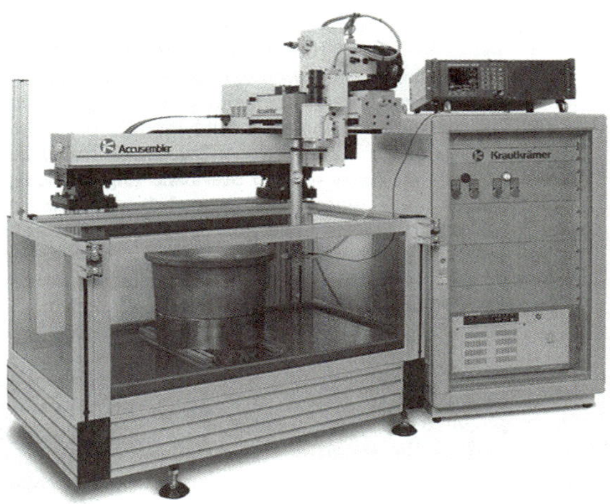

그림 3.8 전몰 수침법에 사용되는 탐상장비

고, 수직탐상을 위해서는 초음파가 시험체에 수직하게 입사되도록 하고, 사각탐상을 수행하기 위해서는 조정기의 방향을 조정하여 초음파가 시험체의 경사지게 입사시킴으로써 시험체 내에는 파형변이 및 굴절로 인하여 종파 및 횡파가 존재하게 된다. 전몰 수침법은 탐촉자를 고정시켜 놓고 시험체를 계속 이동시켜 가며 검사할 수 있기 때문에 자동탐상에 많이 이용된다.

국부수침법

국부수침법은 전몰 수침법을 변환시킨 방법으로 시험체의 형상이나 크기가 시험체 전체를 물속에 넣을 수 없는 경우 등에 국부적으로 침수시켜 검사하는 방법이다. 국부수침법의 종류에는 여러 가지가 있을 수 있으나 그 중 일반적인 한 가지 방법은 그림 3.9와 같이 물탱크에 물을 계속 공급시켜 시험체 일부만 수침되도록 하는 검사방법인데 Bubbler법이라고 한다.

물탱크에서 물이 넘쳐나가는 모습에서 Bubbler법이라 하는데 판재와 같은 크고 일정한 형태의 시험체를 검사할 때 적용된다. 시험체가 일정한 속도로 계속 이동하게 하고 탐촉자에서 입사되는 초음파는 일정한 부분만 계속하여 검사하도록 하여 시험체가 그 위를 지나고 나면 검사가 완료된다. 검사방법의 원리는 앞서 설명한 내용과 동일하다.

국부 수침법 중의 또 다른 방법은 그림 3.10과 같이 물이 채워져 있는 타이어(Tire) 내에 탐촉자를 장착시켜 이를 시험체 위에 이동시켜 가며 검사하는 방법이다. 이와 같은 검사방법을 Wheel 탐촉자법이라고 하는데 바퀴 내에 부착된 탐촉자는 고정되어 있으므로 타이어와 시험체사이의 각도를 조정하여 사각탐상을 할 수 있다.

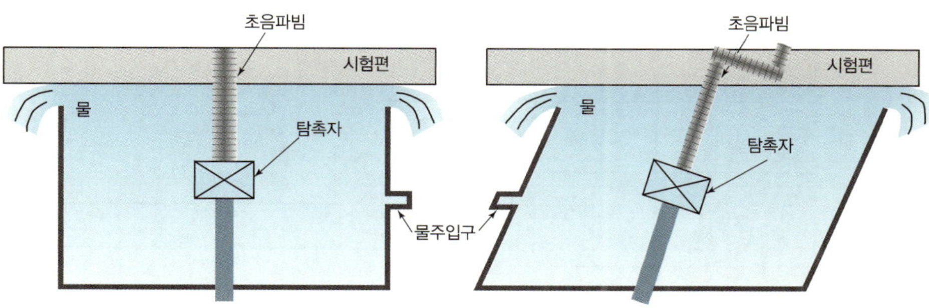

그림 3.9 Bubbler 법

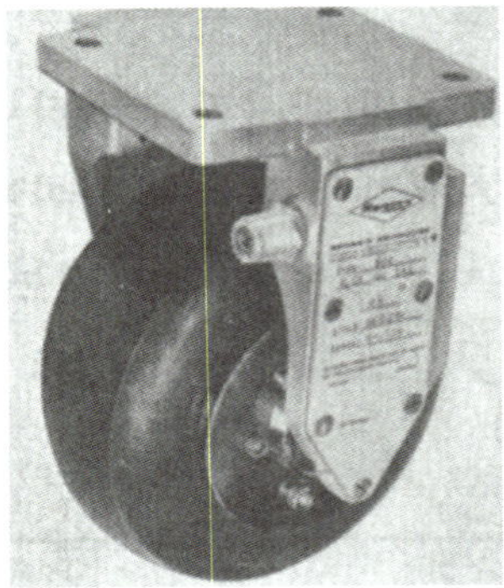

(a)

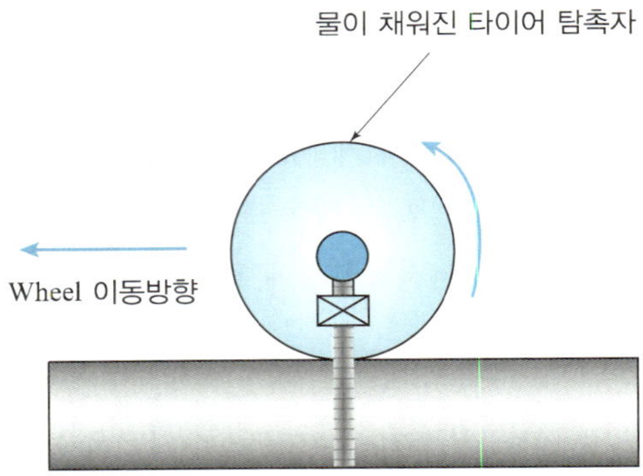

(b)

그림 3.10 Wheel 탐촉자를 이용한 탐상

즉 그림 3.11에서 볼 수 있는 바와 같이 Wheel의 조정에 따라 시험체에 입사하는 초음파의 각도를 조정할 수 있다.

3 파의 종류에 의한 분류

시험체 내에서 진행하는 파의 종류에 따라 종파법, 횡파법, 표면파법, 판파법 등으로 분류 할 수 있는데 이는 각각의 검사방법에 따라 파의 종류별 특성을 연관시키면 검

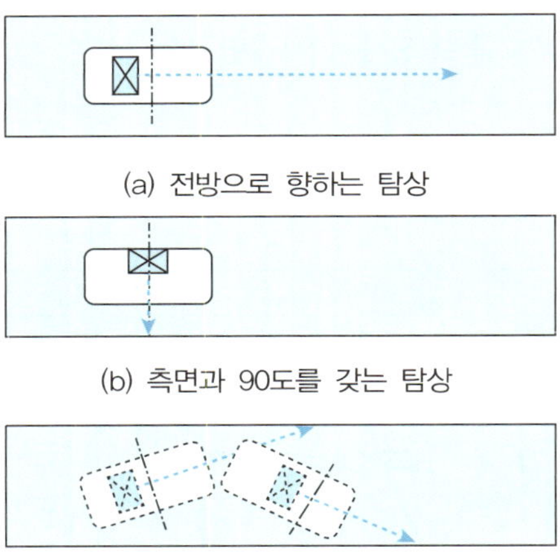

(a) 전방으로 향하는 탐상

(b) 측면과 90도를 갖는 탐상

(c) 측면과 전면에 대하여 경사를 갖는 탐상

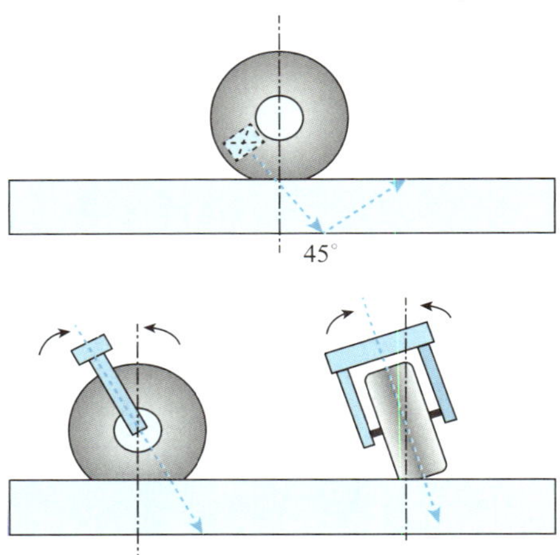

그림 3.11 Wheel 탐촉자를 이용한 사각탐상법

사방법의 특성이 된다.

펄스반사식 접촉법에 대한 적용방법을 살펴보면 표 3.1과 같다.

표 3.1 파의 종류에 의한 분류

검사방법	적용방식	내 용
종파법	수직탐상	판재 등의 내부결함탐상
횡파법	사각탐상	사각탐상은 종파를 이용해도 가능하나, 일반적으로 사각탐상의 경우 굴절각이 1차 임계각을 초과하도록 되어 있어, 주로 횡파를 이용하여 탐상함, 용접부와 같이 탐촉자를 접촉시키기 어려운 부위의 검사에 적용
표면파법	표면파탐상	시험체의 표면결함 탐상

이중 설명의 중복을 피하기 위하여 표면파법에 대해서만 간단히 설명한다. 표면파는 굴절각이 90°인 표면파 탐촉자를 사용하여 탐상하는데 굴절각이 90°가 아니라도 굴절각이 큰 사각탐촉자를 사용하면 빔의 퍼짐에 의해 파의 일부가 표면에 따라 진행한다. 표면파는 표면을 따라 진행하기 때문에 표면거칠기가 심하면 감쇠가 심하게 나타나고 녹이나 기타 오물이 있어도 흡음 되거나 반사파로 나타난다. 이와 같은 경우 반사파가 나타나는 부분을 손가락으로 짚으면 파의 변화를 알 수 있다.

형태가 복잡하고 표면접촉이 어려운 시험체 내부검사 등 특수한 분야에 적용되고 있다. 실제 검사방법 및 원리는 다른 검사방법과 유사하다. 그러나 강재와 같은 시험체의 표면상태를 검사할 경우에는 자분탐상검사가 보다 많이 적용되고 있는 실정이다.

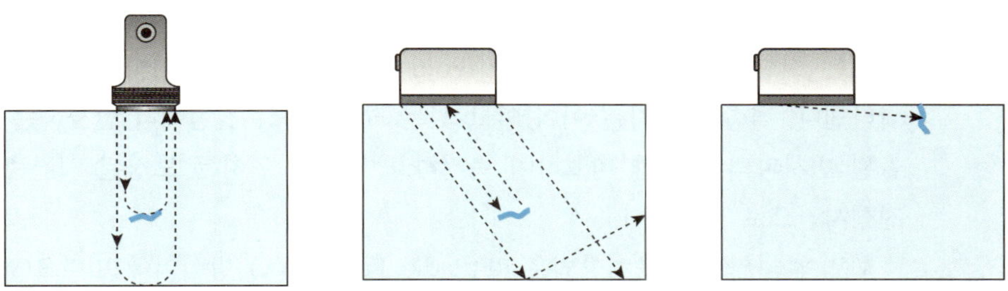

(a) 수직탐상법 (b) 사각탐상법 (c) 표면파 탐상법

그림 3.12 파의 종류에 의한 검사방법

4 표시방법에 의한 분류

초음파 탐상검사에서 반사파에 대한 정보를 CRT 화면 또는 다름 기록장치에 나타내는 표시방법에 따라 A-Scan, B-Scan, C-Scan, M-Scan 등으로 분류한다.

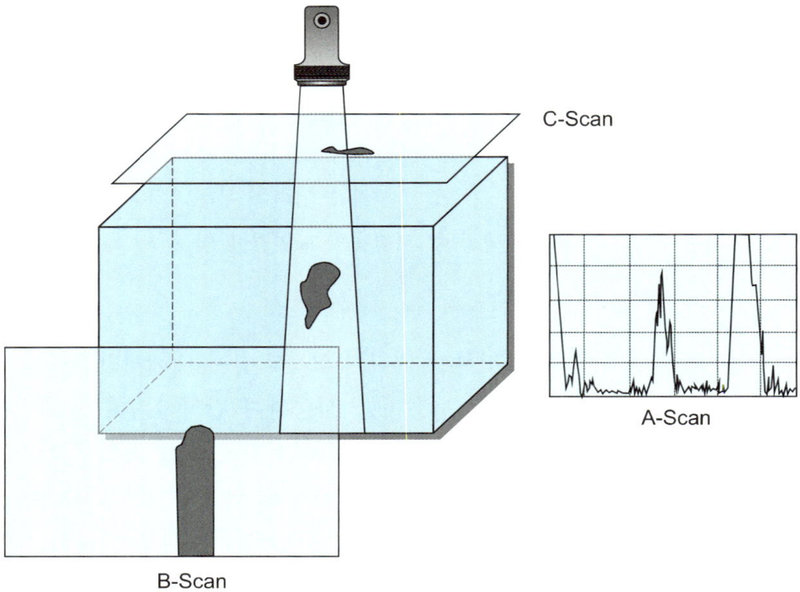

그림 3.13 여러 가지 탐상결과 표시방법

1) A주사 표시법(Q-Scan)

가장 널리 사용되는 방법으로 초음파의 진행시간과 반사량을 화면의 가로축과 세로축으로 표시하여 결함의 위치, 형태 및 크기 등을 나타내는 표시 방법이다.

이는 시험체의 어느 한곳(single Point)에서 얻어지는 반사파의 정보를 정량적으로 나타낸다. 결함의 크기는 이미 알고 있는 크기의 표준결함에서 반사하는 반사량을 검출된 반사파의 크기와 비교하여 측정하고 결함의 위치는 보정된 시간축에 초음파의 진행시간으로 나타낸다.

화면에 나타내는 표시방법은 RF(Radio Frequency) 방식이나 비디오(Vidio) 방식으로 나타내는데 일반적인 초음파탐상에서는 비디오 방식으로 나타내지만 결함의 특성상 RF 방식이 효과적인 경우도 있다.

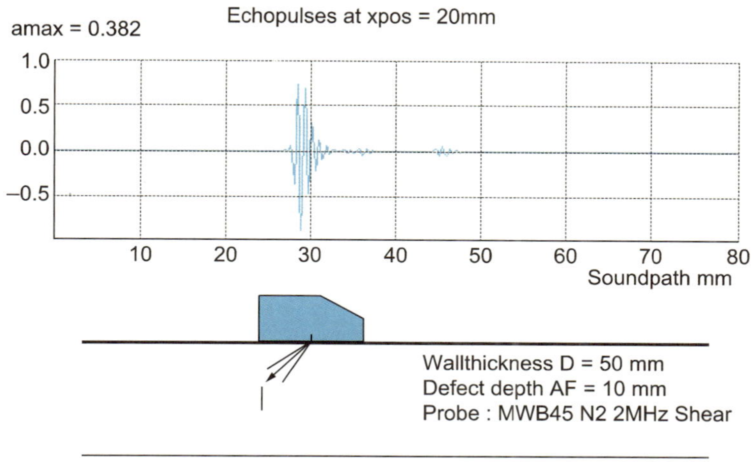

그림 3.14 A–Scan 표시방법

A주사 표시방법으로 나타낼 수 있는 것은 결함의 특성 및 검출에 한정된 것이 아니며 두께를 알고 있는 시험체에서는 초음파의 속도를 측정할 수 있다. 또한 특정한 재질 내에서의 초음파감쇠특성 및 빔의 퍼짐 등도 측정할 수 있다.

2) B주사 표시법(B–SCAN)

시험체의 단면(Cross Section)을 나타내는 표시방법이다. 일반적으로 초음파 탐상검사에서는 사용하지 않고 의료용에 많이 적용되고 있다. 시험체의 두께 및 불연속의 깊이 및 길이를 나타내므로 결함의 분포를 확인하는데 매우 편리하다.

B주사 표시장치는 전원, 펄스회로, 타이머회로, 수신/증폭회로는 A-주사 표시장치와 동일하지만 화면에 나타나는 표시방법의 차이로 인해 X-축 위치확인 회로와 Y-축 소인 회로가 있다. 그림 3.15에서는 수직탐상시 나타나는 결함의 형상을 나타내는데 결함의 깊이는 표면으로부터 아래로 내려가면서 나타내며, 검출된 결함 아랫방향으로 또다른 결함이 있다면 그림의 화면에서 볼 수 있듯이 검출할 수 없다.

또한 초음파빔과 탐촉자 주사방향에 수직으로 놓여 있는 결함의 넓이는 나타내지 못하며, 초음파빔의 퍼짐으로 인해 시험체에서 존재하는 결함이 표면 가까이에 존재하는 결함보다 길게 표시된다.

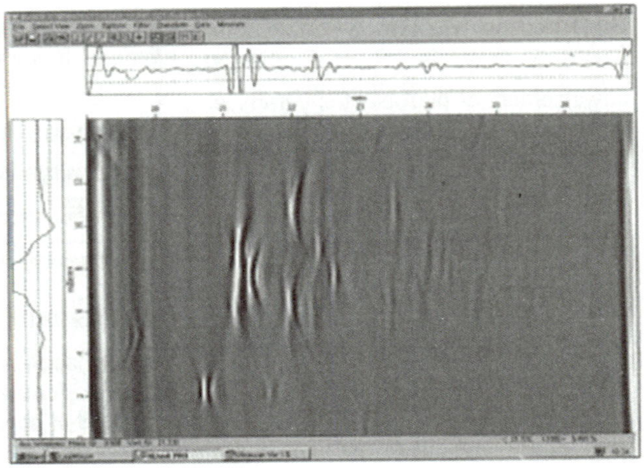

그림 3.15 B-Scan 표시방법

3) C주사 표시법(C-SCAN)

시험체의 내부를 평면으로 표시하는 방법이다. 따라서 시험체 내부에 결함이 존재한다면 그림 3.16과 같이 결함의 윤곽(크기와 위치)을 나타낸다.

일반적으로 결함의 깊이 및 방향은 나타나지 않는다. C주사장치 역시 전원, 펄스회

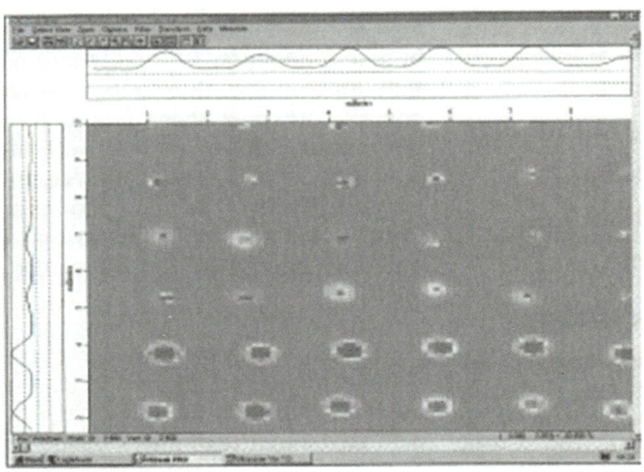

그림 3.16 C-Scan 표시방법

로, 타이머회로, 수신/증폭회로는 다른 장치와 동일하지만, 표시방법이 다르기 때문에 탐촉자의 기계적인 이동에 따른 X, Y축 위치확인 회로가 있어 결함의 평면을 나타낼 수 있다.

C주사 장치에서 특징적인 주요 장치는 전자깊이 게이트(Electronic depth gate)로서 이는 초기펄스 또는 계면반사파(Interface echo)가 나타난 후 일정한 시간내에 형성된 펄스만 수신하는 장치이다. 일반적으로 깊이 게이트(Depth gate)는 표면 및 저면반사파가 나타나지 않도록 시험체 내부에 존재하는 반사원만 나타나도록 하고 있다.

4) M주사 표시법(M-SCAN)

B주사법으로 진동자를 고정시켜 두면 A주사법의 펄스 높이가 위도의 변화로 인해 표시된 도형이 생기게 된다. 이와 같은 상태에서 브라운관의 상을 촬영하는 사진용 필름을 수평으로 흘리면 초음파 펄스를 반사하는 반사원의 위치변화에 따라서 그 운동 상태가 필름에 나타난다. 이와 같은 방법을 M주사 표시법이라 한다.

M주사 표시법은 주로 의료용으로 사용되는데 특히 심장의 운동을 조사하는데 가장 잘 사용되며 이 때 얻어진 상을 UCG(Ultrasonic Cardiogram)라고 한다.

5 탐촉자수에 의한 분류

사용하는 탐촉자 개수에 따라 분리하는 방식으로 탐촉자를 1개 사용하여 검사를 수행하면 1탐촉자법, 2개를 사용하면 2탐촉자법으로 분류한다. 또한 여러 개의 탐촉자를 동시에 사용하는 방법을 다탐촉자법이라고 한다. 그러나 분할형탐촉자를 사용하는 경우에는 1개의 탐촉자를 사용하더라도 2탐촉자법으로 분류한다.

3.2 불연속부 크기 측정

불연속부의 크기는 반사파의 진폭과 절대적인 상관관계를 갖고 있으며 그 측정방법도 여러 가지가 있다. 또한 반사파의 진폭은 불연속의 크기뿐만 아니라 초음파의 전달손실(Transfer loss)과도 관련되므로 이에 대해 설명하고 불연속부 크기 측정방법에 대해 설명한다. 또한 불연속부의 크기 및 길이는 경우에 따라서는 동일한 의미가 될 수 있지만 여기서는 초음파 빔폭에 비해 충분히 적은 결함에 대해 설명한다.

1 초음파의 감쇠 측정법

1) 초음파의 감쇠

앞서 설명한 바와 같이 초음파가 시험체를 진행하는 동안에는 초음파빔의 산란, 흡수, 퍼짐 시험체의 형상, 파형변환 및 불연속 등의 원인으로 반사파의 감쇠가 일어난다. 실제 초음파탐상에서 불연속부 크기는 주로 시험편의 인공결함의 반사파 크기를 기준하여 시험체에서 검출된 반사파 크기와 비교 측정하고 있으므로 초음파의 감쇠가 반사파의 크기에 절대적인 영향을 미치게 된다. 이때 초음파빔의 산란, 흡수, 퍼짐 등으로 인한 초음파의 감쇠는 시험편과 시험체 모두에서 발생하기 때문에 별다른 문제가 되지 않으나 가장 문제가 되는 것은 탐상면에서의 전달손실, 즉 표면거칠기에 의한 초음파의 손실이다.

다시 말하면 시험편은 시험체와 동일한 재질로 제작되어 초음파가 시험체 내부에서 진행하는 동안 발생하는 감쇠는 유사하지만 표면거칠기에 따라 달라질 수 있으므로 전달손실이 생기게 된다.

또한 수직탐상에 있어 저면에서의 반사손실은 1회에 대략 1 dB 정도의 손실이 생긴다고 알려져 있어 크게 문제삼지 않는다. 표면거칠기에 의한 초음파의 전달손실을 줄이기 위하여 접촉매질을 사용하는데 접촉매질에서도 감쇠가 발생한다. 그러나 이미

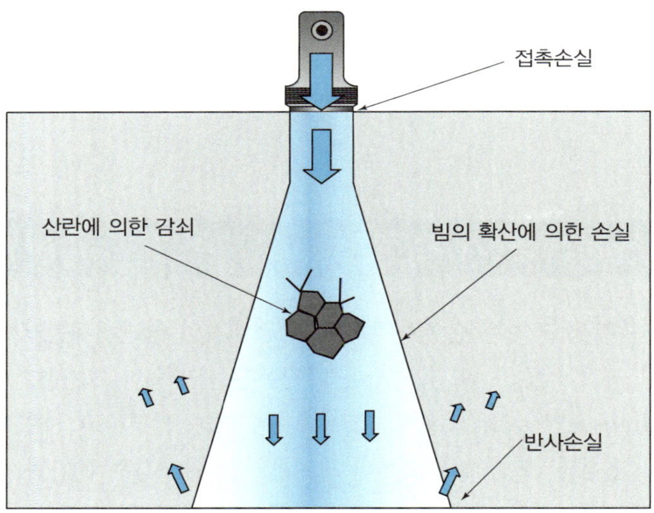

그림 3.17 초음파의 손실

앞에서 설명하였듯이 접촉법으로 검사할 때 접촉매질의 두께가 1/4 파장 이하가 되면 그다지 큰 문제가 되지 않으나 표면거칠기에 의한 영향은 그림 3.18에서 볼 수 있는 바와 같이 매우 크다.

그림 3.18은 두께가 30 mm인 강재를 사각탐상하였을 때 표면거칠기에 따른 직경이 3.2 mm인 구멍으로부터 얻어진 반사파 진폭의 변화를 나타내고 있다. 접촉매질로는 100% 글리세린을 사용하였을 때가 표면거칠기의 영향이 가장 적었으며, 물 또는 기름을 사용하였을 때에 영향이 가장 크게 나타났다. 또한 표면거칠기에 의한 영향은 표면거칠기가 약 25 μm 정도 이하가 되면 그 영향이 그다지 크지 않음을 알 수 있다.

시험체 내에서 초음파의 강도가 감소하는 것을 감쇠계수로서 (α)로 나타내는데, 이는 단위길이당 초음파의 강도가 감쇠하는 정도를 나타내며

$$\alpha = \frac{dB}{d} \tag{3.6}$$

로 나타낸다. 즉, 이는 동일한 크기의 반사원으로부터 반사된 에코우라도 초음파의 진행거리의 변화에 따라 그 크기가 달라지므로 에코우의 크기를 dB로 나타내어 감쇠계수의 단위는 dB/mm 등으로 표시된다.

감쇠계수는 초음파가 진행하는 재질의 특성 및 초음파 주파수에 따라 달라지는데

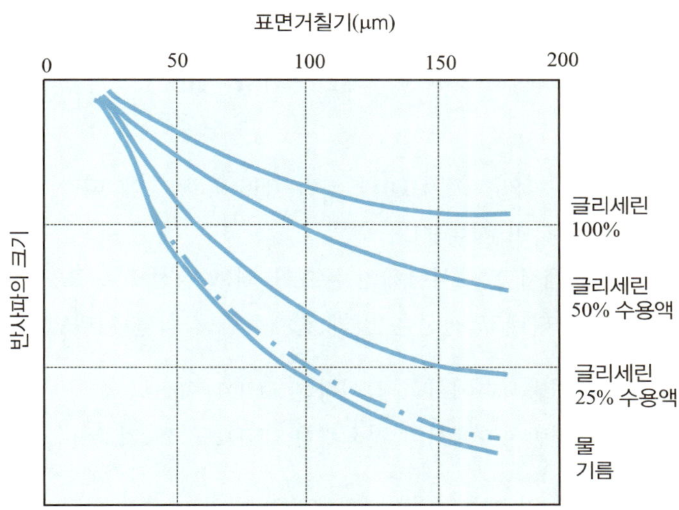

그림 3.18 표면 거칠기에 따른 반사파 진폭의 변화

저주파수 범위에서 재질 내에서의 흡수되는 영향이 크므로 그림 3.19에서 볼 수 있는 바와 같이 서서히 감쇠계수가 커지지만 주파수가 높아지면 초음파의 파장이 재질의 입자와 관련되어질 정도로 작아지므로 산란이 발생하여 감쇠계수가 급격히 커지게 된다.

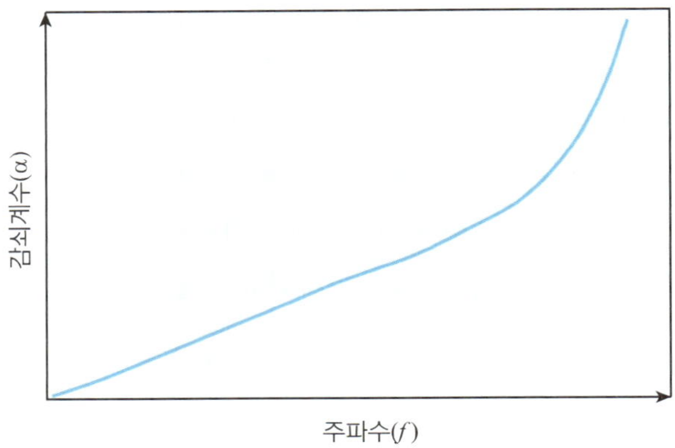

그림 3.19 주파수에 따른 감쇠계수의 변화

2) 초음파 감쇠측정

종파의 감쇠 측정방법 및 그 원리에 대해 설명한다. 시험체의 저면반사파를 이용하여 1차 저면반사파(B1)의 높이를 HB1, 2차 저면반사파(B2)의 높이는 HB2로 나타냈을 때 두 저면반사파의 높이의 차이(ΔH)는

$$\Delta H = HB1 - HB2 \tag{3.7}$$

가 된다.

또한 이는 빔의 퍼짐(HD)과 산란 (HS)의 영향에 따라 에코우 높이가 달라지므로 그림 3.20과 같이 나타난다.

그림 3.20에서 T는 시험체의 두께가 되고 실선으로 표시한 곡선은 빔의 퍼짐에 의한 감쇠를 나타내고 점선은 빔의 전체적인 감쇠를 나타낸다.

1차 저면반사파에서의 감쇠량은 HD1 + HS1
2차 저면반사파에서의 감쇠량은 HD2 + HS2가 된다.

따라서 1차 및 2차 저면반사파에서의 빔의 퍼짐과 산란에 의한 반사파 높이의 차는

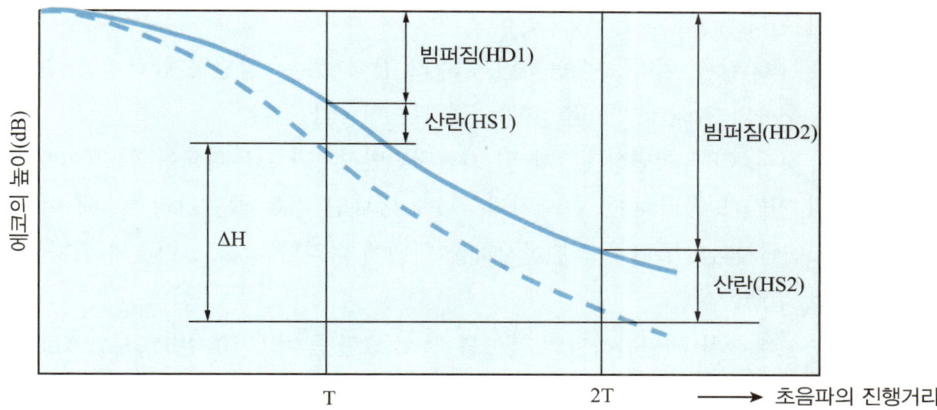

그림 3.20 빔의 퍼짐 및 산란에 의한 감쇠

$$\Delta HD = HD2 - HD1$$
$$\Delta HS = HS2 - HS2$$

이 된다. 결국 식(5.7)은 아래와 같이 나타난다.

$$\Delta H = HB1 - HB2 = \Delta HD + \Delta HS \tag{3.8}$$

이때 시험체의 두께(T)가 근거리 음장길이(N)의 3배 이상인 경우에는 빔의 퍼짐에 의한 감소는 거리에 반비례하고 1차(B1)와 2차(B2) 저면반사파에 대한 초음파 진행거리는 2배가 된다. 따라서 빔퍼짐의 영향만 고려하면 1차와 2차 저면반사파 높이의 차이(ΔH)SMS 1/2, 즉 6 dB가 된다.

따라서 B1 및 B2에 대해 산란에 의한 감쇠를 구하면

$$\Delta HS = 6\ dB$$

가 됨을 알 수 있다. 즉, 이를 식(3.8)에 대입하면

$$\Delta HD = \Delta H - 6\ dB \tag{3.9}$$

또한 이는 2차 저면반사파를 기준한 감쇠이므로 감쇠계수(α)는

$$\alpha = \frac{\Delta HD}{2T} = \frac{\Delta H - 6\text{dB}}{2T} \tag{3.10}$$

이 된다.

이와 같은 원리를 이용하면 종파의 감쇠계수는 간단하게 측정할 수 있다.

종파의 감쇠계수를 측정하는 절차는 다음과 같다.

첫째, CRT 화면상에 1차 및 2차 저면반사파가 나타나도록 한다(이때 1차 저면까지의 거리가 근거리 음장(N)거리의 3배 이내인 경우에는 거리가 3배 이상이 되는 n차 저면반사파와 n+1차 저면반사파를 화면에 나타나게 하고 이후의 절차는 동일한 원리로 진행한다).

둘째, 1차 저면반사파의 높이를 전 스크린 높이의 50%(반드시 50%로 할 필요는 없음)에 맞추고 이 때의 dB값을 XdB로 기록한다.

셋째, 2차 저면반사파의 높이를 전스크린 높이(FSH)의 50%(1차 저면반사파를 맞춘 반사파의 높이)에 맞추고 이때의 dB값을 YdB로 기록한다.

넷째, 1차 및 2차 저면반사파 높이의 차이(Z)를 dB로 구한다. 즉 $Z = Y - X$

다섯째, ZdB에 6dB를 뺀 후 2T로 나누어 준다(식(3.10) 참조).

따라서 감쇠계수는 다음과 같이 나타난다.

$$\alpha = \frac{Z-6}{2T}(\mathrm{dB/mm})$$

2 거리진폭 교정곡선 방법

실제 초음파 탐상검사시 가장 일반적으로 적용되는 불연속부 크기 측정방법이다. 초음파 탐상검사는 방사선 투과검사와 달리 결함의 종류를 명확하게 구분한다는 것은 다소 문제가 있다. 따라서 대부분의 검사규격에서는 시험편에 인공결함을 만들어 이 결함의 반사파 높이를 기준하여 결함반사파 높이의 100% 이상, 50~100%, 20~50 등 몇 가지 Group으로 분류한 후 이에 해당되는 불연속의 길이를 제한함으로써 합부(合不)를 결정하고 있다.

따라서 검사규격에서는 인공결함의 크기를 설정하여 기준감도(Reference Level)로 하기 때문에, 앞서 설명한 방법으로 거리진폭 교정곡선(DAC)을 작성해야 한다. 거리진폭 교정곡선의 단순 의미는 반사파의 진폭이 DAC 곡선을 초과하는 경우에는 기준한 인공결함보다 크고 반대인 경우에는 작다는 것을 의미하는데, 실제 탐상 후 결함을 확인하여 보면 예상했던 바와 다르게 나타나는 경우가 많다.

이는 반사파의 진폭이 일차적으로는 불연속의 크기에 영향을 받지만 불연속의 방향도 대단히 큰 영향을 미치게 되며 아울러 불연속의 재질과 시험체 재질의 임피던스차이, 즉 결함이 재질(종류)도 대단히 큰 영향을 주게 된다. 실제로 방사선 투과검사를 수행한 시험체를 초음파 탐상검사로 다시 검사하면 시험체의 합부(Accept-Reject)는 동일하게 나타날지 모르지만 불연속의 크기 등은 다르게 나타나는 경우가 많다. 그렇다고 해서 비파괴검사를 신뢰할 수 없다는 의미는 아니다. 시험체의 완전함을 증명하기 위해서는 사용조건 또는 그 이상의 조건에서 파괴검사(Destructive test)를 한다면 보다 완전함을 증명하는 검사(Proof test)가 될 수 있으나, 이와 같이 검사를 한다면 불합격으로 처리되는 시험체는 검사 후에는 모두 파괴되어 보수(Repair)할 기회가 없어지므로 엄청난 낭비일 뿐만 아니라, 합격으로 처리되는 시험체도 짧은 시간동안 엄청난 외력을 받게 되므로 시험체의 손상이 우려된다.

다시 말하면 비파괴검사는 상대적인 비교검사이다. 이와 같은 모든 상황을 고려하고 모든 시험을 거쳐 검사규격의 합부가 결정된 것으로 주어진 검사규격에 따라 검사하고 그 결과를 결정하여 합격(Accept)으로 결정되면 검사된 시험체의 신뢰도는 확률적으로 문제가 없음을 의미한다.

검사규격에서 요구하는 크기의 인공결함을 기준으로 DAC를 작성하였을 때 증폭기에 나타나는 dB값이 평가감도(Evaluation Sensitivity)라 하고, 실제 탐상시에는 시험체의 표면거칠기, 표면조건, 주사(Scanning) 속도 등으로 작은 결함의 검출이 누락되는 것을 방지하기 위하여 일반적으로 평가감도의 2배(6 dB) 정도로 높여서 주사하며, 이 높여진 감도를 주사감도(Scanning Sensitivity)라고 한다. 실제 주사감도는 반드시 평가감도의 2배로 할 필요는 없고 검사원이 보다 검사에 편리하다면 3`4배로 주사해도 무방하나 주사감도는 평가감도에 6 dB를 더한 값으로 한다.

그러나 불연속이 검출되면 감도는 다시 평가 감도로 맞추어 높고 평가해야 한다. 실제로 거리진폭 교정곡선을 이용하여 결함의 크기를 평가해야 하는 경우는 대비시험편을 이용하여 DAC를 작성해야 하는데, 이때 대비시험편과 시험체의 검사조건(표면거칠기 등)이 다르기 때문에 전달손실(Transfer loss)이 생긴다. 따라서 불연속의 합부를 결정하기 위한 감도는 DAC 작성시의 평가감도에 전달손실로 인한 감도를 더하여 평가기준감도로 설정해야 한다.

3 저면반사법

불연속의 절대크기를 측정하지 않고 상대적인 크기를 측정하는 방법으로 저면 반사파의 크기의 변화를 기준하여 측정하는 방법이다. 주조(Cast) 또는 단조(Forging) 제품을 검사할 때 사용되는 방법으로 탐상면과 저면이 평행일 때 적용된다. 그림 3.21은 CRT 화면의 시간축을 500 mm로 보정하고 두께가 40 mm인 단조강을 검사하는 경우이다. 그림 3.21(a)는 결함이 없는 지점의 화면으로서 시간축 400 mm 위치에서 80% FSH의 저면 반사파가 나타나 있고, 그림 3.21(b)는 깊이 250 mm 지점에 결함이 존재할 때의 CRT 화면상에 나타난 반사파를 나타낸다. 그림 3.21(b)에서는 저면 반사파의 진폭이 40% FSH로 낮아졌음을 보여주고 있는데, 저면 반사파의 진폭이 줄어드는 비율은 결함의 종류 및 크기 등에 기인한다. 따라서 저면 반사파법에서는 F/B(결함과 저면 반사파 진폭의 비)또는 B'/B(결함이 존재하는 경우와 없는 경우 저면 반사파 진폭의 비)로서 결함의 크기를 상대적으로 측정하는 방법이다. 앞서 설명한 DAC 방법은 시험편을 이용한 측정방법으로 DAC 방법과 저면 반사파법을 비교하면, DAC 방법에서는 검사결과의 상호 비교가 용이하고 탐상감도를 나타내기 쉬울 뿐 아니라 검사목적에 부합되는 임의의 인공결함을 만들어 기준감도로 할 수 있는 반면에, 저면 반사파법에서는 시험체를 그대로 이용하기 때문에 표면거칠기 또는 검사 조건에 대한 보정이 필요없다. 그러나 저면 반사파법은 저면 반사파를 기준 감도로 해야 하기 때문에 탐상면과 저면이 평행이 되는 형태의 시험체에만 적용할 수 있다.

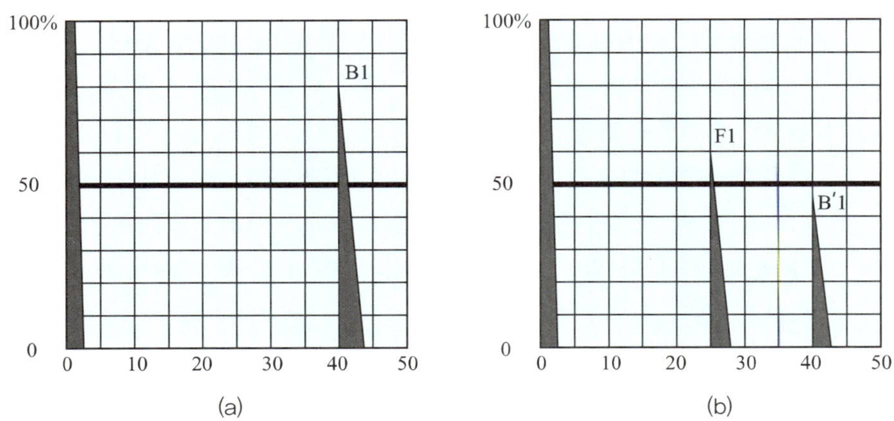

그림 3.21 저면 반사파법

4 AVG 도표법

AVG 도표법은 초음파 빔폭에 비해 작은 결함의 반사파 높이 및 위치를 기준하여 도표로서 그 크기를 추정하는 방법으로서 독일어의 거리(Abstand), 증폭(Verstarkung), 크기(Groβe)의 머릿글자를 따서 AVG 도표라 하며 이를 영어로 거리(Distance), 증폭(Gain), 크기(Size)의 머릿글자를 따서 DGS Diagram이라 한다.

AVG 도표는 그림 3.22에 나타난 바와 같이 가로축은 거리, 세로축은 증폭(Gain)을 나타내며 이는 임의의 평저공과 같은 형태의 불연속으로부터의 반사파를 도표에 적용하여 그 크기를 추정하는 방식이다. AVG 도표는 기준한 불연속에 따라 달라지는데 그 이용방법은 동일하므로 사용원리에 대해 설명한다. 설명을 간단하게 정리하면

$$\text{가로축(거리 : } A) \quad A = \frac{\chi}{N}$$

여기서, N은 근거리 음장,
χ는 탐촉자로부터 결함까지의 거리

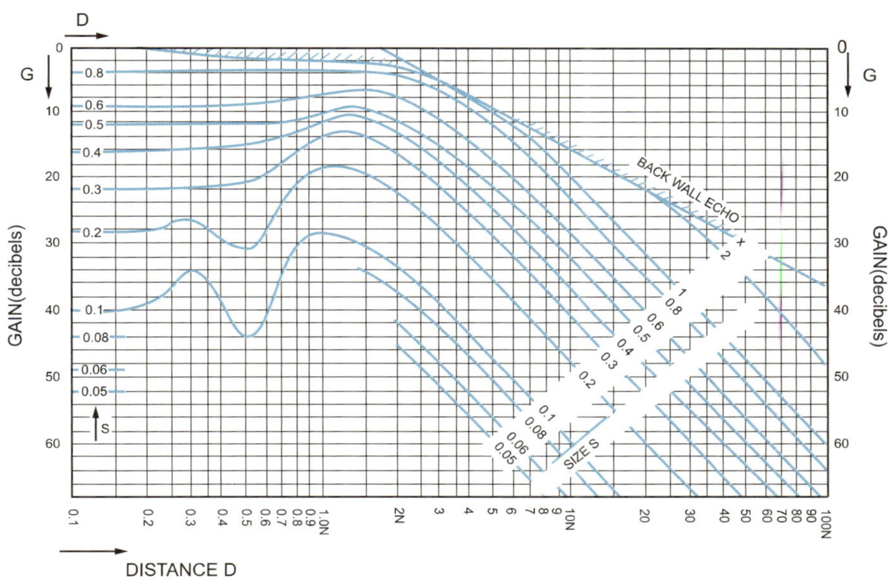

그림 3.22 수직탐상에서의 AVG 도표

$$\text{세로축(증폭 : } V\text{) } V\text{는 dB}$$

$$\text{곡선(크기 : } G\text{) } G = \frac{d}{D}$$

여기서, d는 표준결함의 직경, D는 탐촉자 직경으로 표현된다.

이에 따른 AVG 도표의 이용방법을 간단하게 정리하면,

첫째, 근거리 음장(N) 길이를 구한다.

둘째, 가로축 값을 구한다(표준결함 및 시험체결함)

셋째, 곡선 G값을 구한다.

넷째, 곡선 G에서 표준결함의 가로축 값에 해당되는 값을 구하고 증폭기값 차이(표준결함을 측정하였을 때와 시험체결함을 측정하였을 때의 증폭기값의 차이)를 보상한다.

다섯째, 보상한 값과 시험체결함의 가로축 값과 일치하는 지점을 찾아 G값을 구한다.

여섯째, 불연속의 크기는 G값에 탐촉자 직경을 곱하여 구한다.

사각탐촉자에 대해서도 동일한 원리로 결함의 크기를 추정한다. AVG 도표를 이용할 때에는 탐촉자에 따른 AVG 도표가 있어야 하고 기준한 표준결함의 형태와 동일하다고 가정하여 불연속의 크기를 구하는 것이기 때문에 실제 검사에서는 많이 적용되고 있지는 않는 실정이다.

5 전달손실 측정방법

앞에서 종파의 감쇠측정 원리 및 방법에 대해 설명하였는데 이는 동일한 시험체(또는 시험편)내에서 빔의 퍼짐 및 산란에 의한 손실 측정방법이었다. 여기에서는 시험체가 달라질 때 발생하는 초음파의 손실 측정방법에 대해 설명한다.

즉 실제 탐상검사시 검사기준 감도는 시험편을 이용하여 설정한 후, 그 기준 감도로서 시험체에 존재하는 불연속을 평가하게 되는데 시험체와 시험편의 표면상태 등으로 인해 초음파가 전달되는 과정에서 손실이 발생된다. 따라서 거리진폭 교정곡선 방법에서 언급하였듯이 기준 감도에 이 손실된 감도를 더해 주어 실제 평가 감도로 활용해야 한다.

여기에서는 사각탐상시의 전달손실 측정방법을 살펴본다.

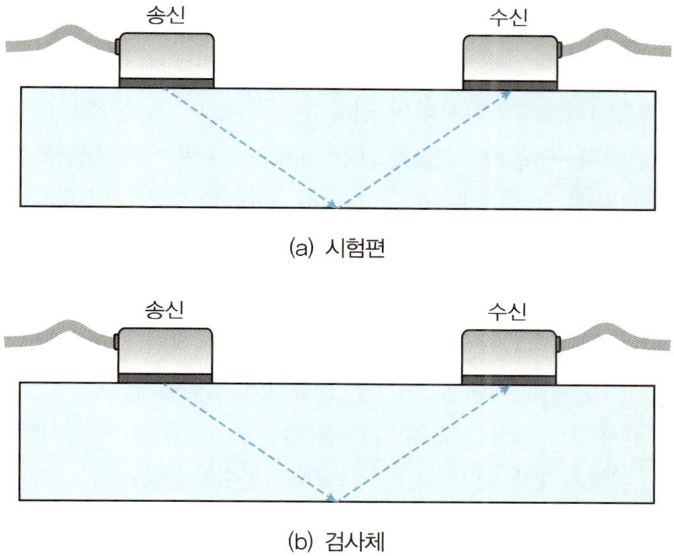

그림 3.23 사각탐상시 전달 손실 측정

크기, 주파수, 굴절각이 동일한 2개의 탐촉자를 그림 3.23과 같이 동일면에 1Skip 떨어지게 놓는다.

- 시험편에서 수신된 에코우의 높이를 50% FSH가 되게 한 후 dB값 : AdB
- 시험체에서 수신된 에코우의 높이를 50% FSH가 되게 한 후 dB값 : BdB
- 사각탐촉자 AVG 도표에서 시험편의 1/2 skip 거리와 G선이 만나는 지점의 dB값과 시험체의 1/2 Skip 거리와 G선이 만나는 지점의 dB값과의 차이 : C dB
- 시험편과 시험체의 1/2Skip 거리에서의 감쇠차 : DdB

이와 같이 측정하였을 때 전달손실은 다음과 같이 나타난다.

전달손실(dB) = A − B − C − D 가 된다.

6 적산효과(積算效果)

일반적으로 불연속부의 크기가 크면 반사파의 진폭이 커지고 동일한 크기의 불연속이라도 초음파 진행거리가 길어질수록 반사파의 진폭이 작아진다. 따라서 제 1저면반사파의 진폭이 제2 또는 제3....저면반사파의 진폭보다 크고, 제 1차 결함반사파가 제 2차 또는 3차....결함반사파의 진폭보다 크게 나타나는 것이 일반적이다. 그러나 제1차 결함반사파 진폭보다 제2차 또는 3차... 결함반사파의 진폭이 크게 나타나는 경우가 있는데 이를 적산효과(Superimpose Effect)라고 한다.

이는 두께가 얇은 판재를 검사할 때 작은 결함이 존재하는 경우에 나타난다. 그림 3.24에 나타난 바와 같이 결함이 중앙에 있을 때 첫 번째 결함반사파에 대해서는 결함에 입사된 초음파만이 반사되는 데에 비해 2차, 3차... 결함반사파는 빔의 퍼짐 및 다중반사경로에 의해 반사파가 중첩되어 수신된다.

따라서 2차, 3차... 결함반사파의 진폭이 점점 커지다가 다시 작아지게 된다. 이와 같은 현상은 판두께가 얇고 저면반사 횟수가 많을 때 나타나는데 결함의 평가는 첫 번째 결함반사파 F1(두께가 20 mm 이하인 경우는 F2를 기준하는 경우도 있음)를 기준하여야 한다.

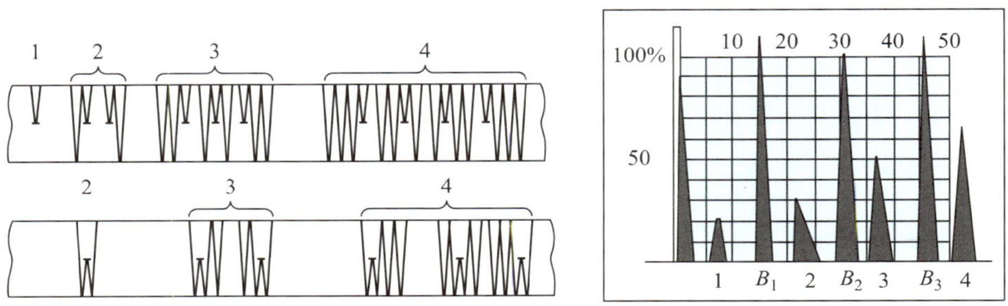

그림 3.24 적산효과의 예

3.3 불연속부의 위치, 길이, 측정

앞서 설명한 불연속부의 크기는 초음파 빔폭에 비해 불연속의 크기가 충분히 적을 때를 기준하였다. 이는 불연속부에 입사하여 반사하는 초음파의 양, 즉 반사파의 진폭을 기준하여 그 크기를 비교 측정하였으나, 결함의 길이가 그림 3.25에 나타난 바와 같이 초음파 빔폭에 비해 매우 큰 경우에는 단순하게 반사파의 진폭을 기준하여 비교하는

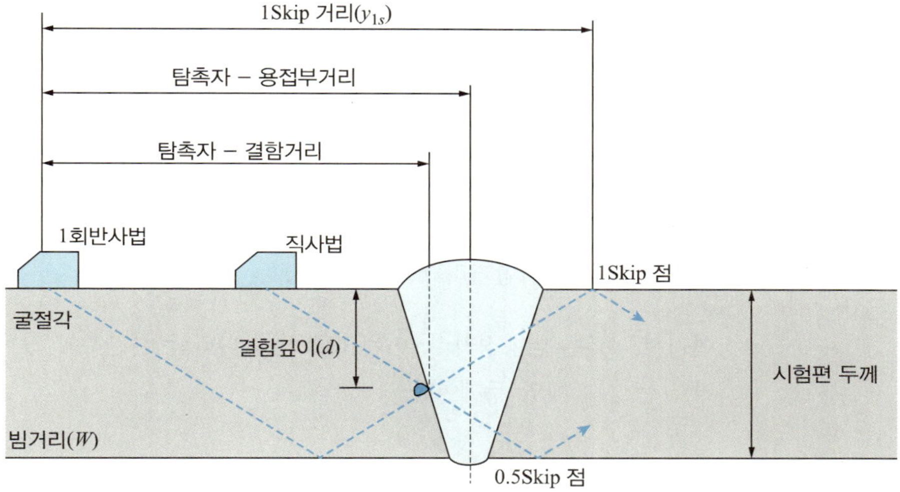

그림 3.25 사각탐상에 사용되는 용어

방법을 그대로 적용할 수 없다.

즉 이와 같이 탐촉자에 발생된 초음파빔 전체가 결함에 도달하면 초음파의 전량이 반사에 관계하게 되어 반사파의 진폭만으로 평가하는 것은 적절하지 않을 수 있다(결함의 크기보다는 결함의 종류에 따라 반사파의 진폭이 달라질 수 있다). 따라서 이와 같이 큰 결함의 크기는 길이로 나타나는 것이 보다 적합하기 때문에 분리하여 이 장에서 길이 측정방법을 설명한다. 또한 불연속부의 길이 측정은 위치측정과 더불어 이루어지게 되고 이는 탐촉자의 주사방법에 따라 영향을 받으므로 이에 대해서도 설명한다.

1 불연속부의 위치 측정

판재를 수직탐상하는 경우에는 저면 에코가 스크린상에 나타나기 때문에 불연속부의 위치를 스크린상에서 직접적으로 알 수 있다. 그러나 사각탐상의 경우에는 저면 에코가 나타나지 않기 때문에, 스크린상에서 불연속부의 반사파가 나타났을 때, 그 에코의 발생위치를 직감적으로 알기가 매우 어렵다.

사각탐상에서 스크린상에 나타나는 반사파의 시간축은 초음파가 진행한 빔행정거리를 나타내므로 이미 측정된 입사점 및 굴절각으로부터 삼각함수의 관계식을 이용하여 불연속의 위치를 계산하게 된다. 사각탐상시에는 그림 3.25에서 볼 수 있는 바와 같이 탐촉자 결함까지의 거리 및 시험체의 두께를 알 수 있으면 결함의 위치가 정확하게 측정될 수 있다.

그림 3.25에서 다음과 같은 계산식을 알아낼 수 있다.

$$\text{결함의 깊이(0.5 Skip 이내)} \quad d = W\cos\theta \tag{3.11}$$

$$\text{결함의 깊이(0.5~1 Skip)} \quad d = 2t - W\cos\theta \tag{3.12}$$

$$\text{탐촉자–결함거리} \quad y = W\sin\theta \tag{3.13}$$

여기서, W는 빔행정거리, 이는 CRT상에 나타난 시간축의 값이며 θ는 굴절각, t는 시험체의 두께이다.

$$\text{0.5 Skip 빔행정거리} \quad W_{0.5S} = \frac{t}{\cos\theta} \tag{3.14}$$

$$\text{1 Skip 빔행정거리} \quad W_{1S} = \frac{2t}{\cos\theta} \tag{3.15}$$

$$\text{0.5 Skip 거리} \quad y_{0.5S} = t\tan\theta \tag{3.16}$$

$$\text{1 Skip 거리} \quad y_{1S} = 2t\tan\theta \tag{3.17}$$

2 불연속부의 길이 측정

불연속부의 길이 측정방법에는 크게 나누어 dB drop법과 감도기준법이 있는데 측정원리는 검출된 불연속의 최대 에코우 높이를 기준하여 규정된 비율만큼 에코우 높이가 낮아졌을 때까지의 탐촉자 이동거리를 불연속부의 길이로 한다.

1) dB drop법

dB drop법에는 최대 높이법(Maximum Amplitude), 20 dB drop 또는 6 dB drop법 등 여러 가지로 나누어 적용하고 있으나 6 dB drop법이 가장 일반적으로 적용되는 측정방법이다.

6 dB drop 법의 측정원리는 그림 3.26에 나타난 바와 같이 초음파가 불연속으로부터 최대로 반사할 수 있는 위치(B지점 : 이때 얻어지는 반사파의 크기가 최대가 됨)에서 탐촉자를 좌우로 이동시키면 초음파 빔폭의 $\frac{1}{2}$ 정도만 불연속부에 입사 및 반사하는 위치(A, C 지점 : 이 때 얻어지는 반사파의 높이는 B지점에서 얻어진 반사파 높이

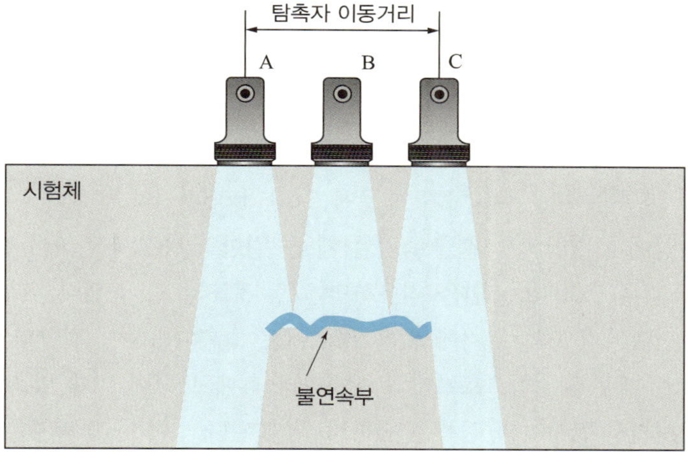

그림 3.26 dB drop법의 원리

의 $\frac{1}{2}$이 됨)가 나타나게 되므로 이를 시험체 상에 표시하고 이때 A와 C사이의 길이를 측정하면 불연속의 길이가 된다.

즉 초음파 탐상시 시험체에서 불연속부가 검출되었을 때 탐촉자를 좌우로 이동시켜 결함반사파의 높이가 그림 3.27(a)에서와 같이 최대로 되었을 때(이때 탐촉자는 그림 3.26의 B에 위치함) 이 때의 펄스 높이를 CRT 화면상에 표시하고 탐촉자를 좌우로 이동시키면 반사파의 에코우 높이가 변하게 된다. 탐촉자를 계속 이동시키면 그림

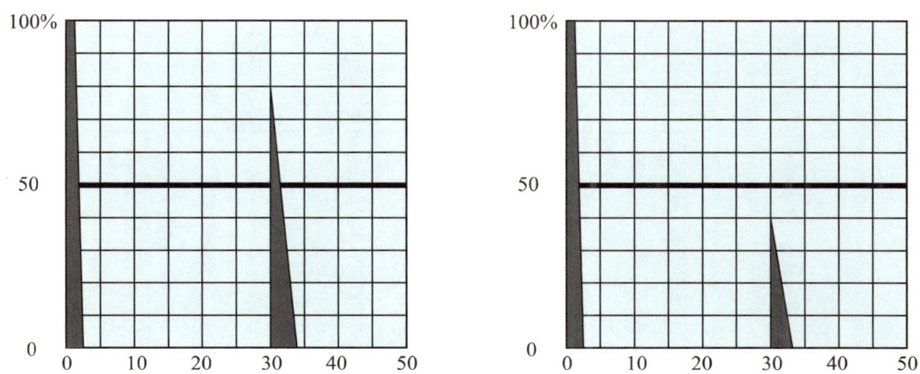

(a) (b)

그림 3.27 dB drop법의 원리

3.27(b)와 같이 최대 에코우 높이의 50%로 낮아질 때(이때 탐촉자는 그림 3.26의 A 또는 C에 위치함) 탐촉자의 위치를 시험체에 표시하고 다시 반대방향으로 탐촉자를 이동시켜 동일한 방법으로 시험체 위에 탐촉자의 위치를 표시한다.

즉 검출된 결함반사파 최대 높이의 50%(즉 6 dB)로 떨어질 때의 탐촉자 이동거리를 불연속부 길이로 하기 때문에 6 dB drop법이라고 한다.

앞에서 결함의 크기를 측정할 때 큰 결함의 측정에 한하여 설명하였는데 작은 결함의 경우 6 dB drop법을 적용하면 그림 3.28과 같이 된다.

탐촉자가 B의 위치에 있을 경우에는 초음파빔폭이 결함의 크기에 비하여 충분히 크기 때문에 결함으로부터의 반사파가 최대로 되며 이때 탐촉자를 약간씩 좌우로 이동시켜서 반사파의 진폭은 변하지 않게 된다. 그러나 탐촉자를 계속하여 이동시켜 결함의 $\frac{1}{2}$ 정도에만 초음파가 도달하는 위치가 되면(이때 탐촉자는 그림 3.28의 A 또는 C에 위치함) 결함반사파의 진폭은 최대반사파 진폭의 $\frac{1}{2}$ 정도가 된다. 이때 탐촉자 이동거리를 결함길이로 정하는 것이 6 dB drop 법인데 그림 3.28에서 볼 수 있듯이 결함의 크기에 비해 탐촉자의 이동거리는 매우 커지게 된다. 따라서 불연속의 크기가 초음파 빔폭에 비해 충분히 작은 경우에는 6 dB drop법을 사용할 수 없으므로 앞서 설명한 방법을 적용해야 보다 정확한 탐상을 수행할 수 있다.

또한 dB drop법으로 결함의 길이를 측정할 때에는 주사방법이 큰 영향을 미치게

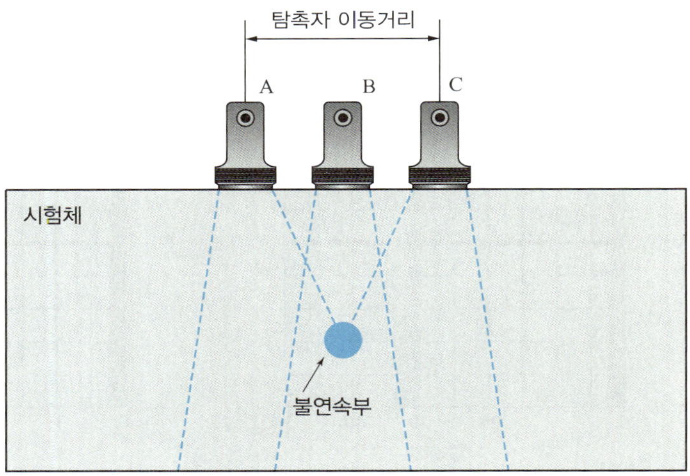

그림 3.28 작은 결함에 대한 dB drop

된다. 즉 결함의 길이를 측정할 때에는 기본주사 방법 중 전후주사 또는 좌우주사를 하여야 하며 목돌림주사 또는 진자주사를 사용해서는 안된다.

즉 그림 3.29와 같이 목돌림 진자주사로 불연속을 측정하는 경우 실제 불연속의 길이와 탐촉자의 이동거리는 매우 다르게 된다. 이와 같은 상황은 실제의 경우에 비해 과장하여 나타냈으나, 실제 탐상시 시험체의 두께가 두꺼운 경우 빔의 진행거리가 길어지기 때문에 탐촉자를 조금만 목돌림하여도 탐촉자 이동거리는 매우 길어지기 때문에 주의해야 한다.

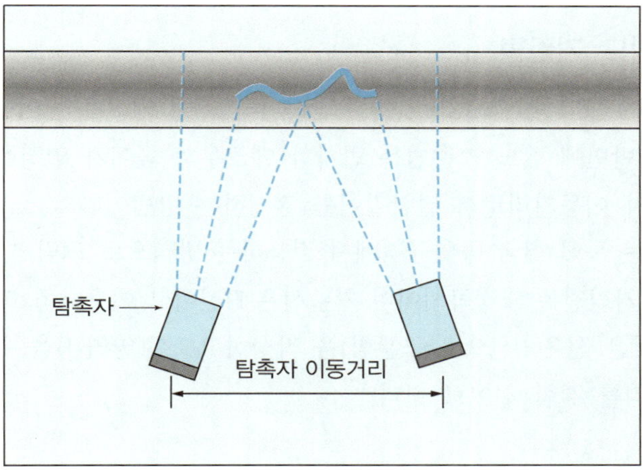

그림 3.29 잘못된 불연속 길이 측정법

또한 dB drop법으로 불연속부 길이를 측정하는 경우 주의해야 할 또다른 상황은 그림 3.30과 같이 곡률을 갖는 시험체의 경우 탐촉자의 이동거리와 결함의 크기와는 상당한 차이가 있다. 실제 이와 같은 상황이 많이 발생되는데 그림 3.30은 곡면에 따라 균일하게 결함이 존재하는 경우를 가정하였기 때문에 결함의 위치를 고려하면 비교적 간단한 비례식으로 결함길이를 측정할 수 있는데 결함의 존재방향이 임의의 방향으로 놓여 있다면 정확한 결함길이를 측정한다는 것이 간단하지 않다. 따라서 이와 같은 경우에는 실제도면을 이용하여 초음파 탐상결과 나타나는 결함의 위치를 정확하게 작도하여 측정해야 한다.

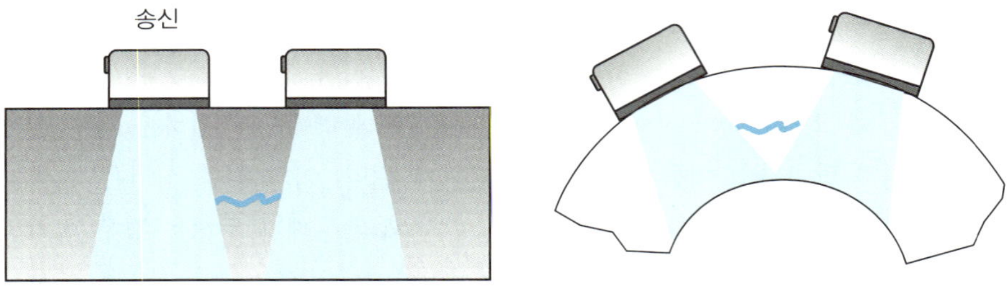

그림 3.30 곡률을 갖는 시험체에서 결함길이의 변화

2) 감도 기준법

앞서 설명한 6 dB drop법은 반사파의 최대 에코우 높이를 기준하여 결함길이를 측정한 반면에 감도 기준법은 반사파 에코우의 높이가 일정한 수준을 초과할 때까지의 탐촉자 이동거리로서 결함길이를 결정하는 방법이다.

이는 특히 한국 공업규격에서 적용하는 방식으로 그림 3.31과 같이 에코우 높이 구분선(거리진폭 교정곡선이며 기준선은 H선이고 이보다 6 dB drop 낮은 선은 M선, 12 dB 낮은 선은 L선으로 구분함)을 작성하고 L선(영역 I)을 초과하는 범위의 탐촉자 이동거리를 결함 길이로 한다.

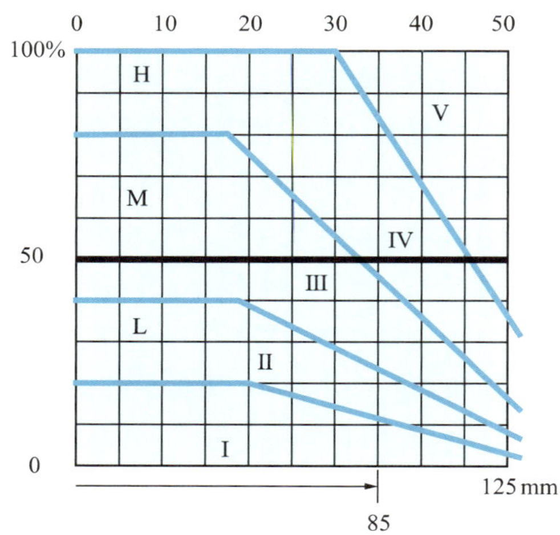

그림 3.31 에코우 높이 구분선

즉 검출 기준선은 감사시방(Specification)에서 M 또는 L선을 기준하지만, 거리진폭 교정곡선(에코우 높이 구분선)을 작성할 때에는 규정된 시험편에 있는 표준구멍의 반사파를 기준하여 H-선으로 하기 때문에 이를 평가 기준감도로 간주한다면 12 dB drop과 같은 원리이다.

3) 빔의 진행시간 이용법

초음파 탐상장비의 분해능이 개선됨에 따라 초음파빔의 진행시간을 이용한 결함의 길이측정 방법이 이용되고 있는데, 측정 오차가 비교적 적기 때문에 점차 많이 적용되고 있는 실정이다.

사각탐상에서의 이용법

그림 3.32에 나타난 바와 같이 결함의 끝부분에서 반사하는 최대높이의 에코우가 얻어졌을 때 빔의 진행거리(진행시간)를 이용하여 결함의 길이를 측정한다. 그림 3.32에서 (a)는 $\frac{1}{2}$Skip 이내에서 결함을 검출한 경우이고 (b)는 $\frac{1}{2}$Skip에서 결함을 검출한 경우이다.

우선 $\frac{1}{2}$Skip 이내에서 결함길이를 측정할 때에는 (그림 (a) 참조) 굴절각 θ인 탐촉자를 결함에 근접시켰을 때, CRT 화면의 시간축상에서 가장 짧은 거리에서 나타나는 결함반사파가 최대 에코우 높이를 나타낼 때 시간축의 눈금을 읽어 결함의 상단부까지의 진행거리인 W_1으로 한다. 같은 방법으로 탐촉자를 결함으로부터 가장 멀리하였을 때 나타나는 결함의 하단부 반사파의 진행거리를 W_2이라 한다.

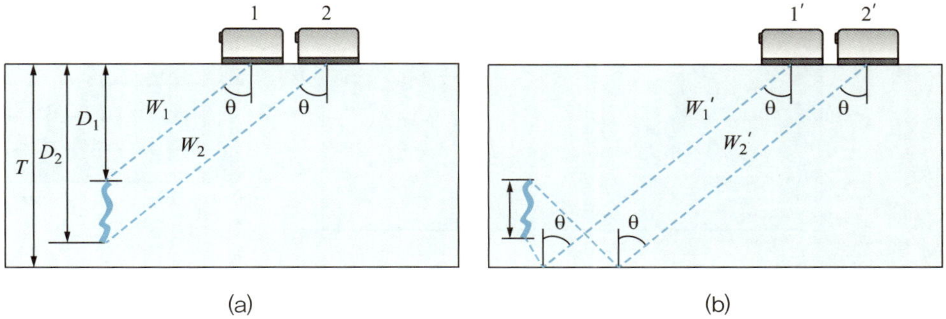

그림 3.32 사각탐상시 빔의 진행시간을 이용한 결함길이 측정법

이는 $D_1 = W_1 \cos\theta$, $D_2 = W_2 \cos\theta$가 된다.

따라서 결함길이 L은

$$L = D_2 - D_1 = W_2 \cos\theta - W_1 \cos\theta = (W_2 - W_1)\cos\theta \tag{3.18}$$

또한 $\frac{1}{2}$~1 Skip에서 탐상하였을 때(그림 (b) 참조)는 같은 방법으로 $D_1 = 2T - W_2' \cos\theta$, $D_2 = 2T - W_1' \cos\theta$가 된다. 따라서 결함길이 L은

$$L = D_2 - D_1 = 2T - W_1'\cos\theta - (2T - W_2'\cos\theta) = (W_2' - W_1')\cos\theta \tag{3.19}$$

수직탐상에서의 이용법

수직탐상에서는 사각탐상에서와는 달리 초음파의 산란을 이용하여 측정한다. 시험체내에 존재하는 결함에 대해 그림 3.33과 같이 초음파를 평행하게 입사시키면 결함의 위쪽 끝과 아래쪽 끝에서 산란반사파를 CRT 화면상에 나타나도록 하여 시간축성에서 직접 읽어지는 거리차이가 결함길이가 된다.

수직탐상에서는 광대역 주파수특성을 갖는 탐촉자를 사용하는 것이 보다 정확한 탐상결과를 얻을 수 있다.

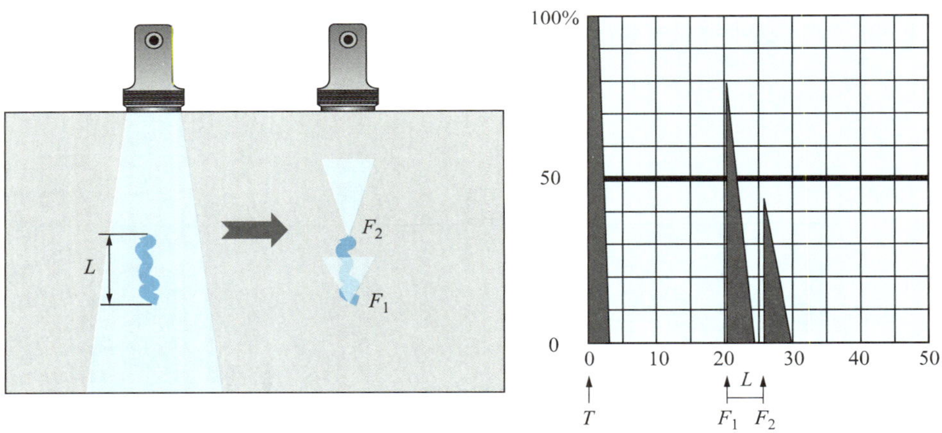

(a) 수직빔 입사 (b) 결함양끝에서의 산란 (c) CRT 화면상에 나타난 결함

그림 3.33 수직탐상시 빔의 진행시간을 이용한 결함길이 측정법

TOFD 법(Time of Flight Diffraction)

그림 3.34와 같이 송수신탐촉자를 분리하여 결함의 양쪽끝단과 저면에서 반사하는 에코우를 동시에 CRT 화면상에 나타나도록 하여 시간축상에 나타나는 음파의 진행시간의 차이를 이용하여 결함의 크기를 측정하는 방법이다. 즉 산란파를 이용하는 방법으로서 산란파의 절대적인 진행시간 차이뿐만 아니라 저면반사파의 상대적인 시간차이를 이용하여 결함크기를 측정하므로 측정오차가 매우 적게 되어 최신 검사장비 및 검사방법에는 많이 적용되고 있다.

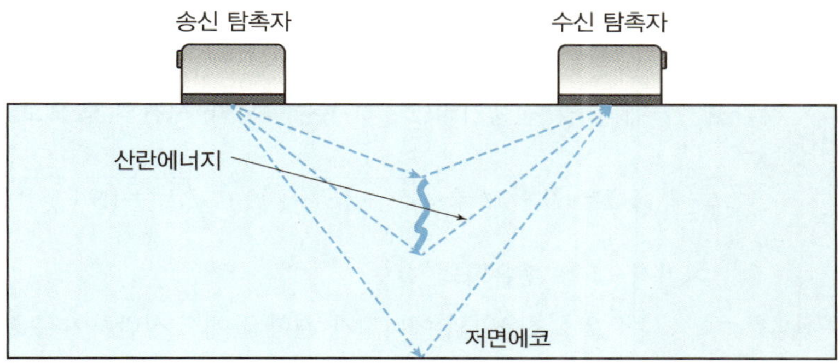

그림 3.34 TOFD 법의 예

그림 3.35는 결함이 존재하는 시험체에 그림 3.34와 같이 탐촉자를 배치하였을 때 CRT 화면상에 나타나는 반사파를 나타내고 있다.

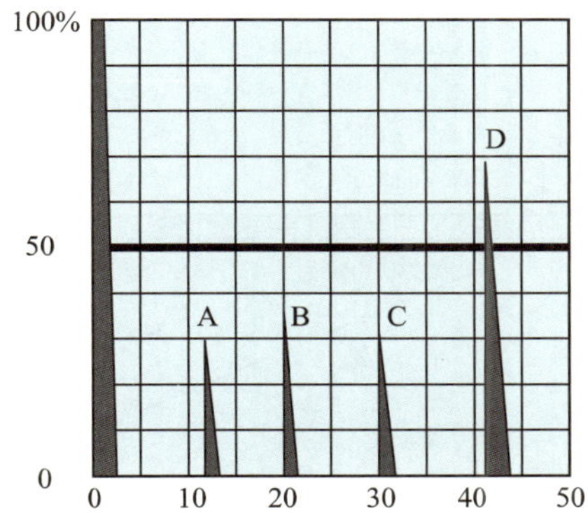

그림 3.35 TOFD 법을 이용한 결함길이 측정

그림 3.35에서 반사파 A는 탐촉자 사이의 측면파가 나타난 것이고, 반사파 B는 그림 3.34에서의 결함 상단부에서 산란된 반사파이고, 반사파 C는 결함 하단부에서 산란된 반사파를 나타내고 있으며, 반사파 D는 저면에서 반사된 반사파를 나타내고 있다.

이와 같이 측정된 초음파 빔의 진행시간을 그림 3.36에 나타난 바와 같이 기하학적으로 계산하여 결함의 길이를 구할 수 있다.

그림 3.36에서 다음을 알 수 있다.

$$L^2 = d^2 + (S - \chi)^2 \tag{3.20}$$

$$M^2 = d^2 + (S + \chi)^2 \tag{3.21}$$

따라서 이 때의 빔 진행거리($L+M$)은 속도와 시간의 곱으로 나타나므로

$$VT = L + M = \sqrt{d^2 + (S-\chi)^2} + \sqrt{d^2 + (S+\chi)^2} \tag{3.22}$$

여기서, V : 초음파의 속도

T : 초음파의 에너지가 결함 끝에서 산란하여 수신될 때까지 진행시간

d : 시험체 표면에서 결함의 깊이

χ : 탐촉자 사이의 중간점에서 결함까지의 거리

S : 탐촉자 사이의 거리의 $\frac{1}{2}$

이때 중심에서 벗어난 거리(χ)는 다음과 같이 구할 수 있다. 즉 결함의 끝부분이

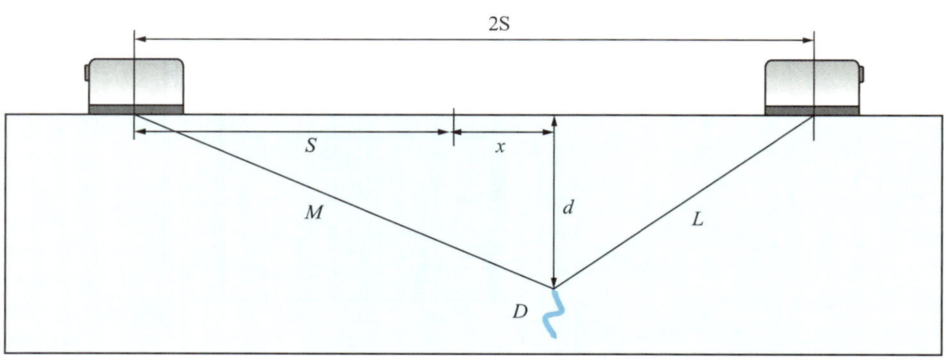

그림 3.36 TOFD 법에서의 기하학적 해석

탐촉자 사이의 중앙에 위치할 때 초음파 진행시간이 가장 짧게 되므로 이를 이용하면 알 수 있게 된다.

즉 $\chi = 0$일 때 식(3.22)는

$$V_T = 2\sqrt{d^2 + S^2} \tag{3.23}$$

일반적으로 측면파를 기준하여 결함의 깊이 d를 구하는데 측면파와 산란파의 진행시간 차(T_D)를 이용하여 결함의 깊이를 나타내면 식(3.24)와 같다.

$$d = \frac{1}{2}\sqrt{T_D V^2 + 4T_D VS} \tag{3.24}$$

TOFD법으로 결함길이를 측정하는 경우 오차가 매우 적은데, 실제 두께가 50 mm 정도인 강판을 측정할 때 1 mm 정도의 오차가 있는 것으로 알려져 있다. TOFD법에서는 반사파가 매우 작아 높은 증폭(Gain)을 필요로 하며, 결함의 하단 끝에서 검출에 충분한 정도의 산란이 일어나지 않는 경우에는 사용할 수 없는 단점이 있다.

3.4 일반적 응용 및 분야

1 개요

초음파(Ultrasound)는 요즘에는 일상생활에서 일반인들에게 익숙한 용어이지만 2차대전중에는 주로 학술, 군사적인 연구에 한정되어 사용된 용어였다. 실내의 습기를 보충하기 위해 초음파가습기가 가정에서 많이 사용되고 있고, 임산부가 산부인과에서 태아의 상태를 진단하기위하여 사용하는 초음파 진단기 혹은 일반인의 내과 검진에 초음파를 응용한 의료기기의 혜택을 누리고 있으며, 안경점이나 귀금속 상점에서는 초음파 세정기를 이용하여 간편하고 효과적으로 상품을 세정하고 있듯이 초음파는 산업현장에서 사용되다가 그 적용을 일상생활에서도 많이 볼 수 있게 되었다. 심지어 우리가 매일 사용하는 TV 리모콘도 초음파를 이용한 것이라면 초음파가 얼마나 우리의 생활에 파고들었는가는 쉽게 이해할 수 있다.

음파란 매질의 전파가 아니고 에너지의 전파이므로, 그와 같이 초음파에 의해 전달되는 에너지를 이용할 수 있다. 이러한 사례에는 접합, 가공, 세정, 분무, 모터, 화학반응 촉진 등이 있다. 한편 음파의 전파속도는 매질의 물성치에 따라 결정되는 일정한 양이고 진폭 크기의 감쇠 또한 매질의 상태에 따라 예측 가능하므로, 초음파를 계측용 신호로도 이용할 수 있다. 그러한 사례에는 비파괴검사, 유량계, 수중탐상 및 지질탐상, 어군탐지 의료진단 등이 있다.

2 초음파의 일반적 응용

1) 초음파 응용분야와 분류

초음파를 이용한 기술을 크게 분류하여 보면 통신적응용과 동력적 응용으로 나눌 수 있다. 통신적응용은 초음파를 대상물체에 주사하고 그 반사 또는 반응을 조사하고 분석하는 방법이며 동력적응용은 초음파의 에너지를 이용하여 대상물체의 변형을 가져오게 하는 것이다. 이러한 개념에 의한 분류에 따른 초음파의 응용분야를 표 3.2에 나타내었다.

표 3.2 초음파의 응용분야와 분류

종류	응용분야	방법
통신적 응용	수중소나, 어군탐지기, 측심기	수중에 초음파 펄스를 보내어 그 반사파를 수신하여 반사체의 거리, 방향, 크기 등을 안다.
	탐상기	금속재료 등의 고체 중에 초음파 펄스를 내어 그 반사파에서 결함의 위치 성질을 안다.
	간섭계	송신기와 반사파의 거리를 변화시켰을 때의 진동자 임피던스의 변화에서 매질중의 음속, 감쇠를 안다.
	유속, 유량계	흐름의 상류로부터 하류에, 또는 하류에서부터 상류를 향해서 초음파를 보내어 그 도달시간의 차이를 이용하여 유속을 산출한다.
	액면계	원리적으로는 탐상기와 같고 공기 중에 측정하는 것과 액중에서 측정하는 것이 있다. 발전소의 서지 탱크, 연료, 약품 등의 탱크의 액면측정, 기록, 경보 등에 이용된다.
	액면경보기	진동자가 액체 중에 잠겨있을 때와 공기 중에 나왔을 때의 임피던스 차이로 어떤 수위이상에 있는가, 이하에 있는가를 판정하여 경보를 발생한다.
	점도계	시료유체 중에 진동자를 잠기게 하여 그 평면에 평행인 진동을 주어 유체에서 받는 저항을 검출하여 점성을 측정한다.

표 3.2 초음파의 응용분야와 분류

종류	응용분야	방법
통신적 응용	응력분포측정	응력이 존재하는 곳에서는 수편파 음속의 진동방향에 따라 파의 전달시간 차이를 측정하여 응역을 측정할 수 있다.
	수중통화	수중파를 반송파로 하여 이것을 음성주파수로 변조해서 수중통화용으로 사용한다.
	경도계	가는 니켈봉의 선단에 다이어몬드, 칩을 붙여 이것을 피측정 재료에 가볍게 누르면서 수직진동시켰을 때의 공진주파수의 이동으로 재료의 경도를 측정한다.
	펄스에 의한 진단	원리적으로는 탐상기와 같은 것으로 인체 각내부의 구조나 움직임, 조직의 상태를 시간에 따라 보여준다.
	도플러법에 의한 진단	연속파가 심장, 혈관처럼 운동하는 기관에 닿으면 도플러효과에 의해서 주파수가 변화하는 것을 이용해서 그 기관의 운동상태를 조사한다.
	물성연구	여러 가지 매질의 음속, 흡수, 분산 등을 측정해서 그 매질의 물성이나 화학반응속도 등을 설명할 수 있다.
	광학적 응용	초음파에 의한 빛의 굴절, 회절 등을 이용해서 음속 기타의 측정을 하거나 고주파로 동작하는 스트로보 스코프를 만든다. 또 레이져 발진용인 루비에 초음파를 주어서 레이져광을 변조 할 수 있다.
	세정기	시계부품, 베어링 기타 기계 부품의 세정, 철판의 산세정, 도금의 전처리, 접시닦기 기타
동력적 응용	유화	구두크림, 사진유제 등의 유화
	액체의 기체화	액체중에서 액면을 향해서 초음파를 조사하면 액체가 무화한다. 가습 소독 등에 이용된다. 주파수가 높을수록 입자가 작게 분무된다.
	도금	초음파는 교반, 분산 작용에 의해 전기화학적 가공, 특히 분극에 대해서 큰 영향을 주어 도금의 개량에 이용된다.
	알루미늄 납땜	알루미늄 표면의 산화피막을 제거해서 납땜을 한다. 땜납을 녹인 단지를 진동시키는 방법과 납땜 인두를 진동시키는 방법이 있다.
	용접	용접하는 2매의 판자를 겹쳐서 그 한쪽에서 정압을 가하면 초음파의 수평진동 또는 수직진동을 주어 그 접촉면에 마찰열을 발생시켜 용접한다.
	구멍가공	공구를 피가공물에 꽉 눌러서 지립과 물의 혼합물을 공급하면서 공구를 진동시키면 공구와 같은 형태의 구멍을 뚫는다.

표 3.2 초음파의 응용분야와 분류

종류	응용분야	방법
동력적 응용	절삭 가공	선방에 의한 절삭가공시 공구에 절삭방향의 진동을 주면 작은 부하로 정밀한 가공을 할 수 있다.
	소성 가공	압연, 선뽑기, 파이프뽑기, 수축 등 금속의 소성가공시 공구 등을 통해서 피가공재에 초음파 진동을 가하면 그 진동응력에 의해서 가공을 용이하게 해 마무리가 잘된다.
	주조	금속 용탕중 또는 그 응고 과정에 초음파를 조사해서 탈기, 조직의 미세화, 분산 등의 작용을 주어 기계적 여러 성질을 개선한다.
	피로시험	폰 선단에 반파장 공진의 시험편을 붙여 20 kHz쯤으로 진동시키면 단시간에 피로 시험을 할 수 있다.
	미분탄의 회수	미분탄을 기름과 함께 흘려 여기에 초음파를 조사하면 응집해서 큰 알이 되고 회수 할 수 있다.
	연료류의 개질	C중유에 초음파를 조사해서 타르분을 분산시켜 태우면 A중유와 동일하게 사용할 수 있다. 선박의 기관에 초음파 장치를 부가해 사용할 수 있다.
	집 진	굴뚝에서 나오는 연기에 사이렌 등으로 강력한 초음파 진동을 주면 미립자가 응집해서 침강하므로 깨끗한 연기가 된다.
	치료(수술)	종양 등의 유해조직에 집속 초음파를 주사하여 그 조직만을 국부적으로 파괴 치료한다.
	치료	염좌, 신경통 등에 대하여 초음파 목용탕에 넣어 뼈 부분을 따뜻하게 하거나 초음파 마사지를 하여 치료한다.
	선택적 가열	매질이나 주파수에 의한 흡수계수의 차이를 이용해서 희망하는 부분을 선택적으로 가열한다.
	건조	피건조 물체의 분위기중에 강력초음파를 발생시켜서 건조를 촉진한다.
	집어	물고기가 모이는 주파수대의 초음파를 수주에 발생시켜 물고기를 모은다.

2) 초음파 세정

파동 에너지를 이용하는 기술의 하나인 초음파 세정은 파동 전파에 따라 세정액이 고주파 진동을 하여 발생하는 캐비테이션(cavitation) 현상과 큰 진동가속도 등이 활용된다. 수 μm 정도 크기의 미립자 제거에 사용되는 수십 kHz 주파수의 초음파 세정기에서는 주로 캐비테이션 기포작용에 의해 오염물질이 분리되는 반면, 1 μm 이하의 미립자 제거에 사용되는 MHz 단위의 주파수 범위에서 작동되는 초음파 세정기에서는 고주파 진동에 따른 큰 진동가속도에 의해 세정이 이루어진다.

액체 내에 가하여 준 강력한 초음파는 소밀파가 되어 압축력(정압)과 팽창력(부압)이 반복적으로 나타나게 된다. 부압 주기 때에 액중의 미세한 이물질을 중심으로 기포가 발생하고, 이 기포는 다음의 압축 주기 때에 소멸한다. 이러한 기포는 1초에 수만 번씩 생성과 소멸을 거듭하면서 점점 구경이 커진다. 어느 일정 구경 이상이 되면 이 기포는 단번에 수축 파열하면서 매우 큰 충격파를 일으킨다(그림 3.37(a)). 이 충격파는 큰압력을 발생시킴과 동시에 순간적인 고열을 발생시켜, 액체 내에 여러 가지 물리적 작용을 일으키고 화학적 작용을 촉진한다. 즉, 캐비테이션 기포가 파열하여 오염물질 사이에 틈을 만들고(그림 3.37(b)), 그 틈으로 기포들어 침투하여 파열함으로서 완전하게 오염물질이 분리되게 된다(그림 3.37(c)). 초음파 세정기는 일반적으로 발진기와 진동부 두 부분으로 구성되어 있는데, 한 몸체로 이루어진 단조식은 간편한 용도로 사용되고 분리되어 있는 투입식은 산업용으로 사용된다. 발진기는 일정 주파수로 진동하는 고주파 전기신호를 발생시켜 진동부로 보낸다.

28 kHz 주파수에서 작동되는 초음파 세정기의 진동부는 그림 3.38(a)에 보인 바와 같이 진동판과 여러 개의 진동자로 이루어져 있다. 진동자들에 의해 가진된 진동판의 고주파 횡진동은 인접 액체인 세정액에 초음파를 발생시켜 세정액에서 초음파가 전파된다. 초음파의 전파경로 중에 세정 대상체가 놓이면 앞에서 설명한 원리에 의해 세정

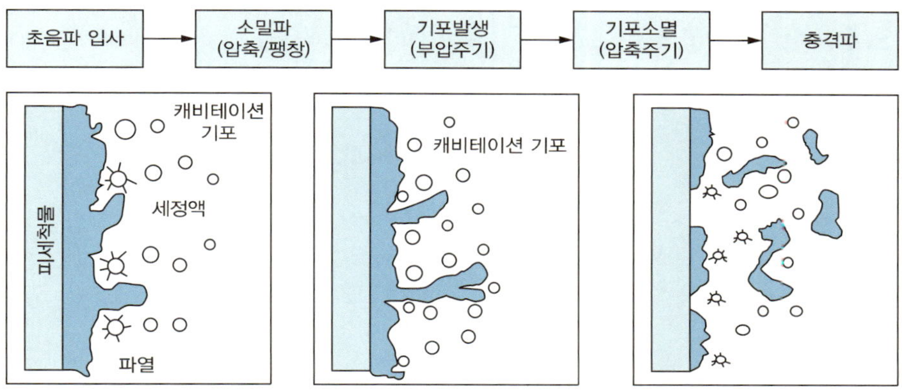

그림 3.37 케비테이션에 의해 발생한 기포의 충격력으로 세정이 이루어지는 과정

이 이루어진다. 이러한 방식은 TV 브라운관 생산라인에서 섀도우마스크를 세정하는 데에 사용되기도 한다.

캐비테이션에 의한 피세정체 손상의 우려가 있는 경우 또는 오염물질의 크기가 매우 작은 경우에는 MHz 단위의 초음파를 이용한 세정을 한다. 이 방식은 반도체 웨어퍼나 포토마스크. 등의 세정에 많이 이용되는데, 메가소닉 세정이라고도 불린다. 이때 세정 대상체를 금속 이온 등의 불순물로부터 차단하기 위해 그림 3.38(b)에 보인 바와 같이 내조와 외조의 이중구조로 된 세정조를 사용하기도 한다. 진동자에 의해 발생한 초음파는 석영유리나 붕규산유리 등의 비금속 내조를 통과하여 세정 대상체에 도달하게 되는데, 초음파투과율을 높이기 위하여 용기 바닥이 경사지게 제작된다.

그림 3.38(a)와 같은 형태의 초음파 세정기는 장시간 사용되면 진동판 캐비테이션이 극심한 곳에서 기포 파열에 따른 침식작용으로 손상을 입게 된다. 매끈하던 진동편

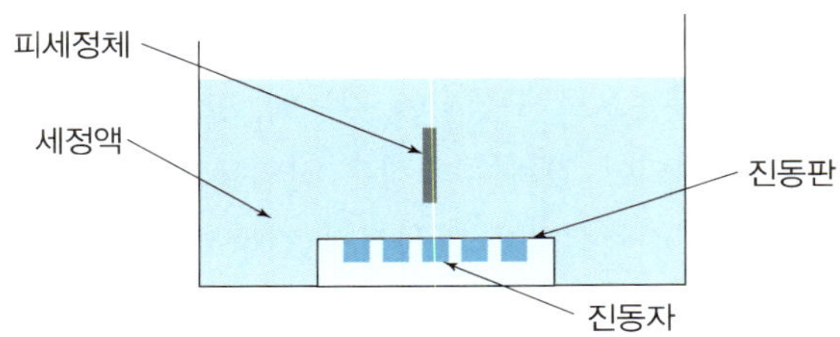

(a) 28 kHz 세정기

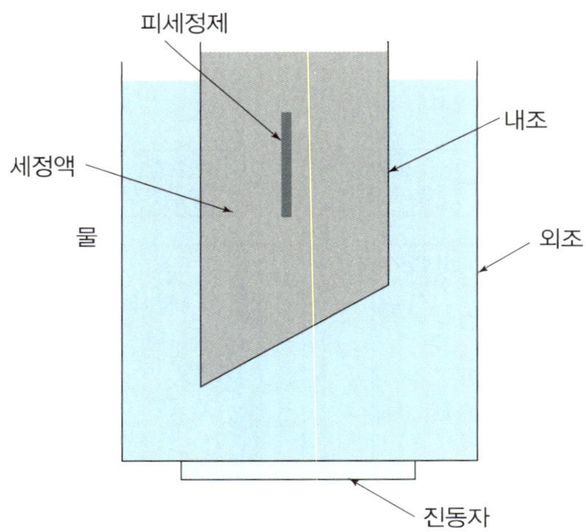

(b) 1 MHz 세정기

그림 3.38 초음파 세정기의 구조

표면이 계속 침식되어 손상이 심해지면 결국 세정 성능을 떨어뜨려 진동부를 교체해야 할 상황에 이른다.

또한 세정성능은 케비테이션 발생 효율에 달려 있고, 이는 음압 크기에 직결된다. 한편 그림 3.38(b)의 메가소닉 세정기에서 내조 바닥으로의 초음파 투과율을 높이기 위해 바닥의 경사각, 두께, 세정액의 온도 등을 조절할 수 있다. 투과율에 직결되어 나타나는 내조 내의 음향파워를 경사각에 따라 계산한 결과에 따르면, 1~2도의 경사각 변경으로 투과효율이 많이 차이날 수 있고 최적의 경사각을 찾아낼 수 있어, 세정 효율을 극대화하는 세정기 설계가 가능하다.

3) 초음파 점도계

탄성 재질의 원형단면 막대에서 전파하는 비틀림 탄성파의 전파속도는 막대의 밀도와 횡탄성계수에 의해 결정된다. 막대가 액체에 잠기면 그 비틀림파의 전파속도와 감쇠(attenuation)는 인접 액체의 점성에 영향을 받는다. 따라서 원형 탄성막대에서 전파하는 비틀림파의 전파속도 변화 또는 감쇠를 측정함으로써 액체의 점도를 구할 수 있다.

이러한 원리에 근거하여 그림 3.39(a)에 도시한 초음파 점도계를 제작하였다. 자왜(magnetostriction) 트랜스듀서는 자왜성 막대와 이를 감싸는 코일로 구성되어 있다. 자왜막대는 코일에 흐르는 전류변화로 인한 자장변화에 대응해서 변형을 발생하고, 역으로 동적변형에 대해서 대응해서 자장 변화와 이를 발생시킴으로써 코일에 전류를

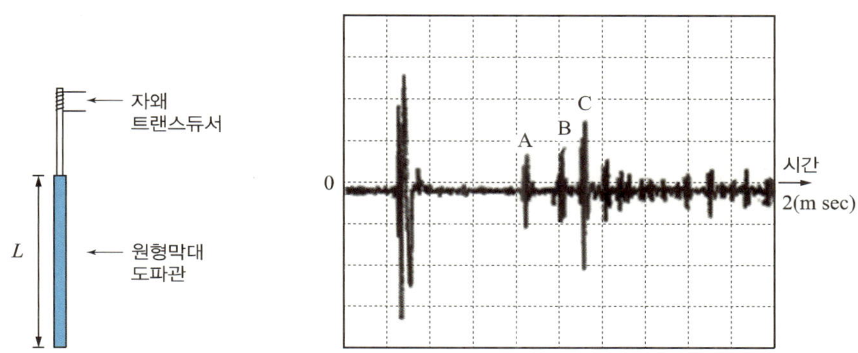

(a) 비틀림과 센서의 구성 (b) 수신되는 신호

그림 3.39 점도측정용 초음파 센스

발생시킨다. 이를 Joule 효과라 한다. 자왜막대가 길이 방향으로 자화되었을 때에는 Wiedemann 효과에 의해 변형이 비틀림 형태로 발생한다.

펄스 신호에 의해 만들어진 비틀림파는 원형 막대와의 경계에서 일부 반사되어 트랜스듀서로 돌아간다. 이는 그림 3.39(b)에서 신호 A에 해당한다. 한편 원형 막대로 전달된 비틀림파는 막대를 따라 전파한 후 트랜스듀서로 돌아간다. 이것은 신호 B에 해당한다. 따라서 신호 A와 신호 B 간의 시간 차이가 비틀림파가 막대 길이의 두 배의 거리를 전파하는 데에 걸린 시간이므로 이들로부터 전파속도를 알 수 있다. 한편 경계에서의 반사율과 투과율에 의해 신호 A와 신호 B의 크기가 결정되므로, 액체에 담그지 않은 상태에서 측정을 행하여 반사율과 투과율을 기준자료로 미리 확보해 둔다. 원형 막대를 측정대상 액체에 담그고 전파시간 변화를 측정하여 전파속도 변화를 구하거나, 신호 A와 B의 크기 변화를 측정하여 감쇠를 구한다.

비틀림파의 전파속도 변화 또는 감쇠와 점도간의 관계를 실험과 이론으로 규명한 바 있는데, 전파속도 변화 또는 감쇠는 액체의 점도 μ에 선형 비례하지 않고, 액체의 밀도 ρ_f와 점도와의 곱의 제곱근 $(\rho_f \mu)^{1/2}$에 비례한다. 따라서 액체의 밀도를 알고 있으면 점도를 구해낼 수 있다.

액체의 밀도를 모르는 경우에는 점도와 밀도를 동시에 측정해야 한다. 이는 비틀림파가 전파하는 막대의 단면을 다르게 함으로써 가능해진다. 그러한 예를 그림 3.40(a)에 도시하였다. 막대를 두 부분으로 나누어, 한 부분은 원형 단면으로 하고 다른 부분은 원이 아닌 형태(가령 직사각형)한다.

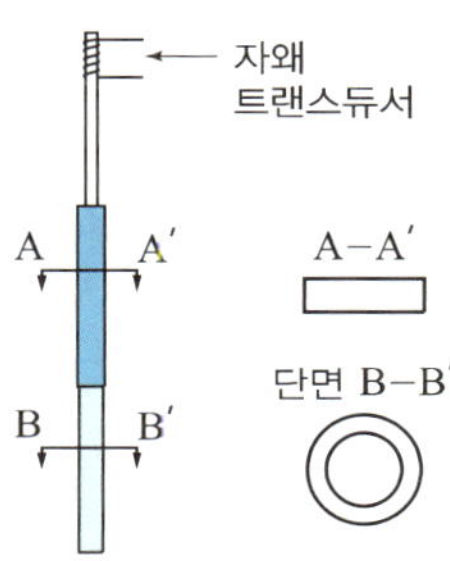

(a) 비틀림과 센서의 구성

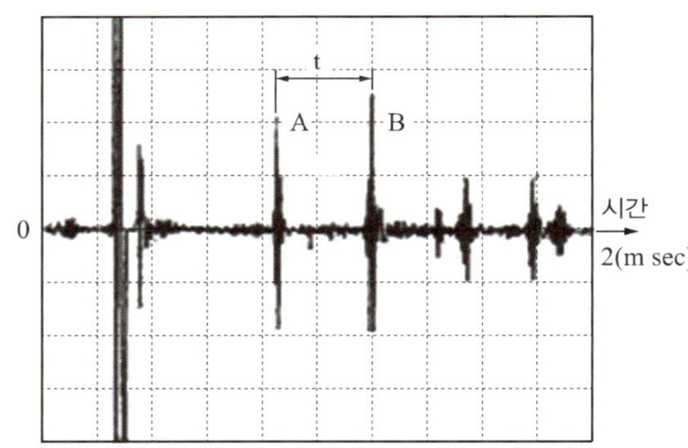

(b) 수신되는 신호

그림 3.40 점도와 밀도를 동시에 측정하는 센서

단면이 원형이 아닌 막대에서 전파하는 비틀림파는 인접 유체로부터 점성 보다 부가질량 효과를 훨씬 더 크게 받는다. 이는 초음파밀도계의 원리이다. 이를 점도계와 결합하는 것이 그림 3.40(a)에 보인 구성이다.

이 장치에서 측정되는 신호는 그림 3.40(b)에 보였다. 자왜 막대와 비원형 막대의 경계에서 반사되어 트랜스듀서로 돌아가는 비틀림파는 신호 A에 해당하고, 비원형 막대와 원형 막대의 경계에서 반사되어 돌아가는 파는 신호 B에 해당하며, 원형 막대로 전달되어 전파하고 돌아가는 파는 신호 C에 해당한다. 신호 A와 B의 관계 및 B와 C의 관계로부터 ρ_f와 $(\rho_f\mu)^{1/2}$를 구하게 되어, 궁극적으로 액체의 점도 μ를 얻게 된다.

4) 초음파 현미경

초음파를 현미경 기술에 활용해 보려는 아이디어는 1930년대에 러시아의 과학자 Sokolov에 의해 제기되었는데, 그 당시에는 실험장치들이 뒷받침되지 않아 실현되지 못 하였다. 그후 전자공학의 발달에 힘입어 충분한 해상도를 얻을 수 있는 실험장치들이 개발되면서 여러 사람들이 초음파 현미경 개발에 종사하여 1970년대 초에 Stanford 대학교의 Quate 교수와 당시 대학원생 Lemons에 의해서 최초로 영상용 초음파 투사 현미경(SAM; scanning acoustic microscope)이 개발되었다.

1970년대 말에는 미국 Hughes 연구소의 Weglein에 의해 초음파현미경을 이용한 소재물정의 정량적 측정이 시작되었다. 이어서 1980년대 초에 일본 東北대학교 구시비끼 교수팀에 의해 이방성 소재의 물성 측정을 가능케 하는 방향성 초음파 현미경이 개발되었다.

초기의 초음파 현미경은 투과식이다. 이것은 두 개의 초음파 렌즈를 사용하여 한 렌즈에서 음파를 발생시키고 시편을 통과한 탄성파를 다른 렌즈에서 수신하는 방식이다. 그러나 이 방식은 두 개의 렌즈를 정확히 마주보게 정렬시키기가 무척 까다롭고 시편의 두께가 제한 받는다는 단점이 있다. 그래서 요즘에는 반사식 장치가 주로 사용되고 있다. 현재에도 사용되는 투과식 장치로는 레이져 초음파 현미경(SLAM : Scanning Laser Acoustic Microscope)이 있는데, 이것은 초음파 수신렌즈를 레이저로 대치한 것이다. 초음파 현미경 장치는 보통 네 가지 주요 부분(음향렌즈, 시험대, 전기적장치, 컴퓨터)으로 구성된다. 신호 발생기에서 생성된 고주파 Tone-Burst 또는 펄스 신호는 렌즈의 트렌스듀스에서 평면파로 변환된다. 이 평면파는 렌즈의 곡면에서 굴절되어 커플링액체에서 초점을 향하여 집속된다. 이 전파경로에 놓인 시편으로부터 반

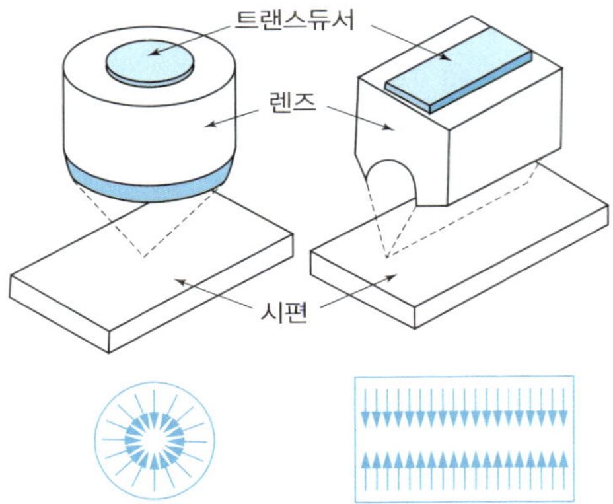

(a) 점 집속 렌즈 (b) 선 집속 렌즈

그림 3.41 초음파 현미경의 음향렌즈 종류

사된 음파는 다시 렌즈를 거쳐 트렌스듀서로 돌아간다. 이때 컴퓨터는 측정장치를 조정하는 한편 돌아온 신호를 저장하고 영상표현이나 신호분석에 이용된다. 영상을 얻기 위한 초음파 투사현미경에 사용되는 렌즈는 그림 3.41(a)와 같이 곡면이 구형으로 되어 한 점을 향해 음파가 모이는 점집속 렌즈이다. 시편에서 투과와 반사를 하여 돌아오는 음파 신호의 크기와 전파시간으로부터 필요한 정보를 얻고, raster 주사를 하여 평면 영상을 얻는다. 영상의 해상도는 사용되는 신호의 중심주파수와 렌즈 개구수치(NA; numerical aperture)에 따라 결정되는 데, 가령 200 MHz에서 약 5 μm 정도이다. 현재 사용되는 주파수범위는 대략 10 MHz부터 2 GHz까지이다. 해상도를 향상시키기 위해 주파수를 증가시키면 탄성파의 투과 깊이가 제한되므로 활용대상에 따라 최적의 주파수를 선정한다.

탄성파는 고체 내부로 침투할 수 있는 특성이 있으므로, 초음파현미경에 의한 영상은 시편의 표면뿐만 아니라 표면 아래의 구조까지도 보일 수 있다. 수신되는 신호에 시간별 gate를 적절히 적용하면 편이에 따른 영상을 얻을 수도 있다. 따라서 내부결함의 크기 뿐 아니라 위치도 파악할 수 있다. 복합재료의 박리현상을 관찰하거나 섬유복합재료에서 섬유와 기지 사이의 결합 상황을 관찰하거나, 반도체 회로에서 박막과 기판간의 결합을 조사하는 데에도 활용된다. 또한 영상의 명암은 시편 각 부분의 음압임피던스 차이에 의해서 얻어지므로 투명한 시편일지라도 염색 할 필요가 없고, 같은 색깔의 다른 요소가 구별되어 광학현미경으로 관찰하기 어려운 생물학적 시편들에도 활용될 수 있다.

정량적인 소재물성 측정을 위한 초음파 현미경에 사용되는 렌즈는 그림 3.41(b)와 같이 곡면이 원통형으로 되어 한 선분을 향해 음파가 모이는 선 집속 렌즈이다. 그림에 보인 바와 같이 시편에서의 탄성파의 전파는 한 방향으로 평행하게 이루어진다. 간혹 점 집속 렌즈가 사용되기도 하나 이 경우 탄성파가 360도 모든 방향으로 전파되므로 측정결과는 모든 방향의 평균값이 되어 방향정이 무시되므로, 이방성 소재의 특성 평가에는 선 집속 렌즈가 적합하다. 그리고 이 렌즈는 굴절범위가 넓게 제작되어 시편 표면에 표면파를 생성한다.

렌즈를 시편에 상대적으로 수직이동하면서 시편의 한 위치에서 얻는 트랜스듀서의 기록은 두 가지 성분 음파의 간섭을 내포한다. 즉 수직으로 입사한 음파의 반사파와 Rayleigh 각도로 입사한 음파가 야기한 표면파의 간섭이다. 이 기록은 렌즈 초점과 시편 표면간의 거리(z) 변화에 따른 트랜스듀서의 비디오 출력(V) 변화이기에 $V(z)$ 곡선이라고 흔히 일컬어진다. 표면파의 전파경로 길이 변화에 다른 위상 변화로 음과 양의 간섭이 반복되어 $V(z)$ 곡선은 주기성을 띤 형태로 나타난다. 이 주기로부터 표면파의 속도가 구해지고 진폭 감소로부터 감쇠계수가 구해진다. 표면파의 속도는 소재의 밀도와 탄성계수의 함수이므로 궁극적으로 탄성계수가 구해진다.

시편을 한 단계씩 회전시키면서 이 측정을 반복하여 이방성 소재의 각 방향별 음향 특성을 측정한다. 즉 소재 표면에서의 전파방향별 표면파속도를 구할 수 있다. 이 기술을 특히 박막의 특정에 대한 비파괴평가 방법으로 활용하여, 단일층으로 구성된 박막의 탄성계수를 구하거나 초격자 다층 박막의 탄성계수를 구하는 데에 활용하였다.

작용응력에 의해 탄성파 속도가 변화하는 음탄성(acoustoelastic)효과에 근거하여 비접촉 방식으로 국부 응력을 측정하는 데에도 초음파 현미경을 활용한다. 통상의 표면파측정, 기술이 파동생성과 수신을 위해 두 개의 센서를 필요로 하고 cm 수준의 비교적 큰 거리의 평균값을 얻게 하는 것과 달리, 초음파 현미경 기술은 mm 수준의 지엽적인 표면 응력측정에 사용될 수 있다.

5) 초음파를 이용한 진원지 검사

2차 대전 독일의 잠수함을 찾아내는 수중 음향에 관한 연구를 진행하면서 소나시스템에 관한 많은 기술이 개발되었다. 지하에서 발생하는 소음이나 진동의 진원지를 추정하는 지중진원 위치탐지시스템의 개발이 연구개발단계를 넘어 실용화 단계로 들어들고 있다.

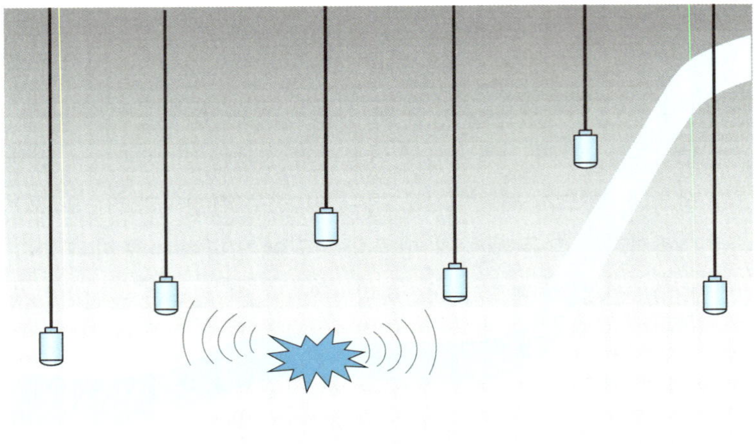

그림 3.42 진원진 탐상에 사용되는 초음파 응용

소나시스템은 그 목적에 따라 크게 능동적 소나와 수동적 소나시스템으로 나눈다. 진원지의 위치를 찾아내려는 목적으로는 수동적 소나시스템이 요구되며, 수동적 소나시스템은 주로 소리를 듣기 위한 음향센서들로 구성되어진다. 특히 지중에서 사용 가능한 음향센서로서 지오폰과 히드로폰을 들 수 있다. 일반적으로 지오폰은 지표면으로부터 얕게 매설되는 반면에 히드로폰은 지하 시추관정을 통해 수중에 매설된다. 지오폰은 보통 히드로폰보다 감도가 낮고 방향성을 고려하지 않기에 주로 지진파와 같이 큰 진폭의 지진파 신호를 포착하는 데 사용된다.

지중에서 수동적 소나 방식에 의해 진원지 위치를 추정하는 방법은 다음과 같다. 수중음향센서(소나 트랜스듀서)들을 다수의 지하 시추 관정에 삽입, 매설하여 불규칙한 형태로 배열시키고, 근처의 광산 갱도나 지하 동굴에서 발생하는 굴착 또는 타격 진동음을 다채널로 감지한다. 그리고 그 감지된 다채널의 신호들을 입력으로 하여 진원지 위치 좌표 및 진동음의 특징 등을 출력시키는 것이다. 이같은 수동적 소나시스템의 가장 핵심이 되는 부분은 수중음향센서 그 자체라고 할 수 있다. S/N 비율이 적고 감도가 우수한 히드로폰일수록 측정신호는 좀 더 명확한 정보를 제공하기 때문이다. 뿐만 아니라 관정 깊이만큼의 수압을 견딜 수 있어야 하고, 1 kHz 이하에서 균일한 (+/− 3 dB) 주파수 특성을 가지고 있어야 하며, 이러한 주파수 대역에서 전방향 (Omni-direction)의 방향성을 유지할 수 있어야 한다. 여기서 1 kHz는 실재 지중음향 실험을 통해 얻어진 수치로서 지중에서의 진폭 감쇠에 의해 고주파 성분은 수 m 이상을 전파하지 못하기 때문이다. 전방향성의 특성을 가지는 히드로폰을 사용할 경우 진동음이 히드로폰에 도달하는 시간지연 정보뿐만 아니라 진동음의 파우어 정보도 함께 고려 할 수 있는 장점이 있다.

지금까지 대부분의 수동적 소나시스템에서는 진원지에서 발생한 진동음이 각각의 히드로폰에 도달하는 시간지연의 차이를 구하려는 신호처리 알고리즘과 이 같은 시간지연의 정보를 가지고 진원지 위치를 추정하는 것이 주요 부분을 차지한다. 여기서 신호처리라 함은 열악한 주변 잡음 속에서 깨끗한 진동음 신호를 추출하려는 다양한 기술개발과정이라 할 수 있다. 일반적으로 좀 더 정확한 시간지연을 계산하기 위해서는 더욱 높은 샘플링 주파수를 요구한다. 해군에서 사용하는 수동적 소나시스템의 경우 50 kHz의 샘플링 주파수와 10개 이상의 히드로폰들을 사용하여 센서간의 시간 지연을 산출하고 이를 바탕으로 최소자승기법에 의해 위치추정을 하고 있다. 그들의 경우 최대 4 km 탐사영역에서 약 1 m의 추정 오차를 보고하고 있다.

6) 초음파를 이용한 의료진단

오늘날 초음파를 이용한 영상 장치는 의료분야에서 널리 사용되고 있다. 이들의 대부분은 트랜스듀서 어레이(transducer array)를 전기적으로 스캔(scan)하여 약 20 cm 정도까지 깊이의 인체조직을 화면에 표시하는데, 송·수신 focusing 특성은 영상의 질을 결정하는 주요 요소이다. Focusing은 일반적으로 delay line에 의해 전기적으로 구현되는데, 어레이 엘러먼트(array element)에서 초점(focal point)까지의 초음파의 진행 경로 차를 보상해서 각 엘러먼트에서 받은 초음파 신호가 상호 보강하여 더해지도록 하는 것이다.

제한된 기하학적 초점 근처에서는 focusing에 의하여 해상도가 증대될 수 있지만, 초점에서 벗어난 곳에서는 해상도가 나빠진다는 것은 잘 알려진 사실이다. 대부분의 시스템들은 한 번에 한 깊이에 대해서만 송·수신 focusing을 모두하는 방식을 사용하거나, 전체 관찰하고자하는 깊이를 몇 개의 구역으로 나누어 각각의 관찰 깊이에 대해 적절한 송·수신 focusing을 하는 multi-zone focusing 방식을 사용하는데 해상도가 균일하지 않다. 고정된 송신 초점 위치에 수신 사이클 동안 각각의 깊이로부터 반사파가 돌아오는 시간에 따라 어레이의 수신 초점을 바꾸어 주는 dynamic focusing 방식도 많이 연구되고 있지만, 이 경우에도 송신 focusing은 하나 또는 몇 개의 깊이에 대해서 밖에 할 수 없다.

의료용 진단장치에서 사용되는 초음파의 음(Sound) 에너지는 횡파의 형태로 인체 내부를 통하여 이동하게 된다. 즉, 음파 입자들의 운동은 파의 입사와 동일한 방향을 갖게 되며, 이러한 음파의 특성은 광학적인 성질을 이용하여 분석된다. 또한 실제 초음파를 사용하는 장치들에서는 음 에너지를 전기적인 에너지로 변환하거나 역과정을 수행할 수 있는 능력을 가지 기구인 압전 트랜스듀서를 사용하여 필요한 초음파를 생성하고 검출하며, 각 장치들의 특성에 맞도록 처리과정을 거치게 된다.

초음파 진단장치나, 인체 내의 결석 파괴 장치 등과 같이 임상용 외에 여러 가지 기구에서 사용되고 있는 초음파는 계속하여 그 효용가치가 증대되고 있는 추세이며, 현재 여러 분야에서 연구, 실용화되고 있다. 이러한 초음파는 음의 진동에 의하여 에너지가 전달되고 반사되므로 매질에 따라서 속도나 감쇄 등이 변하게 된다. 또한, pulse-echo imaging 시스템에서 측면과 깊이 방향의 해상도를 향상시키기 위해서는 공간내에서의 초음파 펄스의 진행에 따른 효과를 구체적으로 알아 볼 필요가 있다.

7) 초음파 납땜

알루미늄은 공기 중에 노출되면 곧 표면에 산화피막이 생기기 때문에 알루미늄을 납땜하는 것은 매우 어려운 작업으로 인식되어 왔었다. 그러나 알루미늄은 전기전도도가 동의 63%인데 비해 비중은 30%밖에 되지 않아 송전선이나 전기기기의 경량화를 목적으로 그 사용하고자 많은 노력을 기울여 왔었다. 그래서 Hi-Fi용 스피커나 동전형 마이크로폰 등에서 특성을 향상시키기 위하여 알루미늄의 무빙코일이 사용된다. 또 산화피막이 생긴다는 것은 부식을 방지하는데 유리한 일이다. 따라서 여러 가지 방법을 동원하여 알루미늄에 납땜을 하려는 시도를 하여왔다. 이전까지는 표면에 화학적으로 동을 도금하여 그 위에 납땜하거나 또는 특수한 땜납이나 페이스트를 사용하여야 하기 때문에 대단히 성가신 작업을 필요로 하였다. 그러나 초음파를 사용하면 보통의 땜납과 페이스트를 사용해서 간단하게 작업을 수행할 수 있다. 그 원리는 그림 3.43에 나타내었다.

즉 알루미늄의 표면에서 땜납을 녹여서 여기에 초음파를 조사하면 녹은 땜납에서 케비테이션이 발생해서 그 힘에 의하여 알루미늄 표면의 산화피막을 벗기고 동시에 피막내측에서 나타난 새로운 알루미늄 표면에 납땜을 한다. 알루미늄 표면은 녹은 땜납으로 덮여서 공기에 노출되지 않고 산화피막이 파괴되면 곧 납땜이 되기 때문에 산화피막이 생길틈이 없다.

납땜의 경우 초음파가 조사되는 부분(녹은 땜납)이 작아서 초음파의 출력은 작아도 되지만 문제는 땜납을 녹이기 위한 가열방법과 그 열이 진동자에 전달되어 진동자의

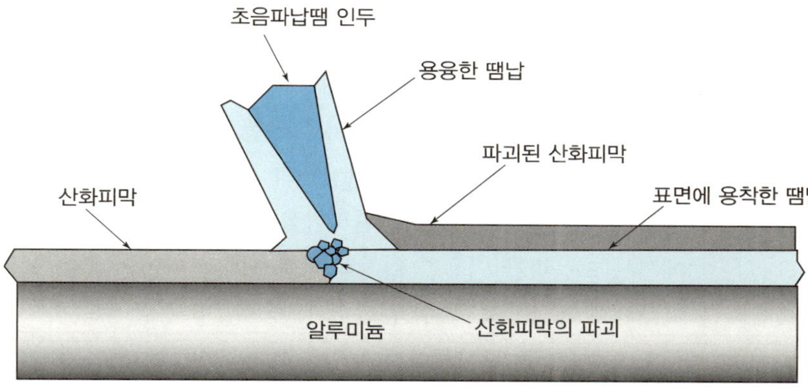

그림 3.43 초음파에 의한 납땜 기구

능률을 낮추는 일을 없애기 위한 냉각방식을 어떻게 하느냐에 있다. 그 가열방식과 냉각방법 등에 따라서 그림 3.44와 같은 여러 가지 방법이 있다. 그림 3.44(a)는 진동자에 반파장공진 폰을 접합해서 이폰의 선단을 용융 땜납속에 삽입해서 초음파를 조사한다. 폰의 선단부에는 가열용의 전열선을 감고 인두끝을 가열한다. 이 인두끝의 열이 진동자에 전달되지 않도록 하기위하여 폰의 마딩에 냉각용 방열판을 붙여서 자연공랭하면서 동시에 진동계의 지지를 한다. 그림 3.44(b)는 폰을 가열하지 않고 알루미늄판을 가스 또는 전열기로 가열하는 방식인데 피접합물이 클수록 편리하다. 그림 3.44(c)는 알루미늄선의 땜납, 도금용으로 가열은 전열 또는 가스로 한다.

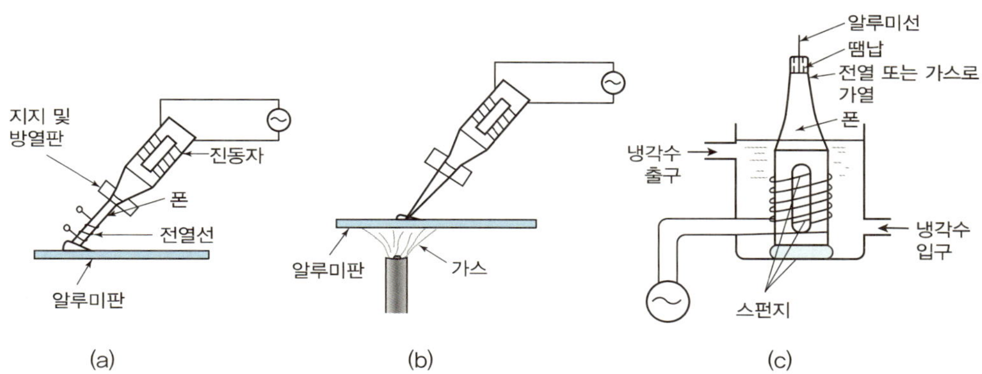

그림 3.44 여러 가지 납땜 인두의 형상

3 맺음말

초음파의 여러 가지 다양한 현상들은 피상적으로 보기에는 단순한 것처럼 보일지 모르지만 그 내부를 살펴보면 복잡하고 미묘한 현상들이 무궁무진하다는 것을 알 수 있다. 이러한 현상들로부터 나타나는 현상들의 특성을 이해하고 활용하려는 노력의 산물로서 생활과 산업현장에서 많은 편리함을 가져다주고 있다.

본 절에서는 초음파를 이용한 일반적인 응용에 관하여 다루어 보았다. 이외에도 초음파를 이용한 스케일방지, 특수 통신수단, 생체공학 등을 비롯하여 무한한 응용을 위하여 지금도 많은 연구가 이루어지고 있는 실정이다. 앞으로도 어떠한 분야에서 초음파를 응용한 기술이 나타날지 흥미를 가지고 지켜보는 것 또한 의미가 있을 것이다.

CHAPTER 4

초음파, 배열 눈을 갖다

4.1 배열기술 개요

초음파를 이용한 비파괴 결함 평가방법에서 재료내부에 존재하는 결함을 검출하기 위해 일반적으로 사용되는 펄스-에코(pulse-echo)법은 한 점에서 재료 내부로 초음파를 입사시킨 후 재료 내부의 결함 및 음향경계면으로부터 반사되어오는 초음파를 동일한 탐촉자로 수신한 파형을 관측하여 평가하는 것이다. 그러나 이러한 펄스-에코법은 한 점에서의 초음파 파형(A-Scan)을 이용한 국부적인 영역만을 평가하게 되므로, 넓은 영역을 평가하기 위해서는 탐촉자를 한 점, 한 점 이동시키면서 전체영역에 대해 시간축에서의 초음파 신호(A-Scan)를 검출해야만 하는 단점이 있다. 이러한 방식의 검사 및 결함평가는 검사대상체의 복잡한 형상에서 반사되는 결함신호와 형상신호를 분별하는 것이 용이하지 않기 때문에 평가결과의 신뢰성이 떨어지고 있는 실정이다. 따라서 결함 발생 가능성이 높고, 기존의 방법으로는 결함판별이 어려운 복잡한 형상에 대한 초음파 검사 및 결함평가 방법의 제고가 필수 불가결하다.

또한 기존의 초음파 검사는 평가자의 지식과 경험에 의존되어 검사자에 따라 검사결과가 다르게 나타난다. 이 문제를 해결하기 위한 방법으로서, 초음파 검사 결과의 영상화를 들 수 있다. 실시간 초음파 영상을 나타내는 방법으로는 위상배열 초음파에 의한 방법이 주목받고 있는데 이 방법은 여러 개의 압전소자들을 배열하여 하나의 탐촉자로 구성한 배열탐촉자를 이용하여, 각각의 압전소자들에 대한 펄스 지연시간을 전자적으로 조정하여 재료내부에 전파하는 초음파 빔의 조향(steering), 동적집속

(dynamic focusing)이 가능한 방법이다.

위상배열 전자주사 기법을 적용한 초음파 검사는 종래의 펄스에코 방법과 같이 초음파 탐촉자를 기계적으로 이송시키지 않고 재료의 단면부를 실시간, 고속으로 영상화시켜 내부에 존재하는 결함의 크기와 위치를 나타낼 수 있다. 특히 탐상 구조물의 형상이 복잡한 경우 또는 구조물 내에 존재하는 결함의 위치가 기존의 펄스-에코법 등에 의하여 탐상하기 곤란한 경우에도 쉽게 적용가능하다.

위상배열 초음파 검사 기술은 의학 분야에서, 인체내부를 영상화하기 위하여 먼저 연구와 개발이 진행되었다. 초기에는 인체의 장기에 대한 2차원 영상을 구현하기 위해 단일소자의 초음파 탐촉자를 기계적으로 회전 또는 왕복운동을 시키는 기계적 주사법을 사용하였다. 위상배열 초음파의 기본원리는 1970년대 초에 이르러 배열형 탐촉자를 이용한 전자적 주사법이 개발되면서 구축되었다. 그 후 Macovski, Kino 등에 의해 기본원리가 정리되었다. 이러한 위상배열 초음파의 전자주사 기술은 전자회로를 이용한 스캔 컨버터(scan converter) 기능을 함께 구현하여 완성되었고, 1970년대 후반부터 전자집속(electronic focusing) 기술의 도입과 함께 성능이 급속히 발전하였다.

위상배열 초음파에 대한 연구경향을 살펴보면, Cain 등은, 원하는 위치에 초음파의 감도를 최적화시키는 방법으로서 활성소자수를 늘리고 집속길이를 조절함으로서 최적의 해상도를 얻을 수 있다는 결론을 도출하였다. Lenoid 등은 선형 위상배열 탐촉자의 그레이팅 로브(grating lobe)를 감소시키기 위해 임의의 소자(element)를 활성화시키지 않음으로서 감도와 전압을 상대적으로 감소시키는 방법을 제안하였다. Ward 등은 인체에 대한 진단 시에 위상배열 초음파의 해상도의 향상 방법으로 소자수와 전자주사각의 변화와의 관계에 대하여 연구하여 결론으로 활성소자수를 많게 하고 전자조향각을 줄임으로서 가능하다고 보고하였다. 이승우는 초음파 영상진단장치에서 초음파 영상진단장치의 해상도를 향상시키기 위한 digital beam forming 기술과 harmonic imaging 기법, coded excitation 기법 등을 고찰하고, 초음파 3차원 영상장치의 해상도를 CT나 MRI에 비해 더 높은 해상도를 가져야 할 필요성에 대하여 언급하였다. 송태경은 의료 진단을 위한 초음파 영상구현을 위하여 위상배열 초음파를 이용하고 인체내부로부터 반사되어 되돌아온 초음파 신호의 크기를 화면의 밝기로 표시하는 B모드에서 빔 집속방법으로 합성구경기법을 사용하면, 해상도를 높일 수 있다는 결론을 컴퓨터 시뮬레이션을 통하여 도출하였다. 그 외에도 위상배열 초음파를 이용한 해상도 제고 방법이나 3차원 영상의 표현을 위한 의료진단 분야의 연구가 수행되었다.

의학 분야에서는 위상배열 초음파 기술이 비교적 오래전에 시작 되었으나, 산업분야에서는 미소한 결함의 검출을 위한 해상도 문제 등의 제약사항으로 최근에 탐촉자 설계에 대한 연구를 중심으로 산업체에 적용하기 위한 연구가 활발히 시도되고 있다. 일반적인 초음파에 위상 배열을 적용하면 여러 가지 장점이 배가되고 이러한 측면에서 본장의 제목을 [초음파, 배열 눈을 갖다]라고 정하였다.

한편 초음파에 의한 결함의 평가에 대해서는 Paradis 등은 TOFD 기법으로 집속 탐촉자를 사용하여 Crack 높이 평가방법에 유용하다는 결론을 도출하였으며, Ogura 등은 면상결함에 대한 결함높이 평가법에 대한 연구를 수행하였다. Golan은 결함선단 회절방식에 의하여 결함 길이 평가가 가능한 방법으로 유효하다는 결론을 도출하였다. Onozawa 등은 초음파를 이용한 결함의 높이를 평가하는 방법에 대하여 연구하여 빔 퍼짐 각을 이용하여 결함의 높이 평가가 가능하다고 보고하였다.

4.2 위상배열 이론

위상배열 초음파는 한 탐촉자에 다중의 소자를 구성하여 탐촉자를 움직이지 않고 원하는 각도와 깊이에 초음파 빔의 초점을 생성시킬 수 있다. 이러한 특징을 이용한 위상배열 초음파는 결함의 평가결과를 2, 3차원적으로 표시할 수 있고, 이에 따른 결함의 존재여부 및 결함의 크기평가 등을 할 수 있다. 위상배열 초음파 검사 기법은 의학 분야에서 이미 태아의 상태를 확인하는 등의 의료기기로 활용되고 있으나, 공학 분야에서는 재료적 특성 및 구조의 복잡성, 해상도 문제 등으로 인하여 적용이 제한되어 왔다. 그러나 기존 초음파 검사방법의 단점을 극복하고 보다 신뢰성 높은 검사를 수행하기 위한 대안으로 인식되어 왔다.

위상배열 초음파에 의한 검사는 탐촉자 소자에 초음파를 발생하는 시간지연을 부여함으로서 초음파 빔의 집속방향과 위치를 전자적으로 제어할 수 있는 특징이 있다. 즉, 위상배열 초음파는 미리정해 놓은 위상편차를 전기적으로 조정하고, 각각의 탐촉자가 시간 지연을 두고 펄스를 발생하도록 할 수 있는 것이다. 위상배열 초음파는 빔을 보내는 방향과 형태를 잘 조절함으로서 복잡한 비파괴 검사의 동적집속(dynamic focusing)과 실시간 탐상(real-time scanning), 검사결과의 영상화 등이 가능하다.

일반적으로 사용되는 위상배열에는 소자의 배열 형태에 따라 선형(linear), 평면(planer or mosaic) 및 원형(annular)이 있다.

그림 4.1에 각각의 종류에 대한 소자의 구성을 나타내었다. 그림 4.2는 위상배열 탐촉자 압전소자의 일반적인 배열 모양을 나타낸 것이다.

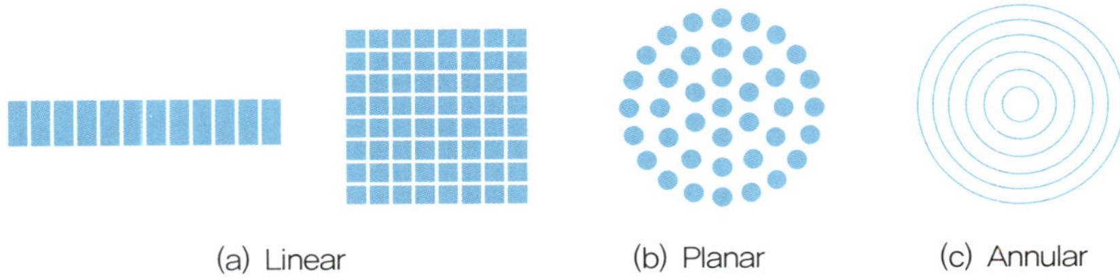

그림 4.1 Cross-sectional shape of phased array probe

선형배열은 단일 압전소자를 절단하여 각각 분리하여 만들어 내는 방법(slotting)으로 제작하며, 표면에 전극을 두고 면은 원상태로 유지한다. 각 압전소자에 입력되는 펄스의 지연시간을 구하는 방법은 다음과 같다.

그림 4.2와 같이 위상배열 초음파 탐촉자가 N개의 압전소자로 구성되어 있을 때

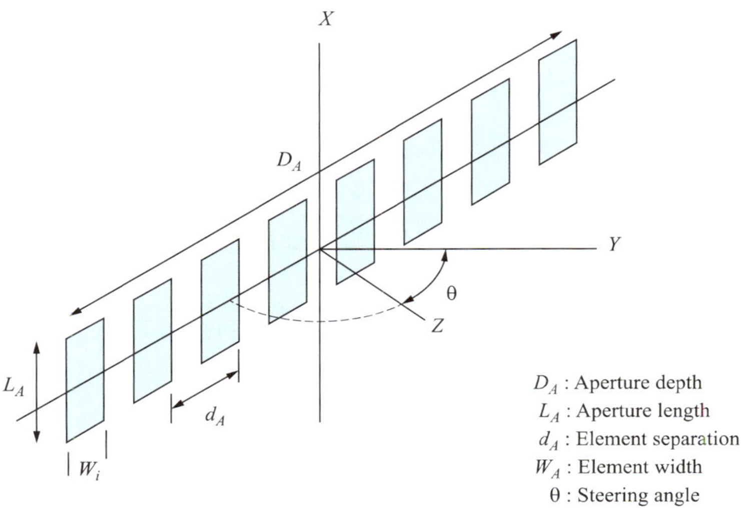

그림 4.2 Design of linear phased array probe

탐촉자의 중심에서부터 초점까지의 거리가 f이고, 초음파 빔의 조향각은 α이며, 각 압전소자의 중심에서 이웃하는 압전소자의 중심까지의 거리는 d라고 하면, N개의 압전소자 중 $n+1$번째 압전소자에서 탐촉자 중심까지의 거리는 식(4.1)과 같이 나타낼 수 있으며, 초점까지의 거리는 식(4.2)로 나타내어진다.

$$D = \frac{2n - N + 1}{2} d \tag{4.1}$$

$$l = \sqrt{f^2 + D^2 - 2f D \sin\alpha} \tag{4.2}$$

한편, 초점거리 f와 임의의 압전소자로부터 초점까지 거리, l과의 차이를 음속 C로 나눈 값이 식 2.3으로 표시되는, 압전소자에 입력되는 펄스의 지연시간 $T_{[n]}$이 된다.

$$T_{[n]} = \frac{f - \sqrt{f^2 + D^2 - 2fD\sin\alpha}}{C} + t_0 \tag{4.3}$$

여기서 $T_{[n]}$: 소자들 간의 시간 지연

t_0 : 음의 시간지연을 피할 수 있을 만큼의 상수이다.

위상배열 초음파 빔의 조정은 형상광학 이론에 근거를 둔다. 그림 4.2의 8개의 선형 배열 탐촉자의 모양에서, D_A는 렌즈나 형상의 횡 방향 총 길이가 되며 L_A는 높이가 된다. d_A는 각 소자간의 간격이며, W_A는 소자의 크기가 된다. 빔의 조정은 부채 살 모양으로 θ의 각도를 가지고 송수신시에 횡 방향으로 수행된다. 그림 4.3은 배열형 소자에 시간지연을 주지 않고 동시에 여기하였을 때의 빔의 전파모습이다.

그림 4.4는 조향각(steering angle) θ로 초음파 빔의 초점방향을 이동하고자 할 때, 시간지연(time delay)을 이동하고자 하는 방향으로 선형적으로 증가시킴으로서 빔의 집속 위치가 이동되는 것을 도식적으로 나타낸 것이다. 또한 그림 4.5와 같이 중심소자에 긴 시간지연을 주고 외부로 향할수록 시간지연을 낮추어주면 파의 진행방향 중심선상에 빔의 집속이 이루어지게 된다.

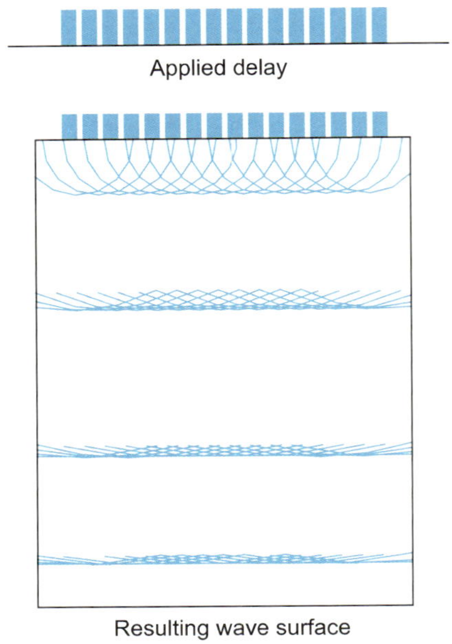

그림 4.3 Propagation of ultrasound without time delay

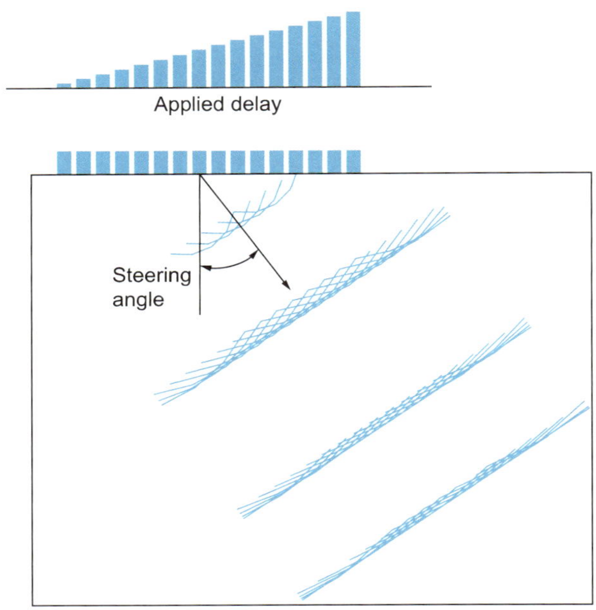

그림 4.4 Propagation of ultrasound with time delay

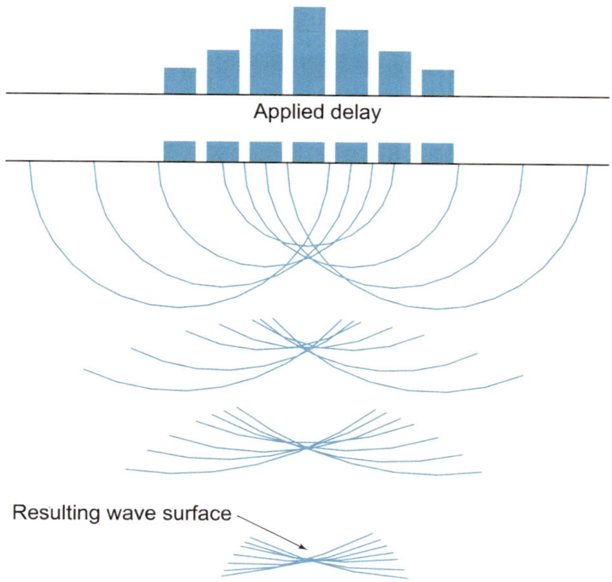

그림 4.5 Ultrasonic focal beam with a certain time delay

그림 4.6은 불연속 또는 결함으로부터 되돌아온 에코(echo)가 각 소자에 수신되어 파가 전파될 때의 시간지연을 계산하여 각각의 소자들로부터의 신호를 합산하여 결함 신호를 나타난 모습이다.

위상배열 탐촉자 전체에서 발생되는 초음파는 파동 전단부(wavefront)를 형성하여 동적 집속이 된다. 파동 전단부는 각 탐촉자의 초음파 발생시간을 조정하여 초음파의 전체적인 형태가 나오며 탐촉자의 내부 전면에서 발생한다. 초음파 발생 시간과 수신은 전기적으로 제어가 되므로 전체적인 파동전단부의 집속부와 형상을 조정할 수 있다. 물체에서 발생되는 반사음은 가까이 있는 부분은 먼저 음파가 도달하고 멀리 떨어진 것은 나중에 도달한다. 이때 수신부의 시간 지연회로를 변화시켜 축의 중심에 따라 다른 깊이에 있는 것을 수신 중에 집중시키는 방법을 이용하는 것이다.

위상배열 초음파의 이용으로 얻을 수 있는 가장 큰 장점은 배열탐촉자로부터 발생되는 초음파의 방사음장을 전자적으로 조절하여 빔을 원하는 방향과 위치로 조향(steering)하고 집속(focusing)할 수 있다는 것이다.

위상배열 초음파 빔의 조향과 집속의 기본개념도(그림 4.3~그림 4.5)에 나타낸 바와 같이 각각의 배열소자(array element)는 서로 다른 시간에 가하여진 전기펄스에 의해 초음파를 발진한다. 이때 소자의 발진 시간을 적절히 조절함으로서 빔의 집속위치

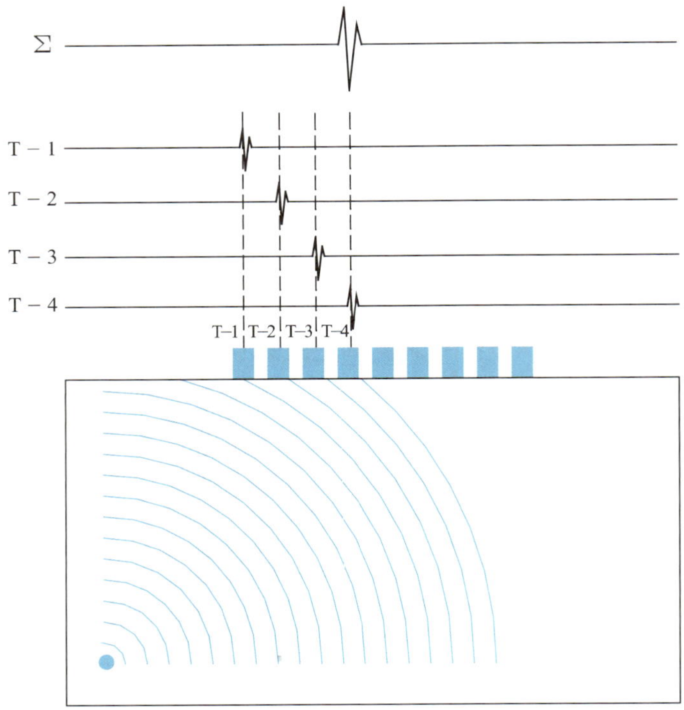

그림 4.6 Basic concept for sum of each element signals

나 전파각도를 변화시킬 수 있다. 이것은 초음파 탐상에서 필수적으로 수행해야만 하는 입사각 변환을 자유롭게 함으로서, 검사시간 단축뿐만 아니라 여러 가지 입사각으로 탐상하게 함으로 검사의 신뢰도를 향상 시킬 수 있다.

또한 초음파를 원하는 부위에 집속하게 함으로서 초음파의 발진 에너지나 수신증폭을 하지 않고 원하는 영역에 대한 민감도를 높일 수 있어 잡음(noise)을 최소화 할 수 있다. 위상배열 초음파는 전자적으로 조향 방향과 집속위치를 신속히 변화시킬 수 있기 때문에 초음파를 시편 내부에서 순차적으로 주사할 수 있다. 이때 각 주사 방향에서 반사된 초음파 신호의 세기를 명암 또는 칼라로 나타내는 주사선을 만들어 조합하면 시험편 내부의 2차원 영상을 획득 할 수 있다.

초음파 영상의 구축에서 해상도를 향상시키는 것은 중요한 과제중의 하나이다. 해상도는 크게 축 방향 해상도(axial resolution)와 횡 방향 해상도(lateral resolution)로 구별할 수 있다. 축 방향 해상도는 기본적으로 배열 탐촉자로부터 발생되는 펄스(pulse)

의 길이에 의해 결정되며 횡 방향 해상도는 수신 집속방법과 송신시의 초음파 빔의 폭에 의해 결정된다.

이상과 같이 위상배열 초음파를 이용하면 발생되는 초음파의 빔을 자유롭게 조절할 수 있어 기존의 방법으로는 얻을 수 없는 결함의 영상을 획득할 수 있다. 또한 결함의 위치를 직관적으로 파악할 수 있고 정밀한 측정이 가능하여 비파괴 검사의 객관적 신뢰도를 크게 높일 수 있게 된다.

일반적으로 초음파를 이용한 검사장치는 최적의 탐상을 유지하기 위하여 탐촉자로부터 발사되는 초음파를 일정한 방향으로 보내주거나 원하는 점에 대해 초점화를 수행하게 된다. 위상배열 초음파 탐촉자는 전자적인 렌즈를 이용하여 빔의 조정과 초점화를 수행하게 된다.

선형적으로 시간 지연을 주는 경우, 그림 4.7에서 처음의 두 시간지연 소자인 F_1, F_2 사이의 초음파 발생 시간 조정 차이에 의하여 제어된다. $F_1 = F_2$일 경우 선형적인 지연시간은 없으며 초음파 빔은 그림 4.7에 보인 바와 같이 수직으로 진행한다. 빔의 시간지연을 2차원으로 제어하는 것은 F_3, F_4 사이의 차이를 부여하여 초점화 시키는 것이다. 초점으로부터 먼 거리에 위치하는 배열 탐촉자에서 발사된 초음파는 초점에서 가까운 거리에 있는 소자들에서 발사된 초음파보다 늦게 도달하게 된다. 또한 반사파를 수신함에 있어서도 동일한 시간적인 차이가 발생하게 된다. 따라서 이러한 시간적인 차이를 보상하면 모든 소자에서 발사된 초음파가 동시에 한 초점에 도달하고 초점으로부터 모든 소자에 반사된다.

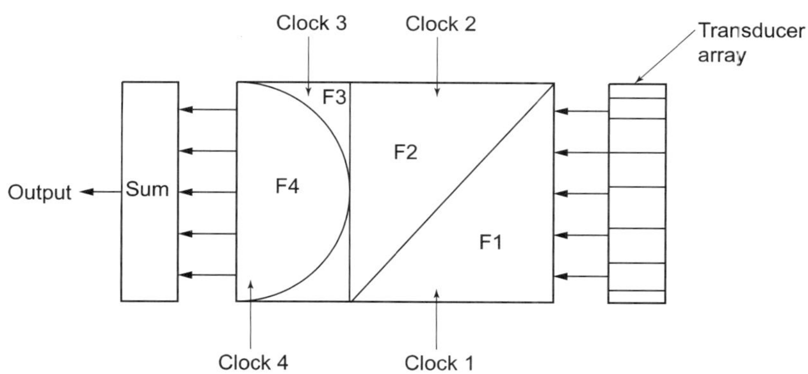

그림 4.7 Beam steering and focusing using CCD delay elements

선형 위상배열은 실시간 초음파 영상장치 적용에 있어서 아주 뛰어난 수단이다. 이것은 빔을 조종하고 초점을 맞추며 영상을 형성하는 동안에 신호처리를 할 수 있으며 데이터 처리 시간을 높이기 위하여 병렬 처리 능력을 가지고 있다.

phased array probe를 사용하거나 설계시에는 여러 가지 인자를 고려하여야 한다. 이러한 인자에는 element들의 수, probe가 시험체에 접촉할 것인지 수침법으로 사용될 것인지, 전기적인 여기(excitation)를 burst로 할 것인지 아니면 pulse로 할 것인지, 그리고 파의 전달과 신호의 제어에 관한 방법 등의 모든 인자에 대하여 고려하여야 한다. Element들 사이의 delay가 적용되지 않았을 경우에는 각 element들의 빔이 같은 조건으로 진행하므로 파의 강도(Intensity)가 진행방향에 수직한 선상에 균일하게 존재한다.

그림 4.8은 조정각(steering angle) θ로 초음파 빔의 진행방향을 이동하고자 할 때, 시간지연(time delay)을 이동하고자 하는 방향으로 선형적으로 증가시킴으로서 빔의 집속 방향을 이동시키는 것을 도식적으로 비교하여 3가지 모드를 한 번에 비교할 수 있도록 나타낸 것이다. 또한 중심 element에 긴 시간지연을 주고 외부로 향할수록 시간지연을 낮추어주면 파의 진행방향 중심선상에 빔의 집속이 이루어진다. 불연속 또는 결함으로부터 되돌아온 echo는 각 element에 수신되어 파가 전파될 때의 시간지연을 계산하여 각각의 element들로부터의 신호를 합산하면 결합신호를 나타내게 된다. 일반적인 초음파검사방법은 발전설비 중 기하학적 형상이 복잡하고 접근성이 제한되어 있는 부분에 대한 검사를 수행하기에는 검사자의 기량과 경험이 매우 중요한 요소로서 작용한다. 그러나 Phased array UT system을 이용하여 검사를 수행할 경우

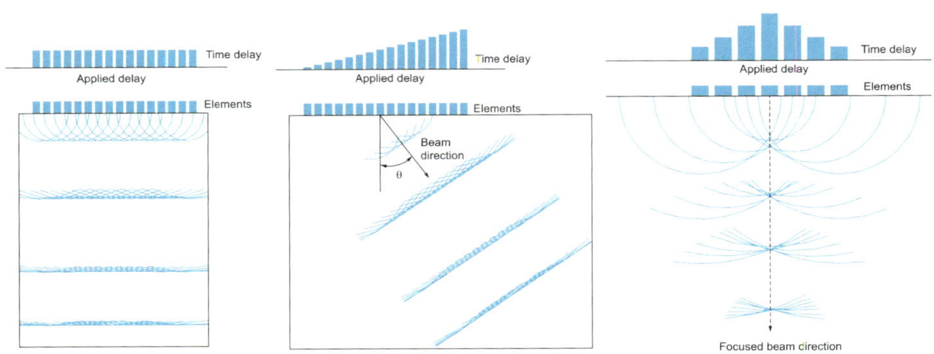

그림 4.8 phased array 빔 진행 3가지 모드 비교

에는 빔을 원하는 위치로 발생시킬 수 있으므로 일반적인 초음파방법에서 각도에 따라 wedge를 제작하는데 사용되는 시간적, 경제적인 노력을 없앨 수가 있을 뿐만 아니라 탐촉자를 움직여 결함의 sizing을 수행하는 일반적인 초음파방법과는 달리 움직이지 않고도 전자적인 주사(Electrical scanning)로서 결함의 크기평가를 수행할 수 있다는 장점이 있다.

Phased array probe는 옆의 그림 4.9와 같이 대표적인 4가지 주사방식을 가지고 있다. 이는 대상 검사기기의 특성에 따라 한 가지 모드를 선택하여 사용할 수 있는데, 터빈 블레이드 루트부와 같이 제한된 접근지역에서 탐촉자의 전진이 어려운 경우에는 Azimuthal 방식을 취하고 용접부 결함 탐상이나 좌우방향 길이 측정에는 Lateral 주사방식을 취한다.

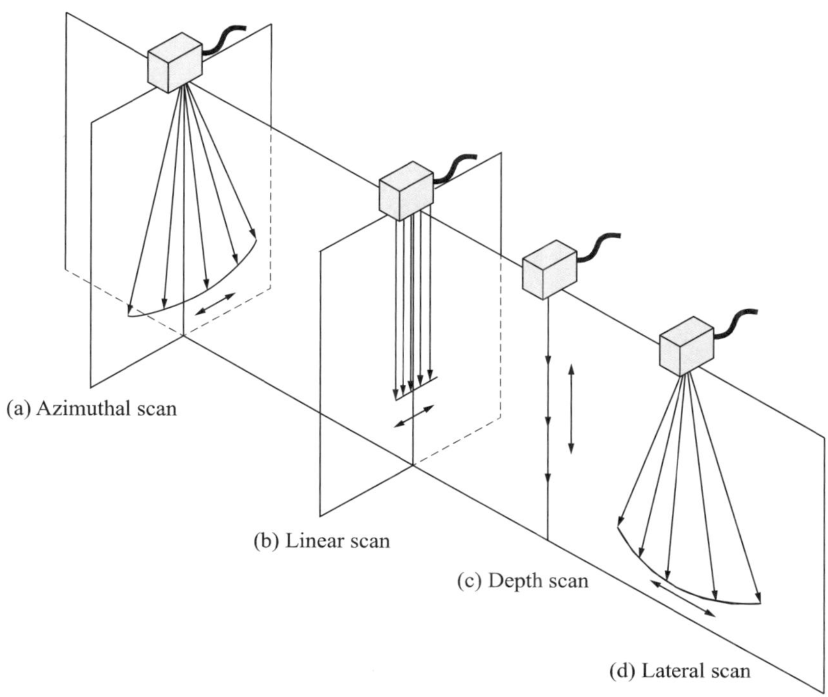

그림 4.9 Various type of Phased Array scanning mode

CHAPTER 5

초음파, 비접촉의 눈을 갖다

5.1 비접촉 검사기술 개요

발전설비의 수명관리를 위한 핵심기술은 크게 발전설비의 열화 및 노후화 확인 평가를 위한 비파괴평가(NDE) 기술과 수명평가를 위한 파괴역학분석(fracture mechanics analysis; FMA) 기술로 분류할 수 있다. 비파괴검사기술은 수명관리의 첫 단계이며, 그 이후 이어지는 모든 수명관리 활동에 대한 기본 자료를 제공하는 핵심 과정이기 때문에 그 신뢰성 확보가 무엇보다도 중요하다.

피검사 재료나 구조물을 비 파괴적으로 검사, 평가를 하기 위해서는 비 접촉적으로 하는 것이 가장 이상적이다. 현재 비 접촉에 의한 NDE 기법으로는 기존의 방사선투과검사(RT), 와전류탐상(ECT) 외에 비 접촉 초음파탐상 기법으로는 공중전파초음파센서(air-coupled transducer; 이하 ACT라 한다)와 전자 초음파 탐촉자(electro-magnetic acoustic transducer; 이하 EMAT라 한다), 레이저 초음파(laser-based ultrasonics; 이하 LBU라 한다)에 의한 방법 등이 있다. 여기서 LBU는 레이저 조사에 의한 재료의 abration 손상 위험이 있고 아직 실험실 레벨로 현장 적용을 위해서는 해결되어야 할 문제가 많은 실정이다.

비 접촉에 의한 전자초음파법의 비파괴검사에 응용은 기존의 접촉식 초음파검사에서 불가피한 접촉매질(음향 결합제)을 사용하지 않고 검사대상(금속) 표면으로부터 수 mm 정도 떨어져 초음파의 송수신이 가능한 1968년 Wallance의 논문이 발표된 이래 약 30년의 역사를 가지고 있고, 1970년대의 R. B. Thompson 등은 로렌쯔 힘 및 자왜

효과를 이용한 EMAT의 구동 원리를 상세히 검토하였고, 1980년대에는 B. W. Maxfield 등에 의해 연구가 진행되었으며 현재도 급속히 연구가 진행되고 있다.

EMAT법은 기존의 압전소자를 이용하는 경우와 다르고 비 접촉으로 초음파를 여기 수신이 가능하다, 다시 말해 외부 자계로 도체 표면에 근접시킨 자왜효과에 의해 도체 자체가 가진된다. 또 역의 과정으로부터 초음파를 수신하게 된다. 이 때문에 측정 대상이 도전 재료에 한정되어 비 접촉 측정이 가능하여 거칠은 탐상면, 도막이 있는 부분 또는 고온 재료 등에 종래의 접촉식 초음파로 곤란했던 측정 대상물에 적용이 가능하게 된다. EMAT의 중요한 특징으로는 첫째 비접촉 측정이 가능하다는 것, 따라서 표면 처리가 불필요하고 코팅, 보호막 부착, 도막 등의 영향을 받지 않는다. EMAT로 가능한 lift-off는 약 10 mm 정도이고 대부분 EMAT는 5 mm 이하의 lift-off로 작동한다. 이 점에서는 광학적 기법, LBU 등의 다른 비접촉 계측 기술 보다 우수하다. 둘째는 EMAT로 아니면 발생할 수 없는 모드의 초음파가 존재하는 것이다. 즉 EMAT에 의해 발생되는 초음파 모드는 주로 유도초음파(guided wave)이나 자석과 코일의 기하형상을 적당히 선택하는 것에 의해 축대칭 SH-파와 같은 다양한 모드의 초음파를 발생시킬 수 있다는 것이다.

최근에는 또 한 가지의 새로운 비 접촉 검사기법으로 공중전파초음파 센서(ACT)를 이용한 공기결합 초음파법이 실현 가능해지고 있다. 종래, 공중 전파에 의한 초음파비파괴검사는 수십 kHz-200 kHz의 저주파수를 이용하여 액체나 기체의 성질과 상태 평가 또는 공기 중에서의 거리 측정에 의한 형상 인식 등에 머물러 있었다. MHz order의 고주파수 대역에서 공기 중에서의 초음파의 고 감쇠성, 고체 재료와 공기와의 고 임피던스 미스매칭에 기인하는 감도의 저하가 그 원인이다.

그러나 D. W. Schindel 등에 의한 최근 개발된 콘덴사 형의 공기결합초음파센서(ACT)를 이용하는 것으로부터 100 kHz~2.3 MHz의 광 대역에서 공중 전파 초음파를 발생하는 것이 가능하게 되고 이것을 고체 내부의 평가에 이용할 수 있게 되었다. 이러한 완전 비접촉비파괴검사기법을 이용하는 것으로부터 검사의 객관성 향상 및 온라인 검사에의 적용이나 검사의 자동화가 용이하게 되고 적용범위의 확대가 급속히 진행되고 있다.

대표적인 비접촉 초음파기법인 EMAT의 비파괴검사에 응용은 미국과 일본을 중심으로 여러 선진국의 연구기관과 업체에서 기술의 고도화를 위해 지속적으로 연구개발이 수행되고 있다. 1968년 Wallance이 발표한 논문에서 기존의 접촉식 초음파기법에서는 불가피한 접촉매질(음향결합제)을 사용하지 않고 검사체(금속)의 표면으로부터 수 mm 정도 떨어져 초음파의 송수신이 가능함이 보고된 이래, 1970년대의 R. B. Thompson 등은 로렌츠 힘 및 자왜효과를 이용한 EMAT의 구동 원리를 상세히 검토하였고, 1980년대에는 B. W. Maxfield 등에 의해 급속히 연구가 진행되고 있다. 현재 이 분야의 연구를 주도하는 선도 연구기관으로는 UT Lab, at Penn. State Univ.(미국)의 Joseph L. Rose 교수, Center for NDE at Iowa State University(미국)의 R. B. Thompson, Northwesten University(미국)의 Sridhar Krishnaswamy 교수, 오사카대학(일본)의 Masahiro Hirao 교수, 나고야공업대학의 Koichiro Kawashima 교수와 Takahiro Hayashi 박사 등을 들 수 있다. 이들 기관에서는 비접촉에 의한 NDT 계측 시스템의 개발 및 최적화(optimization)를 위한 노력을 급속도로 진행하고 있는 실정이다.

지금까지 대표적인 비접촉 비파괴검사기법에 대해 소개하였다. 그러나 발전설비의 효율적인 비파괴검사를 위해서는 앞에서도 언급한 바와 같이 광대역의 탐상이 필요하다. 따라서 비접촉 기법을 적용하여 유도초음파를 송·수신하여 비접촉 유도초음파검사를 적용하는 것이 효과적이다. 유도초음파는 두께가 얇은 구조물을 전파하는 초음파로써 고정된 탐촉자의 위치에서 원거리로 탐상할 수 있는 효율성 때문에 많은 연구자들이 박판이나 쉘에 존재하는 결함을 검출하는 연구를 수행하였다. 그러나 기존의 유도초음파 기법에서는 대부분 접촉식 트랜스듀서를 이용하기 때문에 넓은 영역의 검사에는 시간소요가 많고, 자동화와 현장적용에 어려움이 있다. 따라서 보다 신속하고 효율적인 검사기법의 개발이 요구되어 왔다. 이와 같은 요구에 따라 최근에는 기계적인 접촉이나 조합을 사용하지 않는 비접촉식 검사기술이 주목을 받고 있다. 즉, EMAT, Laser-ultrasonic, ACT 등이 단독 또는 조합으로 이용되는 기술에 대한 검토가 이루어지고 있다. 본장에서는 이러한 이유로 본장의 제목을 [초음파, 비접촉의 눈을 갖다]로 정하고 비접촉 진단 기술에 집중하여 설명하고자 한다.

표 5.1은 유도초음파를 송신 및 수신 방식들의 특징을 비교하여 나타내고 있다. PZT를 이용하는 방식은 가장 일반적인 방법으로 신호 대 잡음비가 좋고 경제적인 방법이나, 시험체에 트랜스듀서를 접촉해야 하는 단점이 있다. 유도초음파를 발생하는 비접촉식의 방법 중에 하나인 EMAT은 초음파의 파장을 조절하기가 용이하고 송신효율이 좋다는 장점이 있으나, 시험체에 가깝게 근접해야 하는 단점이 있고, ACT는 낮은 음향임피던스의 공기에서 높은 음향임피던스의 고체매질로 전파하는 물리적인 과정에서 송신효율이 떨어지는 단점이 있다. 레이저 방식은 선배열의 슬릿을 이용할 경우 파장의 조절이 용이하고 시험체와의 거리에 제한을 받지 않는 장점을 갖고 있지만,

표 5.1 Type of generator and receiver for guided wave

Guided wave Generator				
Type	PZT	EMAT	ACT	Laser(with line array slit)
Variables	frequency angle	wavelength	angle	wavelength
Contact or not	contact	closely non-contact	non-contact	non-contact
Guided wave Detector				
Type	PZT	EMAT	ACT	Laser Interferometer
Variables	frequency angle	wavelength	angle	displacement
Contact or not	contact	closely non-contact	non-contact	non-contact
Mode selection	possible	impossible	possible	impossible
S/N ratio	best	good	good	not good

광에너지로부터 음향에너지로 변환되는 효율이 떨어져 장거리로 유도초음파를 발생하는 데는 한계가 있다. 유도초음파를 수신하는 방법은 접촉으로 인한 파의 불안정성을 피하고, 자동화의 편리성을 위해 비접촉식의 기법을 사용하는 것이 바람직하다. EMAT은 S/N비가 우수한 장점이 있으나, 센서의 특성상 검사대상이 되는 재료가 전도체의 금속이여야 하며 시험체에 수 mm 이내로 근접해야 하는 단점 때문에 검사환경에 제약을 받는다. 레이저 간섭계는 다른 비접촉식 방식에 비해 먼 거리에서 수신할 수 있는 장점이 있으나 현재까지 보고된 바에 의하면 S/N비가 다른 트랜스듀서에 비해 상대적으로 낮고, 모드를 선택적으로 수신할 수 없는 단점이 있다. 이와 달리 ACT는 S/N비가 좋고 모드를 선택하여 수신할 수 있으며, 주파수와 ACT 특성에 따라 EMAT에 비해 수배에서 수십 배의 거리에서도 수신이 가능하다는 장점이 있다. 그러나 신호대 잡음비는 주파수 영역에 따라 달라질 수 있다. 즉, ACT는 5 MHz 이하의 주파수영역에서는 레이저 간섭계보다 우수하지만 5 MHz 이상의 고주파수 영역에서는 공기 중의 감쇄가 높아져서 레이저 간섭계보다 신호 대 잡음비가 낮아질 수 있다. 따라서 유도초음파를 적용하고자 하는 시험체, 검사환경 등의 조건을 고려하여 적절한 송/수신 방식을 선정해야 한다.

따라서, 본장에서는 현재 발전 설비의 유지보수에 많이 적용되고 있는 접촉식 초음파탐상 검사의 신뢰도를 개선하기 위해 기존 탐상 방법의 적용한계로 알려져 있는 피검체 대상물 형상의 복잡성, 현장검사 접근의 제한성, 설비 점검을 위한 전처리 과정, 용접부 크라운 제거, 접촉매질 공급의 어려움 등을 극복하기 위한 새로운 초음파탐상 검사 Methodology로 EMAT과 ACT를 이용한 비접촉식 초음파 검사기술의 개발과 지능화를 제안하고, 그 유용성 유무를 실험적인 검증으로 실용화하여 발전설비의 건전성을 확보하고 비파괴기술의 고도화를 기하였다. 그 첫 번째 기초연구로 유도초음파의 송신 방식은 기존의 PZT를 보완한 comb 트랜스 듀서를 사용하고, ACT로 유도초음파를 수신하여 ACT를 이용한 유도초음파의 비접촉 기법을 검증하고자 하였다. 또한 EMAT을 이용한 유도초음파 송수신 시스템을 구축하여 박판에서의 다양한 형태의 유도초음파의 발생을 고찰하였다. 배관이나 박판에 발생된 유도초음파 모드에 대한 정확한 규명을 위해 웨이블릿 변환과 2D-FFT를 이용한 시간-주파수 해석을 수행하고, 이를 이론적으로 계산된 분산선도와 비교하여 발생된 유도초음파의 모드를 규명하였다.

5.2 비접촉 초음파 비파괴탐상기법

1 전자기초음파 기법

1) 개요

EMAT(electromagnetic-acoustic transducer)는 비접촉식 초음파 탐촉자로 초음파의 송수신을 위하여 접촉매질이 필요하지 않기 때문에 탐촉자를 시험 대상체 표면을 따라 이동하면서 결함 검출이 가능하며, 코일의 설계와 배열에 따라 표면파와 판파 등 원하는 모드의 유도초음파를 손쉽게 송신할 수 있기 때문에 두께가 얇은 배관의 탐상에 알맞은 초음파 탐촉자이다.

EMAT은 비접촉 측정이 가능한 초음파센서로 1970년대 후반부터 1980년대 전반에 걸쳐 연구가 활발히 진행되었다. 구조는 간단하며 도체 내에 바이어스 자장을 주는 영구자석 또는 전자석과 진동자장 및 와전류를 여기 하는 코일이 있다. 발생되는 파의 모드에 따라 자석이나 코일의 형상이 다르다. 그러나 비접촉성이라고 하는 중요한 장점을 가지고 있지만 압전탐촉자를 대체하지는 못했고, 1980년대 후반 이후에는 연구가 더 이상 진행되지 않았다. 그 이유로는 2가지를 들 수 있다. 무엇보다 변환효율이 매우 낮다는 것이다. 이전의 EMAT는 압전탐촉자에 비해 40 dB 이상 감도가 떨어져 (이 수치는 측정조건에 따라 상당히 다를 수 있지만) 탐상 등 실용적인 용도로는 거의 사용할 수가 없었다. 또 한 가지는 강자성체에 대한 작동원리가 완전히 이해되지 못했다는 것이다. 비자성체의 경우 EMAT는 금속 내 전자의 움직임인 로렌츠힘에 의해 초음파 음원을 발생하지만, 강자성체의 경우 이 외에 자왜나 자화라고 불리는 효과가 복잡하게 생긴다. 이 때문에 EMAT을 최적설계 하는 것이 불가능하였다. 그러나 최근 계측기기나 신호처리 기술의 진보와 함께 변환효율이 낮은 것은 상당히 개선되어 왔다. 특히, 공명법과 조합된 전자기 초음파공명법(electromagnetic acoustic resonance; EMAR)은 EMAT의 낮은 변환효율이 공명상태의 동 위상 다중에코를 잡는 것에 의해 적절히 보완되고, 또 EMAT의 비접촉성이 공명법의 종래의 문제가 되어왔던 복합공명 모드의 발생이 제거되고 매우 정밀도 높은 음속과 감쇄의 측정이 가능하였다. 그 외에 영구자석의 고성능화와 코일 제작을 위한 플랜트 기판 기술의 진보도 EMAT의 소형화와 고감도화에 공헌하였고, 이 후 EMAT을 이용한 재료평가의 연구에 관심이 높아지게 되었다. 또 계측기술의 진보와 함께 EMAT의 작동원리의 실험적 해석이 진행되고 강자성체에도 작동원리가 명확해지고 있다.

EMAT는 생산중인 재료 또는 기차의 차륜과 같이 움직이고 있는 재료의 표면 및 내부결함 탐상, 고온상태에 있는 재료 내부 결함 탐상, 유도 초음파를 이용한 배관 결함 탐상 등에 이용되고 있으며, 초음파의 전달을 위한 접촉매질 없이 초음파를 송수신하므로 잔류응력이나 결정이방성, 그리고 재료의 미세구조의 평가등과 같은 재질평가에도 폭넓게 이용되고 있다.

2) EMAT의 원리와 특징

EMAT의 원리

EMAT에 의한 초음파 송수신에는 3가지의 메카니즘으로 설명되어질 수 있다. 그것은 수신효율과 송신효율이 바이어스 자속밀도 B_0에 비례하는 로렌츠효과와 바이어스 자화 M_0에 비례하는 자화효과, 그리고 자왜정수에 비례하는 자왜효과이다. 로렌츠효과는 전체의 도체 내에서 관계되지만, 두 번째 원리는 강자성체 존재한다.

EMAT을 도체에 접근시키면 도체는 EMAT의 자석에 의해 자화된다. 다음에 코일에 진동전류를 흐르게 하고 코일은 공기 중에 자기장을 형성하며 도체표면을 거쳐 도체

내로 들어가게 된다. 도체내의 자기장은 맥스웰 방정식과 전자기적 경계조건에 의해 구해질 수 있다. 도체내의 자장 H는 바이어스 자장과 작용의 합으로 체적힘 f를 구한다. f는 로렌츠힘 $f^{(L)}$, 자화력 $f^{(M)}$, 자왜력 $f^{(MS)}$의 합성 힘이 되며, 각각 다음 식으로 알려져 있다.

$$f^{(L)} = J_e \times B_0 \tag{5.1}$$

$$f^{(M)} = (\nabla H) \cdot M_0 \tag{5.2}$$

$$f^{(MS)} = \nabla \cdot (e \cdot H) \tag{5.3}$$

여기서, J_e는 도체 내에 발생하는 와전류, 변위전류를 무시한 맥스웰의 식($J_e =$ rotH)으로부터 얻을 수 있다. e는 자왜정수 텐서로서 자장 H_k에 의해 발생하는 자왜 응력 α_{ij}로 표현할 수 있다.

$$e_{k,il} = \frac{\partial \sigma_{ij}}{\partial H_k} \tag{5.4}$$

체적힘 f의 진동방정식

$$\rho \frac{\partial^2 u}{\partial t^2} = \nabla \cdot T + f \tag{5.5}$$

을 통해 초음파의 변위 u로 변환된다. 여기서 T는 응력 텐서이다.

EMAT의 자석에 의해서 자화된 영역에 초음파가 들어오게 되면 도체내의 자장은 초음파의 위상 u에 의해 설명되고, 이것을 통해 다음식의 부가적인 전자장 E, B가 도체 내에 여기 된다.

$$E = \sigma^{-1} J + \frac{\partial u}{\partial t} \times B_0 \tag{5.6}$$

$$B = \mu_0 \mu \cdot (H - M_0 \nabla \cdot u) + e \cdot \epsilon \tag{5.7}$$

여기서, J는 전류밀도, σ는 전기전도율, μ_0는 투자율,
μ는 비투자율 텐서이다.

또한 $e_{ij,k}$는 수신에 대한 자왜정수 텐서로서 초음파의 왜곡 ϵ_{ij}에 의한 자속밀도의 변화율 B_k을 표시하면 다음식과 같다.

$$e_{ij,k} = \frac{\partial B_k}{\partial \epsilon_{ij}} \tag{5.8}$$

식(5.6), (5.7)은 맥스웰의 방정식 $rotE = \partial B/\partial t$, $rotH = J$를 사용하여 도체내의 자장 H와 전기장 E가 얻어진다. 이것은 아래의 진동하는 도체표면에 대한 경계조건을 만족하고, EMAT의 코일이 위치하는 공기 중의 전기장 E^{air}와 자장 H^{air}로 변환된다.

$$n_0 \times (E^{air} - E) = V_n (B_0^{air} - B_0) \tag{5.9}$$

$$n_0 \times (H^{air} - H) + n' \times (H_0^{air} - H_0) = 0 \tag{5.10}$$

여기서, n_0와 n'은 각각 초기상태와 초음파에 의해 진동되는 상태의 도체표면의 법선 방향이 되고, V_n은 표면에 대해 수직방향의 입자속도가 된다. E^{air}와 H^{air}는 최종적으로 EMAT의 코일에 수신된다.

EMAT의 특징

EMAT의 중요한 장점은 3가지가 있다. 첫째는 비접촉식으로 표면처리가 불필요하고 녹이나 도막에 영향을 받지 않기 때문에 이것이 가장 중요한 장점이라 생각되지만, EMAT으로 가능한 Lift-off는 최고 10 mm 정도이고 보통 5 mm 이하의 Lift-off에서 작동한다. 이 점에 대해서는 광학적 기법, 레이저-초음파법 등 다른 비접촉 기법에 비해 우수하지 못하다. 두 번째는 초음파 감쇠의 절대값 및 위상속도를 제공한다는 것이다. 초음파의 감쇠라는 것은 초음파가 전파하면서 재료 내에서 소실되는 에너지의 비율로 재료내부의 각각의 정보를 제공해 준다. 결정립의 직경이나 전위 구조 등이 그 예이다. 재료 내의 에너지 손실량은 일반적으로 적고 종래 접촉형의 측정에서는 다른 요인에 의한 에너지 손실, 예를 들면 센서 내에서의 손실이나 센서와 음향결합재의 경계에서 반사 투과에 의한 손실이 커 이것을 상회하기 때문에 감쇠의 절대값 측정이 매우 곤란하였다. EMAT의 낮은 변환효율은 역으로 생각하면 초음파의 에너지를 거의 소모하지 않는 것으로 감쇠 측정에는 중요한 장점이다. 또 측정 시료가 음향성에 독립하기

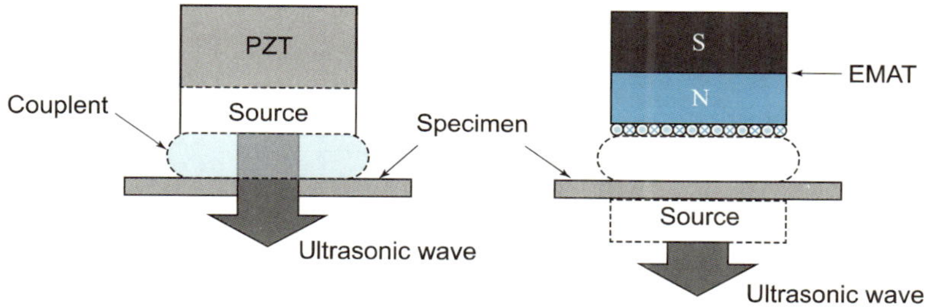

그림 5.1 Comparison of PZT with EMAT

때문에 시료 내에서 초음파 공명을 만드는 것이 가능하고 공명주파수를 통하여 위상 속도를 측정하는 것이 가능하다. 세 번째 장점은 EMAT이 아니면 발생할 수 없는 모드의 초음파가 존재한다는 것이다. 후에 기술하는 축대칭 SH파가 그 대표적인 예이다. 자석과 코일의 기하형상을 적당히 선택하는 것에 의해 다양한 모드의 초음파를 발생하는 것이 가능하다.

EMAT은 압전소자를 사용하는 종래의 초음파 탐상법과 비교할 때 다음과 같은 장점을 갖고 있다.

- 피검사체에 직접 초음파를 발생하기 때문에 접촉매질이 필요 없다.
- 탐촉자의 구성상 고온에서의 탐상이 가능하다(압전소자를 사용하는 종래의 초음파 탐촉자에는 구성 부재간의 음향 결합이 힘들고 고온에서는 그 기능 유지가 곤란).
- 자석 및 코일의 구성 방법에 의해 특수한 모도의 초음파를 발생시킬 수 있다. 예를 들면 모도변환이 생기지 않는 장점을 갖는 SH파를 이용한 특수한 탐상을 용이하게 할 수 있다.

3) EMAT 센서의 종류와 특징

로렌츠힘

구동력으로서 로렌츠힘을 이용한 것으로, 그림 5.2(a)에 나타낸 것 같이 피검사체에 대한 정자장(B)라 하고 와전류(J)를 주고 발생한 로렌츠힘이 와전류의 고주파 진동에 따라서 주기적으로 변동하기 때문에 초음파로 변환된다. 구동력은 피검사체 표면의 자장 강도와 와전류의 곱에 비례한다.

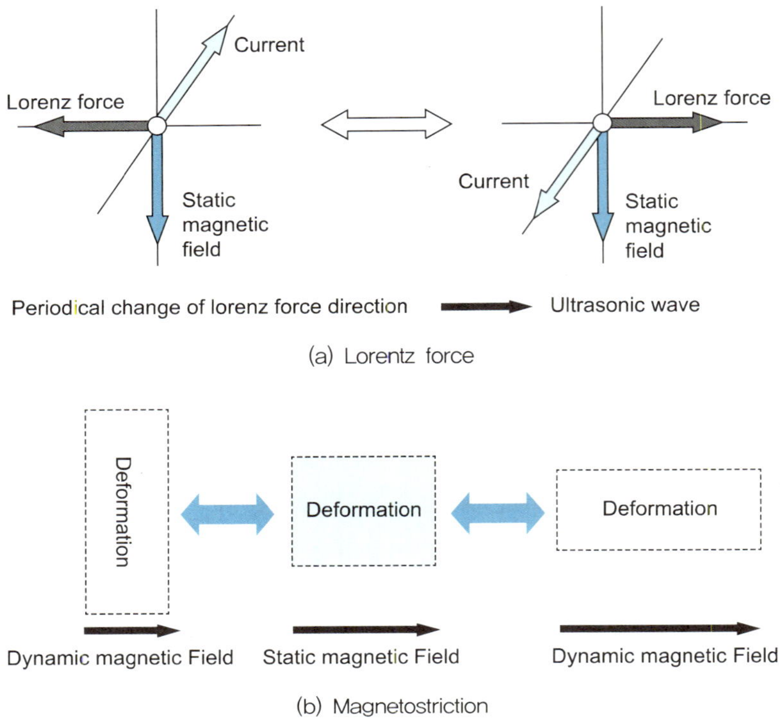

그림 5.2 Concept of EMAT

수신은 전자 유도의 법칙에 따르고 피검사재 표면의 초음파 진동(U)와 정자장 (B)에 의하여 센서 코일에 야기된 기전력이 초음파 수신 신호로서 관측 된다. 따라서 수신 신호 강도는 초음파 진동 강도와 부가 자장의 곱에 비례한다고 생각된다. 송·수신을 합쳐서 생각하면 전자 초음파 센서에 의한 수신 신호 강도는 부가 자장의 자승에 비례하고 센서 코일에 통전한 전류에 비례한다고 생각된다.

자왜 효과

그림 5.2(b)에 보여지는 강자성체의 경우는 자장을 부가하는 것으로 자구의 정렬이나 자기 스핀 회전이 발단이 되고, 이로 인해 신축이 발생한다(자왜 효과). 따라서 센서 코일에 통전한 고주파 전류에 의해서 발생한 유도 자장이 이 부가 자장에 중첩하고 강도가 주기적으로 증감하면 자성체의 신축이 발생하고 초음파 진동의 기점이 된다고 생각되어진다. 수신은 로렌츠힘과 마찬가지로 초음파 진동과 부가 자장과의 상호 작용에 의하고 전자 유도가 발단 센서코일에 기전력이 발생한 것이 된다. 다만 자

성체의 경우 부가 자장에 의하고 투자율 그 자체도 변동하고 있기 때문에 기전력의 크기는 부가 자장 강도에 의하고 변동한다. 또한 이 자속 밀도와 투자율의 관계는 자속밀도와 자왜의 관계라고 확인되고 있다.

로렌츠힘과 자왜 효과의 비교

부가 자장과 수신 신호 강도와의 관계에서는 로렌츠힘이 자장 강도의 자승에 비례하지만 자왜형의 경우는 부가 자장 변화에 대한 최대의 자왜 변화를 주는 부가 자장 강도로 수신 신호 강도도 최대가 된다. 이 양자의 관계의 대표적인 예로 Lamb-wave 전자 초음파 센서를 강에 적용한 경우를 그림 5.3에 정리했다(또한 그림 5.3은 모의 그림이고, 예를 들면 그림 5.3과 같은 선형 관계는 비자성재료에서 얻어지고, 자성재료는 자왜 효과가 중첩하기 때문에 비선형이 될 수 있다). 자왜 효과에서는 최대 감도를 주는 자속밀도는 포화 자속밀도에 대해 상당히 작다(0.1 T 미만). 따라서 자화 전원 설비가 간편하고 전자석의 발열을 막는 냉각 설비도 필요하지 않기 때문에 공업화에 유리한 경우가 많다. 또 로렌츠힘보다도 수신 감도가 높아지는 경우가 많은 장점도 들

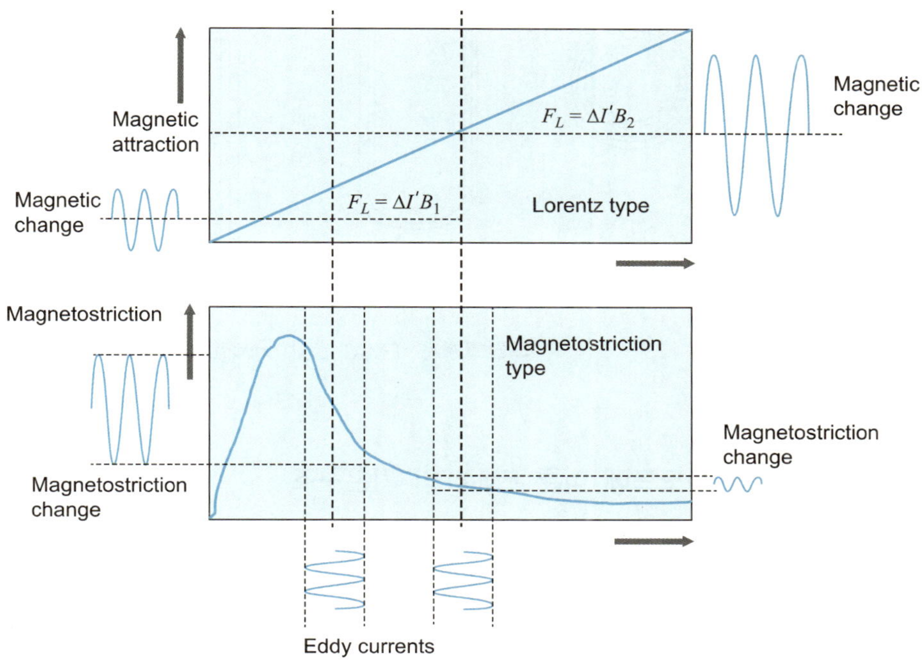

그림 5.3 The relationship between magnetic field density and force

수 있다. 그것에 대해 로렌츠힘은 금속재료면 비자성, 자성을 불문하고 적용할 수 있다. 또 자성 재료라도 자왜 효과를 명확하게 사용할 수 없는 경우도 많아 로렌츠형의 적용 범위는 넓다.

센서 코일

와전류 또는 유도 자장을 발생시키고 야기 전압을 검출하기 위한 센서 코일의 형상은 초음파 모드와 피검체의 상에 따라서 임의로 고안할 수 있지만 기본 형상으로서 그림 5.4의 형태로 생각할 수 있다. 센서 코일 작성 방법으로서는 패턴으로 하여 인쇄한 경우도 있지만 실험적으로는 0.2~0.5 mm 정도의 피복 도선을 이용하면 좋다. 송신용은 유도 전류를 크게 하기 위해 비교적 지름이 큰 도선을 이용하고, 수신용 센서코일은 감는 수를 늘리고 큰 기전력 픽업이 가능하도록 지름이 작은 도선을 이용한 것이 많다. 감는 수도 임의이지만 10~20회 정도 감는 것이 표준이다.

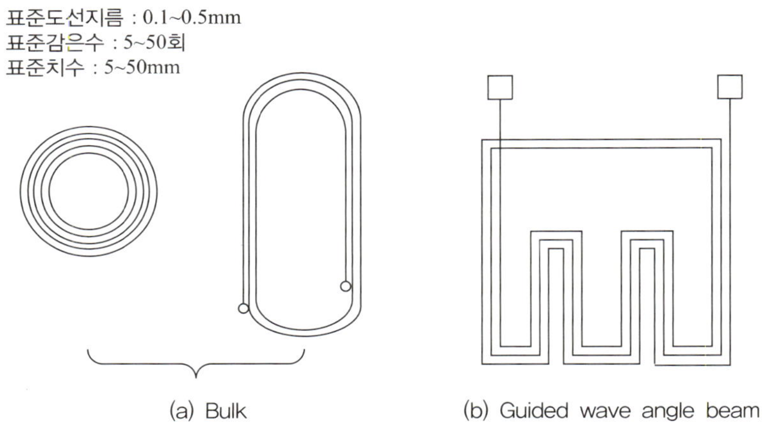

그림 5.4 EMAT Coil configurations

4) 초음파 모드에 따른 EMAT의 기본구조

Lamb-wave와 표면파

Lamb-wave와 표면파는 다른 모드지만 전자 초음파 센서로는 전파된 파의 반 파장 간격마다 180° 반전한 힘을 주는 것을 기본 원리로 한다. 따라서 동일 구조의 전자 초음파 센서를 박판재에 적용하면 Lamb-wave가 발생하고, 두꺼운 판재에는 표면파가

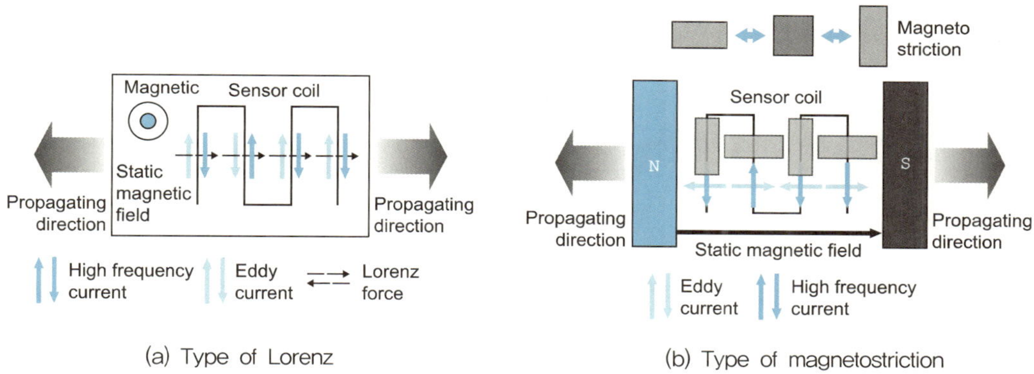

그림 5.5 Structure of the general EMAT for the Lamb wave

발생된다고 기본적으로 이해하고 Lamb-wave·표면파용 전자 초음파 센서는 구별하지 않는다. 다만, 구동 주파수 등의 변경은 필요하다.

Lamb-wave용 EMAT으로서는 그림 5.5(a), (b)에 나타내는 2 개의 유형이 사용되고 있다. 그림 5.5(a)는 로렌츠힘을 주로 이용하고 판면내로 일정 간격마다 진행 방향에 대해 평행·반평행 방향으로 방향을 바꾸는 로렌츠힘이 판파 발생의 구동력이 된다. 그림 5.5(b)의 경우는 자왜 효과를 주로 이용하고 있고 강판 면내 진행 방향에 인가된 바이어스 자장과 같은 방향으로 일정 간격으로 발생하는 유도 자장에 의한 복합 자장 변화가 Lamb-wave진행 방향의 자왜 진동을 일으키고 Lamb-wave로 변환된다.

표면 SH파

로렌츠힘을 이용한 경우 진행 방향에 대해 수직인 면내의 힘을 일정 간격(반파장 주기)마다 힘의 방향을 180° 반전하여 피검체에 전달하면 좋다. 따라서 그림 5.6(a)와 같이 자석의 극성을 반전시킨 배열형 자석이 필요하고, 각 자석 간격이 SH파의 반파장이 된다.

자왜 효과를 이용할 경우, 그림 5.6(b)와 같이 전파 방향과 수직 방향에 정자장을 위치하고, 유도 자장과의 복합 자장의 방향을 좌우 경사 방향에 교대로 전환한다. 그 결과, 진행 방향에 대한 수직한 면내의 힘이 발생하고 SH파의 구동력이 된다. 전자 초음파 센서의 구동 주파수의 결정 방법은 Lamb-wave와 마찬가지로 한다.

다만 경험적으로는 로렌츠힘으로 얻어지는 유효한 자속밀도가 0.2~0.3 mm 두께 정도가 한계이고 자왜형으로는 발생한 힘 방향에 대하고, 파가 진행 방향에 대한 수직

방향으로 진동한 방향의 힘 성분을 이용하기 때문에 수신 신호 강도는 Lamb-wave와 비교하서 약해지는 경향이 있다.

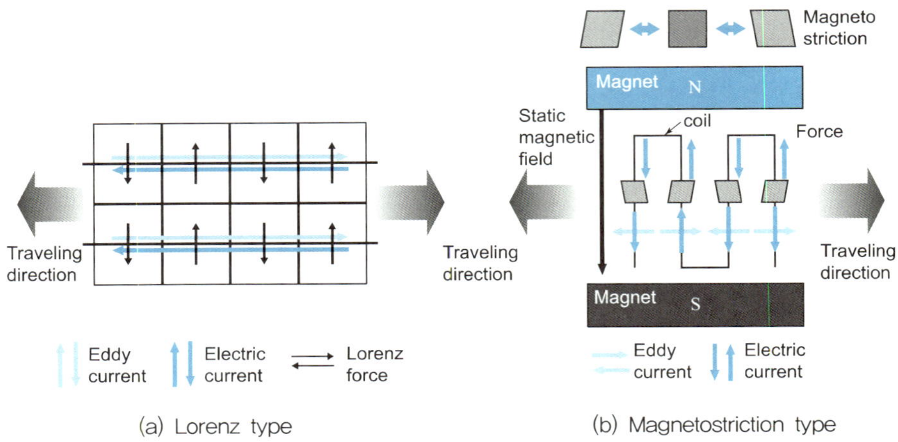

그림 5.6 Structure of the general EMAT for the SH wave

원통파

원통파는 원주 및 전두께 범위에 걸쳐 진동하고 관축 방향으로 진동하기 때문에 원주 방향에 원통파의 진동 패턴을 모방한 힘을 시간 주기적으로 변동시켜 원통파를 발생시킨다. 그림 5.7에 둘레 방향에 일정하고 축 방향으로 진동하는 원통파용 자왜효과형 전자 초음파 센서의 예를 나타냈다. 관 둘레 방향으로 일정하고 축방향에 정자장 및 동자장을 주는 관통 코일의 동심원상의 센서코일로 된 구조로 되어 있다. 또 Lamb-wave에 의한 센서 코일을 축 방향으로 일정 간격으로 배열한 것도 유효하다.

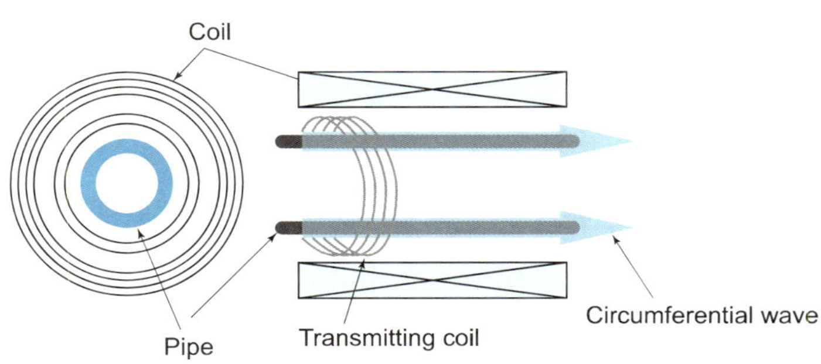

그림 5.7 Structure of the general EMAT for the circumferential wave

사각 횡파(SV, SH)

기본 구조는 Lamb-wave, 표면파의 경우와 동일하다. 구동 방법은 센서 코일의 일정 간격으로 나란한 각도 선을 각 초음파의 음원이라고 생각하고, 배열형 탐촉자에 의한 사각 SV, SH 파의 송수신을 한다. 그림 5.8에 나타난 전파 방향과 연직 방향과 이루어지는 각도를 θ, 도선 간격을 W, 도선간의 거리차를 초음파의 반파장과 같게 되도록 구동 주파수를 결정한다.

$$f = V/2 \times W \times \sin(\theta) \tag{5.11}$$

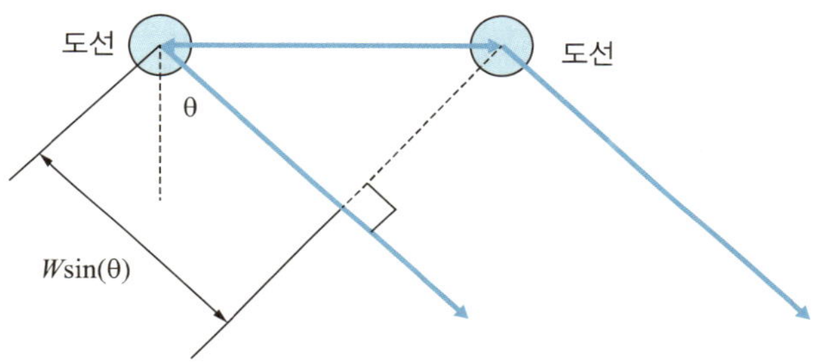

그림 5.8 Structure of the general EMAT for the SV and SH wave

바꾸어 말한다면 판파나 표면파는, 굴절각 90도의 경우의 특수한 예라고 생각할 수 있다.

수직 횡파

수직 횡파로는 힘 방향은 시험편면과 평행이 되도록 하여 고주파 전기 신호로 센서 코일을 구동하고 시험편 수직 방향으로 전파하는 횡파가 발생할 수 있다.수직 횡파의 경우는 공간 적으로 주기적인 힘을 주는 것은 불가능하기 때문에 시간적 변화를 이용하는 형태가 된다. 원형 센서 코일을 이용하면 통상의 횡파로 되고 타원 코일의 직선부만을 유효하게 하여 자석 배치를 하면 판파 횡파가 된다. 그림 5.9(a)에 나타낸 판파 등과는 다르고 자왜 효과를 우선적으로 이용한 구조는 알려지지 않고 있다.

수직종파

수직 종파 그림 5.9(b)에 그 기본 구조를 나타냈다. 피검체면 평행방향 자장과 그것에 직교하는 방향에 와전류를 발생시키는 것으로 연직 방향에 진동하는 힘을 주고 종

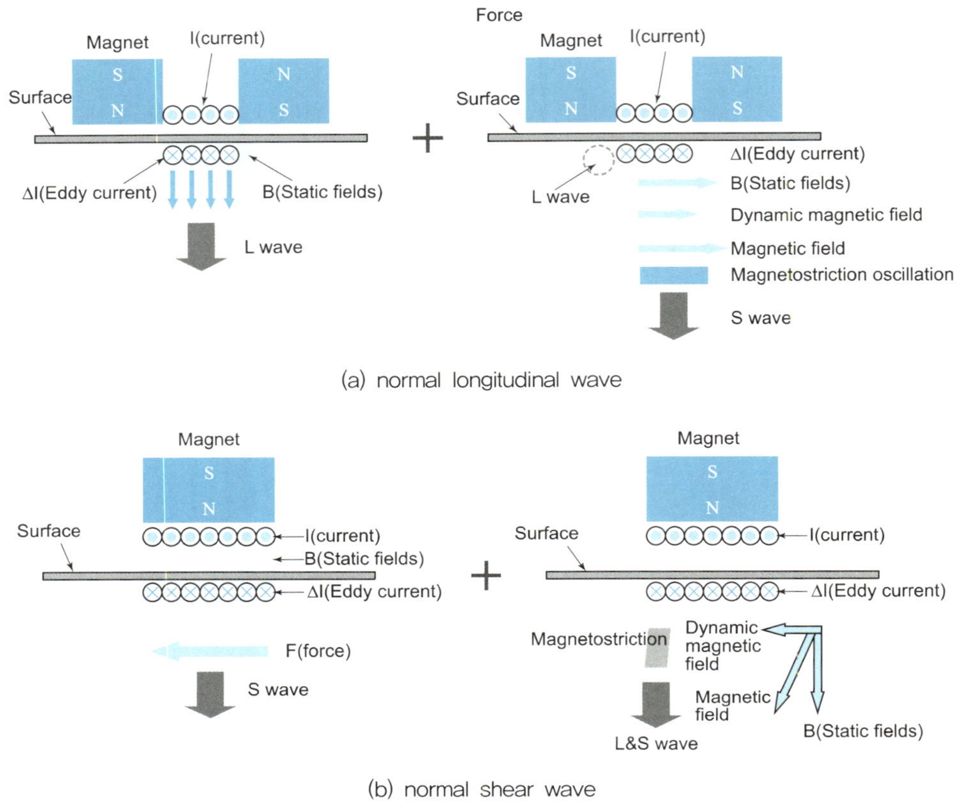

그림 5.9 Structure of the general EMAT for the bulk wave

파로 변환시키고 있다. 자성재의 경우 자왜 효과에 의한 종파·횡파도 발생 한다.또한 피검체 평행 방향의 자장은 자성 재료로는 충분한 강도가 얻어지지 않는 경우가 많다. 즉 비자성 재료에서는 수직 종파용 전자 초음파 센서는 비교적 용이하게 제작 가능하지만, 자성 재료로는 초음파 수신 신호가 상당히 약해진다.

5) 배관결함 검출의 응용사례

연구동향

일반적으로 배관은 직경에 비하여 두께가 얇기 때문에 배관에서 진행하는 초음파는 판파 등과 같은 유도초음파의 형태를 갖는다. EMAT은 탐촉자 설계과정에서 코일과 자석을 적절히 배열하여 유도초음파를 손쉽게 발생시킬 수 있기 때문에 배관결함 탐상에 적용성이 매우 뛰어나다. 설비에 따라 배관의 종류도 매우 다양하지만 가스 및 유류의 장거리 수송을 위한 지하매설배관, 지상에 노출되어 있지만 많은 연결부와 열 보호재로 쌓여있는 석유화학설비 배관, 그리고 직경은 비교적 작지만 여러 개의 배관이 다발로 묶여있는 발전설비 배관 등이 주를 이룬다.

가스나 유류 수송을 위한 대구경 배관의 경우, 대부분 지하에 매설되어 있어서 외부로부터의 접근이 불가능하므로 배관 내부에서 탐상을 수행하여야 하고, 또 대부분 장거리를 이동하면서 탐상을 수행하여야 하므로 PIG와 같은 특수 장치에 탑재되어 결함 또는 부식상태를 평가하여야 한다. 현재 PIG에 탑재되는 비파괴 검사 기술로는 MFL(magnetic flux leakage) 방법과 접촉식 초음파 방법이 있다. MFL법은 배관 내용물에 관계없이 적용 가능하지만 센서가 놓이는 부분의 국부 탐상만이 가능하므로 배관의 원주를 따라 많은 수의 센서를 배열하여야 한다. 접촉식 초음파는 측정결과의 신뢰성이 높음에도 불구하고 초음파의 전달을 위한 접촉매질이 필요하므로 가스배관의 경우에는 이를 위한 별도의 장치를 갖추어야 하는 어려움이 있다. EMAT은 접촉매질 없이 초음파의 전달이 가능하고 유도초음파의 송수신이 매우 유리하기 때문에 원주 방향으로 진행하는 유도파를 이용하면 국부적인 탐상을 위하여 많은 탐촉자가 필요했던 시스템을 단지 몇 개의 탐촉자 만을 갖는 시스템으로 단순화 할 수 있다. 실제 캐나다의 Tuboscope에서는 EMAT를 PIG에 탑재하여 부식결함을 탐상한 결과를 발표하고 있으며 독일, 미국 등에서도 이를 위한 연구를 수행하고 있다. 이와는 별도로 배관의 두께 방향으로 진행하는 초음파를 이용하여 부식 두께를 측정하는 데에도 EMAT이 이용되고 있다.

석유화학설비 배관은 지상에 노출되어 있지만 배관이 길게 연결되어 있고, 열보호재로 쌓여있기 때문에 일반적인 비파괴검사 방법의 적용은 용이하지 않다. 열 보호재의 제거 없이 가능한 비파괴 시험법으로는 방사선 투과시험법과 PEC(pulsed eddy current)법이 연구 및 적용되고 있으며, 최근에는 EMAT의 일종인 MsS(magnetostrictive sensor)로 발생시킨 초음파를 이용하는 기술이 적용성을 크게 인정받고 있다. MsS를 배관결함 탐상에 이용하고자 하는 연구는 미국의 AwPI에서 시작되었으며, 센서가 놓이는 일부분의 열보호재를 제거하는 것이 효과적이며 한 번에 약 30 m의 부위를 검사 할 수 있다.

발전설비의 열교환기 튜브들과 같이 소구경 배관에는 주로 와전류 탐상법이 적용되어 왔지만. 부분적으로는 IRIS와 같은 초음파 탐상법도 적용되어 왔다. 위의 두 방법은 모두 탐촉자가 놓이는 국부적인 위치에서의 탐상이 주목적인데 반하여 배관탐상을 위한 EMAT은 탐촉자의 위치는 고정시키고 초음파가 배관을 따라 진행하면서 결함의 유무를 검사하므로 타 방법에 비하여 탐상 속도는 매우 빠르다. 배관 내에서 와전류는 원주방향으로 형성되므로 축 방향의 결함에 민감하므로, 와전류 탐상법과 EMAT을 이용한 초음파법이 상호 보완적인 기능을 가진다. 하나의 방법으로 검출 및 분석이 어려운 형태의 결함을 다른 방법으로는 매우 효과적으로 검출할 수 있으며, 필요에 따라서는 EMAT을 이용하여 신속하게 결함의 존재 유무를 확인하고 와전류 탐상법이나 IRIS와 같은 초음파 탐상법을 적용하여 정밀하게 결함을 평가할 수도 있다.

배관 결함 검출용 EMAT 제작 및 측정 장치 구성

EMAT 제작에 사용되는 코일은 일정한 주기를 가지는 meander 코일이다. 배관이 곡률을 갖기 때문에 코일과 배관 사이의 거리 즉, lift-off를 일정하게 유지하기 위하여 인쇄회로 기판에 일정한 주기의 pattern을 인쇄하여 제작한 코일을 사용하였다. 또한 앞에서 설명한 바와 같이 EMAT는 코일과 함께 정자기장의 부가를 위하여 강력한 영구자석이 필요하며, 본 연구에서는 약 0.8 T의 정자기장을 부가할 수 있는 NdFeB 영구자석을 사용하여 배관 표면에 수직으로 자기장을 부가하도록 하였다. 그림 5.10은 제작된 EMAT의 사진이다. 하나의 EMAT에서 송신된 초음파는 배관을 따라 진행하여 수신용 EMAT에서 검출된다. 제작된 EMAT은 10″의 배관의 탐상에 알맞도록 제작되었지만 배관 곡률에 따라 두 센서 사이의 각도를 조절할 수 있도록 설계되어 있기 때문에 배관의 크기가 달라져도 적용 가능하다. 또한 센서의 밑면은 코일이 배관의 곡률

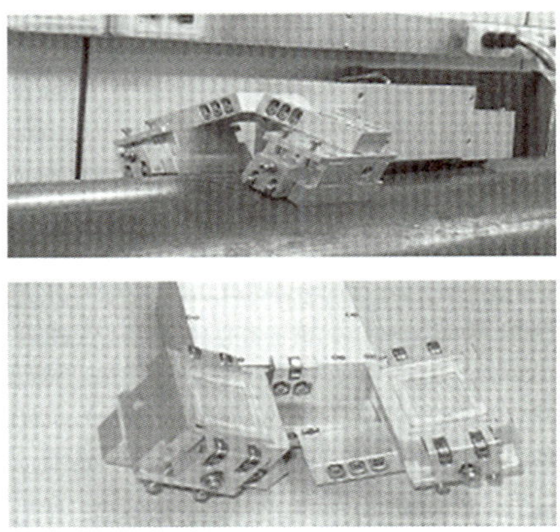

그림 5.10 An EMAT fabricated with printed circuit coils and NdFeB magnets

과 일치하여 부착되도록 함으로써 최대한 lift-off를 일정하게 유지하도록 하였다. 그리고 코일 바로 위에는 직사각형의 NdFeB 영구자석이 배치되어 있는데, 영구자석의 자력이 워낙 강력하여 센서의 밑면과 배관이 부착되면 배관을 따라가며 움직일 수 없다. 그러므로 lift-off를 최대한 작게 유지하면서 쉽게 움직일 수 있도록 하기 위하여 lift-off 미세 조절 장치와 함께 이동용 바퀴를 부착하였다.

그림 5.11은 실험에 사용된 장비의 개략도이다. 실험에 사용된 펄스 공급 장치는 미국 Ritec사의 RAM10000 시스템으로 약 2 kW의 순간 파워를 갖는 tone-burst 펄스를 송신용 EMAT 코일에 공급할 수 있다. RAM10000 시스템의 출력임피던스는 50 ohm인 반면 EMAT 코일의 임피던스는 수 ohm에 불과하므로 펄서의 출력을 EMAT 코일에 가장 효율적으로 공급하기 위하여 수동 소자를 이용한 임피던스 정합회로가 구성되었다. 수신용 코일도 동일한 방법으로 제작된 임피던스 정합회로가 필요하며 RAM10000 시스템의 수신회로를 사용하여 신호를 증폭하였다. EMAT은 구조상 접촉식 초음파 탐촉자에 비하여 전기에너지를 역학적 진동에너지로 바꾸어주는 전환효율이 매우 낮아 높은 증폭률이 요구되며 이로 인해 신호 대 잡음비가 상대적으로 낮아지기 때문에 신호 대 잡음비의 향상을 위하여 단일 주파수 성분만을 여과(filtering) 하거나 증폭할 수 있는 'Noise suppressor'를 사용하였다. 수신된 초음파 신호의 획득에는 일반적으로 Oscilloscope가 이용될 수 있지만 앞으로의 현장적용을 고려하여 컴퓨터에 내장되는 미국 GaGe사의 CompuScope225 Data acquisition A/D board를 이용하였다.

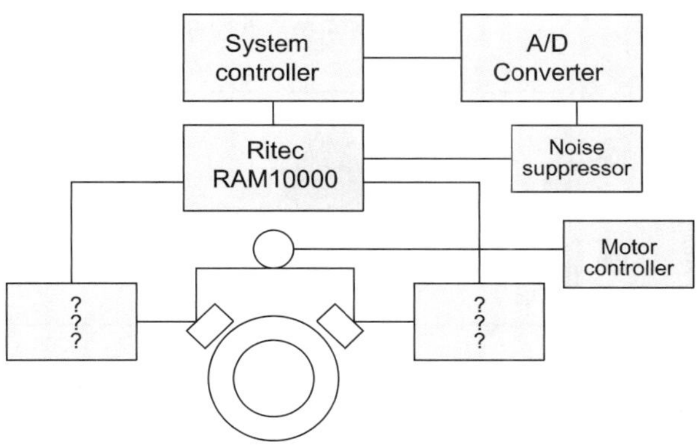

그림 5.11 Experimental set-up for popeline inspection with EMAT

EMAT에 의한 초음파 발생

그림 5.12는 송신용 EMAT에서 발생된 초음파가 배관의 원주 방향으로 진행한 후 수신용 EMAT에서 검출된 신호 모양이다. 그림에서 (a)는 1.5 MHz의 중심주파수를 갖는 표면 초음파이다. 사용한 배관의 두께는 5.5 mm인 반면 초음파의 파장은 1.5 MHz에서 약 2 mm이므로 재료의 두께와는 관계없는 표면 초음파의 영역에 해당한다. 표면 초음파는 주파수에 관계없이 속도가 일정하기 때문에 그림에서와 같이 초음파가

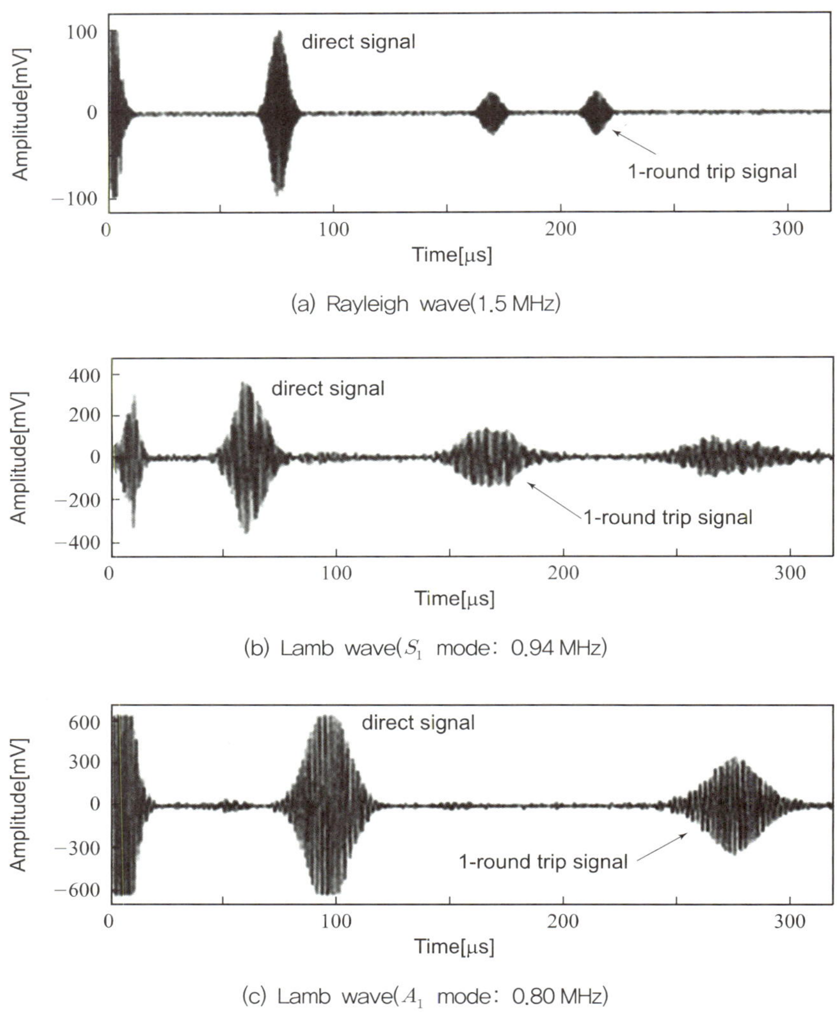

그림 5.12 Signal shapes of ultrasonic wave of 3 different modes

진행함에 따라서도 신호의 모양이 항상 일정하여 결함 검출에 매우 유리하다.

그러나 표면파는 배관의 외벽에 있는 결함에는 민감하지만 내벽에 잇는 결함은 검출하지 못하는 약점이 있다. 반면 (b)는 S_1 모드의 판파이고 (c)는 A_1 모드의 판파이다. S_1 모드와 A_1 모드는 주기 6 mm의 동일한 코일에 공급하는 펄스의 주파수만 변화시키면 선택적으로 발생된다. 즉 S_1 모드의 초음파는 940 kHz의 펄스를 공급하면 발생되고, A_1 모드의 초음파는 800 kHz의 펄스를 공급하면 발생된다. 그렇지만 두 모드 발생을 위한 펄스의 주파수가 불과 140 kHz의 차이만 있기 때문에 공급하는 펄스의 주파수 대역이 겹쳐질 수 있으며, 실제 수신되는 신호를 여과하지 않으면 두 모드의 신호가 같이 발생되고 있음을 확인할 수 있다.

그림 5.13은 두 모드의 초음파가 동시에 발생되는 것을 확인하기 위하여 900 kHz의 펄스로 여과 시킨 후 검출한 신호이다. 예상했던 바와 같이 두 가지 모드가 동시에 발생되어 있음을 볼 수 있다. 초음파 센서를 결함 탐상에 이용할 경우, 두 가지 모드의 초음파가 동시에 발생되면 결함에 의한 신호가 다른 모드들로 인해 혼돈이 발생할 수 있기 때문에 가급적이면 단일 모드의 초음파가 발생될 수 있도록 조건을 설정하는 것이 중요하다. 이를 위해 두 가지 방법이 사용될 수 있는데 하나는 수신된 신호를 적당한 주파수 대역을 갖는 여과기로 여과하는 방법이고, 다른 하나는 초음파 발생 시 공급하는 펄스의 주파수 대역에서의 폭을 좁혀주는 것이다. 주파수 대역의 폭을 좁히기 위해서는 시간 대역에서의 펄스폭을 늘려주어야 하므로 공급하는 펄스의 수를 증가시키면 된다. 그림 5.14는 A_1 모드의 초음파 발생을 위한 조건에서 펄스의 수를 2개,

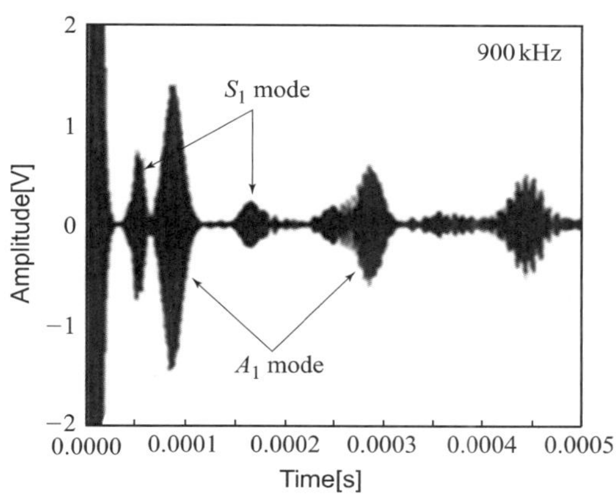

그림 5.13 Simultaneous generation of two modes

4개, 6개로 변화시키면서 측정한 결과이다. 펄스의 수가 2개인 경우에는 A_1 모드 뿐 아니라 S_1 모드도 발생되고 있지만 펄스의 수를 6개로 늘리면 S_1 모드는 거의 발생되지 않음을 확인할 수 있다. 한편 본 실험에서 발생시킨 판파는 표면파와는 달리 분산 특성이 있어서 시간이 경과함에 따라 신호의 모양이 변하는 것을 볼 수 있다. 초음파가 진행하면서 신호 모양이 바뀌면 결함 탐상에는 상대적으로 불리하다. 그렇지만 판파는 배관 전 단면에 걸쳐 진동하므로 표면 초음파와는 달리 내외부 양쪽 모두에 존재하는 결함도 검출할 수 있는 장점도 있다.

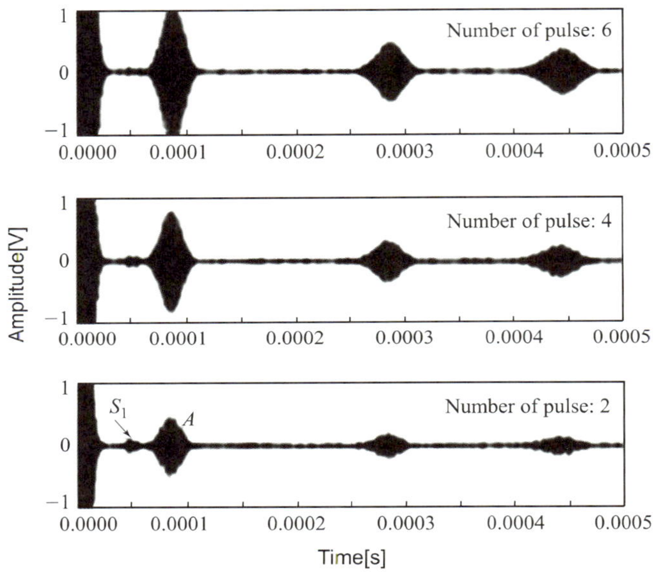

그림 5.14 Enhancement of mode selectivity by the increase of pulse width

EMAT에 의한 결함 검출

실험에 사용된 배관은 국내 가스 수송용 배관으로 사용되는 내경 254 mm,두께 5.5 mm의 일반 탄소강이다. 그리고 결함 검출 실험을 위해서 그림 5.15와 같이 축 방향 노치의 폭은 모두 2 mm이다. 본 연구에서는 결함 검출에 두 가지 방법을 적용 하였다. 송신용 EMAT에서 발생된 초음파가 배관의 원주 방향을 따라 진행하다가 결함을 만나면 반사하게 되고 이 신호를 검출하여 화상으로 나타내는 직접반사법과 원주방향으로 진행하던 초음파가 결함 부위를 통과하면 신호 도달 시간과 신호 크기에 변화가 생기므로 이로부터 결함의 존재 유무를 판별하는 투과법을 적용하였다.

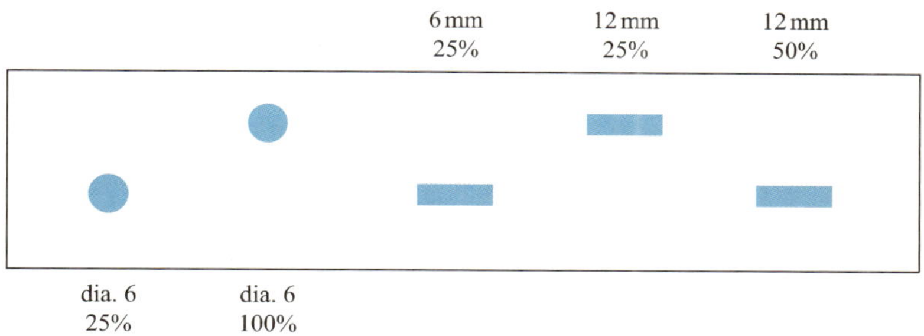

그림 5.15 Flaw shape and size

그림 5.16은 결함으로부터 직접 반사된 신호로부터 얻어진 화상이다. 표면파와 A_1 모드의 판파는 5개의 결함을 모두 구별할 수 있지만, S_1 모드의 판파는 큰 결함 두 개만을 구별할 수 있다. S_1 모드의 판파는 초기 발생 효율이 A_1 모드보다 낮았고, 진행하면서 분산이 상대적으로 커서 결함 검출능이 낮은 것으로 판단된다. 표면파와 A_1 모드 판파를 비교하면 표면파의 중심주파수가 1.5 MHz로 A_1 모드의 0.8 MHz보다 높아서 시간 축에서의 폭이 좁을 뿐 아니라 분상이 없기 때문에 신호가 늘어나는 현상

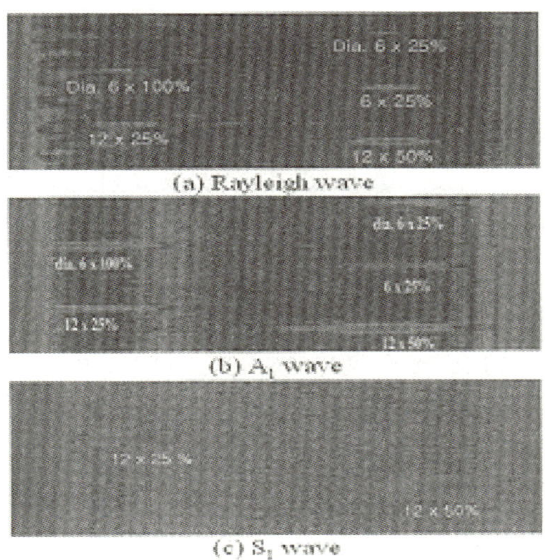

그림 5.16 Flaw images obtained by 3 different wave modes

이 없으므로 가장 깨끗한 화상을 걷을 수 있다. 반사법은 수신용 EMAT에 검출되는 전체신호 중에서 미리 설정해둔 문턱값 이상의 신호를 화상 처리하여 결함을 검출하는 방법이다. 즉 초음파가 배관의 원주를 완전하게 한바퀴 회전하는데 걸리는 시간 동안 계속 추적하면서 문턱값 보다 큰 신호를 검출하여야 하므로 화상 처리에 많은 시간이 소요된다.

두 번째 결함 검출법은 투과법으로 결함을 검출하는 방법이다. 투과법에서는 송신용 센서에서 발생된 초음파 신호가 결함 부위를 투과하기 전 직접 수신용 센서에 도달한 신호(그림 5.16의 'direct signal')와 배관을 한바퀴 진행한 후 수신용 센서에 도달한 신호(그림 5.16의 '1-round-trip signal')의 차이를 비교한다. 신호 차이와 도달 시간의 차이를 수식으로 표시하면 식(13), 식(14)와 같다. 식에서 A_1과 Φr_1은 수신용 센서에 직접 도달한 신호의 세기와 위상이며, A_2와 Φr_1는 배관을 한바퀴 통과한 신호의 세기와 위상이다.

그림 5.17은 1.5 MHz의 표면파를 이용한 측정결과이며, (a)는 식(5.12)의 결함 부위를 통과한 신호크기에 대한 결함 부위를 통과하지 않은 신호 크기의 비이며, (b)는 식(14)의 두 'gate' 내의 신호의 위상으로부터 계산된 도달 시간의 변화이다. 감쇠 측정결과와 도달 시간 변화 측정결과로부터 결함의 유무를 알 수 있지만, 감쇠 측정결과가 결함의 유무를 더 잘 보여주고 있다. 이 방법은 측정 시 계속 추적해야 하는 'gate'의

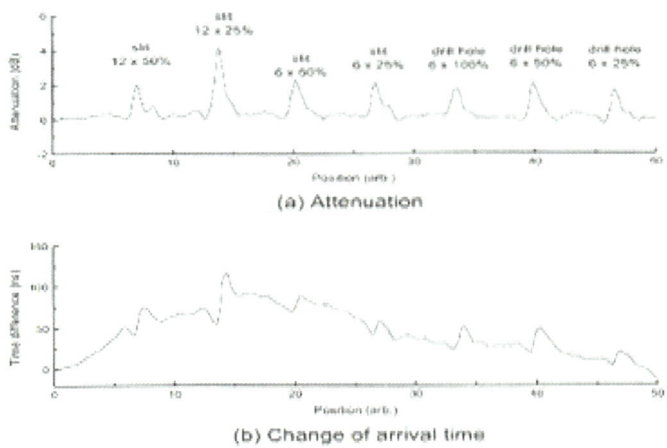

그림 5.17 Changes in attenuation and arrival time measured by a through-transmission method

폭이 훨씬 좁을 뿐 아니라 위치가 고정되기 때문에 직접 반사법과 비교하여 빠른 시간에 결함의 유무를 판단할 수 있다.

앞에서 설명한 EMAT 시스템은 자체 구동력을 가지고 배관의 외벽을 따라 움직이면서 결함을 탐상하지만, 필요에 따라서는 센서 코일의 곡률 등 간단한 설계의 변경만으로 배관 내벽을 따라 움직이면서 결함을 검사하는 시스템으로 변화시킬 수 있어서 보다 폭 넓은 분야에의 적용이 가능할 것으로 판단된다.

EMAT(electromagnetic-acoustic transducer)는 비접촉식 초음파 탐촉자로 초음파의 송수신을 위하여 접촉매질이 필요하지 않기 때문에 탐촉자를 시험 대상체 표면을 따라 이동하면서 결함 검출이 가능하며, 코일의 설계와 배열에 따라 표면파와 판파 등 원하는 모드의 유도초음파를 손쉽게 송신할 수 있기 때문에 두께가 얇은 배관의 탐상에 알맞은 초음파 탐촉자이다.

EMAT은 비접촉 측정이 가능한 초음파센서로 1970년대 후반부터 1980년대 전반에 걸쳐 연구가 활발히 진행되었다. 구조는 간단하며 도체 내에 바이어스 자장을 주는 영구자석 또는 전자석과 진동자장 및 와전류를 여기 하는 코일이 있다. 발생되는 파의 모드에 따라 자석이나 코일의 형상이 다르다. 그러나 비접촉성이라고 하는 중요한 장점을 가지고 있지만 압전탐촉자를 대체하지는 못했고, 1980년대 후반 이후에는 연구가 더 이상 진행되지 않았다. 그 이유로는 2가지를 들 수 있다. 무엇보다 변환효율이 매우 낮다는 것이다. 이전의 EMAT는 압전탐촉자에 비해 40 dB 이상 감도가 떨어져(이 수치는 측정조건에 따라 상당히 다를 수 있지만) 탐상 등 실용적인 용도로는 거의 사용할 수가 없었다. 또 한 가지는 강자성체에 대한 작동원리가 완전히 이해되지 못했다는 것이다. 비자성체의 경우 EMAT는 금속 내 전자의 움직임인 로렌츠힘에 의해 초음파 음원을 발생하지만, 강자성체의 경우 이 외에 자왜나 자화라고 불리는 효과가 복잡하게 생긴다. 이 때문에 EMAT을 최적설계 하는 것이 불가능하였다. 그러나 최근 계측기기나 신호처리 기술의 진보와 함께 변환효율이 낮은 것은 상당히 개선되어 왔다. 특히, 공명법과 조합된 전자기초음파공명법(electromagnetic acoustic resonance; EMAR)은 EMAT의 낮은 변환효율이 공명상태의 동 위상 다중에코를 잡는 것에 의해 적절히 보완되고, 또 EMAT의 비접촉성이 공명법의 종래의 문제가 되어왔던 복합공명모드의 발생이 제거되고 매우 정밀도 높은 음속과 감쇄의 측정이 가능하였다. 그 외에 영구자석의 고성능화와 코일 제작을 위한 플랜트 기판 기술의 진보도 EMAT의 소형화와 고감도화에 공헌하였고, 이후 EMAT을 이용한 재료평가의 연구에 관심이 높아지게 되었다. 또 계측기술의 진보와 함께 EMAT의 작동원리의 실험적 해석이 진행되고 강자성체에도 작동원리가 명확해지고 있다.

EMAT은 생산중인 재료 또는 기차의 차륜과 같이 움직이고 있는 재료의 표면 및 내부결함 탐상, 고온상태에 있는 재료 내부 결함 탐상, 유도 초음파를 이용한 배관 결함 탐상등에 이용되고 있으며, 초음파의 전달을 위한 접촉매질 없이 초음파를 송수신하므로 잔류응력이나 결정이방성, 그리고 재료의 미세구조의 평가등과 같은 재질평가에도 폭넓게 이용되고 있다.

특히, 발전설비나 항공기와 같은 높은 신뢰성이 요구되는 구조물에 발생하는 결함들 중에서 내부부식은 가장 경계해야할 잠재적인 결함 중에 하나이다. 내부 부식은 강 배관의 내부 면이나 항공기 날개에 사용되는 알루미늄 판의 뒷면에 발생하여 두께 감육의 원인이 된다. 내부 부식은 구조물의 외부에서는 관찰이 되지 않기 때문에 이러한 결함을 검출하고 정량화할 다양한 비파괴평가기법이 시도되고 있다.

CHAPTER 6

초음파, 멀리 길게 보다

6.1 유도초음파 기술 개요

비파괴평가(Nondestructive Evaluation ; NDE)는 원전 압력 경계기기를 포함하는 각종 발전설비의 건전성(integrity)을 주기적으로 확보하기 위한 보수검사(maintenance inspection) 기술의 한가지이다. 발전설비는 건설완료 후 운전을 시작하면 그 후 주기적으로 수행하는 계획예방정비기간(overhaul period)을 제외하고는 장기간에 걸쳐 계속적으로 운전될 뿐 아니라 발전설비 부품은 운전 중 고온, 고압, 부식, 기계적 응력 및 진동 등의 열악한 조건하에서 가동된다. 따라서 가동 중에 부품의 결함발생 혹은 조기 파손의 가능성이 매우 높다.

발전설비의 건전성을 주기적으로 확보하는데 경제성, 가반성(可搬性), 조작성(操作性) 등이 우수하고 현장 유용성이 검증되어 현재 많이 사용되고 있는 NDE 기법 중에는 육안시험(VT), 침투탐상시험(PT), 자분탐상시험(MT), 방사선투과시험(RT), 초음파 두께 측정 등 비교적 정량성이 높은 시험결과가 얻어지는 기법과 초음파탐상시험(UT), 와류탐상시험(ECT), 음향방출시험(AE) 등 아직 그다지 정량성은 높지 않지만 나름대로 많은 적용 가능성을 가지고 있는 기법 등이 있다.

이 중에서 유도초음파(ultrasonic guided wave)법은 구조물의 기하학적인 구조를 따라 전파하는 파로서, 광범위 비파괴탐상을 효율적으로 수행할 수 있다는 점에서 여러 분야에 적용될 수 있고, 기존의 종파나 횡파를 사용한 국부검사(point by point)법에 비해 탐촉자의 이동 없이 고정된 지점으로부터 대형 설비 전체를 한 번에 탐상할 수 있을 뿐만 아니라 절연체나 코팅재의 제거 없이 구조물이 설치된 그대로 검사를 수행할 수 있어 기존의 비파괴기법에 비해 시간적, 경제적 효율이 뛰어나다. 또한 보온재나 제한된 공간으로 인하여 검사자의 접근이 곤란하고 복잡하다든가, 다양한 피검사체의 형상을 따라 원거리 초음파탐상이 어려운 발전설비의 보수검사에 적극 활용되고 있다.

반면 유도초음파는 상기와 같은 장점을 가지고 있음에도 불구하고 발전설비의 보수검사에 적용하는데 아직 해결되어야 할 어려움이 남아있다. 이는 유도초음파가 전파해가는 모드가 무한히 많이 존재함으로 인해 다양한 모드의 선택을 통한 측정 민감도를 향상시킬 수 있는 장점도 있지만, 여러 개의 모드가 동시에 수신될 때 신호해석과 모드확인(mode identification)이 어렵다는 것이다.

그러나 이러한 문제를 극복하기 위한 노력으로 1990년대에 열 교환기 튜브나 파이프에 비파괴검사에 적용하기 위해 이론적 연구와 실험적 연구가 진행되었고 배관에서 유도초음파를 적용한 연구로는 미국의 Penn State와 영국의 Imperial College에서 comb transducer나 array transducer를 이용한 장거리 배관을 신속히 탐상하고 유도초음파의 해석을 단순화하기 위해 저주파 영역의 모드를 선택하고, 초음파 신호의 효율적 해석을 위한 전용프로그램을 자체적으로 개발하였다. 미국의 SWRI에서는 배관에서 유도초음파를 발생시키기 위해 자왜 센서(magnetostrictive sensor)를 채택하고 있는데, 시스템 또한 자체적으로 개발하여 장거리 배관의 결함을 신속하게 탐상하고자 노력하고 있다.

유도 초음파의 모드분석을 위한 신호처리 방법으로는 고전적인 퓨리에 변환 방식이 가장 일반적으로 널리 사용되고 있으나, 시간영역과 주파수영역의 신호를 동시에 해석할 수 없기 때문에 유도초음파 신호가 가지는 시간영역과 주파수 영역의 정보를 시간과 주파수의 2차원 평면상에 동시에 표현할 수 있는 시간-주파수 해석법인 단시간 퓨리에 변환(short time Fourier transform; STFT)과 웨이블릿 변환(wavelet transform; WT), 2-D FFT 등을 유도초음파 모드 분석에 적용하는 기법에 대한 연구가 활발히 진행되고 있다.

당해연도의 연구에서는 발전설비의 보수검사에 적용하기 위한 연구로써 설비별 유도초음파 적용기술 개발을 위해 유도 초음파검사 탐촉자 개발 및 모의 및 교정 시험편 설계/제작 유도 초음파검사 시스템 구성 및 Calibration, 유도초음파 신호해석용 Software 개발과 시간 -주파수 해석에 의한 유도초음파 Mode Identification 기법의 유용성 검증 등을 통해 가시적으로 나타내고자 하였으며, 실험적으로 각종 mockup을 통해 유도초음파의 결함검출 능력을 검증하고자 하였다.

유도초음파(ultrasonic guided wave)법은 구조물의 기하학적인 구조를 따라 전파하는 파로서, 광범위 비파괴탐상을 효율적으로 수행할 수 있다는 점에서 여러 분야에 적용될 수 있고, 기존의 종파나 횡파를 사용한 국부검사(point by point)법에 비해 탐촉자의 이동 없이 고정된 지점으로부터 대형 설비 전체를 한 번에 탐상할 수 있을 뿐만 아니라 절연체나 코팅재의 제거 없이 구조물이 설치된 그대로 검사를 수행할 수 있어 기존의 비파괴기법에 비해 시간적, 경제적 효율이 뛰어나다. 또한 보온재나 제한된 공간으로 인하여 검사자의 접근이 곤란하고 복잡하다든가, 다양한 피검사체의 형상을 따라 원거리 초음파탐상이 어려운 발전설비의 보수검사에 적극 활용되고 있다.

반면 유도초음파는 상기와 같은 장점을 가지고 있음에도 불구하고 발전설비의 보수검사에 적용하는데 아직 해결되어야 할 어려움이 남아있다. 이는 유도초음파가 전파해가는 모드가 무한히 많이 존재함으로 인해 다양한 모드의 선택을 통한 측정 민감도를 향상시킬 수 있는 장점도 있지만, 여러 개의 모드가 동시에 수신될 때 신호해석과 모드확인(mode identification)이 어렵다는 것이다.

유도 초음파의 모드분석을 위한 신호처리 방법으로는 고전적인 퓨리에변환 방식이 가장 일반적으로 널리 사용되고 있으나, 시간영역과 주파수영역의 신호를 동시에 해석할 수 없기 때문에 유도초음파 신호가 가지는 시간영역과 주파수 영역의 정보를 시간과 주파수의 2차원 평면상에 동시에 표현할 수 있는 시간-주파수 해석법인 단시간 퓨리에변환(short time Fourier transform; STFT)과 웨이블릿변환(wavelet transform ; WT), 2-D FFT 등을 유도초음파 모드 분석에 적용하는 기법에 대한 연구가 활발히 진행되고 있다. 따라서 본장에서는 [초음파, 멀리 길게 보다]라는 제목으로 유도초음파의 일반적 사항 및 적용기술을 설명하고자 한다.

6.2 유도초음파 이론

1 유도초음파의 원리

유도초음파는 박판, 원통 및 구형과 같은 자유경계면(free boundaries)을 가지는 시험체내로 진행하며, 이것은 시험체의 전두께를 통하여 진행하는 복잡한 진동형태로 구성되어 있다. 유도초음파는 탄성 도파관과 평판자유경계면을 가지는 평판의 경우에 나타난다. 이러한 독특한 응답의 유도초음파는 종파와 횡파와 같은 대부분의 초음파와는 구별된다. 두께와 변환주파수가 주어진 평판에 유도초음파를 입사시키면 여려가지 모드가 발생한다. 이러한 모드들은 그림 6.2에서와 같이 대칭형 및 비대칭형의 두 가지 기본형을 가진다. 그림 6.1은 양의 방향 x 지시와 두께 $2h$의 평판에서 전달되는 조화 유도초음파이다. 여기서, 미소변위 u는 위치 스칼라 ϕ와 변위벡터 Ψ에 의해 다음 관계식이 성립한다.

$$u = \nabla\phi + \nabla\times\Psi \tag{6.1}$$

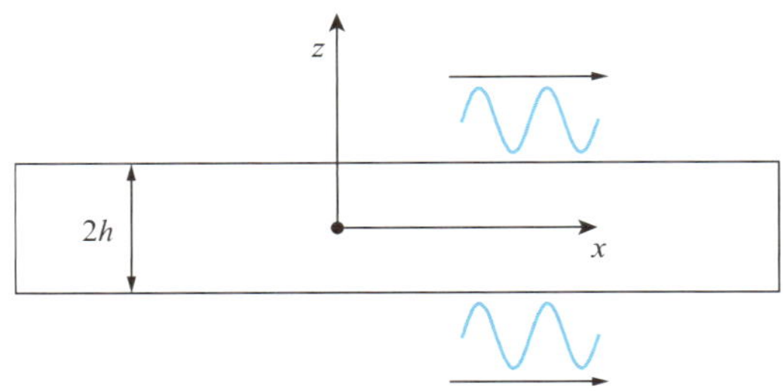

그림 6.1 Propagation of a plane harmonic Lamb waves

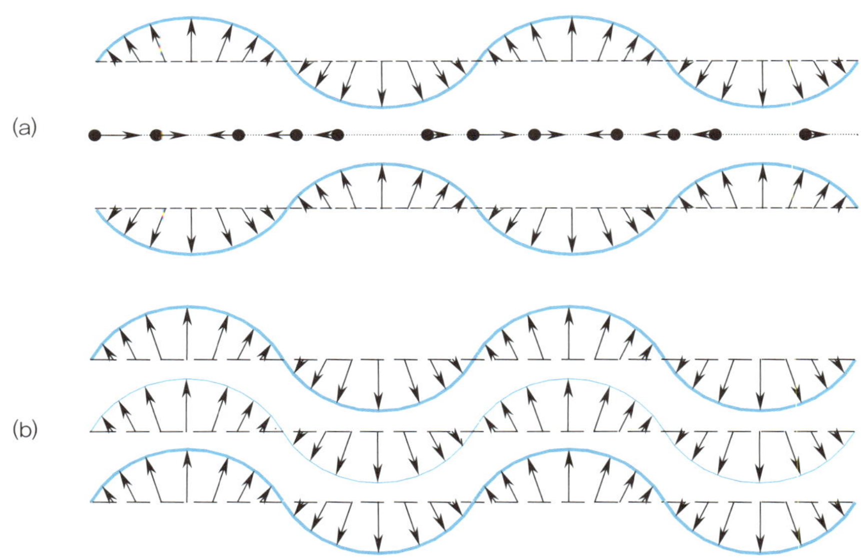

그림 6.2 Symmetric mode(a) and antisymmetric mode(b)

이 경우, 파동(wave)은 2차평면에 표시되고, 운동경로는 좌표 y에 의존하지 않는다. 또한, 위치벡터 Ψ는 y축의 지시에서 진폭은 0이 아닌 값을 가진다. 위치에너지 ϕ와 Ψ는 각각 종파와 횡파로 나타내어지고, 다음 식을 만족한다.

$$\frac{\partial^2\phi}{\partial x^2}+\frac{\partial^2\phi}{\partial z^2}+k_1^2\phi=0 \tag{6.2}$$

$$\frac{\partial^2\Psi}{\partial x^2}+\frac{\partial^2\Psi}{\partial z^2}+k_t^2\,\Psi=0 \tag{6.3}$$

여기서, k_1과 k_t는 각각 종파와 횡파의 수(number)이고, 다음과 같다.

$$k_1=\omega\sqrt{\frac{\rho}{\lambda+2\mu}} \tag{6.4}$$

$$k_t=\omega\sqrt{\frac{\rho}{\mu}} \tag{6.5}$$

여기서, ω는 주파수각이고, λ와 μ는 램 탄성계수이다. 그리고 ρ는 매질의 밀도이다. x와 z축에 따른 미소 변위벡터 v의 성분인 U와 W는 위치에너지 ϕ와 Ψ로 다음식과 같이 나타내어진다.

$$U=\frac{\partial\varnothing}{\partial x}-\frac{\partial\varnothing}{\partial z} \tag{6.6}$$

$$W=\frac{\partial\Psi}{\partial z}+\frac{\partial\Psi}{\partial x} \tag{6.7}$$

또한, 이 경우에서의 응력성분 σ_{xx}, σ_{zz}와 σ_{xz}는 다음과 같이 나타낸다.

$$\sigma_{xx}=\lambda\left(\frac{\partial^2\phi}{\partial x^2}+\frac{\partial^2\phi}{\partial z^2}\right)+2\mu\left(\frac{\partial^2\phi}{\partial x^2}-\frac{\partial^2\Psi}{\partial x\partial z}\right) \tag{6.8}$$

$$\sigma_{zz}=\lambda\left(\frac{\partial^2\phi}{\partial x^2}+\frac{\partial^2\phi}{\partial z^2}\right)+2\mu\left(\frac{\partial^2\phi}{\partial z^2}+\frac{\partial^2\Psi}{\partial x\partial z}\right) \tag{6.9}$$

$$\sigma_{xz}=\mu\left(2\frac{\partial^2\phi}{\partial x\partial z}+\frac{\partial^2\Psi}{\partial x^2}-\frac{\partial^2\Psi}{\partial z^2}\right) \tag{6.10}$$

ϕ와 Ψ는 다음 식과 같이 표시된다.

$$\phi = A_s \cosh(qz)e^{ikx} + B_a \sinh(qz)e^{ikx} \tag{6.11}$$

$$\Psi = D_s \sinh(sz)e^{ikx} + C_a \cosh(sz)e^{ikx} \tag{6.12}$$

여기서, A_s, B_a, C_a, D_s는 임의의 상수이고, k는 램 파수(Lamb wave number)이다.

$$q^2 = k^2 - k_1^2 \tag{6.13}$$

$$s^2 = k^2 - k_t^2 \tag{6.14}$$

식(6.11)과 식(6.12)는 식(6.2)와 식(6.3)을 만족하는 것을 알 수 있다. 게다가, 네 개의 상수 A_s, B_a, C_a, D_s는 선형동차식인 다음 식과 같이 초기조건 $z = \pm h$에서는 $\sigma_{xz} = \sigma_{zz} = 0$ 등에 의하여 구해진다.

$$(k^2 + s^2)\cosh(qh)A_s + 2iks\cosh(sh)D_s = 0 \tag{6.15}$$

$$2ikq\sinh(qh)A_s - (k^2 + s^2)\sinh(sh)D_s = 0 \tag{6.16}$$

$$(k^2 + s^2)\sinh(qh)B_a + 2iks\sinh(sh)C_a = 0 \tag{6.17}$$

$$2ikq\cosh(qh)B_a - (k^2 + s^2)\sinh(sh)C_a = 0 \tag{6.18}$$

이 시스템에서는 결정변수가 0이 될 때 아주 독특한 결과를 얻는다. 다음은 파수k의 고유치를 결정하는 특성방정식이다.

$$(k^2 + s^2)\cosh(qh)\sin(sh) - 4k^2qs\sinh(qh)\cosh(sh) = 0 \tag{6.19}$$

$$(k^2 + s^2)\sinh(qh)\cosh(sh) - 4k^2qs\cosh(qh)\sinh(sh) = 0 \tag{6.20}$$

식(6.15)~식(6.18)에서 상수D_s는 B_a에 대해서 A_s와 C_a의 항으로 나타낼 수 있다. 결국, 위치에너지 ϕ와 Ψ는 다음 식으로 표현된다.

$$\phi = A_s \cosh(q_s z)e^{ik_s x} + B_a \sinh(q_a z)e^{ik_a x} \tag{6.21}$$

$$\Psi = \frac{2ik_a q_a \sinh(q_s z)}{(k_a^2 + s_a^2)\sinh(s_a h)} B_s \cosh(s_a z) e^{ik_a x} \tag{6.22}$$

여기서, k_s는 식(6.19)을 만족하는 k값이고, k_a는 식(6.20)을 만족하는 k값이다. 매개변수 q와 s는 다음과 같이 정의된다.

$$q_s^2 = k_s^2 - k_1^2 \tag{6.23}$$

$$q_a^2 = k_a^2 - k_1^2 \tag{6.24}$$

$$s_s^2 = k_s^2 - k_t^2 \tag{6.25}$$

$$s_a^2 = k_a^2 - k_t^2 \tag{6.26}$$

게다가, 변위벡터 U와 W는 다음과 같이 계산되어질 수 있다.

$$U = U_s + U_a \tag{6.27}$$

$$W = W_s + W_a \tag{6.28}$$

여기서,

$$U_s = Ak_s\left(\frac{\cosh(q_s z)}{\sinh(q_s h)} - \frac{2q_s s_s}{k_s^2 + s_s^2} \cdot \frac{\cosh(s_s z)}{\sinh(s_s h)}\right) e^{i(k_s x - wt - \pi/2)} \tag{6.29}$$

$$W_s = -Aq_s\left(\frac{\cosh(q_s z)}{\sinh(q_s h)} - \frac{2k_s^2}{k_s^2 + s_s^2} \cdot \frac{\sinh(s_s z)}{\sinh(s_s h)}\right) e^{i(k_s x - wt)} \tag{6.30}$$

$$U_a = Bk_s\left(\frac{\sinh(q_s z)}{\cosh(q_s h)} - \frac{2q_a s_a}{k_a^2 + s_a^2} \cdot \frac{\sinh(s_s z)}{\cosh(s_a h)}\right) e^{i(k_s x - wt - \pi/2)} \tag{6.31}$$

$$W_s = -Bk_s\left(\frac{\cosh(q_a z)}{\cosh(q_a h)} - \frac{2q_s s_s}{k_a^2 + s_a^2} \cdot \frac{\cosh(s_a z)}{\cosh(s_a h)}\right) e^{i(k_s x - wt)} \tag{6.32}$$

여기서, A와 B는 새로운 임의의 상수이다. 위치값 ϕ와 Ψ, 변위값 U와 W에 대한 위의 수식은 각각 파의 운동방정식과 초기조건을 만족하는 두 개의 파군(wave group)

으로 나타난다. 다시 말해서, 이것은 각각 독립적으로 평판에 전달될 수 있다. 아래첨자로 표시된 s에 의한 첫 번째 파군으로 보여질 수 있다. 이것은 평면 $z=0$에서 대칭적인 운동으로 발생하는 파형이 생긴다. 반면에, 아래첨자가 a로 표시된 두 번째 군은 평면 $z=0$에서 비대칭운동으로 발생하는 파형이 생긴다. 여기서, 첫 번째 군의 파형을 대칭 유도초음파라 하고 두 번째 군의 파형을 비대칭 유도초음파라 한다.

6.3 유도초음파의 모드 및 속도분산

1 유도 초음파의 전파이론 해석

유도초음파를 발생시키는 여러 가지 방법 중 그림 6.3과 같이 종파를 이용하여 경사로 입사할 때 판 내부에서 종파와 횡파가 발생하여 반사, 굴절 그리고 모드변환을 일으키며 판을 따라 전파된 후 새로운 형태의 파가 생성되는데 이를 유도 초음파라 한다.

탄성체 내에서 운동 방정식은 Navier's 방정식으로부터 식(6.33)과 같이 유도되어진다.

$$\mu\nabla^2 u+(\lambda+u)\nabla(\nabla\cdot u)=\rho(\partial^2 u/\partial t^2) \tag{6.33}$$

여기서 u는 변위 벡터이며, ρ는 밀도, λ와 μ는 $Lam\acute{e}$의 탄성상수이다.

다음 식(6.33)에서 벡터 u는 스칼라 포텐셜 ϕ와 벡터 포텐셜 H의 항으로 표현될 수 있다.

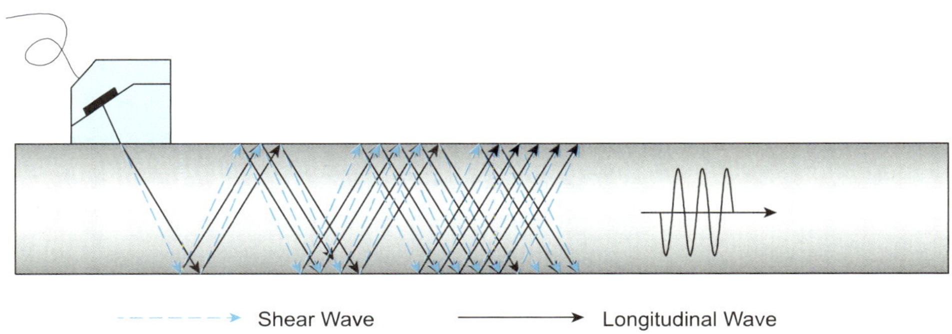

그림 6.3 Illustration of the superposition of partial wave forming a guided wave in a plate

$$u = \nabla\phi + \nabla \times H \tag{6.34}$$

또한

$$\nabla \cdot H = F(r,t) \tag{6.35}$$

이며 여기서 F는 벡터 r과 시간의 함수이다. 스칼라 포텐셜 ϕ와 벡터 포텐셜 H가 파동 방정식를 만족한다면 운동 변위 방정식은 식(6.35)로 나타낼 수 있다.

$$v_1^2 \nabla^2 \phi = \partial^2 \phi / \partial t^2 \tag{6.36}$$

$$v_2^2 \nabla^2 H = \partial^2 H / \partial t^2 \tag{6.37}$$

여기서, $v_1^2 = (\lambda + 2\mu)/\rho$이고 $v_2^2 = \mu/\rho$이다.

스칼라 포텐셜 ϕ와 벡터 포텐셜 H을 식(6.37)으로 가정하면,

$$\begin{aligned} \phi &= f(r)\cos n\theta \cdot \cos(\omega t + \xi z) \\ H_r &= g(r)_r \sin n\theta \cdot \sin(\omega t + \xi z) \\ H_\theta &= g_\theta(r)\cos n\theta \cdot \sin(\omega t + \xi z) \\ H_z &= g(r)_z \sin n\theta \cdot \cos(\omega t + \xi z) \end{aligned} \tag{6.38}$$

식(6.35)는 다음 식(6.38)과 같이 얻을 수 있다.

$$\begin{aligned} (\nabla^2 + \omega^2/v_1^2)\phi &= 0 \\ (\nabla^2 + \omega^2/v_2^2)H_z &= 0 \\ (\nabla^2 - 1/r^2 + \omega^2/v_2^2)H_r - (2/r^2)(\partial H_\theta/\partial\theta) &= 0 \\ (\nabla^2 - 1/r^2 + \omega^2/v_2^2)H_\theta + (2/r^2)(\partial H_r/\partial\theta) &= 0 \end{aligned} \tag{6.39}$$

여기서, $\alpha^2 = \omega^2/v_1^2 - k^2$이고

$$\beta^2 = \omega^2/v_2^2 - k^2 \tag{6.40}$$

이다.

식(6.39)의 일반해는 Bessel 함수 J와 Y, 또는 modified Bessel 함수 I와 K의 항으로 얻어지며 $\alpha_1 r = |\alpha r|$이며 $\beta_1 r = |\beta r|$이다. 다음 식(6.40)는 일반해를 나타내고 있다.

$$
\begin{aligned}
f &= AZ_n(\alpha_1 r) + BW_n(\alpha_1 r) \\
g_3 &= A_3 Z_n(\beta_1 r) + B_3 W_n(\beta_1 r) \\
2g_1 &= (g_r - g_\theta) = 2A_1 Z_{n+1}(\beta_1 r) + 2B_1 W_{n+1}(\beta_1 r) \\
2g_2 &= (g_r + g_\theta) = 2A_2 Z_{n-1}(\beta_1 r) + 2B_2 W_{n-1}(\beta_1 r)
\end{aligned}
\tag{6.41}
$$

여기에서, Z_n과 W_n은 α와 β가 실수인가 허수인가에 따라 Bessel 함수 J과 Y로 나타내거나, modified Bessel 함수, I 과 K가 된다. 각 방향의 변위는 다음 식(6.41)과 나타낼 수 있다.

$$
\begin{aligned}
u_r &= [f' + (n/r)g_3 + \xi g_1]\cos n\theta \cdot \cos(\omega t + \xi z) \\
u_\theta &= [-(n/r)f + \xi g_1 - g_3{}']\sin n\theta \cdot \cos(\omega t + \xi z) \\
u_z &= [-\xi f - g_1{}' - (n+1)(g_1/r)]\cos n\theta \cdot \sin(\omega t + \xi z)
\end{aligned}
\tag{6.42}
$$

변위-변형률의 관계에 의해서

$$
\begin{aligned}
\epsilon_{rr} &= \partial u_r / \partial r \\
\epsilon_{rz} &= (1/2)[\partial u_r/\partial z + \partial u_z/\partial r] \\
\epsilon_{r\phi} &= (1/2)\left[r\frac{\partial}{\partial r}\left(\frac{u_\theta}{r}\right) + \frac{1}{r}\frac{\partial u_r}{\partial \theta} \right]
\end{aligned}
\tag{6.43}
$$

으로 나타내며, 그리고 응력-변형률 관계에 의해서 다음 식으로 표현된다.

$$
\begin{aligned}
\sigma_{rr} &= \lambda\Delta + 2\mu\epsilon_{rr} \\
\sigma_{rz} &= 2\mu\epsilon_{rz} \\
\sigma_{r\theta} &= 2\mu\epsilon_{r\theta}
\end{aligned}
\tag{6.44}
$$

무한한 배관에서 유도초음파가 전파한다고 가정하고, 그림 6.4와 같이 경계면이 자

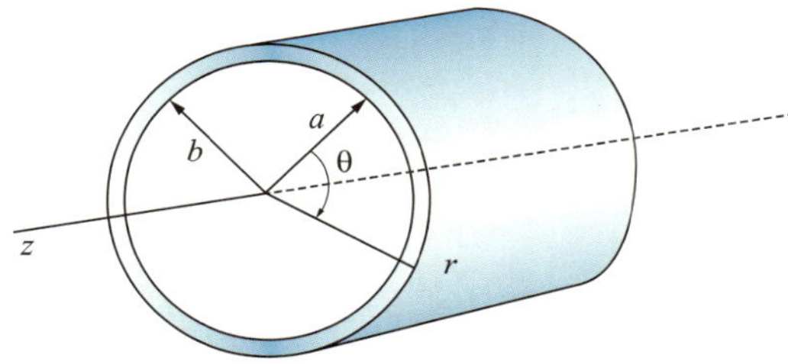

그림 6.4 A Traction-free, infinitely long hollow cylinder with inner radius(a) and outer radius(b)

유로운 경우 경계 조건을 식(6.44)으로 정의할 수 있다.

$$\sigma_{rr} = \sigma_{rz} = \sigma_{r\theta} = 0 \text{ at } r = a \text{ and } r = b \tag{6.45}$$

각 방향의 응력은 다음 식(6.45)로 유도되며,

$$g_{rr} = \left\{ -\lambda(\alpha^2 + \xi^2)f + 2\mu[f'' + \frac{n}{r}(g_3{}' - \frac{g_3}{r}) + \xi g_1{}'] \right\} \times \cos n\theta \cdot \cos(\omega t + \xi z)$$

$$g_{r\theta} = \mu \left\{ -\frac{2n}{r}(f' - \frac{f}{r} - (2g_3{}'' - \beta^2 g_3) - \xi \frac{n+1}{r} g_1 - g_1{}') \right\} \times \sin n\theta \cdot \cos(\omega t + \xi z)$$

$$g_{rz} = \mu \left\{ -2\xi f' - \frac{n}{r}\left[g_1{}' + (\frac{n+1}{r} - \beta^2 + \xi^2) g_1 \right] - \frac{n\xi}{r} g_3 \right\} \times \cos n\theta \cdot \sin(\omega t + \xi z)$$

(6.46)

경계조건 식(6.44)에 식(6.45)를 대입하면 다음의 특성(characteristic) 방정식을 얻을 수 있다.

$$|C_{ij}| = 0, \ (i, j = 1 to \ 6) \tag{6.47}$$

이 행렬식은 주파수식이라고도 부르며 이 식이 해를 가지기 위해선 판별식이 0이 되어야 하며, 얻어진 해는 유도초음파의 위상속도값을 가지게 된다. 진동수식으로 불리어지는 식(6.46)으로부터 위상속도 분산선도를 구할 수 있다. 몇 가지의 경우를 제외하고는 같은 진동수에서 서로 다른 몇 가지 위상속도를 가질 수 있다. 이와 같은 특성은 유도초음파의 분산특성과 잘 일치한다. 위상속도 분산선도는 유도초음파를 가진시킬 수 있는 조건을 찾는데 사용되는데 식(6.47)에 나타낸 스넬(Snell)의 법칙을 사용하여 유도초음파의 위상속도와 입사각의 관계를 구할 수 있다.

$$\frac{C_{shoe}}{\sin\theta} = C_p \tag{6.48}$$

여기서 C_{shoe}는 초음파 센서에 부착된 웨지의 종파속도, θ는 웨지에서의 입사각, 그리고 C_p는 유도초음파의 위상속도이다. 일단 입사각이 결정되면 위상속도가 결정되므로 위상속도 분산선도를 통해 발생될 수 있는 모드들의 $f \cdot d$값을 찾을 수 있다. 그렇게 되면 계측 시스템에서 진동수를 조절함으로 원하는 모드를 발생하는 조건을 만들 수가 있다. 이론적으로는 단일진동수와 단일위상속도를 결정하여 위상속도 분산선도 상의 특정지점의 모드를 발생시킬 수 있으나, 실질적으로는 가진하는 신호의 시간적인 길이와 센서의 크기 제한으로 인하여 단일 진동수와 단일 위상속도를 갖는 유도초음파를 발생시킬 수가 없다. 그래서 실험적으로 발생되는 유도초음파는 시스템과 센서의 특성에 의해 결정되는 진동수 대역과 위상속도의 대역을 가지고 있다.

에너지 전파속도는 위상속도와는 다르다는 것은 잘 알려져 있다. 음향학적으로 에너지 속도는 군속도와 같다. 군속도 분산선도는 식(6.48)의 관계식을 이용하여 위상속도로부터 구할 수 있다.

$$C_g = \frac{d\omega}{dk} \tag{6.49}$$

여기서, ω는 각 진동수이고, k는 파수인데 이는 ω / C_p와 같다. 식(6.48)를 식(6.49)로 표현할 수 있다.

$$C_g = \frac{d\omega}{d(\omega/C_p)} = \frac{d\omega}{\dfrac{d\omega}{C_p} - \omega\dfrac{dC_p}{dC_p^2}} = \frac{C_p^2}{C_p - \omega\dfrac{dC_p}{d\omega}} \tag{6.50}$$

식(6.49)에서, ω 대신 $f \cdot d$, 즉 주파수와 파유도체 두께의 곱으로 표시하면 군속도를 식(6.50)에 의해 구할 수 있다.

$$C_g = \frac{C_p^2}{C_p - (fd)\dfrac{dC_p}{d(fd)}} \tag{6.51}$$

군속도(group velocity)

다른 주파수를 가지는 군집형(wave packets) 신호의 전파에 관련된 음속(wave-speed)을 군속도(group velocity)라고 한다.

위상속도(phase velocity)

군집형 신호의 개별 신호가 진행하는 속도를 위상속도(phase velocity)라고 한다.

2 유도 초음파의 모드 특성

유도초음파의 진행방향이 관의 길이방향인 경우 유도초음파 모드를 나타내기 위해서 두 개의 첨자 원주방향 차수와 모드수를 사용하고 있다. 원주방향 차수가 0인 경우에는 관의 축에 대해 대칭이고 0이 아닌 경우에는 축 대칭 모드(axisymmetric modes)를 나타내는데, 축 대칭인 모드는 다시 종형 모드와 비틀림형 모드로 파가 관의 벽 속에서 진동하는 양상에 따라 구별되어진다. 종형 모드는 파의 진동하는 성분이 관의 길이방향과 반경방향으로만 있는 경우로서 L(0,n)으로 나타내며, 비틀림형 모드는 파의 진동성분이 원주방향으로만 있을 경우로서 T(0,n)으로 나타낸다. 그리고 원주방향 차수가 1, 2, 3...인 경우에는 비축대칭인 모드(non-axisymmetric modes)를 나타내는데 굽힘형 모드로 부르며 F(M,n)으로 표시한다. 굽힘형 모드의 경우에는 관의 벽 속에서 파의 진동성분이 세 방향(반경, 원주 그리고 길이방향)으로 모두 존재한다.

종형 모드	: L(0,n)	축대칭 모드
비틀림형 모드	: T(0,n)	축대칭 모드
굽힘형 모드	: F(0,n)	비축대칭 모드

종형 모드와 비틀림형 모드는 원주방향 차수가 0에서 무한한 수의 모드를 가지고 있고, 원주방향 차수가 1, 2, 3....에서도 원주방향 차수에 대해 무한한 수의 굽힘형 모드의 수를 가지고 있다.

유도초음파가 관을 전파할 때 종형 모드, 굽힘형 모드, 비틀림형 모드의 세 종류의 모드가 존재할 수 있다. 일반적으로 실험적으로 주로 사용되는 모드는 축 대칭인 종형 모드이다. 그 이유는 일반적인 초음파 센서로 잘 발생될 수 있으며, 축 대칭으로 분석이 간단하기 때문이다. 그러나 비축대칭 센서의 사용 또는 비축대칭 결함으로부터의 반사등으로 인하여 실험적으로 비축대칭인 모드, 즉 굽힘형 모드가 생성될 수 있기 때문에 비축대칭 모드에 대한 연구가 필수적이다. 그리고 비틀림형 모드는 실험적으로 발생·수신하는데 일반적인 초음파 센서로는 효율이 떨어져서 잘 사용되지 않고 있다.

3 원주 유도 초음파의 전파 특성 해석

종형 모드는 원주방향 차수가 $n=0$일 때 발생하게 되며, 다음 식(6.51) 주파수 방정식에 의해서 종형 모드와 비틀림 모드의 해인 위상속도 분산 곡선을 얻을 수 있다.

$$D = D_1 \cdot D_2 = 0 \tag{6.52}$$

$$D_1 = \begin{vmatrix} C_{11} & C_{12} & C_{14} & C_{15} \\ C_{31} & C_{32} & C_{34} & C_{35} \\ C_{41} & C_{42} & C_{44} & C_{45} \\ C_{61} & C_{62} & C_{64} & C_{65} \end{vmatrix} \text{ and } D_2 = \begin{vmatrix} C_{23} & C_{26} \\ C_{53} & C_{56} \end{vmatrix}$$

각각의 $D_1=0$과 $D_2=0$는 종형 모드와 비틀림형 모드에 해에 해당하며, $D_2=0$와 $f=g_1=0$에 대하여 변위u_θ만 포함하는 운동, 즉 비틀림 모드를 얻을 수 있다. 또한 다음 식으로 정의할 수 있다.

$$J_2(\beta a)\,Y_2(\beta b) - J_2(\beta b)\,Y_2(\beta a) = 0 \tag{6.53}$$

여기서, β는 식(6.39)로부터 구할 수 있다. $D_2=0$에서 $\beta^2<0$이면 해가 없으므로 식(6.39)로부터 비틀림파의 위상속도는 v_2와 같거나 항상 커야 한다.

식(6.52)은 평면 변형률에서 축대칭 횡방향 진동의 주파수방정식을 나타낸다. 횡방향 모드이 주파수는 비틀림 음파의 차단주파수를 가지고 있다. 이것은 파수 $\xi \neq 0$에 관련되어 다음과 같이 정의된다.

$$\omega_j = [(\omega_0)_j^2 + \xi^2 v - 2^2]^{1/2} \tag{6.54}$$

여기서, $(\omega_0)_j$는 차단 주파수이다.

원형 막대에 경우에서, 모든 모드의 위상속도는 ξ가 0에서부터 무한대까지 증가할 때 무한대에서부터 v_2까지 단조롭게 감소한다. 또한 군속도는 0에서부터 v_2까지 단조롭게 증가한다.

원형 막대 경우와 비슷하면, 가장 작은 비틀림 모드는 다음식과 관련되어

$$\beta^2 = \omega^2/v_2^2 - \xi^2 = 0 \tag{6.55}$$

일반적인 변위의 표현에 의해서 표현되는 적당하지 않다. 하지만 변위영역

$$u_r = u_z = 0,\ u_\theta = Ar\sin(\omega t + \xi z) \tag{6.56}$$

에 대해서 파동 방정식(6.32)과 경계조건 식(6.45)을 만족한다. 변위영역 식(6.55)는 실린더의 각각의 횡단면의 회전과 관련된다. 이런 종류의 음파는 분산성이 없으며 군속도와 위상속도 모두 v_2와 같아진다.

4 유도 초음파의 파형 구조 해석

1) 파형구조 도해를 위한 응력계수의 결정

분산선도를 도출하기 위해서는 응력계수 행렬의 판별식이 0이 되는 조건을 이용하였다. 그러나 파형구조를 도해하기 위해서는 특정모드의 위상속도를 알아야 하고, $C_{ij} \times X = 0$에서 X행렬의 A, B, A_1, B_1, A_3, B_3 값을 알면 변위의 식에 대입하여 변위를 계산할 수 있다.

그러나 이 응력식은 경계조건을 대입하였으므로 관의 내경, 외경부분에서 $\sigma_{rr} = \sigma_{rz} = \sigma_{r\theta} = 0$가 된다. 이와 같은 경우에는 행렬 X의 값은 특정한 값으로 결정될 수 없으며, 단지 A, B, A_1, B_1, A_3, B_3의 상대적인 비로서 표현할 수밖에 없는데, B_3에 대한 비와 위상속도를 대입하여 계산된 f, f', g_1, $g_1{}'$, g_3, $g_3{}'$를 대입하면 r에 따른 U_r, U_θ, U_z의 값을 대수적으로 얻을 수 있다.

그러나 여기서 가장 중요한 점은 U_r, U_θ, U_z의 값은 해당 모드에 한해서 정규화된 변위의 크기라는 점이다. 예를 들어 F(2,2)모드의 값이 L(0,2)모드의 값보다 크게 나와 있다고 할지라도 F(2,2)모드가 L(0,2)모드 보다 큰 변위를 가진다고 말 할 수는 없다. 그 이유는 절대적인 값이 아니라 상대적인 비율로 변위량이 제시되기 때문이다.

따라서 진폭의 크기는 도해된 Fig. 상에서의 상대적 크기를 나타내는 것이고 다른 조건의 파형구조와의 크기비교는 불가하다는 점을 반드시 인식해야 한다.

2) 모드별 파형구조의 계산

파형구조의 계산은 식(6.41)로 계산할 수 있다. 선택된 모드의 위상속도는 식(15)의 determinant을 0으로 만드는 값으로 구할 수 있다. 이렇게 선택된 위상속도와 내경,

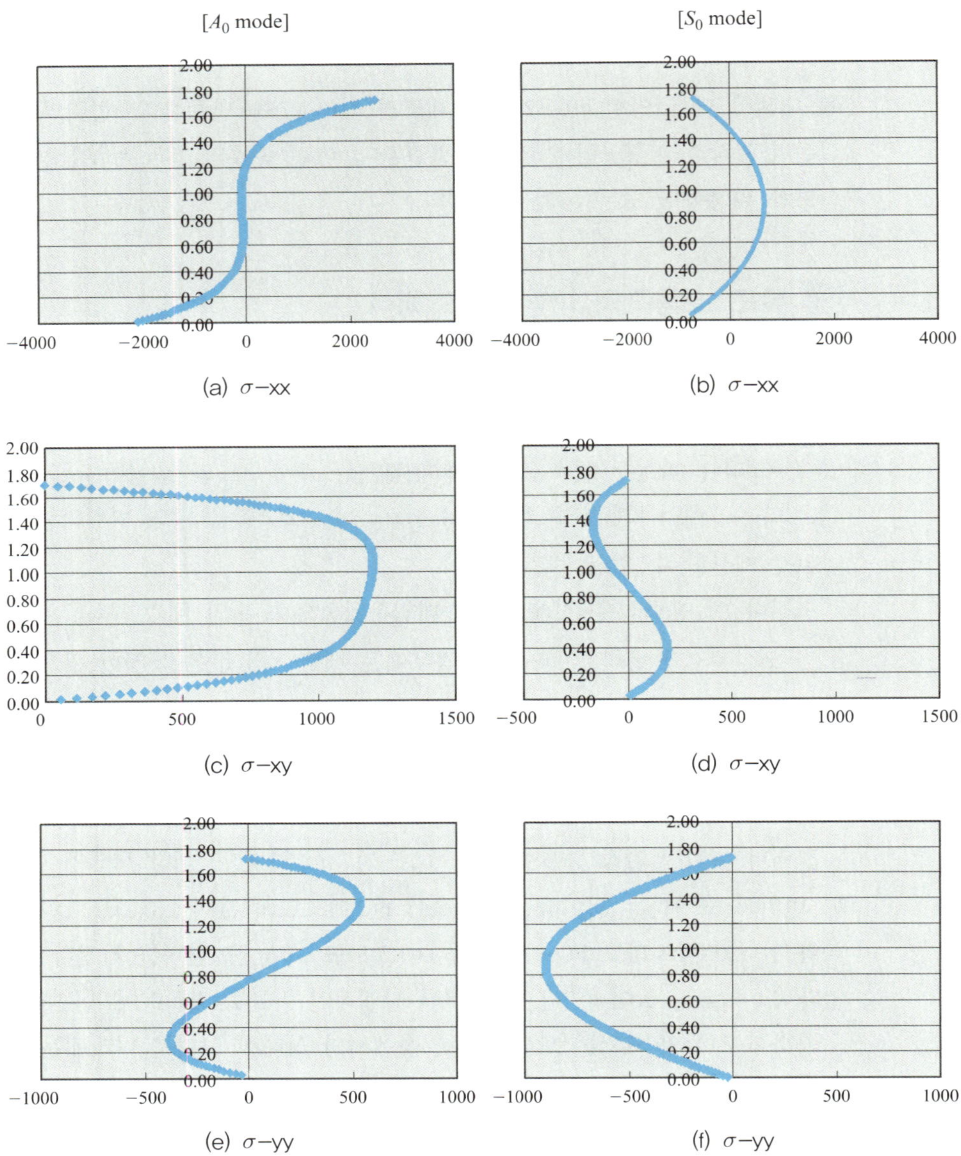

그림 6.5 Stress profile from wave structure

외경, 주파수, 원주방향 차수를 결정하고 A, B, A_1, B_1, A_3를 B_3의 비로 결정한다. 이 A, B, A_1, B_1, A_3, B_3의 값을 결정하기 위해서 Gauss 소거법을 사용한다.

이러한 방법으로 식(6.41)의 인자들은 모두 상수와 Bessel의 함수값을 가지게 된다. 여기에 r의 값을 내경부터 외경까지 변화시켜 가면서 각각의 변위량을 구하고 최대 변위량으로 나누어주면 U_r, U_θ, U_z의 정규화된 값을 구할 수 있다.

이러한 파형구조의 도해가 필요한 이유는 파형구조는 모드의 전파특성을 규명하는데 가장 중요한 근거이기 때문에 실험적인 가정을 뒷받침 해줄 수 있는 매우 중요한 방법이기 때문이다.

유도초음파의 전파특성을 해석하기 위한 소프트웨어를 사용하여 탐상조건에 맞는 탐촉자의 설계에 필요한 사항들을 선택할 수 있다. Stress Profile은 재료내의 파동전파에 따른 재료의 단면에서 발생되는 x-x, x-y, y-y 방향의 응력을 나타내고 Displace-

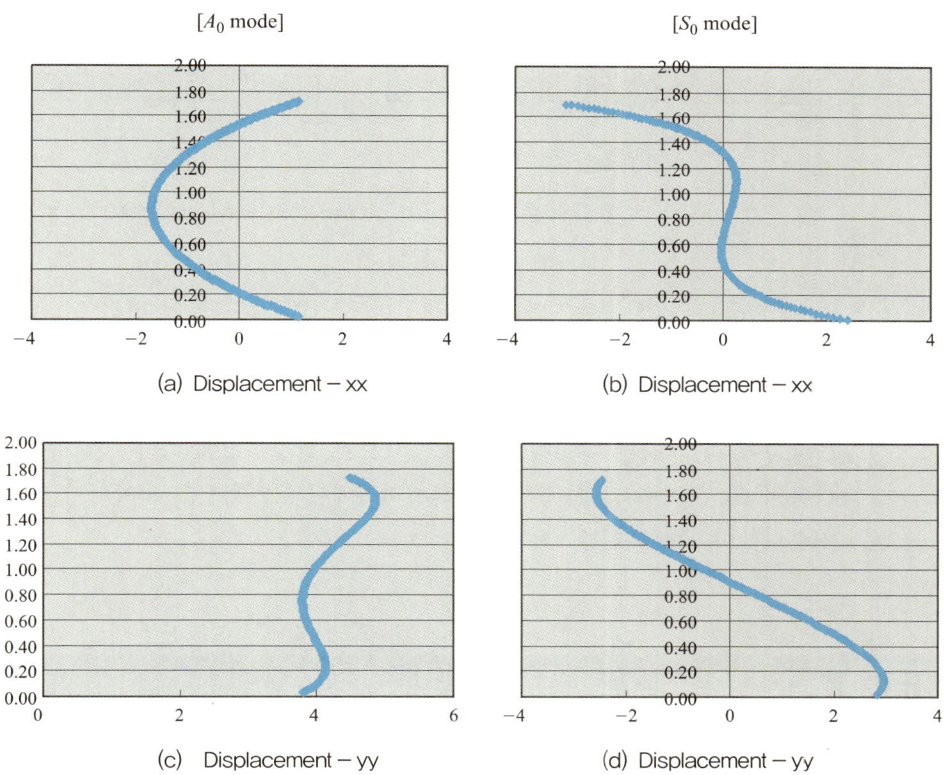

그림 6.6 Displacement profile from wave structure

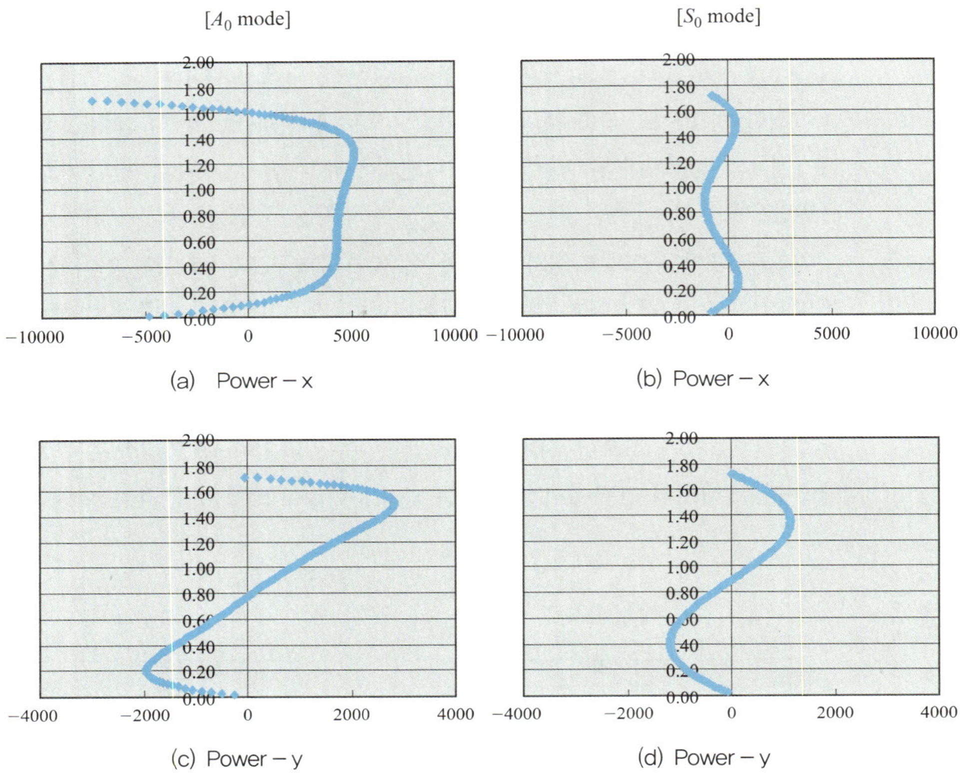

(a) Power − x (b) Power − x

(c) Power − y (d) Power − y

그림 6.7 Power profile from wave structure

ment Profile은 각 파형 모드의 파동이 만들어내는 재료내의 변위를 나타내고 재료의 단면방향(Y 방향)과 길이방향(X 방향)을 나타내고 Power Profile은 파의 진행에 따라 입자들이 갖는 탄성에너지를 나타낸다. 각각의 모드가 응력이나 변위나 탄성에너지의 profile이 각기 다른 특징을 가지고 있으므로 탐상조건에 따라 선택하여 쓸 수 있다. 다음의 Fig.은 앞의 분산곡선상의 특정지점에서 모드특성을 파악하기 위해 얻어진 특정모드들의 파형구조를 나타낸다.

6.4 유도초음파의 시뮬레이션과 가시화

유도초음파는 적절한 모드와 주파수를 선정하면 유도체를 따라 장거리로 전파하기 때문에 재료 내부에 존재하는 불연속부를 신속하게 검사하는데 유리하다. 그러나 유도초음파는 유도체의 형상에 따라 복잡한 다중의 모드가 존재하고 분산하는 특성으로 인해 파의 전파특성이 복잡하여 해석하는 것이 어렵다. 유도초음파의 시뮬레이션과 가시화는 불연속부 검출에 대한 연구와 교육에 중요한 과제 중에 하나이다.

박판에 Lamb파를 발생시킬 때 고려할 변수들은 입사각, 탐촉자의 직경, comb의 개수와 간격폭 등이 있다. 이러한 설계변수들은 재료의 기하학적인 형상으로부터 결정되는 위상속도와 파장과 밀접한 관련이 있으며, 분산곡선에 대한 이론은 지난 수십 년 동안 연구되어 보편화된 이론으로 많은 문헌에 나와 있다. 그러나 많은 문헌에서 유도초음파의 이론을 상세하게 기술되어 있음에도 불구하고 유도초음파 파동역학은 여전히 복잡하며, 유도초음파 시뮬레이션과 가시화는 이러한 복잡한 파동역학을 이해하고 평가하는데 유용한 역할을 하게 된다.

아직까지 이론적으로 명확하지 않은 불연속부나 굴곡부위에서의 유도초음파의 파동은 박판이나 파이프 시험에 상당히 중요하다. 파이프에서 비정상적으로 발생하는 굽힘형 모드(flexural mode)의 파동은 매우 복잡하지만 유용하게 사용된다. 유도초음파 시뮬레이션과 가시화는 유도초음파의 파동학적 개념을 시각적으로 나타내주고 새로운 데이터획득과 비파괴시험의 해석적인 접근을 가능하게 하는 기능을 한다.

고체 내를 전파하는 유도초음파에 대한 실험적인 가사화가 몇몇 연구자들에 의해 보고되었다. 동적 광탄성법을 이용하여 유리판을 전파하는 초음파 사진을 Zhang 등이 발표하였다. 수치적 시뮬레이션과 가시화에 대한 선구적인 연구 노력으로, 현재 유도초음파의 시뮬레이션이 가능하게 되었다.

유도초음파 시뮬레이션과 가시화를 수행하기 위해서는 가시화 영역에 걸쳐있는 많은 격자점에서 파형에 대한 수치적인 데이터를 필요로 한다. 예를 들어 1 MHz의 주파수에서 3 mm/μs의 A_0 모드를 시각화하는 것을 가정하면, 격자점의 간격은 3 mm의 파장보다 충분히 작은 간격이 필요하게 되고, 시각화 영역(시험 영역)은 보통 몇 cm 또는 m의 단위를 갖는다. 따라서 적어도 수백에서 수천 개의 격자점이 전파방향에 대해 필요하게 된다. 두께방향으로는 적어도 2개의 격자점이 필요하게 된다. 따라서 복잡한 전파구조를 갖는 보다 높은 차수의 모드에 대해서는 더 많은 격자가 필요하다. 더욱이 각각의 격자점에서의 파형 데이터들이 중심주파수 만큼의 많은 시간의 샘플링 주파수와 일치하는 충분히 작은 시간 간격으로 데이터가 구성되어야 한다. 결론적으로 수백에서 수천 개의 데이터가 시간 축에서도 필요하다.

최근에는 상업용 소프트웨어를 이용하여 많은 계산을 충분히 정확하게 계산하는 것이 가능하게 되어 NDT에 매우 유용한 결과를 얻을 수 있게 되었다. 다시 말해 유도초음파의 계산을 위한 특별한 기법으로 하이브리드법(hybrid method)과 반해석적 유한요소법(semianalytical finite element method)이 많은 계산시간과 메모리를 피하기 위해 개발되었다. 하이브리드 기법의 경우 반 무한영역이 일반적인 확장이론과 두개의 반 무한영역 사이의 임의의 형상, 즉 크랙과 같은 영역을 유한요소법이나 경계요소법으로 계산하다. 유한요소법이나 경계요소법에서 많은 절점의 수는 계산시간과 관련되지만, 상대적으로 적은 유한요소나 경계요소를 갖는 하이브리드법은 훨씬 계산시간이 단축된다. 이러한 기법들은 일반적인 확장이론으로 표현될 수 있는 반 무한영역의 박판이나 직선 파이프에서의 유도초음파를 계산하는데 효과적이다. 반해석적 유한요소법의 경우에는 전파방향에 대해 직교함수를 이용하기 때문에 유도초음파의 전파방향으로의 세분화가 필요하지 않다. 하나의 유한요소법의 차원을 줄이는 것은 적은 메모리와 빠른 계산속도를 가능하게 한다. 이 기법은 박판에서의 Lamb파 뿐만 아니라 임의의 형상을 갖는 레일, 바, 파이프에서의 유도초음파에 유용하다.

1 Lamb파 시뮬레이션

반해석적 유한요소법을 적용하여 박판에 전파하는 Lamb파 시뮬레이션과 가시화를 통해 Lamb파의 기본적인 모드의 분산과 다중모드를 소개하고자 한다.

그림 6.8~6.11은 NDT에서 가장 유용하게 사용되고 있는 Lamb파의 기본적인 대칭모드(S_0)와 비대칭모드(A_0)의 예를 보여주고 있다. 격자이동과 Fig.자는 격자점에서의 변위를 나타낸다. 가진된 주파수와 속도장은 위상속도와 군속도 분산선도에서 회색의 원으로 표시하였다. 그림 6.8과 6.9는 파형이 대칭으로 나타나는 단면의 중앙에서 S_0 모드의 대칭 압축 파동 구조를 보여준다. Fig. 3은 분산선도에서 지시하고 있는 주파수영역에서 S_0 모드가 분산하지 않는 것을 보여준다. 펄스 경로가 같은 위상속도와 군속도로 파형의 입자경로를 따라 판에서 지나가기 때문에 전체 펄스 지속시간은 매우 작게 변화한다. 이러한 현상은 특별한 주파수에서 파의 분산특성이 나타나기 때문이다. 펄스가 다양한 주파수 성분을 포함하고 위산속도가 주파수의 함수이기 때문에 선정된 주파수에서 분산곡선의 기울기가 크면 분산이 발생된다. 따라서 펄스가 늘어진다. 확장하는 펄스의 중심에서의 전파속도는 기존의 군속도와 일치한다. 군속도는 실제 위상속도 값과 분산선도에서의 기울기로 유도된다.

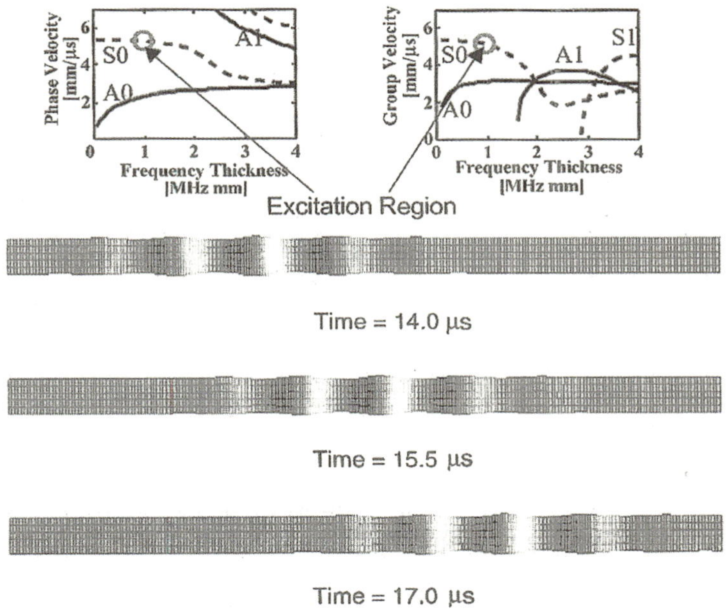

그림 6.8 Simulation of Lamb–wave S_0 mode in non–dispersive area

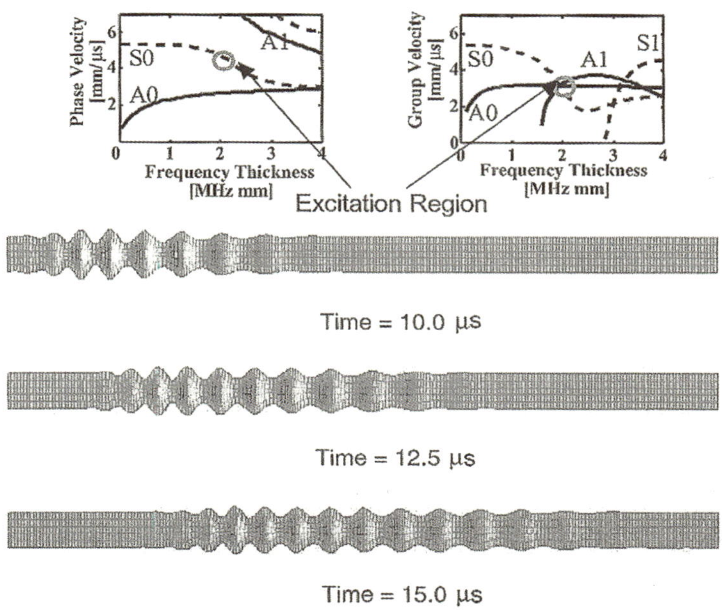

그림 6.9 Simulation of Lamb–wave S_0 mode in dispersive area

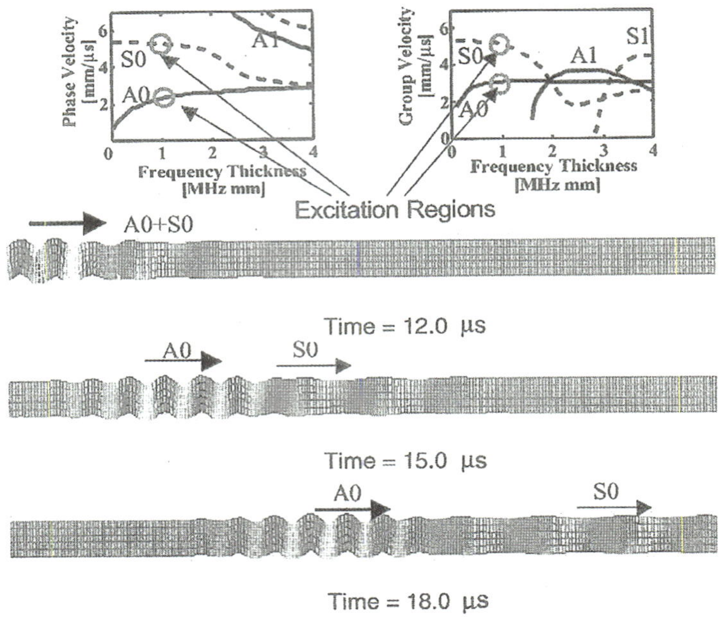

그림 6.10 Simulation of Lamb–wave A_0 mode in non–dispersive area

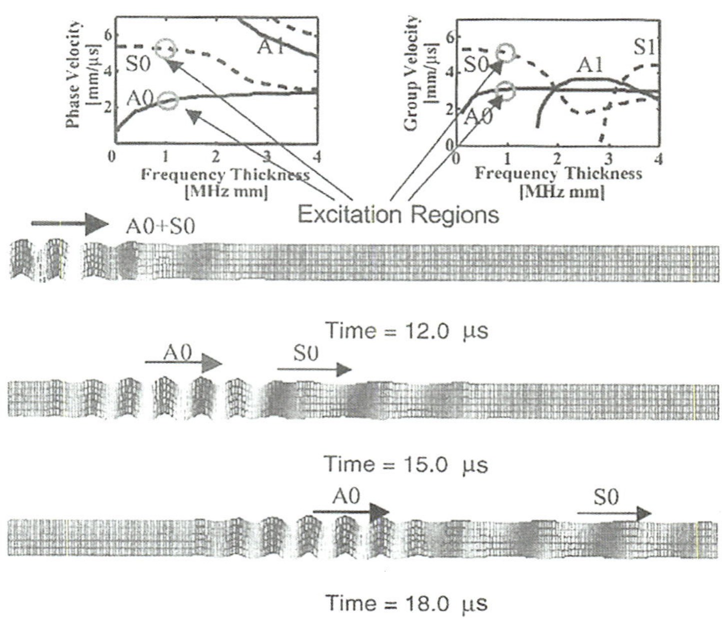

그림 6.11 Simulation of Lamb–wave about the division of mult–mode

그림 6.10은 비대칭 파의 구조와 특정한 주파수에서 A_0 모드가 분산하지 않는 특성을 보여주고 있고, 그림 6.11은 A_0 모드와 S_0 모드가 다중으로 존재하는 것과 두 모드가 다른 군속도와 위상속도를 갖고 재료 내부를 전파하면서 분리되는 것을 보여준다. 이러한 네 가지 예는 군속도와 위상속도 분산선도만 있으면 예측 가능한 현상이다. 그러나 Lamb파 시뮬레이션과 가시화는 파의 전파거동을 훨씬 쉽게 이해할 수 있도록 해준다.

2 파이프에서의 유도초음파

원주방향(θ)에서 축대칭 모드전파의 계산은 두께방향(r)과 길이방향(Z)의 2차원 문제로 고려된다. 그러나 3차원 계산을 위해서는 불가피하게 비축대칭 모드 전파가 필요하다. 파이프에서 유도초음파의 반해석적 유한요소법은 원주방향에서의 직교함수와 길이방향에서의 직교함수를 이용하는 고유치 문제로 유도된다. 이때 변위와 응력은 Lamb파 계산에서의 각각의 시간간격에서 얻어지게 된다.

그림 6.12는 파이프의 왼쪽 끝단에서 일반적인 축대칭의 탄성파가 적용되었을 때의 파의 전파를 보여주고 있으며, 그림 6.13은 직선의 파이프에서 나타나는 굽힘모드(flexural mode)의 예를 나타내고 있다.

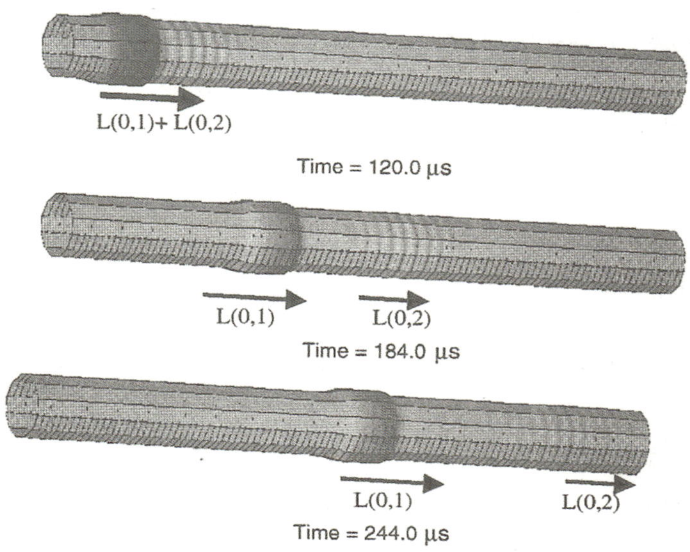

그림 6.12 Simulation of the propagated axisymmetric wave in pipe

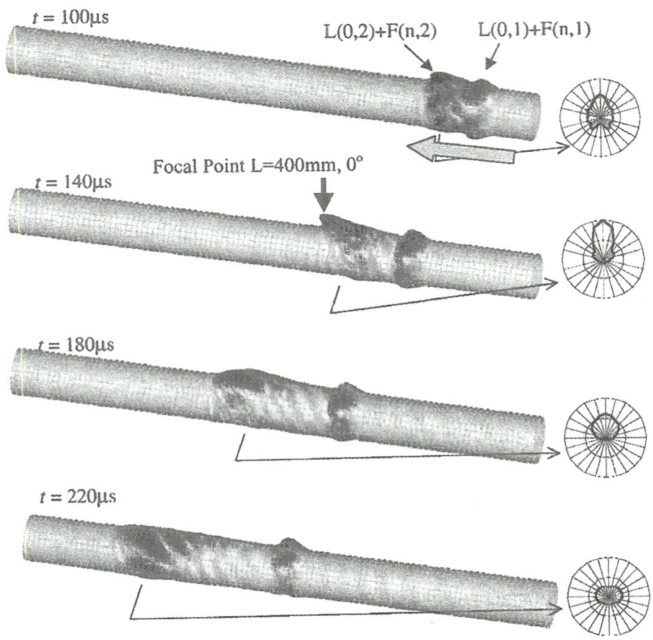

그림 6.13 Simulation of the propagated flexural mode in pipe

6.5 모드해석을 위한 시간-주파수 해석법

신호의 주파수 분석을 위해서 일반적으로 푸리에 변환(fourier transform)을 이용하는데, 시간영역에서 신호가 분산되거나 불안정한 경우에는 푸리에 변환한 분석 결과로는 어느 시점에서 특정 주파수 성분이 분포되어 있는지 분석하는 것이 불가능하다. 따라서 본장에서는 대부분의 유도초음파가 분산신호임을 고려하여 분석하기에 유용한, 2D-FFT(two dimensional fast fourier transform), STFT(shot time fourier transform), WT(wavelet transform)과 같은 시간-주파수 해석법에 대해 기술하고자 한다.

1 2D-FFT

2D FFT는 2차원 데이터에 대해서 FFT를 수행하는 연산으로 파동역학에서 속력벡터, 그래디언트의 계산 그리고 이미지 처리에서 특징추출 등에 많이 이용된다. 연산량이 많은 2D FFT의 실행은 세 단계로 이루어지는데 첫 번째 단계는 행과 열의 2차원 데

이터 매트릭스 중에서 행 방향으로 1D FFT를 수행하는 것이고, 두 번째는 매트릭스 변환을 하는 단계로서 이것은 아직 연산이 이루어지지 않은 열 방향의 데이터를 행 방향 1D FFT가 가능하도록 메모리에 연속적으로 위치시키기 위해 열 방향의 데이터를 행 방향으로 재배치하는 작업이다. 세 번째는 행 방향으로 변환된 열 방향의 데이터에 대해서 다시 행 방향 1D FFT를 수행하는 단계이다.

간략하여 설명하면, N_x와 N_y의 배열인 2차원 이산 푸리에 변환이라 정의하고 $(n_x,\ n_y)$를 $n_x = 0 \cdots N_x - 1,\ n_y = 0 \cdots N_y - 1$라 하면 식(6.56)와 같으며 높은 차수의 푸리에 변환도 같은 원리로 쉽게 확장할 수 있다.

$$F(k_x, k_y) = \frac{1}{\sqrt{N_x N_y}} \sum_{n_x=0}^{N_x-1} \sum_{n_y=0}^{N_y-1} f(n_x, n_y) e^{-j2\pi k_x n_x / N_x} e^{-j2\pi k_y n_y / N_y} \tag{6.57}$$

위의 식에서 주파수영역의 범위가 $k_x = 0 \cdots N_x - 1$이고 $n_y = 0 \cdots N_y - 1$이라 하면 2차원 푸리에 역변환을 식(6.57)로 표현할 수 있다.

$$f(n_x, n_y) = \frac{1}{\sqrt{N_x N_y}} \sum_{k_x=0}^{N_x-1} \sum_{k_y=0}^{N_y-1} F(k_x, k_y) e^{j2\pi n_x k_x / N_x} e^{j2\pi n_y k_y / N_y} \tag{6.58}$$

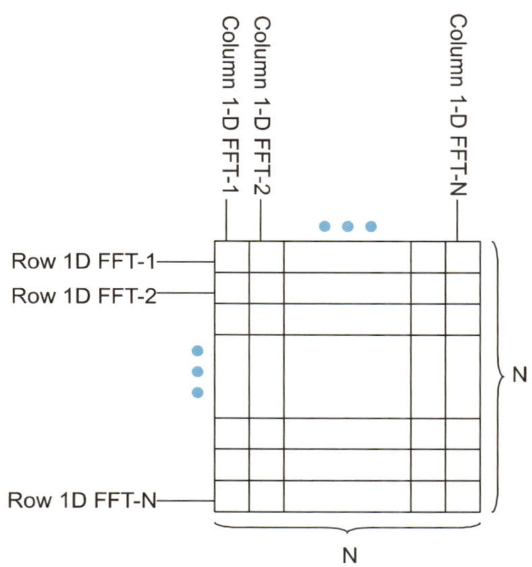

그림 6.14 The process of $N_x \times N_y$ points 2D FFT

2D FFT는 간단히 1D FFT의 연산을 두 번 수행한다고 생각하면 쉽다. 그러나 동일한 데이터에 대해서 단순히 연산만 두 번 수행하는 것이 아니라 그림 6.14에서처럼 2D FFT의 데이터가 $N_x \times N_y$ 행열로 구성되어 있다고 할 때, N번의 행 방향 1D FFT가 모두 끝난 다음, 데이터를 변환하여 다시 열 방향 1D FFT를 N번 수행하는 것이다. 1D FT와 2D FT의 원리를 비교하면 그림 6.15와 같다. 그림 6.15는 2D FT에 의한 2차원 이미지 표현의 개념을 나타내고 있으며, 그림 6.16은 2D-FFT를 이용하여 유도 초음파의 분산특성을 해석하기 위한 시간-주파수 선도를 보여준다.

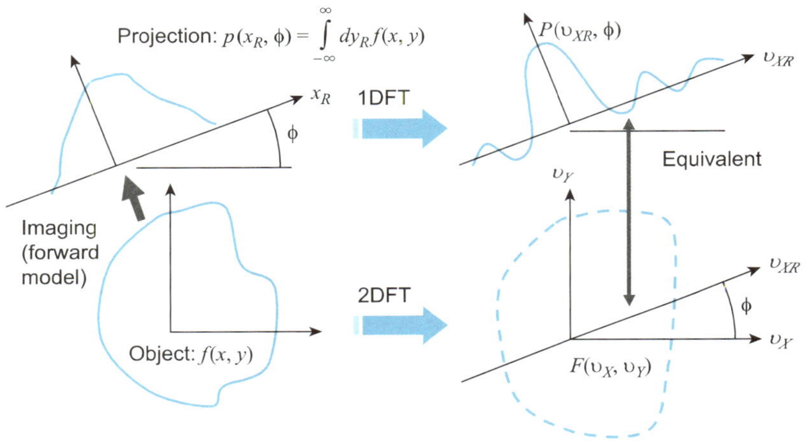

그림 6.15 The comparison of principle between 1D and 2D Fourier transform

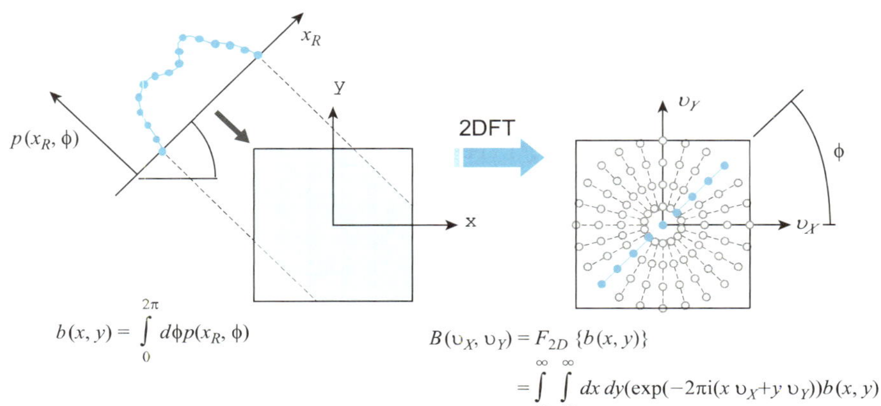

그림 6.16 The concept of two-dimensional image by 2D Fourier transform

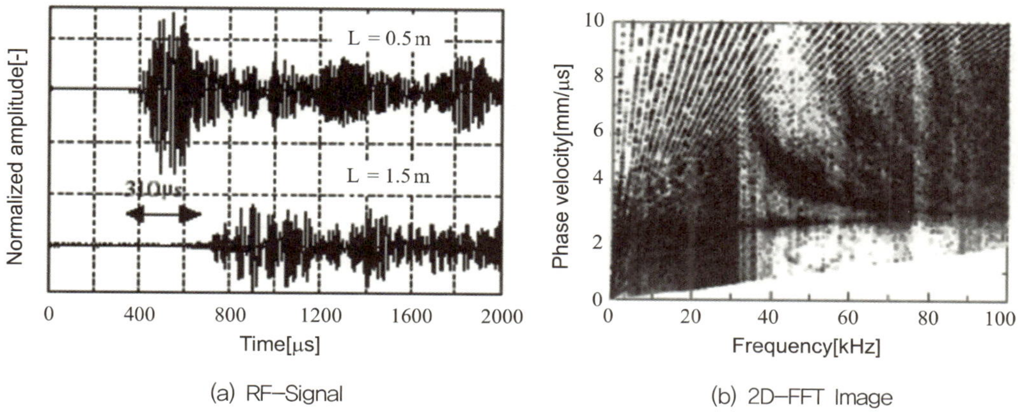

그림 6.17 Example of 2D-FFT image about guided wave

2 STFT

유도초음파 신호는 보통 연속시간 함수로 주어지며, 시간적으로 변화하는 신호의 파형에서 신호에 포함되어 있는 특징이나 정보를 추출하기 위하여 신호처리를 하게 되는데 푸리에 변환은 주파수 영역에서의 특징이나 정보를 추출하기 위해 사용되는 가장 일반적인 방법이다. 만약, 시간 영역에서의 신호 $f(t)$가 연속이고 주기 τ_0를 갖는 주기신호이며 기본 주파수가 $\omega_0 = \dfrac{2\pi}{\tau_0}$라 가정하면 신호 $f(t)$의 푸리에 변환은 식(6.58)과 같이 나타낸다.

$$F(f) = \int f(t) e^{-j2\pi ft} dt \tag{6.59}$$

주파수 영역에서 신호의 에너지 분포를 나타내는 파워 스펙트럼(power spectrum)은 푸리에 변환 결과에 제곱한 것으로 식(6.59)와 같이 나타낸다.

$$PS(f) = |X(f)|^2 \tag{6.60}$$

주파수 영역의 신호를 시간 영역에서 복원하는 과정을 푸리에 역변환이라고 하며 식(6.60)과 같이 표현된다.

$$STFT(t, \omega) = \int f(\tau) h(\tau - t) e^{-j2\pi f\tau} d\tau \tag{6.61}$$

푸리에 변환은 여러 가지 정현파의 합으로 구성된 안정한 신호를 주파수 성분과 그 성분의 분포로 나타낼 수 있다. 하지만, 유도초음파의 신호의 경우 시간에 따라 분산하는 성질을 갖고 있기 때문에 푸리에 변환에 의해 해석하는데 한계가 있다. 그림 6.18은 분산하는 신호의 한 예로 시간에 따라 주파수가 선형적으로 증가하는 신호이다. 그림 6.19는 그림 6.18의 신호를 푸리에 변환한 결과로 어느 시점에서 특정 주파수 성분이 분포되어 있는지 아는 것이 불가능함을 나타낸다. 푸리에 변환은 전체 신호 중에서 어떠한 주파수 성분이 있는지를 알 수 있을 뿐이다.

푸리에 변환의 이러한 단점을 보완하도록 고안된 방법이 STFT이다. Gobor는 윈도우를 통해서 전체 입력 신호를 작은 구간으로 분할한 후에 윈도우 내부는 안정한 신호라고 가정하고 그 구간에서만 푸리에 변환을 시켰다. Gobor가 제안한 STFT는 식 (6.61)과 같다.

$$STFT(t,\omega) = \int f(\tau)h(\tau - t)e^{-j2\pi f\tau}d\tau \tag{6.62}$$

여기서 $h(t)$는 시간영역에서의 윈도우 함수이다.

그림 6.20은 식(30)에서 STFT 과정의 수식을 도식적으로 나타낸 것이다. 전체신호 $f(t)$를 윈도우 함수 $h(t)$와 겹쳐진 부분만 푸리에 변환을 한 다음, 윈도우의 위치를 옮겨 반복적으로 다음 구간의 주파수 특성을 얻는다.

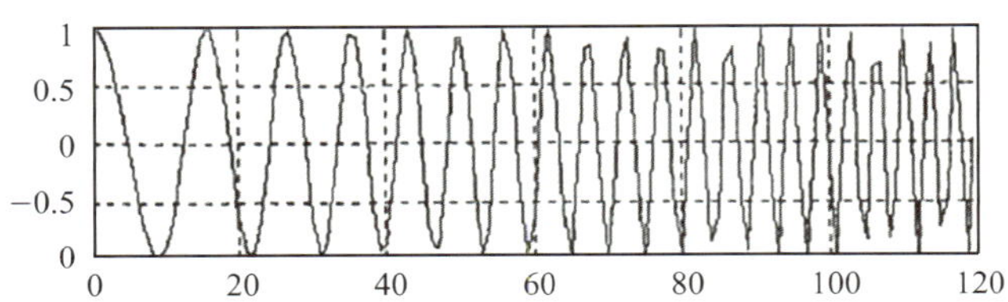

그림 6.18 The signal that frequency is increasing linearly

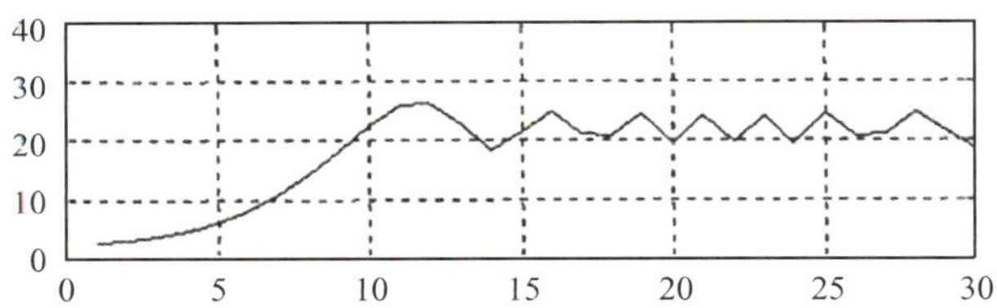

그림 6.19 The frequency spectrum of Fig. 12 by Fourier transform

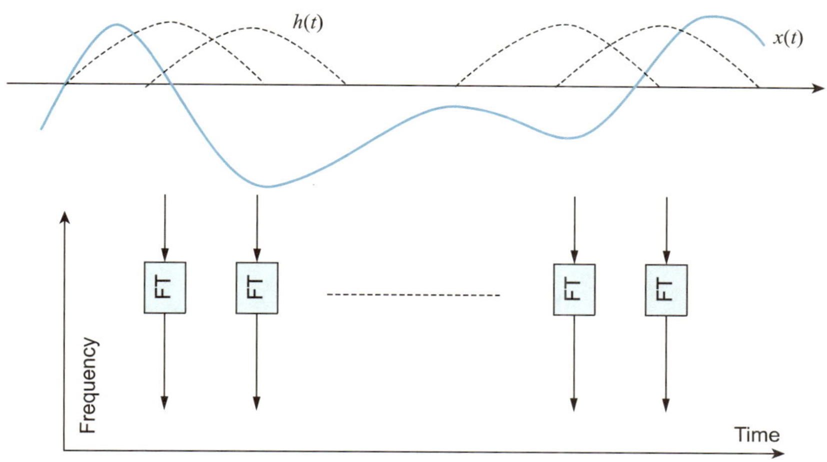

그림 6.20 The process of STFT

신호 $f(t)$가 주어진 시간 간격 $(-T,\ T)$와 주파수 간격 $(-F,\ F)$에서 최대로 집중될 때 STFT는 정확한 결과를 얻을 수 있다. 그러므로 윈도우 함수의 선택은 매우 중요하다. 윈도우는 시간과 주파수의 해상도를 동시에 만족시키기는 어렵다는 불확정성의 원리에 따라 선택되며 다음의 조건을 만족시켜야 한다.

$$\Delta f \Delta t \geq \frac{1}{4\pi} \tag{6.63}$$

식(6.62)는 시간축의 해상도를 높이기 위해서 윈도우의 길이를 짧게 하면 낮은 주파수 해상도를 갖으며, 주파수축의 해상도를 높이기 위해서는 윈도우의 길이를 길게 하면 관찰되는 시간영역이 커지므로 시간 영역에서의 낮은 해상도를 갖게 된다는 것이다. 즉, 시간 축과 주파수 축의 해상도 향상 조건은 상반되기 때문에 적절한 절충이 요구된다. 특정 시점에서 주파수 축에 대한 STFT의 에너지 분포는 식(6.63)와 같이 나타내며, 이를 spectrogram 또는 시간-주파수 맵이라고 부른다. 그림 6.21은 STFT에 의한 유도초음파의 시간주파수 맵과 유도초음파의 분산선도와의 관계를 나타내고 있다.

$$SP(t,\omega) = |STFT(t,\omega)|^2 \tag{6.64}$$

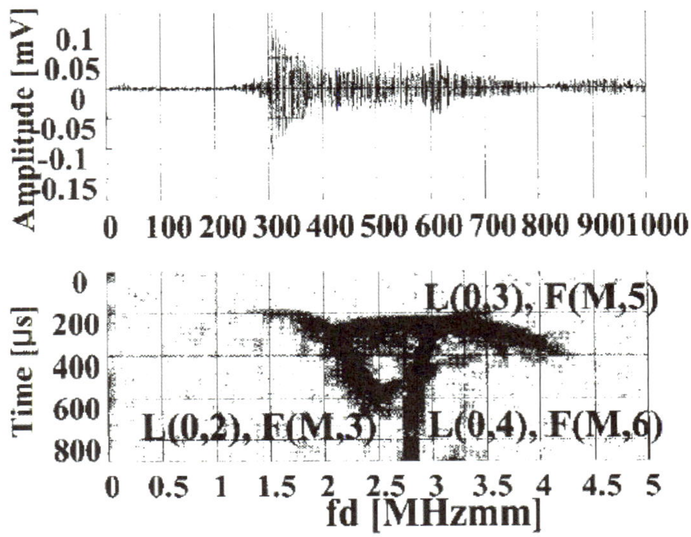

그림 6.21 The example of time–frequency map by STFT

3 Wavelet Transform

웨이브렛 이론은 다양한 신호처리 응용분야에서 독자적으로 개발되어온 많은 신호처리 기법을 통합하여 하나의 작업공간을 제공하는 강력한 이론이다. 영상인식분야의 다해상도 신호처리, 음성과 영상신호 압축에 이용되는 서브밴드 코딩, 그리고 응용수학에서 이용되는 웨이브렛 이론의 한 분야로 볼 수 있다. 웨이브렛 변환은 주어진 시간함수를 실수의 2차 평면 $L^2(R)$ 공간에서 직교기저함수(orthogonal basis function)들의 집합을 형성하고 있는 웨이브렛 평면으로 투사하여 서로 다른 분해능을 갖고 해석할 수 있는 변환이다. 웨이브렛 변환은 비정적신호의 분석에 유리하며 STFT의 대용으로 이용된다. 기존의 STFT는 하나의 분석 윈도우를 이용하지만 웨이브렛 변환은 고주파 신호에는 짧은 위도우, 저주파 신호에는 긴 윈도우를 이용하므로 융통성 있게 신호를 분석할 수 있다. 웨이브렛 이론의 이러한 특성을 줌인/아웃(zoom-in/out) 특성이라 하고 불연속 신호의 분석에 유리하다.

웨이브렛 변환은 푸리에 해석을 통하여 유도된다. 먼저 변환을 정의하기에 앞서 변환을 위한 공간을 정의한다. $L^2(0,2\pi)$를 구간 $(0,2\pi)$에서 정의되고, 식(6.64)을 만족하는 모든 함수들의 집합으로 정의한다.

$$\int_{0}^{2\pi} |f(x)^2| dx < \infty \tag{6.65}$$

따라서 임의의 함수 f가 $L^2(R)$ 공간상에서 정의된다면, 다음 식(6.65)를 만족한다.

$$\int_{-\infty}^{\infty} |f(x)^2| dx < \infty \tag{6.66}$$

푸리에 변환은 입력신호를 주파수 영역에서 분석하기 위한 도구로 이제까지 널리 이용되어 왔다. $L^2(0, 2\pi)$에서 정의된 모든 함수는 푸리에 전개로 표현이 가능하며 다음 식(6.66)으로 나타내어진다.

$$f(x) = \sum_{n=-\infty}^{\infty} c_n e^{jnx} \tag{6.67}$$

$$c_n = \frac{1}{2\pi} \int_{0}^{2\pi} f(x) e^{-jnx} dx$$

위의 푸리에 전개에서 임의의 함수 f는 무한개의 정규직교 기저함수(orthonormal basis furction) $g_n(x) = e^{jnx}dx$로 분해될 수 있다. 함수의 내적을 식(6.67)으로 정의하였을 때, 이 직교 기저함수 $g_n(x)$는 다음의 식(6.68)의 성질을 갖는다.

$$< g_m, g_n > : \frac{1}{2\pi} \int_{0}^{2\pi} g_m(x) \overline{g_n}(x) dx \tag{6.68}$$

$$< g_m, g_n > : \delta_{m-n} = \begin{cases} 1, \text{ for } m = n \\ 0, \text{ for } m \neq n \end{cases} \tag{6.69}$$

직교 기저함수의 집합 g_n은 단일함수 $g(x)$의 확장으로 얻어진다. 즉,

$$g(x) := e^{jx}, \ g_n(n) := g(nx) \tag{6.70}$$

이 되고 식(6.69)로부터 모든 2π 주기의 함수는 기본 기저함수인 $g(x) = e^{jx}$의 정수배 확장(integer dilation)의 중첩으로 표현이 가능하다. 푸리에 전개가 $[0, 2\pi]$ 구간에서 정의된 함수를 기저함수 집합 e^{jnx}의 선형조합(linear combination)으로 표현하는 것이라고 하면, 웨이브렛 전개는 $(-\infty, \ \infty)$의 구간에서 정의된 함수를 임의의 기저

함수(웨이브렛 함수)의 선형조합으로 표현하는 것이라 할 수 있다. 즉 푸리에 해석에서 사용된 정현 기저함수를 적당한 조건을 만족하는 임의의 기저함수로 대치한 결과로 볼 수 있다. 웨이브렛이란 임의의 기저함수(basis function) $\psi(x)$로부터 확장(dilation)과 천이(translation)에 의해 얻어지는 함수를 의미하며 웨이브렛 기저함수의 선형결합은 다음 식(6.70)로 표현된다.

$$\psi_{m,n}(t) = \frac{1}{\sqrt{|a|}}\psi\left(\frac{t-b}{a}\right),\ a,b \in R,\ a \neq 0 \tag{6.71}$$

여기서 $\psi(x)$는 모 웨이브렛(mother wavelet) 함수이며, $|a|^{-1/2}$는 스케일간의 동일한 에너지를 유지하기 위한 것이다. a는 원형 웨이브렛을 확장/수축시키는 스케일 변수이고, b는 이를 나타내는 천이 변수이다. 그리고 a가 1보다 작을 경우에는 수축이 이루어진다.

웨이브렛 함수 $\psi(x)$가 다음 식(6.71)의 조건을 만족하는 경우, 정규직교 웨이브렛이라고 하고, $\psi_{mn}(x)_{mn \in z}$은 $L^2(R)$의 정규직교 웨이브렛 기저함수의 집합이 된다.

$$< \psi_{mn}, \psi_{jk} \geq \begin{cases} 1, \mathrm{if} \quad m=j \ \ \mathrm{and} \ \ n=k \\ 0 \ \ otherwise \end{cases} \tag{6.72}$$

식(6.71)를 만족하는 정규직교 웨이브렛 기저에 대하여, 모든 함수 $f \in L^2(R)$는 다음 식(6.72)과 같이 나타낼 수 있다.

$$f(x) = \sum_m \sum_n < f, \psi_{mn} > \psi_{mn} \tag{6.73}$$

식(41)을 웨이브렛 전개(wavelet series)라고 부르고, 이 웨이브렛 전개 계수는 다음 식으로 주어진다.

$$c_{mn} = < f, \psi_{mn} > \tag{6.74}$$

푸리에 전개가 정의된 공간 $L^2(0, 2\pi)$와 웨이브렛 전개가 정의된 공간 $L^2(R)$은 명백히 서로 다른 공간 영역이다. 특히 $L^2(R)$ 공간상의 모든 함수 $\pm\infty$에서 0으로 감쇄해야 하지만, 푸리에 전개식의 기저함수 $g(x)$는 정현(sinusoidal) 함수이므로 식(6.65)를 만족하지 못하게 되어 $L^2(R)$의 영역에 포함되지 않는다. 여기서 $L^2(R)$을 생성할 수 있는 새로운 웨이브(wave)를 찾아야만 하는데 이 웨이브는 $\pm\infty$에서 0으로 감쇄하며 실제 응용적인 측면과 계산상의 편리를 위해 그 감쇄가 빠른 것이 좋다. $L^2(R)$의 영역을 생성시킬 수 있는 새로운 기저를 웨이브렛(wavelet) 또는 작은 웨이브(small wave)라 한다. $L^2(0,2\pi)$의 전 영역을 생성시키는 기저가 $g(x)$이듯이, 빠른 감쇄를 갖는 웨이브렛으로 $L^2(R)$의 전 영역을 생성하기 위해서는 웨이브렛 함수를 R축을 따라 천이시키는 요소, 즉 식(6.70)의 b가 도입되었고 또한 다양한 주파수 성분을 표시하기 위한 스케일링(scaling) 요소는 식(6.70)의 a의 형태로 도입되었다.

여기서 연속 스케일링 변수인 a와 연속 천이 변수 b를 이용한 $L^2(R)$상의 연속신호 $f(t)$의 연속 웨이브렛 변환은

$$CWTf(a,b) = \frac{1}{\sqrt{|a|}} \int_{-\infty}^{\infty} f(t)\psi(\frac{t-b}{a})dx \tag{6.75}$$

로 정의된다. 웨이브렛 변환은 식(6.74)과 같이 스케일 변수 a에 의하여 웨이브렛의 시간폭이 변하며, 시간이동 변수 b에 의하여 창함수의 위치가 변한다. 이와 같은 연속 웨이브렛 변환은 b 및 a가 연속적인 값을 갖는다. 그림 6.22는 웨이브렛 변환에 의한 유도초음파의 시간-주파수 맵의 예를 나타낸다.

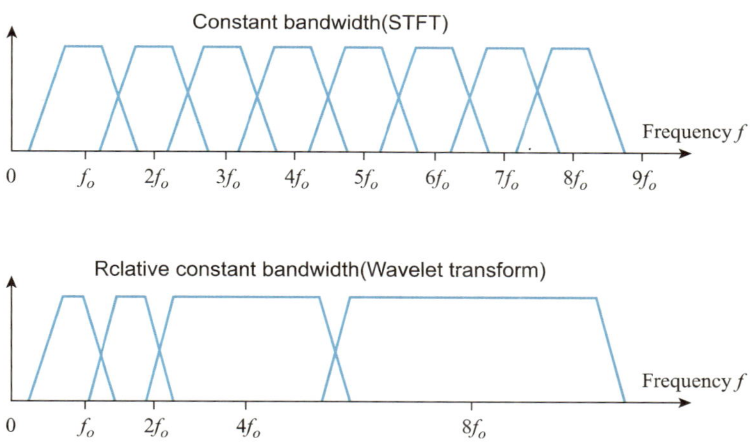

그림 6.22 The division of frequency window of STFT and WT

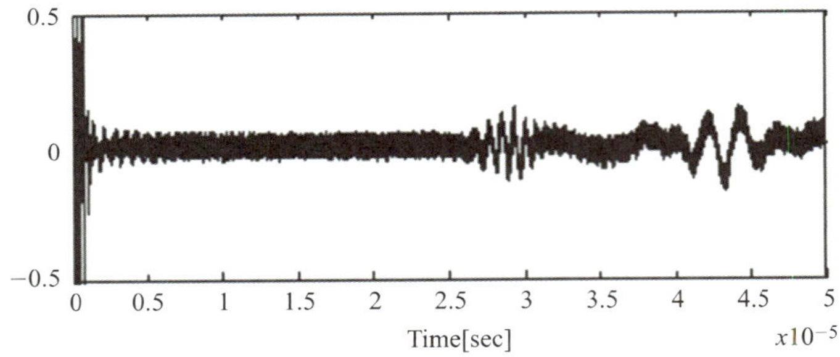

(a) RF–signal of guided wave

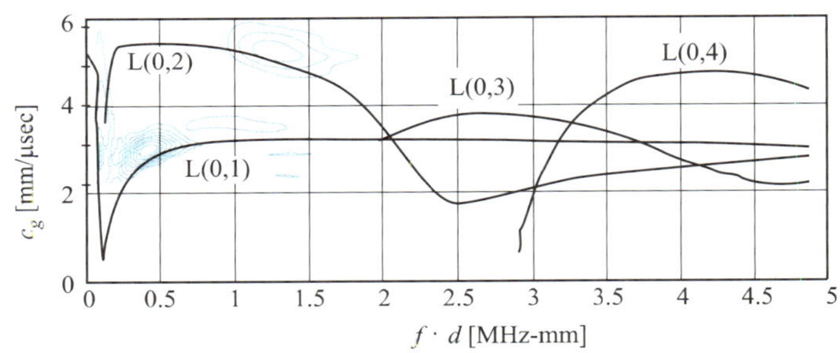

(b) Time–frequency map

그림 6.23 The example of time–frequency map by Wavelet transform

6.6 비틀림모드의 전파

1 관내 비틀림 모드의 전파

배관을 전파하는 비틀림 모드는 파이프의 원주 방향의 진동이 지배적인 모드이다. 원주방향의 변위만을 갖는 모드는 T(0,1), T(0,2)⋯.T(0, m)라고 이름 붙여지고, m이 커지는 정도에 따라 파이프 두께 방향으로의 변위 분포가 복잡하게 된다. 또 T(0, m)의 "0"는 원주 방향으로 같은 분포를 나타내고 있고, 원주 방향 분포를 $\exp(\in\theta)$로 나타낸 때의 n이 제로가 되는 것을 나타내고 있다. T(n, m) ($n \geq 1$)에 관해서는 원주 방향으로 같은 변위분포를 나타내지 않고, 비대칭 모드라고 불린다. 이 비대칭 비틀림 모드는 판 두께 방향이나 길이 방향으로의 변위도 갖는다. 또 주파수에 의해서는 원주 방향의 변위보다도 파이프 두께 방향이나 길이 방향의 진동이 지배적이 되기 때문에, 비틀림 모드라고는 부르지 않는 연구자도 있기 때문에 주의가 필요하다.

그림 6.24는 직경 114.3 mm, 두께 6 mm의 4 인치 스케줄관의 분산곡선을 나타내며, 그림 6.25는 그 중 대표적인 모드로서 50 kHz T(0,1)모드, 20 kHz T(1,1)모드, 50 kHz T(1,1)모드의 파동 전파 형태를 나타낸다. T(0,1)모드는 속도는 횡파 속도로 일정하며 진동 방향은 전파 방향 및 판 두께 방향과 수직의 원주 방향이다. T(n,1)모드는 원주 방향 이외에도 변위를 갖는 모드이다.

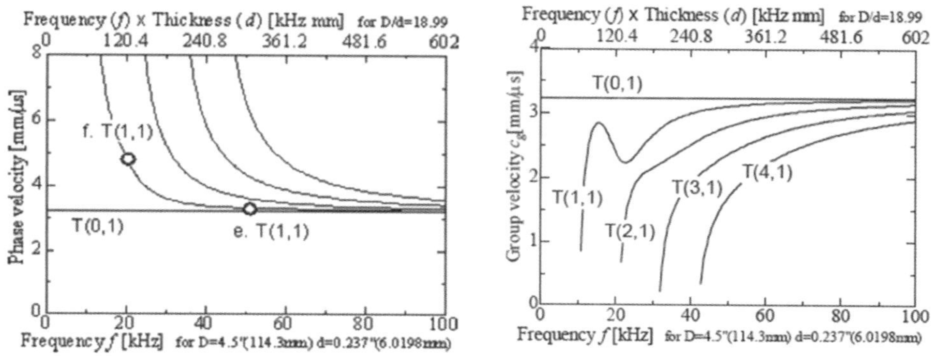

그림 6.24 Dispersion curves of torsional modes in a pipe(outer dia.= 114.3 mm, thickness = 6 mm)

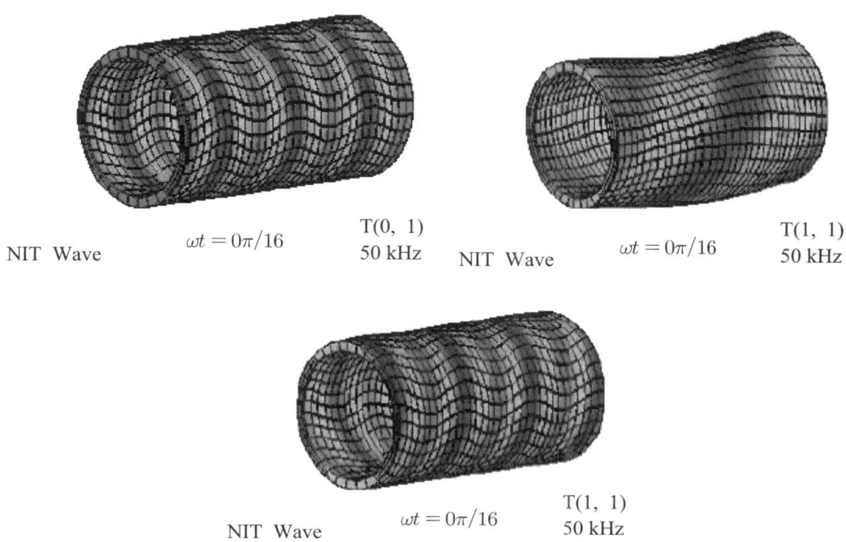

그림 6.25 Wave propagation simulation of torsional mode

2 사각봉내의 비틀림 모드

배관과 마찬가지로, 단면이 정방형으로 된 사각봉과 같은 단순한 구조에서도 비틀림이 지배적인 모드로 존재한다. 그림 6.26은 한 변의 길이가 h, 횡파 음속 C_T인 강철제의 사각 주내를 전파하는 유도초음파의 위상 속도 분산 곡선과 군속도 분산 곡선이

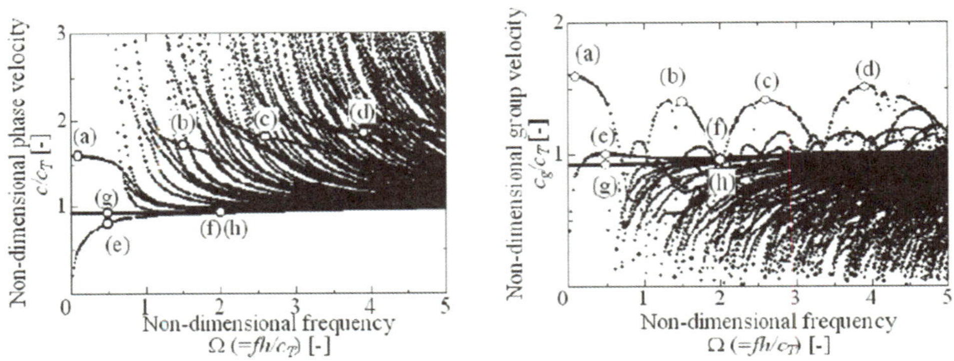

그림 6.26 Dispersion curves in a square bar

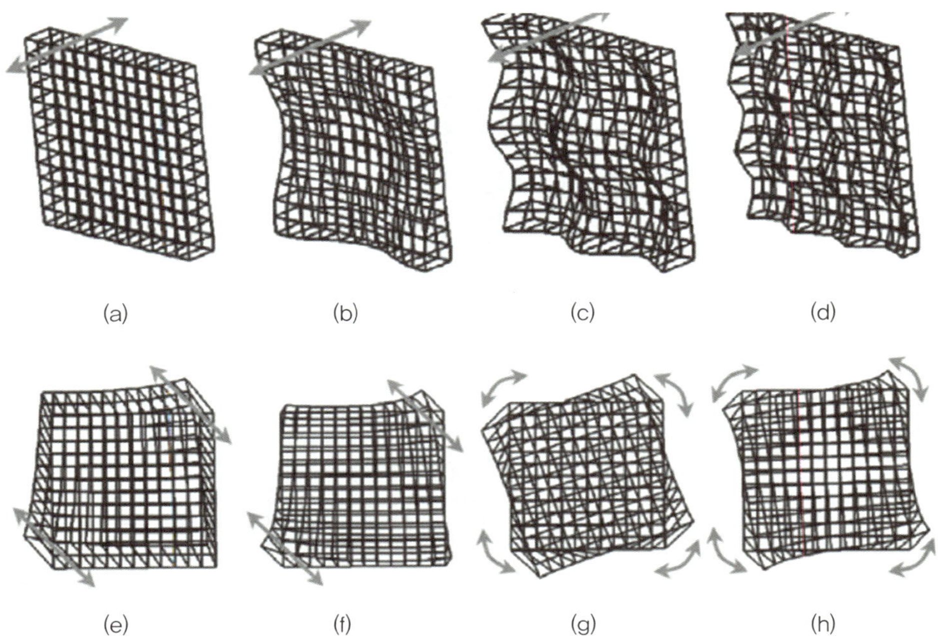

그림 6.27 Wave structure of the square bar

다. 각각의 분산 곡선 상에서 나타내고 있는 (a)-(h)의 점에서 단면 진동 형태를 그림 6.27(a)-(h)에 나타내고 있다. (g), (h)의 진동 형태는 비틀림이 지배적이고, 분산 곡선은 횡파음속 C_T보다 약간 작은 음속으로 일정하다.

음속이 비분산성으로 횡파음속에 가까운 것, 전단 진동이 지배적이라는 것이 파이프 내를 전파하는 축대칭 비틀림 모드 T(0,1)에 대응하고 있다.

3 비틀림 모드를 이용한 배관의 유도초음파 비파괴 검사

유도초음파를 이용한 파이프의 비파괴 평가에 관한 이론적 연구는 Gazis를 시작으로 오래전부터 많은 연구자에 의하여 행해져 왔다. 특히 1990년대로부터는 Rose 및 Cawley 의 그룹을 중심으로, 비파괴 평가에 초점을 맞춘 파이프를 대상으로 한 유도초음파의 이론적 연구와 그러한 이론을 검증하기 위한 실험적 연구가 행해지게 되었다. 그것은 유도초음파의 한 종류인 람파를 이용한 평판재료의 비파괴평가에 관한 연구 실적에 근거한 것이다. 또한 2000년대가 되면서 영국의 Guided Wave Ltd.(GUL)나 Plant Integrity Ltd.(PI), 미국 Southwest Research Institute(SwRI) 등에 의하여, 유도초음파를 이용한 파이프 비파괴검사 장치가 개발되어 현장에서의 도입이 가시화 되게 되었다. 그것과 동시에, 유도초음파를 이용한 비파괴평가법에 관한 다양한 문제점이 밝혀지고 있다. 예를 들면, 굽은관(엘보)부분에 있어 유도초음파가 크게 흐트러지고, 엘보를 지난 부분에 있는 결함 검출이 곤란한 것, 파동 전반의 형태가 상당히 복잡하기 때문에 검사 장치로 행해지고 있는 파형처리를 이해하지 못한 채 사용하지 않을 수 없는 것, 결함 검출 분해능이 현장의 요구를 충족시키지 못한다.

저자들은 이러한 문제를 해결하기 위해 수치 계산 시뮬레이션 및 계산 결과의 가시화를 행하고, 직선 파이프 내나 엘보에 있어서 파동의 전반적인 형태를 명확하게 해왔다. 또 결함 분해능 향상을 위해 주목받고 있는 유도초음파의 포커싱 기술에 관한 상세한 해석을 행하여 왔다. 이 중에서 비축대칭 모드의 중첩에 의하여 표현된 파이프 내의 포커싱은 Fink 들에 의하여 제창된 시간 반전 음향의 개념을 도입하여 이해하기 쉽게 나타냈다. 또, 유도초음파는 파이프 내에 탄성파의 에너지가 봉입되어 있기 때문에 원주 방향으로 다수의 센서를 나열하는 것으로 유도초음파 제어가 가능하다고 생각된다.

이와 같이 종래의 직교 함수 전개 이론을 근거로 한 모드 해석에 시간 반전 음향의 개념을 도입하는 것에 의해 유도초음파를 이용한 파이프의 비파괴평가는 큰 잠재 능력을 갖고 있는 것으로 밝혀졌다. 그렇지만 시간 반전 음향파를 이용한 경우는, 원주 방향으로 병렬된 다수의 탐촉자에서 여기 신호를 정확하게 파이프 표면에 전달할 필요가 있다. 또, 다수의 탐촉자로 얻어진 수신 파형을 이론에 근거하여 처리하기 위해서는 파이프 표면의 변위 또는 변형을 정확하게 탐촉자에 전달할 필요가 있다. 즉, 탐촉자와 파이프의 커플링 상태가 유도초음파의 제어 및 해석에 큰 영향을 준다. 자석형 센서는, 비접촉으로 파이프 내의 탄성파 여기 및 수신을 가능하게 하기 때문에, 이와 같은 다수의 탐촉자를 이용한 파형 처리에는 상당히 실용적이다. 니켈판의 장착을 필요로 하지만, 한 번 파이프 주위에 장착하면, 완전한 비접촉으로 유도초음파의 여기 및 수신이 가능하다. 이 자석형 센서를 이용한 축대칭 모드에 의한 파이프의 평가법에 관해서는, SwRI 등으로부터 많은 논문이 발표되었고, 장거리의 탄성파 전반에 관해서는 실증되고 있다.

자석형 센서로는 원주 방향으로 변위가 편향되어 있는 비틀림 모드를 여기하여 수신하고 있다. 이 비틀림 모드는 면내 진동이기 때문에 배관 외로의 탄성파 에너지의 누설이 작고, 배관내 장거리 전파가 가능하여 배관 검사에는 상당히 좋은 성질을 갖고 있다. 본 절에서는 원주 방향으로 변위 진동이 지배적인 비틀림 모드를 이용한 배관의 비파괴평가에 관하여 우리들이 행하여 왔던 연구 성과를 나타냈다. 처음으로 어레이(array) 센서를 이용한 유도초음파 모드의 추출을 하고, 다음에 그 모드 분리 기술을 이용하여 결함의 화상 처리를 하였다.

CHAPTER 7

초음파, 수중을 들여다보다

7.1 수침법 개요

탐촉자에서 시험체로 발생되는 초음파는 여러 개의 경계면과 음향 임피던스(밀도와 음속의 곱)가 각기 다른 곳을 전파되어 나간다. 음향 임피던스 차이가 나는 곳에서는 반사로 인하여 에너지의 감쇄가 발생되며 특히 음파의 진행경로에 공기가 있을 경우에는 매우 높은 반사를 나타낸다. 시험체로 초음파 에너지 전달능력을 개선하기 위하여 두 가지의 커플링 기법이 사용되는데 그 중 하나는 접촉법에 의한 방법과 수침법에 의한 방법이 있다. 이러한 수침법의 특성을 설명하기 위해 본장의 제목을 [초음파, 수중을 들여다보다]로 정하고 수침법의 특성을 설명하고자 한다. 두 가지 기법의 주요한 차이점은 탐촉자와 검사체 사이의 접촉매질의 간격을 다르게 설정한다는 것이다.

1 접촉법에 의한 커플링 방법

접촉법에 의한 커플링 방법은 커플란트의 간격을 최소화하기 위하여 검사 대상체의 표면위에 탐촉자를 대고 압력을 부가한다. 이 간격은 탐촉자의 스펙트럼 반사 범위보다 반사 주파수가 커지도록 해야 한다.

$$d \ll \frac{2 \times V}{f_{\max}} \tag{7.1}$$

d : 커플란트 두께(mm), V : 커플란트의 음속(mm/s)

f_{max} : 피크 주파수의 6 dB 아래에서 측정된 탐촉자의 최대주파수(Hz)

커플란트 두께는 $\lambda/4$나 $d \ll \dfrac{V}{4F}$ 보다 작아야 한다.

2 수침법에 의한 커플링방법

수침 커플링 방법은 유체의 지연거리를 길게 이용한다. 탐촉자와 시험체사이의 거리는 시간영역(탐상기의 수평축)에 있어서 시험체의 전면부에서 발생되는 반사신호와 탐촉자에서 발생되는 신호를 충분히 구분할 수 있는 정도의 거리를 유지해야 한다. 또한 시험체 내부의 반사체와 반복되는 물거리 신호 사이에 있도록 해야 한다. 이렇게 탐촉자와 검사체 사이의 거리를 조정해야 여러 가지 반사신호와 응답신호사이의 간섭을 피하여 평가할 수 있다. 수침법에 의한 검사방법에 있어서 시험체의 두께와 커플란트 거리간의 관계식은 다음과 같다.

$$d_c > \frac{V_c}{V_{tm}} N d_{tm} \tag{7.2}$$

d_c : 커플란트 경로거리(mm)

V_c : 커플란트 음속(m/s)

V_{tm} : 시험체의 음속(m/s)

d_{tm} : 검사체의 두께(mm/s)

N : 시험체 내부에서의 반복되는 반사신호의 수

3 수침법의 단점

(1) 접촉매질의 접촉거리로 인하여 상대적으로 두께가 얇은 시험체에 주로 적용된다.

(2) 수침법에 사용되는 매질의 무게와 이동성이 양호하지 못하므로 현장 적용성이 떨어진다.

(3) 기법을 이용하는데 필요한 하드웨어가 복잡하고 가격이 비싸다.

(4) 부식을 발생시키는 시험체에는 추천할 만하지 못하다.

(5) 식(2) 이하의 두께에서 사용이 가능하다.

4 수침법의 장점

수침법은 유연성이 높으므로 여러 분야의 검사 적용에 사용된다. 탐촉자를 바꾸지 않고도 입사각도를 변경할 수 있으며, 탐상 중에 발생할 수 있는 탐촉자의 마모를 방지할 수 있다. 따라서 자동검사에 유리하고 복합 재질에 사용할 경우 임피던스 적용성이 높아진다.

물은 수침법에 사용되는 주요한 매질로서 가격이 저렴하며 구하기가 쉽다는 장점이 있다. 화학적 생물학적 반응을 방지하기 위해 여러 가지의 첨가물을 넣어서 해결할 수 있다.

시험체의 표면에 집적되거나 발생되는 기포를 제거하기 위하여 물에 희석되는 각종 물질이 사용된다. 이러한 첨가제는 시험체와 물 사이에서 생기는 장력을 낮추어 기포 발생을 아주 작게 할 수 있다.

용기에 물을 보충할 경우나 탐촉자를 움직일 경우에 공기가 물속에 포함되면서 초음파 음압의 감쇄가 발생할 수 있다. 이때 감쇄는 6 dB 보다 높아질 수 있으므로 물의 흐름을 적게 하여 용해된 기포가 빠져나갈 수 있도록 해야 한다. 공기가 빠져나가기 위해서는 물을 채운 후 15분에서 60분 정도 안정된 상태를 유지해야 된다.

수침법의 주요 장점은 다음과 같다.

(1) 시험체의 크기와 형상을 변경하였을 경우 탐촉자 연결부와 전면 부착부품을 특별히 바꾸지 않아도 된다.
(2) 간단한 조작으로 초음파의 입사각을 연속적으로 조정할 수 있다. 이러한 능력은 복잡 형상의 검사체나 검사절차를 개발하는데 유용하게 사용된다.
(3) 커플링 매질을 여러 가지를 사용할 수 있다.
(4) 정해진 접촉매질에 제한 받지 않기 때문에 검사속도가 향상된다.
(5) 수침법은 접촉법에 비하여 튜브와 같이 원형이거나 구형의 모양과, 표면형상의 변화에 의한 접촉매질의 손실에 의한 영향을 상대적으로 적게 받는다.
(6) 물탱크 용기속에 전체를 침수시켜 시험체의 표면에 있는 미소한 불연속부로부터 발생되는 과도한 신호를 억압하는 역할을 한다.
(7) 물기둥은 지연거리를 제공하여 미약한 신호가 기기에 돌아오기 전에 매우강한 신호가 증폭기를 통과할 수 있게 해준다. 이것은 작은 크기의 튜브나 얇은 판을 검사할 때 매우 유용하게 사용된다.

7.2 접촉매질로서 물의 특징

1 주파수의 하향이동

접촉매질로 물을 사용하는 것은 고주파 부분에서 전달되는 신호를 방해한다. 특히 초음파는 감쇄되어 광대역 신호의 첨두 주파수는 하향이동 된다. 굴절에 의한 손실을 무시하면 감쇄량은 다음과 같이 표현된다.

$$A = A_0 \exp(-\alpha f^n X) \tag{7.3}$$

X : 음파의 전달 거리(M)
f : 주파수(Hz)
n : 주파수에 종속되는 지수
α : 주파수에 종속되는 매질의 진폭 감쇄 상수
A_0 : 감쇄되지 않았을 경우의 진폭
A : 감쇄된 후의 진폭

특정 주파수에서 $dB \cdot m^{-1}$ 단위로 표현되는 감쇄는 $dB \cdot m^{-1} = +8.6859\alpha f^n$ 이다. 물에 있어서 α값은 $24 \times 10^{-15} \cdot Hz^2$이고 물의 온도와 순도에 따라 변한다.

다음식은 지수 $n=2$일 경우에 있어서 주파수의 하향이동 범위로 보고된 내용을 설명한 식이다.

$$f_{peak} = \frac{f_0}{2\alpha X \nabla^2 + 1} \tag{7.4}$$

f_0 = 감쇄되지 않은 첨두 주파수
$\nabla = f_0 \times$ percent bandwidth/236

비율 대역폭(−6 dB)은 감쇄되지 않은 스펙트럼에서 나온다. 식(7.4)에 있어서 전파거리 X는 탐촉자에서 시편과 후면부에서 나오는 신호의 띠다. 대역폭은 주파수를 발생하도록 여기하는 경우에 있어서 펄스반사 스펙트럼의 폭을 말한다. 예를 들어 25 MHz의 신호가 50%의 대역폭으로 시험체와 12.7 mm 떨어진 탐촉자에서 나오면 5%의 주파수 하향이동을 관찰할 수 있다.

주파수 하향이동이 너무 과하면 커플링으로 사용되는 물을 음속이 높고, 감쇄가 적은 고형 매질로 바꾸는 것이 좋다. 이 경우 매질은 시험체와 탐촉자를 서로 연결해주는 역할을 한다.

2 물속에서의 파동속도

물속에서 파의 전달 속도는 온도의 함수로 나타낸다. 순수한 물에 있어서 초음파 속도에 대한 관계식은 다음과 같다.

$$V_{fw} = 1{,}410 + 4.21T - 0.037T^2 \tag{7.5}$$

V_{fw} = 순수한 물에 있어서 초음파 속도(m/s)

T : 물의 온도(℃)

부가적인 인자로 압력과 염도는 초음파의 속도를 증가시키는 역할을 한다. 이것은 해수에서 초음파 검사를 수행할 경우 중요한 인자로 작용한다. 이 조건에서 다음의 관계가 된다.

$$V_{sw} = V_{fw} + 1.1S + 1.8*10^{-5}d \tag{7.6}$$

V_{sw} : 해수에 있어서 초음파 속도(m/s)

S : 염도(parts per thousand)

d : 물표면 깊이

일반적으로 물의 표준속도는 1.5 km/s로 사용된다. 이 값은 물표면 1 m 깊이에서 32 part의 염도와 15℃의 온도에서 나타나는 값이다.

3 물속에서 음파의 감쇄

물속에서 음파의 감쇄는 온도의 함수로 변한다. 온도와 감쇄정도에 대한 실험치는 표 7.1에 열거되어 있다. 또한 감쇄는 압력에 따라 변화되며 압력에 따른 변화량은 표 7.2에 있다.

표 7.1 온도함수로 표현된 초음파 감쇄

온도 (℃)	감쇄	
	$neper/m \cdot Hz^{-2}$	10^{-12} $dB/m \cdot Hz^{-2}$
0	56.9	0.494
5	44.1	0.383
10	36.1	0.313
15	29.6	0.257
20	25.3	0.219
30	19.1	0.165
40	14.6	0.127
50	12.0	0.104
60	10.2	0.089

표 7.2 30℃ 물속에서 압력의 함수로 계산된 초음파 감쇄

압력 MPa(대기압)	감쇄 $10^{-15} \cdot neper^{-1} \cdot Hz^{-2}$
0	18.5
50(500)	15.4
100(1,000)	12.7
150(1,500)	11.1
200(2,000)	9.9

7.3 수침법에 사용되는 초음파 탐상 기법

1 초음파 탐상기술

수침법에 있어서 탐상하는 방법에는 다음과 같은 세 가지 방법이 있다. A-Scan, B-Scan, C-scan. (그림 7.1) 각 적용 방법은 초음파로 탐상된 정보들을 제공해 준다. 경우에 따라서는 각 방법들을 컴퓨터를 이용하여 표현해 주기도 한다.

1) A-Scan법

각각의 세 가지 탐상법은 탐상하고자 하는 재료내부에 존재하는 불연속부에 대한

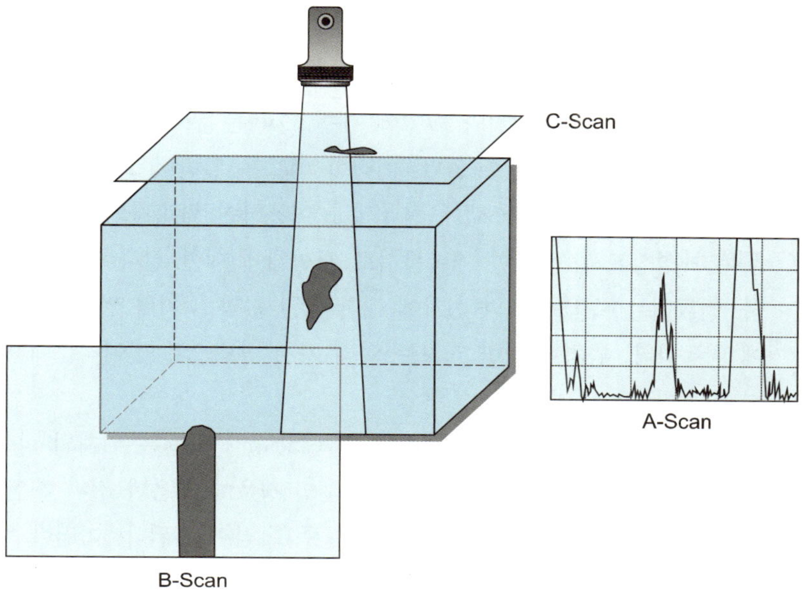

그림 7.1 A, B, C Scan의 표시형태

상세한 정보를 제공하며, 불연속부의 깊이는 시간영역에 따라 측정되는 초음파의 진행 시간에 의해서 나타난다. 불연연속부의 크기는 반사신호의 진폭으로 측정한다. 불연속부의 형태는 진폭과 위상정보에 대한 분석을 통하여 결정한다. A-Scan법은 가장 널리 알려진 탐상방법이며 대부분의 초음파 장비에 있어서 신호를 나타내는 방법으로 사용된다.

2) B-Scan법

초음파에 의한 B-Scan법은 한쪽 축 방향으로 불연속면의 단면을 나타내도록 하는 방법이다. 탐상하는 경로는 X축에 나타나며, 음파의 진행거리는 Y축에 나타난다. 단면이 나타나기 때문에 특히 체적이 큰 시험체를 검사할 경우에는 실질적으로 잘 적용되지 않는다.

B-Scan은 의료 진단분야의 단면영상을 처리하는 유용한 방법으로 활용된다. 의료분야의 응용에서는 영상의 왜곡현상을 방지하기 위하여 일정각도로 조정하는 탐촉자 조작장치가 사용되며, 검사 영역의 전단면을 따라 빔 각도를 변화하여 화상의 상태를 조정한다.

3) C-Scan법

초음파 C-Scan법은 불연속부의 면적을 수직상부에서 보는 것과 같은 방법으로 나타낸다. 불연속부의 위치와 크기에 대한 Data는 위치 함수로서 진폭의 크기 변화에 의해 유용하게 나타낼 수 있다. 이러한 정보는 일반적으로 기록용지에 표시된다.

현대에는 C-Scan 시스템에 컴퓨터를 이용하여 탐촉자의 위치를 제어하고, 신호의 취득과 영상표시, 상세한 기록문서로 시험체에 대한 검사 결과를 나타내거나 저장한다. 컴퓨터는 특정 초음파 인자에 대한 상관 값과 수치화 된 탐촉자 위치 정보를 동시에 취득한다. 위치에 대한 정보는 여러 가지 방법으로 얻어지는데 광학기록장치나 음향 수치화 등이 사용된다.

저장용량의 한계로 인하여 대부분의 C-Scan 시스템은 위치의 함수로 하나 또는 두 개의 초음파 인자만을 취득한다. 대부분의 경우에 초음파 전파 시간이나 정해진 시간 범위에서 반사되거나 전달되는 진폭이 주요 인자가 된다. 이러한 주요인자는 AD 변환기를 통하여 디지털 신호로 변화된다.

C-Scan 장비는 500 mm/s 또는 그 이상의 속도로 탐상 가능하며 탐상속도는 물에서 와류를 발생하지 않도록 해야 된다.

다중 탐촉자를 C-Scan에 사용할 경우, 탐상하는 동안에 미리 정해진 순서에 따라 탐촉자의 신호를 순차적으로 받아들이는데 multiplexer가 이용된다. 기계적인 탐상장치를 대신하는 방법으로 탐촉자 배열은 동시에 같은 능력을 나타내며, 탐상 위치는 컴퓨터 모니터 위에서 커서의 위치에 의해 표시된다.

C-Scan 장치는 대체로 그 크기가 크며, 현장적용에는 제한을 받는다. 탐상장치와 마이크로프로세서 가격이 저렴하게 됨에 따라 현장적용 분야 기기도 설계되어 개발추세에 있다. 처음 이 장치가 개발되었을 당시의 제한사항은 (1) 가격이 비싸며 (2) 탐상 영역의 협소 (3) 단순한 형상만 가진 시험체에만 적용 가능하다는 것이었다.

7.4 펄스반사 수침법의 영향인자

1 영향인자 분석

펄스반사 수침법에 의해 불 연속부를 구분하고 찾아내는 데는 4가지의 인자가 사용된다. (1) 후면반사부의 진폭신호 (2) 외란반사에 의한 진폭신호 (3) 음파전달 시간에 의

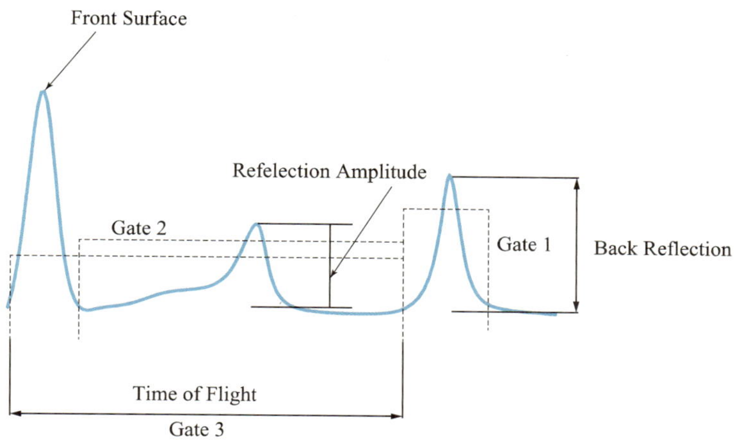

그림 7.2 펄스반사법에 의한 주요인자

한 측정, (4) 주파수 응답 등이 있다.

그림 7.2에 pulse-echo 방법에 의한 주요인자를 대표적으로 나타내었다. 탐상표시 형태 화면에 여러개로 표시되는 시간 게이트에 의해서 (1), (2), (3) 인자를 나타낼 수 있다. 주파수 영역에 의한 응답신호를 얻기 위해서는 FFT(Fast Fourier Transform)로 조합하는 방법이 사용된다.

각 인자에 대한 분석은 analog 하드웨어나 컴퓨터를 기반으로한 수치적 시스템으로 해결된다. Analog 시스템은 매우 높은 속도의 수행능력을 나타내지만 상대적으로 제한되는 미리 정해져야할 사항들이 있다. 신호가 수치화 되고 마이크로 연산자에 의해 해석이 되면서 광범위한 종류의 제한사항들이 해결되고 있다. 실시간 탐상에는 특별 인자값을 취득하기 위해 만들어서 탐상 프로그램과 같이 사용되는 복잡한 코드가 있다. 이러한 접근방법은 고속으로 신호를 취득할 수 있지만 실험에 적용되는 각 인자들은 미리 결정되어야 하며 변경이 불가하다. 일반적으로 시스템은 아날로그 시스템에서 수행되는 속도와 비슷하다.

아주 높은 융통성으로 인하여 원하는 인자들은 컴퓨터 프로그램으로 얻어낼 수 있으며, 수치적으로 사용되는 기기로 하나의 완전한 A-Scan 신호를 400 MHz 이상의 속도로 수식화할 수 있다. 기가 Hz 이상의 주파수에서는 신호취득하는 기술이 별도로 이용된다. 이러한 고 주파수 이용 시스템에서는 표면파 장치에 훨씬 유용하게 사용된다. 여러 가지 신호처리하는 기술, 즉 필터링, 윈도우 구성, 신호전달 등이 이러한 시스템과 함께 사용된다.

컴퓨터를 이용한 시스템에서는 불연속부 탐지능력을 높이기 위하여 영상처리 기법이 사용되며, 취득된 인자들을 평가하여 자동으로 불연속부에 대한 특징을 나타내어 준다. 특이한 초음파 기법을 이용하여 C-Scan 영상화 불연속부 구분 기술은 불연속부의 특징을 잘 나타낼 수 있다. 이러한 방법을 형상매핑 이라고 하며 실시간으로 신호를 분석하기 위하여 배열 처리장치를 이용한다.

일반적으로 실험결과는 모니터상에 흑백이나 칼라로 처리되어 분해능을 높여주고 있으며, 이러한 기술은 X-ray 단층촬영법 같이 영상처리기술과 영상구성 기술의 개발이 뒷받침되고 있다.

흑백의 그림자나 칼라를 통하여 불연속부와 관련된 각 인자들의 값으로 깊이와 감도의 크기를 나타내고 있다. 흑백의 정도를 나타내기 위해서는 여러 가지 형태의 떨림법을 이용한다. 이 방법은 픽셀 그룹으로 정의 되는 단위 영상화 크기를 탐촉자의 위치와 검사대상체 형상의 상호연관 위치 데이타 점들을 나타낸다.

2 후면반사 진폭신호

후면반사 신호는 음파가 진행하는 동안에 영향을 미칠 수 있는 것을 찾아내는 것으로 재질의 감쇄를 측정하는 방법으로 사용된다. 이 방법으로 불연속부를 신속하게 찾을 수 있으며, 또한 delamination이나 기포, 미세 크랙을 찾아내는 방법으로 광범위하게 사용된다.

후면반사 진폭신호법은 검사체의 불연속부를 간접적으로 표시해주는 것이며 이것은 검사체에 존재하는 이상 신호를 찾아내는 데 사용된다. 예를 들어 형상, 표면거칠기, 전면부와 후면부의 변화를 후면부 반사 신호의 변화를 가지고 알아낼 수 있다. 후면 반사 신호가 줄어들거나 사라지는 것은 전달된 음파의 신호가 흡수되었거나 굴절, 반사 등으로 인하여 음 에너지가 탐촉자로 돌아오지 않는 현상이다. 후면 반사신호의 감소량으로 물질의 특성을 정량적으로 알아내는 것은 아주 어려운 일이며, 초음파 검사에서 사용되는 게인값으로 어떤 재질의 특성치를 판단할 수도 있다.

후면 반사신호의 감소량을 측정하는 것은 대비시편을 이용하여 같은 두께의 동일한 재질의 후면 반사신호와 상대비교를 해보는 방법이 있다. 완전히 재질의 상태가 나빠진 재료에서 얻어진 신호값에 대한 게인값의 변화를 측정하여 상대 비교함으로서 진폭의 변화량을 비교할 수 있다.

3 외란반사 신호의 진폭

불연속부를 찾는다는 것은 재료 내의 임의의 체적으로부터 반사되는 신호를 직접 평가하여 알아내는 것이다. 이러한 반사 신호는 전면 반사신호와 후면반사 신호 사이에서 나타난다. 시간 게이트를 사용하여 임의의 진폭이상을 미리 선정해 놓으면 결함에 대한 표시와 경고음을 나타내게 할 수 있다. 반사되는 신호의 모양를 보면 불연속부의 형태를 알아낼 수 있으며, 또한 반사신호의 진폭은 결함의 크기를 측정하는데 이용된다.

4 미소 불연속부

각각의 불연속에서 나타나는 진폭은 대비시편에 만들어진 표준 구멍 반사신호와 비교하여 결함의 크기를 서로 비교하게 된다. 항공기 검사분야에서 이러한 방법들이 많이 사용되어 왔으며 신뢰성 있는 기술로 받아들여져 왔다.

미소 크기의 불연속부를 정량적으로 측정하려는 기술개발 노력이 지속적으로 이루어져 왔으며, 미소 크기의 불연소부를 평가하기 위하여 대비시편을 사용할 때 측정된 불연속부의 크기는 일반적으로 실제의 크기보다 적게 나타난다. 그 이유는 검사대상체의 표면거칠기가 차이가 나며 불연속부의 표면 거칠기가 대비시편에 비하여 평활하지 않기 때문이다. 또한 검사대상체의 감쇄정도는 일반적으로 대비시편과 비교할 때 상당한 차이가 나기 때문이다.

5 대형 불연속부

유효 빔 직경보다도 큰 불연소부 역시 전면 신호와 후면반사신호 사이에 나타나게 된다. 그러나 결함의 크기는 대비시편 인공결함 크기보다 크기 때문에 반사신호를 통한 크기평가는 곤란하다. 결국 탐촉자를 불연속부 신호가 사라질 때 까지 이동하면서 그 크기를 측정할 수밖에 없다.

불연속부의 경계는 불연속부의 중심에서 발생되는 최대진폭 보다 6 dB 떨어질 때까지의 거리를 측정하여 결함의 경계부위를 찾아낸다. 또 다른 방법으로 C-Scan을 이용하여 수신부의 게인이나 보정된 감쇄정도를 이용하여 대비시편을 탐상할 때 나타나는 신호로서 불연속부의 크기를 정확하게 나타낼 수 있다.

6 음파전달 시간측정법

음파 진행시간을 측정하는 것은 시험체의 전면부와 다음 반사체 사이의 신호 전달 시간을 측정하는 것이다. 반사체가 시험체의 후면반사 신호만 존재하면 불연속부가 없다고 판단할 수 있다. 음파 진행시간을 측정하는 방법은 분해능이 아주 뛰어나며, 표면 근처에서의 분해능은 5 MHz 탬핑이 높은 탐촉자를 사용할 경우 0.5 mm 정도가 되고 표면에서 떨어진 곳의 분해능은 0.25 mm 정도 된다.

음파 진행시간 측정법은 관심있는 검사 대상체의 시간영역 경계를 정의해 놓고 시간 게이트를 이용하여 측정한다. 잡음신호의 영향을 제거하기 위해서는 미리 정해진 게이트의 높이를 조정하여 이용하면 된다. 초기신호의 영향을 피하고 또는 특정한 재료의 깊이에 시간 게이트를 걸어 놓고 처음신호가 초기신호가 도달한 후에 도착하도록 조정하면 된다.

복합 구조물을 시험할 경우 탐촉자의 입사각과 검사체로 부터의 거리는 위치함수로서 변경할 수 있다. 첫 반사신호가 물거리의 영향을 극복하기 위해서 트리거를 잘 설정하여야 한다.

일정한 입사각을 유지하기 위해서는 경로를 따라가게 해주는 컴퓨터가 사용된다. 이 장치는 탐촉자가 시험체에 항상 수직으로 위치할 수 있도록 미리 정해주는 프로그램이다. 이 방법은 고속으로 탐상하는데 유용한 방법이지만 검사전에 물체의 형상을 일일이 입력해주는 작업에 많는 시간이 소모된다.

위치함수로서 음파 전달 시간은 불연속부를 3차원 적으로 영상화 하는데 사용된다.

7 주파수 영역 분석

광대역으로 전달되는 반사신호를 주파수 영역으로 변경해 주면 시간영역에서 볼 수 없었던 많은 정보를 제공하고, 상용화된 FFT 장비는 실시간에 가깝게 정보를 제공해 준다.

스펙트럼 응답을 분석해 보면 불연속면에서 나타나는 특징을 가시적으로 볼 수 있다. 스펙트럼 분석은 복합구조물의 접합부나 복합재료 검사에 응용될 수 있는 잠재력을 가지고 있다.

7.5 사각탐상 수침법

초음파 빔의 굴절현상은 빔의 입사각이 표면에 수직이 아닌 경우에 발생한다. 수침법에 의한 사각 탐상법은 입사각을 임의로 조정할 수 있다는 장점이 있으며, 사각 탐상을 실시하는 데는 다음과 같은 이유가 있다. (1) 횡파를 발생시키기 위하여 (2) 불연속부에서 최대반사를 얻어낼 수 있는 고주파를 발생시키기 위하여 (3) 시험체의 전면에서 발생하는 반사신호를 피하기 위하여 (4) 표면파를 발생시키기 위하여 (5) Lamb 파를 발생시키기 위하여

1 사각 탐상의 이론

초음파 빔은 일반적으로 수직으로 입사하는데 비하여 경사각을 가지고 입사되면 Snell의 법칙에 따라 입사된 음파는 굴절하게 된다. 이 현상은 튜브 형태로 생긴 물체를 검사하는데 유용하게 사용된다. 음파의 빔을 10°에서 30°로 입사시키면 굴절된 빔은 튜브 주위를 원주방향으로 이동한다.

1) 빔의 전파 형태

음은 파이프의 벽을 따라서 톱니모양이나 지그재그 형태로 횡파와 종파가 진동하면서 전달된다. 톱니모양의 형태는 매우 날카롭기 때문에 불연속부가 빔 전달 경로내에 있어야 찾을 수 있다. 실험적인 결과로 나타난 자료에서는 직경이 작은 튜브의 얇은 벽면을 따라 종파가 많이 변형이 되면서 전달된다. 재료의 경계부위에 도달하면 간섭현상이 증가하고 종파의 속도는 상당히 감소된다. 이러한 현상은 파의 형태가 변형이 됨을 의미한다. 아주 얇은 튜브 벽면에서는 반사되는 형태가 보다 더 날카롭고, 벽면이 얇아지면 파는 아주 좁은 금속벽을 따라서 움직이게 된다. 이러한 개념은 그림 3에 나와 있다. 박면의 튜브 내를 전달되는 파를 관찰할 경우 이러한 현상은 Lamb 파가 형성되는 것을 비교해보면 설명될 수 있다.

2) 탐상 시스템

디스크, 실린더, 튜브 또는 여러 가지 형상의 축대칭 물체는 직각형태로 2축구동되는 장치와 시험체를 회전시킬 수 있는 장치와 결합된 검사장치에서 탐상이 가능하다.

회전되는 실린더를 탐상할 경우 C-scan 영상은 기록장치에 있는 드럼주위에 감겨진

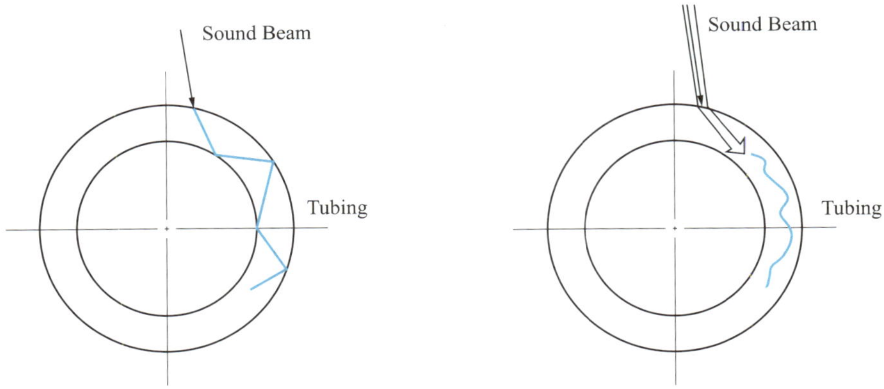

(a) 톱니모양의 종파의 전파 (b) 얇은 튜브에서의 파의 전파

그림 7.3 튜브내에서 파의 전파형태

기록지 위에 나타난다. 드럼의 높이는 최소한 시험체의 높이와 같으며 직경은 같거나 일정비율의 크기로 되어있다. 모니터에 나타나는 초음파 C-scan 영상은 탐촉자의 위치에서 동시에 탐상결과가 나타나도록 되어있다.

3) 응용범위

수침법에 의한 탐상방법은 직경 5 mm, 두께 0.6 mm 정도의 작은 튜브에서부터 약 300 mm 직경의 큰 파이프의 탐상에 이르기 까지 이용범위가 넓다.

일반적으로 이 방법은 튜브의 축선을 따라 형성되는 축방향 불연속부를 탐상하는 방법으로 설계된다. 축방향 불연속부의 예로는 crack, laps, seams, folds, 용입불량 등이 있으며 입계부식이나, scrach, gouge, lamination 등도 있다.

불연속부의 절대 크기는 다음 변수들과 관계가 있다. (1) 불연속부의 단면적에 의해 정해진는 반사면적과 빔이 지나가는 경로에 대한 불연속부의 방향성 (2) 불연속부 존재에 따른 음향 임피던스의 변화

음파의 빔이 불연속부와 수직으로 되면 될수록 반사음의 크기는 더 커지고, 짧고 깊은 불연속부와 같은 면적을 가지거나 길고 좁은 불연속부를 구분하는 것은 어려운 일이다.

4) 불연속부 탐지에 대한 한계

수직방향 결함의 단면적이 튜브 형상과 같은 단면을 가질 때 최대의 반사신호를 보

낸다. 이 조건이 일치하지 않을 경우는 음파의 빔이 한 방향으로 전파될 때 탐지가 가능하다. 이 때 방향이 바뀌면 불연속부의 탐지가 불가능하기도 한다. 이러한 이유로 모든 튜브의 결함 탐지는 양방향으로 수행되어야 불연속의 탐지능력이 증대된다.

반사면적이 작은 불연속부의 경우에는 사각 탐상으로 탐지가 어렵다. 이러한 종류는 원형으로 된 groove나 gouge, pickling pits, 미소의 이종 금속, 입계 부식, pinhole, 입계의 크기 변화와 같은 내부의 미소변화 등이다. 각종 실험에 의하면 사각 탐상에 의한 방법으로는 수직방향 형상을 가진 결함 탐지에 사용되는 것이 바람직하다.

2 사각탐상 기술과 절차

수직방향 불연속부 발생은 튜브와 파이프에서 가장 일반적으로 발생하는 현상이다. 가장 간단하고 재생하기 쉬운 대비 시편은 좁고 긴 노치로서 깊이와 길이를 결함으로 볼수 있는 크기로 제작하는 것이다. 노치는 내경부위와 외경부위에 공히 만들어진다. 가장 좋은 방법은 초음파로 탐지가능한 크기의 노치를 go/no-go 게이지 형태로 제작하면 된다.

작은 구경의 튜브나 파이프에 노치를 제작하는 것은 용이한 일이 아니다. 이유는 3 mm 정도의 아주 작은 내경을 가진 재질의 경우 제작이 어렵기 때문이다. 이러한 이유로 자연적으로 발생한 불연속부을 가진 시편을 대비시편으로 사용하기도 한다.

1) 탐촉자의 위치

튜브형상 검사에는 탐촉자의 위치 정열이 아주 중요한데 이는 초음파의 입사각 범위 이내로 유지하기 위함이다. 입사각도는 튜브나 파이프의 두께와 내경의 비율에 맞추어 최적화된 조건을 찾는 것이 필요하다.

2) 불연속부에 대한 감도 조정

내경과 외경부위에서 발생되는 불연속부를 해석하기 위해서는 각 위치에서 발생할 수 있는 불연속부에 대한 이해가 선행되어야 하는데, 이는 대비시편을 이용하여 각도를 아주 정밀하게 조정함으로서 얻을 수 있다. 탐촉자는 내경부위나 외경부위에서 발생하는 불연속부를 표면에서부터 같은 거리에 있는 대비신호와 비교하여 상대적인 진폭신호로 찾을 수 있는 곳에 있어야 한다.

이러한 조정 방법은 내 외 경에 있는 불연속부에서 만들어내는 최대 신호를 조정할 수 있는 것은 아니지만 상대적인 크기는 나타낸다. 내경에 위치한 불연속부는 탐지가 가장 어렵기 때문에 많은 시험을 통하여 탐지능력을 검증해 보는 것이 필요하다.

3) 빔 조준

탐촉자의 직경보다 작은 직경의 튜브를 검사할 경우에는 파동의 길이가 짧은 탐촉자가 이용된다. 빔 조준이란 일정한 각도로 파를 입사시키기는 것을 확인하기 위하여 사용된다. 결과적으로 분해능에 대한 탐촉자의 선형적 변환은 많은 시간이 소요된다.

적절한 조준이 되었으면 유효한 탐촉자 직경은 빔의 직경에만 좌우된다. 직경이 큰 파이프를 검사할 경우에는 빔 조준에 대하여 고려할 필요가 없다. 즉 탐촉자의 직경에 비하여 상대적으로 파이프의 외경이 충분히 크면 탐촉자에서 빔의 조준은 저절로 발생한다. 빔 조준에 있어서 제한사항은 정열이 필요한 수직 탐촉자나 사각 탐촉자를 사용할 경우에 일어난다. 이러한 탐촉자에서도 빔 조준은 결함에서 발생하는 초음파의 감도에 중요한 인자가 된다.

4) 불연속부에 게이트 구성

시험하고자 하는 대상에 대하여 탐촉자의 초기 정열을 위하여 대비시편이 사용된다. 동시에 대비시편에 있는 노치에 대하여 불연속 신호 반사음을 인식하기 위한 장비를 잘 조정해야한다. 정량적인 해석을 위하여 경고음이 발생하도록 게이트를 구성할 수 있으며, 장비에 이러한 조정이 잘 되어있으면 상대적인 신호는 게이트를 구성한 곳에서 경고음을 제대로 발생하게 된다. 감쇄부분을 잘 보정하면 전면부에서 떨어진 거리의 함수로 발생한 신호에 대하여 증폭할 수 있다.

3 사각탐상 지시치의 해석

모든 불연속부의 크기측정은 유사한 재질의 시편에 만들어진 알고 있는 인공결함에서 취득된 반사신호 크기와 비교하여 측정한다. 측정 값의 균일성은 불연속부가 적절하게 위치하고 있는지 여부와 반경방향의 불연속부인지 여부에 따라 달라질 수 있다.

상대적인 불연속부의 깊이평가는 튜브를 결함 검출이 가능한 위치까지 회전해서 적절한 신호가 얻어질 때 가능하다. 일반적으로 좁은 불연속부는 60° 이내로 검사체를 회전하여 측정할 수 있다. 그러나 더 깊이에 존재하는 불연속부는 90° 또는 그이상으로 회전해야 측정이 가능하다. 이러한 경우에 적용될 수 있는 규칙은 아주 작은 튜브의 표면 스크래치와 같은 깊이에 존재 할 경우에 큰 결함으로 평가할 때 약간의 변경이 있을 수 있다.

1) 사각탐상의 상세설계

품질요구 사항은 설비의 사용수명에 좌우되는데 이는 주로 침식, 부식, 열응력 범위, 기계적 하중, 주기적인 부하변동 등 여러 가지 요인이 있다. 이러한 개념을 염두에 두면 특정부분에 대한 초음파 응용에 있어서 허용가능한 불연속부 크기한계를 결정할 수 있다.

어떠한 경우에도 요구되는 품질 수준은 실제로 구성가능한 것이어야 한다. 만약 품질요구조건이 일반적으로 공급자들이 제공하는 수준보다 높을 경우에는 두 가지의 접근방법을 따른다. 설비의 부품을 특별히 제작하기 위해 많은 비용을 지불하거나, 또는 품질요건에 만족할 수 있도록 정확히 규격화된 부품을 도입해야 된다.

2) 규정되는 내용

특별한 경우에 다음과 같은 내용을 표함하여 상세하게 품질요건을 정해야 한다. 내경과 외경의 표면처리, 최소 길이, 공차, 허용가능한 특수제작방법, 운용절차, 특이한 경우에 있어서 허용가능한 불연속부의 크기 등이다.

7.6 집속법에 의한 수침법

1 집속형 탐촉자

음파는 빛의 집속과 같은 방법으로 렌즈에 의해 초점을 맞출 수 있다. 빛과 음파의 기본적인 차이점은 음파의 길이(파장)에 대한 렌즈의 두께비율이다. 공기에서는 렌즈의 두께는 파장의 10^4에서 10^5배가 된다. 초음파에 있어서 렌즈의 두께는 파장의 약 10배 정도가 된다.

결과적으로 중심링에 있는 음향렌즈의 표면에서 방사되는 역상을 가지는 음파는 수 미리미터정도 떨어져 있으며 이들은 초점이 이루어지는 면에서 서로 만나게 된다.

음향렌즈는 음향에너지 감소를 조정하거나 감소하여 검사능력을 개선할 수 있다. 이러한 것들은 주로 탐촉자 자체의 내부에 있으며, 대부분의 초음파 검사 응용에 있어서 에너지는 렌즈에 의해서 길고 좁은 영역으로 모이게 된다. 특수하게 아주 날카롭게 제작된 집속 탐촉자는 탐상거리를 6.6 mm 이내로 만들 수 있다. 이렇게 만들어진 탐촉자는 표면(강)에서 1 mm 아래에 있는 평면바닥 구멍에 대하여 0.4 mm 정도의 분해능을 가진다. 이러한 탐촉자는 특수하게 사용되는데 주로 얇은 박판에 대하여 아주 높은 분해능으로 C-Scan 영상으로 처리하여 서로 겹쳐 있는 재질의 결합상태를 검사하는데 주로 응용된다.

일반적으로 집속형 탐촉자는 전면부가 집속 영역 안에 있지 않기 때문에 보통 사용

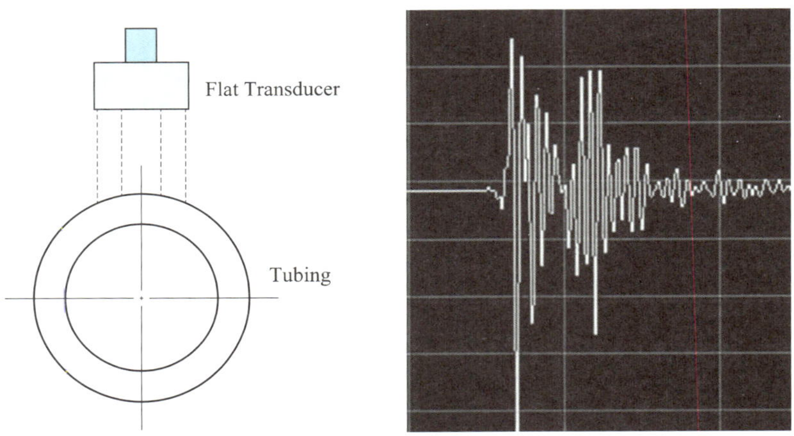

(a) 평면 탐촉자로 얻어진 곡면부 초음파 신호

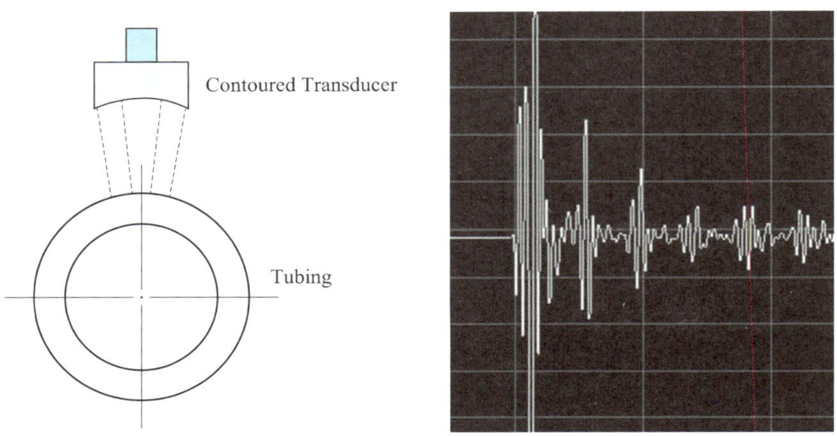

(b) 집속형 탐촉자로 얻어진 곡면부 초음파 신호

그림 7.4 표면이 곡면인 경우 탐상감도의 개선방법

하는 기기로 고해상도의 탐상을 할 수 있고, 불연속부에서 발생하는 음압은 매우 높게 나타난다. 이 경우 전면부 표면과 불연속 음과의 반사압은 10,000:1까지 올릴 수 있다.

원통형 렌즈를 이용하면 빔의 수평 폭을 감소시키지 않고도 분해능을 높게 할 수 있다. 이렇게 만들면 75 mm의 폭이 넓은 빔도 표면아래 13 MM에 있는 불연속부에 대하여 2 mm 정도의 분해능을 얻을 수 있다. 표준형으로 제작된 10 MHz 집속형 탐촉자는 얇은 박판의 결함을 검사하는데 사용된다.

집속이 된 빔은 표면의 거칠기와 입계 경계나 기공 등에 의한 영향을 줄일 수 있다. 부가하여 이러한 탐촉자는 집속점에서 평면파를 만들어 내어 실험적 연구에 적절하게 사용된다. 집속형 탐촉자는 실험실에서 마모나 부식의 영향을 받지 않는 수침형으로 많이 사용된다. 특히 곡면 물체를 검사할 경우 평면 탐촉자가 표면에서 음파의 분산작용이 일어나지만 집속형 탐촉자는 원형이나 원주형 파를 유지하면서 파의 변형이 없이 검사할 수 있다(그림 7.4).

2 초음파 렌즈

초음파 빔의 집속은 다음의 3가지 기본적인 기술을 이용한다. (1) 곡선으로 되어 접지된 진동자 (2) 한면은 평면이고 한면은 오목 곡면으로 된 렌즈에 접착된 평면 진동자 (3) 탐촉자의 전면부에 양면으로 오목하게 된 렌즈를 설치하는 방법이 있다. 곡면으로 된 진동자 형태로 만든 음향렌즈는 노이즈와 에너지 감소를 최소로 하면서 잘 집속된다. 수정체의 후면에 댐퍼를 부착하는 것은 곡면형상으로 된 수정체를 실제로는 사용하지 않아도 되게 한다. 현재는 렌즈를 수정체에 접착하는 방법이 가장 일반적으로 사용되는 방법이다.

구형 렌즈는 대부분의 비파괴검사 응용에 사용되는 형태다. 직선형태로 집속하고자 할 경우에는 원통형 탐촉자가 사용되며, 특수적용 분야에서는 빔을 집속하기 위해서 평면탐촉자의 전단에 외부형 렌즈를 부착해서 탐상감도를 증가시킨다. 이와 같은 렌즈는 빔에 있어서 약간의 외란이 있으면 원통내부에 있는 물질 때문에 음의 흡수현상이 있다.

1) 렌즈 설계 기준

렌즈는 고체형태나 액체형으로 만들 수 있으며, 대부분의 비파괴 검사 응용에 있어서 렌즈는 고체로 만들어 지며 이와 관련되어 동작되는 내부매질은 유체형태가 일반적이다. 이 경우 음속은 내부매질보다 높으며, 이로 인해 오목렌즈의 형태를 가진다.

초음파 렌즈를 설계하는데 있어서 다음과 같은 여러 가지 고려사항이 있다. 음향임피던스, 음속, 감쇄, 구조와 무해한 성분의 재질 등이다.

음향 임피던스를 잘 일치시키는 것은 렌즈내부의 반사로 인한 에너지 손실을 최소화하기 위하여 필요한 사항이다. 여기에 맞는 조건은 다음 식과 같다.

$$\rho_1 V_1 = \rho_2 V_2 \tag{7.7}$$

ρ : 밀도

V : 음속(m/s)

첨자 1은 물을 표시하는 값이며, 첨자 2는 렌즈를 나타내는 값이다.

V_2/V_1의 값이 커야 렌즈의 반경이 상대적으로 작아진다. 에너지 흡수나 산란한 가능한 한 적어야 된다.

렌즈 설계치와 딱 들어맞는 재질을 구하는 것은 쉬운 일이 아니다. 특정한 렌즈를 만드는 과정에서는 제작절차나 요구되는 재질의 특성과 정해진 공차범위의 한계가 있다. 특히 유체를 렌즈로 사용할 경우 인체에 해가없는 것이어야 하며 접촉되는 재질내에 주입된 형태로 만들어진다. 렌즈제작에 필요한 각종 사양은 표 7.3에 있다.

표 7.3 여러 가지 렌즈 재질의 음향 물성치

재 질	음속	밀도	음향 임피던스	물속에서 특징	
				R**	음속비
Acetone	1.16	790	0.92	5.6	1.28
Aluminum	6.25	2,700	16.90	70	0.24
Chloroform	1.0	1,490	1.49		1.49
Glass	4~6	2,300~4,000	13~16	63~69	0.25~0.37
Litium	3.0	534	1.60	0.1	0.50
Mercury	1.45	13,500	19.7	74	1.03
Plexiglass	2.75	1,180	3.25	13.8	0.54
Polyethylene	1.95	900	1.75	0.6	0.76
Polystyrene	2.35	1,060	2.5	6.4	0.63

대부분의 음향렌즈의 반사계수는 매우 높으며 그렇지 않을 경우에는 유체나 리듐렌즈가 사용된다. 공기는 음향 임피던스값이 매우 작기 때문에 초음파 집속 시스템에서는 사용되지 않는 매질이다.

2) 양면오목 렌즈

탐촉자의 전면부가 물속에 잠길 경우 렌즈는 양쪽면이 오목렌즈형태를 가져야 탐촉자에서 나오는 빔을 모으게 된다. 빔의 1/2 분산각은 다음과 같이 표현된다.

$$\sin\theta = \frac{1.22\lambda}{d} \tag{7.8}$$

λ : 렌즈내의 초음파 파장길이

d : 탐촉자의 직경(mm)

그림 7.5(a)에서 보는 것처럼 빔이 임의의 각도로 렌즈의 표면에 부딪히며, 유체에서 고체로 입사되는 각도로 인하여 종파와 횡파가 발생한다. 이처럼 두 가지 파의 속도차이로 인하여 이중 집속형태를 나타낸다.

첫째 표면에서의 곡률반경은 다음과 같이 표현된다.

$$R_1 = \frac{Dd}{2.44\lambda} \tag{7.9}$$

D : 렌즈의 직경

양면 오목렌즈의 집속길이는 다음과 같다.

$$F = \frac{R_2}{1 - \dfrac{V_1}{V_2}} \times \frac{R_1}{d\left(\dfrac{V_1}{V_2} - 1\right) + R_1 - R_2} \tag{7.10}$$

R_1 R_2 : 곡률반경(mm)

V_1/V_2 : 렌즈의 반사 지수

V_1 : 렌즈수용 재질의 음속(m/s)

V_2 : 렌즈의 음속(m/s)

d : 렌즈의 두께

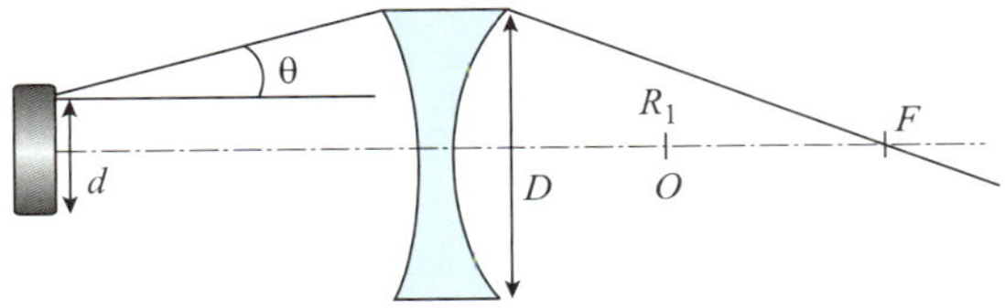

(a) 탐촉자와 렌즈가 이격된 상태로 횡파발생

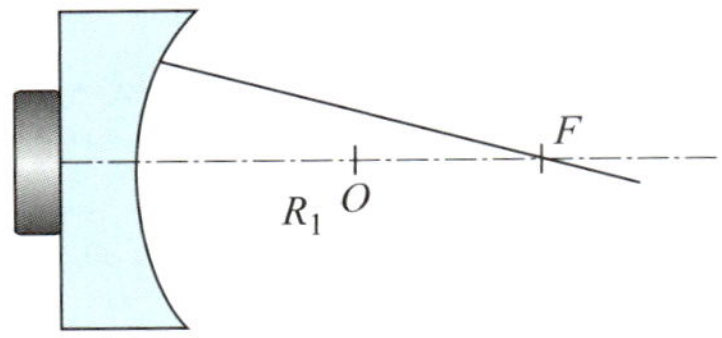

(b) 렌즈와 탐촉자가 결합된 형태로 렌즈의 집속거리보다 근거리 음장이 더 길게 된다.

그림 7.5 음향렌즈의 부착형태

3) 한쪽평면 오목렌즈

탐촉자가 렌즈의 한 면에 부착된 경우 근거리 음장은 일반적으로 집속길이 보다도 길게 나타난다. 한쪽 평면 오목렌즈의 집속길이는 다음과 같이 표현된다.

$$F = \frac{R_2}{1 - \frac{V_1}{V_2}} \times \frac{d\frac{V_1}{V_2}}{2\left(\frac{V_2}{V_1} - 1\right)} \tag{7.11}$$

R : 곡률반경(mm)

작은 렌즈의 경우에 d는 0으로 생각할 수 있고 따라서 두 번째 항은 소거될 수 있다. 렌즈의 각도가 증가할수록 집속거리는 렌즈쪽으로 당겨지며 집속면적은 넓어진다. 이 경우 에너지의 집중도는 떨어지며 집속지점에서의 정밀도 역시 낮아진다.

3 집속빔의 형상과 강도

집속면에서의 정규화된 진폭은 다음의 관계식으로 나타난다.

$$\frac{P}{P_{\max}} = \frac{2J_1(ka_m r)}{ka_m r} \tag{7.12}$$

J_1 : 1차항 첫 번째 베셀 함수, k : $2\pi/\lambda$(파동수)

λ : 파장길이(mm), r : 집속면에서 원통좌표

a_m : arc sin R/F

R : 렌즈의 곡율반경(mm)

F : 집속길이(mm)

a_m 값이 30도보다 적은 작은 각에서 $P/P_{\max}$는 $ka_m r$항의 함수로 표현된다. 여기에서 첫 번째 돌기부는 주어진 주파수에서 회절되는 한계를 정의하는 것으로 최소 집속직경을 나타내는 것이다. 이러한 회절 한계값 D_L은 1차항의 허공에 존재하는 공간 디스크라고 한다.

$$D_L = 1.22\lambda \frac{F}{r} \tag{7.13}$$

r : 집속길이(mm)

r : 렌즈의 반경(mm)

물속에서 10 MHz 경우에 파장의 길이는 0.148 mm이다. 렌즈의 크기가 13 mm의 직경이며 25 mm 집속길이를 가질 경우 회절한계는 0.35 mm가 된다. 실제로 이 값은 집속을 통하여 얻을 수 있는 최소 직경이다. 저주파 집속 탐촉자의 경우에 유효 집속 직경은 제한되는데, 1 MHz의 주파수에 있어서 회절한계는 3.5 mm이다.

렌즈의 게인값은 다음과 같이 표현된다.

$$G_p = \frac{\pi D^2}{2\lambda F}\frac{T}{2} \tag{7.14}$$

그리고

$$T = \frac{4Z_1 Z_2}{(Z_1 + Z_2)^2}$$

T : 전달상수

Z_1 : $\rho_1 V_1$(주 재질의 음향 임피던스)

Z_2 : $\rho_2 V_2$(렌즈 재질의 음향 임피던스)

음향렌즈의 단점은 음파가 진행되는 방향에 이상이 생기거나 반사와 감쇄에 의하여 에너지 손실이 발생하는 것이다. 대부분의 음향렌즈는 반사계수가 낮은 프라스틱으로 만들어지지만 프라스틱은 감쇄정도가 심하다. 초음파에서 사용되는 방법은 지역렌즈라고 하여 광학에 있어서 Fresnel 렌즈와 동일한 값을 갖는 것을 응용한다.

지역렌즈에 있어서는 평판위에 링을 가공하며 각각의 다음 링은 위상차를 가지고 미리 정해진 집속점을 구성하도록 되어 있다. 이러한 미리 정해진 점을 집속점이라고 하며, 상을 벗어나는 링은 분포범위를 넘어서는 것을 제거하기 위하여 다른 물질로 덮혀 있다. 지역렌즈는 비파괴 검사응용에 있어서 적용성은 상당히 제한된다.

1) 집속거리

탐촉자의 집속거리는 일정거리 떨어진 소형구에서 반사되는 값을 측정하여 결정한다. 이 경우 반사파는 구형파로 간주되며 동일한 반사각도를 가지는 것으로 가정하며, 집속점은 구형의 중심에 있는 것으로 간주한다. 구의 직경이 회절한계를 벗어나는 경우 구의 반경에 물거리를 더하는 것이 일반적이다. 물거리는 음의 진행시간을 측정하여 결정된다. 탐촉자를 구의 축선상을 따라 전후로 움직이면서 최대의 진폭이 측정되는 거리를 집속거리로 정한다.

집속거리는 유체에서 고체로 음파가 진행되면 더 짧아진다. 짧아진 집속거리 계산은 빔 축선상을 따라 전면부에서 위치를 결정할 수 있다.

$$R = \frac{X_w + (F_L - X_W)\dfrac{V_W}{V_{tm}}}{F} \tag{7.15}$$

R : 집속거리 변화율

X_w : 탐촉자와 검사체 반사전면부까지의 거리

V_w : 물의 음속(1485 m/s)

V_{tm} : 검사체의 음속(m/s)

검사체 내부에서의 집속거리는 다음과 같다.

$$X_{tm} = (F_L - X_w)\frac{V_w}{V_{tm}} \tag{7.16}$$

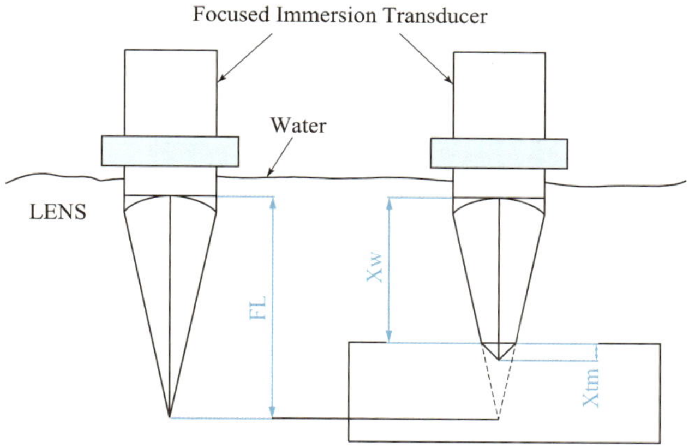

그림 7.6 수침법에의한 금속내에서의 초음파 집속효과

시험체와 물의 음속 차이로 인하여 검사체 내부에서의 집속거리는 상대적으로 변화가 적다. 시험체 표면에서의 2차 렌즈효과는 음향렌즈 자체보다도 집속도가 높다. 이러한 효과로 인하여 물속에서 집속거리에 비하여 시험체의 표면근처에서 집속되는 점이 짧게 된다(그림 7.6).

2차 렌즈효과는 3가지의 중요한 효과를 발휘한다. 빔을 치밀하게 만들며, 집속영역에서 감도를 증가시키고, 탐촉자의 원거리 수신감도를 향상시킨다. 이러한 여러 가지 특징들의 상호연관으로 인해 높은 감도의 탐상이 가능하다. 또한 아주 미세한 불연속부 감지능력이 뛰어나며, 반사감도가 떨어지는 곳의 탐상연구에 유효하게 사용된다.

2) 연필형태의 집속

초음파 탐상응용 분야에 있어서 원거리 탐상이 필요할 경우가 있다. 이때 그림 7.7과 같은 형태의 렌즈는 집속거리를 아주 길게 만들어 준다. 원거리 탐상에서는 원거리 음장에서 신호의 진폭 감쇄정도에 따라서 응용형태가 제한된다. 초음파 기술은 근본적으로 펄스반사 방식과 송수신 방식으로 접촉식 또는 수침법의 형태로 적용되어 왔다. 수침법에 있어서 장치 유지의 복잡성으로 인하여 적용성이 떨어졌지만 바퀴 내에 탐촉자를 설치한 형태의 개발 등 다양하게 응용할 수 있는 범위가 실용화 되고 있다.

펄스반사 방식은 시험체에 대한 기본적인 정보를 자세하게 제공한다. 이것은 여러 가지의 인자를 해석하여 활용되는데 초음파 전달시간, 저면 반사신호의 진폭, 이상반사 신호의 진폭 등이 해석에 이용된다. 신호해석에 있어서 제한사항은 신호처리 기술

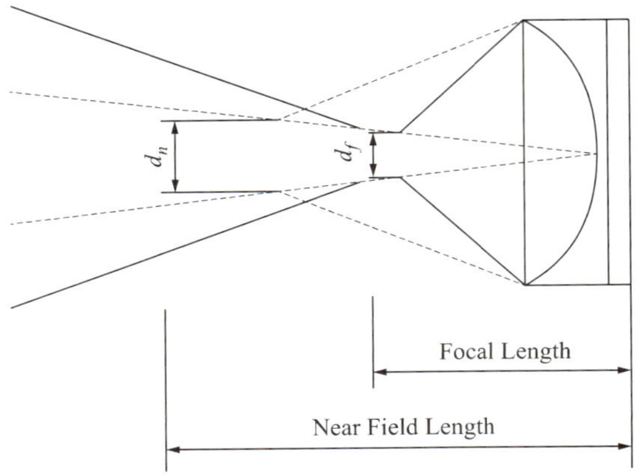

(a) 오목형 렌즈

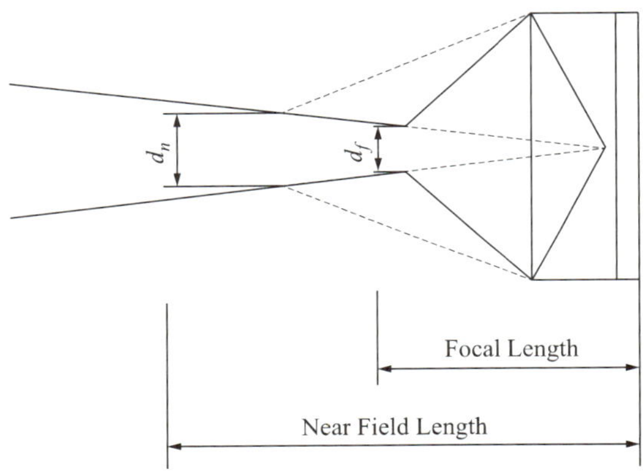

(b) 경사된 오목렌즈

그림 7.7 음향렌즈에 의한 음향영역의 모양

과 마이크로프로세서의 발달로 상당히 진보해왔으며, 특히 C-Scan 장비나 pulser/receiver의 전자장치 개발과 활용은 괄목할 만한 정도로 응용범위를 넓혀가고 있다. 탐상결과에 대한 신뢰성과 해석의 용이성은 기계제어장치와 신호발생/해석 기술의 발달로 적용범위와 정확도가 점점 증대하고 있는 실정이다.

펄스반사 방식의 수침법은 금속, 프라스틱, 복합재료, 세라믹 등 다양한 재질에 응용되고 있고, 결함의 깊이 크기 형태 등을 특징짓는 등 응용범위가 넓어지고 있으며, 특히 발전설비의 튜브내면 검사나 용접부 검사 분야에 응용되면서 산업설비 안정성 확보에 활용되고 있다.

CHAPTER 8

초음파, 현미경으로 보다

8.1 대구경 초음파 탐촉자 개요

현재 산업 구조물중의 하나인 압연롤, 세라믹롤 등은 가동 중에 따른 피로균열이 발생하고 이에 따른 생산 제품의 품질저하 방지를 위해 주기적인 검사 및 보수가 이루어지고 있다. 이때 표면에 존재하는 미세균열을 검출하기 위해 일반적으로 사용하는 방법은 펄스-에코법의 표면파를 이용한 방법과 고주파수의 집속형 탐촉자를 사용하는 방법이 일반적이다. 표면파를 사용하는 경우 결함의 위치를 쉽게 알 수 있는 C-Scan 표시가 어려우며, 고주파수의 집속형 수직 탐촉자를 사용하는 경우 미세 균열검출을 위해서는 매우 느린 검사 속도 및 구조물의 크기가 큰 경우 검사 데이터의 증가로 현실적으로 C-Scan 표시가 불가능한 단점을 갖고 있다. 대구경 초음파 탐촉자를 사용한 defocusing 방법은 최근 세라믹 코팅 층의 건전성 및 금속재료의 경년열화 등의 재료 물성 평가 및 표면에 존재하는 크랙의 깊이 측정을 위해 효과적으로 사용되어 왔다.

대구경 초음파 탐촉자를 사용하여 표면에 존재하는 미세 균열 검출을 위한 실시간 A, B, C-Scan 표시가 가능하고 결함의 위치 및 검사 속도를 펄스-에코법에 비해 10배 이상 향상된 검사 방법을 설명하고자 하며 이장의 제목을 [초음파 현미경으로 보다]로 정하였다.

본장에서는 압전 세라믹(PZT)과 PVDF를 이용한 대구경 초음파 탐촉자를 제작하여 각각의 특성분석을 통한 미세 균열 검출에 적합한 탐촉자를 선정하고, 고정밀 초음파 현미경(Scanning Acoustic Microscope, SAM)에 선택된 탐촉자를 사용하여 검출감도 및 검사속도 향상을 검증함으로써 산업 현장에 적용 가능성을 확보할 수 있다. 이에 대한 설명을 하고자 한다.

8.2 측정원리

대구경 초음파 탐촉자는 일반적으로 사용되는 초음파 탐촉자와 달리 그림 8.1과 같은 형태로 제작되며 Defocusing 법을 사용할 경우 초음파는 그림 8.1과 같이 전파한다.

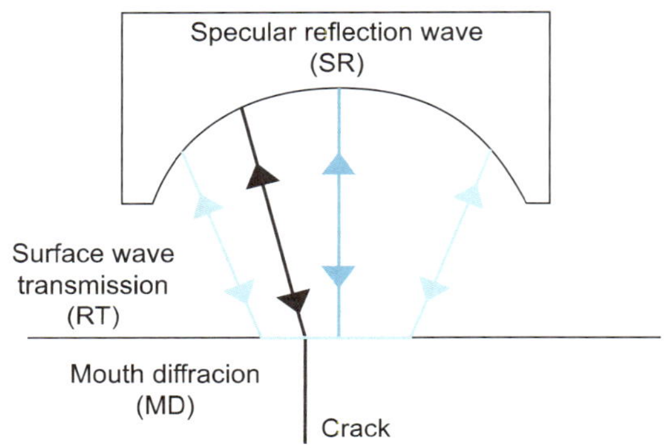

그림 8.1 Ray diagram of large aperture transducer

검사체 표면에서 탐촉자 중앙으로 수신되는 Specular Reflection wave(SR)의 전파 시간, t_{SR}은 식(8.1)과 같이 구해진다.

$$t_{SR} = \frac{2}{V_0}(q + z) \tag{8.1}$$

여기서 V_0는 물에서의 음속, q는 초점거리, z은 defocusing된 거리로 통상 음수이다.

Crack mouth diffraction(MD)는 균열 위부분에서 회절된 신호가 탐촉자에 검출되며 나타나며, SR 신호보다 먼저 도달하게 된다. 탐촉자의 이동에 따라 RF B-Scan시 포물선형태로 나타나며, 전파시간 t_{MD}는 식(8.2)와 같다.

$$t_{MD} = \frac{2}{V_0}\left[q - (y^2 + z^2)^{\frac{1}{2}}\right] \tag{8.2}$$

여기서 y는 탐촉자의 중심에서 균열 표면까지의 거리이다.

Surface wave transmission(RT)의 전파시간 t_{RT}는 식(8.3)과 같다.

$$\begin{aligned} t_{RT} &= \frac{2}{V_0}\left(q + \frac{z}{\cos\theta}\right) - \frac{2}{V_R} z \tan\theta \\ &= \frac{2}{V_0}(q + z\cos\theta) \end{aligned} \tag{8.3}$$

여기서 θ는 제2 임계각이며, V_R은 Rayleigh wave의 음속이다.

그림 8.2는 RF B-Scan 상에 나타나는 SR, RT, MD의 궤적을 표시한다.

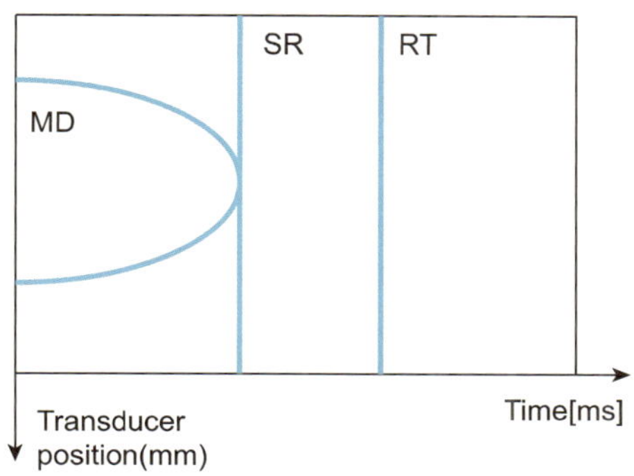

그림 8.2 Schematic image of MD, SR and RT

8.3 실험장치 및 방법

1 실험장치의 구성

실험장치는 그림 8.3과 같이 고정밀도 초음파현미경(scanning acoustic microscope, SAM)을 제작하여 사용하였고, 초음파 탐촉자는 최소 1 μm로 미세 이동이 가능하다.

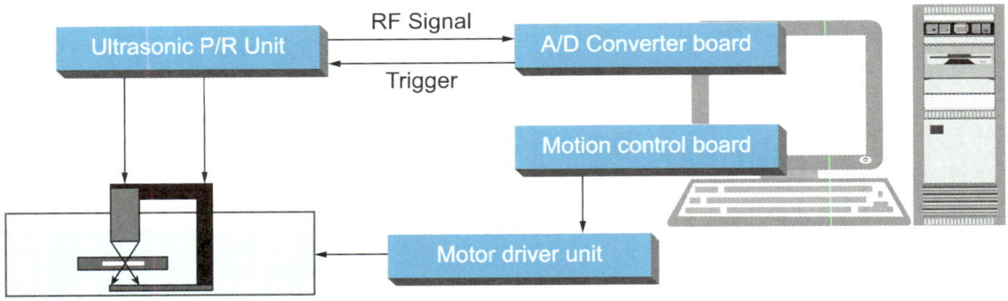

그림 8.3 A schematic diagram of SAM

컴퓨터를 이용한 SAM은 초음파 펄서/리시버, 고속 A/D Converter, Motion Controller가 컴퓨터 내부에 포함되고 초음파 탐촉자를 이송시키는 기계 장치인 Scanner 및 전기적 노이즈가 적게 설계된 Linear/Stepping Motor, Motor Driver 등이 외부장치로 구성된다.

또한, SAM 장치에는 이들 하드웨어를 동시에 제어하면서 초음파 신호를 수집하는 제어 계측용 Program이 중요한 역할을 하게 되며 검사결과를 A-Scan, B-Scan, C-Scan, 3차원 등을 표시하는 기능은 갖도록 제작하였고, 검사 속도는 초음파 RF 신호 파형을 초당 8000번을 수집할 수 있어 고속으로 검사결과를 표시할 수 있다.

2 대구경 초음파 탐촉자

대구경 초음파 탐촉자의 제작은 일반적으로 압전 소자로 사용되는 PZT와 PVDF 소재를 사용한 2가지 종류로 공칭 주파수 10 MHz로 제작하였다. 기존 형태의 탐촉자에 비해 압전소자의 유효면적이 매우 크기 때문에 PZT 소재를 이용한 탐촉자의 제작은 매우 어렵다. 그 이유는 크기에 비해 두께가 얇아 쉽게 파손되며 곡률반경이 정확하지 않으면 초음파가 한 지점에 집속되지 않게 되기 때문이다. 또한 거리 분해능을 높이기 위해 broad-band 형태로 한 것이다.

반면, PVDF를 사용한 대구경 초음파 탐촉자는 상대적으로 높은 분해능을 갖고 대구경 탐촉자의 제작이 용이하나, 압전소자의 작은 접촉에도 쉽게 파손되는 단점이 있다. 그림 8.4는 집속거리 25 mm, 유효 진동자 크기 30×12 mm^{2}로 제작된 대구경 탐촉자를 나타낸다.

제작된 2종류의 탐촉자의 주파수 특성 평가를 통해 높은 broad-band 특성으로 거리 분해능이 우수한 PVDF 탐촉자를 본 실험에 사용하였다. 측정결과는 band-width

그림 8.4 PZT and PVDF type large aperture probe

(−6 dB)는 PZT 탐촉자가 12%, PVDF 탐촉자는 130%로 측정되었다. 그림 8.5와 그림 8.6은 제작된 탐촉자의 주파수 특성을 나타낸다. Broad-band 용으로 제작된 PZT 탐촉자가 narrow-band 특성을 갖는 이유는 유효진동자 크기가 커짐으로 focal spot을 작게 제작하기가 어렵고, 이에 따라 펄스의 중첩이 발생되기 때문이다.

탐촉자의 주파수 특성은 각각 탐촉자의 초점거리에 위치한 평판에서 반사된 초음파 RF 신호를 FFT 하여 band-width를 구하였다.

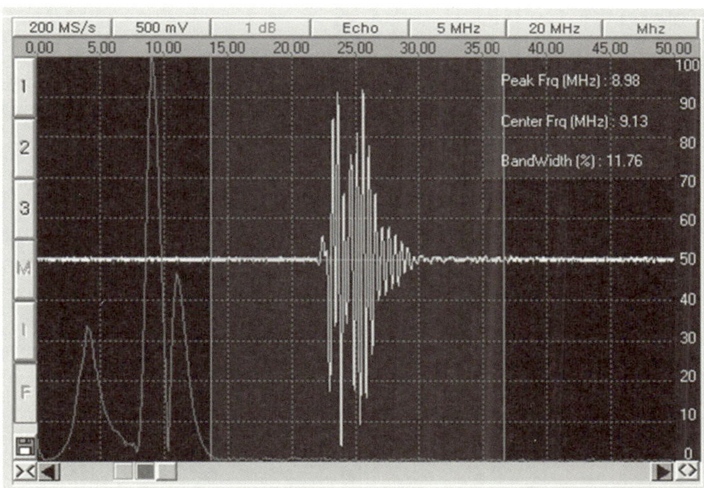

그림 8.5 Band-width of PZT probe

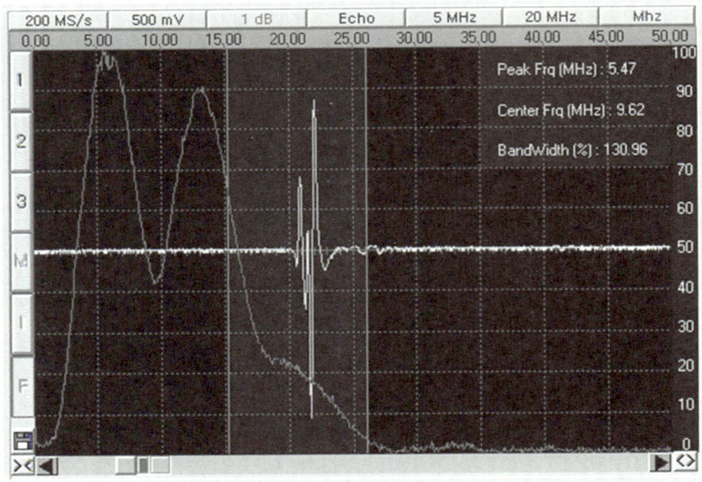

그림 8.6 Band-width of PVDF probe

3 시험편

시험편은 그림 8.7과 같이 크기 80×35×10 mm^{3}의 스테인레스강으로 제작하였으며 표면에 폭 100 μm, 깊이 0.2 mm, 0.5 mm, 1 mm 3개의 사각노치를 방전 가공하여 제작하였다.

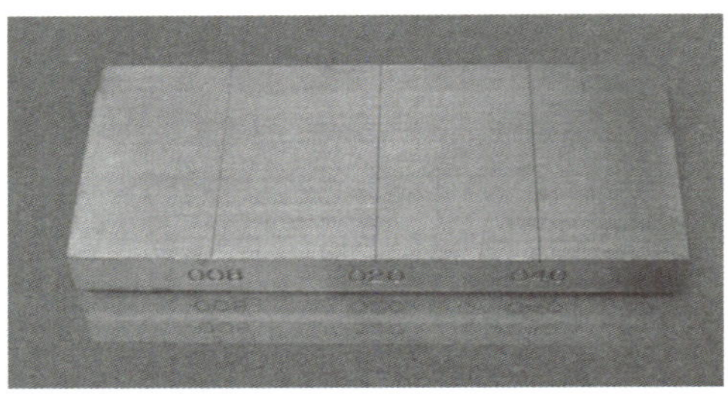

그림 8.7 Specimen

4 실험방법

실험은 다음과 같은 방법을 통하여 대구경 탐촉자를 사용한 결함검출의 유용함을 검증하고자 하였다.

1) 시험편에 존재하는 인공결함을 이용해 집속형 수직 탐촉자 35 MHz를 사용하여 결함검출에 필요한 주파수, 탐상조건을 설정하고 검사시간을 측정한다.
2) 10 MHz 대구경 초음파 탐촉자를 이용하였을 때 표면 결함의 검출 감도 및 탐상조건 등을 설정하고 결함 위치정보를 쉽게 알 수 있는 B, C-Scan 표시에 적합한 방법을 제시한다.

그림 8.8은 대구경 PVDF 탐촉자를 사용하여 데이터를 수집하는 상태를 나타낸다.

그림 8.8 Scanning for data acquisition

그림 8.9는 노치표면에서 회절된 초음파신호(1), 시험편 표면에서 반사된 신호(2), 산란 표면파 신호(3)를 나타내는 A-Scan 화면이다. 노치표면에서 회절된 초음파신호

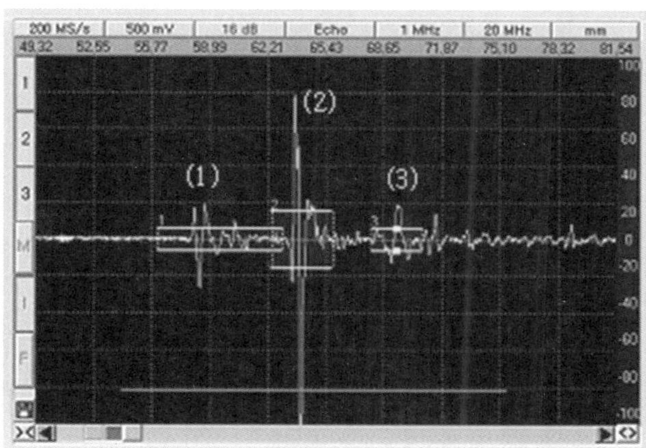

그림 8.9 RF signal from surface crack

는 TOFD법에서 관심 신호인 크랙의 팁부분에서 회절된 초음파와 같은 원리이다.

실제 결함의 검출 및 위치 정보를 표시하기 위해 노치표면에서 회절된 초음파 신호에 gate를 설정하여 검사를 수행하며, 검사체와 탐촉자간의 거리변화에 의해 신호측정이 곤란해지는 것을 방지하기 위해 초당 8000번의 속도로 위치변화를 검출하는 Surface Follower Gate를 사용한다.

8.4 결과 및 고찰

그림 8.10은 35 MHz 집속형 PVDF 탐촉자를 사용하여 거리 분해능 0.1 mm, 검사 속도 750 mm/sec로 검사한 결과로 표면의 인공노치가 선명하게 나타남을 볼 수 있다. B-Scan의 표시는 TOFD법에서 주로 사용하는 RF-B-Scan을 구현하였다.

시편의 크기가 85×35 mm^2인 경우 C-Scan 화면의 크기는 850×350 Pixel로 작으나, 실제 검사체가 3000×8000 mm^2인 경우 C-Scan 이미지의 크기는 30000×80000 pixel로 C-Scan 적용이 불가능하게 되고 수십 μm 결함의 검출은 더욱 불가능하게 된다. 또한, RF-B-Scan의 경우도 표면의 결함에서 회절된 초음파 신호를 거의 관찰할 수 없었다.

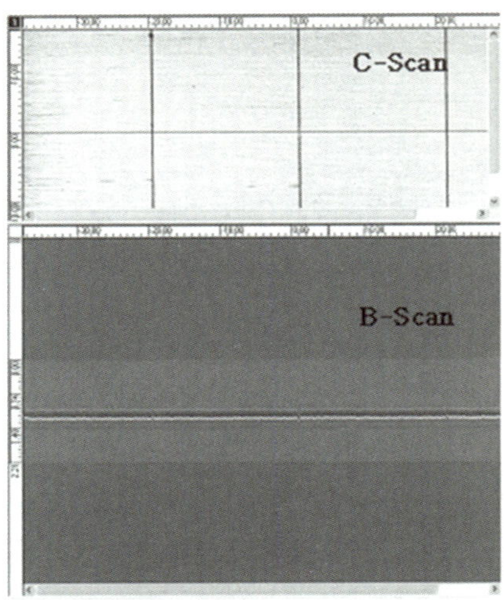

그림 8.10 B, C-Scan image using point focusing 35 MHz probe

그림 8.11은 10 MHz 대구경 PVDF 탐촉자를 사용하여 얻어진 B, C-Scan 결과이다.

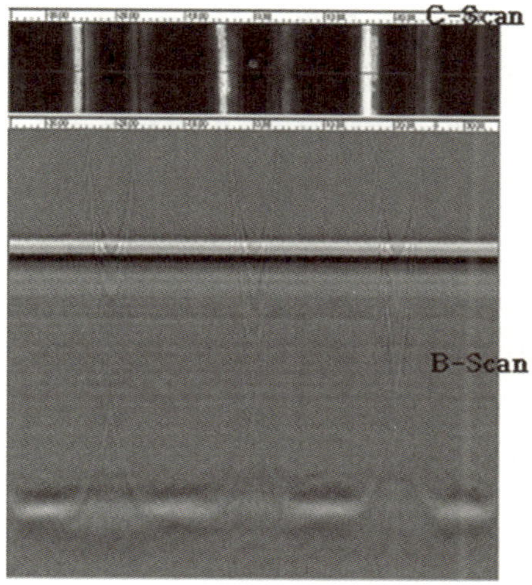

그림 8.11 B, C-Scan using 10 MHz large aperture probe

각각의 노치 표면에서 회절된 초음파 신호가 매우 선명하게 나타나며 이 표면 균열에서 회절된 신호는 균열위치에서 5 mm 정도 탐촉자 중심과 거리가 떨어져 있어도 측정 가능하였다. 이 현상을 이용할 경우 탐촉자 이동 스텝을 수 mm로 설정하여도 A, B, C-Scan 상에서 모두 검출될 수 있으며, 이에 따라 검사 속도가 수십배 빠르게 검사가 가능하며 검사결과의 파일 용량은 지수적으로 감소하게 된다.

즉, 같은 시험편을 거리분해능 1 mm로 설정하였을 경우 검사 속도는 10배, 저장데이터의 양은 100배 작게 되는 결과를 가져올 수 있는 획기적인 방법으로 대형 구조물의 초음파 자동화 기법에 적용할 수 있다. 또한 대구경 탐촉자를 사용한 RF-B-Scan을 적용할 경우 수직 펄스-에코법으로 측정하기 어려운 표면 크랙의 깊이 측정, 산란 표면파의 전파시간 변화 등을 비교적 쉽게 측정할 수 있다.

8.5 결론

대구경 초음파 탐촉자를 사용한 표면 균열검출 방법에 대한 다음과 같은 결론을 얻을 수 있었다.

1) PZT, PVDF 두 종류의 대구경 초음파 탐촉자 제작하고, 특성을 비교한 결과 PVDF를 사용한 탐촉자가 대구경 초음파 탐촉자로 적합함을 알 수 있었다.
2) 펄스-에코법을 이용한 기존의 수직탐상법과 비교하여 볼 때 비교적 낮은 주파수의 대구경 초음파 탐촉자를 사용한 방법이 10배 이상의 검사 속도 향상 및 결함 위치를 알 수 있으며, 자동화에 따른 A, B, C-Scan 표시를 쉽게 할 수 있었다.
3) 본 시스템에서 초음파 현미경 기능으로 미소 결함의 검사가 가능하였으며 검사 속도의 향상도 가능하였다.
4) RF-B-Scan을 적용할 경우 수직 펄스-에코법으로 측정하기 어려운 표면 크랙의 깊이 측정, 산란 표면파의 전파시간 변화 등을 쉽게 측정 가능하며, 이를 이용한 재료의 물성평가에 사용될 수 있다.

본 연구를 통해 PVDF 대구경 초음파 탐촉자를 사용하면 대형 압연 롤 및 세라믹 롤 등의 가동 중. 전 검사에서 표면에 존재하는 미세 균열을 검출 하는데 유용하게 사용될 수 있으며, 초음파 현미경에 적용이 가능할 수 있음을 확인하였다.

CHAPTER 9

초음파, 위상배열 결함평가 신기법을 말하다

9.1 결함평가 기술 개요

발전설비 중 터빈과 같은 회전 기계류에서의 결함과 재료의 손상은 발전소에서 예상치 않은 사고의 원인이 될 수 있다. 특히 터빈 블레이드를 고정하고 있는 루트부에서의 결함 발생과 전파는 설비의 건전성을 결정하는 주요인 중의 하나가 될 수 있다.

터빈 블레이드는 운전기간 중 항상 고온 고압의 환경에서 작동되고, 특히 블레이드 루트부에 응력이 집중된다. 이러한 운전 조건과 응력집중에 의해 터빈 블레이드는 균열성 결함인 피로크랙, 응력부식크랙(stress corrosion crack)이 자주 발생되고 있다. 균열성 결함이 자주 발생되는 터빈 블레이드 루트부는 주기적 검사가 필요하나 형상이 복잡하고 접근이 어려워 일부분을 제외하고는 전체적인 검사수행이 제한된다.

블레이드 루트부에서 발생되는 응력부식 크랙과 같은 crack성 결함의 검사 및 평가를 위해서는 기존의 보편적인 A-scan signal을 나타내는 일반 초음파 탐촉자로서는 검사 각도를 여러 번 변경하여 검사하여야 하고, 탐촉자를 계속 이동하면서 결함을 찾고 찾아진 결함의 평가를 위해서는 탐촉자를 좌우로 움직이는 동안 결함 echo의 파형을 보면서 길이를 평가한다. 일반 탐촉자로는 터빈블레이드 루트부 주변의 복잡한 형상에서 반사되는 신호로부터 결함을 구분하기가 어려워 결함신호와 형상신호를 분별하기가 용이하지 않기 때문에 검사결과에 신뢰성이 떨어지는 실정이다.

phased array 탐촉자를 이용한 초음파 검사는 형상이 복잡하여 결함의 탐지 및 평가가 힘든 부분이나, 아울러 빔의 조정 폭이 다양하므로 접근이 어려운 곳에 적용할 수 있으며, 탐촉자의 이동을 최소로 하면서 검사의 신뢰도 및 신속성을 향상시킬 수 있다.

본장에서는 기존의 초음파 검사 방식이 아닌 위상배열 초음파를 이용하여 초음파 신호취득 및 해석이 어려운 부위에서 발생하는 결함에 대하여 결함을 찾을 수 있는 방법 및 그 크기를 정량적으로 평가하는 방법에 대하여 설명하고자 하며, 이런 이유로 본장의 제목을 [초음파, 위상배열 결함평가 신기법을 말하다]로 정하고 그 내용을 설명하고자 한다.

위상배열 초음파 검사는 한 탐촉자 내에 여러 개의 Element를 구성하여 탐촉자를 움직이지 않고도 원하는 각도와 깊이에 초음파 빔의 초점을 생성시켜 결함의 존재여부 및 결함의 크기평가 등이 시각적으로 가능하다. 이것은 탐촉자 내 각각의 element에 초음파를 발생하는 시간지연을 부여함으로서 초음파 빔의 집속방향과 위치를 전자적으로 제어할 수 있는 것에 기인한다.

9.2 실험장치 및 실험방법

1 실험장치

위상배열 초음파에 의한 결함의 크기 평가 실험에 사용된 장치는 캐나다 R/D Tech사에서 제작되었으며, 구성은 초음파를 발생 시키는 송신부(pulser)와 수신부, 그리고 수신된 신호를 A/D 변환하여 나타내어주는 모니터로 구성되어 있으며 일반적인 초음파 탐상기와 달리 다중의 탐촉자를 제어하고 빔의 조정을 담당하는 전자적인 제어장치가 pulser/수신부와 함께 구성되어 있으며, 수집한 신호를 처리하여 화상으로 보여주는 신호처리기능이 소프트웨어적으로 구성되어 있다. 그림 9.2는 실험장치 구성도이다.

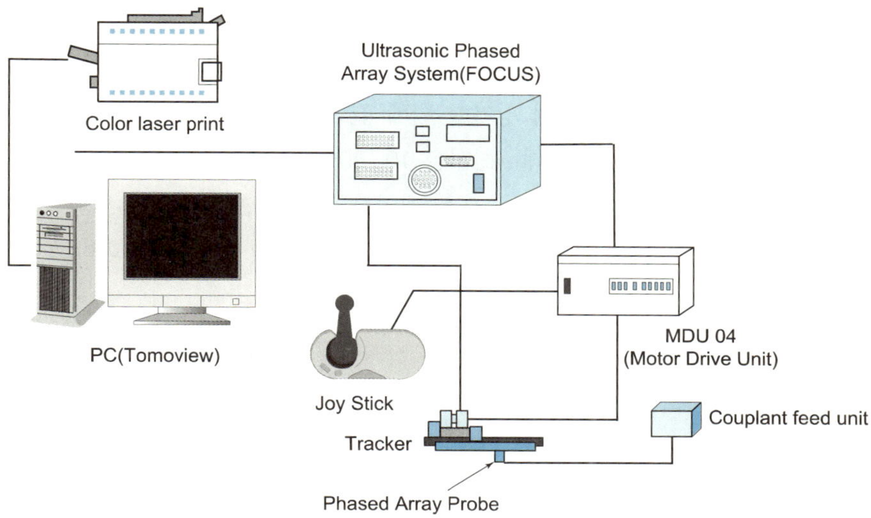

그림 9.1 Test equipment

실험에 사용한 탐촉자의 사양은 표 9.1과 같다.

표 9.1 위상배열 초음파 탐촉자 사양

Eelement의 수	32 Elements
탐촉자 크기	12×8×13 mm
탐촉자 형태	Linear
중심 주파수	10MHz
쐐기 각도	0°(LW), 31°(SW), 53.46°(SfW)
쐐기의 재질	Plexi glass
음 속	3200 m/s, 5900 m/s, 2840 m/s Shear wave, longitudinal wave, Surface wave

2 결함평가 시편 및 평가방법

1) 결함평가용 대비시편

위상배열 초음파에 의한 결함의 크기 평가용 기준 시편은 결함평가 결과를 판정할 수 있도록 정확한 길이의 인공결함을 삽입하여 제작되었다. 결함평가용 기준 시편은

A, B, C 3개로서 A 대비시편은 결함길이 1~10 mm, B 대비시편은 10~100 mm, C 대비시은 100~250 mm 길이의 인공결함이 표면에 가공되어져 있다. 결함은 방전 가공하여 삽입하였으며 정량적 평가를 위해 결함의 크기를 각 대비시편 별로 A 대비시편은 1, 2, 3, 4, 5 mm... B 대비시편은 10, 20, 30, 40 mm... C 대비시편은 100, 150, 200 mm... 방식으로 각각 순차적으로 배열하였다. 시편의 재질은 일반강이며 음속은 5900 m/sec이다. 표 9.2에 일반적인 Cr강인 결함 평가용 시편의 화학조성을 나타내었다.

표 9.2 chemical composition of reference block for crack evaluation

C	Mn	Ni	Cr	Mo	V	Si
0.27	0.43	1.9	1.27	0.45	0.12	0.27

그림 9.2, 그림 9.3, 그림 9.4에는 결함평가용 특수시편의 설계도를 나타내었다.

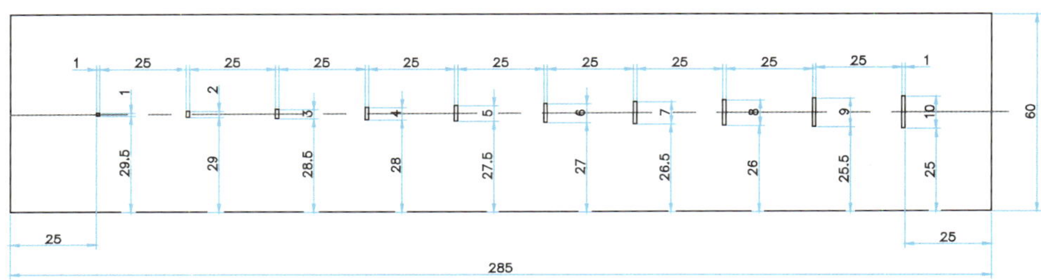

그림 9.2 결함평가용 A 대비시편 단면도

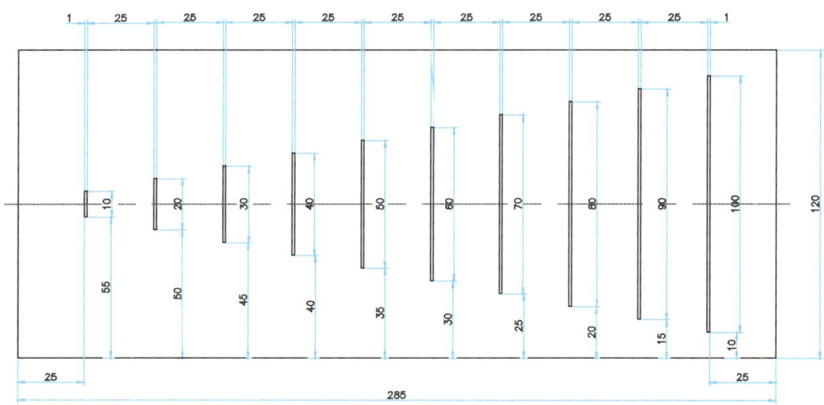

그림 9.3 결함평가용 B 대비시편 단면도

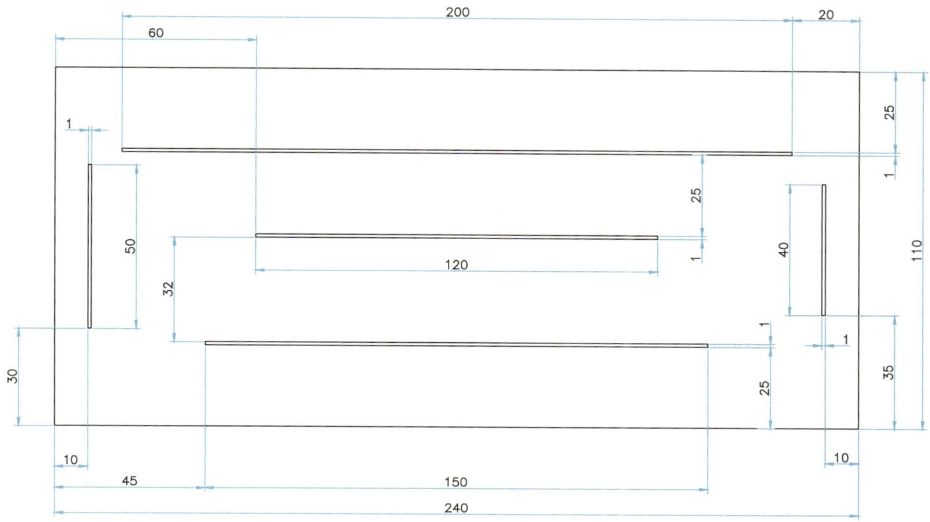

그림 9.4 결함평가용 C 대비시편 단면도

2) 결함평가 방법

결함의 특성은 결함의 위치, 방향 및 크기에 따라 결정되므로 시험체의 재질 및 두께에 따라 적절한 탐촉자를 선택하여 결함을 검출한 후에 여러 가지의 초음파 평가방법을 이용하여 정확한 결함의 특성을 평가하는데 지금까지 알려진 결함의 평가방법과

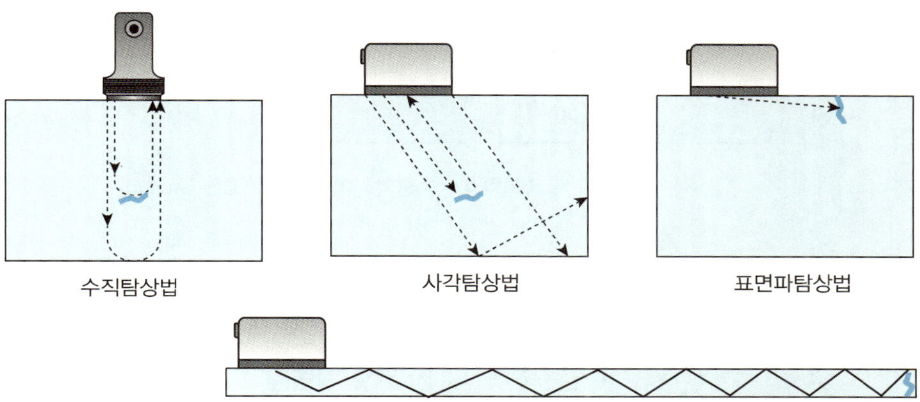

그림 9.5 inspction method for crack

위상배열 초음파의 특성에 의한 새로운 결함 평가 방법과의 비교 평가를 위해서 결함 평가용 시편을 활용, 결함의 평가를 그림 9.5에 보인 바와 같이 일반적인 결함 검사를 통한 크기 평가의 방법으로 시험을 하고 그 결과를 고찰하였다. 다만 판파는 표면파와 같이 취급하여 실험대상 모드에서 생략하였다.

3) 결함 길이 평가법

불연속부의 길이 측정방법에는 크게 나누어 db drop법과 감도기준법이 있으나 이번 실험에서는 그림 9.6에 나타낸 바와 같이 불연속부가 검출되었을 때 탐촉자를 좌우로 이동시켜 결함 반사파의 높이가 결함 에코 최대 높이의 좌우측에서 50% 크기로 줄어들 때까지의 탐촉자의 이동거리를 결함의 길이로 하는 6 db drop법을 이용 평가하였다.

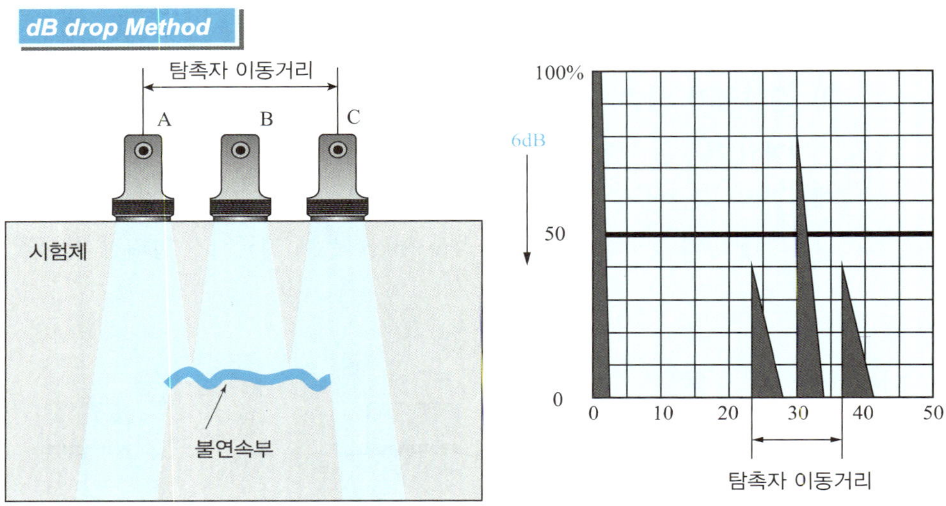

그림 9.6 결함길이 평가법(6DB Drop법)

위상배열 초음파를 이용하여 결함을 평가하기 위해서 결함의 길이를 알고 있는 시편을 이용해 위상배열 초음파 특유의 결함 신호 표시 방식인 sector scan을 이용, 결함이 위상배열 검사 신호상에서 차지하는 각도의 영역을 고찰하고 이로부터 크기를 간략히 평가할 수 있는 기법에 대하여 실험을 통해 고찰하였다. 방전가공으로 결함을 길이별로 삽입한 결함 평가용 시편에 의하여 실제 결함길이와 신 기법에 의한 평가결과와 비교를 통하여 개연성을 부여하고자 하였다.

그림 9.7은 결함에 대한 신호가 차지하는 각도를 계산하는 위상배열 결함평가 삼각법에 의한 결함 평가법을 보여주고 있다. 이 방법에 의한 결함의 크기는 결함까지의 빔 진행거리 X Sin(결함각)이다.

즉 결함의 길이는 빔 진행거리 s, 결함이 차지하는 각도를 θ라 하면,

$$L = 2S \times \sin\theta \tag{9.1}$$

이다.

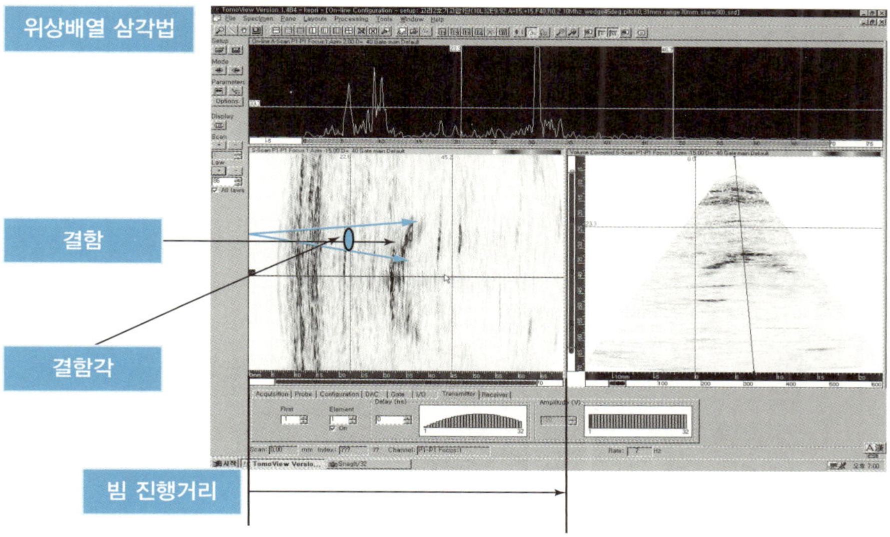

그림 9.7 위상배열 초음파 삼각법

9.3 결과 및 고찰

1 전자적 주사에 의한 결함 평가법(표면파)

위상배열 초음파의 매우 중요한 특징은 검사 대상체에 수많은 각도로 초음파를 거의 동시에 주사할 수 있다는 것이다. 이런 방법은 빔의 주사를 일련의 법칙에 따라 행하

고 탐촉자 내의 엘리먼트 들에게 순차적으로 전압을 여기 시킴으로서 가능해진다. 이 방법으로 원하는 각도로 초음파 빔을 결함평가용 시편에 주사하였다. 표면파는 특수 웨지를 사용하여 검사대상체의 표면에 초음파 빔이 진행하도록 설계하였으며 시편의 인공 결함길이 1 mm에서 10 mm까지 실험을 수행하였다. 위상배열 초음파에 의한 표면파가 웨지에 의해 유도되어 표면을 따라 진행하다 표면결함을 만나게 되면 다시 위상배열 탐촉자로 돌아오게 된다. 웨지에 의해 굴절된 표면파는 검사자의 의도나 프로그램에 의해 어떤 특정각도의 전자 주사각도를 갖고 있기 때문에 결함의 크기에 따라, 또 초음파 빔이 진행한 거리에 따라서 서로 틀린 각도의 빔이 돌아오게 된다. 이때 초음파 빔이 진행한 거리를 알게 되면 위상배열 초음파 신호 상에서 쉽게 볼 수 있는 빔의 반사 시작점과 끝점의 각도를 읽음으로서 결함의 크기를 평가할 수 있는 것이다. 이런 방법으로 하면 아주 쉽게 표면결함을 평가할 수 있다. 이것이 기본적인 위상배열 초음파 결함평가 삼각법의 방법이다. 그림 9.8에 그림 9.2에 상세히 나타낸 인공결함에 대한 위상배열 초음파의 결함평가 신호 중 결함길이 2 mm에 대한 평가신호를 나타내었다.

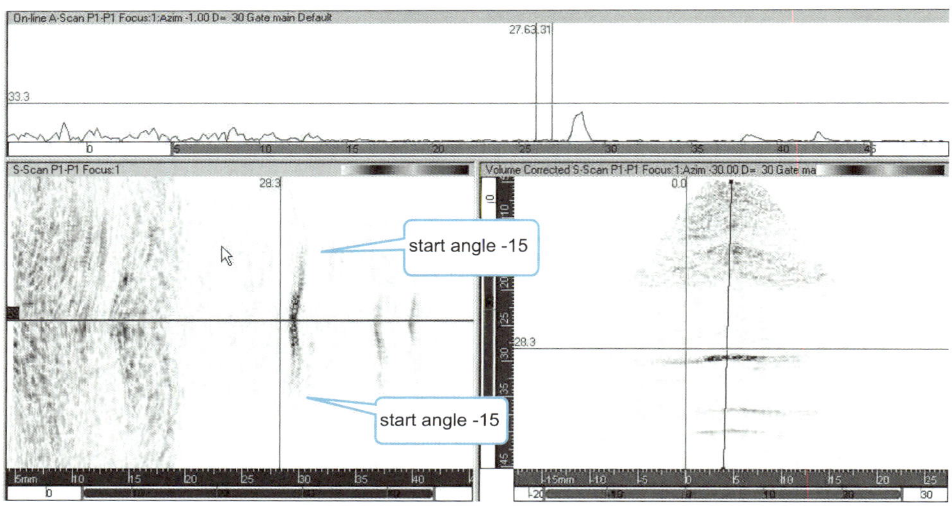

그림 9.8 전자적주사(표면파)에 의한 결함평가(2 mm)

2 전자적 주사에 의한 결함 평가법(횡파)

위상배열 초음파에 의해 유도된 횡파가 재료내를 어떤 특정 각도로 입사할 때에도 일정영역의 주사각도를 가지고 입사하기 때문에 결함을 만나게 되면 결함과 만난 어떤 특정각도의 초음파만이 되돌아오며 이것으로 결함과 만나는 각도와 빔 진행거리를 통해 결함의 평가를 수행할 수 있다. 그림 9.9에 횡파를 이용한 결함의 평가 신호를 나타내었다.

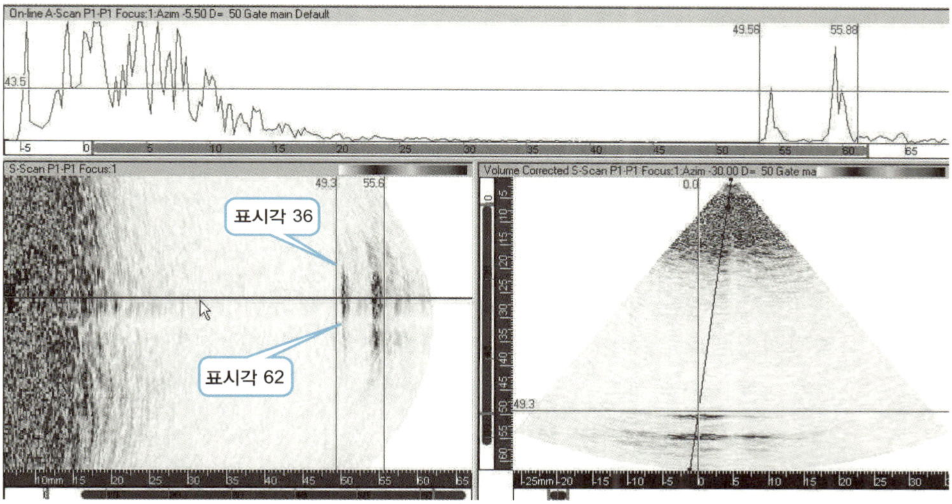

그림 9.9 전자적 주사(횡파)에 의한 결함평가(2 mm)

3 전자적 주사에 의한 결함평가법(종파)

위상배열 초음파에 의한 결함의 평가를 특별한 웨지를 사용하지 않을 경우는 종파에 의한 결함평가가 가능하다. 결함평가용 대비시편 A의 인공결함에 대해서 종파를 이용 평가하였다. 그림 9.10에 종파에 의한 위상배열 초음파 결함평가 신호의 대표적 예를 나타내었다.

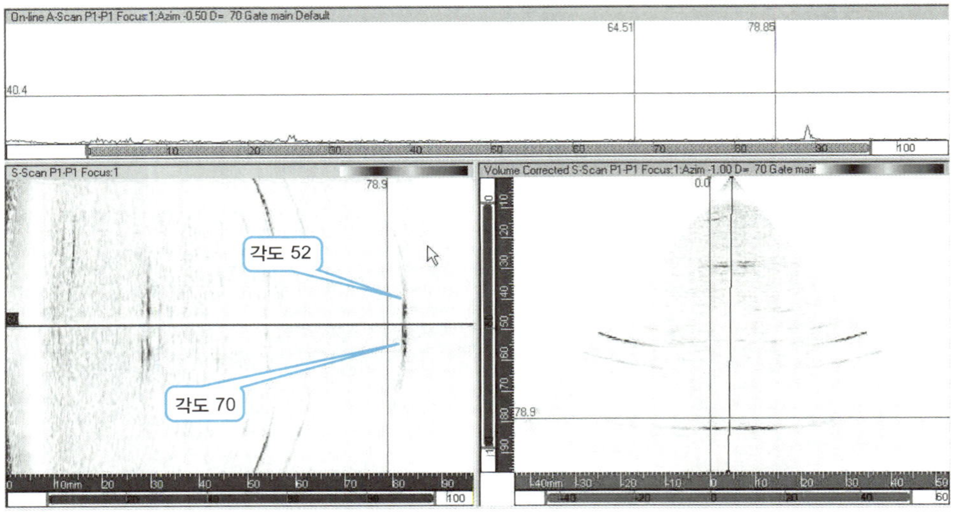

그림 9.10 전자적 주사(종파)에 의한 결함평가(2 mm)

위상배열 초음파 결함평가 삼각법에 의한 결함의 크기평가를 표면파, 횡파, 종파의 각각의 경우에 대하여 결함대비시편 A, B, C의 각각의 결함 크기에 대하여 수행한 결과를 아래 표 9.3에 정리하여 나타내었다.

A, B, C 3개의 결함평가용 대비시편의 각각의 결함크기에 대한 표면파, 종파, 횡파를 이용한 위상배열 초음파 삼각법과 6 DB drop 법에 의한 결함평가의 비교 분석 결과 매우 좋은 정도로 일치함을 알 수 있었다.

표 9.3 위상배열 초음파 삼각법과 6DB Drop법 비교

크랙길이 (mm) (specimen)	일반 UT (6Db drop)	위상배열 결함평가 삼각법			크랙까지의 거리 (mm)
		종파	횡파	표면파	
1	N/A	1.8	1.4	N/A	10
2	N/A	2.6	2.3	1.6	10
5	6.4	5.4	5.2	4.6	20
10	11	12.2	10.6	9.4	20
20	22	22	20.2	18.6	50
50	47	48	51.4	48.4	100
100	102	92	101.8	98.2	200

4 전자적 주사에 의한 블레이드 루트부 결함 평가

이상과 같이 위상배열 초음파에 의한 결함평가 기법을 이용하여 형상이 복잡하여 기존의 방식으로는 결함의 평가가 힘든 발전용 터빈 블레이드 루트부에 대한 위상배열 초음파 검사를 수행하고 삼각법에 의해 결함의 평가를 수행하였다. 그림 9.11에 발전설비 중 대표적으로 초음파 검사하기에 어렵고 결함의 평가가 힘드나 결함발생 빈도가 높은 핀핑거 형태의 블레이드 루트부 검사모양을 도시하였으며 핀홀 주위에 대하여 각 양쪽 방향으로 2 mm의 인공결함을 삽입하고 위상배열 초음파 삼각법에 의한 결함의 평가를 수행하였다. 이때의 결함검사 신호는 그림 9.12와 같으며 식(9.1)에 의한 결함길이 평가는 2.4 mm였다.

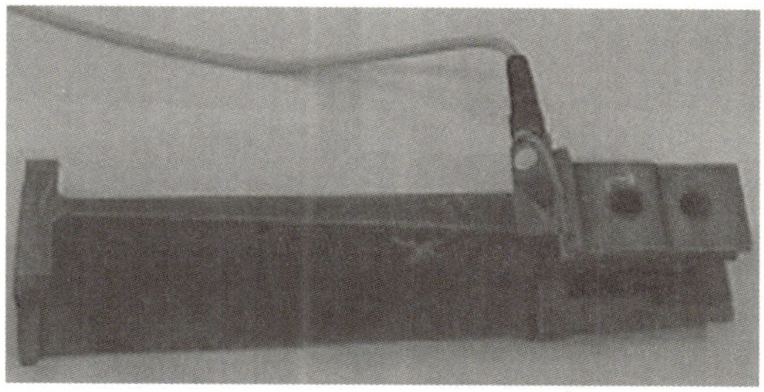

그림 9.11 핀핑거형 루트부

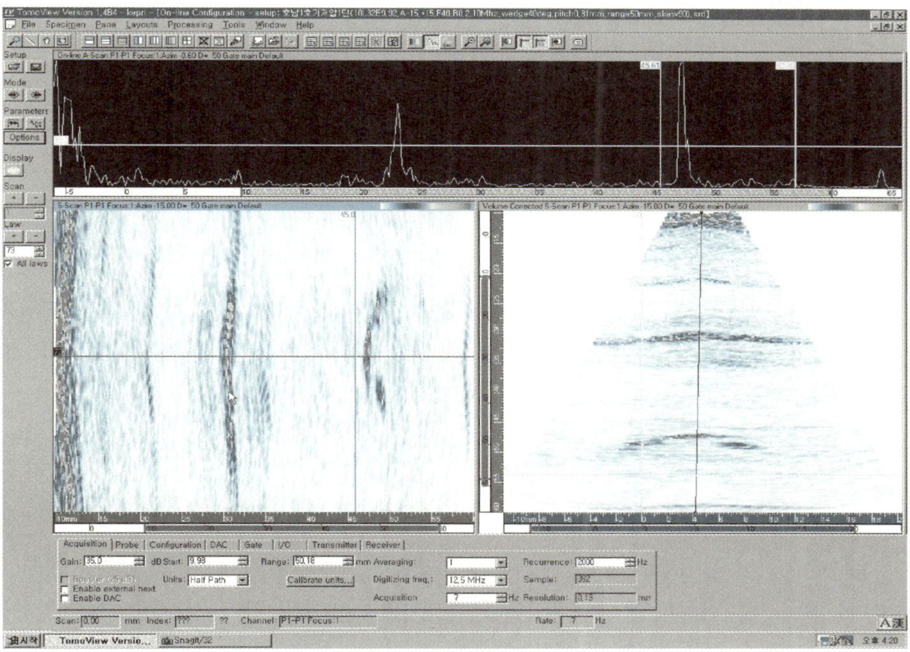

그림 9.12 핀핑거형 인공결함 블레이드 루트부 결함평가

그림 9.13은 표준화력용 블레이드 루트부인 straddle mount type의 root부에 대하여 각 후크부위에 길이 2 mm의 인공결함을 가공하고 위상배열 초음파 결함평가 삼각법에 의한 결함평가를 수행한 내용을 표시하였다. 역시 식(4)에 의한 결함의 평가결과 2.4 mm~2.8 mm로 나타났다.

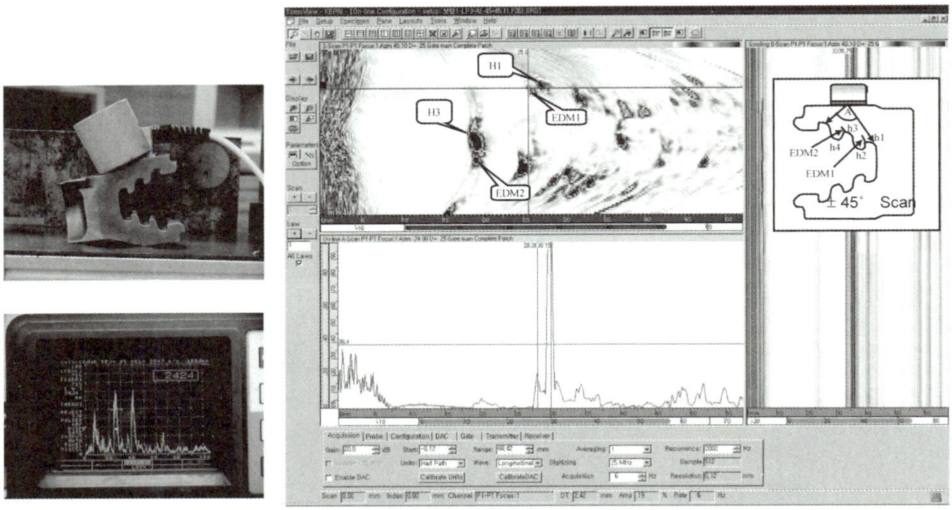

그림 9.13 안장형 인공결함 블레이드 루트부 결함평가

9.4 결론

위상배열 초음파에 의한 결함평가 기법은 실험을 통해 기존의 결함 평가법과 비교하여 아래의 결론을 얻을 수 있었다.

1. 위상배열 초음파 검사의 결함평가는 접근성이 제한될 때 결함을 평가할 수 있는 효과적 방법이다
2. 위상배열 삼각법은 초음파 빔의 전자주사와 빔의 진행 거리와 관계에서 탐촉자를 움직이지 않고 계산하는 한 방법이며 결함길이 평가에서 유효하다.
3. 위상배열 초음파 scan 각에 의한 결함의 평가는 2 mm 이내의 아주 작은 결함의 경우를 제외하고는 횡파, 종파, 표면파, 각각에 대하여 결함길이 10% 이내

의 정확한 평가 결과를 보였다.

4. 결함평가용 전자 주사의 각도는 30도 이내일 때 가장 선명한 신호를 보였다.
5. 위상배열 결함평가 삼각법은 복잡한 형상에서의 결함의 길이를 정량적으로 평가하기에 매우 간편하고 효율적인 방법이다.

CHAPTER 10

초음파, 리테이닝 링 검사법을 말하다

10.1 발전기설비 검사 개요

1 발전기 리테이닝 링, 발전기 웨지, 위상배열초음파 검사

최근에 개발이 시작된 Phased Array UT 분야는 발전설비 중 접근자체가 어렵고, 형상이 복잡하여 결함의 탐지 및 평가가 힘든 부분에 적용하면 검사신뢰도 및 신속성을 향상시킬 수 있으며 접근성에 대한 제한 또한 감소시킬 수 있다. 따라서 발전기 주요 부품에 발생하는 일반적인 결함에 대하여 일반적 초음파 신호특성과 Phased array UT 신호의 특성을 분석하고 신호를 평가하는 방법에 대하여 고찰 및 기술하였다.

Phased Array UT System을 이용해서 발전기 부품에 대한 초음파 검사 및 확인 검사 기술을 개발하기 위한 Phased array 신호 취득 및 분석기술에 대하여 논하고자 하였다. Phased Array UT System은 주요 발전설비에 대한 초음파 검사 데이터의 취득, 관리, 분석, 이미지화 등이 가능하며 초음파 탐촉자가 다중의 Element로 구성되어 각 Element에서 생성되는 초음파 빔의 발생 및 수신에 일정한 형태의 Time delay를 적용하고 수신된 신호를 합성함으로서 탐촉자를 움직이지 않고도 원하는 부위로 초음파 빔을 진행시킬 수 있다. 이 검사 시스템을 이용해서 가스터빈설비에 대한 수동 및 자동 초음파 검사 적용기술에 대해 논하고자 하였다.

2 발전기 리테이닝 링(지지환)에 대한 결함발생 및 기존검사방법

1) 지지환(Retaining Ring)의 개요

Retaining Ring(이하 R.R로 표시)은 Field의 고속회전에 의한 원심력으로부터 계자권선의 End Turn을 지지하기 위하여 사용되며 R.R은 발전기 부품 중 가장 큰 Stress를 받는 부품이다. R.R의 재질로는 Magnetic과 Non-magnetic재질이 사용되며 Non-magnetic은 누설 자속을 최소화하고 손실을 줄이기 위해 대용량의 발전기에 사용된다. Magnetic 재질은 열처리에 의해 강도를 달성할 수 있는 Ni-Cr-Mo-V합금강을 사용하며 현재 사용되고 있는 non-magnetic 혹은 Austenite 재질은 요구된 강도를 만족시키기 위해 냉간 팽창된 Mn-Cr 합금강이다. Non-magnetic R.R은 1950년대부터 단기용량이 증대함에 따라 사용되어 왔으며, 이중 18Mn-5Cr 강은 전기적 기계적 특성이 좋아 대부분의 발전기에 채용되어 왔다. 그러던중 R.R 파괴사고가 구미지역에서 수차례에 걸쳐 일어났는데 18Mn-5Cr강이 SCC에 취약하여 사고가 발생된 것으로 밝혀져 이때부터 각 제작사 들은 18Mn-5Cr 강 R.R의 검사, 평가, 유지관리 방법 및 재질개선 등을 연구하여 SCC에 강하면서도 온도, 강도특성이 좋은 18Mn-18Cr 강을 개발하여 현재 많이 사용하고 있다.

2) 응력부식균열(SCC)의 발생

발생위치

Retaining Ring의 SCC 발생위치는 불규칙하기는 하나 Ring 내부의 손상은 Rotor Fit부의 Tooth-Wedge-Ring을 접합하는 홈에서 자주 발생한다. 또한 각 Ring의 손상정도는 내, 외부가 서로 달라 Ring 외부에는 손상이 전혀 없는 데도 내부에 심한 균열이

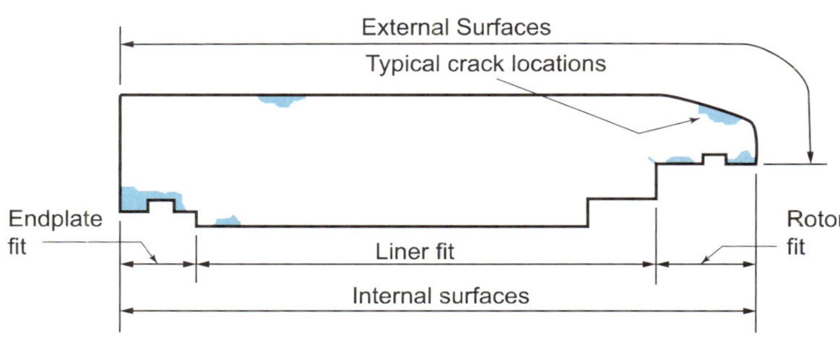

그림 10.1 리테이닝 링의 일반적 균열발생 위치

발생된 경우가 있으며, 그림 10.1은 Retaining Ring 점검시 Crack이 자주 발생된 위치이다.

18Mn-5Cr강 R.R의 SCC 발생

그림 10.2와 같이 18Mn-5Cr 강은 습분 또는 부식성가스(Chlorides, Nitrates 등) 환경에서는 부식(Corrosion) 또는 Corrosion Pitting이 발생하며 부식과 응력이 상호작용하여 SCC가 발생된다. 18Mn-5Cr강 Retaining Ring은 운전 중은 물론 정지 중에도 항상 응력을 받고 있기 때문에 다음 요인에 의해 습분이 부착될 경우엔 부식균열이 발생된다.

- Seal Oil에 습분 함유
- Cooler Leak
- O/H 시 대기응축에 의한 습분부착
- 고 습도로 인한 응축

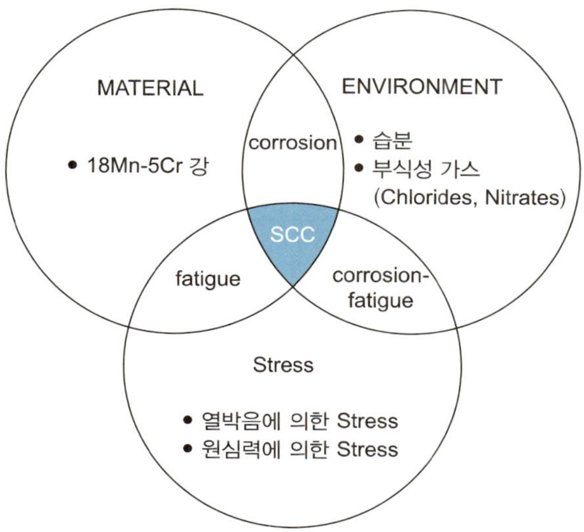

그림 10.2 18Mn–5Cr 강 Retaining Ring의 SCC

18Mn-5Cr강 R.R의 SCC 사고사례

구미 지역에 있어 SCC 발생으로 인한 18Mn-5Cr강 Retaining Ring의 사고사례는 다음과 같다.

- GE사 자료에 의하면 200개 이상의 18Mn-5Cr강 Retaining Ring을 검사해본 결과 약 80%에서 Corrosion 또는 SCC가 발견되었으며, 그 중 약 75%는 보수했고 25%는 교체하였다.
- WH사 자료에 의하면 ('82. 1~'86. 7) 250개의 18Mn-5Cr강 Retaining Ring을 점검했는데 그중 35개(13%)에서 Corrosion Pitting이 발생된 것을 확인했다.

3) 부식환경이 Crack 성장에 미치는 영향

일반적으로 Crack의 성장률은 습분, 응력, 온도 등의 환경변화에 따라 큰 차이가 있으며, 그림 10.3은 수소가스(95% H_2 + 5% Air, 80%), 응력(Stress Intensity : 50~60 ksi $\sqrt{in}$) 상태에서 발생된 Crack이 상대습도의 변화에 따른 성장상태를 나타낸 것이다. 여기서 Crack의 성장은 초기에 약간 변화한 후 상대습도 100%가 될 때까지 거의 변화가 없으며 잠복기를 거친 후 0.001 inch/Hour정도의 속도로 성장하다가 상대습도가 감소하면 다시 둔화된다. 이 그림에서 다음 두 가지를 관찰 할 수 있다.

- 습분이 없으면 Crack의 성장은 거의 없다.
- Crack이 성장을 시작하기 전에는 잠복기가 있다.

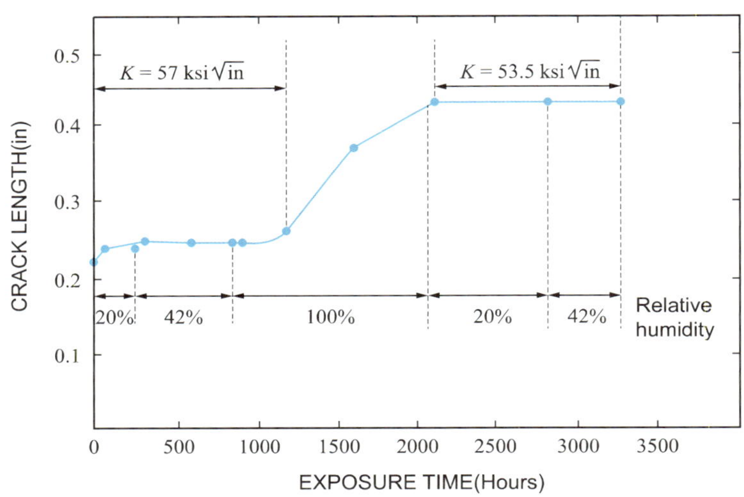

그림 10.3 상대습도에 따른 18Mn–5Cr 강의 Crack 성장변화

실제 R.R은 계속 습분 상태가 아니며, 특히 운전상태에서는 발전기 내에 습분이 존재한다 하더라도 가스냉각 Rotor Ring이 노점온도보다 높게 유지되기 때문에 부식이나 Crack이 성장되지 않는다. 그러나 Crack을 지닌 Ring이 고 응력을 받는 경우에는 습분에 상관없이 성장할 수 있다는 것을 명심해야 한다.

그림 10.4는 고응력하(Stress Intensity : 110 ksi$\sqrt{\text{in}}$)의 18Mn-5Cr 강이 상대습도 변화에 따른 Crack 성장속도를 나타낸 것인데, 여기서 다음 두 가지를 알 수 있다.

- Crack의 성장은 상대습도 80% 이하에서는 상대습도와 무관하다.
- 고응력하의 Crack은 통상적인 건조 수소가스 내에서도 성장된다.

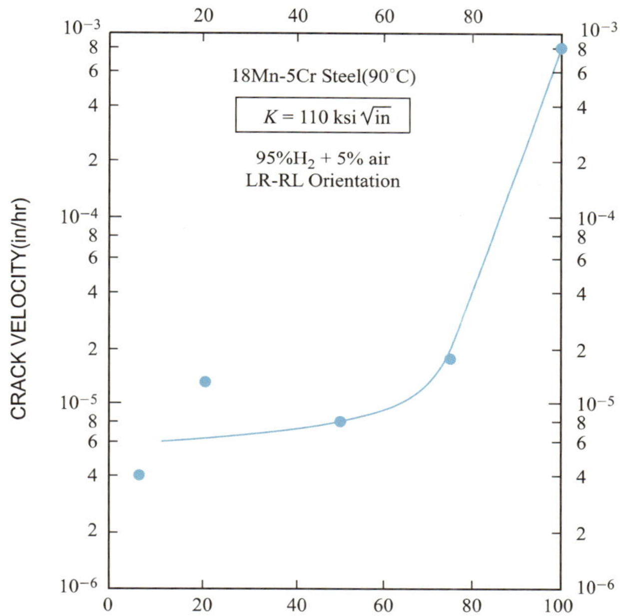

그림 10.4 고응력 조건하에서 상대습도에 따른 18Mn–5Cr강의 Crack 성장률

4) Crack의 성장과정과 임계 Crack의 크기

Crack 성장과정

Crack의 성장과정을 살펴보면 미소 부식손상의 누적 → Crack 발생 → 미소 Crack → 큰 Crack → 완전파손 순으로 진행되며 진행속도는 습분, Ring의 응력에 따라 달라진다.

표 10.1 사고사례

발전소 위치	사고년도	사용자	비고
LABADIE	1972	UNION ELECTRIC	
HUDSON	1972	PS NEW JERSEY	
SKAERBECK, 덴마크	1973		Axial Crack
SCHOHVEN, 독일	1978		Flat shape 파열
BARSEBECK, 스웨덴	1979		3조각 파열
뉴욕	1989	CON ED	

다음 표 10.2는 습분에 따른 Crack의 성장시간과 Crack 가능범위를 나타낸 것이다.

표 10.2 크랙성장시간과 크랙가능범위

Crack 성장과정	고장상태	습분상태에서 Crack 성장시간	습분제거시 Crack 억제 가능 여부
미소 부식손상의 누적		Months	가능
Crack 발생	Crack 시초		
미소 Crack 성장		Days~Months	가능
큰 Crack 성장	완전파손	Hours	불가능

임계 Crack의 크기

임계 Crack의 크기는 Rotor의 속도, 구조, 크기, End Winding의 부하, Crack의 위치, 수, 군집여부 등에 의해 결정되나 일반적인 기계구조해석을 적용하면 Crack 깊이 0.1~0.2 inch, Crack 길이 1~2 inch 정도이며, Ring을 재사용하더라도 문제발생 확률이 희박한 Crack의 크기는 0.005 inch 이하이다.

5) R.R의 손상여부 조사 방법

비파괴검사의 감도(Sensitivity)

18Mn-5Cr 강은 부식이 시작(Corrosion Initiation)되는 데는 상당한 시간이 소요되나 Corrosion Pitting이나 Crack이 발생되었다 하면 부식 환경하에서는 상당히 빠른

속도로 성장되기 때문에 가능한 한 조기에 손상을 검출, 조치해야 하므로 비파괴검사의 감도는 매우 중요하다. 실제 결함에 대한 비파괴검사 방법별 감도의 순서는 다음과 같다.

- Eddy Current Testing(ECT, 와전류 탐상시험)
- Fluorescent Penetrant Testing(FPT, 형광액체 침투 탐상시험)
- Ultrasonic Testing(UT, 초음파 탐상시험)

Crack 검출감도는 ECT, FPT가 0.005 inch(0.127 mm) 이하로, 초기 Corrosion Crack을 검출할 수 있으나 UT는 검출감도가 떨어져 초기 Corrosion Crack을 검출하기는 어려운 점이 있다.

R.R의 비파괴검사 절차

R.R의 점검은 다음순서를 참고로 하여 실시한다.

- Visual Inspection(VI, 육안점검)
- Fluorescent Penetrant Testing(FPT, 형광침투 탐상)
- Eddy Current Testing(ECT, 와전류 탐상) → 분해시
- Ultrasonic Testing(UT, 초음파 탐상)
- 결함평가 및 보수

① Visual Inspection(VI)

육안으로 Ring의 오염, 녹, 부식 여부 등을 상세히 검사한다. 내부 등 상태 확인이 어려울 때는 보조 검사기구(Borescope, Fiber Optic Device 등)를 이용하여 관찰한다. 부식의 징조가 있으면 상태를 확실히 파악하기 위해 Ring을 분해하여 FPT, ECT 방법으로 검사한다. 또한 징조가 없다하더라도 Ring 표면에 FPT을 하여 상태를 확인하고 Corrosion Pitting이나 Crack이 나타나면 Ring을 분해하여 검사한다. 다른 목적으로 Ring을 분해할 시라도 FPT, ECT를 한다.

② Fluorescent Penetrant Testing(FPT)

Ring의 비파괴 검사는 FPT 방법으로 시작하며 이때 SCC 생성 위험을 줄이기 위해 Water Soluble Penetrant 사용은 금한다. 그리고 중요한 것은 Corrosion Pitting이나 Crack의 군집, 연속성, 취약부에서의 발생여부이며 이 시험결과는 도면, 사진, 운전이

력을 포함시켜 기록해 둔다.

③ Eddy Current Testing(ECT)

FPT 결과를 확인하기 위해 사용한다. 이 시험은 Crack의 깊이를 감도 높게 측정할 수 있는 방법으로 미소결함, Corrosion Pitting, SCC 여부를 측정하여 자료는 보관하고 결과에 대해 평가를 실시한다.

④ Ultrasonic Testing(UT)

Ring을 분해하지 않고 내부 Crack을 검사할 때 UT 방법을 사용해 왔으며, 이 방법은 잡음과 Ring 내부구조의 복잡성 때문에 세심한 검사가 요구되며, 검출감도가 떨어져 초기 Corrosion Crack을 검출하기 어려운 단점이 있으나 R.R을 취외하지 않고 점검하기 때문에 널리 사용되고 있다.

6) SCC의 평가 및 결함보수

- 검사 후 Ring에 대한 모든 자료분석, 상태결정, 보수 또는 교체 여부는 전문가에 의해 행한다. 부식환경하에서는 Corrosion Pitting이나 Crack의 성장이 빠르기 때문에 모든 Crack은 제거되어야 하며, 보수여부 결정은 Ring의 설계치수에 대한 최대 재질 제거한계를 계산해 결정한다.
- Grinding 또는 Machining 여부는 결함위치, 결함간의 거리, 결함 수에 따라 결정되며 보수시는 전문기술, 장비, 전문가가 필요하고 보수후는 Ring을 재검사한다. 보수범위에 따라 Ring에 관련되는 Locking Key, Snap Ring, Amortiseurs, Insulation 등에 영향을 줄 수 있으므로 이때는 개조사용이 가능한지 또는 교체해야 할 것인지를 재결정해야 한다. 또한 보수를 하기 위해 Ring 두께가 감소되면 기계적 안전율이 적어져 과속도 및 기동, 정지 등에 제한을 받으므로 되도록 빨리 교체해야 한다.
- GE사 권고치인 R.R에서의 균열은 균열깊이 5 mm 이상, 균열길이 25~50 mm 이상, 균열성장률 0.0254 mm/hr 이상이다.

7) R.R의 유지관리

습분과 부식성 물질과의 접촉방지

제작사에서 추천한 솔벤트로 코일 및 Ring을 세척해야 하며 Ring에 접촉되는 액체는 즉시 제거되어야 한다. 부식성 물질인 Chlorides와 Nitrates가 포함된 액체는 Ring과의 접촉을 절대 금한다.

운전중

개방형 냉각 발전기는 습분 및 부식성 물질의 침입을 방지해야 한다. 수냉각 발전기에서는 고정자 Bar나 Cooler에서 Water leak 발생시는 정지하여 물을 제거, 건조시키고 Leak부를 보수한다. 그리고 가능한 빨리 Rotor를 취외하여 Ring을 철저히 검사한다.

정지중

Rotor가 발전기 내에 있을 시는 Ring의 온도를 노점이상 높이기 위해 Heater를 살리거나 Coil에 전류를 가해 응축을 막는다. Rotor 취외시에는 비닐 등으로 House를 설치하고 Heater Lamp를 사용하여 Ring의 온도를 노점보다 2~3℃ 높인다.

이때 House는 Rotor에 닿지 않게 하여 적당한 통풍이 되도록 공간을 둔다.

보관중

먼저 Corrosion Pitting, Crack등을 검사하고 보존시 제거한다. Ring은 밀폐된 박스에 넣고 Heater를 설치하여 건조시키고 흡습제(Ring에 접촉되지 않도록 함)를 넣어둔다. 1회/년 흡수제를 교체하고 Ring을 점검한다.

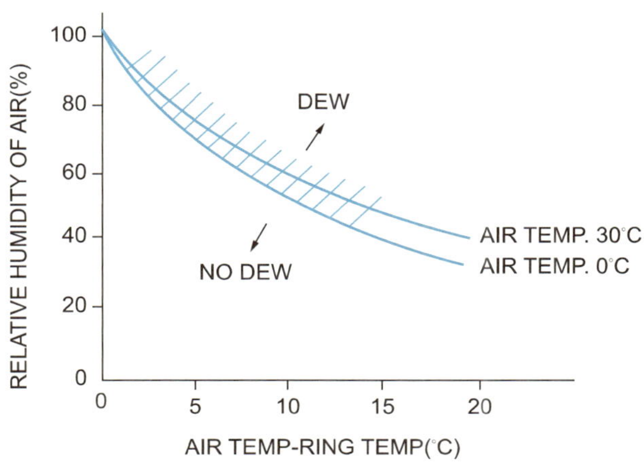

그림 10.5 상대습도에 따른 Ring의 유지온도

보호코팅

Retaining Ring 바깥 표면의 부식을 막기 위해 과거에는 페인팅을 했으나 점검을 하기 위해 페인트를 제거할 경우엔 공기 냉각식에 한하여 습한 공기와의 접촉을 막기 위해 재 페인트 작업을 해야 한다.

3 위상배열 검사방법

Retaining Ring에서는 그림 10.6에서와 같은 부위에서 SCC 발생 가능성이 많으므로 외부 표면 전체에 걸쳐 Phased array 초음파의 집속효과를 이용하여 360도 수직탐상(5 MHz)을 실시한다.

Retaining Ring의 Front, Rear Locking Key 및 단면 변화부에서는 대비시험편을 이용하여 수직(5 MHz) 및 Azimutal scanning(+30도− −30도, 5 MHz)을 실시한다.

터빈 End측 Retaining Ring에서는 감쇠가 심하여 Exciter 엔드측보다 게인을 12 dB 올려서 검사를 실시한다.

그림 10.6은 리테이닝 내부단부에 대하여 각 탐상위치에서의 검사방법 및 초음파 빔을 보내는 방법 및 주사방법의 개략적인 모식도이며 사각탐상을 실시할 경우는 결함이 있을 경우에만 에코가 나타나고 반사체가 없어 Back 신호가 나타나지 않는다.

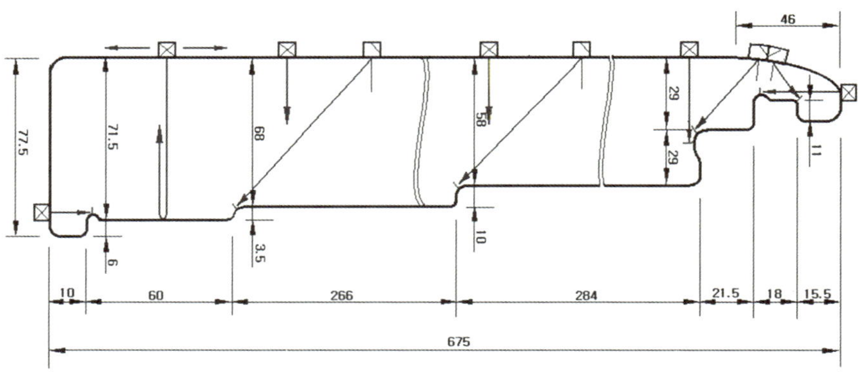

그림 10.6

1) 대비시험편

리테이닝 링에 대한 초음파 검사는 리테이닝 내부형상을 정확히 파악해야 할 필요성이 있으며 이를 위해 정확한 도면이 없을 경우에는 초음파 탐상기를 이용해 정확한 치수 측정 및 형상을 파악한 후 결함의 검사를 실시하여야 한다. 그림 10.7은 초음파 탐상기를 이용한 리테이닝 링의 치수측정의 예이다.

그림 10.7 발전기 회전자 및 리테이닝 링 초음파 검사모습

4 초음파비파괴검사 내용

운전 중의 원심력에 의해 단면감소 부위에서 Crack이 발생될 수 있으므로 적절한 탐상각도를 선정하여 사각탐상을 실시하여야 하며, 타 부품과의 접촉면에서 SCC 발생 가능성이 있으므로 수직탐상으로도 확인해야 한다.

향후에는 내시경을 이용한 Retaining Ring 내부 정밀 육안검사와 초음파탐상검사 및 와전류탐상검사를 조합한 좀 더 신뢰성 있는 종합 비파괴검사 기술을 개발하여 적용함으로써 발전설비의 안전운전에 기여할 계획이다. 발전기 리테이닝 링에서 결함이 발생될 가능성이 높은 내부의 단부에 대한 Phased array UT 검사를 좌우측에 대하여 수행하고 단부에서 반사된 신호를 분석한다.

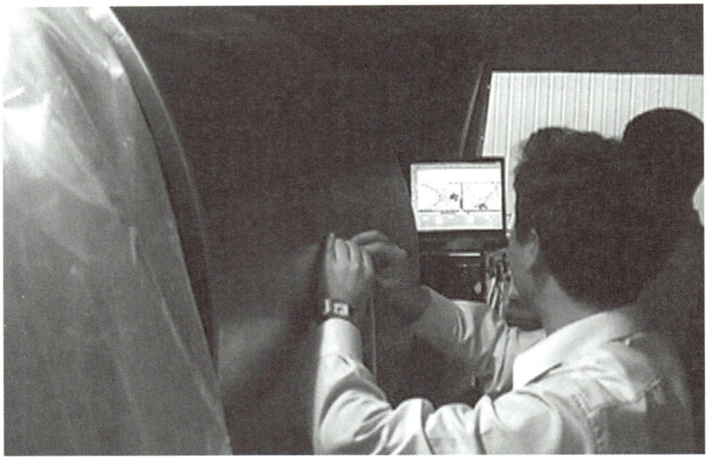

그림 10.8 발전기 리테이닝 링 PA UT 모습

1) Retaining ring 검사 신호

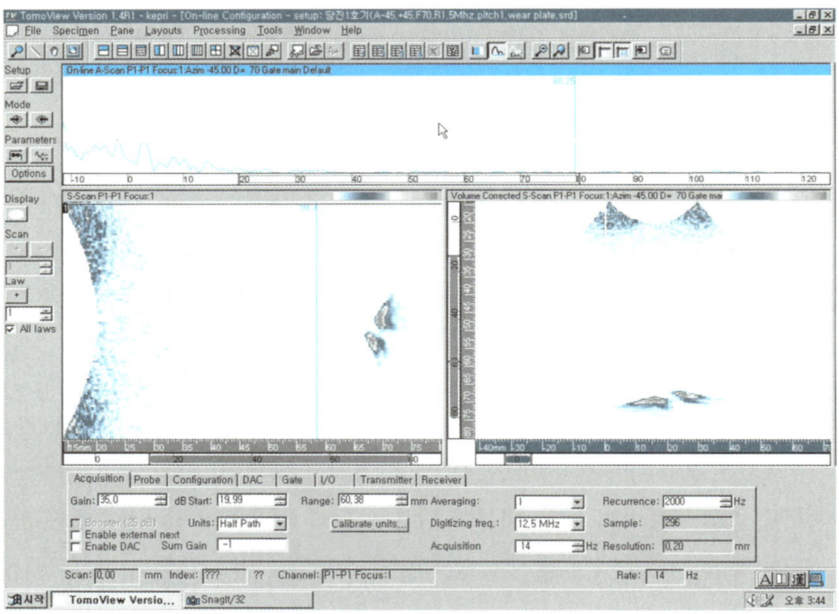

그림 10.9 발전기 리테이닝 링 단부에 대한 Phased array UT 신호

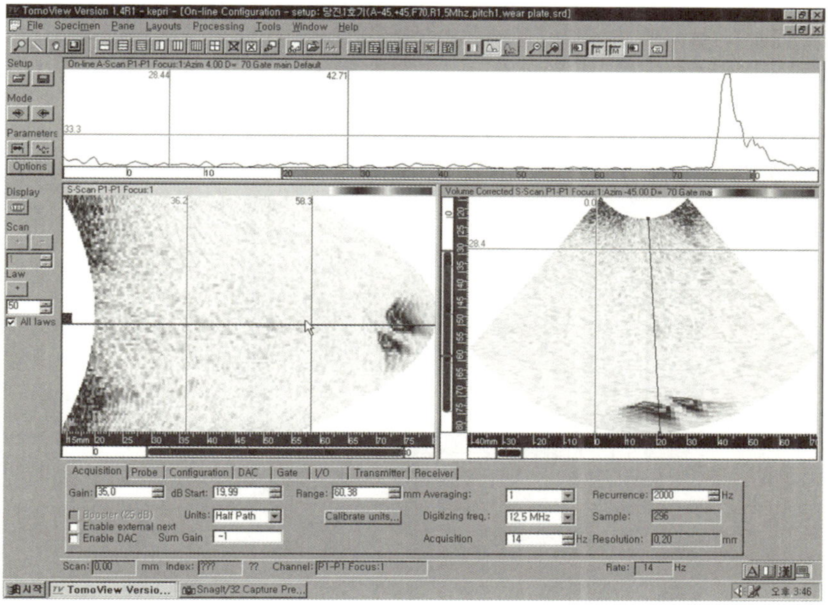

그림 10.10 발전기 리테이닝 링 단부에 대한 Phased array UT 신호

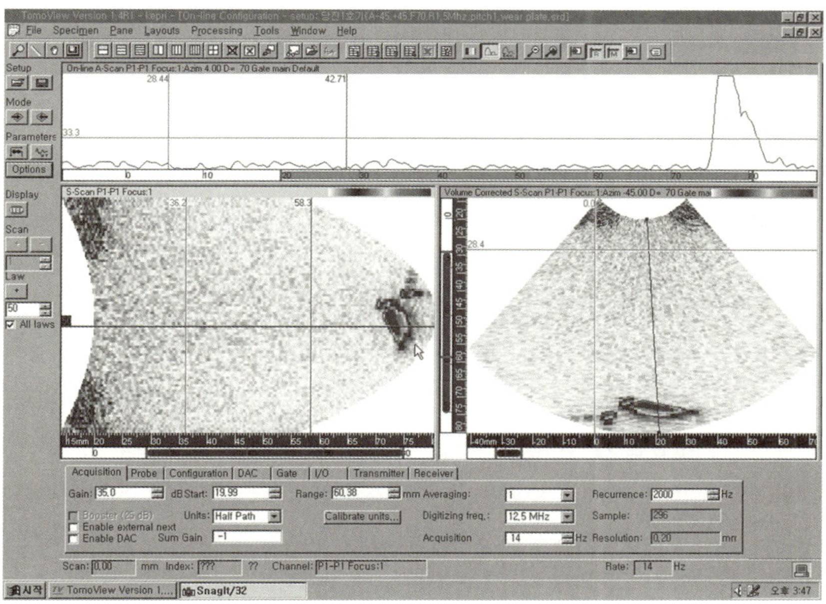

그림 10.11 발전기 리테이닝 링 단부에 대한 Phased array UT 신호

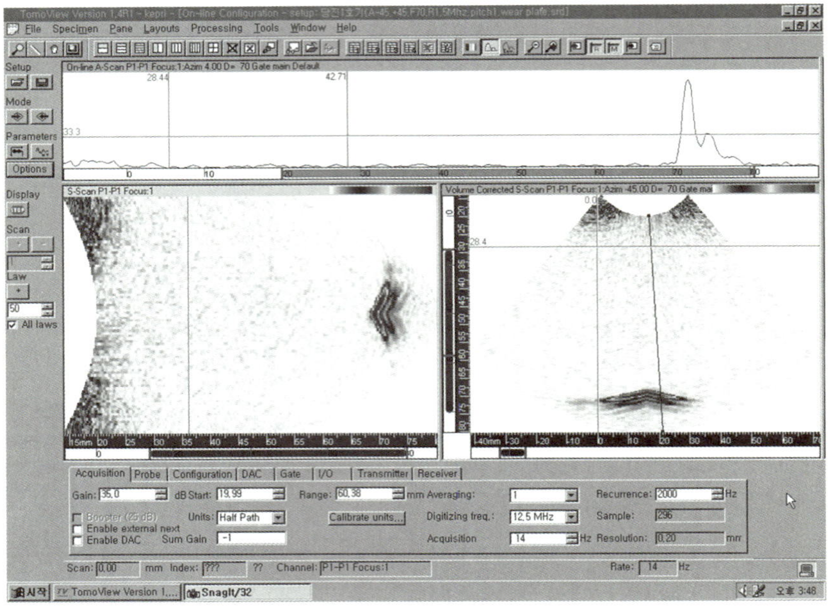

그림 10.12 발전기 리테이닝 링 단부에 대한 Phased array UT 신호

5 회전자 웨지에 대한 비파괴검사

1) 개요

Rotor Slot에 조립된 계자권선은 Rotor가 고속회전할 때 원심력으로 인해 밖으로 이탈하므로 이를 방지하기 위해 Coil 외부에 Wedge를 조립하고 있다.

2) Rotor Wedge의 일반적 재질

가) Non-Magnetic Stainless Steel Wedge : 모든 Slot의 끝쪽 2개 Wedge

나) Magnetic Steel Wedge : No 1. 때로는 No 2. Slot에 자속파형을 개선하기 위해 규정된 Percentage 만큼 사용

다) Aluminum Wedge: 상기 가), 나)항 제외한 모든 Slot의 Rotor Body 전체길이

- Magnetic Steel Wedge는 일반적으로 4 Pole의 경우 첫 번째 Slot에 대해 약 60%, 2Pole의 경우 100% 사용한다.
- 현재 Magnetic Steel Wedge는 첫 번째 Slot에 제한하여 발전기의 Air Gap이 작아질 때 첫 번째 Slot뿐만 아니라 두 번째 Slot에도 Magnetic Wedge를 사

용한다.

- End Wedge는 Body의 끝에서 고전류가 흐름으로서 높은 열이 발생하기 때문에 고강도의 Non-Magnetic Stainless Steel이 사용된다.

3) Rotor Wedge의 설계 개념

Non-Magnetic Stainless Steel

아래 지침에 모든 Rotor Slot의 End Wedge에 Non-magnetic Stainless Wedge 사용

- 2-Pole과 4-Pole의 Full Length Amortisseur Slots : 15"~20"
- 2-Pole Diagonal Flow Design : 15"~20" 혹은 Rotor subslot을 덮을 수 있는 충분한 길이(No.1 Slot 제외)
- 2-Pole No 1. slot(Diagonal Flow Vesign 포함) : Armotissue Finger를 덮을 수 있는 충분한 길이 (약 6"~20" 길이의 Wedge 1개)
- 4-Pole Design : 15"~20"(No. 1 Slot 제외)
- 4-Pole No.1 Slot : Armortissue Finger를 덮을 수 있는 충분한 길이 약 6"~ 8")

Magnetic Steel

- Al이나 Non-Magnetic Stainless Steel이 사용되지 않는 No. 1 Slot(혹은 No. 2)
- Magnetic Steel Wedge는 자소가형을 개선하기 위해 사용
- 2-Pole No. 1 Slot : 양끝단부의 Stainless Steel Wedge를 제외한 모든 부분
- No. 2 Slot은 양간의 Magnetic Wedge가 사용될 수 있으나 일반적으로 사용되지 않으나 자속파형이 좋지 않은 경우에는 사용된다.
- 4-Pole No. 1 Slot : 약 60%가 Manetic Steel Wedge가 사용되고 나머지는 Al이나 Non-Magnetic Stainless Steel Wedge가 사용된다.

Aluminum Wedge

- 일반적으로 모든 Coil Slots의 전길이와 (단 No. 1 Slot과 때때로 No.2 Slot의 일부 제외) 모든 Pole Face Armortissur Slots에 사용된다.
- 모든 Slot의 End Wedge에는 항상 Non-magnetic Stainless Steel이 사용된다.

4) Rotor Wedge의 비파괴 검사 절차

Rotor Wedge의 점검은 다음 순서를 참고로 실시한다.

- Visual Inspection(V1, 육안점검)
- Penetrant Testing(PT, 침투탐상) → 육안점검으로 징후 발견 부위
- Ultrasonic Testing(UT, 초음파 탐상)

Visual Inspection

육안으로 Wedge 표면의 오염, 녹, 균열, 부식 여부를 상세히 점검

Penetrant Testing

육안으로 관찰하여 Wedge 표면에 균열 등 이상 징후가 발견되는 UT등으로 추가 검사하여야 한다.

Ultrasonic Testing

육안 및 침투탐상 시험으로 확인된 표면결함 및 Wedge 내부에 발생 가능한 균열을 검출하는 방법으로서 널리 이용되고 있다.

대비시험편

초음파탐상의 정밀도와 정확도를 높이기 위하여는 동일형상 및 동일 재질의 웨지에 인공 결함을 삽입하여 대비시험편으로 사용하여야 한다.

감도설정 및 감쇄에 대한 보정

발전기 회전자 웨지 대비시험편 인공결함의 반사 Echo 높이를 90%로 설정하고 공칭굴절 각 70도의 탐촉자를 사용하면 웨지에서의 실제 굴절각이 43도가 된다.

그림 10.13 대비시험편

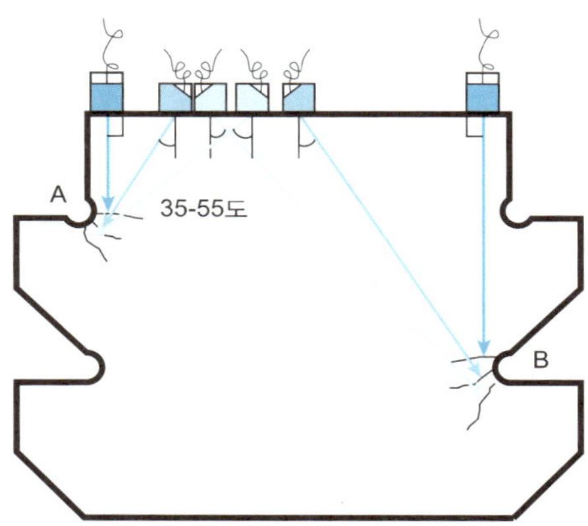

그림 10.14 결함방향에 따른 탐상각

6 초음파검사용 웨지 및 홀더장치

발전기 설비에 대한 초음파 검사의 신뢰성 제고 및 위상배열 초음파 특징을 활용한 검사 결과의 2차원 영상화를 위해서는 각 발전기 부 부품의 초음파 신호를 취득하기 위한 각종 웨지 및 탐촉자 홀더를 제작하고 필요한 입사각도 및 전자적 스캔의 각도를 효율적으로 지정하여야 한다. 〈그림21〉은 블레이드 루트부중 Pin Finger type의 경우에 대한 예로서 핀홀 주위의 결함검사를 위해 초음파 탐촉자가 접근 가능한 부위에서 핀 홀 주위로 빔을 보내기 위해서는 루트부의 크기에 따라 약간의 변화가 있기는 하지만 대체로 37도에서 45도 사이로 빔을 입사시켜야 한다. 또한, 1회 반사된 빔이 핀 홀 주위를 거쳐가고, 이로 인해서 핀 핑거 형태의 루트부에 자주 생기는 Crack을 탐지할 수 있기 때문에 블레이드 루트부의 크기 및 형태에 따라 최대의 반사파를 얻기 위해서는 특정각도로 입사하는 특수 웨지가 필요하고 현재 핀 핑거 형태의 루트부 핀 홀 주위 결함검사를 위한 기존의 검사에서도 여러 각도의 특수 웨지가 필요한 실정이다.

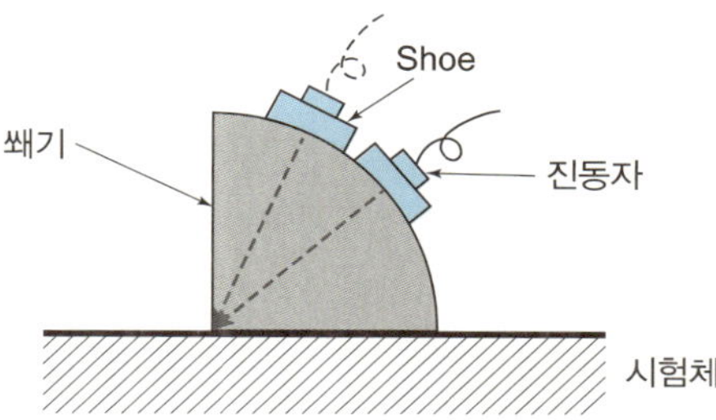

그림 10.15 가변각 웨지 개념도

핀 핑거 형태의 루터부 핀홀 주위의 결함 검사를 위해서는 여러 각도의 웨지를 준비하였다가 검사대상체의 형태에 가장 적합한 각도의 웨지를 사용하게 된다. 그러나

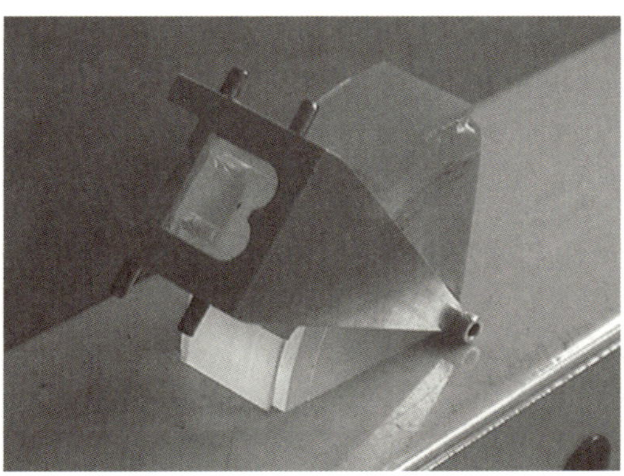

그림 10.16 가변각 특수 웨지(50R)

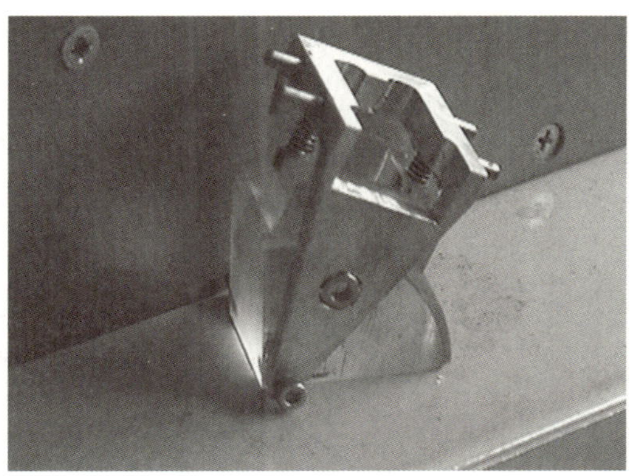

그림 10.17 가변각 특수 웨지(30R)

검사결과의 신로성 제고 및 발전기 설비의 고감쇄의 단점을 극복하기 위해서는 여러 웨지를 만들어 필요에 따라 교체하여 탐촉자 앞에 부착하기 보다는 그림 10.15와 같이 2개의 웨지로 만들어진 특수 웨지를 써면서 검사 대상체에 대한 초음파 빔을 원하는 각도로 입사시킬 수 있다. 즉 가변각 입사가 가능한 특수웨지인 것이다. 이러한 방식에 의한 가변각 탐촉자 웨지를 제작한 모습이 그림 10.16, 그림 10.17이다.

이 웨지를 사용하여 원하는 각도로 검사대상체에 빔을 입사시킬 수 있으므로 대상체의 형태가 변하더라도 쉽게 원하는 최대의 음압을 얻을 수 있는 것이다. 이 장치는 리테이닝 링 및 회전자 웨지의 결함발생 가능부위를 탐상시 회전자 웨지의 형태에 따라 초음파 입사각을 변화시킬 필요성이 있을 때 간편하게 입사각을 변환시킬 수 있다. 또한 탐촉자 홀더를 이용하여 검사를 원하는 대상 설비에 원하는 각도로 초음파 빔을 입사 시킬수 있기 때문에 현재의 문제점을 극복하여 검사시간, 노동력의 단축과 검사 신뢰도의 객관성을 이루는데 크게 기여할 수 있다. 또한 발전기 회전자 웨지의 내부에 존재하는 실제 결함과 형상의 복잡성으로 인해 발생되는 기하학적 형상 신호를 정밀 측정케 함으로써 회전자 웨지를 해체하지 않고 웨지내에 존재하는 결함에 대한 위상배열 초음파검사 기술을 확립하고 국내 발전소에 적용할 수 있게 될 것이다.

10.2 지지환(Retaining Ring)

1 개요

발전기 지지환(Retaining Ring)은 회전자의 고속회전에 의한 원심력으로부터 회전자 권선의 엔드 턴(End Turn)을 지지하기 위해 사용됨으로 발전기 부품중 가장 큰 스트레스(Stress)를 받는다. Non-magnetic 지지환은 1950년대부터 발전기용량이 증대함에 따라 사용되었으며, 이중 18Mn-5Cr강은 전기적 및 기계적 특성이 우수하여 대부분의 발전기에 채용되어 왔다. 각 제작사들은 18Mn5Cr강 지지환의 검사, 평가, 유지관리 방법 및 재질개선 등을 연구하여 응력 부식에 강하면서도 온도와 강도 특성이 좋은 18Mn18Cr강을 개발하여 현재 많이 사용하고 있다. 이러한 발전기 설비는 그림 10.18에서 나타낸 바와 같이 복합적인 열화과정을 거치게 된다.

2 지지환(Retaining Ring)의 결함 발생

1) 발생위치

지지환의 응력 부식은 불규칙하기는 하나 Ring 내부의 손상은 주로 Rotor Fit부의 Tooth-Wedge-Ring을 접합하는 홈에서 자주 발생한다. 또한 각 Ring의 손상정도는 내, 외부가 서로 달라 Ring 외부에는 손상이 전혀 없는 데도 내부에 심한 균열이 발생된 경우도 있다. 그림 10.1은 지지환 점검시 크랙(Crack)이 자주 발생된 위치를 나타낸 것이다.

18Mn-5Cr강은 부식이 시작되는 데는 상당한 시간이 소요되지만 일단 Corrosion Pitting 혹은 크랙이 발생되면 부식 환경하에서는 상당히 빠른 속도로 성장되기 때문에 가능한 한 조기에 손상을 검출, 조치해야 하므로 비파괴검사의 감도는 매우 중요하다.

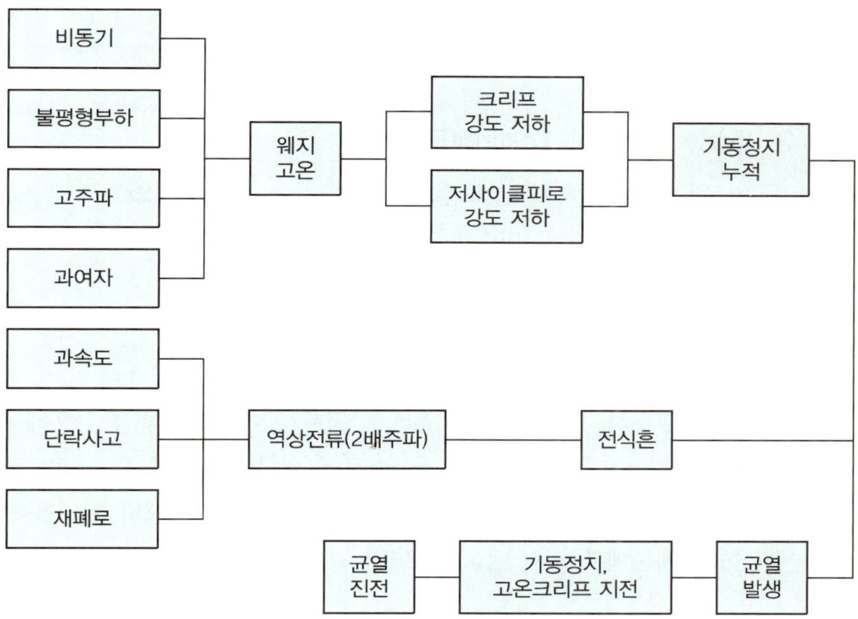

그림 10.18 발전기 설비의 열화과정

3 지지환(Retaining Ring)에 대한 기존의 비파괴 진단 절차

1) Visual Inspection(VI)

육안으로 Ring의 오염, 녹, 부식 여부 등을 상세히 검사한다. 내부 등 상태 확인이 어려울 때는 보조 검사기구(Borescope, Fiber Optic Device 등)를 이용하여 관찰한다. 부식의 징조가 있으면 상태를 확실히 파악하기 위해 Ring을 분해하여 FPT, ECT 방법으로 검사한다. 또한 징조가 없다하더라도 Ring 표면에 FPT을 하여 상태를 확인하고 Corrosion Pitting이나 Crack이 나타나면 Ring을 분해하여 검사한다. 다른 목적으로 Ring을 분해할 때도 FPT, ECT를 한다.

2) Fluorescent Penetrant Testing(FPT)

Ring의 비파괴 검사는 FPT 방법으로 시작하며 이때 SCC 생성 위험을 줄이기 위해 수용성 침투액(Water Soluble Penetrant) 사용은 금한다. 그리고 중요한 것은 Corrosion Pitting이나 Crack의 군집, 연속성, 취약부에서의 발생여부이며, 이 시험결과는 도면, 사진 및 운전이력을 포함시켜 기록해 둔다.

3) Eddy Current Testing(ECT)

FPT 결과를 확인하기 위해 주로 사용하며, 이 시험은 Crack의 깊이를 감도 높게 측정할 수 있는 방법으로 미소결함, Corrosion Pitting 및 SCC 여부를 측정하여 자료는 보관하고 결과에 대해 평가를 실시한다.

4) Ultrasonic Testing(UT)

Ring을 분해하지 않고 내부 Crack을 검사할 때 UT 방법을 사용해 왔으며, 이 방법은 잡음과 Ring 내부구조의 복잡성 때문에 세심한 검사가 요구된다. 검출감도가 떨어져 초기 Corrosion Crack을 검출하기 어려운 단점이 있으나 지지환을 취외하지 않고 점검하기 때문에 널리 사용되고 있다.

4 지지환 대비시험편 설계/제작 및 신호취득 실험

지지환에 대한 초음파 진단을 위해서는 내부 형상을 정확히 파악해야 할 필요성이 있으며, 도면이 있을 경우 도면을 활용하고 도면이 없을 경우는 초음파 탐상기를 이용하여 정확한 치수측정 및 형상을 파악하여 시편을 제작하여야 한다.

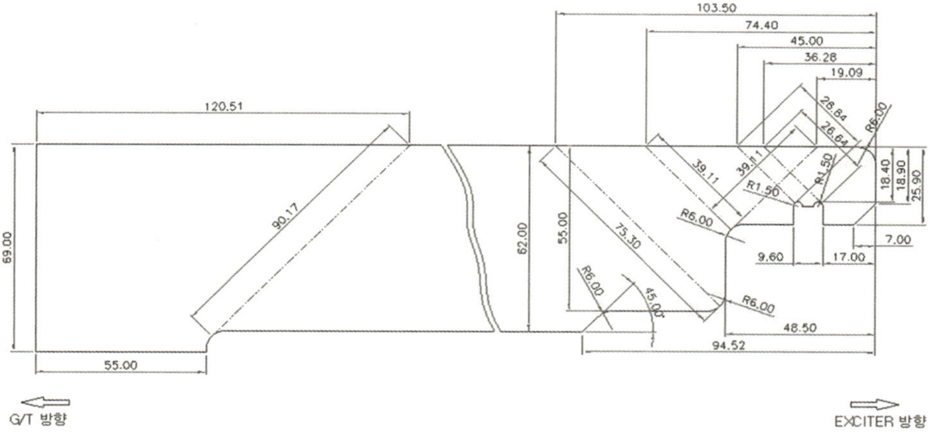

그림 10.19 발전기 지지환의 실제도면

표 10.3에는 대비시험편에 삽입된 인공결함의 상세 제원을 나타내었다.

표 10.3 인공결함 치수

길이 5mm, 폭 0.15mm								
번호	1	2	3	4	5	6	7	8
깊이	1	1	1	1	1	1	1	1

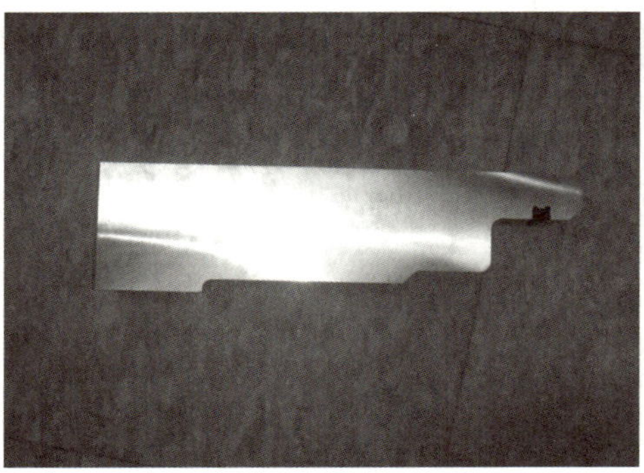

그림 10.20 리테이닝 링 대비시험편 측면도

그림 10.21 리테이닝 링 대비시험편 정면도

5 위상배열 초음파 신호 취득 및 분석

제작된 리테이닝 링 대비시험편에 삽입된 각각의 인공결함에 대하여 위상배열 초음파 결함탐지 실험을 수행하였다.

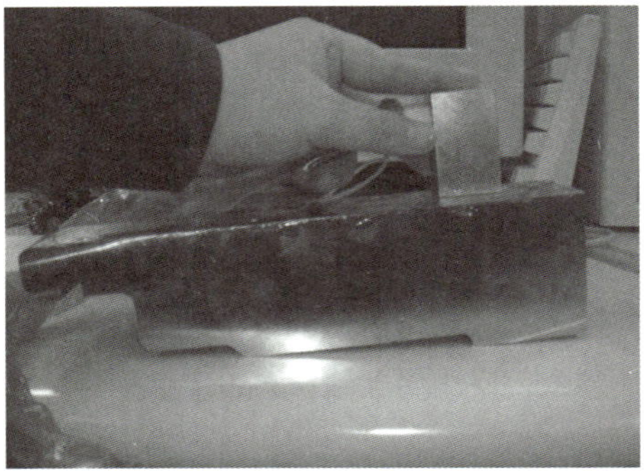

그림 10.22 단부 및 저부 결함검사 모습

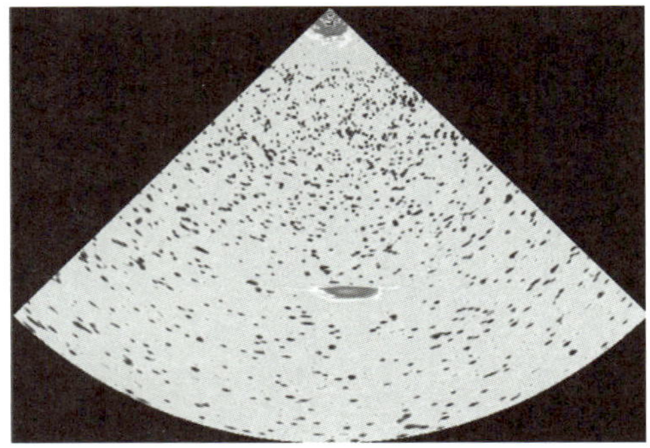

그림 10.23 저면 건전부 위상배열 신호

그림 10.23에서 나타낸 바와 같이 대비시험편의 저면부 및 첫 번째 단부에 대하여 신호를 취득하고 그림 10.24~그림 10.25에서 그 결과를 나타내었다.

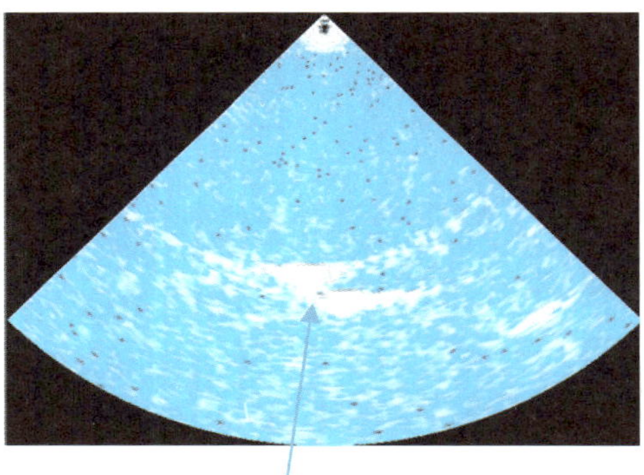

그림 10.24 단부 위상배열 신호

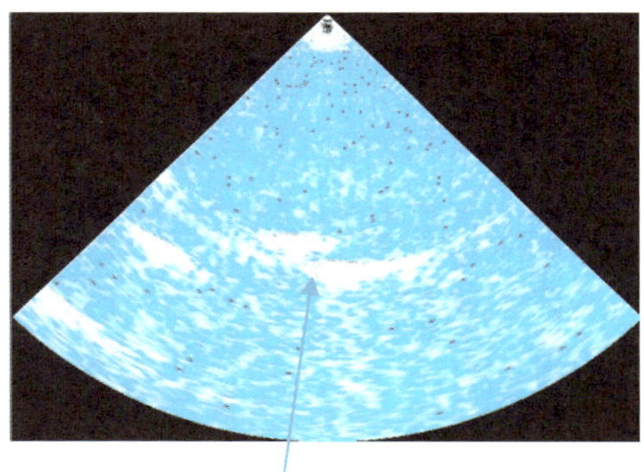

그림 10.25 단부 위상배열 신호

그림 10.24와 그림 10.25에서 나타낸 바와 같이 저면단부를 평형이동으로 움직임에 따라 단부의 신호 모습 및 인공결함의 모습이 바뀌면서 나타남을 볼 수 있다.

6 검사기술 개발 및 검사방법

발전기 설비에 대한 초음파 검사의 신뢰성 제고 및 위상배열 초음파 특징을 활용한 검사결과의 2차원 영상화를 위해 발전기 설비의 형상에 대한 최적 모드 선정 및 최적의 주사모드 선정(Focal law) 실험결과를 고려하여 적절히 선정하여야 한다.

실제 탐상에서 Retaining Ring의 대략적인 형태와 치수를 파악하고 운전중의 원심력에 의해 단면감소 부위에서 Crack이 발생될 수 있으므로 적절한 탐상각도를 선정하여 사각탐상을 실시하여야 하며, 타 부품과의 접촉면에서 SCC 발생 가능성이 있으므로 수직탐상으로도 확인하여야 한다.

발전기 리테이닝 링에서 결함이 발생될 가능성이 높은 내부의 단부에 대한 Phased array UT 검사를 좌우측에 대하여 수행하고 단부에서 반사된 신호를 분석한다. 향후에는 Retaining Ring 내부 정밀 육안검사와 초음파탐상 검사를 조합한 좀 더 신뢰성 있는 종합 비파괴검사 기술을 개발하여 적용함으로써 발전설비의 안전운전에 기여하여야 한다.

7 SCC의 평가 및 결함보수

검사 후 Ring에 대한 모든 자료 분석, 상태결정, 정비 또는 교체 여부는 전문가에 의해 결정된다. 부식 환경하에서는 Corrosion Pitting이나 Crack의 성장이 빠르기 때문에 모든 Crack은 제거되어야 하며, 정비여부 결정은 Ring의 설계치수에 대한 최대 재질 제거 한계를 계산한다.

Grinding 또는 Machining 여부는 결함위치, 결함간의 거리, 결함 수에 따라 결정되며, 정비시는 전문기술, 장비, 전문가가 필요하고 정비 후에는 Ring을 재검사한다. 정비범위에 따라 Ring에 관련되는 Locking Key, Snap Ring, Insulation 등에 영향을 줄 수 있으므로 이때는 개조사용이 가능한지 또는 교체해야 할 것인지를 재결정해야 한다. 또한 정비를 하기 위해 Ring 두께가 감소되면 기계적 안전율이 적어져 과속도 및 기동, 정지 등에 제한을 받으므로 되도록 빨리 교체해야 한다.

8 고감쇄 재료에 대한 검사기법개발 및 결함 검출능 실험

리테이닝 링과 같은 고감쇄 재료에 대한 위상배열 초음파 진단을 위해서 내부 형상에 대한 결함검출능 제고를 위한 시편 제작 및 실험을 수행하였다. 회전자 웨지와 같이 초음파 감쇄가 심한 재질을 사용하여 시편을 제작하여 위상배열 초음파에 의한 결함 신호 검출 실험을 수행하였다.

그림 10.26에는 대비시험편에 삽입된 인공결함의 상세 제원을 나타내었다.

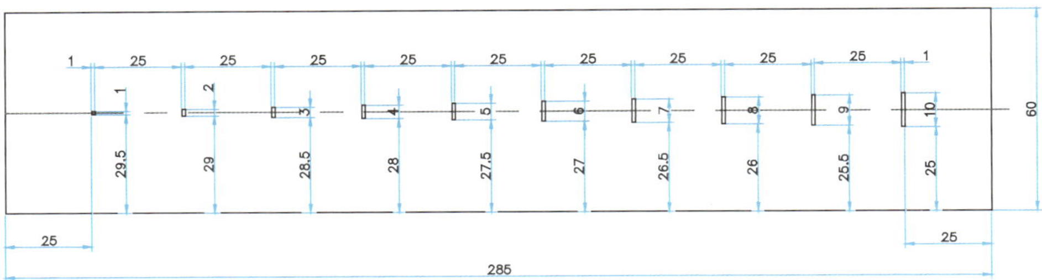

그림 10.26 로타 웨지 대비시험편 인공결함 설계도

미소 결함평가용 기준 시편은 그림 10.26에 보인 바와 같이 1~10 mm, 길이의 인공결함이 표면에 가공되어져 있다. 결함은 방전 가공으로 삽입하였으며, 정량적 평가를 위해 결함의 크기를 1, 2, 3, 4, 5 mm 순서로 배열하였다.

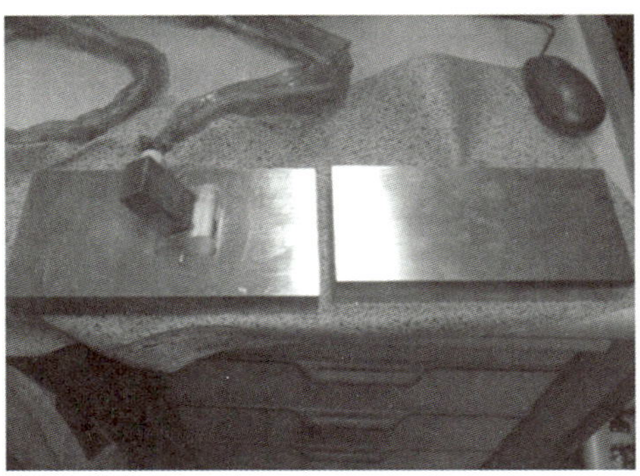

그림 10.27 신호취득 대비시험편

그림 10.28 신호취득 실험

9 위상배열 초음파 진단용 웨지 및 홀더 등 검사장치 설계/제작

발전기 설비에 대한 초음파 검사의 신뢰성 제고 및 위상배열 초음파 특징을 활용한 검사 결과의 2차원 영상화를 위해서는 각 발전기 부품의 초음파 신호를 취득하기 위한 각종 웨지 및 탐촉자 홀더를 제작하고 필요한 입사각도 및 전자적 스캔의 각도를 효율적으로 지정하여야 한다. 또한 탐촉자 홀더를 이용하여 검사를 원하는 대상 설비에 원하는 각도로 초음파 빔을 입사 시킬 수 있기 때문에 현재의 문제점을 극복하여 검사 시간, 노동력의 단축 및 검사 신뢰도의 객관성을 이루는데 크게 기여할 수 있다.

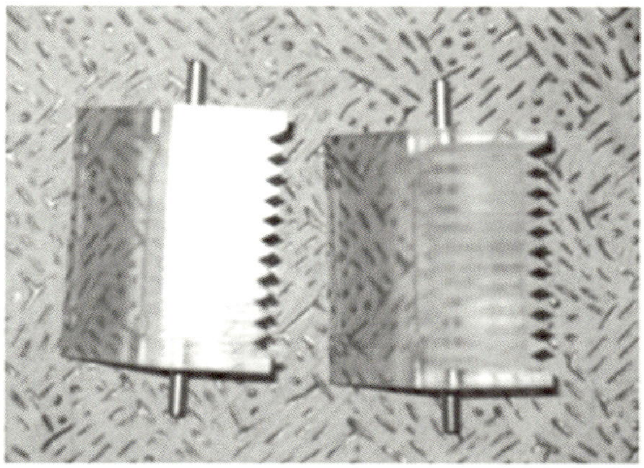

그림 10.29 결함초음파 검사용 각종 웨지

10 위상배열 초음파에 의한 리테이닝 링 사전 현장검사

발전기 설비중 리테이닝 링에 대한 위상배열 초음파 기술의 활용을 위해 검사용 웨지 제작 및 제작된 웨지의 현장에서 적용성을 사전에 점검하였다. 추후에 제작할 자동 검사 장치 및 검사용 탐촉자 홀더의 제작 방향을 정하기 위한 사전 현장검사를 신인천 복합화력의 계획예방정비 기간에 수행하여 신호를 취득하고 추후 제작할 홀더 및 자동 검사장치의 방향을 설정하였다.

그림 10.30 신인천복합 리테이닝 링

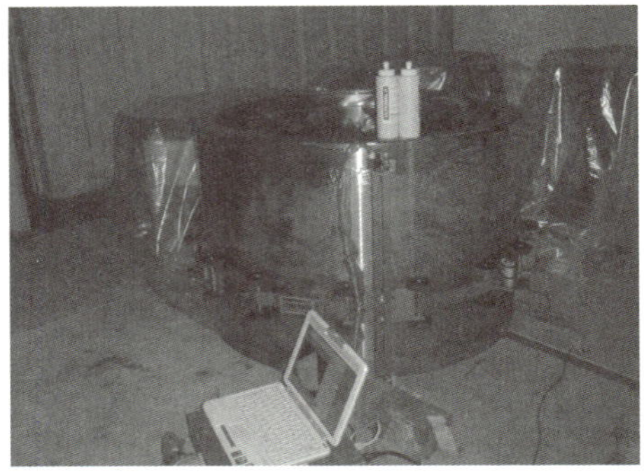

그림 10.31 리테이닝 링에 대한 검사모습

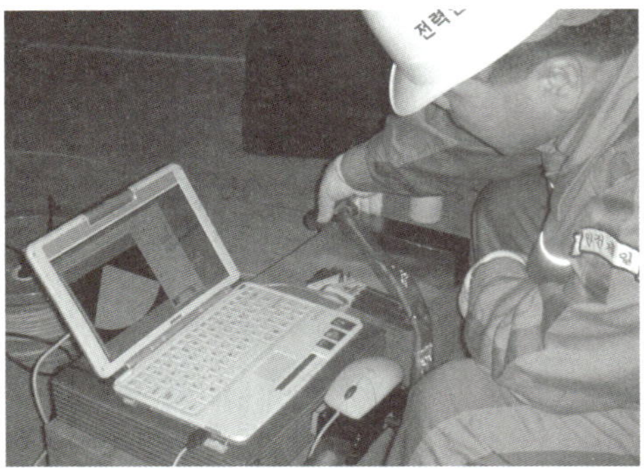

그림 10.32 리테이닝 링에 대한 신호 분석

그림 10.33 리테이닝 링에 대한 신호 취득

11 위상배열 초음파 진단용 웨지 및 홀더등 검사장치 설계/제작

발전기 설비에 대한 초음파 검사의 신뢰성 제고 및 위상배열 초음파 특징을 활용한 검사 결과의 2차원 영상화를 위해서는 각 발전기 부 부품의 초음파 신호를 취득하기 위한 각종 웨지 및 탐촉자 홀더를 제작하고 필요한 입사각도 및 전자적 스캔의 각도를 효율적으로 지정하여야 한다. 또한 탐촉자 홀더를 이용하여 검사를 원하는 대상 설비에 원하는 각도로 초음파 빔을 입사시킬 수 있기 때문에 현재의 문제점을 극복하여 검사시간, 노동력의 단축과 검사신뢰도의 객관성을 이루는데 크게 기여할 수 있다. 또한 발전기 회전자 웨지의 내부에 존재하는 실제 결함과 형상의 복잡성으로 인해 발생되는 기하학적 형상 신호를 정밀 측정케 함으로써 회전자 웨지를 해체하지 않고 웨지

내에 존재하는 결함에 대한 위상배열 초음파검사 기술을 확립하고 국내 발전소에 적용할 수 있게 될 것이다.

위상배열 초음파에 의한 리테이닝 링의 검사신호 2차원화에 이어 실시간 검사 신호

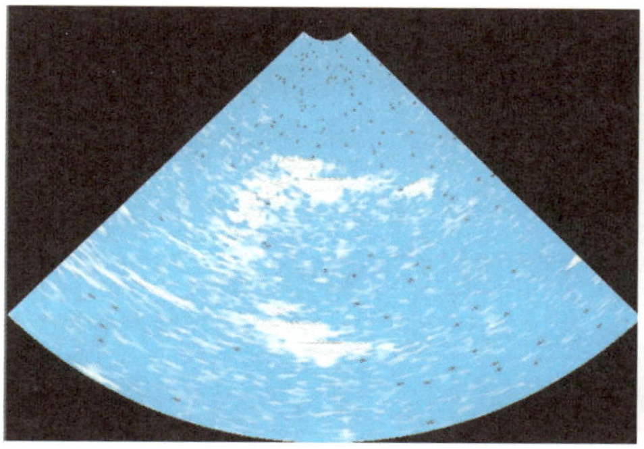

그림 10.34 내부 단부에 대한 신호 취득(가로)

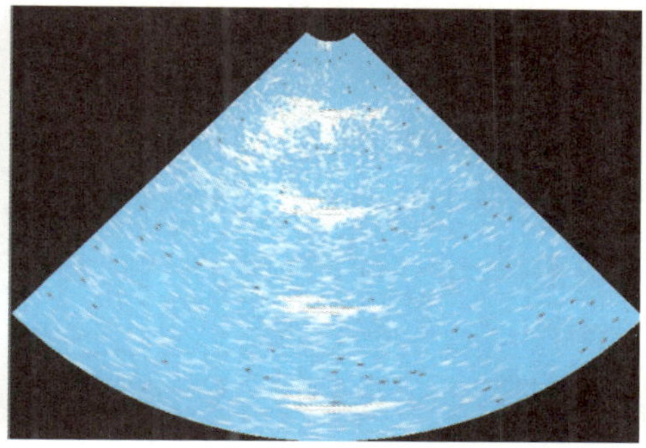

그림 10.35 내부단부에 대한 신호 취득(세로)

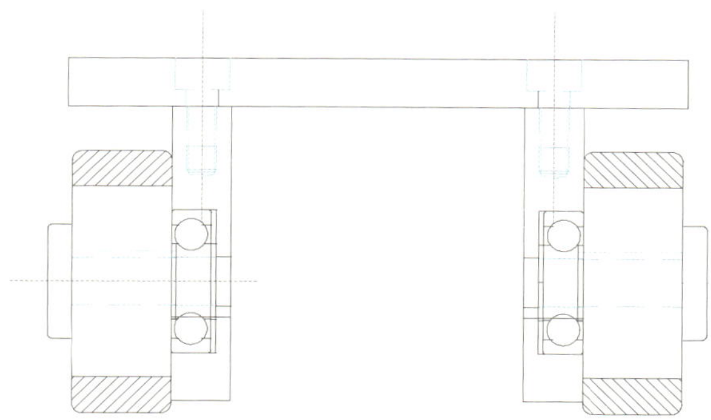

그림 10.36 검사장치 측면도

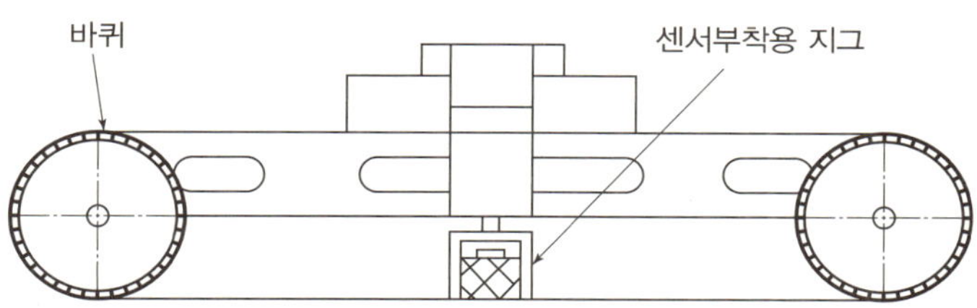

그림 10.37 센서지그 부착 대차 좌측면도

의 분석의 제고를 위해 리테이닝 링 위에서 구동되는 검사 장치를 만들고 이를 정속으로 정회전 및 역회전 시키면서 검사를 수행하기 위한 검사 장치를 설계하고 제작하였다. 이 장치는 두개의 모터와 8개의 구동장치로 구성되어 서로 연결되어 체결되며 리테이닝 링의 직경변화에 따른 연결부 전체의 길이를 중간에 체결된 볼트의 길이로 조정할 수 있게 설계하였다.

발전기 회전자 리테이닝 링은 비자성체이므로 리테이닝 링 위에서 검사장치가 구동

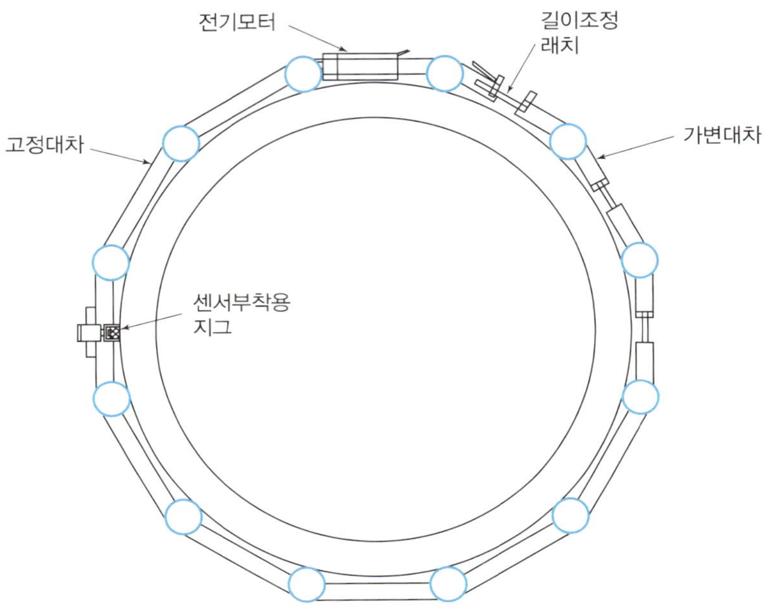

그림 10.38 검사장치 개념도

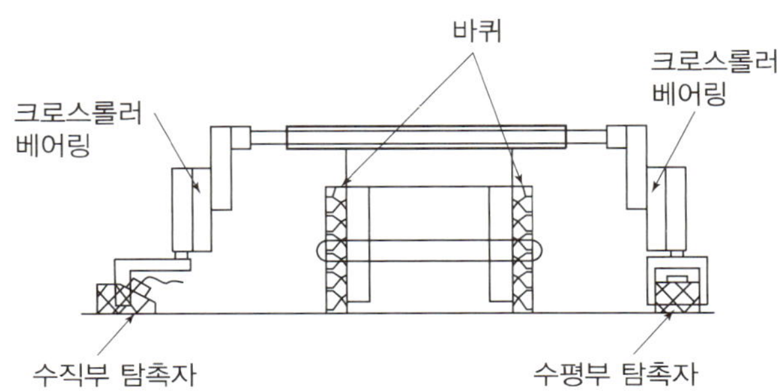

그림 10.39 센서지그 부착 대차 정면도

되도록 하기위해서는 검사장치 연결부에서 자체적인 구동력을 줄 필요가 있으므로 연결부에서 적적한 장력을 주고 조정할 수 있도록 설계하였다.

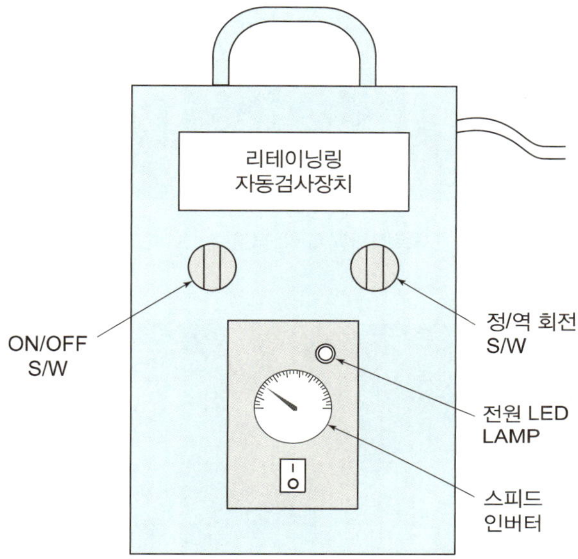

그림 10.40 회전대차 조정장치

12 회전자 웨지에 대한 검사 기법 개발

1) 대비시험편 설계 및 제작

발전기 설비에 대한 초음파탐상의 정밀도와 정확도를 높이기 위하여는 동일형상 및 동일 재질의 웨지에 인공결함을 삽입하여 대비시험편으로 사용하는 것이 보편적이다.

발전기 회전자 웨지에 대한 위상배열 초음파 진단을 위해서는 회전자 웨지 각 부의 형상을 정확히 파악해야 할 필요성이 있으며, 도면이 있을 경우 도면을 활용하여 실제의 소재와 형상으로 제작하여야 하며 도면이 없을 경우는 초음파 탐상기를 이용하는 등 가급적 정확한 치수 및 형상을 파악하여 시편을 제작하여야 한다.

회전자 웨지는 발전기의 출력이나 제작사에 따라 그 형태가 다양하나 우선 현장에서 사용되는 웨지의 제원을 파악하기 위해 울산화력 발전소, 하동화력 발전소, 보령화력 발전소 등에 대한 현장조사를 수행하였으며 이중 보령화력에서는 고정자 웨지를 울산화력에서는 회전자 웨지에 대한 제원 및 형상 등을 파악하였고 이러한 습득된 자

그림 10.41　자동검사장치 체결모습

그림 10.42　자동검사장치 체결 세부모습

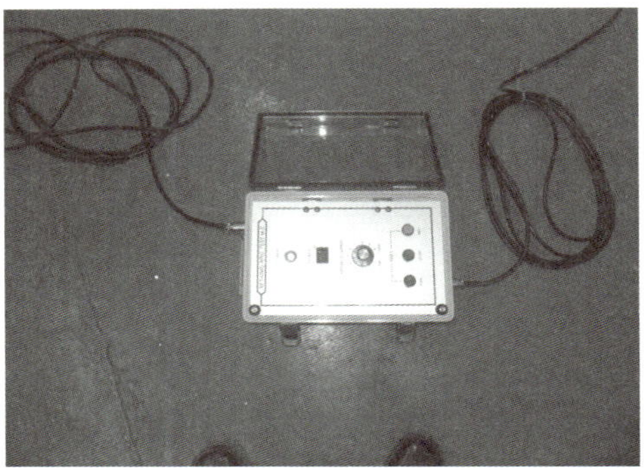

그림 10.43　자동검사장치 콘트롤러

그림 10.44　자동검사장치 구동 테스트

료를 토대로 대비시편을 설계 제작하였다. 회전자 웨지 대비시편을 종류별 형태별로 제작을 많이 해 볼 필요성은 있지만 현실적으로 전체의 웨지를 만들기는 불가하므로 표준화력 및 노후 발전소에서 운용되는 회전자 웨지에 대하여 대비시편을 제작하였다.

또한 본 시편에 인공결함을 삽입하여 발전기 회전자 웨지의 내부에 존재하는 실제 결함과 형상의 복잡성으로 인해 발생되는 기하학적 형상 신호를 정밀 측정하는 실험을 수행함으로써 회전자 웨지를 해체하지 않고 웨지내에 존재하는 미세 크랙 형상의 결함에 대한 위상배열 초음파검사 기술을 확립하고자 하는 것이다.

2) 인공결함 설계 및 삽입

앞서 기술한 대비시편에 대하여 응력이 발생하는 패턴 및 실지 응력에 의한 결함의 발생빈도 등을 감안하여 결함이 발생할 가능성이 높은 응력집중부 및 응력에 의한 발

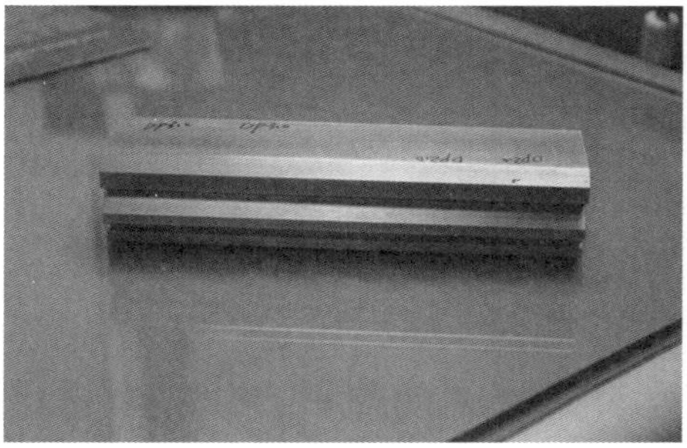

그림 10.45　회전자 웨지 대비시편

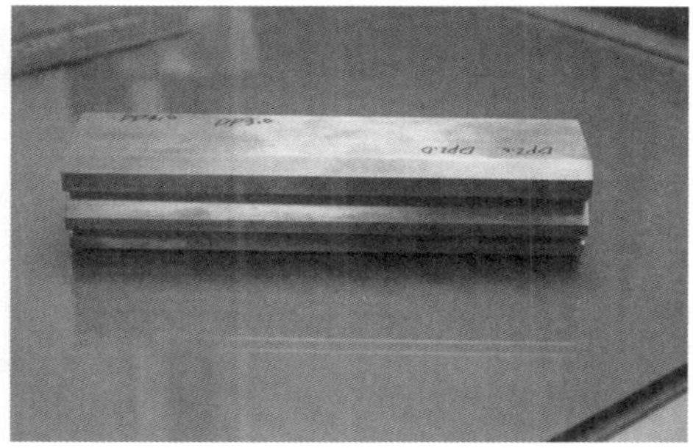

그림 10.46　회전자 웨지 대비시편

생결함의 형태를 예상하고 대비시험편에 모사할 결함을 설계하였다.

일반적으로 회전자 웨지에 발생하는 응력은 로타의 회전에 의한 원심력이며 이 원심력에 의한 인장 혹은 압축 응력으로 인해 웨지의 굴곡부 및 끝단부에 응력이 집중되며 이로 인해 결함은 피로 크랙이 발생하게 된다. 따라서 이러한 상황을 가장 잘 구현하기 위해 미소 크랙형 결함을 모사하였고 실제로 미세한 크기로 인공결함을 방전가공 처리하였다. 또한 회전자 웨지와 같이 초음파 감쇄가 심한 재질을 사용하여 시편을 제작하여 위상배열 초음파에 의한 결함신호 검출 실험을 수행할 예정이며 아래 그림 10.47 이하에 각 대비시험편의 인공결함 설계도를 나타내었다.

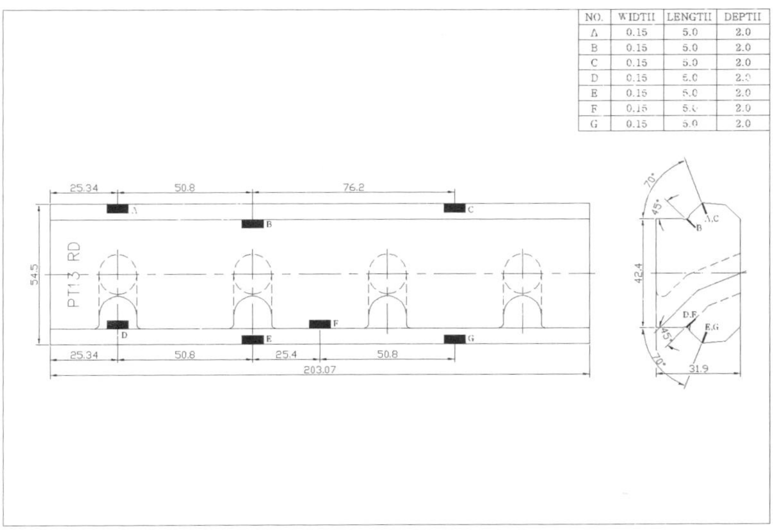

NO.	WIDTH	LENGTH	DEPTH
A	0.15	5.0	2.0
B	0.15	5.0	2.0
C	0.15	5.0	2.0
D	0.15	5.0	2.0
E	0.15	5.0	2.0
F	0.15	5.0	2.0
G	0.15	5.0	2.0

그림 10.47　회전자 웨지 대비시편 인공결함 설계도

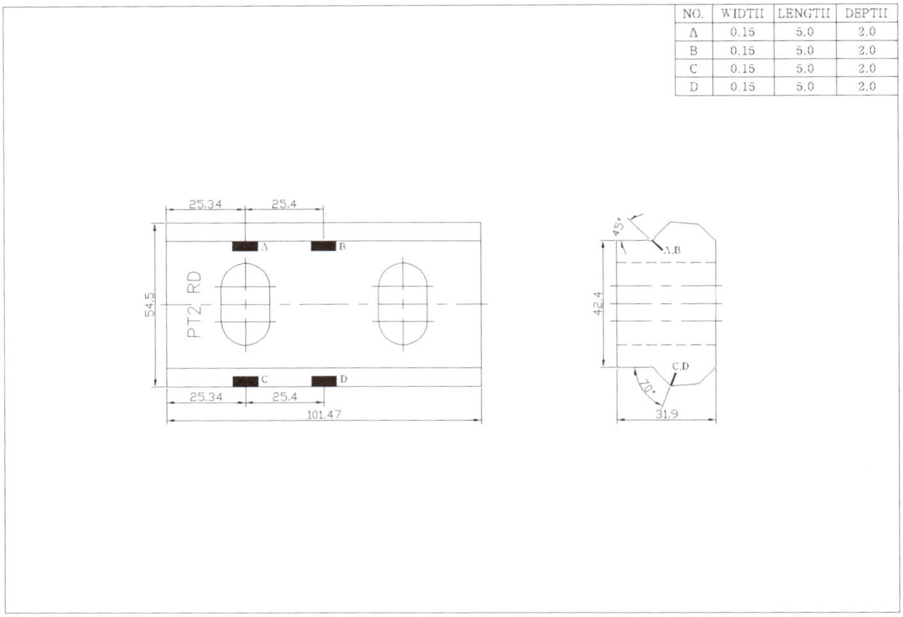

NO.	WIDTH	LENGTH	DEPTH
A	0.15	5.0	2.0
B	0.15	5.0	2.0
C	0.15	5.0	2.0
D	0.15	5.0	2.0

그림 10.48 회전자 웨지 대비시편 인공결함 설계도

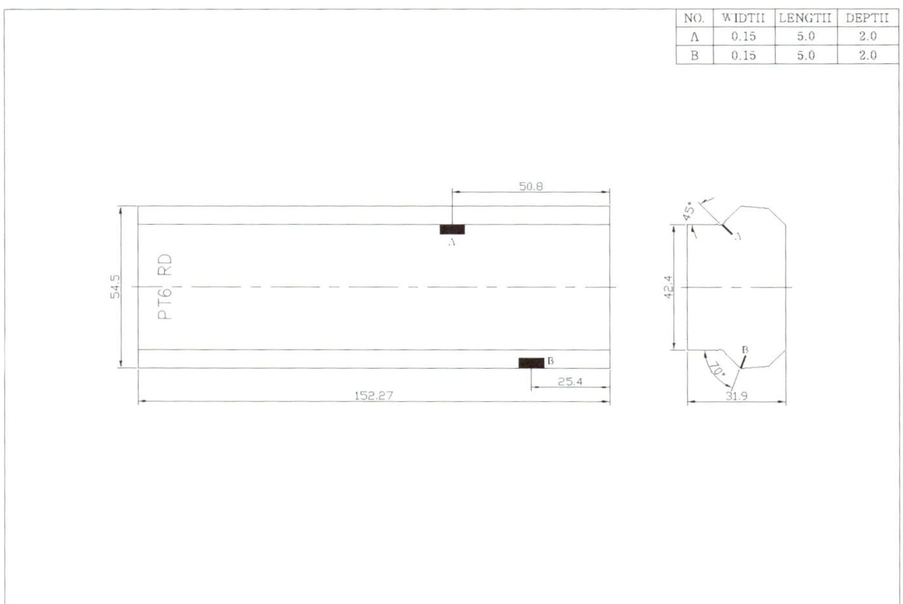

NO.	WIDTH	LENGTH	DEPTH
A	0.15	5.0	2.0
B	0.15	5.0	2.0

그림 10.49 회전자 웨지 대비시편 인공결함 설계도

NO.	WIDTH	LENGTH	DEPTH
A	0.15	5.0	2.0
B	0.15	5.0	2.0
C	0.15	5.0	2.0
D	0.15	5.0	2.0

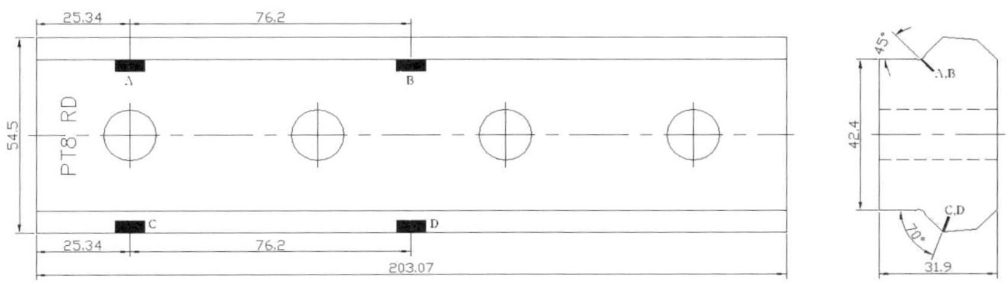

그림 10.50 회전자 웨지 대비시편 인공결함 설계도

NO.	WIDTH	LENGTH	DEPTH
A	0.15	5.0	2.0
B	0.15	5.0	2.0
C	0.15	5.0	2.0
D	0.15	5.0	2.0

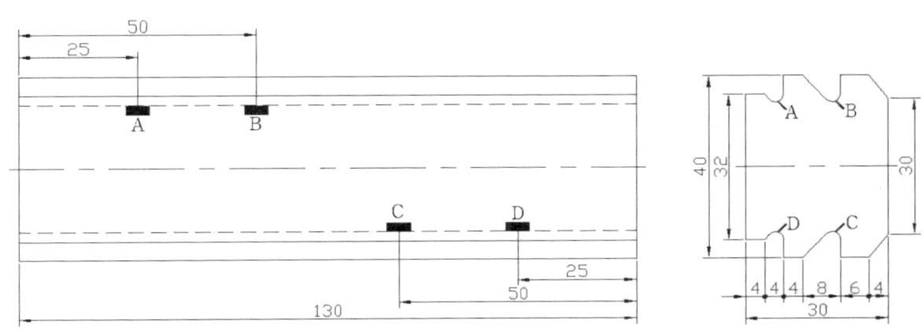

그림 10.51 회전자 웨지 대비시편 인공결함 설계도(베릴리움 동 소재 시편)

3) 신호취득 및 분석용 웨지 설계 제작

회전자 웨지에 대한 위상배열 초음파 신호 취득 및 분석을 위해서는 웨지가 결합되어 있을 때 초음파 빔의 각도를 여러 방향으로 조사하여 미세 결함을 가장 효율적으로 탐지하기 위한 최적 각도 및 최적의 방향을 선정하여야 하는데 이를 위해 각종 검사용 웨지를 각도별로 제작하여 실험을 수행하여야 한다.

회전자 웨지에 대한 신호취득 실험을 수행하여 신호를 분석하고 효율성을 높이기 위한 각도 및 방향을 선정하기 위한 실험을 향후에 체계적으로 수행하였다.

4) 회전자 웨지에 대한 위상배열 초음파 검사 기법 개발 방향 선정

회전자 웨지 비파괴 검사 개요

Rotor Slot에 조립된 계자권선은 Rotor가 고속 회전할 때 원심력으로 인해 밖으로 이탈하므로 이를 방지하기 위해 Coil 외부에 Wedge를 조립하고 있으며, Rotor Wedge에 대한 초음파 검사는 육안 및 침투탐상 시험으로 확인된 표면결함 및 Wedge 내부에 발생 가능한 균열을 검출하는 방법으로서 널리 이용된다.

회전자 웨지에 대한 위상배열 초음파 검사의 개발 방향도 이를 근거로 위상배열 초음파 신호의 명확화 및 미세결함의 탐지능 제고에 촛점을 맞춰서 연구하여야 할 것이다. 아래는 이를 위한 로타 웨지의 설계 개념을 살펴 본 것이다.

Rotor Wedge의 설계 개념

① Non-Magnetic Stainless Steel

아래 지침에 모든 Rotor Slot의 End Wedge에 Non-magnetic Stainless Wedge를 사용한다.

- 2-Pole과 4-Pole의 Full Length Amortisseur Slots : 15"~20"
- 2-Pole Diagonal Flow Design : 15"~20" 혹은 Rotor subslot을 덮을 수 있는 충분한 길이(No.1 Slot 제외)
- 2-Pole No 1. slot(Diagonal Flow Vesign 포함) : Armotissue Finger를 덮을 수 있는 충분한 길이 (약 6"~20" 길이의 Wedge 1개)
- 4-Pole Design : 15"~20"(No. 1 Slot 제외)
- 4-Pole No.1 Slot : Armortissue Finger를 덮을 수 있는 충분한 길이 약 6"~ 8"

② Magnetic Steel

- Al이나 Non-Magnetic Stainless Steel이 사용되지 않는 No. 1 Slot(혹은 No. 2)
- Magnetic Steel Wedge는 자소가형을 개선하기 위해 사용됨
- 2-Pole No. 1 Slot : 양끝단부의 Stainless Steel Wedge를 제외한 모든 부분
- No. 2 Slot은 양간의 Magnetic Wedge가 사용될 수 있으나 일반적으로 사용되지 않으나 자속파형이 좋지 않은 경우에는 사용됨
- 4-Pole No. 1 Slot : 약 60%가 Manetic Steel Wedge가 사용되고 나머지는 Al이나 Non-Magnetic Stainless Steel Wedge가 사용됨

③ Aluminum Wedge

- 일반적으로 모든 Coil Slots의 전 길이와 (단 No. 1 Slot과 때때로 No.2 Slot의 일부제외) 모든 Pole Face Armor tissur Slots에 사용
- 모든 Slot의 End Wedge에는 항상 Non-magnetic Stainless Steel이 사용됨

13 발전기 리테이닝 링에 대한 현장 적용검사 및 장치 보완

1) 장치보완

현장적용 검사를 몇 차례에 걸쳐 수행한 결과 당초 예상한 발전소 보다 발전 용량이 큰 발전소에서는 리테이닝 링의 직경이 예상치를 오버하여 자동검사장치의 착탈이 쉽지 않는 등의 몇 가지의 문제점이 발견되었으며 이에 대한 미비점 보완을 기하고 향후 현장에서의 적용 성과를 제고하기 위한 장치 개선을 수행하였다.

그림 10.52는 수정 개선된 자동검사장치의 설계 개요도이다.

이번에 개선된 내용은 리테이닝 링의 직경에 따라 크기 조절이 가능하도록 하고, 폭과 무게를 줄여 구조, 기능 및 품질을 업그레이드 하여 쉽게 현장적용이 가능하도록 한 것이다.

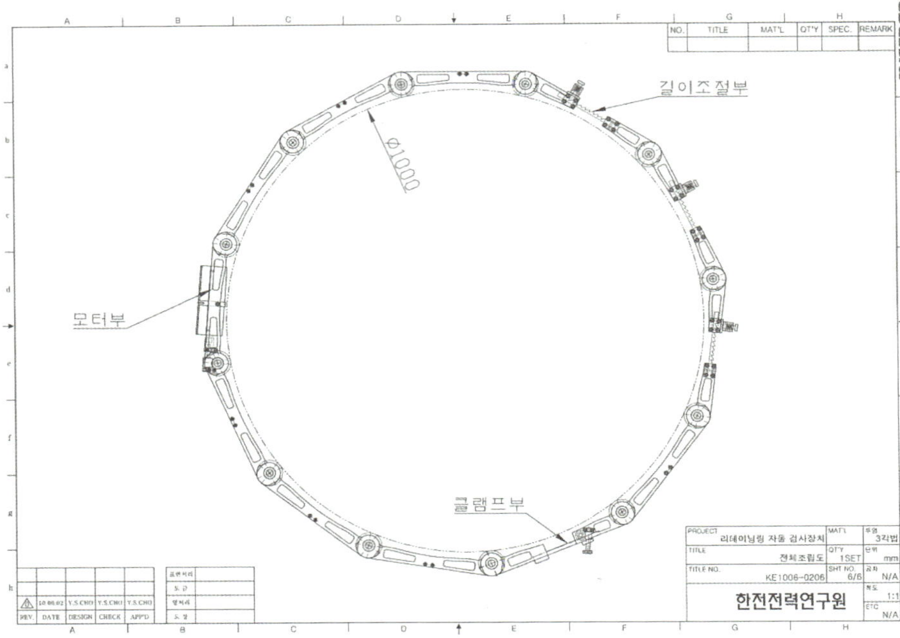

그림 10.52 리테이닝 자동 검사장치 개선 및 보완 장치의 모식도

2) 현장적용

연구 수행중 개발된 리테이닝 링 자동 검사 장치에 대하여 사전 현장적용을 거쳐 발전소 현장에 대한 적용검사를 수행하였다. 1차로 하동화력 발전소에 대하여 현장적

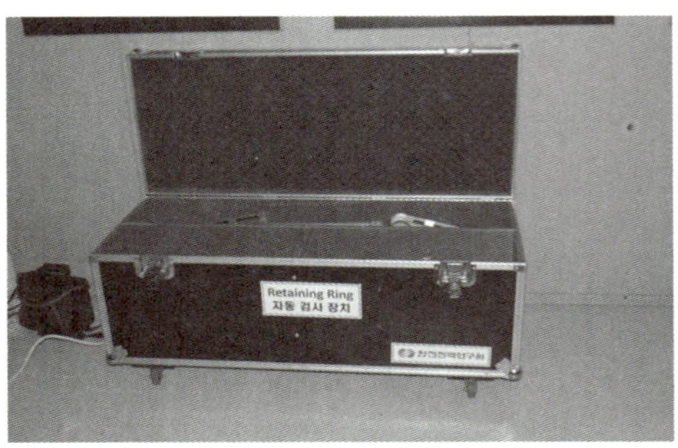

그림 10.53 리테이닝 링 자동 검사장치 (개선 및 보완)

그림 10.54 리테이닝 링 자동 검사장치 현장거치 모습

그림 10.55 리테이닝 링 자동 검사장치 자동 검사 모습

그림 10.56 리테이닝 링 자동 검사장치 수동 검사 모습

그림 10.57 리테이닝 링 자동 검사모습 세부 확대도

용을 하려 하였으나 현장의 리테이닝 링이 예상된 직경보다 커서 자동 검사장치를 거치시키기가 곤란하여 장치를 보완후 평택화력에 적용하여 신호를 취득하였다.

회전기 웨지에 대한 검사기법의 확립을 위해 각종 검사용 웨지를 설계 제작하여 웨지 대비시편에 대한 위상배열 초음파 신호의 취득 및 분석을 체계적으로 수행할 것이며 이를 토대로 검사방법의 확립을 기하고 현장적용 성과를 제고하기 위하여 현장 적용성 기기의 제작을 수행할 것이다.

또한 회전자 웨지의 비파괴 검사 신뢰성 확보를 위한 신호 해석 절차서를 확보할 예정이다.

CHAPTER 11

초음파, 용접 결함을 보다

11.1 용접결함 개요

압력용기를 비롯한 구조물들은 모두 용접부를 가지게 된다. 이때 구조물 건전성 면에서 두 가지의 중요한 문제점들이 있는데, 하나는 용접과 관련한 모든 야금학적인 결함들이 높은 잔류응력이 존재하는 용접부나 열영향부에서 나타난다는 것과, 둘째는 일단 결함이 발단되면 파손의 정도가 용접구조물에서 크다는 것이다.

이와 같이 복잡한 구조물을 설계하면서 구조물에 대한 용접은 필수적이며 그 양 역시 대단히 많고, 용접구조물엔 어떤 용접부도 완전하지 않으며 결함이 항상 존재하게 마련이므로 구조물을 사용중 용접부의 결함이 구조물에 어떤 영향을 미칠 것인가를 설계자는 항상 염두에 두어야 한다. 용접부내에 결함들이 중요한 이유는 결함들은 용접부내에서 응력을 변화시키며 재료의 성질을 변화시키거나 야금학적인 노치효과를 주기 때문이다.

현재까지 구조물 파괴사고의 대부분은 용접부나 용접에 관련된 것이었다. 불행히도 용접부는 응력이 집중되는 부위이며 응력분포 해석이 어렵고 잔류응력을 비롯한 국부응력이 높아짐으로서 전체 응력향상을 준다. 따라서 잔류응력 완화 및 금속조직의 변화를 위하여 응력완화 열처리를 하게 되는데, 이것 역시 시간과 경비가 드는 것이며 오작을 하므로써 재료의 성질을 변하게 할 수 있는 것이기도 하다.

용접부는 작은 주조품이라 할 수 있다. 다른 점은 용접은 극히 짧은 시간에 금속이 용융 및 응고를 한다는 것이다. 따라서 용접부는 급열, 급냉을 받아 높은 열응력이 생기고, 급소한 야금적 화학반응 등으로 불순물 편석이 일어나고, 개스나 이물질이 남을 수 있으며, 팽창, 수축 등의 물리적 변화가 일어나므로 용접부엔 각종 용접결함, 잔류응력, 수축, 비틀림 등을 유발하게 된다. 또한 일반적으로 용접부는 모재보다 취성이 커서 상기 여러 가지 복합적 요인으로 사용중 용접부는 모재보다 쉽게 조기파손을 일으키게 된다.

최근엔 파괴역학의 발전으로 내압, 외압 및 하중을 받는 압력용기 및 구조물의 파괴에 대한 안전성을 추정할 수 있으며, "어떤 용접부도 완전하지 않다"는 개념아래 설계시 용접부에 어떤 크기의 결함을 미리 가정하고 설계를 한다. 그러나 압력용기 및 구조물들이 아무리 잘 관리된 용접절차에 따라 용접을 하였다 하더라도 용접시 결함의 발생은 피할 수 없으며, 설계시의 가상결함 이상의 결함들이 만들어질 수 있으며, 또한 부품들은 사용중 우리가 예상할 수 없는 단일 혹은 복합적인 영향 등을 받고 있는데, 이들 중요한 영향들은 응력, 온도, 수소흡수, 진동, 부식, 침식 및 원자력부품의 경우 방사선 노출 등으로써 이들 모든 요소들은 부품의 사용할 때 시간에 의존하게 된다. 이들 영향들은 시효, 취성, 피로 및 결함의 성장들을 일으키면서 재료의 성질을 변하게 하고 있다.

따라서 부품들이 계속적인 사용을 위해 안전한지 혹은 기타 다른 시정조치가 필요한지 여부를 판단키 위해 비파괴시험이 필요하며, 파괴역학적으로 파괴에 대한 안전의 정확성을 높이기 위하여 반드시 재료에 존재하는 결함에 대한 정보, 즉 결함의 종류, 모양, 크기 및 위치 등을 비파괴시험으로 정확하게 알지 않으면 안 된다. 이들 결함에 대한 정보가 없으면 파괴역학이 아무리 이론적으로 잘 발달하였다 하더라도 무용하게 된다. 이런 관점에서 본장의 제목을 [초음파, 용접 결합을 보다]로 정하였고 용접결함에 대한 비파괴적 평가방법 등을 설명하고자 한다.

국제용접학회(IIW : International Institute of Welding)에선 용접부에서 발생할 수 있는 전 결함들을 84개로 나누었는데, 이들 용접부 결함들은 결함의 형태, 성격 등에 따라 여러 가지로 분류할 수 있겠으나, 일반적으로 용접공정, 금속야금학적인 사항 및 설계 등 3가지로 나눌 수 있겠다. 그러나 분류속에 있는 결함들도 사용중 2차적인 작용으로 인해 다른 분류속의 결함으로 발전할 수 있겠다.

용접이 회사에서 규정하는 Code나 규격에 만족하는지 아는 것은 중요한 사항이다. 또한 용접부의 품질과 신뢰성 및 강도를 만족하는 것도 필요하다. 이러한 요구사항을 만족하기 위하여 실질적인 검사프로그램이 필요하다. 용접사와 용접된 부품역시 제품을 원하는 데로 사용하기 위한 요구사항으로서 시험과 검사의 목적에 포함된다. 일반적으로 엄격하게 취급되는 항목으로 정해지는 것은 원자력 발전소의 격납용기와 정유 공장의 고압용기, 비행기의 동체, 교량 등이 있다. 용접부 시험 방법에 대한 적용구분은 용접제품이 어디에 사용되는 가에 따라 결정된다. 어떤 임의의 용접부품의 품질이 적절하여 합격하고 요구조건 이내에 있다고 할지라도 다른 곳에 사용될 경우에도 반드시 요구사항을 만족할 수 있는 것은 아니다.

11.2 품질관리(Quality Control)

Code나 규격이 정해지면 용접제품이 요구하는 사양에 적합한 방법을 선택한다. 제품의 품질관리에 적용의 분류방법에는 기계적 시험방법과 비파괴적인 시험방법이 있다. 이러한 방법은 각각 별개로 사용되거나 두 가지를 조합하여 사용하기도 한다. 기계적 시험방법은 수압시험을 제외하고는 제품을 파괴하는 방법을 통하여 결과가 나오며 비파괴적인 방법은 제품을 파괴하지 않는다.

기계적 시험방법은 일반적으로 용접사나 절차서의 자격인정에 사용된다. 이런 방법은 많은 생산품 중에서 일부를 무작위 선택하여 시험한다. 여러 경우에 있어서 많은 수의 이상적인 부품이 만들어지고 이중에서 선택하여 기계적 시험을 한다. 기계적 시험의 결과는 같은 조건아래서 수행된 것에만 적용되는데 이것은 시험편에서 나온 결과를 용접강도로 사용하기 때문이다. 따라서 시험되지 않은 시편도 같은 강도를 가졌다고 보는 것이다. 비파괴적인 시험은 용접사의 자격인정과 품질절차 그리고 제품 품질관리에 사용되며 용접체가 손상을 입지 않은 상태에서 용접부를 검사할 수 있다. 그리고 같은 부분에 여러 가지 검사방법을 적용할 수도 있다. 종종 시간과 돈을 절약하기 위하여 용접부의 일부분만 검사되기도 한다. 기계적 시험방법과 같이 제품의 일부를 무작위 선택하여 시험하고 비교하는 방법이 적용된다. 그러나 엄격한 요건이 필요한 부분은 대체로 100% 검사한다.

11.3 불연속부와 결함

불연속부란 용접부에 있어서 특이한 구조가 존재하는 것이다. 이것은 용접부나 원소재의 물리적 특징이나 금속조직, 기계적, 화학적인 균질성이 결여된 것으로 용접부에 있어서 대표적인 구조의 두절로 정의되며, 불연속부가 결함은 아니다.

결함이란 AWS에 따르면 불연속부나 불연속물들이 자연적이거나 집적되어 나타나는 영향으로서 경험적으로 용접부에 영향을 미치고 사용중에 문제를 일으킬 수 있는 불연속을 말한다. 이는 적용하고자 하는 규격이나 사양의 최소조건에 부합되지 않는 제품과 부품으로서, porosity, slag inclusion 등의 길이가 있는 것이다. 이것을 rejectable 하다고 정의한다.

다른 말로서 많은 허용 가능한 제품에도 불연속부를 포함할 수 있지만 결함은 없는 것이다. 불연속부와 결함의 차이는 불연속부가 매우큰 상태가 되거나 아니면 작고 많은 불연속부가 제품에 적합한 Code 규격요건에 충족되지 못하는 경우가 된다. 어떤 Code 규격은 다른 규격에 비해 보다 엄격하여 같은 용접부가 다른 Code 아래에서는 조건을 충족시키지 못하는 경우도 있다.

이상적으로는 용접부에는 불연속부가 없어야 하지만 실제로는 불가능한 사실이다. 사용하는데 지장이 없는 정도로 가능한 부분과 완벽한 범위를 허용범위(tolerance)라고 한다. 이러한 범위를 적용한 여러 가지의 규격들이 각 기관별로 정해져 있다. 각각의 Code나 규격은 허용범위를 불연속부와 결함으로 나타내고 있다.

용접부를 평가할 경우에 불연속부의 type과 크기, 위치를 아는 것이 중요하다. 위의 사항을 개별적으로 또는 모든 것을 종합하여 총체적으로 적용 Code와 규격에 따라 불연속부와 결함으로 구분된다.

일반적인 12가지의 불연속부의 구분은 다음과 같다.

- Porosity
- Inclusion
- Inadequate joint penetration
- Incomplete fusion
- Arc strikes
- Overlap
- Undercut
- Cracks
- Underfill
- Laminations
- Delaminations
- Lamellar tears

1 기공(Porosity)

기공은 금속이 응고시 흡인된 가스에 의하여 야기된 가장 일반적인 불연속부이다. 용입된 가스는 금속내에서 주로 둥근 구멍 또는 실린더나 물방울 모양의 구멍을 형성한다. 강괴(Ingot)가 응고할 때 생기 기공은 압연 강판에서 Lamination으로 나타나기도 한다. 용접 금속내의 기공은 매끄럽고 둥글다. 이들은 균열을 유도하는 날카로운 응력 집중제의 역할을 하는 것은 아니므로 항상 심각한 것은 아니다. 단, 기공이 크거나 서로 가까이 모여 있거나 또는 표면으로 노출된 경우는 해롭다.

이들은 응력을 받을 경우에 균열을 일으키는 취약점이 될 뿐 아니라 이들이 많이 있으면 모재의 단면적을 감소시키는 것과 유사한 효과를 초래하기 때문이다. 기공은 용접공정이 관리되지 못한 경우와 함께. 보호(Shielding)의 불충분, 과도한 전류, 습기찬 용접봉 피막, 습기찬 Flux 그리고 접합부에 기름이나 먼지가 있었음을 시사해 준다. 기공은 또한 모재가 오염되었다는 것을 나타내며 또는 수소의 존재를 나타내기도 한다. 수소는 기공을 일으키는 가스일 뿐 아니라 일반적인 균열의 원인이기도 하다.

균일하게 분산된 기공(Uniformly scattered porosity)은 금속 전체에 걸쳐 골고루 분포되어 있다. 균일하게 분산된 기공은 단층 용접에서 그리고 다층용접의 여러층에서 나타난다. 이러한 기공은 용접기법(아크가 너무길 경우), 재료(습기있는 용접봉) 또는 용접이 된 후에 처해있는 조건(이물질의 존재 및 강한 바람)등에 의해서 가스가 생성되었을 경우에 나타난다.

집단기공(Cluster porosity)은 아크가 시작된 곳이나 또는 용접사가 아크를 움직이기 앞서 머뭇거린 곳에서 집단적으로 발생한 기공군이다. 이 기공은 축축한 용접봉을

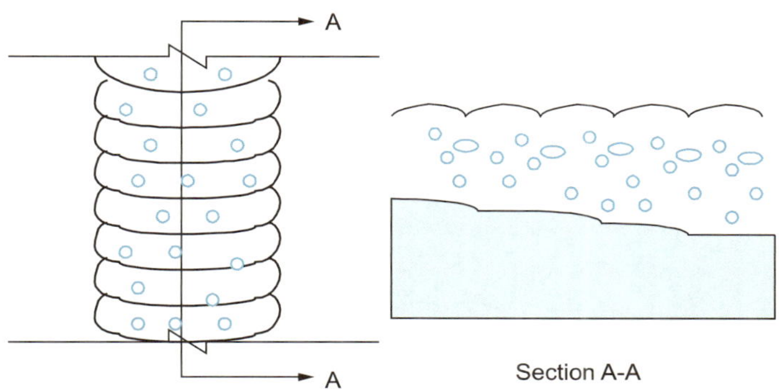

그림 11.1 Uniformly scattered porositys

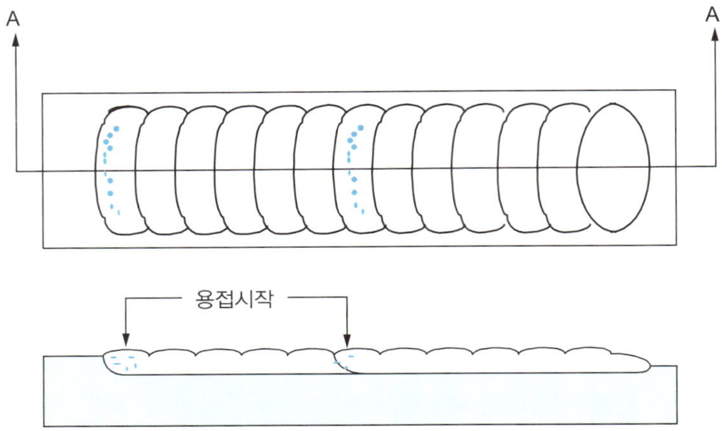

그림 11.2 Clustered Porosity

사용하거나 용접 시작시 아크가 너무 길거나 아크의 방향이 잘못 되었을 경우에 발생한다.

선형기공(Linear porosity)은 용접 루트 또는 다층용접시 용접비이드 사이의 접합부 경계(두 금속시편이 만나는 곳)를 따라 생성된다. 이는 오염이나 용접 속도가 너무 빠를 때 생긴다.

Piping 기공은 긴 기공을 형성하고 있다. 필렛용접의 경우 Piping 기공은 용접 루트에서부터 표면까지 연결되기도 한다. 기공이 표면으로 연결되어 있을 때는 금속 표면을 연마 또는 끌질(Chipping)하면 이들을 표면 아래서 발견할 수 있다. Electro slag

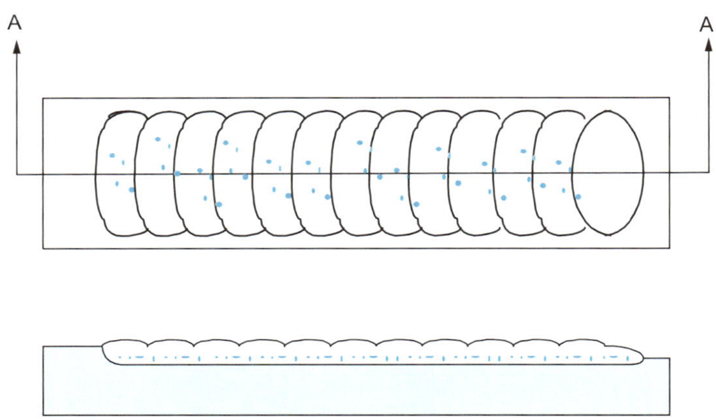

그림 11.3 Linear porosity

용접시에는 Piping 기공이 전 용접길이에 걸쳐 발생할 수 있으므로 매우 심각한 경우가 있다.

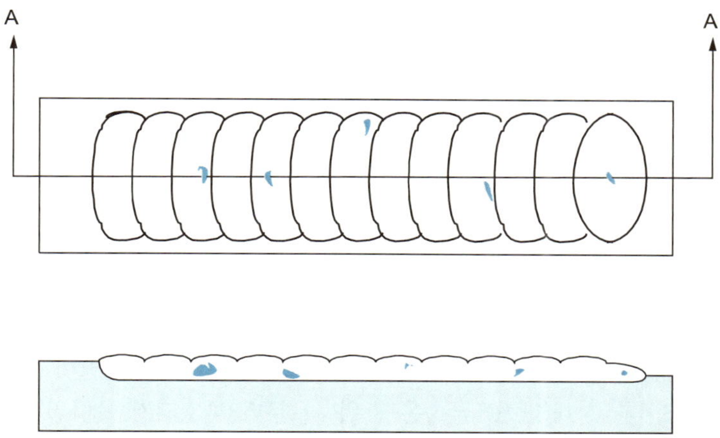

그림 11.4 Piping or wormhole Porosity

2 불완전 용입(Incomplete penetration)

불완전 용입이란 용융금속이 용접 개선부의 Root부까지 용입이 되지 않은 상태를 말한다. 방사선 사진상에서는 검고 규칙적인 선으로 나타나며, 만일 용접루트를 관찰할 수 있으면 용입부족을 쉽게 알 수 있다. 불완전한 용입을 일으키는 요인은 다음과 같다.

① 불충분한 열

② 용접아크가 침투해야 할 금속(Root부)이 너무 많은 이음설계

③ 부정확한 아크의 위치

④ 용접속도가 너무 빠르거나 너무 늦을 때

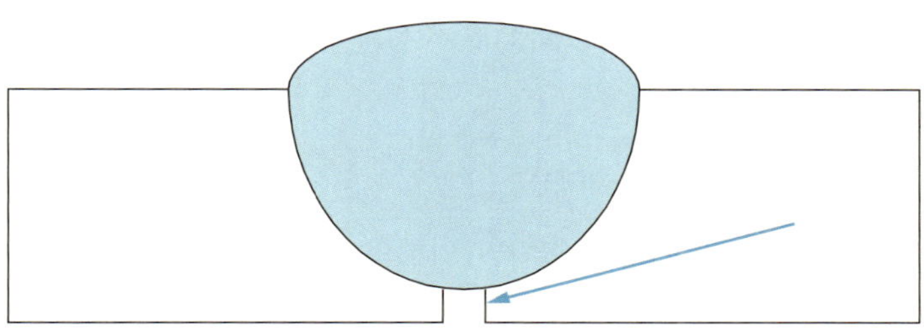

그림 11.5 불완전 용입

3 불완전 용융(Incomplete fusion)

불완전한 용융은 용가재 금속은 용융되었으나 모재가 용융되지 않은 것이다. 이 불완전한 용융은 다음과 같은 조건에 의해서 발생한다.

① 용접기술의 잘못

② 개선처리 미비

③ 부적당한 이음설계(설계에서 모재를 용융시키는 데 필요한 충분한 열을 제고하지 못할 수가 있다.)

④ 용접절차서의 결핍(명시된 절차서가 실제 작업에서 완전 용융에 필요한 충분한 열을 제고하지 못할 수 있다.)

불완전 용융은 방사선 사진상에 내부 홈면의 위치를 따라 비교적 곧은 검은 선으로 나타난다. 철계(鐵系) 금속은 분위기로부터 보호되지 못하면 산화하여 침투를 방해한다. 이러한 목적에서 테이프나 가스가 사용되기도 한다.

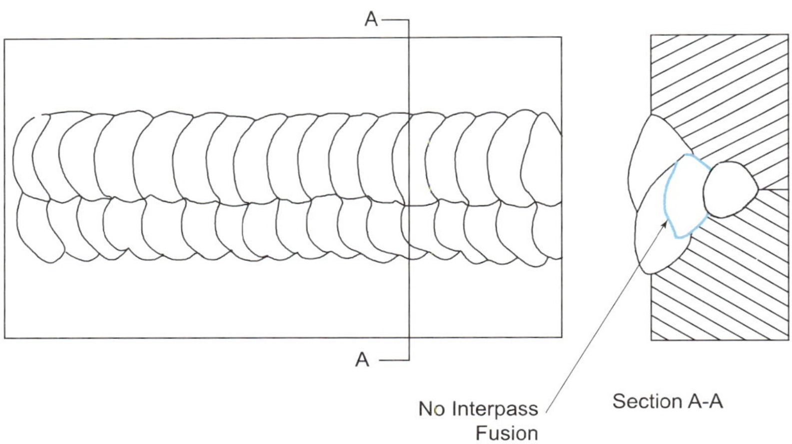

그림 11.6 불완전 용융(Incomplete fusion)

4 게재물(Inclusions)

개재물은 용접 금속내에 혼입된 외부의 고체 물질이다. 이 외부의 입자는 금속이 용융 상태에서 포함되어 표면에 뜨지 않는다. 표면이 매끄러운 기공과는 달리 개재물은 주로 불규칙한 표면을 하고 있으므로 응력 집중원으로서의 역할을 하고 있다. 개재물은 성장하여 용접 결함을 일으킬 수 있는 작은 균열을 포함할 수도 있다. 개재물의 종류는 두 가지가 발견되는데 이는 스래그 개재물과 텅스텐 개재물이다.

슬래그 개재물은 용융 금속내에 잡힌 Slag 입자이다. 이 불연속은 작업자나 설계자의 실수에 의해 생긴다. 예를 들면 용접사가 아크를 제대로 다루지 않았던지 또는 운봉 속도를 너무 빨리 했을 경우 슬래그가 표면에 떠오르지 않을 수 있다. 또 슬래그가 자연적으로 접합부에 모이도록 부품이 설계되었을 수도 있다. 다층용접에 있어서 비이드가 오목하게 되어 있으면 용접 절차서에 이러한 문제를 첨가할 수도 있다. 슬래그 개재물은 방사선 사진상에서 보면 불규칙한 모양의 검은 부분으로 나타난다.

텅스텐 개재물을 일으키는 용접 공정은 GTAW 뿐이다. 텅스텐 개재물은 용접부에 가까이 있는 장비속에 포함된 텅스텐의 존재에 기인할 수 있다. 만일 텅스텐 용접봉이 용융된 금속내에 잠기면 텅스텐 용접부 조각으로부터 이러한 개재물이 생길 수 있다. 방사선사진상에 불규칙적이고 밝은 점으로 나타난다.

5 균열(Cracks)

불연속의 가장 일반적인 형태인 균열은 용접부의 작은 단면에 걸리는 하중이 금속의 응력값을 초과할 때 발생한다. 균열은 모재 또는 용접 금속에서도 나타난다. 그리고 이들은 때때로 다른 불연속 및 Notch 등과 함께 나타나기도 한다.

수소취성은 주로 균열을 일으킨다. 근본적으로 수소취성은 용융금속에 흡수된 여분의 수소에 의해 생긴다. 금속이 냉각함에 따라, 그 금속은 용융 온도때와 같이 수소함량을 가질 수 없다. 따라서 대부분의 수소는 표면으로 이동하여 빠져나간다. 그러나 용접부에서는 이 수소가 모재의 열 영향부위로 이동하여 불연속 부위, 결정립 사이 그리고 응력이 있는 부위에 모인다. 모인 수소는 재료의 연성을 초과하는 압력을 발생시켜 이 결과 균열이 된다. 경화강의 경우 이 수소의 압력은 그 강이 경화시 미세 조직이 변화할 때 생긴 응력에 첨가된다. 결합된 응력들은 용접이 끝난 후에 형성되는 균열이 될 수 있다. 이러한 균열을 지연균열(Delayed cracking)이라 한다.

균열은 고온균열과 저온균열로 분류할 수 있다. 고온균열은 1,000°F 이상의 온도에서 발생하며 결정입계에서 용융금속이 응고함에 따라 일어나게 된다. 저온균열은 금속이 응고한 후에 일어나며 그 온도는 600°F 이하이다. 저온균열은 금속의 결정입계에서 일어날 수도 있으나 대부분은 결정립을 가로질러 발생한다. 용접방향과 같거나 평행하게 발생하는 균열을 종방향 균열(Logitudinal crack)이라 한다. 종방향 균열은 모재 또는 용접부에서도 일어날 수 있다. 목 균열(Throat crack)은 Root와 면 사이의 종방향 균열이다.

용접방향에 수직으로 발생하는 균열을 횡방향 균열(Transverse crack)이라고 한다. 횡방향 균열은 모재에서 또는 용접부에서도 시작될 수 있다. 한 곳에서 시작된 균열은 수축응력의 결과로서 다른 균열로 확대될 수도 있다. 균열은 용접부상에서의 위치와 그밖의 다른 특성에 의해서 분류될 수 있다.

① Root 균열은 용접부의 루트에서의 종방향 균열이다. 이 균열은 주로 고온이며 과도한 응력이나 너무 낮거나 볼록한 Root pass에 의해 발생한다.

② Crater 균열은 용접 아크를 잘못 끝맺을 경우에 생긴 크레이터에 나타난다. 크레이터 균열은 낮은 열수축 균열이며, 작업자는 균열을 방지하기 위하여 크레이터를 채워야 한다. 크레이터균열은 종방향, 횡방향 또는 별모양의 형태를 취할 수 있다. 별모양의 크레이터 균열을 "Crows-Foot" 균열 또는 "별균열"이라고도 한다.

③ 토우균열(Toe crack)은 구속 응력이 최대가 되는 용접부의 가장 자리에서 발생하여 성장한다. 이 균열은 주로 저온균열이고 수소문제와 관련이 있는 경우가 많다.

④ Underbead 및 열영향부위 균열(HAZ crack)은 일반적으로 모재의 열영향부위에 발생하는 저온균열이다. 이들 균열은 다음과 같은 조건이 존재하면 심각하다. ㉮ 수소 ㉯ 취약한 미세조직 ㉰ 높은 잔류응력, 이들 균열의 위치를 파악하고 평가하기 위하여서는 방사선, 침투현상, 초음파탐상 등의 검사 방법이 요구된다.

⑤ Fissure는 결정립계 사이에 작거나 중간 크기의 갈라진 틈이다. 이들은 Electro slag 용접의 경우 결정립이 매우 크므로 단면에서 육안으로 쉽게 관찰할 수 있다.

6 Lamination과 Delamination

강에 있어서 Lamination은 압연공정 중에 생성된다. Ingot내의 파이프, Seam, 개재물 및 편석 등은 강판이 압연됨에 따라 납작해져서 퍼져 나간다. Lamination은 금속의 강도, 특히 Z방향 또는 강판의 두께 방향의 강도를 감소시킨다.

Delamination은 응력이 걸릴 때 Lamination이 분리되는 것이다. 철판의 초음파 탐상검사에서는 기본적으로 Lamination 검사를 실시하는 경우가 많으며, 특히 이 결함은 초음파탐상으로 확실하게 찾아낼 수 있는 결함 중의 하나이다.

이상에서 열거한 결함들은 초음파탐상 검사에서 주로 찾아낼 수 있는 결함의 종류이며 용접부에는 다음과 같은 결함들이 제품에 나쁜 영향을 미칠 수 있으므로 육안검사 및 다른 비파괴검사를 이용하여 찾아내어야 한다.

7 언더컷(Undercut)

언더컷은 자주 나타나는 불연속의 하나로 용접사가 용접기법을 잘못 사용하였거나 용접 전류가 너무 높을 때 발생한다. 언더컷은 용접 금속과 모재사이의 용접 경계상의 모재가 용해되어 없어진 것으로 설명할 수 있다. 이는 육안검사, 방사선시험 등에 의해서 쉽게 찾을 수 있다. 언더컷은 방사선 사진상에서 용접 가장자리 부근에 위치한 물결모양의 검은 직선으로 늘어선 그림자로 나타난다. 많은 Code나 규격에서 언더컷은 길이 1/23"까지로 하고 있다. 용접 검사원은 언더컷이 결함이 되는 지를 결정하기 위하여 이를 측정해야 한다. 사용시에 따라서는 언더컷이 응력집중제로서 작용할 수 있다.

8 오버랩(Overlap)

오버랩은 때때로 "Cold lap"이라고 불리우는 불연속이다. 용접금속은 용접부의 가장자리에서 모재를 용해하지 않고 단지 덮는다. 이것은 불충분한 열(전류가 너무 낮거나 용접속도가 너무 빠를 경우), 용접재료의 부적절한 선택(탈산제의 부족) 또는 조악한 Flux의 사용에 기인한다.

모재표면에 있는 산화물 용접금속이 모재를 용해하는 것을 방해하기도 한다. Overlap은 기계적 Notch 조건을 만들어 준다. 따라서 대부분의 코드나 사양서에서 Overlap을 허용하지 않는다. 단, 1/32" 보다 작은 때는 허용하는 경우도 있다. 용접 검사원은 육안 검사나 침투탐사를 행하여 Overlap을 탐지할 수 있다.

9 언더필(Underfill)

언더필이란 용접부의 윗면이나 아랫면에서 모재의 표면보다 낮게 들어간 것이다. 이것은 용접사가 충분한 용접 금속을 주입하지 않았을 때 생긴다. "Suck back"이란 파이프 용접의 루트나 또는 일면 용접시의 루트상에 나타나는 상태를 설명하기 위하여 사용된 용어이다. 금속이 용융상태에 있는 동안 루트쪽으로 빨려 들어가므로 이런 용어로 불린다.

10 Seam과 Laps

Seam과 Laps는 압연제품이나 단연제품에서 나타나는 가로 방향의 모재의 불연속들이다. Seam이란 금속의 표면에서 용접되지 않은채로 접히거나 겹친 것이고 Lp이란 고온의 금속이 접혀져서 표면으로 용접되지 않은 채 압연된 표면 결함이다. 이들 불연속들은 주응력 방향과 평행할 때는 크게 문제되지 않으나, 수직방향에서 응력을 받거나 잔류응력이 주어지면 균열로 성장할 수 있다.

11 스패터(Spatter)

스패터는 모재의 표면에 있는 용접비이드 밖으로 튀긴 용접금속의 작은 방울이다. 이것은 용접전류가 과도할 때 생긴다. 스패터의 양이 작을 경우에는 문제가 되지 않지만 부피가 큰 스패터의 경우는 모재를 변태온도 이상으로 가열시킬 수도 있다. 이때 주위의 모재가 그 가열된 부위를 급냉시키게 되어 부분적이지만 열처리 작업이 행해진다. 그 결과 단단하고 취약한 부분이 생기게 된다. 스패터에 의한 효과가 의심스러울 경우에는 미세균열에 대한 검사를 행해야 한다.

12 아크 스트라이크(Arc strikes)

Arc strikes는 용접 용융부위 밖에서 용융이나 가열이 일어나는 경우에 발생한다. 이것은 스패터와 같은 효과를 가져오며 스패터보다 훨씬 심각하다. 스패터에서와 마찬가지로 Arc strikes도 표면의 한 부위를 고온으로 가열시킨다. 그리고 이러한 Strikes는 주위의 모재로 급격히 열을 빼앗겨 급냉한다. 그 결과 단단하고 취약한 구조가 되어 균열의 원인이 된다. Arc strikes는 쉽게 관찰할 수 있다. 이들은 작업자가 용접 부위에서만 아크를 일으키면 예방할 수 있다. 때때로 용접사는 우연히 모재를 용접봉으로 접촉시켜서 Arc strikes를 일으키기도 하며, 아크를 시작하기 위하여 고의로 홈이 있는 부분 밖의 모재를 사용함으로써 Arc strike를 일으키기도 한다.

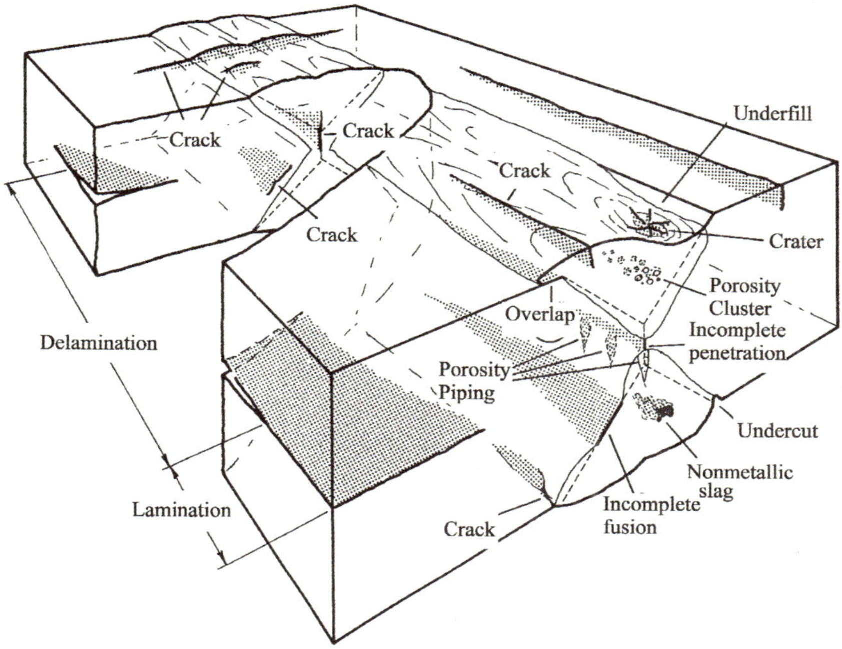

그림 11.7 각종 용접 결함의 형태 및 위치

용접부 결함에 대한 비파괴 검사는 종류별로 다양하게 상황에 따라 검사를 할수 있으나 본고에서는 초음파 검사만 언급한다.

11.4 용접 결함의 정량적 평가기법

결함의 정량적 평가기법을 대별하면 에코 높이를 이용하는 방법, 탐촉자의 이동거리에 의한 방법, 전파시간(Time Of Flight)을 이용하는 방법 및 주파수분석에 의한 방법이 있다.

1 에코높이를 이용하는 방법

결함의 크기가 초음파빔 폭 보다 작은 경우에는 에코높이와 결함크기와에는 좋은 상관관계가 있기 때문에 에코높이로부터 결함 크기를 측정하는 것이 가능하다. 파장 λ,

진동자 직경 D 빔 진행거리 X, 결함의 직경 d 및 에코높이 F와의 사이에는 DGS Diagram이라고 부르는 선도로 표시되는 관계가 있기 때문에 λ, D, X 및 F의 값을 미리 아는 것으로부터 결함직경 d를 측정하는 것이 가능하다.

이 방법은 초음파빔의 중심축에 대한 수직한 원형평면결함이라는 가정하에 등가결함 직경을 측정하는 방법이다. 따라서 이와 같은 조건을 만족하는 두꺼운 강판이나 단강품의 미압착 균열 등에는 높은 정밀도로 측정하는 것이 가능하나 용접에서 발생하는 슬래그혼입, 융합불량 등에 대한 사각탐상에는 과소평가하는 경우가 있다. 즉, 이 방법이 적용가능한 원거리음장에서의 결함의 한계치수 d_{cr}은 다음과 같이 주어지고 그 이상의 크기는 적용할 수 없다.

$$d_{cr} = \sqrt{[\frac{2\lambda x}{\pi}]}$$

결함에코 높이 F와 결함주에서 얻어진 저면에코높이 B_F의 비가 결함직경 d와 상관관계가 있는 것을 이용하여 결함크기를 측정하는 것이 가능하다. 원거리 음장에서 결함크기가 초음파빔폭 보다 작은 경우 F/B_F와 결함직경 d와의 관계는 다음과 같이 주어진다.

$$F/B_F = \left[\frac{2\lambda x^2}{T\pi d^2} - \frac{2x}{2T-x} + \frac{\pi d^2}{8\lambda(T-x)}\right]^{-1} \tag{11.1}$$

여기서 F, B_F, λ, x 및 T(시험체의 두께)를 아는 것으로부터 직경 d를 측정하는 것이 가능하다. 이 방법은 F와 B_F의 비를 평가지표로 하기 때문에 탐상면의 거칠기나 탐촉자의 접촉방법, 접촉매질의 두께 등의 영향을 그 만큼 받지 않고 측정할 수 있는 이점이 있다.

2 탐촉자의 이동거리에 의한 방법

결함크기가 초음파 빔보다도 큰 경우, 에코 높이와 결함크기와에는 상관관계가 없기 때문에 에코높이로부터 결함크기를 구하는 것은 불가능하다. 이와 같은 경우에는 탐촉자를 이동하였을 때 에코가 나타나는 탐촉자의 이동거리를 계산하여 결함크기(결함지시길이)로 하는 방법이 적절하다.

이들 방법에는 대별하여 6 dB drop법과 문턱(Threshold)값에 의한 방법이 있다. 6

dB drop법은 최대 에코높이로부터 에코높이가 6 dB 저하할 때의 탐촉자 이동거리를 결함크기로 하는 방법이다. 이 방법에는 최대에코 높이로부터 어느 정도 낮은 에코높이가 결함 끝의 에코높이와 일치하는가가 중요하게 된다. 이때의 에코 높이는 탐촉자의 지향성, 빔 진행거리, 결함형상 등에 의해 영향을 받는다. 따라서, 일율적으로 6 dB 값을 정하는 것은 불가능하나 일반적으로 이용되고 있다.

문턱값(Threshold)에 의한 방법은 최대에코 높이와는 무관계하고 에코높이가 일정한 높이(문턱값)이상으로 나타나는 탐촉자의 이동거리를 결함지시 길이로 하는 방법이다. 문턱값은 결함의 형상, 빔 진행거리, 탐상면의 거칠기, 결함면에서의 초음파의 입사각, 탐촉자의 지향성 등에 좌우되기 때문에 다수의 실험 데이타를 기초로 하여 문턱값을 정해야 한다. 용접부 탐상에서는 L선 Cut법이 많이 이용되고 있다. 이 방법은 KS B 0896에 규정되어 있는 방법으로 최대에코높이를 나타내는 탐촉자 용접부거리에서 좌우주사를 하고 그림 11.8과 같이 에코높이가 L선을 넘는 탐촉자의 이동거리를 측정하고 이것을 결함크기로 하는 것이다.

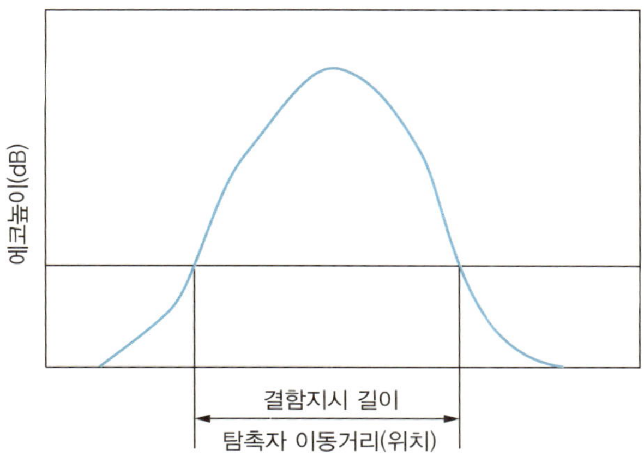

그림 11.8 L선 Cut법

3 전파시간을 이용하는 방법

초음파의 전파시간을 이용하는 방법은 음속이라는 안정된 동시에 편차가 적은 인자를 측정 Parameter로 하기 때문에 비교적 좋은 크기측정이 가능하다. 이들의 방법에는 단부 에코법, 종파산란에코법, 모드변환 표면파법, 산란파법, 표면파법 등이 있다.

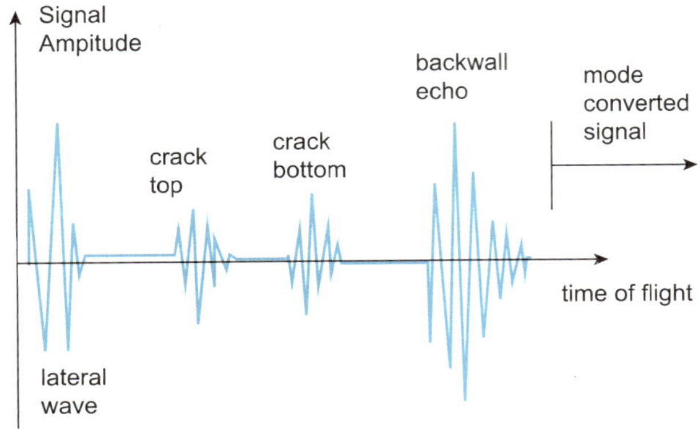

그림 11.9 전파시간 이용법

4 스펙트럼해석에 의한 방법

초음파 빔 폭 보다도 작은 면상결함에 대해서 경사로 초음파를 입사시키면 결함상하단부로부터 에코가 동시에 수신된다. 이와 같이 시간차가 있는 두 개의 에코를 주파수 분석하면 간극 f를 갖는 스펙트럼이 얻어진다. 결함크기와 f와의 사이에는 $H=C(2\Delta f \cdot \cos\beta)$의 관계가 있기 때문에 Δf를 아는 것에 의해 결함크기를 구하는 것이 가능하다.

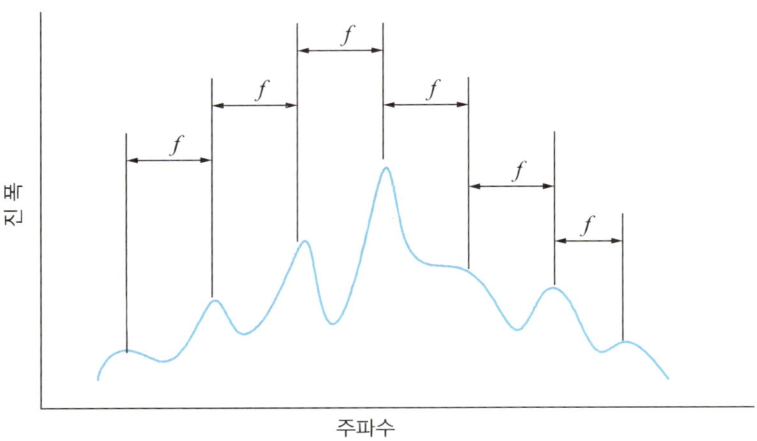

그림 11.10 스펙트럼 해석 방법

11.5 용접부 탐상(초음파탐상)

1 적용범위

초음파탐상이 적용되고 있는 용접부는 재료 종별에서 보면 강철, 알루미늄, 및 알루미늄 합금판, 스테인레스강, 니켈강 등이 주된 건이다. 오스테 나이트계 강철 용접부의 탐상인 경우에는 음파의 감쇠나 임상 에코를 고려할 필요가 있다. 특히 오스테나이트계 스테인레스강 용접부의 용접 금속내의 결함 검출은 보통의 사각탐촉자에 의한 탐상에서는 거의 불가능하다. 그 때문에 종파를 이용한 분할형 사각탐촉자나 초점탐촉자가 검토되고 있다.

모재의 두께가 9 mm 이상인 경우에는 표준적인 탐상방법에 의해 사각탐상이 가능하나, 9 mm 미만인 경우에는 특별한 배려가 필요하다. 특히 6 mm 미만인 경우에는 특별한 조사연구에 의해 그 탐상방법을 확립하지 않는 한 적용하지 않는 편이 좋다.

복잡한 곡면이나 관의 분기 이음에는 사각탐상의 적용은 곤란하다. 필렛용접이나 부분 용입용접에서는 특별한 경우 이외는 초음파탐상의 적용은 곤란하다.

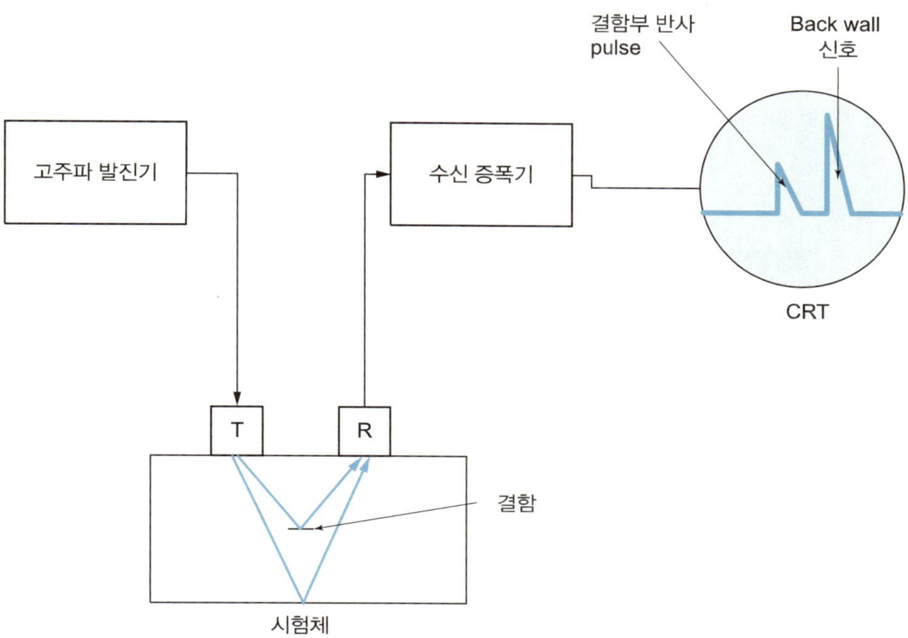

그림 11.11 분할형 검사모드

2 검사자

용접부를 검사하는 초음파탐상시험 검사자는 초음파탐상 시험에 관한 기초 기술을 습득하고 있는 외에 모재의 재질, 용접부의 이음형상, 베벨링형상, 용접방법, 용접조건 그리고 이들 조건하에서 발생하기 쉬운 용접결함 등에 관한 지식을 갖고, 또한 그 결함의 초음파 탐상에 대해 경험을 갖는 것이 필요하다.

그러므로 용접부의 초음파탐상에 종사하는 검사자는 자격시험에서 하는 초음파탐상시험의 인정시험에 합격한 자이고, 또한 시험용접부 및 그 초음파탐상의 특징에 대해서 충분한 지식을 갖는 사람이어야 한다.

이 조건에 만족하는 기술자는 용접부의 탐상시험을 충분히 수행할 수 있다. 그러나 이음형상, 용접조건에 따라서는 판정이 곤란할 경우도 있다. 그러한 때에는 필요에 따라 상급 기술자 또는 기술자의 지도, 감독을 받게 되는 것이 바람직하다. 또, 적절한 검사를 하기 위해서는 입회자도 같은 정도의 지식을 갖고 있는 것이 바람직하다.

3 표준시험편과 대비시험편

용접부의 탐상에 사용되는 사각탐촉자의 입사점 및 굴절각의 측정에는 원칙으로 표준시험편 STB-A1을 사용한다. 현장 작업 등에서 STB-A1의 사용이 곤란할 경우에는 주파수 5(4) MHz, 진동자 치수 10×10 mm(8×9 mm)의 탐촉자에 한해서, STB-A3를 사용해도 된다. 이 경우 모든 조정측정을 STB-A3으로 할 필요가 있다. 탐상감도는 초음

표 11.1 STB–A의 4ϕ×4 mm의 표준 구멍으로 감도를 맞춘 경우와 RB–4의 3.2 mm ϕ 또는 4.8 mm ϕ로 맞춘 경우의 감도 비교의 한 예

R B–4의 구멍지름	3.2 mm ϕ		4.8mm ϕ		
주파수 굴절각 진동자 치수	5 MHz 10×10 mm	4 MHz 8×9 mm	2 MHz 10×10 mm	2 MHz 20×20 mm	2 MHz 20×22 mm
45°	+4 dB (+10 dB)	+2 dB (+8 dB)	+1 dB (+7 dB)	+7 dB (+13 dB)	+6 dB (+12 dB)
60°	+23 dB	+21 dB	+19 dB	+26 dB	+24 dB
70°	+10 dB	+8 dB	+7 dB	+13 dB	+12 dB

* 표 중 플러스의 수치는 4ϕ×4로 맞춘 쪽이 감도가 높은 것을 나타낸다. 단, 빔노정 100 mm 및 RB-4 중의 음파의 감쇠가 거의 없을 경우, 괄호 안의 수치는 KB0896 경우

파탐상의 생명이므로, 감도조정용 시험편은 각 규격에 따른 다른 경우가 많다. KS B 0896에서는 평판의 1탐촉자의 사각탐상에서는 STB-A2와 RB-4 중 어느 것을 지정하기로 되어 있다. 표 4-1에 STB-A2에 RB-4의 일반적인 비교를, 표 4-2에 감도 비교의 한 예를 표시한다. 이들을 참고로 해서 어느 것을 지정한다.

탠덤주사 및 스트래들주사의 감도조정에서 RB-A5를 사용한다. 관의 원주이음이나 긴쪽이음의 사각탐상의 감도조정에는 각각 RB-A6, RB-A7을 사용한다. 수직탐상 감도조정에는 RB-4를 사용한다.

표 11.2 STB-A2와 RB-4의 비교

구분	STB-A2		RB-4
일반성·보편성	• 음압(에코높이)의 기준으로서 일반성·보편성이 있다.	일반성·보편성	• 실제의 시험재에 대해서 에코높이에 영향을 주는 여러 인자를 제거하고, 탐상감도를 설정할 수 있다.
이점	• 표준 구멍의 지름과 깊이를 바꿈으로써 반사 에코강도를 쉽게 바꿀 수가 있다. • 1개의 시험편으로 어떤 대상물에도 사용할 수 있다. • 박판에 적합하다.	결점	• 표준 구멍의 지름을 바꿔도 반사 에코강도는 별로 바뀌지 않는다. • 검사 대상물마다 제작해야 할 경우가 많다. • 박판에는 별로 이용되지 않는다.
결점	• 초심자는 탐상하기 어렵다. • 표준 구멍의 보수에 정신을 쓴다. • 후판에는 사용곤란 또는 불가능한다. • 검사 대상물에 따라서는, 다시 수정 조작이 필요하다. • 굴절각 70°에서는 표면파가 방해하는 경우가 있다. • 굴절각에 따라서는 반사 때 횡파 → 종파의 변환이 있다. • 같은 에코강도를 주는 표준 구멍을 제작하기가 곤란한다. • 검사 대상물과의 직감적 대응이 적다. • 사각탐상에만 이용된다.	이점	• 초심자라도 쉽게 탐상할 수 있다. • 표준 구멍의 보수에는 별로 정성 들일 필요는 없다. • 후판에 적합한다. • 동일재료, 동일표면, 동일두께에서는 수정 조작이 전혀 불필요하다. • 표면파의 방해는 없다. • 특수한 경우를 제외하고, 음파의 파동양식의 변환을 고려할 필요는 없다. • 별로 주의하지 않아도, 같은 에코강도를 주는 표준 구멍을 제작할 수 있다. • 검사 대상물과의 직감적 대응이 있다. • 사각타상, 수직탐상 양쪽이 이용된다.

4 사각탐촉자의 주사방법

사각탐촉자의 주사방법에 대해선 KS B0896-1980(JIS Z 3060 1975)에 정해진 방법을 주체로 해서 설명한다.

1) 지그재그 주사

용접부를 거친 탐상으로 결함의 유무를 확인하기 위한 일반적인 방법으로, 그림 11.12와 같이 해서 한다. 지그재그 주사란, 탐촉자를 단지 지그재그로 주사하는 것이 아니고, 후술하는 전후주사와 조우주사로 약간의 목돌림주사를 병용하는 방법이다. 즉, 용접선에 대해 경사를 갖고 있는 결함은 전후주사와 조우주사의 조합만으로 빠뜨릴 우려가 있으므로 ±10°~15° 범위에서 탐촉자의 목을 흔들면서 주사하는 것이 중요하다.

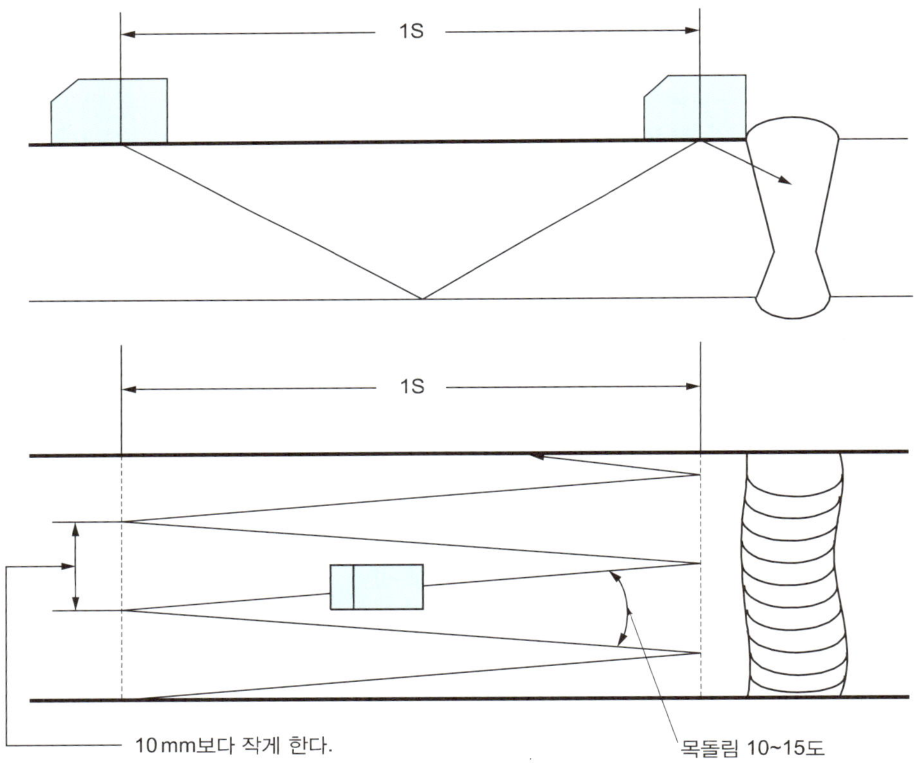

그림 11.12 KSB 0896에 정해진 지그재그 주사법

그림 11.12의 전후 방향의 주사범위는 탐상의 대상이 되는 부분을 충분히 덮도록 한다. 이 경우, 주사범위의 기점은 탐촉자의 접근한계길이 한도껏 용접부에 접근한 위치로 하는 것이 좋다. 이것은 가급적 짧은 빔노정으로 탐상하는 편이 빔의 넓어짐의 영향이 적어, 보다 정확한 정보가 얻어지기 때문이다.

또, 좌우주사의 이동피치(Pitch)는 그림 11.12와 같이 10 mm보다 작게 해야 한다. 이것은 이동피치가 너무 크면 결함을 빠뜨릴 우려가 있기 때문이다.

판 두께가 두꺼워져서 전후 방향의 주사범위가 커질 경우는 그림 11.13과 같이 주사범위를 적당히 분할하고, 그 범위 내에서 지그재그주사를 하도록 하면 결함 에코와 방해 에코와의 판별도 하기 쉽고 또 에코 높이 구분선의 커브의 변화가 별로 없는 범위에서 사용되는 등의 이점이 있으므로 분할한 범위를 주사하는 방법을 사용하는 것이 좋다. 단, 분할한 범위의 사이를 탐촉자의 입사점 위치가 확실히 왕복해야 한다.

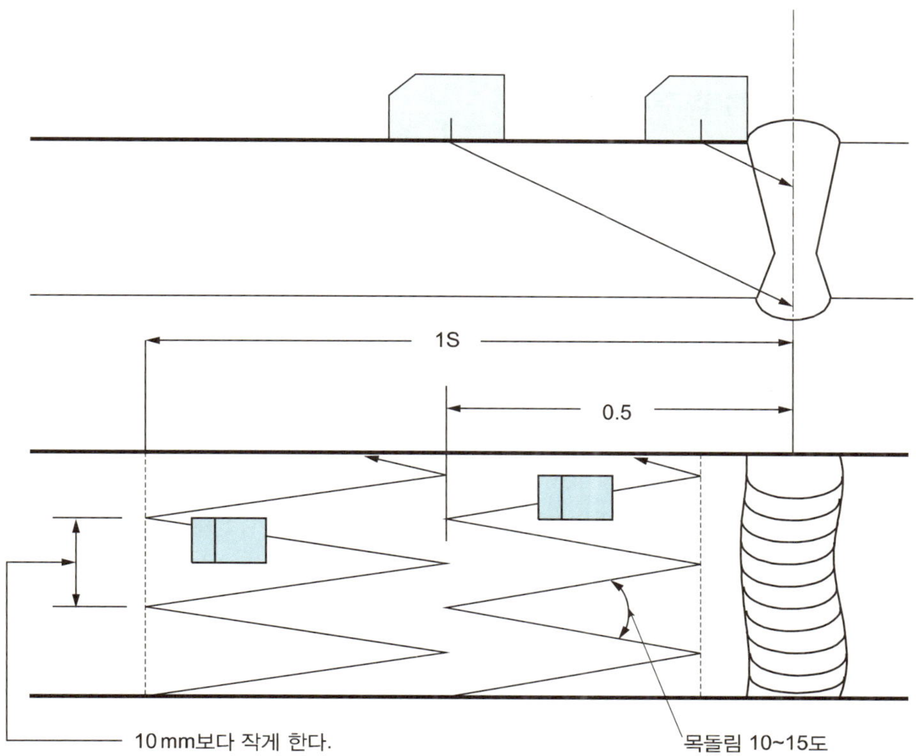

그림 11.13 주사범위를 분할한 지그재그 주사

2) 횡방향 주사

방해 에코가 많은 용접부의 거친 탐상에서는 지그재그주사보다 횡방향 주사가 적합하다. 뒤쪽보강 붙임 용접부의 루트부 근방의 탐상, 박판의 탐상, 주위 이음의 탐상에서는 목돌림 주사를 하지 않고 횡방향 주사를 하는 것이 좋다. 횡방향 주사는 좌우주사를 중복한 방법이 있다.

3) 종방향 주사

전후주사를 연속적으로 하며 지그재그주사를 정확하게 하기 위한 방법이다.

4) 좌우주사 및 전후주사

지그재그주사 중에 검출한 결함부의 에코의 최대치를 구해서 결함의 위치를 추정하는 주사이다. 좌우주사에 의해 결함의 용접선 방향의 길이를 추정한다. 전후 주사에 의해 결함의 판두께 방향의 위치를 추정한다. 또, 전후 주사에 의해 결함의 판두께 방향 치수(안길이)의 정보를 어느 정도 얻을 수 있다.

5) 목돌림 주사

거친 탐상으로서의 지그재그주사의 경우는 방향성이 있는 결함을 빠뜨리지 않고 보기 위해 병용하는데, 정밀탐상으로는 결함의 방향성 및 형상을 추정하기 위해 필요에 따라 적용한다.

6) 진자주사

정밀탐상으로서 결함의 형상을 추정하기 위해 필요에 따라 적용한다. 진자 주사를 해서 에코높이가 거의 변화하지 않으면 일반적으로 곡면상 기공(氣空)과 같이 구면 또는 파이프와 같이 원주면)을 하고 있다고 추정된다. 또, 진자주사를 하면 에코높이가 크게 변화할 경우는 결함이 평면상(용입불량 또는 균열 등)을 하고 있다고 추정된다. 그러나 용접부의 자연 결함은 복잡한 형상·분포·방향성을 갖고 있는 경우가 많으므로 반드시 앞서 설명한 것과 같이 되지 않으므로 주의가 필요하다. 예를 들면, 기공은 일반적으로 기포로서 밀집하는 경우가 많으며, 진자주사를 했을 경우 주목할 에코가 다른 기공에 방해되어서 그 에코높이가 곧 내려가는 경우가 있다. 또, 표면에 요철이 많은 균열은 진자 주사를 해도 에코높이가 별로 내려가지 않는 경우가 있다. 용입불량에서도 작은 것은 진자주사를 해도 에코높이는 별로 내려가지 않는다.

7) 경사 평행주사

용접선과 직각방향의 결함(횡방향 균열 등)의 존재가 우려되는 경우로 용접비이드가 삭제되어 있지 않을 경우 적용한다.

8) 스트래들 주사(두갈래 주사)

경사 평행주사를 적용할 경우와 같은 경우에 적용한다. 원리적으로는 경사 평행주사보다는 검출 능력은 높고, 특히 거울과 같이 매끈한 표면을 갖고 있는 결함에 대해서 유효하다. 탐촉자의 상대 관계 위치를 정밀하게 조정해서 결함에코를 유효하게 수신하도록 해야 한다.

9) 용접선상 주사

용접부의 직각 방향의 결함(횡방향 균열 등)의 존재가 우려될 경우로, 보강용접이 삭제되어 있을 경우 적용한다. 이러한 결함에 대해서는 경사 평행주사 및 스트래들 주사보다도 검출능력은 높다고 생각되므로, 필요에 따라 보강 용접을 삭제해도 이 방법을 적용해야 한다. 용접부상에서 약간의 목돌림 주사와 전후주사를 병용하면서 용접선 방향으로 이동하는 주사법이다.

10) 탠덤 주사

두꺼운 용접부의 탐상면에 수직으로 발생하는 내부 용접불량, 융합불량 등의 결함은 1 탐촉자법으로 검출이 곤란하다. 이 때문에 이 종류의 결함을 검출하는데는 텐덤 주사가 유효하다.

텐덤 주사는 아래 그림과 같이 송·수신용의 2개 탐촉자를 사용하는 2탐촉자법이다. 탐상면에 수직한 결함에 반사된 초음파는 확실히 수신용 탐촉자로 수신되어야 한다. 그러므로 송·수 2개의 탐촉자는 탐상하려는 단면에서 0.5S의 거리에 있는 용접선에 평행한 A선의 전 후에 등거리의 위치를 유지하고 주사해야 한다.

이 탠덤 주사에서는 탐촉자의 불감대는 문제가 되지 않으므로, 전역(全域)탐상이 되도록 탐촉자는 가급적 적게 하는 것이 좋다. 그리고 확실한 주사를 하기 위해 적절한 지그를 사용하는 것이 필요하다. 그러나 사각탐촉자에는 접근한계길이가 있으므로, 예를 들면 5Z 10×10A 45형 탐촉자 2개를 사용했을 경우에는 탐상면 및 반대면의 약 10 mm의 사이는 사각(死角)이 되어 결함을 검출할 수가 없다. 이 부분의 결함은 경사각 1탐촉자법을 병용함으로써 쉽게 검출된다.

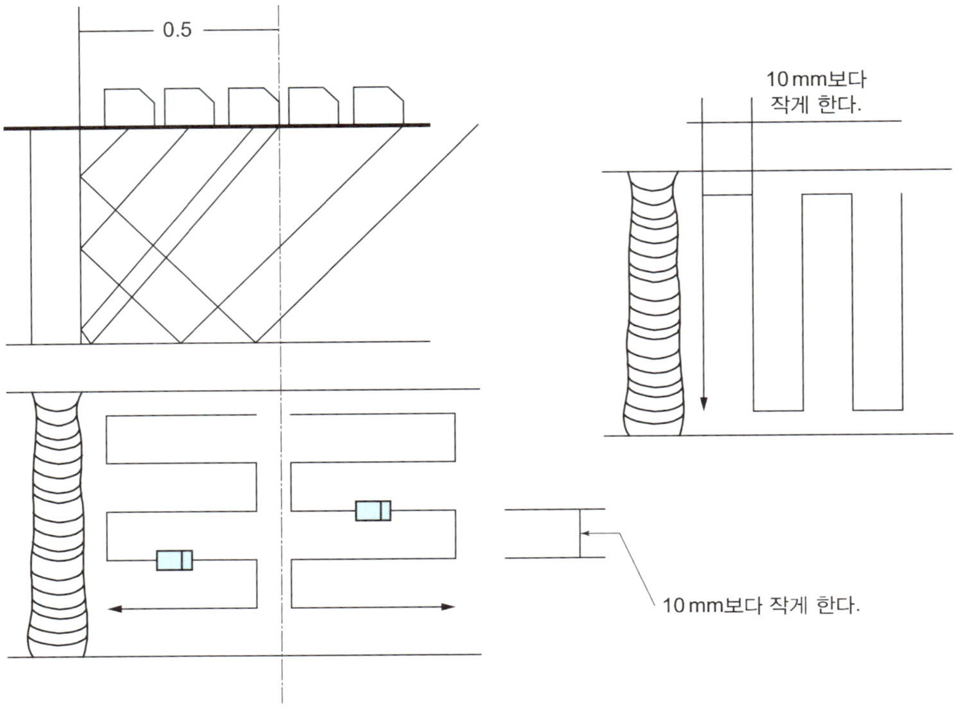

그림 11.14 텐덤 주사

11) V 주사

수정 조작량의 결정 등에 사용된다.

5 검출 레벨과 탐상감도

KS B 0896에서는 경사 평행주사 이외의 사각 1탐촉자법의 경우 실험결과에 의거해서 검출레벨을 정하고 있다. 즉, 이 규격의 적용범위에서는 대부분의 경우, DGS(AVG)다이어그램이 유효하게 적용되지 않는다는 판단에 근거하고 있다. 이 규격에서는 검출해야 할 결함의 정도에 따라서 M검출레벨과 L검출레벨 중 어느 것을 지정하기로 되어 있다. 따라서, 이 규격을 적용할 경우에는 어느 검출레벨을 사용하는지를 미리 지정해 두어야 한다.

감도조정에 STB-A2를 사용한 경우에는, M검출레벨에서는 그림 9-4 중의 −6 dB 이상의 결함을, L검출레벨에서는 −12 dB 이상의 결함을 검출한다. M검출레벨에서는 굴절각 70° 또는 60°를 사용하면 블로우홀의 대부분과 슬래그 혼입의 일부는 검출되지 않으나, 그 이외의 결함은 거의 모두 검출된다. L 검출레벨에서는 지름 1 mm 정도 이하의 미소한 블로우홀과 미소 슬래그 혼입을 제외한 용접결함의 전부가 검출된다.

STB-A2의 $\phi 4 \times 4$ mm에서의 반사는 직각인 코너에서의 반사로 되므로, 굴절각 45°의 경우에는 70°와 같은 감도로 하기 위해서는 감도를 6 dB 올려야 한다.

경사 평행주사로 종방향 균열을 검사할 경우에는 적어도 L검출레벨로 할 필요가 있다. 이 레벨에서도 반드시 충분하다고 할 수 없고, 가능한 한 감도를 높이는 것이 바람직하다. 종방향 균열을 확실하게 검출하기위해서는 경사평행주사보다 용접선상주사 또는 스트래들주사 쪽이 권장된다.

KS B 0896에서는 수직탐상에서도 RB-4의 관통 가로구멍을 대상으로 해서, 경사각 탐상과 같이 M검출레벨과 L 검출레벨이 정해져 있다. 용접부의 수직탐상의 대상이 되는 결함은 음파의 진행 방향에 수직한 평판상 결함이므로, 검출레벨과 결함치수의 관계는 DGS(AVG) 다이어그램의 수법으로 알 수 있다.

6 결함지시 길이의 측정

결함길이 측정방법에는, ① 최대 에코높이로부터 에코높이가 De dB 낮아지는 탐촉자의 이동거리 또는 그 보정장치를 이용하는 방법과 ② 결함의 최대 에코높이와는 무관하게 에코높이가 어느 특정 Level 이상이 되는 범위의 탐촉자의 이동거리를 이용하는 방법으로 나눈다.

①의 방법을 채용하는 규격으로는 KS B 0896, JIS Z 3060, AWS D1.1 및 BS 3923 등이 있고 ②의 방법을 채용하는 규격에는 일본건축학회의 강구조건축물 용접부의 초음파탐상기준 및 JIS Z 3060이 있다.

1) KS B 0896(JIS Z 3060)의 측정방법

사각탐상

경사평행 이외의 1탐촉자법에 의할 경우는 최대 에코높이를 표시하는 탐촉자-용접부거리에서 조우주사를 한다. 이 경우, 약간의 전후주사를 하지만 목돌림 주사는 하지 않는다. 또, M, L에는 검출레벨에서도, 에코높이가 L 선을 넘는 범위의 이동 거리를 1 mm의 단위로 측정해서 결함지시 길이로 한다. 단, 탐촉자를 접속시키는 부분의 판두께가 75 mm 이상으로, 주파수 2(2.25) MHz, 진동자 치수 20×20 mm의 탐촉자를 사용할 경우에는 최대 에코 높이의 1/2을 넘는 범위의 탐촉자의 이동거리를 측정하는 결함지시 길이로 한다.

수직탐상

최대 에코높이를 나타내는 위치를 중심으로 하고, 그 주위를 주사해서 에코 높이가 L 선을 넘는 범위의 이동범위를 구하고, 그 긴지름을 1 mm 단위로 측정해서 결함지시 길이로 한다. 단, 탐촉자를 접속시키는 부분의 판두께가 75 mm 이하로, 주파수 2(2.25) MHz의 탐촉자를 사용할 경우에는 최대 에코높이의 1/2을 넘는 범위의 탐촉자의 이동거리를 측정해서 결함지시 길이로 한다.

2) 강구조건축물 용접부의 초음파탐상기준의 측정방법

최대 에코높이를 표시하는 탐촉자 거리에서 좌우주사(약간의 전후주사를 하지만, 목돌림주사는 하지 않는다.)를 하고, 에코높이가 최대 에코높이의 1/2(약 −10 dB)을 넘는 범위의 탐촉자의 이동거리를 2 mm의 정밀도로 측정해서 결함지시 길이로 한다.

어느 규격에서도 결함지시 길이로 하고 있는 것은, 초음파탐상에 의해 측정된 결함의 길이와 실제 결함의 길이가 반드시 일치하지 않기 때문이다.

예를들면 KS B 0896의 사각탐상의 L 선을 넘는 범위의 측정방법에서는 V형 베벨링 등의 루트 용입불량은 다소 긴 듯하게 측정한다. 또 건축학회의 측정방법에서는 짧은 결함을 조금 긴 듯하게, 긴 결함에서 형상이 복잡한 것은 조금 짧은 듯하게 측정한다.

또, 결함의 판두께 방향 치수의 측정에 대해서 여러 가지 방법이 검토되어 있고, 몇 개의 유효한 방법이 발견되어 가고 있다.

7 결함크기의 측정

결함크기의 측정 방법으로는 ① DGS(AVG) diagram의 이용법, ② DAC 곡선의 이용법, ③ 20 dB Drop법, ④ 6 dB Drop법 등이 있으며 DGS(AVG) diagram을 이용하여 측정하는 앞에서 설명하였기에 DAC 곡선 이용법부터 설명하기로 한다.

1) DAC 곡선의 이용

이는 대비시험편의 대비결함을 이용하여 거리에 따라 결함 에코높이가 변화하는 경향을 곡선으로 나타낸 것이다. 대비시험편과 시험체 사이의 감쇠계수가 다른 경우 감쇠차를 보정해야 하며, 대비시험편과 시험체 표면이 다르기 때문에 발생하는 전이 손실량을 보정해 주어야 한다.

이 곡선에 의한 결함크기의 측정은 대비시험편내의 대비결함과 비교한 비교크기로 나타내게 된다. 예를 들면 ϕ4 mm 인공결함으로 DAC 곡선을 그렸을 때 결함에코가 이 곡선의 뒤쪽에 나타나면 대비시험체보다 작은 경우가 된다. 따라서 결함의 크기는 대비결함 ϕ4 mm×dB와 같은 방법으로 표시하게 된다. 물론 앞에서 설명한 감쇠계수와 전이 손실량을 고려한 크기로 결함을 결정하게 된다.

2) 20 dB drop 법

수직 또는 사각탐촉자를 이용하여 결함크기를 결정하고자 할 때 상대적으로 작은 결함에 적용된다. 앞에서 설명한 20 dB beam profile을 이용하여 결함의 끝점과 20 dB line과의 교점을 구하여 결함의 크기를 측정하게 된다.

결함의 크기측정은 결함분류와 더불어 측정하게 되며, 이 과정은 동시에 수행하는 것이 일반적이다. 결함 크기측정의 일반적인 방법은 다음과 같다. 탐촉자를 용접선에 직각으로 하여 빔의 축이 진행하도록 위치시킨 후 결함으로부터 최대 에코를 얻도록 한다. 에코를 편리한 강도로 조정한 후 탐촉자를 용접부쪽으로 에코의 높이가 1/10로 저하되는(20dB drop)위치에 탐촉자를 맞춘다. 이 지점에서 결함 모서리는 그림 11.15에서와 같이 빔의 하단부와 만나게 된다. 이를 확인한 후 탐촉자와 용접부거리, 스크린상의 빔거리를 아주 정확히 측정해둔다. 다시 탐촉자를 용접부로부터 먼쪽으로 이동하여 결함으로부터의 강도가 20 dB 떨어지는 위치를 확인한다. 이 지점에서 그림

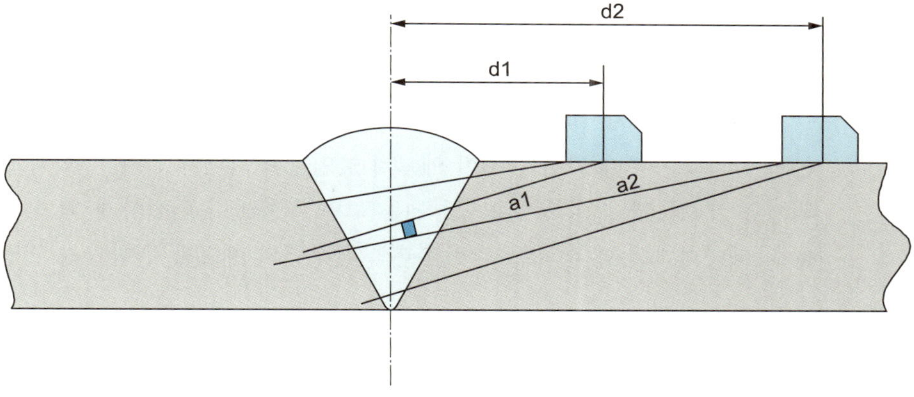

그림 11.15 결함의 크기측정

11.15에서와 같이 빔의 상단부와 결함의 모서리와 만나는 지점을 구한다. 이때 다시 탐촉자 위치 및 결함거리를 정확히 측정한다. 이상 빔의 상단부 및 하단부와 만나는 지점을 연결하여 결함의 크기를 측정한다.

결함의 길이측정도 동일한 방법으로 측정할 수 있다. 탐촉자를 좌우로 이동하면서 최대에코와 관련하여 결함의 양끝을 구한다. 이들 위치에서의 결함의 끝은 빔의 경계면과 만나게 된다. 이때 결함길이는 탐촉자가 좌우로 이동한 거리 및 스크린상에 나타난 결함까지의 거리를 측정함으로 얻을 수 있다.

아래 그림에서는 용접부 중심선 근처의 결함에 대해 수평평면 Beam profile을 이용한 20 dB 결함끝점을 구하기 위한 탐촉자이동거리가 27 mm임을 나타내고 있다. 입사점으로부터 40 mm에서의 Beam폭이 9 mm이므로 이 값을 빼주면 실제 측정된 결함길이는 18 mm가 된다.

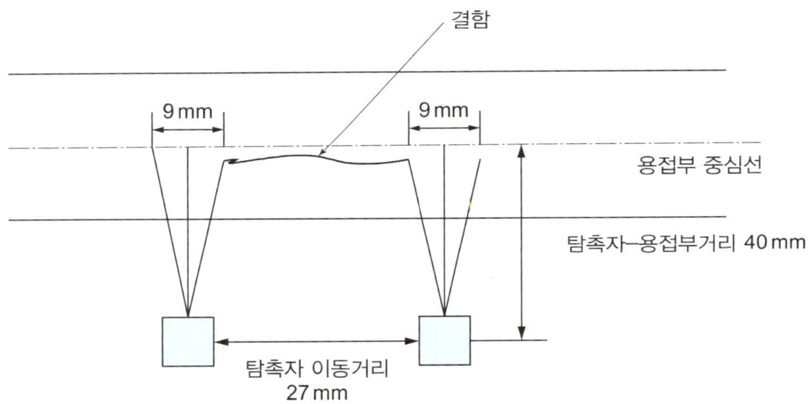

그림 11.16 결함길이의 측정(수평평면 profile 이용)

모재내 라미네이션과 같이 결함의 표면상태에 의해 에코높이가 변하게 되는 경우에는 결함의 모서리에 가장 근접한 에코의 높이를 고려해야 한다. 결함의 모양이 원인이 되거나 개재물과 같이 동일평면상에 조그만 결함들이 인접하게 되면 복합적인 에코를 나타나게 되는데 이때는 관련부분의 끝부분의 에코를 결함크기 결정에 사용해야 한다.

곡면을 갖는 판재 또는 파이프에서도 동일한 방법으로 탐상이 시행되지만, 원주방향에서와 같이 수평평면에서의 탐촉자의 이동거리는 아래그림 에서 보는바와 같이 판재에서의 동일한 결함에 의한 이동거리보다 커지게 된다.

3) 6 dB drop 법

앞에서 설명한 20 dB drop법이 미세한 결함의 정확한 측정에 주로 이용되나 상대적으로 시간이 많이 걸리는 단점이 있다. 일반적으로 종방향 결함의 결함부위를 결정하는데 6 dB drop법(Half-value method)이 이용된다. 이 방법은 수직 사각탐상 어느 것에도 적용된다.

CHAPTER 12

초음파, 터빈 블레이드 루트부 들여보다

12.1 터빈설비 개요

발전설비 중 기하학적 형상이 복잡하고 접근성이 제한되어있는 부분에 대한 일반적인 초음파 검사방법은 그림 12.1에 표시한 바와 같이 여러 개의 Wedge와 각각의 Hook에 대해 별도의 검사가 필요하는 등 검사물량이 많고 기하학적 형상에서 오는 신호와 결함신호와의 구별을 위한 신호해석이 까다로워 검사자의 기량과 경험이 매우 중요한 요소로서 작용한다. 그러나 Phas-ed array UT system을 이용하여 검사를 수행할 경우에는 빔을 원하는 위치와 각도로 보낼 수 있으므로 일반적인 초음파방법에서 각도에 따라 Wedge를 제작하는데 사용되는 시간적, 경제적인 노력을 없앨 수가 있을 뿐만 아니라, 탐촉자를 움직여 결함의 Sizing을 수행하는 일반적인 초음파 방법과는 달리 탐촉자를 움직이지 않고 전자적인 주사(Electrical scanning)로서 결함의 크기평가를 수행할 수 있다는 장점이 있다. 또한 탐촉자 이송장치를 사용하여 검사자가 Probe를 검사체에 직접 Scan하지 않고도 일정한 검사영역을 설정하고 검사속도를 입력하면 자동으로 검사를 수행함으로서 일정한 신호 DB를 얻을 수 있으며, 검사의 자동화를 도모할 수 있다. 이러한 Phased array UT system의 특성과 적용성을 높이기 위한 Tracker 등을 활용하면 전 발전설비에 대한 초음파 검사(자동, 수동) 및 결함 평가, 기록, 데이터의 체계적 관리를 기할 수 있을 것으로 기대된다.

또한 결함 발생 빈도는 매우 높으나 그 형상이 매우 복잡한 설비에 대해서는 검사 자체가 어렵고, 지금의 초음파 검사 방법으로는 결함의 크기나 형태를 파악하기도 어

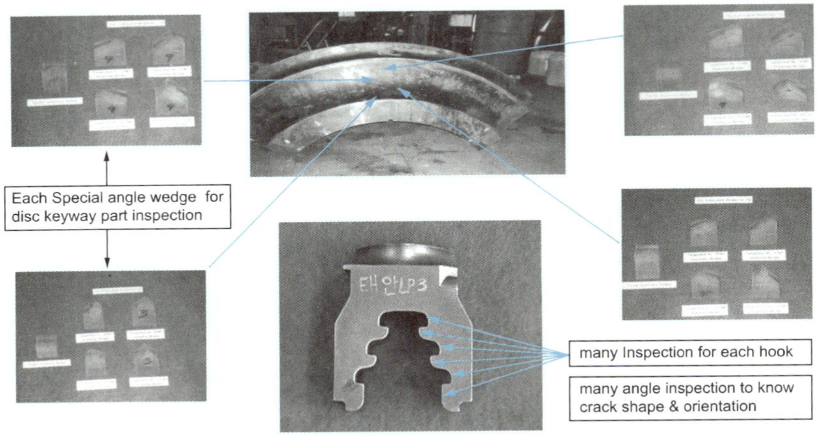

그림 12.1 복잡형상의 발전설비에 대한 일반 UT의 곤란성

려워 이에 대한 개선책이 시급한 실정이므로 최근에 선진국에서 적용 및 연구가 활발히 진행되고 있는 Phased Array UT System을 이용해서 발전소 주요 설비에 대한 수동 및 자동 초음파 검사를 위한 적용기술을 개발한 사항에 대해 설명하고자 하며 본 장의 제목은 이러한 관점에서 [초음파, 터빈 블레이드 루트부 들여보다]로 정하였다.

12.2 검사장치

Phased array system은 크게 나누어 초음파시스템과 phased array를 자동으로 이동시키는 Tracker system 그리고 데이터 취득 부분으로 나누어진다. Tracker system은 검사자의 접근이 곤란한 부분에 대한 검사를 수행하기 위하여 magnetic wheel을 부착하고 조이스틱으로 조정이 가능하도록 구성되어 있다. 또한 spherical surface의 용접부를 검사하도록 tracker의 구동부가 설계되어 있으며, 이동 중 접촉매질을 공급하기 위하여 자동접촉 액 공급장치도 구성되어 있다. 초음파시스템과 데이터취득 부(PC 및 Printer)의 interface는 Ethernet card를 사용하여 Sampling rate를 높였다. PC는 실시간 image process의 효율을 극대화하도록 운영체제를Window NT로 하고 모든 신호처리 software를 NT기반에서 운영하도록 하였다.

Phased array UT는 최근에 연구 활발히 진행되고 있는 비파괴 검사분야로서 그 적용성이 높다. Phased Array UT System을 이용하여 발전설비 중 터빈 블레이드 루트

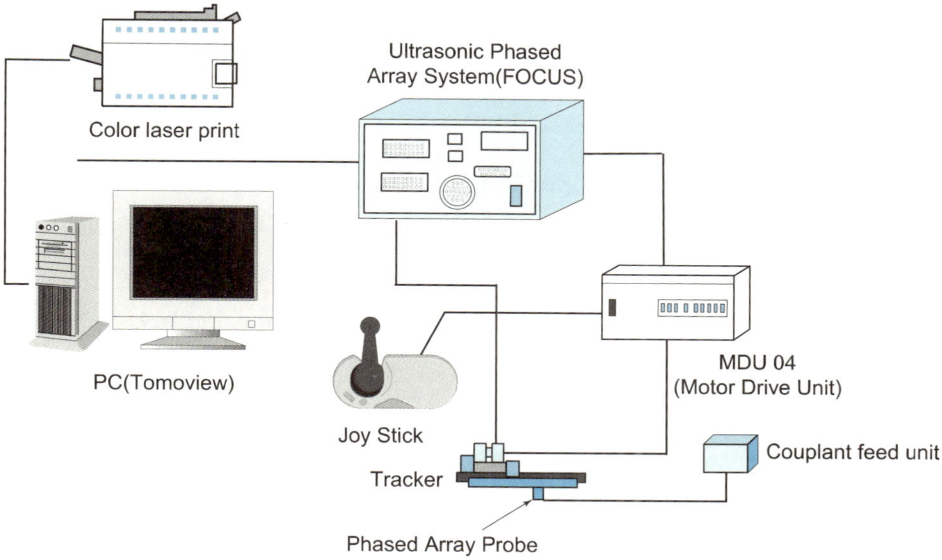

그림 12.2 Ultrasonic Phased Array System

부와 같이 접근자체가 어렵고, 형상이 복잡하여 결함의 탐지 및 평가가 힘든 부분에 대한 적용기술을 확보하기 위한 실험을 수행하였다.

Main equipment　　Tracker Controller　　Tracker　　Sector Scan 모습

그림 12.3

본 실험에서 사용한 Phased Array Probe의 element수는 32개이며 주요 사양은 표 12.1과 같다.

표 12.1 Phased Array Probe Specification

Element 수	중심주파수	Probe 치수	Element 길이	Element 간격	Cable
32	10 MHz	22×18	7 mm	50 μm	3 m

12.3 신호취득 및 분석

1 신호 특성 분석

7 side-drill hole beam profile block 중 5개의 hole에 대하여 non-wedge phased array probe를 가지고 steering angle ±45°의 범위로 azimuthal scan을 하여, 5단계의 focal depth와 압전소자(element)수를 조정하여 steering 각도에 따른 각 side-drill hole의 음압을 측정하였다. 마찬가지로, phased array probe는 3번 hole에 위치시킨 채 움직이지 않고 동시에 5개의 hole에 대하여 주사하였다. 위의 4가지 추이곡선은 각기 다른 기준음압(Reference Level)이지만, phased array probe의 집속 촛점주사(steering & focusing scan) 특성상 중앙(3번홀) 옆부분인 2번, 4번 hole에서도 약간 높거나 비슷한 음압을 발생시키는 것을 알 수 있다. 초음파 검사의 기본특성상 기준음압의 설정은 아주 중요하다. 이번 실험에서의 기준 음압은 2번, 4번 hole의 기준 감도 설정라인(reference line)을 80% full screen height로 정하였다. 그림 12.5에서 그림 12.8은 Ultrasonic phased array element에 의한 초음파 빔의 형성특성을 분석한 자료이며, Active element 수의 변화에 따르는 음압의 세기변화 및 초음파 빔의 Steering 각도변화에 따르는 영향 등을 나타낸 것이다.

그림 12.5, 12.6, 12.7, 12.8에서 보는 바와 같이 Steering 각도가 대체로 20도를 경계로 음압이 확연히 떨어짐을 볼 수 있으며, 이는 검사시 최적의 검사능을 확보하기 위해서는 탐촉자 검사 Mode를 어떻게 설정해야 하는가에 대한 참고자료로 활용할 수 있다. 위의 7-side drill hole block과 더불어 제작한 beam profile용 시편이 아래의

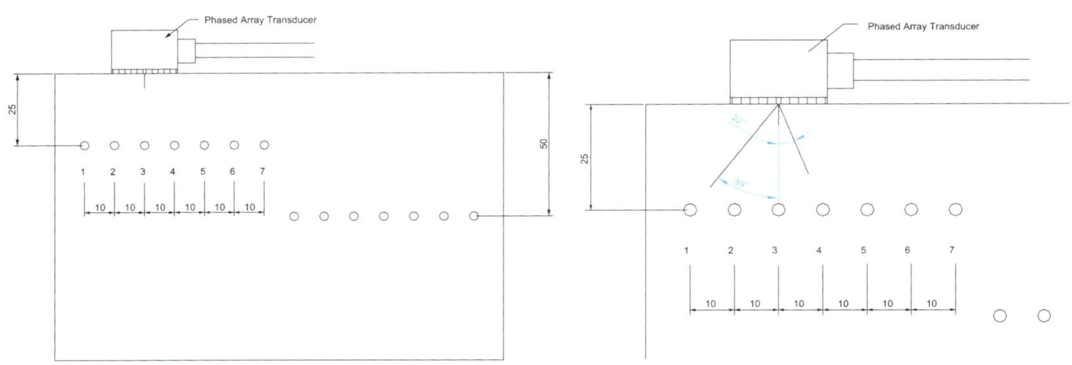

그림 12.4 phased array probe setup

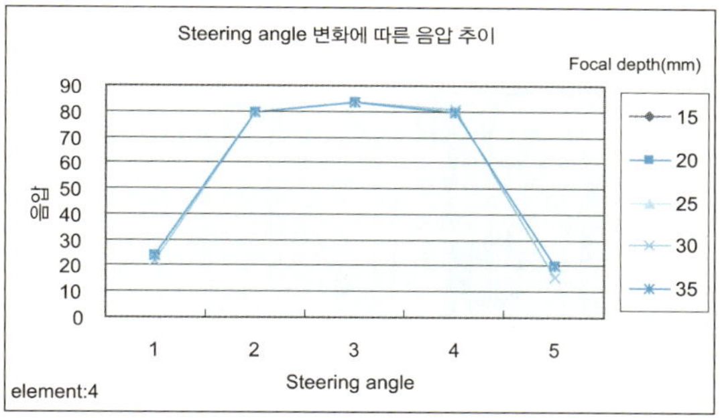

그림 12.5 4 element 탐촉자의 음압 분포

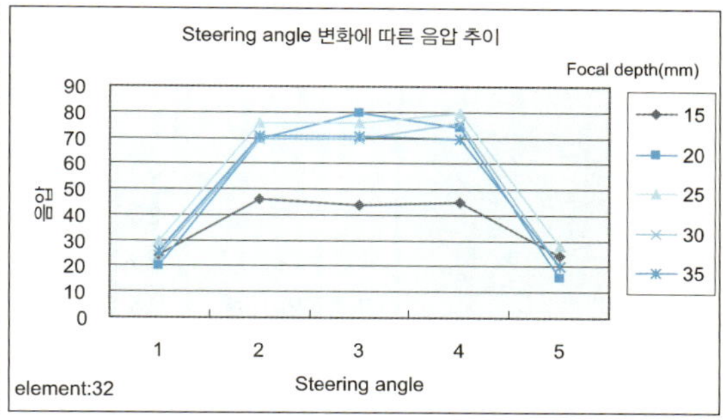

그림 12.6 32 element 탐촉자의 음압 분포

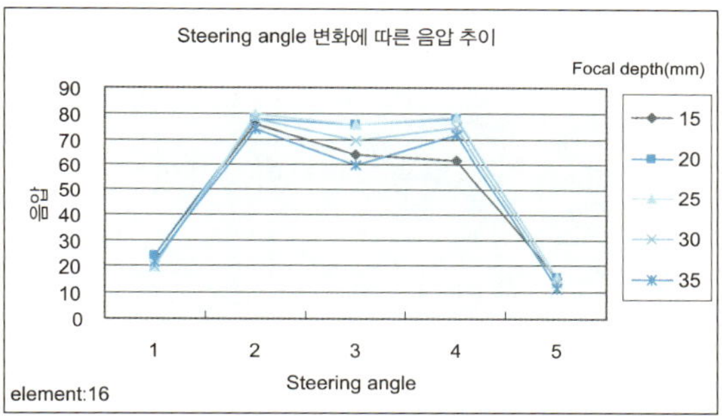

그림 12.7 16 element 탐촉자의 음압 분포

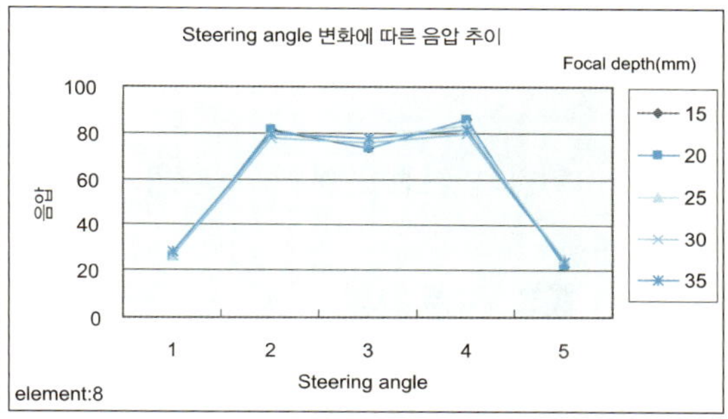

그림 12.8 8 element 탐촉자의 음압 분포

Block이다. 그림 12.11의 특수 시편은 두께를 4등분하여 Hole과 Notch를 만들어 거리 진폭 보정 곡선을 작성할 수 있는 것이며, 위와 마찬가지로 탐촉자를 움직이지 않은채 동시에 4개의 신호를 포착할 수 있음을 그림 12-12에서 보여주고 있다.

본 실험에서 선택한 straddle mount type의 blade root부는 일반적인 초음파방법으로 검사를 수행하였을 경우 접근성이 제한되어 자유자재로 탐촉자를 이동할 수 없고 탐상신호가 복잡하게 나타나므로 검사자가 신호를 해석하는 데는 많은 검사경험을 필요로 하는 부분이다. 따라서 본 연구에서는 straddle mount type의 blade root에 대하여 탐촉자를 움직이지 않고 일정한 위치에 고정한 상태에서 scanning 각도를 변경하여 검사를 수행하도록 하고자 하였다.

본 검사에서는 Straddle mount type의 blade root부에 대한 phased array UT system의 검사적용 타당성을 검증하기 위하여 probe를 보정하고 각도에 따라 가공된 SDH(Side drilled hole)을 탐상하여 시스템의 성능과 각도에 따른 결함의 검출능을 확

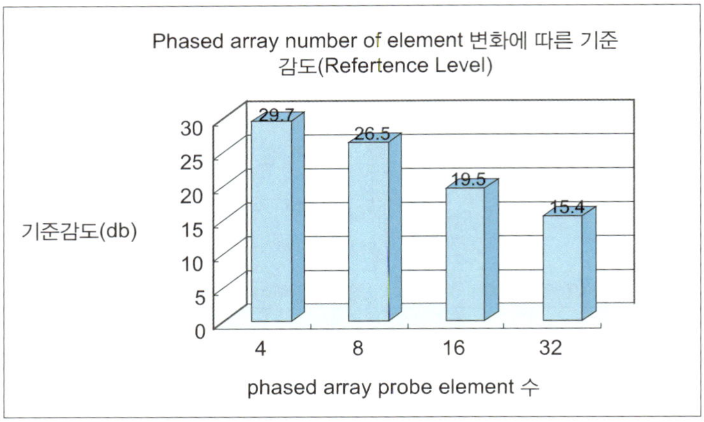

그림 12.9 element수 변화에 따른 reference level

인하고 건전한 blade root와 결함의 내재된 blade root부를 각각 탐상하였다.

2 신호취득

1) 대비시편 신호

Phased array probe는 전 장에서 기술한 바와 같이 대표적인 4가지 주사방식을 가지고 있다. 이는 대상 검사기기의 특성에 따라 한 가지 모드를 선택하여 사용할 수 있는데, 터빈 블레이드 루트부와 같이 제한된 접근지역에서 탐촉자의 전진이 어려운 경우에는 Azimuthal 방식을 취하고 용접부 결함 탐상이나 좌우방향 길이 측정에는

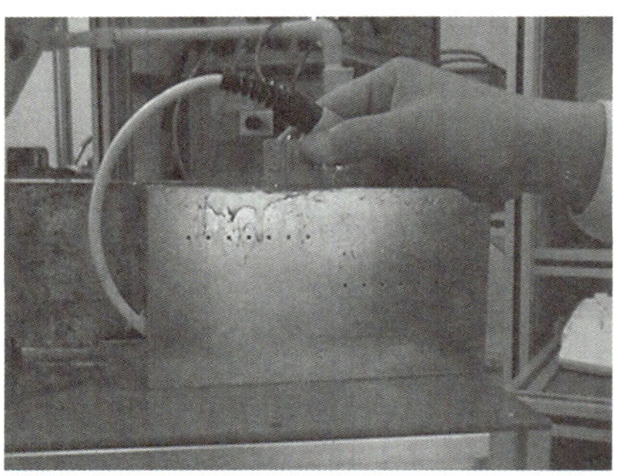

그림 12.10 7-Side Drill Hole block

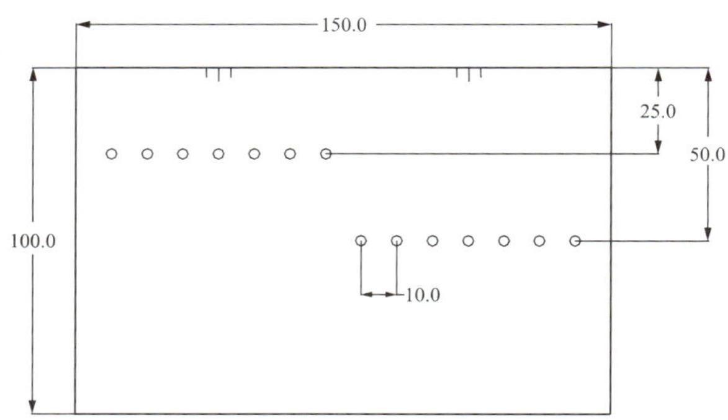

그림 12.11 Side Drill Hole ϕ 2 mm, 간격 10 mm

Lateral 주사방식을 취한다. 이러한 주사방식의 특성을 검증하기 위하여 아래의 시편을 직접 설계 제작하여 초음파 빔 프로화일을 분석하였다.

그림 12.12는 직경 2 mm side drill hole을 2그룹씩 7개를 만들어 좌측 그림에서처럼 탐촉자를 움직이지 않은 채 7개의 hole을 동시에 Azimuthal scan하는 장면이다.

그림 12.12는 두께 30 mm의 Cr-Mo 합금에 직경 4 mm의 SDH(Side Dri lled Hole)을 각도별로 0도에서 80도까지 10도 간격으로 가공된 block의 상부에 probe를 위치하고 azimuthal scan으로 빔을 0도에서 70도까지 25 mm에 초점이 형성하도록 한 상태에서 나타난 S-Scan, A-Scan, B-Scan 그림이다. 그림에 표시된 것과 같이 probe 위치를 변경하지 않고도 0°, 10°, 20°, 45°, 60°의 SDH이 나타남을 볼 수 있다. S-scan 상에서 커서를 결함사이에 두어 결함의 sizing을 실시한 결과 근거리 각도에서는 정확하게 일치하였으나, scanning 각도가 증가할수록 오차가 나타남을 알 수 있었다. 이러한 오차는 각도가 증가할수록 SDH까지의 거리가 길어지므로 초점거리가 일치하지 않기 때문에 나타난 현상으로서 증가한 각도에 따라 초점거리를 다시 계산하여 Focal law를 추가함으로서 감소시킬 수 있다. S-Scan 화면상에는 각도가 증가함에 따라 SDH의 형상이 길게 늘어진 형상으로 나타나고 있으나 Traker를 사용하여 탐상을 자동화하면 결함의 형상이 실제에 더욱 가깝게 나타남을 확인할 수 있다.

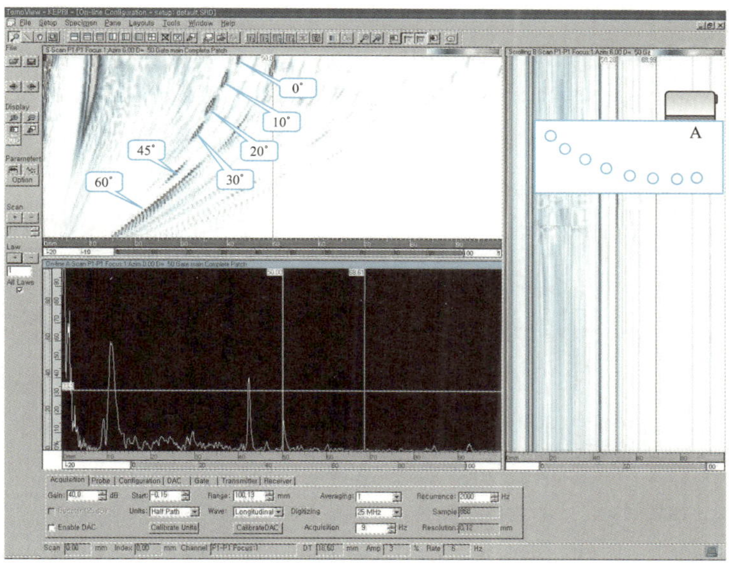

그림 12.12 Detection of side drilled hole

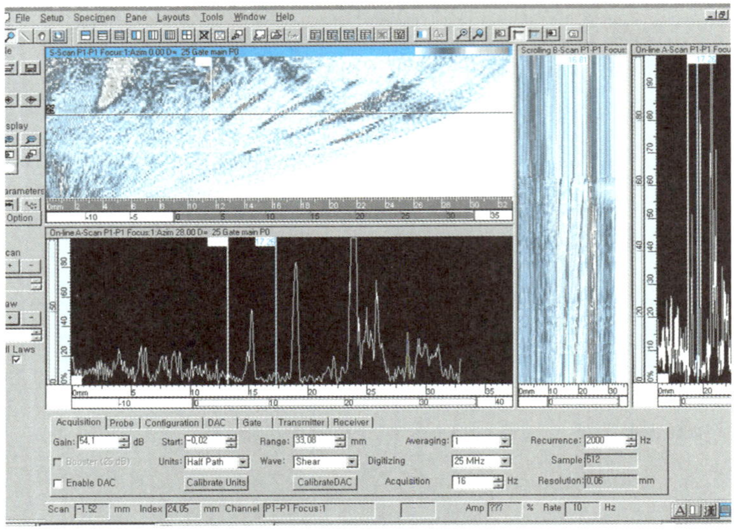

그림 12.13 3-Dimensional Tomoview

그림 12.13에 3-D image processing을 통한 영상처리에 의하여 나타난 화면중 왼쪽 상단을 S-Scan(Sectorial Scan), 하단을 A-Scan, 오른쪽을 B-Scan으로 구성하였다. S-Scan에서 x축은 검사표면에서부터의 수직거리를 나타내고 y축은 각도를 표시하는데 상부쪽에 시작각도이며 하부쪽이 Scanning 종료 각도를 나타내고 있으며, 7개 hole에 대한 신호가 선명히 나타남을 알 수 있다. 화면색깔은 초음파 신호의 음압(Amplitude)을 구별하여 주는데 빨간색은 높은 신호임을 알 수 있다. 또한 검사영역의 특성에 맞게 검사각도 및 초점거리를 다르게 설정할 수 있도록 그림 12.15에서처럼 focal law를 추가하여 y축상에서 다양한 focal law를 동시에 나타낼 수 있게 하여 검사의 정확성을 높일 수 있도록 하였다. 이번에 설정된 주사각은 −59.9°에서 +60°의 범위로 분해능(resolution)은 1°씩 조밀하게 배분하였으며 초음파 음속은 detection capability를 높이도록 shear wave의 속도인 3230 m/s로 검사하였다. 실험에 사용한 probe

그림 12.14 3-Side Drill Hole & 1 notch block

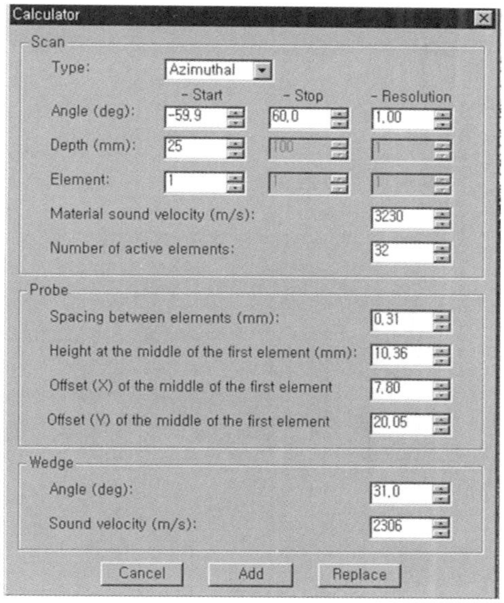

그림 12.15 Focal law data

는 총 32개의 element를 사용하였으며 element의 보호를 위하여 plexiglass 소재의 wedge를 결합하였으며, wedge의 refracted angle은 31°이다.

위의 7-side drill hole block과 더불어 제작한 beam profile용 시편이 그림 12.14에 나타낸 block이다. 그림 12.14의 특수 시편은 두께를 4등분하여 hole과 notch를 만들어 거리 진폭 보정곡선을 작성할 수 있는 것이며, 위와 마찬가지로 탐촉자를 움직이지 않은채 동시에 4개의 신호를 포착할 수 있음을 알 수 있다.

이와 같은 주사모드는 Azimuthal 방식이고 phased array probe의 pitch 간격이 0.31 mm이며, 탐촉자에 붙인 wedge의 크기를 보정해 주기 위한 입력 데이타 값이 그림 12.15에 나타나 있다.

그림 12.16은 초음파 빔을 100 mm에 초점이 형성되도록 하고 STB-A1 Block의 100 mm 지점에 Probe를 위치시키고 Probe delay 및 음속을 측정한 결과이다.

이 실험에서는 3.5 μs의 Time delay가 발생하였으며 음속은 5768 m/s로 나타났다. Tomoview의 화면 layout은 사용자가 다양하게 구성할 수 있으나 본 실험에서는 왼쪽 상단을 S-Scan(Sectorial Scan), 하단을 A-Scan, 왼쪽을 B-Scan으로 구성하였다. S-Scan은 x축을 검사표면에서부터의 수직거리를 나타내고 y축은 각도를 표시하는데 상부쪽이 시작 각도이며 하부쪽이 Scanning 종료 각도를 나타내고 있다. 또한 검사영

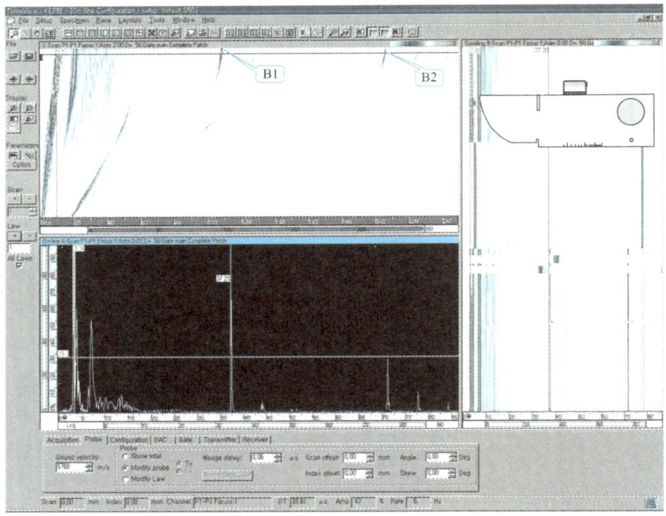

그림 12.16 Probe calibration(A1 block)

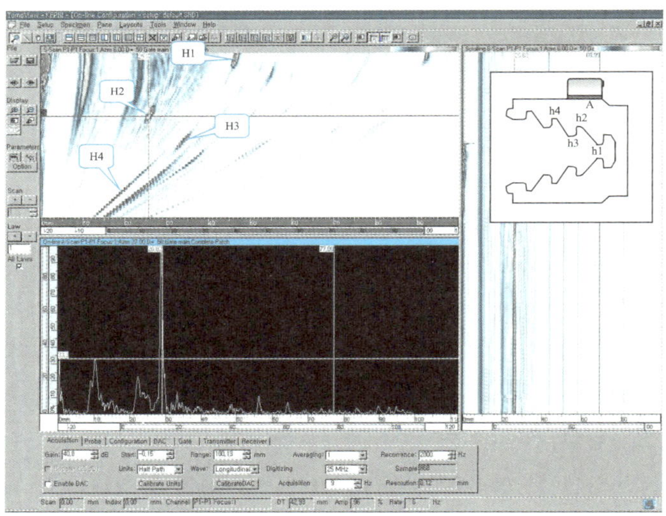

그림 12.17 Detection of straddle mount type Blade root hook

역의 특성에 맞게 검사각도 및 초점거리를 다르게 설정하여 focal law를 추가하여 y 축상에서 다양한 focal law를 동시에 나타낼 수 있게 하여 검사의 정확성을 높일 수 있도록 하였다.

2) 블레이드 루트부 신호

본 실험에서는 Straddle mount type의 블레이드 루트부에 대한 Phased array UT system의 검사적용 타당성을 검증하기 위하여 probe를 보정하고 각도에 따라 가공된 SDH(Side drilled hole)을 탐상하여 시스템의 성능과 각도에 따른 결함의 검출능을 확인하고 건전한 블레이드 루트와 결함의 내재된 블레이드 루트부를 각각 탐상하여 보았다. 그림 12.18은 여수화력 IP 터빈 7단의 Straddle mount type 블레이드 루트부의 A 위치에 Probe를 위치시키고 각각의 hook 지점을 Azimuthal scanning으로 −45°에서 +45°까지 20 mm의 초점으로 탐상한 결과이다. S-Scan에 나타난 것과 같이 A 위치에서 h1에서 h4까지 한 번에 탐상할 수 있었다. 일반적으로 이런 형태의 루트부는 h2, 혹은 h4의 위치에서 결함발생빈도가 높은 것으로 알려져 있으므로 결함이 내재한 루트부에 대한 결함 탐지능을 알아보기 위하여 보령화력 LP 터빈 3단의 Straddle mount type에 대하여 각각 1 mm, 2 mm의 EDM 노치를 h2, h4 지점에 가공하여 phased array system으로 탐상한 결과 그림 12.18과 같이 각각의 노치를 검출할 수 있었으며, 크기평가를 수행한 결과 오차가 작게 나타났다. 따라서 straddle mount type의 블레이드 루트부에 대한 결함검사는 미소한 결함에 대해서도 crack 발생 시 그림 12.20에서 보는 바와 같이 루트부 기하학적 형상에 기인한 초음파 신호와 EDM notch 신호가 확연히 구분됨으로서 정확한 탐지가 가능하다.

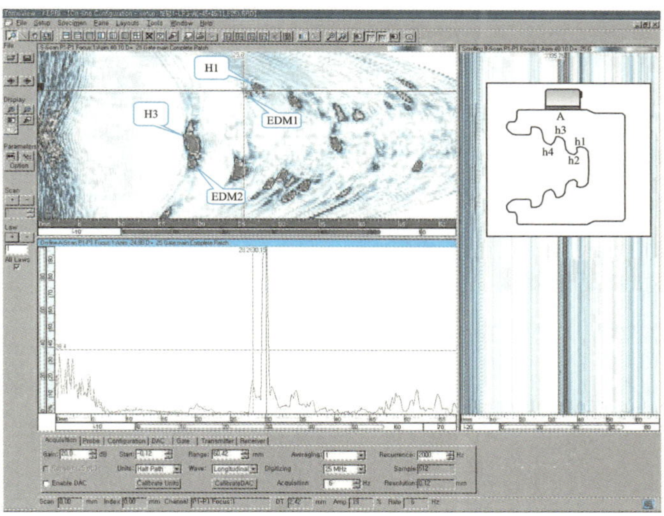

그림 12.18 Blade root EDM Notch 신호

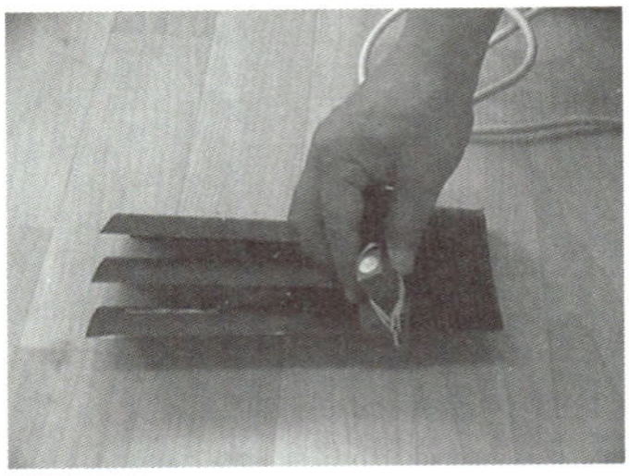

그림 12.19 Serration type 신호 취득

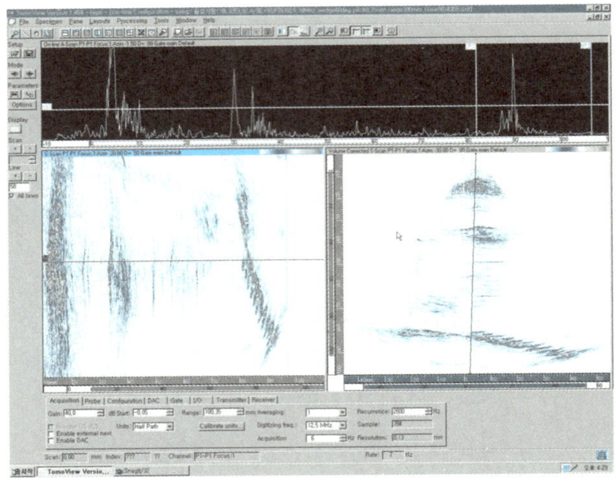

그림 12.20 Serration type Phased array UT 신호

그림 12.19는 월성원자력에서 사용 중인 serration type blade root부에 대한 phased array probe 신호취득 장면이며 이것에 다중탐촉자 초음파 신호는 아래 그림 12.20에서와 같이 9개의 Thread가 그대로 나타난 것을 볼 수 있다. 이는 기존의 초음파 검사법으로는 신호취득이 불가능한 부분이며 다중 초음파 탐촉자를 사용하고 특수각도 웨지를 사용 빔의 스캔 및 방향을 교정하므로서 가능한 유일한 방법이다.

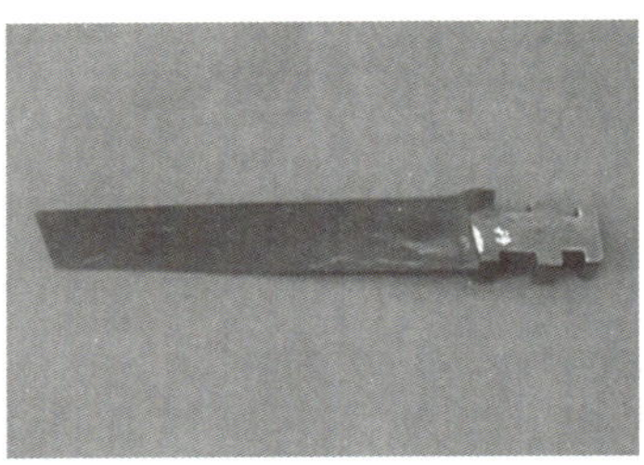

그림 12.21 Tee type

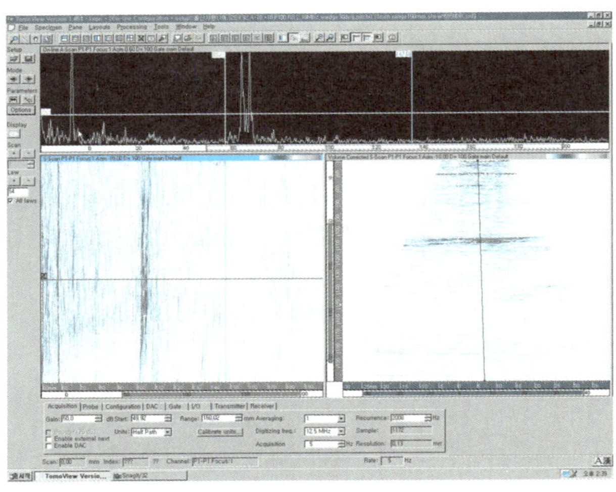

그림 12.22 tee type 신호

이러한 개발된 기법을 활용하여 형상이 복잡한 루트부에 대한 초음파 검사 신뢰도 제고의 신 기틀을 확립한 것이라고 말할 수 있으며 블레이드 루트부 신호취득 기법의 획기적인 결과로 판정될 수 있다

그림 12.23은 울산화력에서 사용 중인 Tee type Blade root 부 대비시편에 대한 다중 초음파 탐촉자 신호취득 모습이며 이때 취득된 신호는 그림 12.24와 같다.

그림 12.23 fir tree type

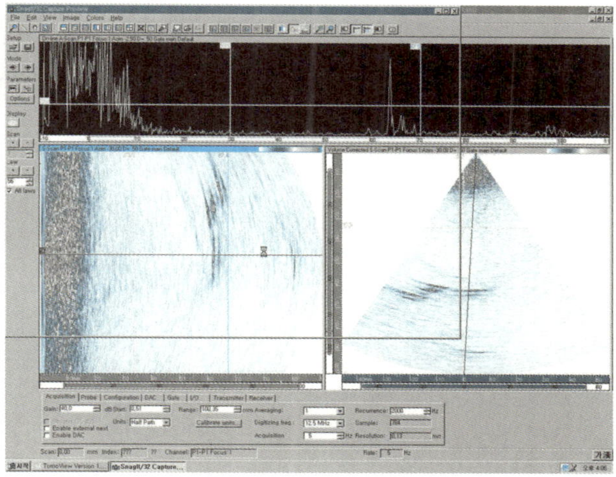

그림 12.24 fir tree type 신호

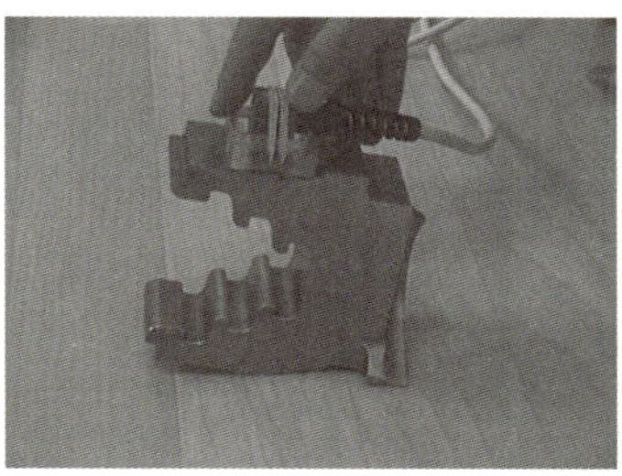

그림 12.25 straddle mount type 신호취득

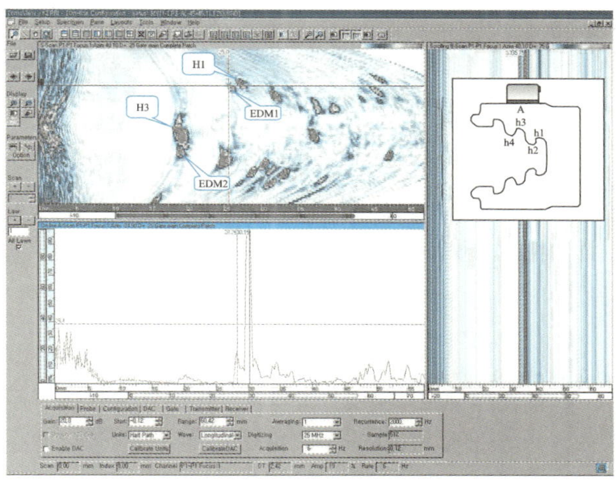

그림 12.26 straddle mount 신호

그림 12.25는 보령화력에서 사용 중인 straddle mount type Blade root 부 대비시편에 대한 다중초음파 탐촉자 Scan 모습이며 이때 취득된 신호는 그림 12.26과 같다.

그림 12.27은 호남화력에서 사용 중인 fin finger type(2leg) Blade root 부 대비시편에 대한 다중초음파 탐촉자 Scan 모습이며 이때 취득된 신호는 그림 12.28과 같다.

그림 12.27 fin finger type

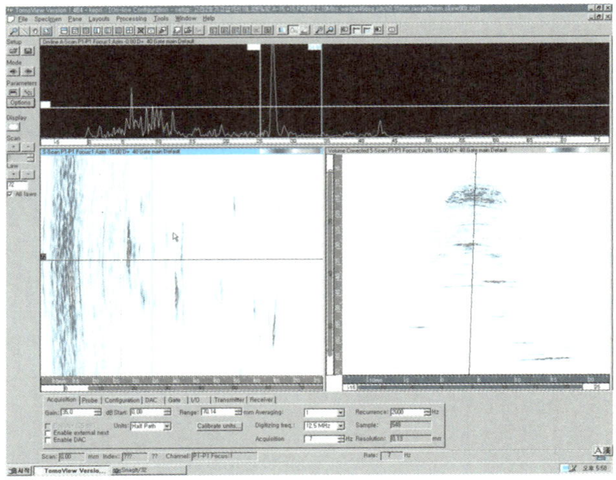

그림 12.28 fin finger Phased array UT 신호

12.4 루트부 형태별 Phased array UT 기법

발전설비 중 터빈과 같은 회전 기계류는 가동-정지 작동수의 증가에 의해 더 많은 부하를 받으며 이러한 부위에서의 결함과 재료의 손상은 작용부하나 재료의 점진적인 열화의 원인이 되고 발전소에서 예상치 않은 문제의 원인이 될 수 있다. 이러한 이유로 회전 기계류에서의 비파괴 검사방법은 더욱 중요시되고 있으며 높은 생산성을 위해 검사시간의 단축이 효율적이라는 면에서 관건이 되고 있다. 발전설비에 있어서 파손 원인중 대부분이 균열에 기인된 것으로 조사되었고 이들 균열은 피로 또는 부식 등에 의한 것으로 나타났다. 이러한 균열이 존재시에는 설비에 따라 급격한 파손 또는 점진적인 파손에 이르게 하여 경우에 따라서는 막대한 경제적 손실 및 인명 피해를 일으키게 한다.

일반적인 초음파 검사방법을 이용하여 터빈 블레이드 Root부와 같이 기하학적 형상이 복잡한 대상의 검사를 수행하기 위한 검사자의 기량은 고도의 숙련된 기술과 노력 그리고 시간을 요구한다. 그러나 최근에 개발이 시작된 Phased Array UT분야는 발전설비 중 터빈 블레이드 root부와 같이 접근자체가 어렵고, 형상이 복잡하여 결함의 탐지 및 평가가 힘든 부분에 적용하면 검사신뢰도 및 신속성을 향상시킬 수 있으며 접근성에 대한 제한 또한 감소시킬 수 있다. 본 연구에서는 터빈 블레이드 루트부 등 발전설비에 발생하는 결함에 대하여 Phased array UT 신호의 특성을 분석하고 신호를 평가하는 방법에 대하여 고찰하였다.

아주 두꺼운 재질의 초음파검사 또는 터빈과 같이 복잡한 형상의 초음파검사를 수행하기 위하여 형상과 접촉부, 그리고 두께에 따라 다양한 각도의 탐촉자와 wedge를 필요로 한다. 그러나 Phased array probe는 이런 측면에서 검사자의 경제적인 측면과 시간, 노동력을 고려하여 볼 때 많은 이익을 가져다 줄 수 있다. Phased array system을 이용하여 발전설비에 대한 비파괴검사를 수행시에 발생될 수 있는 여러 가지 효과를 살펴보면, 우선 비파괴 확인 검사 및 평가에 대한 신뢰도 측면에서의 향상을 기대할 수 있다. 또한 발전소 주요설비에 대한 비파괴 검사 기술지원 활성화 및 현장 문제점을 해결할 수 있을 것으로 기대된다. 현재까지 외국 제작사 및 검사업체가 수행하여 오던 터빈검사에 대한 전반전기 기술을 자립함으로서 신속한 신호해석 및 결과 판정으로 발전소 예방정비시 공기 단축 및 기술 용역비 절감이라는 막대한 경제적 효과를 가져 올 수 있다. 일반 초음파 장비로는 검사가 불가능 부분에 대한 초음파 검사를 수행함으로서 발전설비에 대한 검사 기관의 결함평가 오류 시 재확인 검사로 문제를 해결할 수 있을 것이다.

터빈 블레이드는 운전기간 중 항상 고온 고압의 환경에서 작동되고 원심력의 작용으로 인한 응력은 블레이드 루트부에 집중된다. 이러한 조건으로 인하여 터빈블레이드에는 피로 균열, 응력부식균열이 주된 손상원인으로 알려져 있다. 이러한 조건에서 발생된 SCC 등의 결함은 기존의 보편적인 A-Scan signal과 고정된 각도를 가진 일반 탐촉자로는 아무리 숙련된 검사자라 할지라도 주변의 복잡한 형상변화로부터 기인하는 반사신호로부터 결함을 구분할 수 있을 정도의 해상도를 얻기가 어렵다. phased array system은 한 위치에서 여러 가지 초음파 데이터를 취득함으로서 보편적인 A-scan 신호 이외에도 B-scan, C-Scan image로 결함을 표시할 수 있다(그림 3-45).

그림 12.29는 현재 발전소에서 가동중인 터빈의 블레이드 루트부의 형상 종류에 따른 Phased array probe의 scanning mode를 표시하고 있다.

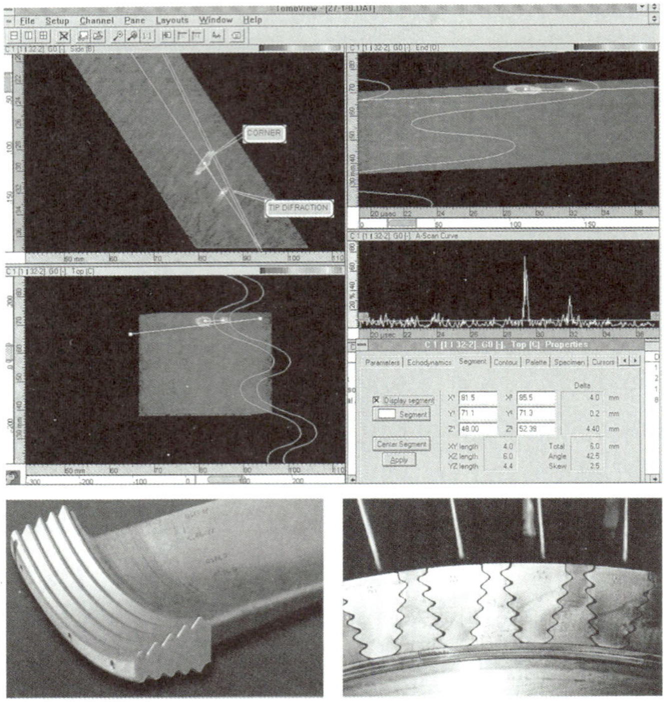

그림 12.29 루트부 검사에 대한 신호분석/평가

일반적으로 터빈 디스크와 같이 접근이 어렵고 접촉면이 곡면일 경우에는 입사각도를 다양하게 하고 접촉면의 접촉을 양호하게 하기 위하여 많은 양의 wedge를 제작하여야하는 어려움이 있고, 검사작업상에도 많은 시간을 소모함으로 인하여 발전소 예방정비 기간 중에 모든 검사작업을 마치기에는 공정이 짧은 실정이다. Phase array system은 조정각 θ를 이용하여 원하는 위치에 보내고 검사부위에 따라 pulse/echo method 혹은 pitch catch method를 사용하여 초음파빔의 접근이 어려운 부위에 대하여 검사가 가능하다.

Phase Array Probe를 사용하였을 경우 발생시킬 수 있는 Focusing Mode를 나타내고 있다. 검사 형상 및 위치에 따라 적절한 모드를 선택하여 초음파를 발생시키고 수신할 수 있다. phased array의 빔이 도달하지 못하는 영역에 대한 검사를 수행시에도 probe에 하나의 wedge를 제작함으로서 이러한 문제를 쉽게 해결할 수 있다. phased array system을 이용하여 발전설비에 대한 비파괴검사를 수행시에 발생될 수 있는 여러 가지 효과를 살펴보면, 우선 비파괴 확인 검사 및 평가에 대한 신뢰도 측면에서의

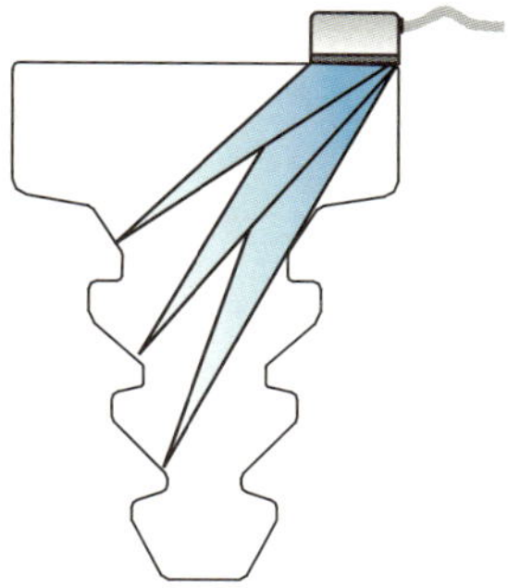

(a) Fir tree type

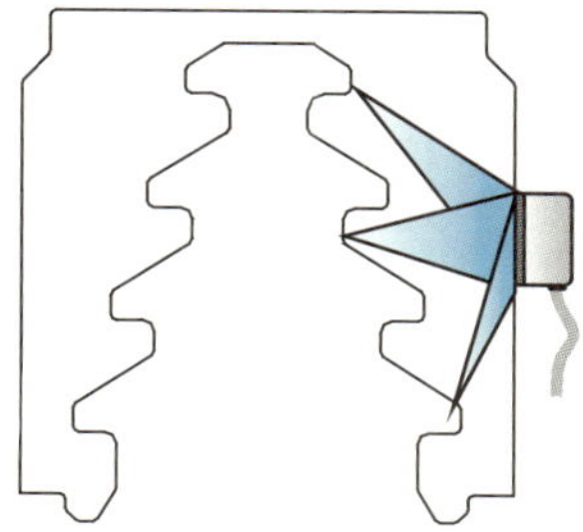

(b) Straddle mount type

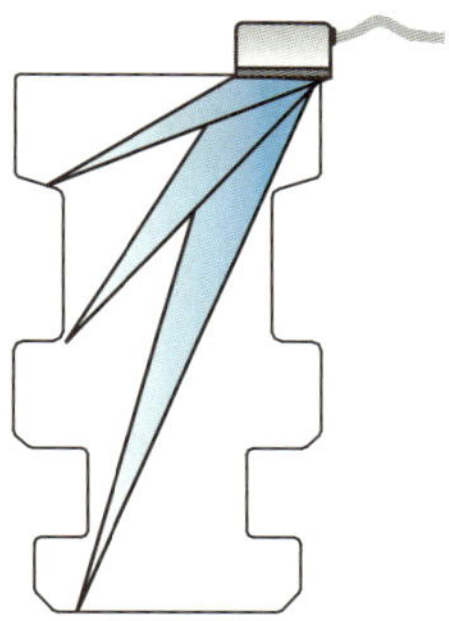

(c) Tee type

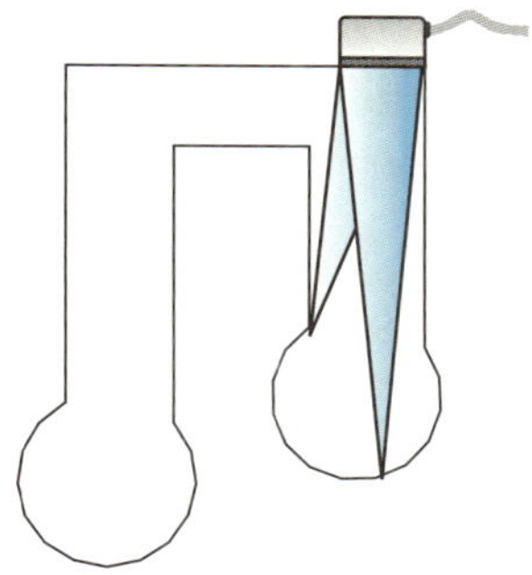

(d) Ball type

그림 12.30 Phased array probe application with various blade root geometry

향상을 기대할 수 있다. 그리고 현재까지 외국 제작사 및 검사업체가 수행하여오던 터빈검사에 대한 전반전인 기술자립을 꾀함으로서 순수국내기술로서 신속한 신호해석 및 결과 판정으로 발전소 예방정비시 공기 단축 및 외국제작사에 지불하여왔던 기술 용역비 절감이라는 막대한 경제적 효과를 가져 올 수 있다.

또한 일반 초음파 장비로는 검사가 불가능 부분에 대한 초음파 검사를 수행함으로서 발전설비 비파괴 검사시 검사 기관의 결함 평가 오류시 재확인 검사로 문제를 해결할 수 있을 것으로 기대된다. Phased Array UT System은 터빈 블레이드 루트부와 같이 형상이 복잡한 부분에 대해서 블레이드를 해체하지 않고도 초음파 검사 및 평가가 가능하며 일반적인 초음파 검사가 불가능한 부위를 포함한 전 발전소의 주요 설비에 대한 초음파 검사 신호 데이터의 취득, 관리, 분석, 이미지 화 등이 가능한 초음파 검사 장비이다. 최근에는 초음파 탐촉자 1개에 최대 128개의 Element가 들어있고 각

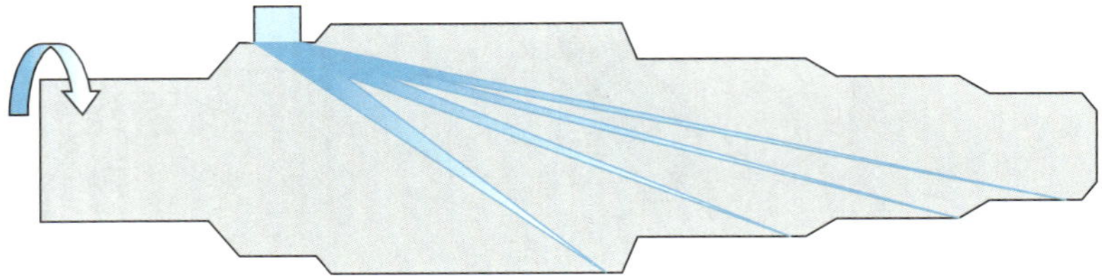

그림 12.31 Multiple angle inspection

Element에 Time delay를 부여함으로서 탐촉자를 움직이지 않고도 블레이드가 조립된 상태에서 블레이드 루트부와 같이 형상이 복잡한 부위에 대한 초음파 검사가 가능한 신기술의 초음파 검사 시스템(Ultrasonic Phased array system)으로서 각종 발전 설비(터빈축, 터빈 디스크, 터빈 블레이드 루트부, 배관 용접부, 이종 용접 접합부, Girth Weld부 등)에 대한 수동 및 자동 초음파 검사가 가능하다. 또한 탐지된 결함에 대한 데이터의 취득, 기록, 관리, 분석(A, B, C Scan) 등이 용이하여 발전설비 비파괴 검사에 활용할 수 있다.

Phased array system은 측정신호를 digital로 저장할 수 있으므로 주요 발전설비에 대한 초음파 확인 검사 및 평가, 기록 데이터 체계적 관리가 용이하며, 일반적인 초음

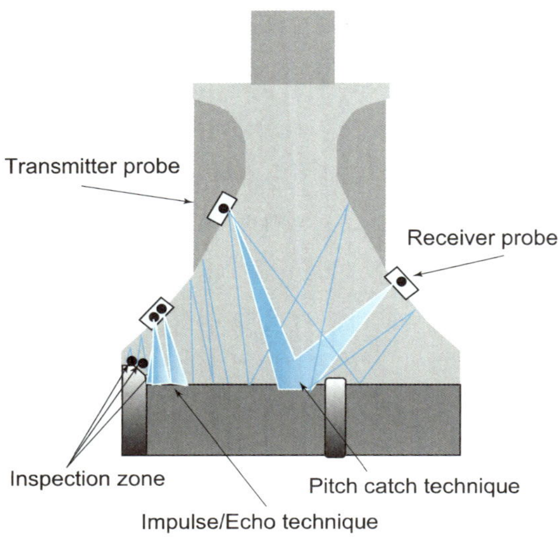

그림 12.32 Turbine disk inspection

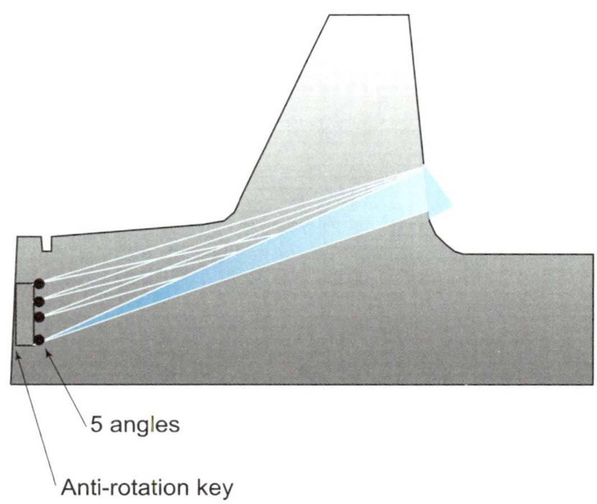

그림 12.33 Anti-rotation key inspection of turbine using phased array

파 검사 방법으로 불가능 부분에 대한 초음파 확인 검사 및 평가가 가능하므로 과거 검사에 대한 신호를 상호 비교하여 발전설비에 대한 체계적 관리가 용이하다. 터빈 로터와 같이 접근이 용이하지 않은 검사대상에 대하여 어떠한 위치에서 다중의 위치에 대하여 그림 3-47과 같이 검사를 수행할 수 있다.

일반적으로 터빈 디스크와 같이 접근이 어렵고 접촉면이 곡면일 경우에는 입사각도를 다양하게 하고 접촉면의 접촉을 양호하게 하기 위하여 많은 양의 Wedge를 제작하여야 하는 어려움이 있고, 검사작업상에도 많은 시간을 소모함으로 인하여 발전소 예방정비 기간 중에 모든 검사작업을 마치기에는 촉박한 실정이다. Phase array system은 조정 각 θ를 이용하여 원하는 위치에 보내고 검사부위에 따라 pulse/echo method 혹은 pitch catch method를 사용하여 초음파 빔의 접근이 어려운 부위에 대하여 검사가 가능하다.

Phased array의 빔이 도달하지 못하는 영역에 대한 검사를 수행 시에도 probe면에 하나의 wedge를 제작함으로서 이러한 문제를 쉽게 해결할 수 있다.

12.5 현장 적용 및 결론

1 고리원전 고압터빈 블레이드 루트부 현장 검사

고리 4호기 고압터빈 블레이드 1단에 대한 루트부 검사는 아래 그림 3-50에서와 같이 자동 검사장치를 이용하여 초음파 검사를 수행하였다. 기존의 초음파 검사와 가장 큰 다른점은 검사결과인 신호 취득에 있어서 A-Scan 뿐만 아니라, 검사부 전체를 한눈에 볼 수 있는 Sector-Scan을 할 수 있다는 점이다. 그림 12.35, 12.36은 고압터빈 블레이드 6, 7단 출구 및 입구측 Pin-hole을 맞고 돌아온 초음파 신호

그림 12.34 고압터빈 1단 자동초음파 검사모습

를 보여주고 있다. 그림에서 보듯이 Pin- hole을 맞고 나온 신호의 음압(amplitude)은 상당히 높음을 알 수 있고 기타 뒷부분에는 pin-finger 루트부의 기하학적 형상에서 나오는 신호를 취득하였다. 이러한 기하학적인 형상의 신호들 가운데에서 실제 결함의 신호를 평가할 수 있는 것은 이렇게 우수한 장비의 신뢰성과 검사자의 탁월한 신호 평가력에 의존한다. 첫 번째 Pin-hole부에 대한 Sectorial Scan의 모습이 아래 그림에 나타나 있다.

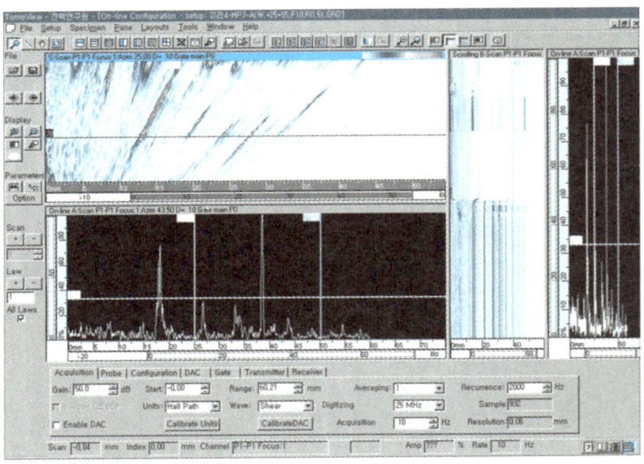

그림 12.35 7단 입구측 Pin-hole부 초음파 신호

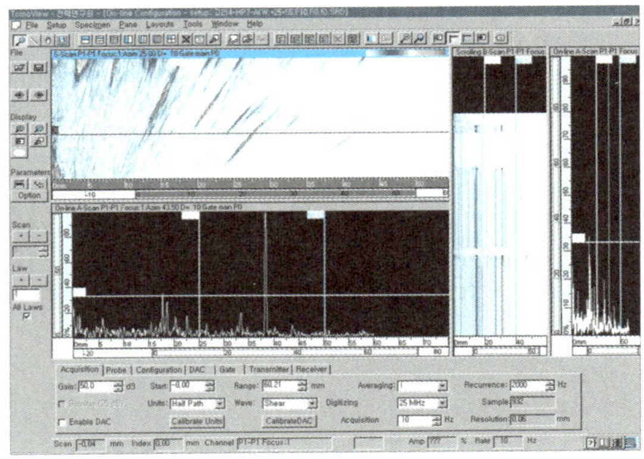

그림 12.36 6단 출구측 Pin-hole부 초음파 신호

이번 검사에서는 자동 초점 다각 주사(Azimuthal Scanning)법을 이용하였으며, 자동 검사각은 +25 - +55°의 범위로 결함 발생가능성이 가장 높은 블레이드 Pin-hole부 주위 전체를 탐상할 수 있도록 하였다. 결함의 주요발생위치인 Pin-hole 주위를 정밀 탐상한 결과 발생 결함의 신호가 없었으며, 고리 4호기 고압터빈 Double flow 방식 7개단 전체에 대한 초음파 검사를 실시하고 각단별 주요 신호를 취득, 신호평가 하였다.

2 보령화력 고압터빈 블레이드 루트부 현장 검사

그림 12.37은 보령화력 IP 터빈 4단의 Straddle mount type blade root부에 Probe를 위치시키고 각각의 hook지점을 Azimuthal scanning으로 −10°에서 +30°까지 22 mm의 초점으로 탐상한 결과이다.

S-Scan에 나타난 것과 같이 한지점에서 탐상하고자 하는 전각도를 확인할 수 있었

다. 일반적으로 이런 형태의 root부는 hook 부위에서 결함발생빈도가 높은 것으로 알려져 있으므로 crack 발생시 정확한 탐지가 예측가능하다. phased array system을 이용하여 복잡한 형상의 시험편에 대하여 probe를 고정한 상태에서 검사를 수행한 결과 일반적인 초음파 검사방법을 이용하였을 경우보다 결함의 탐지와 크기평가를 더욱 쉽고 신속하게 수행할 수 있었다. 일반적인 탐촉자를 사용하였을 경우 대상 검사체의 기하학적 형상이 복잡하면 검사표면의 굴곡이나 표면상태에 따라 여러 가지 wedge를 설계하여 빔을 원하는 지점으로 입사시켰으나 array probe는 검사표면이 굴곡이 있어도 하나의 wedge만을 제작하여 일정부위에 probe를 접촉시킬 수만 있다면 검사는 가능하다. 이러한 phased array system의 장점으로 인하여 기존의 일반적인 초음파 방법에서 곡률에 따른 빔의 전달경로를 계산하기 위하여 사용하여 왔던 Ray tracing과 같은 프로그램을 사용하지 않고도 검사가 가능하다.

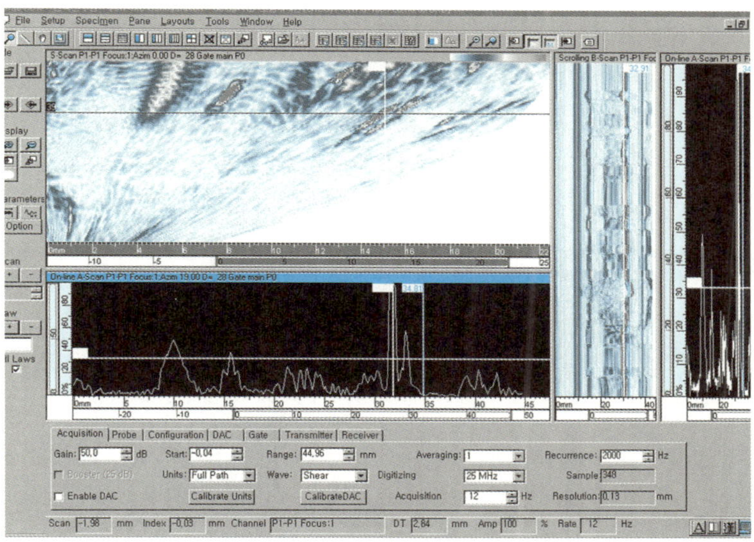

그림 12.37 phased array 탐상 화면(Tomoview)

3 평택4호기 고/중압 터빈 블레이드 루트부 현장 검사

그림 12.38과 그림 12.39는 평택화력 HIP 터빈 1단의 phased array UT 신호를 표시한 것이다.

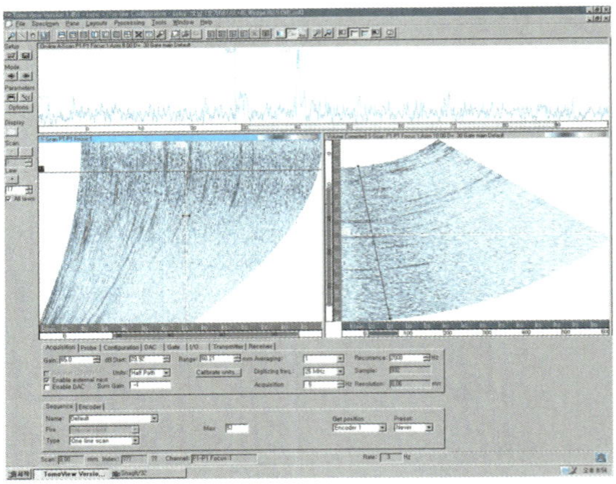

그림 12.38 HP터빈 1단 phased array 신호

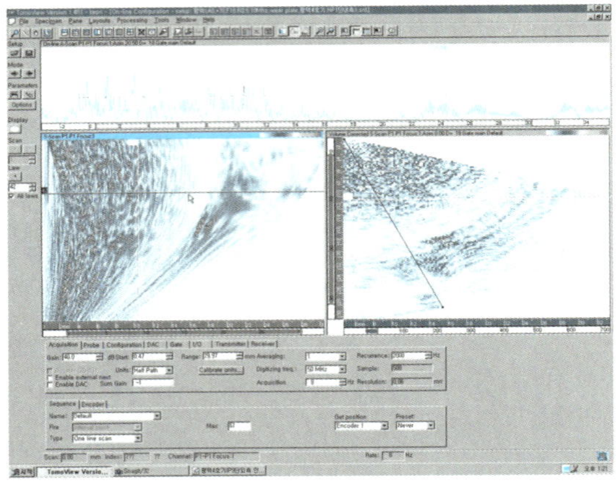

그림 12.39 평택화력 중압터빈 1단 신호

4 호남호기 저압 터빈 블레이드 루트부 현장 검사

그림 12.40은 한중에서 교체한 호남화력 1호기 저압터빈 블레이드 루트부에 대한 다중 초음파 탐촉자 신호이다. 그림 12.41은 검사중 결함을 발견하고 한중에 보수 조치케한 핀홀주위의 결함신호이다.

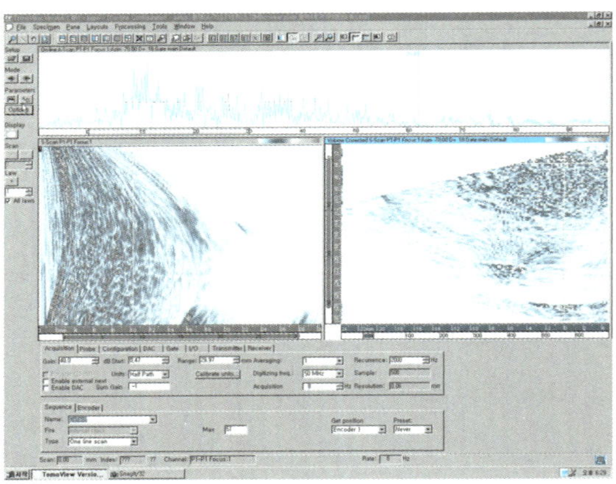

그림 12.40 호남화력 1호기 pin hole 주위 신호

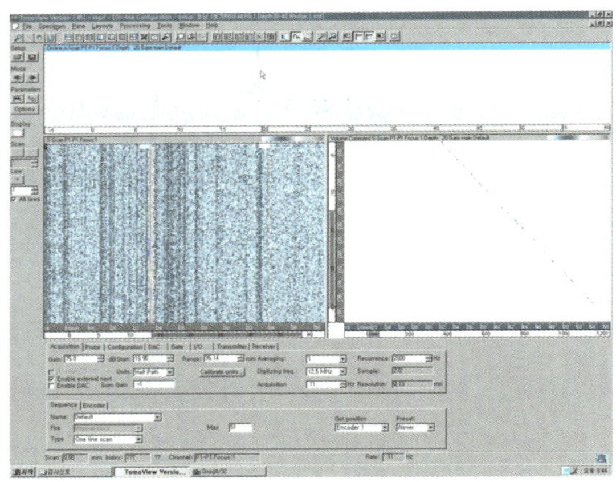

그림 12.41 호남화력 1호기 핀홀 결함신호

5 고리 2호기 고압터빈 블레이드 루트부 현장 검사

아래 그림 12.42는 현장에 기술 지원한 사례로서 고리원자력2호기 고압터빈(전단 Fin finger type) 블레이드 루트부에 대한 결함 검사신호이다. 고리원자력 고압 터빈은 대비시편도 없고 Spare part나 교체된 루트부도 없는 상태에서 핀 finger type이라는 사실만 알고 유사 대비시편을 활용하여 검사장치를 Setup하고 전단 검사를 수행하였다 고리 2호기 고압터빈 전단은 호남화력 저압 터빈의 경우와 마찬가지로 핀 핑거형이며 호남저압터빈과는 달리 핑거가 3개인 경우므로 적당한 웨지를 선정하여 초음파 빔의 입사가 최대로 되도록 하였다. 호남화력 루트부 시편을 활용하여 핀홀 주위의 신호를 검출한 것이 그림 3-58의 중앙 좌측에 있는 빨간 선 모양이며 이것은

핀홀 주위 핀홀 신호

를 각 각도별로 동시에 탐상한 결과를 한번에 나타낸 것이다.

만약 결함이 존재한다면 이 신호보다는 약간 오른쪽으로 또한 상/하 위치에 나타나게 될 것이다.

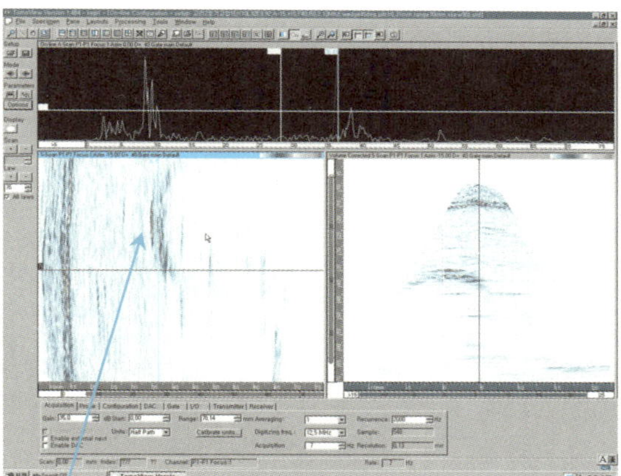

핀홀신호

그림 12.42 고리 2호기 고압터빈 pin hole 주위 건전부 P.A 신호

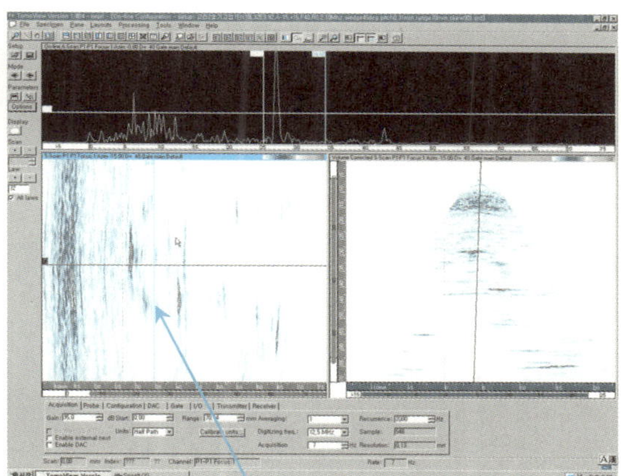

결함신호

그림 12.43 고리원전 고압터빈 pin hole 주위 결함신호

CHAPTER 13

초음파, 보일러 설비를 보다

13.1 보일러 설비 초음파 검사기술

1 보일러튜브 손상특성

보일러튜브의 손상은 고온·응력하에서의 균열, 열피로에 의한 균열, 연소가스·석탄회 등에 기인하는 부식(튜브외면), 수질에 기인한 부식(튜브내면), 침식(Erosion)(튜브외면) 등으로 구분된다. 고온·응력하에서의 균열은 보일러튜브를 장시간 사용함에 따른 일반적인 크리프(Creep) 균열의 경우와 튜브내면에 퇴적된 산화층(Scale) 등의 영향에 의해 보일러튜브가 과열을 받는 경우의 과열 팽출·분파에 의해 일어난다.

또한 이종재료 용접부가 고온에 노출된 근방에서 양 재료의 열팽창 계수차에 의해 발생할 수 있다. 보일러튜브에서는 열팽창의 구조적 구속 또는 내외면의 온도차에 기인한 열피로가 발생하며, 가스측(관외면) 및 물측(관내면)의 부식과 중첩되어 부식피로 형태를 취하는 것도 있다. 관외면의 부식에는 석탄회중의 용융 알칼리 유산염착화합물에 의한 부식(석탄회부식), 유회(油灰) 중의 용융 바나듐화합물에 의한 부식(유회부식), 불완전연소에 기인한 환원성가스 H_2S에 의한 부식(고온유화), 연소가스 중의 SO_3가 저온에서 유산으로 되기 때문에 발생하는 부식(저온부식) 등이 있다.

한편, 관내면의 부식에는 수증기산화 또는 탈기(脫氣)가 충분치 않아 수중에 존재하는 용존산소에 의한 부식(산소부식), pH 조정제의 알칼리성분의 농축에 의한 부식(알칼리부식), 화학세정처리의 부적절 또는 산 알칼리의 누입(漏入)에 의한 부식 등이 있다. 그리고 스테인레스 튜브에서는 응력의 중첩에 의해 부식피로만으로 응력 부식균열이 발생하는 경우가 있다. 관 외면의 침식(Erosion)은 연소가스 흐름에 포함되는 에쉬(Ash), 배기구에서 가속되어진 에쉬, 낙하 슬러그(Slug) 등에 의해 발생하게 된다. 이러한 보일러 설비에 대한 대표적인 검사방법 중 하나가 초음파 검사이므로 본장의 제목을 [초음파, 보일러 설비를 보다]라고 하고 상세 내용을 설명하고자 한다.

2 보일러튜브 초음파 검사방법

최근 장기운전 화력발전소의 개조 또는 정기검사의 기간연장문제와 관련하여, 비파괴 검사에 의한 잔여수명진단기술의 중요성이 계속하여 증가하고 있다. 다음은 보일러 튜브에 현재 적용되는 누설 또는 결함을 측정할 수 있는 대표적인 비파괴 검사 방법이다.

1) 초음파 TOFD(Time of Flight Diffraction Technique) 검사법

보일러의 빈번한 기동정지에 의해 발생되는 열응력과 부식이 중첩된 부식피로균열

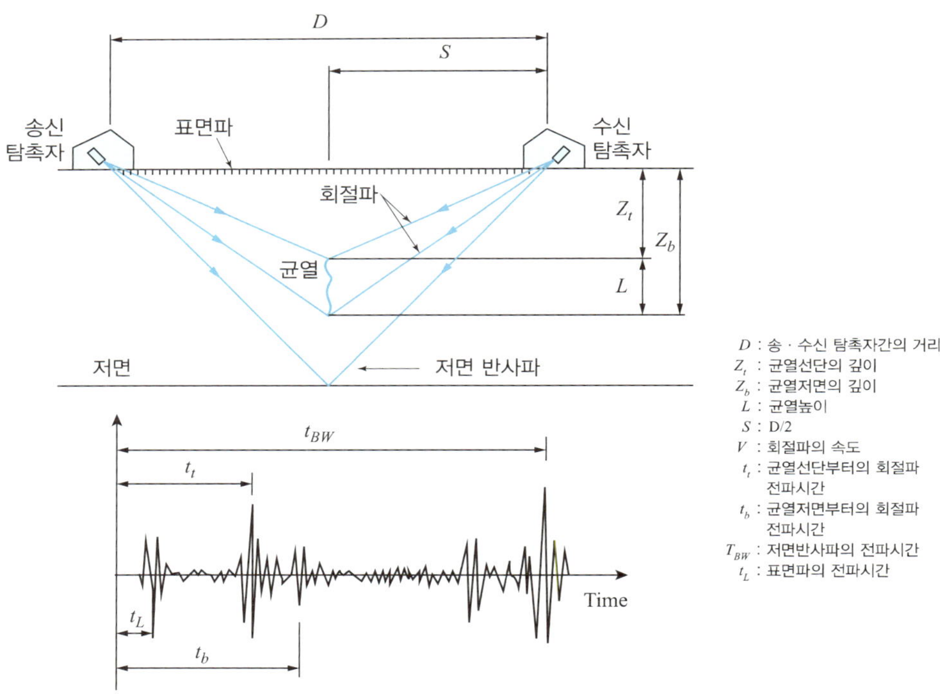

그림 13.1 TOFD법에 의한 균열높이 측정

이 노벽관(Water-wall Tube)에 많이 발생하고 있으며, 이러한 균열크기를 정기적이면서 정량적으로 측정하여 노벽(Furnace Wall) 전체의 손상정도를 모니터링하는 등의 보일러튜브 전체에 대한 적절한 교체시기를 결정하기 위해서는 각 보일러튜브의 결함치수를 정확하게 측정할 수 있는 비파괴검사기술이 요구된다. 따라서 이러한 보일러튜브의 결함을 측정하기 위한 비파괴검사는 종래로 부터 이용되어 온 펄스-에코법(Pulse-echo Method)에 의해 결함크기를 측정하여 왔으나, 이 방법은 초음파 탐촉자 Ultrasonic (Probe)를 주사함에 따라 파형의 미소변화로부터 저면(底面)에코를 읽어내어야 하기 때문에 검사원의 기량에 의존하는 경우가 많으며, 검사결과에 개인차가 나타나기 쉽다. 이러한 점을 보완하기 위하여 영국에서 이미 BS7706으로 규격화되어 결함의 검출 및 정량화방법으로 광범위하게 이용되고 있는 방법이 TOFD법이다. TOFD법은 결함을 사이에 두고 등거리(等距離)에 설치된 2개의 송수신 탐촉자를 이용하여 균열의 상단 및 하단으로부터의 회절파의 전파시간을 측정하여 균열높이를 측정하는 것이다.

2) 초음파 헬리컬 스킵(Helical Skip Technique) 검사법

화력발전소 보일러설비는 열피로에 의한 손상이 가장 많이 발생하고 있으며, 이는 빈번한 기동정지 또는 부하변동 운용에 의한 영향을 받는 것으로, 주로 열응력이 반복하여 작용하는 장소, 즉 보일러 본체와 부착금물과의 용접부 보일러튜브 외면에 주로 발생한다. 또한, 부착금물과 용접부 근방의 보일러튜브 내면에는 부식피로가 주로 발생하고 있다. 부식피로는 금속이 부식성 환경중에서 반복되는 응력을 받을 때, 피로강도가 대기중에 비해 급격히 저하하여 피로균열 발생 및 진전이 촉진되는 현상으로, 그 발생과정은 복잡하여 원인규명이 곤란한 점이 많으나, 기본적으로 열응력 등이 크게 작용하는 부위의 튜브 내면측에 발생하고 있는 경우가 많다.

그런데, 이들 균열발생이 예상되는 노벽관(Water-wall Tube)과 부착금물 및 용접부는 광범위하게 설치되어 있으며, 또한 그 수도 많기 때문에 노외측(爐外側)에서 검사하는 경우에는 보온재와 케이싱의 철거 및 복구에 많은 공정이 요구된다. 이에 대한 대책으로서, 노내측(爐內側)에서 노외측 용접부를 탐상하는 초음파 탐상기술이 개발되었다. 이 방법은 〈그림 23〉에 나타낸 것과 같이 2개의 초음파 탐촉자를 이용하는 것으로, 원주방향 균열을 탐상하는 경우에는 송신용 탐촉자(T)와 수신용 탐촉자(R)을 서로 등을 마주치게 하여 배치하고, 초음파를 튜브 내외면에 보내어 반사시킴과 동시에 전파시켜 노내측에서 노외의 용접부 근방을 탐상한다. 한편, 축방향 균열을 탐상

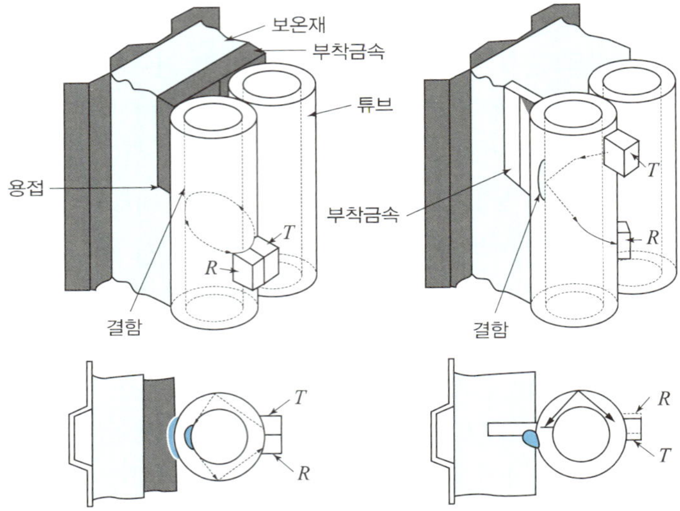

그림 13.2 초음파 헬리컬 스킵법

하는 경우에는 송신용 탐촉자(T)와 수신용 탐촉자(R)를 축방향으로 겹치지 않도록 반대방향에 배치하여 원주방향 균열탐상의 경우와 같이 탐상한다. 그 초음파의 전파 형태로부터 헬리컬 스킵(Helical Skip)법이라고 부른다. 본 방법은 이미 실기에 적용되어 노벽관(Water-wall Tube)의 검사방법으로 적용되고 있으며, 또한 본 방법에 의해 검출된 균열에 대해서는 TOFD법에 의해 균열크기를 측정할 수 있다.

3) 보일러튜브 내부진단 초음파검사법

과열기(Superheater)·재열기(Reheater) 또는 절탄기(Economizer) 등은 연료의 종류에 따라 고온부식이나 에쉬 에로전(Ash Erosion) 등에 의해 감육(減肉)되기 때문에 경년적인 두께측정이 필요하다. 또한, 화력발전소의 운용형태 변경에 의해 밀봉(密封) 용접부(Seal Weld)나 부착금물 용접부 등에 발전정지에 따른 열응력차가 반복적으로 작용하여 피로균열이 생기게 되므로, 정기검사에 있어서 중요한 점검사항이 된다. 그러나, 각종 기기 용접부의 수는 너무 광범위하기 때문에 종래의 방법인 노내에 발판을 조립하여 검사원이 튜브내면에서 검사하는 방법에서는 그 검사범위가 제한되어, 경년열화가 진행되는 보일러의 보전관리 방법으로서는 신뢰하기 힘들다.

강재(鋼材) 튜브내부를 검사하여 내·외면을 탐상하기 위한 비파괴검사법으로는 와류탐상법(Eddy Current Test)과 초음파탐상법이 이용되고 있다. 와류탐상법은 두께

7~8 mm 이하의 비자성체 튜브 결함검사에 적용되며 자성체를 검사할 경우, 투자율변화로 신호해석이 곤란하다. 그러나, 보일러튜브의 재질은 저합금강의 자성체이며 두께가 약 2~15 mm의 두꺼운 것이므로 와류탐상법을 적용하는 것은 곤란하다. 따라서, 자성체, 비자성체 및 두께에 제한없이 적용 가능한 초음파탐상법이 튜브내부 검사법으로 적당하다. 따라서, 최근에는 종래의 검사와는 완전히 다른 새로운 검사법이 개발, 실용화되고 있다. 즉, 튜브 내부에 초음파탐촉자를 삽입하여 내측에서 튜브 전체 길이에 걸쳐 검사하는 초음파 검사법이다.

4) 음향방출검사(Acoustic Emission Technology)

보일러튜브 등의 배관 내부에서 물이나 기타 유체가 새어나올 때 음향에너지(Acoustic Energy)를 포함한 여러 가지 형태의 에너지를 방출하게 되는데, 이러한 음향에너지를 이용하여 보일러튜브 등의 배관에서 운전 및 가동중 누설결함을 탐지하여 결함위치를 찾아내는 방법이 음향방출검사이다.[5] 튜브 내부의 증기누설에 의해 발생한 음향신호는 보일러내의 가스와 튜브를 통하여 전달된다. 이러한 음향신호를 검출하여 누설을 검사하기 위한 튜브누설검사에는 공기매개 전달 음향센서(Airborne Type Sensor)를 이용한 누설 신호검사와 금속매개 전달 음향센서(Metal borne Type Sensor)를 이용한 누설 신호검사의 2가지로 구분된다.

공기매개 전달 음향센서를 이용한 누설 신호검사의 경우, 과열기(Superheater), 재열기(Reheater) 및 절탄기(Economizer) 등과 같은 보일러 내부에 누설이 발생하면, 이 누설에 의래 생성된 진동은 음파를 생성시키고, 이 음파가 가스층을 통과하여 보일러의 벽면에 미세한 진동을 발생시키게 된다. 이 벽면이 울림판과 같은 역할을 하게 되고 이때 센서가 이 진동을 감지하게 된다. 이렇게 해서 얻어진 음향신호를 증폭, 여과 및 분석하여 일정시간 이상 경보 문턱값(Alarm Threshold)을 넘게될 때 발생된 경보로서 누설을 확인하는 방법이다.

한편, 금속매개 달 음향센서를 이용한 누설 신호검사에 있어서는, 보일러 내부나 외부의 노벽(Water Wall)에 누설이 발생하면, 이 누설에 의하여 생성된 진동은 튜브와 표면을 통하여 센서에 전달하게 된다. 이렇게 해서 얻어진 음향신호를 증폭, 여과 및 분석하고 일정시간 이상 경보 문턱값(Alarm Threshold)을 넘게 될 때 발생된 경보로서 누설을 확인하는 방법으로, 본 검사법은 피도관(Waveguide 또는 Sounding Rod)를 노벽면에 용접하면, 피도관은 저주파대역(1.7~11 kHz)와 고주파대역(20~175 kHz)를 모두 검출할 수 있다. 고주파 대역인 제매기(Sootblower)의 음향신호는 보일러 가

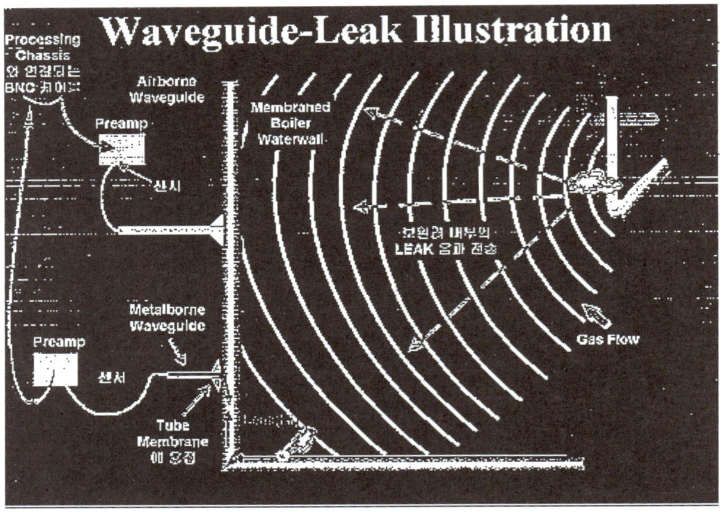

그림 13.3 보일러튜브 누설검사법 개요도

스를 통과하는 동안 약해지기 때문에 고주파 검출센서의 음향신호에는 큰 영향을 미치지 않는다. 고주파대역의 감지는 노벽 튜브와 표면 등과 같이 서로 연결되어 있는 금속성 경로를 통하여 누설시 발생하는 소음을 감지함으로서 슈트블로잉(Sootblowing)하는 동안 발생하는 누설을 감지할 수 있다. 튜브누설을 감지 위한 튜브 누설검사 원리도를 그림 13.3에 나타내었다.

5) 기타 비파괴검사

보일러튜브에 적용되는 기타 비파괴검사방법으로는 감마선(Gamma Ray), 중성자선(Neutron Ray) 등 여러 가지 방사선을 사용하는 방사선 투과검사가 있으며 이 방법을 이용하여 피로, 크리프 및 수소 취화손상 등을 검출할 수 있다.[6] 또한 자성재료의 표면결함에는 자기포화 근처까지 자화하면 결함부의 자속누설이 증가한다. 이러한 누설자속을 검출함으로서 결함을 검출해내는 자기탐상검사법을 비롯하여 튜브 표면에 개구(開口) 균열사이에 침투액을 침투시킨 후 현상액을 뿌려 균열을 찾아내는 침투탐상검사 등이 있다.

13.2 고온배관(주증기관, 헤드, 드럼 등) 진단기술

1 개요

보일러 주증기관, 헤드 및 드럼 등의 후육부(厚肉部)인 고온배관설비 노후의 가장 큰 원인은 재료열화(Material Degradation)이다. 재료열화를 발생시키는 요인은 오랜 사용기간, 고온환경, 부하조건, 부식환경 등이며, 대개의 경우는 이들이 복합적으로 작용하여 열화를 진행시킨다. 이러한 재료열화를 측정하기 위한 비파괴적 방법은 파괴적 방법에 비해 비교적 손쉽게 단시간 내에 많은 위치를 진단할 수 있고 정기적인 진단도 가능하기 때문에 많은 관심이 집중되고 있다.

종래의 정기점검에 주로 사용되는 육안검사, 침투탐상검사, 자분탐상검사, 일반적 초음파검사 등의 비파괴 결함검사는 거시적인 균열이나 결함만을 검출할 수 있으며, 균열이 발생될 때까지의 평가, 즉 수명소비와 손상정도를 검출하는 것은 불가능하였다. 따라서 재료가 열화됨에 따라 물리적 성질 및 미세조직이 변화되는 것에 착안하여 그들의 변화량과 손상정도 또는 열화도와의 관계를 정량적으로 파악함으로서 잔여수명을 진단하는 즉, 균열발생 이전의 손상을 포함한 조기손상을 검출하는 각종 비파괴 기술에 대하여 설명한다.

2 표면복제법(Replication Method)

고온 설비에서 많이 발생하는 크리프 손상을 비파괴적으로 검출하는 방법은 물리적 성질의 변화에 착안한 방법과 금속조직학적 변화에 착안한 방법으로 나눌 수 있다. 이 중에서 금속조직학적 방법은 손상을 직접 검출할 수 있어 실용성이 크고, 높은 정확도의 수명 평가가 가능하기 때문에 많은 관심이 집중되어 있다. 그러나 대부분의 경우에는 설비로부터의 시험편 채취가 제약을 받기 때문에 이를 해결하기 위한 포터블 연마기와 현미경이 사용되고 있기는 하지만 해석능력이 떨어지고, 경우에 따라서는 설비 구조상 조직의 직접 관찰이 불가능한 경우도 생긴다는 단점이 있다. 이와 같은 이유 때문에 금속조직을 다른 물질에 복제시켜 그 물질을 실험실로 가져와 그 물질에 나타난 조직을 간접적으로 관찰, 분석하는 표면복제법(Replication Method)을 많이 사용하고 있다.

표면복제법은 레프리카 필름(Replica Film)을 관찰 대상이 되는 표면에 피복시킨 후 그 막을 떼어내어 금속 현미경이나 전자 현미경으로 관찰하는 것이다.[4-5] Replica의 채취 및 관찰 요령에 대해서는 1974년에 제정된 국제규격 ISO 3057(Non-Destructive Testing-Metallographic Replica Techniques of Surface Examination)이 있으며, 미국의 경우에는 1987년에 ASTM ES-12의 긴급 규정이 제정된 후, 1990년에 ASTM E-1351(Standard Practice for Production and Evaluation of Field Metallographic Replica)로 정식 규격화 되었다.

1) Replica 채취법

금속조직 검사용으로 시판되고 있는 Replica 막은 Acetylcellulose Film과 Paraffine을 조합한 것으로 0.035 mm와 0.08 mm 두께의 두 종류가 있다. 이들은 Replica 체취면의 요철 정도와 온도 등의 조건에 따라 구별되어 사용된다. 용제로는 시약 1급 규격 이상의 Methyl Acetate를 사용한다. Replication 절차의 개략도는 그림 13.4와 같다. Grinding/ Polishing/Etching/Replication 등의 여러 가지 절차를 거쳐 하나의 Replica가 채취된다.

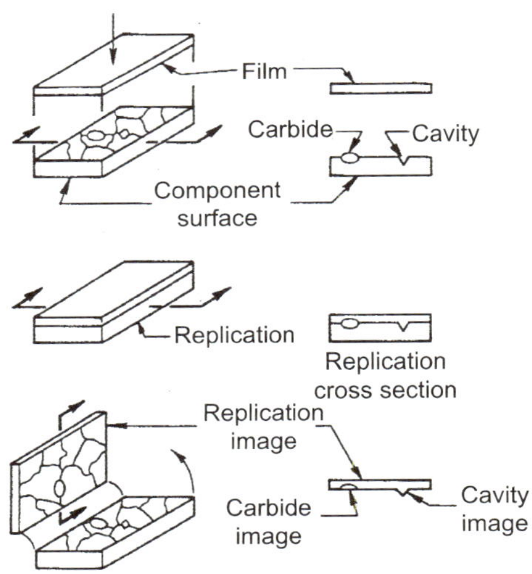

그림 13.4 Replication 절차의 개략도

2) 조직대비법

조직대비법은 크리프 기공과 균열의 상태에 따라 손상 등급을 분류하여 각 등급에

대응하는 정기점검 및 보수관리를 행하는 방법[4]으로, Cr-Mo 저합금강 HAZ에서의 크리프손상 진전과 조직변화의 관계를 크리프 시험 중단재와 실기의 장시간 사용재를 사용·조사하여 그림 13.5와 같이 손상인자를 구분한 후, 이와 같은 손상인자와 크리프 파단시험 결과로부터 구한 크리프 파단 수명소비율과 대비시켜 종합 손상구분을 그림 13.6과 같이 7단계로 구분한다.

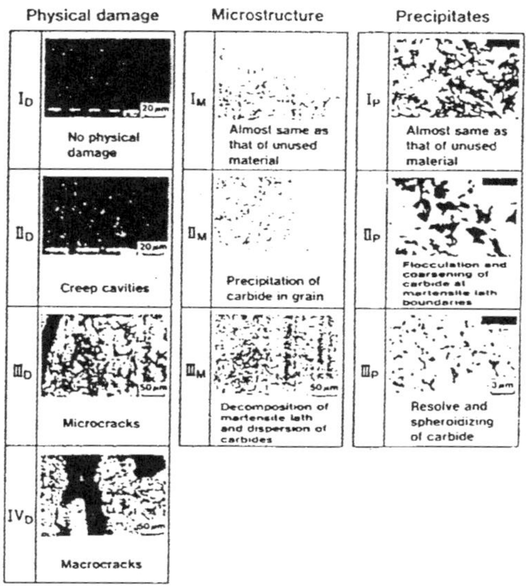

그림 13.5 Cr-Mo강 열영향부의 손상인자구분

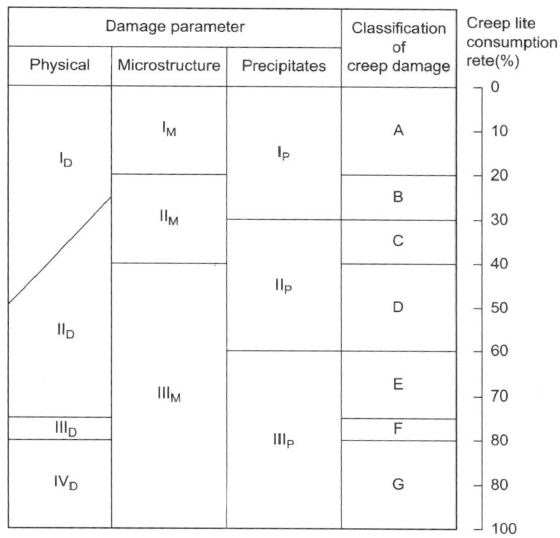

그림 13.6 Cr-Mo강의 손상구분과 creep 파단 수명 소비율과의 관계

3) 기공정량화법

기공을 정량적으로 평가하는 방법으로 시료를 채취하여 광학 현미경이나 주사전자 현미경을 이용하여 관찰하는 직접 관찰법과 현장에서 채취한 Replica를 이용하여 밀도 변화를 측정하는 간접 계측법이 있다. 밀도변화 측정법은 기공이 생성되면 부피가 증가하여 밀도가 감소되기 때문에 미사용재 등의 건전재의 밀도 D에 대한 손상재의 상대적 밀도 변화량 $\Delta D/D$를 계측하여 기공의 생성량을 구하는 비교 방법이다. 기공을 관찰하는데 광학 현미경과 주사 전자현미경이 많이 사용되며, 그 평가 방법을 표 13.1에 정리하였다.

표 13.1 기공정량화법에 의한 열화평가법

평가 인자	평가방법	비고
면적률	생성된 기공의 비율 = (전 격자점 중심의 수)/(총격자 점수×시야수)	격자(보통 20×20 사용)를 시야 상에 놓고 측정
면밀도	단위 면적당의 기공 수 = (기공의 총 수)/(1 시야의 면적×시야수)	단위 입계 길이 당의 기공 수를 구하기도 한다.
크기	평균크기 = (기공 직경의 총합)/(기공의 총 수)	최대 크기를 구하기도 한다.
생성입계율	기공이 생성된 입계의 비율 = (기공을 포함한 입계의 수)/(전 입계의 수)	A Parameter법

4) 결정립 변형법

결정립 변형법은 13.7에 나타낸 것과 같이, 크리프 손상이 진행됨에 따라 페라이트 결정립이 응력방향으로 변형된다는 사실에 착안한 것으로서 변형을 정량화하는 Parameter로서는 결정립의 장경의 방향과 응력방향이 이루는 각도(θ_m)를 많이 사용하며, 광학 현미경과 화상처리 장치를 이용하여 측정한다. θ_m 분포의 표준편차인 변형계수

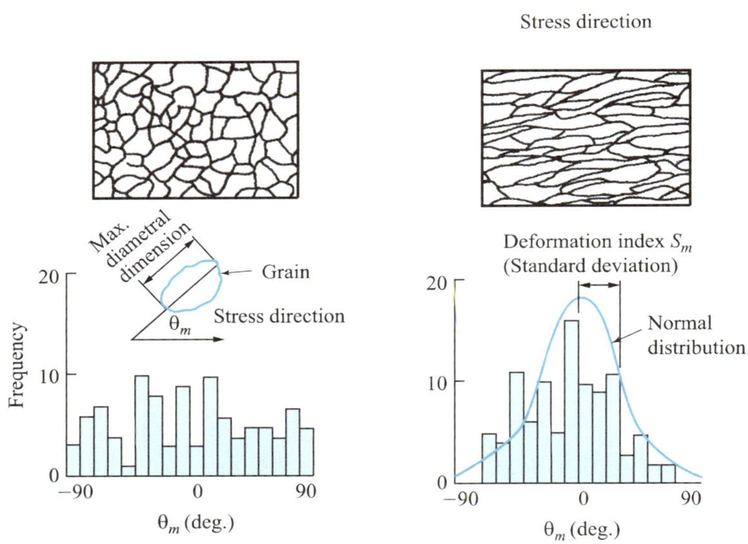

(a) Unused materila (b) Crept material(ϕ_c =0.85)

그림 13.7 결정립의 형상변화

(S_m)은 크리프 손상율과 좋은 상관관계가 있기 때문에 정도 높은 진단을 할 수 있다.

3 경도법

고온 설비의 안전성이나 경제적인 운용을 위해서는 설비 구성 재료의 손상을 검출하여 설비의 잔여수명을 평가하는 것이 매우 중요하다. 잔여수명 평가법 중에서 비파괴적 방법은 실기를 크게 훼손시키지 않고 손상상태를 직접적으로 파악할 수 있다는 장점이 있으며, 비교적 손쉽게 단시간 내에 많은 위치를 진단할 수 있고 정기적인 진단도 가능하기 때문에 많은 관심이 집중되고 있다. 비파괴적 손상 검출 방법 중에서 경도법은 시험이 간편하고 실용화 가능성이 가장 높은 방법 중의 하나로 알려져 있다.

경도를 알면 재료의 다른 성질, 예를 들면 강도, 내마모성, 변형저항 등을 알 수 있기 때문에 경도값 자체를 알기 위해서, 뿐만 아니라 그 밖의 다른 성질을 추측하기 위해서 경도시험을 한다. 경도측정을 하여 잔여수명을 예측하는 경우 경도값 자체를 이용하거나 경년열화를 따른 경도의 감소량 혹은 경도비를 주로 이용한다. 경도측정을 이용한 고온 사용 설비의 크리프 수명예측에는 다음과 같은 방법들이 사용되고 있다. 경도감소량, 경도값 및 경도비를 이용하는 방법이 있으며, 크리프 파단강도, 기간-온도변수(Time-Temperature-Parameter) 및 경도값의 관계를 그림 13.8, 그리고 경도측정을 이용한 크리프 손상과 잔여수명 예측법을 그림 13.9에 각각 나타낸다.

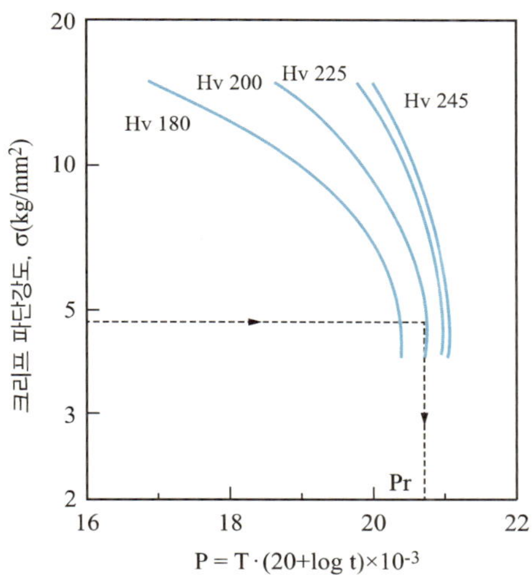

그림 13.8 크리프손상에 따른 경도값 변화

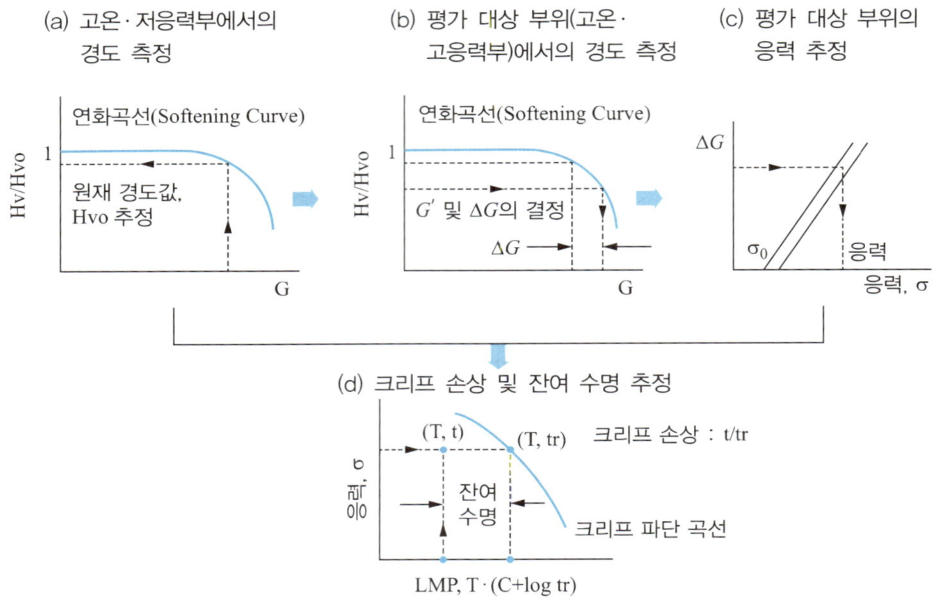

그림 13.9 경도측정에 의한 크리프손상과 잔여수명 예측법

4 입계부식법

입계부식법(Grain Boundary Etching Method)은 내식성 및 화학부식 특성의 변화를 관찰하여 경년열화된 재료의 인성을 평가하는 방법이다. 이 방법은 오래전부터 저합금강의 뜨임취화의 검출법으로 이용되어 왔으며, 뜨임취화는 인(P) 등 불순물 원소의 입계편석에 기인하는 것으로 알려져 왔다. 따라서 이 방법에서 입계부식은 불순물의 입계 편석에 기인하는 것으로 추측할 수 있으며 입계 석출물의 양을 정량화 함으로서 ΔFATT와 같은 재질의 열화도를 구할 수 있다.

5 전기화학 측정법

전기화학 측정법은 발전설비를 포함한 고온에서 사용되는 설비에서 경년열화(피로손상, creep 손상, 연화, 취화)가 나타나면 이로 인해 금속재료의 부식특성이 변하는 것에 근거한 것으로 부식 속도의 측정방법으로는 교류 이용법인 AC Impedance 방법과 직류법이 있으며 고온 사용설비의 경년 열화 진단과 수명예측에 활용되는 방법은 후자로서 현재 대부분 연구개발 단계에 있으며 일본에서 실용화 되고 있는 방법이다. 재료의 측정 Parameter로는 I_p(양극 활성화 Peak 전류밀도, Critical Anode Current Density for Pacivity), I_r(재부동태화 전류밀도), ΔI_p(부동태화 후의 Peak 전류밀도) 등이 있는데 보통 미사용 원재와 사용재에서의 측정값의 비 또는 차이와 경도변화, 충격치 변화 Larson-Miller Parameter, FATT, 온도 등과의 상관관계로부터 손상정도를 분석한다.

6 초음파법

초음파는 시험체의 표면에 국한하지 않고 내부의 계측이 가능한 점, 계측방법이 용이한 점, 광범위한 계측이 가능한 점 등의 장점이 많아, 수많은 측정법이 제안되고 있다. 대표적인 시험방법을 표 13.2에 나타낸다.

표 13.2 초음파에 의한 경년열화 측정방법

방법	내용	대상
음속측정	음속변화	응력측정, 크리프, 피로, 부식, 수소침식, 수소취화 등
감쇠측정	감쇠율 변화	크리프, 피로, 결정입도, 부식, 수소취화 등
주파수분석법	주파수 분포상황의 변화	크리프, 피로, 템프링 취화, 결정입도 등
노이즈분석법	후방산란파의 주파수분석	크리프, 피로 등
산란파법	후방산란파의 진폭특성	크리프, 피로, 결정입도, 담금질 깊이, 편석 등
임계각법	Rayleigh파의 발생 각도	잔류응력, 피로, 냉간가공도 등

1) 음속측정법(Sound Velocity Measuring Method)

초음파의 전파 모드는 종파, 횡파, 표면파, 판파 등이 있으며, 이들의 음파는 재질에 고유의 속도로 전파하기 때문에, 역으로 음속을 측정하여 재질특성을 파악하는 것은 가능하다. 재료에 열화손상이 일어나면, 재료 중을 전파하는 음속이 변화하므르 음속의 변화량으로부터 손상량을 측정하는 방법이 이용되고 있다. 재료내를 전파하는 음속을 측정하는 것은, 재료의 기계적 탄성계수를 측정하는 방법으로도 되고, 또 재료에 가해지는 변형 측정에도 관련하는 것이다. 결함위치를 측정하는 것은 원리적으로 탐상면과 에코우간을 왕복한 시간을 측정하는 것이므로 반사 위치가 알려져 있는 것에 대해서는 음속을 측정하게 된다.[15] 음속에는 위상속도(Phase Velocity)와 군속도(Group Velocity)가 있으며, 위상속도는 진행하는 속도이며 군속도는 정현파의 합성파 파형이 어느 정도 쇠퇴하지 않는 범위에서 파속(파의 다발)으로 진행하는 속도를 말한다.

일반적으로 재료에서는 격자결함이 반드시 존재하기 때문에 속도분산이 있으며, 그것에 의해 음속이 주파수에 의해 변화하기 때문에 전파거리가 길어짐과 함께 펄스폭이 넓어지고 형상이 쇠퇴해져 간다. 이와 같은 경우에는 위상속도를 이용할 필요가 있다. 재료가 열화한 경우, Void의 발생이나 석출, 편석 등에 의해 재료의 미세조직에 불균일성이 생겨, 음속의 주파수 의존성이 커지게 된다. 따라서 재료평가에는 음속의 위상속도에 대한 주파수 의존성에 착안하는 것이 중요하다. 음속측정법에는 펄스반사법, 초음파 두께계에 의한 방법, 지연에코우 응용법, 펄스 간섭법 등이 있으며 기본적인 측정방법은 그림 13.10과 같다.

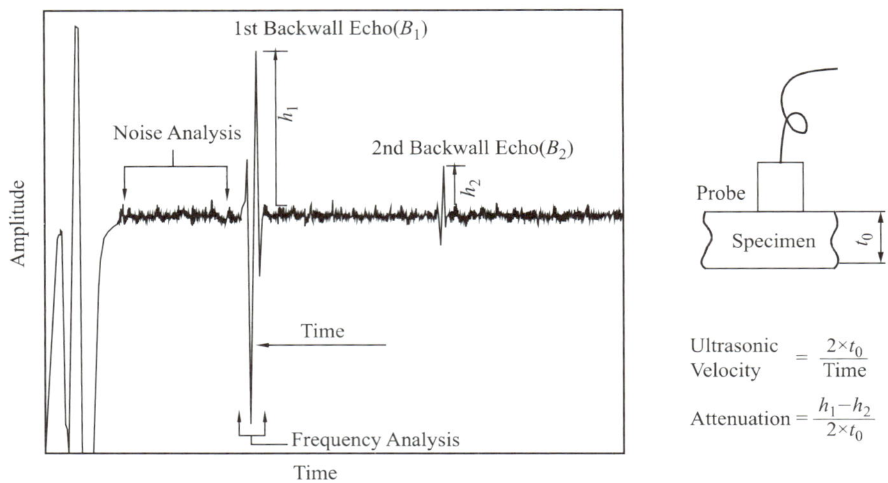

그림 13.10 초음파 측정방법

2) 감쇠측정법(Attenuation Measuring Method)

재료의 열화는 전위밀도, 결정립의 형상이나 2차상의 석출에 관한 금속조직적 변화에 대응하고 있을 때, 초음파의 감쇠율에 변화를 주게 된다. 또한 재료내부의 미소결함은 초음파 산란의 원인이 되어 감쇠율에 영향을 미친다. 이와 같이 감쇠율의 변화로부터 열화손상량을 측정하는 것이 감쇠측정법이다. 음의 경로(Soundpath) x에 따른 초음파 Pulse의 증폭 A는 아래의 식으로 주어진다.

$$A = A_o \exp(-\alpha x) \cdot D(x) \tag{13.1}$$

여기서, A : 초기진폭

α : 감쇠계수

$D(x)$: 음장(Sound Field) 확산에 대한 보정계수

원리적으로는 x_1, x_2에서의 펄스의 높이 hx_1과 hx_2를 측정하고, 아래의 식으로 구한다.

$$\alpha = \frac{20\log_{10}(h_{x1}/h_{x2})}{x_2 - x_1} \tag{13.2}$$

실제적으로는 많은 x_i에 대해서 h_{xi}를 측정하고 평균적으로 α를 구하면 된다. 제1회의 밑면 에코우 높이만에 의해서 또는 다중반사에 의해서도 구할 수 있다. 일반적인 감쇠상수 측정방법은 그림 13.10과 같다.

3) 주파수분석법(Frequency analysis Method)

재료의 결정입계나 미소결함에서의 산란량은 초음파의 주파수에 따라 달라진다. 반사파를 주파수분석기에서 해석하여 그 분포상태, Peak 주파수, 대역폭 등의 변화량으로부터 열화손상량을 측정하는 방법이다. 주파수분포특성은 우선, 그림 13.12 중의 B1에코를 게이트로 취출하고 주파수분석기의 입력으로 하여 그 주파수분포를 구한다. B2에코에 대하여도 같은 식으로 주파수분포를 구한다면, 그림 13.11과 같은 결과가 된다. 따라서 이것들을 주파수에 대하여 적분하고, B1의 적분치에서 B2의 적분치를 뺀 B1/B2 주파수 분포차를 구하여 이것을 주파수해석 감쇠율로 하여 강재의 열화도를 평가한다.

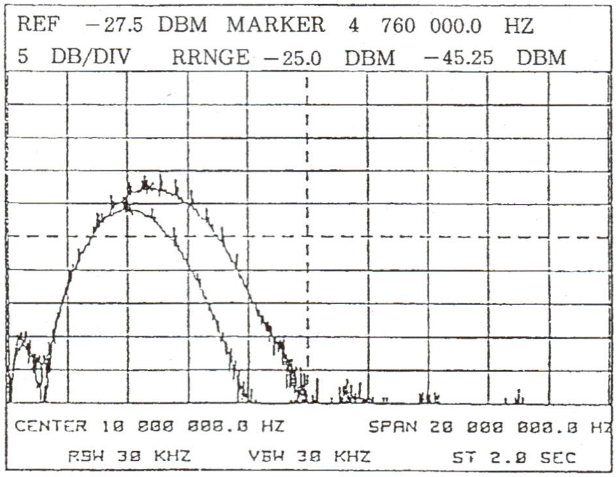

그림 13.11 주파수분포 특성

4) 노이즈분석법(Noise Analysis Method)

재료 내에서의 초음파 후방산란파를 이용하는 산란파법의 일종이나, 산란파 노이즈(Noise)의 주파수분석을 행하여 임의 주파수 대역에서의 노이즈량을 구하고, 그때의 변화량과 손상량을 측정하는 방법이다. 음속측정, 감쇠측정 및 주파수측정의 각 방법은 시험체의 저면 반사파를 사용하나, 내면이 부식 등에 의해 요철상태로 되어 있는 경우에는 이들 방법에 의한 측정값은 큰 오차를 포함할 수 있다. 이에 대해 노이즈분석법은 재료내부에서의 산란파를 이용하기 때문에 시험체 내면의 표면상태에 영향을 받지 않는 것으로 큰 장점을 가지고 있다. 초음파는 Void나 미소균열에 의해 산란되기 때문에 Void나 미소균열을 포함하고 있는 손상재의 Noise Energy는 미사용재의 그것에 비해 커지게 된다. 초음파를 발생시켜 제1회 저면에코까지의 Noise가 분석되고, 그 신호를 Fourier 변환하여 주파수해석하고 Noise Energy를 산출한다. 즉, B1에코 바로 앞쪽(시간축 영점축)에 게이트를 걸어 이 사이의 노이즈 성분을 취출하고, 주파수분석기에 의해 주파수분석을 한다. 측정장치 및 방법에 대한 모식도를 그림 13.12에 나타낸다.

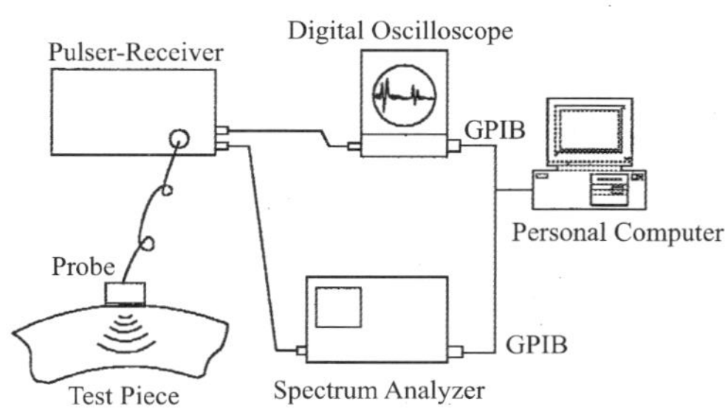

(a) Measuring system

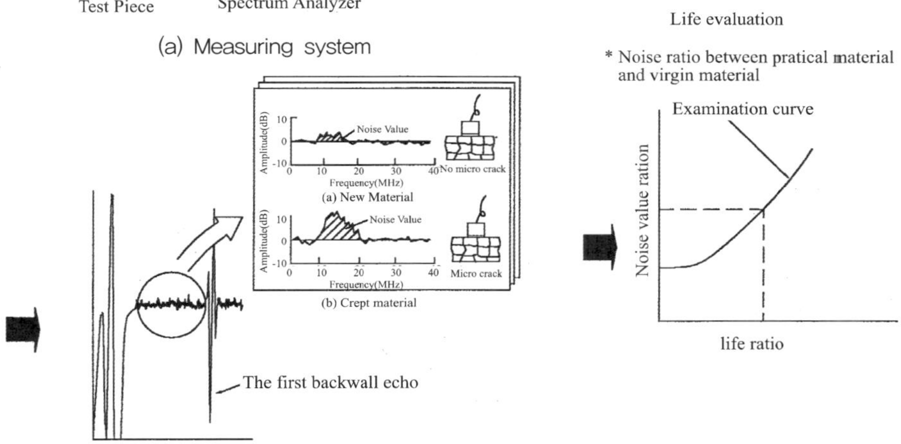

(b) Noise analysis

그림 13.12 노이즈 측정장치 및 측정방법

CHAPTER 14

초음파, 터빈설비를 자동으로 진단하다

14.1 자동검사 개요

Phased Array UT System을 이용해서 블레이드 루트부와 같이 형상이 복잡하고 접근이 어려운 발전설비 초음파 검사 및 확인 검사 기술을 개발하기 위하여 Phased array UT 신호 취득 및 분석 기술에 대하여 설명하고자 한다.

Phased Array UT System은 주요 발전설비에 대한 초음파 검사 데이터의 취득, 관리, 분석, 이미지화 등이 가능하며, 탐촉자가 다중의 Element로 구성되어 각 Element에서 생성되는 초음파 빔의 발생 및 수신에 일정한 형태의 Time delay를 적용하고, 수신된 신호를 합성함으로서 탐촉자를 움직이지 않고도 원하는 부위로 초음파 빔을 진행시킬 수 있다. Phased array UT system을 이용하여 검사를 수행할 경우에는 빔을 원하는 위치와 각도로 보낼 수 있으므로 일반적인 초음파방법에서 각도에 따라 Wedge를 제작하는데 사용되는 시간적, 경제적인 노력을 없앨 수가 있을 뿐만 아니라, 탐촉자를 움직여 결함의 Sizing을 수행하는 일반적인 초음파방법과는 달리 탐촉자를 움직이지 않고 전자적인 주사(Electrical scanning)로서 결함의 크기평가를 수행할 수 있다는 장점이 있다. 또한 탐촉자 이송장치를 사용하여 검사자가 Probe를 검사체에 직접 Scan하지 않고도 일정한 검사영역을 설정하고 검사속도를 입력하면 자동으로 검사를 수행함으로서 일정한 신호 DB를 얻을 수 있으며, 검사의 자동화를 도모할 수 있다.

터빈은 고온, 고압 하에서 고속으로 회전하는 설비이므로 장시간 운전하는 동안에 블레이드, 로타 또는 디스크 부위에 취화, 응력부식, 부식피로 등의 결함발생 가능성이 높은 부품으로 알려져 왔다. 일반적으로 터빈부품에 대한 비파괴검사 방법으로는 초음파 검사(UT), 자분탐상 검사(MT), 침투탐상 검사(PT) 등이 적용되고 있으며, 터빈 디스크의 경우 접근이 용이한 림(Rim)이나 웹(Web) 부위는 자분탐상 검사나 침투탐상 검사로 허브(Hub)나 키웨이(Key way), 축 표면 부위는 디스크를 로타에서 분리하지 않는 한 접근이 불가능하기 때문에 초음파 탐상에 의존할 수밖에 없다. 터빈설비에 대한 초음파 검사는 검사방법, 결함 신호의 탐지 및 평가 기술이 취약하고, 또한 탐지된 결함의 건전성을 평가하기 위한 응력이나 소재의 물성치를 해석하는 기술이 취약하므로 발전설비의 노후화, 고온, 고압화, 대용량화 및 장주기 운전(12개월 → 18개월)에 대처하기 위해 엄격한 결함 탐지 및 건전성 평가를 수행하는 기술 개발이 필요한 실정이다.

블레이드 몸체(body)의 내부 및 표면에 발생하는 균열탐지는 액체침투검사(PT), 자분검사(MT)를 수행할 수 있으나 루트 부위의 피로균열 (fatigue crack)과 같은 미세한 결함의 검출에는 블레이드의 여러 형태와 그 구조의 복잡성 등으로 인하여 검사방법, 결함평가 및 신호해석에 어려움이 따르고 있다. 또한 검사시 막대한 검사물량, 검사자의 기량문제, 검사신뢰도 확보문제 등 여러 문제가 대두되고 있으므로 신 검사 기법과 자동검사 기술개발의 필요성이 중시되고 있다. 외국의 경우 터빈부품에 대한 초음파 검사기술 확립을 위한 많은 연구가 진행되고 있으며 터빈 제작회사 들은 독자적인 검사기술 및 절차서를 마련해 놓고 있으며, 한전은 다양한 형태의 블레이드 루트부를 가지고 있고 그 크기 또한 각각 달라 신호해석에 어려움이 산재하고 있는 실정이므로 예방정비기간동안에 터빈 블레이드에 대한 비파괴 검사의 신뢰성을 확보하여야 한다. 그러므로 터빈설비에 대한 비파괴 검사는 응력해석, 파괴역학, 재료거동 등을 적용함과 아울러 터빈설비에 대한 초음파 검사 신뢰도를 향상 시켜야 한다. 이를 위해서는 신 검사 기법 개발 및 자동 검사기술의 확립을 이룩해야 한다. 따라서 위상배열 초음파를 이용하고 자동검사 장치 등에 관련하여 본장의 제목을 [초음파, 터빈설비를 자동으로 진단하다]로 정하였다.

본장에서는 터빈 중요 검사부(터빈축, 디스크, 블레이드 루트부, 테논부)의 비파괴 검사 신뢰성 확보 및 제고 문제의 해결책으로서 터빈 각 부품에 대한 자동화 검사 기술을 확립하고자 하며 이를 위하여 각 부품별 자동검사용 로봇을 설계 제작하여 현장에 적용할 수 있도록 하고자 한다. 즉, 터빈 비파괴 검사 주요부위인 터빈축, 블레이드 루트부, 테논부, 디스크 등과 같은 부품에 대하여 자동검사 기법을 개발하고 각 부품의 자동 검사를 수행하는 로봇 장치의 설계 제작과 이의 현장적용으로 신뢰도 향상 등에 대해 설명하고자 한다.

터빈설비 자동 초음파 자동검사 기법 개발 및 다중 초음파 신호해석 핵심기술 확보를 위해서는 표준화력 등 각 발전소의 터빈 형태에 따른 공통점을 파악 각 주요 검사부를 자동 검사할 수 있는 구체적 방법의 정립 및 이를 통한 검사 장치의 개발을 통해 검사 속도의 향상 및 검사 신뢰도 제고를 기하고자 한다. 또한 주요 검사부위별 자동 초음파 검사를 위한 각 부품별 대비시편에 인공 결함을 방전 가공하여 실제 부품 내부의 인공 결함의 검출능력을 측정하고, 현장 기술지원 시는 자동 검사 로봇으로 적용 테스트를 수행하여 그 적용성을 높일 것이다. 또한 루트 내부에 존재하는 실제 결함과 형상의 복잡성으로 인해 발생되는 형상신호를 규명함으로써 루트 내부에 존재하는 결함에 대한 다중 초음파 검사(Phased array UT) 기술을 확립하고 실제 현장에 적용할 수 있도록 하였다.

14.2 터빈 설비의 구조 및 특징

터빈은 증기의 열적 에너지를 기계적인 운동에너지로 바꾸어 주는 역할을 수행하는 설비로서 고속으로 회전하는 회전체이기 때문에 비파괴적 검사의 중요성은 매우 크다. 그림 14.1에 전형적인 증기터빈의 개략적인 구조도를 나타내었고, 그림 14.2에는 이번 연구에서 Phased array UT system을 사용해 적용검사를 수행한 고리 원자력 발전소 4호기 고압터빈의 모습을 나타내었다.

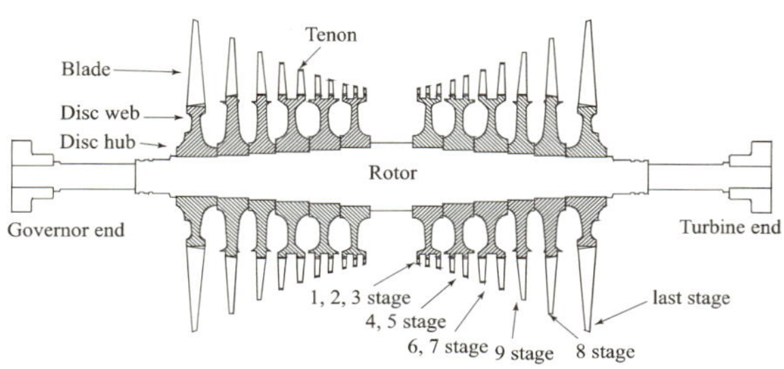

그림 14.1 Schematic diagram of Turbine

그림 14.2 HP Turbine of Kori #4

1 블레이드의 구조와 형태

터빈 Blade는 Disc의 원주 위에 부착되어 증기의 운동에너지를 기계적인 에너지로 전환시켜 주는 역할을 하고 있으며 고속증기의 기계역학적인 힘으로부터 터빈축을 회전시키는 힘을 효과적으로 생산하도록 설계되어 있다. 그러므로 고속회전에 따른 자중의 원심력과 Blade 자체의 고유진동 및 증기의 강한 외력에 따른 복잡한 진동에 저항성을 갖고 또한 부식에 강한 재료를 선택하지 않으면 안된다. 일반적으로 터빈 Blade에 사용되는 재료는 Martensite계 Stainless강인 12cr 강으로 진동에 대한 저항력이 크며 내식성 및 기계적인 성질이 양호한 것으로 알려져 있다.

그림 14.3과 그림 14.4에 보인 바와 같이 Blade의 세부 구조를 살펴보면 Shroud, Tenon, Lashing, Airfoil, Blade root 등으로 나눌 수 있다. Shroud는 표면 덮개로서 원주 방향 증기로부터 각 Blade를 구조적으로 연결해주며 Tenon은 Blade에 작용하는 원심력 및 굽힘 응력에 견딜 수 있고 소성 변형을 충분히 견딜 수 있

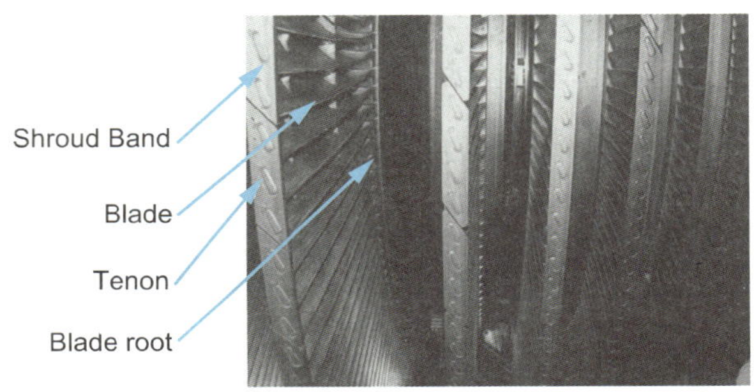

그림 14.3 Inspection part for Turbine

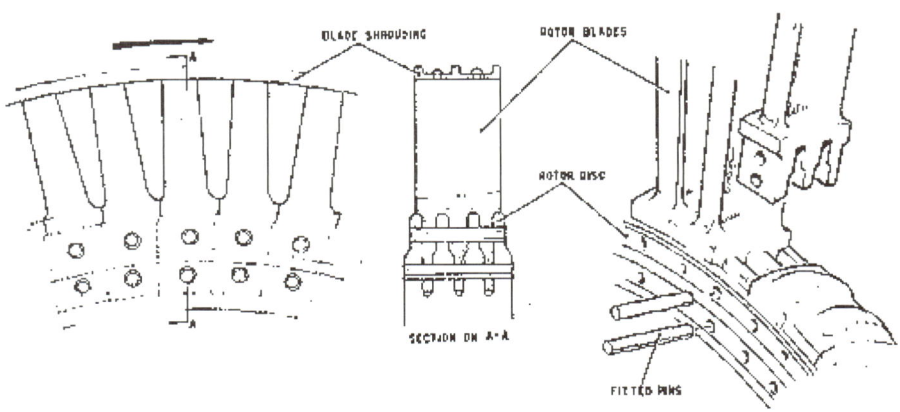

그림 14.4 고압터빈 블레이드부 구조도

는 연성인 재료라야 하며 Blade와 Shroud를 부착시켜주는 기능을 한다. 현재 한전에서 사용하고 있는 각 터빈의 블레이드 루트부는 그 형태와 크기 및 사용위치가 각각 상이하나 대체적으로 형태별로만 분류하면 그림 14.5와 같다.

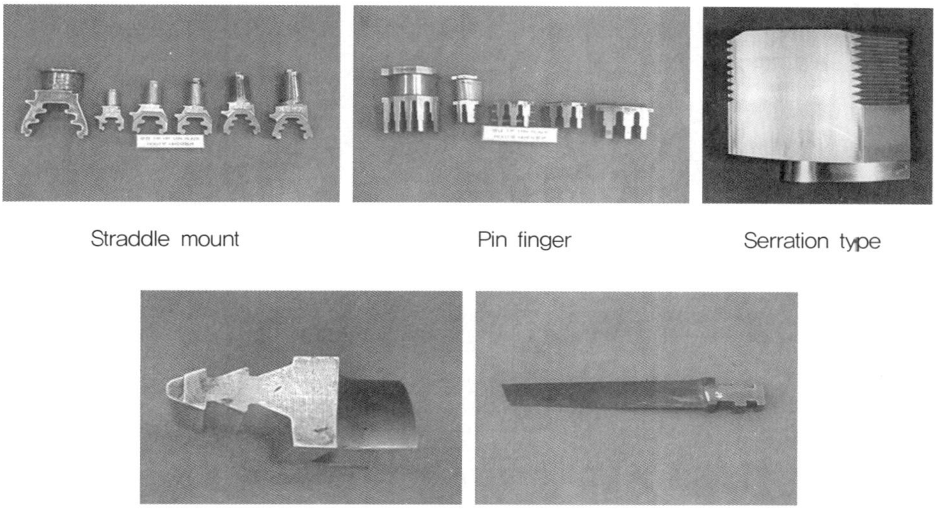

Straddle mount　　Pin finger　　Serration type

Fir tree　　Tee type

그림 14.5 Various type of blade roots in KEPCO

터빈 블레이드는 운전기간중 항상 고온 고압의 환경에서 작동되고 원심력의 작용으로 인한 응력은 블레이드 루트부에 집중된다. 이러한 조건과 응력집중에 의해 터빈 블레이드는 균열성 결함인 Fatigue Cracking, SCC가 자주 발생되는 것으로 알려져 있다. 균열성 결함이 자주 발생되는 터빈 Blade Root부는 주기적 검사가 필요하나 Root의 형상이 복잡하고 접근이 어려워 일부분을 제외하고는 자체검사 수행이 불가능하고, 이러한 조건에서 발생된 SCC 등의 결함은 기존의 보편적인 A-Scan signal과 고정된 각도를 가진 일반 탐촉자로는 주변의 복잡한 형상변화로부터 기인하는 반사신호로부터 결함을 구분할 수 있을 정도의 해상도를 얻기가 어려워 검사기술의 자립화 및 응용도에 있어 낙후한 실정이다. 이러한 단점을 Phased array UT를 이용한 블레이드 루트부 신호 해석 및 분석기법을 통하여 극복하고 비파괴 검사 신뢰도를 향상시키고자 하는 것이다.

2 블레이드 손상사고 분석

증기터빈에 있어서의 불시정지 요인중 가장 큰 요인은 터빈 블레이드 손상사고이다.

1) 수행범위

발전설비 중 터빈과 같이 고온, 고압 하에서 고속으로 회전하는 기기에 있어서의 비파괴 검사의 중요성은 매우 크나 기존의 터빈 부품에 대한 비파괴 검사는 숙련된 검사자라 하더라도 많은 노동력과 시간이 소요되고 있어 각 국의 전력 회사(會社)에서는 자동검사의 필요성을 강력히 인지하고 있는 실정이다. 현재 터빈 부품에 대한 초음파 검사는 블레이드 루트부 초음파 검사의 경우 한 개의 블레이드 루트부에 대해서도 이상적으로는 7번 이상의 초음파 검사를 필요로 하며 사람의 손으로 직접 검사하다보니 접근지역이 제한된 검사부위에서는 작업의 안정성 및 검사결과의 신뢰성이 크게 떨어지는 상황이다. 기존 터빈 초음파 검사시 사람의 손에 의한 탐촉자 스캐너 역할은 검사신뢰도의 주관적 판단에 좋지 않은 영향을 끼치므로 검사 신뢰도에 의문을 남겼고 많은 검사시간과 노동력이 소요되었다.

국내 터빈은 웨스팅하우스사와 GE사의 제작품이 주종을 이루고 있으며, 제작사인 이들조차도 터빈 검사에 대한 자동화가 쉽게 이루어 내지 못한 상황이며, 이런 추세 속에서 국내 발전소의 터빈 검사는 이렇다 할 방안 내지는 향후 대책이 미흡한 실정이다. 따라서 블레이드 루트부를 비롯한 터빈 각 부분에 대한 자동 비파괴 검사를 위해서는 터빈의 해당 부위에 자동으로 구동되는 장치가 필수적이고 이를 위해서는 각 부품별 형태에 맞는 로봇을 개발하여 검사를 수행하여야 한다.

현재 각 국에서 활용하고 있는 일반적인 검사 로봇은 평면 부의 구동에는 적합하나 터빈의 복잡한 기하학적 형상에는 적용할 수가 없으므로 자체적인 로봇의 개발이 필요한 것이다. 이러한 터빈 각 부품 검사에 적합한 검사기법 및 이에 따른 로봇을 적용한 자동 검사 시스템의 현장적용으로 검사시간 단축과 검사인력 절감, 그리고 터빈 블레이드 Root부와 같이 접근자체가 어렵고, 형상이 복잡하여 결함의 탐지 및 평가가 힘든 부분에 적용하여 검사신뢰도 및 신속성을 향상시키고, 접근 제한성을 극복 하고자 하는 것이다.

터빈 각 부품에 대한 자동 초음파 검사의 핵심은 발전소 계획 예방 정비시 터빈 블레이드 등의 부품의 내부 체적내에 존재하는 미세한 결함을 다양한 부품별 로봇을 이용하여 자동 검사로 찾아내는 것이 관건이고 ASME Code에서 조차도 터빈에 대한 검사 절차서 및 방법이 명확히 제시되지 않으므로 터빈 자동 초음파 검사기술 확보가 절실히 필요하다. 기존 수동 초음파 검사의 한계성을 극복하고 고 신뢰도 결전 신호평가 능력을 제고하기 위하여 터빈 검사자의 접근제한 지역까지 기계적 구동장치를 이용하여 정확한 속도제어를 통한 검사신호의 실시간 취득으로 최적의 검사 신뢰도 향상을 기하고자 하는 것이다.

2) 국내외 연구동향

터빈 설비에 대한 초음파 검사 자동화를 위해서는 우선 검사 신뢰도의 제고가 선결과제이고 이를 위해 검사장비의 신뢰성부여, 검사자 자격 강화, 검사 절차의 확립 등 다양하고 체계적인 방법을 통해 접근을 기해야 한다. 여러 방법 중 자동화 검사도 신뢰성 확보의 한 방법이 될 수 있으므로 각 국에서는 터빈에 대한 초음파 검사 자동화 기술의 신뢰도 향상 필요성에 따라 현재 이 기술을 전 세계적으로 개발하고 있으나 전체 터빈 부품에 대한 자동화 검사 단계로는 진입되어 있지 않는 실정으로서 일반적으로 터빈에 대한 자동 초음파 검사는 선진국에서도 특정한 형태의 터빈에 대해서만 검사가 가능하도록 검사 장비를 개발하고 있는 실정이다.

전력 연구원에서 터빈 블레이드 루트부에 대한 비파괴 검사의 신뢰도 향상을 위하여 다중 초음파 탐촉자를 이용한 발전설비 검사기술을 국내 최초로 개발하였으나 전체 터빈 부품에 대한 자동화 검사 단계로는 진입되어 있지 않는 실정이므로 본 과제를 통해 터빈 부품별 자동 검사 장치의 개발을 기하고 이를 사용하여 터빈 자동화 검사기법을 개발하고자 하는 것이다. 다중 초음파를 이용한 검사 기술은 의료분야에서 먼저 활발하게 이용되어 왔으며, 탐촉자 자동 이송 장치인 로봇은 국내 개발/연구 실적이 활발히 진행되어야 하는 분야이며 검사품질의 고도화 및 검사 자동화를 위해서는 기계, 전자, 제어기술 등이 복합적으로 추진되어야 가능한 기술이다.

또한 전력연구원에서는 터빈 블레이드 루트부 외 테논, 터빈 축, 디스크 등 터빈 중요 검사부위에 대한 자동화 검사의 방법 설정을 위한 사전 연구기획 조사과제를 완료한 실정이다. 한전에서 보유한 전 터빈에 대한 검사 자동화의 방법 및 탐촉자 이송장치, 터빈 검사용 특수 웨지 등의 설계, 제작 등을 통해 검사 장치들을 개발하견 여러 형태의 터빈 각 부품에 대한 비파괴 자동화 검사기술의 핵심기술 자립이 가능하게 될 것이다. 따라서 외국에 대한 터빈설비 비파괴 검사기술의 의존 탈피는 물론 개칼된 기술의 수출도 가능하게 되는 등의 성과를 얻을 수 있을 것으로 기대된다.

14.3 터빈 비파괴 검사의 배경

발전용 터빈 로타의 제조 및 점검·보수에는 여러 가지 비파괴 시험방법이 널리 적용되고 있다. 일본의 경우, 노동안전 위생규칙(노동소령 제 32호, 1972)에는 사업자는 회전축의 중량이 1톤을 초과하고 주 속도가 120 m/sec를 초과하는 고속 회전체의 회전시험을 할 때에는 미리 그 회전축의 재질, 형태 등에 따라 각종 비파괴 시험을 실시하여 파괴의 원인이 되는 어떤 결함이 없는가를 확인해야 한다고 규정하고 있는 실정이다. 발전용 터빈 로타는 단조 과정에 의하여 제조하는데 제조시 보이드(Void)나 비금속 게재물 등의 제조결함이 중심에 집중하거나 산재하게 되는데 중심에 집중된 결함을 대개 70~125 mm 또는 그 이상의 크기로 중심에 구멍을 파서 결함을 제거하여 만든 로타를 중심공 로타라고 한다. 시험결과 사용상 지장을 초래할 수 있는 큰 결함인 경우에는 폐기하고 다시 제조하지만 보이드나 비금속 개재물 등과 같은 작은 결함은 사용상 큰 지장을 초래하지 않으므로 그대로 사용한다.

제조시 발생된 작은 결함은 사용중 장기간 동안 열이나 기계적인 응력이 가해져서 국부적인 변형력이 집중되어 균열로 진전되는 경우도 있어 터빈 로타의 제조시나 일정한 사용기간이 경과한 후에는 반드시 가동 중 검사를 할 필요가 있다. 터빈 로타의 제조공정 중 각종 비파괴 시험 시기를 표 14.1에 나타내었다. 터빈 로타 제조시에는 각 공정 중 시험시기에 따라 각종 비파괴 시험을 적용하지만 가동 중에 있는 로타는

표 14.1 터빈로타의 중요부위에 대한 시험시기

시험항목	시험 부위	시 험 항 목	
		터빈로타 공장제조시	터빈로타 점검시
초음파탐상시험	외 주	중간 가공 후	
	중심공	중심공 가공 후	적용 가능
자분탐상시험	외주의 모서리부	중간 가공 후	적용 가능
	중심공	중심공 가공 후	적용 가능
육안검사	외표면	홈 가공 후	적용 가능
	중심공	중심공 가공 후	적용 가능
액체침투탐상시험	외표면	중간 가공 후	적용 가능
경도시험	외표면	중간 가공 후	적용 가능

다음의 경우에 비파괴 시험을 실시하여야 한다.

- 제조시 초음파 탐상 시험을 실시하지 않은 로타
- 입구 온도가 482℃(900°F) 이상으로 사용개시 10년이 초과한 모든 로타
- 시험결과 결함이 존재하고 있는 로타로서 결함의 성장 여부를 점검할 필요가 있다고 판단되는 모든 로타

앞에서 기술한 사용 중에 있는 터빈 로타에 대한 각종 비파괴시험 방법은 중심공을 가진 로타에 대해서는 전용 시험 장비를 사용하여 용이하게 시험을 수행할 수 있으나 중심공 없는 로타 터빈축의 경우에는 디스크, 블레이드 등이 부착되어 있는 상태에서는 실제적으로 시험을 할 수가 없기 때문에 디스크, 블레이드 등을 제거하지 않으면 안 된다.

이상에서 살펴본 바와 같이 터빈 부품에 대한 비파괴 검사는 그 중요성이 높으며 제조시 부터 검사 방법, 절차에 관해 신뢰성 있는 검사를 수행하여야 하며 가동 중에도 철저한 검사를 수행하여야 한다. 그림 14.6, 그림 14.7에 터빈의 전형적인 개요도를 나타내었다. 현재 각 발전회사에서는 여러 제작사로부터의 여러 형태의 터빈을 사

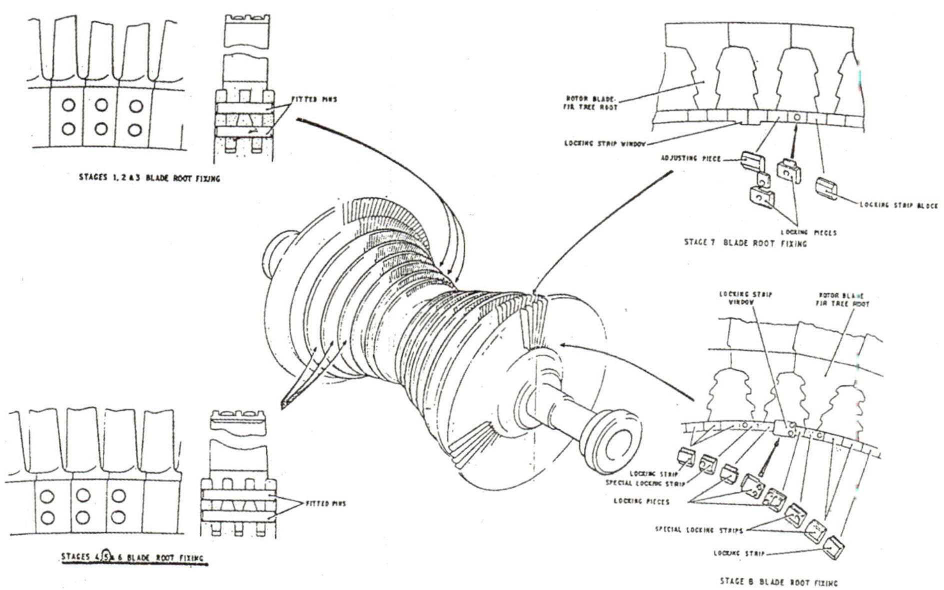

그림 14.6 Typical Low Pressure Turbine Configuration

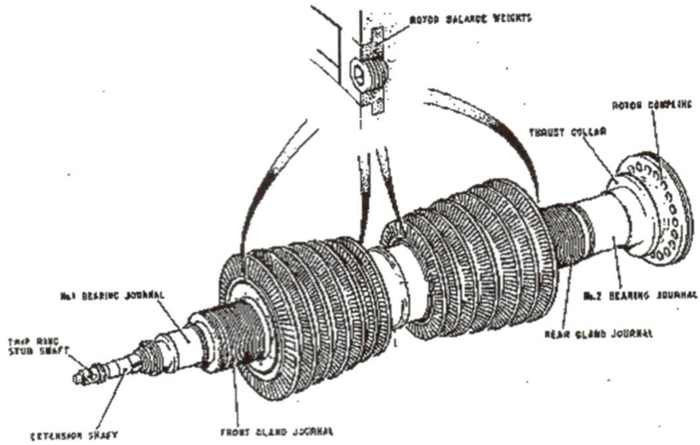

그림 14.7 전형적인 HP 터빈 구조도

용하고 있는 실정이며 각 터빈에 대한 비파괴 검사의 신뢰도 향상을 위해서는 여러 형태에 적용할 수 있는 자동장비의 개발이 시급하다.

14.4 터빈 파손 손상기구 및 손상사고 분석

1 손상 사고 개요

발전설비에서 경년 열화로 인한 손상사고 문제는 설계 단계에서 예측할 수 없었던 인자에 의한 영향으로 발생되며, 그 원인으로서는 다음과 같은 것을 들 수 있다.

- 설계시 검토가 불충분할 때
- 그때까지 알지 못했던 재료상의 문제가 발생될 때
- 예측하지 못한 운전, 보수, 관리상의 문제가 발생될 때
- 재료검사가 완전치 못할 때

발전설비에 대한 손상 및 사고는 상기 언급한 내용 중에 하나 또는 복합적 요인으로 일어날 수 있으므로 주기적 재검사 및 보수관리를 지속적으로 수행해야 하며 그중 특히 고온 고압 하에서 고속으로 회전하는 터빈설비에 대해서는 주기적 검사 및 안전관리에 철저를 기해야 한다.

그림 14.8 로타 파손사례

그림 14.9 블레이드 파손

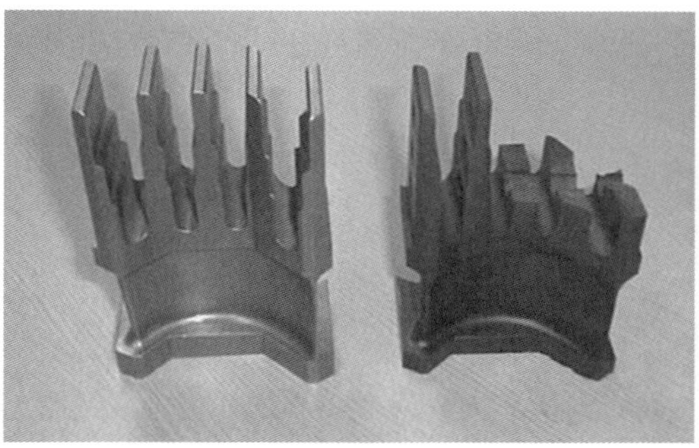

그림 14.10 블레이드 루트 파손사례

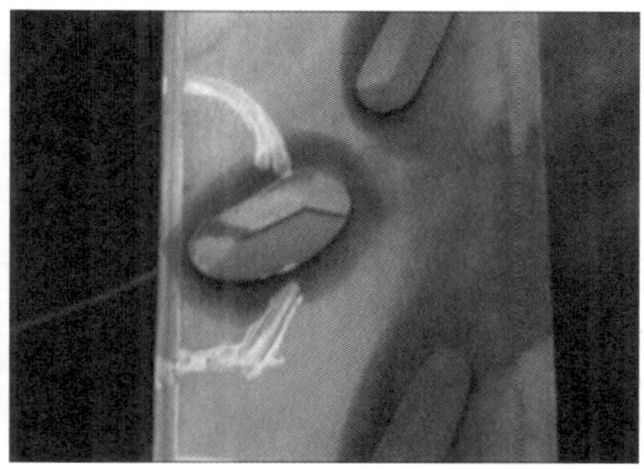

그림 14.11 Shroud band Crack

터빈은 운전시 일정 부하조건에서 운전되는 동안 밸브 및 케이싱에는 열응력과 압력응력의 합성 응력이 작용하며, 로터에 있어서는 주로 열응력과 원심력의 합성응력이 가해진다. 그러나 기동정지, 심한 부하변동 등의 운전조건에서는 온도변화에 따른 과대한 열응력이 작용되어 이것이 계속적으로 작용할 때는 저주파 피로수명을 가져오게 된다. 증기터빈의 운전에 있어서 기동시나 부하를 증, 감발하는 경우 터빈 내부 응력으로 인해 터빈의 수명이 감소하게 되므로 일정 범위 내에 열응력이 존재하도록 운전해야 한다. 특히 열응력이 많이 발생하는 곳은 고압과 중압 터빈으로 래비린스 패킹 부위의 로타 표면과 보아 부분이다.

2 일반적 파손 손상기구

1) 고온 Creep

고/중압 터빈로타, 블레이드, 볼트, 밸브 등 발전설비 중 고온상태에서 사용되는 모든 부품(로타 중심공 포함)

2) Cycle Fatigue

터빈 로타 밸브 등 두꺼운 부품 및 두께의 차이가 큰 부품 등에 주로 발생하며 증기터빈의 기동, 정지 부하변화에 따르는 온도상승 및 하강의 반복에 따라 열응력을 받는 부분에 인장, 압축의 응력 Cycle을 반복하며. 이 응력의 반복이 터빈 재의 피로를 촉진시키며 디스크 부분은 로타의 형상변화가 크기 때문에 그 부분에 응력 집중이 발생하여 가장 피로를 받기 쉬운 부분이다. 또한 고주기 피로는 Blade Shroud Ring 등에서 발생하며 Blade와 같은 경우는 노즐익을 통과하는 증기류에 의해 피로를 받게 된다.

3 터빈 ROTOR의 파손 손상기구

1) 고/중압 로타재

- Rim부의 creep에 의한 균열발생 및 파단
- Creep에 의한 외주부 Pin hole에서의 균열발생 및 전파에 따라 Disc의 일부 손상
- Creep 및 fatigue에 의한 중심부의 균열발생으로 인한 Rotor의 전체파괴
- Creep 및 Fatigue에 의해 Rotor 외주부 원주방향 Notch부에 균열발생
- Creep에 의한 Rotor의 휨 발생

2) 저압 로타재

- 취성파괴에 의한 Rotor의 전체 파괴
- 응력부식에 의한 균열발생
- 부식피로에 의한 균열발생
- 블레이드
- 부식피로에 의한 균열발생

- 진동 및 원심응력에 의한 균열 발생
- Erosion에 의한 손상 및 균열 발생

4 Blade 파손 손상기구(failure mechanism)

1) 개요

블레이드에 가해지는 주된 힘은 회전에 의한 원심 인장력과 굽힘력이다. 또한 블레이드에는 정 하중뿐 아니라 노즐 출구에서의 Oscillating Force 및 불균일 Steam Flow를 받게 되며 Fatigue stimuli를 제공하는 불균일 흐름의 다른 source도 받게 된다. 제1단 블레이드는 국부적인 steam admission시 매우 복잡한 충격에 노출되기도 하고 모든 Blade 들은 종종 발생하는 과속도 응력과 기동 정지 변이에 의한 피로 응력을 견디어 내어야 한다.

Blade 파손 원인의 주요 인자로는 설계응력, 진동응력, blade 재료 및 증기의 화학성분 등의 영향을 들 수 있다. 터빈 blade에 작용하는 주된 힘은 로타 회전에 기인하는 원심 인장력과 유입되는 증기에 의한 굽힘 응력으로 나눌 수 있으며 노즐입구에서 유입된 증기의 불균일성에 의한 진동이 피로(Fatigue)를 유발하는 하나의 원인으로 작용하고 있다. 공진에 의한 blade 진동으로 발생하는 순수 피로 균열과는 달리 대부분의 blade 파손은 부식에 기인한 균열이 지배적이다. 부식에 관련된 파손중 주요 요인으로는 blade의 진동과 연관이 되면 이는 부식 피로에 의한 균열이며 또한 blade 정상 상태의 원심응력이 주요인이며 응력 부식균열로 구분된다. 그러나 특히 파손이 일어나는 지역은 높은 기동 응력을 받고 있으며 응력 부식균열의 경우 주기적 응력에 영향을 받지 않는데 비해 피로 부식은 주기적 응력을 받는 곳에서 발생한다. 현재까지 조사된 파손사고를 종합해 볼 때 고압 터빈의 주된 손상 원인은 크리프, 고 주기 피로 등에 기인하나 저압 터빈 blade 손상은 부식 피로에 의한 균열, 진동 및 원심력에 의한 균열, 침식에 의한 손상 및 균열 등에 주로 기인한다. 표 14.2는 터빈 blade에서 발생하는 주요 파손 기구를 설명하고 있다.

2) 부식 피로 균열

부식과 관련된 피로 균열은 증기 터빈 blade 손상의 주요한 요인으로서 높은 평균 응력 및 진동응력을 받는 부위에서 부식환경 조건 하에서 발생한다. 이는 재질의 본래 피로강도 보다 낮은 약 70% 정도의 응력에서 파손이 발생하며 응력부식 균열과 차이

표 14.2 터빈 Blade에 발생하는 주요 파손기구

Failure Mechanism	Source	Location
Fatigue	Unsymmetrical stage flow Nozzle resonance partial admission Torsional transients Negative sequence currents Excessive condensor pressure	General
Corrosion	Excessive corrosion agents insteam/feedwater Concentration mechanism	General
Corrosion fatigue	Corrosion plus vibration source wet steam	General
Erosion		LP stages Erosion shield cover down stream of wilson line

는 부식 환경하의 고 응력 지역에서 주기적 응력이 가해진다는 점이다. 따라서 터빈내의 복수기 누설로 인하여 증기내의 불순물 농축으로 조성된 부식 환경은 대개 blade 표면에 미세한 공식을 유발하고 이 공식으로부터 저주기 피로의 경우에 대해 균열의 발생 및 진전을 가속시키며 부식 생성물을 만들게 된다. 피로부식에 영향을 주는 증기 불순물로는 NaOH, 염화물, 황산염 등이며 NaOH는 SCC의 경우와 같이 피로 부식에 가장 나쁜 부식물질로서 알려져 있다. 특히 염화물은 초기 균열의 발생 및 stress raiser의 역할을 하며 최종 파단 현상은 부식 물질의 존재와는 관계가 없는 기계적인 피로 효과에 의해 발생된다.

저압터빈 blade의 부식 피로 균열은 trailing edge에 주로 발생하는데 특히 응력을 많이 받는 root 부위뿐만 아니라 blade 몸체, tie-wire, tenon 및 shroud의 부식환경에서 많이 발생한다. 부식피로 균열에 의한 파손을 예방하기 위해서는 증기의 순도를 향상시킴으로서 부식환경을 줄이고 설계 변경으로 작용하는 평균응력을 감소시키며 부식 피로에 대한 blade 재질에 대한 저항력 향상을 가져와야 한다. 현재 증기 터빈 blade의 재질로는 4가지 분류로 나눌 수 있는데 그 내용은 12~13% 크롬강, 고크롬 석출 경화강, ferritic-austenitic 스테인 레스강, 티타늄 합금 등이다. 이들은 전형적인 우수한 강도 및 내식성을 갖는 재료들이다.

3) 진동 및 원심력에 의한 균열

Blade로 유입되는 증기가 wheel 회전에 의한 여기력(excitation force)이 cyclic effect를 유발시킴으로서 wheel 및 blade 진동을 야기시키는데 그 주파수는 Diaphragm blade의 갯수와 로타 속도의 곱으로 구해진다. wheel에 의한 진동은 낮은 고유 주파수를 가지는 반면 blade 진동은 높은 고유주파수를 가지며 노즐에 의한 비 균일성 증기속도 분포 및 저주파 여기에 의한 압력, 속도 및 rotor의 비틀림 진동에 기인한다.

고유 주파수는 wheel 및 blade의 기하학적 형상에 의존하고 있는데 일반적으로 wheel 진동의 여기력에 의한 주파수(f_e)가 그 고유주파수(f)와 같아지면 공진이 발생하므로 설계시 blade에 의한 진동을 고려하기 위해 공진이 발생하는 경우에 대한 충분한 여유 값을 갖도록 해야 한다. 그러나 예기치 못한 원심력에 의한 굽힘 응력 및 외부 증기력에 의한 복합 진동으로 이상 진동이 생겨 응력 집중이 유발되어 동익 뿌리부위, shroud의 tip 부위, blade의 몸체 등에 균열이 발생되므로 진동에 관한 설계시 여러 조건을 고려해야 하며 또한 실제 부위에 대한 진동 시험을 실시하는 절차를 확립하여 계속적으로 점검해야 한다.

4) 침식에 의한 손상 및 균열

침식은 수소 침식과 고체입자에 의한 침식의 두 종류로 나누어지며 수분 침식의 경우 습한 증기에 의해 발생하는 blade 파손을 말하는 것으로서 일정기간 이상 blade의 앞면 가장자리에 영향을 주는 경우 발생되며 재질을 침식하는 고속의 수분 입자가 원인이 된다. 수분입자에 의한 blade 침식의 경우 주요 인자는 tip 속도와 증기 밀도이다. 즉 tip 속도와 증기밀도가 높아지면 침식에 의한 손상이 더 커지게 된다. 원자력 발전소의 경우 저압 최종 단 blade는 수증기 상태에서 사용되기 때문에 수분침식에 의해 다른 blade에 비해 손상을 많이 받고 있는데 이는 자체의 높은 tip 속도와 증기 상태의 불량으로 인한 것이다. 이를 방지하기 위하여 blade 선단부 증기 입구측에 코발트를 주성분으로 하는 길고 가느다란 stellite 판을 부착시킨다.

stellite 판을 부착시키는 방법에는 blazing 방법 및 용접하는 방법이 있다. 고체 입자에 의한 침식은 2차 계통 부품으로부터 발생하는 박리에 의해 생긴 고체 입자들이 고압 및 저압터빈 blade에 파손을 주는 형태이다. 이 경우는 증기 파이브, 재열기 튜브 및 복수기 등의 전열관 튜브에서의 scale에 발생하는 박리는 침식의 다른 형태로서 산화작용과 증기 불순물 및 급수 농축물로 인한 부식 침식에 의해 발달한 scale이 입자로 떨어져 나와 터빈을 통과하면서 blade을 침식하게 된다.

5) 응력 집중과 균열 발생

Blade에 가해지는 주된 힘은 회전에 의한 원심 인장력과 굽힘력이다. 또한 blade에는 정적인 힘 뿐만 아니라 노즐출구에서의 oscillating force 및 불균일 증기흐름을 받게 되며 피로자극을 제공하는 불균일 흐름의 다른 source도 받게 된다. 첫단 blades는 국부적인 steam admission시 매우 복잡한 충격에 노출되기도 하고 모든 blade들은 종종 발생하는 과속도 응력과 기동정지 천이에 의한 피로응력을 견디어내야 한다. 특히 저압 터빈의 pin-finger형 blade 체결은 2개의 hole로서 체결되어 있고 작용하는 응력 level에서 응력집중이 나타나는 부위는 Rotor의 중심선으로부터 바깥쪽의 pin hole이며 hole 중에서도 최대 응력이 걸리는 부위는 인장력 방향에 수직인 Tangential surface 구역이며 실제 발생된 결함들도 거의 그곳에서 발생되었다.

5 손상사고 분석

증기터빈에 있어서의 불시정지 요인중 가장 큰 요인은 터빈 블레이드 손상사고 이며 아래는 '97. 5. 현재 운전중인 전체 기력 발전소의 동익 결함 발생 총 128건에 대한 통계 현황이다.

1) 터빈별(HP, IP, LP) 동익 손상비율

HP	IP	LP						비 고
		L-0	L-1	L-2	L-3	L-4	계	
10	6	59	31	8	7	7	112	128건
7.8%	4.7%	87.5%						100%

* 저압터빈 동익 손상이 87.5%를 점유하고 저압 동익 L-0, L-1단이 90건으로 총 128건 중 70.3%를 차지함.

2) 터빈/원인별 분석

원인	(부식)피로	SCC	설계불량	운전/정비/시공미숙	경년열화	침식	원인불명 및 기타	비 고
건수	47	41	21	6	5	4	4	128건
%	36.7	32.0	16.4	4.7	3.9	3.1	3.1	
HP	3	1	4	2				10
IP	1	3	0	1			1	6
LP	3	37	17	3	5	4	3	112

* 부식피로 및 SCC에의한 손상이 각각 36.7%, 32%로 주로 저압터빈(L-0,1단)에서 발생.
* 설계불량에 의한 손상은 16.4%이고 주로 불시 정지건으로 되고 동익수명이 단축되는 원인으로 됨.
* 운전/정비/시공 미숙에 의한 것은 6건(4.7%)이나 대형 고장인 경우가 대부분임.

3) 터빈/발생부위별 분석

	Tennon	Shroud	Airfoil	Root/Pin	Tie Wire	비 고
합(건)	4	12	56	5/34	17	128
%	3.1	9.4	43.8	3.9/26.6	13.3	100%
HP		2	5	3/		10
IP	1	2	3	/		6
LP	3	8	48	2/34	17	112

* 많이 발생된 부위는 몸체(Airfoil)로 43.8%이며 그 다음이 날개를 회전체에 고정하여 원심력에 견디도록 하는 Root 및 Pin이 30% 정도를 차지하며 동익을 서로 고정해주는 Tennon/Shroud 및 Tie wire의 순이다.

14.5 터빈설비 주요 검사부 기존 비파괴 검사법

1 검사 필요성 및 방법

터빈 설비는 고속 회전기기이며 이중 중요 검사부위는 파손에 이르는 많은 결함들이 발생할 가능성이 높은 부품이므로 미연에 적절한 비파괴 검사방법을 통하여 파손 예방에 많은 기여를 해오고 있다. 그러나 블레이드의 경우 구조의 복잡성 및 검사 방법의 한계성으로 인하여 미세한 결함검출에 어려움이 따르고 있는 실정이다. 기존의 비파괴검사 방법으로 블레이드 제작시에 주로 사용되고 있는 방법은 육안검사, 액체침투검사 및 자분 검사로써 표면 결함 탐지에 많이 사용되고 있다. 체적검사로는 초음파검사가 블레이드 몸체, tenon, shroud 부위에 사용되고 있고 루트부 검사에는 제한적으로 사용되고 있다. 블레이드의 결함탐지에 적용되는 비파괴 시험법에는 여러 가지 방법을 사용할 수 있으나 여기서는 주요검사부에 대한 기존의 초음파 검사방법에 대하여 설명한다.

초음파검사란 재료의 표면 또는 내부에 존재하는 불연속부를 검출하기 위해, 초음파를 재료에 전달시켜 검사하는 비파괴검사법의 일종이다. 초음파가 시험체내에서 진행할 때 불 연속부와 같은 경계 면에서는 투과 및 굴절 또는 반사를 한다. 이때 불 연속부에서 반사하는 초음파를 분석하여 검사하는 방법을 펄스 반사법(pulse-echo or pulse-reflection), 투과한 초음파를 분석하여 검사하는 방법을 투과법, 펄스반사법과 유사하지만 공진(Resonance) 현상을 이용한 공진법이 있다. 대체로 음향에 의한 검사방법은 공진법, 투과법, 펄스반사법 등이 있으나 최근에 와서는 에코에 의한 검사법 즉, 펄스 반사법이 초음파 검사에 많이 이용되고 있다. 펄스 반사법은 제1차 세계대전시 잠수함을 발견하는 병기에 이용되기 시작한 방법으로, 전파에 의해 해저 통신을 할 수 있는 레이다가 발명되었고, 레이다 기술과 초음파와의 결합으로 초음파 검사 법이 개발되었다. 초음파검사는 재료 내부의 건전성 여부를 확인하기 위해 사용하는 비파괴검사 방법으로 주로 블레이드의 tenon, 몸체 및 루트 부위의 균열 검출에 많이 이용된다. Tenon 부위는 shroud 때문에 다른 비파괴검사 방법이 용이하지 못하여 초음파검사를 적용하는데 수직 탐촉자 및 경사각 탐촉자를 사용한다. 이 부위에 대한 검사방법 및 기술은 확립이 되어 있는 형편이므로 사각 빔 검사시의 여러 지시들에 의해 신호구분을 함으로써 실제 현장 검사에 많은 적용을 하고 있다. 그러나 블레이드 루트 부위의 검사에 있어서는 그 형상의 복잡성 및 검사 부위의 제한요건으로 인하여 검사의 신뢰도 확립에 어려움이 따르고 있다.

2 터빈축 검사

터빈축의 기존의 초음파 검사는 중심공이 있는 경우는 터빈의 중심공에서 검사가 가능하고, 중심공이 없는 경우에 외부 원주면에서 수행되어야 하며 원주면의 기하학적 형상에 따르는 어려움과 검사가 수행되기 위한 균일한 표면조건의 요구가 선행되어야 한다. 터빈축의 경우에는 디스크, 블레이드 등을 제거하지 않으면 실제적으로 시험을 할 수가 없다. 그러나 탐촉자를 위치시킬 수 있는 공간이 제공되면 중심공 없는 터빈 로타는 신빙성 있게 검사될 수 있다. 특히 균일한 원통형 모양의 터빈 축에 있어서 중심 축 근처에 위치한 결함을 검사하는 것은 간단하다(그림 14.12 참조). 그림 14.13은 탐상 공간이 있을 때 각 탐상과 적용 가능한 웻지의 결합모습을 나타내었다. 또한 다중 방향각 기법은 다른 방법으로 접근이 불가능한 부분의 검사를 위해 적용될 수 있다. 탐촉자가 외부 원주면을 따라서 전체길이를 탐상할 수 있고 그림 14.14에서 보는 바와 같이 결함의 방향에 관계없이 이 탐상의 특정면에서 결함으로부터의 최대 반사가 일어나는 지점에 이르게 된다.

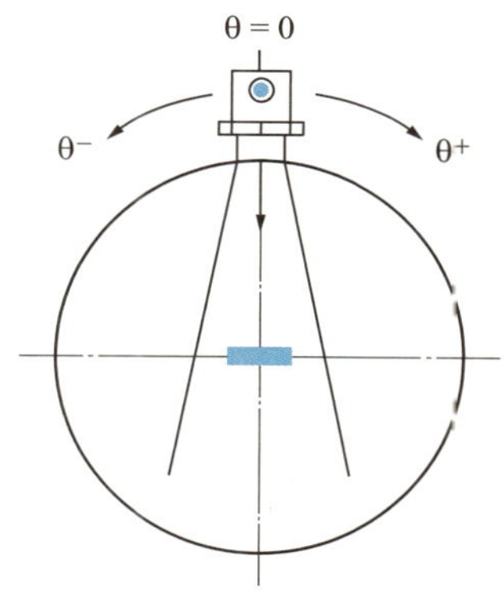

그림 14.12 터빈축 검사

이러한 방법을 통하여 터빈축 검사를 수행할 수 있다.

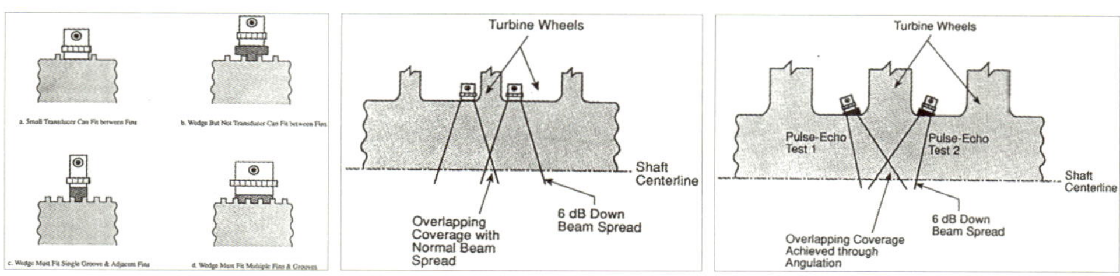

그림 14.13 터빈 축 검사의 여러 가지 모식도

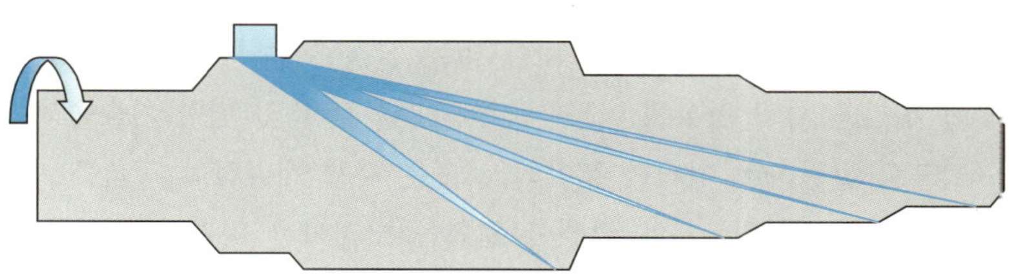

그림 14.14 Multiple angle 터빈축 검사(Phased array UT)

위 그림에서와 같이 기존의 터빈축 검사에서와는 달리 탐촉자를 어느 접근 가능한 위치에 접촉하고 우리가 원하는 부위에 대한 각도를 초음파 빔 자체에서 검출하도록 Scanning Mode를 부여할 경우는 터빈 축에 대한 비파괴 자동화 검사는 아주 간단히 해결될 수가 있는 것이다. 이때 이 탐촉자를 아주 일정한 속도와 기계적 구동력으로 움직이게만 한다면 터빈 축에 대한 자동화 검사를 이룰 수 가 있다. 이를 위해서는 축에 대한 접근 가능 부위에 대해 직진성 및 일정속도로 움직일 수 있도록 로봇 및 여러 가지 적용 장치를 각각의 형태의 터빈 축에 맞게 설계 제작하는 것이 자동화 기술의 관건이 될 것이다.

3 터빈 디스크 검사

일반적으로 균열을 검사하는 비파괴검사 방법으로는 초음파 검사(UT), 자분탐상 검사(MT), 침투탐상 검사(PT) 등이 적용되고 있으나, 터빈 디스크의 경우 균열은 대부분이 입계 균열이고 응력부식 균열이 주원인인 것으로 나타났으며, 이 부분의 검사에 대해서는 접근이 용이한 림(Rim)이나 웹(Web) 부위는 자분탐상 검사나 침투탐상 검사로 검사 자체는 가능하나 허브(Hub)나 키웨이(Keyway), 축 표면 부위는 디스크를 로타에서 분리하지 않는 한 접근이 불가능하기 때문에 초음파 탐상에 의존할 수밖에 없다. 터빈 로타 및 디스크 부위에 대한 초음파 검사는 그 형상과 구조의 복잡성으로 인하여 검사방법, 결함 신호의 탐지 및 평가 기술이 취약하고, 또한 탐지된 결함의 건전성을 평가하기 위한 디스크 부의 응력이나 소재의 물성치를 해석하는 기술이 취약하므로 엄격한 결함 탐지 및 건전성 평가를 수행하는 기술 개발 및 신속한 검사를 위한 장비의 확보 및 각 발전소 기기에 대한 범용성을 보완해 나가야 할 것이다.

외국의 경우 터빈 로타의 검사 및 건전성 평가에 대한 기술을 이미 개발하여 활용하고 있으며, 더 나아가 검사 기술의 자동화 연구 및 건전성 평가 결과에 대한 신뢰성 향상 연구 등을 수행하고 있는 상황이다. 그러나 국내에서는 아직까지 이러한 기술이 확립되어 있지 않고 결함 탐지 기술의 적용 및 건전성 평가 기술에 있어서 기초단계로 외국의 기술에 의존할 수밖에 없는 실정에 있다. 또한 다양한 종류의 설비를 보유한 우리 공사의 경우에 이들 각각에 대해 검사 및 평가 기술을 도입한다는 것은 현실적으로 곤란하며 이러한 분야의 기술은 자체 개발하고 경험을 축적하는 것이 최선의 방법이므로 터빈부분에 발생한 결함을 탐지하고 평가하기 위한 초음파 검사 기술을 개발, 현장적용 시험을 통하여 보완하고 검사절차의 확립 및 디스크 부분 자동 초음파 검사장비를 개발하여 국내 발전용 터빈의 안전성 확보와 신뢰성을 제고하여야 할 것이다.

터빈은 고온 고압 하에서 고속으로 회전하는 설비이므로 장시간 운전하는 동안에 블레이드, 로타 또는 Disc부위에 취화, 응력 부식, 부식피로 등의 결함발생 가능성이 높은 부품으로 알려져 있으며, 터빈 로타는 디스크, keyway, bore surface, hub, rim 등으로 구성되고 이들 부분이 전형적인 균열 발생 부위이다. 이러한 부위는 기하학적 형상이 복잡해 적절한 탐촉자 선정, wedge 설계 및 가공, 검사체의 형상과 크기에 따른 정상신호와 결함신호의 분류 및 평가기술이 필요하다. 이러한 저압 터빈 디스크의 균열발생은 응력부식 균열(SCC), 수소에 기인된 균열, 그리고 부식피로 등이 주원인이며 그 중에서 응력부식 균열의 형태가 두드러진 것으로 조사되었다. 저압 터빈 디스크의 균열은 거의 대부분이 입계 균열이고 많은 가지를 가지며 균열의 틈 사이에 산화물이나 부식 생성물이 채워져 있고 통상적으로 균열 부근에는 나트륨, 염화물, 황산염, 탄산염, 수산화물, 구리, 구리 산화물 등이 존재한다.

Keyway부는 응력이 가장 많이 집중되는 부위로서 결함의 발생 가능성이 가장 높다. 이 부위에서 발생하는 균열의 위치는 대개 keyway의 선단에서 발생하며 경우에 따라서는 선단에서 20°~ 30° 위치에서도 발생하나 이 경우도 선단에서의 균열을 동반하는 것이 대부분인 것으로 알려져 있다. 저압터빈 디스크에 주로 발생하는 SCC의 특징은 가지를 형성한다는 것과 그 방향은 대부분 표면과 수직 방향이므로 균열을 탐지하기 위해서는 그림 14.15와 같이 결함의 위치에 대하여 각도를 가진 탐상을 수행하

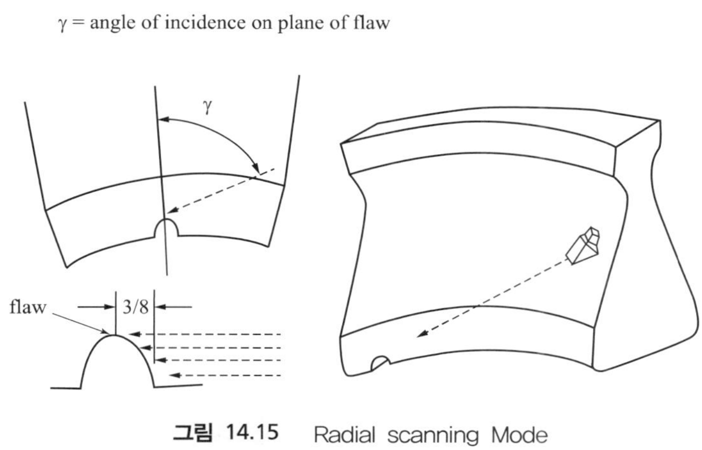

그림 14.15 Radial scanning Mode

며 균열의 깊이를 측정하는데는 수직 탐상으로 그림 14.16과 같은 방법을 이용한다. 일반적으로 균열을 검사하는 비파괴 검사 방법으로는 초음파검사(UT), 자분탐상검사(MT), 침투탐상검사(PT) 등이 적용되고 있으나 터빈 디스크의 경우 rim이나 web 부위는 접근이 용이하기 때문에 자분탐상 검사나 침투탐상 검사 방법으로 검사가 가능하나 hub나 keyway, bore surface 부위는 디스크를 로타에서 분리하지 않는 한 접근이 불가능하기 때문에 초음파 검사에만 의존하게 된다. 이 부분에 대한 초음파 검사를 위해서는 디스크 키이웨이 및 bore surface에 인공결함을 갖는 디스크 대비시편을 제작하여 구조, 형상별 초음파 신호를 수집하여 분석하여야 한다.

아울러서 디스크 곡률에 따른 wedge를 설계, 제작하여 디스크 부에 발생되는 결함을 검출하고 평가할 수 있는 초음파 검사기술을 확립하여야만 한다. 전력연구원에서는 이 기술을 개발하여 '96년 영광 원자력 발전소 1호기의 정기점검 기간에 발전소를 방문하여 9월 16일~9월 21일까지 디스크의 결함탐지를 위한 초음파검사 현장적용시험을 가졌다. 대상은 저압터빈 부의 5, 6단 디스크로 실험실에서 작성한 검사절차서와 대비시편으로부터 분석한 신호를 표준으로 하였다. 적용시험 결과 keyway에 대한 신호 파형은 실험실에서 얻어진 파형과 일치하였으며, 실험결과와 차이가 없는 것으로 확인되었다. 단 key와 keyway와의 접합으로 인해 나타난 반사신호가 수직 탐상과 경사각 탐상에서 나타난 것이 실험실에서 수집된 신호와 상이한 점이었다. 결론적으로 저압터빈 로타 디스크의 주 결함발생 부위인 keyway와 bore surface에 대하여 디스크의 분리 없이 결함을 탐지할 수 있는 초음파 검사기술 및 건전성 평가 기술의 적용이 가능하다.

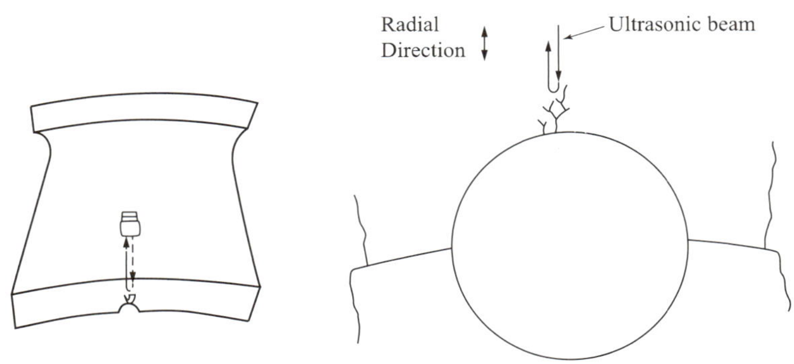

그림 14.16 Tangential Scanning Mode

그러나 이러한 기존의 개발된 터빈 디스크 검사에 대하여 다중 탐촉자 초음파 검사 기술을 이용하게 되면 그림14.17, 그림 14.18과 같이 터빈 각 위치별 탐상 방법별 웨지가 필요 없게 되고 가장 접근이 쉬운 위치에 탐촉자를 위치시켜서 결함이 있는 Keyway나 Anti rotation key에 대한 결함 검사를 쉽게 할 수 있으며 역시 적당한 탐촉자 자동이송장치를 개발할 경우 이의 자동화 검사가 가능하게 되는 것이다.

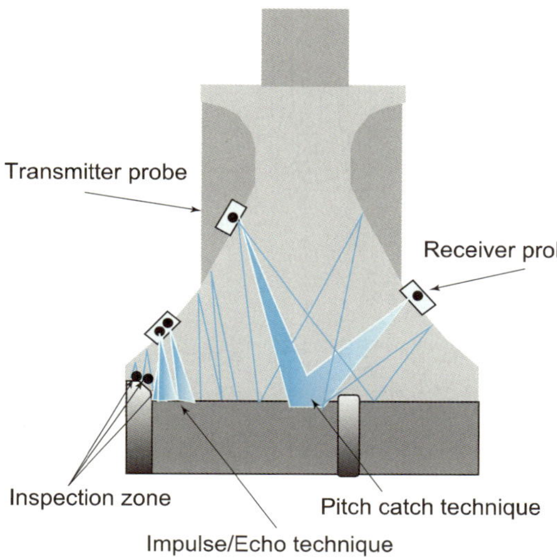

그림 14.17 PA 디스크 Bore 검사

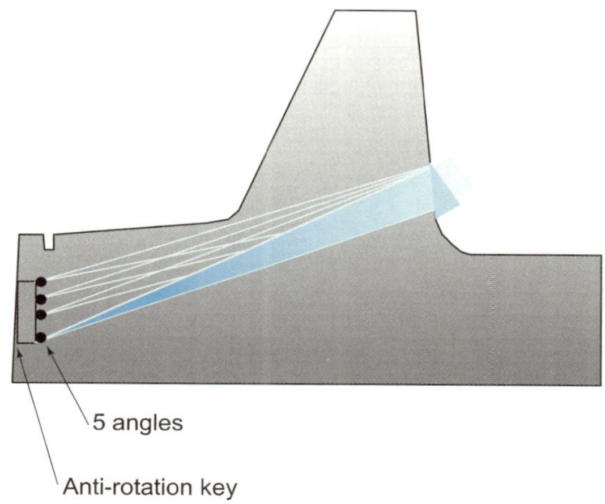

그림 14.18 PA Anti rotation key 검사

4 터빈 블레이드 검사

1) 블레이드 비파괴 검사방법

터빈 블레이드에 대한 비파괴검사 방법으로는 블레이드를 해체한 후 육안검사, 침투탐상 검사, 자분 검사를 주로 수행하고 있으나 이 경우 루트부위 피로균열(Fatigue Crack)과 같은 미세한 결함의 검출에는 많은 어려움이 따를 뿐 아니라 블레이드 재체결시 공기지연 및 블레이드 Balancing을 고려해야 하는 등 여러 문제가 대두되고 있으므로 블레이드 체결 부위에 대한 비파괴 검사기술 신뢰도 향상 문제는 시급한 과제이다. 응력부식, 피로 등에 의해 터빈 블레이드 몸체(Body)의 내부 및 표면에 존재하는 미세한 균열 탐지에 대한 초음파 검사는 현재 여러 가지 방법으로 수행되고 있

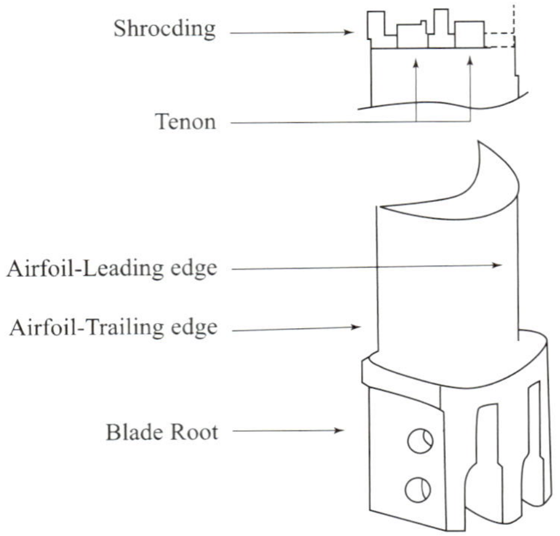

그림 14.19 블레이드 대표적 형상

으나 블레이드 루트부위에 대한 초음파 검사는 블레이드의 여러 형태와 그 구조의 복잡성 및 검사기술의 미 확립으로 인하여 검사방법, 결함평가 및 신호해석에 어려움이 따르고 있다. 외국의 경우 블레이드 루트 부위의 초음파 검사기술 확립을 위한 많은 연구가 진행되고 있으며 터빈 제작사 들은 독자적인 검사기술 및 절차서를 마련해 놓고 있으나 국내에서는 아직 검사기술의 자립화 및 응용도에 있어 낙후한 실정이며, 제작사의 권고 사항과 검사 요구에 의해 지배되고 있는 형편이다. 그러므로 초음파 검사는 응력해석, 파괴역학, 재료거동 등을 통해 검사방법 및 합부 판정에 이르는 초음파 검사기술을 확립하고 향후 검사절차에 대한 standards의 설정 및 이 부분 검사에 대한 신뢰성 있는 특수 검사장비를 확보하여 활용하여야 할 것이다.

터빈 블레이드는 디스크의 원주 위에 부착되어 증기의 운동에너지를 기계적인 에너지로 전환시켜 주는 역할을 하고 있으며 고속증기의 기계역학 적인 힘으로부터 터빈축을 회전시키는 힘을 효과적으로 생산하도록 설계되어 있다. 그러므로 고속회전에 따른 자중의 원심력과 블레이드 자체의 고유진동 및 증기의 강한 외력에 따른 복잡한 진동에 저항성을 갖고 또한 부식에 강한 재료를 선택하지 않으면 안된다. 일반적으로 터빈 블레이드에 사용되는 재료는 martensite계 스텐레스강인 12cr 강으로 진동에 대한 저항력이 크며 내식성 및 기계적인 성질이 양호한 것으로 알려져 있다. 블레이드의 세부 구조를 살펴보면 shroud, tenon, lashing, airfoil, 블레이드 루트 등으로 나눌 수 있다. Shroud는 표면 덮개로서 원주 방향 증기로부터 각 블레이드를 구조적으로 연결해주며, Tenon은 블레이드에 작용하는 원심력 및 굽힘 응력에 견딜 수 있고 소성변형을 충분히 견딜 수 있는 연성인 재료라야 하며 블레이드와 슈라우드를 부착시켜주는 기능을 한다. 그림 14.20은 여러 가지 형태의 블레이드 루트를 나타낸 것이다.

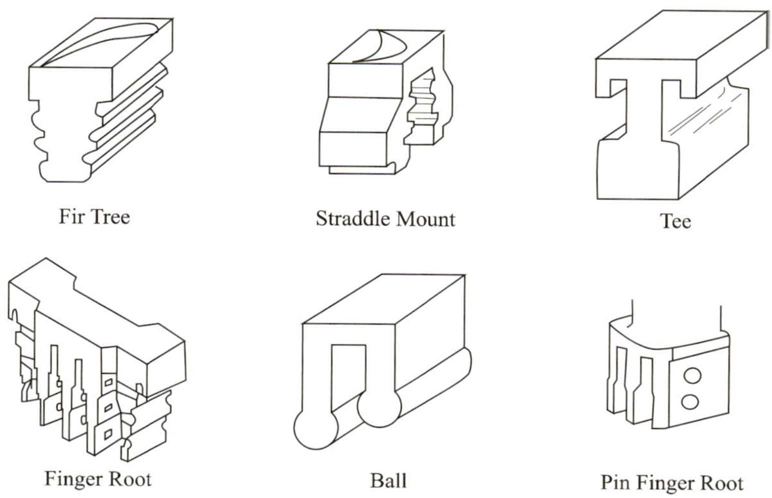

그림 14.20 블레이드 루트부

2) 블레이드 몸체 검사

블레이드의 결함탐지에 적용되는 비파괴 시험법에는 다음과 같은 방법이 있으며 상황에 따라 적당한 방법이 선택적으로 적용된다.

자분탐상 시험

가장 널리 적용되고 있는 방법으로 강자성체에 자장을 유도시키면서 자분을 자화된 부위에 적용시키는 방법이다. 자화된 부위 표면에 누설자장을 형성할 수 있는 표면 혹은 표면직하의 결함이 존재하고 있으면 누설 자장에 의해서 자분이 모이게 되며 모인 자분을 육안으로 관찰한다.

액체침투 탐상

자분탐상 검사처럼 보편적으로 사용되지는 않지만 가끔 사용되기도 한다.

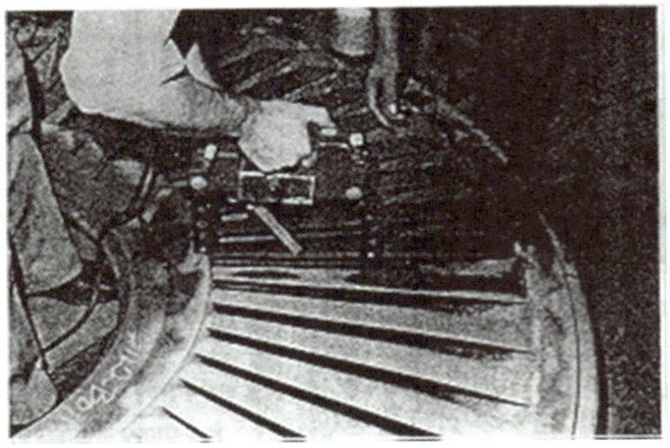

그림 14.21 Yoke법

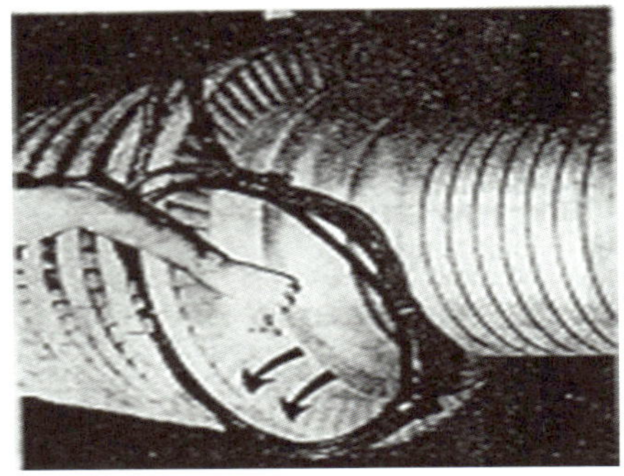

그림 14.22 Draft coil법

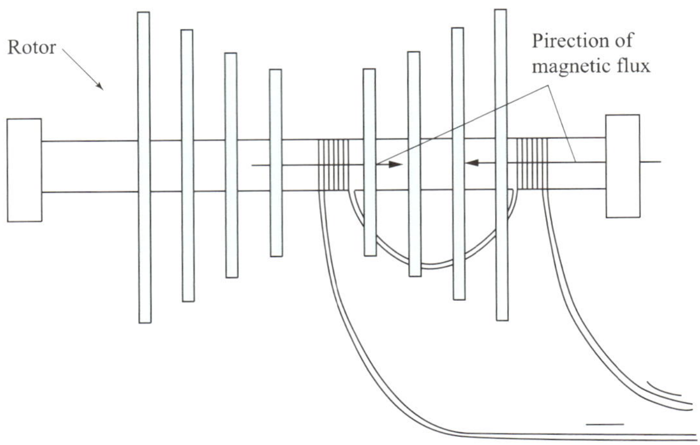

그림 14.23 Bucking field method

3) 테논부 비파괴 검사

테논부는 Shroud 때문에 다른 비파괴 시험 방법으로는 검사가 용이하지 못하여 초음파 검사를 수행하는데 수직 탐촉자를 이용하는 경우와 경사각 탐촉자를 이용하는 방법이 있으며 수직 탐상은 5 MHz의 수직 탐촉자를 사용하며 경사각 탐상은 5 MHz 60°의 경사각 탐촉자를 이용하여 탐상한다. 경사각 탐촉자의 scanning은 블레이드의 볼록한 면에서 실시하며 탐촉자를 테논부의 전 길이를 따라 앞뒤로 움직이며 수직 탐상시 탐촉자는 테논부의 편편한 끝단에서 주사한다. 수직 탐상은 경사각 탐상에서 결함이 발견되면 이의 정확한 깊이를 확인하기 위해 사용된다. 그림 14.24는 Tenon 부위의 초음파시험 개략도이며 또한 수직 탐촉자 법은 tenon 부위가 편편한 블레이드에 대해서만 적용된다. 또 초음파시험법은 특별한 형태의 테논 부위의 검사에 적용이 가능하며 블레이드의 형상이 다른 경우는 초음파 진행 경로도 변화하므로 적용방법도 수정하여야 한다.

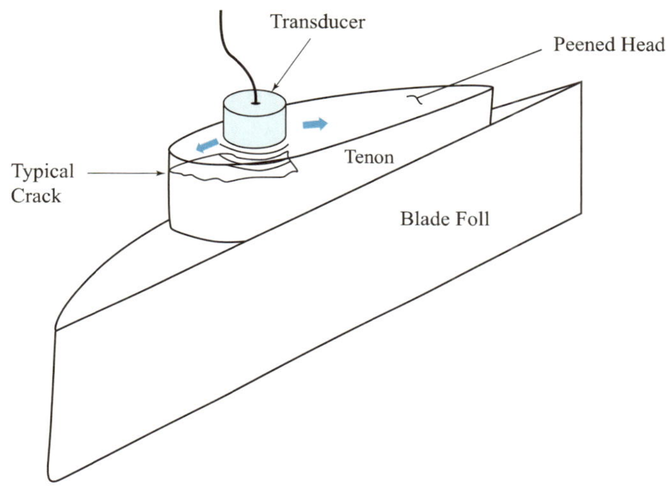

그림 14.24 테논부 검사

4) 블레이드 루트부 검사

터빈 블레이드는 매우 다양한 원인에 의해 손상되고 있으며 이에 대한 비파괴검사 방법중 루트부와 같이 복잡한 형상을 가지고 로터 측에 숨어져 있는 부위에 대한 초음파 검사 신뢰도 확보문제는 시급한 문제이다.

응력부식, 피로 등에 의해 터빈 블레이드 몸체(Body)의 내부 및 표면에 존재하는 미세한 균열탐지에 대한 비파괴 검사는 현재 여러 가지 방법으로 수행되고 있으나 블레이드 루트 부위에 대한 초음파 검사는 블레이드의 여러 형태와 그 구조의 복잡성 및 검사기술의 미 확립으로 인하여 검사방법, 결함평가 및 신호해석에 어려움이 따르고 있다. 그러므로 초음파 검사는 응력해석, 파괴역학, 재료거동 등을 적용하고 검사방법에 대한 신뢰도 제고를 기하여 합부 판정에 이르는 표준이 향후 설정되어야 할 것이다.

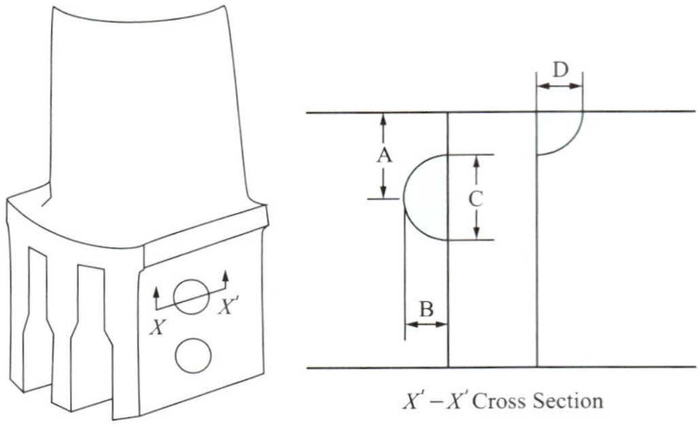

(Unit : mm)

No. \ Type	Round Notch (Type 1)			Round Notch (Type 2)
	A	B	C	D
1	1.0	0.25	0.5	0.25
3	1.0	0.5	1.0	0.5
3	1.0	0.75	1.5	0.75
4	1.5	1.0	2.0	1.0

그림 14.25 Blade 시편

여러 가지 형태의 블레이드 루트부에 대한 초음파 검사 중 전력연구원에서 개발하여 현장에 기술지원하고 있는 Pin Finger 루트 Type의 경우에 대해서 검사 방법을 간략히 설명하고자 한다.

초음파 검사의 종래의 검사기술은 아날로그 신호의 시간 축 영역에서 신호의 진 폭 및 도달시간으로 결함의 크기 및 평가를 수행하게 되는데 이러한 단순변수만으로는 결함의 특성, 형태 및 분류 등의 해석뿐만 아니라 초음파검사 재현성 확보를 위한 신호수집, 검사 자동화, 결함의 영상화 및 형상 인식 등의 작업을 수행하는데 어려움이 따른다. 결함에서 반사되어 나오는 초음파 신호는 무수히 많은 정보를 가지고 있다. 이러한 많은 정보에서 우리가 원하는 정보 또는 신호의 특징을 얻어내며 재료가 갖는

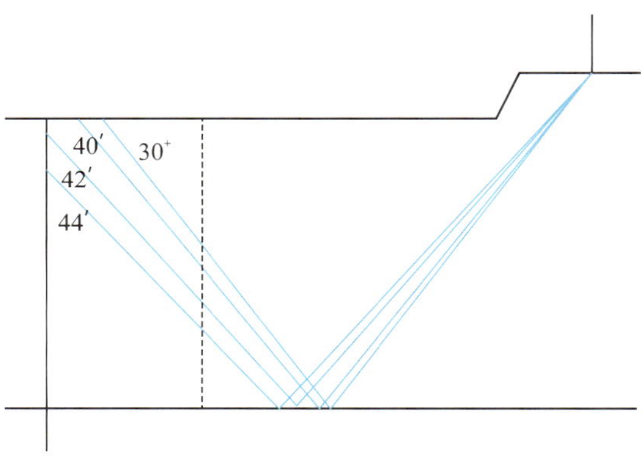

그림 14.26 초음파 빔 전파

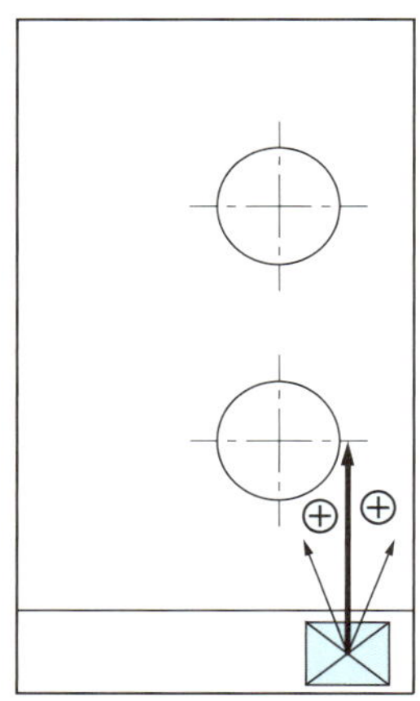

그림 14.27 Beam skewing

고유 잡음 및 전자기적 잡음으로 부어 신호의 S/N 비를 향상시키기 위해서는 우선 아날로그 신호를 디지털 신호로 변환하여 시간 축 영역에서의 정보 및 주파수 영역에서의 정보를 얻기 위한 신호 처리가 이루어져야 하는데 이러한 일련의 과정을 디지털 신호처리라고 한다.

이러한 디지털 신호처리는 검사의 신뢰성 향상, 결함 탐지 능 향상, 결함의 크기, 모양, 형태 등의 특성화 및 재료 물성 연구에 크게 기여할 수 있다. 디지털 신호처리 기법에는 크게 averaging, windowing, filtering, correlation, convolution, spectrum analysis, split-spectrum processing 등이 있고, 신호 처리된 변수 등으로 결함 신호의 발생 원 분류가 가능한 형상인식법도 광범위한 신호 처리기법에 포함할 수 있다. 이 주파수 특성이 결함의 정보도 포함하고 있음을 근거로 하여 결함의 형태나 결함신호와 기하학적 반사 신호와의 신호 특성의 차이가 발생한다. 시간 축 영역에서의 초음파 신호 특성치로는 rise time, fall time, waveform duration, envelope 등이 있고 주파수 영역에서의 특성치는 center frequency, band width(−6 dB, −12 dB 등) 등이 있다. 그러나 기 개발된 이러한 방법 역시 앞에서 언급한 바와 같은 신뢰도 저하의 문제점은 가지고 있고 이를 극복하기 위한 노력은 계속되어야 만 할 것이다.

따라서 블레이드 루트부에 대한 검사신뢰도를 향상시키는 필요성이 절실한바, 이에 대한 대책으로 연구원에서는 전체 블레이드 루트부 형태에 대하여 블레이드 샘플을 취합하고 있으며 필요시 자체 제작하는 등 완벽한 대비시험편의 수집을 기하고 특수 초음파 검사장비를 활용하여 실험실에서 각 블레이드 루트 형상별 초음파신호를 Modeling하고 이를 실제 사용 중인 터빈 블레이드 루트부 검사에 적용할 연구를 수행하고 있다.

그림 14.28에서와 같이 터빈 블레이드 루트부에 대한 신호를 초음파 탐촉자를 움직이지 않고도 각 hook 위치에서의 신호를 영상화 할 수 있으며 이를 통해 기존의 검사 방법에서 탈피하여 루트부에 대한 검사의 신뢰도를 높일 수 있으며, 루트부 주위에 생기는 결함의 크기까지 추정할 수 있다. 이러한 시스템을 활용하고 자동 검사장치와 결합한다면 루트부 역시 자동화 검사가 가능하게 될 것이다. 이를 위해서는 터빈의 각단의 형상 및 크기가 서로 상이하므로 지금 현재 개발하고 있는 각종 로봇 등 여러 가지 형태의 구동장치를 개발하여 전 터빈 및 전 루트 부에 대해서도 검사가 가능하도록 독자적인 연구개발을 수행하고 있는 것이다.

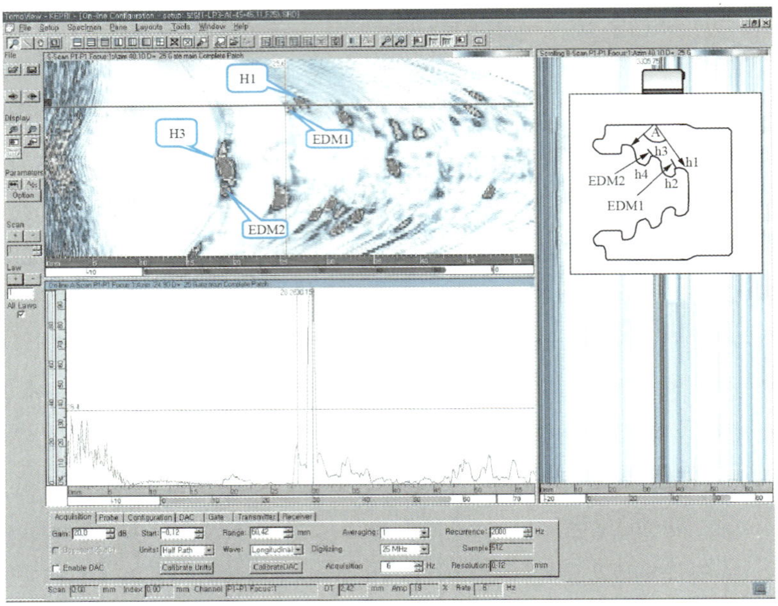

그림 14.28 터빈 블레이드 루트부에 대한 PA 신호

14.6 TBN 비파괴 검사의 취약성 및 현 기술의 한계

터빈 블레이드에 대한 비파괴검사 방법으로는 Blade를 해체한 후 육안검사, 침투탐상검사, 자분검사를 주로 수행하고 있으나 이 경우 Root 부위 피로균열(Fatigue Crack)과 같은 미세한 결함의 검출에는 많은 어려움이 따를 뿐 아니라 Blade 재 체결시 공기 지연 및 Blade Balancing을 고려해야 하는 등 여러 가지 문제가 대두되고 있으므로 Blade 체결 부위에 대한 비파괴 신 검사기술 개발은 시급한 과제이다. 응력부식, 피로 등에 의해 터빈 Blade 몸체(Body)의 내부 및 표면에 존재하는 미세한 균열 탐지에 대한 초음파 검사는 현재 여러 가지 방법으로 수행되고 있으나 Blade Root 부위에 대한 초음파 검사는 Blade의 여러 형태와 그 구조의 복잡성으로 인하여 검사방법, 결함평가 및 신호해석에 어려움이 따르고 있다. 따라서 검사방법 및 합 부 판정에 이르는 초음파 신 검사기술을 확립하고 향후 검사절차에 대한 standards의 설정 및 이 부분 검사에 대한 신뢰성 있는 특수 검사장비를 확보하여 활용하여야 할 것이다.

터빈 부품에 대한 초음파 탐상 검사는 그 형상과 구조의 복잡성 및 검사기술의 미확립으로 인하여 검사방법, 결함 신호의 탐지 및 평가 기술이 취약하고 또한 탐지된 결함의 건전성을 평가하기 위한 디스크부의 응력이나 소재의 물성치를 해석하는 기술이 취약하므로 발전설비의 노후화, 고온 고압화, 대용량화 및 장주기 운전(12개월 → 18개월)에 대처하기 위해 엄격한 결함 탐지 및 건전성 평가를 수행하는 기술 개발 및 신속한 검사를 위한 장비의 확보 및 각 발전소 기기에 대한 범용성을 보완해 나가야 할 것이다. 외국의 경우 터빈 부품의 검사 및 건전성 평가에 대한 기술을 이디 개발하여 활용하고 있으며 더 나아가 검사 기술의 자동화 연구 및 건전성 평가 결과에 대한 신뢰성 향상 연구 등을 수행하고 있는 상황이다. 또한 다양한 종류의 설비를 보유한 우리 공사의 경우에 이들 각각에 대해 검사 및 평가 기술을 도입한다는 것은 현실적으로 곤란하며 이러한 분야의 기술은 자체 개발하고 경험을 축적하는 것이 최선의 방법이므로 검사절차를 확립하고 터빈부품 각각에 대한 자동 초음파 검사장비를 개발하여 국내 발전용 터빈의 안전성 확보와 신뢰성을 제고하여야 할 것이다.

1 신뢰성 향상 전략

비파괴 검사를 통한 발전설비에 대한 신뢰성 향상을 위해서는 비파괴 검사방법과 발전설비 각 기기에 대한 최적의 방법을 선정하고 각 방법별로 적용성 제고 및 검사의 신뢰도를 높이기 위한 기법을 개발하여야 만 할 것이다. 터빈설비 중 터빈 블레이드 비파괴 검사에 대해서는 발전소마다 다양한 루트부 형상을 가지고 있고 그 크기 또한 단마다 다르므로 루트부 타입에 대한 비파괴 데이터베이스를 구하여 비파괴 검사 최적의 검사방법 설정 및 검사 절차서를 개발하고 초음파 검사의 경우는 접근성 제한의 문제를 해결할 장비의 개발 및 관련된 적용성 연구개발의 활성화를 통해서 검사 신뢰도를 높여야 할 것이다. 디스크의 경우는 전력연구원에서 디스크 검사 기술을 개발한 바 있으나 전 발전소에 대한 이의 적용은 도면 확보, 특수 웨지의 단별 제작 등의 시간이 소요되므로 향후 적용성 제고를 위한 심도 있는 연구 및 자동 초음파 검사 장비의 개발을 통해 설비 검사 신뢰성을 높여 가야 할 것이다.

또한 검사 후 발견된 결함이나 문제점에 대해 기기의 건전성 평가를 할 수 있는 프로그램을 전 발전설비에 대해 적용 할 수 있도록 분야별 심도 있는 개발을 기하고 비파괴 진단 전문가 시스템 구축을 위해 각 분야별 적용성 연구의 활력을 기할 필요성이 있다. 음향방출 등을 이용한 회전기기에 대한 상시 감시 시스템은 아직 많은 연구

개발이 따라야 하지만 이것 역시 터빈 등과 같이 고온 고압 하에서 고속으로 회전하는 기기에 대한 사고의 미연방지 및 적기 보수 기술 향상의 측면으로 점차적으로 적용성을 확대하여 발전설비의 안정성 및 신뢰도 제고를 위한 추진전략의 주요인자가 되어야 할 것이다.

2 향후 연구개발 계획

주요 발전설비(터빈, 보일러 등)및 기타 발전설비에 대한 신기술 적용 및 보수 유지 기술의 향상을 통한 설비의 신뢰성 향상을 위해서는 각 주요 설비별로 핵심 비파괴 검사기술의 개발 및 적용성 확대에 대한 연구를 지속적으로 수행하고 이들 각각의 기술을 유기적으로 연계하여 종합적인 설비 유지기술을 개발해 나가야 한다. 정비기술 고도화를 위해 다방면의 적극적인 현장 적용성 연구 개발이 필요하며 이중 비파괴 검사 신기술 분야에 대해서는 발전설비 검사 신뢰도 향상 및 설비진단 능력 향상을 기해 이를 발전설비에 대한 검사 신기술의 자립 및 적용 능력 확대에 활용하여야 한다.

향후에는 신뢰도 높은 측정 데이터 및 측정기술의 확보를 기하고 발전설비중 터빈 등과 같이 결함의 발생 빈도가 높고 검사방법이 제한되고 접근이 힘든 부위에 대한 검사는 가능한 방법 중에서 제한성을 극복하기 위한 현안과제의 지속적 수행 및 활성화를 기하여야 하고 아울러서 해당 비파괴 검사 장비의 확보 및 개발을 동시에 수행하여야 할 것이다.

또한 이중 Tenon, Shroud band, Stellite, tie wire 및 Hole 등은 결함발생 및 파손 시 발전효율 및 발전소 Trip의 원인이 되는 부위이므로 이에 대한 비파괴 검사는 계속적인 추적 검사의 필요성이 있어 한 업체에서 부위별로 전담하여 검사를 수행하여 추적관리가 용이하도록 하고 이를 통해 검사 신뢰도를 높여야 할 것이다. 기타 발전설비에 대한 비파괴 검사에서도 현장 부서에서의 전문성을 부여하여 검사 신뢰도를 높이고 이를 통해 검사 결과 및 발전설비에 대한 신뢰성을 향상 시켜 발전소 현장에 대한 신기술 및 신기법의 기술 지원이 이루어질 수 있도록 체계적인 연구를 수행하여야 할 것이다.

터빈 블레이드 루트부 형태 중 Straddle mount type 시편에 인공결함을 삽입하여 탐촉자를 움직이지 않고 각 Hook부의 신호 및 결함신호의 검출 및 평가방법에 대하여 고찰하였다.

Phase array system은 조정각 θ를 이용하여 원하는 위치에 보내고 검사부위에 따라 pulse/echo method 혹은 pitch catch method를 사용하여 초음파 빔의 접근이 어려운 부위에 대하여 검사가 가능하다.

본 실험에서 사용한 Phased Array Probe의 element수는 32개이며 주요 사양은 표 14.3과 같다.

표 14.3 Phased Array Probe Specification

Element 수	중심주파수	Probe 치수	Element 길이	Element 간격	Cable
32	10 MHz	22×18	7 mm	50 μm	3 m

3 Phased Array UT 기법개발 및 Mockup Test

1) 대비시편 인공결함 신호 취득

Phased array probe는 전 장에서 언급한 바와 같이 대표적인 4가지 주사방식을 가지고 있다. 이는 대상 검사기기의 특성에 따라 한 가지 모드를 선택하여 사용할 수 있는데, 터빈 블레이드 루트부와 같이 제한된 접근지역에서 탐촉자의 전진이 어려운 경우에는 Azimuthal 방식을 취하고 용접부 결함 탐상이나 좌우방향 길이 측정에는 Lateral 주사방식을 취한다. 이러한 주사방식의 특성을 검증하기 위하여 아래의 시편

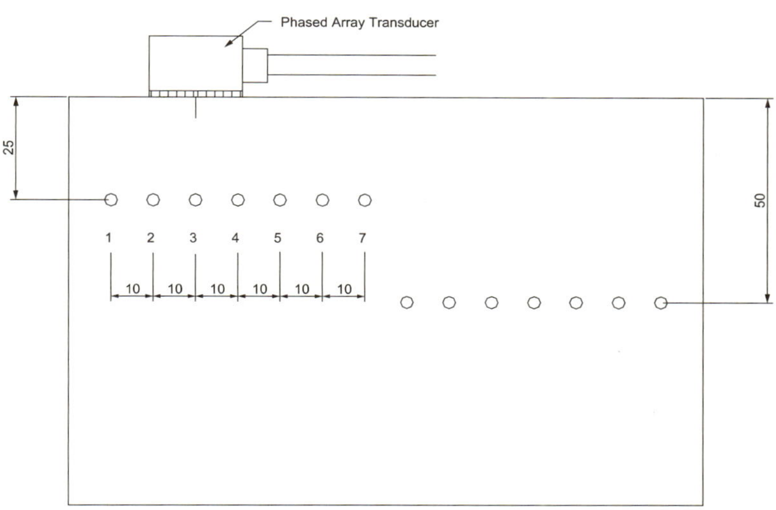

그림 14.29 phased array probe setup

을 직접 설계 제작하여 다중초음파 신호의 특성을 분석하였다.

그림 14.29, 그림 14.30은 직경 2 mm side drill hole을 2그룹씩 7개를 만들어 아래 그림에서처럼 탐촉자를 움직이지 않은채 7개의 hole을 동시에 Azimuthal scan하는 장면이다. 7 side-drill hole beam profile block 중 5개의 hole에 대하여 non-wedge PA probe를 가지고 steering angle ±45°의 범위로 azimuthal scan을 하여, 5단계의 Focal depth와 압전소자(element)수를 조정하여 steering 각도에 따른 각 side-drill hole의 음압을 측정하였다. 마찬가지로, phased array probe는 3번 hole에 위치시킨 채 움직이지 않고 동시에 5개의 hole에 대하여 주사하였다. 초음파 검사의 기본특성상 기준 음압의 설정은 아주 중요하다.

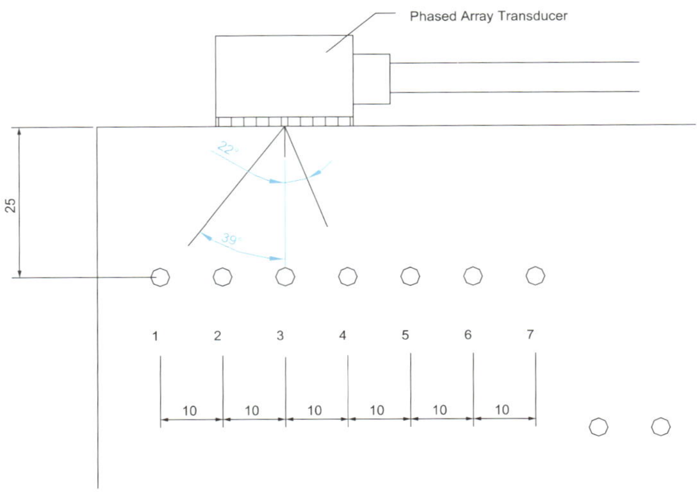

그림 14.30 phased array probe

위의 7-side drill hole block과 더불어 제작한 beam profile용 시편이 아래의 Block이다. 그림 14.32는 7 side drill hole PA 신호를 보여주고 있으며 탐촉자를 움직이지 않은 채 동시에 7개의 신호를 포착할 수 있음을 보여주고 있다.

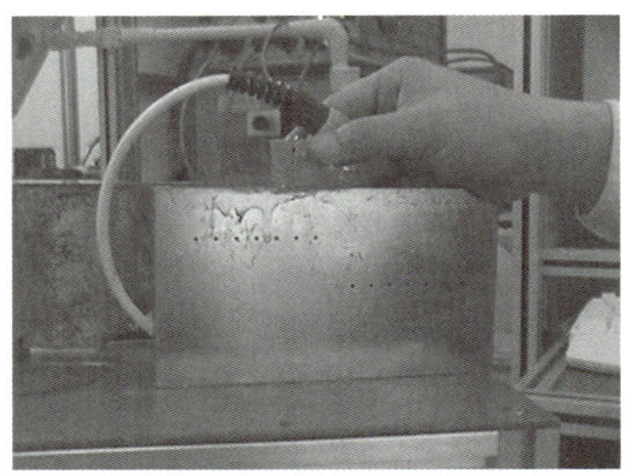

그림 14.31 7-Side Drill Hole block

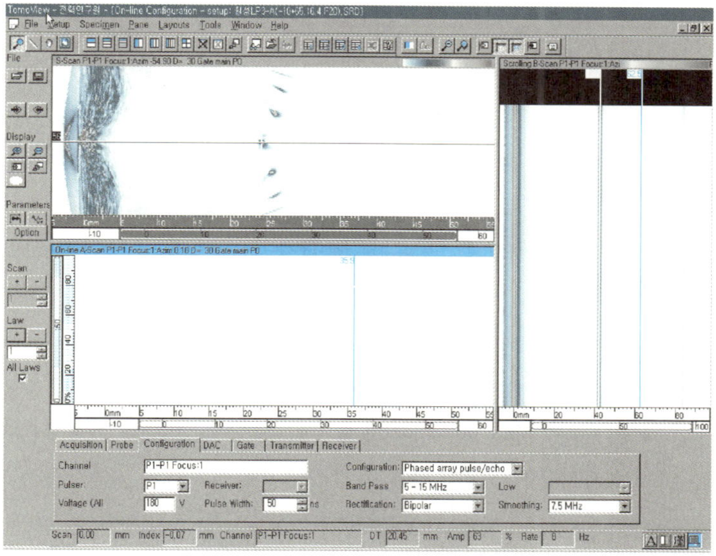

그림 14.32 7 Side Drill Hole block PA 신호

그림 14.33은 두께 30 mm의 Cr-Mo 합금에 직경 4 mm의 SDH(Side Drilled Hole)을 각도별로 0도에서 80도까지 10도 간격으로 가공된 block의 상부에 probe를 위치

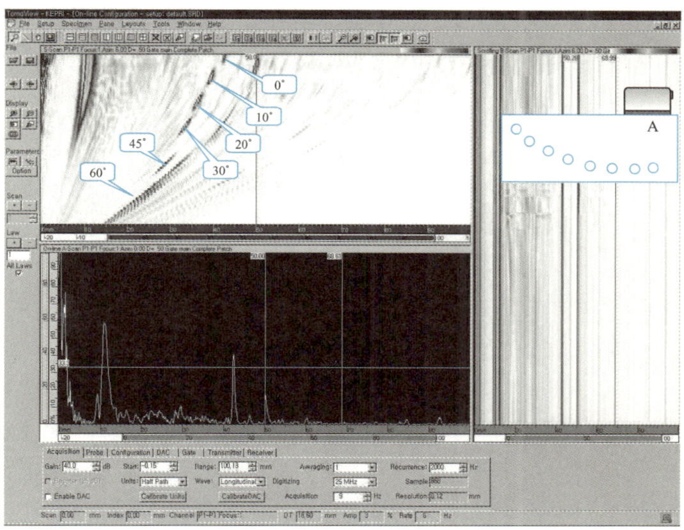

그림 14.33 Detection of side drilled hole

하고 azimuthal scan으로 빔을 0도에서 70도까지 25 mm에 초점이 형성하도록 한 상태에서 나타난 S-Scan, A-Scan, B-Scan 그림이다. 그림에 표시된 것과 같이 probe 위치를 변경하지 않고도 0°, 10°, 20°, 45°, 60°의 SDH이 나타남을 볼 수 있다. S-scan 상에서 커서를 결함사이에 두어 결함의 sizing을 실시한 결과 근거리 각도에서는 정확하게 일치하였으나, scanning 각도가 증가할 수 록 오차가 나타남을 알 수 있었다. 이러한 오차는 각도가 증가할수록 SDH까지의 거리가 길어지므로 초점거리가 일치하지 않기 때문에 나타난 현상으로서 증가한 각도에 따라 초점거리를 다시 계산하여 Focal law를 추가함으로서 감소시킬 수 있다.

S-Scan 화면상에는 각도가 증가함에 따라 SDH의 형상이 길게 늘어진 형상으로 나타나고 있으나 Traker를 사용하여 탐상을 자동화하면 결함의 형상이 실제에 더욱 가깝게 나타남을 확인할 수 있다. 그림 14.33에 3D image processing을 통한 영상처리에 의하여 나타난 화면중 왼쪽 상단을 S-Scan(Sectorial Scan), 하단을 A-Scan, 오른쪽을 B-Scan으로 구성하였다. S-Scan에서 x축은 검사표면에서부터의 수직거리를 나타내고 y축은 각도를 표시하는데 상부쪽에 시작각도이며 하부쪽이 Scanning 종료 각도를 나타내고 있으며, 7개 hole에 대한 신호가 선명히 나타남을 알 수 있다. 화면색깔은 초음파 신호의 음압(Amplitude)을 구별하여 주는데 빨간색은 높은 신호임을 알 수 있

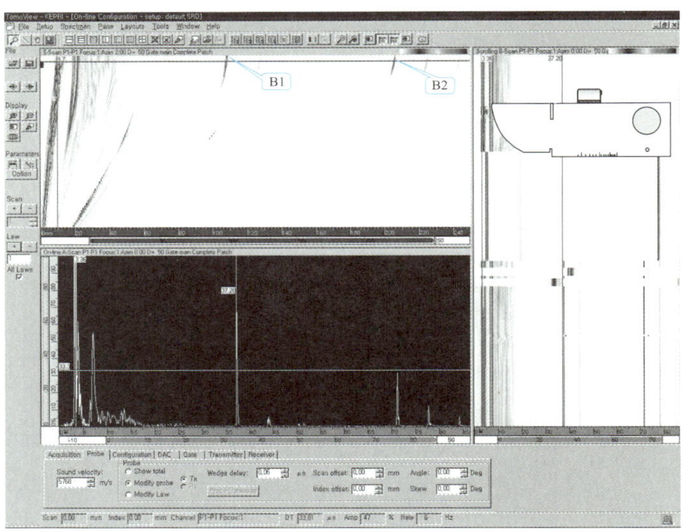

그림 14.34 Probe calibration(A1 block)

다. 또한 검사영역의 특성에 맞게 검사각도 및 초점거리를 다르게 설정할 수 있도록 그림 14.35에서처럼 focal law를 추가하여 y축상에서 다양한 focal law를 동시에 나타낼 수 있게 하여 검사의 정확성을 높일 수 있도록 하였다. 이번에 설정된 주사각은 −59.9°에서 +60°의 범위로 분해능(resolution)은 1°씩 조밀하게 배분하였으며 초음파 음속은 Detection capability를 높이도록 shear wave의 속도인 3230 m/s로 검사하였다. 실험에 사용한 probe는 총 32개의 Element를 사용하였으며 Element의 보호를 위하여 Plexiglass 소재의 wedge를 결합하였으며, wedge의 refracted angle은 31°이다.

이와 같은 주사모드는 Azimuthal 방식이고 Phased array probe의 pitch 간격이 0.31 mm이며, 탐촉자에 붙인 wedge의 크기를 보정해 주기 위한 입력 데이타 값이 그림 14.35에 나타나 있다.

그림 14.34는 초음파 빔을 100 mm에 초점이 형성되도록 하고 STB-A1 Block의 100 mm 지점에 Probe를 위치시키고 Probe delay 및 음속을 측정한 결과이다.

이 실험에서는 3.5 μs의 Time delay가 발생하였으며 음속은 5768 m/s로 나타났다. Tomoview의 화면 layout은 사용자가 다양하게 구성할 수 있으나 본 실험에서는 왼쪽 상단을 S-Scan(Sectorial Scan), 하단을 A-Scan, 왼쪽을 B-Scan으로 구성하였다. S-Scan은 x축을 검사표면에서부터의 수직거리를 나타내고 y축은 각도를 표시하는데

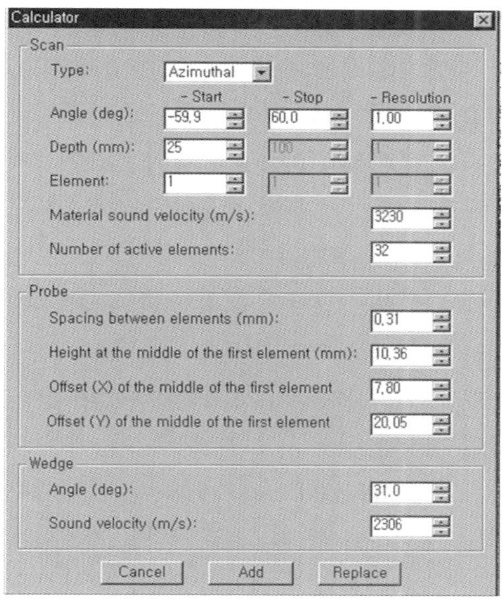

그림 14.35 Focal law data

상부쪽이 시작 각도이며 하부쪽이 Scanning 종료 각도를 나타내고 있다. 또한 검사영역의 특성에 맞게 검사각도 및 초점거리를 다르게 설정하여 focal law를 추가하여 y축상에서 다양한 focal law를 동시에 나타낼 수 있게 하여 검사의 정확성을 높일 수 있도록 하였다.

14.7 터빈설비 자동화 검사 기법 개요

발전설비 중 터빈과 같은 회전 기계류는 가동-정지 작동수의 증가에 의해 더 많은 부하를 받으며 이러한 부위에서의 결함과 재료의 손상은 작용부하나 재료의 점진적인 열화의 원인이 되고 발전소에서 예상치 않은 문제의 원인이 될 수 있다. 이러한 이유로 회전 기계류에서의 비파괴 검사방법은 더욱 중요시되고 있으며 높은 생산성을 위해 검사시간의 단축이 효율적이라는 면에서 관건이 되고 있다. 발전설비에 있어서 파손 원인중 대부분이 균열에 기인된 것으로 조사되었고 이들 균열은 피로 또는 부식등에 의한 것으로 나타났다. 이러한 균열이 존재시에는 설비에 따라 급격한 파손 또는 점진적인 파손에 이르게 하여 경우에 따라서는 막대한 경제적 손실 및 인명 피해를 일으키게 한다.

일반적인 초음파 검사방법을 이용하여 터빈 블레이드 Root부와 같이 기하학적 형상이 복잡한 대상의 검사를 수행하기 위한 검사자의 기량은 고도의 숙련된 기술과 노력 그리고 시간을 요구한다. 그러나 최근에 개발이 시작된 Phased Array UT 분야는 발전설비중 터빈 블레이드 root부와 같이 접근자체가 어렵고, 형상이 복잡하여 결함의 탐지 및 평가가 힘든 부분에 적용하면 검사신뢰도 및 신속성을 향상시킬 수 있으며 접근성에 대한 제한 또한 감소시킬 수 있다. 본 연구에서는 터빈 블레이드 루트부 등 발전설비에 발생하는 결함에 대하여 Phased array UT 신호의 특성을 분석하고 신호를 평가하는 방법에 대하여 설명하고자 한다.

아주 두꺼운 재질의 초음파검사 또는 터빈과 같이 복잡한 형상의 초음파검사를 수행하기 위하여 형상과 접촉부, 그리고 두께에 따라 다양한 각도의 탐촉자와 wedge를 필요로 한다. 그러나 Phased array probe는 이런 측면에서 검사자의 경제적인 측면과 시간, 노동력을 고려하여 볼 때 많은 이익을 가져다 줄 수 있다. Phased array system을 이용하여 발전설비에 대한 비파괴검사를 수행시에 발생될 수 있는 여러 가지 효과를 살펴보면, 우선 비파괴 확인 검사 및 평가에 대한 신뢰도 측면에서의 향상을 기대할 수 있다. 또한 발전소 주요설비에 대한 비파괴 검사 기술지원 활성화 및 현장 문제점을 해결할 수 있을 것으로 기대된다. 현재까지 외국 제작사 및 검사업체가 수행하여 오던 터빈검사에 대한 전반전기 기술을 자립함으로서 신속한 신호해석 및 결과 판정으로 발전소 예방정비시 공기 단축 및 기술 용역비 절감이라는 막대한 경제적 효과를 가져 올 수 있다. 일반 초음파 장비로는 검사가 불가능 부분에 대한 초음파 검사를 수행함으로서 발전설비에 대한 검사 기관의 결함평가 오류 시 재확인 검사로 문제를 해결할 수 있을 것이다.

1 터빈설비 자동화 검사기술 확립계획 및 방법

터빈 각 부품에 대한 자동화 기술을 확립하기 위해서는 기존의 터빈 각 부품에 대한 비파괴 검사방법의 제고를 기하고 그 취약점을 분석하여 검사 신뢰도 향상 및 한 개의 자동화 장비로 형상 및 크기가 다양한 각 터빈에 대하여 검사가 가능하도록 flexible 하고도 효율적인 장비의 개발이 시급하고 이의 방법을 개발하기 위하여 가능한 많은 수의 터빈 Mockup을 확보할 필요성이 있다. 따라서 본 연구 기획 조사과제에서는 터빈 샘플을 확보하기 위하여 고리1호기에서 교체된 로타를 수배하여 한중 야적장에 있는 로타를 1/6, 60도로 절취후 이송하여 연구원에서 시편으로 활용중이다.

아래그림은 연구원 내에 로타 샘플을 여러 가지 실험이 가능하도록 거치 시킨 전경이다.

그림 14.36 터빈 실제 시편 거치대

설치된 이 샘플 시편을 이용하여 블레이드 루트부에 각 형상의 인공결함을 삽입하고 이를 검출 및 신호해석 자동화 검사를 위한 로봇장치의 개발 및 테스트에를 위한 작업을 수행중이며 이를 다시 보완하고 수정하여 자동 장치의 제작 등을 통해서 자동화 검사방법을 도출하고 개선해 나갈 계획이다.

14.8 터빈설비 자동화 검사 기법개발 계획 및 개요

터빈 비파괴 검사에 대한 기존의 방법은 숙련된 검사자라 하더라도 그림 14.37, 그림 14.38에서 보는 바와 같이 많은 검사 물량에 대한 노동력과 시간이 소요되고 있어 신뢰도 측면이나 검사시간 검사 정확도 측면에서도 여러 문제가 대두되고 있어 각 국의 전력 회사(會社)에서는 자동검사의 필요성을 강력히 인식하고 있다. 블레이드 루트부를 비롯한 터빈 각 부분에 대한 자동 비파괴 검사를 위해서는 터빈의 해당 부위에 자동으로 구동되는 장치가 필수적이고 이를 위해서는 로봇을 이용하여 검사를 수행하여야 한다.

그러나 그림 14.40에서처럼 일반적인 검사 로봇은 평면부의 구동에는 적합하나 터빈의 복잡한 기하학적 형상에는 적용할 수가 없다. 국내 터빈은 웨스팅하우스사 와 GE사의 제작품이 주종을 이루고 있으며, 제작사인 이들조차도 터빈 검사에 대한 자동화가 쉽게 이루어 내지 못한 상황이며, 이런 추세 속에서 국내 발전소의 터빈 검사는 이렇다할 방안 내지는 향후 대책이 미흡한 실정이다. 터빈 각 부품에 대한 비파괴 검사의 핵심은 발전소 계획 예방 정비시 터빈 블레이드 등의 부품을 로타 및 디스크로

그림 14.37 터빈 디스크 UT

그림 14.38 터빈 Tenon UT

그림 14.39 터빈 Blade root UT

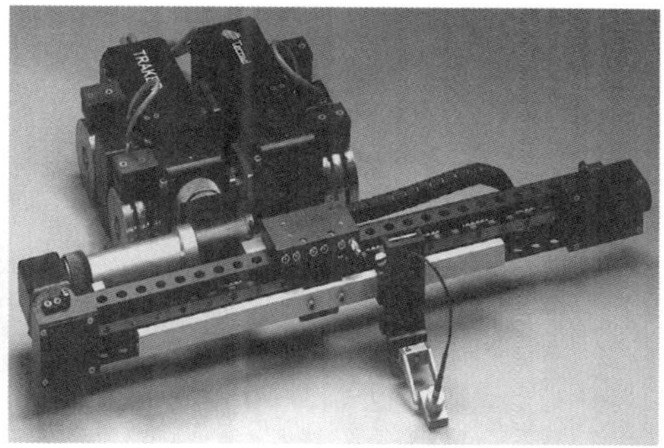

그림 14.40 일반 Robotic scanner

부터 취외하지 않은 상태에서 내부 체적내에 존재하는 결함을 초음파 검사로 찾아내는 것이 관건이다. ASME Code에서 조차도 터빈에 대한 검사 절차서 및 방법이 명확히 제시되지 않으므로 터빈 자동 초음파 검사기술 확보가 절실히 필요하다. 기존 수동 초음파 검사의 한계성을 극복하고 고 신뢰도 결점 신호평가 능력을 제고하기 위하여 터빈 블레이드를 체결하여 주는 Shroud Band부나 터빈 위에서 구동되는 장치를 제작하여 검사 자동화를 기하고자 하는 것이다.

이 검사 시스템의 현장적용으로 검사시간 단축과 검사인력 절감, 그리고 터빈 블레이드 Root부와 같이 접근자체가 어렵고, 형상이 복잡하여 결함의 탐지 및 평가가 힘든 부분에 적용하여 검사신뢰도 및 신속성을 향상시킬 수 있으며, 접근 제한성을 극복할 수 있을 것으로 기대한다.

현재 터빈 블레이드 초음파 검사는 한 개의 블레이드 루트부에 대해서도 7번 이상의 초음파 검사를 필요로 하며 사람의 손으로 직접 검사하다보니 접근지역이 제한된 검사부위에서는 작업의 안정성 및 검사결과의 신뢰성이 크게 떨어진다. 이러한 근본 문제를 해결하기 위하여 세계적으로도 일부 전력사에서는 자사 터빈에 적합한 자동장치를 만들어 자동 검사를 수행하고자 하고 있다. 그림 14.41에서와 같이 터빈 일부 부품에 대하여 자동 검사할 수 있는 장치를 제작 운용하고 있다. 그림 14.42는 현재 터빈 디스크 자동 검사를 수행하기 위하여 제작한 기기로서 검사의 결과를 실시간으로 검사자가 자동장치를 컨트롤하면서 검사신호를 분석할 수 있도록 설계되어 있다. 그러나 이 장치들은 검사용 지그가 대형이고 장비가 대형화되어 발전소 현장에 전용 장비로는 효용성이 있으나 장비 이동에는 문제가 있는 실정이다.

국내에서도 그림 14.44에서와 같이 터빈 디스크에 대한 자동 검사를 할 수 있는 장

그림 14.41 터빈디스크 자동검사 시스템

그림 14.42 터빈 디스크 자동 검사장치

비를 한국중공업에서 스페인 Technatome사에서 250만 $에 구매한 장비를 보유하고 있는 실정이다. 터빈에 대한 자동 검사장비를 비롯한 다른 부품에 대한 자동 검사장치는 아래 그림 14.45에서와 같이 여러 종류가 있다.

하기 그림에서 보는 바와 같이 장치가 대단히 복잡하고 장비가 대형화되어 있는 실정인 데다가 검사자체도 기존의 초음파 탐촉자를 결합하는 형상으로 되어 있어 다른 각도의 검사가 필요할 경우는 탐촉자를 교체하여 검사 하게 되므로 검사자체는 여러

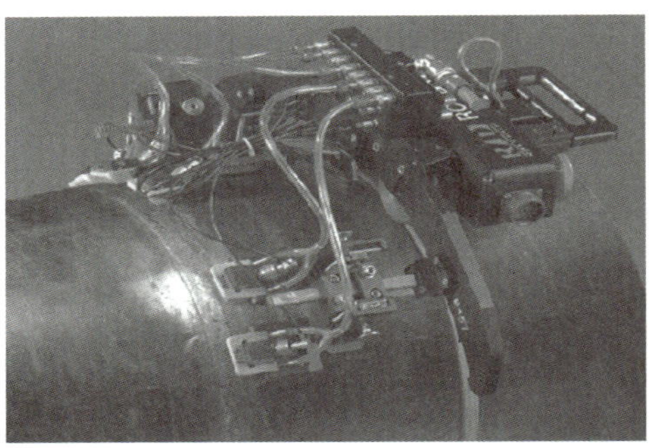

그림 14.43 다채널 자동검사장치

그림 14.44 터빈 Blade part 검사장치

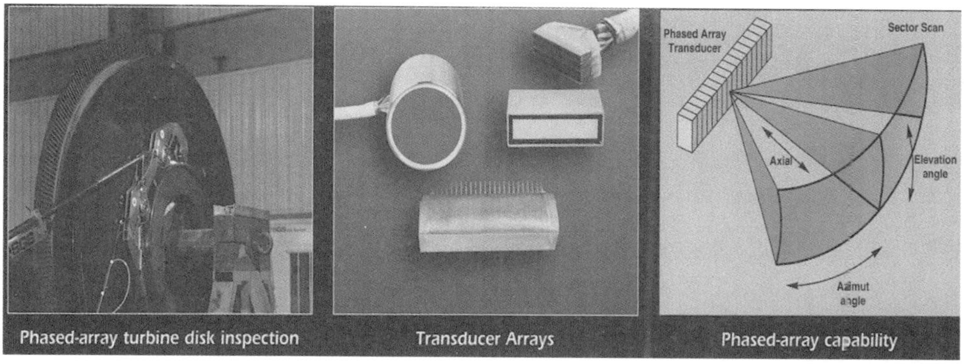

그림 14.45 검사장치 및 검사 모드

번 수행하여야 한다. 이러한 여러 가지 문제점을 해결하기 위하여 전력연구원에서는 여러번 검사하는 문제점은 연구원에서 개발한 발전설비에 대한 초음파 검사 신 기법인 Phased array 기법을 이용하고 아울러서 장치의 간략화를 기하고자 하였다. 아래 그림에서는 이러한 다중 탐촉자 초음파 검사 시스템의 모식도를 나타내었다. 이런 방법으로 검사 장비의 간략화 및 검사 신뢰성 제고와 검사속도의 증가를 기하고자 하는 것이다.

발전설비 주요 고속, 고압, 고온 기기인 터빈 블레이드 루트부의 건전성을 평가하기 위하여 비파괴 체적검사의 일종인 초음파 검사의 자동화를 이루고자 본 기기는 터빈 shroud band 부위를 이송하도록 하는 아이디어를 통하여 차세대 비파괴 신기술을 달

그림 14.46 터빈 자동초음파 검사

성하는데 큰 견인차로 여겨진다. 기존 터빈 초음파 검사시 작업 제한 지역에 대하여 안전사고의 발생 우려가 컸고 사람의 손에 의한 탐촉자 스캐너 역할은 검사신뢰도의 주관적 판단에 좋지 않은 영향을 끼치므로 검사 신뢰도에 의문을 남겼고 많은 검사시간과 노동력이 소요되었다. 평균적으로 고압터빈 블레이드 루트부 검사시 장비 보정을 포함한 검사시간을 본 고안품을 통하여 절반으로 단축시킬 수 있으며, 검사결과의 객관성을 확보함으로써 비파괴 검사의 생명인 고 신뢰도 향상을 확보할 수 있다. 또한 검사 데이터의 장기간 이력관리 체계화를 추진할 수 있으므로 향후 추적 검사시 검사 이력의 활용을 가능하게 하였다. 그러므로, 기존 수동 검사가 안고 있는 비파괴 검사의 문제점을 극복하고 본 고안품의 사용으로 자동 비파괴 검사기술을 확보함으로써 그 동안 해외 용역 검사비로 지출한 국내 발전소의 터빈 검사 용역비를 크게 절감하는 효과를 기대하고 있다.

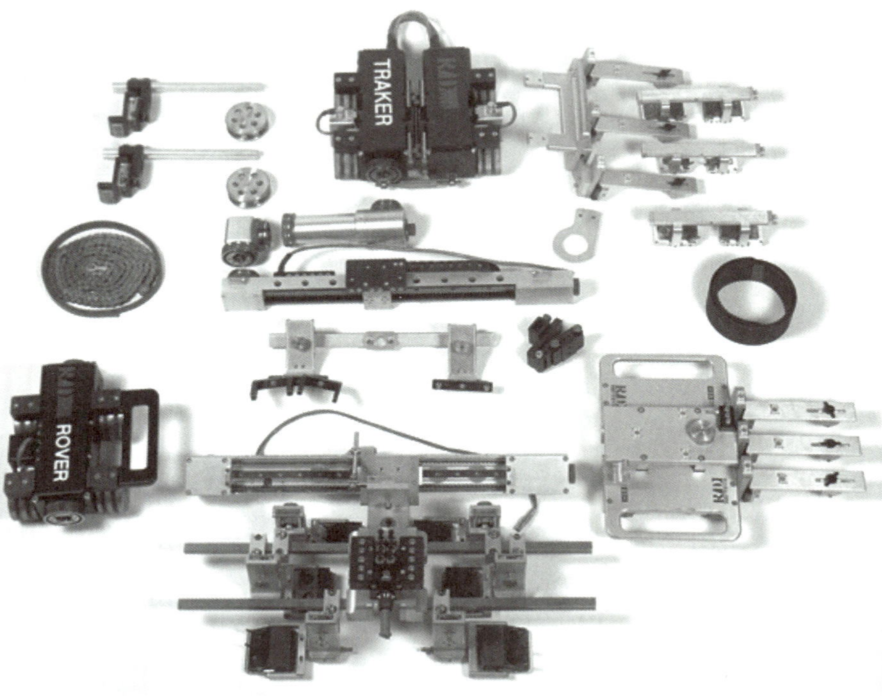

그림 14.47 로보트 적용부품

1 터빈 슈라우드 밴드 구동 자동검사 로봇장치

기존의 터빈 비파괴 검사는 숙련된 검사자라 하더라도 많은 노동력과 시간이 소요되고 있어 블레이드 루트부를 비롯한 터빈 각 부분에 대한 자동 비파괴 검사를 위해서는 터빈의 해당 부위에 자동으로 구동되는 장치가 필수적이고 이를 위해서는 검사용 스캐너나 로봇을 이용하여 검사를 수행하여야 한다. 그러나 일반적인 검사 로봇은 그림 14.42에서 보는 바와 같이 평면부의 구동에는 적합하나 터빈의 복잡한 기하학적 형상에는 적용할 수가 없으므로 터빈 블레이드를 체결하여 주는 Shroud Band부에 이 장치를 구동하여 검사자동화를 기하고자 하였다. 우선 이장치를 터빈 디스크 사이나 슈라우드 밴드상에 구동시키기 위해서 그림 14.48, 그림 14.49와 같이 일반 로봇과 결합하여 구동 될 수 있는 장치를 고안, 설계 제작하였다. 이 검사 시스템의 현장적용으로 검사신뢰도 및 신속성을 향상시킬 수 있으며, 접근 제한성을 극복할 수 있었다. 이 장치는 Shroud Band부도 터빈의 제작사나 어느 단에 체결되었느냐에 따라 그 폭이 다르므로 여러 가지의 폭에 따라서도 조정이 가능하도록 와셔를 착탈식으로 구성하여 적용성을 높였으며 와셔 뭉치 양쪽끝단에는 직경이 더욱 큰 와셔를 체결하여 이 구동장치의 진직성을 높였다.

또한 Shroud Band 사이에는 약간의 틈이 있으므로 이로 인하여 구동장치 자체가 흔들거리거나 부착력의 감소가 일어날 수 있으므로 맨 앞 휠과 제일 뒤 휠에는 쿠션을 주어 조절하였다. 동력전달 구동장치는 제한된 터빈 접근부위중 오면 Shroud band부를 타고 협소한 터빈 각 단 사이를 초음파 검사장치가 이동되도록 설계되어 있

그림 14.48 일반로봇 슈라우드 밴드부착 장치

그림 14.49 일반로봇 슈라우드 밴드부착 장치

그림 14.50 슈라우드 밴드부착 모습

그림 14.51 체결후 동작테스트

다. 터빈이 자성체이므로 검사구동 장치의 4개 Wheel을 강력한 자석으로 만들었으며, 1차 측 동력 전달 기어로부터 1:1 기어를 사용하여 2차 측에 동력을 전달하도록 구성하였다. 검사 구동장치의 무게를 최대한 줄이기 위하여 알루미늄으로 구동체를 만들었으며 1차 측 방향 및 속도제어의 정확성을 기하고 동작오류를 막기 위하여 Encoder에 밀착시킬 수 있는 2차 측 방향, 속력, 이송거리 감지 롤러를 만들었다.

이 장치는 터빈 비파괴 검사의 자동화를 추진하기 위하여 필요한 장치로서 터빈 shroud band 위를 직접 접촉하여 움직이는 4-magnetic wheel로 된 구동장치이다. 즉 터빈 shroud band에 부착되어 이송되면서 터빈에 대한 비파괴 검사를 수행할 수

그림 14.52 신호 취득 실험

그림 14.53 자체 제작한 슈라우드 밴드구동 로봇

있는 터빈 자동 비파괴 검사용 Shroud band Tracking 장치로써 종래에 터빈과 분리되어 별도 접근 장치를 이용하거나 비파괴 검사자가 직접 검사대상 부위를 접근해야 하는 것을 개선하여 마그네틱 바퀴를 통한 자력을 이용하여 터빈에 설치되어 있는 shroud band 주위를 원주방향으로 이동하면서 터빈의 축 방향으로부터 수직으로 부착되어 있는 터빈 블레이드 디스크, 루트부, 터빈의 각 고정 키 웨이등에 대한 비파괴 검사를 수행할 수 있는 탐촉자 이송장치이다. 이 장치는 검사자가 직접 검사를 수행할 경우 접근의 제한성 해결과 장시간 검사시 발생할 수 있는 탐촉자의 일정위치 유지에 대한 난이성을 해결하였다. 또한 이 발명품은 검사에 적용시 각 터빈의 특징에 따라 shroud band 폭의 다양성과 shroud band 곡률 반경이 상이함으로 인한 장치의 부착능력 변동 없이 자유로이 검사를 수행할 수 있는 장치로서 향후 터빈 자동화 검사에 기술에 크게 기여할 수 있도록 고안되었다. 또한 이장치를 개선한 로봇을 설계 제작하여 현장에 적용검사 하였는데 이 장치는 아래 그림에서와 같이 두 기기를 조합한 것이 아니라 전용 장치를 제작하고 그 장치를 제어하기 위한 콘트롤러도 설계 제작하였다. 이 장치는 슈라우드 밴드상의 테논부가 양각으로 되어 있지 않거나 매끈한 경우에 적용할 수 있는 로봇이며 아울러 터빈 축에도 적용이 가능하도록 설계되었다.

터빈 슈라우드 밴드상에서 구동되면서 터빈 주요설비에 대한 자동 초음파 검사의 개념은 터빈 슈라우드 밴드 위를 로봇이 구동되면서 터빈 주요검사 부위에 대한 스캔을 진직성으로 수행하는 개념이다. 이 개념을 적용하기 위한 로봇을 설계 제작하기 위하여 스텝모타 제어용 unit를 제작하여 동작 테스트 및 기계적 장치의 진직성 탐촉자

그림 14.54 자체 제작한 슈라우드 밴드구동 로봇

그림 14.55 슈라우드 밴드구동로봇 현장적용 검사 모습

홀더의 움직임에 따른 모멘트를 견딜 수 있도록 자석의 부착력 등을 개선하였다. 이 개선된 로봇을 이용한 현장적용을 위해 고리 원전 4호기에 대한 루트부 검사를 아래 〈그림 4-19, 20〉에서와 같이 수행하였다. 다중초음파 탐촉자 검사 시스템을 사용하고 본 로봇을 적용한 결과 신호 취득에 있어서 A-Scan 뿐만 아니라, 검사부 전체를 한눈에 볼 수 있는 Sector-Scan을 할 수 있었다.

현재는 이 장치를 shroud band의 표면 형상에 적합하도록 설계되고 구동될 수 있도록 여러 가지 문제점을 보완하여 설계 및 제작 완료하였다. 다음은 슈라우드 밴드상 구동 로봇을 좀더 개선한 로봇에 대해 설명한다.

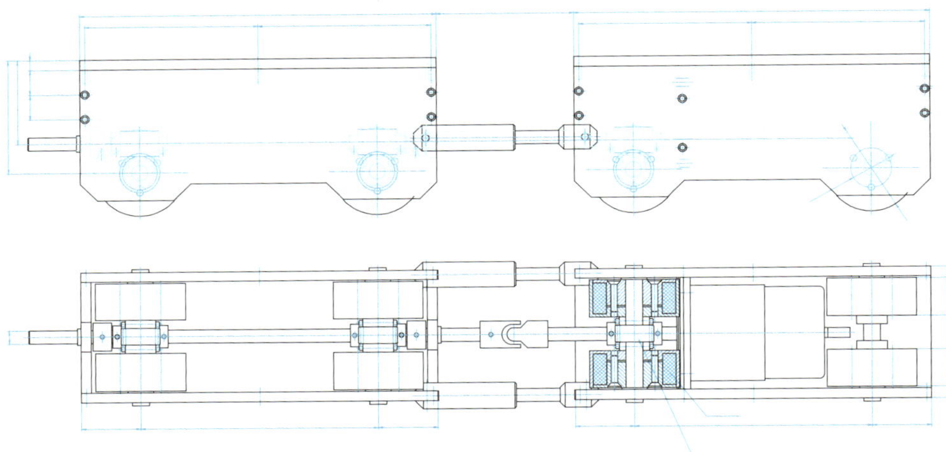

그림 14.56 터빈 슈라우드 밴드상 구동 로봇의 설계도

터빈 슈라우드 밴드의 형상은 표준화력 저압터빈의 1가지 경우만 하더라도 발전소에 따라 호기에 따라 다양하고, 제작사, 터빈의 종류, 터빈의 크기에 따라서도 다르기 때문에 각각의 형상에 유용한 마그네틱 휠의 모양이 필요하고, 동력을 전달하는 방식도 여러 가지여야 하며 마그네틱 휠의 부착력을 높이기 위해서는 그 구조의 개선이 필요한 실정이다. 이러한 각각의 어려움이 있으나 우선 슈라우드 밴드위를 구동되어야 하기 때문에 슈라우드 밴드가 기울여져 있지 않을 경우는 중간부분에 테논부의 돌출이 있는 상황이므로 이를 고려하여 바퀴의 모양을 설계 제작하였다.

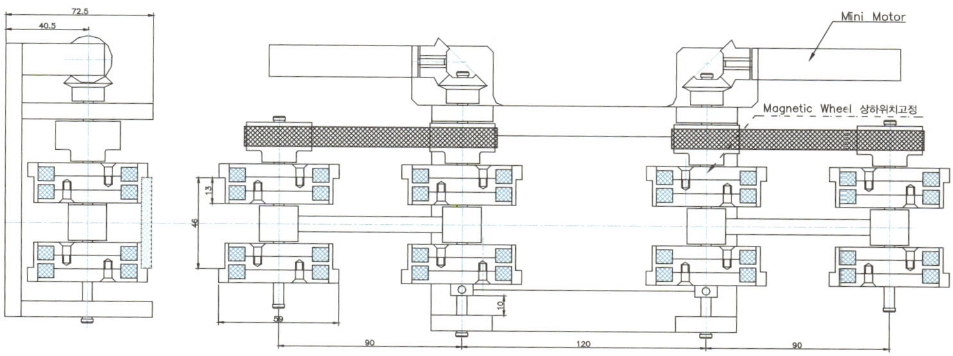

그림 14.57 터빈 슈라우드 밴드상 구동 로봇의 설계도

또한 이때는 메인 장치인 로봇이 슈라우드 밴드위를 구동하므로 이에 따르는 탐촉자 홀더를 제작 및 수차례에 걸쳐 보완 하였다. 탐촉자 홀더 장치 및 웨지 등은 다음 절에서 설명한다.

그림 14.58은 슈라우드 밴드 구동 로봇의 3번째 모델로서 고리적용 로봇의 개선 및 구동 메커니즘의 보완을 기한 슈라우드 밴드 구동 장치이다. 이 로봇은 슈라우드 밴드 상의 테논부 끝단을 피하면서 구동되게 하기 위하여 슈라우드 밴드 양단 끝에서만 마그네틱 휠과 접촉되게 하였기 때문에 자석 바퀴를 좌우측 4개 총 8개로서 부착력을 높였으며 자체의 하중을 감소하기 위하여 모터도 미니 모터를 채용하였다. 또한 자체의 이동능력을 강화하기 위하여 각 차체의 연결은 유니버셜 조인트로 설계 제작 되었다.

그림 14.58 슈라우드 밴드상 구동 로봇장치 (A형)

그림 14.59 슈라우드 밴드상 구동 로봇장치 (B형)

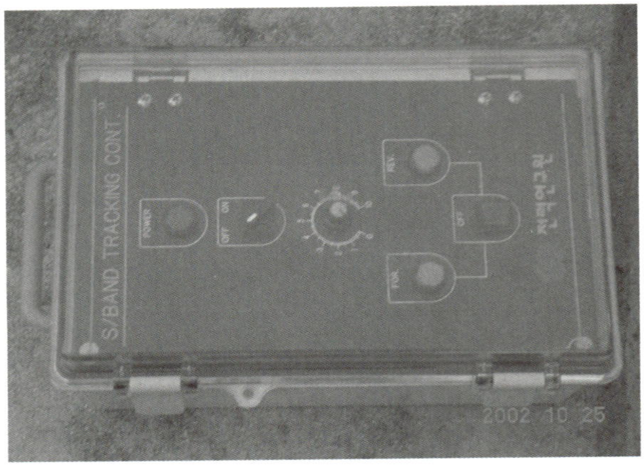

그림 14.60 밴드상 구동 로봇컨트롤러

2 터빈 축상 구동 자동검사 로봇장치

터빈 축상에서 구동되면서 터빈 주요설비에 대한 자동 초음파 검사의 개념은 그림 14.61 상의 모식도 9번에서 보는 바와 같이 축위를 로봇이 구동되면서 터빈 주요검사

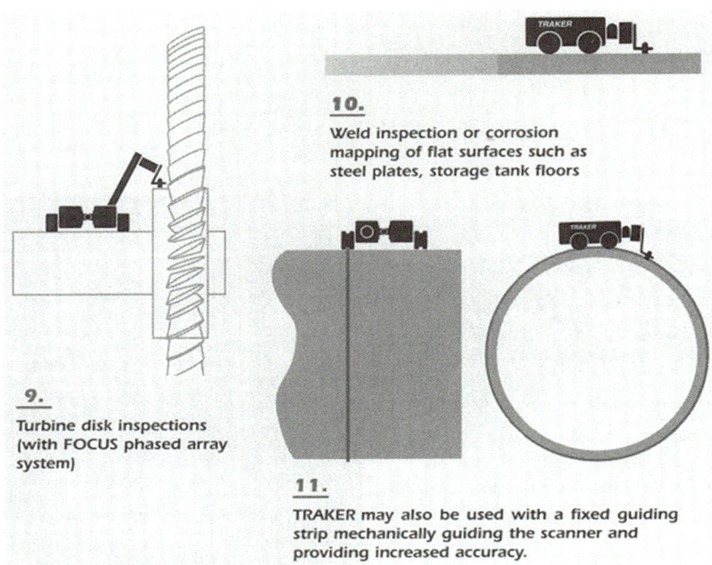

그림 14.61 터빈축 상 구동로봇 개념도

그림 14.62 축상 구동 로봇 테스트

부위에 대한 스캔을 진직성으로 수행하는 개념이다. 이 개념을 적용하기 위한 로봇을 설계 제작하기 위하여 우선 기존의 로봇을 이용하여 고리 4호기 고압터빈 블레이드 1단에 대한 루트부 검사를 앞의 그림 14.55에서와 같이 수행하였다. 다중초음파 탐촉자 검사 시스템을 사용하고 본 로봇을 적용한 결과 신호 취득에 있어서 A-Scan 뿐만 아니라, 검사부 전체를 한눈에 볼 수 있는 Sector-Scan을 할 수 있었다. 즉 기존의 초음파 탐촉자로는 한 개의 입사각만을 만들 수 있지만, Ultrasonic Phased Array System 에서는 Probe를 움직이지 않고 다양한 입사각을 발생시킬 수 있다. 따라서 결함이 Pin-hole 주위에 있을 경우 결함의 생성 방향이나, 각도의 변화에 따라서도 결함의 탐지는 일반적인 단일각 입사에 의한 초음파 검사시보다 더욱 더 쉽게 탐지할 수 있다. 터빈 블레이드 1단 뿐만 아니라 다른 단 사이의 폭이 좁은 환경에서도 검사가 가능하도록 하기 위하여 자체적으로 설계 제작한 로봇을 터빈축 상 구동 터빈 부품 검사장치로 개선하였다.

터빈 블레이드 루트부와 같이 형상이 복잡한 설비에 대한 초음파 검사 신뢰도 향상을 위해 다중 센서방식(Phased Array Probe) 초음파 검사기술과 자체 제작한 로봇을 사용하여 이를 고리원전 4호기 고압터빈에 적용하여 검사 신호 평가의 신뢰도를 크게 향상시켰다. 고리 4호기 저압터빈은 슈라우드 밴드의 모습이 GE나 웨스팅 하우스사 제품과는 틀려 슈라우드 밴드가 일정하게 단차가 되어 있는 상태이다. 그래서 이를 적용하기 위해 로봇의 바퀴를 고리 슈라우드 밴드 단차와 같이 특수 제작하여 현장에

그림 14.63 축상 구동 로봇 Type2

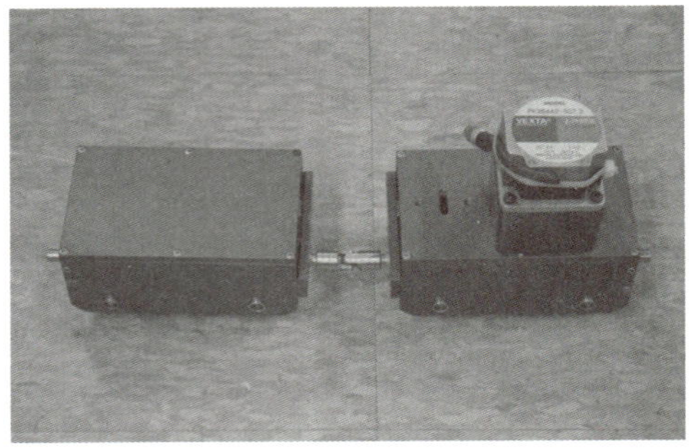

그림 14.64 고리 현장적용 로봇

적용검사 하였다. 다중센서방식(Phased Array Probe) 초음파검사방식을 효율적으로 적용하기 위해서 터빈축 상 로봇의 기능 개선과 1차 사전 현장적용 시 문제점을 개선한 기능개선형 자체 로봇의 모양을 그림 14.63, 그림 14.64에 나타내었다. 이 로봇은 여러 터빈 중 가장 디스크 단 사이가 좁은 곳에도 들어갈 수 있도록 그 폭은 불과 90 mm로 설계되어 있으며 자석의 부착력 및 진직성을 부여할 수 있도록 동차부와 객차부로 나뉘어 설계되어 있으며 그림 14.65는 동차부로서 탐촉자 홀더와 객차부로 동력을 전달할 동력 전달장치와 서보 모타로 구성되어 있다.

이렇게 하면 비교적 간단하면서도 정확한 진직성 및 부착력으로 목표 범위 전부를 검사할 수 있어 검사 시간 및 노동력을 크게 줄여줄 수 있을 것으로 기대한다. 이는 앞으로 터빈 Tracking device 및 Shroud Band Tracking Device 등 자동 스캐너 장비의 보완 및 재설계를 통해 자동화검사를 위한 중요한 기틀을 확보한 것이며 앞으로 이 장비의 확대 적용할 경우 터빈 전체에 대한 자동화 검사를 기할 수 있고 전체 터빈

그림 14.65 터빈축상 구동로봇 주동부

그림 14.66 터빈축상 구동로봇 종동부

그림 14.67 고리 현장적용 모습

그림 14.68 개선로봇의 자동검사 모식도

에 대한 초음파 검사 공기단축 및 검사비용 절감 등을 기할 수 있어 획기적 결과로 사려 된다. 외국에 비싼 검사 용역비를 주며 실시해온 터빈 초음파 자동 검사를 국산화하여 기술 경쟁력을 확보하였다.

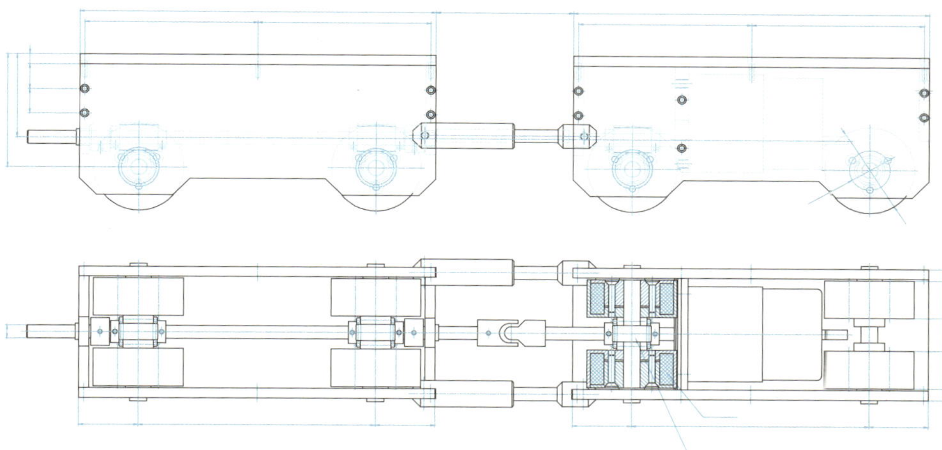

그림 14.69 개선 로봇 1의 설계 개념도

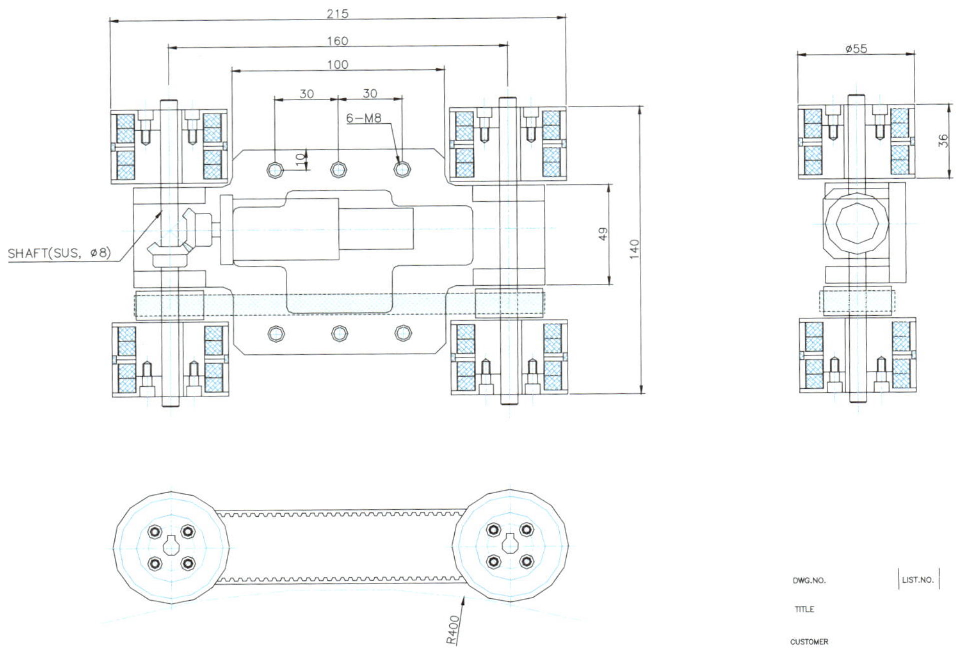

그림 14.70 개선 로봇 2의 설계도

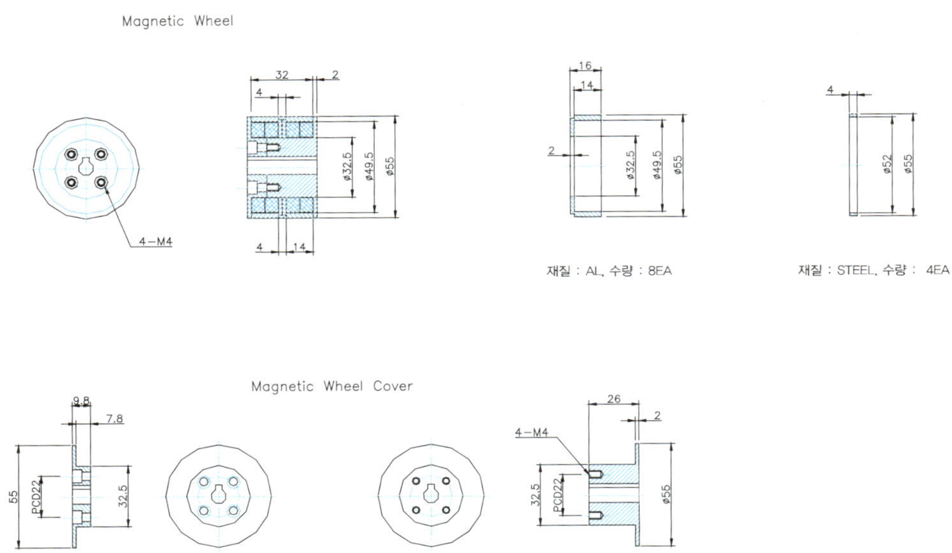

그림 14.71 개선 로봇 2의 부품 설계도

그림 14.72 개선로봇 및 자동검사 모식도

3 터빈 중심공 검사 장치

터빈축의 초음파 검사는 중심공이 있는 경우 중심공으로부터 검사가 가능하고, 중심공이 없는 경우에 외부 원주면에서 수행되어야 하며 원주면의 기하학적 형상에 따르는 어려움과 검사가 수행되기 위한 균일한 표면조건의 요구가 선행되어야 한다. 이미 기술한 바와 같이 로타 터빈축의 경우에는 디스크, 블레이드 등을 제거하지 않으면 실제적으로 시험을 할 수가 없다. 그러나 탐촉자를 위치시킬 수 있는 공간이 제공되면 중심공 없는 터빈로타는 신빙성 있게 검사될 수 있다. 터빈 중심공에 대한 비파괴 검사는 현재 중심공 표면검사는 MT 및 ECT로 체적 검사는 UT로 수행되고 있으며 내부 체적 검사인 UT의 경우 그림 14.73에서처럼 초음파 탐상 장치와 컨트롤러, 탐촉 장치

초음파를 이용한 터빈의 회전자 중심공(Rotor Bore) 검사

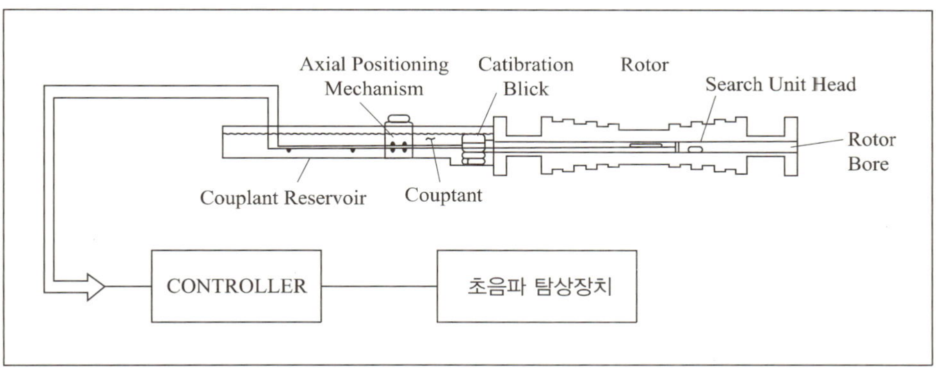

그림 14.73 터빈 중심공 UT 검사 장치 개요도

등으로 구성되어 있는데, 탐촉장치의 경우 터빈 중심공 끝단까지 진행할 수 있도록 장치가 구성되어 있어 매우 대형의 장치로 되어 있다. 또한 다중 방향각 기법은 다른 방법으로 접근이 불가능한 부분의 검사를 위해 적용될 수 있다. 특히 균일한 원통형 모양의 터빈축에 있어서 중심축 근처에 위치한 결함을 검사하는 것은 간단하다. 탐촉자가 내부 또는 외부 원주면을 따라서 전체길이를 탐상할 수 있고 결함의 방향에 관계없이 빔이 탐상의 특정면에서 결함으로부터의 최대 반사가 일어나는 지점에 이르게 된다.

중심공 내부 표면에 대한 육안 검사 모습은 그림 14.74에 나타내었다.

그림 14.74 터빈 중심공 VT 검사장치 개요도

UT 검사의 경우 검사장비가 대형화되어 있는 실정인바 이를 개선하기 위한 소형화된 자동 검사장치를 만들 필요성이 있다. 중심공 자동검사를 할 수 있는 장치를 만들기 전에 중심공 검사장치의 구동성 테스트 및 검사장치의 신호취득 실험을 위해 신호취득용 Mockup을 설계 제작하였다. 그림 14.75에 제작한 Mockup을 나타내었다. 그림에서 보는 바와 같이 구성은 인공결함이 삽입된 인공시편 양쪽으로 같은 구경의 아크릴로 가공하여 접합하였다. 이것

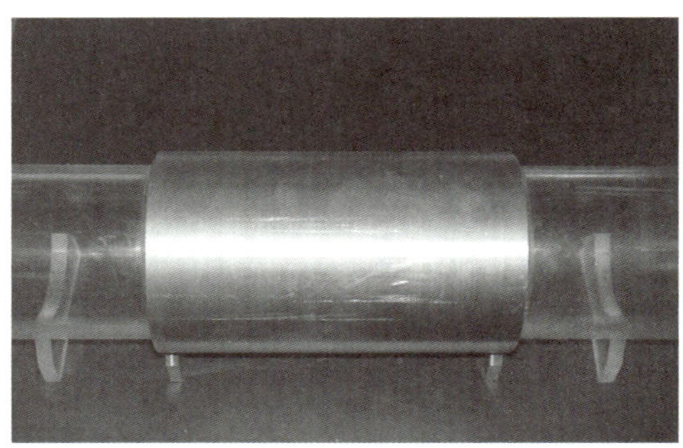

그림 14.75 터빈중심공 UT Mockup

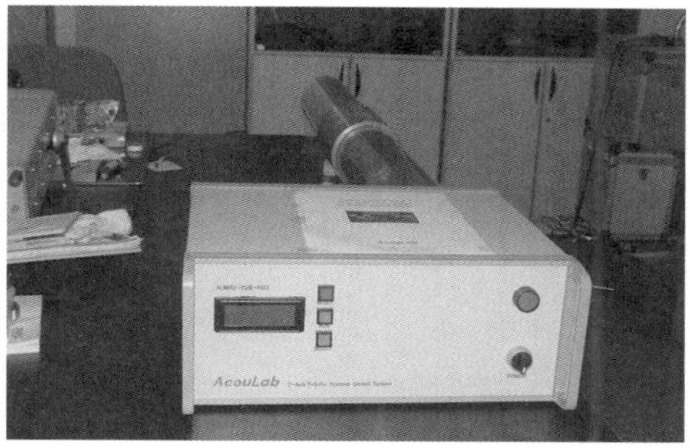

그림 14.76 중심공 검사장치 콘트롤러

은 중심공 검사장치가 내부로 진행하면서 탐촉자 홀더의 구동상태를 보면서 탐촉자 신호취득부가 인공결함이 삽입된 부위에 도착 했을 때는 신호가 제대로 취득되는지를 탐상장치를 통해서 확인할 수 있도록 설계되어 있으며 인공 결함은 방전가공으로 가공하여 터빈 축 상에서 생길 수 있는 결함을 모사 가공하였다. 중심공의 내경은 110 mm로서 영남화력에서 은퇴한 터빈의 중심공 직경과 같이 만들었으며 중심공 검사 장치 자체는 중심공 내경 110 mm서 150 mm 사이에서 센터링이 맞도록 설계되어 있다. 제작된 이 검사장치는 소형모터로 구동되며 소형 모타의 제어를 위해 콘트롤러를 아울러서 제작하였다. 자체 제작한 중심공 검사장치는 자동적으로 중심공 내부에서 센터링이 맞도록 설계되어 있으며 검사장치 자체를 중심공 내부에 스프링의 압축력에 의한 중심공 내면과의 압착 마찰력으로 동력을 전달하는 구동 모터 2개와 압착 마찰로 검사장치를 이송시키는 구조로 되어 있다. 또한 나머지 장치부는 이송장치가 일정 거리를 진행하고 나면 탐촉자 장치가 검사를 수행하는 방식으로 설계되어 있다.

그림 14.77 터빈 중심공 UT 검사장치

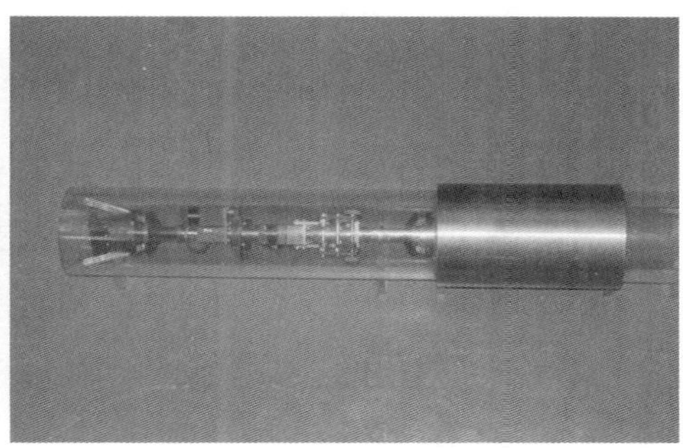

그림 14.78 중심공 UT 검사장치

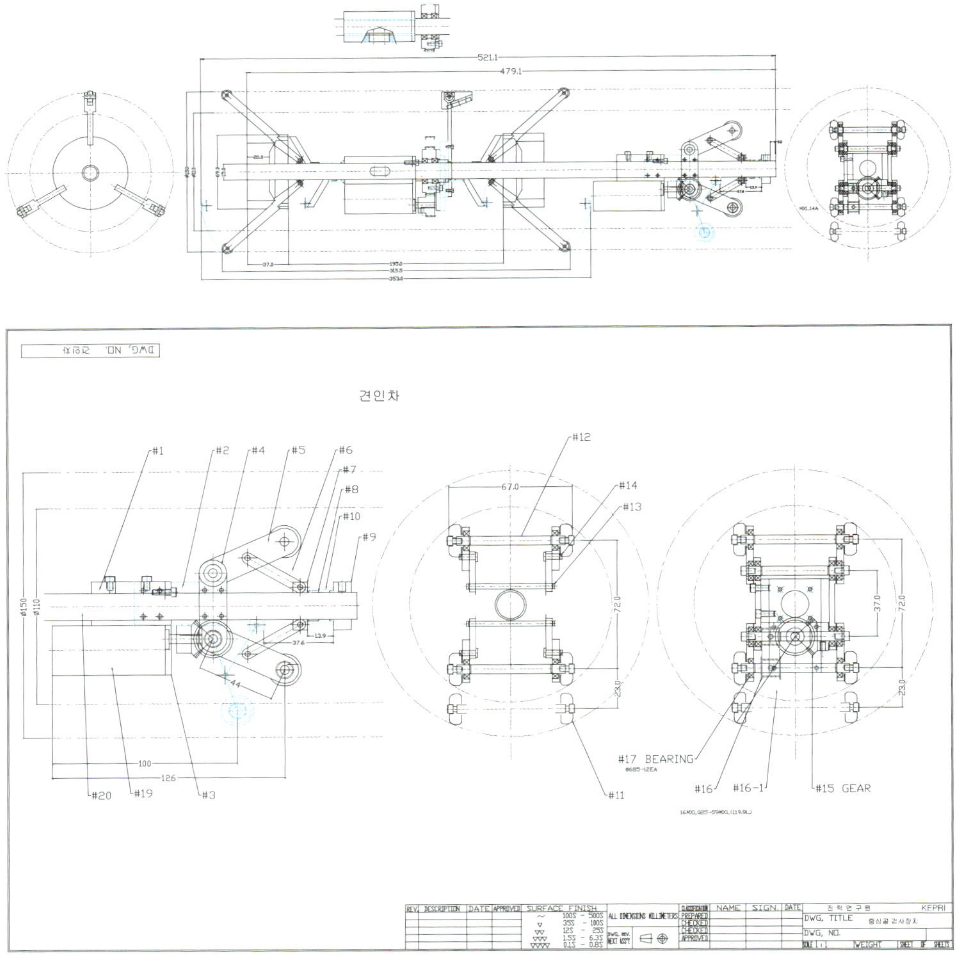

그림 14.79 중심공 검사 로봇의 설계도

4 터빈 베어링 검사 장치

회전기기에 있어서 축을 지지해주는 각종 베어링은 필수적인 부품이다. 따라서 설비의 예방 점검시에는 비파괴검사가 주기적으로 수행된다. 일반적으로 베어링의 Babbitt 금속 박리여부를 판단하는 방법은 A-Scan 방법으로 검사자가 베어링 표면위에서 수직 종파를 이용한 검사방법으로 접합경계부의 건전성을 판단하고 있지만 박리부의 정확한 면적을 측정하는 데는 그 정확도와 정밀도가 매우 떨어진다. 따라서 이러한 단점을 보완하고 정밀하고 신뢰성 있는 비파괴검사를 위해 C-Scan법을 적용하여 Babbitt 금

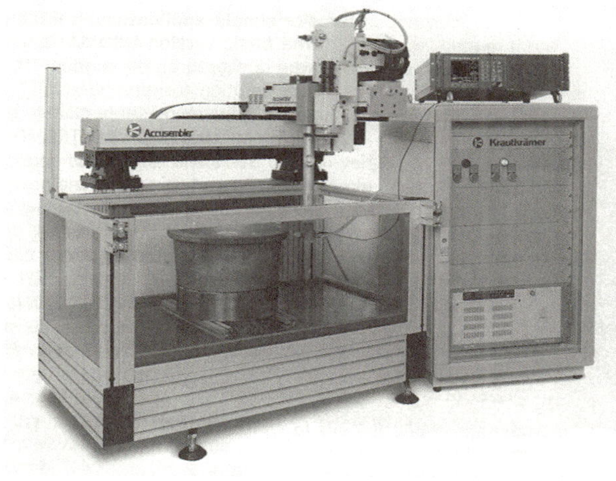

그림 14.80 C Scan 장치

속 접합부의 음압반사율을 기준으로 건전성을 판단할 수 있다.

현대에는 C Scan 시스템에 컴퓨터를 이용하여 탐촉자의 위치를 제어하고, 신호의 취득과 영상표시, 상세한 기록문서로 시험체에 대한 검사 결과를 나타내거나 저장한다. 컴퓨터는 특정 초음파 인자에 대한 상관 값과 수치화 된 탐촉자 위치 정보를 동시에 취득하며, 위치에 대한 정보는 여러 가지 방법으로 얻어지는데 광학기록장치나 음향 수치화 등이 사용된다.

저장용량의 한계로 인하여 대부분의 C Scan 시스템은 위치의 함수로 하나 또는 두 개의 초음파 인자만을 취득한다. 대부분의 경우에 초음파 전파 시간이나 정해진 시간 범위에서 반사되거나 전달되는 진폭이 주요 인자가 되고, 이러한 주요인자는 AD 변환기를 통하여 디지털 신호로 변환된다. C Scan 장비는 500 mm/s 또는 그 이상의 속도로 탐상 가능하며 탐상 속도는 물에서 와류를 발생하지 않는 범위 내에서 결정하도록 해야 된다. C Scan 장치는 대체로 그 크기가 크며, 현장적용에는 제한을 받았지만, 탐상 장치와 마이크로프로세서 가격이 저렴하게 됨에 따라 현장적용 기기로 설계되어 보급 적용중에 있다. 베어링 C Scan 검사장치는 컴퓨터 내장형 자동 초음파 검사장비를 이용하여 신호의 발생과 탐촉자의 위치를 제어한다. 일반적으로 사용되는 수침용 탐촉자의 주파수는 수침용 2.5~25 MHz 범위를 사용하고 피검사 대상체의 필요에 따라 집속형 탐촉자와, 집속하지 않는 탐촉자를 적용할 수 있다. 터빈 베어링에 대한 C Scan 검사를 수행하기 위해 만든 수침 탐상장치는 그림 14.82에 나타내었다. 이 장치

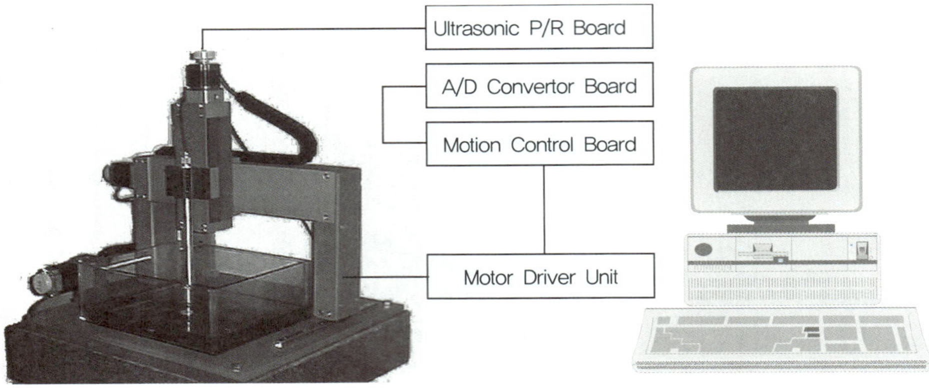

그림 14.81 컴퓨터 내장형 자동 초음파 탐상장치

의 컴퓨터 내부에는 초음파를 발생시키는 펄서/리시버, 초음파 신호를 변환해주는 A/D Converter, 탐촉자의 위치를 제어해주는 Motion Controller가 내부에 탑재되고 초음파 탐촉자를 이송시키는 기계장치인 Scanner 및 Motor, Motor Driver 등의 하드웨어로 구성되어 있다.

자동 초음파 탐상장치의 소프트웨어는 하드웨어를 동시에 구동하며 초음파 신호를 수집하는 제어계측용 프로그램, A, B, C-Scan, 3-Dimension Display, Digital Signal Processing, Image Processing 기능을 갖는 응용 프로그램으로 구성되어 있다. 자동 초음파 검사장비를 이용한 베어링 접합부의 초음파 검사법은 시험체위에 탐촉자를 직접 접촉하지 않고 시험체와 탐촉자 사이에 물이나 기름을 매개체로 사용한다. 이러한

그림 14.82 C-Scan 검사장치

방법을 통상 수침법이라 하며, 이 경우 사용되는 탐촉자는 집속형 탐촉자를 사용하여 초음파 에너지를 집속하여 결함판별의 감도와 분해능을 향상시키고 있다. 특히 집속형 초음파를 사용할 경우에는 박리부의 경계면을 나타내는데 탁월한 장점이 있으므로 결함의 평면을 정밀하게 구현할 수 있다.

수침법을 적용한 초음파 C-Scan 측정원리는 그림 14.83과 같다. 탐촉자에서 발생한 초음파는 물이나 기름을 통과하여 시험체의 표면에 1차적으로 도달하고, 도달된 초음파의 일부는 탐촉자로 반사되며 이중 일부는 Babbitt 금속을 통과하여 접합부의 경계면에 도달한다. 같은 원리로 도달된 초음파의 일부는 반사되고 원모재인 주강을 통과하게 된다. 입사측 매질과 전달측 매질간의 음향 임피던스를 계산하여 반사율을 나타내면 식(14.1)과 같다.

$$R = (Z_1 - Z_2)/(Z_1 + Z_2) \tag{14.1}$$

식(14.1)에서 계산된 R의 값은 음향 임피던스 Z_1과 Z_2의 관계에 의하여 양의 값과 음의 값을 나타내는데 부호가 변한다는 것은 초음파의 위상이 180°로 바뀌어 짐을 의미한다.

시험체의 전면부에서 반사되는 신호와 경계면에서 반사되는 신호의 비율은 Babbitt 금속의 두께가 T라고 할 경우 식(14.2)와 같이 나타낸다.

$$(1 - R^2)e^{2\alpha T} \tag{14.2}$$

식(14.2)를 통하여 재질의 감쇄계수 α를 계산할 수 있다.

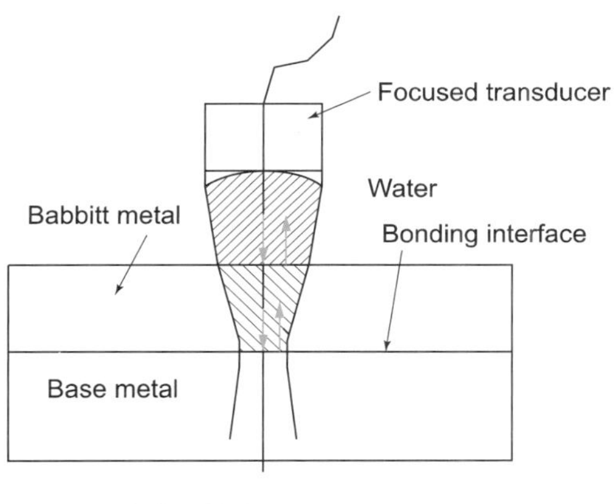

그림 14.83 Immersion Test

접합부가 박리된 경우 초음파 신호의 반사율이 높아지므로 이러한 성질을 이용하여 초음파 신호 진폭의 크기를 계산하는 방법으로 접합부의 반사음압과 박리부의 반사음압을 식(14.3)과 같이 계산할 수 있다.

$$P' = \frac{Z_2 - Z_1}{Z_1 + Z_2}(1-\alpha)P_0 \tag{14.3}$$

$$P'' \fallingdotseq \alpha P_0 \tag{14.4}$$

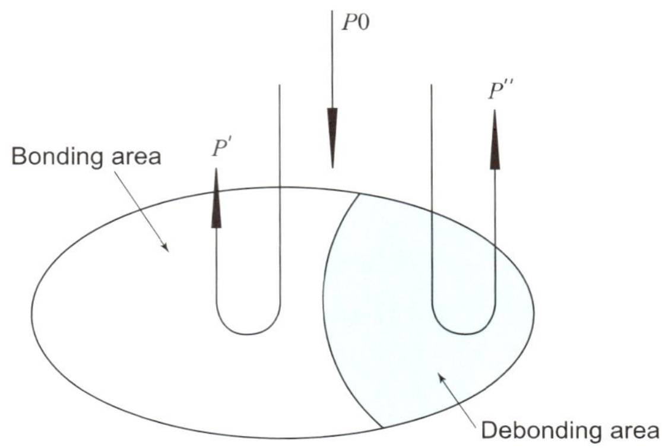

그림 14.84 Bonding/Debonding Reflection Rate

당진 3호기, 삼천포 5호기 LP TBN 베어링과 태안화력 SLP Thrust 베어링에 대하여 수침법(터빈유 적용) C-Scan 검사를 수행하였으며, 베어링을 실제 터빈유에 담근 상태로 검사하는 모습은 그림 14.85에 나타나 있다.

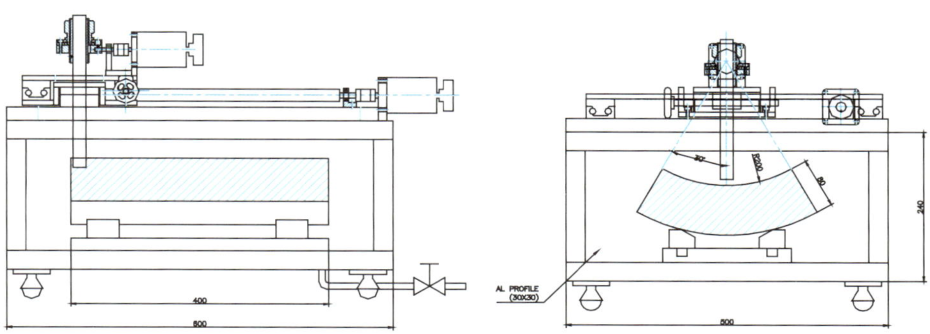

그림 14.85 Tilt 베어링 검사장치

C-Scan 검사시 발생되는 신호의 형태와 검사체의 상호관계는 그림 14.86과 같으며, 검사결과를 나타내는 신호는 Babbitt 금속 경계면에서 돌아오는 초음파 신호를 해석하여 표현한다.

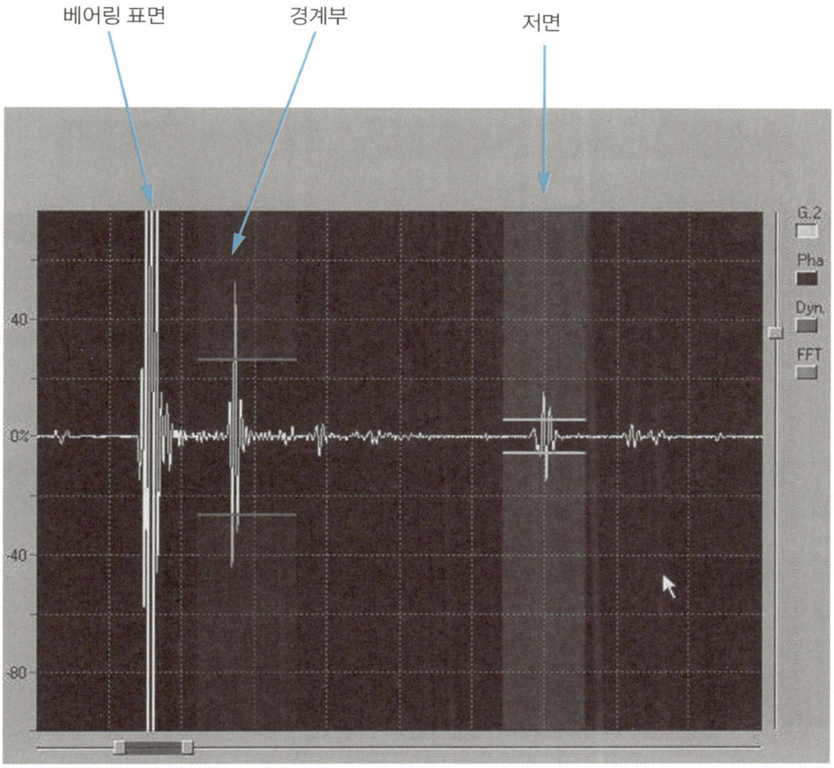

그림 14.86 베어링 초음파 신호형태

C-Scan 방법으로 저널베어링을 검사한 결과는 그림 14.87, 그림 14.88과 같으며 박리 여부를 평가 하는 방법은 검사된 화면상에 음압의 변화와 위상의 변화 여부를 판단하면 된다. 화면에서 나타나는 색상이 급격하게 변화되는 지점을 확인하면 박리 위치와 면적을 직관적으로 확인할 수 있다.

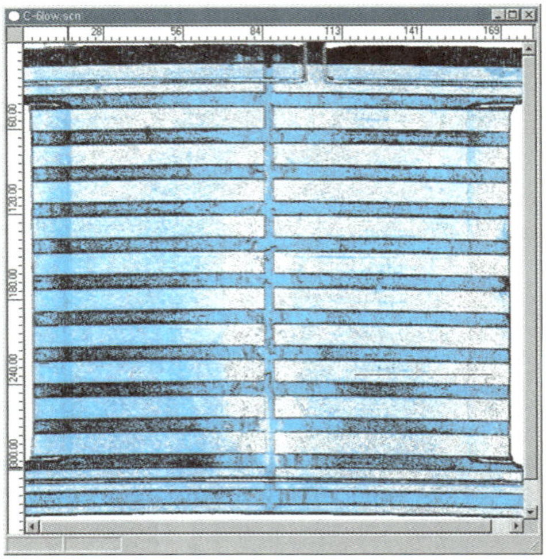

그림 14.87 터빈저널베어링 검사결과

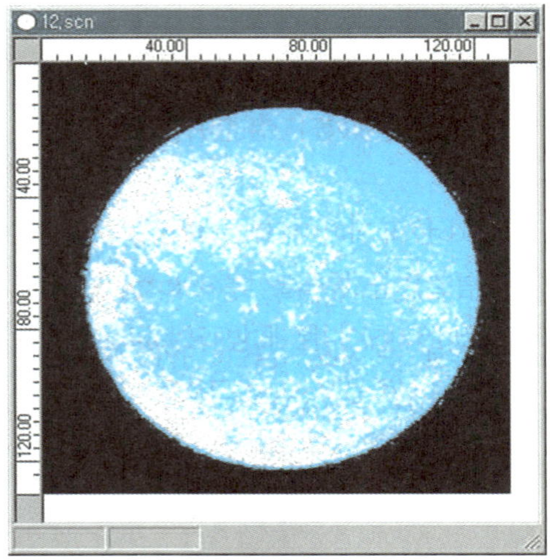

그림 14.88 SLP Thrust 베어링 검사결과

14.9 터빈 회전형 스탠드

1 개요

터빈은 중요 발전설비이며, 고온, 고압 하에서 고속으로 회전하는 설비이므로 여러 종류의 결함이 자주 발생된다. 터빈 회전형 스탠드는 터빈설비 각 부품에 대한 비파괴검사를 세밀히 수행하기 위한 필수 검사용 장치이며 터빈을 정속도로 회전시키며 터빈을 세밀히 검사할 수 있는 장치이다. 터빈을 회전 정/역회전 가능하면서도 터빈에 아무런 손상도 주지 않고 검사목적을 달성할 수 있도록 정밀한 설계/제작이 필요한 장치이다.

2 제작의 목적

터빈로터 지지대는 계획예방 정비기간중 대 중량의 터빈로터를 인양하여 안전하게 안착시킨 후 로터, BLADE 등을 점검 및 정비하기 위한 설비로서 현재 각 발전소에서는 단순 지지대만 보유하고 있는 실정이며 터빈 분해 또는 로터 디스크 UT 점검, BLADE 교체 등 특별한 점검, 정비시에는 터빈로터를 회전시킬 수 있는 롤러형 지지대를 사용 터빈에 대한 비파괴 검사의 효율화를 기하기 위해서이다.

3 필요성

현재 보유중인 단순 ROLLER형 지지대는 로터 점검, 정비시 터빈 크레인에 와이어 로프 (WIRE ROPE)를 걸어서 로터를 회전시키므로 과도한 THRUST와 편 회전력에 의한 베어링 저어널의 손상 가능성 및 순간적으로 와이어로프를 강하게 당길 경우 지지대에서 로터의 이탈 가능성도 배재할 수 없다.

지대에 로터를 안착시킨 후 점검 및 정비기간 중에는 크레인이 지속적으로 사용되므로 이 기간 중에는 크레인을 타 용도에 사용할 수 없을 뿐 만 아니라 관련 인력 및 시간손실이 크다.

4 개선방안

계획예방 정비 기간 중 원활하고 체계적인 터빈 점검 및 정비를 위해서는 로터 회전형 지지대의 확보가 절대적으로 필요하다.

또한 터빈의 안전하고 효과적인 정비작업은 물론 계획예방정비공사의 공기단축 및 정비 품질 향상을 위해서는 모터구동형 지지대의 확보가 바람직하며 특히, 저압터빈 로터 디스크 UT 점검시 모터 구동형 지지대의 사용이 필수적이다.

5 터빈 스탠드의 제원

1) 터빈 스탠드의 제작시의 기술적 고려사항

터빈 스탠드는 터빈이 스탠드에 장착되어진 상태에서 터빈을 일정속도로 정회전, 역회전시키는 것이 필요하다. 터빈 스탠드에 대한 요구조건으로서 중량물 회전에 따르는 터빈 축 손상 방지를 위한 스탠드 로울러의 적정 재질 선정, 로타가 미끄럼이 되지 않도록 스탠드 장치의 중심 발란싱, 구동 안정성, 안정적 구동을 위한 설계인자 확보, 터빈축의 센터링 정밀도 확보, 정속도의 회전오차 축소, 중량물을 탑재한 상태에서의 내구성 및 안정성, 설계하중 계산에 대한 안전계수 산정의 적정성 등 매우 많은 사항을 고려하여야 한다.

2) 검사품질 제고를 위한 필요사항

터빈 스탠드에 의한 터빈 자동 검사의 품질제고를 위해서는 터빈의 중량이 70톤에 이르므로 중량물에 대한 안전이 확보되어야 하며, 특히 터빈 축 마모 및 손상을 방지하기 위한 동작 안정성과 터빈의 정/역 속도 회전 및 터빈 검사 콘트롤러의 성능이 확보 되어야 하고 터빈제어의 정적 응답성, 동적 특성 등이 고려되어야 한다.

3) 터빈 검사용 스탠드 기능 요구사항

터빈 스탠드는 터빈을 검사목적에 맞게 다양한 부위에 대한 접근이 가능하도록 설계되어야 하며 검사 장치가 부착될 수 있도록 여러 가지 기능이 부가될 수 있어야 한다.

그림 14.89의 개요도에서와 같이 터빈 로타를 올려놓은 상태에서 각종 비파괴적 검사가 가능하도록 설계된 이 터빈 로타 회전형 스탠드는 터빈의 수평 발란스를 맞추기 위해 종동측로터 스탠드에 높낮이 장치를 부가하였고 구동측으로부터 레이져 빔을 주사하여 종동측 스탠드 스케일에 그 수평위치 차이를 표시하게 한 다음, 그 차이를 종동측으로부터 읽어 스탠드의 수직을 맞추고 최종 로타 축위에 디지털 수평계로서 로타축의 수평 평행도를 읽게 하였다. 로터축의 수평 기울기가 0이 되면 알람이 울리게 하여 최종 수평 진직도를 검증하게 된다.

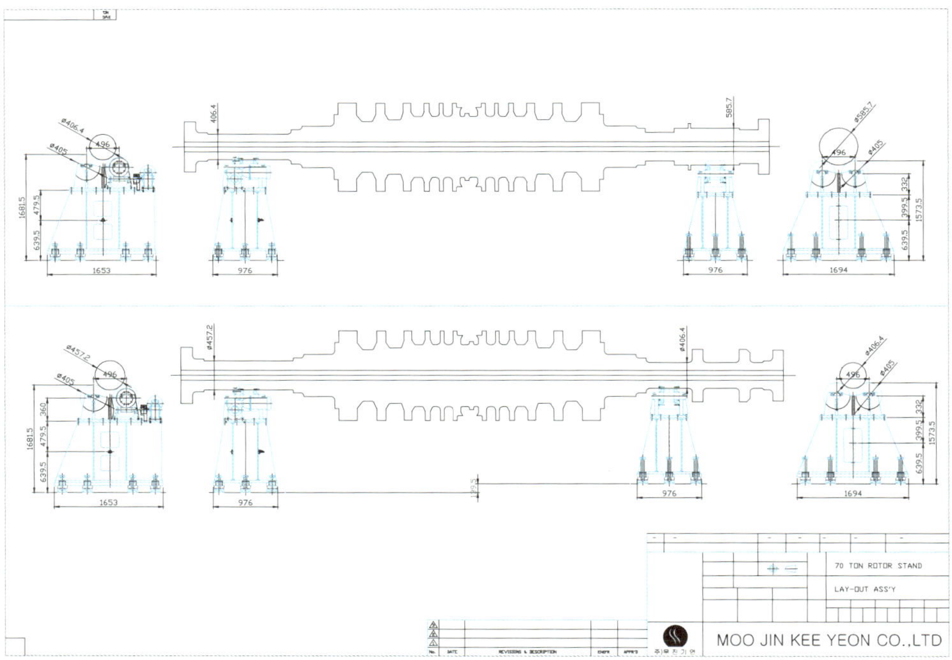

그림 14.89 터빈 회전형 스탠드 설계 개요도

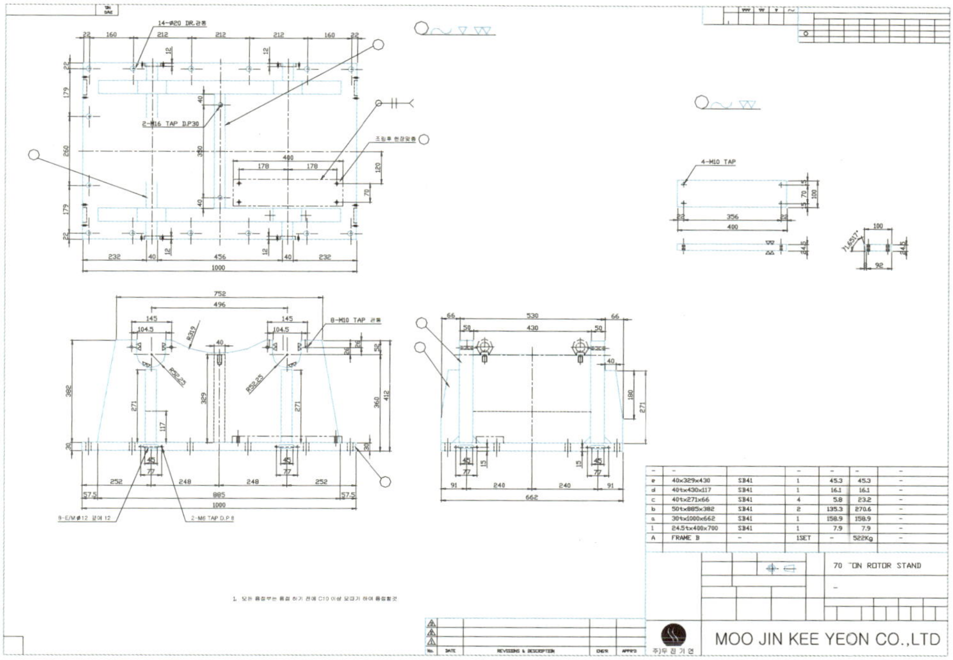

그림 14.90 터빈 회전형 스탠드 개요도

또한 구동측 종동측 자체의 수평 평형도를 맞추기 위해 각 스탠드 상판에 수준계를 4개씩 부착하여 수평상태를 조절함으로서 로타 회전시 축에 아무런 손상을 주지 않도록 고려하였다.

또한 터빈 스탠드의 제작과정에 있어서는 철강자재 및 각 부품에 대하여 비파괴 검사의 Code 및 standard에 따라 기술검토와 양질의 제품을 제작하고 제품의 품질보증에 대한 기술력을 가져야 한다. 터빈스탠드는 터빈을 견고히 지지하여야 하며 사용에 따라 터빈에 대해 미세한 변형이나 손상이 없도록 세심한 설계를 수행하여야 한며, 터빈스탠드는 발전소 중요기기인 터빈을 거치하여 회전시키면서 검사가 가능한 제품이어야 하므로 제작사는 공인된 기술력과 터빈 스탠드를 터빈 검사용으로 납품한 실적 등 스탠드 제작 경험과 기술력이 동시에 갖춰진 업체이어야 한다. 이번에 제작된 터빈 로타 회전형 스탠드는 연구원에서 연구목적으로 현장에서 검사가 가능하도록 제작 한 터빈 스탠드로서 여러 가지 안전인자를 고려하였고 제작사 역시 영광원자력에 터빈 스탠드를 납품하여 그 기술력을 인정받은 업체를 선정하여 제작하게 하였다.

6 기타 자동 초음파검사용 웨지 및 홀더장치

터빈 자동초음파 검사를 위한 자동 로봇에 부착되어 터빈 부품의 초음파 신호를 취득하기 위한 각종 웨지 및 탐촉자 홀더를 제작하였고 현장적용을 병행하면서 개선하였다.

그림 14.91, 그림 14.92에서 보는 바와 같이 탐촉자 홀더도 터빈 자동 검사 로봇의 형태에 따라 각각의 기능을 가져야 하고 각 로봇 구동 특성 및 위치에 따른 범용성 및 호환성을 고려하면서 가장 적합한 동작 모드를 유지 할 수 있도록 설계되어 있고 현장 검사시 구동부의 개선이 필요할 수 도 있다. 이 탐촉자 홀더의 구동부는 스프링이 체결된 Deltron으로 구성되어 있어 시험 대상체와 탐촉자 전면과의 압착성을 부드러우면서도 정밀하게 유지시켜준다.

그림 14.91 자동검사용 탐촉자 홀더

그림 14.92 자동검사용 탐촉자 홀더

또한 검사대상체와 검사 탐촉자 표면 사이에는 검사용 로봇이 진행함에 따라 약간의 틈이 생길 수 있으므로 이로 인하여 구동장치 자체가 흔들거리거나 부착력의 감소가 일어나는 것을 방지하기 위해 슬라이딩 디바이스를 부착하였다.

그림 14.93 자동검사용 탐촉자 홀더

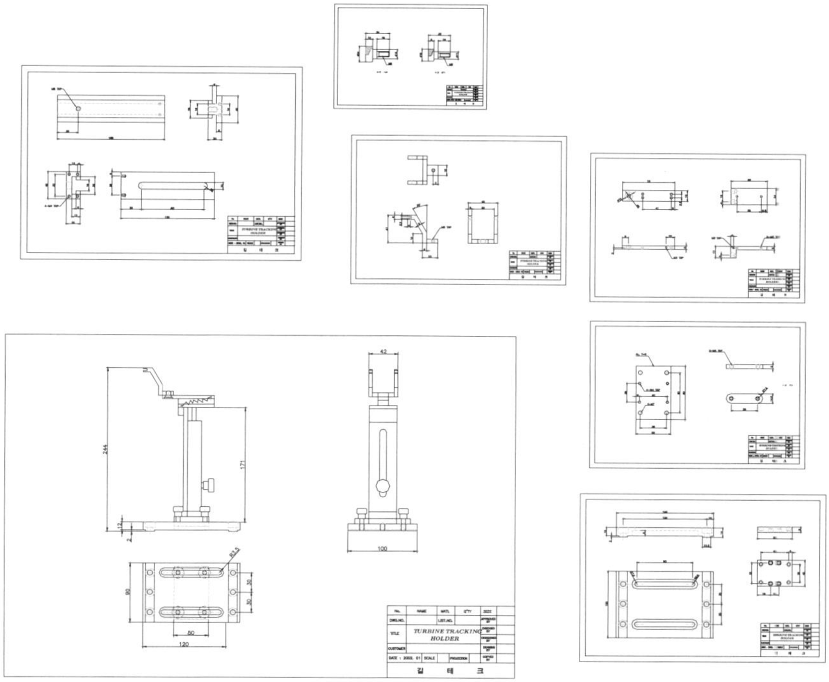

그림 14.94 각종 홀더 설계도

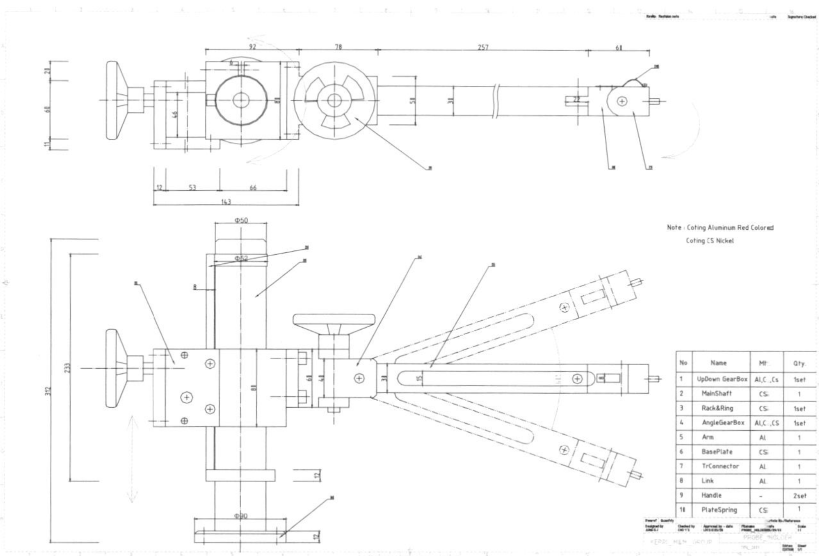

그림 14.95 독립 스탠드형 탐촉자 홀더 설계도

7 현장 적용

1) 보령화력 터빈 블레이드 루트부 검사

보령 6호기 고/중압, 저압터빈 블레이드에 대한 루트부 검사는 다중 초음파 검사 시스템 및 자동 검사 로봇을 활용, 사전현장적용의 측면으로 검사를 수행하였다. 기존의 초음파 검사와 가장 큰 다른 점은 검사결과인 신호 취득에 있어서 A-Scan 뿐만 아니라, 검사부 전체를 한눈에 볼 수 있는 Sector-Scan을 할 수 있다는 점이다. 즉 기존의 초음파 탐촉자로는 한 개의 입사각만을 만들 수 있지만, Ultrasonic Phased Array System에서는 Probe를 움직이지 않고 다양한 입사각을 발생시킬 수 있다. 따라서 결함이 블레이드 루트부 후크 주위에 있을 경우 결함의 생성 방향이나, 각도의 변화에 따라서도 결함의 탐지는 일반적인 단일 각 입사에 의한 초음파 검사시보다 더욱 더 쉽게 탐지할 수 있다. 이번 검사에서는 자동 초점 다각 주사(Azimuthal Scanning)법을 이용하였으며, 자동 검사각은 +25~+55°의 범위로 결함 발생가능성이 가장 높은 블레이드 후크부 주위 전체를 탐상할 수 있도록 하였다.

그림 14.98은 저압터빈 블레이드 1단 출구측 후크부를 맞고 돌아온 초음파 신호를 보여주고 있다. 그림에서 보듯이 출구측 후크부를 맞고 나온 신호의 음압(amplitude)는 상당히 높음을 알 수 있고 기타 뒷부분에는 루트부의 기하학적 형상에서 나오는 신호를 취득하였다. 이러한 기하학적인 형상의 신호들 가운데 실제 결함이 존재시 신호를 평가할 수 있다.

보령화력 6호기 저압터빈 전단에 대하여 Manual UT 및 Phased array UT 검사를 실시하고 그 결과 신호를 아래에 나타내었다. 결함의 주요 예상 발생위치인 후크부 주

그림 14.96 보령화력 HIP 터빈

그림 14.97 보령화력 6호기 저압터빈

위를 정밀 탐상한 결과 그림에서 보는바와 같이 각 단별 목부위 주위의 반사된 신호이외에는 깨끗함을 볼 수 있다. 이렇게 하여 보령 6호기 고중압, 저압터빈 Double flow 방식 전체에 대한 초음파 검사를 실시하고 각단별 주요 신호를 다음과 같이 취득, 신호평가 하였다(그림 14.99에서 14.106).

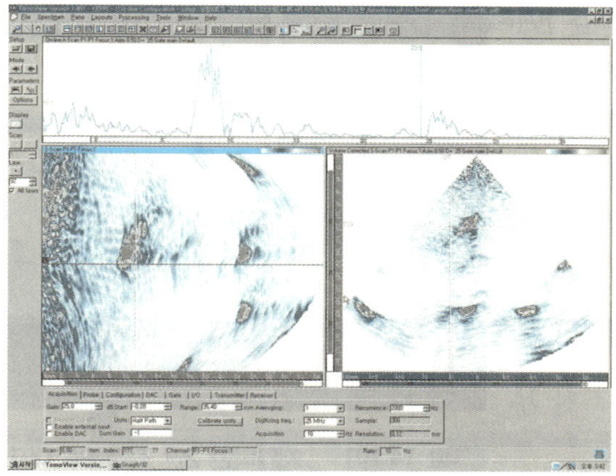

그림 14.98 저압터빈 1단 대비시편 PA 신호

그림 14.98은 같은 크기와 형태의 루트부의 대비시편에서의 결함 신호를 표시한 것이다.

그림 14.99 및 그림 14.100은 저압터빈 1단 좌우측 블레이드 루트부에 대한 Phased array UT 대표 신호이다. 하기 그림에서와 같이 저압터빈 A, B 로타 공히 1단 좌우측에서 결함으로 분류될 신호가 없는 깨끗한 신호를 보였다.

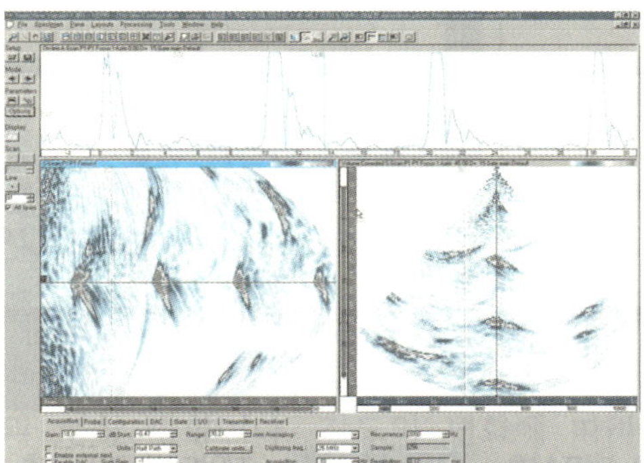

그림 14.99 저압터빈 1단 좌측 PA 대표신호

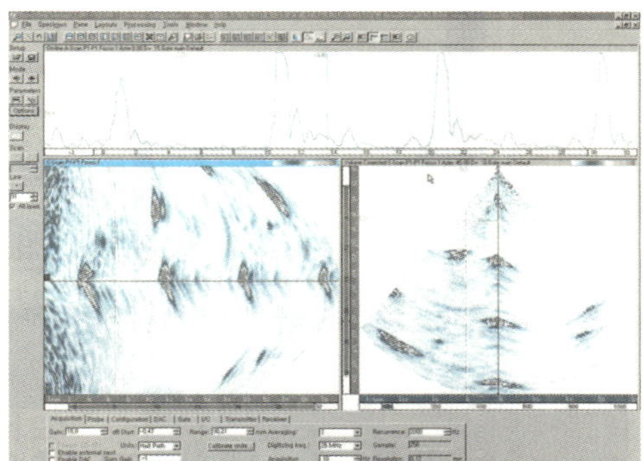

그림 14.100 저압터빈 1단 우측 PA 대표신호

그림 14.101 및 그림 14.102는 저압터빈 2단 좌우측 블레이드 루트부에 대한 Phased array UT 대표 신호이다. 하기 그림에서와 같이 저압터빈 A, B 로타 공히 2단 좌우측에서 결함으로 분류될 신호가 없는 깨끗한 신호를 보였다.

주위에서 반사된 신호이외에는 깨끗함을 볼 수 있다. 이렇게 하여 당진 1호기 고압/중압/저압터빈 전체에 대한 초음파 검사를 실시하고 각단별 주요 신호를 다음과 같이 취득, 신호평가 하였다(그림 14.108에서 14.111).

고압터빈에서 Gov측, Gen측의 양쪽 면에 대하여 1단, 3단, 4단에 대하여 검사를 수행한 결과 아래 그림에서와 같이 좌 우측 Hook부 모두에서 결함이 없었다.

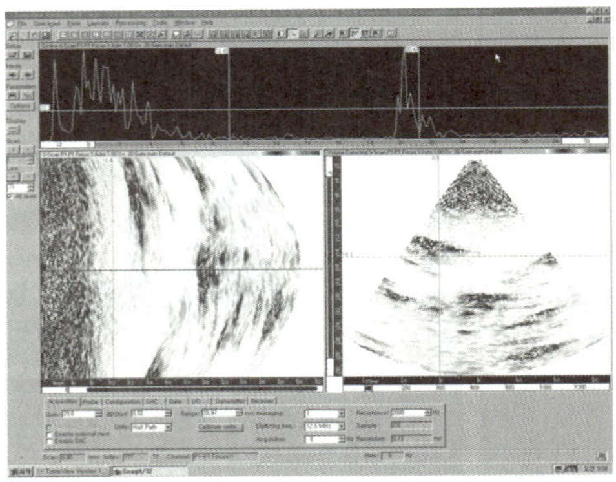

그림 14.108 HP터빈 1단 루트(좌측)건전부 PA UT 신호

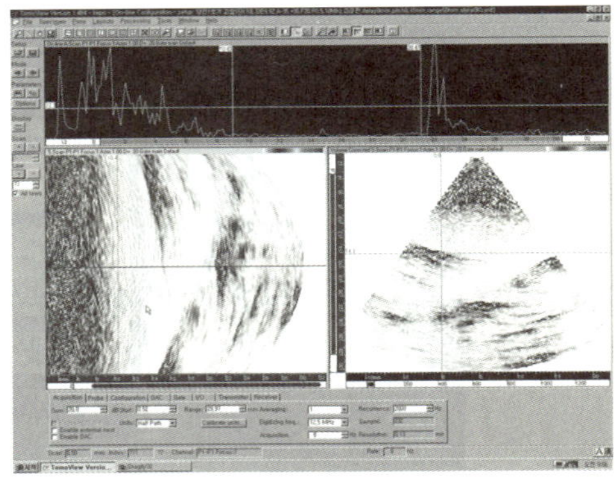

그림 14.109 HP터빈 1단 루트(우측) 건전부 PA UT 신호

중압터빈에서 Gov측, Gen측의 양쪽 면에 대하여 1단 2단에 대하여 검사를 수행한 결과 아래 그림에서와 같이 좌 우측 Hook부 모두에서 결함이 없었다.

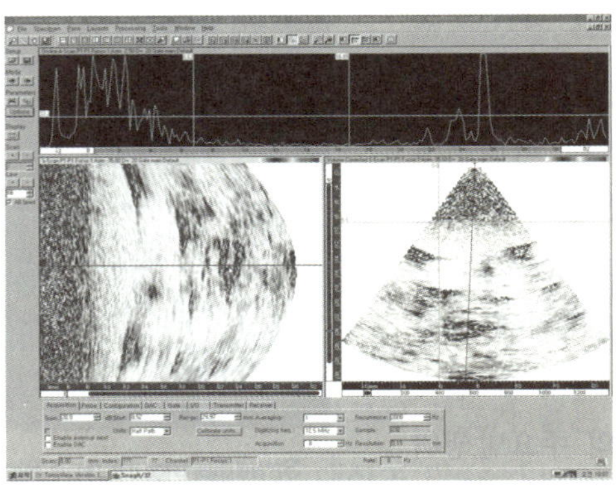

그림 14.110 중압터빈 1단 루트(우측)건전부 PA UT 신호

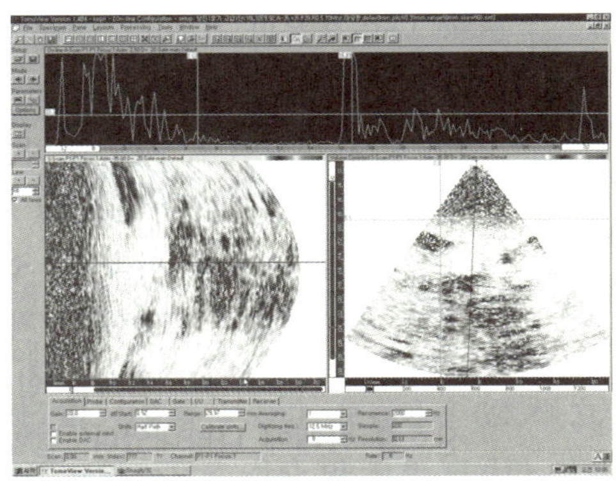

그림 14.111 중압터빈 1단 루트(좌측)건전부 PA UT 신호

저압터빈에서도 루트부에 Last 단 및 L-1단에 대한 Phased array UT 검사 및 루트부 체결용 핀에 대한 검사를 기존의 일반 초음파 검사를 전량 수행한 결과 결함이 없는 깨끗한 신호를 얻었다.

발전기 리테이닝 링에서 결함이 발생될 가능성이 높은 내부의 단부에 대한 Phased array UT 검사를 좌 우측에 대하여 수행한 결과 상기 그림에서와 같이 단부에서 반사된 신호외에는 결함이 없음을 확인하였다.

그림 14.112, 14.113에서 보는 바와 같이 Phased array UT로 발전기 리테이닝 단부에 대한 검사를 수행하였고 앞으로 리테이닝 검사 자동화 장치를 설계 제작할 예정이다.

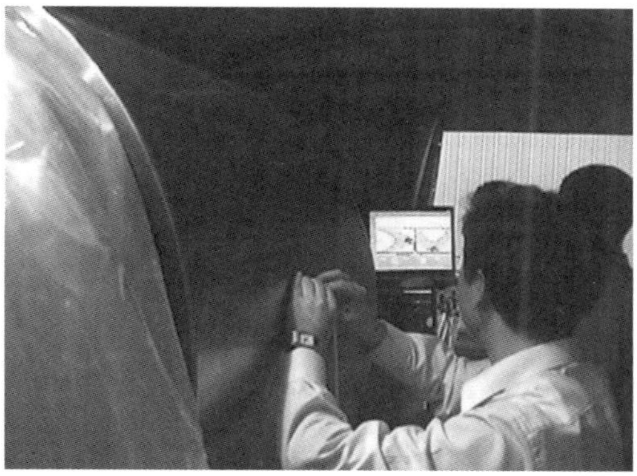

그림 14.112 리테이닝 링 UT 모습

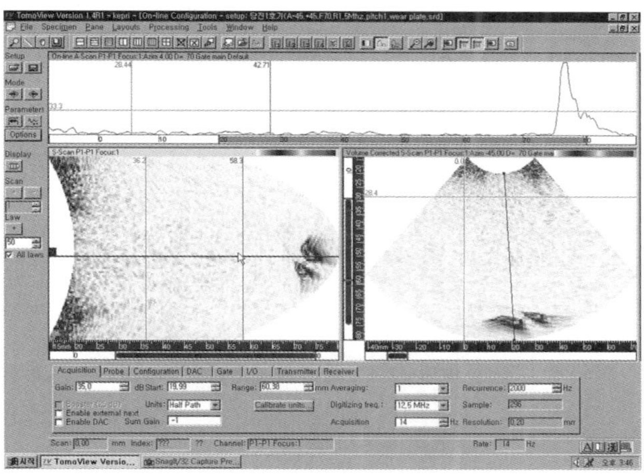

그림 14.113 발전기 리테이닝 링 단부에 대한 Phased array UT 신호

3) 호남1호기 저압 터빈 블레이드 루트부 검사

Phased array 초음파 장비 및 A-scan 장비를 사용하여 대비시편에 대한 인공결함 신호와 기준 Hole 신호를 취득하고, 저압터빈 1단 1번 핀홀을 중심으로 초음파 검사를 수행하였다. 검사 수행시 블레이드 루트부 제작사인 한국중공업 비파괴 검사팀의 검사결과 신호에 대한 검증을 실시하였다.

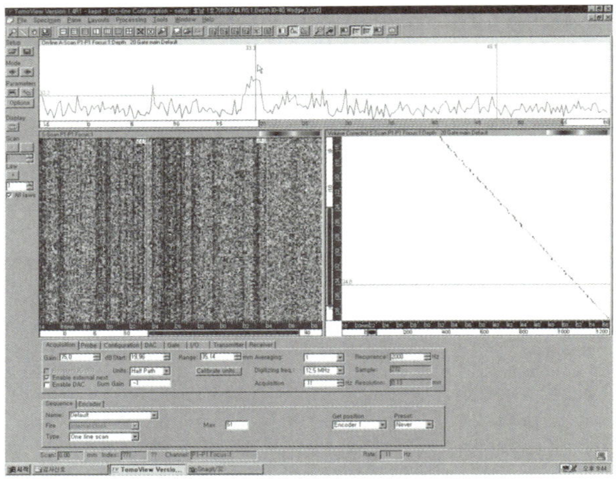

그림 14.114 호남화력 1호기 핀홀 결함신호

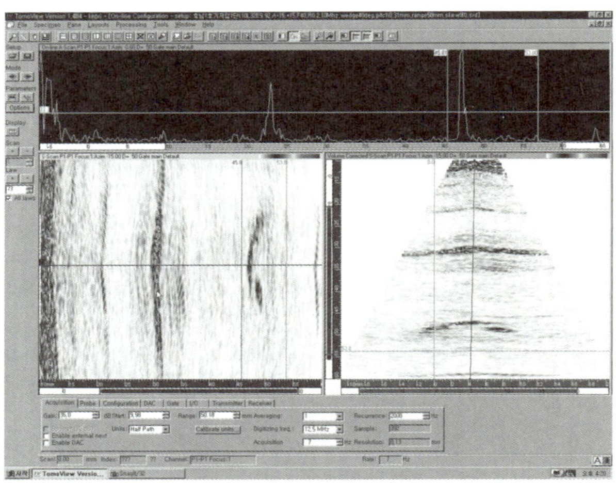

그림 14.115 호남화력 1호기 핀홀 결함신호

호남화력에 블레이드 루트부에 대한 검사결과 1호기 Front측 90번 루트부 결함발견, 루트부 탈거후 결함상태 확인하였다. 그림 14.114, 그림 14.115는 한중에서 교체한 호남화력 1호기 저압터빈 블레이드 루트부에 대한 다중 초음파 탐촉자 신호이다. 그림 14.115는 검사중 결함을 발견하고 한중에 보수 조치케 한 핀홀 주위의 결함신호이다.

4) 고리원전 터빈 블레이드 루트 검사

고리원자력 2호기 고압 터빈 검사

고리 2호기 고압터빈 전단에 대하여 Phased array UT 검사를 실시하고 그 결과 신호를 아래에 나타내었다. 결함의 주요 발생위치인 Pin-hole 주위를 정밀 탐상한 결과 그림에서 보는바와 같이 각 단별 좌우측 핀홀 주위의 신호가 핀홀에서 반사된 신호이외에는 깨끗함을 볼 수 있다. 이렇게 하여 고리 2호기 고압터빈 Double flow 방식 7개단 전체에 대한 초음파 검사를 실시하고 각단별 주요 신호를 다음과 같이 취득, 신호평가하였다.

그림 14.116 고압터빈 1단 자동초음파 검사모습

이번 검사에서는 자동 초점 다각주사(Azimuthal Scanning)법을 이용하였으며, 자동검사각은 +25~+55°의 범위로 결함 발생가능성이 가장 높은 블레이드 Pin-hole부 주위 전체를 탐상할 수 있도록 하였다(그림 14.117).

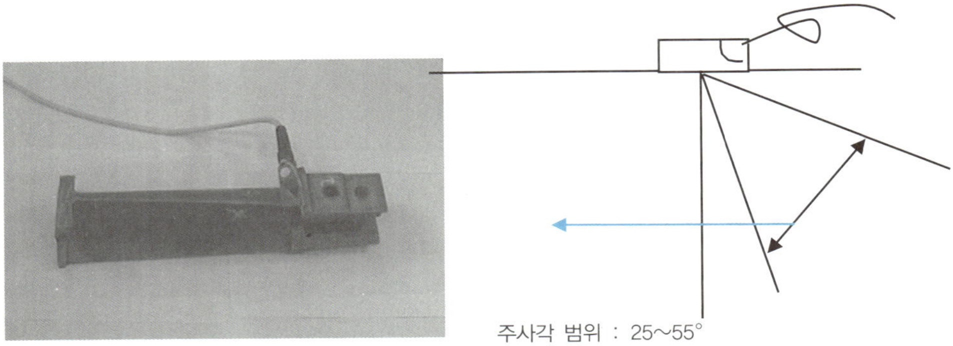

그림 14.117 유사대비시편 신호취득 모습 및 초음파 진행모드

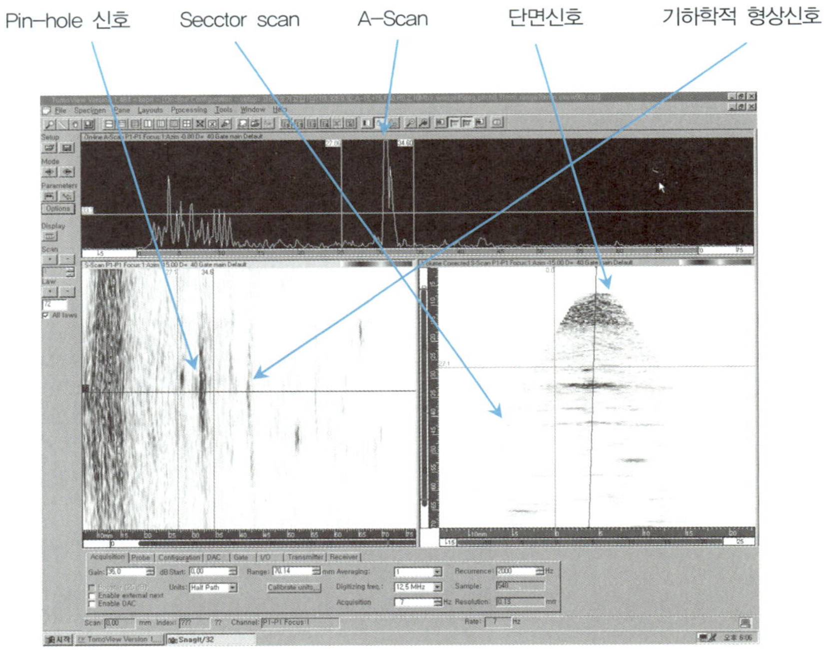

그림 14.118 6단 우측 핀홀 건전부 대표신호

위의 그림 14.118은 고압터빈 블레이드 1단 출구측 Pin-hole을 맞고 돌아온 초음파 신호를 보여주고 있다. 그림에서 보듯이 Pin-hole을 맞고 나온 신호의 음압(amplitude)은 상당히 높음을 알 수 있고 기타 뒷부분에는 pin-finger 루트부의 기하학적 형상에서 나오는 신호를 취득하였다. 이러한 기하학적인 형상의 신호들 가운데 실제 결

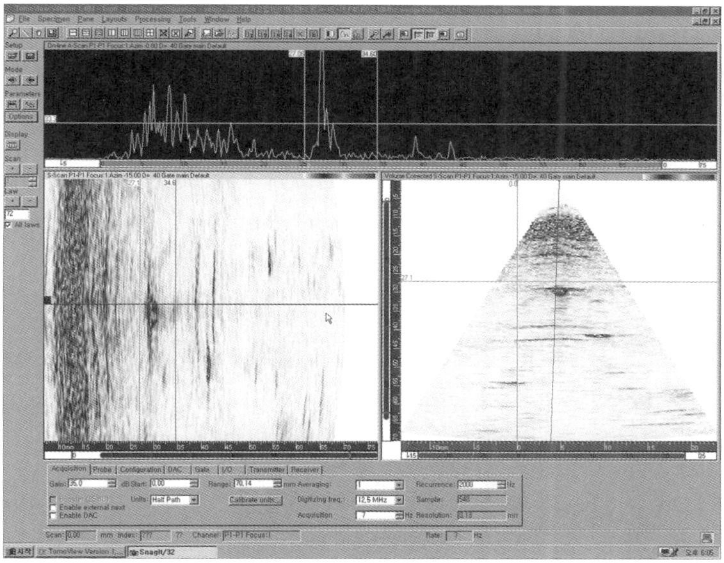

그림 14.119 6단 좌측 핀홀 건전부 대표신호

함의 신호를 평가할 수 있게 되는 것이다.

터빈에서의 Steam flow 좌우측 대칭이므로 Gov측, Gen측 1단 공히 위 그림에서와 같이 좌우측 핀홀 모두에서 결함이 없었다.

Gen측 7단에서는 결함이 없었으나 Gov측 7단에서는 하기 그림에서와 우측 핀홀 trailing edge족으로 진전중인 결함이 발견되었다.

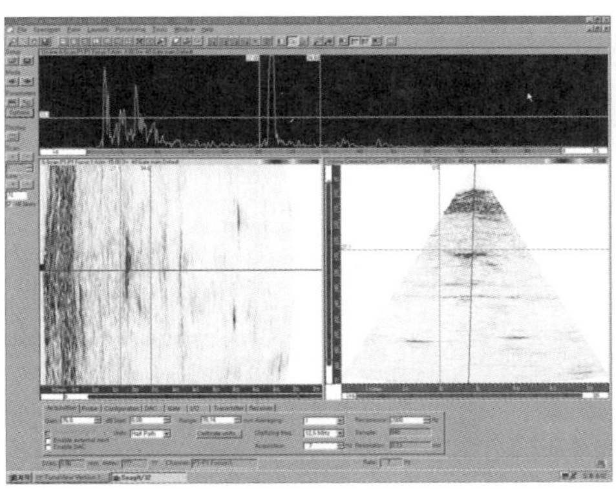

그림 14.120 4단 우측 핀홀 건전부 대표신호

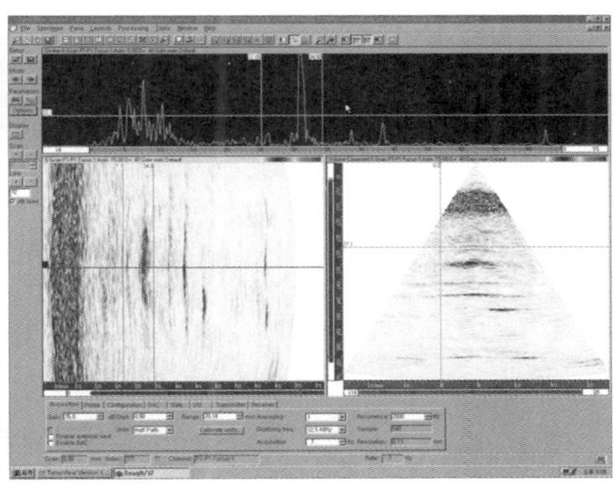

그림 14.121 4단 좌측 핀홀 건전부 대표신호

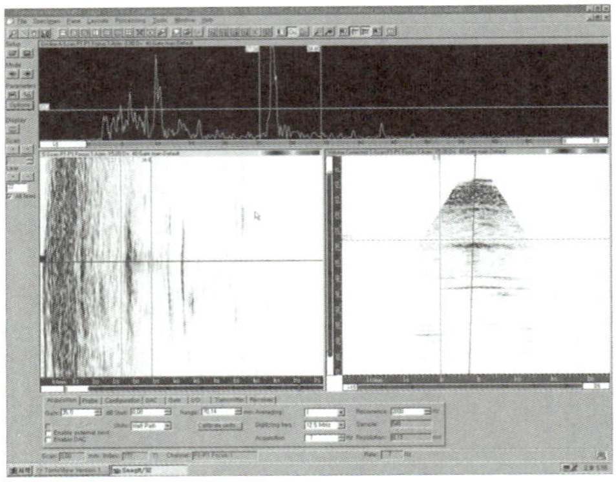

그림 14.122 1단 우측 핀홀 건전부 대표신호

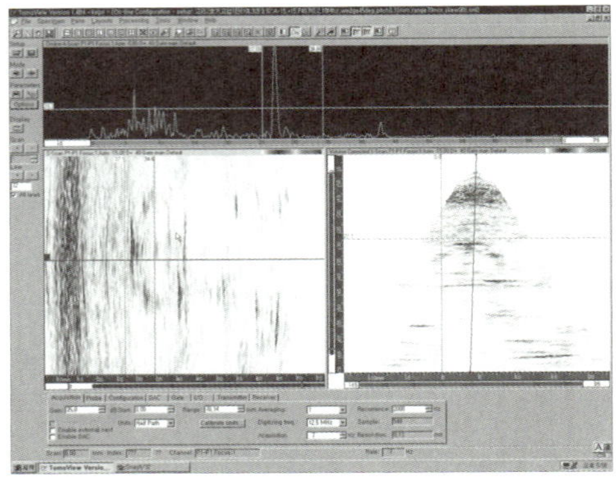

그림 14.123 1단 좌측 핀홀 건전부 대표신호

그림 14.124의 좌측 중앙 부분 타원형으로 표시한 부분이 이번 검사에서 발견된 결함신호이다. 이 신호는 GOV. 측 터빈 마지막 단(7단) outer pin hole에서 trailing edge쪽으로만 결함이 진전중인 것으로 판별되며 위치는 핀홀 중앙부분에서 시작되어

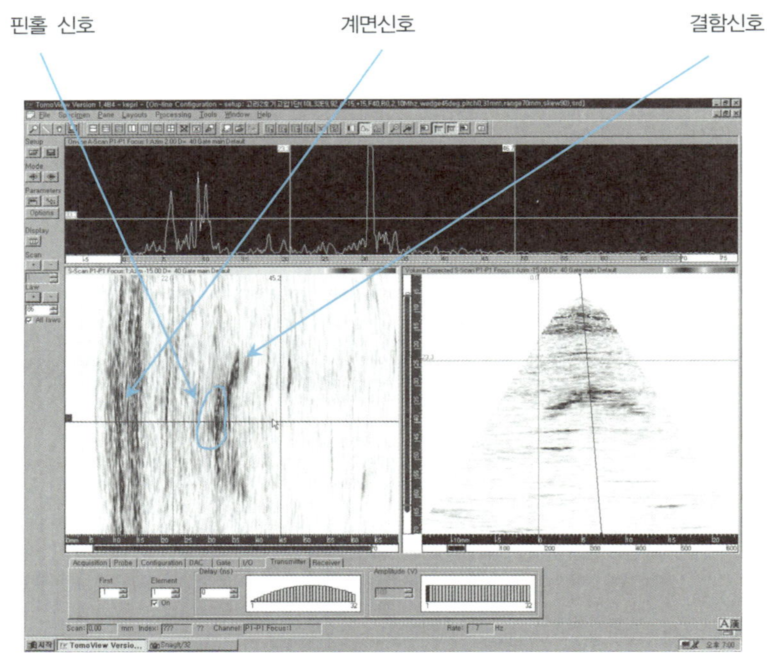

그림 14.124 7단 우측 Trailing edge부의 결함신호

진전하고 있으며 크기는 trailing 끝단까지 일부 진전 되었어나 깊이 방향으로 전체깊이 까지는 진행되지는 않은 것으로 판별된다. 그림 14.124는 발견된 결함의 다중 초음파 탐촉자 pin hole 주위부의 신호이며 위에서 설명한 바와 같이 핀홀 신호 아래 약간 뒤쪽에서 진전되고 있는 결함을 발견한 것이다.

그림 14.124는 현장에 기술 지원한 사례로서 고리원자력2호기 고압터빈(전단 Fin finger type) 블레이드 루트부에 대한 결함 검사신호이다. 고리원자력 고압 터빈은 대비시편도 없고 Spare part나 교체된 루트부도 없는 상태에서 핀 finger type이라는 사실만 알고 유사 대비시편을 활용하여 검사장치를 Setup하고 전단 검사를 수행하였다 고리 2호기 고압터빈 전단은 호남화력 저압 터빈의 경우와 마찬가지로 핀 핑거형이며 호남 저압터빈과는 달리 핑거가 3개인 경우이므로 적당한 웨지를 선정하여 초음파 빔의 입사가 최대로 되도록 하였다.

고리원자력 4호기 저압 터빈 검사

고리원전 4호기 계획예방 정비시 저압터빈 로타 및 고정익 교체 이후, 신규 동익 뿌리부 건전성 여부 확인 및 초기 기준 자료 수집, U.T. 검사 개발내용 적용 및 문제점 파악을 위하여 연구원에서 검사를 수행 하였다. 검사 준비 및 개발 사항으로서 고리 2 발전소에서 동익 자재 및 도면 자료 제공받아 전력 연구원에서 대비시편 제작, 인공결함 가공, 고리4호기 저압터빈용 자동검사 로봇 제작 등의 과정을 거쳤다. 이 준비를 마친 다음 신 장비인 다중센서 방식의 초음파 탐상 검사 기술을 이용하여 기존의 초음파 검사의 단점 및 한계점을 극복하고 자동 초음파 검사의 적용성과를 제고하

그림 14.125 고리4호기 저압터빈 자동검사모습

기 위해 터빈 동익 루트부에 대한 설비의 건전성을 검증하였다. 고리 4호기 저압터빈 블레이드에 대한 루트부 검사는 그림 14.125에서와 같이 자동 검사 장치를 이용하여 초음파 검사를 수행하였다. 고리 4호기 고압터빈 Double flow 방식 7개단 전체에 대한 초음파 검사를 실시하고 각단별 주요 신호를 취득, 신호평가하였다. 그림 14.125와 같은 신호를 검출할 수 있도록 검사 장비를 Setup 한 상태에서 고리 고압터빈 전단에 걸쳐 검사를 수행한 결과 결함을 발견하여 사업소에 통보하였으며 고리사업단에서는 결함의 발생정도가 미미하므로 차후 검사시에 추적 검사하기로 결정하였다. 이번 검사에서는 자동 초점 다각 주사(Azimuthal Scanning)법을 이용하였으며, 자동 검사각은 +25~+55°의 범위로 결함 발생가능성이 가장 높은 블레이드 상부 목부 주위 전체를 탐상할 수 있도록 하였다. 위의 그림 14.126과 그림 14.127은 저압터빈 블레이드 5단 reference block과 출구측 후크부를 맞고 돌아온 Phased array 초음파 신호를 보여주고 있다. 그림에서 보듯이 출구측 후크부를 맞고 나온 신호의 음압(amplitude)은 상당히 높음을 알 수 있고 기타 뒷부분에는 루트부의 기하학적 형상에서 나오는 신호를 취득하였다. 이러한 기하학적인 형상의 신호들 가운데 실제 결함이 존재시 신호를 평가할 수 있다.

고리 4호기 저압터빈 전단에 대하여 Phased array UT 검사를 실시하고 그 결과 신호를 아래에 나타내었다. 결함의 주요 예상 발생위치인 후크부 주위를 정밀 탐상한 결과 그림에서 보는바와 같이 Scratch성 indication 신호 4개 이외의 전 루트부에서는 각단별 목부위 주위의 반사된 신호이외에는 깨끗함을 볼 수 있다. 이렇게 하여 고리 4

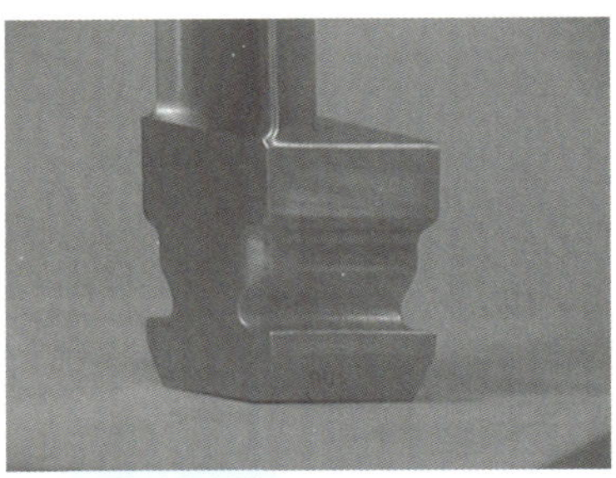

그림 14.126 Reference block

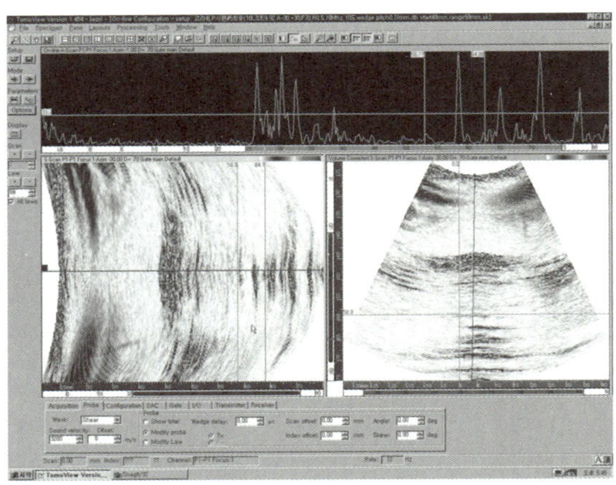

그림 14.127 PA Signal From Reference block

호기 저압터빈 Double flow 방식 전체에 대한 초음파 검사를 실시하고 각단별 주요 신호를 취득, 신호평가 하였다. 그중 대표적 신호만 그림 14.128, 그림 129에 나타내었다.

LP TBN C Rotor의 1-6단 전체 루트부는 전체적으로 결함성 Indication이 없었다.

외국에 비싼 검사 용역비를 주며 실시해온 터빈 초음파 검사를 국산화하여 기술 경쟁력을 확보하였으며, 앞으로 터빈 전 분야에 대한 자동초음파 검사 System을 확대 적용하여 전 발전소 터빈에 대한 초음파 자동화 검사기술을 확보하여야 할 것이다. 이번 검사에서 다중 초음파 탐촉자 검사 시스템을 사용하여 검사를 수행해 본적이 없는 특이한 형태의 루트부에 대해서도 검사를 성공적으로 수행하였고 검사기간도 아주 빨리 수행하여 좋은 결과를 도출하였다.

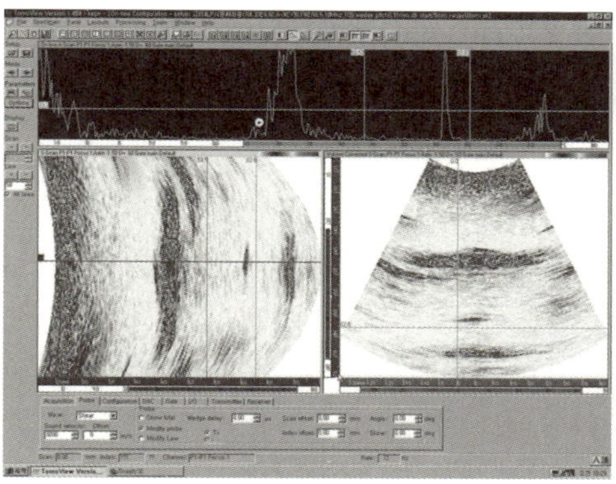

그림 14.128 PA signal of LP Stage7

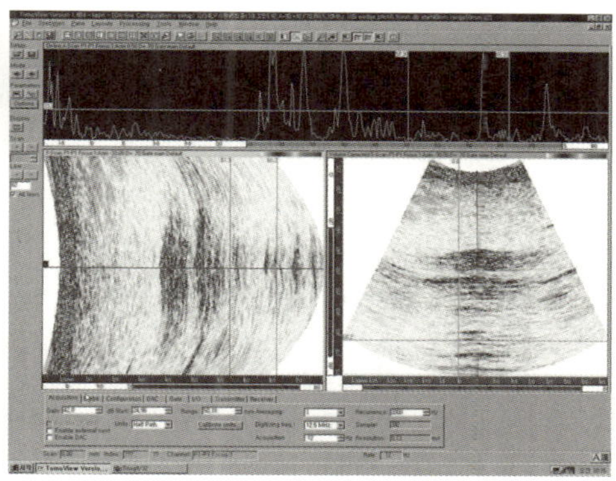

그림 14.129 PA signal of LP Stage 9

8 터빈 자동화 검사기술 현장적용

1) 검사개요

검사 개요 및 목적

터빈부품에 대한 초음파 검사는 매우 신중하고 정확하게 검사할 필요성이 있으며, 특히 결함 발생 빈도가 높고 그 형상이 매우 복잡한 터빈 블레이드 루트부와 같은 설비에 대해서는 검사에 대한 신뢰도 확보가 선결 문제라고 할 수 있다. 전력연구원에서는 최근에 선진국에서 적용 및 연구가 활발히 진행되고 있는 Phased Array UT

System을 이용해서 발전소 주요 설비에 대한 수동 및 자동 초음파 검사를 위한 신뢰도 향상 기술 및 로봇을 이용한 자동검사 적용기술을 개발하고 있는 중이다. 터빈 동익에 대한 기존의 초음파 검사로 Blade 몸체, Tenon, shroud 및 Root부 검사에 사용되고 있다.

블레이드 루트부에 대한 초음파 검사는 그 접근성의 제한 및 접근 가능한 부위의 협소, 이에 따른 결함의 크기, 형상 평가를 위한 여러 가지 주사방법 적용의 어려움, 루트부 한 개에 대해서도 여러 번의 주사와 입사 각도별 Wedge의 사용 등으로 인한 검사 시간 지연, 터빈 동익 뿌리부의 초음파 신호를 검출하더라도 결함 신호인지의 판단 곤란, 검사조건의 어려움으로 인한 검사자의 숙련도 요구 등 수많은 어려움이 산재하고 있다. 따라서, 보령화력 3호기 계획예방 정비시 각 터빈 동익 뿌리부 건전성 여부 확인 및 UT 검사 개발내용 적용 및 문제점 파악을 위하여 연구원에서 검사를 수행하였다. 전력 연구원에서 대비시편 제작, 인공결함 가공, 신 장비인 다중센서 방식의 초음파 탐상 검사 기술을 이용하여 기존의 초음파 검사의 단점 및 한계점을 극복하고 자동 초음파 검사의 적용성과를 제고하기 위해 터빈 동익 루트부에 대한 설비의 건전성을 검증하였다.

Turbine Blade Root부 신호평가

보령3호기 저압터빈 블레이드에 대한 루트부 검사는 다중 초음파 검사 시스템을 활용 검사를 수행하였다. 기존의 초음파 검사와 가장 큰 다른 점은 검사결과인 신호 취득에 있어서 A-Scan 뿐만 아니라, 검사부 전체를 한눈에 볼 수 있는 Sector-Scan을 할 수 있다는 점이다. 즉 기존의 초음파 탐촉자로는 한 개의 입사각만을 만들 수 있지만, Ultrasonic Phased Array System에서는 Probe를 움직이지 않고 다양한 입사각을 발생시킬 수 있다. 따라서 결함이 Straddle mount type의 Hook 주위에 있을 경우 결함의 생성 방향이나, 각도의 변화에 따라서도 결함의 탐지는 일반적인 단일 각 입사에 의한 초음파 검사시보다 더욱 더 쉽게 탐지할 수 있다. 금번 검사에서 사용한 탐촉자의 사양은 표 4-1과 같다.

이번 검사에서는 자동 초점 다각 주사(Azimuthal Scanning)법을 이용하였으며, 자동 검사각은 −25~25°의 범위로 결함 발생가능성이 가장 높은 블레이드 후크부 주위 전체를 탐상할 수 있도록 하였다.

표 14.4 탐촉자 사양

탐촉자 크기	12×8×23 mm
주파수	10 MHz
element 숫자	32 elements
Probe의 종류	Linear
Wedge angle	45°
Wedge material	Plexi-glass
음파의 속도	3200 m/s, shear wave

Turbine Blade Root부 대비시편 신호평가

보령화력 3호기 저압터빈 전단에 대하여 Manual UT 및 Phased array UT 검사를 실시하고 그 결과 신호를 아래에 나타내었다. 결함의 주요 예상 발생위치인 후크부 주위를 정밀 탐상한 결과 그림에서 보는바와 같이 각 단별 목 부위 주위의 반사된 신호 이외에는 깨끗함을 볼 수 있다. 이렇게 하여 보령 3호기 저압터빈 Double flow 방식 전체에 대한 초음파 검사를 실시하고 각단별 주요 신호를 다음과 같이 취득, 신호평가 하였다(그림 14.131에서 14.138).

그림 14.130 저압터빈(LP Turbine) 모습

그림 14.131 및 그림 14.132는 저압터빈 1단 좌우측 블레이드 루트부에 대한 Phased array UT 대표 신호이다. 상기 그림에서와 같이 저압터빈 A, B 로타 공히 1단 좌우측에서 결함으로 분류될 신호가 없는 깨끗한 신호를 보였다.

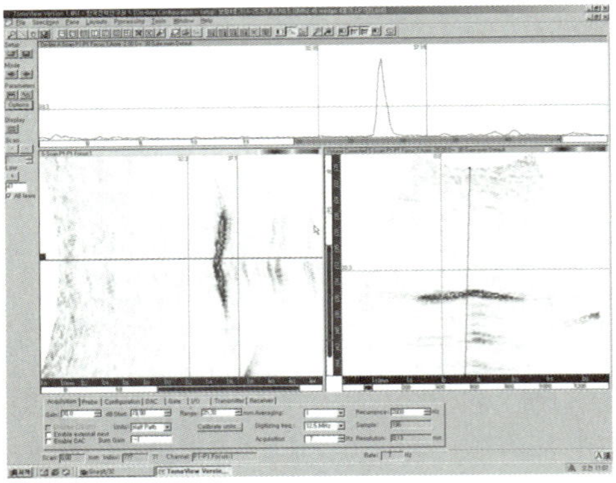

그림 14.131 저압터빈 1단 내측 1번 후크 주위 PA 대표신호

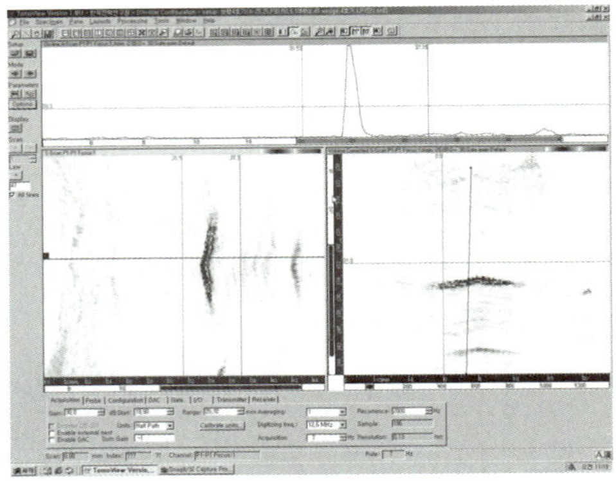

그림 14.132 저압터빈 1단 외측 1번 후크 주위 PA 대표신호

그림 14.133 및 그림 14.134는 저압터빈 2단 좌우측 블레이드 루트부에 대한 Phased array UT 대표 신호이다. 상기 그림에서와 같이 저압터빈 A, B 로타 공히 2단 좌우측에서 결함으로 분류될 신호가 없는 깨끗한 신호를 보였다.

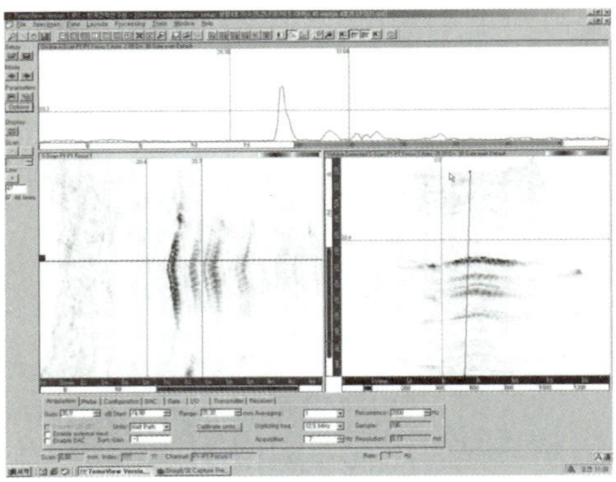

그림 14.133 저압터빈 2단 내측 1번 후크 주위 PA 대표신호

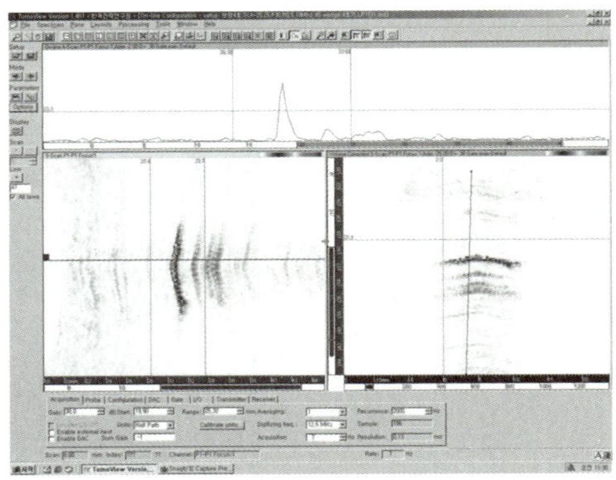

그림 14.134 저압터빈 2단 외측 1번 후크 주위 PA 대표신호

그림 14.135 및 그림 14.136은 저압터빈 3단 좌우측 블레이드 루트부에 대한 Phased array UT 대표 신호이다. 상기 그림에서와 같이 저압터빈 A, B 로타 공히 3단 좌우측에서 결함으로 분류될 신호가 없는 깨끗한 신호를 보였다.

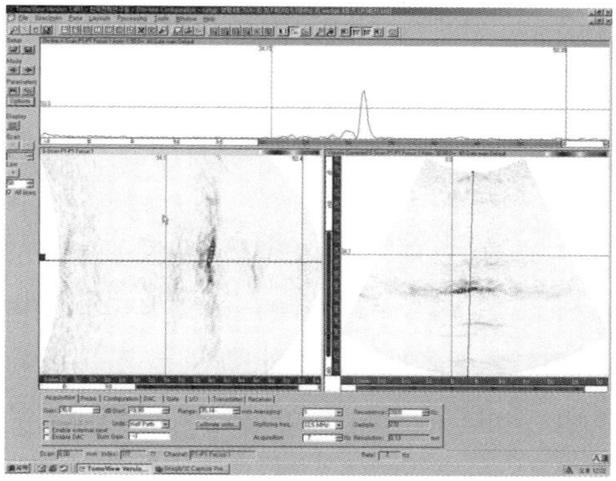

그림 14.135 저압터빈 3단 내측 1번 후크 주위 PA 대표신호

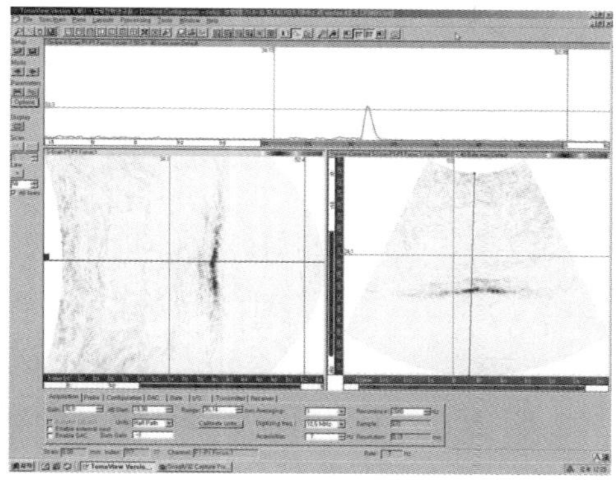

그림 14.136 저압터빈 3단 외측 1번 후크 주위 PA 대표신호

그림 14.137 및 그림 14.138은 저압터빈 4단 좌우측 블레이드 루트부에 대한 Phased array UT 대표 신호이다. 상기 그림에서와 같이 저압터빈 A, B 로타 공히 4단 좌우측에서 결함으로 분류될 신호가 없는 깨끗한 신호를 보였다.

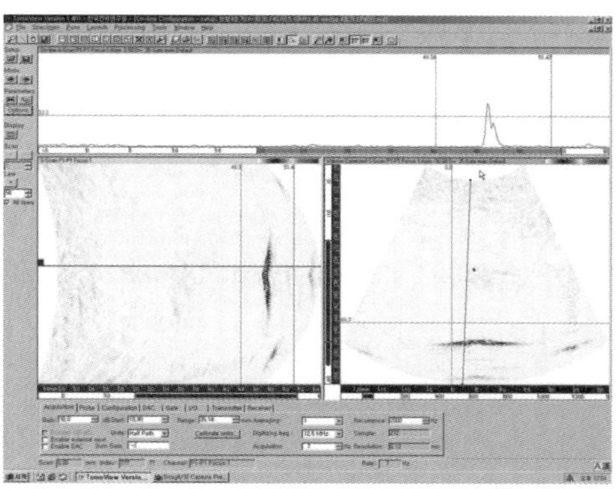

그림 14.137 저압터빈 4단 내측 1번 후크 주위 PA 대표신호

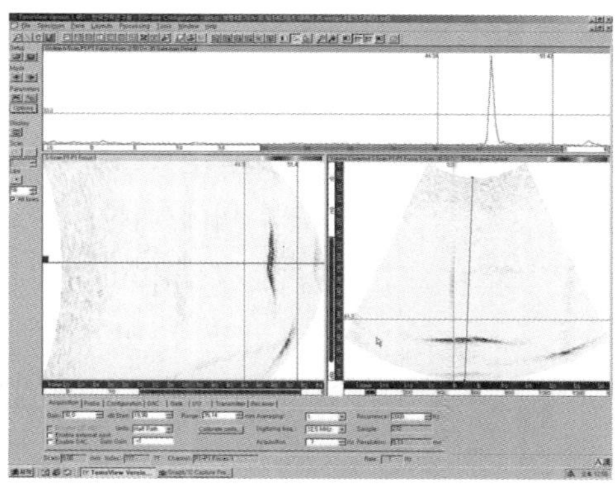

그림 14.138 저압터빈 4단 외측 1번 후크 주위 PA 대표신호

2) 현장적용 검사결과

터빈설비 자동초음파 검사 실용화 및 적용기술 개발(00G-S06)의 주요 목표인 블레이드 루트부와 같이 형상이 복잡한 설비에 대한 초음파 검사 신뢰도 향상을 위해 다중센서방식(Phased Array Probe) 초음파 검사기술과 로봇을 활용한 자동검사 기법을 보령화력, 당진화력 등 현장에 사전 적용 검사하여 검사신호 평가의 신뢰도를 크게 향상시켰다. 이번 여러 발전소에 대한 적용검사에서 얻은 주요 결론을 요약하면 아래와 같다.

- 보령화력 3호기와 같이 표준 화력 저압터빈과 같은 Straddle mount type 터빈 블레이드 루트부에 초음파 빔을 자동 탐사각도 기법(Azimuthal Method)으로 조정하고 빔 입사를 최대로 할 수 있는 적절한 웨지를 사용하여 최적의 검사기법을 확보하였고 이런 방법으로 검사부위 전 부분을 한눈에 평가할 수 있게 되었다.
- 다중센서방식(Phased Array Probe) 초음파검사방식은 기존의 초음파 검사에 비하여 단 한 개의 Transducer로 복잡한 형상을 가진 블레이드 루트부에 대하여 탐촉자를 움직이지 않은 채 목표 범위 전부를 검사할 수 있어 검사시간 및 노동력을 크게 줄여주었다. 준비한 터빈검사용 로봇의 현장 적용시 구동이 잘 되어 터빈 Tracking device 및 Shroud Band Tracking Device 등 자동 스캐너 장비의 보완 및 재설계를 통해 자동화검사를 위한 중요한 기틀을 확보할 수 있을 것이다.
- 다중센서방식(Phased Array Probe) 초음파검사 System에서 보여주는 신호평가 화면에서 Sector Scan은 검사자로 하여금 검사대상 기기의 기학적 형상신호와 결함신호를 보다 용이하게 판단할 수 있도록 설정되어 있다. 특히 특정 각도의 빔에 대한 A-Scan 신호를 동시에 볼 수 있어 앞으로 이 장비의 확대 적용이 절실히 요구된다. 이를 확대 적용할 경우 터빈 전체에 대한 자동화 검사를 기할 수 있고 전체 터빈에 대한 초음파 검사를 단 1~2일 내에 종료할 수 있어 공기단축 및 검사비용 절감 등을 기할 수 있어 획기적 결과를 입증하였다.
- 다중센서방식(Phased Array Probe) 초음파검사 System은 검사대상 기기의 기하학적 형상 신호와 결함신호를 2차원적으로 보여줄 수 있어 사전에 준비한 이번 검사의 경우 한번도 검사를 수행한 적이 없는 특이한 형태의 루트부에

대해서도 검사가 가능하였다.

- 외국에 비싼 검사 용역비를 주며 실시해온 터빈 초음파 검사를 국산화하여 기술 경쟁력을 확보하였으며, 앞으로 터빈 전 분야에 대한 자동초음파 검사 System을 확대 적용하여 전 발전소 터빈에 대한 초음파 자동화 검사기술을 확보하여야 할 것이다.

3) 결론

본 연구에서는 Phased array UT system 및 자동 검사용 로봇을 활용하여 터빈설비에 대하여 초음파 검사 신뢰도 제고 및 검사의 신속성, 자동검사 기술 확립 등을 목표로 한전에서 사용 중인 여러 가지 형태의 블레이드 루트부 및 터빈 부품에 대한 자동검사의 기술의 개발 및 적용을 기하고자 하였다.

발전설비 주요결함의 초음파 검사 신뢰도 향상 기술개발을 위하여 특히 터빈 블레이드 루트부와 같이 형상이 복잡한 설비에 대한 초음파 검사는 다중센서방식(Phased Array Probe) 초음파 검사기술을 적용하고 이를 자동으로 움직여 주기 위한 로봇의 개발 및 적용이 차세대 비파괴검사 기술임을 입증할 수 있었다. 또한, 보령화력을 비롯한 몇몇 발전소에서의 사전 현장적용으로 터빈설비에 대한 비파괴 검사의 신뢰도 제고는 물론 검사 속도, 검사 인력 절감의 차원에서도 큰 성과가 있었다. 이번 연구 및 현장 적용에서 얻은 주요 결론을 요약하면 아래와 같다.

- Phased Array UT system을 이용하여 일정거리에 초점을 생성하도록 하고 검사대상체의 검사에 적합한 검사모드를 선정하여 현장 검사 시 PA 신호는 아주 선명하게 결함의 유무를 판단할 수 있었고 검사 속도와 검사 신뢰도를 향상시킬 수 있었다.
- EDM Notch를 발전소에서 사용 중인 각종 루트 형상에 가공하여 일정한 위치에서 Probe를 움직이지 않고 검사를 수행한 결과 각도에 따라 내재한 결함을 탐지하고 크기평가를 할 수 있었으며 이를 적절한 웨지를 결합 검사를 수행하면 원하는 검사대상체에 대한 결함신호의 해상도를 높일 수 있었다.
- Phase UT 검사장비 및 자동 검사용 로봇을 현장검사에 적용하였을 경우 검사의 신속성과 신뢰도를 향상시켜 비파괴검사를 수행하는데 있어 일반 초음파 검사방법에 비하여 검사공정을 줄여 검사시간을 감소시키고 자동화 검사 기법을 확립하였다.

- 국/내외의 검사 용역비를 주며 실시해온 터빈 초음파 검사를 국산화하여 기술 경쟁력을 확보하였으며, 전 발전소 터빈에 대한 초음파 자동화 검사기술 확립의 토대를 구축하였다.
- 터빈 설비에 대한 자동 검사를 위한 로봇을 그 구동 형태에 따라 대별하여 제작한 결과 그 적용성과가 크며 필요시 언제든지 자체 제작할 수 있는 기술을 확보하였다

9 기대효과 및 향후 대책

주요 발전설비(터빈, 보일러 등)및 기타 발전설비에 대한 신기술 적용 및 보수 유지 기술의 향상을 통한 설비의 신뢰성 향상을 위해서는 각 주요 설비별로 핵심 비파괴 검사기술의 개발 및 적용 확대에 대한 연구를 지속적으로 수행하고 이들 각각의 기술을 유기적으로 연계하여 종합적인 설비 유지기술을 개발해 나가야 한다. 정비기술 고도화를 위해 다방면의 적극적인 현장 적용 연구개발이 필요하며 이중 비파괴 검사 신기술 분야에 대해서는 발전설비 검사 신뢰도 향상 및 설비진단 능력 향상을 위한 연구를 중점적으로 수행하여 이를 발전설비에 대한 검사 신기술의 자립 및 적용 능력 확대에 활용하여야 한다.

비파괴 검사를 통한 발전설비에 대한 신뢰성 향상을 위해서는 비파괴 검사방법과 발전설비 각 기기에 대한 최적의 방법을 선정하고 각 방법별로 적용 제고 및 검사의 신뢰도를 높이기 위한 기법을 개발하여야 만 할 것이다. 발전소 터빈 블레이드 루트에 대한 초음파검사는 기존의 초음파 법으로 검사하는 데는 적절한 탐촉자의 선택, hook에 대한 각각의 탐상으로 인한 시간적 손실 및 형상의 복잡성으로 인한 신호분석의 어려움으로 이하여 숙련된 검사요원이 필요하고 검사의 신뢰성 또한 높지 않았다. 그러나 Phased array system의 도입 및 자동 검사용 로봇의 개발로 이러한 문제점을 모두 해소시켰으며, 터빈 이외의 발전설비에도 적용한다면 발전설비 건전성확보에도 지대한 영향을 미칠 것으로 기대된다. 다양한 종류의 설비를 보유한 국내 발전 회사의 경우에 이들 각각의 설비에 대해 검사장치나 검사기술을 도입한다는 것은 현실적으로 곤란하며 이러한 분야의 기술은 자체 개발하고 경험을 축적하는 것이 최선의 방법이므로 발전설비에 발생한 결함을 탐지하고 평가하기 위한 비파괴 검사 기술을 개발, 현장적용 시험을 통하여 보완하고 검사절차의 확립 및 검사기법을 정립하여 국내 발전용 터빈의 안전성 확보와 검사 신뢰도를 높여야 할 것이다.

또한 검사 후 발견된 결함이나 문제점에 대해 기기의 건전성 평가를 할 수 있는 프로그램을 전 발전설비에 대해 적용 할 수 있도록 분야별 심도 있는 개발을 기하고 비파괴 진단 전문가 시스템 구축을 위해 각 분야별 적용 연구의 활력을 기할 필요성이 있다. 음향방출 등을 이용한 회전기기에 대한 상시 감시 시스템은 아직 많은 연구개발이 따라야 하지만 이것 역시 터빈 등과 같이 고온, 고압 하에서 고속으로 회전하는 기기에 대한 사고의 미연방지 및 적기 보수 기술 향상의 측면으로 점차적으로 적용성을 확대하여 발전설비의 안정성 및 신뢰도 제고를 위한 추진전략의 주요인자가 되어야 할 것이다.

CHAPTER 15

초음파, 배관진단과 누설위치 검사에 일조하다

15.1 배관진단 개요

평판이나 파이프, 철도 레일 등 가늘고 긴 봉형의 재료 표면에 해머나 초음파진동자 등으로 진동을 가하면 파장의 100배에서 1,000배 오더의 거리를 길이방향으로 전파하는 음향모드가 발생한다. 이와 같은 파동형태를 유도초음파(ultrasonic guided wave)라 부르고 길고 큰 구조물의 고속 비파괴검사 기법으로 최근 주목을 받고 있다. 특히 파이프 내를 수 미터에서 수백 미터 전파가 가능하다는 것이 실험적으로 검증되어 장거리 파이프의 고속진단이나 매설 배관을 검사하는 기법으로 큰 기대를 모으고 있다. 즉, 유도초음파법은 구조물의 기하학적인 구조를 따라 전파하는 파로서 광범위 비파괴탐상을 효율적으로 수행할 수 있다는 점에서 기존의 종파나 횡파를 사용한 국부검사(point by point)법에 비해 탐촉자의 이동없이 고정된 지점으로부터 대형 설비 전체를 한번에 탐상할 수 있을 뿐만 아니라 절연체나 코팅재의 제거 없이 구조물이 설치된 그대로 검사를 수행할 수 있어 기존의 비파괴기법에 비해 시간적, 경제적 효율이 뛰어나다. 또한 보온재나 제한된 공간으로 인하여 검사자의 접근이 곤란하고 복잡하다든가, 다양한 피검사체의 형상을 따라 원거리 초음파탐상이 어려운 발전설비의 보수검사에 적극 활용되고 있다.

반면 유도초음파는 상기와 같은 장점을 가지고 있음에도 불구하고 발전설비의 보수검사에 적용하는데 아직 해결되어야할 어려움이 남아있다. 유도초음파는 판 표면 간을 왕복 전파하는 종파·횡파의 간섭 및 공명에 의해 형성된 파동모드이기 때문에 전파송·수신 메커니즘이 상당히 복잡하다. 즉 유도초음파가 전파해가는 모드가 무한히 많이 존재함으로 인해 다양한 모드의 선택을 통한 측정 민감도를 향상시킬 수 있는 장점도 있지만, 여러 개의 모드가 동시에 수신될 때 신호해석과 모드확인(mode identification)이 어렵다는 것이다. 예를 들면 속도가 다른 다수의 진동모드가 중첩하고 수신파형의 해석이 어렵다는 점, 우리가 바라는 진동모드를 얻기 위해서는 입사탐촉자를 적절히 조정해야 하는 점 등이다. 이러한 유도초음파의 전파형태를 아는 가장 유효한 수단으로는 레일리-램방정식 등의 이론식으로부터 구한 분산선도가 이용된다. 분산선도로부터 복수의 진동모드의 전파속도를 구하는 것이 가능하고 수신된 반사파형으로부터 탐촉자와 이상부위까지의 거리를 아는 것이 가능하다. 그러나 결함이나 불균질 영역, 파이프의 엘보우 부분으로부터의 반사율이나 모드변환율, 초음파감쇠율 등을 구하고 결함이나 불균질 영역을 정량적으로 평가하는 것은 아직 불가능하다.

그러나 이러한 어려운 문제를 안고 있지만 최근에는 장거리 비파괴검사를 가능하게 하는 노력의 결실로 파이프라인의 유도초음파검사 시스템이 영국의 Guided Ultrasonic Ltd.[www. guided-ultrasonics.com]와 Plant Integrity Ltd[www.plantintegrity.co.uk]에 의해 상용되었고, 그리고 미국의 SWRI에서는 배관에서 유도초음파를 발생시키기 위해 자왜 센서(magnetostrictive sensor)를 채택하고 있는데, 시스템 또한 자체적으로 개발하여 장거리 배관의 결함을 신속하게 탐상할 수 있게 되었다.

본장에서는 발전설비 배관의 효율적인 보수검사에 적용하기 위한 예비 연구로 유도초음파 기법의 실용기술 측면에서 장거리 배관탐상을 위해 영국의 Guided Ultrasonic Ltd.에서 개발한 유도초음파검사 시스템을 적용하고, 배관 내에서의 유도초음파의 분산선도에 나타난 각종 모드의 분산특성과 파형 구조로부터 유도초음파의 모드특성을 예측하여 배관의 두께 감육을 모의한 결함의 위치와 두께 감육 정도를 실험적으로 검증한 사항에 대해 설명할 것이며, 본장의 제목도 [초음파, 배관진단과 누설위치 검사에 일조하다]로 정하였다.

15.2 유도초음파의 특징

배관내에서 운동 방정식은 Navier's 방정식으로부터 식(1)과 같이 유도되어지며 배관에서 유도초음파가 전파한다고 가정하고, Fig. 1과 같이 경계면이 자유로운 경우 경계조건을 식(2)로 정의할 수 있다.

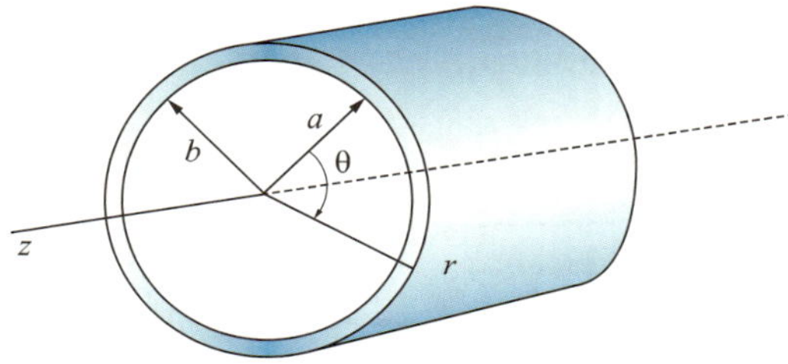

그림 15.1 A Traction–free, infinitely long hollow cylinder with inner radius(a) and outer radius(b)

$$\mu\nabla^2 u + (\lambda + u)\nabla(\nabla \cdot u) = \rho(\partial^2 u/\partial t^2) \tag{1}$$

$$\sigma_{rr} = \sigma_{rz} = \sigma_{r\theta} = 0 \tag{2}$$

at $r = a$ and $r = b$

각 방향의 응력은 다음 식(3)로 유도되며,

$$\sigma_{rr} = \left\{ -\lambda(\alpha^2 + \xi^2)f + 2\mu[f'' + \frac{n}{r}(g_3{}' - \frac{g_3}{r}) + \xi g_1{}'] \right\} \times \cos n\theta \cdot \cos(\omega t + \xi z)$$

$$\sigma_{r\theta} = \mu\left\{ -\frac{2n}{r}(f' - \frac{f}{r} - (2g_3{}'' - \beta^2 g_3) - \xi\frac{n+1}{r}g_1 - g_1{}') \right\} \times \sin n\theta \cdot \cos(\omega t + \xi z) \tag{3}$$

$$\sigma_{rz} = \mu\left\{ -2\xi f' - \frac{n}{r}\left[g_1{}' + (\frac{n+1}{r} - \beta^2 + \xi^2)g_1 \right] - \frac{n\xi}{r}g_3 \right\} \times \cos n\theta \cdot \sin(\omega t + \xi z)$$

경계조건 식(2)에 식(3)를 대입하면 다음의 특성(characteristic) 방정식을 얻을 수 있다.

$$|C_{ij}| = 0, \ (i, j = 1 to \ 6) \tag{4}$$

이 행렬식은 주파수식이라고도 부르며, 이 식(4)을 이용하여 이론적인 분산곡선을

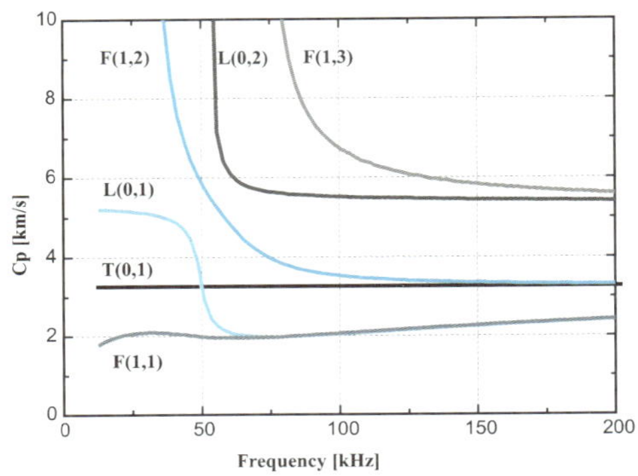

(a) Phase velocity

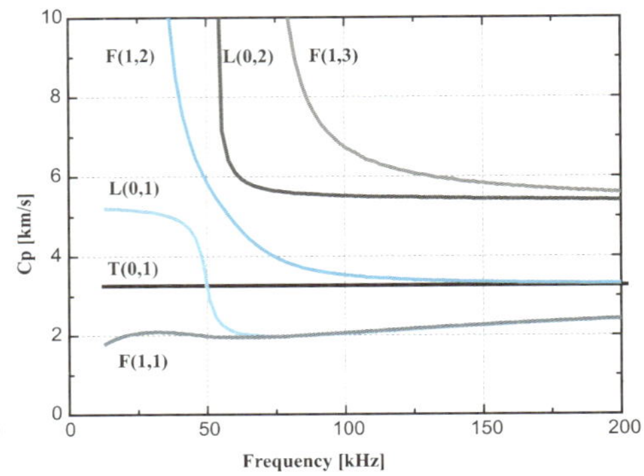

(b) Group velocity

그림 15.2 Dispersion curve of guided wave

얻을 수 있고 배관내에 존재하는 모드들을 해석하여 배관의 건전성을 평가할 수 있다.

본 논문에서 적용하는 시스템에서 탐촉자는 배관 외면에 부착되어 진동방향이 배관의 원주방향의 성분을 가지는 Torsional mode(T(0,1))가 송수신되며, 사용되어지는 주파수가 T(0,2)모드의 Cutoff 주파수(332 kHz) 이하의 20~60 kHz이므로 다른 T모드는 고려하지 않아도 된다고 생각된다. 또한 진동방향이 배관의 원주 방향으로 따르는 성분을 갖는 Flexural mode(F(n,m))도 함께 송수신된다고 생각된다. Fig. 2는 식(4)에서 얻어진 이론적인 분산곡선을 나타낸다. 그리고 Fig. 3는 본 논문에서 발생된 T(0,1) mode의 변위의 파형구조를 나타낸다.

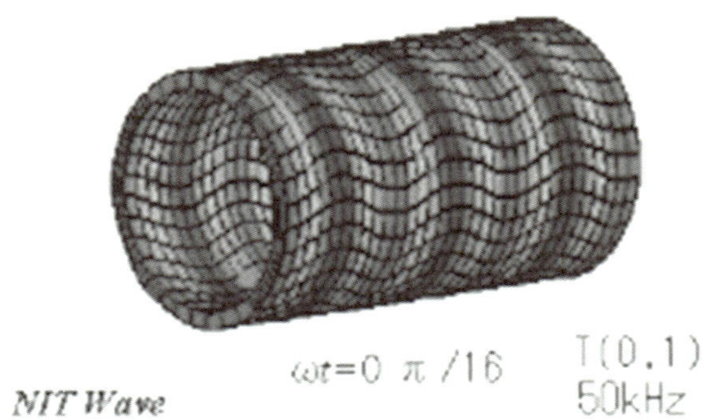

그림 15.3 Displacement wave structure of torsional mode

15.3 유도초음파의 분산특성과 전파

1 시뮬레이션

Fig. 4는 유도초음파의 다중모드 중첩성을 수치계산으로 시뮬레이션한 결과이다. 그림 중의 평판 단면 좌단에 가진된 경우에 얻어진 Lamb파의 S_0 모드(Symmetric)와 A_0 (Anti-symmetric)를 보여주고 있다. 군속도 분산곡선으로부터 판단할 수 있듯이 평판 단면 중심축에 대해 대칭인 파동전파 형태를 갖는 S_0 모드가 빠르고 비대칭인 A_0 모드가 뒤에 따라가고 있다. 양자는 가진점 근방에서는 중첩되어 전파하기 EOans에 구별이 어려우나 전파시간이 경과하면서 군속도의 차에 의해 S_0 모드와 A_0 모드는 분리되어 감을 알 수 있다.

Fig. 5는 Lamb S_0 모등의 분산성을 잘 나타낸 예이다. 가진 진동의 주파수대에서는 군속도 분산곡선의 경사가 크다. 결국 주파수에 따라서 속도가 큰 차가 있다. 이 주파수에 의한 속도의 차를 속도분산이라 부른다. 입사파 신호와 수신신호가 완전히 다른 파형이 되어버리는 유도초음파에서는 흔히 볼 수 있는 현상으로 그림에서 전파가 진행해가면서 파형이 넓어짐을 볼 수 있다.

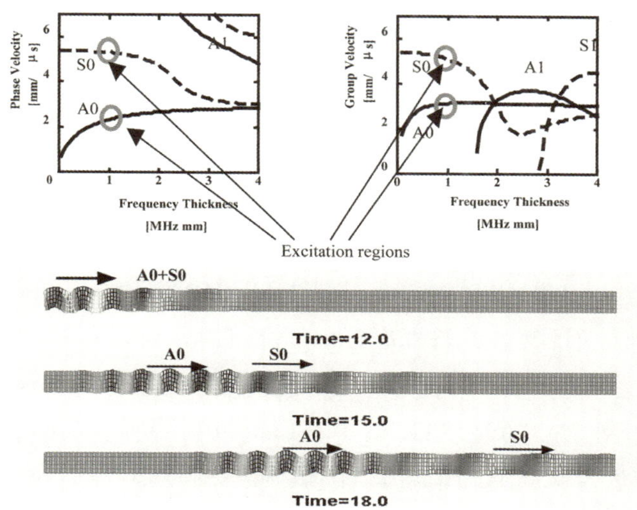

그림 15.4 Dispersion characteristic and propagation simulation of Lamb wave(superposition of A0 mode and S0 mode)

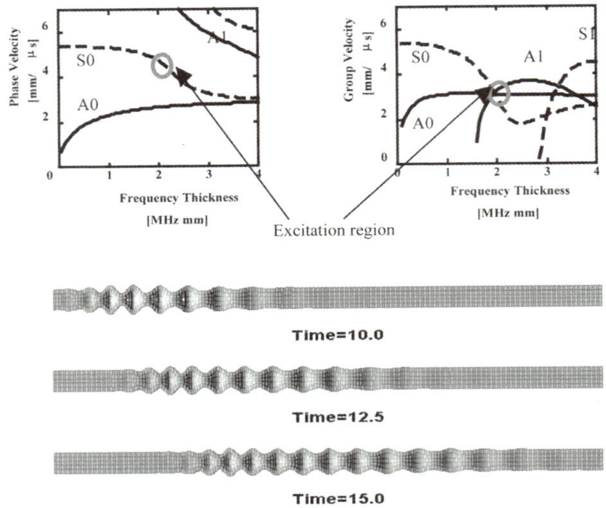

그림 15.5 Dispersion characteristic and propagation simulation of Lamb wave(Dispersion of A0 mode and S0 mode)

15.4 실험장치 및 방법

1 시험편

Fig. 7(a)는 본 연구에 사용된 대구경 배관 시험편을 나타내고 있다. 이 배관의 바깥지름은 508 mm이며, 두께는 19 mm, 길이는 16 m이다. 이 배관은 실제 발전설비 배관으로 사용되고 있으며 중앙부에 용접부, 수직, 수평행거와 지지대(support)로 지지되고 있다. 용접부위의 내부에 두께감육을 모의한 결함을 가공하였다. Fig. 7(b)는 소구경 배관 시험편을 나타내고 있으며 이 배관의 바깥지름은 38 mm이며, 두께는 5 mm, 길이는 7.7 m이다. 표면에 2~10 mm 드릴 홀과 깊이 2 mm의 노치형 결함을 가공하였다. 또한 Fig. 7(c)는 바깥지름이 51 mm이며, 두께는 6 mm, 길이는 약 8 m인 배관을 길이가 약 2.4 m인 Fig. 7(b)의 배관 양쪽에 용접이음을 하였다. 그리고 좌측에는 약 깊이 4 mm로 원주방향으로 20~50 mm 길이로 노치형 결함과 2~4 mm 드릴 홀을 가공하였고, 우측에는 약 깊이 3 mm로 2~10 mm 드릴로 cluster형의 결함을 가공하였다.

2 실험장치

본 논문에서 사용한 장거리 유도초음파 탐상 장치는 GUL사(Wavemaker SE16)의 장비로 Torsional-mode를 사용했다. Fig. 8은 유도초음파를 발생하는 시스템 구성을 나타내고 있으며 신호를 송수신하는 실험장치와 이를 구동하기 위한 제어 컴퓨터와 소구경용 탐촉자로 구성되어있다. 또한 대구경의 배관에 적용하는 탐촉자의 구성도 Fig. 8와 동일하다. Fig. 9는 본 실험에서 사용된 탐촉자를 나타낸다.

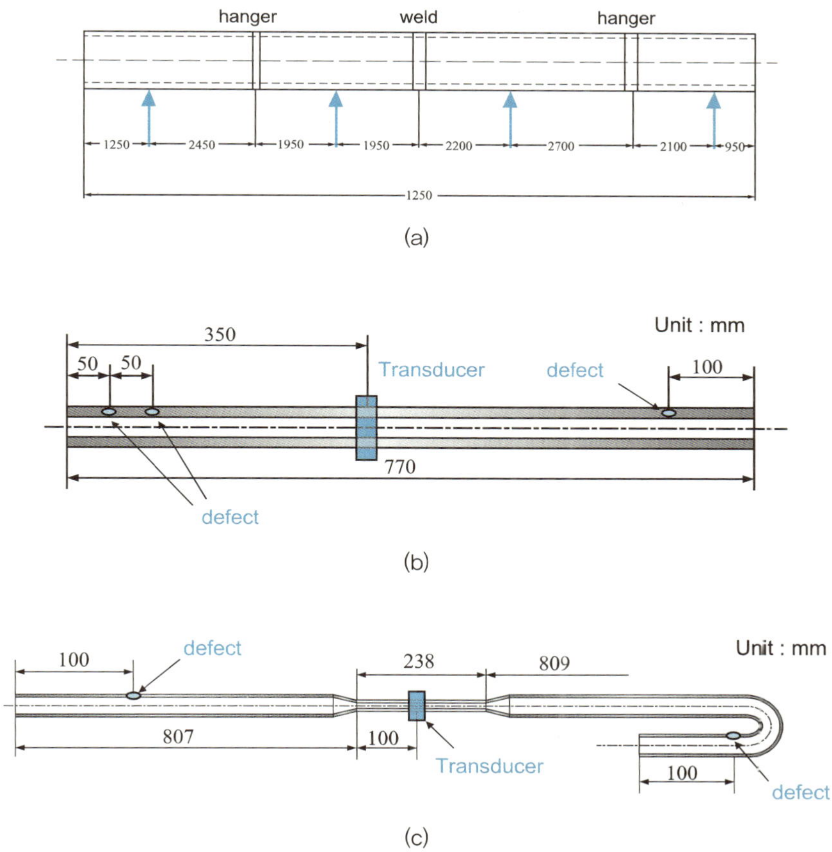

그림 15.7 The geometric of pipe specimens with variable diameters

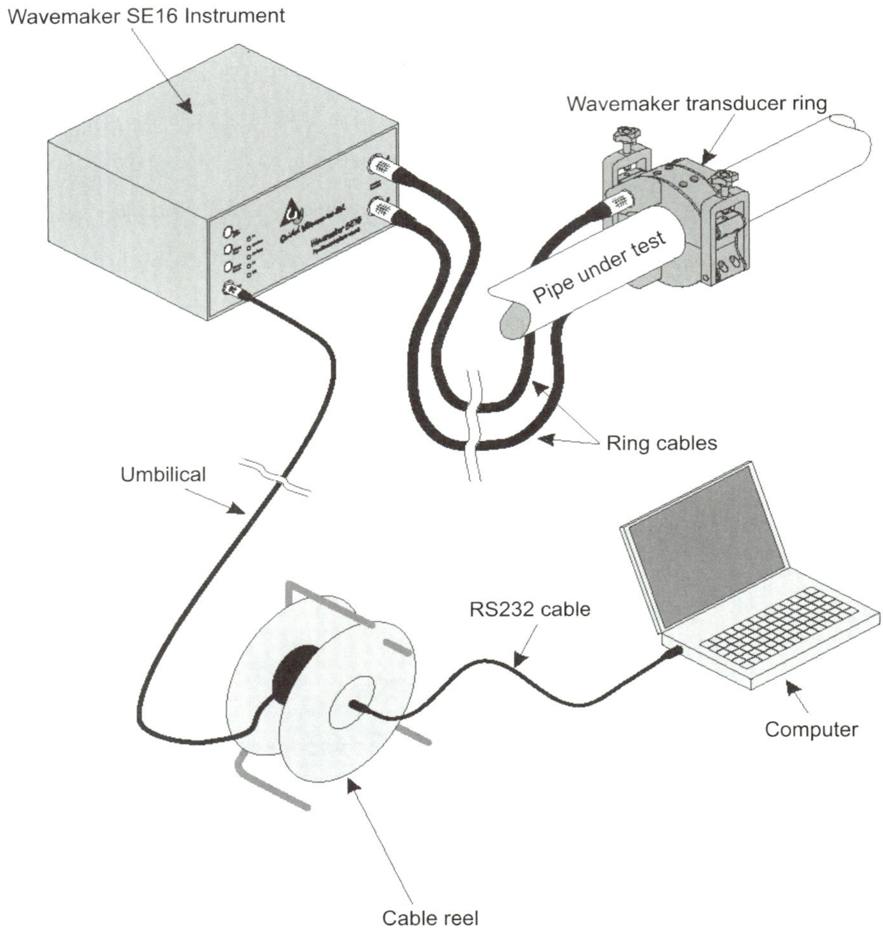

그림 15.8 Experimental setup of long range Guided wave inspection system with solid ring transducer

Fig. 9(a)는 대구경의 배관에 적용하며 공기압에 의해 배관에 고정되고 사용한 주파수는 20~28 kHz이다. 이 탐촉자의 구성은 2개의 열과 4개 구역으로 나뉘어 있으며 총 80개의 요소로 이루어지며 탐촉자의 요소 간격은 35 mm이다. Fig. 9(b)는 소구경 배관에 적용하며 두개의 부분으로 분리되어 있으며 사용한 주파수는 45~60 kHz이다. 이 탐촉자는 2개의 열과 6개 구역으로 나뉘어 있으며 총 12개의 요소로 이루어지며 탐촉자의 요소 간격은 16 mm이다.

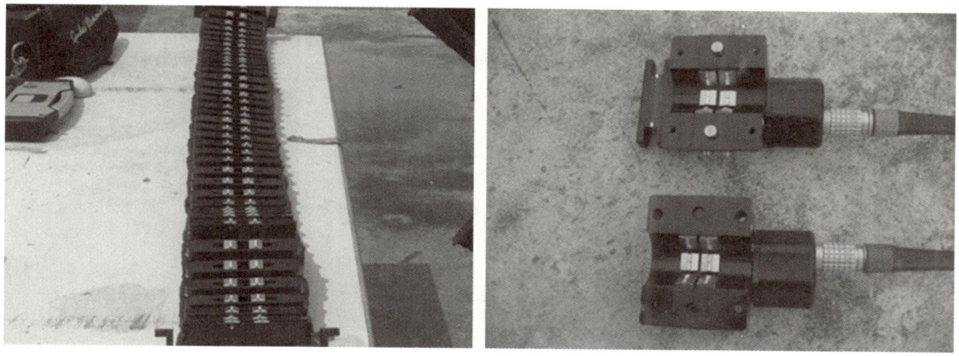

(a) (b)

그림 15.9 (a) Inflatable ring transducer and (b) solid ring transducer

3 실험방법

본 실험에서 사용된 탐촉자는 배관의 외경에 따라 탐촉자를 선택했으며, 대구경용 탐촉자는 구성된 센서의 수가 총 80개로 수가 많아 배관에 정확히 부착시키기에 상당히 어려움이 있다. 또한 소구경 배관에 적용된 탐촉자는 구성된 센서의 수가 총 12개이며, 배관의 부착은 2분할된 탐촉자를 나사로 고정하고 외면에 있는 나사를 조절하여 미세조정이 가능하다. Fig. 7의 배관에 따라 탐촉자를 설치하여 좌우로 송수신되는 유도초음파를 얻었다.

15.5 장거리 배관탐상

본 실험에서 대구경 배관에 대한 장거리 유도초음파 탐상은 Fig. 9(a)의 탐촉자를 적용하였다. Fig. 10은 각각의 배관에서 획득한 RF신호이고, 이 신호는 탐촉자의 여러 개의 영역(segment)으로부터 획득된 RF신호 중에서 하나이며, 여러 개의 신호로부터 얻은 정보를 Fig. 11과 같이 시스템에 구성된 컴퓨터로 배관의 탐상결과를 나타낸다. Fig. 11(a)의 탐상 결과로부터 용접선, 행거(hanger)와 플랜지 신호는 명확하게 검출됨을 보여주고 있다. 용접부내에 가공된 결함에 대한 탐상은 대칭 모드와 비대칭 모드의 대비에 의해 가능하지만, 많은 센서로 인한 균일한 밀착이 어려워 정확한 탐상을 하기가 곤란하다.

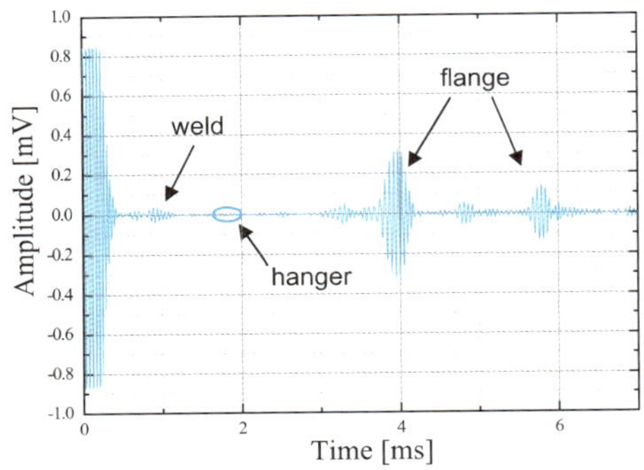

(a) 508 mm

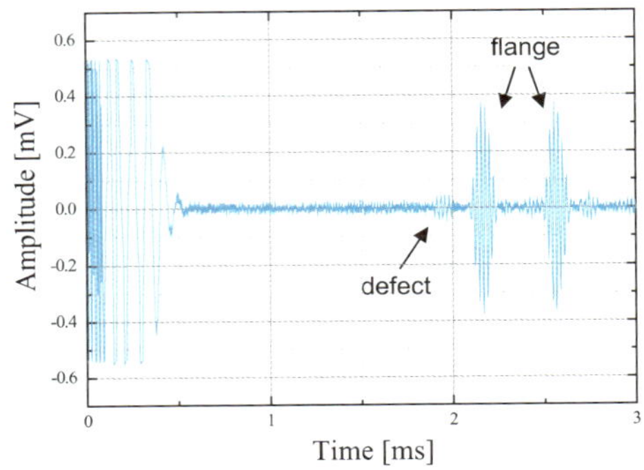

(b) 38 mm

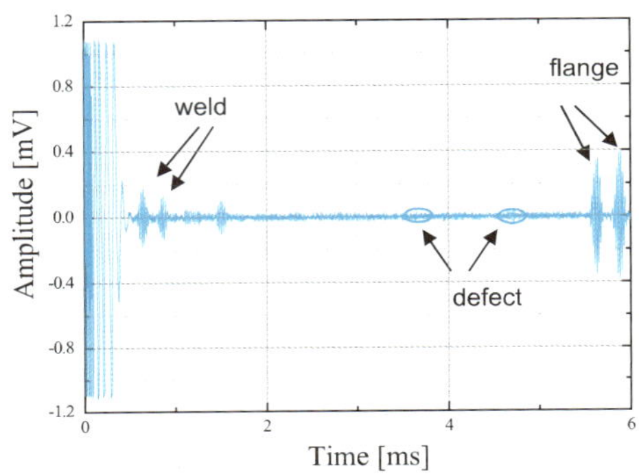

(c) 38 & 51 mm

그림 15.10 Received RF-signal from variable diameter pipe

소구경 배관의 탐상 결과를 다음 Fig. 10(b),(c)에 나타낸다. Fig. 10(b)는 7.7 m의 배관탐상의 결과로 탐촉자의 좌측에 4 mm 드릴 홀과 깊이 2 mm의 노치형의 결함신호를 얻을 수 있었으며 우측에서는 2~10 mm 드릴 홀의 신호를 얻었다. 소구경 배관에 대한 드릴 홀 결함의 검출 한계는 배관의 횡단면에 대한 단면감소율 2~3% 정도이다. 결함신호를 식별할 때, 플랜지 신호에 26 dB 아래의 결함 검출레벨(call level)를 적용하며 횡단면에 대한 단면감소율이 5% 이상 되어야 결함 검출이 가능하다. 또한 Fig. 10(c)의 시험편으로부터 용접부, 결함과 플랜지신호를 탐상결과로 확인할 수 있다. 드릴 홀 결함에 대한 대칭 모드의 신호의 크기는 횡단면에 대한 단면감소율이 커짐에 따라 선형적으로 증가함을 알 수 있었으며, 원주방향으로 가공된 노치형 결함은 홀 결함과 같은 경향을 보이지만 횡단면에 대해서는 비례 관계가 다르다. 이것은 T

모드가 관의 축방향 정보를 포함하기 때문이라 생각된다.

배관내의 용접부 식별은 동시에 표시되는 대칭 모드 및 비대칭 모드의 대비에 의해 가능하다. 용접부의 둘레 방향에 균등한 반사원의 경우, 검출된 신호는 대칭 모드가 지배적이며, 부식이 둘레 방향의 일부분에서 반사원이 있는 경우에는, 비대칭 모드와 대칭 모드가 동시에 검출된다. 다만, 배관상의 행거, 지지대 및 불균일한 용접선에 있어서도 부식과 유사한 신호가 나오기 때문에 탐상을 실시하는데 제약이 따른다. 그렇기 때문에 배관상의 위치를 파악해 두는 것이 중요하다.

15.6 결론

본 논문에서는 발전설비에 사용되는 배관에 대한 장거리 유도초음파 탐상의 유용성 유무를 실험적으로 검증한 결과 다음과 같은 결론을 얻었다.

1) 배관내의 용접선, 모의결함과 형상에 대한 장거리 유도초음파의 탐상 가능성을 실험적으로 확인하였다.

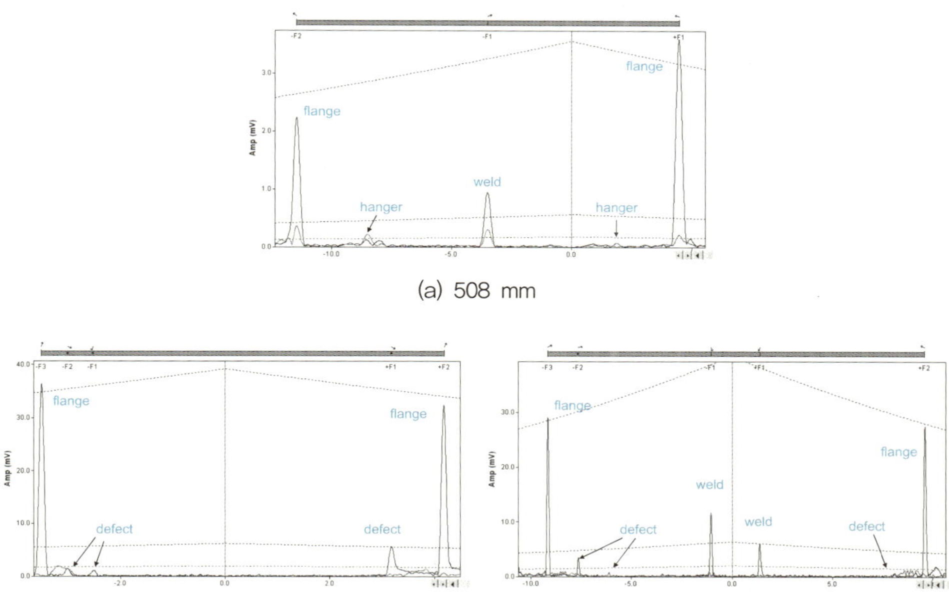

(a) 508 mm

(b) 38 mm

(c) 38 & 51 mm

그림 15.11 Experimental result of variable diameter pipe

2) 장거리 유도초음파 시스템의 검출한계는 배관의 횡단면에 대한 단면감소율 2~3 %이며, 실제 결함 검출레벨에 의한 식별은 배관의 횡단면에 대한 단면감소율 5% 이상 되어야 검출이 가능하였다.

15.7 누설위치를 보다

1 개요

발전설비의 노후화, 장기 운영 등으로 인하여 각 주요 발전 설비들이 제 기능을 다하는 데에는 여러 분야에서의 다각적인 지원이 필요하다 그 중 발전소내 지하 매설 배관의 경우는 발전소 건설 당시 매설되어 관 자체가 이미 부식 등으로 노후화 되어있는 경우가 많고 관 매설 경로 또한 복잡하게 다른 매설관 들과 함께 매설되어 소화수관, 용수관 또는 외부로부터 유입되는 송유관 등에서 누설이 발생할 경우 그 매설 관로를 전부 파야하는 경비 및 공기상의 문제 뿐 만 아니라 송유관인 경우에는 환경 파괴의 주범으로 몰릴 가능성이 있어 이의 진단 및 누설여부, 누설이 있다면 정확한 위치를 파악하는 것이 큰 의미를 갖는다고 하겠다.

발전소가 노후화 됨에 따라 건설시 매설된 소화수관, 용수관 또는 외부로부터 유입되는 송유관등의 지하매설배관에서 장기간의 부식으로 인하여 누설되는 경우가 자주 발생하고 있어 경제적 손실 및 부수적 환경 오염 문제가 유발되고 있다. 이러한 문제점을 해결하기 위해서 신뢰성 있는 누설여부 진단 및 누설위치 탐지기술이 절실히 요구된다.

또한 지하매설 배관에 대한 정확한 누설 위치를 파악하여 불필요한 굴착 작업으로 인한 경비 및 인력 소모를 피하고 근처에 같이 매설된 제어 케이블, LNG 유입관등을 동시 굴착하여야 하는 폐단 및 작업시 위험성을 최소화하기 위하여 신뢰성 있는 누설여부 진단 및 누설위치 탐지기술이 필요하며, 현재 일반 누설검사 업체에서는 발전소와 같이 소음 Level이 높고 발전 용수관, 송유관등과 같이 직경이 큰 배관에 대해서는 검사 경험이 전무하여 누설 검사가 불가능한 실정이므로 발전소내 및 외부의 지하매설배관(송유관, 소화수관, 용수관, 기타 지하매설배관)에 대한 누설여부 점검 및 누설위치 판정을 통해 발전소 용수관리 체계화 및 용수 손실방지를 기하고 아울러 정기적 점검 및 누설 감시체계 구축으로 배관 건전성 유지 등의 효과를 기하고자 한다.

2 검사원리

지하에 매설된 구간내에서 관 외부로 동작유체가 누설될 경우, 그 누설음은 관을 따라 전파되므로 누설음을 검출할 수 있는 센서를 탐상하고자 하는 구간에 설치, 관재질 및 관경에 따르는 누설음의 전파 속도 및 각 센서로 부터 받은 무선 및 유선 신호 도달 시간 차이에 의하여 누설 위치를 구간내 비례적으로 추정하는 방법으로서 이때의 관 재질, 직경, 길이, 매설경로 등 배관 관련 자료 및 Data가 정확하고 주위의 소음원이 적을 경우는 누설음 신호 파형을 분석하고 전자청음기, 보링바, 거리계등을 활용하여 누설여부 및 정확한 누설 위치를 찾을 수 있게 된다.

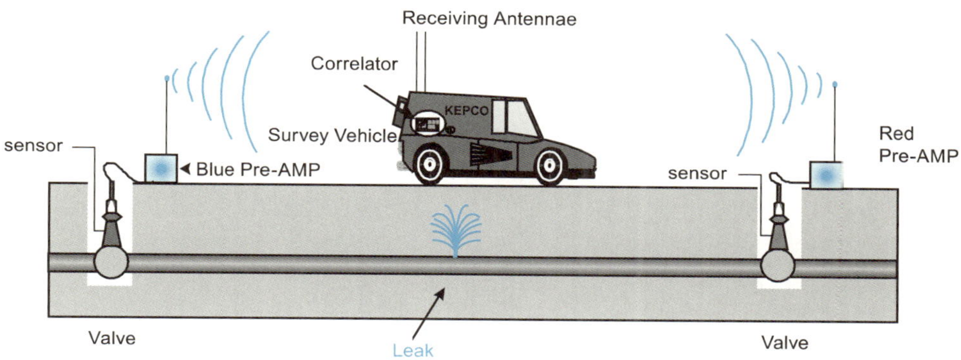

그림 15.12 지하매설배관 누설위치 검사 시스템 개략도

CHAPTER 16

초음파, 센서의 동향을 미리 보다

16.1 센서기술 개요

초음파 비파괴검사는 발전설비를 비롯한 다양한 플랜트, 사회간접자본 등에 대한 적용이 지속적으로 증가하고 있다. 그러나 일반적인 초음파 검사는 검사 대상의 재질, 형상 등에 따라 제약이 발생하고 검사자의 신호 판독에 의한 검사체의 건전성 평가가 이루어지기 때문에 객관성과 정확성 측면에서 한계가 있다. 이러한 단점을 극복하기 위하여 최근 위상배열 초음파 검사 기법의 적용이 급속히 증가하고 있다. 위상배열 초음파 기술은 임상분야에서 사용되는 초음파 검사와 동일한 원리로 검사체 내부의 이미지를 도출하여 건전성 진단을 수행할 수 있는 기법이다. 위상배열 초음파 탐상 기법의 기본 원리는 여러 개의 미소 진동자(Element)로 구성된 탐촉자를 이용하여 각 진동자에서 개별적으로 초음파를 발생시키고 수신한 초음파 신호를 전자적으로 처리 후 조합하여 이미지를 도출하게 된다. 따라서 미소 진동자의 숫자를 증가시켜 그림 16.1과 같이 기존 초음파 검사보다 넓은 면적의 검사가 가능하다.

세부적으로 검사체 내부로 진행하는 초음파의 전파 각도와 집속 위치를 전자적으로 시간지연을 발생시켜 조절할 수 있고 이에 따른 수신 신호 처리를 통해 특정 영역의 영상을 실시간으로 획득할 수 있다. 따라서 하나의 탐촉자를 이용하여 면적 검사를 수행할 수 있어 그림 16.2와 같이 다양한 위치의 결함을 검출하고 검사 정확도를 높일 수 있다. 또한 이미지 결과의 도출로 객관적인 검사 결과의 확인이 가능하고 이미지 및 데이터 분석을 통한 정밀 평가를 수행할 수 있다. 따라서 이번 장에서는 센서의 개발 방향에 대하여 설명하고자 하며 본장의 제목도 [초음파, 센서의 동향을 미리 보다]로 정하였다.

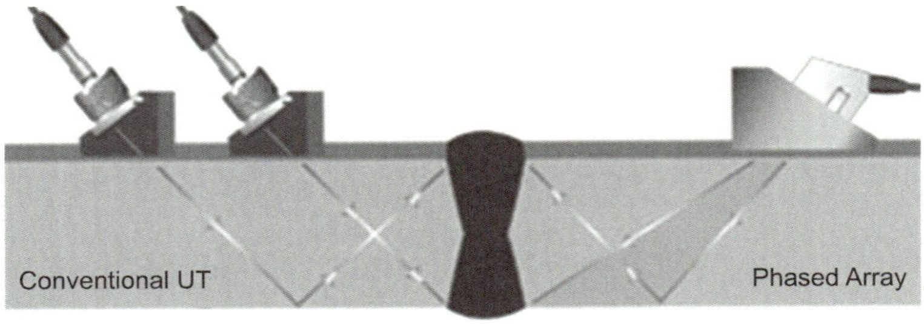

그림 16.1 일반 초음파 검사 기법과 위상배열 초음파 검사 기법 비교 (출처 : www.olympus-ims.com)

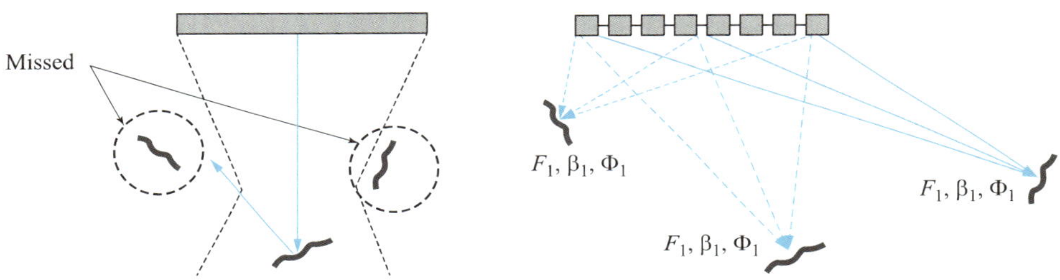

그림 16.2 일반 초음파 검사와 위상배열 초음파 검사 결함 검출 특성 (출처 : www.olympus-ims.com)

16.2 위상배열 초음파 탐촉자

위상배열 초음파 검사에 사용되는 탐촉자는 여러 개의 요소(압전소자)를 일정하게 배열하여 구성된다. 이때 배열되는 요소는 다양한 형태와 면적으로 구성되며, 이에 따라 초음파 빔의 집속, 음장, 조향 등의 특성이 달라진다. 일반적인 요소의 배열은 그림 16.3에서 보이는 바와 같이 선형, 2차원 배열, 환형(Annular) 등으로 초음파 빔 전파 특성에 따라 구성된다. 또한 검사 대상체의 형상에 따라 효율적인 초음파 전파를 위하여 convex, concave, internal focus, dual 타입 등 다양한 형태로 구성된 탐촉자가 개발되고 있다.

금속 재료로 구성된 산업설비의 검사에는 일반적으로 선형 배열의 탐촉자를 사용하여 단면적 단위로 수행한다. 선형 배열 탐촉자 검사는 용접부 등 검사대상의 단면 이미지 취득이 가능하고 이미지 조합에 적용된 각 요소의 초음파 신호를 일반적인 초음파 검사 결과와 동일하게 분석할 수 있어 결함의 검출과 정밀 분석에 유용하다. 환형 배열 탐촉자는 탐촉자의 수직방향으로 초음파 빔의 집속 성능을 극대화 시킬 수 있어 검사체의 두께방향 정밀 검사 또는 반도체와 같은 다층 구조물의 박리, 층간 결함 검출 등의 검사에 적용된다.

2차원 배열 탐촉자는 면상이 아닌 공간상의 다양한 지점에 초음파 빔의 집속이 가능하여 탐촉자의 이송 없이 일정공간의 검사가 가능하고 수직 및 수평 단면의 이미지를 포괄적으로 도출하여 3차원 검사 이미지 도출할 수 있다. 그림 16.4는 2차원 배열 탐촉자의 빔 집속 특성을 보여준다. 이러한 특징으로 2차원 배열 탐촉자는 특히 국소분야 정밀검사가 요구되는 임상분야에 매우 유용하게 적용되고 있다.

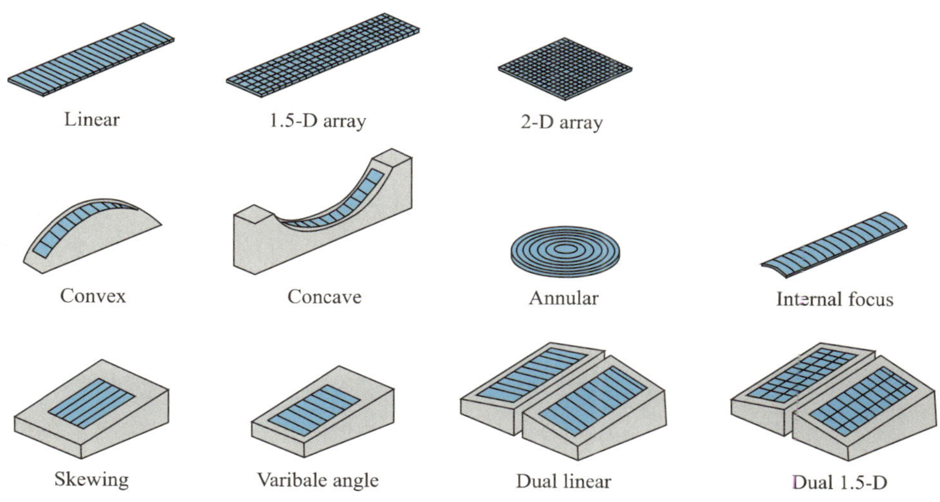

그림 16.3 위상배열 초음파 탐촉자의 요소(압전소자) 배열 형태
(출처 : www.olympus-ims.com)

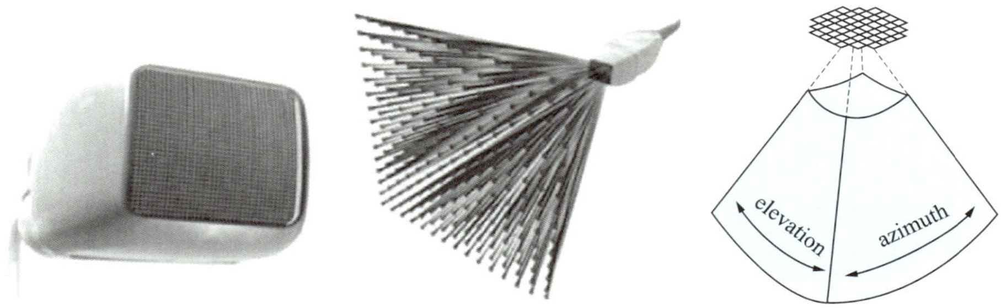

그림 16.4 2D 배열 초음파 탐촉자와 빔 집속 특성 및 공간 검사 원리
(출처 : Frank Lindseth외 8인 공저, 'Ultrasound-Based Guidance and Therapy')

16.3 위상배열 탐촉자 최신 개발 동향

초음파 검사는 탐촉자와 표면간의 접촉 상태에 따라 초음파 강도, 굴절각, 해상도 등에서 많은 차이가 발생하기 때문에 최적의 접촉을 위한 초음파 탐촉자의 개발이 요구된다. 산업체 비파괴 검사 분야에서는 검사체 형상에 적합한 웻지(wedge)의 제작을 수행하거나 그림 16.3의 convex, concave, internal focus 타입 등의 탐촉자를 제작하여 검사 최적화를 시도하고 있다. 그러나 실제 산업 구조물은 매우 다양한 형태와 크기가 존재하고 실제 설비는 이상적인 형태로 제작, 유지되지 못하는 경우가 많아 고정적인 형태를 가지는 탐촉자는 적용성이 제한적이다. 따라서 최근 위상배열 초음파 탐촉자는 복잡한 형상과 표면에 유연하게 적용이 가능한 탐촉자의 개발이 활발하게 진행되고 있다.

표면과 접촉 효율을 높일 수 있는 유연 웻지가 우선적으로 개발되어 적용되고 있다. 유연 웻지는 고무와 유사한 재질로 제작하여 유연성을 높이고 내부에 물과 같은 접촉매질을 충전시켜 사용할 수 있도록 고안되었다. 그림 16.5는 유연 웻지를 보여준다. 이러한 웻지는 선형 등 일반적인 탐촉자의 사용이 가능하고 접촉매질을 일정하게 적용할 수 있는 장점을 가지게 된다. 이러한 유연 웻지 기술을 기반으로 항공기 날개, 평판 등의 검사에 유용하게 적용될 수 있는 바퀴 형태의 휠(wheel) 탐촉자가 개발되어 사용되고 있다. 그림 16.6은 휠 탐촉자와 적용을 보여주며 형태적 특징에 따라 평판형 구조물의 빠른 검사가 가능하다.

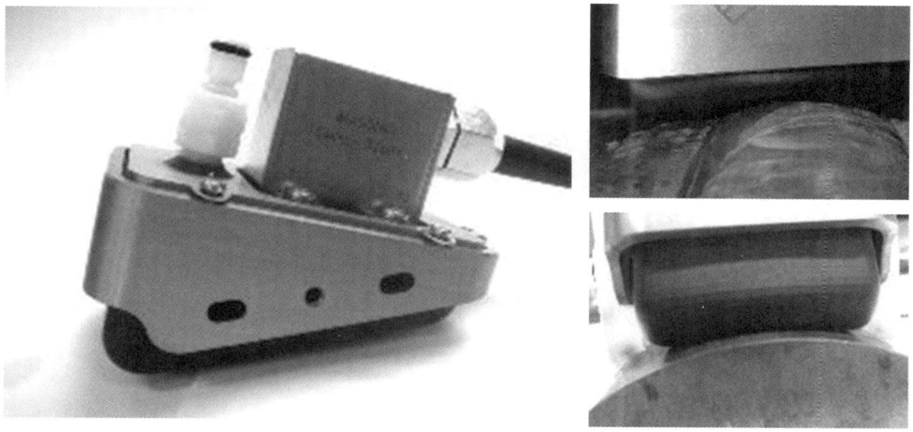

그림 16.5 유연 웻지의 형태 및 표면 접촉 상태(출처 : www.imasonic.com)

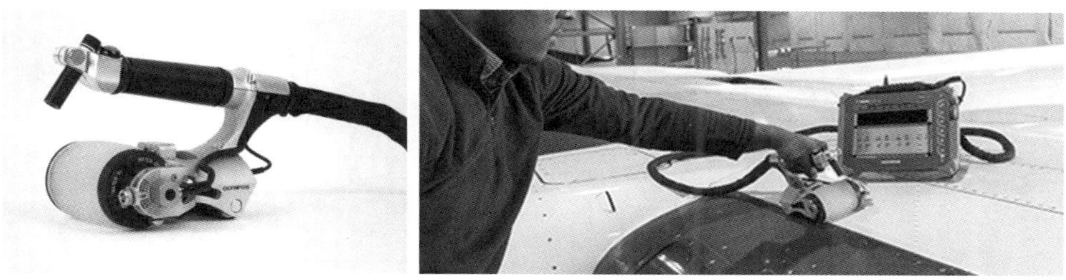

그림 16.6 휠(wheel) 타입 탐촉자 및 적용 예시(출처 : www.olympus-ims.com)

특수 웻지를 활용하여 접촉효율을 높이는 방법은 유용하지만 유연성의 한계와 매질에 의한 굴절 등의 문제가 발생할 수 있다. 이를 보완하기 위하여 탐촉자의 요소(압전소자)를 분리하여 유연성을 확보하여 배관과 같은 검사체 적용성이 높은 탐촉자가 그림 16.7과 같이 개발되었다. 또한 요소를 분리하고 상하 움직임이 가능하도록 기구부를 고안하여 그림 16.8과 같이 표면에 접촉성을 극대화 할 수 있는 탐촉자가 개발되었다. 이러한 탐촉자는 접촉성능을 높여 검사 결과 정확도를 높일 수 있어 구조물 신뢰성 평가에 유용하다. 그러나 기구부의 구성에 따라 탐촉자 크기의 증대와 접촉 유지를 위한 압력이 요구되는 등 소형구조물이나 협소 공간과 같이 검사 대상의 형태나 위치에 따른 검사 제약이 발생할 수 있다.

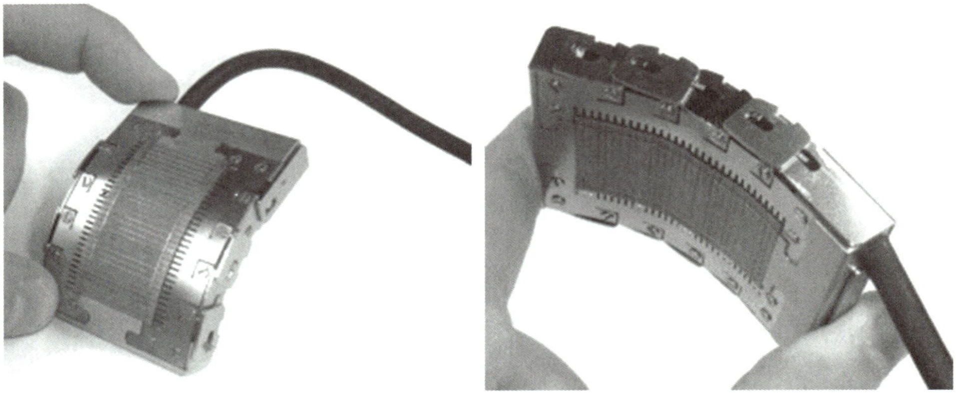

그림 16.7 요소 분리형 유연 탐촉자 예시(출처 : www.imasonic.com)

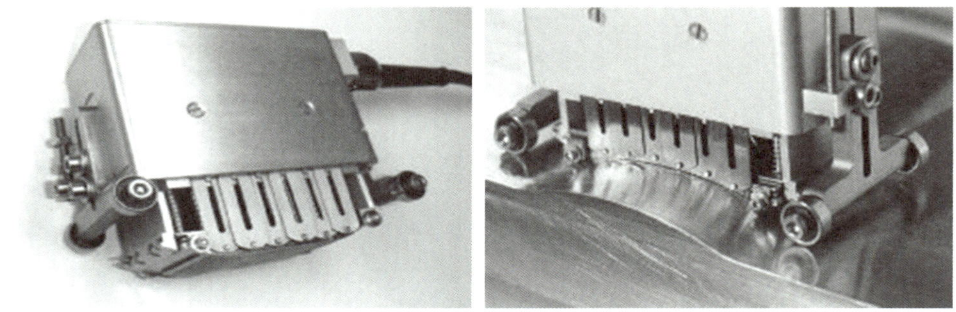

(a) 선형(Linear) 배열

(b) 2채원 배열(2D-matrix)

그림 16.8 기구부를 활용한 유연 탐촉자 예시(출처 : www.imasonic.com)

한편 기존의 위상배열 탐촉자의 요소는 대부분 PZT로 대변되는 압전소자로 구성된다. 일반적인 압전소자는 공진주파수와 발생할 수 있는 에너지에 따라 소자의 면적이 결정되어 탐촉자의 소형화에 제약 사항이 되어왔다. 최근에는 마이크로 가공 기술과 반도체 공정의 발달로 압전복합재료(Piezocomposite)의 개발과 미세가공 정전용량형 초음파 탐촉자(capacitive micromachined ultrasonic transduce, cMUT) 개발이 진행되고 있다. 이러한 재료들은 미소한 면적으로도 공진주파수 조절과 에너지 효율을 높일 수 있어 탐촉자의 요소로 매우 적합하여 적용이 증가하고 있다. 이러한 기술을 바탕으로 유연성을 높이고 부피를 최소화한 탐촉자가 그림 16.9와 같이 개발되고 있다. 이러한 탐촉자는 유연(Flexible) 탐촉자로 명칭을 사용 하고 있으며, 후면 브호층을 고무와 유사한 재질을 적용하여 유연성을 극대화하여 접촉특성을 높이고 압전복합재료의 적용으로 초음파 검사 감도를 높여 산업체 현장에서 매우 유용하게 사용될 수 있다.

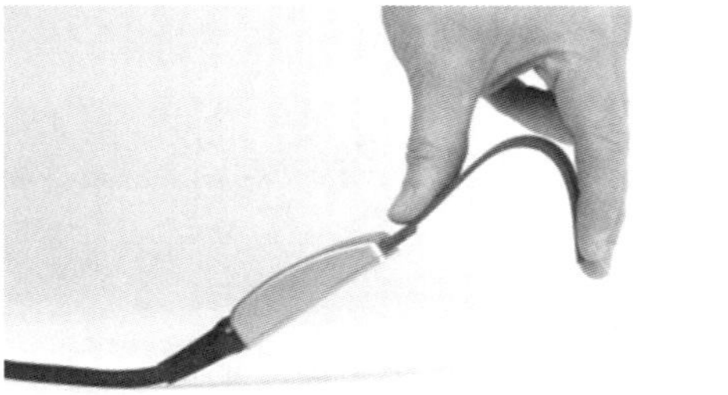

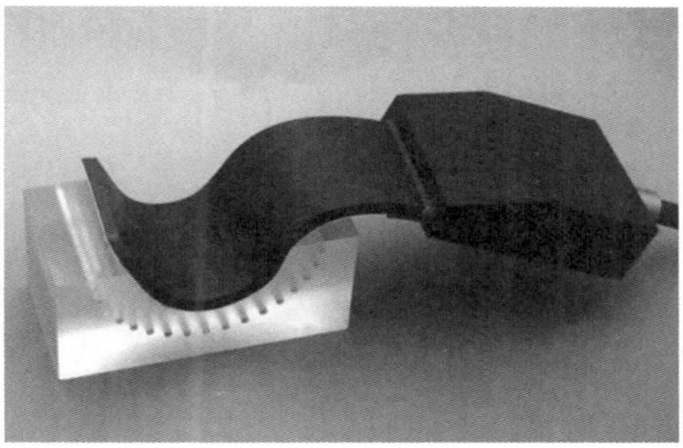

그림 16.9 유연(Flexible) 탐촉자 예시(출처 : www.olympus-ims.com, www.jp-probe.com)

한편 임상분야의 경우 검사대상인 인체 또는 생명체의 피부 등 표면이 유연한 경우가 대부분으로 탐촉자 자체의 기구적 특성보다는 초음파의 집속과 조향 성능을 극대화 할 수 있는 방향으로 탐촉자의 개발이 진행되고 있다. 또한 탐촉자의 이송 없이 넓은 영역의 검사가 가능하도록 다수의 요소를 적용한 2차원 배열형 탐촉자가 주로 개발되고 있다. 따라서 미소면적의 요소제작과 감도를 유지할 수 있는 압전복합재료(Piezocomposite)와 미세가공 정전용량형 초음파 탐촉자(cMUT) 기술의 적용이 산업체 분야보다 활발히 적용되어 다양한 제품이 사용되고 있다.

16.4 결론

위상배열 초음파 비파괴 검사는 산업분야에서 널리 사용되고 있다. 또한 임상분야의 초음파 검사도 동일한 원리와 유사한 장치가 사용되고 있다. 위상배열 초음파 검사 기술은 이미지 결과의 도출과 체적검사가 가능한 장점이 있어 그 수요는 지속적으로 증가하고 있다. 이러한 위상배열 초음파 검사에서 탐촉자는 검사 효율, 분해능, 검사 적용성 등 초음파 검사에 매우 중요한 역할을 차지한다. 최근 압전소자 제작 기술의 발달은 미소 면적의 요소 제작을 가능하게 하였고 이를 바탕으로 탐촉자의 소형화가 가능하였다. 또한 검사체와의 접촉 효율을 최대화하기 위한 개발이 진행되어 다양한 제품이 출시되고 있다. 따라서 위상배열 초음파 검사 시 탐촉자 선정 및 적용은 검사대상의 특성과 요구 성능을 충분히 고려하여 다양하게 개발된 탐촉자를 선택하여 최상의 검사결과를 도출할 수 있다.

16.5 배열신호의 3D 형상화 기술동향

1 개요

각종설비에 대한 안전진단 기술은 설비 내에 존재하는 결함에 대한 정량적 평가로부터 출발하게 되는데, 그 이유는 각종설비에 존재하는 결함이 설비의 안전성에 미치는 영향을 파괴역학적 관점에서 평가하기 위해서는 결함에 대한 정량적 정보인 결함의 위치, 종류, 크기 형태 등에 관한 정확한 정보가 필요하기 때문이다. 따라서 복잡한 구조로 구성된 설비를 초음파로 평가하기 위해서는 정밀한 시험이 이루어져야 하지만, 설비의 안전진단을 위해 필수적인 결함의 탐상과 평가를 작업자의 수작업에 의존하는 재래식 초음파 탐상 시험을 통해 실시할 경우 막대한 검사비용과 시간이 소요될 뿐 아니라 검사결과의 객관적 신뢰성도 확보할 수가 없게 된다. 또한, 초기 미세결함의 경우 신호검출 및 분류가 곤란하고 크기나 형상에 대한 판단이 어려우며, 일부 구간에서 신호가 휘어지거나 매질에 의한 감쇠 현상이 심하여 신호가 사라짐으로 인해 신호 측정에 어려움이 있으므로 실험적으로 검사를 함에 있어 한계가 있다. 설비 내부의 균열성 결함에 대한 3D 검출 기술은 전력설비 및 산업설비의 건전성과 안전성 제고를 위해 수행되고 있는 검사결과 영상화 기술구현의 측면에서 최신 비파괴 검사 기법중의 하나이다. 그로인해 기존 초음파 탐상 시험의 단점을 극복하고 보다 신뢰성 높은 검사를 수행하기 위한 대안으로 제시되어 최근 활발한 연구가 수행되고 있는 기법이 위상배열 초음파 탐상 기법이다. 위상배열 초음파 탐상 기법은 여러 개의 미소 발진자로 구성된 배열 탐촉자를 사용하여 시편내부로 진행하는 초음파의 전파 각도와 집속 위치를 전자적으로 조절하고, 초음파 신호의 수신시 각각의 미소 발진자가 받아들이는 신호를 전자적으로 처리하여 시험편 내부의 영상을 실시간으로 획득할 수 있는 기법으로서 이 신호의 적층등 여러 방법을 사용하여 검사결과 3D화를 이끌어 낼 수 있게 되는 것이다.

이를 구현하기 위한 기술개발 분야를 대략적으로 분류하면 아래와 같다

- 위상배열 초음파 탐촉자 설계 인자 및 설비 내부 형상 변화에 따른 초음파 방사음장을 가시화할 수 있는 시뮬레이션 기술
- 위상배열 초음파 방사음장 시뮬레이션 기술을 이용한 탐촉자 설계 인자에 따른 초음파 집속 및 조향성능 평가기술
- 설비 내부결함에 의한 초음파 신호만을 추출할 수 있는 신호판별/추출 알고리즘 및 신호처리 기술
- 판별/추출된 위상배열 초음파 결함 신호를 이용 검출결함 평가(종류 및 크기) 기술
- 수십 장의 단층 촬영된 2차원 이미지를 보간법을 이용하여 적층함으로써, 가상 3차원 이미지를 구성하고, 형성된 3차원 이미지의 임의방향 절단기술

2 국내외 기술동향

- 국내 산업계에서는 1998년부터 전력연구원이 위상배열초음파 검사 장비를 도입하여 수화력 및 원자력 발전소 터빈 동익 루터부 검사기술 개발 등 발전설비 비파괴 검사와 관련된 적용연구를 수행하여 왔다.
- 위상배열 초음파 탐촉자의 경우 등방성 매질 내의 파선 추적 기법을 성균관대학교에서 개발한 바 있으며, 개발된 파선 추적 기법을 이용하여 등방성 매질에서의 위상배열 초음파 빔의 집속 및 조향특성 연구, 이종금속 용접부의 조대한 결정립과 비균질 재질에 따라 발생하는 Grain의 방향성에 의한 파선추적에 대해 연구를 수행하였다.
- 성균관대에서는 멀티 가우시안 빔 모델을 이용하여 등방성 매질 내에서의 초

음파 빔의 굴절 및 반사에 따른 방사음장 예측에 대한 연구를 수행하였으며, 사각탐상시험에서 얻을 수 있는 카운터 보어, 균열 모서리 신호에 대한 모델링 연구를 수행하였다.

- 미국 MIT의 Woo는 원거리 근사해를 사용하여 위상배열 초음파의 방사음장을 계산하였는데 탐촉자를 이루는 미소 발진자는 크기가 매우 작아서 점 음원으로 고려하여 전체 탐촉자의 방사음장을 계산하는 것이었다. 그리고 미소 발진자의 개수와 빔의 직진성 관계 등을 기술하였으며, 16채널 위상배열 탐촉자를 제작하여 콘크리트 시험편에서 방사음장과 시뮬레이션된 방사음장을 비교하는 연구를 수행하였다.
- 2006년 일본의 KJTD사에서는 128채널을 한번에 제어할 수 있는 Volume focusing 기술을 채택한 초고속 위상배열 초음파검사 시스템을 개발하여 검사 및 신호 처리속도를 혁신적으로 개선하였다.
- 파선추적 기법(Ray Tracing Method)은 피검체 내를 전파하는 초음파 빔의 진행 경로를 예측하는 기법으로 R/D Tech 사의 경우 자사 위상배열 초음파 탐상 시스템에 적용되는 초음파 빔의 집속 및 조향을 위한 시간 지연 계산에 파선 추적 기법을 적용하고 있으며, 미국 Iowa State University에서는 곡률을 갖는 경계면을 투과하는 초음파 빔의 파선 추적 기법을 개발한 바 있다.
- 프랑스의 CEA사에서 개발된 CIVA 소프트웨어를 이용하여 내부결함 및 용접부 시뮬레이션 검사 및 배관곡면에서 검사가 가능하며, 탐촉자의 형상 및 시편의 재질과 모양 설정이 가능함. 굴곡이 있는 경계면을 투과하는 초음파 빔의 파선 추적 기법을 개발 및 발표한 바 있다.
- 미국의 AIT에서는 이종금속 용접부 및 파이프라인 결함검사 기술을 개발하였으며, 특히 자동화 위상배열 초음파를 이용하여 이종금속 버터 용접부의 검사를 수행하였다.
- 미국의 ZETEC은 다수의 위상배열 탐촉자를 이용하여 굴절각도, 초점거리를 제어하는 기법을 개발하였으며 이를 통해 검출 확률이 증가하도록 개발하였다.
- 현재, 미국 Iowa State University에서는 독일 IZFP과 프랑스 CEA 등과 함께 대상 매질 내를 전파시 매질의 속도 변화에 따른 초음파의 휨(Skewing)에 대한 영향을 활발히 연구하고 있으며 단순화된 이방성 매질 및 오스테나이트 강 용접부와 같이 이방성이 심한 경우에 대한 파선 추적에 대한 연구도 진행하고 있다.

3 검사결과 3D화를 위한 핵심기술

1) Three-Dimensional Synthetic Aperture Focusing Technique

Synthetic Aperture Focusing Technique(SAFT)은 B-Scan, C-Scan을 통해 얻은 이미지의 외곡을 보정하는 기법으로, 결함 이미지의 해상도(Resolution)을 향상시킬 수 있다. 기존에는 초음파 렌즈를 이용하여 B-Scan, C-Scan 이미지의 수평 분해능(Lateral Resolution)을 향상하였으며, 음향렌즈를 이용한 수평분해능 향상기법에는 한계가 있기 때문에, 기하학적 반사 혹은 Ray Acoustic Model을 기반으로 한 Synthetic Focus 기법을 이용한 SAFT 기법이 제안되었다.

SAFT 기법은 초음파 집속(혹은 빔폭)에 의한 외곡에 의해 생기는 초음파 스캐닝 이미지 왜곡을 신호처리 기법을 통해 보정하는 기법으로, 그림 16.10에 보이는 바와 같이 초음파 탐촉자가 x_1에 있을 때 초음파 탐촉자와 결함과의 거리는 d_1이 되고, 초음파 탐촉자가 x_2 위치(결함의 정중앙 상단)로 이동하였을 때 탐촉자와 결함과의 거리는 d_2가 된다. 이때 얻게 되는 B-Scan 이미지는 그림 16.11과 같이 cone 형태가 된다. 그림 16.12는 그림 16.11에 보인 이미지를 해당되는 A-SCAN 신호를 나타내고 있다. 그림 16.12에 보인 바와 같이, 탐촉자의 위치에 따라 신호의 도달시간이 상이하고, 빔폭에 의해 넓은 영역에서 A-Scan 신호가 수신됨을 알 수 있다.

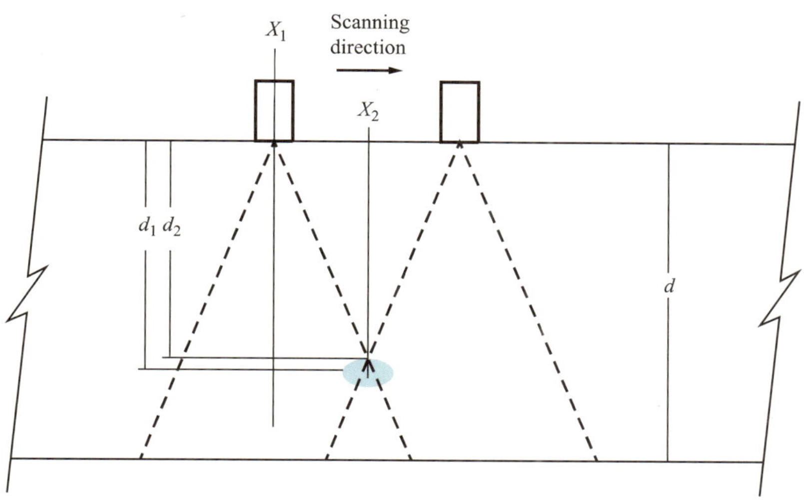

그림 16.10 Transducer beam width on the test block, showing the inspection position x1 and the defect position at x2

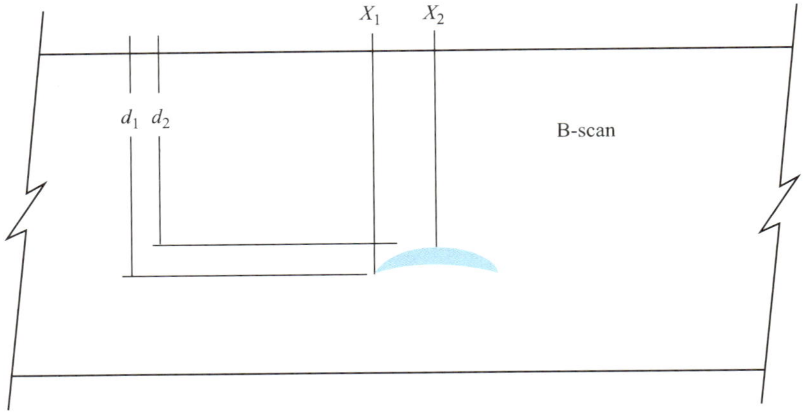

그림 16.11 Distorted image resulting due to the beam width during a B-scan. The defect is at position (x2,d2)

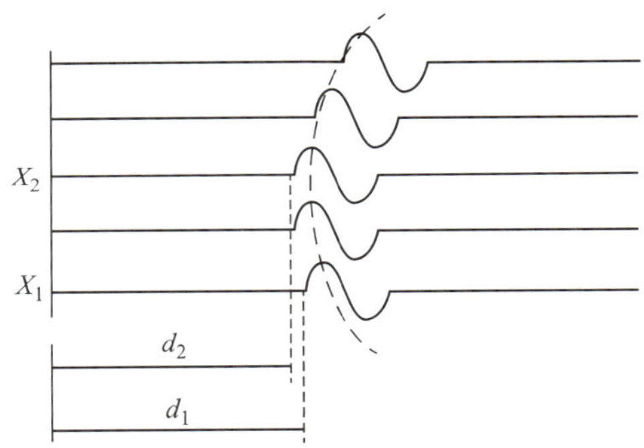

그림 16.12 Schematics of A-scan signals which compose the B-scan image of Fig. 2

그림 16.13(a)는 그림 16.13(b)에서 보인 포인트 반사체를 스캔하였을 때 얻게 되는 이미지에 대한 개략도를 나타내고 있다.

그림 16.13에 보인 결함에 대하여 탐촉자의 위치가 그림 16.14(a)와 같을 때 이를 시간으로 표현하면 그림 16.15(b)와 같다. 그림 16.15(b)에 보인 시간을 이용하면 그림 16.14(a)에 보인 바와 같은 왜곡된 B-Scan이미지를 보정할 수 있다.

그림 16.15는 SAFT를 이용한 B-Scan 이미지 개선 결과를 나타낸 것으로 그림 16.15(b)는 전형적으로 SDH(Side Drilled Hole)에 대한 B-Scan 이미지를 나타내고 있다. 그림 16.15(b)와 같이 초음파 탐촉자의 Aperture 에 기인한 왜곡이 발생되어 있음

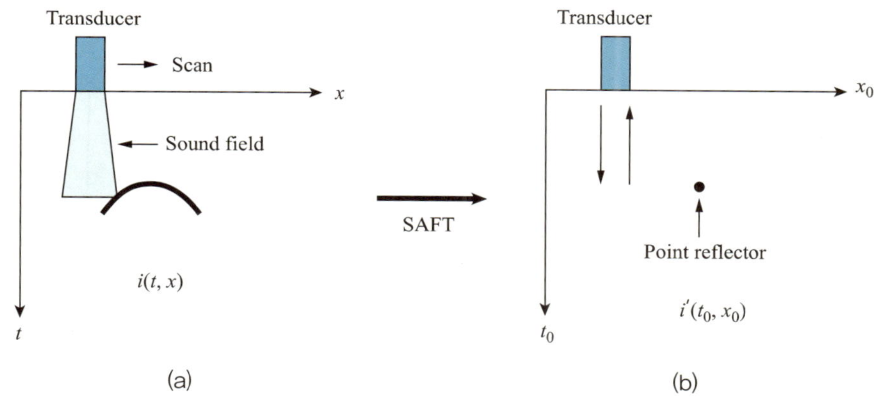

그림 16.13 Sketch of the idea of SAFT, (a) a B–scan image for scanning a point reflector in water and (b) a normal incident view image from the probe after SAFT processing

을 알 수 있다. 그러나 그림 16.15(c)와 (d)는 SAFT를 적용하여 왜곡된 B-Scan 이미지를 보정한 것으로, 결함의 위치와 상관없이 결함에 대한 B-Scan 이미지를 왜곡없이 명확히 나타내고 있음을 볼 수 있다.

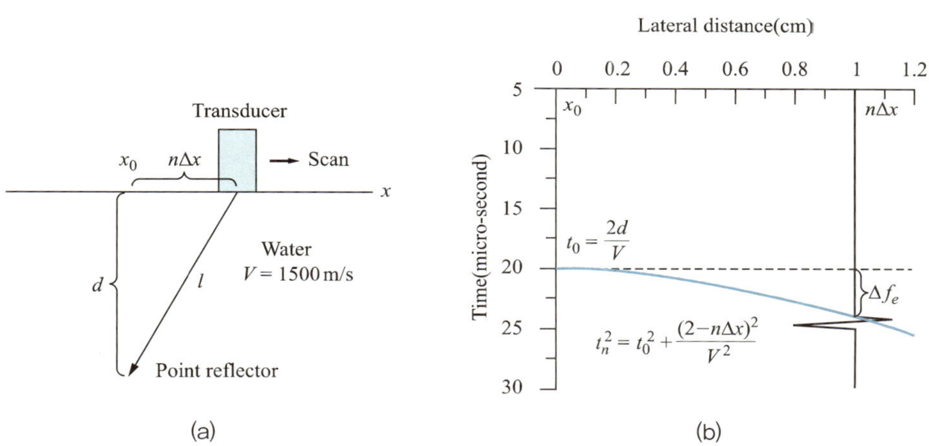

그림 16.14 Time–distance relationship of the ultrasound diffracted from a point reflector, (a) the geometry of setting and (b) the time–distance relationship; it is a hyperbola

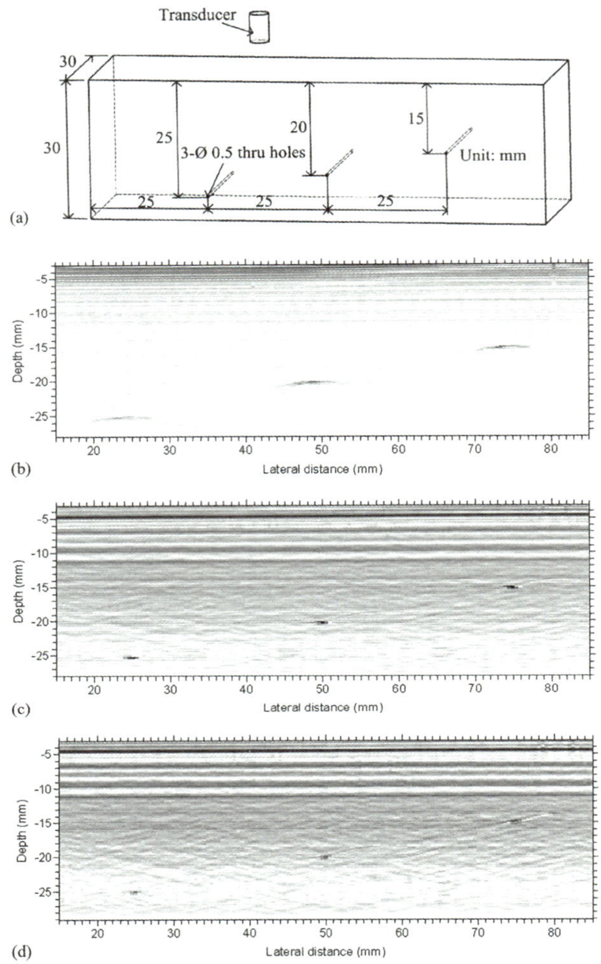

그림 16.15 SAFT image of immersion testing for three single-side-drilled holes located at different depths in a steel specimen, (a) the configuration of the specimen, (b) the B-scan image, (c) the SAFT image processed by the true delays and (d) the SAFT image processed by the approximated delays

그림 16.16은 SAFT를 이용한 B-Scan 이미지의 결함 분해능에 대한 실험 결과로서, Fig. 8(a)에 보인 바와 같이 작은 SDH이 가까이 존재할 때, 그림 16.16(b)에 보인 바와 같이 적용 초음파 탐촉자 Aperture(빔 퍼짐)에 의해 각각의 SDH 이미지가 중첩에 의해 구별이 어려우나, SAFT를 적용하면 그림 16.16(c)와 (d)에 보인 바와 같이 구별됨을 알 수 있다.

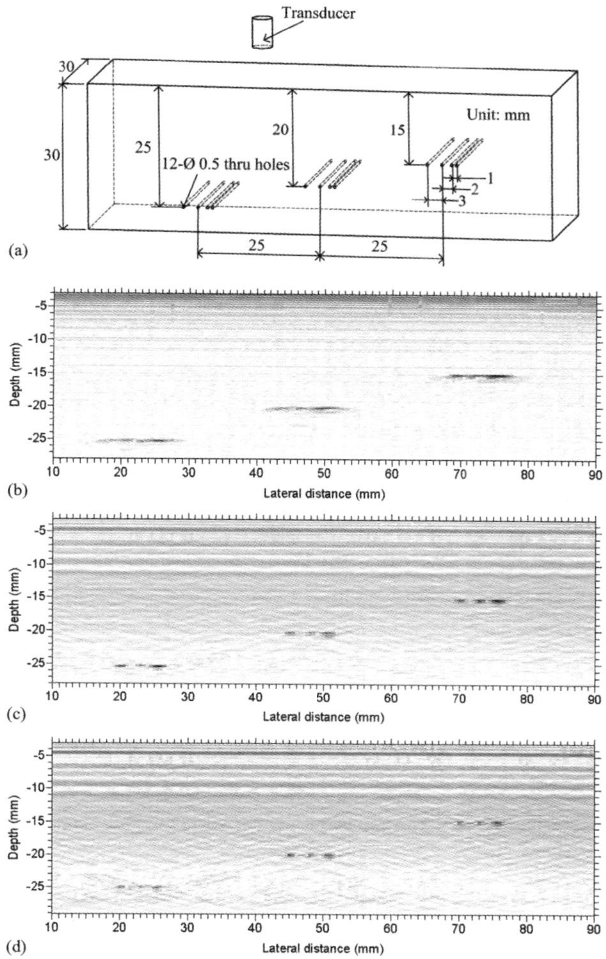

그림 16.16 SAFT image of immersion testing for three quad-side-drilled holes located at different depths in a steel specimen, (a) the configuration of the specimen, (b) the B-scan image, (c) the SAFT image processed by the true delays and (d) the SAFT image processed by the approximated delays

또한, SAFT는 결함 이미지의 왜곡보정을 통한 분해능 향상뿐만 아니라 결함 이미지의 S/N 비를 향상 시킨다. 표 16.2에 보인 시험 조건으로 그림 16.17에 보인 시험편을 스캔하였을 때 일반적으로 그림 16.18(a)와 같은 B-Scan 이미지를 얻게 된다. 그림 16.18(a)에 보인 바와 같이 결함 이미지가 왜곡 되었을 뿐만 아니라 노이즈 신호들이 많은 곳에 존재함을 알 수 있다. 그림 16.18(b)는 SAFT를 적용한 결과로, 결함이미지의 왜곡이 보정되었을 뿐만 아니라 결함 이미지의 S/N비가 향상됨을 볼 수 있다.

그림 16.19는 각 결함에 대한 B-Scan 이미지의 단면을 따라 신호의 크기 변화를 dB로 나타낸 것으로 그림 16.19에 보인 바와 같이 SAFT를 적용한 이미지가 결함의 크기에 따른 진폭의 변화 그리고 결함 크기 추정에 훨씬 유리할 뿐만 아니라 S/N 또한 향상 시켜짐을 알 수 있다.

표 16.2 Test parameters for the steel cube in the first test setup

Transducer Transducer diameter	Panametrics 2.25 MHz 12.7 mm
Material velocity	5800 m/s
Sampling freq. Spatial sampling freq.	80 MHz 0.5 mm
Synthetic Aperture length	36 mm
B-scan −3dB width SAFT −3dB width d/2	27.3 mm 5.1 mm 6.35 mm

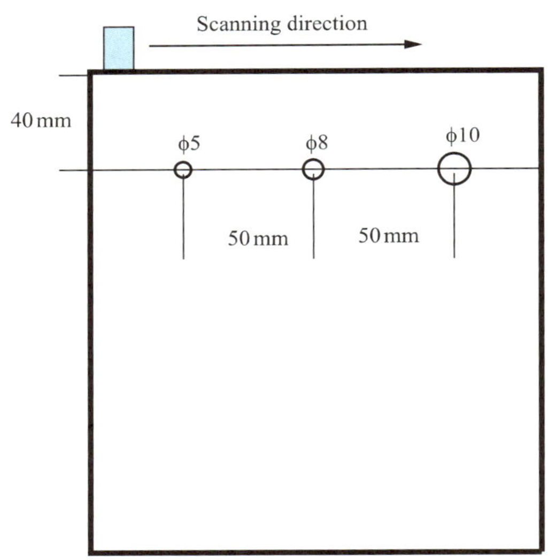

그림 16.17 The location of the three side-drilled holes in the steel cube in the first test setup

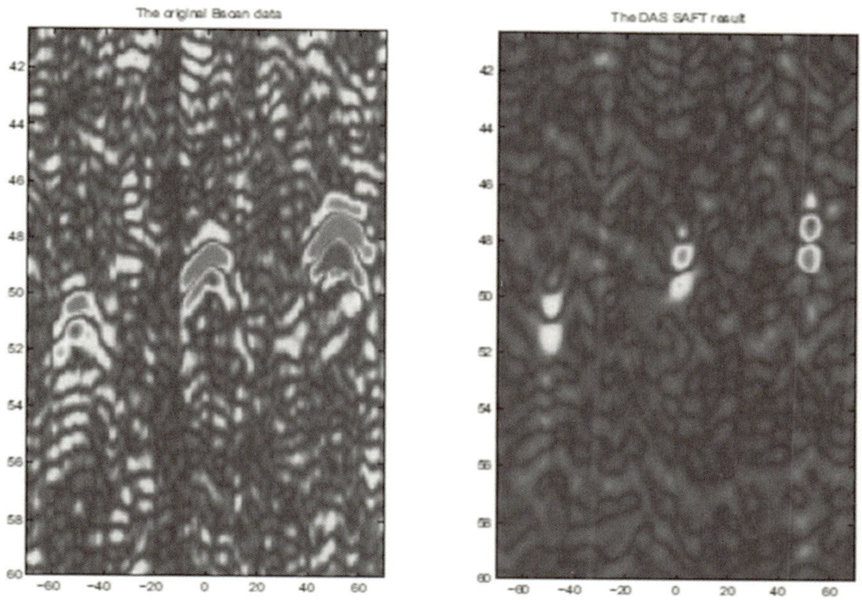

그림 16.18 Comparison of Bscan and SAFT result of the steel cube in contact mode. The B-scan and SAFT −3dB widths are, respectively 27.3 mm and 5.1 mm.

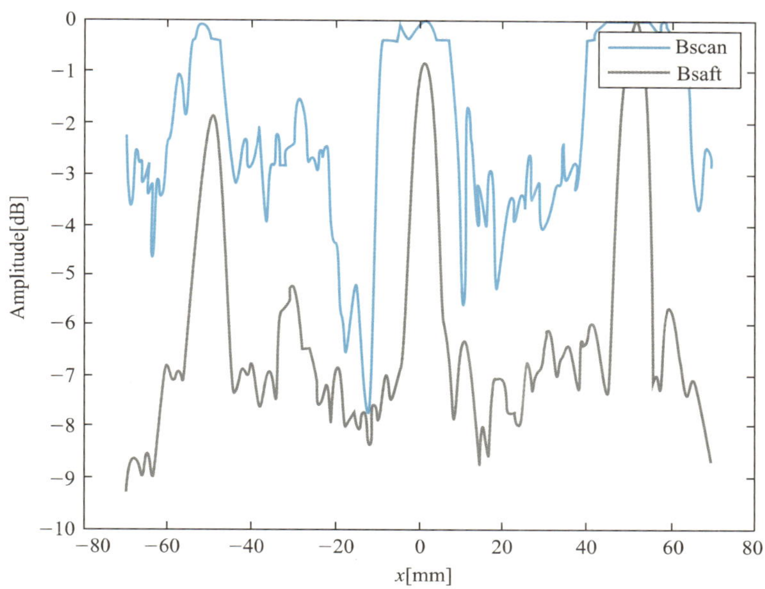

그림 16.19 Cross-range resolution profiles for steel cube

SAFT를 위상배열 초음파 탐상 시험에 적용하게 되면 기존의 SAFT가 동일하게 각각의 요소 탐촉자를 이용해 발신하고 수신한 신호의 배열(Echo Signal Matrix)신호를 이용하여 기계적 스캔 없이 전자적 스캔만을 통해 개선된 결함 이미지를 빠르게 구할 수 있다.

3D-SAFT는 위에서 언급한 바와 같이 위상배열탐상 기법에 SAFT기술과 접목한 것으로, 그림 16.20에 보인 바와 같이 위상배열 초음파 탐상 시험을 통해 획득한 결함에 대한 배열신호를 이용하여 3D SAFT를 수행할 수 있다. 3D-SAFT를 이용하여 A-Scan, B-Scan, C-Scan, D-Scan의 형태로 나타낼 수 있으며, 위에서 언급한 SAFT의 장점이 그대로 적용된다. 따라서 위상배열에 3D-SAFT 기술을 적용하면 결함에 대한 위상배열 이미지 개선뿐만 아니라 S/N의 향상을 기대할 수 있을 것으로 판단된다.

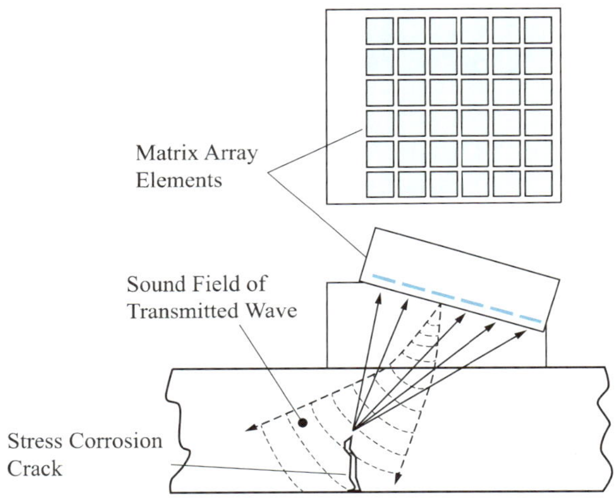

그림 16.20 Implementation of 3D SAFT Using a Matrix Array Transducer. Individual elements are excited in sequence, while all elements “"listen"” for echoes.

2) Phased Array Asymmetrical Beam Time of Flight Diffraction

TOFD(Time of Flight Diffraction) 기법은 결함 특히 Surface Breaking Crack의 크기산정을 위해 널시 사용되고 있는 기법 중 하나로서, 그림 16.21에 보인 바와 같이 TX(송신용 탐촉자)와 RX(수신용 탐촉자) 2개의 탐촉자를 이용하여 결함선단에서 회절되는 회절신호의 비행시간을 이용하여 결함의 크기를 산정하는 기법이다.

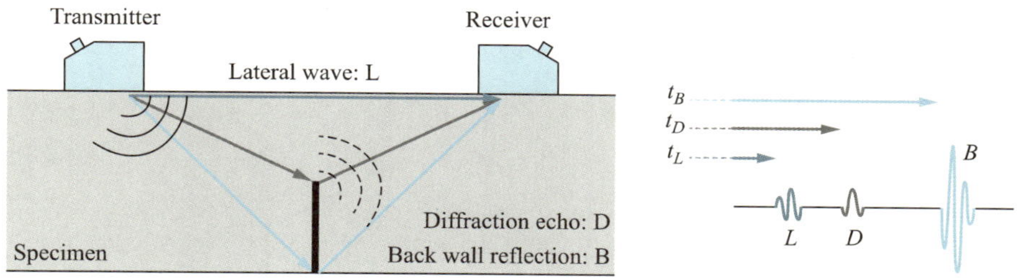

그림 16.21 Schematic Diagram for TOFD Inspection

송신 탐촉자에서 입사된 초음파는 결함이 존재하지 않는 시편을 통과할 때 가장 먼저 Lateral wave가 수신 탐촉자로 도달되고 다음으로 저면 에코가 도달하며, 결함이 존재하는 경우 결함의 회절 신호는 위 두 신호의 사이에 존재한다. 그림 16.21에 보인 바와 같이 Lateral wave, 결함 상단 팁에 의한 회절 신호, 결함 하단 팁에 의한 회절 신호는 저면 에코를 나타내고 있다.

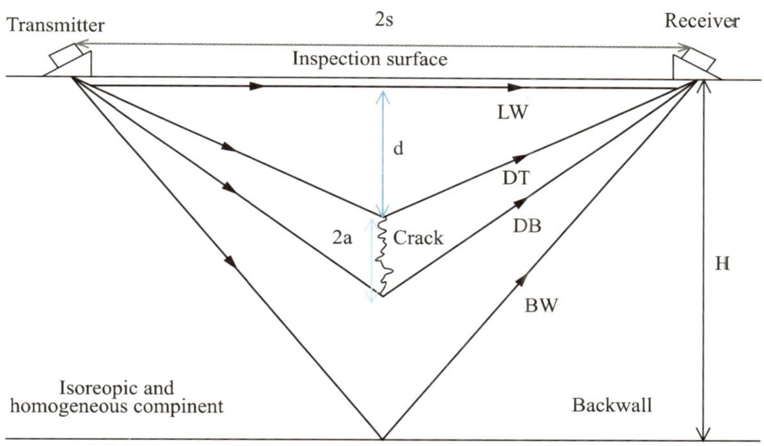

그림 16.22 Sizing of crack using TOFD Method

그림 16.23은 결함 크기 산정을 위한 TOFD 기법의 개략도를 나타내고 있다. LW는 Lateral wave, DT는 결함 팁 상단 회절파, DB는 결함 팁 하단 회절파이고 BW는 저면파이다.

위에서 언급한 바와 같이, TOFD 기법을 이용하여 결함의 크기를 산정하기 위해서는 일반적으로 결함의 위치를 기준으로 TX, RX 탐촉자가 대칭으로 존재해야 한다. 그

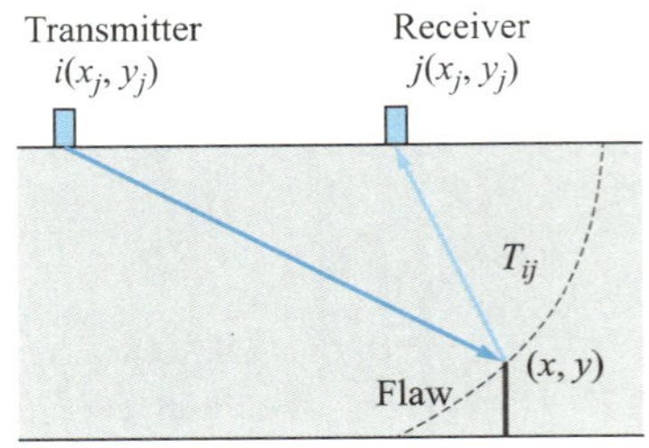

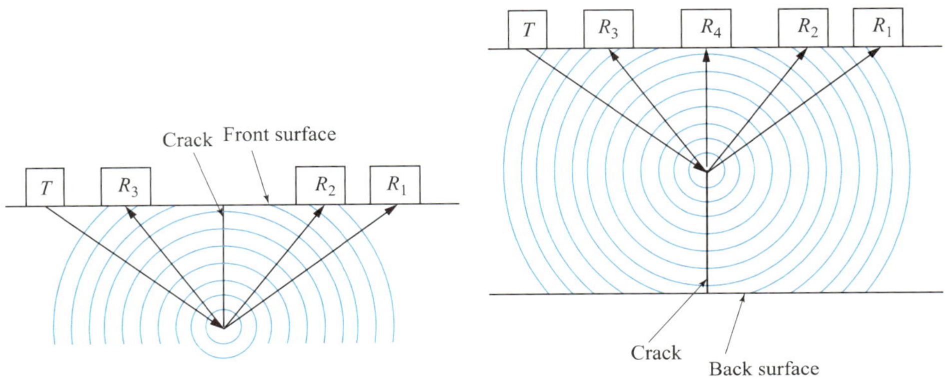

그림 16.23 Schematic illustration of multiple probe TOFD method

러나 TOFD 기법을 위상배열 초음파 탐상기법에 적용할 경우 2개의 위상배열 초음파 탐촉자를 움직이지 않고 전자적으로 스캐닝 등을 수행할 경우 Tx와 RX에 해당되는 두 개의 위상배열 초음파 탐촉자의 발신 및 수신 각도가 다를 수 있기 때문에 그림 16.24에서 보인 개략도를 이용한 결함 크기산정에 어려움이 따르게 된다(그림 16.24 참조).

따라서, 위상배열 초음파 탐촉자를 이용한 TOFD 수행시 비대칭형태의 TOFD 기법인 PA-ATOFD(Phased Array Asymmetrical Beam Time of Flight DIffraction) 기법이 제안되었다.

PA-ATOFD 기법은 2D Matrix 배열 초음파 탐촉자 두 개(한 개의 탐촉자는 발신용으로 다른 하나는 수신용)를 이용하여 결함선단 회절신호를 획득하는 기법으로 일반적인으로 2개의 위상배열 탐촉자를 검출하고자 하는 결함의 양단에 배치하고, 집속지점과 조향각을 달리하여 전자적으로 스캔을 수행하여 균열선단 회절신호를 수집하고, 이를 기반으로 결함 크기를 산정한다. 그림 16.25는 PA-ATOFD 기법에 대한 개략도

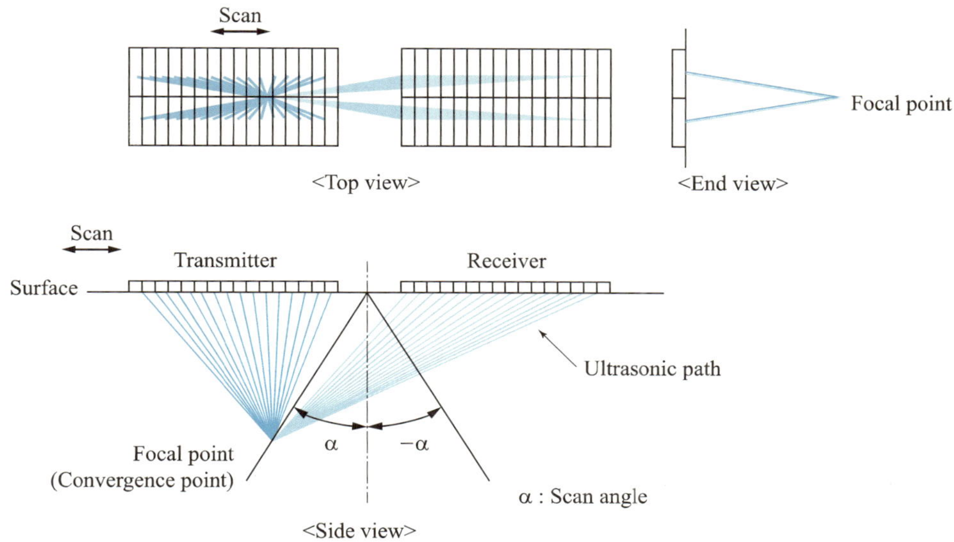

그림 16.24 Schematic Illustration of the PA-ATOFD Technique

를 나타내고 있다.

PA-ATOFD 기법은 OD 또는 ID에 존재하는 결함을 검출할 수 있을 뿐만 아니라 굴곡진 표면, 용접 크라운 등과 같은 곳에도 적용이 가능하며, 결함 선단에 초음파 빔을 집속하기 때문에 결함 검출 및 크기산정 정확도가 다른 기법에 비해 높다. 그러나 PA-ATOFD 기법은 2개의 위상배열 초음파를 이용하기 때문에 Footprint가 크다는 단점이 있다. 이러한 단점으로 인해 특정 부분 혹은 요소는 검사가 어려울 수 있다. 그럼에도 불구하고, PA-ATOFD 기법은 기존의 TOFD 기법에 비하여 검사시간 및 결함 검출 및 평가에 더 우수할 것으로 판단된다.

3) Phased Array Twin Probe

2개의 위상배열탐촉자를 이용한 기법인 PA-TP (Phased Array Twin Probe)은 2개의 위상배열 탐촉자를 나란히 배치하는 것을(PA-ATOFD는 서로 마주보게 배치함)제외하고는 앞서 언급한 PA-ATOFD와 동일한 기법이다.

그림 16.26은 PA-TP 기법에 대한 개략도를 나타내고 있다.

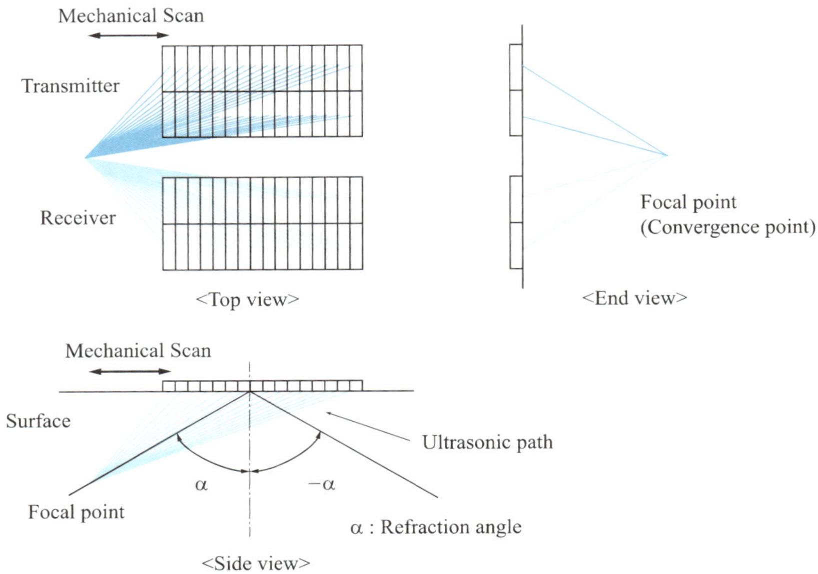

그림 16.25 Schematic Illustration of the PA–TP Technique

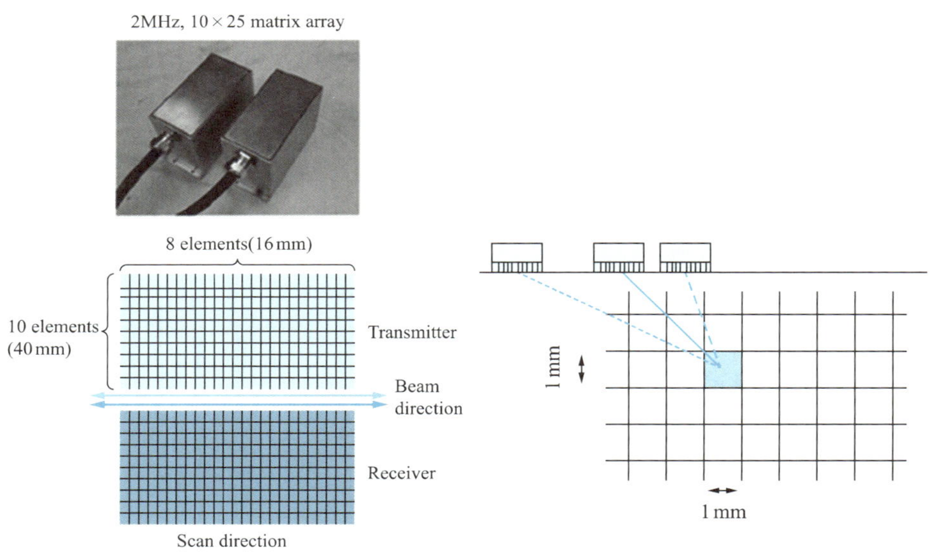

그림 16.26 Photo of Matrix Array Probe and Schematic diagram for PA–TP inspection for detection of flaws in the PARENT specimens and steering and focusing scheme

그림 16.27은 Large Bore와 Small Bore PARENT 시험편을 PA-TP를 이용하여 균열 검출을 수행하기 위해 사용된 탐촉자와 설정 검사 조건을 나타내고 있으며, 그림 16.28은 PA-TP를 이용하여 PA-ATOFD와 동일한 시험편 내재 결함 검출 결과를 보여주고 있다.

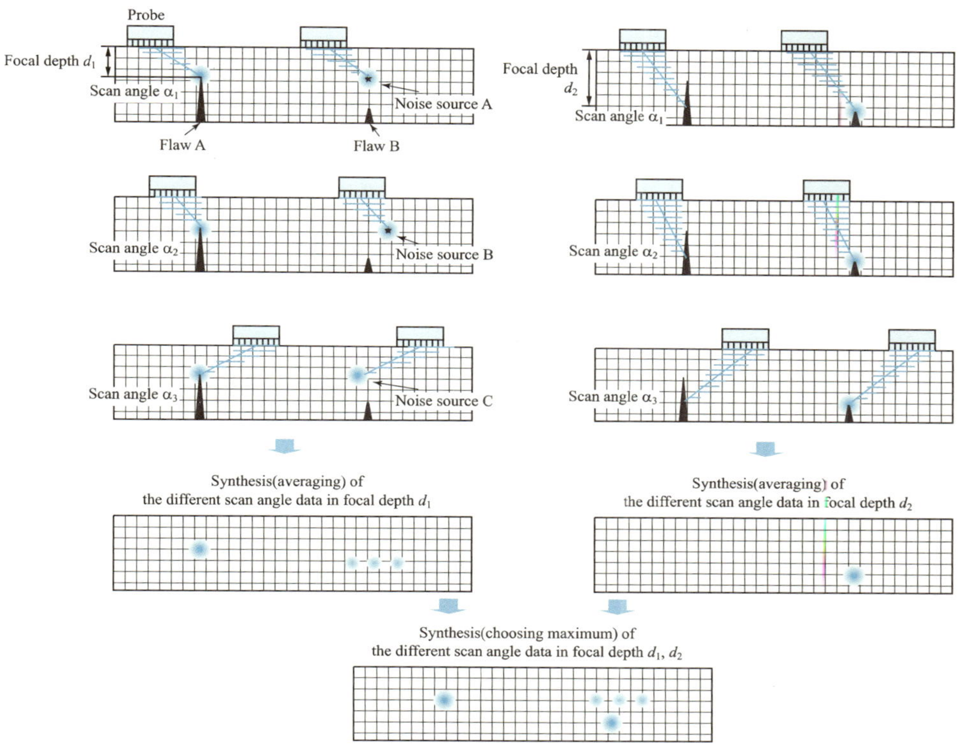

그림 16.27 Data from Multiple Scan Angles and Depths of Focus are Synthesized in PA-TP to Help Discriminate Crack Tip Signals from Noise

4 개발의 목표 및 방향

1) 위상배열 초음파 파선 추적 및 방사음장 시뮬레이션 기술

위상배열 초음파 빔의 전력설비 내부의 집속 및 조향을 위한 각 요소 압전소자의 시간지연 산정을 위하여 전력설비 내부결함의 형상 및 위상배열 초음파 탐촉자의 인자(요소 압전소자 크기, 간격, 중심 주파수 등)에 따른 위상배열 초음파 파선추적 기술을 개발하여 전력설비 내부결함 탐상정밀도를 향상시키고자 하며, 위상배열 초음파 탐촉자 설계 인자 및 전력설비 내부 형상 변화에 따른 초음파 방사음장을 가시화할 수 있는 시뮬레이션 기술을 개발하고, 개발 시뮬레이션 기술을 이용하여 초음파 탐촉자 설계 인자에 따른 위상배열 초음파 빔의 집속 및 조향 성능 평가를 위해 설비 내부결함 3D 형상 구축을 위한 최적의 위상배열 초음파 탐촉자 설계를 위한 기반 기술을 확보하여야 한다.

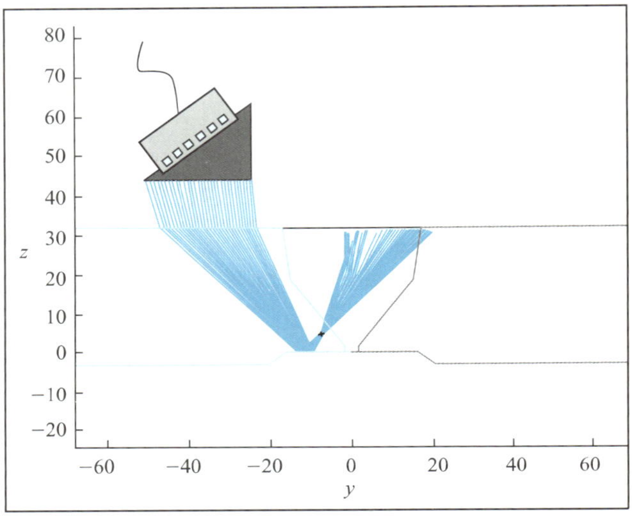

그림 16.28 전력설비 내부결함 위상배열 초음파 파선 추적

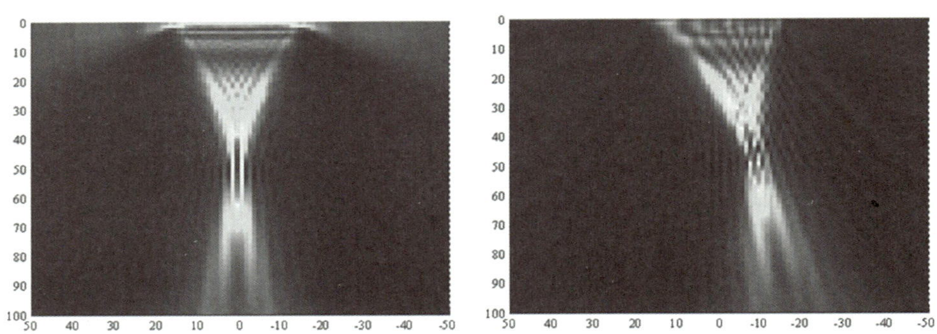

그림 16.29 위상배열 초음파 탐촉자의 방사음장 가시화

2) 결함 신호판별 및 추출을 위한 신호처리 기술

설비내부의 결함중 용접부는 초음파 시험시 균열 등 결함 신호뿐만 아니라 카운터 보어, 용접 개선면 등 기하학적 구조물에 의한 반사 혹은 산란된 초음파 신호가 혼재하기 때문에 위상배열 초음파를 이용하여 설비 내부결함 3D 이미지를 구축하기 위해서는 수신한 위상배열 초음파 신호 혹은 이미지로부터 설비 형상과 결함 신호를 분리하여 결함신호를 추출할 수 있는 기술이 필요하며 설비 내부결함에서 수신한 위상배열 초음파 신호로부터 결함에 의한 초음파 신호만을 추출할 수 있는 신호판별 및 추출 알고리즘 및 신호처리 기술을 시간 도메인(Time Domain)과 주파수 도메인(Frequency Domain)에서 개발 하여야 한다.

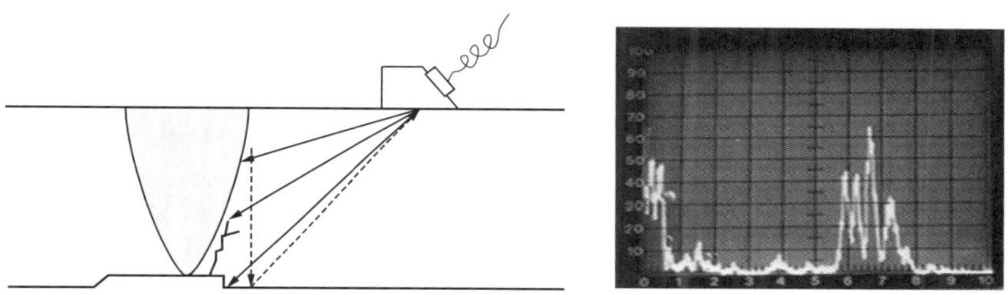

그림 16.30 용접부의 기학적 형상 및 복합 신호

3) 위상배열 초음파 결함 평가 기술

복합초음파 신호에서 결함 신호판별 및 추출 신호처리 기술을 이용한 판별/추출된 위상배열 초음파 결함 신호를 이용하여 검출 결함의 평가(종류 및 크기) 할 수 있는 기술을 개발하여야 하며, 이를 위하여, 델타법 등을 적용함으로써 결함 평가 기법을 구축해야한다. 이는 결함 형태 및 종류에 따른 위상배열 초음파 신호 시뮬레이션 및 Scan 방법에 따른 위상배열 초음파 전파 시뮬레이션 및 신호 모사와 같이 수행되면서 설비의 내부결함 균열 크기 산정에 가장 적합한 기술로 개발될 수 있다. 시뮬레이션과 실험을 통해 구축된 결함 신호 및 영상 D/B를 이용하여 결함 검출능 평가 알고리즘을 구축함으로써 위상배열 초음파 기법을 활용한 결함 평가 기술의 성능을 검증할 수 있게 된다. 이를 위해서 우선 피검체 형상 조건에 따른 검사 기법(Wedge, 스캐닝 방법 등) 선정이 필요하며 결함 검출능(POD)제고를 위해 신호처리 및 영상 기술이 개선되어야 한다. Mock-up 시편을 사용한 각 요소기술의 성능 평가가 수행되어야 하며, 이

를 통해 FEM 및 실험 기반 결함 신호 및 영상 D/B가 구축되면 이를 기반으로 정량적인 평가가 가능한 균열 크기 산정 기법을 구축할 수 있게 되는 것이다.

5 맺음말

최근 방사선 검사에 대한 규제가 강화됨에 따라 국내에서도 대부분의 검사업체가 위상 배열 초음파 장비를 확보하고 검사를 수행하는 등 관련 검사기술에 대한 수요가 증대되고 있는 실정이며, 이 검사기술은 근래에 다양한 분야에서 신뢰성 있는 비파괴 검사 기술로 각광받고 있다. 특히 전력설비 내부에 발생되는 균열성 결함인 피로 균열에 대해서는 결함의 상태를 정확히 판별하는 검사 기술에 대한 신뢰도가 확보되어야 하나 현재의 검사방법으로는 미흡한 점이 많아 설비 내부결함에 대한 검사결과를 3차원적으로 보여줄 수 있는 위상배열 초음파 3차원 형상화가 가장 효과적인 기술적 대안으로 사료되고 있는 실정이다. 따라서 위상배열 초음파 신호를 실시간 적층하여 결함을 3D로 표시하는 기술 개발을 통해 신 기법을 확보함으로써 국내 비파괴검사 산업의 국제 경쟁력 제고 및 수익 증대를 가져올 수 있을 뿐 아니라, 중국 등 전력산업이 급속도로 증가하고 있는 동남아 국가의 전력설비 비파괴 검사시 국내 비파괴검사 산업의 기술 우위를 통해 전력설비 진단에 대한 미래의 거대시장을 선점할 수 있을 것으로 사료되며 현재 필리핀 말라야, 세부, 일리한 발전소, 나이지리아 액빈 발전소 등 한전의 운영관리 기술로 해외 시장 기술수익 사업에 성공하고 있으므로 동남아의 설비관리 분야에도 진출이 가능하게 될 것이다.

CHAPTER 17

초음파, 잔류응력을 보다

17.1 잔류응력 개요

잔류응력(Residual Stress)은 외력이 작용하지 않는 상태에서 구조물에 존재하는 응력으로써 Internal Stress, Inherent Stress라는 용어로도 불리며 분포범위로는 Macroscopic 잔류응력, Microscopic 잔류응력이라고도 한다.

Macroscopic 잔류응력은 일반적인 잔류응력으로 용접, 압연 및 주물과 같은 거의 모든 제조공정에서 발생하는 것으로 용접물에 있어서 잔류응력과 변형은 서로 연관되어 있기 때문에 용접변형과 잔류응력은 함께 살펴보아야 한다.

Microscopic 잔류응력은 Steel에 있어서 국부적으로 Martensite 변태가 일어날 때 체적팽창으로 인해 조직주위에 생기며 원자크기 정도의 크기로 존재한다.

열처리 또는 용접 등 기계적인 가공작업에 의하여 재료의 내부에 생긴 응력으로 기계적인 작업에 따라서 상당히 큰 인장응력이나 압축응력이 남아있는 경우가 있다. 또한 잔류응력은 불균일한 영구변형(Permanent dimensional change)을 하는 부재에서 발생한다. 이러한 영구변형은 일반적으로 소성변형(Plastic deformation)에서 발생한다. 그러나 입자의 질화(Nitriding), 탄화(Carburizing), 상변화(Phase Transformation)에 의한 금속 격자의 국소 수축이나 팽창에 의하여 발생 할 수도 있다. 특히 용접구조물에서 발생하는 잔류응력은 용접부의 수축 및 변형이나 크랙을 발생시켜 결과적으로 파괴의 주원인이 될 수도 있다. 구조물에 존재하는 잔류응력 또한 압연, 절삭, 소성가공, 용접 등의 기계적 가공이나 운전중 조건에 의하여 발생되며, 기계요소나 구조물의 파괴와 피로수명, 취성파괴, 응력부식균열(Stress Corrosion Cracking)에 영향을 미치므로 구조물의 수명과 안정성에 상당한 영향을 미친다.

용접변형이란 용접물의 기하학적 형상크기와 모양, 구조적 요소, 모재의 재질, 용접봉 등 재료적 요소와 용접방법의 제작적 요소에 따라서 달라진다.

따라서 용접방법과 잔류응력을 수식적으로 계산하기 위해서는 용접시 발생하는 열전달을 계산하고, 탄성론에 따라서 열응력을 계산하여 변위를 결정하여서 변형을 계산하여야 하는 복잡한 과정을 거쳐야 한다. 따라서 용접응력을 비파괴적으로 측정할 수 있다면 용접변형에 있어서 보다 정확한 변형량을 예측할 수 있다.

따라서 용접구조물이나 발전설비의 잔류응력문제를 해결하기 위하여서는 잔류응력을 측정하여 잔류응력이 어떻게 분포되며, 그 크기는 얼마인지에 대한 명확한 정보를 알아야하며, 이를 최소한의 크기로 이완시켜 주거나 적절한 대응책을 강구하여야할 필요성이 있다.

특히 발전설비와 같은 중요 설비에서는 구조물, 재료 등의 여러 가지 결함을 초래할 수 있는 인자를 탐지하여 안전성 및 신뢰성을 향상시키는 것이 중요하며. 산업구조설비의 대형화, 대용량화에 따라 이러한 설비들의 관리능력을 향상시키기 위해 잔류응력측정 및 이와 관련된 기술의 중요성은 날로 증가되고 있다.

따라서 본장에서는 현재 사용되고 있는 잔류응력 측정 방법들을 나열하고 그 특성을 상호 비교하여 각각의 방법들의 장단점을 조사하였으며, 발전소 배관중 고온, 고압하의 환경에 있는 배관중에서 Primary Outlet Header, 2nd Outlet Header, Main Steam Line Tube의 실기용접부와 삼천포화력 1호기 및 울산화력발전소 2호기 고온배관에 대한 조건별 인공시험편을 제작하고 이 시험편에 대한 잔류응력을 측정 및 분석하고 잔류응력측정기술에 관한 이론적 근거 및 측정기술을 확보하고자 한다. 따라서 제목도 [초음파, 잔류응력을 보다]로 정하였다.

잔류응력을 측정하는 방법에는 여러 가지 측정기술이 이용되고 있는데 본장에서는 비파괴적인 방법으로 응력에 민감하게 변하는 비파괴속도와 Barkgausen Noise를 측정함으로써 용접할 때 발생하는 잔류응력을 정량적으로 측정하는 기술에 대하여 설명하고자 한다.

최근 산업이 고도로 발달하고 설비가 대형화, 현대화 되어감에 따라 가혹한 환경에서 사용되는 설비들이 증가하고 있다. 특히, 국내 화력발전설비는 수명이 장주기에 들어서고 있어, 대부분의 화력발전설비들이 노후화 됨에 따라 설비를 진단하여 건전성을 평가하는 것은 발전설비를 원만하게 운용하고, 설비의 적절한 수명예측으로 야기되는 경제적 이익을 차지하더라도, 적절한 대응조치를 취함으로써 대형사고를 미연에 방지하고 인명은 물론 안정적인 전력공급이라는 중차대한 목표와 관련된 문제로 대두되고 있는 실정이다.

발전설비의 건전성을 평가하는 방법에는 여러 가지가 있으나 잔류응력을 측정하여 설비의 상태를 판단하는 것은 측정이나 해석상의 어려움으로 인하여 때때로 건전성을 평가하는 항목에서 제외되어 왔다. 더욱이 이러한 잔류응력측정 방법은 측정자의 경험부족, 부적당한 시편이나 혹은 잘못된 절차를 사용함에 따라 심각한 오차를 초래할 수 있으므로 고도의 정도(精度)와 숙련된 기술이 필요하다.

일반적으로 모든 산업 시설과 용접구조물은 제작 및 건설시의 여러 가지 공정에 의해 내부적으로 잔류응력이 발생하게 되며, 특히 용접부는 용접작업후의 냉각과정에서 잔류응력이 발생한다. 재료에 따라서는 용접부의 잔류응력이 재료의 항복응력과 거의 같은 크기까지 도달하게 되는 경우도 있다. 특히 이러한 잔류응력은 응력부식균열(Intergranualar Stress Corrosion Cracking)을 발생시키는 주원인으로 알려져 있다. 따라서 이러한 응력으로 인한 파괴의 위험으로부터 발전설비를 보호하기 위하여서는 용접부에 국부적, 또는 전체적으로 발생된 응력을 제거하거나 감소 또는 재 분포시키기 위한 처리가 요구되어지며, 이런 작업을 수행하기에 앞서 선행되어야 할 점은 각각의 설비에 대한 잔류응력을 측정하고 평가하는 것이다. 일반적으로 용접부에서의 잔류응력을 제거하기 위한 방법으로는 용접후열처리(PWHT: Post Welding Heat Treatment)가 광범위하게 사용되어지고 있다. 이러한 잔류응력 이완방법에도 불구하고 잔류응력은 완전하게 제거되지 않으며 가동중의 잦은 기동정지와 가혹한 운전조건으로 인하여 잔류응력이 증가함에 따라 용접부 크랙의 진전속도를 가속화시키고 열화속도도 가속화시킨다.

현재 발전소 고온배관의 잔류응력을 측정하기 위한 방법으로는 Hole Drilling Method, X-Ray Diffraction Method, 자기적인 방법, 초음파를 이용한 방법이 이용되고 있으며, 각각의 방법들은 측정방법별 특성에 따라 장단점을 내포하고 있다. 그러나 화력발전소의 고온배관 설비는 대부분 발전소수명과 같은 수명으로 설계되므로 이러한 설비의 일부분을 교체하는데는 많은 경제적 손실을 초래함으로, 파고하거나 해체하지 않고 현장에서 직접 잔류응력을 측정하고 평가하는 것이 발전설비를 유지 보수하는데 있어서 시간적, 경제적인 절감효과를 획득할 수 있을 뿐만 아니라 안정적인 전력공급의 측면에서 볼 때도 그 기여도는 매우 클 것으로 기대된다.

이러한 욕구를 만족시키기 위하여 발전소 고온배관의 잔류응력을 측정하여 절대적인 크기를 측정하는 방법들을 열거하고 이러한 방법들을 실험을 통하여 상호 비교하고 정확성이나, 해상도, 신뢰성, 경제성, 휴대성, 기술개발 효과 등을 고려하여 가장 효과적인 방법을 도출함과 동시에 측정기술을 확보하고 개발하고자 하였다.

17.2 잔류응력 발생기구 및 특성

다결정 재료에서 잔류응력은 일반적으로 3가지 종류로서 분류할 수 있다. 첫 번째는 Macro Stress로서 넓은 면적에 걸쳐 균일하게 분포되는 응력으로 정의된다. Macro stress 형태의 응력은 여러 개의 입자에 걸쳐 균일하게 분포하며, 여러 입자에 걸쳐서 평균한 응력으로서 분류된다. 두 번째 형태의 잔류응력은 Micro Stress로서 입자 하나 또는 그 일부분의 차수에서 균일하게 나타나는 응력으로 정의하며 세 번째 잔류응력 형태는 아주 작은 격자 길이의 차수에서도 균일하게 나타나지 않는 응력으로서 Submicro Stress이다. 각각의 잔류응력 형태에 관한 개념적인 정의는 그림 17.1에 나타나 있다.

Submicro Residual Stress는 결정에 있어서 점결함(Point Defects), 선결함(Line Defects)과 같은 격자결함(Lattice Defects)에 의하여 주로 발생된다. 잔류응력은 또한 열처리나 화학적 처리, 기계적 하중에 의하여 입자에 부가되며 전위(Dislocation)의 누적에 의하여 발달되는 응력은 기계적 하중에 의하여 나타나는 것도 한 예이다. 다른 예는 고체의 다른 상(Phase)의 삽입에 의하여 나타나는 경우이다. Macroscopic Residual Stress는 구조물에서 불균일한 소성변형에 의하여 일반적으로 발생한다. 용접부에 있어서 소성변형은 주로 용접과정중의 여러 가지 단계에서, 큰 온도 구배로부터 기인한 열응력(Thermal Stress)에 의하여 발생한다.

일반적으로 구조물에서 나타나는 잔류응력은 앞에서 언급한 3가지 종류가 혼합된 형태로서 나타나며 때때로 이러한 응력들을 상호 분리하여 확인해야 할 필요성이 대두될 경우도 있으나, 공학적인 적용에서 가장 중요한 것은 Macrostress이다. 따라서 여기서 언급하는 대부분의 응력은 Macroscopic residual stress를 나타낸다. 어떠한 생산품이나 조립 구조물에도 환경에 따라서 조금씩 다르지만 어느 정도의 잔류응력은 가지고 있다. 그러나 이러한 응력들은 가혹한 환경에 노출되거나 외력이 가해지지 않고 운전상태에 놓이지 않으면 구조물에 심각한 영향을 나타내지 않는다. 인장 잔류응력은 피로나 응력부식과 같은 파괴에 대한 민감도를 상승시키므로 일반적으로 구조물

자체에 유익하지 않은 영향을 미친다. 압축 잔류응력은 일반적으로 인장잔류응력으로 인하여 나타나는 문제를 감쇄시켜 줌으로써 유익하게 작용될 때가 많다. 공학적인 구조물의 파괴에 가장 중요한 모드인 피로파괴(Fatigue failure)와 응력부식파괴(Stress Corrosion Cracking)는 표면에 민감한 현상이므로, 표면잔류응력이 적절하게 평가되어야 한다. 그러나 파괴역학의 관점에서 보면 구조물의 내부응력을 알아야만 한다. 예를 들면 구조물의 표면에 생성된 크랙은 내부에 만일 압축응력이 존재한다면 더 이상 진전되지 않을 것이다. 그러나 내부응력이 인장이라고 하더라도 정확한 응력형태를 아는 것으로 파괴역학의 도움으로 크랙이 진전될 것인가 아닌가를 평가하는데 도움을 준다.

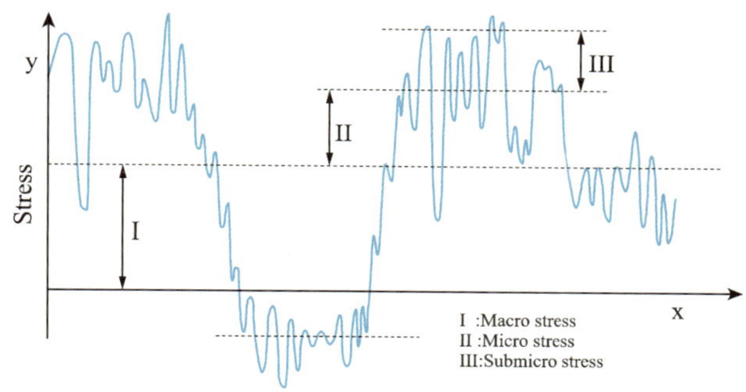

(a) Schematic presentation of three types of stress (I , II , III) varying with distance in a material

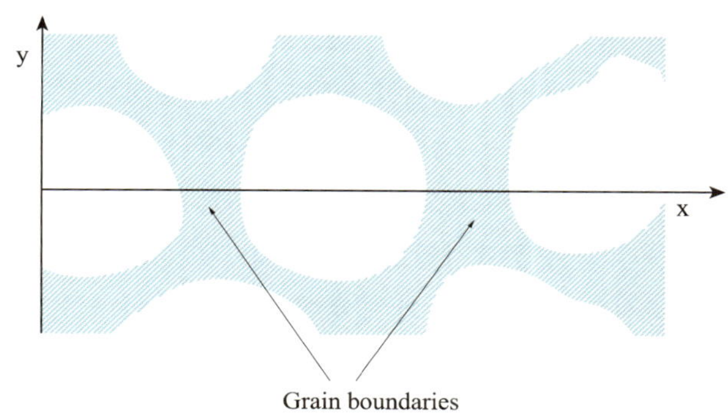

(b) The microstructure in the material to the same scale

그림 17.1 Definition of residual stresses kind I , II , III

오늘날 용접은 산업분야에서 가장 범용적으로 사용되는 접합 공정이다. 그러나 용접에 관한 여러 가지 방법과 공정에 관한 연구가 있어 왔으나 용접 구조물에 있어서 파괴는 아직도 일어나고 있으며 경제적인 측면에서도 상당한 손해를 초래하는 부분이다. 용접구조물에 있어서 이러한 문제를 해결하지 못하고 하나의 문제로 남아있는 이유 중의 가장 중요한 원인은 용접과정 중에 필연적으로 발생하는 잔류응력의 최소화와 정확한 측정과 평가의 불확실성에 관계된다고 보아도 별 무리는 아니라고 본다.

잔류응력의 형태에 영향을 미치는 여러 가지 요소들은 용접부에서 발견되며, 이러한 것들은 용접작업에 사용되는 용접기법의 형태나 용접되는 금속의 물성에 관련되어 있다. 잔류응력분포의 이론적인 계산은 온도와 변형률이 시간과 위치의 함수로서 복잡한 방법으로 변화함으로 매우 복잡하다. 그림 17.2는 용접 아크가 X-축을 따라 움직이는 단순 Butt single pass 용접시의 온도와 응력분포변화를 나타내고 있다.

O점은 현재의 아크의 위치를 나타내며, A-A는 용접되기 전의 위치이다. B-B부분은 아크에 의하여 금속이 용융상태에 있는 위치이며, C-C는 용접아크가 지나간 뒤의 위치이고, D-D는 용접 아크가 지나간지 오래된 위치를 나타낸다. 그림 (b)는 이러한 각각의 위치에 따른 온도변화를 나타내고 있으며, (c)는 용접부의 단면에서 본 잔류응력의 분포를 나타내고 있다.

A-A는 용접부에서 멀리 떨어져 있기 때문에 용접으로 인한 온도변화는 없으며 따라서 잔류응력은 형성되지 않는다. B-B를 따라서는 온도변화가 급격하게 변하며 O점이 용융금속이므로 잔류응력을 지지 할 수 없으므로 이에 따라 잔류응력 분포는 그림 17.2(c)에 나타난 것과 같다. 그러나 O점을 중심으로 양쪽면이 고온에 접하여 있기 때문에 근접한 지역의 금속은 압축 잔류응력이 나타나며, 지역의 외부는 압축응력에 평형을 이루기 위하여 용접부에서 인장 응력이 형성된다.

C-C면에서 온도분포는 그림 17.2(b)에 나타난 것과 같이 용접이 진행된 이후이므로 약간의 냉각이 이루어져 온도분포가 급격하게 나타나지 않고 조금은 완만한 기울기를 나타낸다. 용융금속이 냉각됨으로 인하여 나타나는 수축은 근접한 금속에 의하여 제한되므로 중심으로부터 인장과 압축이 교대로 나타난다. D-D면에서는 충분히 냉각되어 주위온도와 같은 상태로 이루어져 온도 분포는 전혀 없으므로 높은 인장잔류응력이 용접부 주위로 형성되며 반면에 용접부에서 멀어질 수 록 압축잔류응력이 나타난다. 그림 17.2(b)의 하단에 나타난 것과 같이 용접후에 나타나는 잔류응력분포는 완결된다. 지금까지는 용접방향에 평행한 방향으로 온도분포와 잔류응력의 형성에 관하여 설명하였다. 그러나 용접축에 수직한 방향으로 작용하는 응력과 두께방향으로 작용하

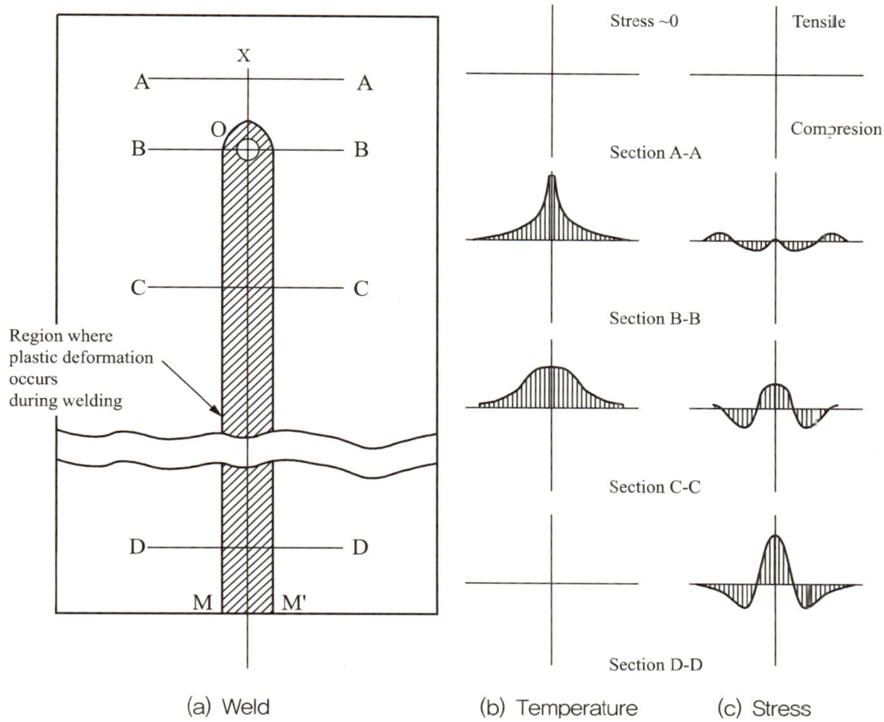

그림 17.2 Schematic presentation of changes in temperature and residual stress during welding

는 응력 또한 완전한 해석을 위하여 고려되어야 한다. 그림 17.3(a)는 Butt Welding 판을 도식적으로 나타내었으며, 그림 17.3(b)는 용접부에 수직한 방향으로의 잔류응력 분포를 나타내고 있으며, 그림 17.3(c)는 용접부에 평행한 방향으로의 잔류응력 분포를 나타내고 있다.

그림 17.4는 용접부에서 나타나는 두께방향의 잔류응력 분포형태를 나타내고 있다. 이러한 분포형태는 여러 가지 방향에서 적절한 해상도로 잔류응력을 측정할 수 있는 효과적인 기법을 제시한다.

잔류응력은 여러 가지 기계적인 작업이나 적용에 있어서 부정적인 요소로 작용하므로 여러 가지 잔류응력 제거방법이나 이완방법을 사용하여 부분적으로나 전적으로 잔류응력을 제거하여야 한다.

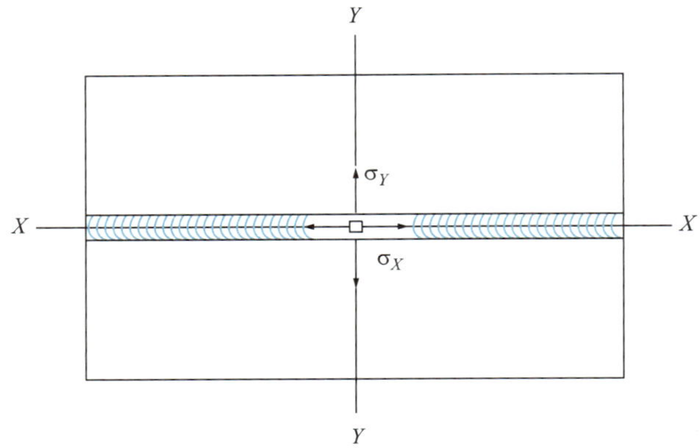

(a) Butt weld

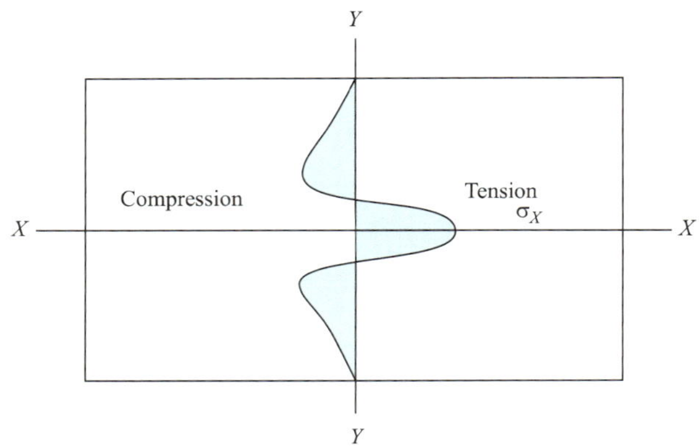

(b) Distribution of σ_x along Y–Y

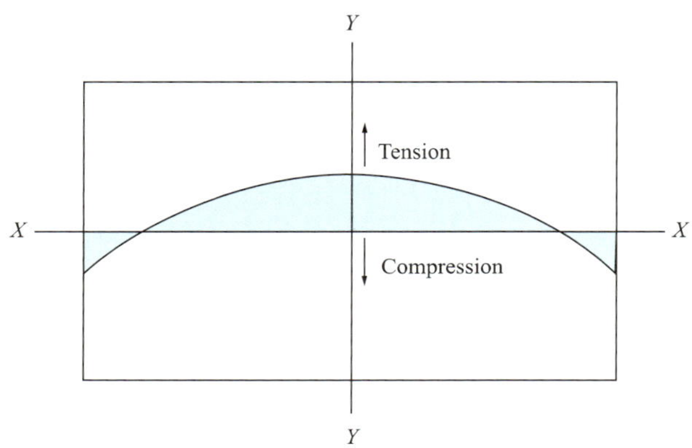

(c) Distribution of σ_x along X–X

그림 17.3 Typical distribution of residual stresses in butt weld area

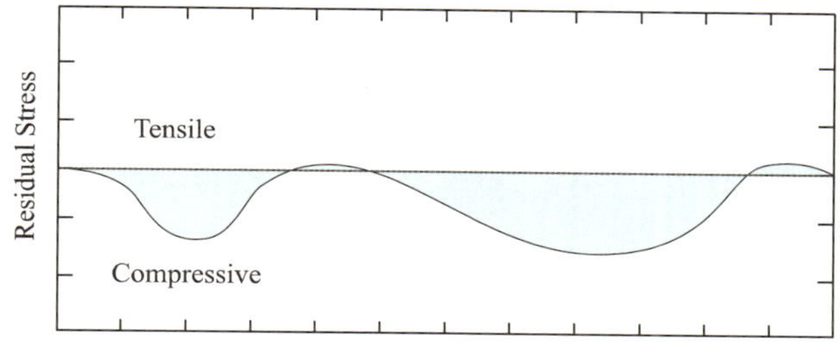

(a) Normal to surface stresses, σ_z

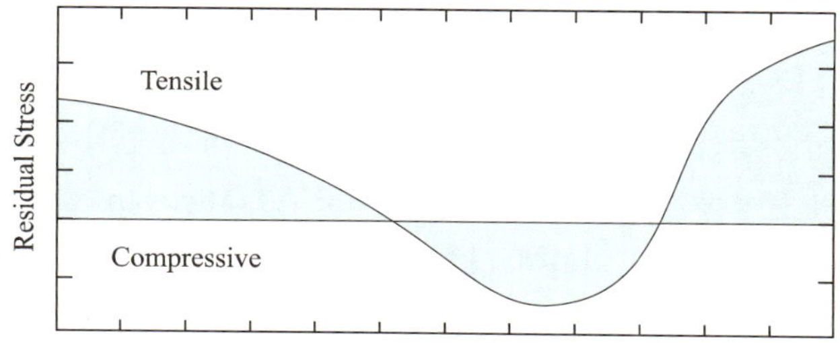

(b) Transverse stresses, σ_y

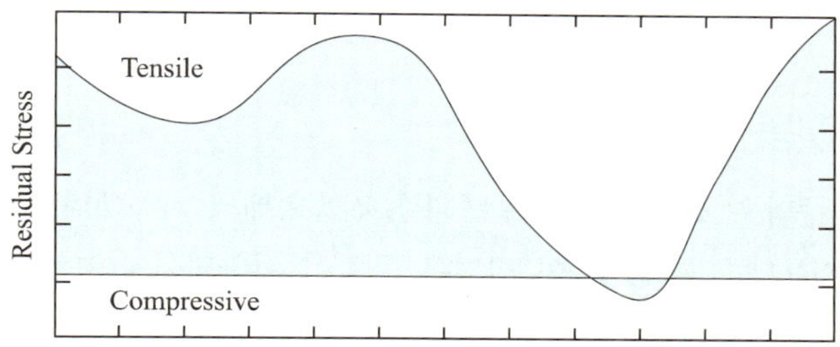

(c) Longitudinal stresses, σ_x

그림 17.4 Schematic diagram of distribution of residual stresses in the thickness direction in the weld metal of a butt weld area

17.3 잔류응력 제거방법

잔류응력을 제거하는 방법에는 다음과 같은 것들이 있다.

① 용접후열처리(Post-Weld Thermal Treatment: Annealing)
② 진동

③ 기계적 방법

④ Shot peening

⑤ 초음파법

이러한 방법들에 대하여 각각 알아보자

1 용접후열처리(Post-Weld Thermal Treatment: Annealing)

Annealing은 응력을 이완시켜주는 방법으로서 일반적으로 사용되는 방법이며, 용접한 구조물을 균일하게 냉각시킨 후에 미리 결정된 시간동안 적절한 온도로 균일 가열이나 국소가열을 하는 절차로 이루어져 있다. 이 공정이 재료에 가해질 때, 여러 가지 재료의 물성들을 고려해야만 한다. 미소구조(Microstructure), 인장강도와 충격강도 등이 용접후열처리에 의하여 영향을 받게 되는 물성치들이다. 대형용접구조물의 열처리 과정동안에 용접부의 온도를 균일하게 유지시키기는 어려운 점들이 많으며, 불균일한 용접후열처리 과정을 거치면 이 공정으로 인하여 도리어 불리한 잔류응력을 발생시킬 수도 있다.

2 진동 응력이완법

낮은 주파수 진동이나 높은 주파수 진동형태의 기계에너지는 용접부의 잔류응력을 이완시키는데 사용된다. 이 방법은 응력이 이완되어져야할 부품에 기계적으로 연결된 진동파나 회전파 발생기를 이용하여 일반적으로 이루어진다. 복잡한 구조물에서는 적용이 어려울지도 모르지만 진동되어지는 부품은 부품의 고유진동수에서 진동하게 된다. 이 방법으로 잔류응력을 모두 이완시킨다는 것은 불가능하지만 최대치 응력(Peak Stress)의 크기를 감소시키는데 에는 효과적이다. 진동 응력이완법은 용접후에 기계가공을 해야 할 부품에서 변형을 감소시키는데 유용하게 사용된다.

3 기계적 응력이완

용접부가 항복점까지 균일하게 응력을 받고 응력이 제거되었을 때, Macroscopic residual stress는 사라진다. 이러한 형상을 기계적 응력이완이라고 부른다. 이러한 현상을 증명하는 시험이 용접 구조물에 자주 행하여진다. 실제적으로 모든 압력용기는 수력적 내부압력에 의하여 최종 시험을 마무리하며, 때때로 사용되는 압력은 설계압력

보다 더 높을 때도 있다. 비록 이러한 시험이 압력용기의 최종적인 시험에 목적을 두고 있지만, 이 시험은 기계적인 응력이완도. 동시에 수행하는 효과를 가져다준다.

4 숏피닝(Shot peening)

피닝(Peening)은 충격적인 금속 산탄으로 표면을 두드리는 기계적 작업으로 잔류응력과 변형이 발생되는 것을 감소시켜준다.

5 초음파처리(Ultrasonic treatment)

최근 들어 높은 에너지의 초음파처리가 구조물내의 잔류응력을 이완시키는데 성공적으로 사용되어 왔다. 마르텐사이트 강에 가해진 초음파처리는 간단한 과정의 처리(5~60초)가 시간이 오래 걸리는 열처리과정보다 더 효과적으로 잔류응력의 크기를 낮추어진다. 크기가 작은 잔류응력을 이완시키는데는 장시간의 처리(약 60초)를 필요로 하고, 크기가 큰 잔류응력을 이완시키는데는 단시간(약 5초)의 처리가 필요하다.

이상에서 언급한 잔류응력 이완방법은 모두 부분적으로 잔류응력을 이완시키는데 효과적이다. 따라서, 어느 방법이 더욱 효과적으로 이완되는가를 평가하기 위해서도 표준적인 잔류응력측정법의 도입이 필요하다. 일반적으로 잔류응력은 기계적인 가공 공정에서 필연적으로 발생되는 부산물이다. 그러나 여러가지 작업공정중의 조작으로 인하여 조금은 감소시킬 수도 있다.

- 적절한 모서리 가공 : 용접부의 모서리를 적절하게 가공함으로서 변형을 제한시키고 양호한 용접침투력을 가능하게 하여 잔류응력을 감소시킨다.
- 입열량(Heat input)의 최소화 : 입열량을 조절함으로써 잔류응력을 온도구배(temperature gradient)에 의한 잔류응력의 발생을 감소시킨다.
- 선가열(Preheating) : 용접부가 용접작업이 시작되기 전에 미리 가열된다면 열적, 미소구조와 관련된 응력은 조절될 수 있다.
- 용접과정중의 패스(pass)수 : 잔류응력은 Seam에 걸쳐 가능하면 패스수를 줄임으로서 감소시킬 수 있다. 큰 전극봉을 사용하여 2패스로 용접한 것이 작은 전극봉을 사용하여 3~4패스한 용접보다 잔류응력의 발생은 감소된다.

1753년 필라델피아(Philadelphia)에서 제작된 자유의 종은 몇 번에 걸쳐 다시 주조된 기록을 가지고 있다. 자유의 종은 1828년에 크랙이 발견된 이후 크랙의 성장을 막기 위하여 구멍을 뚫고 크랙선단(Crack Tip)의 재료를 제거하였다. 그러나 이러한 시도는 자유의 종에 존재하는 잔류응력으로 인하여 크랙이 계속 진전되어 결국에는 실패하였으며, 1846년에 파괴되어 지금은 Independence Hall에 보관되어 있다. 이러한 사건에서 볼 수 있듯이 잔류응력에 대한 현상은 오래 전부터 인식되어져 왔으며, 잔류응력을 측정하기 위한 방법도 오래 전부터 여러 가지 방법들을 이용하고 개발하여 왔다. 초기에는 잔류응력을 정확하게 측정하기 위한 기준이나 요구조건이 없으므로 단순히 측정부위의 잔류응력이 인장(Tensile)인지, 압축(Compressive)인지, 또는 높은지 낮은지만을 아는 것만으로도 만족해야만 했다.

그러나 1,2차 대전을 전후로 하여 전투기, 군함 등의 군사장비에서 잔류응력으로 인한 파괴현상과 산업시설의 유지보수 및 파괴후 원인규명의 측면에서 잔류응력에 관한 인식의 정도가 증가함에 따라 이론적인 체계와 적용에 있어서의 활발한 연구가 시작되었으며, 산업의 고도화로 인한 전반적인 장비 및 시설이 고효율화, 고속화됨으로 인하여 고강도를 요구하는 재료의 필요성이 가중되고 이러한 재료는 상당한 크기의 잔류응력 및 하중상태에 있으므로 연구의 필요성은 점점 가속화되어 왔다.

1976년 피로(Fatigue)에 있어서 잔류응력의 효과를 연구하기 위한 팀이 Joseph Throop을 의장으로ASTM Committee E-9로서 설립되었다. Joseph은 잔류응력 측정의 중요성을 인식하고 팀내에 잔류응력장의 특성과 측정에 관한 부서를 만들어 연구를 시작함으서 그 중요성이 강조되기 시작하였다. 1978년에는 잔류응력 측정에 관한 기술위원회가 Lambda Research의 Paul Prevey의 주도하에 있는 SESA(Society for Experimental Stress Analysis)에 의하여 설립되었다. 이 위원회의 주요 기능은 잔류응력 측정에 관한 정보를 널리 배포하고 관련연구를 촉진시켰으며, 잔류응력 측정에 대한 의미있는 기준 설립을 목적으로 필요한 데이터를 수집하기 위한 Roundrobin testing을 실시하기도 하였다.

국내에서는 주로 Hole-Drilling에 의한 잔류응력측정법과 X-선을 이용한 측정법이 도입이 되어 많이 사용되어 왔으며 대부분의 논문과 연구결과물들이 이 방법을 이용하여 발표되어왔다. 그러나 최근들어 사회적으로 대형사고가 빈번하게 발생됨으로써 비파괴에 관한 관심의 고조와 함께 잔류응력에 관한 연구에도 상당한 이목이 집중되고 있다.

국내에서는 이택순은 Hole drilling method에 의한 잔류응력 측정법에 관심을 가지고 많은 연구결과물을 가지고 있으며, 현재 표준과학연구소, 한국과학기술원등 연구소와 학교를 중심으로 잔류응력측정 및 해석에 관한 연구는 활발하게 이루어지고 있다. 방한서는 잔류응력해석 code를 작성하여 양면 필렛 용법부의 잔류응력해석에 관하여 연구하였으며, 이승석은 초음파법과 B/N에 의한 잔류응력측정실험을 Blind hole method와 비교하여 용접잔류응력의 타당성에 관한 연구를 수행하였다. 특히 양영수는 파이프 용접부에 있어서 기계적인 잔류응력 이완법에 관한 연구에서 유한요소법을 이용하여 여러 가지 방법에 대하여 잔류응력을 이완한 결과 압력을 가하였을 경우가 응력 이완효과가 가장 두드러진다는 사실을 밝혔다.

17.4 잔류응력 측정기술 개요

구조물내의 잔류응력을 비파괴적으로 알아낸다는 사실은 구조물을 관리하거나 보수하는 입장에서 볼 때 매우 매력적인 일이다. 그러나 현재 잔류응력측정기술은 그 종류가 다양하여 구조물의 상태나 재질 및 이력, 요구되는 측정 정밀도에 따라 적당한 측정기술을 이용하여야 한다. 그리고 각방법의 장단점을 알고 있어야만 최소의 효과로 만족할 만한 결과를 도출할 수 있다.

현재 사용되고 있는 잔류응력 측정법은 다음과 같은 것들이 있다.

- Hole Drilling
- X-Ray Diffraction Method
- Neutron Diffraction
- Ultrasonic Method
- Magnetomechanical Acoustic Emission
- Electromagnetic Method
- Barkhausen Noise Analysis Method
- Nuclear Hyperfine(Mössbauer) Method

이밖에도 광탄성적인방법, 표면코팅법 등이 있으며, 최근에는 Laser Holography를 이용한 측정방법도 고안되고 있으며 상당한 기술적 진전이 이루어지고 있는 실정이다. 그리고 기존의 방법에 대한 단점들도 측정기술과 측정장비의 개발로 인하여 정밀도와 성능에 있어서 상당한 향상이 이루어지고 있다.

다양한 측정기술의 장단점을 비교하기 위하여서는 잔류응력 측정방법의 선택시 고려되는 인자들에 대하여 알아보아야 한다.

잔류응력측정법 선정시 고려해야 할 요소들은 다음과 같다.

- 비파괴성(Nondestructive) : 측정방법이 파괴적이냐 혹은 비파괴적이냐와 또는 잔류응력 측정과정이 측정결과를 혼란시킬지도 모르는 추가적인 잔류응력을 발생시키지 말아야하며, 구조물에 있어서 경제적 기계적 손실을 초래하지 말아야 한다.
- 해상도(Resolution) : 이 parameter는 측정된 잔류응력이 평균화되는가에 대한 element의 면적, 깊이와 체적과 관련된 항목으로서, 대부분의 많은 구조물들이 높은 응력구배를 나타내고 있으므로 낮은 해상도를 가지는 잔류응력 측정법은 크기가 큰 응력에 대하여 평균화하려는 경향이 있다, 그러므로 임계응력(Critical stress)을 나타내는 장소의 응력을 감지하지 못하는 경우가 발생할 수도 있다.
- Stress Vector : 잔류응력은 일반적으로 3차원적으로 기술되어지는 벡타양이다. 그러나 측정방법들은 방향성을 제공하지 못하므로 전형적인 잔류응력 조건을 적절히 설명하지 못한다.
- 신뢰성(Reliability) : 잔류응력 측정 방법이 적용할만한가에 관한 직접적인 판단을 주는 인자로서 정밀도와 정확성에 관련되어 있다. 반복 측정시 허용 오차내에서 반복하지 않는다면 신뢰성 있는 데이터를 발생하지 못하며 신뢰성을 제공하지 못한다.
- 비용(Cost) : 잔류응력을 측정하기 위한 경제적, 시간적, 인력적인 측면을 모두 고려하였을 때의 비용으로서 적절한 비중을 두고서 선택하여야 한다.
- 측정자의 기술(Operator Skill) : 측정자를 위한 훈련이나 기술의 난이도와 관련된 사항으로서 측정자에 따라 일관성 있는 데이터를 제공하여야 하며 측정기술이 보편적이어야 한다.

잔류응력은 측정기법이 앞에서 언급한 것과 같이 원리에 따라 여러 가지 방법들이 있으나, 실제적으로 고온배관의 잔류응력을 측정하기 위한 방법이나, 적용상의 제한조건으로 인하여 발전소에서 직접 적용하기 어려운 것들도 있다. 본 절에서는 각각의 잔류응력방법들에 대한 이론적인 배경과 실제적인 적용방법, 적용현황, 적용상의 문제점등의 장단점을 비교하여 발전소 고온배관의 잔류응력을 측정하기 위하여 가장 효과적이며, 적용이 용이하고 현장요구성이 큰 방법을 도출하고자 한다.

17.5 잔류응력측정법의 선택기준

모든 구조물에는 다양한 형태의 용접부를 포함하고 있으므로 용접부에 대한 적절한 잔류응력측정방법을 선택하기 위하여 여러 가지 관점에서 측정법의 장단점을 고려해 볼 필요성이 있으며, 적절한 용접방법을 선택하기 위한 기준을 잡는다는 것은 매우 중요한 일이다.

일반적으로 공학적인 측면에서 잔류응력을 측정하는데 있어서 고려되어야 할 조건은 다음과 같은 것들이 있다.

- 비파괴성(Nondestructivity)
- 적용성(Applicability)
- 해상도(Resolution)
- 민감도(Sensitivity)
- 측정깊이(Depth of measurement)
- 유용성(Versatility)
- 신뢰성(Reliability)
- 응력방향(Stress direction)
- 휴대성(Portability)
- 경제성(Cost)
- 속도(Speed)

1 비파괴성(Nondestructivity)

잔류응력측정법 선정시 고려되여야 할 중요한 기준은 측정물을 원래의 상태로 유지한 상태에서 측정하고, 측정 후 측정물이 원래의 기능을 추가적인 작업을 수행하지 않고도 수행할 수 있어야 한다는 점이다. 이러한 측면에서 비파괴적인 방법이 우선되어야 한다. 파괴적인 방법은 잔류응력해석에 요구되어지는 어떠한 변수를 측정하는데 영향을 미칠 수도 있다. 그러나 여러 가지 이유로 인하여 완전하게 비파괴적인 방법으로 측정할 수 없는 경우도 있으며, 이러한 경우에는 반파괴적인(Semidestructive) 방법을 사용하여야 할 것이다.

기계적인 방법들은 대부분 반파괴적인 방법이며, X선법은 용접부 표면을 그라인딩하여야 하는 경우가 있으므로 용접부의 상태에 영향을 미칠 수도 있다.

2 적용성(Applicability)

때때로 비파괴적인 방법이 사용된다고 하더라도 용접부의 두께, 측정부위의 재질이 금속이나 비금속성임으로 인하여 적용할 수 없는 경우가 발생될 때도 있다. 예를 들면 회절법은 비결정재질에서는 적절하지 않은 방법이다.

3 해상도(Resolution)

이것은 측정된 잔류응력이 평균되는 것에 대한 용접부의 체적, 깊이, 면적에 관련된 기준으로서 해상도가 나쁠 때는 큰 용접부에 대하여 평균화하는 경향이 있으므로 높은 응력구배를 탐지하지 못한다. 측정법 사이의 해상도로 인한 차이는 여러 가지 방법들에 의하여 얻어진 데이터의 직접적인 비교를 불가능하게 할 수도 있다.

4 민감도(Sensitivity)

대부분의 잔류응력 측정법은 다만 Macro residual stress만을 측정한다. 주어진 체적과 깊이에서 아주 작은 응력이나 Micro residual stress를 측정할 수 있는 능력이 요구된다.

5 측정깊이(Depth of measurement)

대부분의 잔류응력 측정법들이 표면응력이나 표면근처의 응력값을 측정한다, 그러나 때때로 용접부의 깊은 곳의 응력(bulk stress)을 측정하여야 필요성이 있다.

6 유용성(Versatility)

이 조건은 표면잔류응력 뿐만 아니라 Bulk residual stress의 측정에도 유용한지에 대한 방법상의 유용성과 관련되어 있으며, 3가지 형태의 잔류응력을 측정할 수 있는 능력을 말한다.

7 신뢰성(Reliability)

신뢰성은 측정의 정확성과 정밀도를 의미한다. 이 신뢰성은 선택한 방법이 사용가치가 있는지, 혹은 아닌지에 관련된 판단의 직접적인 기준이 된다. 말하자면 측정값이 어떠한 허용치내에서 반복되지 않거나 정밀도가 허용범위내에 있지 않으면 신뢰성 있는 데이터를 만들어 내지 않을 것이다.

8 응력방향(Stress direction)

잔류응력은 일반적으로 3차원으로 설명되어야 하는 tensor양이다. 단지 크기만을 측정하고 방향에 관한 정보를 제공하지 않는 측정 방법은 전형적인 잔류응력의 해석에는 적절하지 못하다.

9 휴대성(Portability)

대부분의 용접부는 발전소 구조물 내에 존재하므로 실험실에서 수행할 수 있는 성질의 측정이 아니다. 따라서 측정장비가 발전소로 이동하기 간편하고 휴대가 간편하여 현장에서도 원하는 장소로 쉽게 이동하여 측정이 가능하여야 한다.

10 경제성(Cost)

잔류응력을 정확하게 측정하는데 필요한 경제적인 측면의 조건이다. 아무리 측정 정밀도가 좋고 좋은 결과를 도출한다고 하여도 필요이상의 비용을 요구한다면 사용자 측면에서는 부담이 가지 않을 수 없다.

11 속도(Speed)

잔류응력값을 측정하는데 필요한 시간적인 측면을 고려한 조건이다. 이 조건은 제한되어 있는 발전소 예방정비 기간이나, 일시적인 결함으로 인하여 발전소가 잔류응력 측정을 필요로 할 때 즉시 측정을 수행하고 측정결과 및 분석결과를 발전소 측에 알려주어야 할 필요성이 있기 때문에 고려되어야 할 조건이다.

12 유지보수

장비를 운용할 때 요구되는 인력이 필요이상으로 많이 요구되지 말아야 하며, 장비가 재기능을 발휘하지 못할 때 쉽게 정비할 수 있는 측면에서 본 조건이다. 측정 장비를 관리하기 쉽고 쉽게 Upgrade가 가능하여 한다.

이상에서 설명한 여러 가지 선택 조건에 따른 여러 가지 측정방법에 대한 비교를 표 17.1에 나타나 있다.

표 17.1 Selection of residual stress measurement method

Method	Hole dilling Method	X-Ray Diffraction	Neutron Diffraction	Ultrasonics	Barkhausen Noise
Nondestructivity	Partially	Yes	Yes	Yes	Yes
Reliability	Good	Good	Good	Good	Poor
Bulk stress	no	No	Yes	Yes	No
Surface stress	Yes	Yes	Yes	Yes	Yes
Stress Direction	Yes	Yes	Yes	Yes	Yes
Resolution	$> 30mm^3$	$< 1mm^3$	$< 1mm^3$	$> 5mm^3$	$> 10mm^3$
Cost	1	0.1-1	1-10	< 0.1	< 0.1
Portability	Yes	Yes	No	Yes	Yes
Speed	Poor	Pool to Excellent	Pool to Excellent	Excellent	Excellent

CHAPTER 18

초음파, 배전용 전주의 건강을 보다

18.1 배전설비 진단 개요

대기오염 물질은 배전기자재의 열화를 촉진하고 수명을 단축 또는 열화고장을 발생시키는데, 국내의 경우 산업의 발달과 함께 대기오염 농도는 증가하고 있으나 이에 대한 연구와 대책수립은 전무한 실정이다. 유럽의 경우에는 산업단지, 공장, 주택지역의 환경상태(매연, 분진)에 따른 오손등급별 기자재 선정을 IEC 60815에 따라 가이드로 활용하고 있다. 환경오염물질은 성분과 배저계통의 사용기자재 재질에 따라 배전계통에 부착강도와 강우 등 기후에 의한 세척정도가 다르며, 절연파괴강도도 달라 이들의 상관관계를 규명 설계기준과 기자재사용기준을 설정해야 한다.

그러나 국가별 환경에 의한 설비 피해는 배전계통의 사용전압과 배치, 애자의 타입과 재질 및 규격, 환경오염물질의 강도와 유형, 기후(강우, 안개, 바람, 온도, 수분 등)에 따라 다르며, 환경오염물질은 오염원의 종류별로 그 성분 및 거리별 부착량이 다르고 애자의 재질에 따라 부착강도와 오염물질과의 반응성이 달라 이에 대한 규명을 통해 설계기준과 기자재 적용기준을 달리해야 한다. 또한 배전계통의 염진해 정전 점유비율은 약 1~2%로 낮으나, 피해범위가 넓고 고장복구에 장시간이 걸리며 자연현상 및 설비에 따라 고장특성이 다양하다. 현재 전국 해안지역의 염해대책으로는 ESDD[1]를 설정하여 적용하고 있으나 공업 분진, 진해의 경우 적용 기준이 없어 최근 도심지,

1) 등가염분부착밀도(ESDD) : Equivalent Salt Deposit Density, 애자표면의 단위면적당 부착된 염분량

공업단지의 배전 기자재 열화고장의 증가를 고려하면 이에 대한 대책 마련이 시급한 실정인 바 이런 상황에서 진단의 기준을 마련하고 진단방법을 개선할 코로나 건 장치의 제작 성능 검증한 사례를 설명하고자 하여 본장의 제목을 [초음파, 전주의 건강을 보다]로 정하였다.

1 내오손 관리기준 정립 필요

1) 오손등급 구분기준에 환경상태[진해(塵害)] 반영 필요

한전의 경우 설계기준의 오손맵 및 해안거리별 오손등급을 기준으로 내염대책을 적용 중에 있으나 섬유, 화학공장 등 공업단지에서 배출하는 분진, 매연에 대하여는 관련오손등급 구분이 없는 실정이다.

- 산업화 및 차량 증가에 의한 粉塵 관련 정전 증가추세로 IEC 60815 규격과 같이 내오손 기준에 환경관련 등급 적용 필요하다.
- 기존 오손등급 측정방법[ESDD(등가염분부착밀도)] 대신에 표면에 부착된 분진 등의 전도도를 평가하는 지표 도입 필요하다.

2) 구식화 내염기자재 적용기준 개선 필요

주상변압기의 경우, 과거 일반형/내염형 붓싱으로 이원화 운영하고 있던 붓싱을 내염형으로 단일화하여 운영중에 있으며('02) 전선의 경우, 바인드 보강재(절연호스)는 공식적으로 적용하고 있지 않는 자재이므로 내오손기준의 오손등급별 내염기자재 적용기준 정정 필요하다.

표 18.1 오손등급별 기자재 적용기준

구 분	오손등급	사용자재
변압기	B급 이상	• 내염 붓싱형 P.Tr+절연카바
전선	B급 이상	• 경동선 • ACSR/AW-OC + 바인드 보강재 • ACSR/AW-TR/OC

2 사업소 배전선로 내오손 대책 시행 미흡

1) 내염 기자재 활용실적 미흡

전국 사업소의 내염기자재 활용실적 분석결과 신개발 기자재 활용 및 구매실적이 저조한 것으로 나타났으며, 특히 내트래킹전선(ACSR/AW-TR/OC), 폴리머 COS의 활용실적이 낮게 나타났다

표 18.1 구매실적 비교('07. 12 기준)

구 분	오손등급	구매실적	구매비율
COS	자 기	184,013개	96.8%
	폴리머	6,005개	3.2%
전선	ACSR/AW-OC	26,644 km	90.6%
	ACSR/AW-TR/OC	2,751 km	9.4%

☞ 폴리머 COS, 내트래킹 전선이 비저장 품목으로 자재청구시 조달기간 과다로 사업소 청구 기피

2) 염해대비 불량애자청소, 세정실적 저조

내오손 보수기준상 염진해 지역별로 활선 주수차, 활선애자 청소기 등을 활용하여 집중적인 애자청소를 시행토록 하고 있으나 인력부족, 도심지역 작업곤란, 염해정전 감소 등의 이유로 활선애자 청소장비 활용실적이 저조하다.

⇒ 계절별, 지역별 염해발생 추이를 분석하여 애자청소 계획수립 후 자체인력, 협력업체 등을 활용하여 세정작업 시행 필요

3 주요 기자재 내오손 성능 미흡

표 18.3 기자재 내오손 성능

구 분	현 상	원 인
변압기	• 염해지역 변압기 설치후 3~5년 경과시 외함부식 발생 • 부식으로 인한 절연유 유출 발생	• 도장막 규격 및 재질 미흡

구 분	현 상	원 인
절연전선	• LP개소의 절연전선 트래킹 및 전선 침식 및 단선고장 빈번 • LP개소 바인드 부식, 침식 초래	• 애자표면 오손에 의한 누설전류 • 발수성 미흡
애 자	• 자기제 LP애자 파손사고 빈번 • 자기제 LP개소 전선부식 빈번	• 오손에 의한 섬락 및 Arc. 속류
COS	• COS 표면 섬락에 의한 파손 및 누설전류에 의한 휴즈용단 정전 발생	• 표면 오염에 의한 섬락전압 저하
피뢰기	• 피뢰기 표면섬락에 의한 파손고장 발생 • 리드선 탈락, 이물접촉 고장 발생	• 애자표면 오염 • 구조적 문제
바인드	• 정형바인드, 바인드리스 LP카바 트래킹 발생 여전 • 절연전선 침식 초래	• 바인드 규격 및 재질 미흡
ABC 선로	• 염해지역 ABC 케이블 트래킹 발생 • 선로고장 발생시 화재사고 발생 개연성 내재	• 누설전류, 케이블 재질 미흡 • 구조적 문제
개폐기	• 개폐기 몰드콘 부분 트래킹으로 인한 섬락 정전 발생	• 누설전류 • 재질미흡
붓 싱	• 붓싱/뚜껑접합 부위 부식발생 • COS 휴즈 용단 정전 초래	• 표면오손에 의한 누설전류

☞ 주요 기자재별로 적용기준 개선, 누설거리 증대, 차폐, 밀폐, 재질변경 등 종합적 내오손 보강대책 수립 필요

상기한 내용과 같이 많은 문제점을 내포하고 있으나 그 중에서 진해에 의한 애자 오손의 관리기법 제시를 통해 정전발생을 저감시키고자 한다.

4 애자정전 사고발생 추이

우리 회사의 2002년부터 2006년도까지의 배전선로 정전발생 건수는 그림에 나타난 바와 같이 감소추세를 보이고 있으나, 반면에 동기간 동안 애자고장에 의한 정전 발생 건수는 증가 추세를 나타내고 있다. 이는 애자관리에 대한 보다 엄격한 기준의 도입과 보다 효과적인 애자고장 방지를 위한 점검 방법의 개발이 필요함을 시사하고 있다.

배전선로의 정전 건수는 감소추세, 애자고장 정전 점유율은 증가 추세이다.
(12,608건 → 9,585건, 24% 감소) (4.6% → 5.8%, 21% 증가)

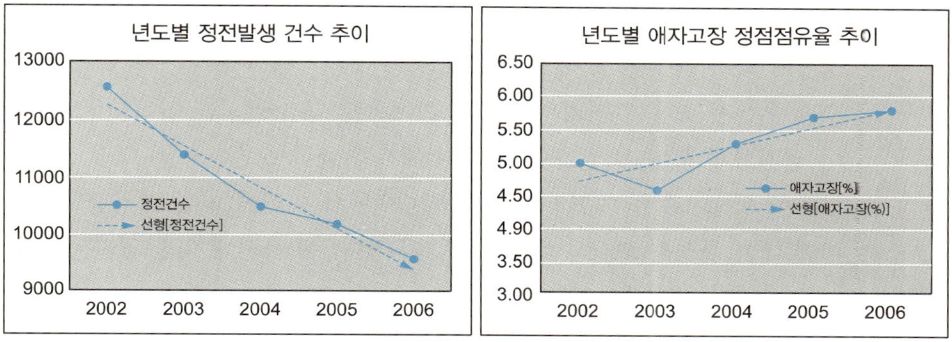

그림 18.1 애자정전 사고발생 추이

표 18.4 애자고장 건수 추이

구분	2002	2003	2004	2005	2006	평균
애자고장건수	631	524	552	581	557	570
정전발생건수	12,608	11,410	10,498	10,205	9,585	10,863
고장점유율(%)	5.0	4.6	5.3	5.7	5.8	5.3

5 애자정전 원인분석

1) 공업오손의 특성

공장지역에서 사용되는 애자류는 공장에서 배출되는 매연, 분진 등에 의해 오손되고 축적되어 가랑비, 안개 등의 습윤조건이 갖추어지면 매연이나 분진 등에 함유된 전해질이 녹아 오손섬락사고를 발생시킨다.

공업오손의 대표적인 예는 카바이트, 시멘트 등에 의한 것이며 매연과 분진의 종류에 따라 오손물의 종별 부착분포가 다양하므로 등가염분량으로 간주하여 판단하는 것은 실정을 포함하지 않는 면도 있지만, 오손의 기본적인 특성은 변하지 않는다. 매연과 분진의 크기와 분포에 대한 조사를 고찰하면 입자의 크기 범위는 0.001~120 μm이며, 이 중에서도 0.5~2 μm의 것이 94%를 점한다고 조사되어 있다. 기중에 분포도를 조사하면 많을 때는 3000개/c.c이고 작을 때는 40개/c.c 정도이며 평균적으로는 100~300개/c.c가 된다. 또한 이의 분포는 계절에 따라서도 변동하고, 풍속이 크게 감소하고 습도가 높게 되면 증대한다고 한다.

애자에 오손되는 분포를 조사한 결과에 따르면 장기간에 걸친 오손에서는 애子의 형상에 따라 좌우된다. 애자의 부분 중에서 우세정 작용이 적용되기 쉬운 곳은 작게 오손 우세정 작용이 어려운 보호 공간에서는 과전에 의한 집진작용으로 인하여 오손이 현저하게 높아진다. 254 mm 현수애자에 대한 오손분포는 그림 18.2와 같다.

또한 공업오손은 매연과 분진의 발생원에서 거리에 따른 부착량 특성을 가지므로 이에 대한 특성을 고찰하면 그림 18.3과 같다. 이 곡선에 의한 결과는 오손의 진행 양상을 총괄한 특성으로 보여 준 것이다.

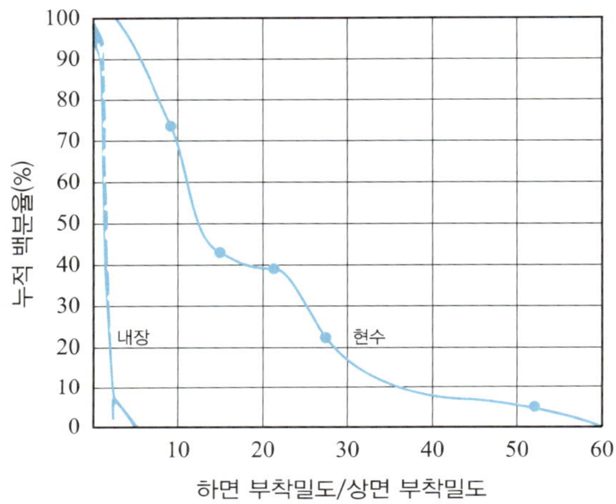

그림 18.2 공업오손지역의 애자오손분포

2) 수용해성 성분과 불용해성 성분의 영향

공업적 오손에서는 조성 성분이 복잡 다양하므로 이들 성분의 분류는 일반적으로 수용해성 성분(전해질)과 불용해성 성분으로 나누어 분석하는 것이 바람직한 것으로 조사되었다. 수용해성 성분은 가랑비, 안개 등에 의하여 습윤되어 전해액으로 형성되어 누설전류 증가시키는 원인이 된다.

불용해성 성분의 많고 적음은 보수능(흡습하여 습기를 유지하는 것)과 관련되며, 국부방전으로 열건조가 되므로 불용해성분이 많은 곳에서는 누설통로의 전위 분포를 좋지 않게 한다. 수용해성 성분에 의한 특성의 고찰은 '2'의 '나'항에서 염의 종류에 따라 섬락전압 특성을 설명하였다. 공업오손은 앞에서 서술된 염 이외에 H_2SO_4가 중요

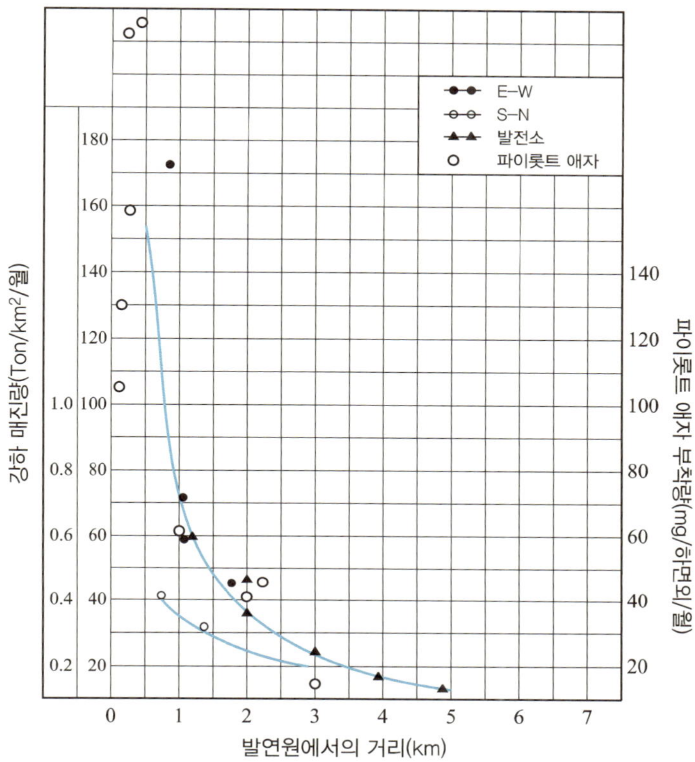

그림 18.3 발연원에서 거리별 부착량 및 강하 매연량(일본의 경우)

한 것으로 조사되었고 H_2SO_4의 모델(model)시험에서 나타난 특성은 NaCl에 비해서 거의 25% 높은 섬락 전압을 나타냈다.

$CaCl_2$와 H_2SO_4를 비교한 결과에 의하면 농도가 높은 값에서 $CaCl^2$쪽이 높은 섬락 전압을 가졌지만 농도가 낮아지면 NaCl과의 차이가 모두 적게 된다. 낮은 농도에서는 아크 진전에 따라 통로의 건조 변형의 효과가 크게 작용하기 때문에 전해액의 특징이 명확하게 나타나지 않는다.

$CaCl_2$에서 나타난 또 하나의 특성은 아크 진전시 유리면에 작은 파손 흔적을 나타내면서 아크가 진전하는 것으로 알려졌다. 연진중에서 불용성분은 앞서 설명된 것에서 연진의 보수능에 의해 누설전류 및 국부 아크에 의한 건조대를 발생시키는 것으로 설명되고 있는 것이 통상적이다. 일본에서 조사된 결과에 의하면 화력발전소 근처에 장기간 방치된 현수애자의 테(rim)가 파손되고 심한 곳은 자기가 완전 파손되는 현상

이 나타났다. 이러한 오손이 된 애자를 인공 안개중에 운반하여 전압을 인가하여 조사한 결과 국부아크에 의하여 애자가 강한 편열을 받아 파손되고 국부아크 끝부분에 glass화된 작은 입자가 나타나는 것이 관찰되었다. 불용해성분의 특성을 관찰하기 위해서 인공적인 실험결과의 예로 다음과 같은 실험이 행하여졌다. 0.1%의 염수에 도가니용 흑연(graphite)을 분말로 하여 60g/1 혼합한 다음 시험한 결과는 그림 18.4와 같다. 이 결과에서 염수자체의 섬락전압과 거의 같고 섬락 전압값만 저하된 것을 나타내었다. 이것에서 국부아크 진전에 대하여 아크선단에 나타난 작용은 도전성이 좋은 흑연이 누설거리를 단축시켜주는 현상을 나타내는 경우로 고려된다.

위의 결과로써 불용해성의 역할은 단지 보수능으로 만이 아니라 국부진전에 어떤 관계를 유지한다는 것이 실제적이 된다.

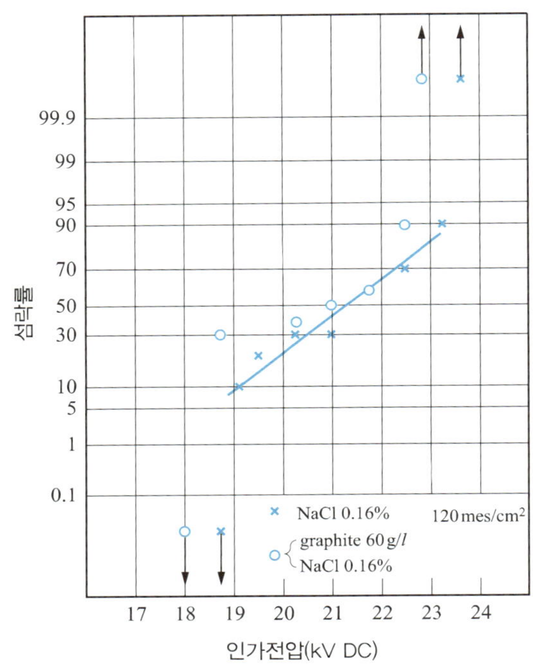

그림 18.4 불용해성분 영향

3) 염·진해 발생지역별 특성

공업지역의 진해에 대한 오손 검출기법 및 배전애자 관리기준 설정이 필요하다.

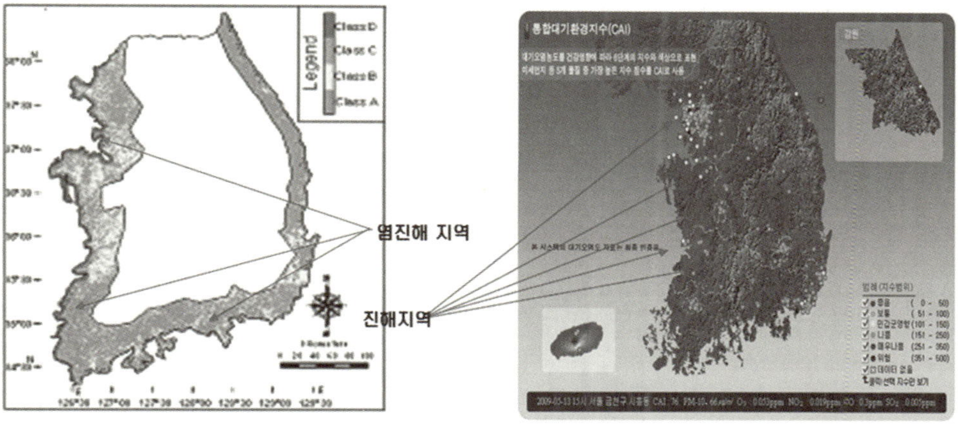

그림 18.5 염진해 지역 분포도

그림 18.5에서 보는 바와 같이 해안선을 따라 염해가 발생하고 있으며, 반면에 해안선 및 내륙 공업지대를 중심으로 진해발생 지역이 분포 되어 있음을 알 수 있고, 현재 염해에 대한 관리기준은 있으나 진해에 대한 관리기준은 없다. 또한 애자오손 정전시 피해범위 넓고 고장복구에 장시간 소요, 경영손실 초래함으로 특히 공업지역의 진해에 의한 오손 검출기법 및 배전애자 관리기준 설정이 필요한 실정이며, 우리회사 배전설비 보유 현황은 다음과 같다.

- 배전설비 현황(08년 12월 기준)
  - 배전선로 긍장 약 40만 km
  - 전주 약 800만 본
  - 설치 배전애자 약 5,000만개 이상
  - LP 애자 : 2,400만개 이상
  - 현수애자 : 3,000만개 이상
  - 기타(폴리머 애자, 피뢰기 애자 등)
  - 주상변압기(애자) 약 189만 대

4) 염·진해에 의한 고장 유형 및 발생 메카니즘

염·진해 발생 메카니즘은 해안지역과 중공업 단지의 염 진해로 인한 오손물이 배전설비에 부착되어 부식과 열화촉진 및 수명감소로 인해 정전사고 발생하며 고장발생

유형 및 발생 부위에 대한 메커니즘은 아래 그림 18.6과 같다.

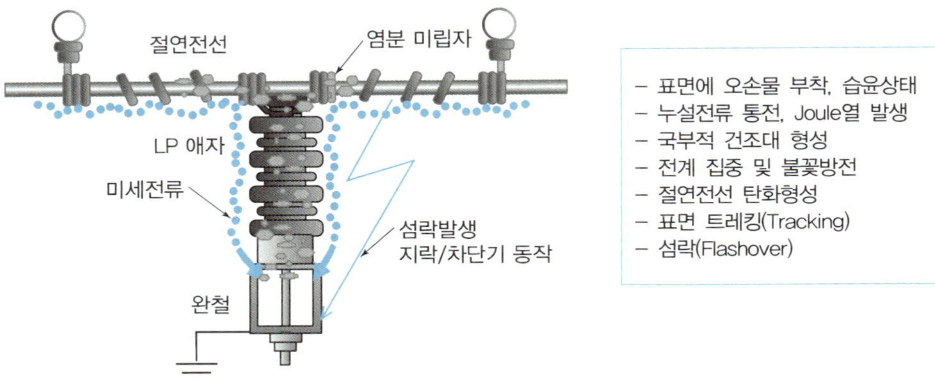

그림 18.6 애자고장 정전발생 메커니즘

염해(鹽害)정전

- 파도가 바람, 암벽 등으로 부서지면서 미립자로 공기 중으로 비산되어 해풍 등에 실려 전력설비 표면에 부착
- 수분증발 과정의 반복을 통하여 염분이 애자표면에 누적되고 이슬, 가랑비, 농무 등으로 인하여 애자표면이 습윤(濕潤, Wet) 상태가 됨
- 애자표면에 미세전류를 형성하며, 누설전류로 인한 Joule열(I^2R)로 인한 건조대(dry band)를 형성, 국부방전을 거쳐 섬락정전

진해(塵害)정전

- 가용성, 비가용성의 화학물질을 함유한 매연, 분진이 공기 중으로 비산하여 애자를 오손한 후
- 가랑비, 농무 등으로 습윤 조건이 갖추어지면 매연 등에 함유된 전해질이 녹아 오손 섬락정전을 유발함

2목표 달성에 의한 정량적 효과는 정전발생 건수를 30% 저감시키고 배전설비 건전성 검사비용을 160억/년간 절감하며, 설비진단을 위한 용역 및 유지보수 비용을 절감하는 것이다. 정성적 효과로서는 정전발생 감소로 고객만족도의 향상과 전력공급 품질향상 및 설비의 신뢰도를 제고하는 것이다.

※ 예산절감 비용 근거 : 전주 800만본 × 2,000원/본 = 160억원/년

18.2 시험장치 및 시험방법

1 시험계획

배전애자 진해오염에 대한 기준 및 방법의 정립을 위해 필요한 시험계획을 수립하고 이를 추진하였다. 해안 및 내륙지역에서 수거한 배전애자에 대하여 현장 환경조사를 거쳐 애자에 부착된 화학성분의 분석을 위해 한밭대에 정밀 분석 의뢰하였으며 분석된 화학성분을 토대로 애자의 절연저항을 측정하였다. 측정된 절연저항과 코로나 발생의 관계를 규명하기 위하여 시험을 수행하였고 절연저항의 정도를 인공적으로 조절하여 검출기의 표시값과 연관성을 분석하는 실험을 수행하였다.

진해오염 배전애자 시험계획(dD+18)

시험내용	1	2	3	4	5	6	7	8	9	10	11	12	13	14	15	16	17	18
배전애자 현장발췌 수집 및 현장환경조사 (각 지점별 방문협의 및 한밭대 분석의뢰)	■	■	■	■	■													
애자 절연저항 측정 애자 화학성분 분석				■	■	■	■	■	■	■	■							
애자 자연환경 조건 화학인자도출시험 (절연저항 측정시험						■	■	■	■	■	■	■	■					
애자 절연파괴 검출기 검출성능시험 (검출기 검출 검량선 작성시험) 1차 시험 후 시작품 완성 후 최종 시험											■	■	■	■	■			
애자 Deposit 방지용 도료성능 시험			■	■	■	■												
검출기 성능 Optimizer 실험												■	■	■	■			
검출기 현장 검증 및 Verify 실험															■	■	■	■

2 시험장치 및 계측기

수거된 각종 애자에 대한 전기적 특성의 평가를 위해 절연저항 측정기 등 각종 계측기를 활용하여 시험을 수행하였다. 배전애자에 실지 전압을 가하기 위한 시험기와 애자의 습분을 모사하기 위한 챔버를 구성하였다. 각종 애자에 대한 이력을 기록하였으며, 지상에서 배전 선로상의 거리가 14 M인 점을 감안하여 14 M 위치에서 검출하기 위한 레이저 거리계 등을 사용하였다. 또한 배전애자 구분을 위해 열화상 카메라도 활용하였다.

3 시험방법 및 모습

그림 18.7 22,900 V 가압장치

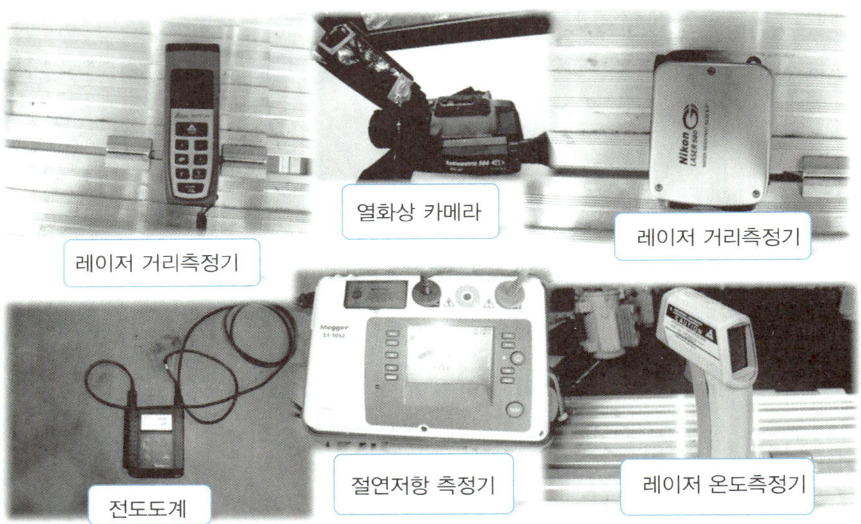

그림 18.8 각종 측정기

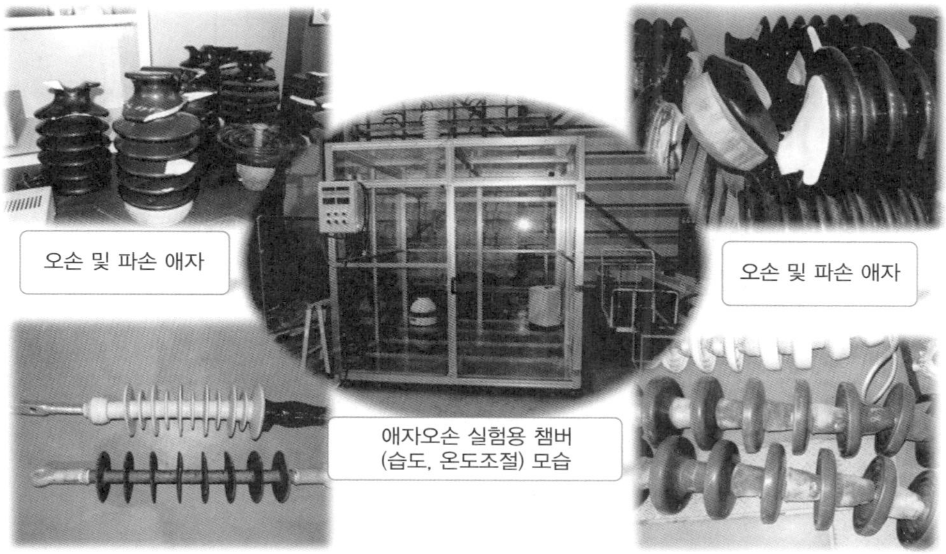

그림 18.9 시료 및 측정용 챔버모습

그림 8.10 애자 절연저항 등 시험실 실험모습

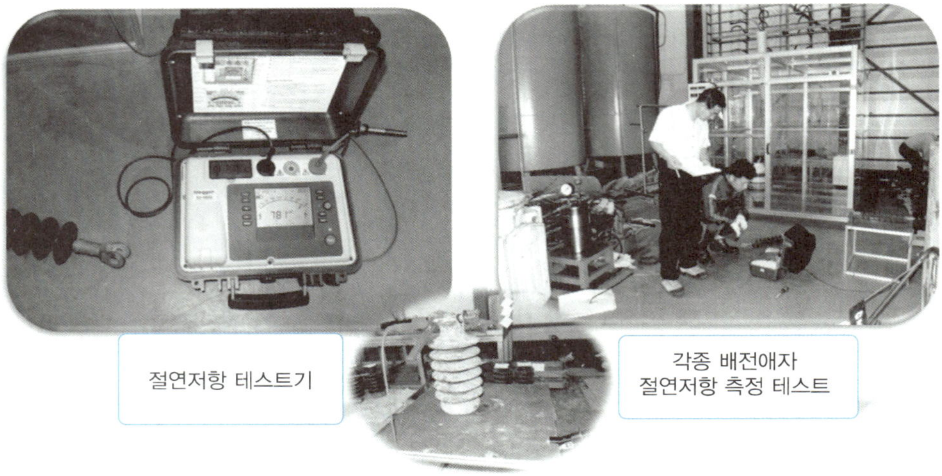

그림 18.11 애자 절연저항 시험 모습

지역	구미 (LP애자)			포항 (LP애자)				북부산 (LP애자)		여수 (LP애자)				안산 (현수)	구미 (현수)			여수 (현수)	안산 (현수)	포항 (폴리머)				안산 (폴리머)			여수 (피뢰기)		여수 (피뢰애자)	
시료번호	1	2	3	1	2	3	4	1	2	1	2	3	4	1	1	2	3	1	1	1	2	3	4	1	2	3	1	2	1	2
절연저항 (GΩ)	**55 M**	13	52	15	32	13	19	21	21	20	39	59	70	75	20	15	4	14	8	76	156	362	650	197	245	78	19	4	23	35
검출기 (V)	**0.03**	0	0	0	0	0	0	0	0	0	0	0	0	0	0	0	0	0	0	0	0	0	0	0	0	0	0	0	0	0

그림 18.12 절연저항 및 검출기 시험 절차

그림 18.13 절연저항 및 검출기 시험 절차

검출기 성능의 정량화를 위한 인공오손 애자시료 제조공정

그림 18.14 절연저항 및 검출기 시험 절차

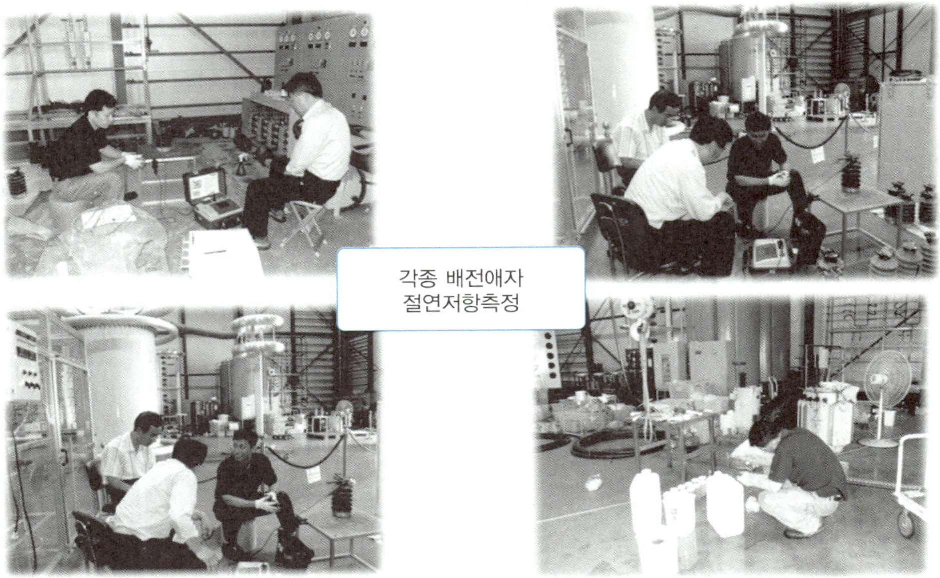

그림 18.15 절연저항 시험

배전 애자의 절연저항이 낮을수록 코로나 검출기의 지시치는 상승됨

절연저항과 코로나의 전기적 특성 실험결과

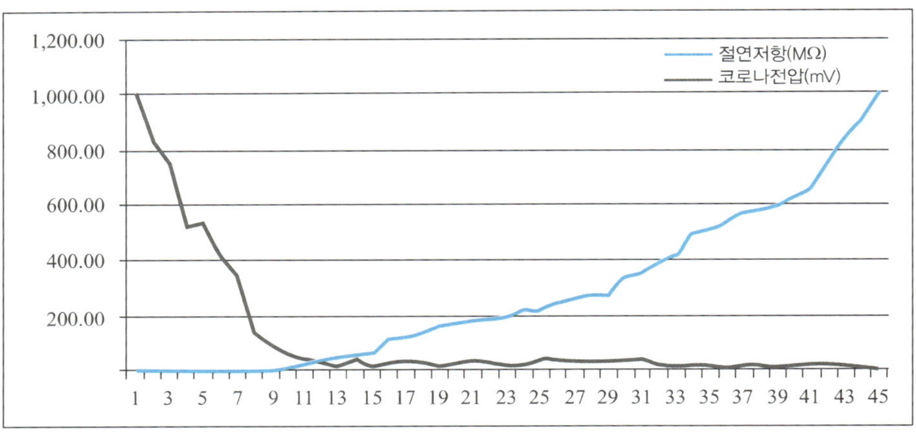

그림 18.16 절연저항과 코로나 전압과의 관계

18.3 분석 및 개선안 도출

1 애자 오손과 섬락

오염은 애자에서의 섬락이나 국지적 아킹의 한 원인이다. 애자에의 오염물질의 부착 및 누적은 표면에 얇은 도전층을 만들며 이것은 표면 누설전류의 증가를 가져와 애자의 절연성능을 저하시키며 종국에는 섬락을 야기시킨다. 섬락은 가랑비, 미스트 혹은 안개나 높은 습도와 같은 가벼운 젖음 상태에서 일어나며 선로의 경과지에 따라 오염원별로 여러 형태의 오염이 나타난다. 애자 표면에 오염 누적량이 설계치를 넘을 때 애자련에서 섬락이 일어나며 전선의 trapping을 초래하게 된다.

종종 이런 섬락은 애자의 decapping(탈락)을 일으켜 전선이 떨어지고 cross-arm, 철탑 끝, 혹은 연결 구조물에 손상을 초래한다. 이런 문제를 피하기 위해 오염물질의 누적이 기준을 초과했는지 아니면 아닌지를 평가하기 위한 오염 측정이 필요하다.

오염물질의 누적으로 인한 섬락현상은 자기재에서의 그것과 폴리머 애자의 섬락은 다른 발생 메커니즘을 가지는 것으로 알려져 있다. 자기재 애자에서는 애자 표면에 고르게 오염물질이 부착되고 이들 오염물질에 습도가 높거나 이슬비가 내리는 등 오염물질이 제거되지 않고 수분이 가해지는 조건이 형성되면 도선성 오염물질을 따라 누설전류가 흐르게 된다.

누설전류는 Joule 열을 발생시켜 건조대를 형성한다. 또한, 누설전류가 흐르는 경로에 있는 오염물질 중 유기물질은 열에 의해 탄화되며 탄화된 유기물질은 도전성을 가지게 되므로 이를 경로로 하여 섬락이 일어난다. 자기재 애자에서의 섬락은 건조대를 거쳐 1회에 하나씩 일어난다.

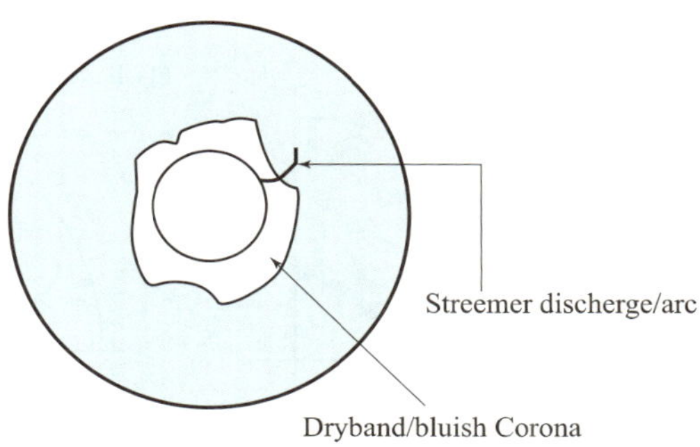

그림 18.17 자기재 애자에서 건조대의 형성과 섬락

폴리머 애자에서의 섬락발생 기구는 자기재 애자에서의 그것과는 현저히 다르다. 그림 4.2에 나타낸 바와 같이 폴리머애자에서는 발수성을 잃거나 약해진 애자의 표면에 형성된 수용성 오염물질이 녹은 물방울 필라멘트를 통해 섬락이 발생하며 이 경우 섬락은 여러 개가 동시에 발생하는 것이 일반적인 것으로 알려져 있다.

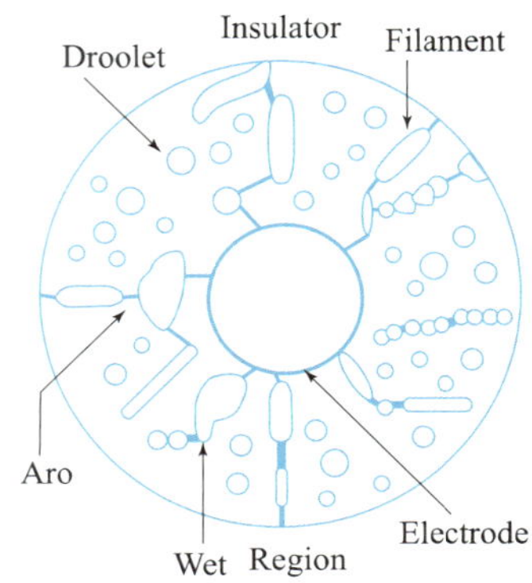

그림 18.18 폴리머애자에서 수분 필라멘트의 형성과 섬락

애자 표면에는 바람에 실려 온 오염물질이 달라붙고 이들이 빗물에 씻기거나 바람에 쓸려 떨어지는 과정을 반복하며, 이 과정에서 오염물질의 누적이 발생하게 된다. 폴리머 애자의 경우에

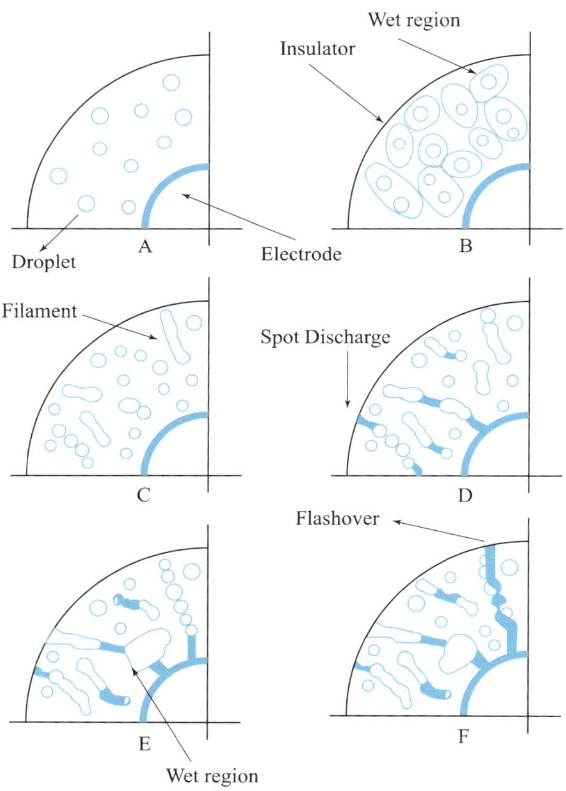

그림 18.19 폴리머애자에서 오손에 의한 섬락 기구

는 자기재 애자의 경우와는 달리 발수성 유지를 위하여 저분자량의 오일이 플리머 애자의 몸체에서 애자 표면으로 이동되므로 오염물질의 잔류 가능성이 자기재에 비해 높을 것으로 예상된다. 이러한 애자의 오염 상황에 대하여 오염 성분과 전기적 특성의 변화 등을 규명하기 위하여 각종 실험을 수행하였다.

이를 위하여 시료를 수집하였는데 본 실험에서 사용한 시료는 전국 해안지역의 전주에서 발취한 애자를 대상으로 하였다. 애자는 동대전, 인천, 여수, 구미, 프항, 북부산 및 군산 지점에서 수거하였다.

2 애자의 절연저항 테스트

수거한 각 지역의 애자에 대해서 절연저항 테스트를 수행할 예정이므로 우선 절연저항기에 대하여 GAGE R&R을 수행하였다.

그림 18.20에서 보인 바와 같이 절연저항 테스트기에 대한 GAGE R&R 수행 결과 % 연구변동에서 Gage R&R이 1.79%로 Accept 가능하였다.

Gage R&R 분석 - 분산 분석 방법
교호작용이 없는 이원분산분석표

출처	DF	SS	MS	F	P
PART	9	1654201	183800	14447.2	0.000
측정자	1	3	3	0.2	0.668
PART * 측정자	9	115	13	0.8	0.609
반복성	20	312	16		
총계	39	1654630			

출처	편차(SD)	연구 변동(6 * SD) %	연구 변동(%SV)
총 Gage R&R	3.835	23.01	1.79
반복성	3.835	23.01	1.79
재현성	0.000	0.00	0.00
측정자	0.000	0.00	0.00
부품-대-부품	214.351	1286.11	99.98
총 변동	214.385	1286.31	100.00

고유한 범주의 수 = 78
측정치에 대한 Gage R&R

측정자	#1	#2	#3	#4	#5	#6	#7	#8	#9	#10
송규소	494	355	282	73	449	73	449	23	686	255
	493	357	283	76	448	75	450	23	685	260
박태성	493	356	283	72	447	75	447	23	688	257
	495	357	280	74	449	76	451	24	689	261

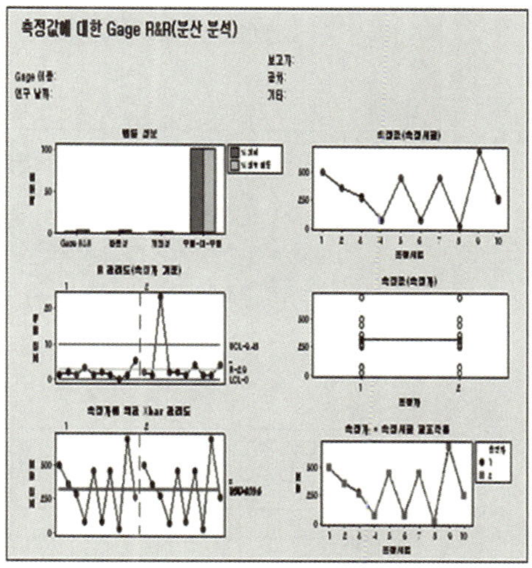

그림 18.20 절연저항기의 GAGE R&R 수행결과

따라서 그림 18.21과 같은 측정 FLOW에 의해 수거된 애자에 대하여 절연저항을 측정하였다.

또한 수거한 각 지역의 애자에 대하여 진해오염 주요인자 화학분석 결과 양 /음이

계측기				
	품 명	절연저항측정기	검교정	2009.1.2
	Gage명	Megger Tester	측정자	박태성/송규소
	분해능	0	측정일자	2009. 5. 22
	단 위	[MΩ]	Data 분석	박태성

측정방법

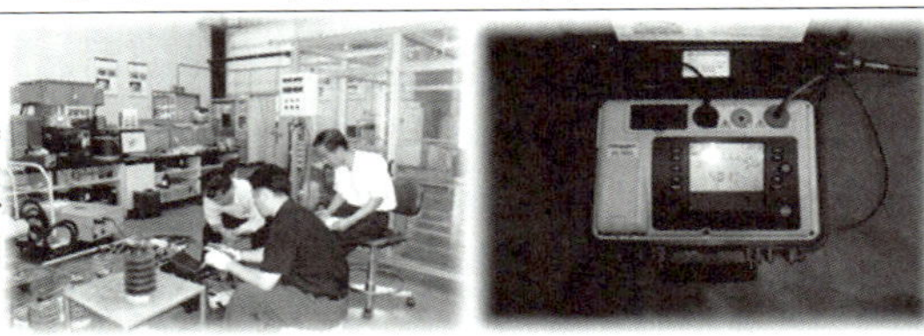

측정자료

측정자		#1	#2	#3	#4	#5	#6	#7	#8	#9	#10
송규소		494	355	282	73	449	73	449	23	686	255
		493	357	283	76	448	75	450	23	685	260
박태성		493	356	283	72	447	75	447	23	688	257
		495	357	280	74	449	76	451	24	689	261

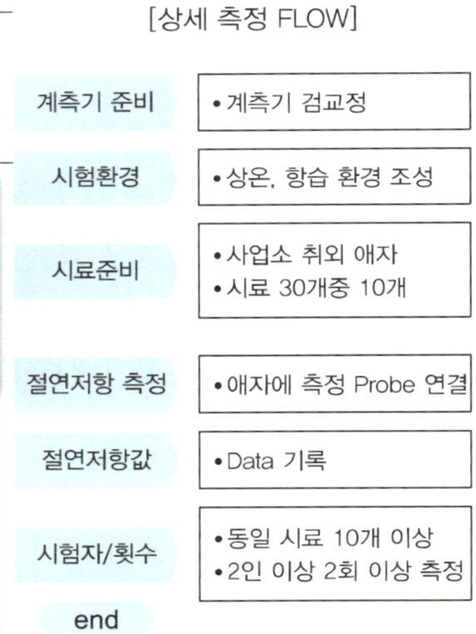

그림 18.21 절연저항 측정 및 상세 측정 FLOW

온 성분들이 염(Salt)의 형태로 애자에 부착되어 절연저항을 저하시키는 메카니즘으로 작용됨을 확인하였다.

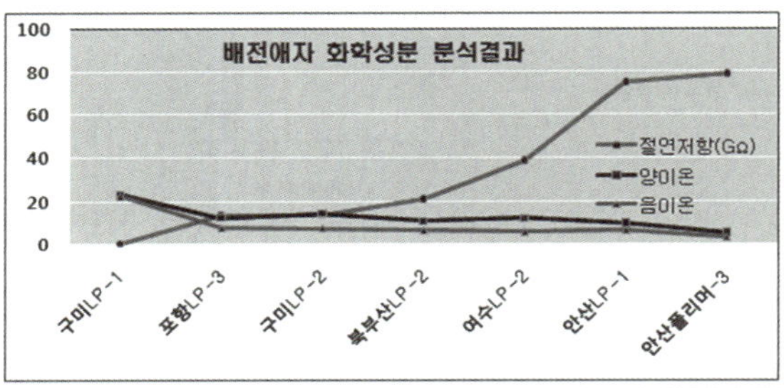

Megger Gage R & R 분석 결과

Gage R&R 분석 - 분산분석 방법
교호작용이 없는 이원분산분석표

출처	DF	SS	MS	F	P
PART	9	1654201	183800	14447.2	0.000
측정자	1	3	3	0.2	0.668
PART * 측정자	9	115	13	0.8	0.609
반복성	20	312	16		
총계	39	1654630			

출처	편차(SD)	연구 변동(6 * SD) %	연구 변동(%SV)
총 Gage R&R	3.835	23.01	1.79
반복성	3.835	23.01	1.79
재현성	0.000	0.00	0.00
측정자	0.000	0.00	0.00
부품-대-부품	214.351	1286.11	99.98
총 변동	214.385	1286.31	100.00

고유한 범주의 수 = 78

시료명	절연저항(GΩ)	양이온(mg/L)	음이온(mg/L)
구미LP-1	0.058	23.39	22.68
포항LP-3	13.5	12.29	7.38
구미LP-2	13.6	14.12	7.2
북부산LP-2	21	10.64	6.02
여수LP-2	39	11.78	5.36
안산LP-1	75	9.57	6.25
안산폴리머3	78.9	4.97	2.77

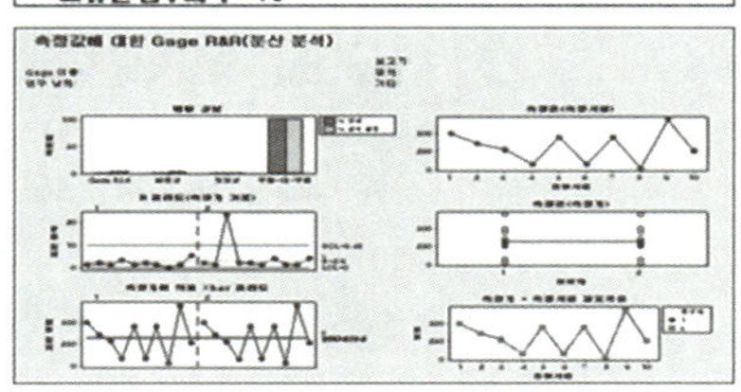

그림 18.22 배전애자 화학성분과 절연저항 관계

배전애자 화학분석 결과 진해 오손물질이 절연저항 저하에 영향을 미친다.
☞ 진해 오염량(양·음이온 농도)과 절연저항은 반비례한다.

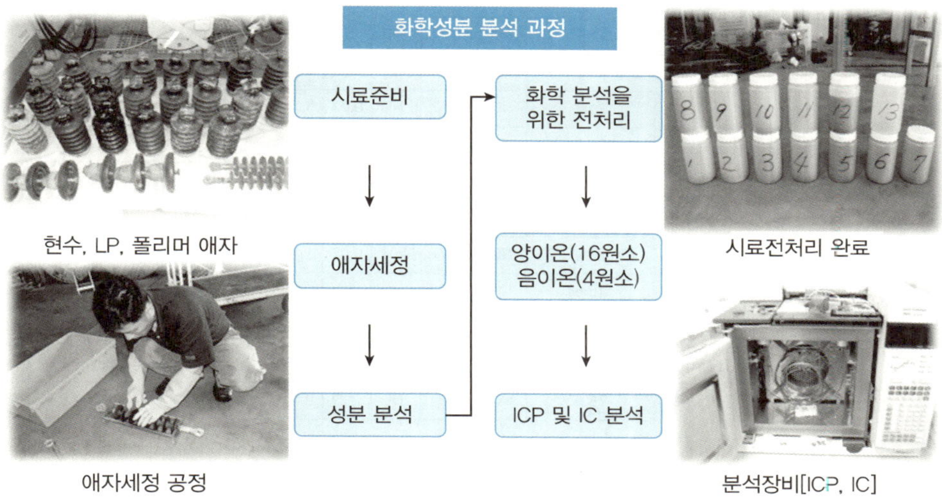

그림 18.23 화학분석 과정

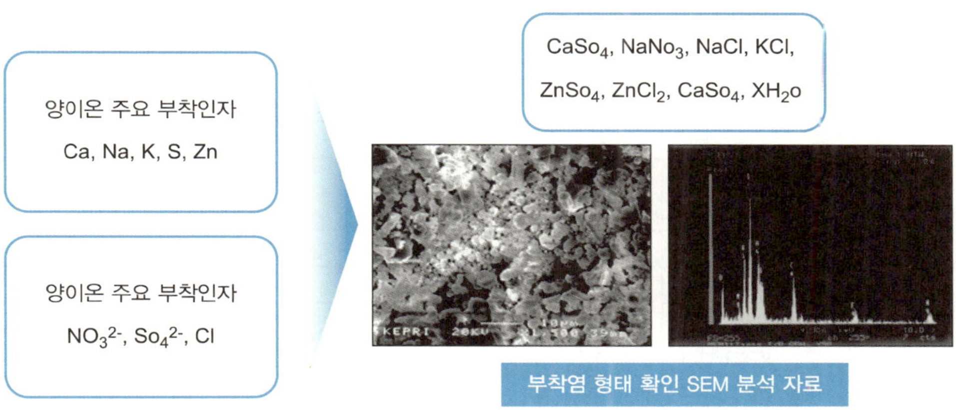

그림 18.24 부착염의 형태

표 18.5 양이온 : 13개 분석 결과

번호	sample name	Mega Value(GΩ)	Al	Ca	Cu	Fe	K	Mg	Mn	Na	Ni	S	Si	Ti	Zn
1	구미 LP-1	55.8MΩ	ND	7.49	0.05	ND	4.64	0.46	0.02	3.57	ND	2.89	ND	ND	4.27
2	구미 LP-2	13.6	ND	4.69	0.02	0.02	2.30	0.34	0.02	3.09	ND	1.18	ND	ND	2.46
3	포항 LP-1	15.9	ND	10.71	ND	ND	1.21	0.97	0.07	3.69	ND	5.16	ND	ND	2.49
4	포항 LP-3	13.5	ND	4.93	ND	ND	1.24	0.56	0.02	1.85	ND	1.82	ND	ND	1.87
5	북부산 LP-1	21.1	ND	3.67	ND	0.03	1.23	0.44	0.01	1.71	ND	1.22	ND	ND	2.15
6	북부산 LP-2	21.0	ND	3.62	0.01	0.03	0.90	0.38	0.01	1.71	ND	1.72	ND	ND	2.26
7	여수 LP-1	20.3	ND	4.20	0.02	0.01	1.63	0.57	0.01	1.64	ND	1.49	ND	ND	3.93
8	여수 LP-2	39.0	ND	4.56	0.01	0.02	1.56	0.62	ND	1.84	ND	1.29	ND	ND	1.88
9	안산 LP-1	75.0	ND	2.77	0.01	0.07	1.14	0.34	ND	2.76	ND	0.75	ND	ND	1.73
10	구미 현수-2	15.6	ND	6.62	ND	ND	1.61	0.52	0.03	3.25	ND	2.74	ND	ND	2.67
11	여수 현수-1	14.0	ND	2.83	ND	0.03	0.75	0.41	ND	1.53	ND	1.03	ND	ND	3.15
12	포항 폴리머-1	76.7	ND	5.70	0.03	ND	3.28	1.51	0.05	2.97	ND	2.97	ND	ND	2.18
13	안산 폴리머-3	78.9	ND	1.84	ND	ND	0.53	0.28	ND	1.09	ND	0.45	ND	ND	0.78

표 18.6 음이온 : 4개 분석 결과

번호	sample name	절연저항 측정값	F^-	Cl^-	No_3^{2-}	So_4^{2-}
1	구미 LP-1	55.8MΩ	0.06	9.72	3.98	8.92
2	구미 LP-2	13.6	0.04	4.93	0.70	1.53
3	포항 LP-1	15.9	0.24	6.59	2.57	26.61
4	포항 LP-3	13.5	0.08	2.47	0.92	3.91
5	북부산 LP-1	21.1	0.04	2.55	0.75	1.42
6	북부산 LP-2	21.0	0.05	2.03	0.75	3.19
7	여수 LP-1	20.3	0.05	2.16	0.51	2.10
8	여수 LP-2	39.0	0.03	3.06	1.00	1.27
9	안산 LP-1	75.0	0.05	3.62	0.52	2.06
10	구미 현수-2	15.6	0.16	5.18	0.59	5.02
11	여수 현수-1	14.0	0.03	1.86	0.61	1.08
12	포항 폴리머-1	76.7	0.12	4.73	1.22	2.90
13	안산 폴리머-3	78.9	0.04	1.01	0.66	1.06

실험을 수행한 결과를 결론적으로 종합하여 정리하면 화학분석/절연저항 시험결과 진해 오염으로 인해 절연저항이 저하된다.

- 현장수거 애자에 대한 화학분석 결과 진해 오염이 절연저항을 감소시키고 코로나(Corona)를 발생시켜 섬락발생(Flash Over)의 원인이 됨.
- 애자의 절연저항 저하는 기계적, 전기적, 환경적 요인에 의해 발생됨.
- 전기적 특성 시험결과 절연저항을 낮추는 요인으로는 화학적, 전기적, 물리적(제작결함. 충격 등)이 복합적으로 작용하는 것으로 확인함.

따라서 코로나 측정을 통한 절연저항의 관리가 가장 효과적인 관리 방법이며 사업소에서 배전설비의 건전성 관리를 위한 신개념의 검출기개발이 필요하므로 배전설비의 건전성을 코로나로 측정하는 신개념의 검출기 개발로 관리기준을 제시하고자 한다. 이를 위해 불량애자의 기존 측정 방법과 사례에 대한 현장 Interview, 분석으로 QFD를 실시한 결과, 배전선로 사고예방을 위한 아래와 같은 문제점 극복을 위한 간편하고 신뢰성 높은 검출장비 개발요구가 도출되었다.

현재 사용중인 검출방법에 대한 개선요구사항

- 관리기준의 제시보다 효율적인 검출방법 개발이 필요하다.
- 현재 사용 중인 장비의 운영이 어렵고 숙련이 요구된다.
- 애자 상태 점검 비용이 적게 소요 되어야 한다.
- 휴대가 간편하고 쉽게 사용할 수 있었으면 좋겠다.
- 저렴한 가격의 검출기가 있으면 좋겠다.
- 내구성을 가진 소형 검출기 개발이 필요하다.
- 주변의 방해요소 발생으로 점검결과에 대한 확신부족.
- 육안점검은 외관상 문제점 발견에 국한된다.

이러한 분석 결과를 바탕으로 코로나 측정에 의한 신개념의 검출기 개발을 CTQ로 선정하였다.

표 18.7 VOC

VOC (중요:9, 보통:3, 약간:1)	진단 기법	코로나 검출법	고주파 측정	열화상 진단	육안 점검	항공기 점검	초음파 측정	탄성파 검출	중요도 [1-5]
[고객 요구 사항]									
관리기준보다 효율적인 검출방법 개발이 필요하다		9	3	3	1	1	3	3	5
현재 사용 중인 장비의 운영이 어렵고 숙련이 요구된다		3	1	1	9	1	1	3	4
애자 상태 점검 비용이 적게 소요되어야 한다.		3	3	1	9	1	1	3	4
휴대가 간편하고 쉽게 사용할 수 있었으면 좋겠다		9	3	1	9	1	1	3	5
저렴한 가격의 검출기가 있으면 좋겠다		9	1	1	3	1	1	1	3
내구성을 가진 소형 검출기 개발이 필요하다		3	1	1	1	1	1	3	3
주변의 방해요소 발생으로 점검결과에 대한 확신부족		9	1	3	1	3	3	3	2
육안점검은 외관상 문제점 발견에 국한된다		3	3	1	3	1	3	1	1
합계		171	57	41	139	31	43	73	
순위		1	4	6	2	7	5	3	

CTQ

18.4 코로나 검출기 설계

1 코로나 검출기 성능에 영향을 주는 설계 인자 검토

배전 기자재(애자, 접속개소 등)의 건전성 진단 및 평가를 위한 신 개념의 검출기 설계 기술개발을 위해 고객의 Needs를 반영한 4개의 프로세스 인자와 검출기 성능에 영향을 주는 14개의 설계 주요인자를 선정하여 검토하였다.

중요도 별로 중요, 보통, 약간 등으로 분류하여 가중치를 주어 검토한 결과 프로세스에 가장 큰 영향을 주는 항목으로는 측정의 정확도 및 신뢰도와 휴대 및 측정의 편리성이 선택되었다.

영향인자 14개 항목 중에서 코로나 센서 감도가 가장 큰 영향을 주는 설계인자로 선정되었고 이를 적용하여 검출기에 대한 개념 및 기본 설계를 하였다.

표 18.8 검출기의 성능에 영향을 줄 수 있는 각종 인자

VOC (중요:9, 보통:3, 약간:1)	주요인자	검출방향성	감지거리	외부교란	재료단가	유지보수	센서감도	디자인	크기및무게	조작스위치	제작용이성	예비품	경보기능	측정값표시장	전원기능	중요도 (1-5)
프로세스																
휴대 및 측정의 편리성		3	1	1	1	1	9	9	9	1	1	1	3	3	1	4
측정의 정확도 및 신뢰도		9	1	1	1	3	9	1	3	1	1	1	3	9	1	5
장비의 제작 및 보수비용		9	1	1	9	3	9	3	9	1	3	3	1	1	1	3
조작 및 판독의 용이성		9	1	1	1	1	9	1	3	3	3	1	9	9	3	2
합계		102	14	14	38	30	138	52	84	18	24	20	48	78	18	
순위		2	13	14	7	8	1	5	3	11	9	10	6	4	12	

2 코로나 검출기 설비의 기기구성

코로나 검출기 성능에 큰 영향을 주는 인자와 기능을 반영한 검출기 설비의 기기구성은 감지부, 변환부, 처리부 등 3개 부분으로 설계하였다. 각 부분의 기능 및 특성으로는 감지부는 배전 선로(애자, 접속개소 등)에서 설비 이상시 발생되는 코로나 광을 감지한다.

변환부는 코로나 센서에서 측정된(측정범위 : 180~260 nm) 주파수를 정형화 된 전압의 크기로 변환시켜 주는 역할을 한다.

처리부는 변환부에서 코로나의 크기를 정형화한 데이터를 수신 및 연산하고 결과치로 전압의 최대 및 순시치 값과 기타 알람 기능 및 배터리 충·방전 상태를 LCD 모니터 창에 나타내어 준다.

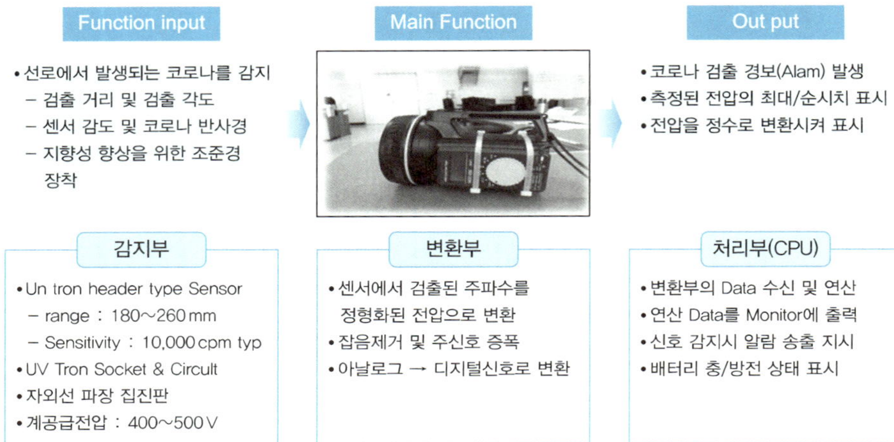

그림 18.25 코로나 검출기 기기별 구성 및 역할

3 코로나 검출기 세부 설계 흐름도

코로나 검출기의 설계는 중앙제어부에 의한 집중 제어방식으로 센서 감지부, 센서에서 검출된 주파수를 전압으로 변환하는 주파수/전압 변환부로 구성되어 있다. 그리고 주파수/전압 변환기에서 생성된 신호에 포함된 잡음을 최대한 제거하고 주 신호를 증폭하는 신호필터/증폭부가 있다. 또한, 전단 아날로그 신호를 디지털로 변환해 주는 아날로그/디지털 변환부, 입·출력 신호 및 전원부 전 시스템을 제어해 주는 중앙 제어부를 거쳐 측정된 결과 자료를 최종 화면출력 등으로 나타내 주는 부분으로 설계되었으며 세부 구성 및 설계 흐름도는 다음과 같다.

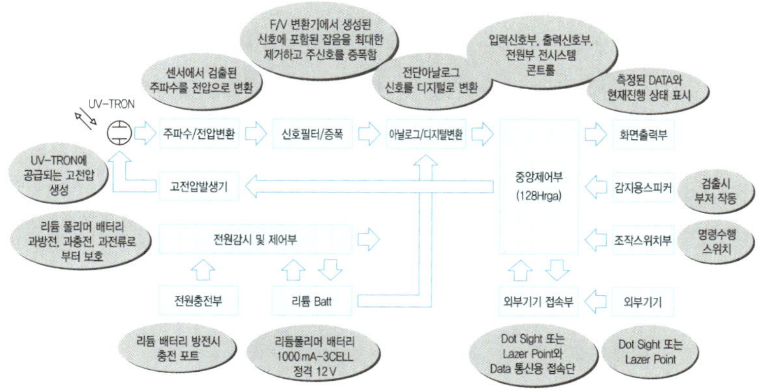

그림 18.26 집중제어방식

18.5 코로나 검출기 최적화

1 코로나 검출기 최적화 설계 개선

코로나 검출기의 1차 시작품은 외관이 일반 랜턴형으로서 내부 회로기판이 2개로 구성되어 있고 센서감지 범위는 180°로 제한적이다. 설계 개선을 위해 복잡한 회로기판을 일체형으로 단순화시키고 센서감지범위도 360°로 향상시키고, 감도를 높이기 위해 반사판 반경도 2.6 cm로 하였다. 설비의 고장 부위를 쉽게 찾을 수 있도록 조준경을 부착하였으며 주·야간 측정이 가능하고, 자료판독이 용이하도록 LCD 창을 설치하였으며, 배터리 잔량 표시등 기능을 추가하여 검출기의 기능 및 성능을 향상시켰다.

표 18.9 검출기별 규격 및 설계개선 결과

구분	1st 시작품	2nd 시작품	3rd 시작품	비고
검출기 단계별 시작품				• 조준경 장착 • 기능키 장착 • 센서 보호커버 • 배터리 잔량표시
센서 감지 범위	180°	360°	360°	광범위 검출가능
반사판 반경(R)	大(5 cm)	大(6 cm)	小(2.6 cm)	Focusing 향상
회로기판 크기	大(12×8 cm+ 5×8 cm)	大(12×8 cm+ 5×8 cm)	小(24×3.5 cm)	• Compact 구성 • 휴대 간편화
검출 표시창	DVM(디지털 전압테스터	DVM	LCD 액정	판독 용이
표시단위/지시치	소수점/순시치	소수점/순시치	정수, RMS 최고/순시치	신뢰성 향상
경보기능	있음	있음	있음	

2 코로나 검출기 설비의 성능시험 비교

코로나 검출기의 성능향상을 위해 센서의 감지 범위는 180°와 360°, 반사판 반경은 2.6 cm, 5 cm, 6 cm로 설계하였다.

시작품을 1, 2, 3차로 추가 제작하여 그 성능을 시험한 결과 센서의감지 범위는 360°, 반사판 반경은 2.6 cm인 3차 시작품의 검출기가 1, 2차 시작품 보다 센서의 감도가 좋고 성능과 신뢰성 측면 및 판독 용이성에서 우수한 것으로 나타나 최적의 검출기로 선정되었고 성능시험 결과는 다음과 같다.

1) 코로나 검출기 시작품별 성능시험 결과 비교

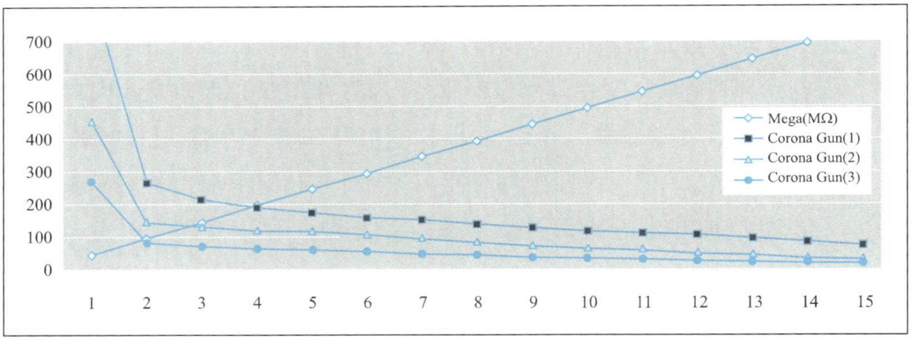

Mega 측정값 (MΩ)	50	100	150	200	250	300	350	400	450	500	550	600	650	700	750	800	850	900	950	1000
Corana Gun1 (V)	350	108	87	78	71	65	62	57	53	49	46	45	39	36	32	25	22	17	13	9
Corana Gun2 (V)	231	76	67	63	61	56	51	45	39	34	32	28	25	21	19	16	12	10	8	6
Corana Gun3 (V)	184	58	50	47	43	40	35	32	28	26	24	21	19	18	15	11	8	5	3	0

그림 18.27 시작품별 성능시험 결과

2) 코로나 검출기 거리별 전압 측정세기(500 MΩ 기준)

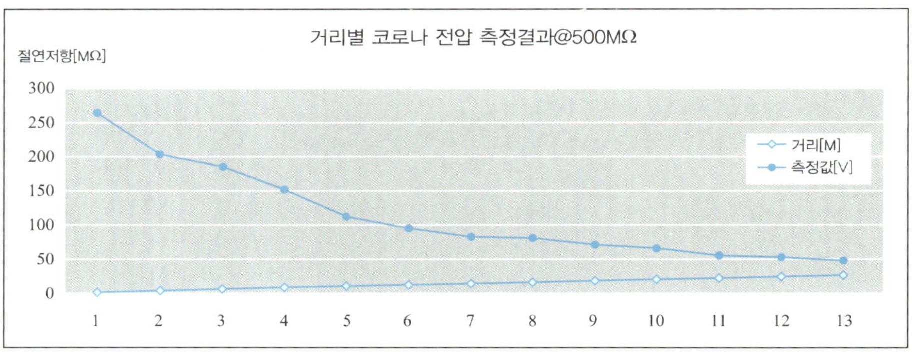

거리(M)	2	3	4	5	6	7	8	9	10	11	12	13	14
측정값(V)	268	207	187	154	115	98	85	83	72	67	58	54	49

그림 18.28 거리별 전압

3) 코로나 검출기 시작품별 성능 시험 사진

그림 18.29 검출기별 성능시험 모습

4) 코로나 검출기 현장 성능 시험 사진

그림 18.30 검출기 현장시험 모습

3 코로나 검출기 최적 설계도

코로나 검출기의 성능 향상을 위해 센서의 감지 범위, 반사판 반경 및 조준경 기능 등을 추가하여 성능시험을 실시한 결과 감도가 가장 좋고 성능과 신뢰성이 가장 우수한 최적의 검출기로 선정된 기기의 외형 및 설계도는 다음과 같다.

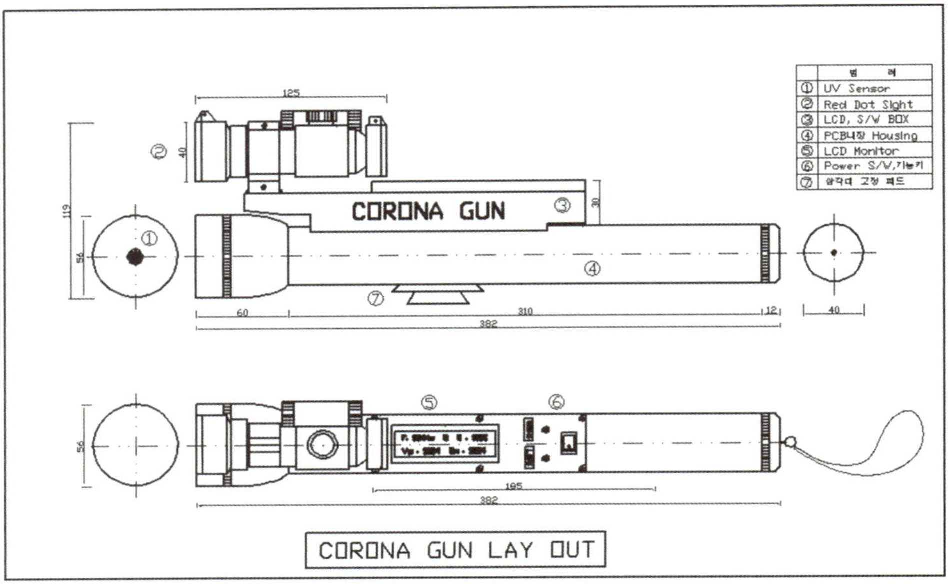

그림 18.31 코로나건 설계도

18.6 현장적용 및 검증

실험 데이터를 기초로 전국 각 지점(포항, 구미, 군산, 북부산, 동대전, 충남본부)의 진단장비와 코로나 건으로 동일 설비를 측정한 결과가 유사한 것으로 나타났다.

1 초음파 진단 결과와 코로나 건으로 측정한 결과가 유사함(포항지점)

전주번호	점검 및 판정	초음파 측정(포항지점)	Corona Gun	비고
문예간 4L2 [애자]	점검결과	40[kHz], 20[dB]	29[V]	결과유사
	판정	주의	관찰	
문예간 101 [애자]	점검결과	40[kHz], 20[dB]	29[V]	결과유사
	판정	주의	관찰	
성당간 40R4 [피뢰기]	점검결과	40[kHz], 20[dB]	29[V]	결과유사
	판정	주의	관찰	
양학간 39R4 [변압기 붓싱]	점검결과	40[kHz], 20[dB]	34[V]	결과유사
	판정	주의	주의 및 점검	

그림 18.32 코로나 건 vs 초음파 진단결과 비교

2 열화상 진단 결과와 코로나 건으로 측정한 결과가 유사함(구미지점)

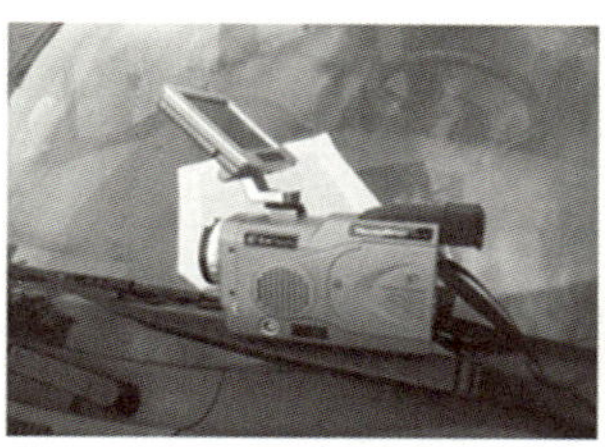

전주번호	점검 및 판정	열화상 점검(구미지점)	Corona Gun	비고
봉곡지 41R22R1 [애자]	점검결과	3도 차이	31[V]	결과유사
	판정	주의	주의 및 점검	
고산화학 [COS]	점검결과	18도 차이	152[V]	결과유사
	판정	교체	교체	

그림 18.33 코로나 건 vs 열화상 진단결과 비교

3 고주파 및 육안점검 결과와 코로나 건으로 측정 결과가 유사함(군산)

전주번호	점검 및 판정	초음파 측정(포항지점)	Corona Gun	비고
문창간 18H1 [애자]	점검결과	155[MHz], 40[dBm]	21[V]	결과유사
	판정	육안점검/주의	관찰	
문창간 52L11R8 [피뢰기]	점검결과	155[MHz], 40[dBm]	29[V]	결과유사
	판정	육안점검/주의	관찰	
문화간 21R4L4 [애자]	점검결과	155[MHz], 40[dBm]	29[V]	결과유사
	판정	육안점검/주의	관찰	
문화간 1R2L3R5 [변압기]	점검결과	155[MHz], 40[dBm]	34[V]	결과유사
	판정	육안점검/주의	주의 및 점검	

그림 18.34 코로나 건 vs 고주파 점검결과 비교

4 고주파 장비와 코로나 건으로 측정 결과가 유사함(북부산지점)

1) 일시 : 2009. 7. 23(목) 13:00~16:00, 날씨 : 흐림
2) 장소 : 부산광역시 사상구 학장동 공단지역

전주번호	점검 및 판정	고주파 장지	Corona Gun	비고
매립 39 (COS 3개)	점검결과	155[MHz], 40[dB] 이상	43[V]	철거 예정
	판정	육안점검/주의	경고	결과 유사함
매립 28 (LP 애자)	점검결과	155[MHz], 40[dB] 이상	53[V]	용접 외란 확인
	판정	육안점검/주의	점검 및 교체	결과 유사함

그림 18.35 코로나 건 vs 고주파 장비 측정결과 비교

5 현재 사용 중인 모든 장비와 코로나건 측정한 결과가 유사함(충남본부)

1) 일시 : 2009. 7. 28(화) 10:00~17:00, 날씨 : 흐리고, 비 조금

2) 장소 : 대전광역시 갈마동, 정림동, 괴곡동, 산직동, 봉곡동, 기성동 등

3) 점검자: 인디스(주) 하주영 이사외2명, 충남본부 강문형, 연구원 4명 등

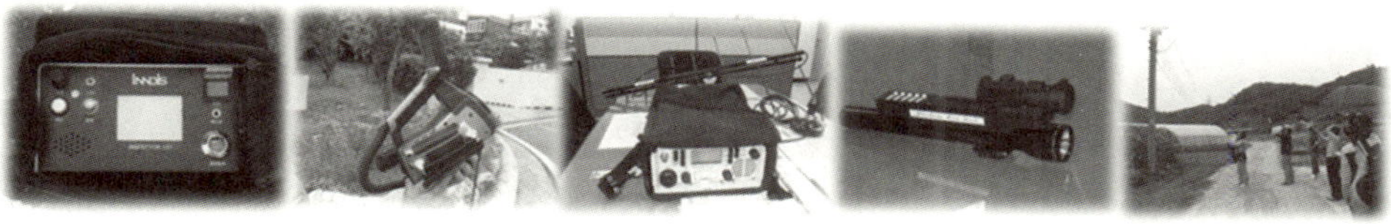

그림 18.36 각종 검출기기

표 18.9 코로나 건 vs 사용중 장비 검사결과 비교

전주 번호	점검/판정	초음파	고주파	열화상	쌍안경	코로나 건	결과 비교
온천선 77	점검결과	40 kHz 0 dB 검출안됨	155 kHz 0 dB 검출안됨	애자 25℃ 접속점 26.7℃	검출안됨	14V	
	판정	정상	정상	정상(1.7℃ 차이)	정상	정상(관찰)	유사함
온천선 47R16 L1L7	점검결과	검출안됨	검출안됨	애자 25.7℃ 접속점 26℃	검출안됨	0V	
	판정	정상	정상	정상(0.3℃ 차이)	정상	정상(관찰)	유사함
갈마선 22L10 78L2	점검결과	검출안됨	20 dB	애자 24℃ 접속점 26.4℃	검출안됨	4V	
	판정	정상	정상	정상(2.4℃ 차이)	정상	정상(관찰)	유사함
갈마선 22L23L2	점검결과	검출안됨	10 dB	애자 24℃ 접속점 24℃	검출안됨	4V	
	판정	정상	정상	정상(0℃ 차이)	정상	정상(관찰)	유사함
가수원선 9R1	점검결과	검출안됨	10 dB	애자 25.3℃ 피뢰기 26.1℃ 접속점 26℃	검출안됨	9V	
	판정	정상	정상	정상(0.8℃ 차이)	정상	정상(관찰)	유사함

전주 번호	점검/판정	초음파	고주파	열화상	쌍안경	코로나건	결과 비교
흑석선 99L9R4	점검결과	검출안됨	5 dB	애자 24.3℃ COS 24℃ 변압기 붓싱 26℃	검출안됨	24V	
	판정	정상	정상	정상(2℃ 차이)	정상	정상(관찰)	유사함
흑석선 140L2H1	점검결과	검출안됨	0 dB	폴리머애자 24℃ 접속점 24.6℃ COS 23.8℃	검출안됨	24V	
	판정	정상	정상	정상(0.8℃ 차이)	정상	정상(관찰)	유사함
흑석선 140L22R2	점검결과	검출안됨	20 dB	LP애자 24.5℃ 접속점 25℃	검출안됨	14V	
	판정	정상	정상	정상(0.8℃ 차이)	정상	정상(관찰)	유사함
흑석선 250L42	점검결과	검출불가	0 dB	현수애자 24.7℃ 접속점 24℃	검출안됨	14V	
	판정	- (비)	정상	정상(0.7℃ 차이)	정상	정상(관찰)	유사함
흑석선 381	점검결과	검출불가	60 dB	LP애자 24.9℃ 접속점 25℃ 피뢰기 24℃	검출안됨	26V	삼흥(주) 피뢰기 교체예정
	판정	- (비)	교체	정상(1.9℃ 차이)	정상	정상(관찰)	유사함
흑석선 250L5L9	점검결과	검출불가	0 dB	현수애자 B상 24℃ 슬리브 25℃ 완철 24℃	검출안됨	19V	
	판정	- (비)	정상	정상(1℃ 차이)	정상	정상(관찰)	유사함
흑석선 250R13	점검결과	22㏈	40 dB	현수애자 좌측 24℃ 완철 24℃	검출안됨	30V	
	판정	주의	교체	정상(1℃ 차이)	정상	주의/ 점검	유사함
흑석선 250R30	점검결과	20㏈	0 dB	현수애자 우측 24℃ COS 23℃ 접속점 24.4℃	검출안됨	19V	
	판정	정상	정상	정상(1.4℃ 차이)	정상	정상(관찰)	유사함

18.7 검출기 특성비교

1 진단 장비별 특성비교

초음파 진단 장비는 비(우천)에 취약하며 고주파 장비는 주변 소음(Noise)에 영향을 많이 받고 육안점검은 설비 외관의 기계적 손상을 발견하는 데 비하여, 코로나 건은 전천후 활용할 수 있어 상대적으로 우수성이 입증되었다.

2 진단 장비 종류 및 특성 비교

현재 각 일선 사업소에서 배전설비 예방점검용으로 사용되고 있는 모든 장비에 대하여 그 특성을 본 개발품인 코로나 건과 비교 분석하였다.

표 18.10 진단 장비 종류 및 특성

장비명	측정원리 및 방법	특성	운영 실태
초음파 측정기	부분방전 및 코로나 발생시 초음파[120 kHz] 수신 및 가청음 변환	초음파 수신시 잡음 영향 및 신뢰도 저하	위탁 용역 시행중
고주파 측정기	배전설비 열화시 발생되는 고주파[155 MHz] 검출	주위 잡음 영향 및 신뢰도 저하	자체 운영중
열화상 카메라	배전 설비의 온도차 검출	날씨에 영향, 우천시 불가	자체 운영중
광학 망원경	배전 설비 파손, 외부부식 및 오손상태 육안점검	외부상태 판단에 국한, 실효성 미비	자체 운영중
코로나 건	배전설비의 코로나 발생 검출	자외선 센서 활용, 휴대용이, 결과 해석 용이	개발 완료

초음파 검출기　고주파 검출기　열화상 카메라　코로나 건

그림 18.37 배전설비 예방점검용 장비

표 18.11 진단 장비별 특성 비교

검출기 종류	고주파 검출기	열화상 검출기	초음파 검출기	코로나 검출기
검출기 종류				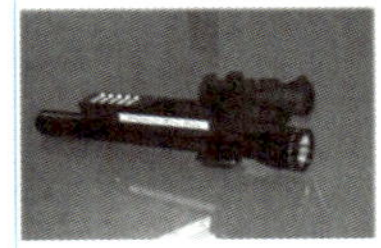
우천 및 강한 자외선	×	×	○	○
고압선의 전계	△	△	○	○
교통 혼잡지역	△	○	○	○
강한 아크·용접 등	×	×	×	×
장비가격 및 경제성	○	×	×	○
휴대성 및 편리성	△	○	×	○
데이터 판독성	△	○	○	○
숙련도 전문성	△	○	○	○

범례 : ○(영향없음), △(영향있음), ×(영향큼)

18.8 점검 및 관리기준

1 관리기준

배전설비에 대한 건전성 평가에 활용할 수 있는 신 개념의 코로나 검출기를 개발하고 성능을 최적화시켰다. 최적화된 검출기의 표시값과 애자의 절연저항과의 관계를 규명한 실험 결과를 바탕으로 하여 각 지역별로 수차례의 현장검증을 거쳐 배전설비 건전성 진단에 대한 관리기준을 다음과 같이 제시하였다.

표 18.12 코로나 건 진단관리 기준

단계	1단계[관찰]	2단계[주의]	3단계[경고]	4단계[교체]
검출기 표시값	30 이하	40 이하	50 이하	51 이상
점검대상	• 대상 : 배전 설비(애자, 피뢰기, 변압기 등) 및 접속 개소 등 ※ 08년 점검/시험률 : 10%(전주 81만본)			
점검방법	• 주기 : 순시 및 상시 점검시 활용 • 방법 : 자체점검 및 진단, 위탁용역 결과에 대한 검증용으로 활용			
사후관리	• P0 부서(배전계획처)에서 시범적용 및 확대적용 예정 • 이상 발견시 관리기준에 따라 조치 • 배전설비 점검 결과 작성 및 기기 이력철로 관리			

2 TDR 성과물 : 특허 및 시작품

검출기 개발을 통해 시작품을 제작하였고 이를 특허 출원하였다.

- 특허명 : 전력 송배전 선로 및 불량 접속개소 검출용
  휴대용 소형 코로나 검출기 및 그 방법
- 관리번호 : PT 200900824

본 발명은 자외선 감지 센서를 이용한 휴대용 코로나 검출장치로서 코로나 검출을 위한 자외선 센서와 검출신호를 전류값으로 변환하여 DC 볼트(V)값으로 출력하기 위한 장치회로 등으로 이루어진 소형 휴대용 코로나 검출장치에 관한 것이다.

본 장치는 전력설비 특히 송·배전선로 점검 및 보수시에 점검원이 도보나 차량에 승차한 상태에서 송·배전 설비나 선로에 지향(指向)하여 설비 이상시에 발생되는 코로나 신호를 검출하는 방식이다.

기존에 사용되던 고주파, 초음파, 열화상 장비는 운용 및 데이터 판독에 숙련된 인력을 필요로 하고 가격 또한 고가인 반면에 본 장비는 제작비용을 획기적으로 줄였다. 본 발명품의 특징은 감지된 신호를 처리하여 환산된 전압[V]으로 표시하고 점검원이 설비의 이상유무를 숫자로 쉽게 판독할 수 있으며 단시간내에 많은 개소를 점검할 수 있다.

3 환경, 진해 정도에 따른 오손등급 기준(안) (NSDD)

대기오염, 진해 정도에 따른 오손등급은 아래와 같다.

표 18.13 진해 오손등급

오손등급	환경상태
A급	• 공장이 없는 산악 및 농업지역 • 소규모의 산업단지, 주택지역으로 바람, 강우에 노출된 지역 • 해풍의 직접 영향이 없는 해안에서 최소한 10~20 km 이상 떨어진 지역 (ESDD 기준)
B급	• 매연, 오염물질을 배출하지 않는 공장지역 : 소규모 제조업, 하수처리장, 분뇨처리장 등 인근 지역 • 대규모 산업단지 및 주택지역으로 바람, 강우 다발지역 • 해풍에 노출된 해안으로 최소한 수 km 떨어진 지역(ESDD 기준)

오손등급	환경상태
C급	• 대규모산업단지: 황산제조공장, 펄프제조공장, 시멘트, 비료공장, 자동차 관련 산업 등의 일반 화학공장 지역 ex) 대전 대화공단 등 소규모 오염물질 배출공장 지역 • 공해물질을 배출하는 난방설비가 있는 대도시의 교외지역 • 해안 근접지역(ESDD 기준) • 철로 주변 지역
D급	• 도전성 먼지, 공해물질을 배출하는 산업단지: 정유 관련산업, 발전소, 제련소 등 대규모 공해물질 배출 사업장 ex) 부산, 창원, 울산, 인천 공단지역(SOx, 먼지 등 다량 배출지역) • 사막지역 또는 규칙적으로 발생하는 염해, 모래 등에 의해 전기시설물이 피해를 보는 지역 • 염무 또는 염해 발생지역(ESDD 기준)

상기 설명한 내용을 참고로 한 오손 등급 기준을 아래와 같이 도출하였다.

표 18.14 환경, 진해 정도에 따른 오손등급 기준(안) (NSDD)

오손등급	환 경 상 태	비고
A급 [Light]	• 공장이 없는 산악지 및 농업지역 • 저밀도(소규모) 산업단지, 주택지역으로 바람, 강우 노출지역	1. 황사 2일 이상 내습 및 건조주의보 10일 이상 지속시 오손상태 점검[ESDD 기준 적용] 2. 표면에 부착된 분진 등의 전기 전도도를 평가하는 지표 도입 • 전국의 NSDD 측정 및 누설 전류, 트래킹, 절연성능과의 상관관계 분석 3. IEC 60815 규격을 참조하여 산업단지, 자동차 등에서 배출되는 오염물질에 따른 오손등급 구분
B급 [Medium]	• 매연, 오염물질을 배출하지 않는 공장지역 • 고밀도 산업단지, 주택지역으로 바람, 강우 다발지역	
C급 [Heavy]	• 고밀도(대규모) 산업단지, 공해물질을 배출하는 난방설비가 집중되어 있는 대도시 교외지역	
D급 [Very Heavy]	• 도전성 먼지, 공해물질을 배출하는 산업단지	

4 After Action Review

본 과제를 수행한 결과를 요약하면 아래와 같다.

표 18.15 코로나 건 개발을 통한 배전설비 예방점검 기법 개선 ◈ Duration: 2009.04~07

Goal	Gap
▪ 애자고장 정전사고 저감 : 5.8% → 4.0% ▪ 사전 점검 기법 개발을 통한 배전설비 사고저감 ▪ 유지보수 능력배양 및 운영 Know-how 축적	▪ 초기에는 오손인자 분석을 통한 관리기준을 수립하기로 추진하였으나, 전기적 특성에 기초한 검출기법을 개발하여 코로나 검출 방식에 의한 관리기준 제시로 변경
To Sustain	**To Improve**
▪ 배전설비의 전기적 특성을 진단하는 코로나 건 개발 ▪ 기존 검사방법의 검증용으로 활용할 수 있는 기법 개발	▪ 배전설비의 사전 점검을 위한 합리적 방안 제시 – 휴대성, 경제성, 신뢰성을 높여 효율적인 점검수단 제공 – 자체 순시 · 상시 점검 및 위탁 용역 결과에 대한 검증용

Lessons Learned
▪ 배전설비의 사고예방을 위한 효율적인 점검 방법이 없어 실효성이 미흡한 실정임 ▪ 사전 점검시 이상 신호만 나오면 교체하는 등 과잉보수를 하는 경우가 있어 합리적인 관리기준이 필요함 ▪ 교체작업 결정시 경제성 뿐만 아니라 설비의 전기적 특성에 기초한 합리적인 교체여부의 결정이 요구됨

18.9 고체 오염물질 기준

근거 : IEC 60815 "오염 조건에 따른 애자의 선택 가이드"

- ESDD((Equivalent Salt Deposit Density) : 용해되는 오염물질
- NSDD(Non-Soluble Salt Deposit Density) : 용해되지 않는 고체 상태의 오염물질

배출 오염원별 등급 예시

- A급 : 대기오염 물질 배출이 거의 없는 지역
- B급 : 암모니아(NH_3), 황화수소($H2_S$) 등의 악취 배출지역으로 하수처리장, 분뇨처리장 인근 지역 등
- C급 : 황산화물(SOx), 질소 산화물(NOx), 먼지 등의 배출 산업 지역으로 그 양이 소규모 인 곳(황산 및 펄프 제조공장, 시멘트, 비료공장, 자동차 관련 산업 및 철로주변 지역 등)

- D급 : 황산화물(SOx), 질소 산화물(NOx), 먼지 등의 배출 산업지역으로 그 양이 대규모인 곳(정유 관련 산업, 발전소, 제련소 등)

1 용어 정의

1) 대기오염물질 : 가스·입자성 물질 또는 악취물질
2) 가스 : 물질의 연소, 합성, 분해시, 물성에 의해 발생되는 기체상물질
3) 입자성 물질 : 물질의 파쇄, 선별, 퇴적, 이적 기타 기계적 처리 또는 연소, 합성, 분해시 발생하는 고체상이나 액체상의 미세한 물질
4) 먼지 : 대기중에 떠다니거나 흩날려 내려오는 입자상 물질
5) 매연 : 연소시 발생하는 유리탄소의 미세한 입자상 물질
6) 검댕 : 연소시 발생하는 유리탄소가 응결하여 입자의 지름이 1 μm 이상의 입자상 물질
7) 악취 : 황화수소, 메르캅탄류, 아민류, 기타 자극성이 있는 기체상 물질로 사람의 후각을 자극, 불쾌감과 혐오감을 주는 냄새

2 전력설비 피해물질

표 18.16 전력설비 오염물질 설비 영향

오염물질	주요 배출원(공장)	대기 체류일	전기설비 영향
유황산화물 (SOX)	제련소, 중유사용공장, 황산제조공장, 펄프제조공장화력발전소, 용광로, 정유	1~4	• 대기오염 지표물질 • 수분과 반응하여 황산생성 (금속부식, CP주 용해) • 부식성 가장 큼
질소산화물 (NOX)	금속부식처리장, 폭약제조, 비료제조, 자동차 관련 업종, 질산제조공장, 화력발전소	2~5	• 수분과 반응하여 질산생성 (금속부식)
입자상물질 (Particulate)	화력발전소, 자동차, 철강, 화학, 주물, 시멘트, 유리, 정유	6~10	• 전선표면 침식, 애자표면 섬락
암모니아(NH_3)	화학, 배설물분해(분뇨 처리장)	1~7	• 전선부식
염화수소(HCl)	화학	7	• 스리브 탈색, 애자표면 변질
황화수소 (H_2S)	NH_3 공업, 석유정제업, 도시가스제조업, 펄프공업, 하수처리장	1~2	• 금속과 반응(건조상태에서는 부식성 없음)

3 ESDD에 따른 오손등급 및 누설거리(IEC 60815)

표 18.17 ESDD 오손등급

오손등급	등가염분부착밀도[mg/cm^2]	최소누설거리	누설거리
Light	0.06 이하	413 mm	16 mm/kV
Medium	0.06~0.20	516 mm	20 mm/kV
Heavy	0.20~0.60	645 mm	25 mm/kV
Very Heavy	0.60 초과	800 mm	31 mm/kV

* 최소누설거리(mm)=오손등급별 kV당 누설거리×계통최대선간전압

4 오손등급 비교

표 18.18 오손등급 비교

구 분		0.03	0.06	0.125	0.2	0.25	0.35	0.5	0.6
오손등급	IEC 815	light		medium		heavy			very heavy
	우리회사	A	B		C		D		
	일본	輕	中	重	超重			특정지구	

☞ 한전 설계기준의 D급은 IEC 규격의 Heavy급에 해당됨

18.10 결론

전력설비중 배전선로에서 전력선을 지지하고 대지로부터의 절연을 유지하는 LP애자 등 절연설비에 대하여 오손물질이 절연저항 저하에 영향을 미치는 것을 확인하였다. 실험 및 고찰을 통해 아래와 같은 결과를 도출하였다.

1) 염해뿐만 아니라 공업지역의 오손에 의한 진해오염도 염해와 마찬가지로 배전설비의 절연저항 저하에 관계가 있음을 확인하였다(표 2, 표 3).
2) 절연저항과 코로나 발생사이의 연관성을 제작한 코로나 검출기에서의 수치값의 대소로 직접 표현 하였다.
3) 배전설비에 대한 건전성 진단의 새로운 기법으로 개발하여 현장에 적용하였다.
4) 코로나 검출기 활용으로 배전설비의 절연저항 실시간 진단이 가능하였다.

CHAPTER 19

초음파, 설비 내부를 3차원으로 보다

19.1 3차원 형상화 기술 개요

국내에 건설되어 있는 전력설비들 중 대부분이 노후화 되고 있어 정밀 안전진단의 필요성이 시간이 갈수록 증가하고 있다. 또한 전력설비 중 20년 이상의 가동기간을 넘긴 설비들의 경우 수명연장 및 성능 개선을 시행하고 있어 신뢰성 검증이 요구되고, 발전 및 전력설비의 안전진단을 위해 비파괴검사의 적용이 필연이다. 다양한 비파괴검사 방법 중 초음파 탐상 검사는 내부결함의 검출, 결함의 크기 등 정량적 평가, 무해성 등 다양한 장점이 있어 각종 설비의 안전성 검사에 적용이 증가하고 있는 실정이다. 이에 따라 최근에는 이미지로 검사결과의 확인이 가능하여 객관적 평가가 가능한 위상배열 초음파 검사 기법의 적용이 증가하고 있으나 기존의 위상배열 초음파 검사는 검사 대상에 따른 탐촉자, 웨지 등 검사 장치 및 방법의 최적화에 한계가 있고 단순 신호의 이미지 변환 제공으로 검사의 정밀도가 낮은 실정이다.

최근 디지털 컴퓨터 기술의 향상을 통해 3차원 초음파 이미지를 형상화하는 것이 가능하게 되었고 2차원적인 초음파 이미지 단면들을 모아서 입체적으로 3차원으로 재구성하는 방법을 통해 구성된 결함 형상을 표현함으로써 2차원보다 더 정확한 결함 정보를 획득할 수 있다. 초음파 신호 적층을 이용한 검사 결과를 3D로 표시함으로써 구조물 내 미세 균열 결함의 형태, 크기 위치 및 종류 등의 실제 결함 정보를 표시할 수 있고, 이를 건전성 평가 절차에 적용하여 각종 산업설비에 대한 검사 결과의 신뢰성을 확보가 가능하다. 따라서 전력설비에 대한 위상배열 초음파 검사와 내부결함에 대한 3D 형상화 기법의 개발이 필요한 실정이다.

전력설비에 대한 안전진단 기술은 설비 내에 존재하는 결함에 대한 정량적 평가가 필수적이다. 설비의 안전성을 파괴역학적 관점에서 평가하기 위해서는 결함에 대한 정량적 정보인 결함의 위치, 종류, 크기 형태 등에 관한 정확한 정보가 필요하다. 복잡한 구조로 구성된 설비를 초음파로 평가하기 위해서는 정밀한 실험이 이루어져야 하지만, 전력설비의 안전진단을 위해 필수적인 결함의 탐상과 평가를 작업자의 수작업에 의존하는 재래식 초음파 탐상 시험을 통해 실시할 경우 막대한 검사비용과 시간이 소요될 뿐 아니라 검사결과의 객관적 신뢰성도 확보할 수가 없게 된다. 또한, 초기 미세결함의 경우 신호검출 및 분류에 제약이 있고 크기나 형상에 대한 판단이 어려우며, 일부 구간에서 신호가 휘어지거나 매질에 의한 감쇠 현상이 심하여 신호가 사라짐으로 인한 초음파 신호 측정에 어려움이 있으므로 실험적으로 검사를 함에 있어 한계가 있다.

기존 초음파 탐상 시험의 단점을 극복하고 보다 신뢰성 높은 검사를 수행하기 위한 대안으로 최근 위상배열 초음파 탐상 기법 연구가 활발히 수행되고 있다. 위상배열 초음파 탐상 기법은 여러 개의 미소 발진자로 구성된 배열 탐촉자를 사용하여 시편내부로 진행하는 초음파의 전파 각도와 집속 위치를 전자적으로 조절한다. 그리고 초음파 신호의 수신시 각각의 미소 진동자가 받아들이는 신호를 전자적으로 처리하여 시험편 내부의 영상을 실시간으로 획득할 수 있는 기법이다. 그러나 현재까지 개발된 위상배열 초음파탐상 기술로 획득하는 초음파 영상은 실제 결함의 영상과 매우 다를 수 있기 때문에 위상배열 초음파탐상 시험에서도 여전히 A-scan 신호는 결과 해석을 위한 매우 중요한 정보로 활용되고 있다. 또한 재료내에서 빔이 형성되어 전파하는 과정을 눈으로 볼 수 없기 때문에 작업자의 주관적·경험적 판단을 기준으로 탐촉자를 적당한 위치에 놓고 검사를 하게 된다. 이러한 과정에서 빔이 전파하는 경로를 정확히 이해하지 못하면 결함을 검출하는 것조차 어려움이 있을뿐더러 결함이 발견되어도 정확한 위치를 구하는 것이 어려운 실정이다. 따라서 빔의 전파과정을 가시화하고 신호를 예측할 수 있는 시뮬레이션 기법과 실제 이론을 반영한 신호분석 기술이 필요하다.

이에 따라, 본장에서는 전력설비 내부결함의 검출 결과를 3차원으로 형상화하는 위상배열 초음파 시스템을 개발한 사례를 설명하고자 한다. 이러한 기술 개발을 통해 균열의 크기, 길이, 체적 등의 정보를 확보할 수 있으므로 결함의 초기 검출 및 미세 결함 평가가 가능하다. 최종적으로 위상배열 초음파 검사의 전력설비 내부 미세결함 3D 형상화 시스템 기법을 개발하여 전력설비의 검사 결과에 대한 신뢰성을 확보할 수 있다.

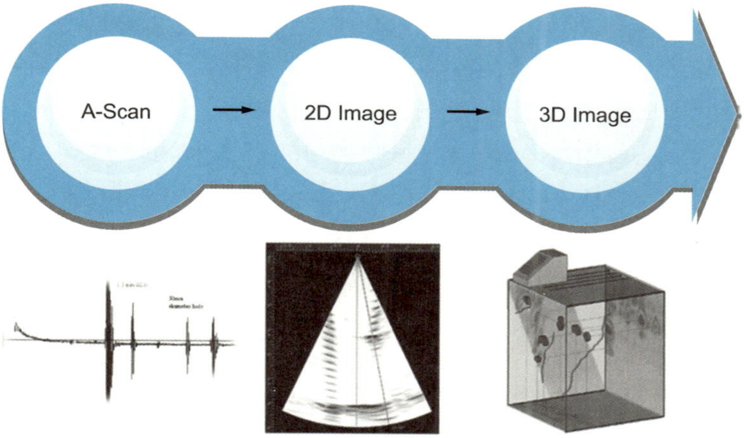

그림 19.1 초음파 신호를 이용한 3D 형상화

국내 학계에서는 성균관대학교 송성진 교수팀에서 의료용 위상배열 초음파 장비를 산업용으로 개조하여 위상배열 초음파 장비를 개발하고자 하는 연구를 수행한 경험이 있으며, 신호평가 소프트웨어 개발 경험을 보유하고 있다. 위상배열 초음파 탐촉자의 등방성 매질 내의 파선 추적 기법은 2004년 원자력연구기반 확충사업을 통해 연구가 수행되었으며, 개발된 파선 추적 기법을 이용하여 등방성 매질에서의 위상배열 초음파 빔의 집속 및 조향 특성 연구에 활용한 바 있다. 또한 Multi-Gaussian 빔 모델을 이용하여 이방성 매질 내의 단일 초음파 탐촉자에 방사된 초음파 빔의 전파과정을 계산할 수 있는 연구를 수행한 바 있다. 최근에는 조대 결정립, 이방성 비균질 재질 및 복잡한 전력설비 내부결함 형상 등에 의해 초음파의 산란, 회절, 왜곡, 용접 개선면 형상 및 결정립에 의한 노이즈 모사를 위한 2차원 FEM 시뮬레이션을 수행하였다.

단일 초음파 탐촉자에서 방사된 초음파 빔이 등방성 매질 내를 전파하는 경우에 대한 파선 추적의 연구는 이미 국내 여러 기관에서 수행되어 연구 결과가 논문을 통해 발표되고 있으며, 위상배열 초음파 탐촉자의 경우 등방성 매질 내의 파선 추적 기법을 성균관대학교에서 개발한 바 있으며, 개발된 파선 추적 기법을 이용하여 등방성 매질에서의 위상배열 초음파 빔의 집속 및 조향 특성 연구에 활용한 바 있다.

자재검사처에 검사 후 입고되는 전력설비 중 재질에 대한 검사 및 진단이 필요한 전력설비는 일부 외주에 의해 수행되고는 있으나 대부분의 전력설비의 검사는 전기적 기능 테스트만 하고 있는 실정이다. 일반적으로 산업설비의 건전성을 평가하기 위한 설비내부의 결함검사에 대해서도 초음파 검사 등 비파괴검사 기술을 이용하여 진단하고 있으나 설비진단 업체가 영세하며 설비의 진단에 대한 신뢰성 확보가 어려운 실정이다. 또한 전체 전력설비에 대한 국내 비파괴 검사 분야에서 대부분의 경우 외국의 진단시스템을(장비 및 프로그램) 도입하여 운용하고 있으며, 이로 인해 초음파 센서 등의 국내 부품산업이 발전하지 못하고 있는 실정이다. 국내에서 위상배열 초음파의 진단센서, 위상배열 초음파 진단 알고리즘, 구동 소프트웨어, 전력설비의 진단 D/B 구축 등 진단시스템의 전반적인 개발 및 자체 국산화 기술 개발 없이는 첨단기술 분야의 자립은 어려운 상황이다.

파선추적 기법(Ray Tracing Method)은 피검체 내를 전파하는 초음파 빔의 진행 경로를 예측하는 기법으로 R/D Tech사의 경우 자사 위상배열 초음파 탐상 시스템에 적용되는 초음파 빔의 집속 및 조향을 위한 시간 지연 계산에 파선 추적 기법을 적용하고 있으며, 미국 Iowa State University에서는 곡률을 갖는 경계면을 투과하는 초음파 빔의 파선 추적 기법을 개발한 바 있다. 그리고 독일의 IZFP에서는 다층 구조를 갖는 이종 매질을 투과하는 초음파 빔의 파선 추적에 대한 연구를 수행한 바 있다.

프랑스의 CEA사에서 개발된 CIVA 소프트웨어를 이용하여 내부결함 및 용접부 시뮬레이션 검사 및 배관곡면에서 검사가 가능하며, 탐촉자의 형상 및 시편의 재질과 모양 설정이 가능하다. 굴곡이 있는 경계면을 투과하는 초음파 빔의 파선 추적 기법을 개발 및 발표한 바 있다.

'전력설비 내부 결함 검사용 위상배열 초음파 3D 탐상 시스템 국산화 및 3D 형상화 기술 확립'을 위하여 1차 년도에 전력설비 3D 형상화 시스템 개발을 위한 탐촉자 설계 및 제작, 전력설비 초음파 검사용 수동 스캐너 설계 및 제작, 스캐너의 구동 성능 평가, 위상배열 초음파 탐상 시스템 구축 및 성능평가 등의 결과를 설명하고자 하며 이장의 제목을 '초음파, 설비 내부를 3차원으로 보다'로 정하였다.

19.2 위상배열 3D 시스템용 탐촉자 설계/제작

1 탐촉자 설계 인자에 따른 초음파 집속 및 조향 시뮬레이션 개요

위상배열 초음파 탐상 기법은 여러 개의 미소 요소(발진자 및 수신자)로 구성된 배열 탐촉자를 사용하여 검사체 내부로 진행하는 초음파의 전파 각도와 집속 위치를 전자

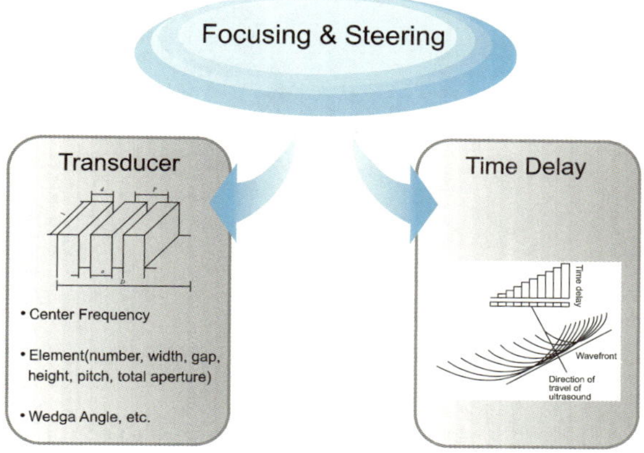

그림 19.2 위상배열 초음파의 중요 인자

적으로 조절하고 초음파 신호를 각각의 미소 요소를 통해 받아들일 수 있는 기법이다. 위상배열 초음파를 검사체 내 특정 위치에 집속 및 조향하기 위해서는 그림 19.2와 같이 위상배열 초음파 탐촉자와 위상배열 초음파에 대한 파선 추적이 요구된다. 위상배열 초음파 탐촉자의 구조는 그림 19.3과 같다.

여기서, a는 전체 위상배열 초음파 탐촉자의 길이를, h는 요소의 길이, p는 요소 중심 간의 거리, e는 요소의 너비, 그리고 g는 요소 간의 간격을 의미한다. 그림 19.4와 같이 위상배열 초음파 탐촉자의 중요 설계인자는 중심 주파수와 초점거리이다.

이는 주파수가 파장과 관련이 밀접하기 때문이며, 이에 따라 위상배열 초음파 탐촉자의 요소 너비와 요소 간의 간격 또한 중요한 인자가 된다. 그림 19.5는 요소 너비와 요소 간의 간격에 의한 집속 지점에서의 영향을 보여준다. 이에 따라, 요소 너비와 주

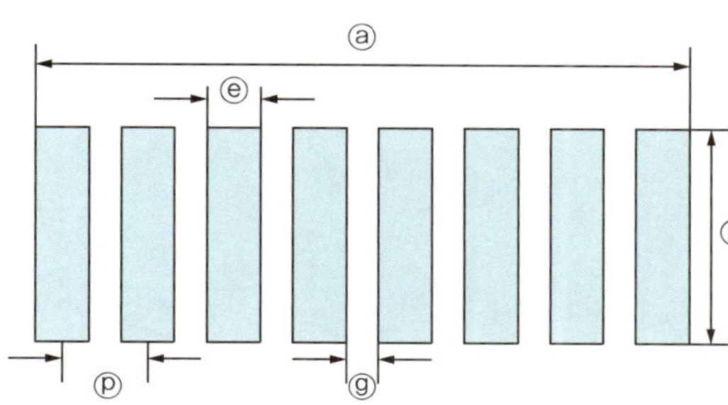

그림 19.3 위상배열 초음파 탐촉자의 구조

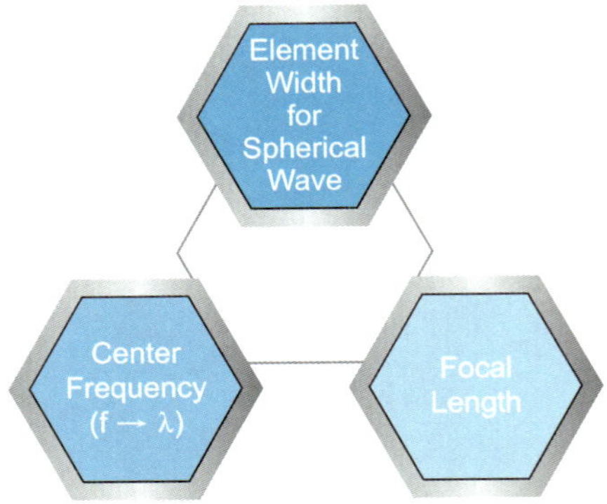

그림 19.4 위상배열 초음파 탐촉자의 중요 설계인자

파수와 같은 위상배열 초음파 탐촉자의 설계 인자에 대한 성능을 비교하고자 시뮬레이션을 수행하였다. 시뮬레이션은 COMSOL Multiphysics 5.2를 활용하였으며 시뮬레이션을 위한 공간차원은 2D로 선정하여 수행하였다.

그림 19.6은 요소 너비에 따라 Time Domain과 Frequency Domain에서 각각 수행한 시뮬레이션 결과를 보여준다. 시뮬레이션을 통한 결과에서 요소 너비가 길수록 절대압력값이 더 높게 나타나지만, Time Domain 결과에서 탐촉자를 통해 나온 초음파

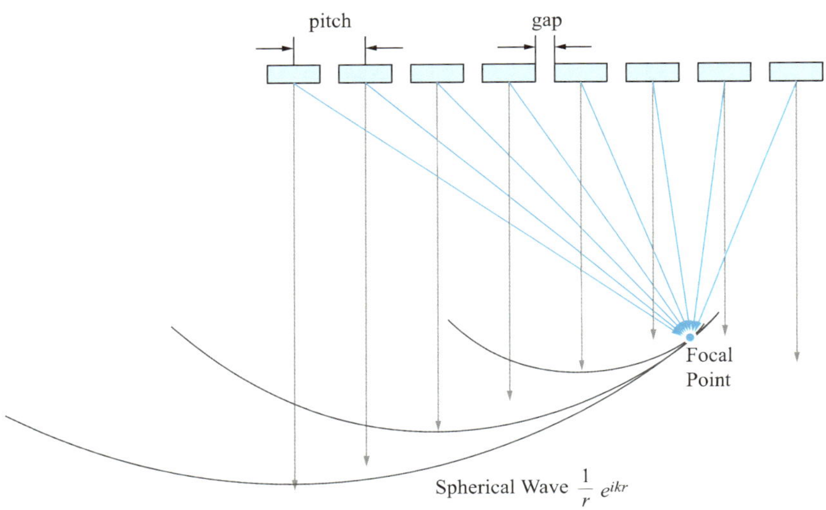

그림 19.5 위상배열 초음파 탐촉자의 요소 조건에 따른 영향

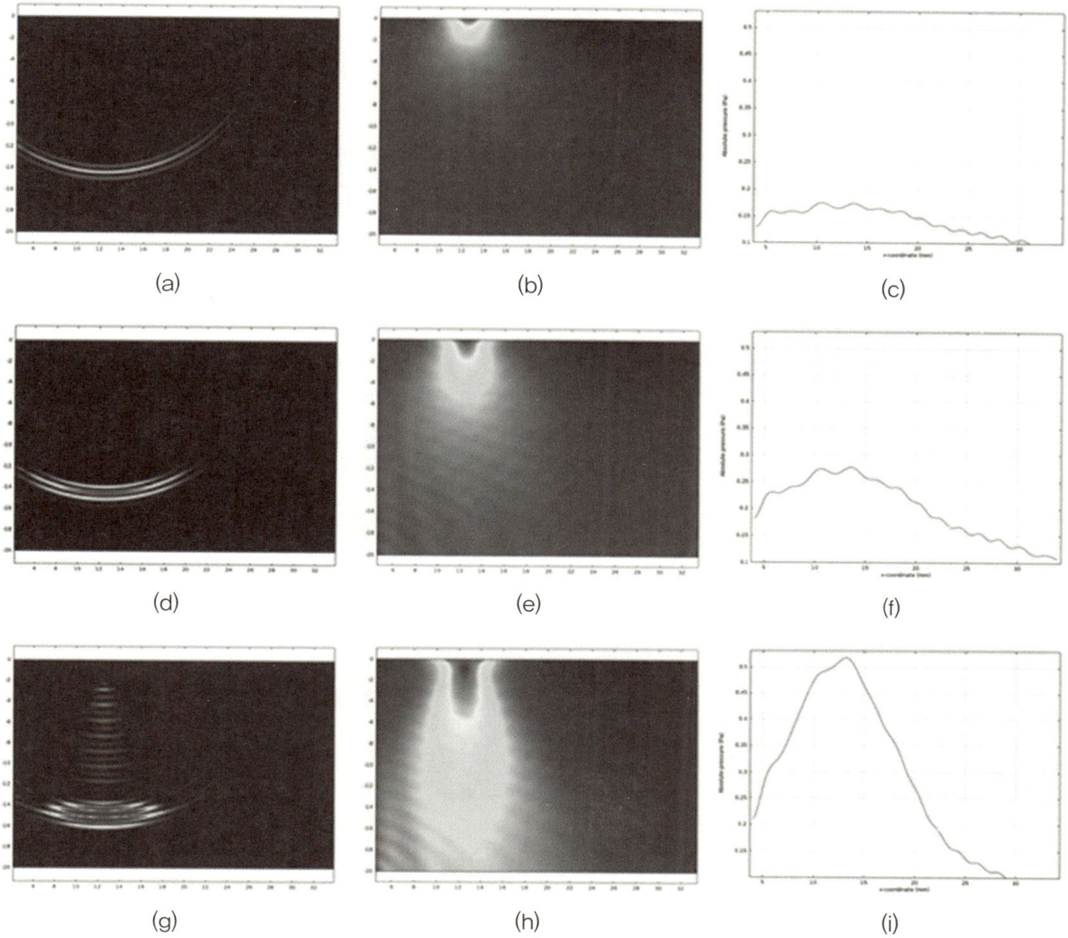

그림 19.6 요소 너비에 따른 위상배열 초음파 집속 시뮬레이션:
(a) 0.8 mm, Time Domain (b) 0.8 mm, Freq. Domain, (c) 0.8 mm, 집속지점 축 절대압력값,
(d) 1.5 mm, Time Domain, (e) 1.5 mm, Freq. Domain, (f) 1.5 mm, 집속지점 축 절대압력값,
(g) 3.0 mm, Time Domain, (h) 3.0 mm, Freq. Domain, (i) 3.0 mm, 집속지점 축 절대압력값

의 이미지는 오히려 요소 너비 0.8 mm가 전체 전파구간에서 음압이 유사하여 비파괴 검사에 적용하기 적합함을 확인할 수 있다. 이러한 점을 고려하여 적합한 요소 너비를 선정해야 한다.

그림 19.7은 중심 주파수에 따라 Time Domain과 Frequency Domain에서 각각 수행한 시뮬레이션 결과이다. 중심 주파수가 달라짐에 따라 압력값과 초음파 파장의 형

상이 달라지는데 이 조건에서는 5 MHz를 사용한 시뮬레이션의 결과가 제일 적합함을 확인할 수 있다. 이에 따라 아래와 같은 조건들 중에서는 5 MHz를 중심 주파수로 선정하였다.

또 다른 탐촉자의 중요 설계인자 중에 하나인 초점거리에 대한 분석을 위해 위상배

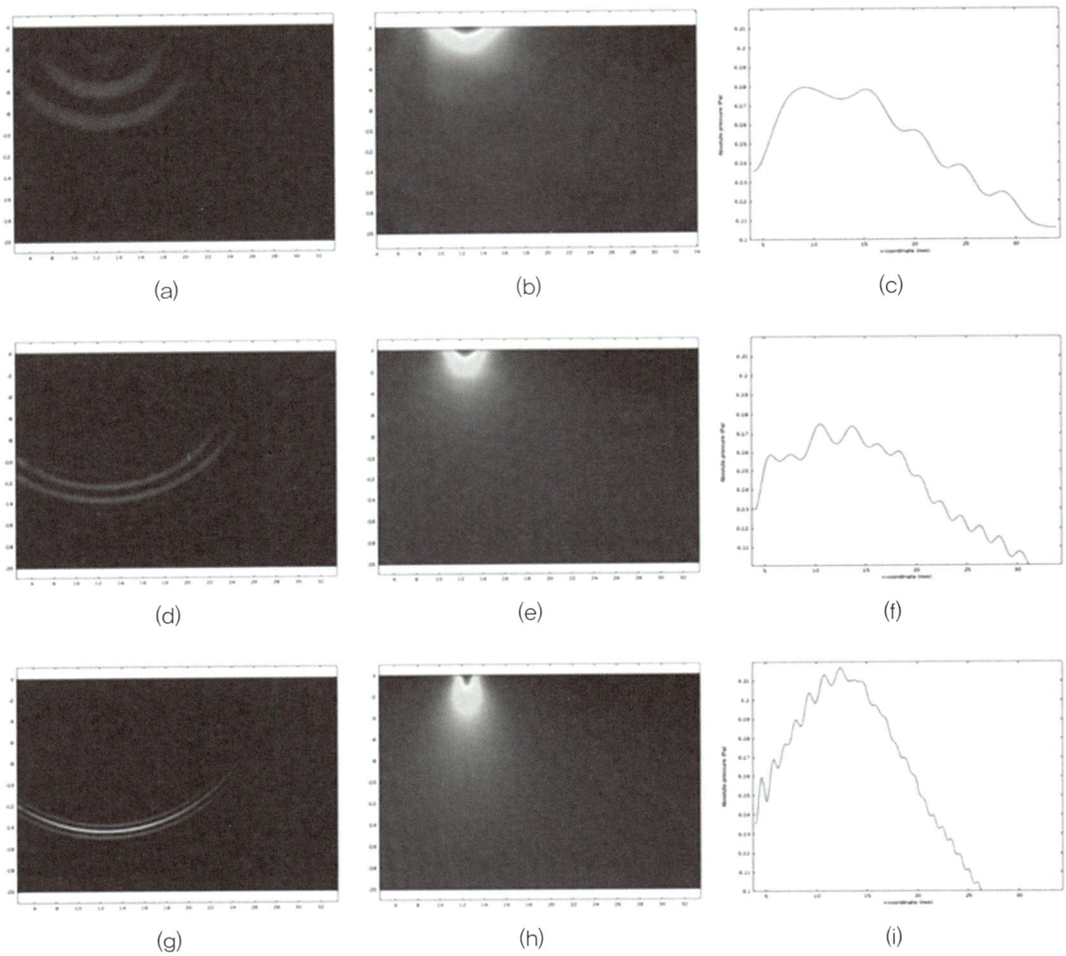

그림 19.7 중심 주파수에 따른 위상배열 초음파 집속 시뮬레이션:
(a) 1 MHz, Time Domain (b) 1 MHz, Freq. Domain, (c) 1 MHz, 집속지점 축 절대압력값, (d) 2.25 MHz, Time Domain, (e) 2.25 MHz, Freq. Domain, (f) 2.25 MHz, 집속지점 축 절대압력값, (g) 5 MHz, Time Domain, (h) 5 MHz, Freq. Domain, (i) 5 MHz, 집속지점 축 절대압력값

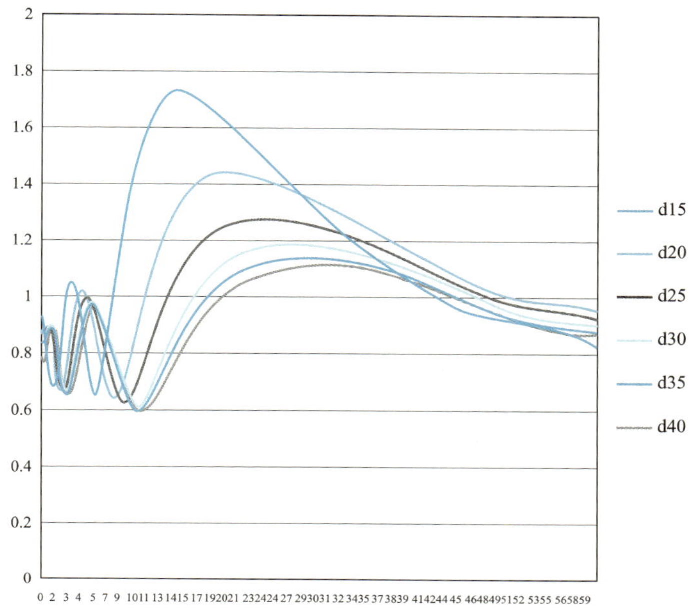

그림 19.8 위상배열 초음파를 이용한 집속 거리 결과

열 초음파를 사용하여 각기 다른 초점거리에 대한 결과를 확인하는 시뮬레이션을 수행하였다. 각각의 초점거리에 대해서는 위상배열 초음파 탐촉자의 미소요소들마다 각각의 시간 지연 값을 적용함으로써 원하는 위치에 초음파를 집속할 수 있다. 그림 19.8과 표 19.1은 각기 다른 초점거리에 대해 시간 지연을 계산하여 얻어진 결과를 보여준다.

표 19.1 전력설비 배관 및 튜브 사양

기대 초점 거리	15	20	25	30	35	40
실제 초점 거리	14.8	20.0	24.6	28.86	30.6	30.36

이와 같이 어느 이상의 초점거리에서는 실제로 기대한 초점 거리에 해당하는 시간 지연 값을 입력하여도 실제로 집속되는 초점 거리는 일치하지 않는 현상을 확인할 수 있다. 따라서 각 조건에 따른 최대 적용 가능 초점거리를 확인하여 그 위상배열 초음파 탐촉자가 집속을 정확한 위치에 할 수 있는지를 파악해야 한다. 이는 실제 실험에 적용하기 전에 시뮬레이션을 통하여 꼭 확인해 보아야 할 것 중 하나이며, 이에 따라

집속 효과에도 차이를 보이고 위상배열 초음파 탐촉자를 이용한 실험 결과의 신뢰성에 큰 영향을 미친다.

위상배열 초음파의 중요 인자인 파선 추적 기법(Ray Tracing Method)은 검사체 내를 전파하는 초음파 빔의 진행 경로를 예측하는 기법이다. 위상배열 초음파의 파선 추적은 한 점에서 다른 점으로 이동할 때 최단 시간에 갈 수 있는 경로를 취한다는 원리인 Fermat's principle을 적용할 수 있다. 일반적인 평면에 대해서는 Snell's law를 활용하여 어렵지 않게 파선 추적을 수행해야 하나 불규칙적인 면에 대한 파선 추적을 위해서는 Fast focal law computing 기법이 적용되어야 한다. 또한 이를 통해 구해진 경로를 통하여 각 미소 요소에 대해 적용할 각각의 시간 지연 값(Time Delay Value)을 구할 수 있다. 그림 19.8과 식(19.1)을 통하여 각 지점에서 집속 지점까지 이동할 때의 최단 시간에 갈 수 있는 경로를 구할 수 있다.

$$D_F = \min \sqrt{(x_0 - x_s)^2 + (y_0 - y_s)^2} + \sqrt{(x_t - x_s)^2 + (y_t - y_s)^2} \tag{19.1}$$

이 기법을 통하여 볼록한 면, 오목한 면 그리고 울퉁불퉁한 면에서의 파선 추적 결과와 시간 지연 값을 그림 19.9에서 보여준다.

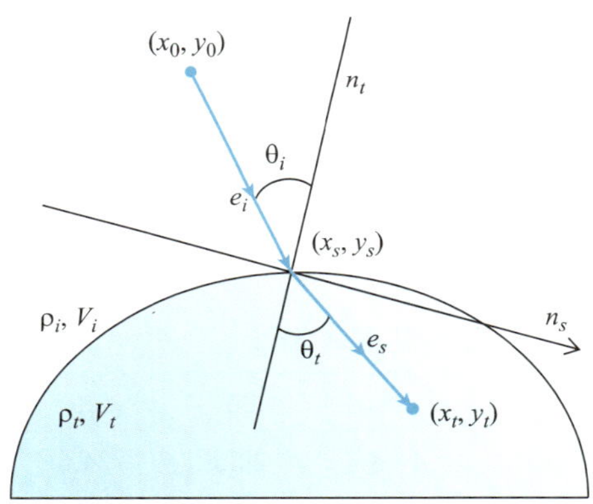

그림 19.9 Fermat's Principle을 이용한 최단 거리 계산

이를 통하여 어떠한 검사체 표면에서도 위상배열 초음파를 집속할 수 있는 시간 지연 값을 계산할 수 있으며 각 미소 요소로부터 발진하는 초음파가 어떻게 투과되는지를 가시화할 수 있다.

3 튜브 및 배관 검사용 탐촉자 설계인자 선정

탐촉자 설계인자에 따른 위상배열 초음파 집속 및 조향 성능 평가 및 표준결함에 대한 위상배열 초음파 집속 신호 특성 평가를 통하여 전력설비 내부결함 검출을 위한 위상배열 초음파 탐촉자 설계인자를 설정하였다. 표 19.2은 전력설비에 적용한 위상배열 초음파 탐촉자 설계인자를 보여준다.

표 19.2 전력설비 내부결함 검출을 위한 위상배열 초음파 탐촉 설계인자

주파수	위상배열 초음파 탐촉자 미소요소 너비	위상배열 초음파 탐촉자 미소요소 간격	위상배열 초음파 탐촉자 미소요소 길이
5 MHz	0.8 mm	0.2 mm	10 mm

전력설비 Superheater 튜브를 검사하기 위해 적합한 채널을 선정하기 위하여 각 채널에 대한 적용 결과를 검증하였다. 적용한 채널은 각각 16, 32 그리고 64채널이며, Superheater 튜브 내 집속지점은 6.5 mm로 선정하여 집속하였고 그림 19.35에서 그 결과를 확인할 수 있다. 추가적으로 각 튜브 및 배관에 대하여 동일한 시뮬레이션을 수행하였다. 배관 외면을 통하여 최심부까지 집속이 가능한지를 확인하기 위하여 배관의 두께를 집속지점으로 설정하였고 그림 19.36은 22 mm, 45 mm 그리고 53 mm의 배관에 대하여 수행한 시뮬레이션 결과이다.

이와 같은 추가적인 시뮬레이션을 통하여, 표 19.3과 그림 19.37을 통해 전력설비 내부결함 검출을 위한 위상배열 초음파 탐촉자 설계인자를 선정함.

(a) (b) (c)

그림 19.35 6.5 mm 집속 거리에 대한 위상배열 초음파 집속 시뮬레이션: (a) 64채널, (b) 32채널, (c) 16채널

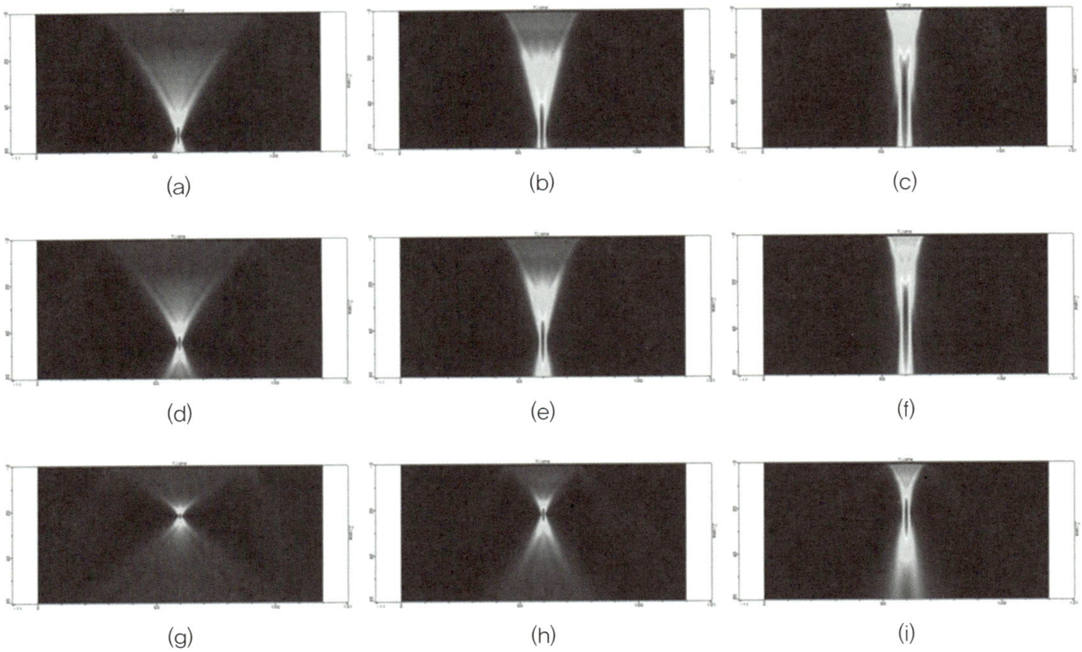

(a) (b) (c) (d) (e) (f) (g) (h) (i)

그림 19.36 배관 최심부에 대한 위상배열 초음파 집속 시뮬레이션:
(a) 53 mm, 64채널, (b) 53 mm, 32채널, (c) 53 mm, 16채널, (d) 45 mm, 64채널, (e) 45 mm, 32채널, (f) 45 mm, 16채널, (g) 22 mm, 64채널, (h) 22 mm, 32채널, (i) 22 mm, 16채널

표 19.3 전력설비 배관 및 튜브에 대한 위상배열 초음파 탐촉자 채널 선정 결과

대분류	중분류	소분류	외경	두께	재질	위상배열 채널
튜브	Primary Superheater	HDR Inlet Terminal	50.8	6.3	SA209-T1a SA213-T12 SA213-T23 SA213-T91	16
		Bundle Tube	50.8	6.3		
		HDR Outlet Terminal	50.8	5.6		
	Platen Superheater	HDR Inlet Nipple	50.8	6.0 7.1	SA213-T12 SA213-T23 SA213-T91 SUPER304H	
		Bundle Tube	50.8	6.7 7.1		
		HDR Outlet Nipper	50.8	6.7 7.1		
	Final Superheater	HDR Inlet Nipper	42.2	5.8	SA213-T23 SA213-T91 SA213-TP347H	
		Bundle Tube-Front	42.2	5.8 7.3		
		Bundle Tube-Rear	42.2	6.5 7.1 7.3		
		HDR Outlet Nipple	42.2	7.1 7.3		
배관	Main Steam Pipe		310	45	X20CrMoV121	64
			406	53	SA335-P91	
	Hot Reheat Steam Pipe		508	22.5	X20CrMoV121	32
			729	21.5	SA335-P91	

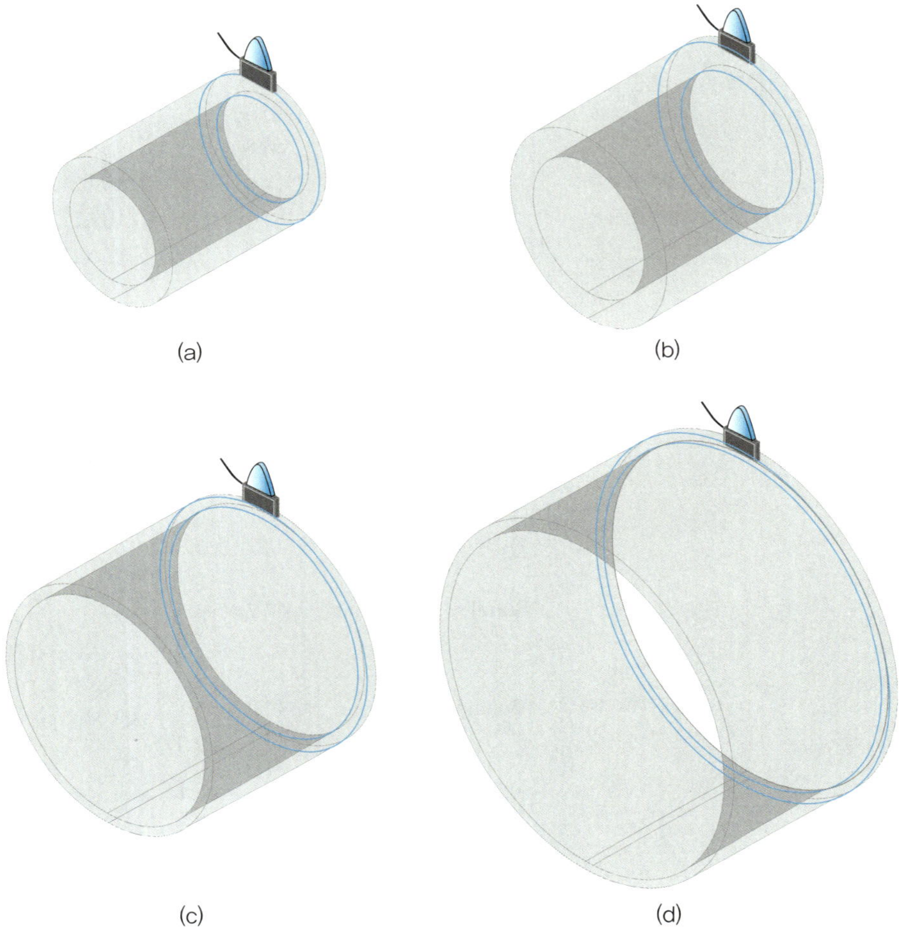

그림 19.37 배관에 대한 선정된 위상배열 초음파 탐촉자 모델링:
(a) 310×45, (b) 406×53, (c) 508×22.5, (d) 729×21.5 [mm]

4 튜브 및 배관용 위상배열 탐촉자 설계 및 제작

탐촉자 설계인자에 따른 위상배열 초음파 집속 및 조향 성능 평가 및 표준결함에 대한 위상배열 초음파 집속 신호 특성 평가를 통하여 전력설비 내부결함 검출을 위한 위상배열 초음파 탐촉자 설계인자를 선정하였다. 또한 다양한 튜브 및 배관에 적용하기 위한 위상배열 탐촉자의 채널수를 시뮬레이션을 통해 도출하였다. 선행 연구 결과를 바탕으로 실제 전력설비 검사를 위한 탐촉자의 설계와 제작을 진행하였다. 표 19.4는 제작을 진행한 탐촉자를 보여준다. 그림 19.38, 그림 19.39, 그림 19.40은 탐촉자의 설계도이며, 그림 19.41, 그림 19.42, 그림 19.43은 실제 제작된 탐촉자 사진이다.

표 19.4 전력설비 튜브 및 배관 검사용 탐촉자 제작

품번	품명	규격	단위	수량
1	PA센서	16채널 linear type	EA	1
2	PA센서	32채널 linear type	EA	1
3	PA센서	64채널 linear type	EA	2

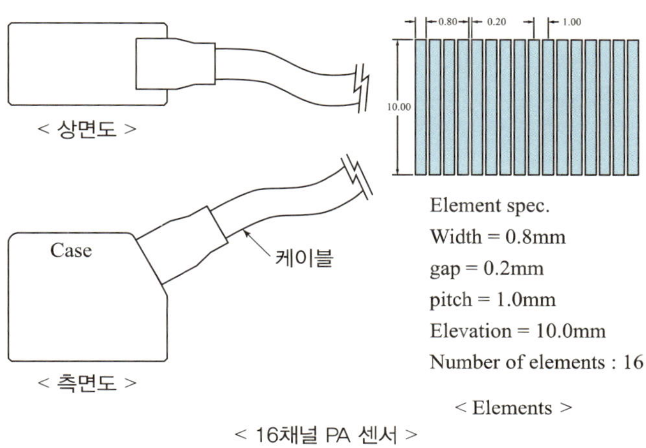

그림 19.38 16채널 위상배열 초음파 탐촉자 상세 설계

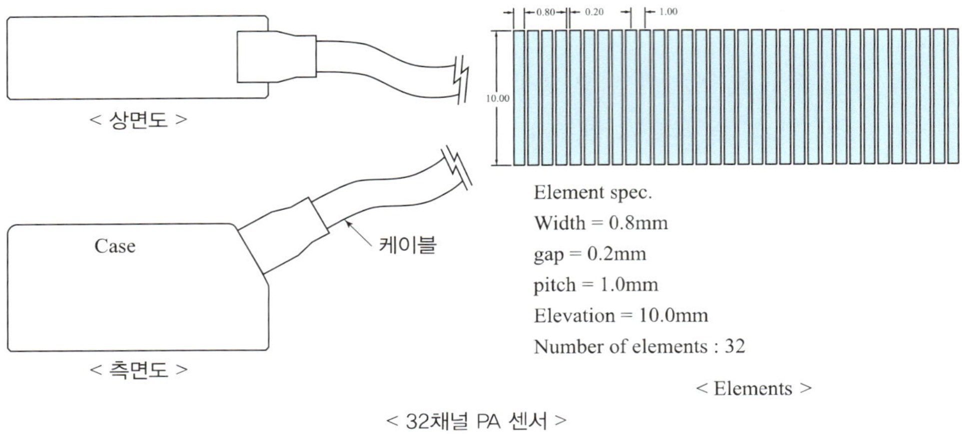

그림 19.39 32채널 위상배열 초음파 탐촉자 상세 설계

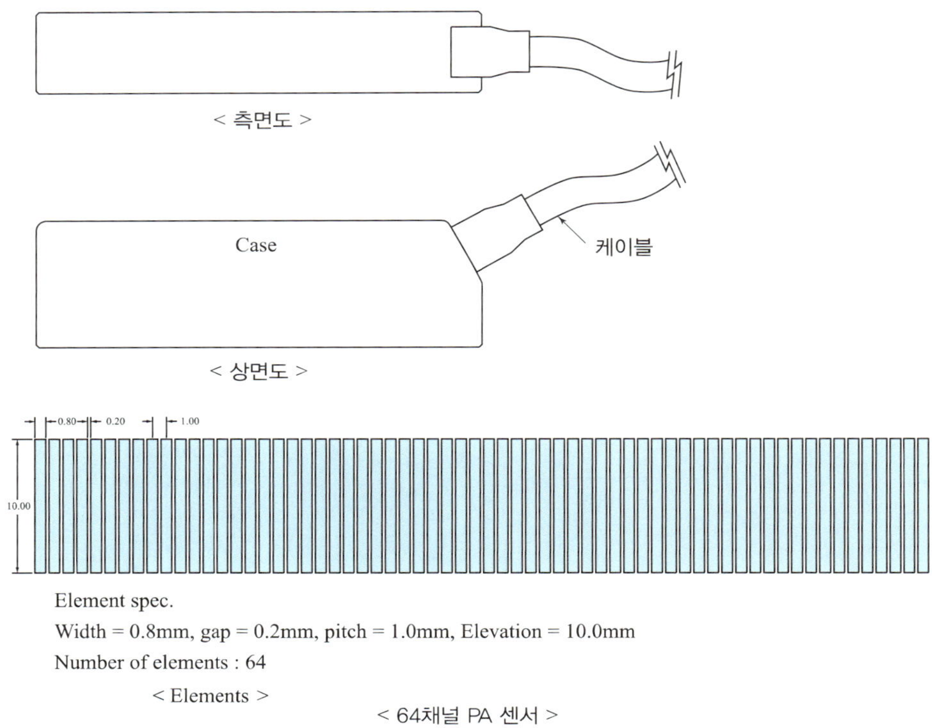

그림 19.40 64채널 위상배열 초음파 탐촉자 상세 설계

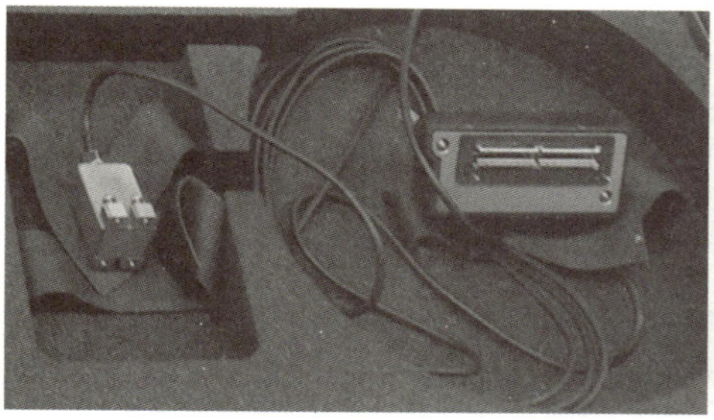

그림 19.41 16채널 위상배열 초음파 탐촉자 상세 설계

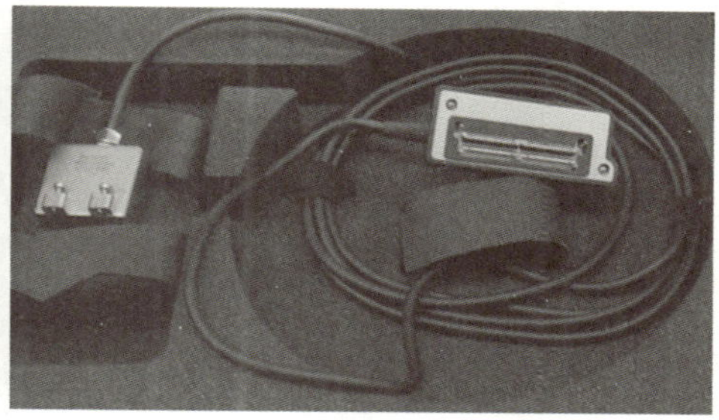

그림 19.42 32채널 위상배열 초음파 탐촉자 상세 설계

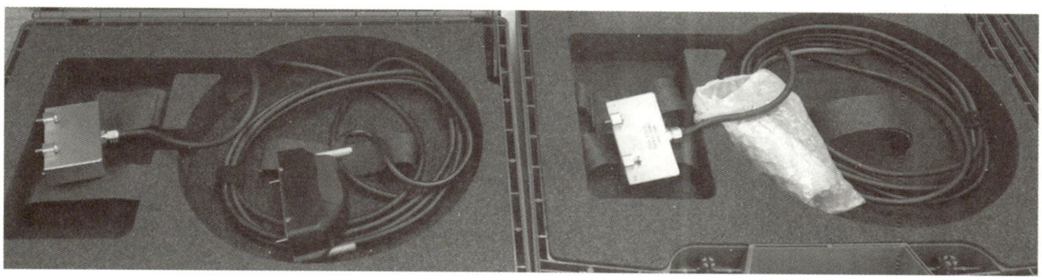

그림 19.43 64채널 위상배열 초음파 탐촉자 상세 설계

5 지상 개폐기 부싱 검사 탐촉자 설계를 위한 시뮬레이션

전력계통의 개폐장치는 사용자의 부하와 직접 연결되어 차단 및 투입 그리고 통전되는 설비로 사용된다. 이에 따라 개폐장치가 고장이 나게 되면 이는 전력설비의 제어불능 및 정지를 의미하므로 수용가의 광범위한 정전을 유발함과 동시에 전기품질 저하의 원인이 될 수 있으며, 심각한 경우에는 인명 피해의 가능성을 가지고 있는 대형 사고로 이어질 수 있다. 그러므로 사용자가 만족할 수 있게 전기를 공급하기 위해서는 개폐장치의 품질에 대한 확보가 필히 제고되어야 한다. 이에 따라 본 연구에서는 개폐장치를 구성하는 지상 개폐기 부싱에 대한 위상배열 초음파 탐상을 위한 초음파 탐촉자 설계인자를 구하기 위한 시뮬레이션을 수행하였다. 이에 따라 선정된 지상 개폐기 부싱은 그림 19.44와 같으며 이에 대해 시뮬레이션에 적용하기 위한 모델링 및 특수 조건에서의 초음파 탐상 결과를 확인해보기 위한 부분 분할을 아래의 그림에서 확인할 수 있다. 이때 시뮬레이션은 CIVA 2016을 활용하여 수행하였으며, 이에 대한 시뮬레이션 설정은 그림 19.45와 같다.

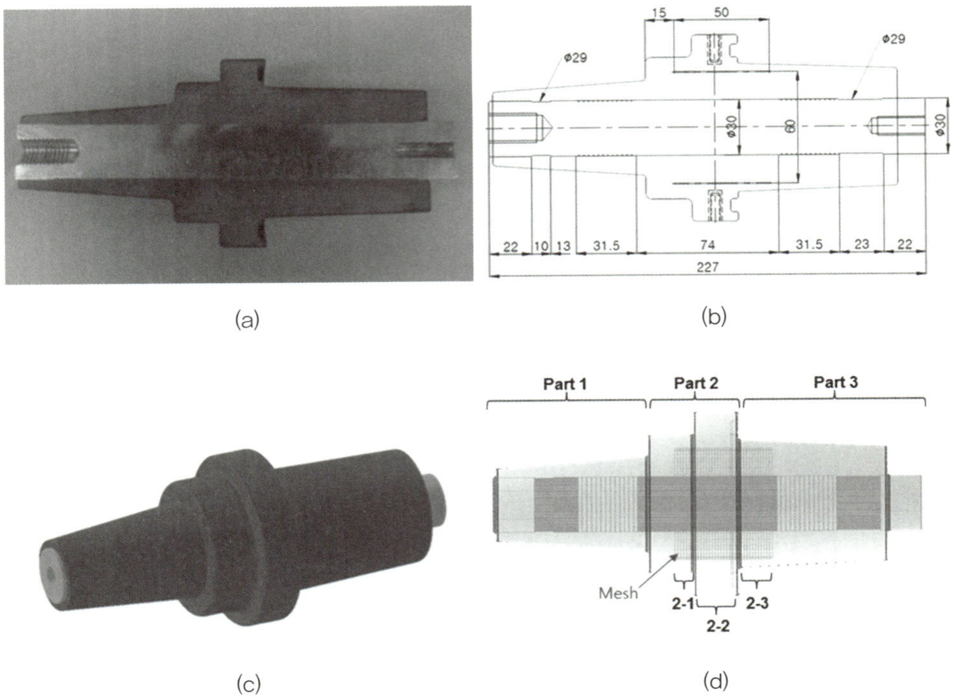

그림 19.44 지상 개폐기 부싱: (a) 개폐기 부싱 단면, (b) 도면, (c) 3D 모델링, (d) 부분 분할

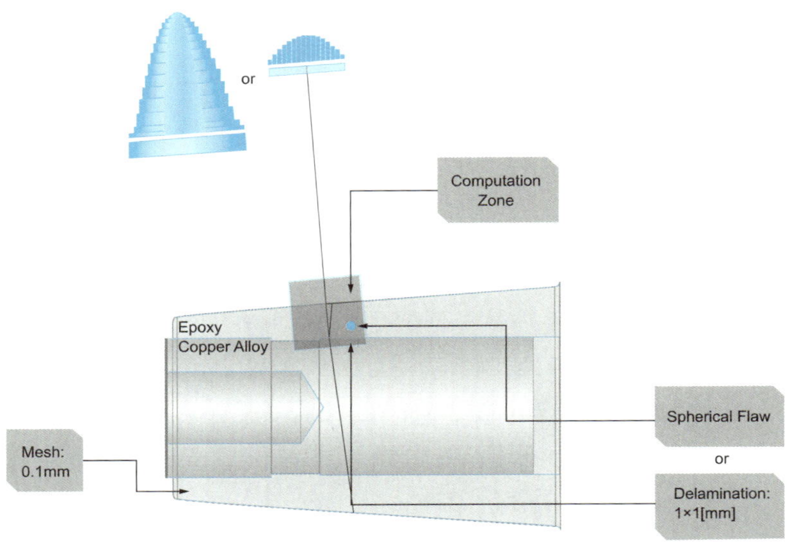

그림 19.45 개폐기 부싱 시뮬레이션 설정

6 지상 개폐기 부싱 검사용 탐촉자 설계 및 제작

탐촉자 설계인자에 따른 위상배열 초음파 집속 및 조향 성능 평가 및 부싱에 대한 위상배열 초음파 집속 신호 특성 평가를 통하여 Annular type과 1D Linear curved 위상배열 초음파 탐촉자 설계인자를 선정하였다. 이러한 결과를 바탕으로 전력설비 검사를 위한 탐촉자의 설계와 제작을 진행하였다. 표 19.7은 선정된 부싱 검사용 탐촉자를 보여준다. 그림 19.73, 19.74는 탐촉자의 설계도이며, 그림 19.75, 19.76은 실제 제작된 탐촉자 사진이다.

표 19.7 전력설비 개폐기 부싱 검사용 탐촉자 제작

품번	품명	규격	단위	수량
1	PA센서	16채널 Annular type	EA	1
2	PA센서	128채널 Curved focus type	EA	1

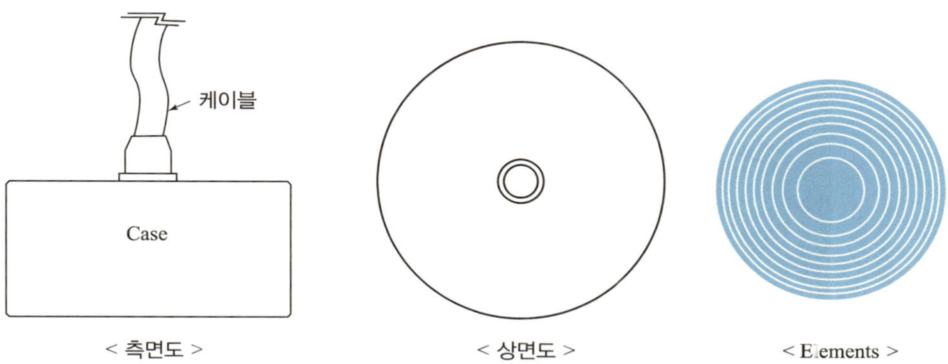

Element spec.
Arrayed type: Annular, Center frequency: 5MHz,
Outer Dimension: 50mm, Number of elements : 16

< 16채널 Annular PA 센서 >

그림 19.73 16채널 Annular type 위상배열 초음파 탐촉자 상세 설계

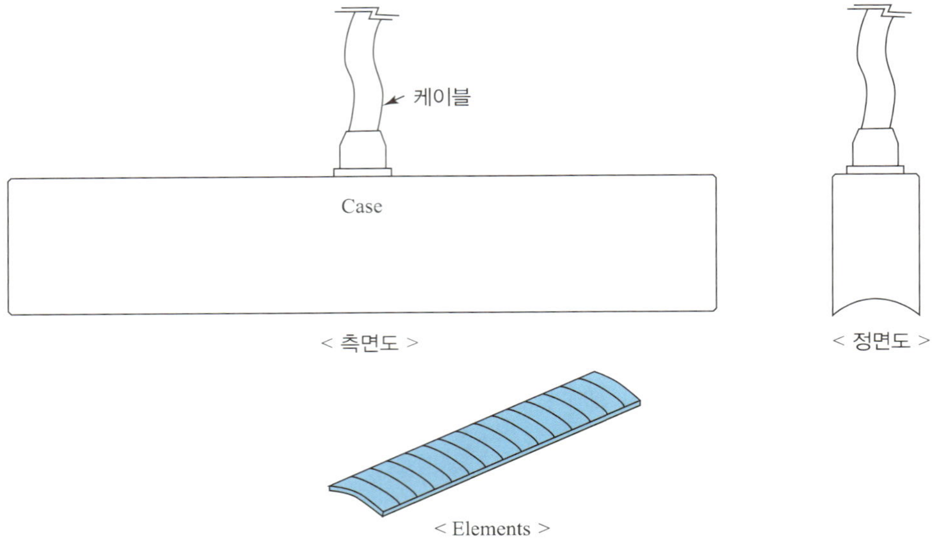

Element spec.
Curved focus linear array
Width = 0.8mm, gap = 0.2mm, pitch = 1.0mm, Elevation = 10.0mm
Number of elements : 128

< Curved focus array 센서 >

그림 19.74 128채널 1D Linear curved type 위상배열 초음파 탐촉자 상세 설계

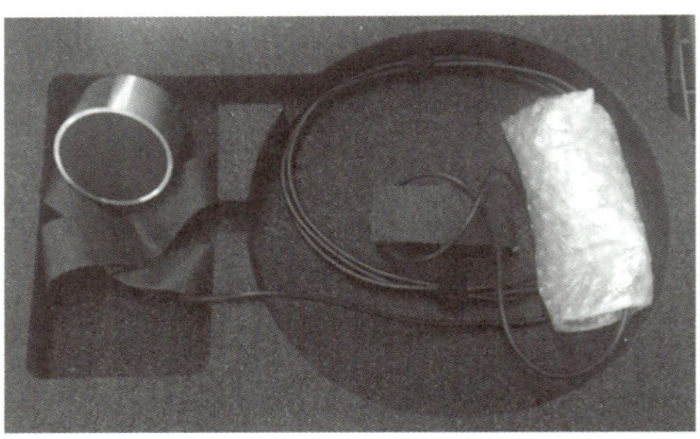

그림 19.75 16채널 Annular type 위상배열 초음파 탐촉자

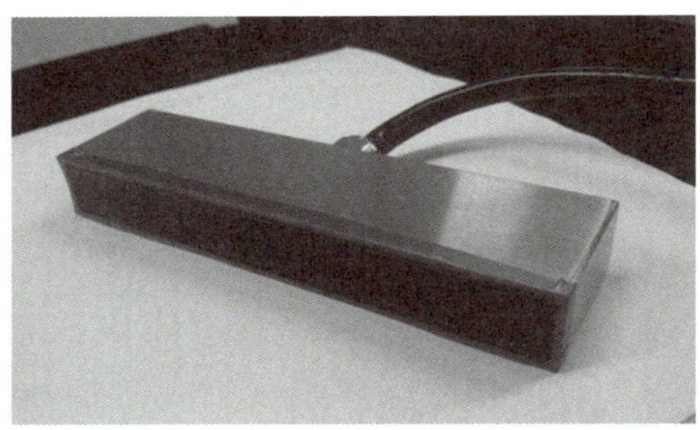

그림 19.76 128채널 1D Linear curved type 위상배열 초음파 탐촉자

19.3 위상배열 초음파 검사용 수동 스캐너 설계 및 제작

1 튜브 및 배관 검사를 위한 수동 스캐너 설계 및 제작

전력설비 튜브 및 배관의 검사를 위하여 위상배열 초음파 신호 특성 평가를 통하여 전력설비 내부결함 검출을 위한 위상배열 초음파 탐촉자 설계인자를 선정하였다. 이때, 튜브 및 배관은 표준석탄화력 기준으로 설계하였다. 이러한 대상체에서 시뮬레이션을 통해 도출된 정확한 위치에서 검사를 수행하기 위해서는 튜브 및 배관의 정확한 위치에 탐촉자를 고정시켜야만 가능하다. 또한 위상배열 초음파 검사 기반 3D 형상화 검사를 위해서는 탐촉자의 정확한 위치정보와 이송정보가 필요하다. 따라서 배관에 정밀하게 체결되어 탐촉자를 위치시키고 이송정보를 제공할 수 있는 스캐닝 시스템이 필수적으로 요구된다. 다양한 외경의 튜브 및 배관에 적용하기 위한 스캐너를 제작하여 신뢰성 있는 검사 결과를 도출하기 위하여 스캐너의 설계를 수행한다. 표 19.8은 제작을 진행한 스캐너 목록을 보여준다. 그림 19.77은 튜브 스캐너의 설계 개략도이며, 19.78은 배관 스캐너의 설계 개략도이다. 그림 19.79는 ϕ63.5 튜브 스캐너의 상세도이며, 그림 19.80은 ϕ63.5 튜브의 3D 설계도이다. 그림 19.81, 19.82는 튜브 스캐너 사진이고, 그림 19.7은 배관 스캐너 사진이다.

표 19.8 전력설비 튜브 및 배관 스캐너 제작 목록

품번	품명	규격	단위	수량
1	PA 스캐너	ϕ 31.8, 엔코더(1식) 포함	set	1
2	PA 스캐너	ϕ 34, 엔코더(1식) 포함	set	1
3	PA 스캐너	ϕ 38, 엔코더(1식) 포함	set	1
4	PA 스캐너	ϕ 42.2, 엔코더(1식) 포함	set	1
5	PA 스캐너	ϕ 48.3, 엔코더(1식) 포함	set	1
6	PA 스캐너	ϕ 50.8, 엔코더(1식) 포함	set	1
7	PA 스캐너	ϕ 57, 엔코더(1식) 포함	set	1
8	PA 스캐너	ϕ 63.5, 엔코더(1식) 포함	set	1
9	PA 스캐너	ϕ 70, 엔코더(1식) 포함	set	1
10	PA 스캐너	ϕ 310, 엔코더(1식) 포함	set	1
11	PA 스캐너	ϕ 406, 엔코더(1식) 포함	set	1
12	PA 스캐너	ϕ 508, 엔코더(1식) 포함	set	1
13	PA 스캐너	ϕ 729, 엔코더(1식) 포함	set	1

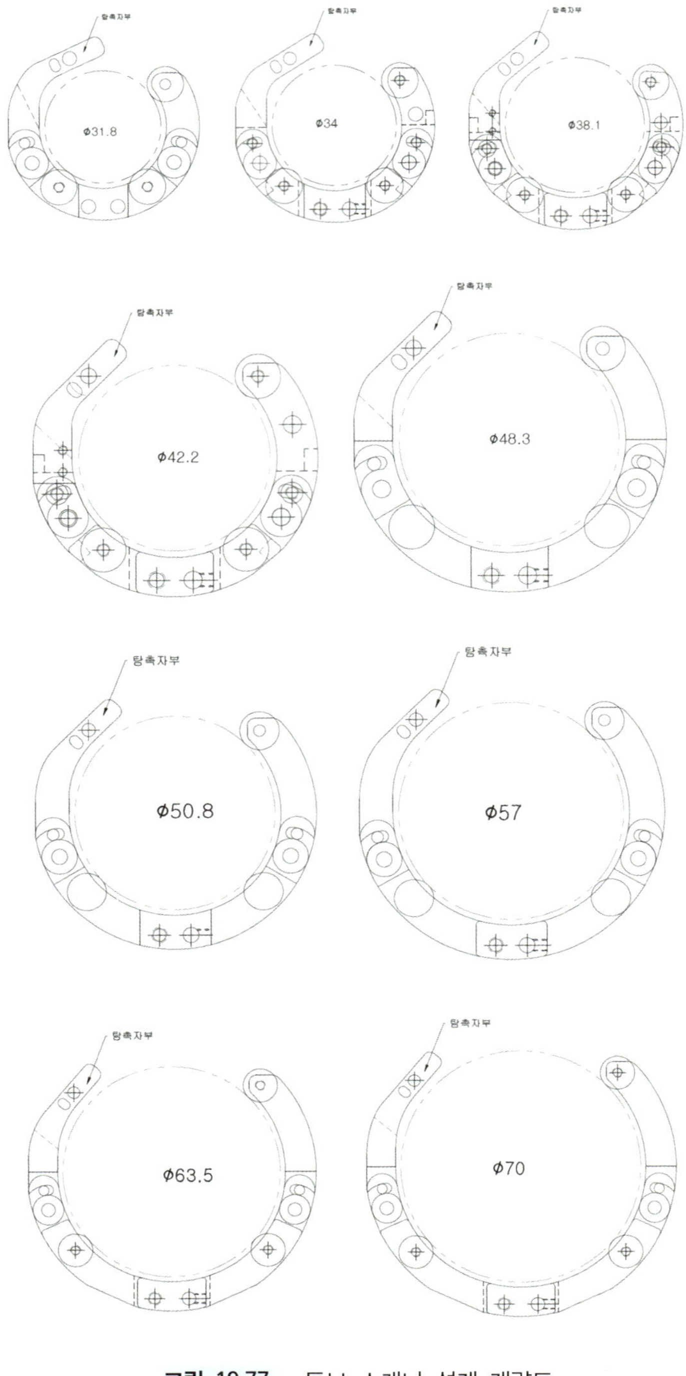

그림 19.77 튜브 스캐너 설계 개략도

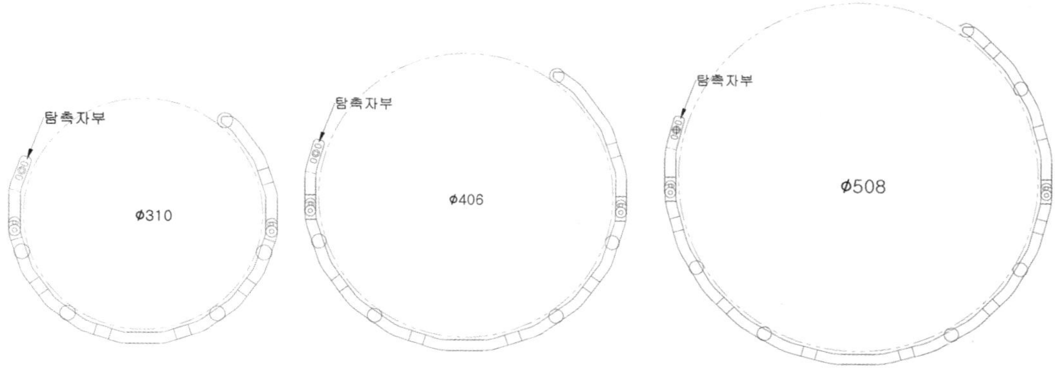

그림 19.78 배관 스캐너 설계 개략도

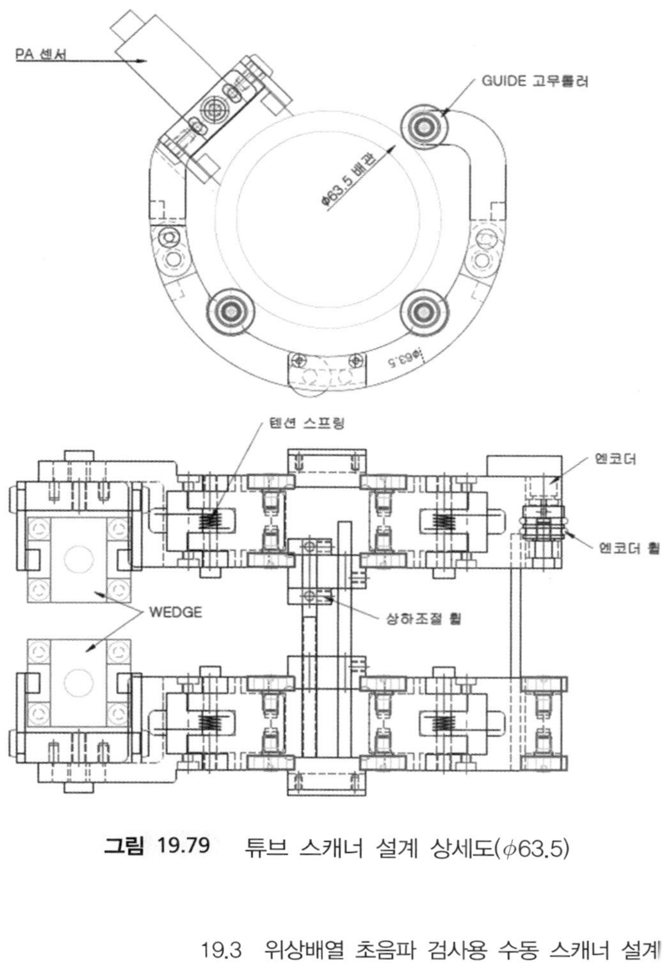

그림 19.79 튜브 스캐너 설계 상세도(ϕ63.5)

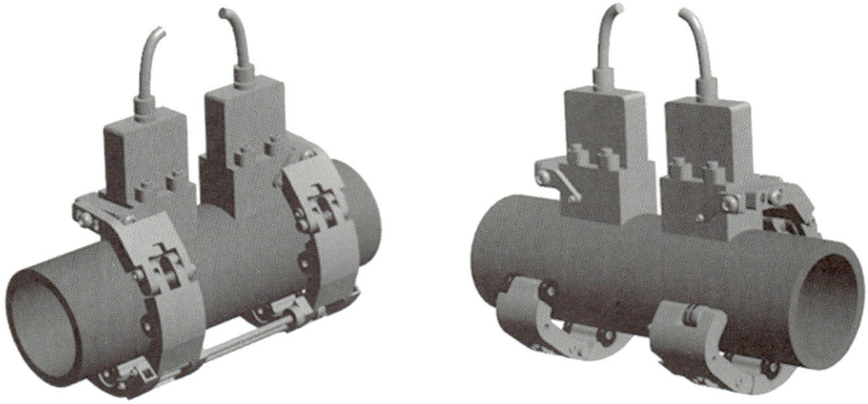

그림 19.80 튜브 스캐너 3D 설계도(ϕ63.5)

그림 19.81 튜브 스캐너 전체 사진(총 9종)

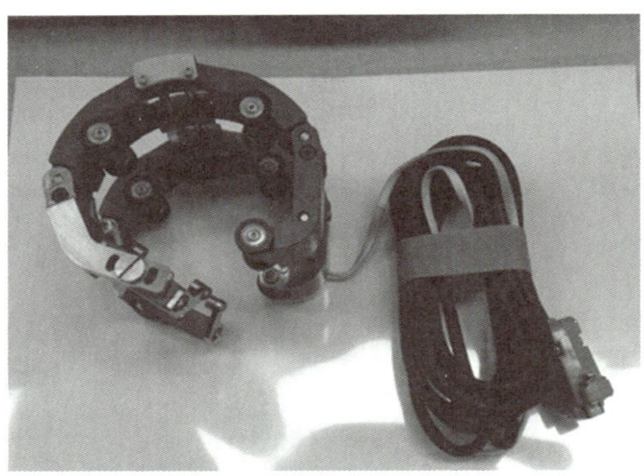

그림 19.82 튜브 스캐너 상세 사진 (ϕ63.5)

2 개폐기 부싱 검사를 위한 수침 시스템 설계 및 제작

부싱은 대량 생산 제품이고 형상과 크기를 고려하면 자동 검사 시스템이 유용할 수 있다. 특히 원통형 외형에 따라 일정하게 회전시키며 초음파 전달 매질로 물을 이용하는 수침 검사 기법을 적용하면 효과적인 검사 수행이 가능하다. 이때, 부싱의 형상은 그림 19.83과 같이 여러 경사각과 두께를 가지는 복잡한 형태이다. 따라서 부싱을 일정하게 회전시키기 위해서는 편심을 보완할 수 있는 보조 장치가 요구된다. 그림 19.84는 편심 보완 장치의 설계도를 보여준다.

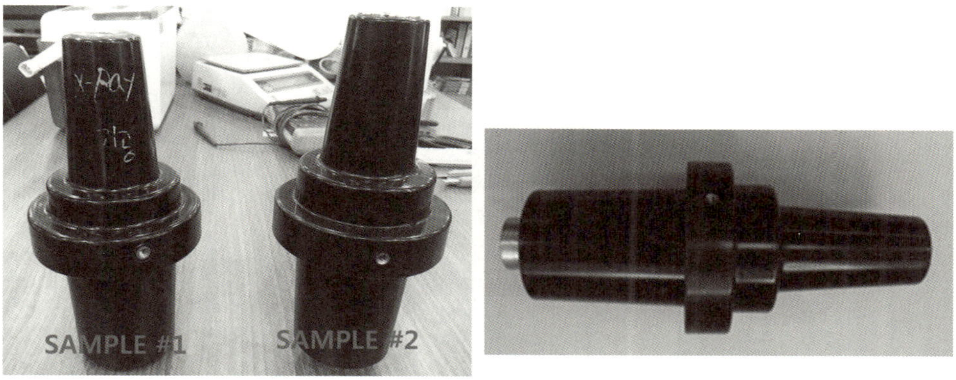

그림 19.83 지상 개폐기 부싱 사진

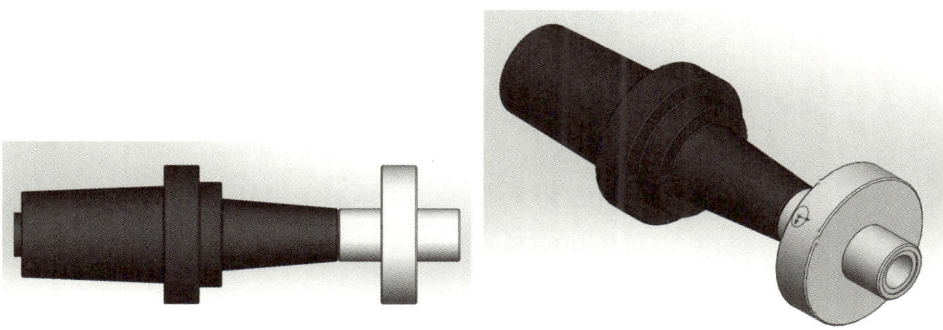

그림 19.84 지상 개폐기 부싱 검사용 편심 보완 롤러

부싱 검사를 위한 빔 집속 시뮬레이션 결과와 같이 일정한 위치에 빔이 집속되어야 신뢰도 높은 검사 결과를 도출할 수 있다. 또한, 부싱 내부 검사 결과의 3D 형상 도출과 정확한 결함의 크기, 위치 등 정보를 확인하기 위해서는 일정하게 이송하며 검사를 수행하여야 한다. 즉, 부싱검사를 위한 수침 시스템은 부싱을 일정한 속도로 회전을 시키고 축 방향 이송이 가능하여야 하고 초음파 탐촉자가 부싱과 일정한 거리를 유지할 수 있도록 이송할 수 있는 기능이 필요하다. 이러한 이송 기능, 회전 기능 및 수조로 구성된 수침 검사 시스템을 그림 19.85와 같이 설계하였다.

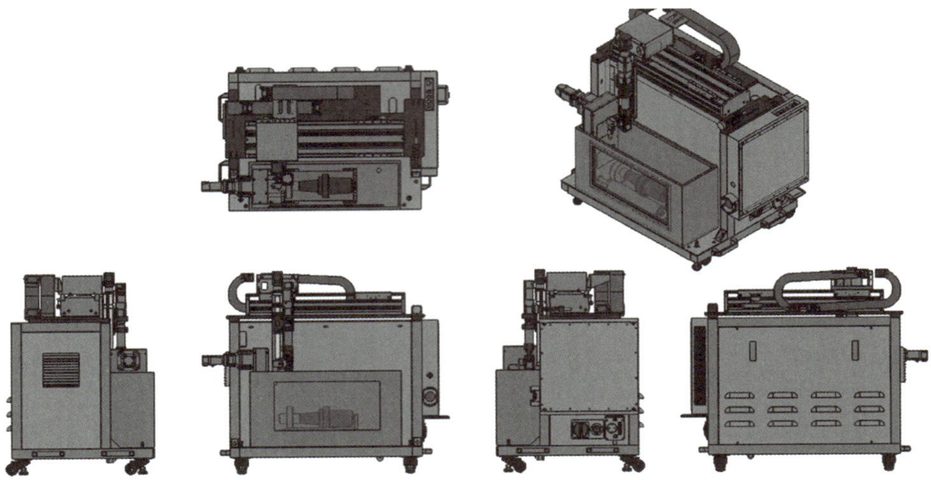

그림 19.85 지상 개폐기 부싱 검사용 수침 검사 시스템 설계도

수침 검사 시스템의 상세 설계 내용은 다음과 같다.

- 모터축 구성
  4축 모션제어(X, Z, R, T 축 구성). 좌우 직선 이동(X), 상하 이동(Z), 검사체 회전(R), 센서 틸팅(T) 축으로 구성
- 검사 장비 프레임 설계
  Dimension(mm) : 870(W) * 595(D) * 875(H) (추가 펄서리시버 포함 990)
  사용자 이동 가능 구현 및 부식 방지 수조 및 기타 부식 방지 소재 사용
- 전장 설계
  노이즈 저감 전장 설계. 서보 노이즈 차단 EMI 필터, 2중 차폐 초음파 케이블 및 노이즈 차폐 케이블 적용

상세 스펙을 적용하여 제작된 수침 검사 시스템은 그림 19.86에서 확인할 수 있다.

그림 19.86 지상 개폐기 부싱 검사용 수침 검사 시스템

19.4 개발 스캐너 구동 성능 평가

1 튜브 및 배관 검사를 위한 수동 스캐너 구동 평가

전력설비 튜브 및 배관의 정밀검사 및 3D 형상화를 위한 스캐너를 다양한 설계인자를 적용하여 제작하였다. 일정한 접촉 성능, 회전성능 요구되는 스캐너의 구동성 평가를 위하여 실제 시험편에 적용하여 체결 상태를 확인한다. 튜브에 스캐너의 체결 시 매우 쉬운 결합이 가능하였고, 그림 19.87과 같이 각 롤러가 일정하게 튜브에 접촉함

그림 19.87 튜브 스캐너의 시험편 결합 상태

을 확인한다. 또한 스캐너의 탐촉자 거치부는 일정한 압력을 유지할 수 있다. 스캐너의 회전 구동 성능 평가를 수행한 결과 적은 힘으로 효과적으로 회전시킬 수 있고, 이때 튜브와의 결합 상태가 매우 정확하게 유지된다. 그리고 내장된 엔코더가 회전 구동 시 정확하게 회전할 수 있음이 확인되었다. 그림 19.88은 회전 구동 시 스캐너의 결합 상태를 보여준다. 개발된 스캐너를 활용하여 튜브 및 배관의 정밀 검사를 진행 중이다.

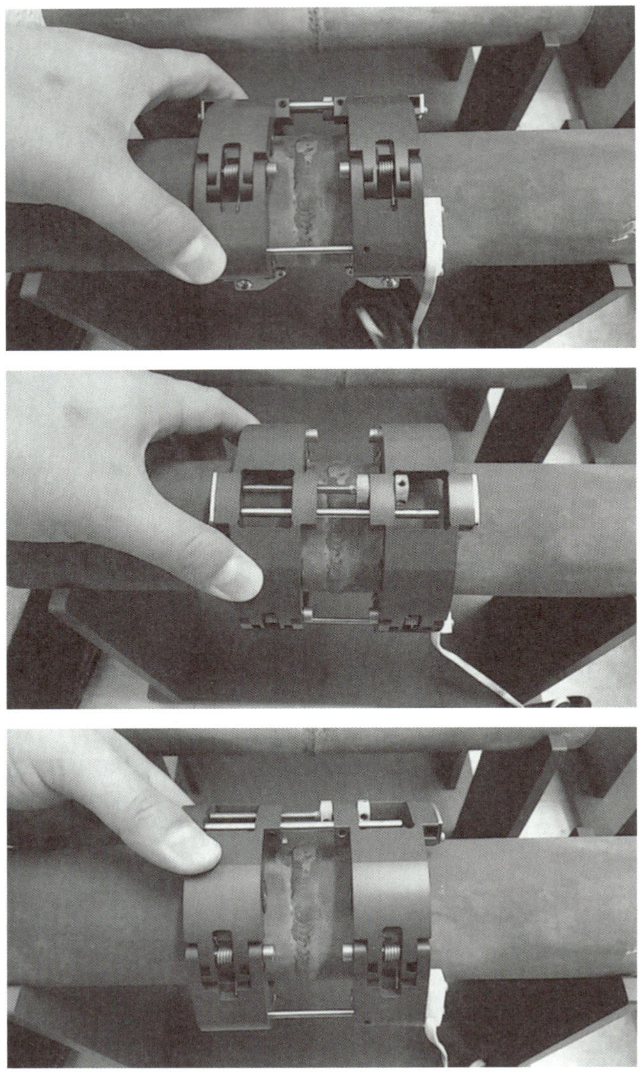

그림 19.88 튜브 스캐너의 구동 성능 평가

2 개폐기 부싱 검사를 위한 수침 시스템 구동 성능 평가

1) 부싱 검사 수침 시스템 구동 평가

부싱 검사를 위한 수침검사 시스템은 일정한 위치에 초음파 빔이 집속될 수 있도록 제어 되어야 하고, 내부 검사 결과의 3D 형상 도출과 정확한 결함의 크기, 위치 등 정보를 확인하기 위해 일정하게 이송하며 검사를 수행할 수 있어야 한다. 이에 따라 부싱 검사용 수침 시스템을 제작하였다. 수침 검사 시스템이 부싱을 일정하게 회전시키며 검사를 수행할 수 있음을 확인하였고, 탐촉자를 부싱과 일정한 간격을 유지시키며 이송할 수 있다. 그림 19.89는 부싱 검사 시스템의 동작 상태를 보여주고 있다.

그림 19.89 부싱 검사 수침 시스템 구동 성능 평가

2) 수침 검사 시스템 제어 프로그램 평가

부싱 검사를 효과적으로 수행하기 위해서는 프로그램에서 다양한 조건의 제어 및 검사 결과의 확인이 필요하다. 특히 검사 결과의 정확한 분석을 위하여 C-scan 이미지와 동시에 A-scan(Radio Frequency signal, RF signal) 신호의 동시 표현이 필요하다.

또한 A-scan 신호의 문턱값 설정을 위한 Gate의 설정이 가능하여야 신호 분석을 수행할 수 있다. 따라서 이러한 신호 분석을 위한 display와 설정 기능이 필수적이다. 개발된 프로그램은 그림 19.90에서 확인할 수 있고, 신호 분석을 위한 기능이 그림 19.91에서와 같이 구성되어 있다.

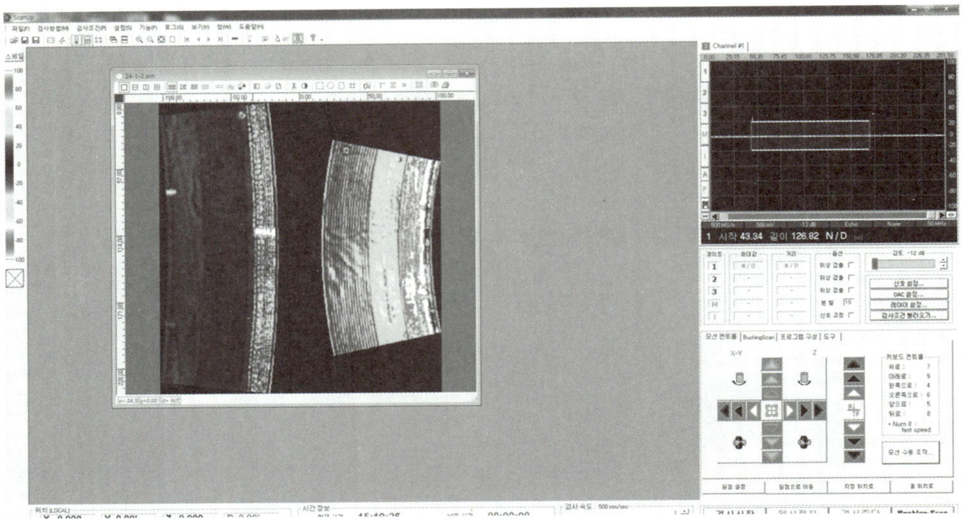

그림 19.90 초음파 수침 검사 시스템 운용 프로그램

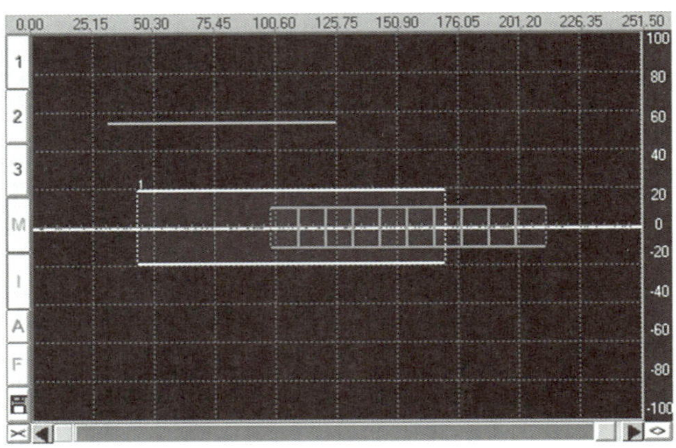

그림 19.91 프로그램의 A-scan display 및 Gate 설정

부싱 검사 시스템은 전·후, 좌·우, 상·하 이송, 즉 x, y, z 축으로 탐촉자를 이송시킬 수 있어야 하고 따라서 각 축 방향 이송을 위한 모터가 적용된다. 또한 부싱을 회전시키기 위한 롤러에도 모터가 적용된다. 탐촉자의 이송과 롤러의 제어를 프로그램에서 설정할 수 있도록 그림 19.92와 같이 구성하였고, 검사 대상체의 형상에 따라 자동적으로 검사 제어가 가능하도록 검사체의 정보 그림 19.93과 같이 세분화하여 입력하고 검사 영역, 분해능을 설정할 수 있도록 그림 19.94와 같이 구성한다.

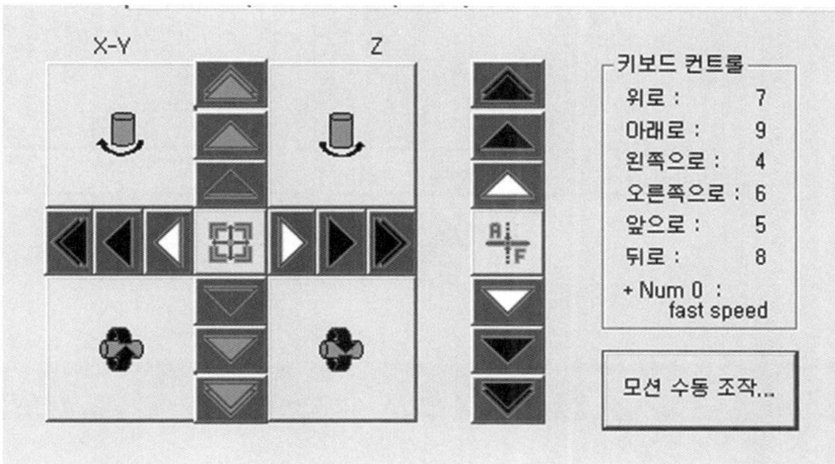

그림 19.92 모션 컨트롤 UI

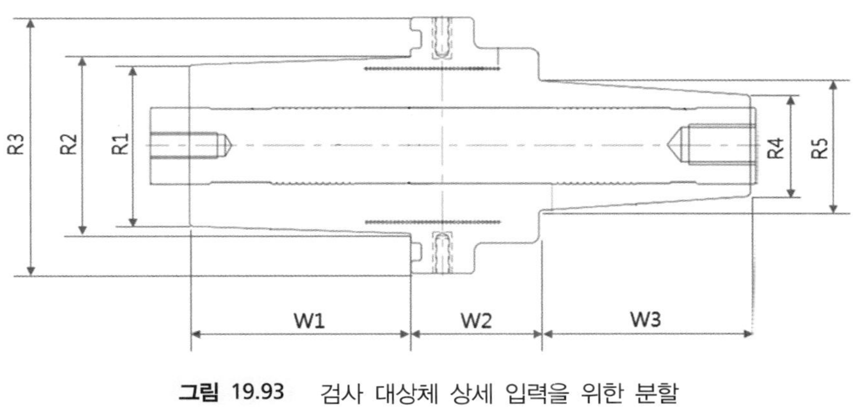

그림 19.93 검사 대상체 상세 입력을 위한 분할

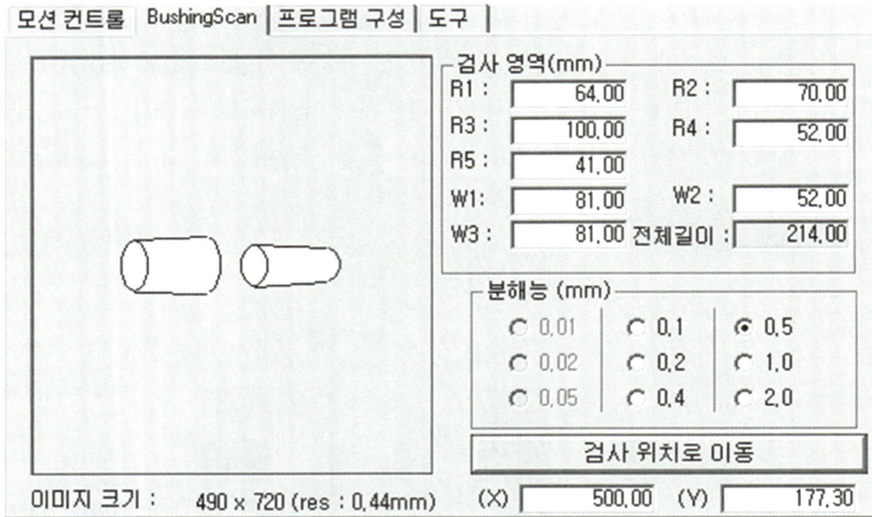

그림 19.94 검사 영역 지정 및 분해능 입력 UI

19.5 시스템 구축 및 평가

1 전력설비 검사용 위상배열 초음파 탐상 시스템 구축

전력설비 튜브 및 배관의 검사를 위하여 위상배열 초음파 신호 특성 평가를 통하여 전력설비 내부결함 검출을 위한 위상배열 초음파 탐촉자 설계와 제작을 수행하였다. 튜브 및 배관의 정밀 검사와 3D 형상화를 위해 다양한 외경의 검사체 스캐너를 제작하였다. 또한 개폐기 부싱의 정밀 검사를 위하여 초음파 수침 검사 시스템의 설계 및 제작을 수행하였다.

제작된 탐촉자, 스캐너를 기반으로 3D 형상화 검사를 위한 위상배열 초음파 모듈이 요구되며, 이에 따라 최대 64채널 탐촉자를 이용한 TOFD(Time of flight diffraction) 검사를 위하여 128채널의 초음파 모듈의 설계와 제작을 진행하였다. 추가적으로 128채널 모듈에 두 개의 64채널 탐촉자를 제어하고 신호를 입력할 수 있도록 분배기(splitter)의 제작을 수행하였다. 그림 19.95는 128채널 모듈의 구성 사진이고, 그림 19.96은 케이싱을 하여 완성된 위상배열 탐상 모듈 시작품을 보여준다. 그림 19.97은 64채널 분배 모듈을 나타낸다.

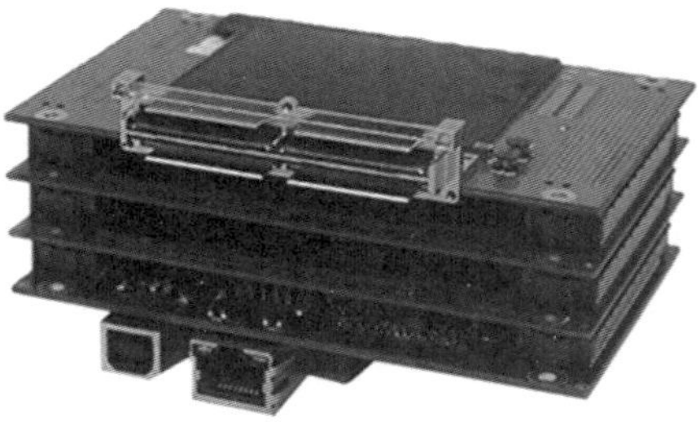

그림 19.95 28채널 모듈 구성 사진

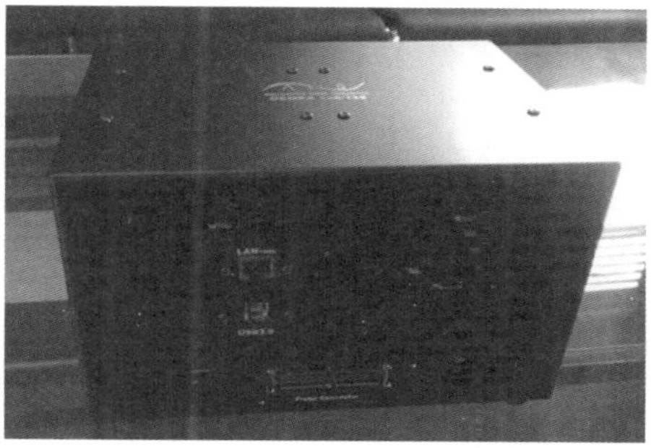

그림 19.96 128채널 모듈 시작품

그림 19.97 64채널 분배기 모듈 구성

위와 같이 제작된 128채널 위상배열 초음파 모듈과 초음파 탐촉자, 스캐닝 시스템을 이용하여 전력설비 검사를 수행할 수 있다. 그러나 당해연도 연구를 통해 제작된 초음파 모듈은 1대로 튜브 및 배관 검사 시스템과 부싱검사용 수침 시스템에 적용하여 각각 별도의 완성된 시스템 구축은 불가능하다. 검사 대상에 따라 탐촉자와 스캐닝 시스템에 초음파 모듈을 결합하여 시스템을 구성한 검사를 별도로 수행 중이며, 추가적인 위상배열 초음파 모듈의 제작을 통해 각 설비 검사에 최적화된 독립 시스템 구축 예정이다.

2 표준결함 내재 시험편 설계 및 제작

1) 위상배열 초음파 탐촉자 검증용 표준결함 시험편

튜브 및 배관의 전력설비 검사용 위상배열 초음파 탐촉자를 시뮬레이션을 통해 설계 제작하였고, 개발된 초음파 탐촉자의 집속 및 조향 특성을 실제 시험편에 적용하여 평가를 수행하여야 한다. 탐촉자 평가를 위해서 두 가지 시험편을 설계하고 실제 제작하였다. 첫째로, 위상배열 탐촉자에 대한 Calibration block을 제작하고, 이어서 용접부에 대한 검사를 위해 파이프형 결함내재 시험편을 제작을 수행하였다.

Calibration block은 규격에 의거하여 사용되는 시제품을 기준으로 5가지 결함 종류에 대해 각각 시험편을 제작하였고, 이때 시험편의 재질은 강재로 부식을 방지하기 위해 1 μm 미만의 두께로 아연 도금 처리를 하였다. 실제 구조물의 경우에도 부식 방지를 위한 페인트 도포 또는 도금 처리를 수행하여 보다 실 구조물에 유사한 결과를 도출할 수 있다. 규격에 의해 사용되는 시험편은 각 결함은 반경 25 mm의 원 둘레를 따라 5.0° 간격으로 파인 직경 1.0 mm의 홀 17개, 반경 50 mm의 원 둘레를 따라 5.0° 간격으로 파인 직경 2.0 mm의 홀 17개, 수직한 직선을 따라 3.0 mm 간격으로 나열한 직경 1.0 mm의 홀 16개, 바닥에 30°로 기울어진 선을 따라 3.0 mm 간격으로 나열한 직경 1.5 mm의 홀 12개, 직경 1.5 mm의 기울어진 홀 4개(30°, 45°, 60°, 75°)로 구성된다. 이 정보를 바탕으로 탐촉자의 성능 검증을 위한 시험편을 설계하고 제작을 수행하였다. 그림 19.98에서 그림 19.102는 각각 결함에 따라 제작된 시험편의 사진이다.

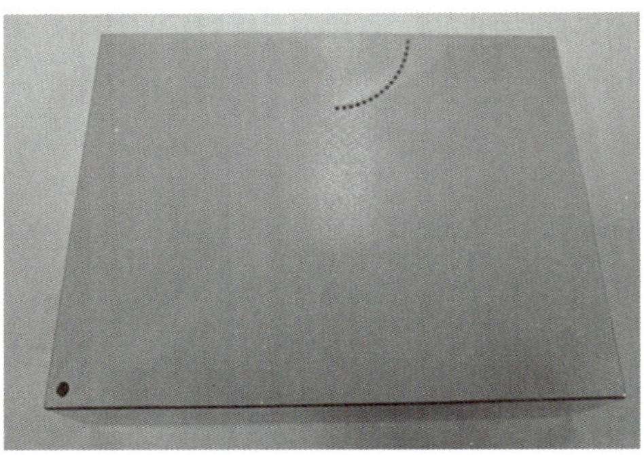

그림 19.98 Calibration block #1 (반경 25 mm 위치, 연속 홀)

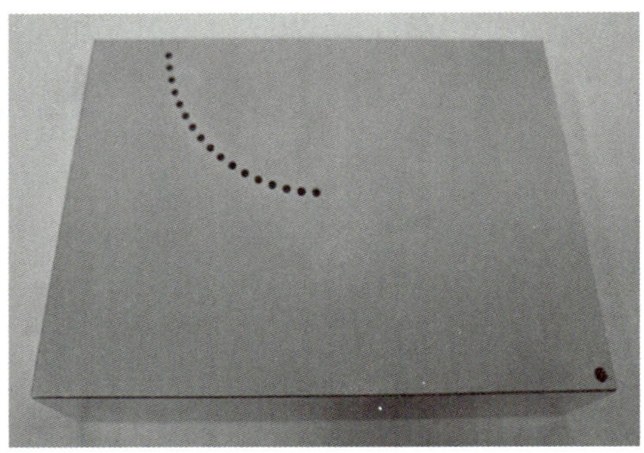

그림 19.99 Calibration block #2 (반경 50 mm 위치, 연속 홀)

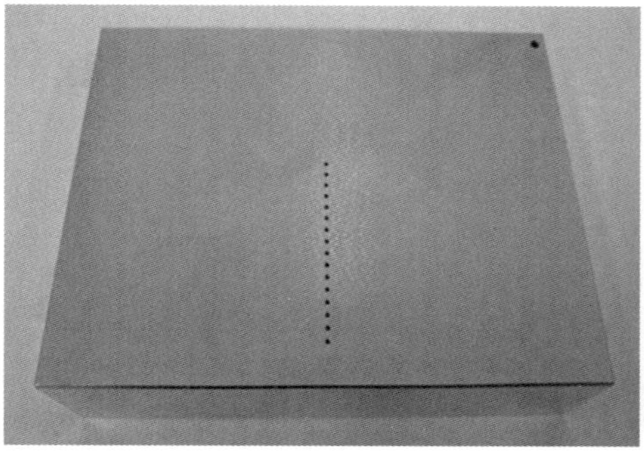

그림 19.100 Calibration block #3 (수직 연속 홀)

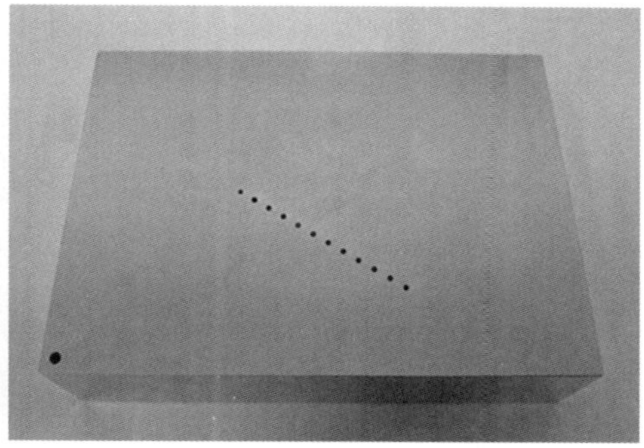

그림 19.101 Calibration block #4 (사선 연속 홀)

그림 19.102 Calibration block #5(기울어진 홀)

2) 튜브 및 배관 검사용 표준결함 시험편

위상배열 초음파 탐촉자를 이용해 용접부에 대한 검사 성능을 평가하기 위해 용접부 모사 결함내재 시험편의 제작이 필요하다. 용접부에 생길 수 있는 결함들 중 사용시의 피로에 의해서 균열이 성장하며, 상대적으로 위험성이 높은 Root Crack과 Toe Crack을 목표 결함으로 잡고 시험편 설계를 수행하였다. 이들 결함을 효과적으로 검사하기 위해 모사 시험편을 설계, 제작하기 위해서는 시험편에 탐촉자가 다양한 검사를 수행할 수 있는 크기의 확보가 필요하다. 그림 19.103과 그림 19.104는 각각 Root crack과 Toe crack에 대해 초음파 검사를 진행하기 위해 필요한 길이를 나타낸 것으로 한 번 반사 후 도달하는 1skip 거리를 기준으로 초음파의 전파 각도가 30°, 45°, 60°가 되도록 입사각을 설정하고, 표 19.2의 표준화력 튜브 및 배관의 내경과 두께에 따른 시험편 필요 길이의 계산을 표 19.9에서 19.14와 같이 수행한다.

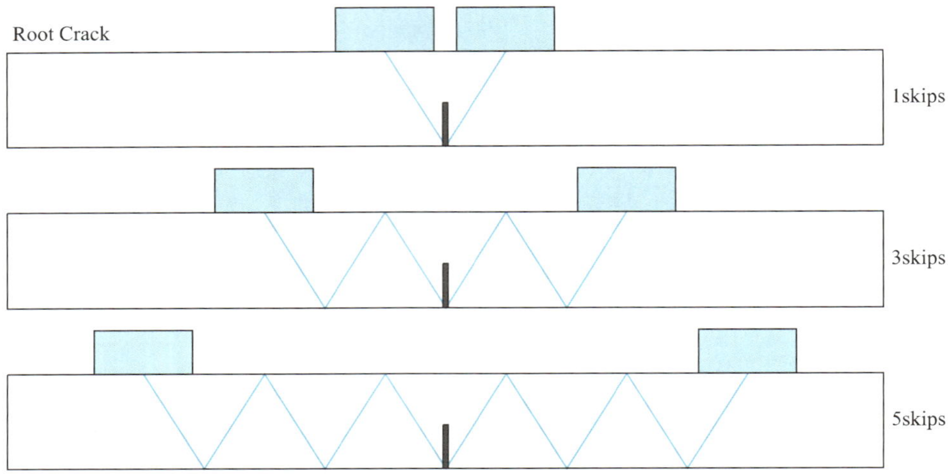

그림 19.103 Root Crack에 대한 Pitch-Catch 검사

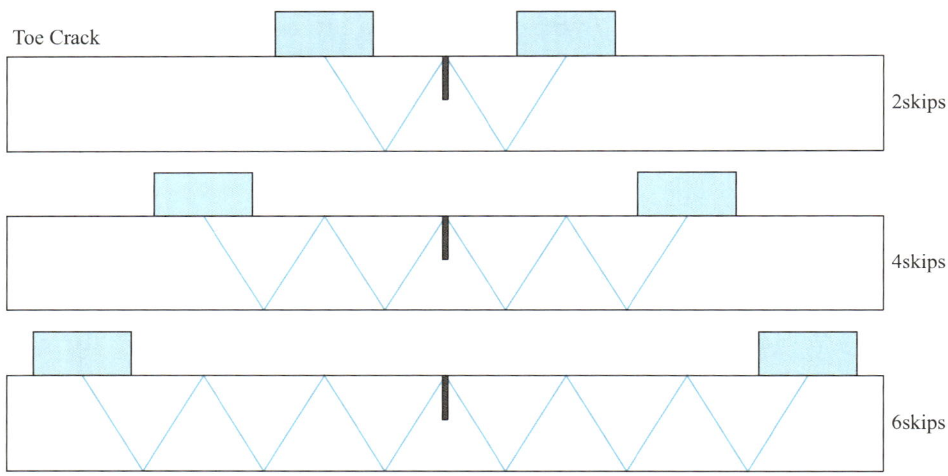

그림 19.104 Toe Crack에 대한 Pitch-Catch 검사

표 19.9 Root Crack, 30°의 경우 필요한 탐촉자 사이의 거리

종류	두께 t (mm)	외경 (mm)	채널 수, 탐촉자 길이(mm)	탐촉자 중심거리 (mm)	필요한 skip 수	최소 중심거리 (mm)
튜브	4	50.8	16, 18	4.62	5skips	23.1
	4	63.5	16, 18	4.62	5skips	23.1
	4	70.0	16, 18	4.62	5skips	23.1
	6	50.8	16, 18	6.93	3skips	20.8
	6	42.2	16, 18	6.93	3skips	20.8
	10	50.8	16, 18	11.55	3skips	34.6
	10	63.5	16, 18	11.55	3skips	34.6
배관	20	729.0	64, 66	23.09	3skips	69.3
	20	508.0	64, 66	23.09	3skips	69.3
	45	310.0	32, 34	51.96	1skip	52.0
	53	406.0	32,34	61.20	1skip	61.2

표 19.10 Root Crack, 45°의 경우 필요한 탐촉자 사이의 거리

종류	두께 t (mm)	외경 (mm)	채널 수, 탐촉자 길이(mm)	탐촉자 중심거리 (mm)	필요한 skip 수	최소 중심거리 (mm)
튜브	4	50.8	16, 18	8	3skips	24
	4	63.5	16, 18	8	3skips	24
	4	70.0	16, 18	8	3skips	24
	6	50.8	16, 18	12	3skips	36
	6	42.2	16, 18	12	3skips	36
	10	50.8	16, 18	20	1skip	20
	10	63.5	16, 18	20	1skip	20
배관	20	729.0	64, 66	40	3skips	120
	20	508.0	64, 66	40	3skips	120
	45	310.0	32, 34	90	1skip	90
	53	406.0	32, 34	106	1skip	106

표 19.11 Root Crack, 60°의 경우 필요한 탐촉자 사이의 거리

종류	두께 t (mm)	외경 (mm)	채널 수, 탐촉자 길이(mm)	탐촉자 중심거리 (mm)	필요한 skip 수	최소 중심거리 (mm)
튜브	4	50.8	16, 18	13.86	3skips	41.6
	4	63.5	16, 18	13.86	3skips	41.6
	4	70.0	16, 18	13.86	3skips	41.6
	6	50.8	16, 18	20.78	1skip	20.8
	6	42.2	16, 18	20.78	1skip	20.8
	10	50.8	16, 18	34.64	1skip	34.6
	10	63.5	16, 18	34.64	1skip	34.6
배관	20	729.0	64, 66	69.28	1skip	69.3
	20	508.0	64, 66	69.28	1skip	69.3
	45	310.0	32, 34	155.88	1skip	156
	53	406.0	32, 34	183.60	1skip	184

표 19.12 Toe Crack, 30°의 경우 필요한 탐촉자 사이의 거리

종류	두께 t (mm)	외경 (mm)	채널 수, 탐촉자 길이(mm)	탐촉자 중심거리 (mm)	필요한 skip 수	최소 중심거리 (mm)
튜브	4	50.8	16, 18	9.24	4skips	18.5
	4	63.5	16, 18	9.24	4skips	18.5
	4	70.0	16, 18	9.24	4skips	18.5
	6	50.8	16, 18	13.86	4skips	27.7
	6	42.2	16, 18	13.86	4skips	27.7
	10	50.8	16, 18	23.10	2skips	23.1
	10	63.5	16, 18	23.10	2skips	23.1
배관	20	729.0	64, 66	46.18	4skips	92.4
	20	508.0	64, 66	46.18	4skips	92.4
	45	310.0	32, 34	103.92	2skips	104
	53	406.0	32, 34	122.40	2skips	122

표 19.13 Toe Crack, 45°의 경우 필요한 탐촉자 사이의 거리

종류	두께 t (mm)	외경 (mm)	채널 수, 탐촉자 길이(mm)	탐촉자 중심거리 (mm)	필요한 skip 수	최소 중심거리 (mm)
튜브	4	50.8	16, 18	16	4skips	32.0
	4	63.5	16, 18	16	4skips	32.0
	4	70.0	16, 18	16	4skips	32.0
	6	50.8	16, 18	24	2skips	24.0
	6	42.2	16, 18	24	2skips	24.0
	10	50.8	16, 18	40	2skips	40.0
	10	63.5	16, 18	40	2skips	40.0
배관	20	729.0	64, 66	80	2skips	80.0
	20	508.0	64, 66	80	2skips	80.0
	45	310.0	32, 34	180	2skips	180
	53	406.0	32, 34	212	2skips	212

표 19.14 Toe Crack, 60°의 경우 필요한 탐촉자 사이의 거리

종류	두께 t (mm)	외경 (mm)	채널 수, 탐촉자 길이(mm)	탐촉자 중심거리 (mm)	필요한 skip 수	최소 중심거리 (mm)
튜브	4	50.8	16, 18	27.72	2skips	27.7
	4	63.5	16, 18	27.72	2skips	27.7
	4	70.0	16, 18	27.72	2skips	27.7
	6	50.8	16, 18	41.56	2skips	41.6
	6	42.2	16, 18	41.56	2skips	41.6
	10	50.8	16, 18	69.28	2skips	69.3
	10	63.5	16, 18	69.28	2skips	69.3
배관	20	729.0	64, 66	138.56	2skips	139
	20	508.0	64, 66	138.56	2skips	139
	45	310.0	32, 34	311.76	2skips	312
	53	406.0	32, 34	367.20	2skips	367

시험편의 길이를 각 계산된 결과를 이용하여 탐촉자 사이 최소 거리×1.5로 결정한다. 단 1.5배한 길이가 작은, 두께가 얇은 튜브 및 배관 시험편에 대해서는 시험 시 원하지 않는 반사 신호의 영향을 최소한으로 줄이기 위해 최소 300 mm 이상의 길이로 설계하였다. 최종적으로 설계된 시험편 길이는 표 19.15에서 확인할 수 있다.

시험편의 폭은 절단면의 각도를 이용하여 설계함. 최종적으로 곡면에서 반사가 일어나 간섭이 일어날 것을 대비해 모든 시험편에서 일괄적으로 180°, 즉 원통형 파이프를 반으로 자른 형상으로 설계를 수행하였다. 시험편 내부에 존재하는 결함은 폭이 0.3 mm인 EDM 노치이며, 초음파 신호의 정량적인 분석이 가능하도록 세 가지 깊이로 각각 설계하였고, 가장 작은 결함은 시험편 두께의 0.1배, 중간 결함은 0.2배, 가장 깊은 결함은 0.4배로 결정하였다. 또한 각각 깊이의 결함에 대해서 결함의 길이를 5 mm, 10 mm 두 가지로 만들어 결함의 길이에 대한 신호의 영향도 고려하여 설계하였다. 그림 19.105는 설계한 시험편들 중 가장 외경이 작은 50.8 mm인 튜브에 대한 결함내재 시험편의 모델이며, 그림 19.106은 외경 406 mm인 배관에 대한 결함내재 시험편의 모델이다.

표 19.15 탐촉자 사이의 거리 최종 결정

종류	두께 t (mm)	외경 (mm)	채널 수, 탐촉자 길이 (mm)	시험편 길이 (mm)
튜브	4	50.8	16, 18	300
	4	63.5	16, 18	300
	4	70.0	16, 18	300
	6	50.8	16, 18	300
	6	42.2	16, 18	300
	10	50.8	16, 18	300
	10	63.5	16, 18	300
배관	20	729.0	64, 66	300
	20	508.0	64, 66	300
	45	310.0	32, 34	470
	53	406.0	32, 34	550

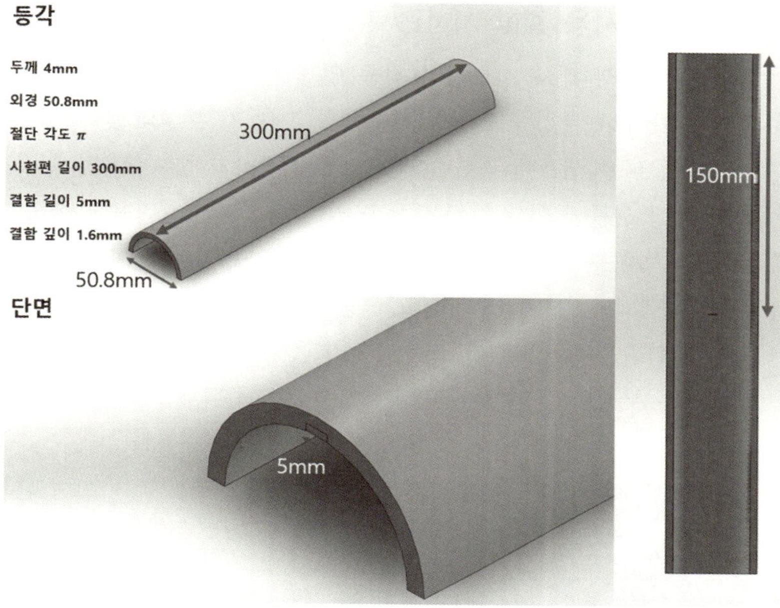

그림 19.105 두께 4 mm, 외경 50.8 mm, 결함 길이 5 mm, 깊이 0.4t 시험편

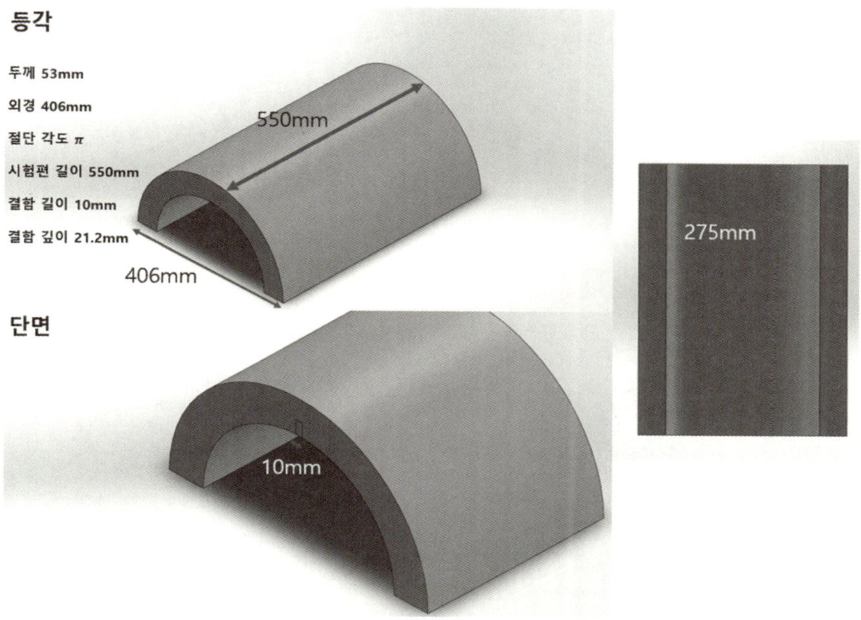

그림 19.106 두께 53 mm, 외경 406 mm, 결함 길이 10 mm, 깊이 0.4t 시험편

3) 부싱 검사용 결함 시험편

개폐기 부싱 검사 시스템의 검증 및 검사 결과의 정확성 확인을 위해서는 일정한 결함을 내재한 부싱 시험편이 필요하다. 개폐기 부싱의 경우 몰딩 작업을 통해 대량 생산되어 일부 샘플에 결함을 내재시켜 제작하기에는 한계가 있다. 따라서 기존의 건전한 부싱 샘플에 외부 가공을 통한 결함 시험편의 제작을 진행하였다. 결함은 초음파 빔 전파 방향을 기준으로 기공과 유사한 성향을 나타낼 수 있도록 드릴 홀 결함을 가공하였다. 최종적으로 결함 검출 성능평가를 위하여 1 mm, 2 mm, 5 mm의 결함을 가공한 시험편을 제작하였다. 그림 19.107은 부싱 측면에 가공한 결함을 나타내며, 그림 19.108은 부싱의 표면에 가공한 결함을 보여준다.

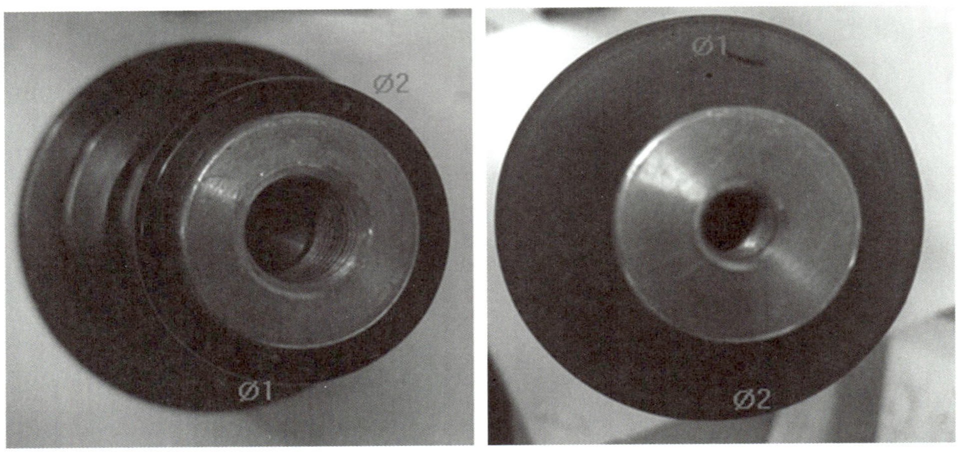

그림 19.107 측면 결함 가공 부싱

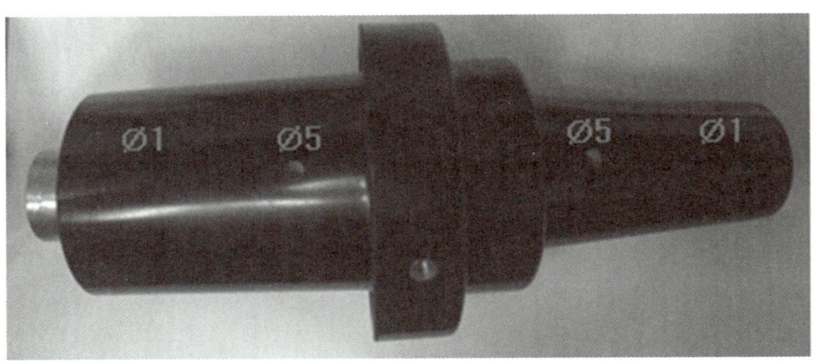

그림 19.108 상면 결함 가공 부싱

3 위상배열 초음파 검사 시스템의 결함 검출 성능 평가

1) 개폐기 부싱 시험편 검사

개폐기 부싱 검사를 위해 설계 및 제작된 위상배열 초음파 탐촉자, 128채널 초음파 모듈, 수침 검사 시스템을 적용하여 통합 검사 시스템을 구축한다. 구축된 시스템을 이용하여 부싱의 내부 상태 검사 및 결함 검출 성능 평가를 수행하였다. 부싱은 그림 19.109의 두 개의 샘플을 part A와 part B로 분할하여 128채널 탐촉자를 이용하여 검사를 수행하였다. 그림 19.110은 실제 검사 실험을 보여준다.

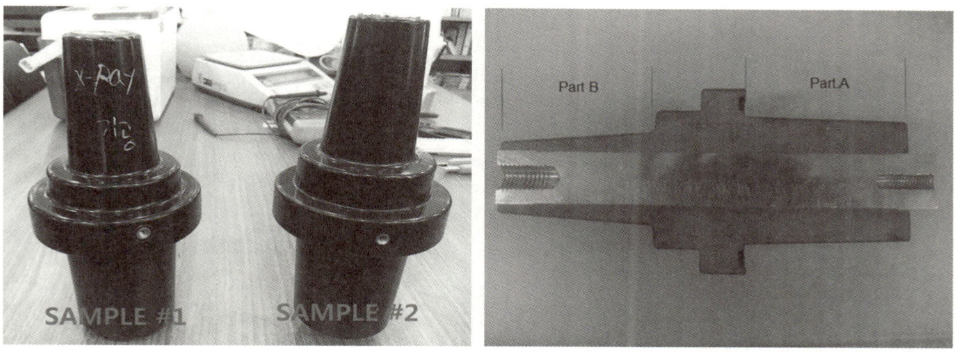

그림 19.109 개폐기 부싱 검사 샘플

그림 19.110 개폐기 부싱 검사 실험

부싱 검사 실험 결과 개발된 초음파 탐상 시스템이 부싱 내부의 검사가 가능함을 확인하였다. 결함이 없는 건전한 부싱 샘플 2번의 내부를 그림 19.111과 그림 19.112에서와 같이 확인할 수 있다. 건전한 부싱의 경우 C-scan 이미지가 전체적으로 유사하고 A-scan 신호 역시 약간의 크기차이는 있으나 특이한 결함 신호는 수신되지 않았다. 부싱 샘플 1번의 경우 part A에서는 그림 19.113에서와 같이 내부 전체의 이미지를 확인할 수 있고, 특이한 결함은 검출되지 않았다.

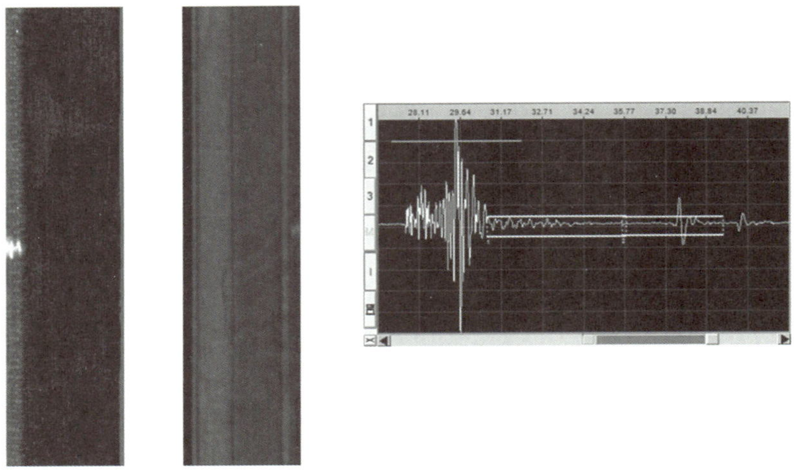

그림 19.111 부싱 샘플 #2–Part A 실험 결과

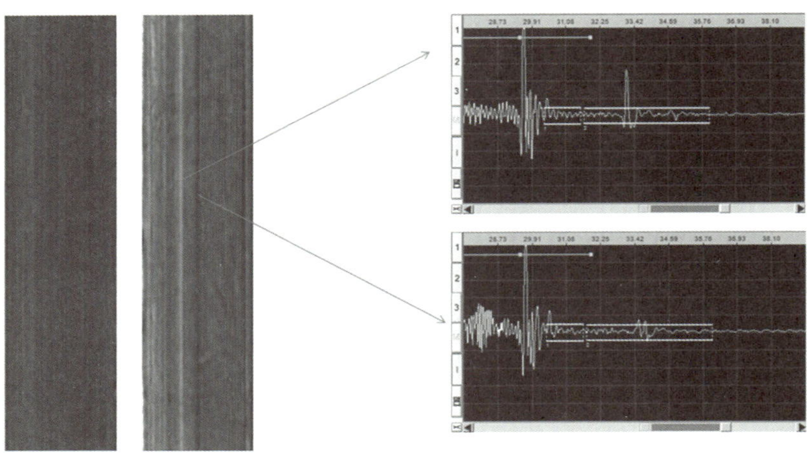

그림 19.112 부싱 샘플 #2–Part B 실험 결과

part B의 경우 그림 19.114의 검사 결과를 보여준다. 이때, C-scan 이미지에서 다른 부분과 다른 구역이 표현되었고, 해당 영역의 A-scan 신호의 분석 결과 반사 신호의 강도와 위상의 변화가 발생한다. 이러한 신호 특성은 다양한 결함의 신호 중 박리에 의해 초음파의 전파거리가 변화하였을 때 발생할 수 있어 이를 바탕으로 박리 결함의 검출과 평가가 가능함을 확인한다.

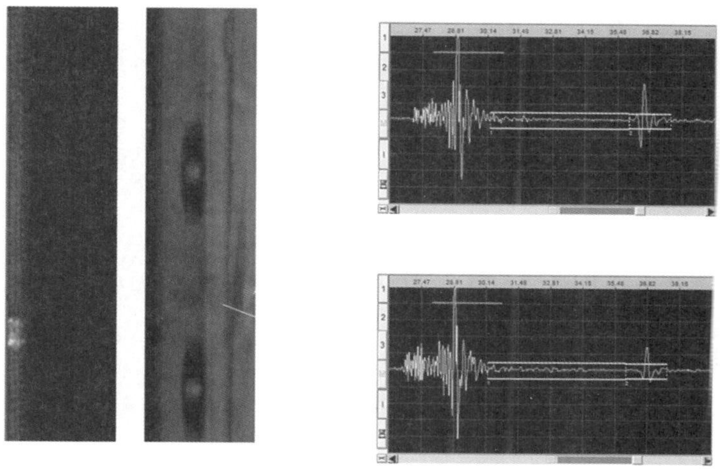

그림 19.113 부싱 샘플 #1–Part A 실험 결과

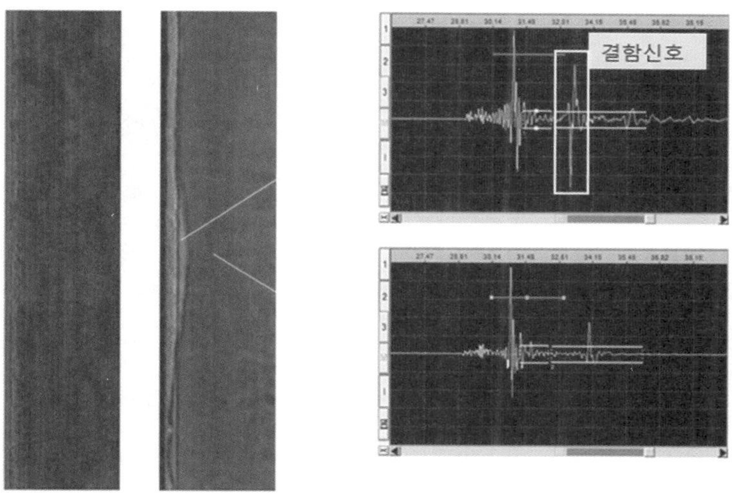

그림 19.114 부싱 샘플 #1–Part B 실험 결과(결함 검출)

2) 개폐기 부싱 평가 신호처리 보완

개폐기 부싱의 양 측면은 경사를 가진 원뿔대 형태이다. 기존의 위상배열 초음파 신호 처리 방법은 이러한 외형인 구조물 검사 결과의 C-scan 이미지도 평면으로 표현하여 결함의 정량적 평가에 한계가 있다. 따라서 부싱 검사 결과의 정확도를 높이고 정략적이 평가 가능하도록 신호처리 알고리즘의 수정 및 보완이 필요하다.

C-Scan을 이미지로 표현할 때 평면에 표현하기 때문에 x축과 r축의 좌표만을 가지고 영상을 만들기 때문에 부싱과 같이 원뿔대 검사체의 경우 영상이 왜곡돼서 나타난다. 따라서 부싱의 정보를 얻어서 영상들의 좌표 값을 새로 계산할 필요가 있다.

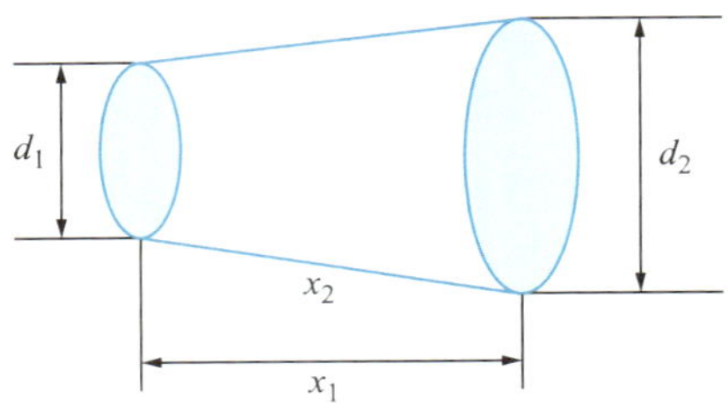

그림 19.115 원뿔대 기초 형상

부싱 검사 결과 C-scan 이미지를 표현하기 위한 수정좌표를 구하기 위해서는 원뿔대의 전개도가 필요하다. 그림 19.116은 원뿔대의 전개도이다.

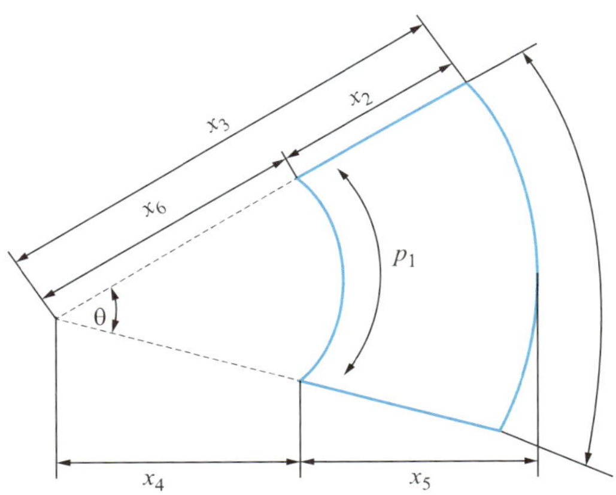

그림 19.116 원뿔대 전개도

원뿔대 형상의 이미지 표현을 위한 신규 좌표값 계산은 다음과 같다.

d_1과 d_2의 길이를 측정한 후 식(19.1)과 식(19.2)를 이용하여 원의 둘레 길이를 계산한다.

$$p_1 = d_1 \times \pi \tag{19.1}$$

$$p_2 = d_2 \times \pi \tag{19.2}$$

피타고라스의 정리를 이용하여 식(19.3)과 같이 x_2의 값을 구할 수 있다.

$$x_2 = \sqrt{x_1^2 + \left(\frac{d_2 - d_1}{2}\right)^2} \tag{19.3}$$

그림 2에서의 부채꼴의 반지름을 식(19.4)와 같이 x_2와 원둘레 p_1, p_2의 비율로 계산할 수 있다. 식(19.4)를 전개하면 식(19.5)와 같이 x_3에 관한 공식을 얻을 수 있다.

$$x_3 - x_2 : p_1 = x_3 : p_2 \tag{19.4}$$

$$x_3 = \frac{x_2 p_2}{p_2 - p_1} \tag{18.5}$$

부채꼴의 θ는 p_2와 x_3를 이용하여 식(19.6)과 같이 구할 수 있다.

$$\theta = \frac{p_2}{x_3} \tag{19.6}$$

작은 부채꼴의 반지름은 식(19.7)과 같이 x_3에서 x_2를 빼서 얻을 수 있다.

$$x_6 = x_3 - x_2 \tag{19.7}$$

x_4의 값은 식(19.8)을 이용하여 구할 수 있다.

$$x_4 = (x_3 - x_2)\cos(\theta/2) \tag{19.8}$$

식(19.9)와 같이 x_3과 x_4를 이용하여 x_5를 구할 수 있다.

$$x_5 = x_3 - x_4 \tag{19.9}$$

y축값이 증가할 때 θ값의 증가량을 알기 위해서 부채꼴의 θ값을 식(19.10)과 같이 길이 값으로 나눈다.

$$\theta_r = \frac{\theta}{L} \tag{19.10}$$

θ의 좌표는 θ_r값에 y_j값을 곱하고 좌표의 시작 값 $\theta/2$값을 빼서 식(19.11)과 같이 구한다.

$$\theta_j = \theta_r \times y_j - \frac{\theta}{2} \tag{19.11}$$

r의 좌표는 x축 값에 작은 부채꼴 반지름 값 x_6을 더하여 식(19.12)와 같이 구할 수 있다.

$$r_i = x_6 + x_i \tag{19.12}$$

식(19.11)과 식(19.12)을 이용하여 직각 좌표에 있는 값을 원형 좌표로 이동시켜서 부싱의 실제 좌표 값을 얻을 수가 있다.

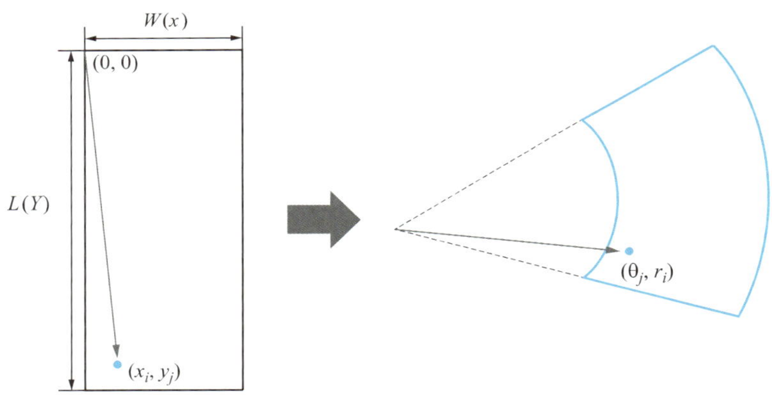

그림 19.117 좌표의 이동

최종적으로, 신규 좌표를 적용하여 위상배열 초음파 검사를 수행한 부싱의 형상은 그림 19.118과 같이 표현될 수 있다.

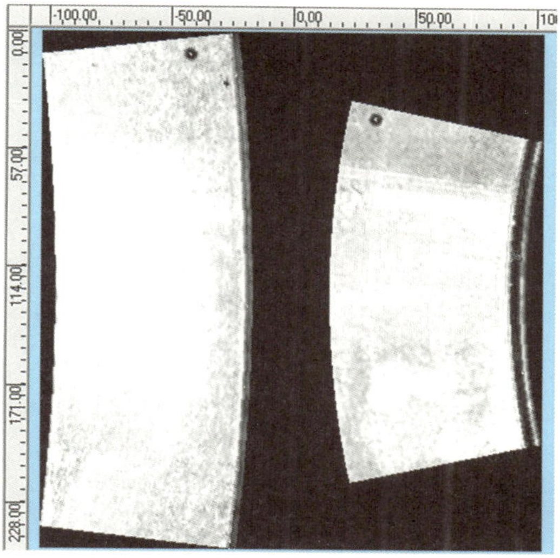

그림 19.118 좌표 수정된 부싱의 C-scan 이미지

개폐기 부싱검사 결과의 정확한 도출을 위해 신호처리 알고리즘을 보완하여 부싱 시험편의 검사를 수행하였다. 부싱 시험편은 일정한 크기의 인공결함을 내재한 결함 시험편을 적용하여 검사 결과의 정밀도 평가를 동시에 수행하고자 하였다.

부싱의 표면 결함 검출을 위한 실험을 수행한 결과는 앞서 좌표값 변경 그림 19.118에서 확인할 수 있다. 결함 시험편의 표면 결함 ϕ5 mm의 결함은 명확하게 검출되나 1 mm의 결함은 다소 판별이 어렵다. 이는 초음파 빔이 검사체에 입사 시 발생하는 표면노이즈와 중첩되어 노이즈 문턱값에 포함된 것으로 보이며, 표면 집속의 실험 설정의 최적화를 통한 검출 가능성이 있을 것으로 판단된다. 그러나 부싱의 경우 표면 결함은 육안검사를 통한 결함 검출이 용이하여 보다 파손 등 문제를 발생시킬 수 있는 내면의 검사가 중요하다.

부싱의 내면 검사를 수행한 결과는 그림 19.119에서 확인할 수 있으며 부싱 내부에 지름 2 mm, 1 mm 결함 4개가 검출되었다. 즉, 시험편에 가공된 결함을 모두 검출할 수 있으며 1 mm 이상의 결함을 검출할 수 있음을 보여준다.

부싱의 검사 결과 중 이미지의 판독성을 높이기 위하여 다양한 색상으로 처리할 수 있는 이미지 표현 및 설정 툴을 내장하고 초음파의 진행시간(Time of Flight)에 따라 구분된 색상으로 표현할 수 있도록 프로그램을 구성하였다. 그림 19.120은 결함의 가시성을 높이기 위해 색상이 변경된 이미지와 초음파의 진행 시간에 따라 색상을 다르

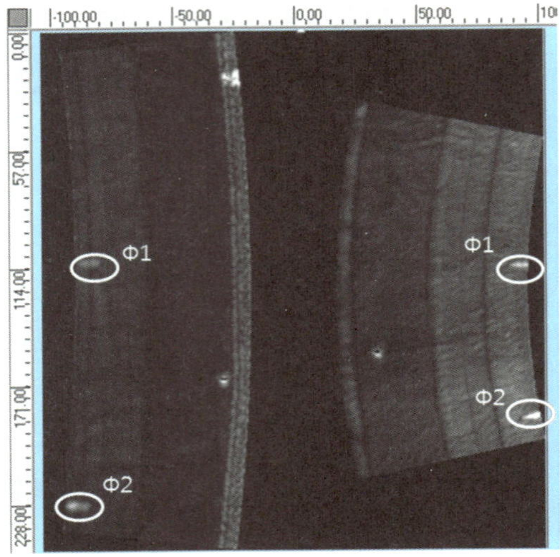

그림 19.119 인공결함 부싱 내부결함 C-Scan 이미지

게 표현하여 실제 시험체 에폭시 층 두께의 평가를 동시에 수행할 수 있는 이미지 결과를 보여준다.

최종적으로, 부싱의 검사 결과의 3D 형상화를 위하여 신호처리 알고리즘의 연구를

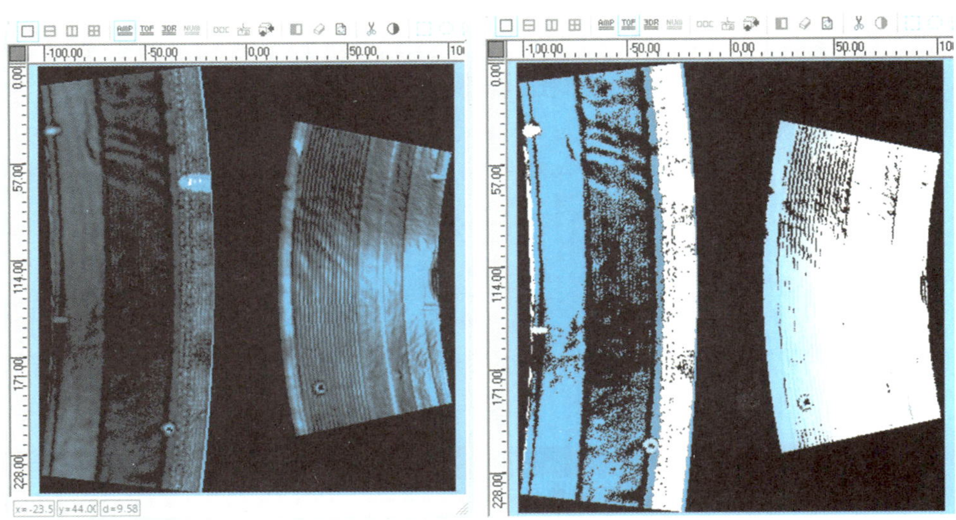

(a) C-scan 이미지 색상 변경 (b) TOF 이미지

그림 19.120 부싱 검사 이미지 처리 기법

수행하여 보다 명확하고 정밀 검사를 위한 초음파 검사 시스템의 개발을 수행중이다. 그림 19.121은 기초 단계의 3D 형상화 이미지를 보여준다.

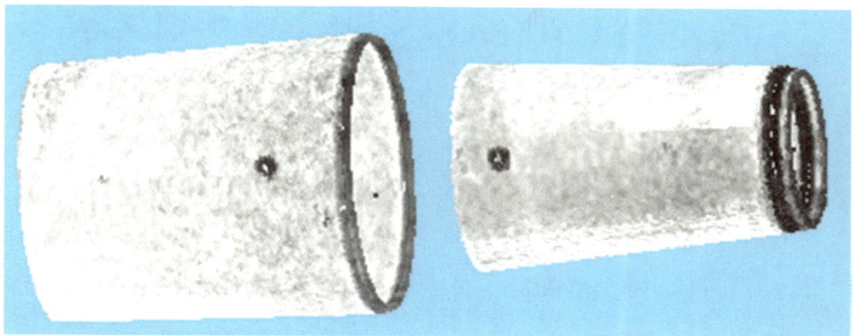

그림 19.121 인공결함 부싱표면 3D 이미지

19.6 자동 검사장치 설계/제작

1 전력설비 내부결함 검사를 위한 위상배열 초음파 검사용 Motorized 스캐너 설계 및 제작

1) 표준화력 튜브/배관 검사용 Motorized 스캐너 설계 및 제작

전력설비 튜브 및 배관의 신뢰도 있는 검사 결과를 얻기 위해서는 초음파 탐촉자가 정확한 위치에서 일정하게 초음파 검사를 수행할 수 있어야 한다. 또한 위상배열 초음파 검사 기반 3D 형상화 검사를 위해서는 탐촉자의 정확한 위치정보와 이송정보가 필요하다. 따라서 배관에 정밀하게 체결되어 탐촉자를 위치시키고 이송정보를 제공할 수 있는 스캐닝 시스템이 필수적으로 요구된다. 이에 따라 1차년도에 다양한 외경의 튜브 및 배관에 적용할 수 있는 수동 스캐너를 제작하였다. 2차년도에는 보다 정밀한 탐촉자의 위치제어 및 이송을 위하여 모터로 제어되는 자동 스캐닝 장치의 설계와 제작을 수행하였다. 표 19.16은 다양한 튜브 외경에 적용하기 위하여 설계와 제작을 진행한 스캐너 목록을 나타냄. 그림 19.122는 소구경 튜브 스캐너의 설계 개략도이며, 19.123은 대구경 배관 스캐너의 설계 개략도이다. 그림 19.124는 자동 스캐너 원격제어 장치의 개략도이다. 그림 19.125는 제작된 튜브 자동 스캐너이며, 그림 19.126는 배관 자동 스캐너이다. 그림 19.127은 튜브 스캐너의 상세 사진이다.

표 19.16 전력설비 튜브 및 배관 스캐너 제작 목록

품번	품명	규격	단위	수량
1	PA 스캐너	ϕ 42.2, 모터, 엔코더 포함	set	1
2	PA 스캐너	ϕ 50.8, 모터, 엔코더 포함	set	1
3	PA 스캐너	ϕ 63.5, 모터, 엔코더 포함	set	1
4	PA 스캐너	ϕ 70.0, 모터, 엔코더 포함	set	1
5	PA 스캐너	ϕ 310, 모터, 엔코더 포함	set	1
6	PA 스캐너	ϕ 406, 모터, 엔코더 포함	set	1
7	PA 스캐너	ϕ 508, 모터, 엔코더 포함	set	1
8	PA 스캐너	ϕ 729, 모터, 엔코더 포함	set	1
9	컨트롤러	스캐너 모터 컨트롤러	set	1

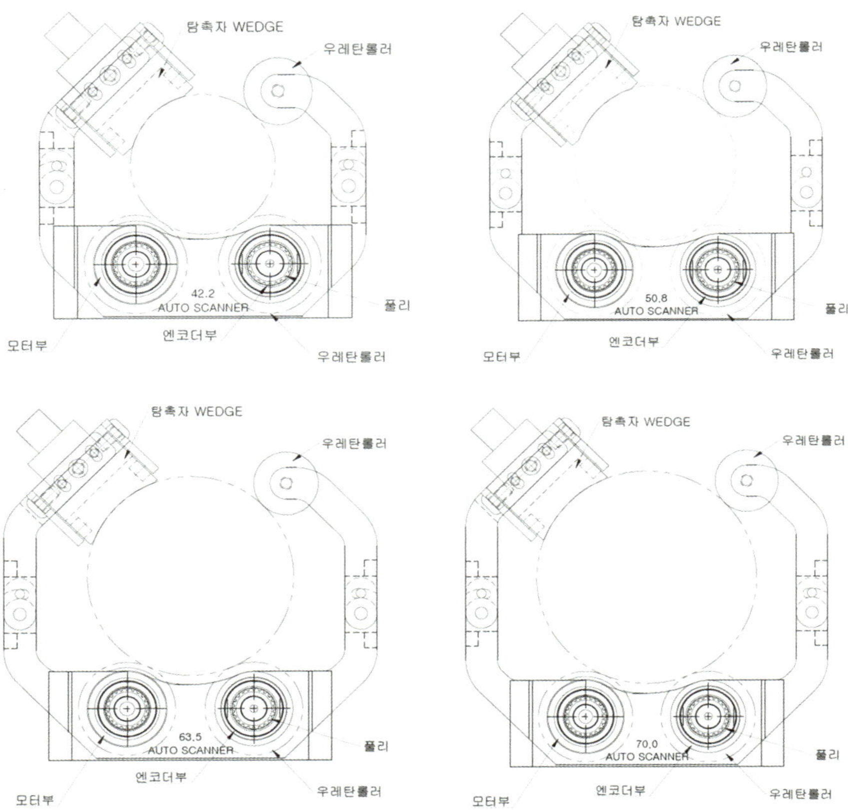

그림 19.122 소구경 튜브 스캐너 설계 개략도

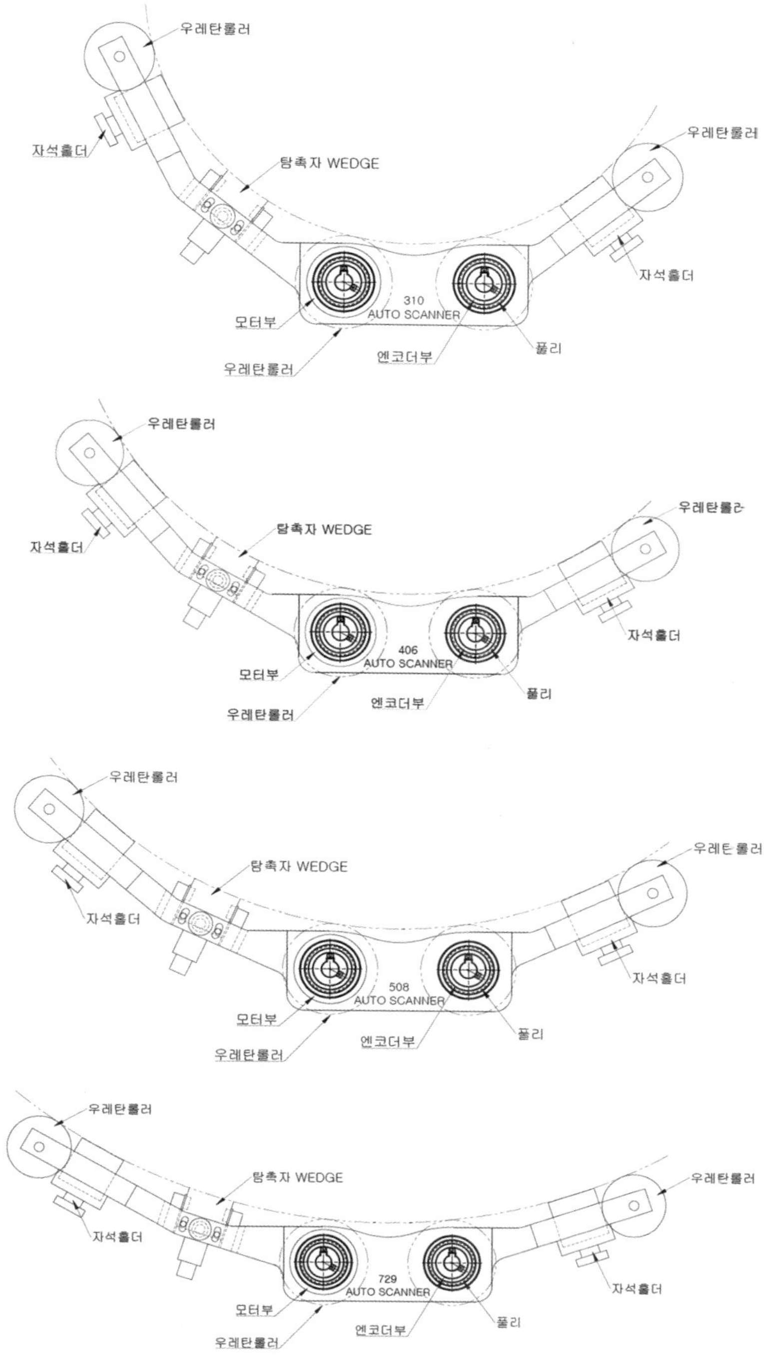

그림 19.123 대구경 배관 스캐너 설계 개략도

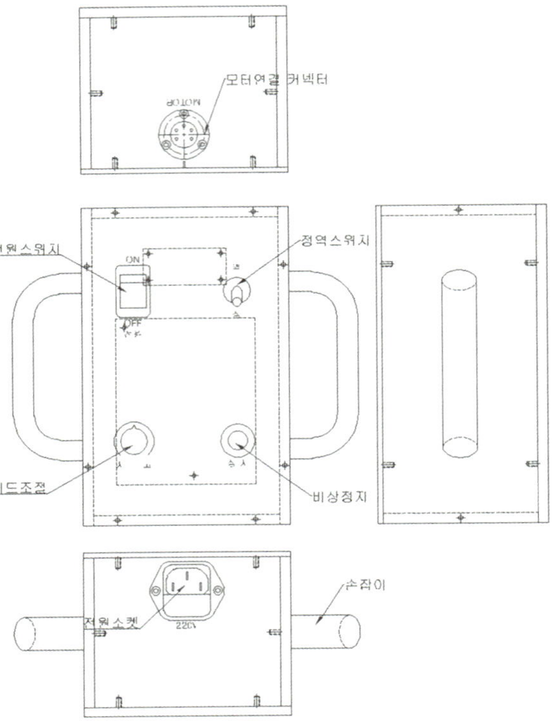

그림 19.124 자동 스캐너 원격 제어 장치 설계도

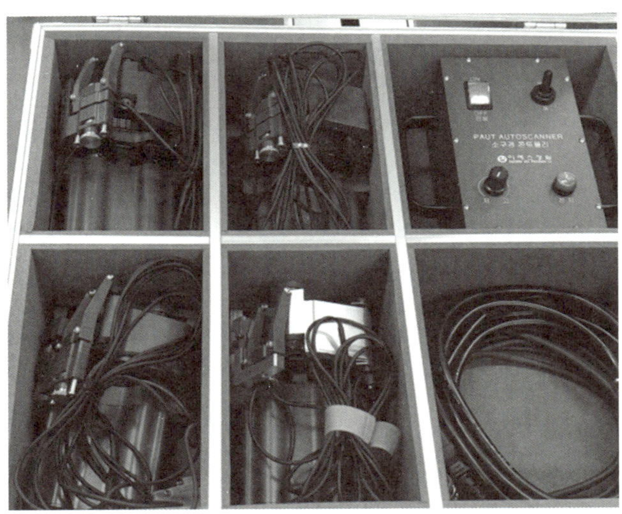

그림 19.125 소구경 튜브 자동 스캐너(총 4종)

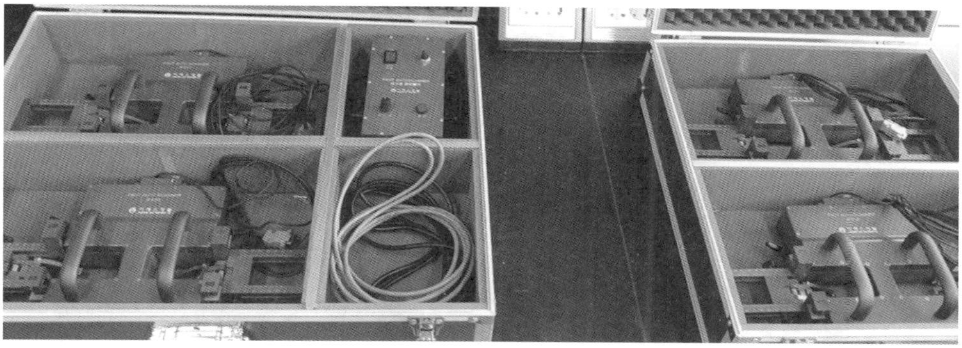

그림 19.126 대구경 배관 자동 스캐너(총 4종)

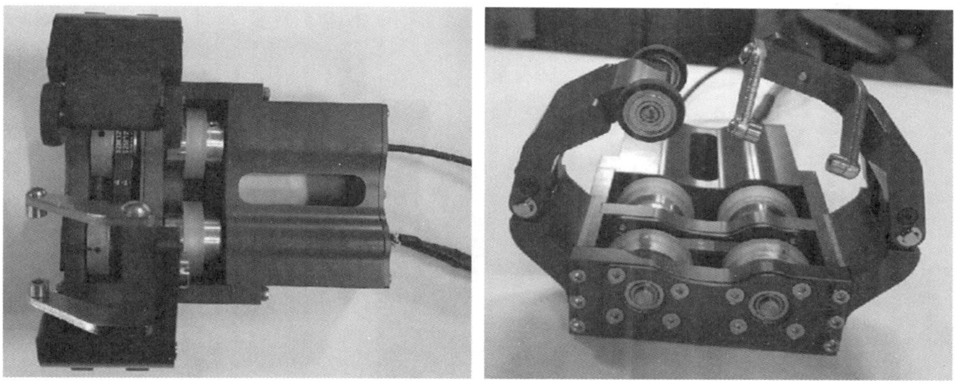

그림 19.127 튜브 스캐너 상세 사진(ϕ50.8)

2) Motorized 스캐너 구동 성능평가

전력설비 튜브 및 배관의 정밀검사 및 3D 형상화를 위한 자동 스캐너를 제작하였다. 일정한 접촉 성능, 회전성능 요구되는 스캐너의 구동성 평가를 위하여 실제 시험편에 적용하여 체결 상태를 그림 19.128과 같이 확인한다. 자동 스캐너는 모터부의 장착으로 무게에 따른 영향이 발생할 수 있어 일정한 체결력을 유지하며 회전할 수 있음을 확인해야 한다. 개발된 스캐너를 튜브의 설치 조건을 고려하여 그림 19.129와 같이 수직 튜브 환경에 장착하여 접촉성능과 회전성능의 확인을 수행한다. 또한 그림 19.130과 같이 수평 튜브에 장착하여 성능평가를 수행한 결과 일정한 접촉을 유지하며 일정한 회전과 회전 속도의 조절이 가능하여 실제 전력설비에 적용이 가능한 장치를 개발하였다. 개발된 대구경 배관용 자동 스캐너의 성능평가도 그림 19.131과 같이 수행하였으며, 배관 스캐너 역시 실제 활용이 가능한 성능 가지고 있음을 확인하였고 현장 적용에 활용할 예정이다.

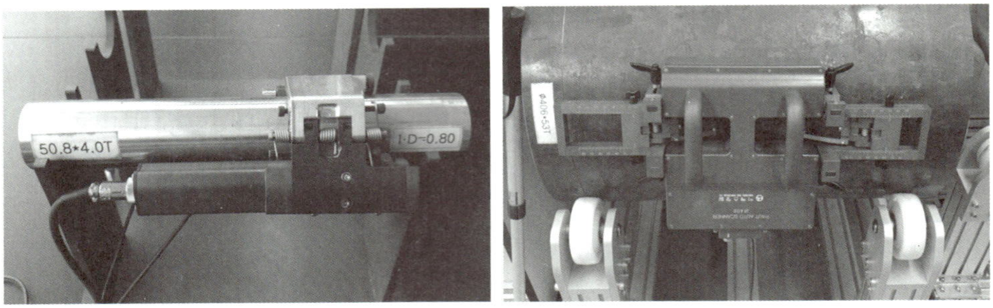

그림 19.128 자동 스캐너 체결 상태 확인

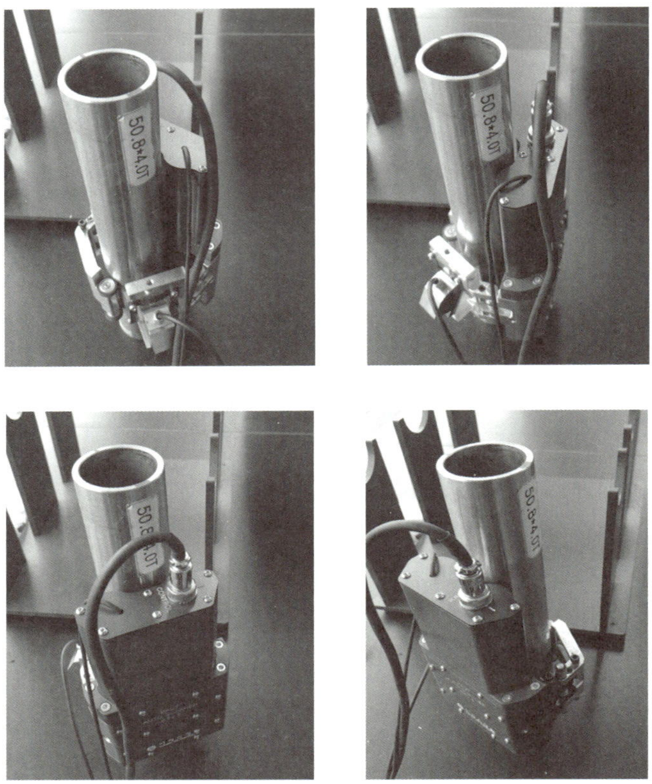

그림 19.129 스캐너의 수직 튜브 체결 및 회전 성능 평가

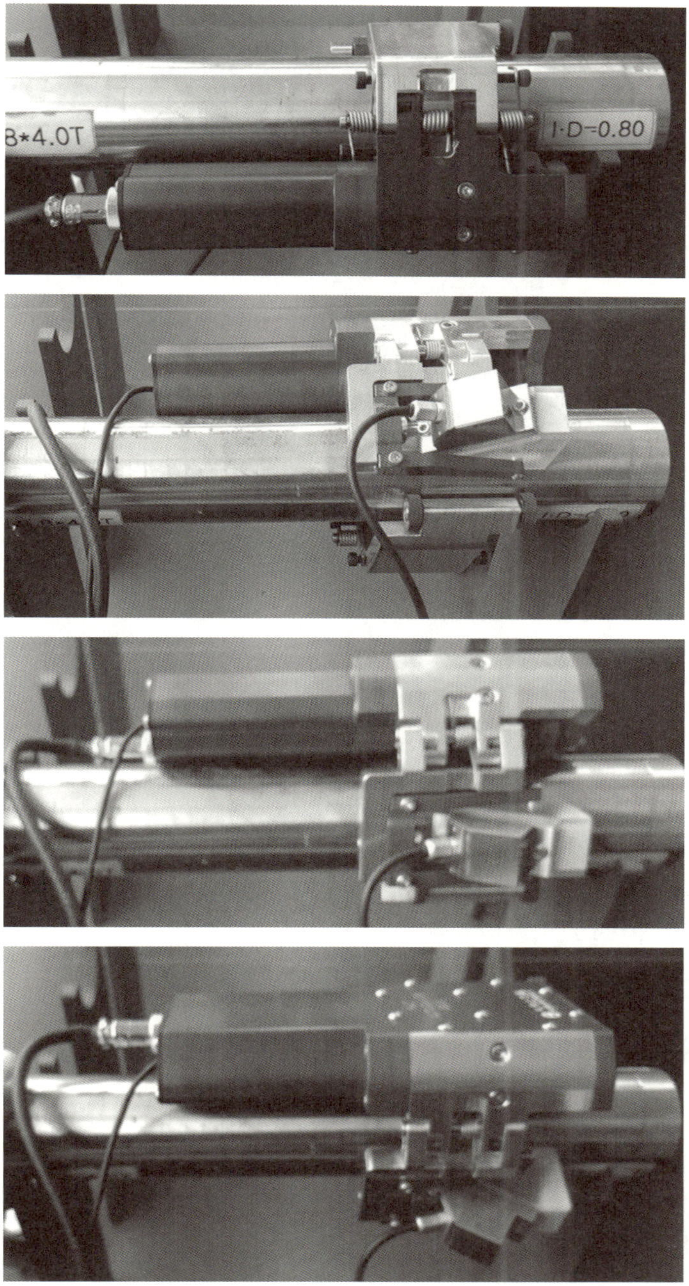

그림 19.130 스캐너의 수평 튜브 체결 및 회전 성능 평가

그림 19.131 배관 자동 스캐너의 체결 및 이송 성능 평가

2 전력설비 내부결함 3D 형상화 위상배열 시스템 개발을 위한 초음파 탐촉자 및 시스템 개선

1) 표준화력 튜브/배관 검사용 탐촉자 초음파 전파 특성 분석 및 탐촉자용 웨지 제작

전력설비 내부결함에 대한 검출을 위한 위상배열 시스템을 효과적으로 적용하기 위해서는 검사 대상에 적합한 탐촉자의 적용이 필수적이며, 이에 따라 1차년도에 다양한 설계인자를 반영한 탐촉자를 제작하였다. 개발된 탐촉자를 보일러 튜브 및 배관에 결함이 주로 발생하는 용접부의 효과적인 검사를 위해서는 초음파를 일정각도로 송·수신하는 경사각 탐상방법이 사용된다. 따라서 경사각 탐상을 위한 초음파 입사각도 확인과 검사 최적화를 위한 초음파 전파 특성 분석이 필요하다. 따라서 전력설비 중

내부결함 검출 대상인 보일러 튜브 및 배관의 사양에 대한 초음파 전파 특성 분석이 필요하다. 본 연구에서는 표준석탄화력(500MW)을 기준으로 튜브 및 배관을 검사 대상으로 선정하였고 검사대상의 세부 사양은 표 19.17과 같다.

표 19.17 전력설비 배관 및 튜브 사양

<table>
<tr><th>대분류</th><th>중분류</th><th>소분류</th><th>외경</th><th>두께</th><th>재질</th></tr>
<tr><td rowspan="11">튜브</td><td rowspan="3">Primary
Superheater</td><td>HDR Inlet Terminal</td><td>50.8</td><td>6.3</td><td rowspan="3">SA209-T1a
SA213-T12
SA213-T23
SA213-T91</td></tr>
<tr><td>Bundle Tube</td><td>50.8</td><td>6.3</td></tr>
<tr><td>HDR Outlet Terminal</td><td>50.8</td><td>5.6</td></tr>
<tr><td rowspan="3">Platen
Superheater</td><td>HDR Inlet Nipple</td><td>50.8</td><td>6.0
7.1</td><td rowspan="3">SA213-T12
SA213-T23
SA213-T91
SUPER304H</td></tr>
<tr><td>Bundle Tube</td><td>50.8</td><td>6.7
7.1</td></tr>
<tr><td>HDR Outlet Nipper</td><td>50.8</td><td>6.7
7.1</td></tr>
<tr><td rowspan="4">Final
Superheater</td><td>HDR Inlet Nipper</td><td>42.2</td><td>5.8</td><td rowspan="4">SA213-T23
SA213-T91
SA213-TP347H</td></tr>
<tr><td>Bundle Tube-Front</td><td>42.2</td><td>5.8
7.3</td></tr>
<tr><td>Bundle Tube-Rear</td><td>42.2</td><td>6.5
7.1
7.3</td></tr>
<tr><td>HDR Outlet Nipple</td><td>42.2</td><td>7.1
7.3</td></tr>
<tr><td rowspan="4">배관</td><td colspan="2" rowspan="2">Main Steam Pipe</td><td>310</td><td>45</td><td>X20CrMoV121</td></tr>
<tr><td>406</td><td>53</td><td>SA335-P91</td></tr>
<tr><td colspan="2" rowspan="2">Hot Reheat Steam Pipe</td><td>508</td><td>22.5</td><td>X20CrMoV121</td></tr>
<tr><td>729</td><td>21.5</td><td>SA335-P91</td></tr>
</table>

표 19.17에 보인 바와 같이 전체 배관 및 튜브의 외경, 두께, 재질 등의 특성이 다양하다. 그러나 탄소강 계열의 대부분의 검사 대상에서 초음파의 음속변화는 크지 않아 일반적인 강재의 음속을 이용하여 초음파 전파 특성을 분석할 수 있다. 이러한 조

건을 반영하여 시뮬레이션을 통한 초음파 전파 특성 분석을 수행하였다. 시뮬레이션을 수행하기 위하여 CIVA 2016을 사용하였으며, 그림 19.132는 CIVA 2016을 활용한 튜브 및 배관의 3D 시뮬레이션의 설정을 보여준다.

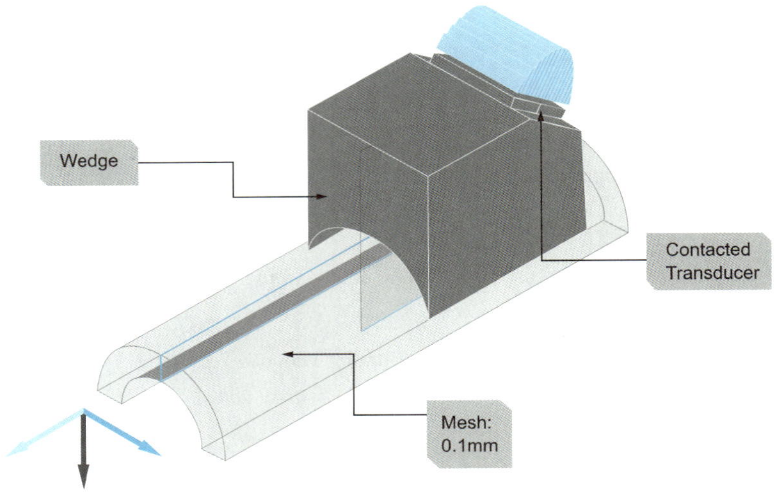

그림 19.132 CIVA 2016을 활용한 튜브/배관 시뮬레이션 설정

세부적으로 초음파 전파 특성 분석을 위한 시뮬레이션은 실제 전력설비 내부결함 3D 형상화를 위하여 위상배열 초음파 탐촉자를 수동/자동 스캐너에 부착하여 보일러 튜브 또는 배관의 검사를 수행하므로 이를 고려하여 검사체 표면에 초음파 탐촉자가 접촉되는 환경으로 모델링을 수행하였다. 배관 형상의 시험편에 접촉식 탐촉자를 적용하기 위하여 배관의 곡률에 맞게 웨지의 적용을 고려하고, FEM 시뮬레이션을 위해 적용한 mesh는 0.1 mm로 설정하였다. 시험편의 내면에 위상배열 초음파를 집속시키는 조건에서 각각의 상이한 웨지와 굴절률에 따라 초음파의 전파 범위와 집속 등 전파 특성 분석을 검사 대상 표준화력 보일러 튜브 및 배관에 대하여 각각 수행하였으며 다음과 같이 결과를 확인할 수 있다.

그림 19.133은 50.8 mm 외경의 6.3 mm 두께를 갖는 튜브에 대한 45도 입사 초음파 신호 및 전파 특성, 그림 19.134는 동일한 조건의 튜브에서 경사각 45도 웨지를 적용하고 60도의 굴절률로 입사한 초음파의 전파 특성이며, 그림 19.135는 경사각 60도 웨지에서 45도 굴절률로 입사한 초음파 전파특성 확인 결과이다.

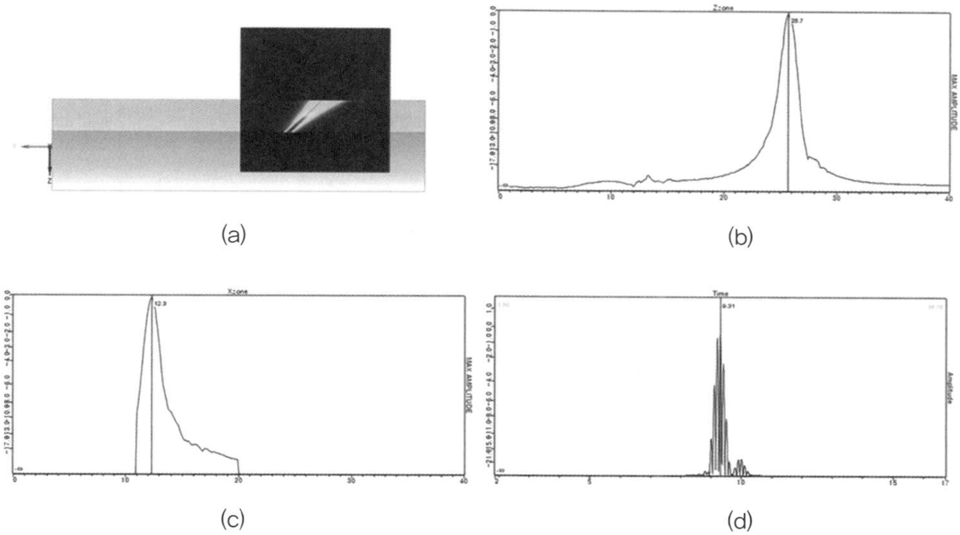

그림 19.133 50.8 mm 외경, 9.0 mm 두께 튜브에 대한 45도 입사 초음파 신호 및 전파 특성; (a) 2D Image Field, (b) 1D Image Field Zzone, (c) 1D Image Field Xzone, (d) A-scan

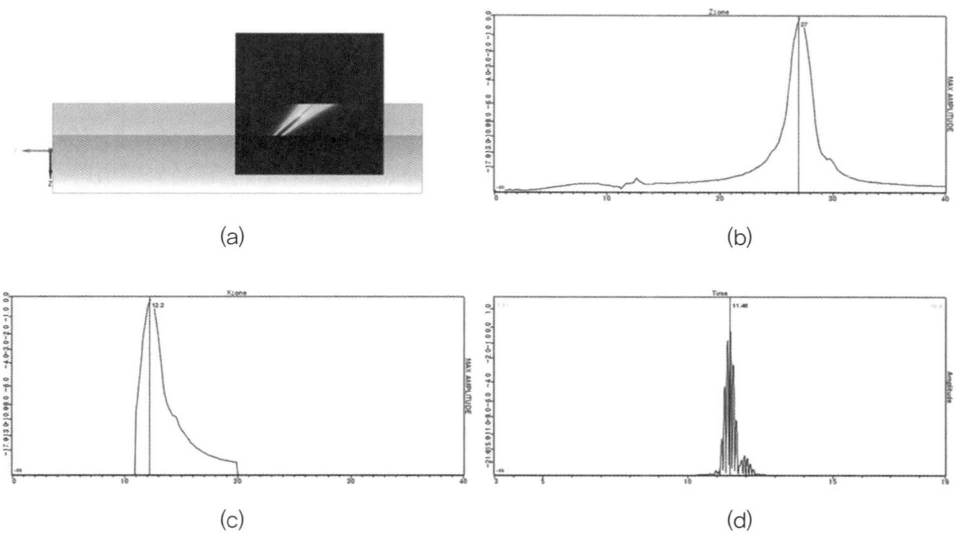

그림 19.134 45도 굴절률을 갖는 웨지를 이용한 50.8 mm 외경, 9.0 mm 두께 튜브에 대한 60도 입사 초음파 신호 및 전파 특성; (a) 2D Image Field, (b) 1D Image Field Zzone, (c) 1D Image Field Xzone, (d) A-scan

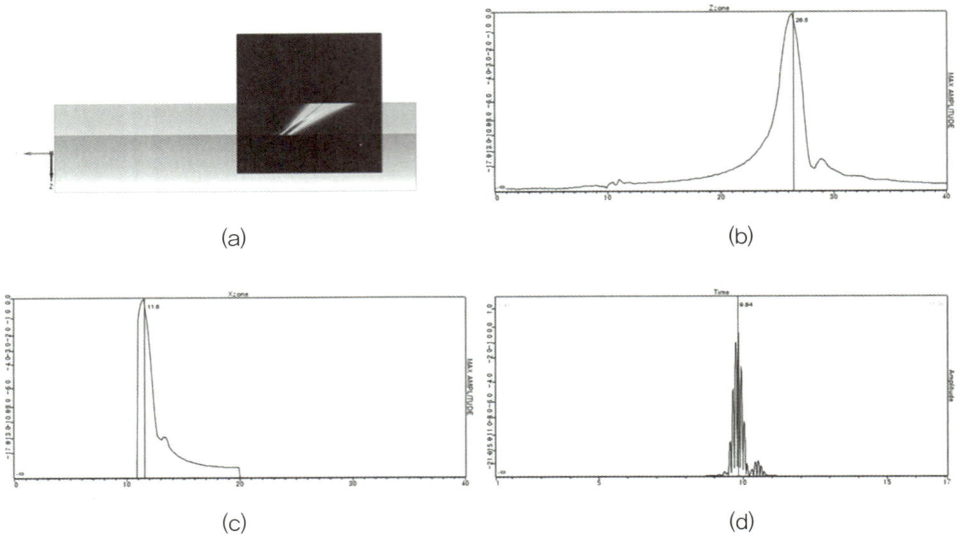

그림 19.135 60도 굴절률을 갖는 웨지를 이용한 50.8 mm 외경, 9.0 mm 두께 튜브에 대한 45도 입사 초음파 신호 및 전파 특성; (a) 2D Image Field, (b) 1D Image Field Zzone, (c) 1D Image Field Xzone, (d) A-scan

또한 대구경 배관에 대한 초음파 신호 및 전파 특성을 64개의 요소의 탐촉자의 적용하여 310.0 mm 외경의 45.0 mm 두께를 갖는 배관에서의 결과를 확인하였다. 튜브와 동일하게 그림 19.135는 45도 입사 초음파 신호 및 전파 특성, 그림 19.136은 굴절률 45도 웨지와 60도 입사각의 초음파 전파 특성이며, 19.137은 경사각 60도 웨지에서 45도 굴절률로 입사한 초음파 전파특성 확인 결과를 나타내었다.

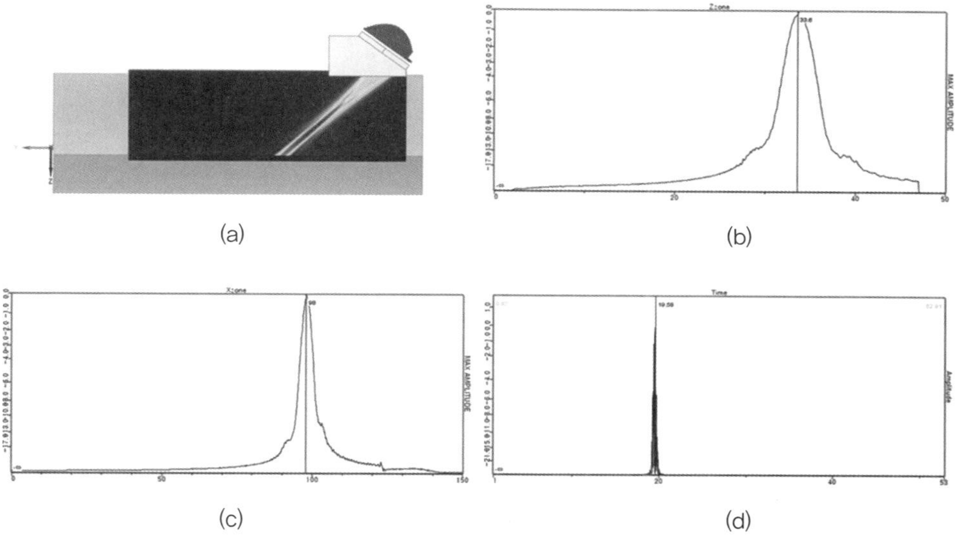

(a) (b) (c) (d)

그림 19.136 310.0 mm 외경, 45.0 mm 두께 배관에 대한 45도 입사 초음파 신호 및 전파 특성; (a) 2D Image Field, (b) 1D Image Field Zzone, (c) 1D Image Field Xzone, (d) A-scan

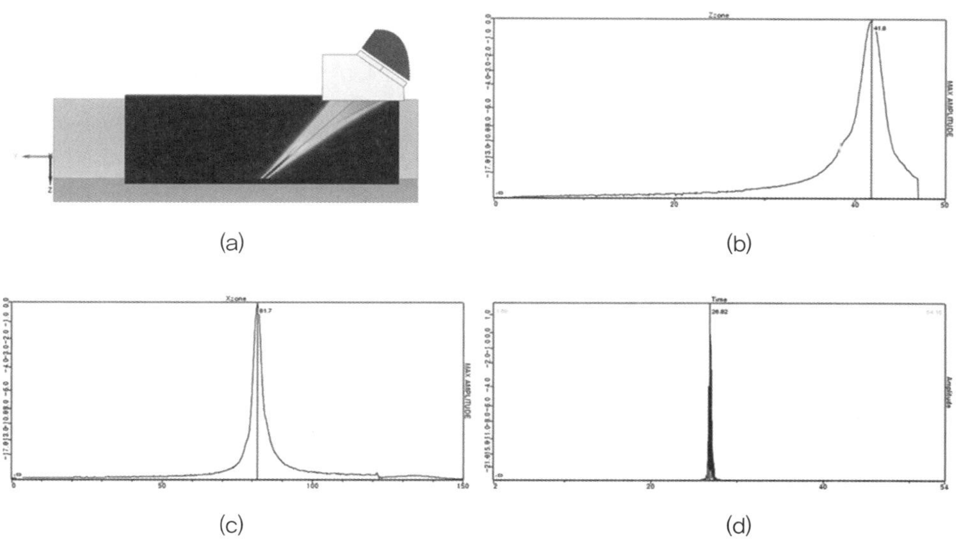

(a) (b) (c) (d)

그림 19.137 45도 굴절률을 갖는 웨지를 이용한 310.0 mm 외경, 45.0 mm 두께 배관에 대한 60도 입사 초음파 신호 및 전파 특성; (a) 2D Image Field, (b) 1D Image Field Zzone, (c) 1D Image Field Xzone, (d) A-scan

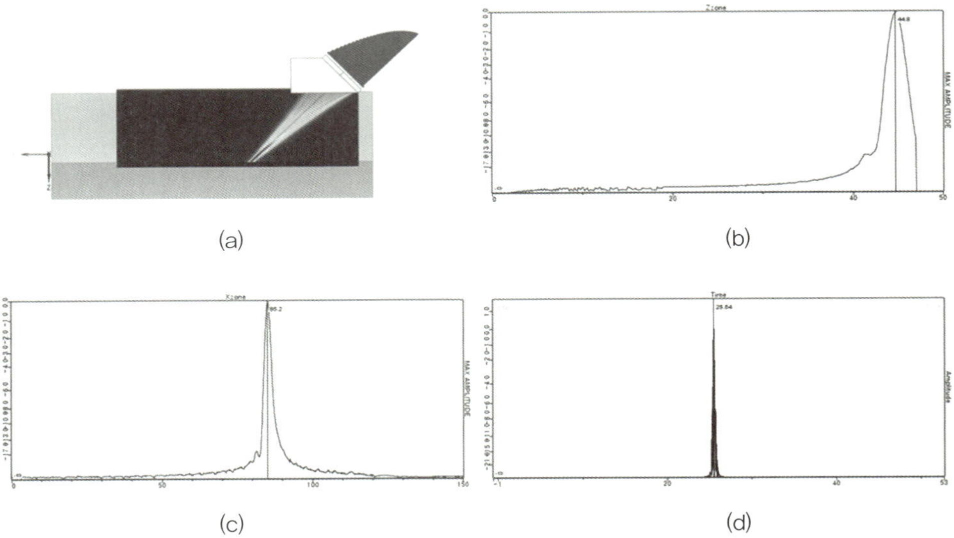

그림 19.138 60도 굴절률을 갖는 웨지를 이용한 310.0 mm 외경, 45.0 mm 두께 배관에 대한 45도 입사 초음파 신호 및 전파 특성; (a) 2D Image Field, (b) 1D Image Field Zzone, (c) 1D Image Field Xzone, (d) A-scan

초음파 전파 특성 분석 결과 튜브 검사의 경우 60도 경사각의 웨지의 적용이 보다 효과적이고, 대구경 배관의 경우 경사각 45도 웨지의 적용이 유용할 것으로 확인되나 다양한 검사 조건에 따라 유동적으로 적용이 가능함을 확인하였다.

위상배열 초음파 검사 기법은 빔 조향을 이용한 범위의 경사각 탐상이 가능하므로 이를 활용하면 일정한 굴절각을 가지는 웨지에서도 범위 탐상이 가능하여 이를 활용할 수 있는 전파 특성 분석을 통해 최적의 검사 방법을 도출할 수 있다. 이를 위하여 검사체 내의 결함의 정보에 따라 내부 결함 검출을 위해 전파 특성 및 결함 신호를 확인하고자 CIVA를 이용한 시뮬레이션을 수행하였다. 모의 내부 결함의 깊이가 두께 t에 대해 $0.1t$와 $0.2t$의 경우에 대한 분석을 수행하였다. 그리고 검사 방법으로 결함에 대한 Sectorial 이미지를 묘사하기 위하여 20도에서 70도까지를 1도 간격으로 스캔 시뮬레이션을 수행하였다.

그림 19.139는 50.8 mm 외경의 9.0 mm 두께를 갖는 튜브 내 $0.1t$ 결함에 대한 Sectorial 스캔 초음파 신호 및 전파 특성이며, 그림 19.140은 대구경 배관 310.0 mm 외경의 45.0 mm 두께를 갖는 배관 내 $0.1t$ 결함을 45도 웨지를 이용하여 Sectorial 스캔 신호 및 전파 특성을 나타낸다.

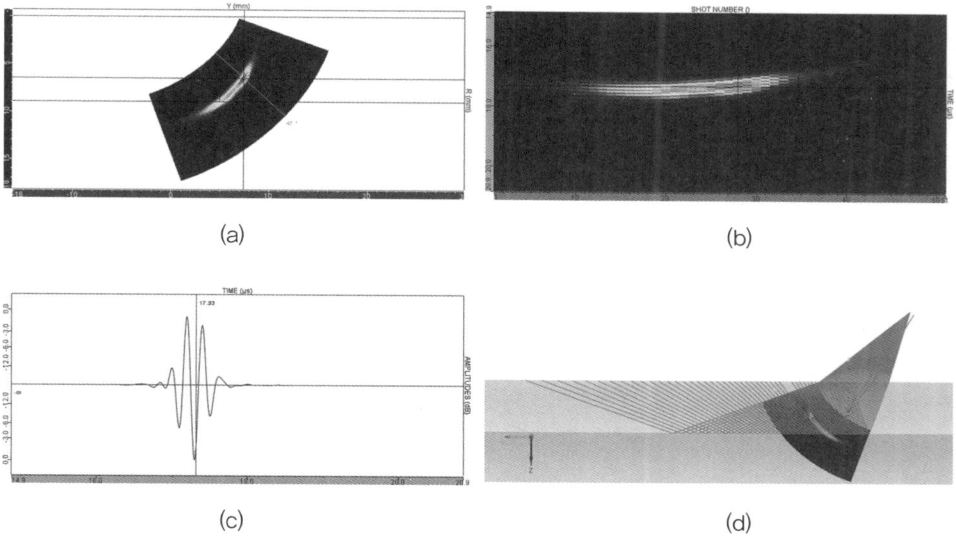

그림 19.139 50.8 mm 외경, 9.0 mm 두께 튜브 내 0.1 t 결함에 대한 Sectorial 스캔 초음파 신호 및 전파 특성; (a) S-Scan Image, (b) 2D Image, (c) A-Scan, (d) 2D Image Field

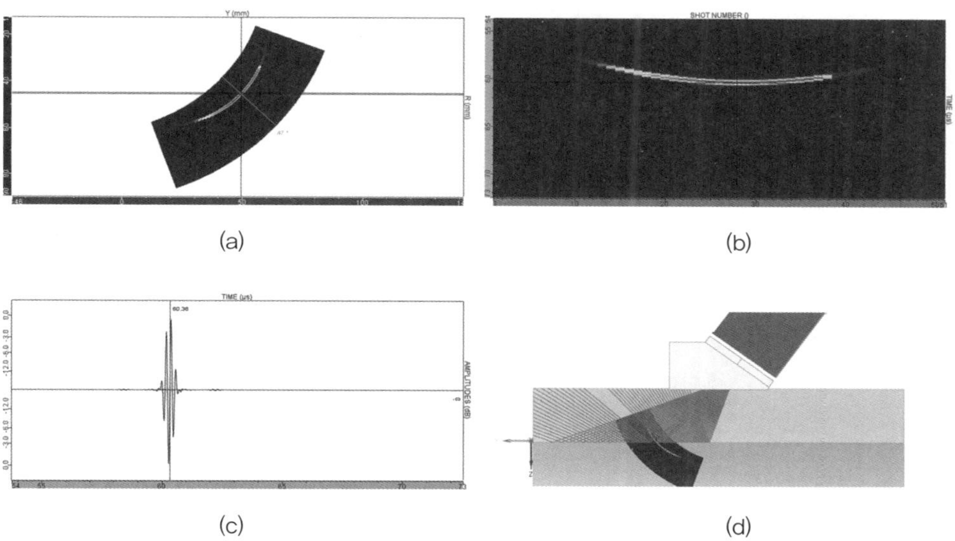

그림 19.140 310.0 mm 외경, 45.0 mm 두께 배관 내 0.1 t 결함에 대한 Sectorial 스캔 초음파 신호 및 전파 특성; (a) S-Scan Image, (b) 2D Image, (c) A-Scan, (d) 2D Image Field

다양한 조건을 반영한 보일러 튜브 및 배관에서 초음파 전파 거동을 분석한 결과를 바탕으로 경사각 탐상을 위한 탐촉자용 웨지의 설계 인자를 도출하였다. 최종적으로 튜브에 초음파가 60도의 굴절각으로 검사체에 입사될 때 효과적이므로 이를 고려하여 웨지 표면 경사각을 37도로 선정하였고, 다양한 외경의 튜브에 적합한 웨지를 제작하였다. 그림 19.141은 제작된 웨지이며 각각의 웨지는 노이즈 제거를 위하여 흡음 처리를 하였다.

그림 19.141 보일러 튜브 검사용 초음파 탐촉자 웨지

2) 이종금속 용접부 결함 평가를 위한 신호분석 기법 및 탐촉자 개발

보일러 튜브는 최근 효율을 위해 내부 유체의 온도와 압력이 높아짐에 따라 재질이 다른 튜브의 적용이 증가하고 있다. 이러한 튜브는 기존의 탄소강 튜브와 용접으로 결합되어 있다. 이러한 이종금속 용접부는 내부 구성이 복잡하고 음향임피던스가 다른 재질로 구성되어 기존의 초음파 탐상 검사 기법의 적용에 한계가 있다. 그림 19.142는 이종금속 용접 시편이며 이를 기존의 초음파 검사 기법을 적용한 결과는 그림 19.143에서 확인할 수 있다.

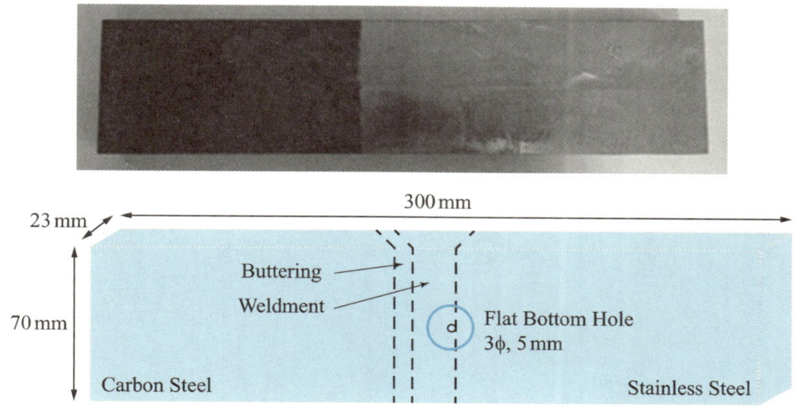

그림 19.142 이종금속 평판 용접 시험편

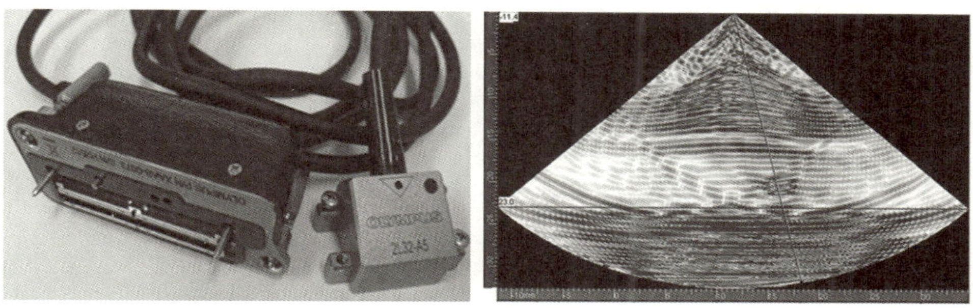

그림 19.143 이종금속 평판 용접 시험편의 일반 위상배열 초음파 검사 결과

예시 실험과 같이 이종금속 용접부에서 초음파의 빔 휘어짐 등으로 실제 결함 평가에는 매우 어려움이 발생하며 이를 극복하기 위한 방인이 요구된다. 본 연구에서는 이러한 제약을 극복하기 위한 빔 집속기법을 그림 19.144와 그림 19.145와 같이 검토한 결과 Adapted focusing 기법의 활용이 유용하며 이때 초음파 종파를 활용하고 송신부와 수신부를 분리하여 검사하는 기법이 보다 유용한 이종금속 용접부 검사 결과를 얻을 수 있을 것으로 문헌조사를 통해 판단하였다. 이에 따라 초음파 송수신이 분리될 수 있는 탐촉자와 종파를 입사하여 튜브의 검사를 수행할 수 있는 웨지를 그림 19.146, 그림 19.147과 같이 설계하고 제작을 그림 19.148과 같이 제작하였다. 제작된 웨지는 이종금속 용접부 검사에 활용할 예정이다.

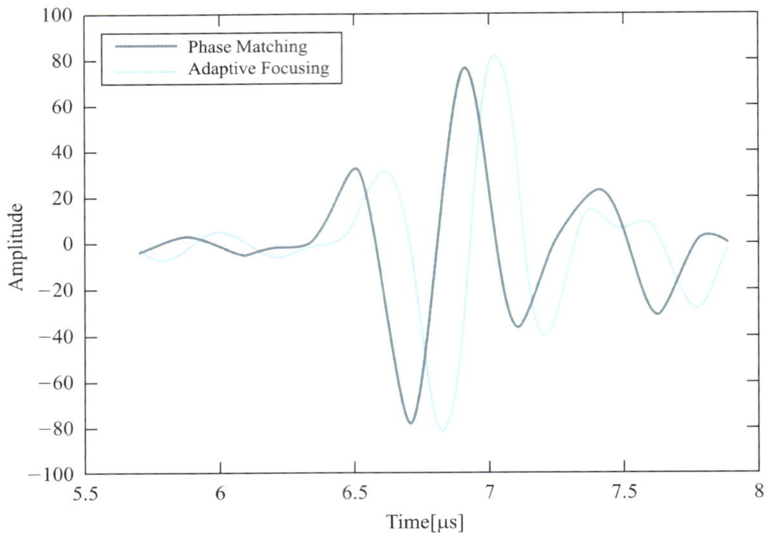

그림 19.144　탄소강 용접부 초음파 빔 집속기법 적용 시 신호 감도

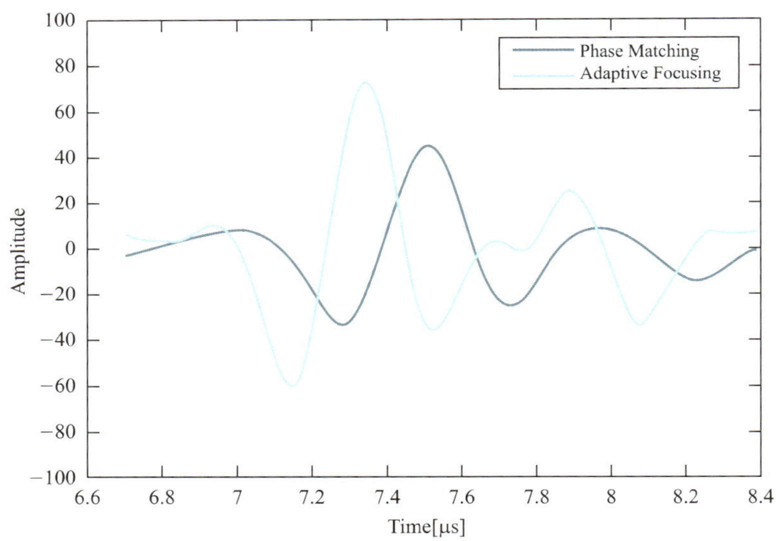

그림 19.145　이종금속 용접부 초음파 빔 집속기법 적용 시 신호 감도

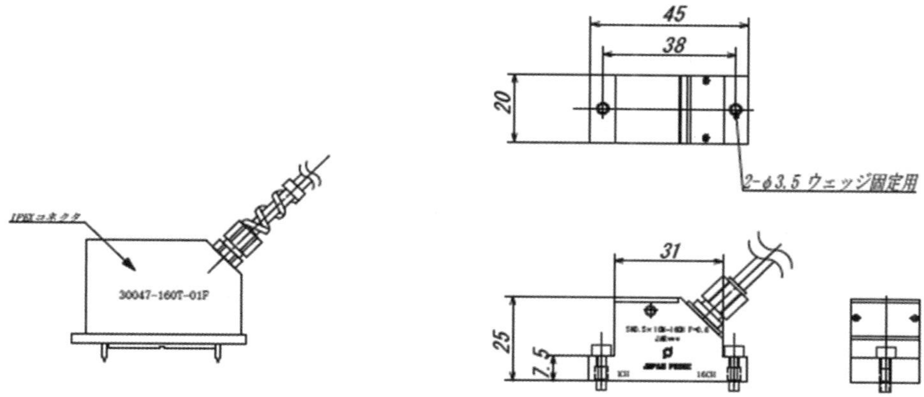

그림 19.146 이종금속 용접부 검사용 초음파 탐촉자 설계

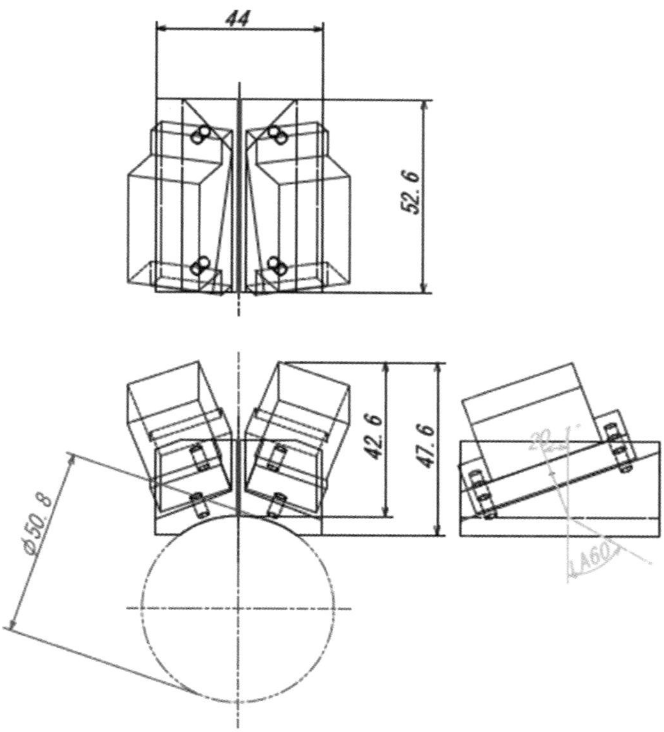

그림 19.147 이종금속 용접부 검사용 웨지 설계

그림 19.148 이종금속 용접부 검사용 초음파 탐촉자 및 웨지

4) 위상배열 TOFD를 이용한 결함 평가 기법 분석 및 장치 개선

TOFD 기법은 결함의 균열 선단 회절 신호를 분석하여 결함의 위치와 크기를 산정하는 방법으로 내부에 존재하는 결함의 균열선단 회절 신호를 정확하게 분석하면, 결함의 정량적 평가의 신뢰성을 향상시킬 수 있다. 특히, 두께가 큰 배관의 검사에 직관적이고 빠른 결함 평가가 가능하여 매우 유용하게 활용될 수 있다. 따라서 대구경의 두꺼운 배관 검사에 적용하기 위하여 위상배열 TOFD 기법에 대한 검토를 수행하였다. TOFD 기법의 초음파 전파 및 검사 이론은 다음과 같다.

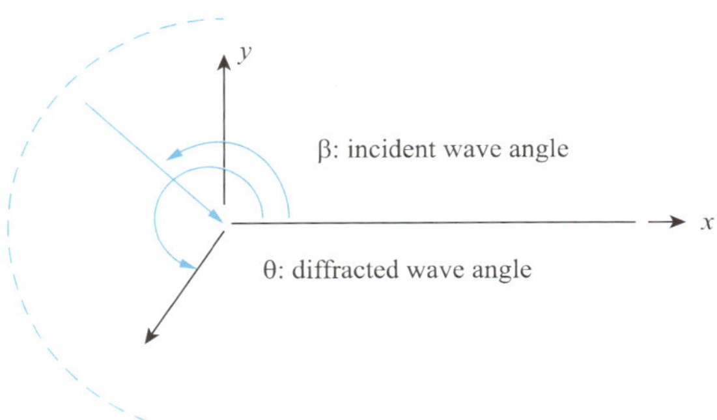

그림 19.149 균열선단 회절패턴 분석 좌표계

그림 19.149는 균열선단 회절패턴 분석시의 좌표계를 나타낸다. x축을 중심으로 입사각을 조절하여 0°~180° 사이의 각도의 균열선단 회절패턴을 계산할 수 있다.

TOFD에서 송신 탐촉자에서 발생한 초음파는 결함이 존재하지 않는 시편을 통과할 때 가장 먼저 Lateral wave가 수신 탐촉자로 도달한 후에 Back wall echo가 도달하며, 결함이 존재하는 경우 결함의 회절 신호는 위 두 신호의 사이에 존재한다. Lateral wave, 결함 상단 팁에 의한 회절 신호, 결함 하단 팁에 의한 회절 신호, Back wall echo는 결함 크기 산정을 위한 TOFD 기법의 개략도인 그림 19.150에서 볼 수 있는 경로로 진행한다.

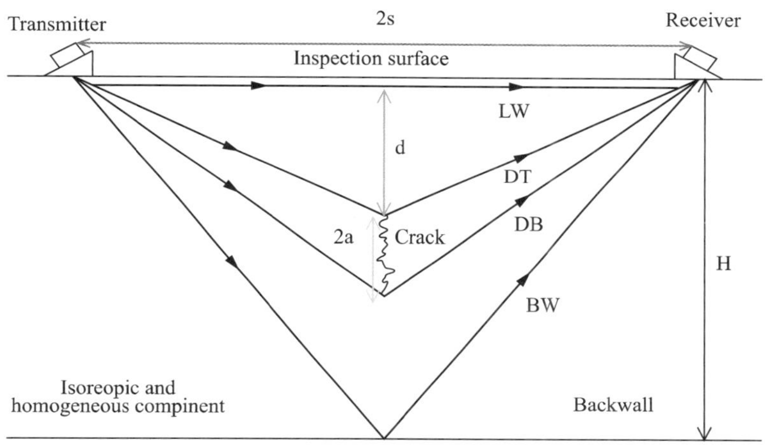

그림 19.150 TOFD를 사용한 결함 크기 산정

여기서, LW는 Lateral wave, DT는 결함 팁 상단 회절파, DB는 결함 팁 하단 회절파이고 BW는 Back wall echo이며, 그림 19.150에서 결함의 크기를 산정하기 위해서 식(19.13)~식(19.19)을 이용한다. 식(19.13)은 Lateral wave가 송신 탐촉자에서 출발하여 수신 탐촉자로 도달한 시간을 나타내고 있다.

$$t_L = \frac{2S}{C} \tag{19.13}$$

아래의, 식(19.14)의 t_{DT}는 결함 선단에서 회절된 신호가 도달한 시간이고, 식(19.15)의 t_{DB}는 결함 팁 하단에서 회절된 신호가 수신 탐촉자에 도달한 시간을 나타내며, 식(19.16)의 t_{BW}는 저면 신호가 수신 탐촉자에 도달한 시간이다.

$$t_{DT} = \frac{2\sqrt{S^2 + d^2}}{C} \tag{19.14}$$

$$t_{DB} = \frac{2\sqrt{S^2(d + 2a)^2}}{C} \tag{19.15}$$

$$t_{BW} = \frac{2\sqrt{S^2 + H^2}}{C} \tag{19.16}$$

만약 결함 팁 상단과 하단에서 회절되어 돌아오는 신호가 미약하면 t_{DT}와 t_{DB}를 정확히 측정할 수 없을 것이며, 이것은 결함 검출에 있어 치명적인 결과를 야기할 수 있다. 또한, 송·수신 탐촉자 간의 거리($2s$)는 도달하는 회절 신호의 타이밍을 변화시키는 요인이 된다. 식(19.15)와 식(19.16)은 송수신 탐촉자 간의 거리($2s$)를 이용하여 식(19.17)에서 나타내는 것과 같은 시험편 표면에서부터 결함까지의 수직거리를 알 수 있다.

$$d = \frac{1}{2}\sqrt{C^2 t_{DT}^2 - 4S^2} \tag{19.17}$$

그리고 이전의 식으로부터 식(19.18)을 이끌어내어 식(19.18)과 같이 내부 결함의 길이도 측정이 가능하다.

$$2a = \frac{1}{2}\sqrt{C^2 t_{DB}^2 - 4S^2} - d \tag{19.18}$$

식(19.19)는 식(19.13)에서 쉽게 구할 수 있는데 이것은 두 송·수신 탐촉자 사이의 거리와 Lateral wave의 수신 탐촉자까지 도달시간의 관계를 나타내고 있다. 즉, 송·수신 탐촉자 사이의 거리를 측정하는 것만으로 Lateral wave의 수신 탐촉자까지의 도달시간을 알아 낼 수 있다는 의미이면서, 반대로 Lateral wave의 수신 탐촉자까지의 도달시간을 측정하면 두 송수신 탐촉자의 결함 검출 최적 위치를 알 수 있다는 것이다.

$$2S = C \cdot t_L \tag{19.19}$$

PA-ATOFD 기법은 2D 위상배열 초음파 탐촉자 두 개를 이용하여 결함선간 회절신호를 획득하는 기법으로 일반적으로 2개의 위상배열 탐촉자를 검출하고자 하는 결함의 양단에 배치하고, 집속지점과 조향각을 달리하여 전자적으로 스캔을 수행하여 균열선단 회절신호를 수집하고, 이를 기반으로 결함 크기를 산정하게 된다. 그림 19.151은 PA-ATOFD 기법에 대한 개략도를 보여준다.

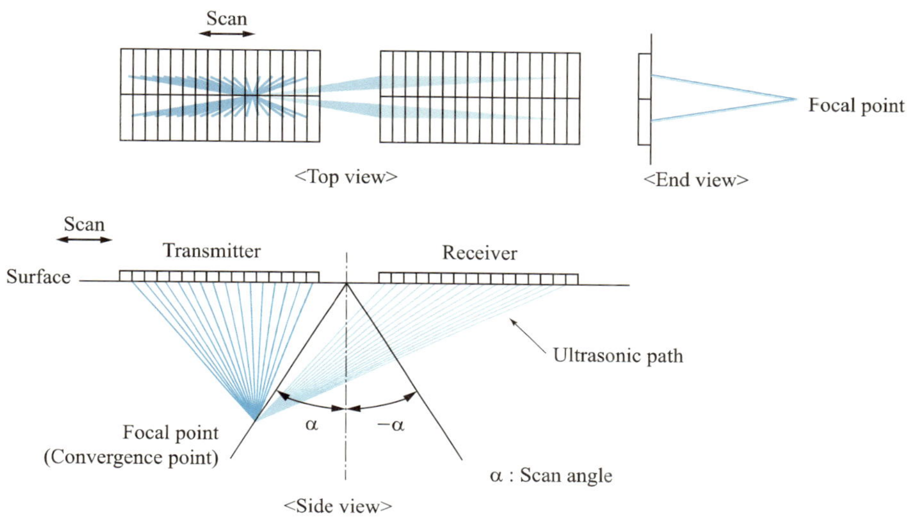

그림 19.151 PA-ATOFD 기법 개략도

PA-ATOFD기법은 OD 또는 ID에 존재하는 결함을 검출할 수 있을 뿐만 아니라 굴곡진 표면에도 적용이 가능하며, 결함 선단에 초음파 빔을 집속할 수 있기 때문에 결함 검출 및 크기산정 정확도가 다른 기법에 비해 높다. 그림 19.152는 PA-ATOFD 기법을 적용하여 획득할 수 있는 결함신호 예시를 나타내고 있다. 집속 깊이가 d_1일 경우 결함신호와 3개의 노이즈에 해당하는 이미지를 얻었으며, 집속 깊이 d_2에서는 두 번째 균열 선단회절 이미지를 얻을 수 있었다. 집속깊이 d_1과 d_2의 결과를 합하면 시험편 내부에 존재하는 두 개의 균열 선단 신호를 검출 할 수 있음을 보여준다. 이러한 위상배열 초음파 탐촉자를 사용한 PA-ATOFD 기술을 전력설비에 적용해 자연 결함에 대한 검출능 연구를 수행한 사례는 찾아보기 어려우며 이에 따라 국내 전력설비 비파괴 검사의 자립도를 향상시키는 효과가 기대된다.

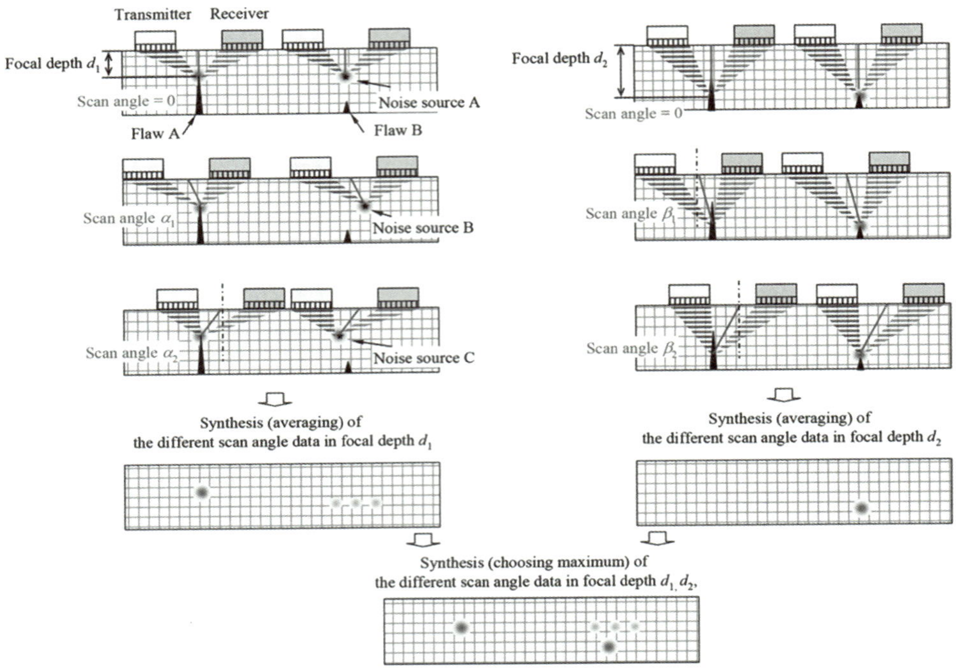

그림 19.152 A-ATOFD 기법을 적용하여 획득한 결함 신호

전력설비에 PA-TOFD 기법의 적용성을 검토하기 위하여 COMSOL Multiphysics를 이용하여 용접부에 대한 단일 탐촉자와 위상배열 탐촉자를 사용한 시뮬레이션을 수행하였다. 시뮬레이션에 사용된 결함은 직경 2 mm의 SDH(Side Drill Hole)이고, 웻지의 재질은 Rexolite, 웻지의 음속은 2,362.2 m/s로 설정되었다.

그림 19.153은 두 개의 5 MHz 주파수의 탐촉자를 사용한 시뮬레이션 결과를 나타내었다.

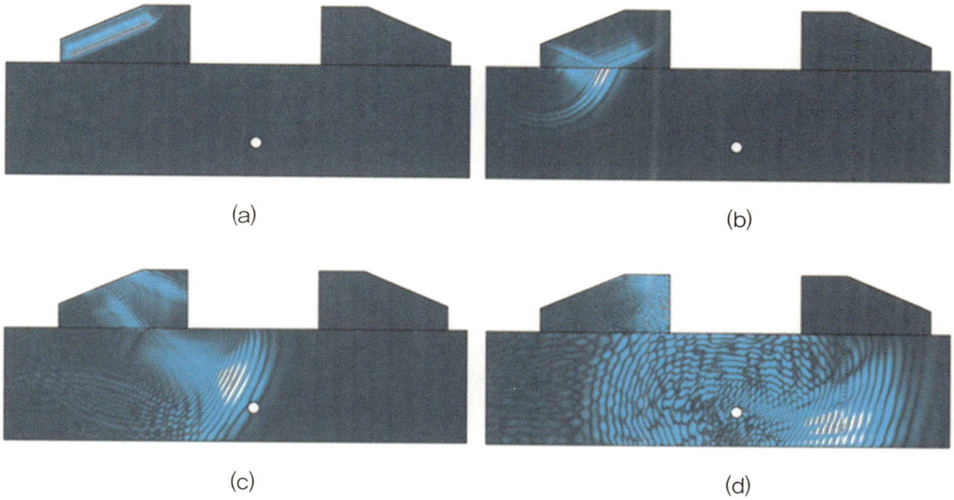

그림 19.153 용접부에서의 단일 TOFD 시뮬레이션 결과; (a) 2 μs, (b) 4 μs, (c) 8 μs, (d) 13μs일 때의 초음파 거동

그림 19.153에서 보인 바와 같이, 초음파가 결함 방향으로 특별한 변화 없이 진행하여 결함에서 산란되고 일부는 바닥에서 반사됨을 볼 수 있다. 그림 19.154는 CIVA 2016 소프트웨어를 사용하여 동일한 용접부 형상에 대해 단일 탐촉자 TCFD 스캔을 수행한 결과이고, 결함에 의해 회절 또는 반사된 신호에 의한 전형적인 TOFD 이미지와 유사한 결과임을 확인할 수 있다.

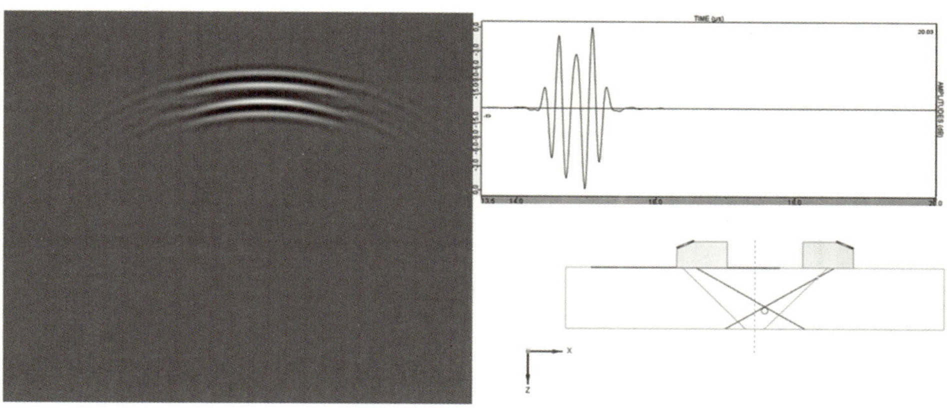

그림 19.154 CIVA 2016을 이용한 용접부에서의 단일 TOFD 신호와 B-Scan 이미지

이어서, 동일한 형상의 용접부에 대해 5 MHz 16채널, 요소 너비 0.8 mm 요소 간격 0.2 mm의 위상배열 탐촉자를 사용하여 시뮬레이션을 수행하였으며, 이때 그림 19.155와 같이 이론적으로 계산된 시간 지연 값을 사용하였다.

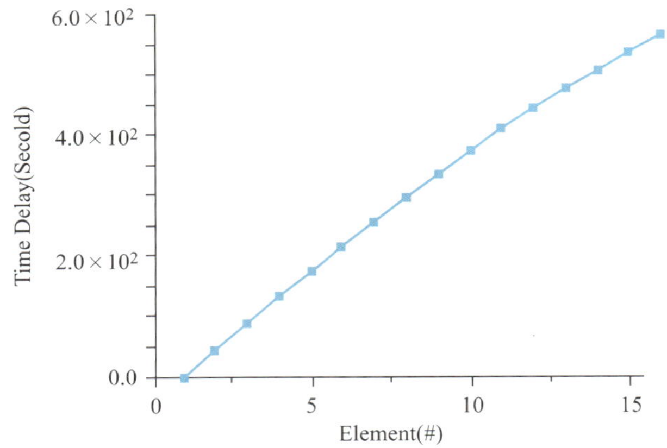

그림 19.155 시뮬레이션에 사용된 각 요소의 시간 지연

그림 19.156은 그림 19.155의 시간 지연 값을 사용해 용접부에 대한 PA-TOFD 시뮬레이션을 수행한 결과이다.

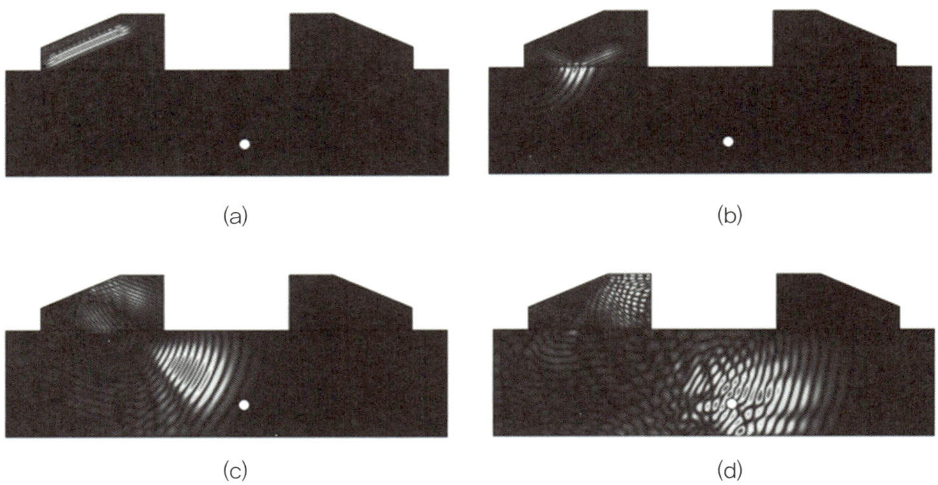

그림 19.156 용접부에서의 위상배열 TOFD 시뮬레이션 결과; (a) 2 μs, (b) 4 μs, (c) 8 μs, (d) 13 μs일 때의 초음파 거동

그림 19.156에서 보인 바와 같이, 초음파가 결함 방향으로 특별한 변화 없이 진행하여 결함에서 산란되고 일부는 바닥에서 반사됨을 볼 수 있다.

그림 19.157은 CIVA 2016 소프트웨어를 사용하여 동일한 용접부 형상에 대해 위상배열 탐촉자를 이용한 TOFD 스캔을 수행한 결과이며, 결함에 의해 회절 또는 반사된 신호에 의한 전형적인 TOFD 이미지와 유사한 결과를 얻었으며, 단일 탐촉자 B-Scan 이미지에 비해 신호의 퍼짐이 적은 결과를 확인할 수 있다.

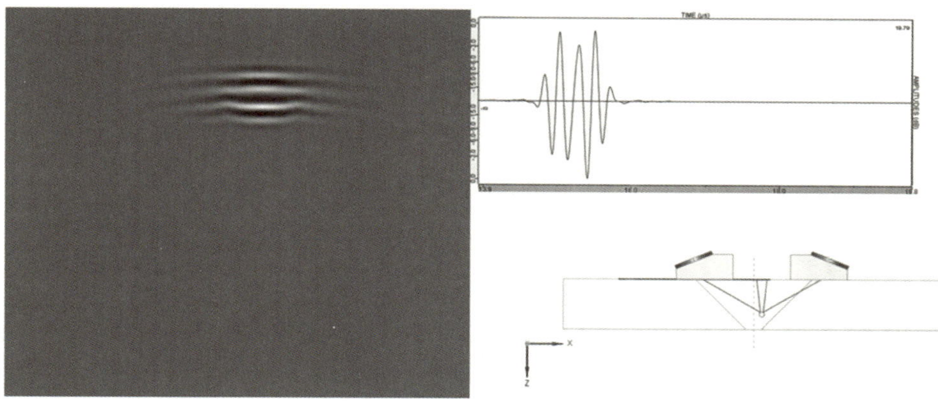

그림 19.157 CIVA 2016을 이용한 용접부에서의 위상배열 TOFD 신호와 B-Scan 이미지

위상배열 TOFD 기법을 가시화하기 위해 결함이 내재된 동종금속 용접부에 대한 위상배열 TOFD FEM 시뮬레이션을 수행하였고, 이때 용접부에서 발생할 수 있는 결함의 종류는 그림 19.158과 같다.

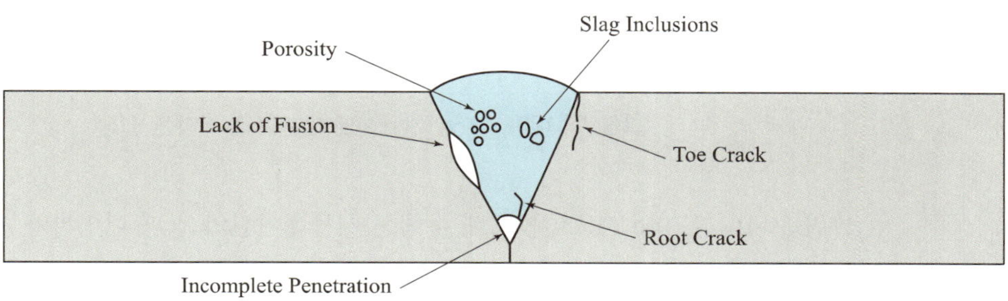

그림 19.158 용접부에서 발생하는 결함의 종류

그림 19.159에서 보인 바와 같이, 용접부에서 발생할 수 있는 결함으로는 Porosity, Slag Inclusion, Lack of Fusion, Toe Crack, Root Crack, Incomplete Penetration이 있는데, 이중 발생 가능성과 위험성이 높으며 사용 중 발생 결함인 Root Crack과 Toe Crack에 대한 위상배열 TOFD 시뮬레이션을 수행하였다. 본 시뮬레이션은 CIVA 2016 소프트웨어를 사용하였고, 개선각 60°의 V자 개선 용접부를 모사하여 수행하였다.

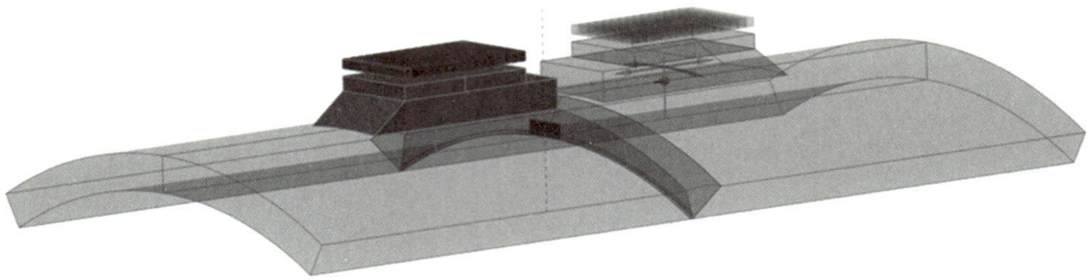

그림 19.159 CIVA 2016을 사용한 시뮬레이션에 대한 설정

그림 19.160은 Toe Crack에 대해 수행한 시뮬레이션 설정이고, 이때 사용한 주파수는 5 MHz이며 60° 웨지를 사용하고 탐촉자 사이의 거리는 120 mm로 설정하였다.

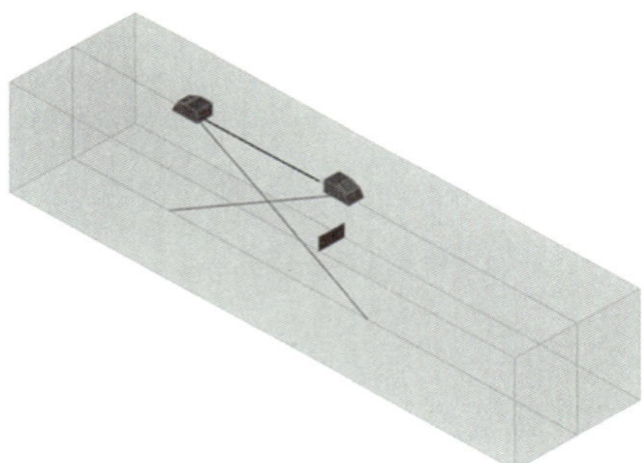

그림 19.160 Toe Crack에 대한 시뮬레이션 설정

그림 19.161은 Toe Crack에 대해 수행한 시뮬레이션의 결과 이미지와 A-Scan 신호를 나타낸다. 그림 19.161에서 보인 바와 같이, 결함의 양끝 선단이 검출되었으며, Toe Crack은 외경 표면 근처에 존재하기 때문에 바닥을 맞고 돌아오는 초음파 신호가 방해 없이 선명하게 나타남을 볼 수 있다.

그림 19.162는 Root Crack에 대해 수행한 시뮬레이션 설정이고 사용한 주파수는 5 MHz이며 60° 웻지를 사용하고 탐촉자 사이의 거리는 102.5 mm로 설정하였다.

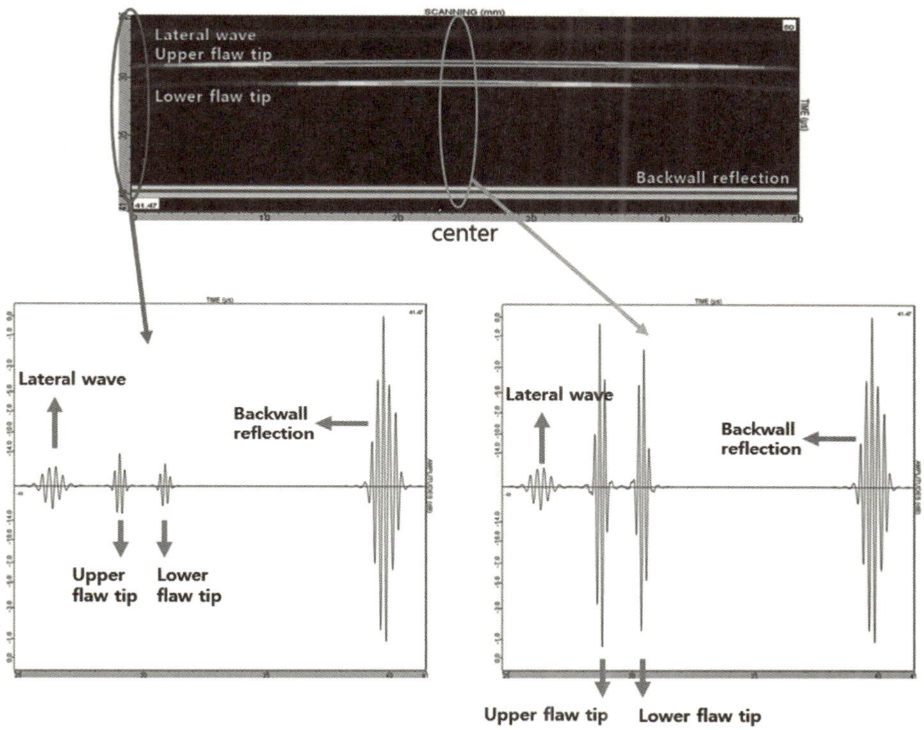

그림 19.161 Toe Crack에 대한 시뮬레이션 결과

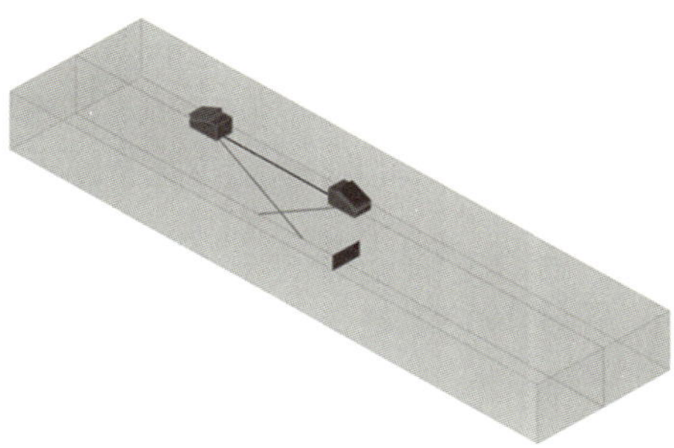

그림 19.162 Root Crack 시뮬레이션 설정

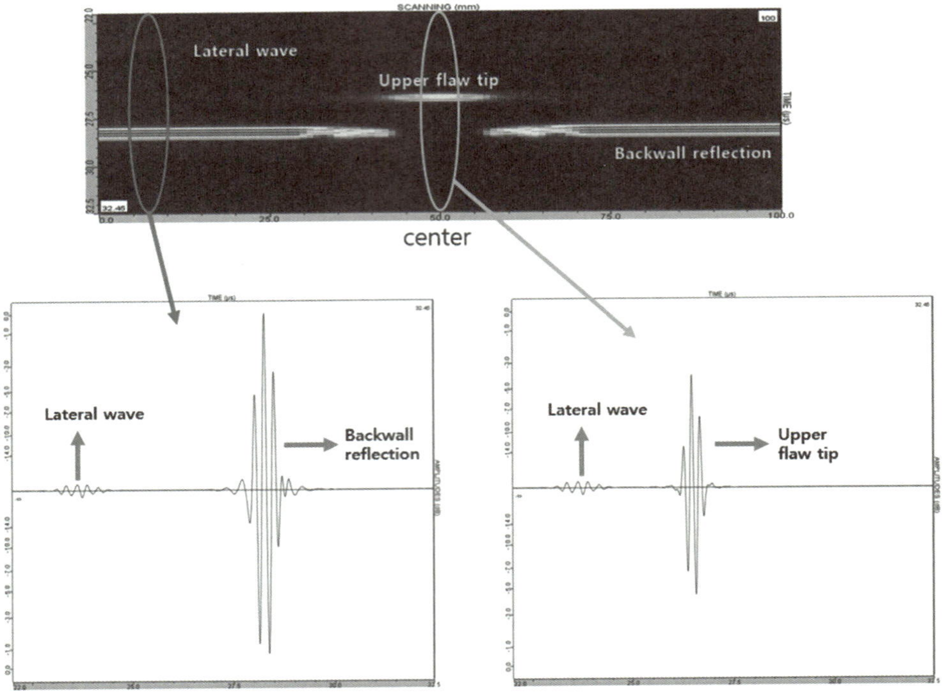

그림 19.163 Root Crack에 대한 시뮬레이션 결과

그림 19.163은 Root Crack에 대해 수행한 시뮬레이션의 결과 이미지와 A-Scan 신호를 확인할 수 있다. 그림에서 보인 바와 같이, 결함의 위쪽 끝 선단이 검출되었으며, Root Crack은 내경 표면 근처에 존재하기 때문에 결함 주변에서는 바닥을 맞고 돌아오는 초음파 신호가 검출되지 않음을 볼 수 있다.

전력설비에 대한 PA-TOFD 적용에 앞서, 실제 배관의 형상에 따른 위상배열 TOFD 초음파 전파 특성을 분석하기 위하여 53 mm 두께의 406 mm 외경을 갖는 배관을 모델링하여 시뮬레이션을 수행하였다. 굴절각은 60도로 지정하였으며, 결함 상단 팁에 의한 회절 신호와 결함 하단 팁에 의한 회절 신호를 비교하기 위하여 초음파 집속 지점을 상이하게 하여 분석하였다. 그림 19.164는 배관의 바닥에 집속한 위상배열 초음파를 이용하여 스캐닝한 결과이며, 그림 19.165는 결함 상단 팁에 집속한 위상배열 초음파 스캐닝한 결과이다.

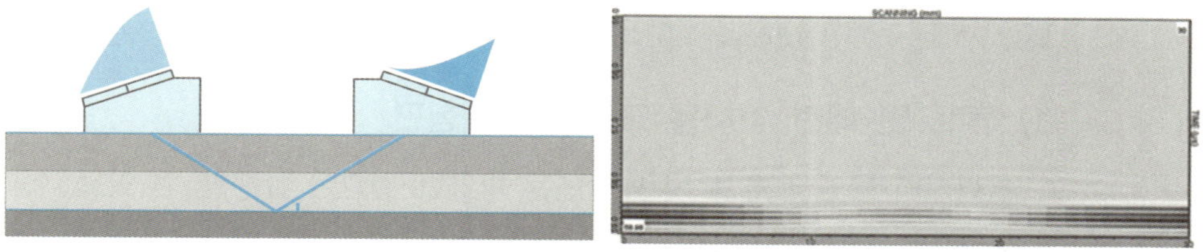

(a) (b)

그림 19.164 406.0 mm 외경, 53.0 mm 두께 배관의 바닥에 집속하는 경우의 PA-TOFD 초음파 전파 특성; (a) 시뮬레이션 설정, (b) B-Scan 이미지

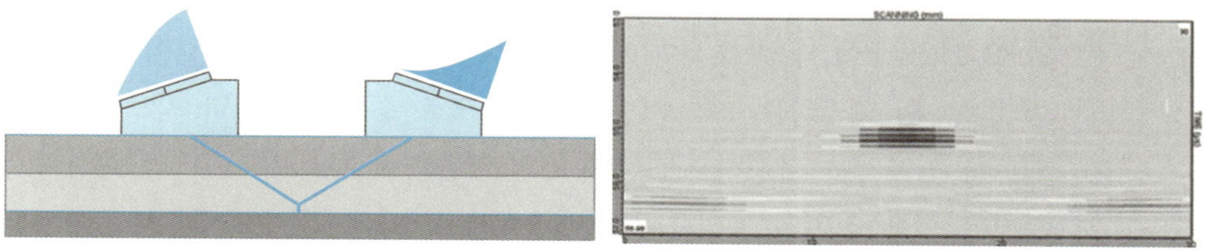

(a) (b)

그림 19.165 406.0 mm 외경, 53.0 mm 두께 배관 내 결함 상단 팁에 집속하는 경우의 PA-TOFD 초음파 전파 특성; (a) 시뮬레이션 설정, (b) B-Scan 이미지

전력설비에 대한 PA-TOFD 기법의 적용을 위하여 다양한 시뮬레이션을 수행한 결과 대구경의 큰 두께를 가지는 배관 검사에 유용하게 활용될 수 있을 것으로 판단된다. 이에 따라 PA-TOFD 기법을 적용하기 위하여 128채널 송·수신이 가능한 위상배열 초음파 모듈을 적용한 PA-TOFD용 초음파 송수신 장치를 제작하고 각각의 64채널 탐촉자를 연결할 수 있는 64×2채널 분배기(splitter)를 그림 19.166과 같이 제작하였다.

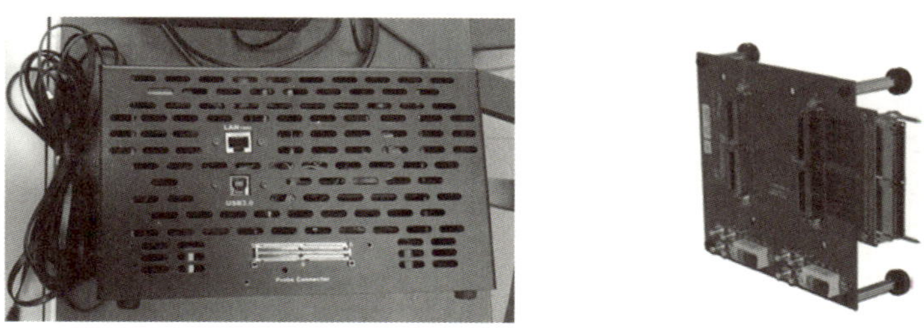

(a) (b)

그림 19.166 PA-TOFD용 위상배열 초음파 검사 장치 : (a) 128채널 모듈 탑재 송수신 장치, (b) 64채널 분배기

3 전력설비 내부결함 평가를 위한 Mock-up 설계/제작

1) 튜브 및 배관 검사용 표준결함 시험편

전력설비 보일러 튜브 및 배관에는 다양한 결함이 발생할 수 있고, 이러한 결함은 사용 시의 피로에 의해서 균열이 성장하며, 상대적으로 위험성이 높은 크랙성 결함의 검출이 매우 중요하다. 이에 따라 본 연구에서는 Root Crack과 Toe Crack을 목표 결함으로 잡고 시험편 설계를 수행하였다. 이들 결함을 효과적으로 검사하기 위해서 결함 모사 시험편의 설계, 제작이 요구된다. 이때 시험편은 탐촉자가 다양한 검사를 수행할 수 있는 크기의 확보가 필요하다. 그림 19.167과 그림 19.168은 각각 Root crack과 Toe crack에 대해 초음파 검사를 진행하기 위해 필요한 길이를 나타낸 것으로 한 번 반사 후 도달하는 1skip 거리를 기준으로 초음파의 전파 각도가 30°, 45°, 60°가 되도록 입사각을 설정하고, 표 19.18의 표준화력 튜브 및 배관의 내경과 두께에 따른 시험편 필요 길이의 계산을 표 19.18에서 19.23과 같이 수행한다.

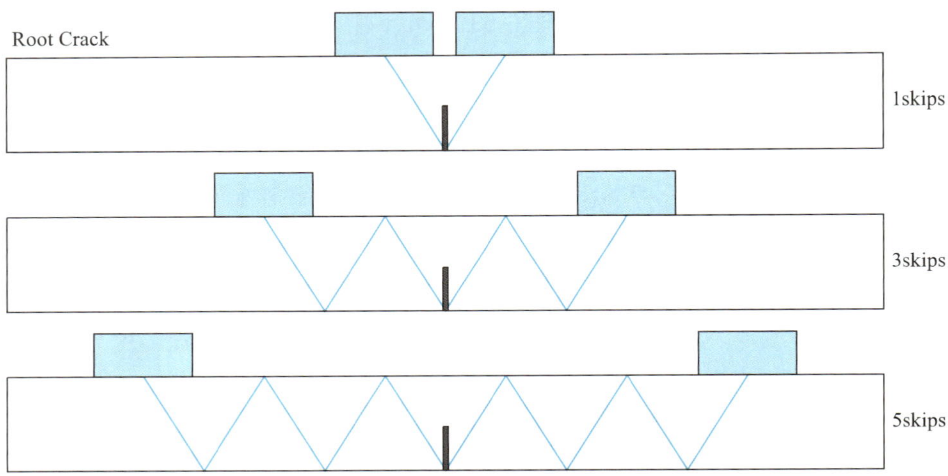

그림 19.167 Root Crack에 대한 Pitch-Catch 검사

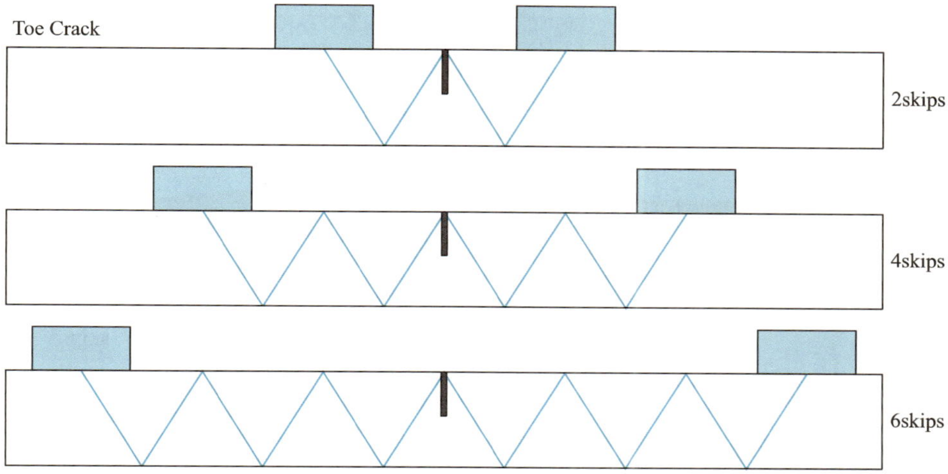

그림 19.168 Toe Crack에 대한 Pitch-Catch 검사

표 19.18 Root Crack, 30°의 경우 필요한 탐촉자 사이의 거리

종류	두께 t (mm)	외경 (mm)	채널 수, 탐촉자 길이(mm)	탐촉자 중심거리 (mm)	필요한 skip 수	최소 중심거리 (mm)
튜브	4	50.8	16, 18	4.62	5skips	23.1
	4	63.5	16, 18	4.62	5skips	23.1
	4	70.0	16, 18	4.62	5skips	23.1
	6	50.8	16, 18	6.93	3skips	20.8
	6	42.2	16, 18	6.93	3skips	20.8
	10	50.8	16, 18	11.55	3skips	34.6
	10	63.5	16, 18	11.55	3skips	34.6
배관	20	729.0	64, 66	23.09	3skips	69.3
	20	508.0	64, 66	23.09	3skips	69.3
	45	310.0	32, 34	51.96	1skip	52.0
	53	406.0	32,34	61.20	1skip	61.2

표 19.19 Root Crack, 45°의 경우 필요한 탐촉자 사이의 거리

종류	두께 t (mm)	외경 (mm)	채널 수, 탐촉자 길이(mm)	탐촉자 중심거리 (mm)	필요한 skip 수	최소 중심거리 (mm)
튜브	4	50.8	16, 18	8	3skips	24
	4	63.5	16, 18	8	3skips	24
	4	70.0	16, 18	8	3skips	24
	6	50.8	16, 18	12	3skips	36
	6	42.2	16, 18	12	3skips	36
	10	50.8	16, 18	20	1skip	20
	10	63.5	16, 18	20	1skip	20
배관	20	729.0	64, 66	40	3skips	120
	20	508.0	64, 66	40	3skips	120
	45	310.0	32, 34	90	1skip	90
	53	406.0	32, 34	106	1skip	106

표 19.20 Root Crack, 60°의 경우 필요한 탐촉자 사이의 거리

종류	두께 t (mm)	외경 (mm)	채널 수, 탐촉자 길이(mm)	탐촉자 중심거리 (mm)	필요한 skip 수	최소 중심거리 (mm)
튜브	4	50.8	16, 18	13.86	3skips	41.6
	4	63.5	16, 18	13.86	3skips	41.6
	4	70.0	16, 18	13.86	3skips	41.6
	6	50.8	16, 18	20.78	1skip	20.8
	6	42.2	16, 18	20.78	1skip	20.8
	10	50.8	16, 18	34.64	1skip	34.6
	10	63.5	16, 18	34.64	1skip	34.6
배관	20	729.0	64, 66	69.28	1skip	69.3
	20	508.0	64, 66	69.28	1skip	69.3
	45	310.0	32, 34	155.88	1skip	156
	53	406.0	32, 34	183.60	1skip	184

표 19.21 Toe Crack, 30°의 경우 필요한 탐촉자 사이의 거리

종류	두께 t (mm)	외경 (mm)	채널 수, 탐촉자 길이(mm)	탐촉자 중심거리 (mm)	필요한 skip 수	최소 중심거리 (mm)
튜브	4	50.8	16, 18	9.24	4skips	18.5
	4	63.5	16, 18	9.24	4skips	18.5
	4	70.0	16, 18	9.24	4skips	18.5
	6	50.8	16, 18	13.86	4skips	27.7
	6	42.2	16, 18	13.86	4skips	27.7
	10	50.8	16, 18	23.10	2skips	23.1
	10	63.5	16, 18	23.10	2skips	23.1
배관	20	729.0	64, 66	46.18	4skips	92.4
	20	508.0	64, 66	46.18	4skips	92.4
	45	310.0	32, 34	103.92	2skips	104
	53	406.0	32, 34	122.40	2skips	122

표 19.22 Toe Crack, 45°의 경우 필요한 탐촉자 사이의 거리

종류	두께 t (mm)	외경 (mm)	채널 수, 탐촉자 길이(mm)	탐촉자 중심거리 (mm)	필요한 skip 수	최소 중심거리 (mm)
튜브	4	50.8	16, 18	16	4skips	32.0
	4	63.5	16, 18	16	4skips	32.0
	4	70.0	16, 18	16	4skips	32.0
	6	50.8	16, 18	24	2skips	24.0
	6	42.2	16, 18	24	2skips	24.0
	10	50.8	16, 18	40	2skips	40.0
	10	63.5	16, 18	40	2skips	40.0
배관	20	729.0	64, 66	80	2skips	80.0
	20	508.0	64, 66	80	2skips	80.0
	45	310.0	32, 34	180	2skips	180
	53	406.0	32, 34	212	2skips	212

표 19.23 Toe Crack, 60°의 경우 필요한 탐촉자 사이의 거리

종류	두께 t (mm)	외경 (mm)	채널 수, 탐촉자 길이(mm)	탐촉자 중심거리 (mm)	필요한 skip 수	최소 중심거리 (mm)
튜브	4	50.8	16, 18	27.72	2skips	27.7
	4	63.5	16, 18	27.72	2skips	27.7
	4	70.0	16, 18	27.72	2skips	27.7
	6	50.8	16, 18	41.56	2skips	41.6
	6	42.2	16, 18	41.56	2skips	41.6
	10	50.8	16, 18	69.28	2skips	69.3
	10	63.5	16, 18	69.28	2skips	69.3
배관	20	729.0	64, 66	138.56	2skips	139
	20	508.0	64, 66	138.56	2skips	139
	45	310.0	32, 34	311.76	2skips	312
	53	406.0	32, 34	367.20	2skips	367

시험편의 길이를 각 계산된 결과를 이용하여 탐촉자 사이 최소 거리×1.5로 결정한다. 단 1.5배한 길이가 작은, 두께가 얇은 튜브 및 배관 시험편에 대해서는 시험 시 원하지 않는 반사 신호의 영향을 최소한으로 줄이기 위해 최소 300 mm 이상의 길이로 설계한다. 최종적으로 설계된 시험편 길이는 표 19.24에서 확인할 수 있다.

시험편의 폭은 절단면의 각도를 이용하여 설계한다. 최종적으로 곡면에서 반사가 일어나 간섭이 일어날 것을 대비해 모든 시험편에서 일괄적으로 180°, 즉 원통형 파이프를 반으로 자른 형상으로 설계를 수행한다. 시험편 내부에 존재하는 결함은 폭이 0.3 mm인 EDM 노치이며, 초음파 신호의 정량적인 분석이 가능하도록 세 가지 깊이로 각각 설계하였고, 가장 작은 결함은 시험편 두께의 0.1배, 중간 결함은 0.2배, 가장 깊은 결함은 0.4배로 결정하였다. 또한 각각 깊이의 결함에 대해서 결함의 길이를 5 mm, 10 mm 두 가지로 만들어 결함의 길이에 대한 신호의 영향도 고려하여 설계하였다. 그림 19.169는 외경 50.8 mm인 튜브에 대한 결함내재 시험편의 모델이며, 그림 19.170은 외경 406 mm인 배관에 대한 결함내재 시험편의 모델이다.

표 19.24 탐촉자 사이의 거리 최종 결정

종류	두께 t (mm)	외경 (mm)	채널 수, 탐촉자 길이 (mm)	시험편 길이 (mm)
튜브	4	50.8	16, 18	300
	4	63.5	16, 18	300
	4	70.0	16, 18	300
	6	50.8	16, 18	300
	6	42.2	16, 18	300
	10	50.8	16, 18	300
	10	63.5	16, 18	300
배관	20	729.0	64, 66	300
	20	508.0	64, 66	300
	45	310.0	32, 34	470
	53	406.0	32, 34	550

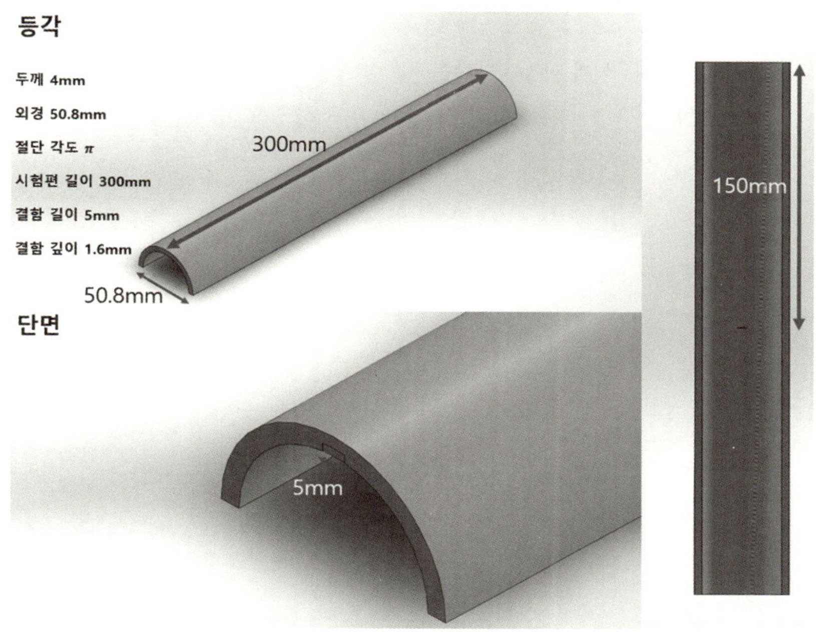

그림 19.169 두께 4 mm, 외경 50.8 mm, 결함 길이 5 mm, 깊이 0.4 t 시험편

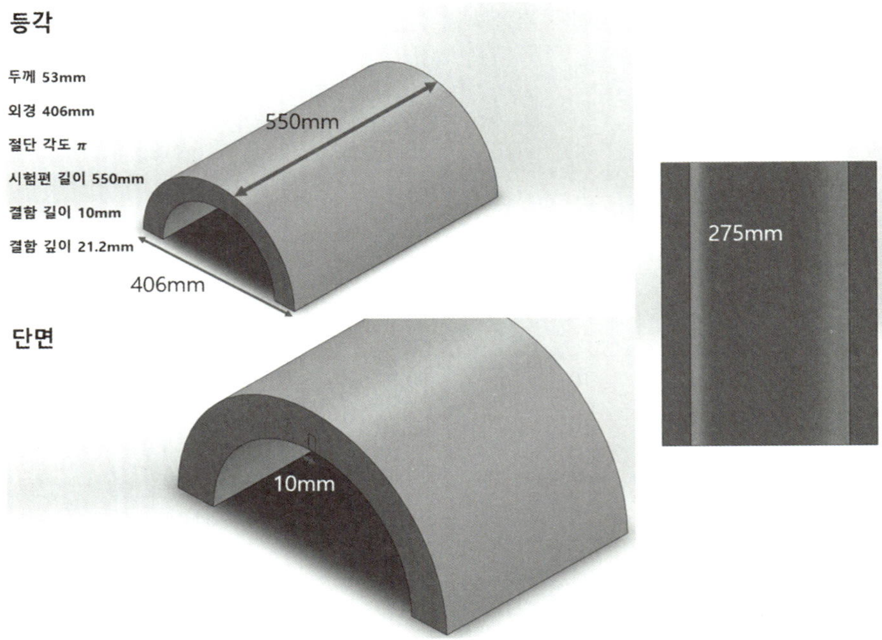

그림 19.170 두께 53 mm, 외경 406 mm, 결함 길이 10 mm, 깊이 0.4 t 시험편

이와 같이 설계된 시험편을 그림 19.170의 표준화력 보일러 튜브 시편과 그림 19.171의 대구경 배관 시편을 실제 제작하였으며, 결함의 3D 형상화 연구에 활용하였다.

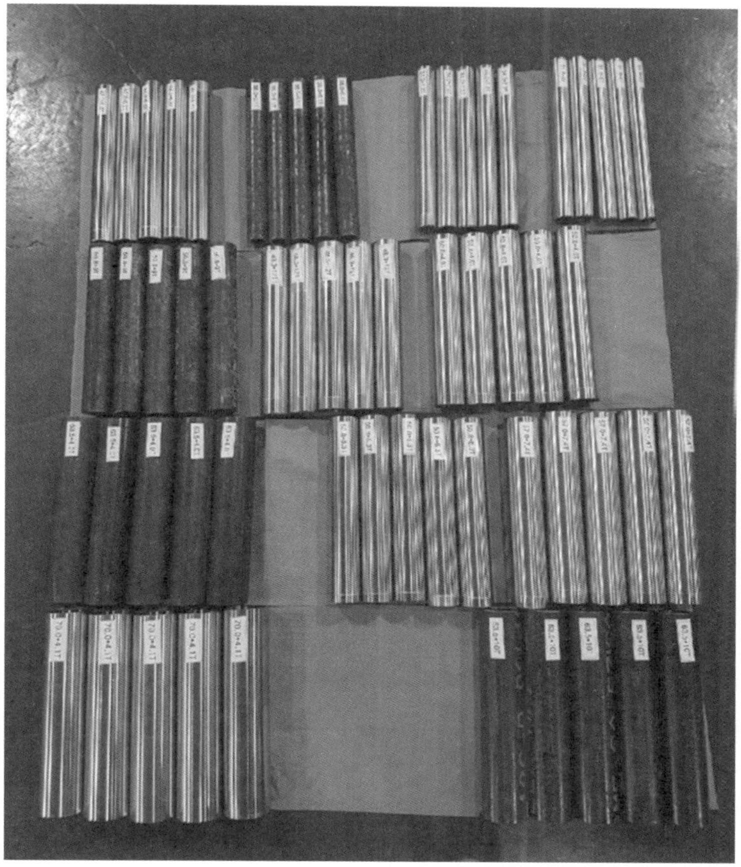

그림 19.171 표준화력 보일러 튜브의 인공결함 시험편

그림 19.172 표준화력 보일러 대구경 배관의 인공결함 시험편

2) 튜브 및 배관 용접 결함 시험편

발전설비 보일러 튜브 및 배관에서 실제 결함은 주로 용접부에서 발생한다. 초음파 3D 형상화 기법을 이용해 용접부에 대한 평가하기 위해 용접부 모사 결함내재 시험편의 제작이 필요하다. 표준 화력발전설비에 활용되는 튜브의 용접 시험편은 ASME 규격에 따라 용접부의 형상과 전체 크기를 선정하였다. 그림 19.173은 튜브 용접 시험편의 용접 설계도이며, 그림 19.174에서 실제 제작된 튜브 용접 시험편을 확인할 수 있다.

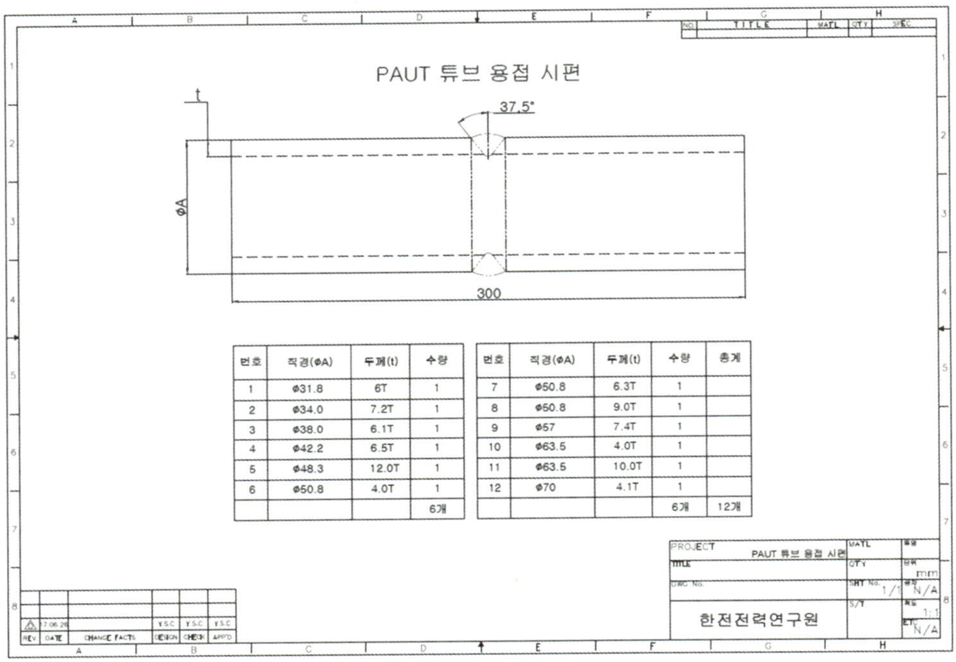

번호	직경(φA)	두께(t)	수량
1	φ31.8	6T	1
2	φ34.0	7.2T	1
3	φ38.0	6.1T	1
4	φ42.2	6.5T	1
5	φ48.3	12.0T	1
6	φ50.8	4.0T	1
			6개

번호	직경(φA)	두께(t)	수량	총계
7	φ50.8	6.3T	1	
8	φ50.8	9.0T	1	
9	φ57	7.4T	1	
10	φ63.5	4.0T	1	
11	φ63.5	10.0T	1	
12	φ70	4.1T	1	
			6개	12개

그림 19.173 보일러 튜브 용접 시험편 설계도

그림 19.174 보일러 튜브 용접 시험편

표준 화력발전설비의 보일러 튜브 용접 시험편의 용접부 내 결함을 ASME 규격에 따라 제작하였다. 용접부 내 루트부, 개선면, 모재에 각각 규정된 크기의 노치 결함을 가공하였고, 튜브 건전부에 초음파 신호의 교정을 위한 일정 모재 대비 10%, 20% 깊이의 노치 결함을 가공하였다. 이러한 용접부 결함 시편에 대한 설계도는 그림 19.174에서 확인할 수 있으며, 결함을 실제 가공하여 최종 제작된 시험편은 그림 19.175와 같으며, 그림 19.176은 가공된 결함의 상세 사진이다.

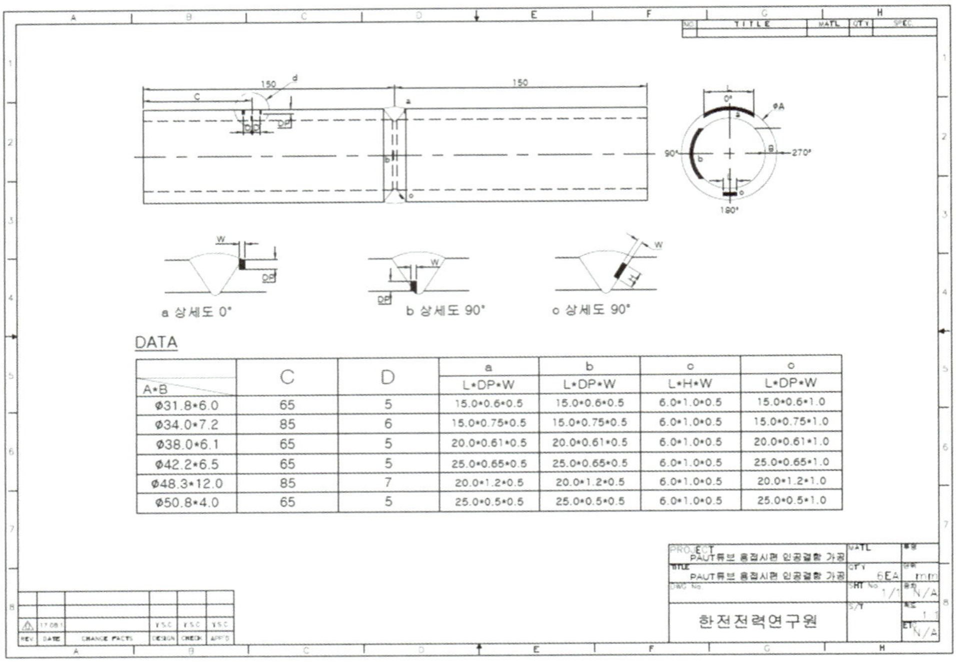

DATA

A•B	C	D	a L•DP•W	b L•DP•W	c L•H•W	c L•DP•W
ø31.8•6.0	65	5	15.0•0.6•0.5	15.0•0.6•0.5	6.0•1.0•0.5	15.0•0.6•1.0
ø34.0•7.2	85	6	15.0•0.75•0.5	15.0•0.75•0.5	6.0•1.0•0.5	15.0•0.75•1.0
ø38.0•6.1	65	5	20.0•0.61•0.5	20.0•0.61•0.5	6.0•1.0•0.5	20.0•0.61•1.0
ø42.2•6.5	65	5	25.0•0.65•0.5	25.0•0.65•0.5	6.0•1.0•0.5	25.0•0.65•1.0
ø48.3•12.0	85	7	20.0•1.2•0.5	20.0•1.2•0.5	6.0•1.0•0.5	20.0•1.2•1.0
ø50.8•4.0	65	5	25.0•0.5•0.5	25.0•0.5•0.5	6.0•1.0•0.5	25.0•0.5•1.0

그림 19.175 보일러 튜브 용접부 결함 내재 시험편 설계도

그림 19.176 보일러 튜브 용접부 결함 내재 시험편

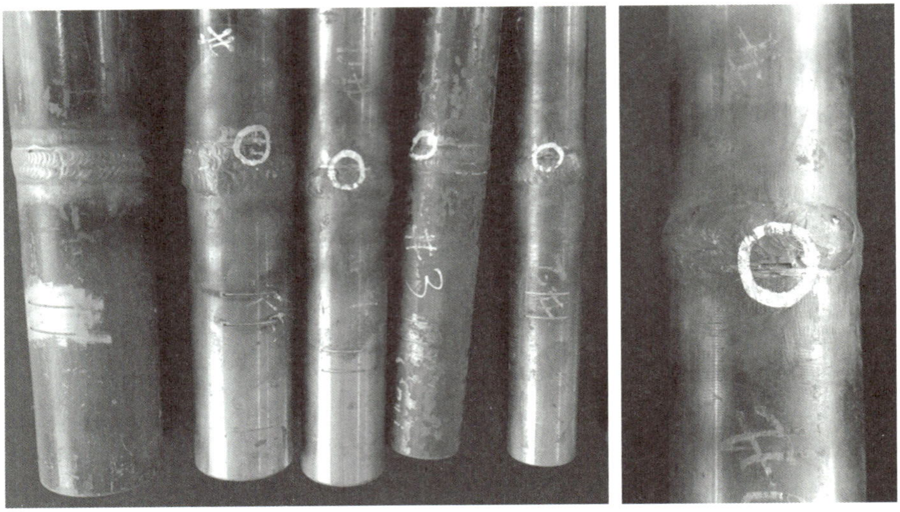

그림 19.177 보일러 튜브 용접부 결함

보일러 튜브 3D 검사 장치의 개발 및 성능 평가를 위하여 정량적인 결함이 가공된 다양한 시험편을 제작하였다. 이러한 시험편을 활용하여 정밀한 3D 검사 장치 개발 연구를 수행 중이다. 제작된 표준 결함 시험편은 인공 결함으로 검사 기법 및 장치 개발 시 결함 검출과 정량화에 다소 유용하나 실제 발전설비의 보일러 튜브의 용접부에는 매우 다양한 결함들이 발생할 수 있고 이러한 결함의 검출 성능의 확인을 위해서는 자연결함이 발생된 시험편이 매우 유용하다. 이에 따라 실제 보일러에서 사용되고 자연 결함이 내재된 튜브를 획득하여 시험편으로 그림 19.178과 같이 제작하였다. 제작된 시험편은 방사선투과검사를 비롯하여 다양한 비파괴검사 방법을 적용하여 실제 결함이 내재되어 있음을 확인하였고 특히 이종금속이 용접된 시험편도 구축하였다. 이와 같이 제작된 인공결함 시험편과 자연결함 튜브 Mock-up을 활용하여 정밀한 3D 검사 장치의 개발과 성능평가를 수행 중이다.

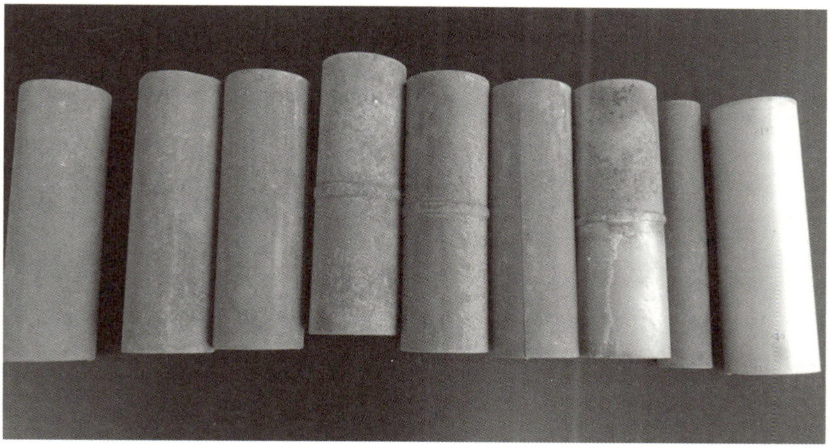

그림 19.178 보일러 튜브 자연 결함 시험편

4 전력설비 내부결함 검사용 3D 형상화 신호처리/영상처리 알고리즘 및 구동 소프트웨어 성능평가

1) 개폐기 부싱 3D 형상화 알고리즘 개선 및 성능 평가

본 연구의 1차년도에는 지상개폐기 부싱의 검사를 위하여 초음파 수침 검사 장치의 개발을 수행하였다. 개발된 부싱 검사 장치는 복잡한 형상의 부싱을 효과적으로 검사할 수 있도록 접촉매질로 물을 이용하고 탐촉자의 이송과 부싱의 회전 등을 제어할 수 있도록 개발된다. 초음파 검사 방법은 최초 단일 진동자를 사용하는 탐촉자(single focused probe)를 적용하여 부싱의 미소 지점마다 초음파를 수신하고 이 신호를 조합하여 검사 결과를 단면 이미지로 표현하는 C-scan 결과를 제공하도록 개발된다. 그러나 단일 진동자 탐촉자는 검사 시간의 문제와 3D 형상화를 위한 신호처리에 제약이 발생하여 128채널 위상배열 탐촉자를 활용하여 빠른 검사가 가능하도록 개선하였다. 또한 원뿔대 형태의 부싱 검사 결과를 보다 명확하게 표현하기 위하여 C-scan 이미지의 좌표변환 신호처리 알고리즘을 적용하여 3D 형상화를 위한 기초 개발을 수행하였다. 그림 19.179는 개발된 초음파 수침 검사 장치이며, 그림 19.180은 장치 성능확인을 위해 사용된 부싱 시험편이고 그림 19.181은 1차년도에 개발된 장치를 이용하여 도출된 부싱 검사 결과를 보여준다.

그림 19.179 개폐기 부싱 초음파 수침 검사 장치

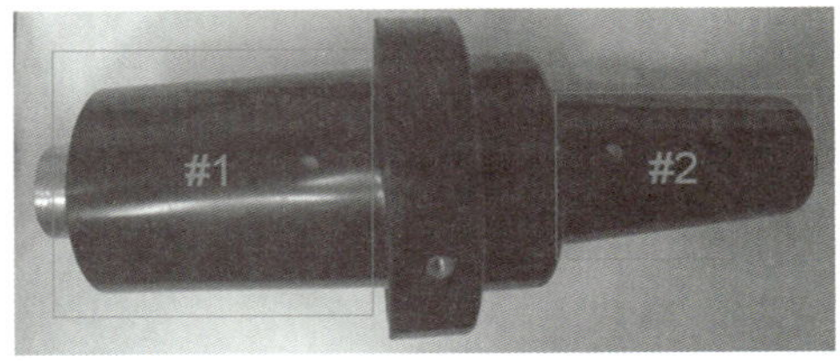

그림 19.180 초음파 수침 검사 성능 평가용 부싱 시험편

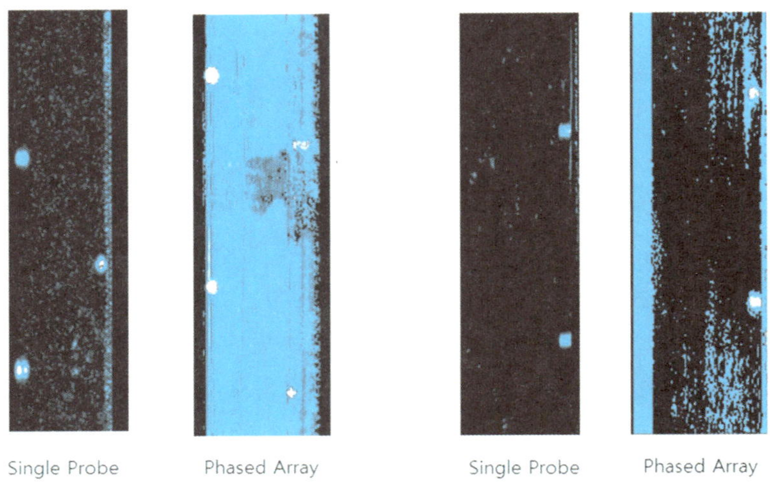

그림 19.181 부싱 시험편 초음파 수침 검사 결과

전년도에 개발된 부싱 검사 장치와 신호처리 기법을 바탕으로 부싱 검사 결과의 3D 형상화 기법의 개발을 진행한다. 부싱의 정확한 형상을 표현하기 위하여 그림 19.181의 단순 사각 평면 이미지를 그림 19.182의 원뿔대 형상의 부싱의 펼쳐진 전개도로 변환할 수 있도록 알고리즘을 적용하였다. 또한 부싱의 표면에서 반사되는 초음파 신호와 부싱 내부 도체에서 반사되는 신호를 구분하고 부싱의 절연층 신호를 초음

파 전파 시간(TOF; Time of Flight)을 기반으로 검출할 수 있도록 신호처리를 수행하여 그림 19.183과 같이 결과 이미지를 표현하였다.

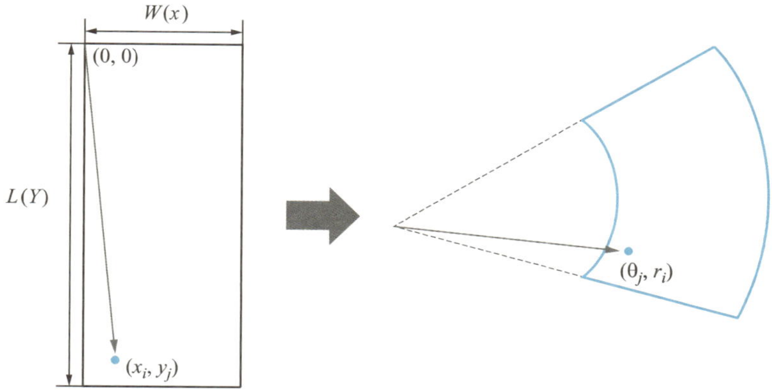

그림 19.182 부싱 평면 이미지 좌표 이동 전개도

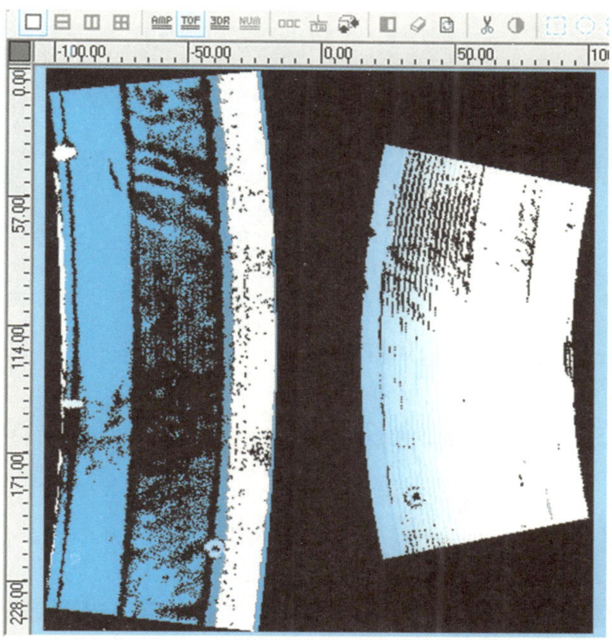

그림 19.183 초음파 전파 시간(TOF) 반영 부싱 검사 평면 이미지

개선된 초음파 신호처리 알고리즘을 기반으로 초음파 검사 결과의 3D 형상화 알고리즘을 도출하였다. 초음파 전파 시간을 절연층의 두께 정보로 이용하고, 이때 표면과 부싱 내부 도체의 반사 신호를 경계층으로 설정하여 경계 사이에 수신되는 초음파 신호를 수직면으로 표현하면서 동시에 수평 경계층의 검사 정보를 반영할 수 있도록 알고리즘이 개발되었다. 이때 부싱을 일정하게 회전시켜 연속적으로 수집된 신호와 부싱의 회전 정보를 조합하여 부싱의 검사결과를 3D 이미지로 도출하도록 개발되었다. 그림 19.184에서 최종적으로 도출된 부싱 3D 형상화 결과를 확인할 수 있다.

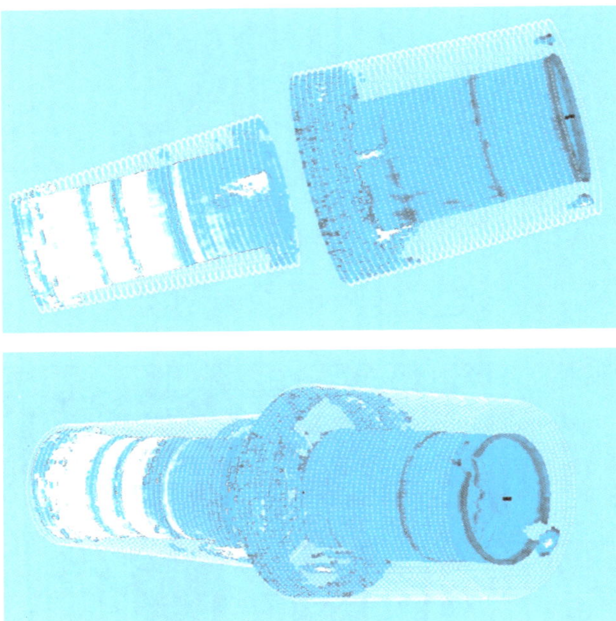

그림 19.184 개폐기 부싱 초음파 3D 형상화 결과

이와 같이 개발된 개폐기 부싱 3D 형상화 초음파 장치는 실제 부싱 제작 현장에서 품질 확인을 위한 검사에 활용하여 양질의 부싱을 사용하는 개폐기 제작이 진행되도록 현장적용 및 절차를 개발할 예정이다.

2) 검사 해상도 향상을 위한 신호처리 알고리즘 적용 및 성능 평가

위상배열 초음파 검사 기법의 검사 해상도를 향상시키기 위하여 FMC(Full Matrix

Capture)와 TFM(Total Focal Method) 기법이 이론적으로 연구되었다. FMC는 기존 위상배열초음파의 데이터 수집과 다른 방법으로 기존 위상배열초음파의 검사 원리는 각각의 요소(진동자, element)에 타임 딜레이를 주어 각각의 요소에서 발생하는 초음파의 상호 보강 간섭을 일으켜 초음파의 방향과 집속위치를 제어하는 방법이나 FMC는 각 요소에 펄스를 주고 전체의 요소에서 시간 지연 없이 신호를 받아서 저장하는 하는 방법이다. 따라서 FMC는 기존의 위상배열초음파의 데이터 수집방법에 비해서 데이터양도 많고 시간도 오래 걸리지만 비 가공된 많은 양의 데이터를 얻을 수 있다. 이러한 데이터를 이용하여 기존의 PA와 같은 영상을 만들어 내거나 TFM를 사용하여 원하는 영역의 모든 점에 초점을 맞춘 영상을 만들 수 있고 이러한 특성으로 영상의 정확도, 분해능, 영상의 왜곡 문제 등이 향상될 수 있다. TFM의 기본 원리는 그림 19.185와 같이 검사 영역을 일정하게 분할하여 각각 지점을 초음파 초점 영역으로 계산하고 전체의 검사영역의 검사 결과를 도출하는 방법이다. 이때 그림 19.186과 같이 N개로 분할된 탐촉자의 신호 발생과 수신은 다음과 같이 수행되어 초음파 검사 결과를 도출하였다.

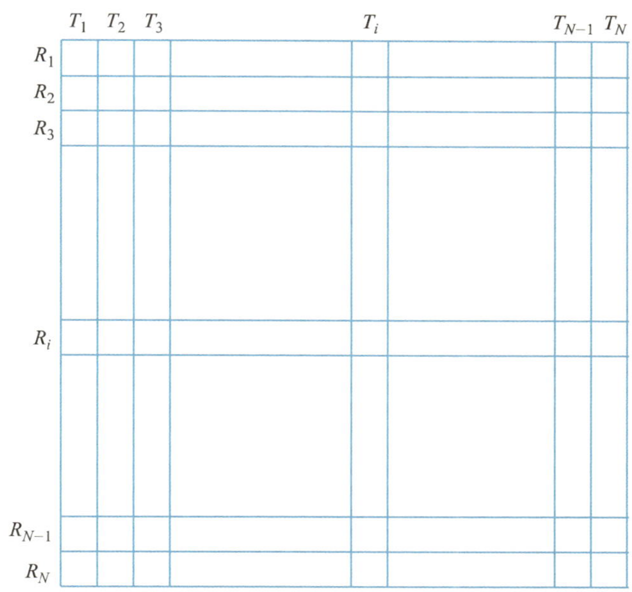

그림 19.185 위상배열 초음파 Full Matrix Capture(T: 펄스, R: 리시버)

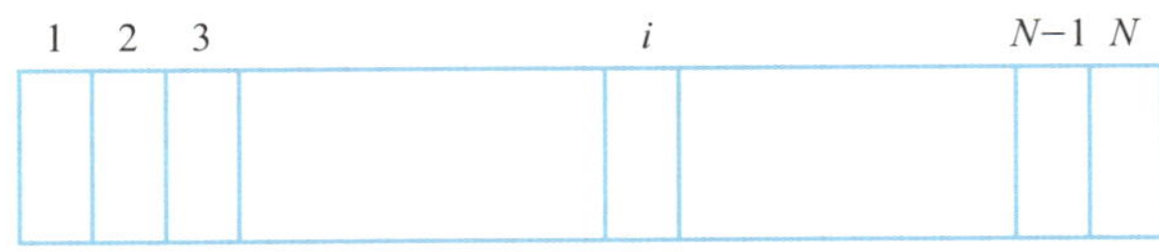

그림 19.186 위상배열 초음파 탐촉자의 요소(진동자) 구성(1,2,...N : 요소 번호)

(T_1, R_1)은 1번 요소(진동자, element)에서 초음파를 가진시키고 1번 요소에서 신호를 수신하는 것, (T_1, R_2)는 1번 요소에서 초음파를 가진시키고 2번 요소에서 신호를 수신한다. 즉, (T_N, R_N)은 N번 요소에서 초음파를 가진 시키고 N번의 요소에서 신호를 수신하는 것이다. 이러한 방법으로 그림 19.187의 N^2개의 Matrix를 다 채우는 것을 Full Matrix Capture라고 한다.

FMC의 방법을 통해서 데이터를 얻은 후 검사하고자 하는 모든 영역의 신호를 각각의 초점 영역으로 설정하여 연산하는 것을 TFM(Total Focusing Method)라고 하며 다음과 같은 연산식으로 도출된다.

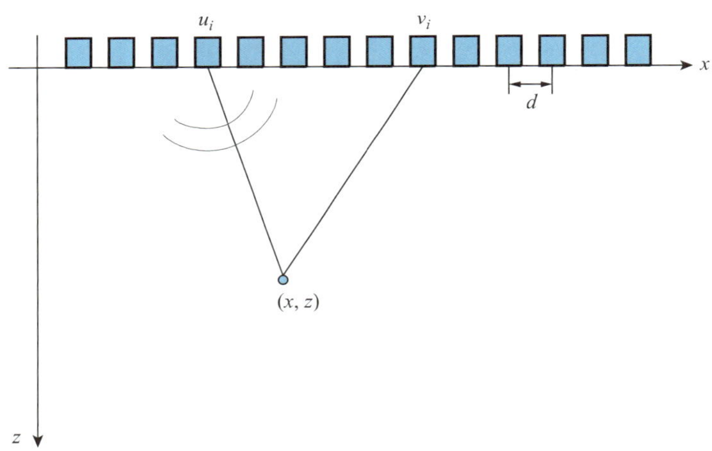

그림 19.187 초음파 수직 검사 시 초음파 초점 계산 도식

$$o(x,z) = \sum_{i=1}^{N}\sum_{j=1}^{N} \frac{\sqrt{(x-u_i)^2+z^2}+\sqrt{(x-v_j)^2+z^2}}{c} \quad (c: sound\, velocity) \quad (19.20)$$

식(19.20)의 경우 초음파 수직 검사 시 초음파 TFM를 위한 수식이며, 초음파 경사각 검사 시에는 그림 19.188과 같이 웨지로 인한 굴절이 발생하여 다음 식(19.21)의 초음파 전파 시간을 이용한 좌표 도출 함수를 추가적으로 적용하여 TMF을 수행할 수 있다.

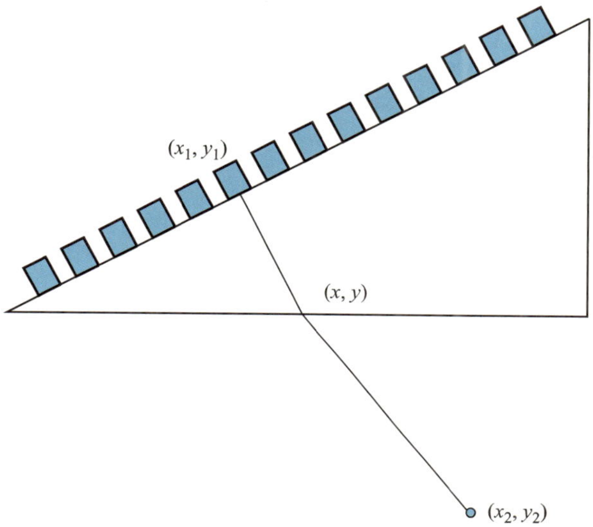

그림 19.188 초음파 경사각 검사 시 초음파 초점 계산 도식

$$t = \frac{\sqrt{(x-x_1)^2 + (y-y_1)^2}}{c_w} + \frac{\sqrt{(x_2-x)^2 + (y_2-y)^2}}{c_t} \tag{19.21}$$

여기서 c_w는 웨지에서 초음파의 속도이고 c_t는 검사 대상체에서 초음파의 음속이다.

초음파 해상도 향상을 위하 적용된 TFM 기법을 활용하여 신호처리 프로그램을 개발하였다. 개발된 신호처리 방법의 성능평가를 위한 기초 실험을 수행하였다. 실험은 위상배열 초음파 검사 테스트를 위한 표준시험편 ASTM E2491의 결함 검출 실험을 수행하였다. 이때 시험편의 다양한 형상의 결함의 검출 성능을 평가하기 위하여 그림 2.2.4.2.5와 같이 검사 영역을 분리하여 실험을 진행하였다. 또 기존의 위생배열 초음파 기법에서 초점거리(Depth focusing)를 각각 10 mm와 50 mm로 적용한 비교실험을 수행하였다. 그림 19.189부터 그림 19.192는 시험편의 1~4번 위치에서 TFM 기법과 초점거리를 적용한 기존의 위상배열 초음파 검사결과이다.

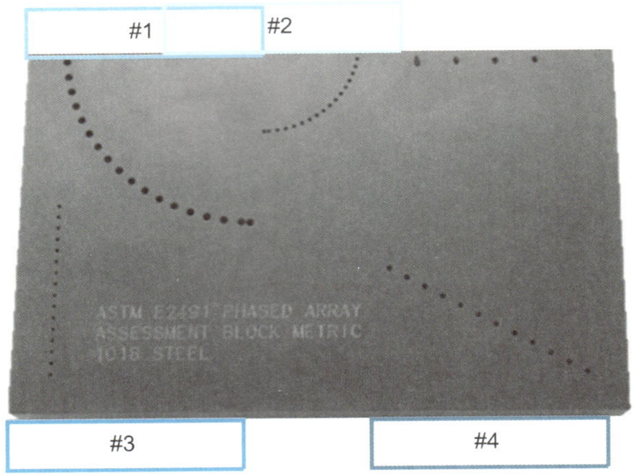

그림 19.189 ASTM E2491 Phased Array Assessment Block Metric 1018 STEEL

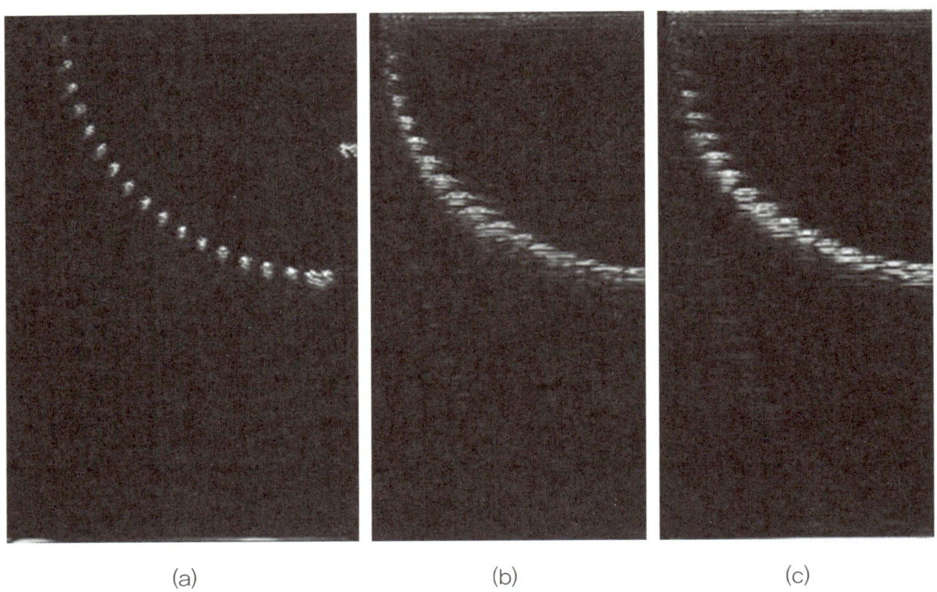

그림 19.190 시험편 #1 위치에서 초음파 검사 결과; (a) TFM 기법 결과, (b) 초점거리 10 mm일 때 결과, (c) 초점거리 50 mm일 때 결과

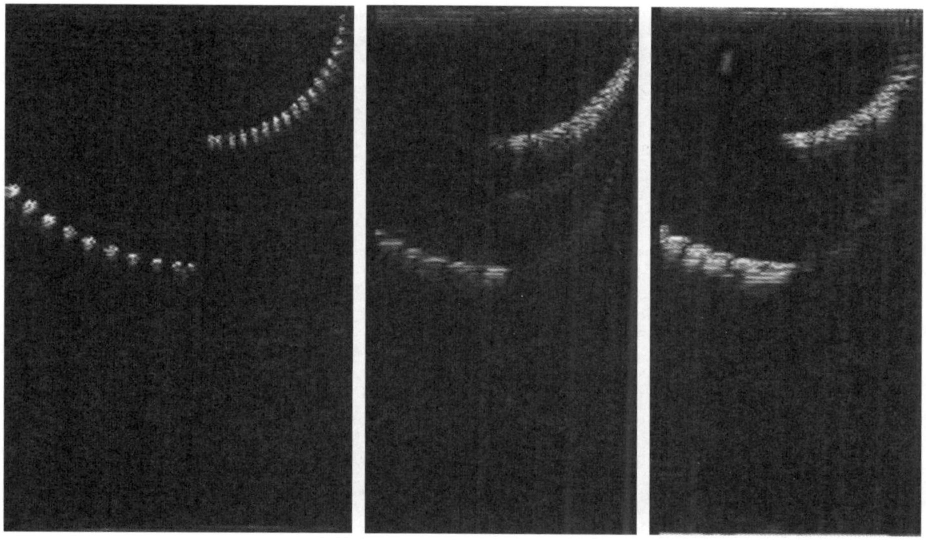

(a) (b) (c)

그림 19.191 시험편 #2 위치에서 초음파 검사 결과; (a) TFM 기법 결과, (b) 초점거리 10 mm 일 때 결과, (c) 초점거리 50 mm일 때 결과

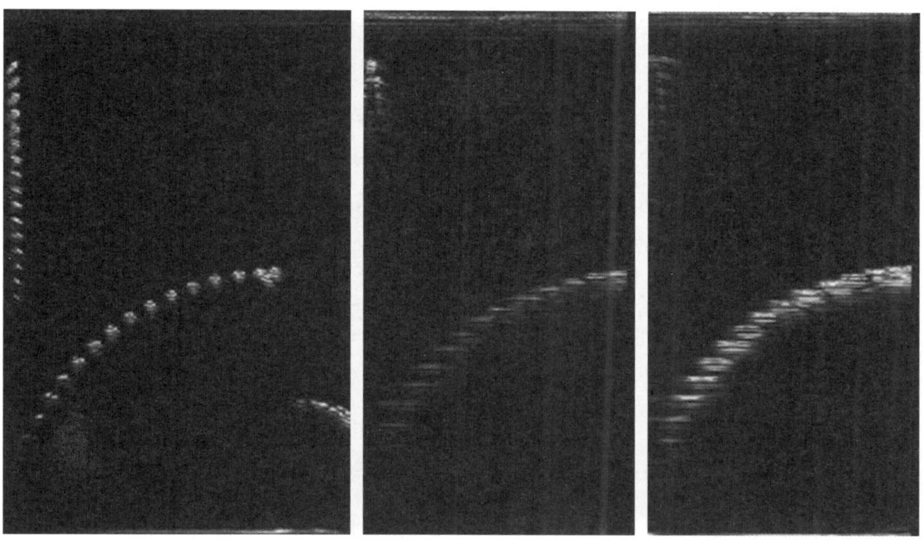

(a) (b) (c)

그림 19.192 시험편 #3 위치에서 초음파 검사 결과; (a) TFM 기법 결과, (b) 초점거리 10 mm 일 때 결과, (c) 초점거리 50 mm일 때 결과

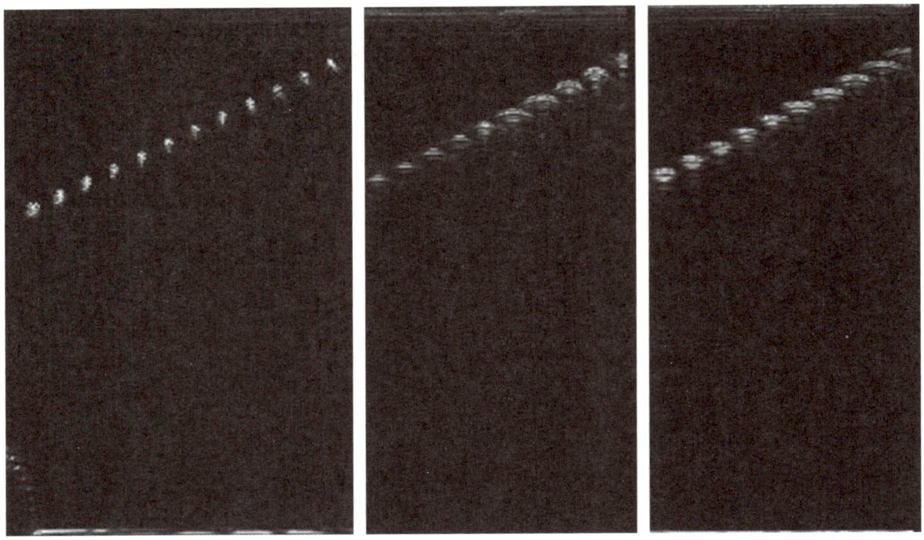

(a) (b) (c)

그림 19.193 시험편 #4 위치에서 초음파 검사 결과; (a) TFM 기법 결과, (b) 초점거리 10 mm일 때 결과, (c) 초점거리 50 mm일 때 결과

검사 결과 TFM 기법을 적용한 (a)의 이미지는 깊이와 상관없이 거의 모든 결함이 동일하게 나오는 것을 볼 수 있다. 하지만 기존 PA 방법인 (b)와 (c)를 보면 신호의 크기와 세기가 깊이와 초점의 위치에 따라 변동이 큰 것을 볼 수 있다.

(b)와 (c)의 경우 초점위치 주변에 있는 결함은 다른 부분 보다 정확하게 나오지만 초점과 멀리 떨어질수록 크기의 왜곡이 심해지고 신호의 세기가 많이 약해지는 것을 볼 수 있고 초점위치 부분에서도 FMC보다 정확도가 많이 떨어지는 것을 볼 수 있다.

따라서 TFM 기법의 적용은 기존의 위상배열 초음파 검사보다 더 좋은 분해능과 결함의 형상 등을 향상시킬 수 있을 것으로 판단되며, 이를 실제 3D 초음파 검사 장비 개발에 적용하고 있다.

3) 보일러 튜브 3D 형상화 장치 시작품 개발 및 성능평가

본 과제의 연구로 도출된 부싱 3D 형상화 알고리즘과 초음파 해상도 개선을 위해 적용된 TFM 기법을 적용하여 보일러 튜브 3D 형상화 프로그램 개발을 수행한다. 개발된 프로그램은 초음파 검사의 기본 신호인 초음파 수신 신호를 나타내는 A-scan과 검사영역의 수직 단면을 보여주는 B-scan, 그리고 검사를 수행한 대상체의 평면 이미지를 보여주는 C-scan을 결과를 표현하도록 구성된다. 추가적으로 초음파 검사에 활용되는 탐촉자를 비롯한 펄서 · 리시버 설정, 주파수 필터 등 신호처리 설정 기능을 포함하여 제작한다. 그림 19.1은 개발된 프로그램의 전체 구성을 보여주고 있다. 개발된 프로그램의 C-scan 결과에서는 부싱 3D 형상화 알고리즘을 동일하게 적용하여 보일러 튜브 및 배관의 검사 결과를 3D 이미지로 제공할 수 있도록 개발되었다. 그림 19.2의 3D 검사이미지는 다양한 각도에서 검사 결과를 확인할 수 있도록 회전 및 위치 이동이 가능하고 이미지의 색상 변화 기능을 이용하여 검사결과를 직관적으로 확인할 수 있도록 프로그램을 설정하였다.

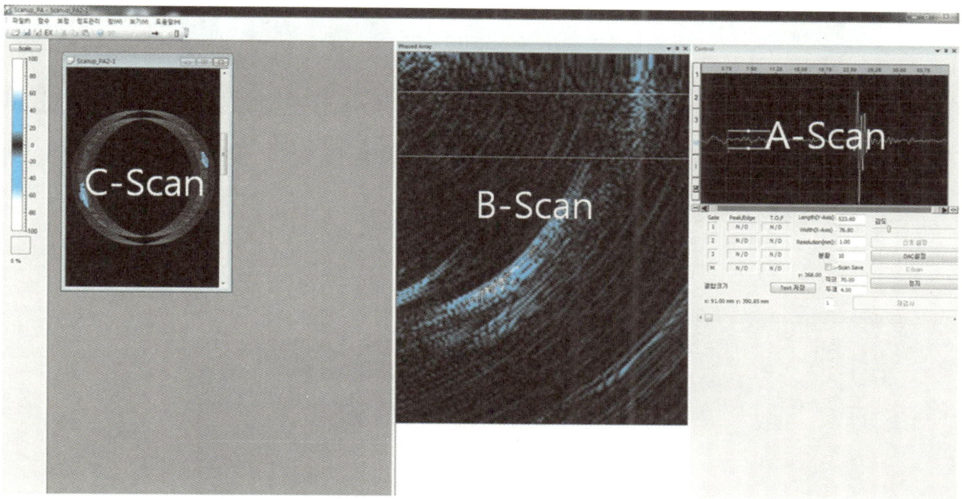

그림 19.194 보일러 튜브 3D 검사 프로그램

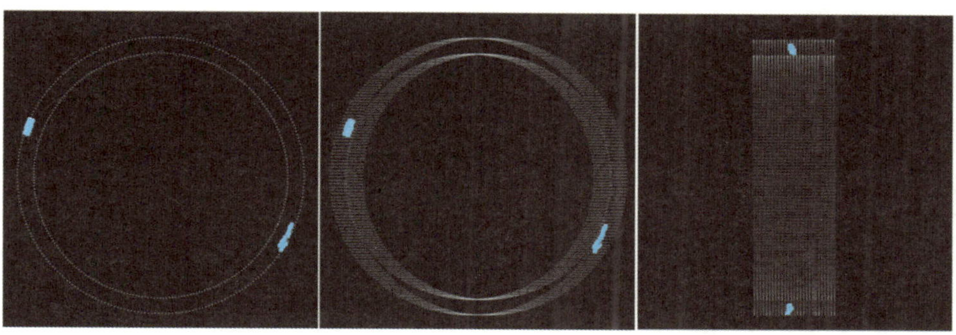

그림 19.195 보일러 튜브 검사 프로그램 3D 이미지

개발된 튜브/배관 검사 프로그램을 이용한 3D 형상화를 위해서는 튜브의 외경을 따라 전체적인 스캐닝을 수행하여야 하고, 이때 탐촉자의 위치정보가 필요하다. 따라서 개발된 튜브 스캐너에 내재되어 있는 엔코더의 데이터를 동시에 취득하여야 정확한 3D 형상화 결과를 얻을 수 있다. 튜브 검사 스캐너의 정확한 엔코더 정보 취득을 통한 3D 형상화를 위하여 스캐너, PA 모듈과 연동되는 핀 맵을 확인하고 이를 반영하여 탐촉자의 위치정보를 확인할 수 있도록 전체 튜브 검사 장치의 구성을 수행하였다. 그림 19.3은 탐촉자와 스캐너의 결합을 보여주며, 그림 19.4는 PA모듈과 엔코더 정보 교환 커넥터의 핀 맵이다.

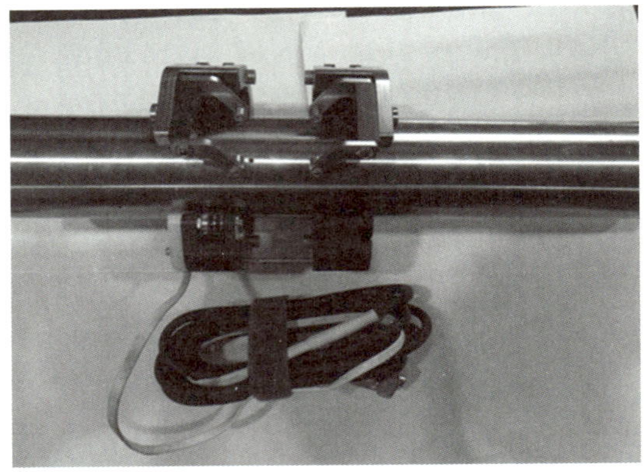

그림 19.196 보일러 튜브 검사용 스캐너 및 탐촉자의 결함

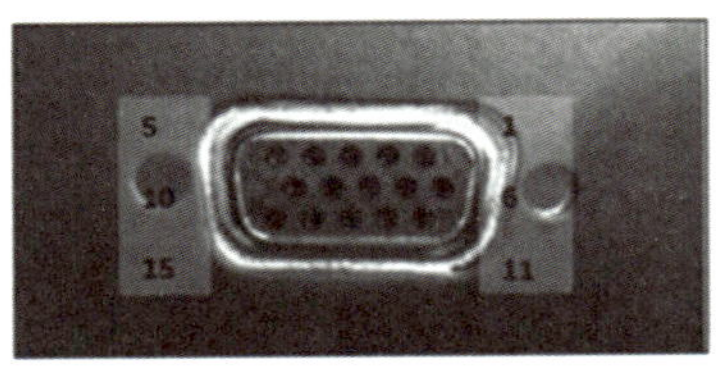

Figure 4.1: D-sub 15 - female connector

The following table shows the pin assignment of this connector:

Pin #	Function	Comment
1	Digital Output 0	"Open-Collector" output with an internal 10KΩ pull-up to 5V.
2	Digital Output 1	"Open-Collector" output with an internal 10KΩ pull-up to 5V.
3	+5V, Output	
4	Digital Output 2	"Open-Collector" output with an internal 10KΩ pull-up to 5V.
5	Digital Output 3	"Open-Collector" output with an internal 10KΩ pull-up to 5V.
6	Digital Output 4	"Open-Collector" output with an internal 10KΩ pull-up to 5V.
7	Digital Output 5	"Open-Collector" output with an internal 10KΩ pull-up to 5V.
8	Digital Input 01	Input with an internal 1KΩ pull-up to 5V.
9	Digital Input 02	Input with an internal 1KΩ pull-up to 5V.
10	Digital Input 03	Input with an internal 1KΩ pull-up to 5V.
11	Digital Input 04	Input with an internal 1KΩ pull-up to 5V.
12	Digital Input 05	Input with an internal 1KΩ pull-up to 5V.
13	N/C	
14	Digital Input 06	Input with an internal 1KΩ pull-up to 5V.
15	ISOLATOR GROUND	NOT same GND as case

그림 19.197 보일러 튜브 스캐너의 엔코더 및 PA모듈 연결 커넥터 핀 맵

보일러 튜브/배관 3D 검사 장치 기초 성능 평가를 위하여 제작된 표준 결함 시편의 검사를 수행하였다. 사용된 시편은 그림 19.5의 외경 70.0 mm의 튜브이며 표면과 배면에 각각 두께의 10%, 20% 깊이 노치 결함이 가공된 시험편이다. 적용된 시험편에 적합한 튜브 스캐너를 활용하여 검사를 수행한 B-scan 결과는 그림 19.6에서 확인할 수 있다.

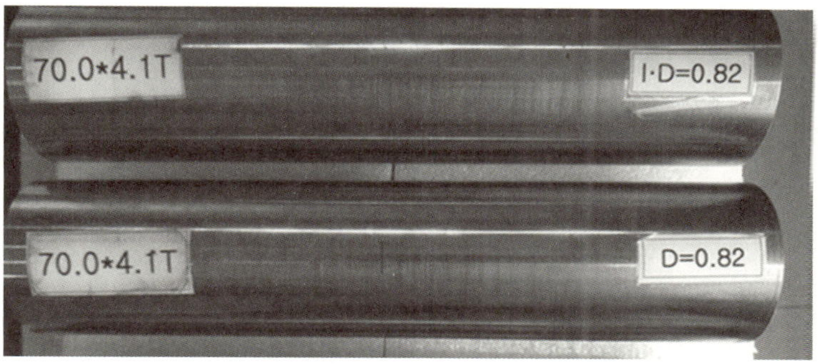

그림 19.198 보일러 튜브 3D 검사 장치 성능 평가용 시험편

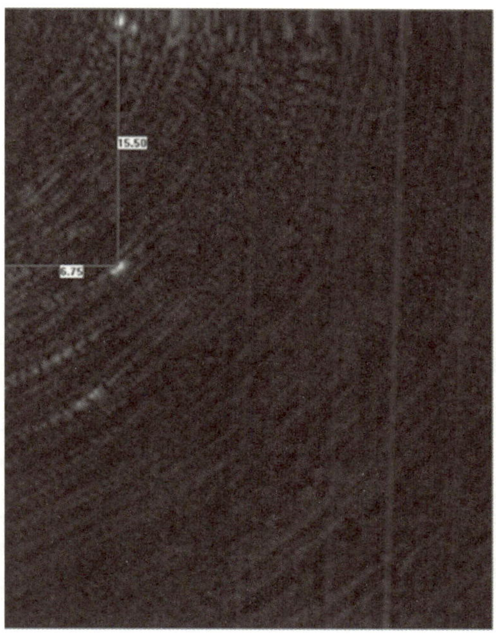

그림 19.199 성능평가 시험 B-scan 결과

성능 평가 결과를 확인하면 결함신호가 15.5 mm 지점에서 나오는 것을 볼 수 있다. 그러나 실제 결함은 표면에 존재하고 이와 같이 위치정보가 틀린 이유는 그림 19.7과 같이 초음파 신호가 배면 2번과 표면1번을 맞고 반사하여 결함에 도착했기 때문으로 실제 초음파의 이동거리를 계산해보면 시편의 두께가 4.1 mm 그리고 결함 깊이가 0.82 mm일 때, 4.1*4-8.2=15.58 mm로 검사 결과 나온 값 15.5 mm와 거의 같은 위치에 있는 것을 확인할 수 있다. 따라서 튜브 검사 결과를 3D 형상화 시 단순 반사 신호의 시간 정보를 이용하여 결함의 깊이를 표현하면 3D 결과의 왜곡이 발생하므로 초음파의 이동경로를 계산하여 3D로 표현될 수 있도록 프로그램을 개발하였다.

그림 19.200 초음파 이동 경로 및 신호 표시 특성

그림 19.8은 초음파를 이용한 튜브 3D 검사 장치의 기초 실험 결과로 개발된 장치를 활용한 튜브 3D 검사 가능한 것을 확인할 수 있다.

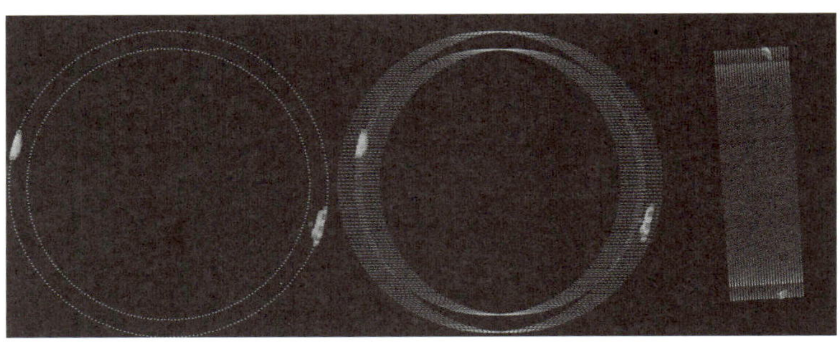

그림 19.201 튜브 3D 검사 결과(표면결함)

4) 보일러 튜브 3D 형상화 장치 현장 적용 평가

2차년도 연구를 수행하여 위상배열 초음파를 이용한 3D 형상화 알고리즘을 개발하였고, 전력설비 보일러 튜브 및 배관의 검사를 위한 스캐너, 검사 장치 구성, 표준/대비 시험편의 제작을 완료하였다. 이러한 기술을 개발을 바탕으로 제작된 보일러 튜브 3D 검사 장치의 실제 적용성 및 활용성을 확인하기 위하여 현장 적용 평가를 수행하였다. 현장적용 평가는 실제 가동되는 석탄화력발전소(태안 3호기)의 보일러 내의 Final super heater, Final Reheater 튜브 용접부에 적용하여 평가를 수행한다. 그림 19.1, 19.2는 수동 스캐너를 이용한 튜브 용접부 현장 검사 사진이고, 그림 19.3은 자동 스캐너를 적용한 현장 적용 평가 사진을 보여준다.

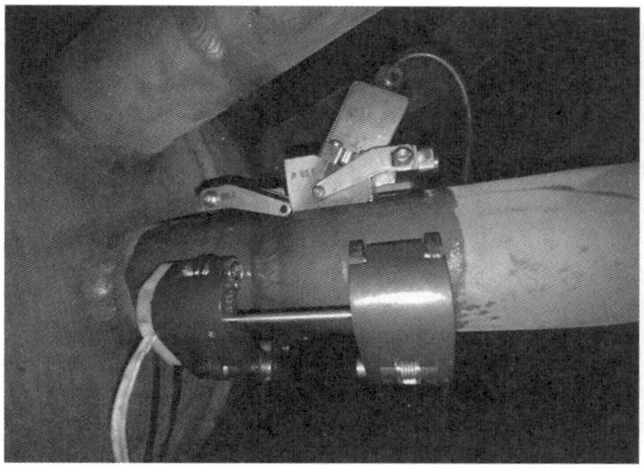

그림 19.202 Final Reheater 튜브 수동 스캐너 적용 현장 검사

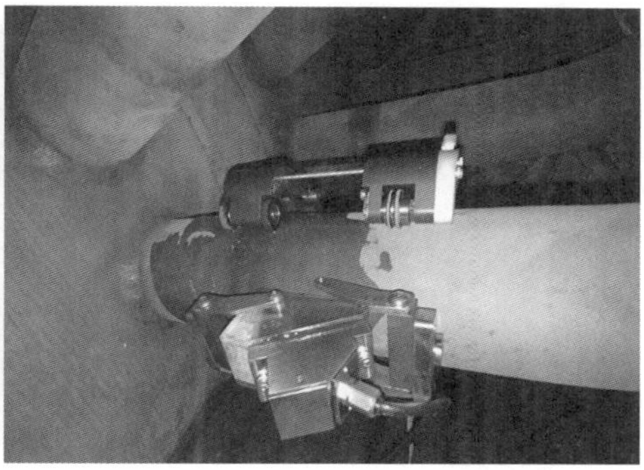

그림 19.203 Final Super healer 튜브 수동 스캐너 적용 현장 검사

그림 19.204 Final Reheater 튜브 자동 스캐너 적용 현장 검사

실제 가동 중 화력발전설비의 현장 적용 결과 검사한 용접부에서 특별한 결함은 검출되지 않았고, 용접비드를 중심으로 3D 검사 이미지를 도출한 결과는 그림 19.4에서 확인할 수 있다. 이와 같이 현장 검사에서도 개발된 초음파 3D 형상화 장치가 유용하게 활용될 수 있음을 확인한다. 다만 탐촉자, 스캐너 그리고 전체 검사장치 구성을 현장 적용성을 높이기 위한 일부 개선점이 도출되었으며, 수정 보완을 통해 실제 활용이 가능한 시작품 개발을 수행하고 다양한 현장 검사를 진행할 예정이다.

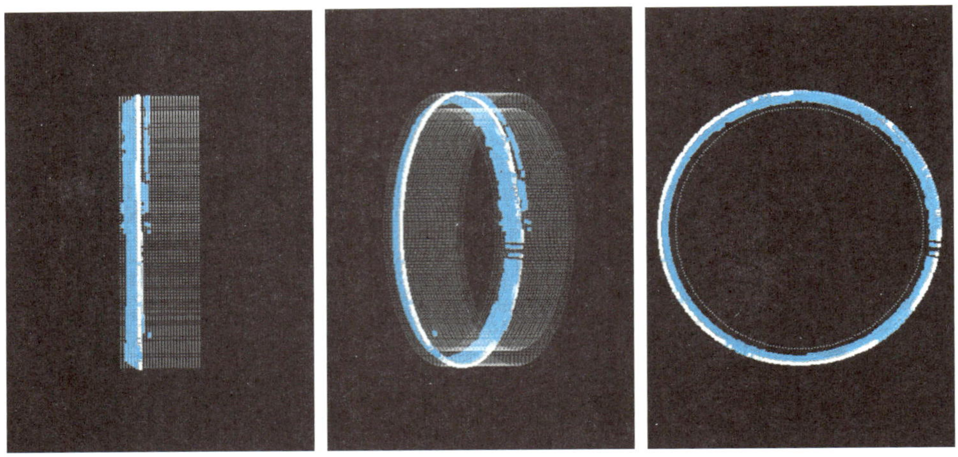

그림 19.205 Final Reheater 튜브 용접비드 3D 형상화 이미지

CHAPTER 20

초음파, AI 눈으로 신재생 설비를 보다

20.1 신재생 발전설비 개요

전력설비는 화력, 수력, 원자력 등 발전설비와 송전, 변전, 배전설비 등 그 기능과 기술, 원리에 따라 물리적 특성이 다양하고 방대한 부품으로 구성되는 대형 설비로서, 국민의 편리하고 안락한 생활에 필요한 매우 중요한 사회기반 시설이다. 최근 전력설비의 구조적 안전성 확보와 안정적 운영에 대한 사회적 관심과 요구가 높고, 이에 따라 전 세계적으로 설비 검사 기술과 실시간 상태 감시 기술 개발이 활발히 진행되고 있다.

다양한 발전방식 중 신재생 발전은 기후변화 협약 등 세계적인 환경문제에 따라 적용과 설비가 지속적으로 증가하고 있으며, 특히 풍력 발전설비는 발전효율(20~40%)이 높지는 않지만 환경 친화적이라는 점 때문에 신재생 발전의 대부분을 차지하고 있을 뿐만 아니라 운영이 급속히 증가하고 있는 상황이다. 2016 KMERI Annular report에 의하면 유럽의 신재생 에너지 비중과 풍력발전기 운영 현황은 그림 20.1과 20.2에 보는 바와 같다.

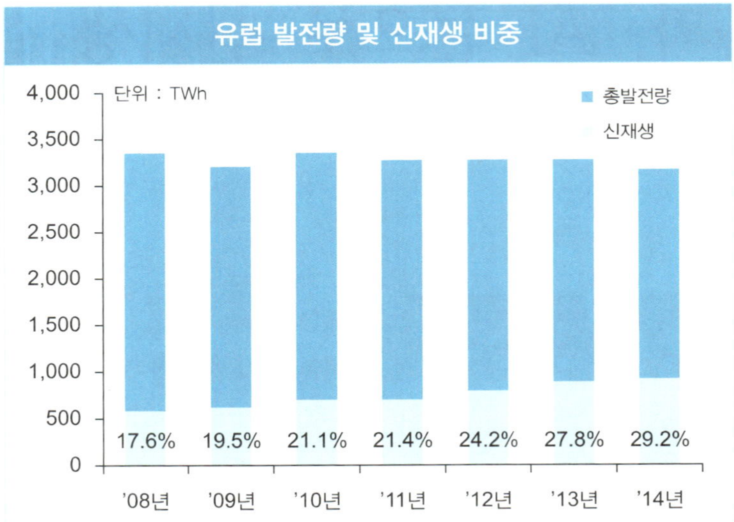

그림 20.1 유럽 신재생 발전 비중(2016 KMERI Annular Report)

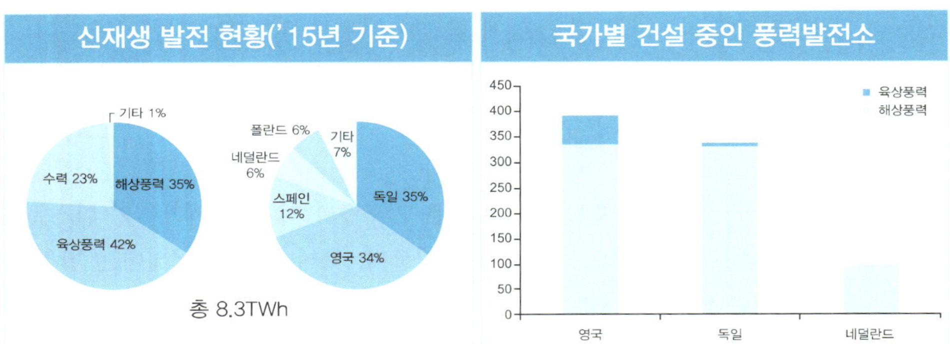

그림 20.2 유럽 신재생 발전 및 풍력발전소 건설 현황(2016 KMERI Annular Report)

국내의 경우 풍력설비 건설과 운영은 표 20.1에서 보는바와 같이 지속적으로 증가하고 있으며, 특히 2005년도 이후 신규설비 건설, 설비 용량, 발전량이 급속도로 증가하고 있다. 또한 2015년도에는 신규 설비 건설이 매우 큰 폭으로 증가하였으며, 이러한 추세는 환경 보존의문제로 상당기간 동안 지속될 것으로 예상된다.

표 20.1 국내 풍력설비 용량 및 발전량(한국풍력산업협회)

년도	설비용량(kW)		발전량(MWh)	비고
	신규	누계		
~99	3,345	3,345	5,839	
2000	1,500	4,845	16,685	
2001	1,980	6,825	12,590	
2002	3,750	10,575	14,881	
2003	3,480	14,055	24,865	
2004	23,390	37,445	20,067	
2005	28,000	65,445	104,685	
2006	109,350	174,795	218,839	
2007	21,150	195,945	362,198	
2008	105,250	301,195	421,360	
2009	50,900	352,095	678,104	
2010	21,250	373,345	811,788	
2011	33,000	406,345	857,645	
2012	76,300	482,645	908,447	
2013	78,650	561,295	1,143,548	
2014	47,200	608,500	1,136,285	
2015	196,350	604,850	–	기준일 : 2015년 10월 31일

풍력 발전 설비는 접근 한계성과 진단 기법의 제약으로 대표적인 진단 및 상태 감시 취약 설비이며 타워, 블레이드, 너셀 등과 같은 풍력 발전설비의 주요부는 다양한 기후 환경에 노출되어 가동하게 되므로 시간이 경과함에 따라 재료의 열화 및 손상이 발생하여 가동 수명의 단축과 함께 심할 경우 파손으로 인한 가동 중지가 발생되고 있다.

특히, 대단위 풍력단지를 운영 중인 미국, 영국, 스웨덴 등과 같은 국가에서는 다수의 풍력 설비 고장사례가 보고되고 있다. Caithness Windfarm Information Forum (CWIF)에서 발표한 영국의 풍력발전기 사고 사례에 따르면 2011년 이후 급속히 증가하고 있으며, 연 150건 이상 고장과 대형 파손이 발생하였음이 그림 20.3과 같이 확인된다.

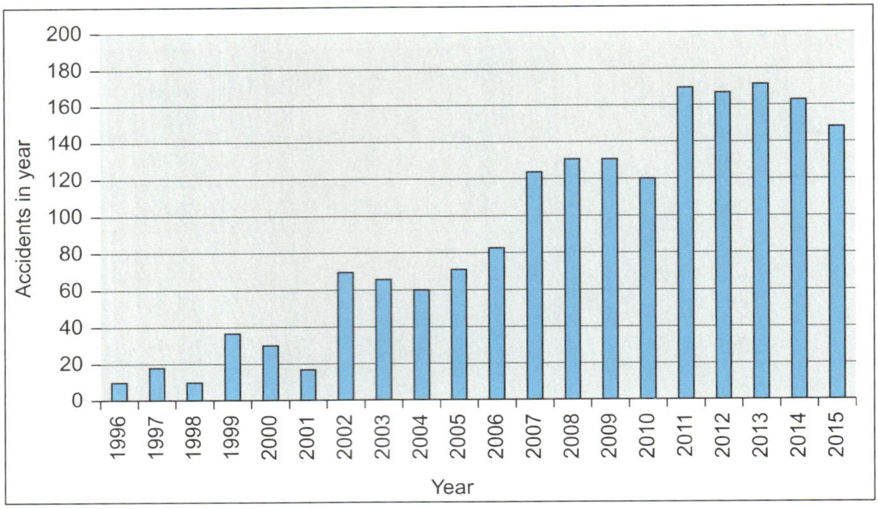

그림 20.3 영국 풍력 발전기 사고 현황(Caithness Windfarm Information Forum)

국내에서도 최근(2016년 3월 5일) 그림 20.4와 같이 태백 풍력발전기 타워 파손 등 2011년부터 2016년 현재까지 총 12건의 사고와 고장으로 인한 운전정지 사례가 발생하고 있으며 이 중 발전기 노후화로 인한 운전정지 5건, 부품 고장 및 안전성 저하로 인한 운전정지 2건, 너셀부 화재로 인한 사고 4건, 타워 파손 사고가 1건으로 조사되었으며 표 20.2에서 확인할 수 있다(아시아에너지경제 2016년 11월10일 기사).

그림 20.4 태백 풍력발전기 파손 사례

표 20.2 국내 풍력설비 사고·운영정지 현황

2011~2016년 7월까지 풍력발전기 사고·운영정지 현황								
단지명	준공 연도	용량 (kW)	대수 (기)	설치 위치	발전사업자	제조사	운영중지 연도	원인
행원 풍력1	1998 ~ 2000	9,795	15	제주도 행원리	제주에너지공사	베스타스	2011	600 kW 1기 너셀 화제
							2011	600 kW 1기 발전기 노후
							2013	660 kW 1기 발전기 노후
							2011	225 kW 1기 발전기 노후
							2013	660 kW 1기 발전기 노후
							2013	750 kW 1기 발전기 노후
포항 풍력	2001	660	1	경상북도 포항시	경북도청	베스타스	2015	부품(기어박스) 고장
대관령 휴게소 풍력	2003	750	1	강원도 평창군	강원도청, 유니슨 (실증연구용)	유니슨	2011	750 kW 1기 너셀 화제
김녕 풍력	2010	1,500	2	제주도 김녕리	제주에너지공사	유니슨	2015	750 kW 1기 너셀 화제
영흥 풍력1	2011	22,000	9	인천시 옹진군	한국남동발전	두산중공업 삼성중공업 유니슨	2010 (시험가동 중 화재)	유니슨 2 MW 1기 너셀 화제
영광 풍력	2012	2,000	1	전라남도 영광군	DMS	DMS	2012	600 kW 1기 너셀 화제
태백 풍력1	2012	18,000	9	강원도 태백시	태백풍력발전	현대중공업 효성	2016	효성 2 MW 1기 타워파손

출처: 김규환 의원실 재구성, 한국풍력산업협회('16) (아시아에너지경제 기사)

전력 설비 구성품의 결함이나 손상에 따른 가동 중단은 사회적, 경제적으로 큰 피해를 유발시킬 수 있기 때문에 대부분 고장이 발생하기 전에 정기적으로 예방정비를 수행하고 있다. 그러나 풍력설비는 그 구조와 가동 환경에 따라 고장 발생 가능성이 높으나, 설치 위치와 구조적 특성에 따라 예방정비 및 상시 감시에 의한 상태 진단에는 한계가 있다.

그림 20.5는 풍력설비 부품별 고장 사례를 보여주며, 분석 결과 매우 다양한 부분에서 고장이 발생하는 것을 볼 수 있다. 특히 블레이드, 타워, 기어부 등의 기계·구조적 결함이 많이 발생하고 있다.

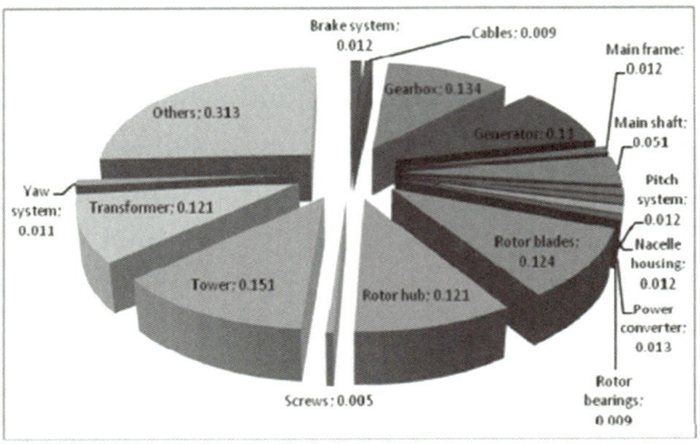

ID	Sub-assemblies	Failure rate (1/year)
1	Brake system	0.012
2	Cables	0.009
3	Gearbox	0.134
4	Generator	0.110
5	Main frame	0.012
6	Main shaft	0.051
7	Nacelle housing	0.012
8	Pitch system	0.012
9	Power converter	0.013
10	Rotor bearings	0.009
11	Rotor blades	0.124
12	Rotor hub	0.121
13	Screws	0.005
14	Tower	0.151
15	Transformer	0.121
16	Yaw system	0.011
	Others	0.313
$\lambda_{onshore}$		1.22

(a)

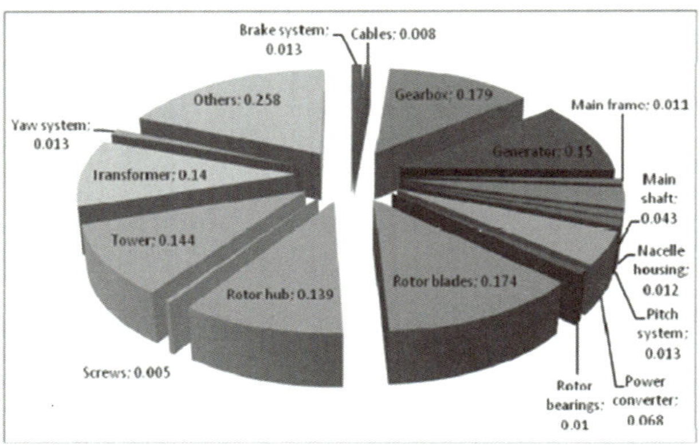

ID	Sub-assemblies	Failure rate (1/year)
1	Brake system	0.013
2	Cables	0.008
3	Gearbox	0.179
4	Generator	0.150
5	Main frame	0.011
6	Main shaft	0.043
7	Nacelle housing	0.012
8	Pitch system	0.013
9	Power converter	0.068
10	Rotor bearings	0.010
11	Rotor blades	0.174
12	Rotor hub	0.139
13	Screws	0.005
14	Tower	0.144
15	Transformer	0.140
16	Yaw system	0.013
	Others	0.258
$\lambda_{offshore}$		1.38

(b)

그림 20.5 풍력발전기 부품별 사고 발생률 (a) 육상풍력, (b) 해상풍력
(Journal of Energies 2014, 7, 619–642)

블레이드, 타워, 기어부 등 구조 결함이 발생하기 쉬운 부분은 상대적으로 풍력설비 전체 가격에 매우 높은 비율을 차지하는 구성부로(그림 20.6 참조) 파손시 많은 정비 비용이 필요할 뿐만 아니라 풍력발전기 전체의 파손으로 이어져 교체가 발생할 수 있는 고 위험 부속품이다.

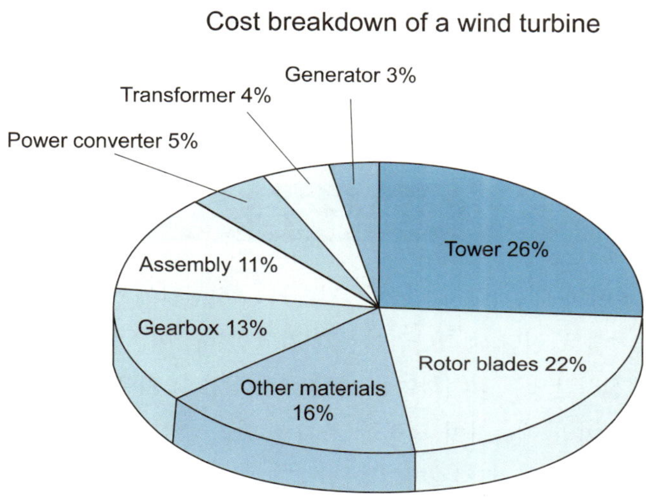

그림 20.6 풍력발전기 부품별 가격 비율, ABB 사 자료(ABB Technical Application paper no.13, 2011)

그림 20.5의 사고 발생률에서 보는 바와 같이 풍력 발전설비 또한 예방정비와 실시간 상태 감시가 필요하나 풍력설비에 대한 정부나 기관차원의 안전점검 기준은 전무하며 제조사의 자체 점검기준에 의존하고 있는 실정이다. 그러나 제조사 점검기준에 의한 예방정비는 부품이나 구성품의 결함발생 유무와 관계없이 일정한 주기로 실시되어 정상부품이 불필요하게 교체되는 등과 같은 비용이 발생될 수 있고, 설비 정비 기준이 없어 장시간 가동 시 설비의 고장이 급속히 증가하여 전력의 안정적인 공급에 지장을 초래할 가능성이 있다.

대형 설비는 이러한 문제점을 극복하기 위하여 상시감시 기술의 적용이 증가하고 있고, 풍력설비 또한 가동 상태 감시를 수행하여 설비의 이상 유무의 판결을 통한 안정적 운용을 목표로 하고 있으나, 기존의 상태 감시 기술은 부품 파손 시 발생하는 진동 특성 변화, 출력저하 등 고장 발생의 조기 감지를 통한 대형사고 예방을 위한 제한적인 기술이 적용되고 있고 고장 유형에 따라 대형 파손이 발생하는 경우가 있다.

따라서 가동 중 결함발생 확인을 통한 구조물의 예지진단 기술이 요구되며, 이와 관련하여 해외에서 일부 연구가 수행 중이나 실적용 사례는 거의 없으며, 국내의 경우 관련분야에 대한 개발 및 적용은 전무한 실정으로 연구 개발이 반드시 필요하다. 또한 풍력 발전설비는 그 특성상 진단과 점검이 취약한 위치에 설치되어 있어서 예지진단의 필요성이 절대적인바 이를 해결하기 위한 기술개발이 필요하며 이러한 사유로 본 장의 제목을 [초음파, AI 눈으로 신재생 설비를 보다]로 정하였다.

20.2 인공지능 응용 비파괴 기술

전력설비에 대한 감시 기술은 기존의 고장진단에서 예지진단(Prognostics Diagnosis; PD) 기술로 진단 패러다임이 옮겨가고 있다. 이러한 예지진단 기술은 전력설비의 상태를 실시간으로 감시하여 시스템의 이상을 조기에 감지하고 미래에 발생할 수 있는 고장을 미리 예측하여 적절한 조치를 미리 취함으로써 불필요한 유지보수 비용을 줄임과 동시에 발전 시스템의 안전성과 신뢰성을 높여 사고를 미연에 방지할 수 있다.

비파괴 검사기술은 제작 완성된 설비의 검사 방법으로 가동 중 설비의 진단에 유용하게 사용되고 부품 또는 설비의 고장 전 내부 결함 검출이 가능하여 실질적인 예지진단을 가능하게 할 수 있는 기술이나 현재까지는 대부분 예방 정비(설비 정지) 시 수동 검사가 적용되어 설비의 실시간 검사와 진단 기술 개발이 필요한 시점이다.

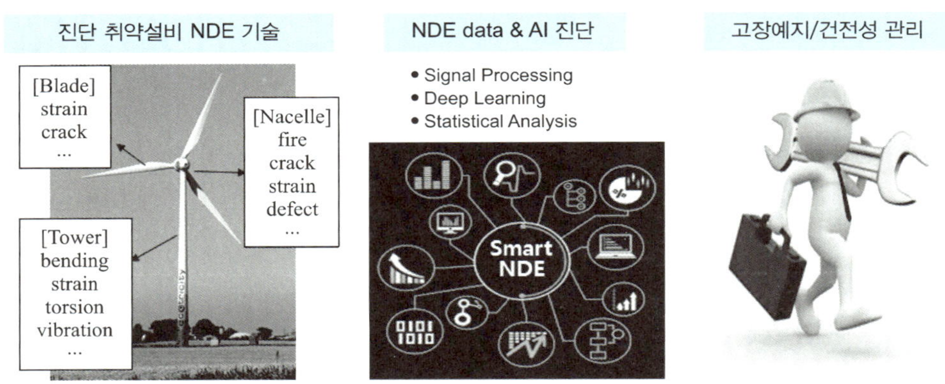

그림 20.7 진단 취약 전력설비 스마트 NDE 기술

정부는 에너지 설비(가스, 전력설비 등)의 대형사고 예방에 진단·검사 기술의 중요성을 인식하고 안전성 향상을 위해 IT 기술이 융합된 진단·검사·모니터링 기술 개발을 강조하고 있다(2014. 산업통상자원부, 제2차 에너지 기본계획).

이러한 환경 변화와 기술적 요구에 따라 본 연구에서는 음향방출(Acoustic Emission; AE) 기법과 인공지능(Artificial Intelligence; AI) 및 사이버 물리 시스템(Cyber Physics System; CPS) 기술을 접목하여 진단 취약 전력설비 중 풍력설비의 실시간 검사 및 예지 진단을 위한 스마트 NDE 기술을 개발하고자 한다. 그림 1.7은 이러한 풍력설비 스마트 NDE 기술의 개요를 나타낸 것이다.

스마트 NDE 기술의 핵심인 비파괴 검사기법 중 음향방출 검사 기법은 외력에 의한 재료의 상태 변화를 가장 빠르게 측정할 수 있는 기술로 예지 진단에 필수적인 기술이다. 음향방출 검사 기법은 그림 20.8과 같이 구조물에서 재료적 결함 발생 시 탄성파(음향파)가 전파되고 이를 측정하여 결함을 감지하는 기술이다. 이에 따라 풍력설비 각 부분(블레이드, 타워, 너셀)에서 AE 센서로 정적 혹은 피로 하중 하의 신호 측정을 통해 결함 발생 검출과 위치 및 운전상의 과도응력 상태를 평가할 수 있는 기술을 개발하고자 한다.

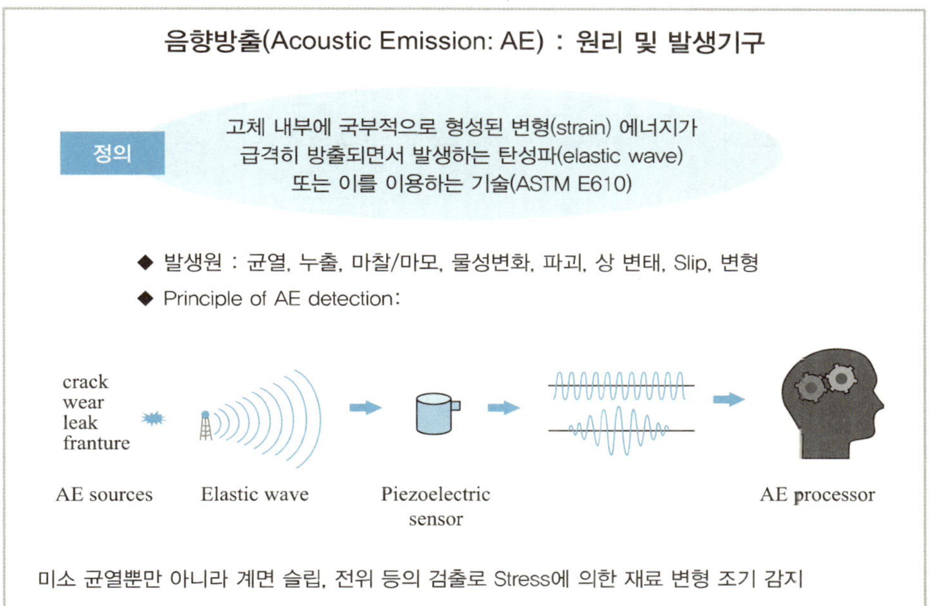

그림 20.8 음향방출 검사 기술

이음진단은 정상상태의 가동음과 고장 등 이상상태에서 발생하는 음의 특성 차이를 분석하여 설비의 이상 상태를 파악하는 기술로 그림 20.9와 같이 마이크로폰을 이용하여(Microphone) 음파를 받아들이고 주파수, 음압 등 다양한 분석을 통해 이음 신호 분석 및 경향을 관리하는 기술이다. 진동감시가 어려운 저속 회전기계에도 적합한 범용성을 갖고 있고, 이상 음 만을 선택적으로 받아들일 수 있으므로 타 방법에 비해 상태 진단이 비교적 쉽다. 이에 따라 AE 진단 기술과 이음진단 분석을 통합 구현함으로써 광대역 주파수 신호의 취득 및 평가 기술 확보를 통한 설비의 다양한 고장 모드에 대한 예측 진단 기술을 개발하고자 한다.

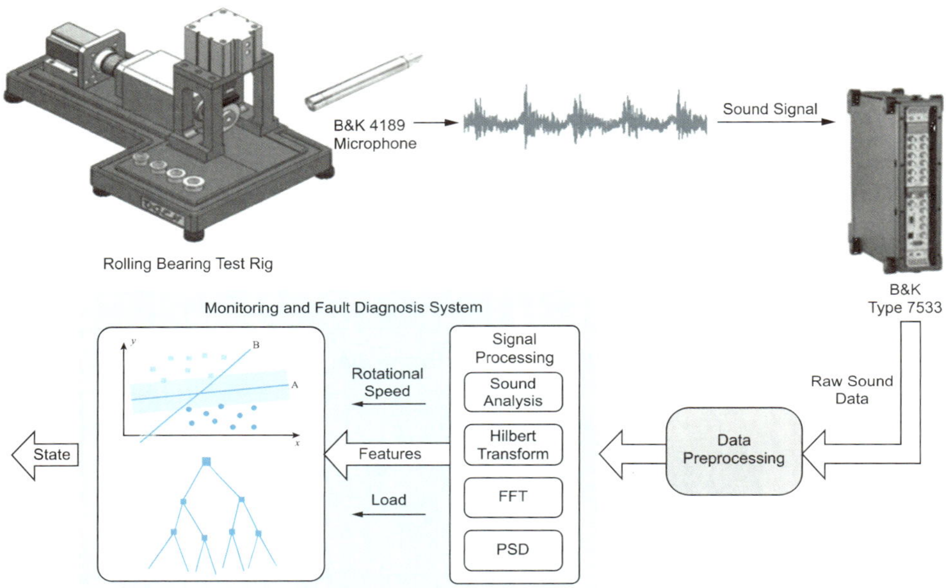

그림 20.9 마이크로폰을 활용한 이음진단 검사 기술

최근의 설비 실시간 진단 기술은 기존의 유무선 on-line 모니터링에서 유비쿼터스 센서 네트워크 모니터링 기술로 발전하고 있으며 향후 NDE data기반 모니터링 기술로 발전하여 개별 진단 센서들이 독립적으로 인터넷에 연결되는 것은 물론 센서들 간의 네트워크 구성으로 유기적인 NDE 진단 기술로 발전하는 추세이다. 그림 20.10은 NDE 센서 네트워크 구성 개념도이다. 본 연구에서도 풍력설비의 다양한 부품과 구조물의 감시를 위하여 센서 네트워크의 구축을 통한 통합 감시 시스템을 개발할 예정이다.

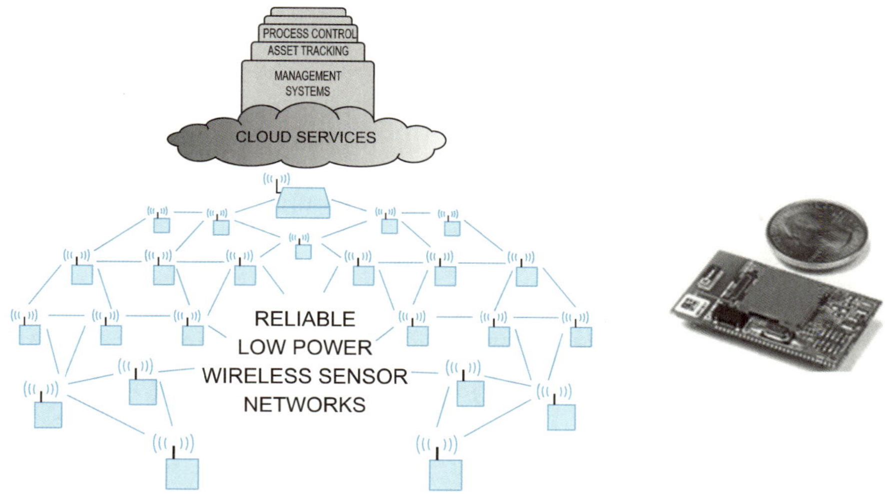

그림 20.10 유무선 센서 네트워크 개념 및 센서 노드 모듈(출처 Linear Technology 社)

대형 설비 구조물의 스마트 평가 및 예지진단을 위해서는 인공지능 기반의 평가 기술이 핵심이며, 스마트 진단을 위해서는 학습 성장이 가능한 인공지능 평가 시스템의 구축이 필수적으로 요구된다. 인공지능의 학습 성장을 통한 정확한 평가를 위해서는

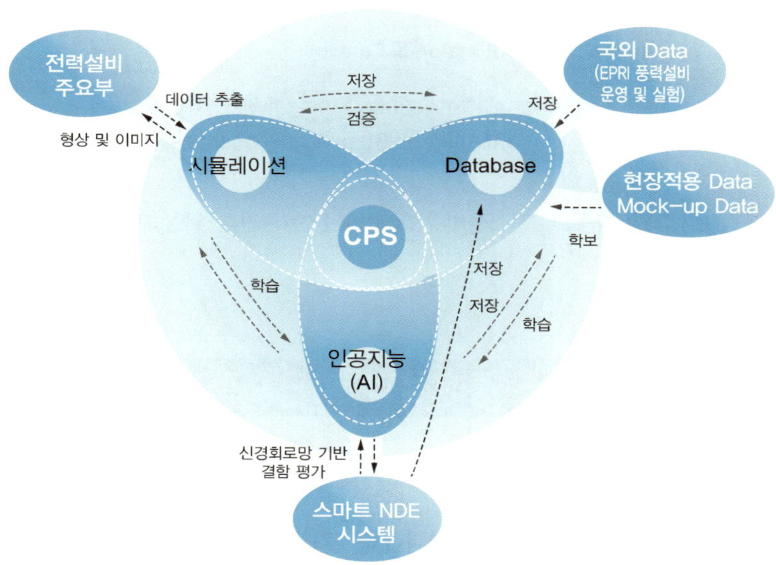

그림 20.11 CPS 시스템의 개요

물리적 특성을 반영한 시뮬레이션과 실제 측정 데이터를 동시에 활용하여 조합할 수 있는 CPS 기술이 필요하다. 그림 20.11은 CPS 기술의 구성 개요를 보여주며, 본 과제에서는 실제 풍력설비 평가에 적합한 요소기술 연구를 통해 스마트 NDE 기술을 개발하고자 한다.

최종적으로, 설비의 가동 상태 및 실시간 비파괴검사 데이터 취득을 위한 검사 기술 및 센서 네트워크 등 진단시스템의 구축과 다양한 데이터를 활용한 CPS 기반 기계학습 시스템 구축을 수행하여 설비의 실시간 검사와 예지진단(PD)이 가능한 기술을 개발하고자 한다. 예지진단 기술은 그림 20.12와 같이 데이터 취득, 신호 분석 및 설비 특성을 고려한 평가를 수행하여 결함의 검출 및 분석과 미래에 대한 예측을 목표로 한다.

그림 20.12 전력설비(가스터빈) 진단/관리를 위한 PD 개념(자료출처 : GE 사)

20.3 인공지능 NDE 중요성과 파급효과

1 개발 대상 기술·제품의 중요성

1) 풍력발전설비 예지진단 NDE 기법 적용 기술 개발

설비의 상태감시에 적용되는 진동 감시와 출력감시 등의 기법은 풍력 발전기 뿐만 아니라 대부분의 플랜트 설비에서 수행되고 있는 구조물 상태 진단 기술이다. 기존 설비 상태 감시 기술은 그림 20.13과 같이 진동, 열화상, 오일 분석 등 실질적으로는 고장 발생 시 이상 감지 기술로 구조물의 초기 미세 결함 발생 및 파손 전 이상 진단에는 한계가 있다.

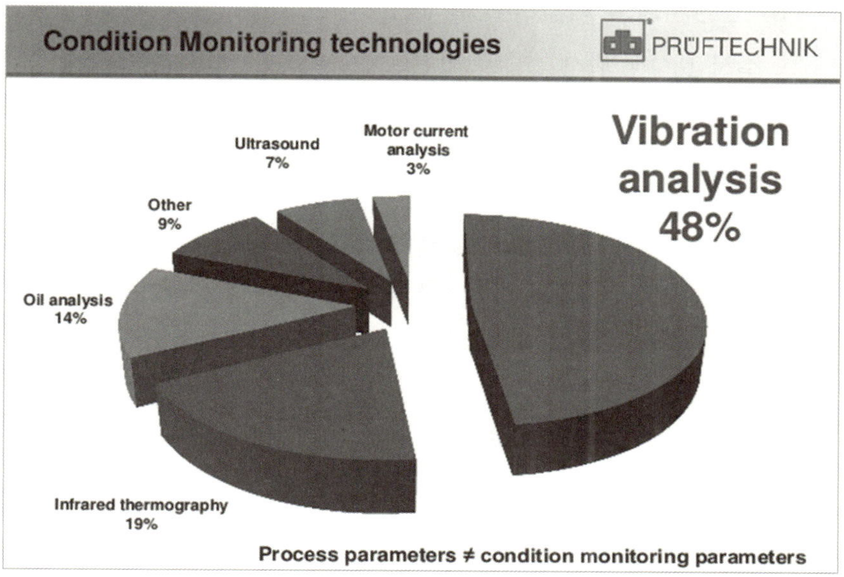

그림 20.13 설비 상태 감시 기법(출처 Prűftechnik 사 Condition Monitoring Brochure)

본 연구의 개발 기술은 비파괴검사 기법을 중심으로 구조물의 미세 균열 발생 및 진전에 따라 발생되는 음향방출 신호의 검출을 통한 예지진단 기술이다. 복합재료, 진동 유입, 회전 중 구조물 등 기존의 음향방출 신호 계측과 상시 감시에 한계를 극복할 수 있는 센서 및 신호처리 기술의 개발 연구를 수행하여 구조물의 재료적 이상의 조기 감지를 통한 예지진단 기술을 다양한 설비에서 매우 유용하게 사용할 예정이다.

2) 진단 취약 설비 감시를 위한 클라우드 기반 무선 네트워크 기술 개발

풍력 발전기는 산간지역, 사막, 해상 등 일반적인 접근이 어려운 지역에 설치되는 경우가 대다수로 예방 정비를 위한 접근에 한계가 있으며, 상시 진단을 위한 장치의 설치와 신호 수집을 위한 유선 통신망 구축에도 어려움이 있다. 또한 해외 풍력발전 설비의 효율적인 운영과 상태 감시를 위해서는 정보 통신망이 필수적으로 요구되나 많은 제약점이 필연적으로 발생함. 무선 네트워크의 구축과 클라우딩 기술을 활용한 해외 설비 감시 신호의 수집 기술은 풍력 단지 운영에 반드시 필요한 기술로 이를 통한 풍력설비 예지진단 뿐만 아니라 오지에 구축되는 다양한 전력설비의 예지진단 기술 개발에 활용될 수 있는 핵심 기술이다.

3) 인공지능의 학습 성장을 통한 이상 신호 평가 기술 개발

실시간 상태 감시 기술은 발전설비를 비롯한 대형 플랜트 설비에 적용이 되고 있다. 그러나 기존의 기술은 센서의 계측신호를 수집하여 사용자가 설정한 기준치에 따라 알람 등으로 사용자에게 정보 전달만 수행, 즉 사용자 또는 전문가의 별도 확인과 판단 절차를 통한 진단을 수행하고 있으며, 감시 시스템 자체에 가동 중 잡음에 의한 신호의 알람을 수행하거나 미세한 이상 신호에 대한 누락으로 사고발생 가능성을 내재한다. 본 기술 개발은 학습 성장형 인공지능을 활용하여 여러 변수를 반영한 시뮬레이션 결과와 DB를 기반으로 계측 신호에 대한 평가를 수행하여 보다 정확한 정보의 전달과 설비 상태 평가 및 예지 진단까지 가능하게 할 수 있는 중요 기술이다.

2 AI 기술·제품의 파급효과

1) 기술적 측면

비파괴검사 기술 기반의 예지 진단 기술의 적용

음향방출(Acoustic Emission, AE) 기반의 비파괴검사는 구조물에서 발생하는 미세한 균열 및 균열의 진전에 따라 발생하는 탄성파를 측정하는 기술로 응력(Stress)의 변화를 감지할 수 있어 이상 신호를 가장 빠르게 검출할 수 있다. 또한 설비에서 실시간 계측이 가능하여 상시 감시 기법으로 활용될 수 있다. 본 개발을 통하여 상시 감시 최적 센서의 개발과 신호처리 기법 최적화를 통하여 설치, 해석의 문제점을 해결하고 무선 데이터 전송 네트워크를 구축할 예정이다. 최종적으로 실질적인 비파괴 실시간 예지 진단기술 개발로 다양한 설비 진단 분야에 활용 가능할 것으로 판단된다.

광섬유 센서는 매우 작은 단면적과 무게로 구조물에 적용이 용이하고 전자기적 노이즈에 영향을 받지 않아 전력설비에 매우 유용한 센서이다. 특히, 풍력설비 블레이드, 타워와 같이 하중에 민감하고 길이가 긴 구조물에 적용성이 높다. 이러한 광섬유 센서를 적용하여 다지점의 계측과 음향방출 신호의 검출 기술 개발을 수행할 예정이며, 이를 기반으로 송·배전 설비 등 전자기 노이즈 환경과 같은 다양한 환경의 설비와 다지점 측정이 필요한 대형 구조물 감시에 확대 적용이 가능할 것으로 사료된다.

이음분석은 가청주파수대역(20 Hz~20 kHz)의 음향을 이용하여 기기의 상태를 진단하는 방법으로 일반적으로 진동 감시 기술 보다 빠른 이상을 파악할 수 있어 조기 진단이 가능함. 또한 음압값(dB), Loudness, Sharpness, Roughness 등의 다양한 음질분석 결과의 DB Trend를 제공할 수 있어 AE 신호와 함께 조기감지능력 및 장기추이분석이 가능할 것으로 판단된다.

CPS 기술을 활용한 측정 데이터 평가 정확도 제고

Cyber Physics System(CPS)는 계측 데이터베이스(DB)와 시뮬레이션 데이터를 활용하여 복합적인 물리환경과 센서 측정신호를 분석하여 단순 신호 검출이 아닌 정밀평가가 가능한 기술이다. 추가적으로 계측 데이터베이스와 시뮬레이션 데이터의 누적으로 학습 성장하여 바둑의 알파고와 같이 진단 능력의 향상과 보다 정확한 평가 도출이 가능하다. 이러한 기술은 풍력설비 예지진단뿐만 아니라 다양한 전력설비 진단 분야에 적용이 가능하며, 국가적으로 추진 중인 인더스트리 4.0 및 한전 전력 R&D 통합 플랫폼 구축 시 한전 운영 해외 풍력 발전설비의 실시간 스트레스 상태를 제공하는데 활용이 가능하다.

2) 경제적·산업적 측면

진단 취약 전력설비의 상시 감시 및 구조 건전성 평가 기술을 개발함으로서 전력설비의 불시 정지 및 파손 사고의 감소와 국가산업의 중추적 역할을 하고 있는 전력설비를 포함한 산업설비들에 확대 적용을 통한 운전성능 신뢰성 향상, 가동률 제고에 기여할 것으로 예상된다.

본 기술이 적용 대상으로 하는 풍력설비는 전 세계적으로 설비의 구축 및 운영이 급속히 증가하고 있는 전력설비로 상시 감시와 진단을 수행하는 기술에 대한 연구/개발이 세계 많은 기관에서 수행 중이다. 스마트 NDE 기술 확보를 통한 감시 체계를 구축하게 되면 기술 선점 및 사업화를 통한 수익창출이 가능하다.

3) 사회적 측면

풍력설비는 친환경적이나 사고 시 대형파손으로 주변 인가나 사회에 영향을 미칠 수 있어 구조물 설치에 대한 기피현상이 있다. 구조물의 안전성 확보 기술 개발을 통해 대형사고 방지 및 사회적 우려를 저감할 수 있다. 또한 풍력설비뿐만 아니라 다양한 고위험 설비 구조물에 스마트 NDE 기술 적용을 통한 사회 안전 확보에 기여할 수 있을 것으로 판단된다.

대형 플랜트 설비의 예방정비는 현재까지 작업자의 수작업으로 검사를 수행하는 경우가 대부분으로 구조물에 따라 복잡하고 위험한 환경에 검사자가 노출되는 경우가 빈번하다. 이러한 진단 취약 구조물의 감시 기술 확보를 통해 사회 구성원의 안전 확보 분야에 기여할 수 있다.

20.4 AI 비파괴기술의 현황

1 국내·외 기술 현황

1) 국내 기술 동향 및 수준

현재 가동 중인 풍력 발전설비의 신뢰성을 검증하기 위한 체계는 아직 미흡한 실정이며, 설비의 설치 전에 형식 인증시험을 통한 정적 강도 시험만 수행되고 있다.

국내 기술 수준은 국내의 풍력 산업체의 시스템 및 설비의 개발 노력과 국외 기술의 도입으로 비교적 많은 발전이 이루어져 왔으나 품질 신뢰성에 대한 객관적인 검증체계 구성은 다소 미흡한 것으로 판단된다. 최근 기계연구원을 중심으로 풍력 설비 주요부에 대한 강도 시험 등과 같은 시험 체계가 구축되고 있다.

한국표준과학연구원과 에너지기술연구원 등에서는 풍력 블레이드 성능평가 기술기준을 확보하여 건전성을 평가하기 위한 연구를 수행하고 있으며, 관련 구조시험 설비 및 비파괴평가 기술 기반을 확보하고 있으나 가동 중 비파괴 검사는 불가능하다.

본 연구에서 개발하는 지능형 결함 신호 평가 기술과 실시간 구조물 감시 관련 NDE 기술 및 풍력설비 감시 기술 개발 현황은 다음과 같다.

지능형 결함 신호 평가 기술

성균관대학교는 불변 초음파 형상인식(Invariant Ultrasonic Pattern Recognition)을 이용한 결함 판별용 특징 추출, 특징 선택을 통해 인공지능 훈련기술을 개발하였다. 초음파 결함 신호 데이터베이스를 구축하고 검사체의 기하학적 모델링을 이용해 결함 신호와 반사 신호를 구분함으로써 판별 성능을 향상시킨다. 그림 20.14는 형상인식 판별 기술의 개요를 보여준다.

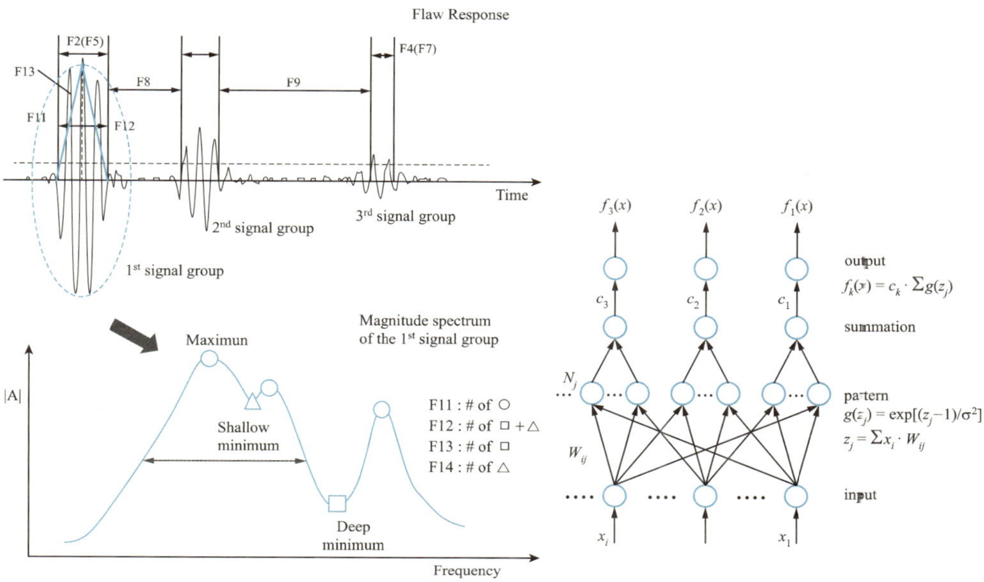

그림 20.14 형상인식을 통한 결함 판별

한국항공대학교는 주성분 분석(Principal component analysis)과 이차판별 분석(Quadratic Discriminant Analysis)을 이용한 비파괴 검사를 위한 자동 결함 검출 및

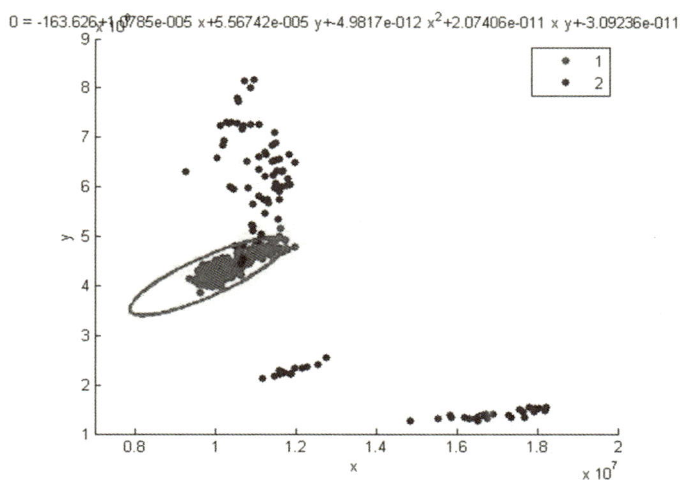

그림 20.15 이차판별식에 의한 판별함수 및 학습–분류 데이터

분류 시스템을 구축한다. 그림 20.15는 학습-분류 데이터 예시를 보여준다.

음향방출(Acoustic Emission, AE) 기술

한국표준과학연구원은 음향방출 기법을 이용한 풍력 블레이드의 손상부 위치 표정 연구, 변압기 부분방전 검출 음향방출 센서 개발, 균열 열림 및 닫힘 검출 기술 개발, 재료 응력확대 계수 추정 연구 등 음향방출 관련 다양한 연구를 수행하였다. 그림 20.16은 풍력 블레이드 손상 위치 표정 연구 수행을 보여준다. 그림 20.17은 전력설비용 AE 센서 개발 결과이며, 그림 20.18은 균열 결함 검출 기술, 그림 20.19는 재료 응력확대 계수 추정 연구 결과를 나타내고 있다.

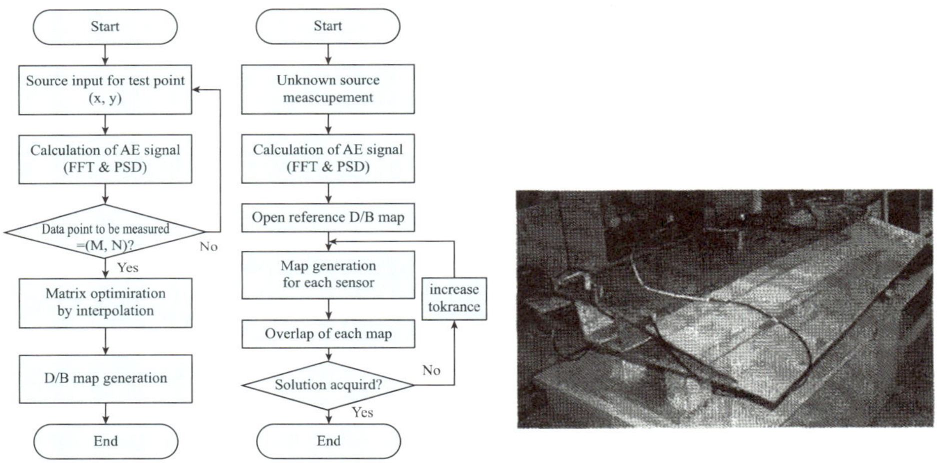

그림 20.16 음향 방출 기법 신호 맵핑 및 실물 풍력 블레이드 검사 시스템

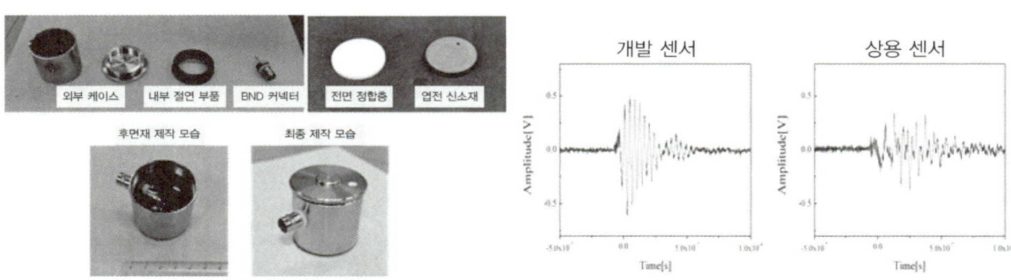

그림 20.17 몰드 변압기용 AE 센서 제작 및 성능 검증

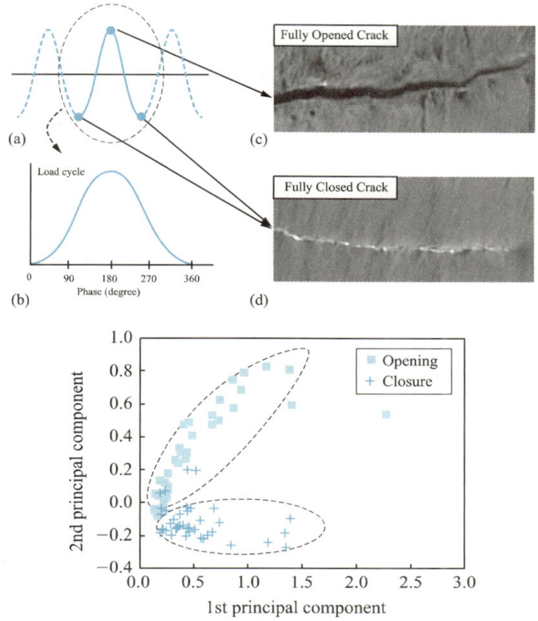

그림 20.18 균열 열림/닫힘 결함 개념 및 AE 성분 분석에 따른 분류 결과

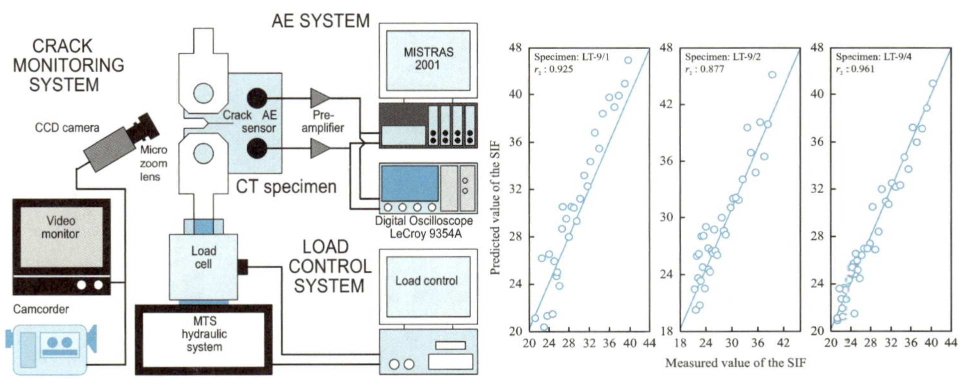

그림 20.19 피로균열에 따른 AE 검출 시험 및 응력확대계수 예측 결과

재료연구소는 풍력 블레이드 실 구조물 피로 실험을 진행하며 AE를 측정하여 파손 신호 특성 및 위치 추정 연구를 수행하였다. 그림 20.20은 실제 실험 사진이며, 이를 통해 설계 파라미터 최적화를 도출하고자 하였다.

그림 20.20　블레이드 실 구조물 AE 측정 시험

기타 풍력설비 감시기술

과학기술연합 대학원대학교(UST)에서는 광 적외선열화상 기법을 이용해 풍력설비 블레이드의 결함의 정량적으로 평가하는 연구를 수행하였다. 그림 2.21은 블레이드

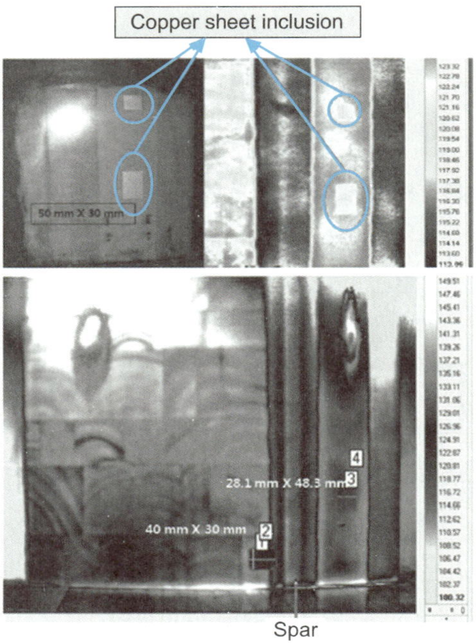

그림 20.21　광 적외선 열화상 기법을 이용한 평가

시험편에 게재물(inclusion), 디본딩(debonding), 주름(wrinkle) 결함을 삽입 후 열화상 측정 결과를 보여주고 있다.

국민대학교는 풍력발전기에 적용되고 있는 상태감시시스템 (Condition Monitoring System, CMS)의 성능을 향상시키기 위해 풍력발전기 주요 기계시스템에서 장기간 측정된 진동 신호를 통계적으로 분석하고 운전 조건에 따른 진동 신호의 변화 경향을 조사하는 연구를 수행함. 그림 20.22는 연구 수행 결과를 보여주고 있다.

Mechanical part		Acceleration direction		
		X (horizontal)	Y (vertical)	Z (axis)
Main bearing		RMS	RMS	RMS
		HFBP	HFBP	HFBP
Gearbox	Low-speed part	-	RMS	RMS
		-	HFBP	HFBP
	High-speed part	-	RMS	RMS
		-	HFBP	HFBP
Generator	Input part	-	RMS	-
		-	HFBP	-
	Output part	-	RMS	-
		-	HFBP	-

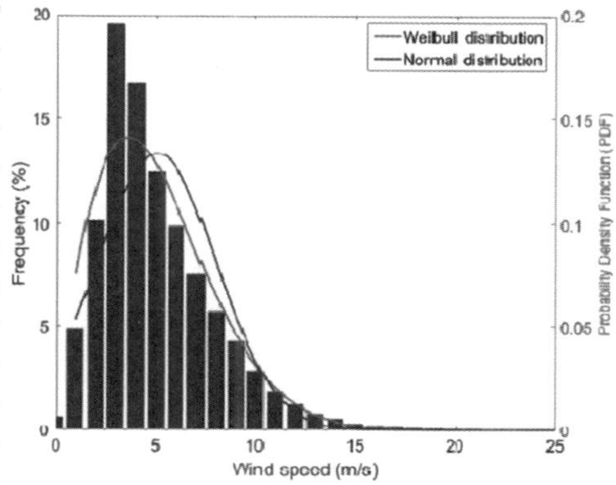

그림 20.22 풍력발전기 주요 기계시스템에 대한 진동 신호 통계적 분석 결과

한국기계연구원은 기어와 베어링으로 구성된 기계시스템 손상에 대하여 윤활유 오염에 따른 풍력발전기용 증속기 상태 모니터링 연구 수행하였다. 그림 20.23은 오일과 기계시스템 상태 평가 장비의 구성도를 보여주고 있다.

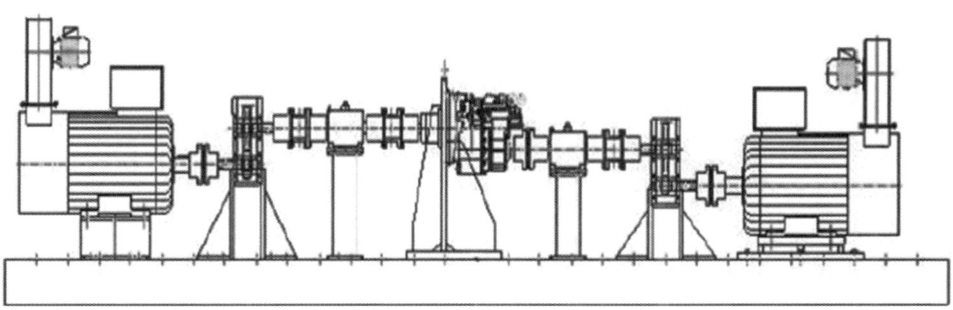

그림 20.23 오일 오염에 대한 기계시스템 상태 점검 장비

서울대학교는 해상풍력 발전기의 최적성능유지를 위한 핵심 기계·전자 부품의 복합 파손메커니즘에 기인한 고장의 융합형 예측 기술 개발 및 온도 모니터링 시스템 연구를 수행하였다. 그림 2.24는 온도 모니터링 시스템의 구성 사진이다.

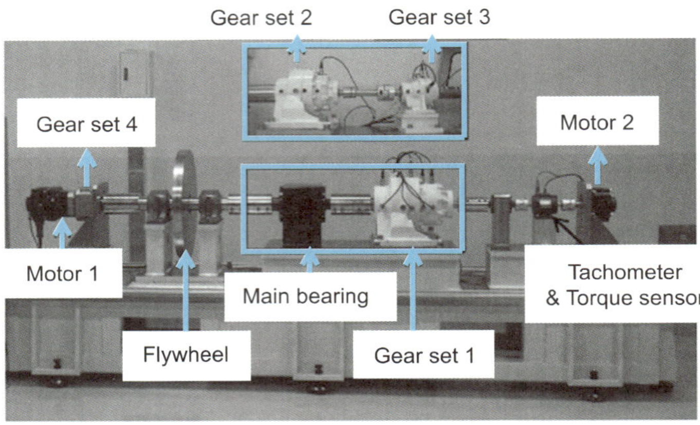

그림 20.24 온도 모니터링에 대한 해상풍력 발전기 상태 점검 장비

조사된 기술 현황과 같이 풍력설비 감시를 위한 다양한 시도와 음향방출 기법을 활용한 상시감시 연구 및 인공지능 진단을 위한 연구가 활발히 진행 중이다. 그러나 실제 가동 중 설비 적용 단계에는 이르지 못하였으며, 실구조물 감시와 스마트 평가를 위한 기술 개발이 필요하다.

2) 국외 기술 동향 및 수준

미국의 NREL(National Renewable Energy Laboratory)은 대형 풍력 블레이드 피로시험을 수행할 수 있는 기반시설을 구축하고 있으며, 2축 정적시험 시스템과 2축 피로시험 시스템(시험하중 200 kN)을 구축하고 있으며 TPI Composite Inc.는 풍력 발전 블레이드의 제작 개선 및 문제점에 대한 연구를 수행하여 블레이드 제작 및 검증을 위한 방법을 제시한 바 있다.

독일의 Fraunhofer Wilhelm-Klauditz-Institut (WKI)에서는 복합재 풍력 발전 블레이드에서 결함 허용 설계 개념을 정리하고 있으며, 제작에서부터 결함을 검사하는 단계적 방법 및 이에 대한 신뢰성 모사 및 해석을 진행하고 있다.

영국과 네덜란드를 중심으로 한 유럽과 미국 등의 선진국을 중심으로 풍력 회전 날개에 관한 연구가 진행되고 있으며, 풍력회전 날개의 음향방출 시험에 관하여 1990년도 초반부터 미국의 샌디아 국립연구소(Sandia National Laboratories)와 NREL을 중심으로 연구가 활발하게 진행되고 있다.

유럽과 미국에서는 대학과 연구소가 연계하여, 풍력 회전 날개의 음향방출 시험에 관한 연구가 활발하게 진행되고 있는 추세이나, 실적용 및 스마트 진단 시스템은 아직 개발 단계이며, 시험 절차서 및 인증서, 기술 표준 등과 같은 내용들은 확립되지 못한 것으로 추정된다. 스마트 NDE 풍력설비 감시 기술 개발 현황은 다음과 같다.

지능형 결함 신호 평가 기술

영국(University of Stranthclyde)에서는 Inspection Qualification을 위한 지능형 NDT 소프트웨어 시스템을 개발했다. 그림 2.25는 지능형 NDT소프트웨어 구성도이다. 스페인(University of Valladolid)에서는 인공 신경 회로망(Artificial Neural Network, ANN) 소프트웨어 개발 및 이를 이용한 결함 신호 자동 분류를 통해 용접 결함의 합부판정 기준을 그림 2.26과 같이 제시한다. 추가적으로, 그림 2.27과 같이 2D Finite Element Method(FEM) 시뮬레이션을 이용해 신경회로망을 훈련시킨 후 Rivet hole에서 성장하는 결함의 길이를 판별한다.

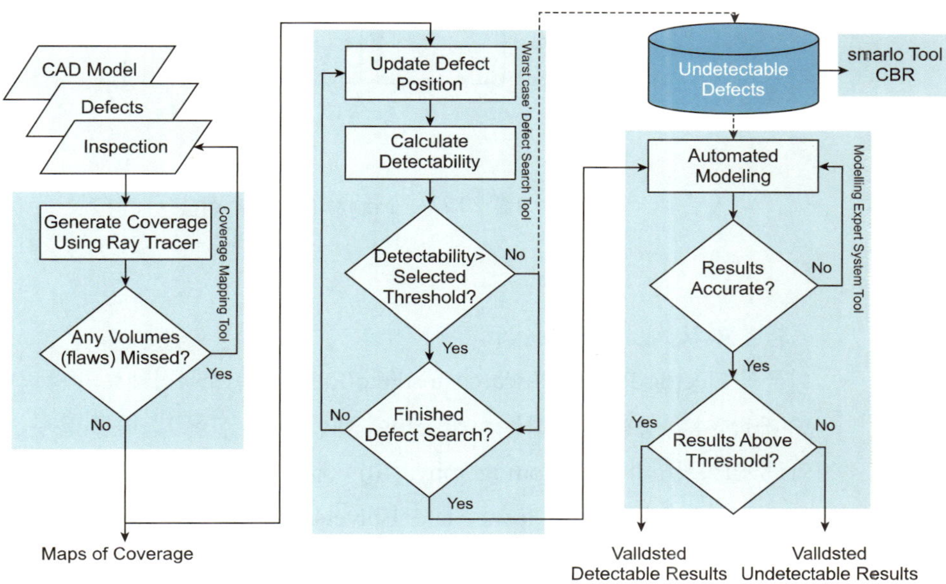

그림 20.25 지능형 NDT S/W 시스템 개발

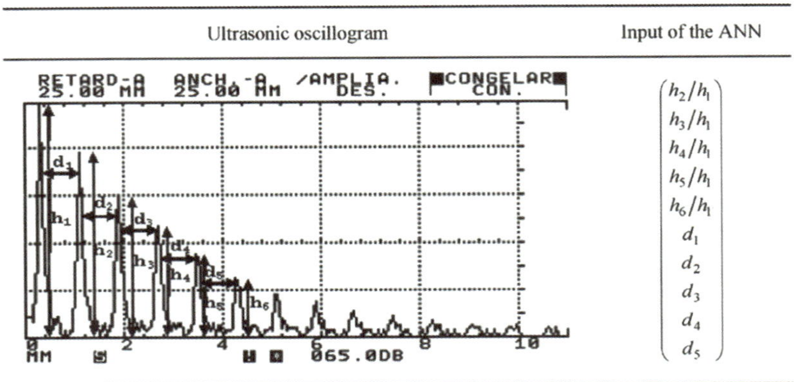

그림 20.26 ANN을 이용한 결함 분류

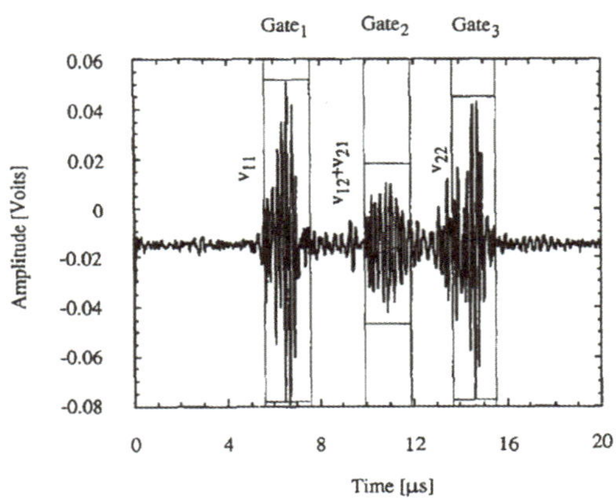

그림 20.27 Neural Network 학습

음향방출(Acoustic Emission, AE) 기술

미국의 Electric Power Research Institute(EPRI)는 탄소복합재료의 풍력발전기 블레이드 제작 시 하중을 지지하는 spar cap에 대한 피로 실험 및 다중 음향 방출 센서와 적외선 열화상(Infrared Tomography, IR) 센서를 이용한 조기 검출 연구를 그림 20.28과 같이 수행하였다. Iowa State University에서는 풍력설비 블레이드의 Pencil Lead Break 실험을 그림 20.29와 같이 수행하고 AE 신호처리 기법의 개발을 통해 블레이드 구조 및 재료 조합을 위한 연구를 수행하였다.

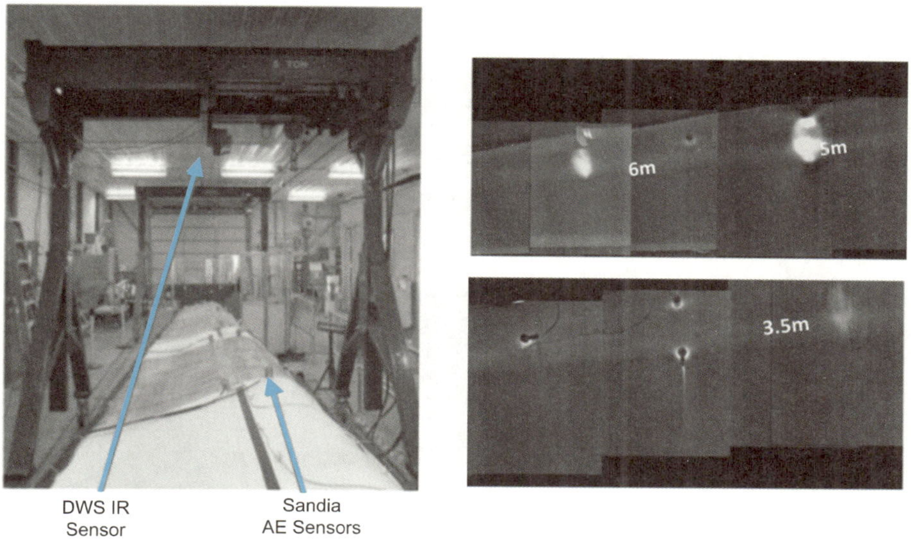

그림 20.28 음향 방출 센서와 IR 센서를 활용한 풍력발전기 블레이드 평가

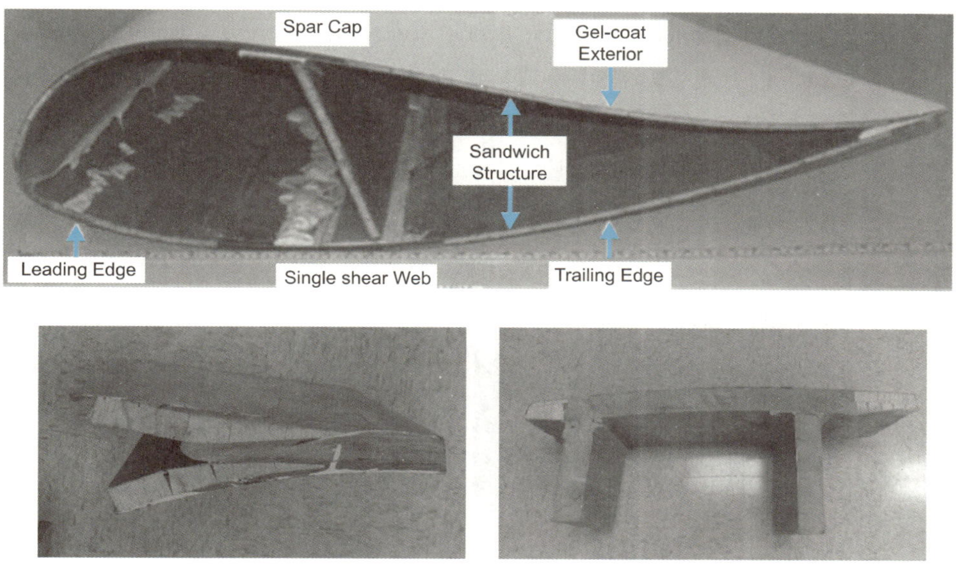

그림 20.29 풍력설비 블레이드 형상 및 재료 최적화를 위한 AE 테스트

영국의 The Welding Institute(TWI)에서는 음향방출 기법을 이용한 풍력 블레이드의 구조건전성 모니터링(Structural Health Monitoring, SHM) 연구를 수행하였다. AE 신호 검출 및 가동 현상에 의한 간섭 신호 분리 기법 개발을 수행하였다. 그림 20.30과 같이 결함에 의한 AE 신호를 성공적으로 분류하여 AE를 활용한 원격 상태 모니터링 시스템 개발이 가능한 것을 확인하였다.

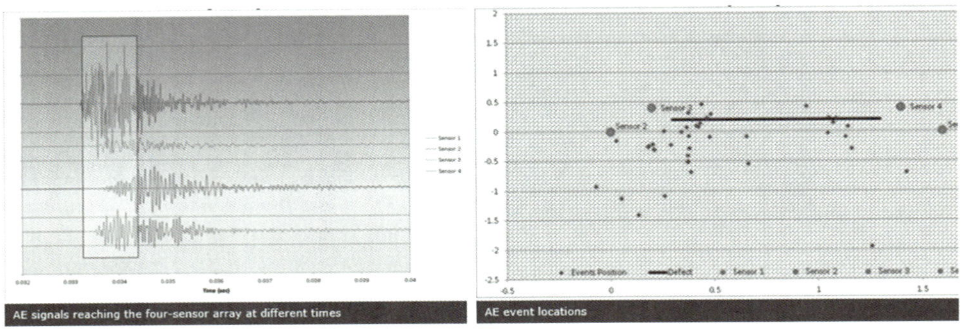

그림 20.30 음향 방출 신호 분리를 통한 블레이드 SHM 연구

영국의 Brunel University, Brunel Innovation Centre와 Cranfield University에서는 그림 2.31, 2.32와 같이 풍력설비 기어 박스에 대한 음향방출 기법을 이용한 실험을 수행하고 수집된 신호를 분석하였다. 다양한 신호처리 기술 개발 및 적용을 통하여 발생되는 결함에 대하여 진동 분석보다 먼저 검출할 수 있음을 확인한다.

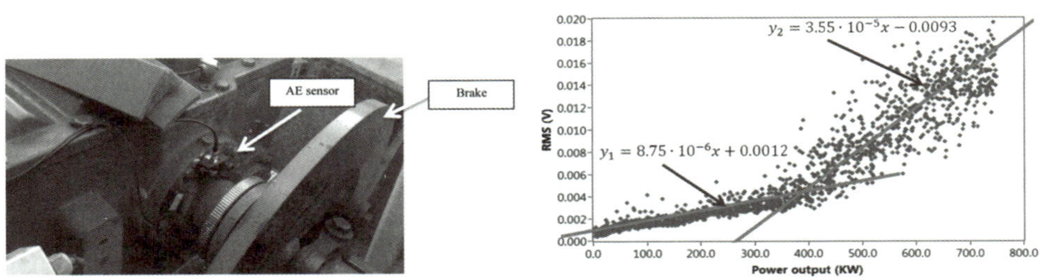

그림 20.31 풍력 발전기 기어박스 내 음향 방출 특성 분석

그림 20.32 유성기어 박스에 대한 음향방출 검출 실험 시스템

기타 풍력설비 감시기술

영국의 Lanchester University는 Electrical condition monitoring 방법을 사용해 풍력 발전기 배전 시스템의 파손을 초기에 감지하는 방법에 대해 연구를 수행하였다. 그림 2.33은 풍력설비 Electrical 감시 시스템 구성을 나타냈다.

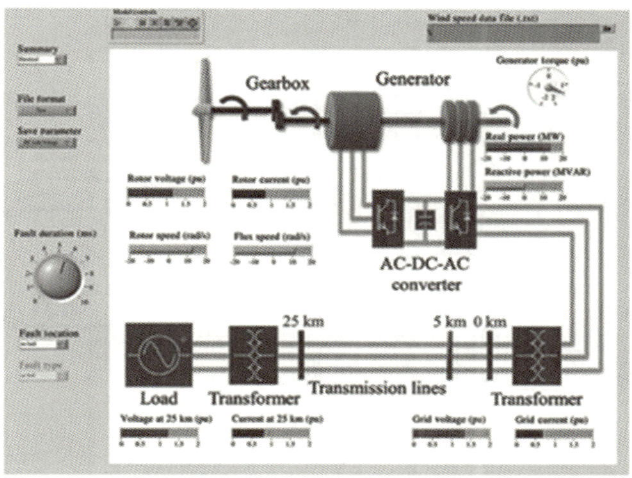

그림 20.33 Electrical condition monitoring을 이용한 설비 상태 감시 시스템

네덜란드의 ECN(Energy Research Centre of the Netherlands) & FOS WindPower에서는 광섬유 센서인 FBG(Fiber Bragg Grating) 센서를 이용한 블레이드 상태 모니터링 시스템 개발하였다. 실제 대형 풍력설비에 설치하여 1년여 간의 데이터 수집과

분석을 수행하였다. 그림 20.34는 블레이드 적용 광섬유 시스템의 구성도를 보여준다.

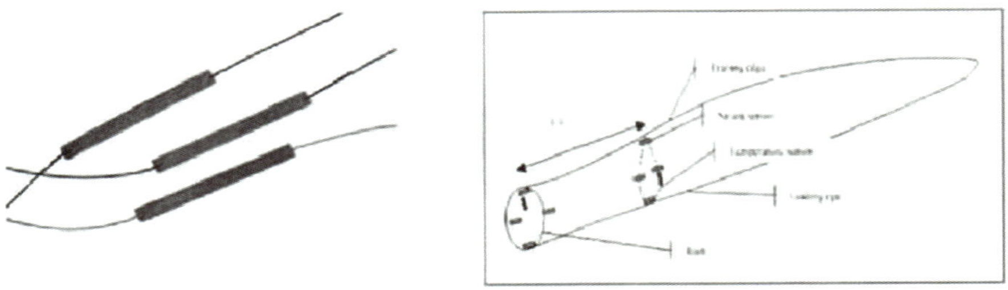

그림 20.34 블레이드 감시 광섬유 센서 및 센서 구성도

미국의 University of Massachusetts Lowell에서는 풍력터빈의 Acoustic beam forming을 이용한 풍력 터빈의 비접촉 모니터링에 대해 연구를 수행하였다. 그림 20.35와 같이 풍력터빈 블레이드 내부에 오디오 스피커를 장착하여 블레이드에서 방사되는 소리를 관찰하여 구조 내의 균열이나 손상을 감지하였다.

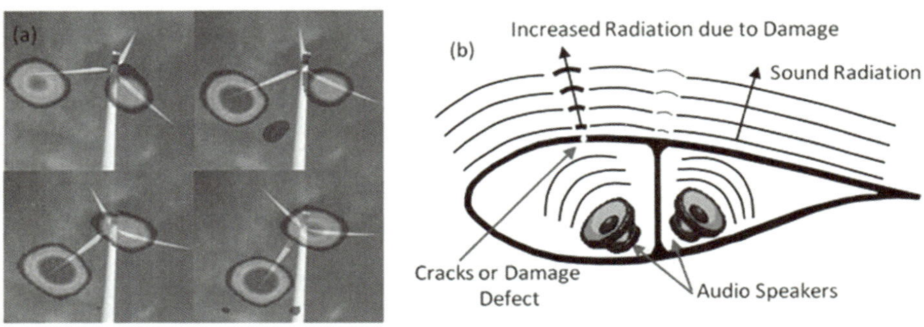

그림 20.35 Acoustic beam forming을 이용한 풍력 터빈의 비접촉 모니터링

스페인의 University of politecnica de catalunya에서는 그림 20.36과 같이 풍력설비 근처에 Microphone을 여러 개 설치하여 동시에 측정을 수행하면서 음원을 분석하는 연구를 수행하였다. 마이크어레이(Microphone array)에 통합된 음향 안테나를 사용하여 신호를 분리하고, 특정 음향장을 생성하는 음원을 감지하였다.

그림 20.36 풍력 터빈 블레이드의 음향 탐지용 마이크어레이

일본의 INC engineering 회사는 풍력 터빈의 소음 및 마이크를 측정에 방해되는 노이즈의 영향을 최소화하기 위하여 그림 20.37과 같이 음향 센서를 설치하고 다양한 바람 조건에서 장기간 데이터 수집을 위한 효율적인 측정을 가능하게 한다.

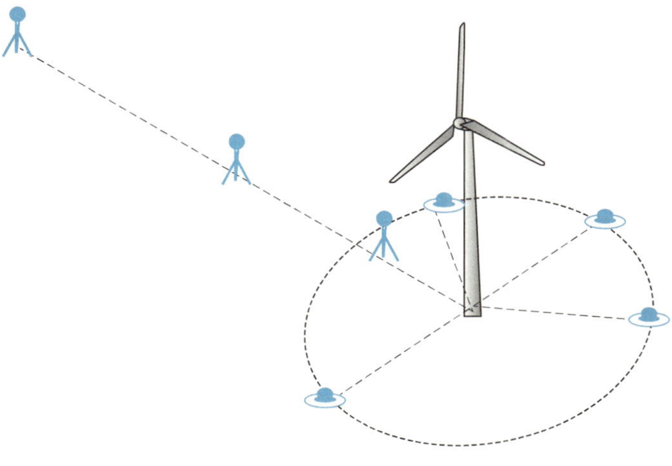

그림 20.37 풍력 터빈 소음과 저주파 음향 측정 기술

해외 기술 현황을 분석한 결과 국내와 유사하게 같이 풍력설비 감시를 위한 다양한 시도와 음향방출 기법, 광섬유 센서 및 이음분석 기술을 활용한 상시감시 연구 및 인공지능 진단을 위한 연구가 활발히 진행 중이다. 아직 실제 가동 중 설비에 적용할 단계는 아니나, 실구조물 적용연구 진행 정도가 국내보다 다소 앞서 있고 인공 지능을 활용한 스마트 평가 기술도 앞서 있는 상태이다. 이와 같은 환경에서 기술 선점과 사업화를 위한 스마트 NDE 기술 개발이 반드시 필요할 것으로 판단된다.

20.5 AI 비파괴기술의 시장 현황

1 국내·외 시장 현황

1) 국내·외 시장 규모

세계풍력에너지협회(GWEC)가 발표한 2015년 세계풍력시장 전망보고에 의하면 2014년 처음으로 50GW를 돌파하였으며 그림 20.38과 같이 2017~2020년 세계 풍력발전 시장 전망은 누적 성장률이 약 11%에 달할 것으로 전망되어 전세계 누적 풍력발전 설비용량이 2015년 432.9 GW에서 2020년 792.1 GW로 급증할 것으로 예상된다(출처 : Global Wind 2015 Report, 세계풍력에너지협회(GWEC), 2015).

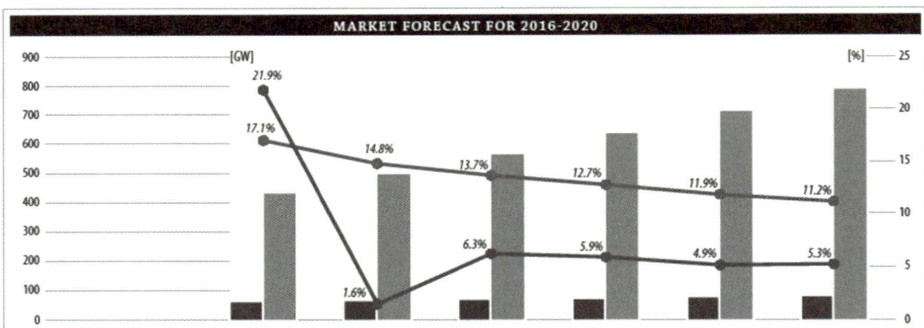

	2015	2016	2017	2018	2019	2020
Cumulative [GW]	432.9	496.9	564.9	636.9	712.4	792.1
Cumulative capacity growth rate [%]	17.1%	14.8%	13.7%	12.7%	11.9%	11.2%
Annual installed capacity [GW]	63	64	68	72	75.5	79.5
Annual installed capacity growth rate [%]	21.9%	1.6%	6.3%	5.9%	4.9%	5.3%

Source: GWEC

그림 20.38 풍력발전 시장 현황 및 성장 예상 (출처 GWEC – Global Wind 2015 report)

국내 풍력발전시장은 전체 발전량에서 차지하는 비중이 2016년 기준 3.6% 정도로 높지 않으나, 2014년 총 설비용량 645 MW에서 2015년 852 MW로 32.1% 성장함으로서 신규 건설이 활발히 진행 중이다(한국에너지공단, 2015년 신재생에너지 보급통계(2016년판)). 또한 2016년 태백 가덕산(40 MW), 울진(60 MW), 새만금(99 MW) 등 신규 설비 도입을 적극적으로 추진하고 있다(출처 : 강원일보, 경상매일신문, 연합뉴스).

한국전력공사는 해외 발전 사업을 중심으로 요르단 풍력단지(89.1 MW) 건설과 중국 풍력단지 개발을 추진 중으로 대규모 풍력설비의 건설, 운영의 사업 확장 중에 있으므로 풍력발전설비의 감시 및 상태진단 기술이 필요하다.

2) 국내·외 경쟁기관 현황

본 기술/제품과 직접적 경쟁관계에 있는 국내·외 기관·기업 현황은 아래 표 20.3과 같다.

표 20.3 국내외 기업 현황

	기관·기업명	보유 기술
GE	제너럴 일렉트릭 (General Electric Company)	특허 : Wind turbine acoustic emission control system and method 등
TWI	TWI	Acoustic emission solution for structural health monitoring of wind turbine blades Case Study 외
HBM	HBM	Strain monitoring of blade with Fiber optic sensor

2 국내·외 지식재산권 현황

1) 관련 기술/제품의 국내 지식재산권(특허 등) 현황

풍력발전설비 진단관련 국내 특허 등록 건수는 5건이다.

- 10-1599210 풍력발전기의 이상 진단을 위한 알람 설정 방법, 한국기계연구원 (2016)
- 10-1420846 액티브 빈을 이용한 풍력발전기 고장 진단 방법, 한국기계연구원 (2014)

- 10-1358397 가속도 센서 및 출력 전력에 기반하는 풍력 발전기의 고장진단 장치 및 고장진단 방법, (주)가운솔루션(2014)
- 10-1275702 진동 신호를 이용한 기어박스의 결함진단 및 결함검출방법 및 그 장치, 목포대학교 산학협력단(2013)
- 10-1040735 도서지역 디젤 발전기 및 풍력발전기 상시진단 시스템, 한국전력공사(2011)

2) 관련 기술/제품의 국외 지식재산권(특허 등) 현황

번호	특허명	보유기관명	출원일
WO2015012124 A1	Fault diagnosis device and fault diagnosis method for wind power generation device	Ntn Corporation	2014.07.11
US8338978 B2	Wind turbine generator having electrical storage device and acoustic noise suppression method thereof	Mitsubishi Heavy Industries, Ltd.	2011.04.21
US20100133819 A1	Wind turbine acoustic emission control system and method	General Electric Company	2009.07.07

그림 20.39부터 그림 20.69까지는 연구를 위한 개념의 설명을 위한 개요도이다. 본 연구는 아직 진행을 위한 준비 상태이어서 상세한 기술 설명보다 기본 개념을 설명하고자 하였다.

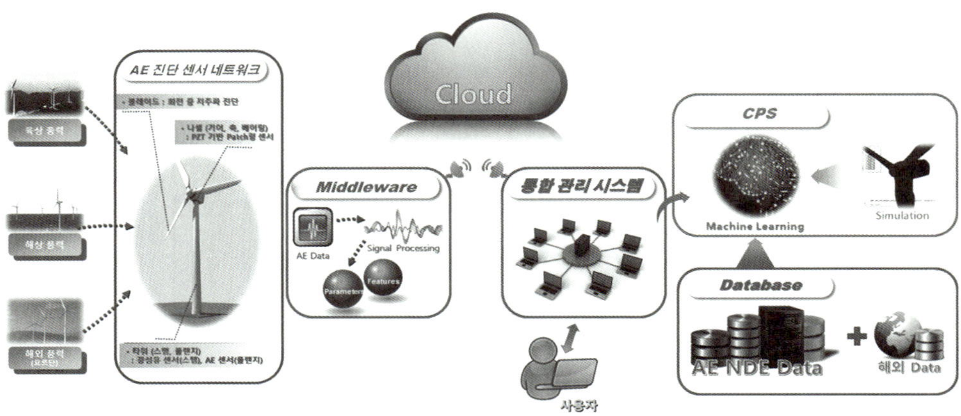

그림 20.39 풍력 발전 설비 스마트 NDE 위험진단 기술 개요

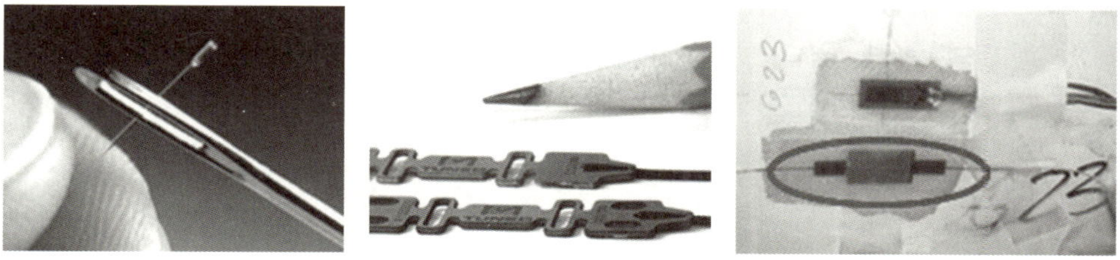

그림 20.40 광섬유 센서 예시

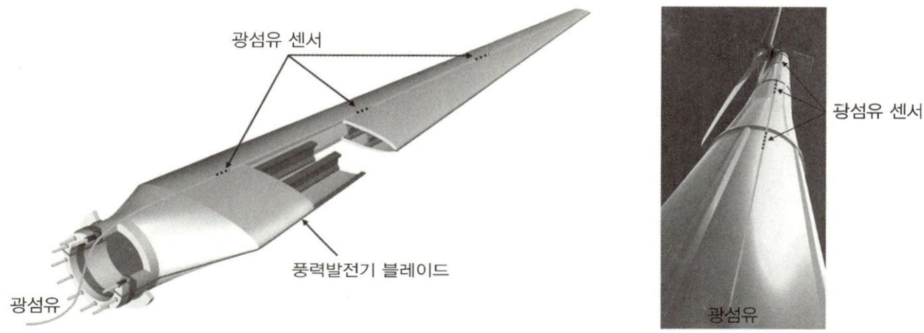

그림 20.41 풍력 설비 다지점 측정 광섬유 센서 적용 기술

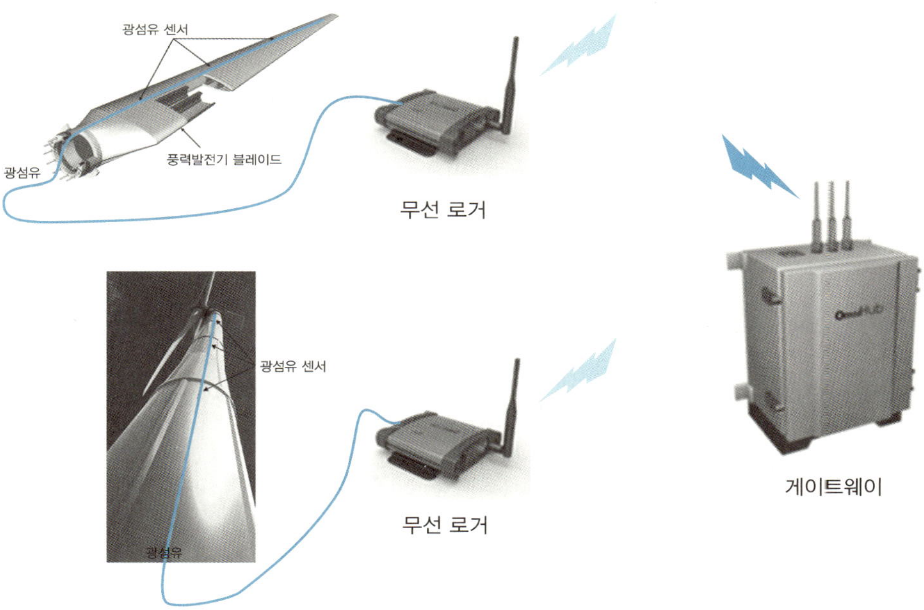

그림 20.42 광섬유 측정 신호 단거리 무선 네트워크 구축 개략도

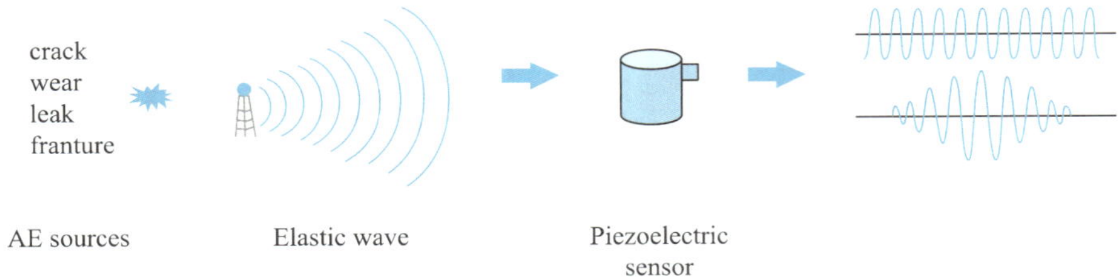

그림 20.43 AE 설비 이상 감시 기술 개요

그림 20.44 풍력 설비 너셀, Rotor Mock-up 예시

그림 20.45 풍력설비의 NDE 신호 분석 및 설비 상태 평가 기술 개발 (회전 블레이드 등)

- 머신러닝 및 CPS 시스템 적용 NDE 데이터 평가
- 풍력설비 Mock-up 이상 상태 스마트 진단 결과 검증

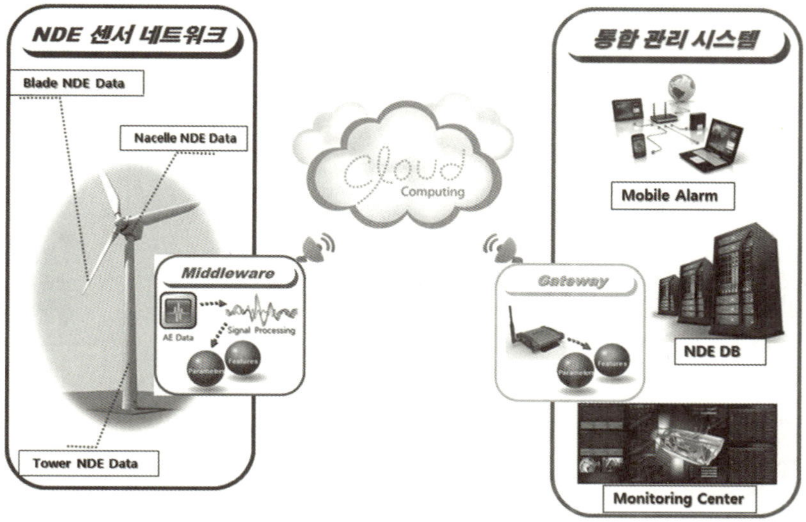

그림 20.46 CPS 통합 스마트 NDE 시스템 구축

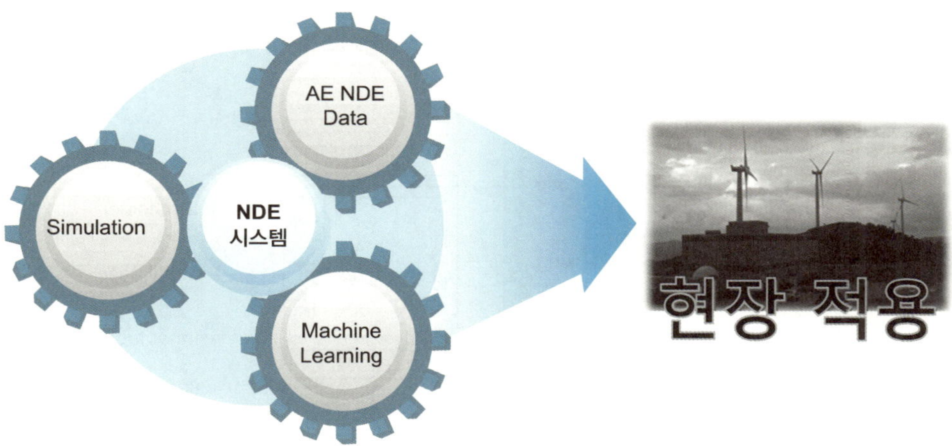

그림 20.47 풍력설비 스마트 NDE 시스템 구축 및 현장 적용

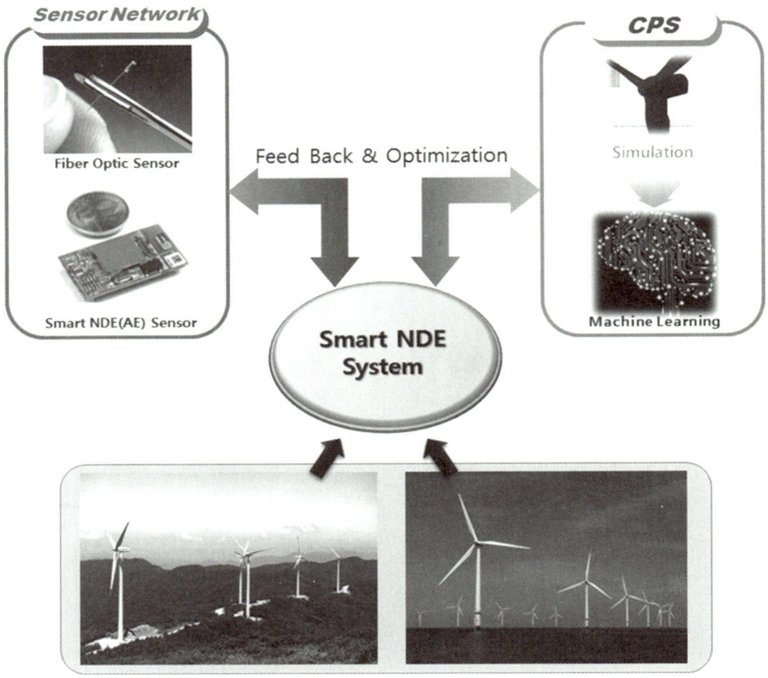

그림 20.48 스마트 NDE 시스템 및 평가 기술 최적화

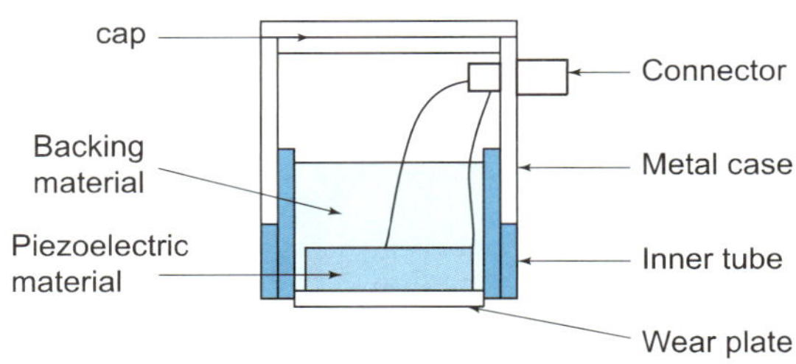

그림 20.49 스마트 AE 센서 구조 예시

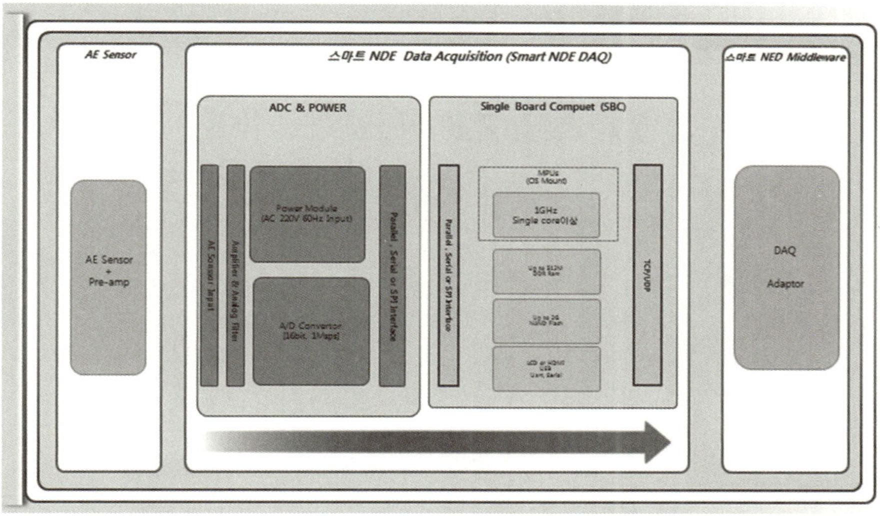

그림 20.50 DAQ Block Diagram

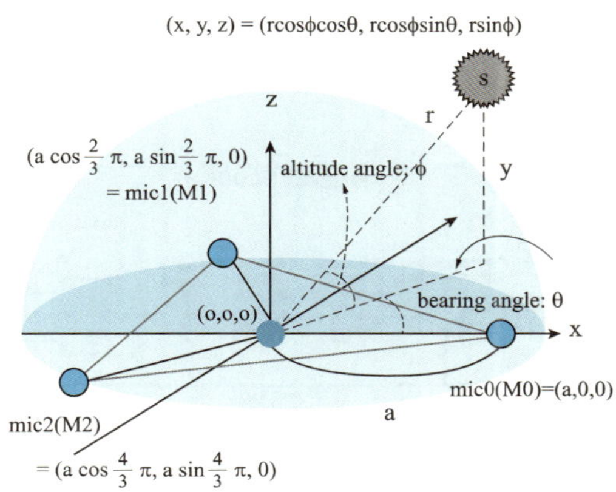

그림 20.51 음원추적 시스템 예시

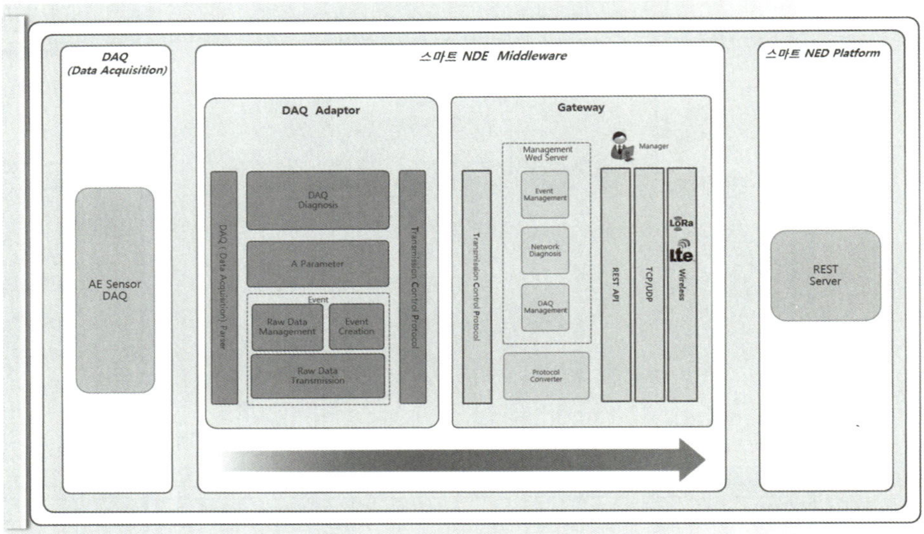

그림 20.52 미들웨어 Block Diagram

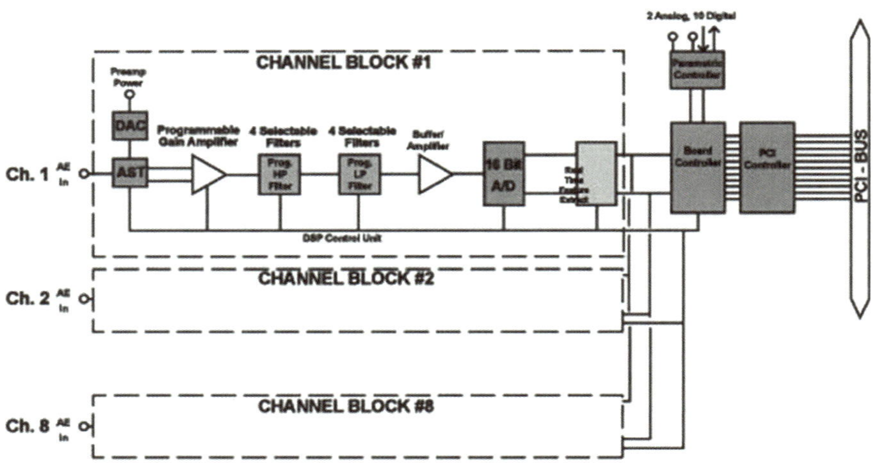

그림 20.53 신호처리 회로 예

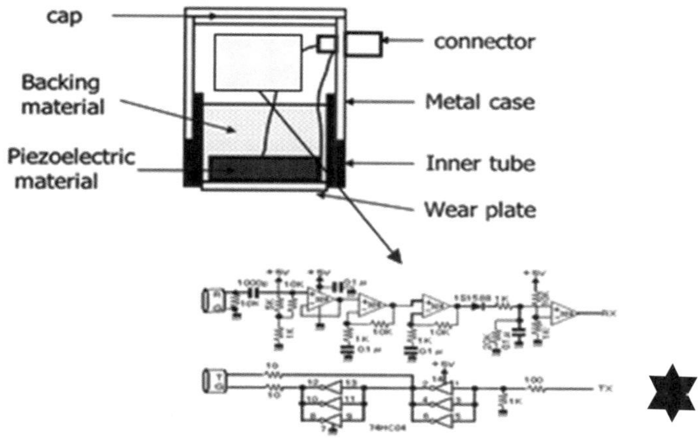

그림 20.54 앰프/필터 일체형 AE 센서 구조 예

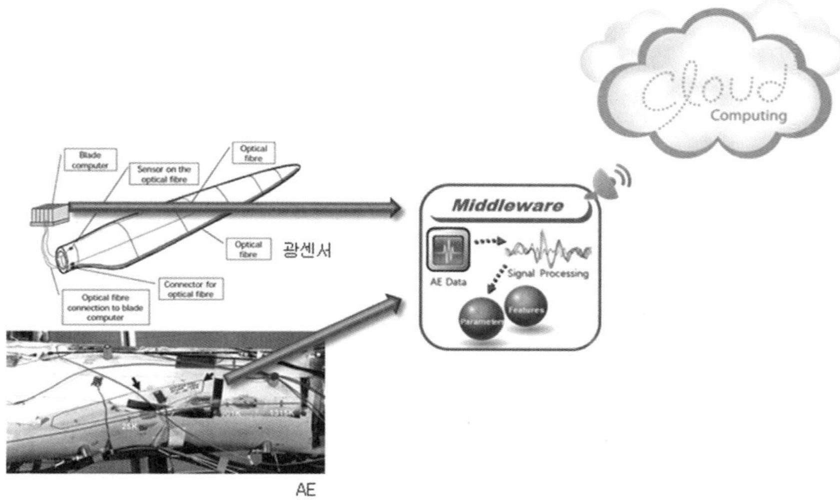

그림 20.55 미들웨어 구성 및 데이터 통합 시스템 구축(안)

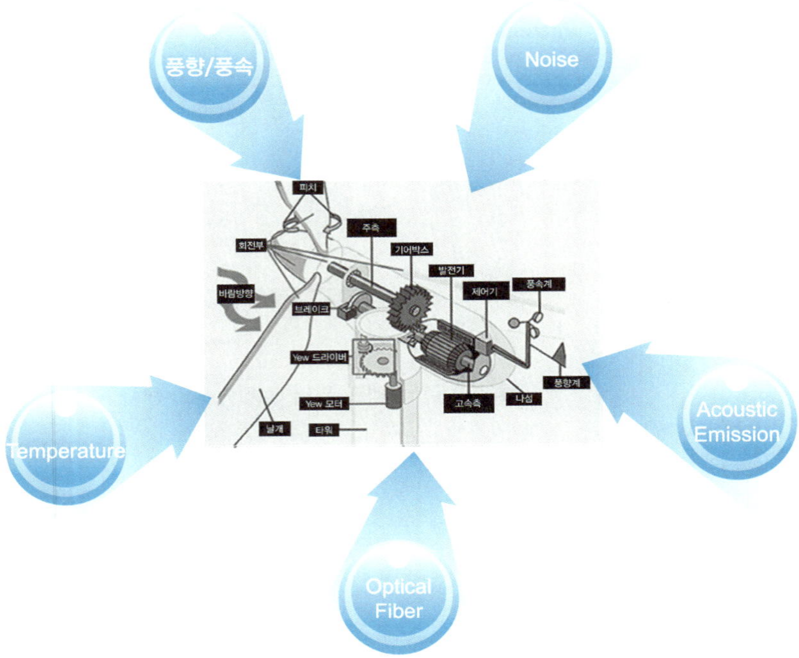

그림 20.56 풍력설비 상태 진단 물리량 계측 및 시뮬레이션 조건

그림 20.57 너셀 주요부 결함 시뮬레이션 예시

그림 20.58 AE 비파괴 진단을 위한 소형 Mock-up 시스템 예시

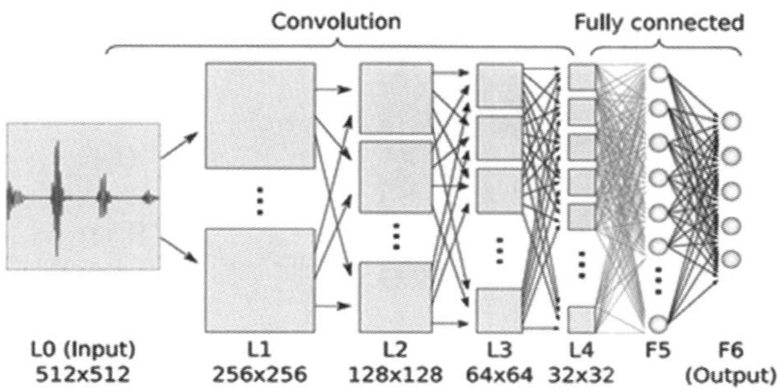

그림 20.59 신경회로망 기반 지능형 시스템 구조

- 지능형 머신러닝 시스템을 이용한 AE 신호 분석 기술 개발

그림 20.60 지능형 머신러닝 알고리즘

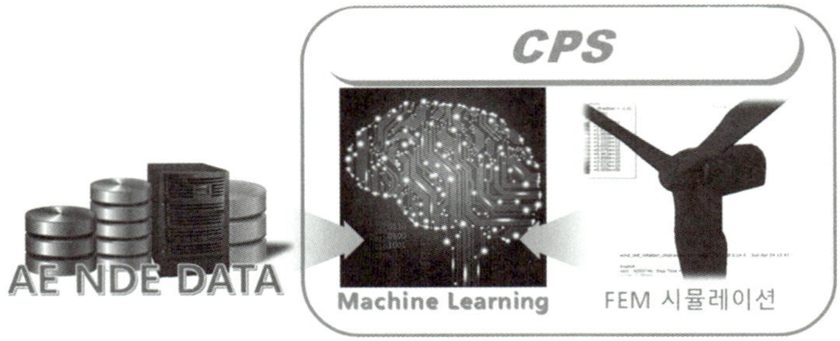

그림 20.61 풍력발전기 CPS 구성

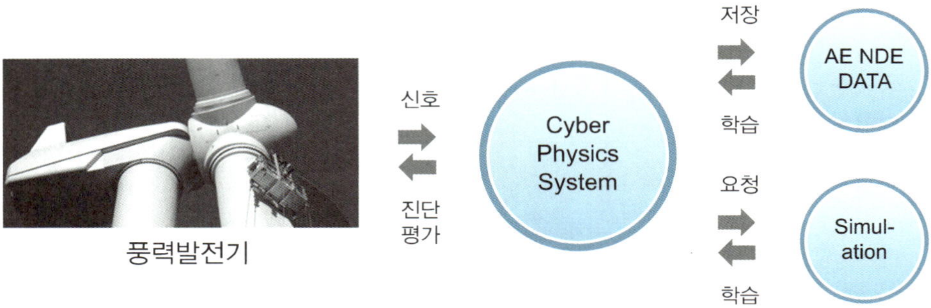

그림 20.62 CPS를 활용한 풍력발전기 AE 긴단

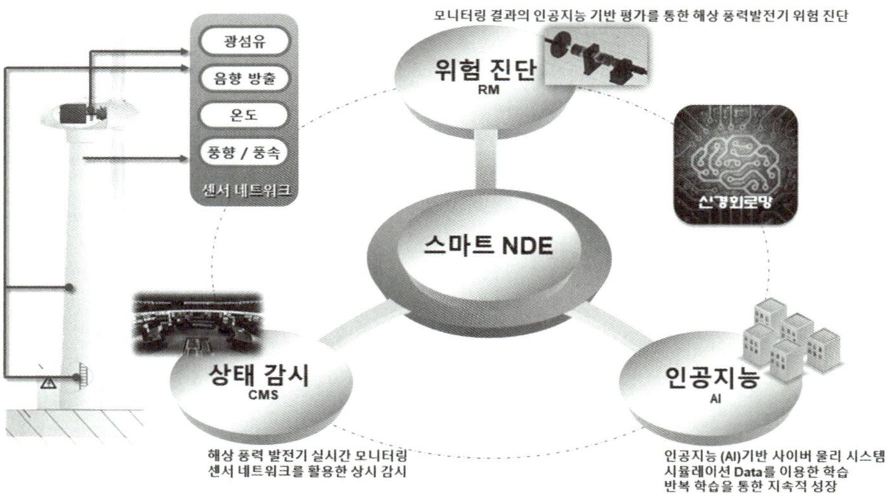

그림 20.63 CPS 통합 풍력설비 스마트 NDE 위험진단 시스템

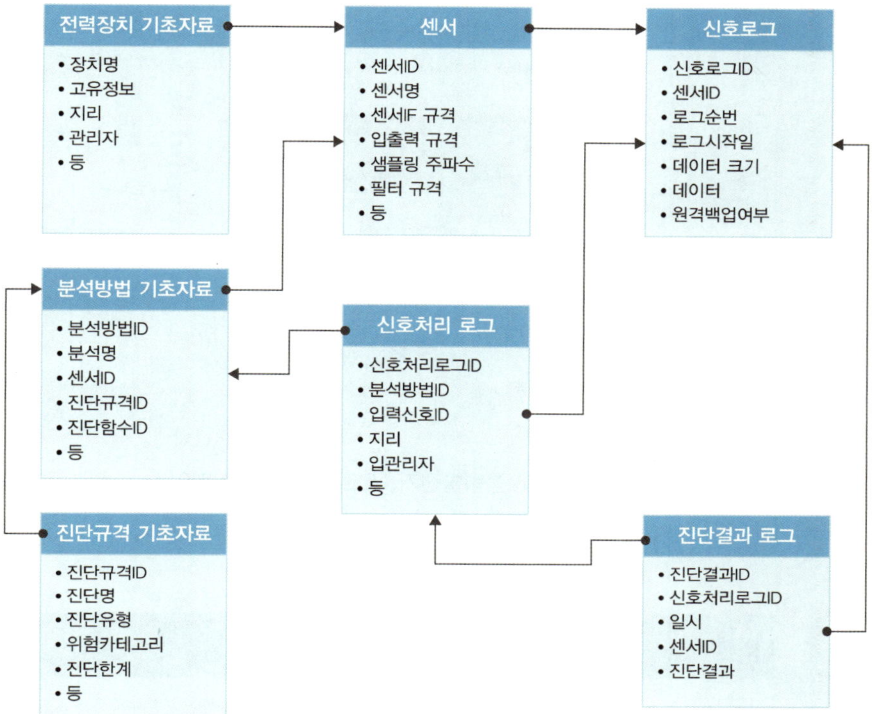

그림 20.64 NDE 신호 수집 및 진단 DB 설계 모식도

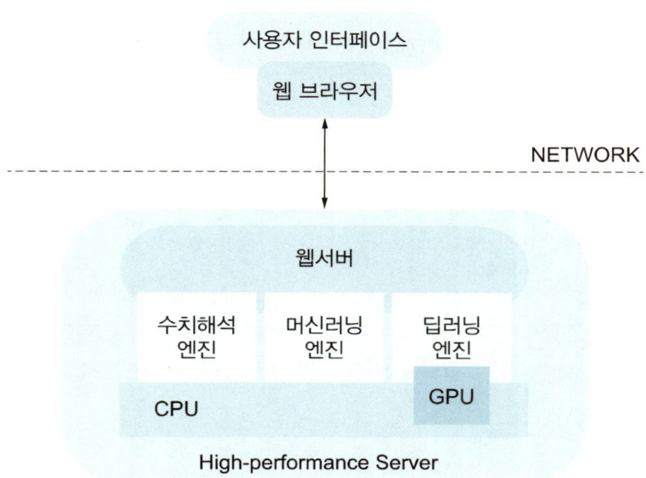

그림 20.65 CPS 플랫폼 구성 개념도(안)

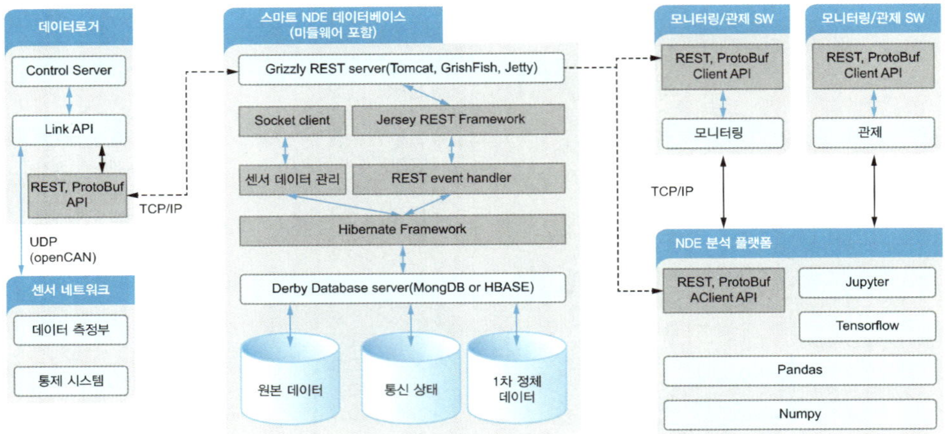

그림 20.66 풍력발전기 NDE 통합 데이터베이스 시스템 구성(안)

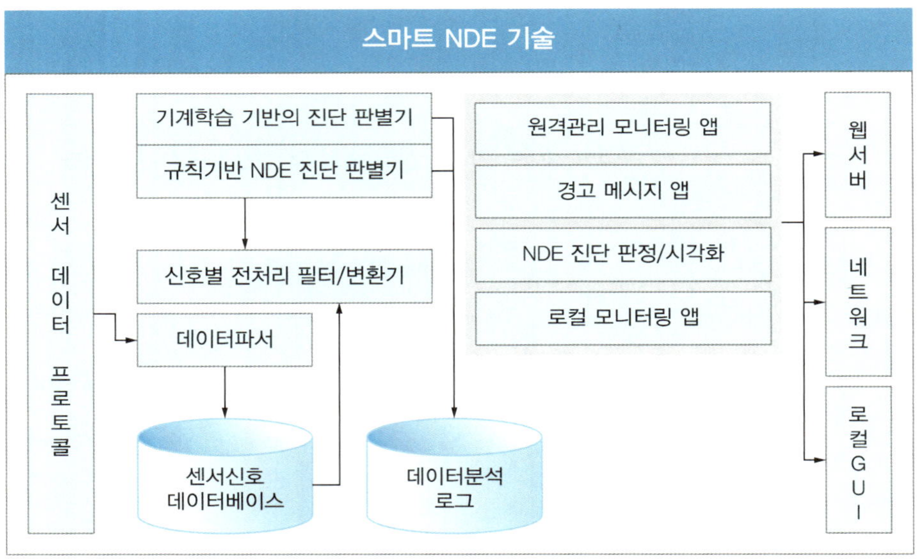

그림 20.67 데이터 통합 및 진단 시스템 구축(안)

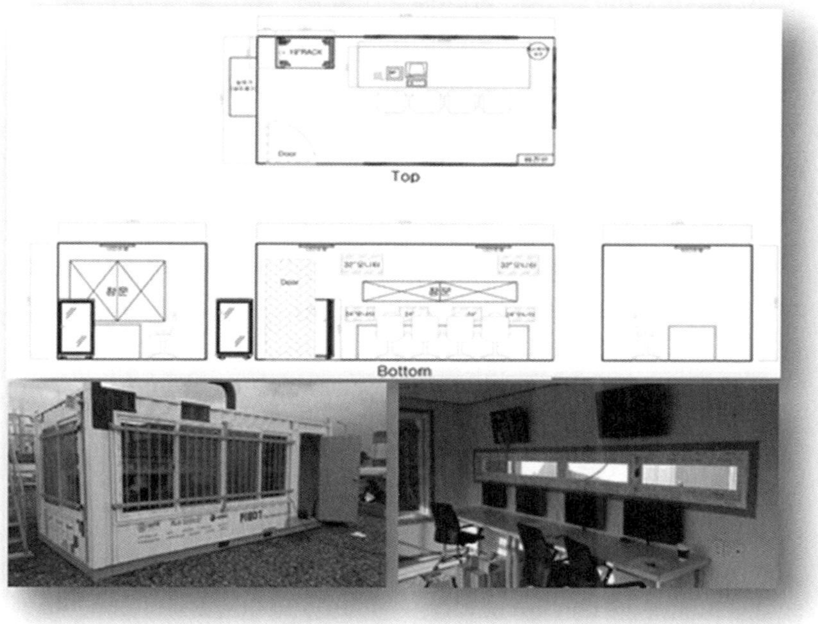

그림 20.68 현장 관제실 사례

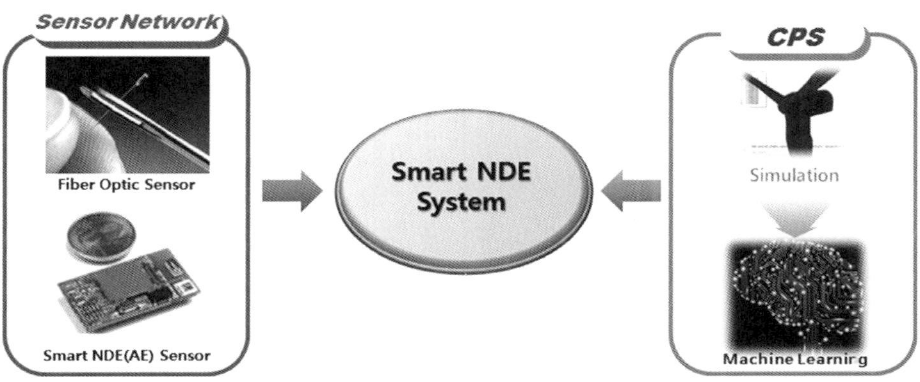

그림 20.69 CPS 통합 스마트 NDE 시스템 구축

20.6 AI 초음파의 방향 및 진행 결론

전술한 바와 같이 신재생 에너지의 확대 및 개발의 규모는 전 세계적으로 상상을 초월할 정도이며 이러한 상황에서도 기존의 발전설비에 대한 진단 및 보수 방법에 의존하게 되면 사고발생 및 안정적 전력공급에 확립을 기하기 어려운 실정인 바 설비예지 진단의 근간이 되는 AI 기술을 NDE 기술에 접목할 필요성이 매우 중대한 시점이다.

따라서 AI를 NDE에 적용하기 위한 기술을 조기에 개발하는 것이 필수적 요소이며 이를 위해 두 기술의 융합 및 접목 분야 확충에 가일층 매진해야 할 것이다.

참고문헌

종합(1~3장 포함)

[1] 조용상, "위상배열 초음파의 삼각법에 의한 비파괴적 결함평가 기법 연구", 충남대학교 일반대학원 박사학위 논문, 2004. 8. 21.

[2] 조용상, "크랙을 갖는 유한판의 유한요소법을 이용한 응력확대계수의 비교연구", 경희대학교 일반대학원 석사학위 논문, 1988. 2. 24

[3] 박은수, "비파괴 검사 개론", 한국비파괴 검사학회, pp.1-90, 1996.

[4] 이의종, "결함 및 초음파탐상검사", 도서출판 골드, PP.1-30, 1995.

[5] 한치현, "초음파 탐상검사", 한국비파괴 검사학회, 1996.

[6] 이용, "비파괴검사의 기초-초음파탐상검사" 세진사, 1990

[7] ボイラ非破壞檢査技術の最近動向, 火力原子力發電, Vol.48, No.8, 1997.

[8] Acoustic Emission, American Society for Testing And Materials, 1971.

[9] 非破壞檢査, 日本非破壞檢査協會, Vol.46, No.3, 1997.

[10] 한봉히역, "X선 회절", 1990, 반도출판사

[11] 오세욱, 남기우, 재료강도학, 원창출판사, 1992

[12] Glen Wade, "Acoustic Imaging" Plenum, 111~188, 1976

[13] Harold P. Klug, "X-Ray Diffraction Procedures", Wiley, 755~790

[14] 坂口安英外 4人, 火力原子力發電, Vol.39(6), 1988, pp.653-664.

[15] Nondestructive Testing(Ultrasonic), General Dynamics, 1981.

[16] "Boiler Tube Failure : Correction, Prevention, and Control", EPRI. 1989

[17] "Boiler Tube Failures : Theory and Practice", EPRI. 1995.

[18] UTIS6000 검사절차서. 대동기술(주), 1997.

[19] 화력 · 원자력 및 화학플랜트 기기 · 구조부재의 경년열화와 수명예측, 일본 Realize Inc., 1980, pp.13.

[20] 정민화, 박대영, "터빈 Blade Root부 결함탐지 기술개발" 한국전력공사 전력연구원 연구보고서 KRG-90G-J04, 1992, 8

[21] R. Fredenberg, B. Anderson, M. Salerno and R. Simpson; 영광 원자력 발전소 1, 2호기 검사에 대한 보고서; Westinghouse Electric Corporation, 30,Aug.-1 Sep.,

1991.

[22] H. Presson, P. Sabourin; Inspection of Turbine Disk Blade Attachment Guide; EPRI Report TR-104026, Vol. 1, Sep., 1994.

[23] 조용상, 길두송, "발전설비 결함의 Phased Array UT신호 특성분석", 한국비파괴학회 춘계 학술발표회 논문집, pp.193-208, 1999.

[24] 조용상, 박상기, "터빈설비 자동초음파 검사 실용화 및 적용기술 개발", 한국전력공사 전력연구원 연구보고서, 02전력연-단467, 2002.

[25] 조용상, 허광범, "터빈 블레이드 루트부 비파괴검사 신뢰도 향상기술개발", 한전 전력연구원 연구보고서, 99전력연-단254, 1999.

[26] 조용상, 임상규, "Phased array UT에 의한 발전설비 결함 검사 특성 고찰", 한국 비파괴 추계 학술대회 논문집, pp.30-35, 2001.

[27] 조용상, 길두송, "발전설비 결함의 Phased Array UT신호 특성분석", 한국 비파괴학회 춘계 학술발표회 논문집, pp.193-208, 1999.

[28] Y.S. Cho, and K.K. Koh, "A study on the New Inspection Technology for Power Plant Components by Phased Array UT", 한국비파괴 검사학회 춘계 학술대회 논문집, pp.254-260, 2002.

[29] 조용상, 길두송, "초음파 및 Phased Array를 이용한 터빈 블레이드 루트부 건전성 평가에 관한 연구", 한국비파괴 검사학회 추계학술발표회 논문집, pp.95-100, 2003.

[30] 조용상, 길두송, "초음파 및 Phased Array를 이용한 발전기의 건전성 평가에 관한 연구", 한국동력 공학회 춘계학술 발표회 논문집, pp.215-220, 2003.

[31] Y.S. Cho, and J.H. Kim, "Evaluation of the Surface Crack by a Large Aperture Ultrasonic Probe", Journal of Korean Society for Nondestructive Testing, Vol. 24, No. 2, pp.180-185, 2004.

[32] Y.S. Cho and J.H. Kim, "A Study on the Characteristics of Surface Wave Induced by Phased Array UT", The 11th Asia Pacific Conference on Nondestructive Testing, Jeju Island, Korea, 2003.

[33] 박익근, 김용권, 조윤호, 안연식, 조용상, "Comb Transducer를 이용한 파이프 내 유도초음파 모드의 거동에 관한 연구", 비파괴검사학회지, 제 24권, 제 2호, pp. 142-150, (2004)

[34] 박익근, 김현묵, 김용권, 송원준, 조용상, 장경영, 조윤호, "Air-coupled 트렌스듀서를 이용한 발전설비 배관에서의 유도초음파 모드 규명", 비파괴검사학회지, 제 24권, 제 4호, pp. 341-347, (2004)

[35] 박익근, 김현묵, 김태형, 김용권, 조용상, 송원준, "박판의 두께감육 평가를 위한

비접촉 유도초음파 검사 기록", 비파괴검사학회지, 제 25권, 제 4호, pp. 287-293, (2005)

[36] 박익근, 김현묵, 김용권, 조용상, "Ultrasonic Guided-Wave Mode Identification in Pipe by Using Air-coupled Transducer and Time-Frequency Analysis", Key Engineering Materials, vol 321-323, pp. 804-807, (2006)

[37] 박익근, 김정석, 조동수, "Ultrasonic Characterization of Residual Stress in Shot Peened Al 7075 Alloy Using Acoustic Signature", Key Engineering Materials, vol 321-323, pp. 1475-1478, (2006)

[38] 박익근, 조용상, 김태형, 김용권, 김현묵, 송원준, 안형근, 김홍준, "비접촉 Lamb-EMAT를 이용한 두께 감육 결함의 헬스 모니터링", 한국비파괴검사학회 추계학술대회 논문집 pp. 185-190, (2005)

[39] IK. Park, U. S. Park and H. M. Kim, "Statistical Reliability Assessment of Ultrasonic Performance Demonstration - A Round Robin test Results - (part Ⅲ), KSNT/SC0031, pp. 214-219, (2003)

[40] 박익근 외 6, "장거리 유도초음파 탐상을 위한 비접촉 비파괴검사 기술의 응용", 한국 비파괴검사학회 유도초음파 기술 및 응용 워크숍, pp. 191-216, (2004)

[41] S. J. Song, J. S. Park and H. J. Shin, "Guided Wave Mode Selection and Flaw Detection for Long Range Inspection of Polyethylene Coated Steel Gas Pipes", Journal of the Korean Society for Nondestructive Testing, Vol. 21, No. 4, pp. 406-414, (2001)

[42] D. N. alleyne and P. Cawley, " Long Range Propagation of Lamb Waves in Chemical Plant Pipework", Materials Evaluation, Vol. 52, No. 7, pp. 504-508, (1997)

[43] Y. H. Cho, "Understanding and Application of Ultrasonic Guided Waves", Journal of the Korean Society for Nondestructive Testing, Vol. 21, No. 4, pp. 446-460, (2001)

[44] H. J. Shin, "Nondestructive testing by using guided wave technique", Journal of the Korean Society for Nondestructive Testing, Vol. 20, No. 3, pp. 238-245, (2000)

[45] Tatsuyuki Nagai, masami Hyodo and Kenichi Takamura, "Long Range Ultrasonic Technique for Inspection of Buried Pipelines", Journal of the Japanese Society of Non-Destructive Inspection, Vol. 51, No. 10, pp. 622-627, (2002)

[46] A. Macovski, "Medical Imaging System", Prentice-Hall, Inc., New Jersey, Chp.

9, 10, 1983.

[47] 박문호, 강석철, "ASME 및 CSA 코드에 의한 초음파 결함크기측정", 한국 비파괴 검사학회지, Vol. 18, No. 4, pp.313-320, 1998.

[48] W.H. Lee and S.Y. Kim, "De-convolution Method for TOFD Technique", Journal of the Korean Society for Nondestructive Testing, Vol. 19, No. 6, pp.420-425, 1999.

[49] 홍재근, 김우성, "기계적 피로결함 시험편 제조 및 결함크기평가", 한국비파괴검사 학회 논문지, Vol. 23, No. 1, pp.38-44, 2003.

[50] 송성진, "결함의 정량적 비파괴 평가 기술", 기계저널, Vol. 36, No. 9, pp.49-53, 2001.

[51] 전계석, "위상정보를 이용한 초음파 현미경 시스템 구성과 그 응용", 국내연구보고서, 1995.

[52] 송문호, 손상락, 조정호, 성제중, 안형근, 장순재, "초음파 펄스에코 신호의 3차원 처리", 한국비파괴 검사학회 논문지, Vol. 23, No. 5, pp.464-474, 2003.

4장

[1] 조용상, 윤병식, "Phased Array UT System을 이용한 터빈 NDE 검사 기술", 한국 비파괴 검사학회 추계 학술발표회, pp.25-37, 1998.

[2] Yong-Sang cho, Jae-Hoon kim at el, "A study on the characteristics of surface wave induced by phased array UT", the 11th asia pacific conference on non-destructive testing, Jeju island, 2003.11.5

[3] 최상우, 이준현, "Phased array 트랜스 듀서에 있어서 구성압전소자 수의 변화에 따른 초음파 빔 전파특성 해석(제1보)", 한국비파괴 검사학회 추계학술대회 논문집, pp.70-79, 1998.

[4] 최상우, 이준현, "Phased array 트랜스 듀서에 있어서 구성압전소자의 간격 변화에 따른 초음파 빔 전파특성 해석(제2보)", 한국 비파괴 검사 학회 추계학술대회 논문집, pp.80-89, 1998.

[5] L. Macovski, "Ultrasonic Imaging Using Arrays", Proceedings of the IEEE, Vol. 67, NO. 4, 1979.

[6] V. Ramm, "Beam Steering with Linear Arrays", Transactions on Biomedical Engineering, Vol. 2, No. 8, New York, NY Institute of Electrical and Electronics Engineers, pp.284-296, 1983.

[7] 송성진, 신현재, 장유현, "강 구조물의 비파괴 검사를 위한 위상배열 초음파 탐상 시스템의 개발과 탐촉자 모델링", 한국비파괴검사 학회 추계학술발표회 논문집,

pp.208-217, 2000.
[8] L. Azar and S. Wooh, "Beam Focusing Behavior of Linear Phased Arrays", NDT & E International, Vol. 33, pp.189-198, 2000.
[9] S. Wooh, and Y. Shi, "A Simulation Study of the Beam Steering Characteristics for Linear Phased Arrays", Journal of Nondestructive Evaluation, Vol. 18, No. 2, pp.39-57, 1999.
[10] E. Hossack, "Extended Focal Depth Imaging For Medical Ultrasound", Proceeding of IEEE Ultrasonics Symposium, 1996.
[11] 송성진, 신현재, 장유현, "강 구조물의 비파괴 검사를 위한 위상배열 초음파 탐상 시스템의 개발과 탐촉자 모델링", 한국비파괴검사 학회 추계학술발표회 논문집, pp.208-217, 2000.
[12] J. H. Lee, and S.W. Choi, "Analysis of the Ultrasonic Beam Profile due to Variation of the Inter-element Spacing for the Phased Array transducer", KSME Journal Vol. 24, No. 4, pp.972-981, 2000.

5장

[1] 조용상, 김태형, 김현묵, 박익근, "비접촉 Lamb-EMAT를 이용한 알루미늄판 두께 감육 결함의 비파괴평가", 한국비파괴검사학회 추계학술대회 논문집, pp. 44-51, (2004)
[2] 중소기업 수탁연구지원사업수행 결과보고서, 'SH파용 비접촉식 초음파 탐촉자를 이용한 용접부의 결함검출 기술개발'
[3] 조용상, 박태성, 김태형, 김현묵, 박익근, 김용권, 안형근, "두께 감육 평가를 위한 SH파 모드의 분산 특성", 한국비파괴검사학회 춘계학술대회, (2005)
[4] 최상우, 서경철, 이준현, 조윤호, 변준형, "성유강화 복합재료의 비파괴평가를 위한 비접촉식 초음파 평가 기법 연구", 한국 비파괴 검사학회 추계학술 대회, pp. 38-43, (2004)
[5] 박익근, 김태형, 김현묵, 김용권, 조용상, 송원준, "Evaluation of Hidden Corrosion in a Thin Plate using a Non-contact Guided wave Technique", Key Engineering Materials, vol 321-323, pp. 492-496, (2006)
[6] 장경영, 김홍준, D. Cerniglia and B. Djordjevic, 레이저와 공기결합 트랜스듀서를 이용한 비접촉식 초음파 비파괴 평가/검사", 한국비파괴검사학회 춘계학술대회 논문집, pp. 91-97, (2001)
[7] S. Suyama and K. Morimoto, "Non-Destructive Examination Technique by Electro-Magnetic Acoustic Transducer", J. JSNDI, Vol. 46, No. 5, pp. 320-325,

(1997)

[8] M. Hirao and H. Ogi, "Noncontact Materials Characterization by Electromagnetic Acoustic Transducers", J. JSNDI, Vol. 46, No. 9, pp. 649-654, (1997)

[9] M. Hirao and H. Ogi, "EMATs for Science and Industry Noncontacting Ultrasonic Measurements", Kluwer Academic Publisher, (2003)

[10] T. Hayashi and K. Kawashima, K. Suzuki, K. Arai, S. Endoh, "Noncontact testing for Plastic Plates using Air-coupled Ultrasonic Sensors", J. JSNDI, Vol. 50, No. 2, pp. 108-113, (2001)

[11] M. Castaings and B. Hosten, "Lamb and SH waves generated and detected by air-coupled ultrasonic transducers in composite material plates", NDT&I Int., Vol. 34, pp. 249-258, (2001)

[12] E. Blomme and D. Bulcaen, F. Declercq, "Air-coupled ultrasonic NDE:experiments in the frequency range 750 kHz-2MHz", NDT&I Int., Vol. 35, pp. 417-426, (2002)

[13] D. A. Hutchins and D. W. Schindel, "Advances in Non-contact and Air-coupled Transducers", Proc. 1994 IEEE Ultrason. Symp., pp. 1245-1254, (1994)

[14] M. Castaings and B. Hosten, "The use of electrostatic, ultrasonic, air-coupled transducers to generate and receive Lamb waves in anisotropic, viscoelastic plates", Ultrasonics, Vol. 36, pp. 361-365, (1998)

[15] A. Safaeinili and O. I. Lobkis, D. E. Chimenti, "Quantitative materials characterization using air- coupled leaky Lamb waves", Ultrasonics, Vol.34, pp. 393-396, (1996)

[16] D. W. Schindel, D. A. Hutchins, L. Zou and M. Sayer, The design and characterization of micromachined air-coupled capacitance transducers", EEE Trans. Ultrason. Ferroelect., Freq. cont., Vol. 42-1, pp. 42-50, (1995)

[17] D. A. Hutchins and W. M. D. Wright, G. Hayward and A. Gachagan, "Air-coupled Piezoelectric Detection of Laser-generated Ultrasound", IEEE Trans. Ultrason. Ferroelec. Freq. Control, Vol. 41, pp.796-805, (1994)

[18] D. Tuzzeo, F. Lanza di Scalea, "Noncontact Air-Coupled Guided Wave Ultrasonics for Detection of Thinning Defects in Aluminum Plates", Res. Nondestructive Evaluation, Vol. 13, No. 2, pp. 61-77, (2001)

[19] D. A. Oursler and J. W. Wagner, "Narrow-band hybrid pulsed laser/EMAT system for noncontact ultrasonic inspection using angled shear waves", Material Evaluation, Vol. 53, pp. 593-597, (1995)

[20] T. Hayashi and K. Kawashima, K. Suzuki, K. Arai, S. Endoh, "Noncontact Testing for Plastic Plates using Air-coupled Ultrasonic Sensors", J. JSNDI, Vol. 50, No. 2, pp. 108-113, (2001)

[21] D. Tuzzeo, F. Lanza di Scalea, "Noncontact Air-Coupled Guided Wave Ultrasonics for Detection of Thinning Defects in Aluminum Plates", Res. Nondestructive Evaluation, Vol. 13, No. 2, pp. 61-77, (2001)

[22] F. Lanza di Scalea, M. Bonomo and D. Tuzzeo, " Ultrasonic Guided Wave Inspection of Bonded Lab Joints : Noncontact Method and Photoelastic Visualization", Res. Nondestructive Evaluation, Vol. 13, No. 3, pp. 153-171, (2001)

[23] 중소기업 수탁연구지원사업수행 결과보고서, 'SH파용 비접촉식 초음파 탐촉자를 이용한 용접부의 결함검출 기술개발'

6장

[1] 박익근, 김용권, 안연식, 송원준, 정계조, 조윤호, 조용상, "A Study on the Behavior of Ultrasonic Guided Wave Mode in a Pipe using Comb Transducer", APCFS, pp. 2182-2186, (2005)

[2] 박익근, 김용권, 김현묵, 송원준, 조용상, "Long Range Ultrasonic Guided Wave Technique for Inspection of Pipes", Key Engineering Materials, vol 321-323, pp. 799-803, (2006)

[3] J. L. Rose and D. Jiao, "Ultrasonic Guided wave NDE for Piping", Materials Evaluation, Vol. 51, No. 5, pp. 1310-1313, (1996)

[4] S. P. Pelts, D. Jiao, and J. L. Rose, "A Comb Transducer for Guided Wave Generation and Mode Selection", IEEE Ultrasonics Symposium, pp. 857-860, (1996)

[5] S. Pelts, J. L. Rose and Y. Cho, "A Comb Transducer for Guided Wave Mode Control", Review of Progress in Quantitative NDE, Vol. 18, pp. 1029-1036, (1998)

[6] J. L. Rose and Y. H. Cho, "Ultrasonic Guided Wave Inspection Potential in the Power Generation Field", Safety & NDT' 95, pp. 101-115, (1995)

[7] H. J. Shin and J. L. Rose, "Guided Wave Tuning Principles for Defect Detection in Tubing", Journal of Nondestructive Evaluation, Vol. 17, No. 1, pp. 27-36, (1998)

[8] 김영환, 송성진, 박준수, 전진홍, 김재희, 엄흥섭, "배열 탐촉자를 사용한 유도초음파의 모드선정", 한국 비파괴 검사학회 추계학술 대회, pp. 59-65, (2004)

[9] 강승현, 이준현, 조윤호, 최상우, "강판의 두께변화에 따른 레이저 유도 초음파의 모드 분석", 한국 비파괴 검사학회 추계학술 대회, pp. 78-83, (2004)

[10] J. L. Rose and D. Jiao, "Ultrasonic Guided wave NDE for Piping", Materials Evaluation, Vol. 51, No. 5, pp. 1310-1313, (1996)

[11] H. J. Shin and S. J. Song, Time-localized frequency analysis of ultrasonic guided waves for nondestructive , Review of Progress in Quantitative Nondestructive Evaluation, D. O. Thompson and D. E. Chimenti eds, Plenum Press, New York, Vol. 19 , pp. 709-716, (1999)

[12] Takahiro Hayashi and Joseph L. Rose, "Guided wave simulation and visualization by a Semi-Analytical Finite Element Method," Materials Evaluation Vol.61, No.1 (2003) pp.75-79

[13] Takahiro Hayashi, Won-Joon Song and Joseph L. Rose, "Guided wave dispersion curves for a bar with an arbitrary cross-section, a rod and rail example," Ultrasonics Vol. 41 No.3 (2003) pp 175-183

[14] Takahiro Hayashi, "Guided Wave Calculation and Its Applications to NDE," Journal of the Korean Society for Nondestructive Testing, Vol.24, No.2 (2004.4) pp.125-135

[15] P. Cawley and D. Alleyne: The use of Lamb waves for the long range inspection of large structures, Ultrasonics, 34, pp.287-290, (1996)

[16] D. N. Alleyne, B. Pavlakovic, M. J. S. Lowe and P. Cawley: Rapid long-range inspection of chemical plant pipework using guided waves, Review of Progress in Quantitative NDE, ed. by D. O. Thompson and D. E. Chimenti (Plenum, NewYork), 20, pp.180-187 (2001)

[17] P. J. Mudge, A. M. Lank and D. N. Alleyne: 配管腐食の遠距離探査法, 非破查, 46 (5), pp.314-319 (1997)

[18] 안봉영, 김영주, 김영길, 이승석, "배관결함 검출을 위한 EMAT 시스템 개발", J. of KSNT, Vol. 24, No. 1, pp. 15-21, (2004)

[19] J. L. Rose, "Ultrasonic Waves in Solid Media", Cambridge University Press, pp. 111-113, (1999)

[20] M. Hirao and H. Ogi, "Noncontact Materials Characterization by Electromagnetic Acoustic Transducers", J. JSNDI, Vol. 46, No. 9, pp. 649-654

[21] M. Hirao and H. Ogi, "Noncontact Monitoring of Fa Process with Electromagnetic Acoustic Resonance", J. JSNDI, Vol. 51, No. 2, pp. 79-82, (2002)

[22] M. Hirao and H. Ogi, "EMATs for science and Industry Noncontacting Ultersonic Measurements", Kluwer Academic Publisher, (2003)

[23] Ik-Keun park, Youn-Ho Cho, "A Lamb wave study on thermal damage in a degraded plate", Review of QNDE Vol. 22, pp. 1379-1386 (2002)

[24] H. G. Kwun, S. Y. Kim and G. M. Light, "Long-Range Guided Wave Inspection of Structures Using the Magnetostrictive Sensor", Journal of the Korean Society for Non-Destructive testing, Vol. 21, No. 4, pp. 383-390, (2001)

[25] H. J. Shin and S. J. Song, Time-localized frequency analysis of ultrasonic guided waves for nondestructive , Review of Progress in Quantitative Nondestructive Evaluation, D. O. Thompson and D. E. Chimenti eds, Plenum Press, New York, Vol. 19 , pp. 709-716, (1999)

[26] W. H. Prosser, Michael D. Seale and barry T. smith, "Time frequency domain analysis of the dispersion of Lamb modes", Journal of the Acoustical Society of America 105 (5), pp. 2699-2676, (1999)

[27] A. Abbate, J. Frankel and P. Das, "Wavelet transform signal processing for dispersion analysis of ultrasonic signals", Proceeding of IEEE Ultrasonics Symposium, (1995)

[28] D. Alleyne and P. Cawley, "A two-dimensional Fourier Transform method for the measurement of propagating multimode signals, Journal of the Acoustical society of America, 89(3), pp. 1159-1168, (1991)

[29] D. C. Gazis, "Three-Dimensional Investigation of the Propagation of Waves in Hollow Circular Cylinders. Ⅰ. Analytical Foundation", J. Acous. Soc. Am, Vol. 31, No. 5, pp. 568-573, (1959)

[30] Takahiro Hayashi, Koichiro Kawashima and Joseph L.. Rose, "Calculation for guided waves in pipes and rails," Key Engineering Materials, Vols. 270-273 (2004) pp.410-415

[31] Takahiro Hayashi, Koichiro Kawashima, Zonqi Sun and Joseph L. Rose, "Guided wave focusing mechanics in pipe," Proceedings of ASME-PVP (2003)

[32] J. J. Ditri and J. L. Rose: Excitation of guided elastic wave modes in hollow cylinders by applied surface tractions, J. Appl. Phys. 72 (2), pp.2589-2597 (1992)

[33] P. Cawley, M. J. S. Lowe, D. N. Alleyne, B. Pavlakovic and P. Wilcox: Practical long range guided wave testing: Applications to pipes and rail, Materials Evaluation, 61 (1), pp.66-74 (2003)

[34] P. Cawley and D. Alleyne: The use of Lamb waves for the long range inspection of large structures, Ultrasonics, 34, pp.287-290, (1996)

[35] T. Hayashi and J. L. Rose: Guided wave simulation and visualization by a semianalytical finite element method, Materials Evaluation, 61 (1), pp.75-79 (2003)

7장

[1] Krautkrmer, J. and H. Krautkramer. Ultrasonic Testing of Materials, NY: Springer-Verlag(1969)

[2] Lester W. Schmerr, JR. Fundamentals of Ultraonic Nondestructive Evaluation : Plenum Press(1998)

[3] Born, M. and E. Wolf. Principles of Optics. Oxford. England : Pergamon Press(1970)

[4] Tarnozy, T. "Sound Focusing Lenses and Waveguides." Ultrasonics.(July 1965)

[5] Hersfeld, K. and T.Litovitz. Absorption and Dispersion of Ultrasonic waves. New York, NY: Academic Press(1959)

[6] D. Xiang, N.N. Hsu and G.V. Blessing "A Simplified Ultrasonic Immersion Technique for Materials Evaluation", Material Evaluation, pp. 854-859 (July, 1998)

[7] Andrew Briggs, Advances in Acoustic Microscopy, Plenum Press, Vol. 1 pp. 49-77

[8] D. E Chimenti and R. W. Martin, "Nondestructive Evaluation of Composite Laminates by Leaky Lamb Waves", Ultrasonics, Vol. 29, pp. 12-21, (1991)

[9] N. N. Hsu and D. Xiang, "Time and Polarization Resolved Ultrasonic Measurements Using a Lensless Line-Focus Transducer", IEEE Ultrasonics Symposium, pp. 867-871, (1991)

[10] M. G. Silk, "The Interpretation of TOFD data in the light of ASME XI and similar rules", British Journal of NDT, (May, 1989)

[11] M. G. Silk and P.E. Kear, "The Time of Flight Diffraction Technique Theoretical Aspects and Practical Application", L'informatica nelle technigie nondestructive, (Feb. 1993)

8장

[1] Krautkrmer, J. and H. Krautkramer. Ultrasonic Testing of Materials, NY:

Springer-Verlag(1969)
[2] Born, M. and E. Wolf. Principles of Optics. Oxford. England : Pergamon Press(1970)
[3] Lester W. Schmerr, JR. Fundamentals of Ultraonic Nondestructive Evaluation : Plenum Press(1998)

9장

[1] Goto, M, et.al.: Automated phased array UT system for turbine blade inspection, in 10th Int. Conf: On NDE in the Nuclear and P.V. Industries, Glasgow, 1990, ASM Int., pp.583-590.
[2] Wustenberg,H., et.al. Ultrasonic phased arrays for non-destructive inspection of forgings, in Mat. Eval., June 1993, pp.669-672.
[3] Nottingham,L.D., Solomon, K.R., Presson, H.J., Phased array ultrasonic approach to turbine blade attachment inspection, in 12th Int. Conf: On NDE in the Nuclear and P. V.Industries, Philadelphia, 1992, ASM Int., pp.493-497.
[4] Desruelles,D., Burat,O., Pierre, G. Inspection of tube using ultrasonic phased array, in 14th WCNDT, New Delhi, India, 1996, pp.2031-2034 (vol.4).
[5] John. R. Lilley; Stress Corrosion Crack Sizing in Steam Turbine Disks & Generator Retaining Rings; EPRI Turbine/Generator Workshop, July 20-23, 1993.
[6] C. A. Cain, and E. S. Ebbini. : "Synthesis of Optical Field Patterns with ultrasound Phased Array Applicators." Annual International Conference of the IEEE and Biology Society, Vol. 12. No 1, 1990.
[7] V. Ramm, O.T and S.W. Smith. "Beam Steering with Linear Arrays." Transaction on Biomedical Engineering. Vol. No. 8. New York, NY : Institute of Electrical and Engineers, 1983.
[8] A. Lamarre & N. Dube, "Feasibility Study of ultrasonic Inspection Using Phased Array of Turbine Blade Root", EPRI Workshop, July 29-Aug.01, pp1~9, 1997
[9] G. Lenoid and C. Cain., "A Method of Reduction Grating Lobes Associated with an Ultrasound Linear Phased Array Intended for Transrectal Thermo Therapy", IEEE Transactions on Ultrasonics, Perro Electrics and Frequency Control, Vol. 44, No. 5, pp.114-120, 1997.
[10] H.J. Kim, S.M. Han, and J.H. Lee, "Study of Ultrasound Imaging Technique for

Diagnosing Osteoporosis", Journal of Korean Society for Nondestructive Testing, Vol. 22, No. 4, pp.386-392, 2002.
[11] G. Brekow, "Ultrasonic Inspection at Complicated Geometries of Pressure Vessels with Phased Array Probes", in 10th International Conference on NDE in the Nuclear and PV Industries, pp.423-429, 1990.
[12] M. Goto and Y. Matsunaga, "Application of portable phased array UT System", 14th WCNDT, New Delhi, pp.415-422, 1996.
[13] G. Singh, R. Cervantes and R. Spinks, "Ultrasonic Nondestructive Testing Technique for the Examination of Low-Pressure Turbine Disc Rims", SWRI.
[14] M. Koike, and F. Takahashi, "Development of an Ultrasonic Inspection Technique for the Dovetail of Turbine Rotor Disks", Proceedings of the 13th International Conference on NDE in the Nuclear and Pressure Vessel Industries, Kyoto, Japan, 22-25 May, pp.463-467, 1995.
[15] H. wuestenberg, "Ultrasonic Phased Array for Nondestructive Inspection of Forgings", Society for Nondestructive Testing, Vol. 51, No. 6, pp.669-

10장

[1] A. Macovski, "Medical Imaging System", Prentice-Hall, Inc., New Jersey, Chp. 9, 10, 1983.
[2] M. Nakashiro, S. Shibata, H. Yoneyama, etal., "Prediction of Creep Damage Life for 2.25Cr1Mo Welded Joint and Assessment by Ultrasonic Noise Analysis", J. Soc. Mat. Sci., Japan, Vol.45, No.3, 1996, pp.321-327
[3] Schenk, G., Erhardt, A, Hauser,T. Development of two advanced ultrasonic inspection systems with phased arrays, in ASNT Fall Conf, Seattle 1996, pp.218-220.
[4] G. P. Singh, R. A. Cervantes and R. L. Spinks; Ultrasonic Nondestructive Testing Technique for the Examination of Low-Pressure Turbine Disc Rims; SWRI.
[5] J. F. Newman; The Corrosion Potential of a 3% CrMo Steel in Sodium Hydroxide Solutions and its Relationship to Stress Corrosion Cracking; CERL Note No. RD/2/N 186/73, Central Electricity Research Laboratories, July, 1973.
[6] P. K. Nair, F. F. Lyle, Jr., J. E. Buckingham, H. G. Pennick; Guidelines for Predicting the Life of Steam Turbine Disks Exhibiting Stress Corrosion Cracking; EPRI Report NP-6444, Vol 1, Project 1929-16, 2518-1, July, 1989.

[7] J. F. Newman; The Corrosion Potential of a 3% CrMo Steel in Sodium Hydroxide Solutions and its Relationship to Stress Corrosion Cracking; CERL Note No. RD/2/N 186/73, Central Electricity Research Laboratories, July, 1973.

[8] John. R. Lilley; Stress Corrosion Crack Sizing in Steam Turbine Disks & Generator Retaining Rings; EPRI Turbine/Generator Workshop, July 20-23, 1993.

[9] Albert S. Birks, "Ultrasonic Testing" Nondestructive Testing Handbcok Vol 7, ASNT, 284~297, 1991

[10] J. F. Newman; The Corrosion Potential of a 3% CrMo Steel in Sodium Hydroxide Solutions and its Relationship to Stress Corrosion Cracking; CERL Note No. RD/2/N 186/73, Central Electricity Research Laboratories, July, 1973.

[11] P. K. Nair, F. F. Lyle, Jr., J. E. Buckingham, H. G. Pennick; Guidelines for Predicting the Life of Steam Turbine Disks Exhibiting Stress Corrosion Cracking; EPRI Report NP-6444, Vol 1, Project 1929-16, 2518-1, July, 1989.

[12] Bruce M. Jacobs; Mechanized Ultrasonic Turbine Disc Examination System; SWRI, Nuclear Power Educational Seminar, pp.1-23, 1981.

[13] R. Martines-Ofia, M. Gutierrez, A. Navarro etal., "Creep Evaluation of Metallic Materials by Ultrasonic and Metallurgical Parameters", Ultrasonics International 89 Conference Proc., 1989, pp.907-912

11장

[1] Mordfin. Leonard, "Standards for Residual Stress Measurement", Residual Stress effects in fatigue. ASTM STP 776, American Society for Testing and Materials, 1982, pp. 6~12

[2] Tack Soon Lee, "Study on the Measurements of Residual Stress in The Field of Surface Stress Gradient", KSME, Vol.14, No4, 1990, pp. 761~768

[3] H.S. Bang, "A Study on The Mechanical Behavior of Welded pPrts in Thick Plate during Post Welding Heat Treatment", Journal of the Korean Welding Society, Vol.11 No.4, 1993, pp.210~218

[4] S.S. Lee and B.Y. Ahn, "Welding Residual Stress Measurement by Ultrasonic Method" journal of the Korean Society for Nondestructive testing, Vol.9, No.2 1989, pp.61~66

[5] P.Palanichamy, A. Joseph, "Residual Stress and Their Evaluation in Weld" Division of PIE and NDT Developement Indira Gandhi Centre for Atomic

Research, IIW-V-995-92

[6] R.D. Stout, "Weldability of Steels", Forth Edition(Weldintg Research Council, New York), 1987, pp.104

[7] J.Mathar, "Determination of Initial Stresses by Measuring the Deformations Around Drilled Holes", Trans. ASME, 1936, pp.249~254

[8] G.S. Schajer, "Application of Finite-Element Calculations to Residual Stresses Measurement", ASME trans., J. Eng. Mater. Tech., 103, no.2 1981, pp.157~163, 113. EPRI, "Review and Evaluation of Nondestructive Method for Residual Stress Measurement" EPRI NP-1971, Project 1395~5, 1981

[9] Delameter, W.R. and Mauraros, T.C., "Measurement of Residual Stresses by the Hole Drilling Method", Sandia Laboratories Report, Sand 77~8006

[10] S.K. Oh, T. Kunio and A. Hasui, "Effect of Initial Strain on Evaluation of High Temperature Creep Properties of Friction Welded Joints", Proc. of Asian-Pacific Congress on Materials Strength Evaluation-86, 1986, pp.549-554

[11] S. G. Lee, M. H. Chung et al., "Assessment on Creep Properites of high-Temperature Pipeline Materials in Power Plants(4)-Creep Properties and Creep Life Estimation of 2.25Cr1Mo Steel by ISM", Proc. of the KCORE Ⅰ-8, 1997, pp.84-89

[12] C.O. Ruud, "Residual Characterization of Thick-Plate Weldments Using X-Ray Diffraction", Supplement to the Welding Journal, 1993, pp.87~91

12장

[1] M.H. Jung and D.Y. Park, "Development of Technique for Crack Detection in TBN Blade Root", KEPRI Report, KRG-90G-J04, 1992.

[2] Goto, M., Matsunaga, Y Application of portable phased array UT system, ibid, pp.2095-2100.

[3] G. P. Singh, R. A. Cervantes and R. L. Spinks; Ultrasonic Nondestructive Testing Technique for the Examination of Low-Pressure Turbine Disc Rims; SWRI

[4] F. F. Lyle, Jr. and H. C. Burghard, Jr.; Steam Turbine Disc Cracking Experience; EPRI Report NP-2429, Vol. 2, Project 1398-5, June, 1982.

[5] M. Koike, F. Takahashi, S. Kajiyama, H. Chiba and Y. Yoshida; Development of an ultrasonic inspection technique for the dovetail of turbine Rotor disks; Proceedings of the 13th international Conference on NDE in the Nuclear and

Pressure Vessel Industries, pp.463-467; Kyoto, Japan, 22-25 May, 1995.
[6] 증기 터빈로타 기술관리에 관한 조사연구; 한국전력공사 기술연구소, 연구소보 14호, 1980.

13장

[1] "Boiler Tube Failure : Correction, Prevention, and Control", EPRI. 1989
[2] "Boiler Tube Failures : Theory and Practice" , EPRI. 1995.
[3] "보일러 손상해석" 한국전력공사 정비기획실. 1997.
[4] Y. Sakaguchi, K. Tamura, T. Koyama etal., "Development of Non- destructive Residual Life Evaluation Techniques for Boiler Materials", 火力 原子力發電, Vol.39, No.6, 1988, pp.75-86
[5] Lees, S. "Useful Criteria in Describing the Field Pattern of Focusing Transducers." Ultrasonics. Vol.16,No.5. Surrey, England: Butterworth and Company:
[6] L. Macovski, "Ultrasonic Imaging Using Arrays", Proceedings of the IEEE, Vol. 67, NO. 4, 1979.
[7] Von Ramm, O.T. and S.W. Smith. "Beam Steering with Linear Arrays." Transactions on Biomedical Engineering. Vol. BME-30, No. 8. New York, NY: Institute of Electrical and Electronics Engineers. Aug, 1983.
[8] A. S. Birks, R. E. Green, Jr. Nondestructive Testing Handbook. Vol. 7. 1991.
[9] Walder, J.T. and J.D. Meindl. "A Digitally Controlled CCD Dynamically Focussed Phased Array." Proceedings of the Ultrasonics Symposium. New York, NY : Institute of Electrical and Electronics Engineers. 1975.
[10] Lamping, G. A. and Arrowwood, R. A., Investigation and Correction of Boiler Tube Failure Mechanisms, EPRI Report 3945, April 1985.
[11] Walker, S. M., Landrum, J. L., and MacDonald, D. E., US12 current 'state of the art' piping examination technology, The e-Journal of Nondestructive Testing & Ultrasonics, Vol. 4, No.10, October 1999.
[12] Roberts, R. D., Applications of Laser Profilometery for Boiler Tube Inspection, The e-Journal of Nondestructive Testing & Ultrasonics, Vol. 3, No. 7, July, 1998.
[13] The Center for Nondestructive Evaluation at Iowa State University, http://www.cnde.iastate.edu/ncce/UT_CC/ Sec.5.4/Sec.5.4.html
[14] Siegel M., P. Gunatilake and G. Podnar, "Robotic Assistants for Aircraft Inspectors," IEEE Instrumentation & Measurement Magazine, pp. 16-30, March

1998.

[15] Bar-Cohen, Y., and Backes, P., "Open-architecture robotic crawlers for NDE of aircraft structures", Materials Evaluation, Vol. 57, No. 3, pp.361-366, 1999.

[16] Gros, X. E., NDT Data Fusion, Arnold, London, UK, 1996.

[17] EPRI, "Digital Signal Processing for Plant Nondestructive Evaluation", 1992.

[18] EPRI, "Accuracy of UT Flaw Sizing Techniques for Pressure Vessels", 1989

[19] 전력연구원, "보일러 튜브 초음파 결함탐지법 개발", 최종보고서, 1999.

14장

[1] 증기 터빈로타 기술관리에 관한 조사연구; 한국전력공사 기술연구소, 연구소보 14호, 1980.

[2] H. Presson, P. Sabourin; Inspection of Turbine Disk Blade Attachment Guide; EPRI Report TR-104026, Vol. 1, Sep., 1994.

[3] R. Fredenberg, B. Anderson, M. Salerno and R. Simpson; 영광 원자력 발전소 1, 2호기 검사에 대한 보고서; Westinghouse Electric Corporation, 30,Aug.-1 Sep., 1991.

[4] G. P. Singh, R. A. Cervantes and R. L. Spinks; Ultrasonic Nondestructive Testing Technique for the Examination of Low-Pressure Turbine Disc Rims; SWRI.

[5] J. F. Newman; The Corrosion Potential of a 3% CrMo Steel in Sodium Hydroxide Solutions and its Relationship to Stress Corrosion Cracking; CERL Note No. RD/2/N 186/73, Central Electricity Research Laboratories, July, 1973.

15장

[1] T. Hayashi, " Numerical Simulation of Guided Wave Propagation", Journal of the Japanese Society for Non-Destructive Inspection, Vol, 52, No. 12, pp. 662-665, (2003)

[2] T. Nagai, M. Hyodo and K. Takamura, "Long Range Ultrasonic Technique for Inspection of Buried Pipelines", Journal of the Japanese Society of Non-Destructive Inspection, Vol. 51, No. 10, pp. 622-627, (2002)

[3] P. J. Mudge and A. M. Lank, "A Long Range Method of Detection of Corrosion under Insulation in process Pipework", Journal of the Japanese Society of Non-Destructive Inspection, Vol. 46, No. 4, pp. 314-319, (1997)

[4] S. J. Song, J. S. Park and H. J. Shin, "Guided Wave Mode Selection and Flaw Detection for Long Range Inspection of Polyethylene Coated Steel Gas Pipes", Journal of the Korean Society for Nondestructive Testing, Vol. 21, No. 4, pp. 406-414, (2001)

[5] H. J. Shin, Joseph L. Rose, S. J. Song, "Inspection of Heat Exchanger Tubing Detects with Ultrasonic Guided Waves", Journal of the Korean Society for Nondestructive Testing, Vol. 20, No. 1, pp. 1-9, (2000)

[6] J. L. Rose and D. Jiao and J. Spanner, Jr., "Ultrasonic Guided wave NDE for Piping", Materials Evaluation, Vol. 51, No. 5, pp. 1310-1313, (1996)

[7] D. N. alleyne and P. Cawley, "Optimization of Lamb wave inspection Techniques", NDT & E International, Vol. 25, pp. 11-22, (1992)

[8] T. Nagai, M. Hyodo and K. Takamura, "Guided Ultrasonic Testing as a Practical Technology", Journal of the Japanese Society for Non-Destructive Inspection, Vol, 52, No. 12, pp. 667-671, (2003)

[9] S. Kameyama, K. Misu, S. Wadaka, Y. Tanaka, M. Koike and S. Suchiro, "Ultrasonic Test Instrument Using Guided Wave", Journal of the Japanese Society for Non-Destructive Inspection, Vol, 52, No. 12, pp. 672-678, (2003)

[10] Roberts, R. D., Applications of Laser Profilometery for Boiler Tube Inspection, The e-Journal of Nondestructive Testing & Ultrasonics, Vol. 3, No. 7, Jul. 1998

[11] T. Hayashi, "Study on ultrasonic propagation in thin plates and its applications to the non-destructive evaluation", PhD Thesis, Nagoya univ., (2001)

[12] S. J. Song, J. S. Park and H. J. Shin, "Guided Wave Mode Selection and Flaw Detection for Long Range Inspection of Polyethylene Coated Steel Gas Pipes", Journal of the Korean Society for Nondestructive Testing, Vol. 21, No. 4, pp. 406-414, (2001)

[13] D. N. alleyne and P. Cawley, "Optimization of Lamb wave inspection Techniques", NDT & E International, Vol. 25, pp. 11-22, (1992)

[14] H. G. Kwun, S. Y. Kim and G. M. Light, "Long-Range Guided Wave Inspection of Structures Using the Magnetostrictive Sensor", Journal of the Korean Society for Non-Destructive testing, Vol. 21, No. 4, pp. 383-390

16장

[1] Johnson, A.J. and Barina, B.A. "The effects of Surface Mapping Corrections with Synthetic-Aperture Focusing Techniques on Ultrasonic Imaging" IEEE

Trans Vol. SU-30 No.5, pp. 283~294, 1983

[2] Ruey-Chyuan Shih, Young-Fo Chang, Chih-Hsiung Chang,Po-Yen Tseng, "Ultrasonic Synthetic Aperture Focusing Using the Root-Mean-Square Velocity", J Nondestruct Eval (2014) 33:12–22

[3] Tadeusz Stepinski, Synthetic Aperture Focusing Technique in Ultrasonic Inspection of Coarse Grained Materials, SKI Report 2008

[4] 장경영, 김홍준, D. Cerniglia and B. Djordjevic, 레이저와 공기결합 트랜스듀서를 이용한 비접촉식 초음파 비파괴 평가/검사", 한국비파괴검사학회 춘계학술대회 논문집, pp. 91-97, (2001)

[5] 이승석, 김영길, 안봉영, "Air-coupled 초음파 탐촉자를 이용한 레이저 유도 초음파신호 탐지", 한국비파괴검사학회 춘계학술대회 논문집, pp. 342-349, (2000)

[6] J. R. Park, K. Y. Jhang and K. C. Kim, "Analysis of the Characteristics of Laser-Generated Ultrasonic Waves Detected by PZT Transducer", Jounal of the Korean Society of Mechanical Engineers A, Vol. 23, No. 9, pp. 1590-1596, (1999)

[7] 이준현, "레이저를 이용한 초음파 송수신과 응용", 초음파센서 제조기술 및 응용 워크숍, pp. 3-34, (2005)

[8] 김윤영, "자기변형 트랜스듀서의 설계, 제작 및 응용", 초음파센서 제조기술 및 응용 워크숍, pp. 37-71, (2005)

[9] 노용래, "어레이 압전센서의 설계, 제조 및 응용", 초음파센서 제조기술 및 응용 워크숍, pp. 75-94, (2005)

[10] 안봉영, "MEAT 설계, 제조 및 응용", 초음파센서 제조기술 및 응용 워크숍, pp. 97-122, (2005)

[11] 김기복, 안봉영, 박해원, 김영주, "cMUT 설계 및 제조", 초음파센서 제조기술 및 응용 워크숍, pp. 125-163, (2005)

[12] 이수호, "초음파센서용 압전소자의 설계 및 제조", 초음파센서 제조기술 및 응 용 워크숍, pp. 167-179, (2005)

[13] 최명선, "압전초음파변환기의 설계 및 제조", 초음파센서 제조기술 및 응용 워 크숍, pp. 183-199, (2005)

17장

[1] Rendler , N.J. and Viguess,I., "Hole-Drilling Strain-Gage Method of Measuring Residual Stress", Experimental Mechanics, 6(12) 1966, pp.577~586

[2] P.Palanichamy, A. Joseph, "Residual Stress and Their Evaluation in Weld"

Division of PIE and NDT Developement Indira Gandhi Centre for Atomic Research, IIW-V-995-92

[3] Mordfin. Leonard, "Standards for Residual Stress Measurement", Residual Stress effects in fatigue. ASTM STP 776, American Society for Testing and Materials, 1982, pp. 6~12

[4] Tack Soon Lee, "Study on the Measurements of Residual Stress in The Field of Surface Stress Gradient", KSME, Vol.14, No4, 1990, pp. 761~768

[5] H.S. Bang, "A Study on The Mechanical Behavior of Welded pPrts in Thick Plate during Post Welding Heat Treatment", Journal of the Korean Welding Society, Vol.11 No.4, 1993, pp.210~218

[6] S.S. Lee and B.Y. Ahn, "Welding Residual Stress Measurement by Barkhausen Noise Method" journal of the Korean Society for Nondestructive testing, Vol.10, No.1 1990, pp.91~95

[7] S.L. Chu, H. Peukert, and E. Schneider, "Residual Stress in a Welded Steel Plate and Their Measurements Using Ultrasonic Techniques", MRL bull. res., Vol. 1, No.2, 1987, pp.45~50

[8] G.Kirsch, "Theory of Elasticity and Application in Strength of Materials", Z. Vev. Disch. Inge., 42, No. 29 1898, pp.797~807

[9] E.M. Beaney, "Accurate Measurement of Residual Stress on any Steel using The Centre-Hole Method", Strain, 12, n0.3 1976, pp.99~105

[10] Kelsey, R.A., "Measuring Non-Uniform Residual Stress by the Hole Drilling Method" Proc. Soc. Exp. Stress Anal., Vol.14, N0. 1 1956, pp.181~184

[11] Dini, J.W., Beneditti, G.A., and Johnson, H.R., "Residual Stress in Thick Electrodeposits of Nickel-Cobalt alloy", Experimental Mechanics, 1976, pp.5 6~60

[12] Alers, G.A., "Ultrasonic Methods - Overview", Proceedings of a Workshop on Nondestructive Evalustion of Residual Stress, NTIAC-76-2, 1975

[13] Cullity, B.D., "Magnetic Methods", Proceedings of a Workshop on Nondestructive Evaluation of Residual Stress, NTIAC -76-2, 1975, pp.227~236

[14] Suzuki,M., Komura, I. and Takahashi, H., "Nondestructive Estimation of Residual Stress in Welded Pressure Vessel steel by Means of Remanent Magnetization Measurement", Int. J. Pres. Ves. & Piping(6) (1978), Applied Science Publishers Ltd. Eng. 1978

[15] C.G. Gardner, G.A.Matzkanin, The Influence of Mechanical Stress on Magneti-

zation Process and Barkhausen Jumps in Ferromagnetic Materials", Int. J. of Nondestructive testing, Vol.3 1971, pp.131~169.

[16] C.O.Ruud, "Residual Characterization of Thick-Plate Weldments Using X-Ray Diffraction", Supplement to the Welding Journal, 1993, pp.87~91

18장

[1] 심응보, 장태인, 강연욱 "염진해 오손정도 및 기준정립에 관한 연구", 최종보고 서, 2001, '03전력연-단146, 한국전력공사 전력연구원

[2] 장정태 외 4명 "전력설비의 염진해 대책에 관한 연구 보고서" 1988, 한국전력공사 전력연구원

[3] 조용상, 송규소, 최유성, 박태성, "TDR 활동 최종보고서", 검출기 개발을 통한 배전설비 진단 및 관리기준 제시 2009, 한국전력공사 경영 선진화실

[4] 박준영, 조병학, 이재경, 오기용, "송전용 애자 정밀점검용 지능형 로봇시스템 개발", 최종보고서, 2010, '10전력연-단0079, 한국전력공사 전력연구원

[5] 구선근, 윤진열, 박기준, 주형준, "변전설비 고장예방을 위한 설비투자 및 고장 평가 체계구축 연구" 중간 보고서, 2009.3, '09전력연-단 0425, 한국전력공사 전력연구원

[6] 이병성, 김용하, "신뢰도 평가기법을 이용한 배전기자재 교체주기 및 평가시스템 개발" 최종보고서, 2009.10, '09전력연-단1001, 한국전력공사 전력연구원

[7] 김주용, 이병성, 권성철, 추철민, "배전 신기자재 및 신기술 개발 마스트 플랜 수립", 최종보고서, 2009.6 '09전력연-단415, 한국전력공사 전력연구원

19장

[1] V. Ramm, O.T and S.W. Smith. "Beam Steering with Linear Arrays." Transaction on Biomedical Engineering. Vol. No. 8. New York, NY : Institute of Electrical and Engineers , 1983.

[2] Yong-Sang cho, Jae-Hoon kim at el , "A study on the characteristics of surface wave induced by phased array UT", the 11th asia pacific conference on non-destructive testing, Jeju island, 2003.11.5

[3] Walder, J.T. and J.D. Meindl. "A Digitally Controlled CCD Dynamically Focussed Phased Array". Proceedings of the Ultrasonics Symposium. New York, NY : Institute of Electrical and Electronics Engineers. 1975.

[4] H.J. Shin, and S.J. Song, "Nondestructive Inspection of Steel Structure using

Phased Array Ultrasonic Technique", Journal of the Korean Society for Nondestructive Testing, Vol. 20, No. 6, pp.538-544, 2000.
[5] Y.S. Cho, and J.H. Kim, "A study on a Crack Evaluation Techique for Turbine Blade Root using Phased Array Ultrasonics", Journal of Korean Society for Nondestructive Testing, Vol. 24, No. 2, pp.151-157, 2004.
[6] L. Azar and S. Wooh, "Beam Focusing Behavior of Linear Phased Arrays", NDT & E International, Vol. 33, pp.189-198, 2000.
[7] S. Wooh, and Y. Shi, "A Simulation Study of the Beam Steering Characteristics for Linear Phased Arrays", Journal of Nondestructive Evaluation, Vol. 18, No. 2, pp.39-57, 1999.
[8] J. Walder and J. Meindl, "A Digitally Controlled CCD Dynamically Focussed Phased Array", Proceedings of the Ultrasonics Symposium, New York, NY Institute of Electrical and Electronics Engineers, 1975.

20장

[1] A. Macovski, "Medical Imaging System", Prentice-Hall, Inc., New Jersey, Chp. 9, 10, 1983.
[2] http://www.esm.psu.edu
[3] http://www.metcer.ameslab.gov
[4] http://www.cqe.northwestern.edu
[5] http://www-ndc.me.es.osaka-u.ac.jp
[6] http://ultrasonic.mech.nitech.ac.jp
[7] http://ultrasonic.mech.nitech.ac.jp
[8] M. Matsubara and A. Nitta, "Theoretical Study on Creep Damage Detection by Ultrasonic Wave Measurement", CRIEPI Report, T88014, 1988, pp.4-6

편집후기

1988년 초 기아특수강 금속기술연구소에서의 철도차륜 품질보증을 위한 비파괴 검사 기술의 연구 업무를 시작으로 1989년 2월 한전에 입사하여 오늘에 이르기 까지 오로지 한길 비파괴 평가분야의 연구 및 기술지원 등 항상 NDE라는 말과 같이 살아왔음을 돌이켜 보며 정년퇴임의 해, 달에 그간의 직장생활의 업무와 관련한 삶의 자취를 되돌아보면서 미흡하나마 이렇게 기술적 회고를 할 수 있게 되어 무한한 기쁨을 느끼며 저에게는 최고의 영광스러운 일이라고 생각합니다. 그간 오늘의 제 모습이 형성되도록 다방면으로 인도하여 주신 여러 한전의 선배님께 감사의 마음을 전합니다. 또한 그간 여러 가지 면으로 부족한 저에게 지도 편달하여 주신 모든 분들께 진심으로 감사드립니다.

돌이켜 보면 한전 입사이후 오늘에 이르기까지 32년간에 걸쳐 한 업무에 매진해 왔으며 이를 통해 학교에서 배운 지식과 직업에서의 전문성을 연계한 한 가지 맥락으로 미래를 추구하며 현실에 수렴하여 왔다는 사실이 그저 감사할 따름이며 또한 이 행운을 제가 누려 왔었다는 것 또한 참으로 행복하였던 일이라 생각합니다. 저는 평생직장 보다는 평생직업의 관념으로 변화된 요즘의 시대상에도 크게 틀리지 않으면서 한전이라는 평생 직장도 가져 왔음을 자랑스럽게 생각하며 두 마리 토끼를 한 번에 잡은 행운아 임을 정말로 다행스럽고 영광스럽게 생각합니다.

한전에 재직하는 동안 저와 함께 비파괴 업무에 세심한 동반자가 되어 이끌어주신 여러 선배님과 업무뿐만 아니라 인생의 선배로서 항상 격려와 조언으로 후원해주신 퇴직하신 정 민화 선배님을 위시한 여러 선배님께 감사드리며 아울러 같은 분야의 동료로서 같이 근무하며 조언과 위로를 아끼지 않았던 박상기 선배님, 정계조 부장님 등 함께 근무하며 영광의 날과 인고의 날을 함께 보냈던 NDE 팀원 모든 분에게 그간의 후의에 감사드립니다.

한전에서의 30여 년간 걸어왔던 여러 길속에서 이것, 저것 주워 담으며 만든 여정의 기록과도 같은 이 작은 매듭이 저의 새로운 인생 2장을 위한 커다란 디딤돌과 그간 후의를 베풀어주신 주위 분들에 대한 자그마한 보답이라도 되었으면 합니다.

2021. 3.

조 용 상